최근 출제경향을 반영한 **국가기술자격시험** 대비서

건축일반시공
산업기사·기능장

정하정, 정삼술 박사 공저

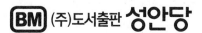

BM (주)도서출판 **성안당**

■ 도서 A/S 안내

성안당에서 발행하는 모든 도서는 저자와 출판사, 그리고 독자가 함께 만들어 나갑니다.

좋은 책을 펴내기 위해 많은 노력을 기울이고 있습니다. 혹시라도 내용상의 오류나 오탈자 등이 발견되면 "좋은 책은 나라의 보배"로서 우리 모두가 함께 만들어 간다는 마음으로 연락주시기 바랍니다. 수정 보완하여 더 나은 책이 되도록 최선을 다하겠습니다.

성안당은 늘 독자 여러분들의 소중한 의견을 기다리고 있습니다. 좋은 의견을 보내 주시는 분께는 성안당 쇼핑몰의 포인트(3,000포인트)를 적립해 드립니다.

잘못 만들어진 책이나 부록 등이 파손된 경우에는 교환해 드립니다.

저자 문의 e-mail : summerchung@hanmail.net(정하정)

본서 기획자 e-mail : coh@cyber.co.kr(최옥현)

홈페이지 : http://www.cyber.co.kr   전화 : 031) 950-6300

■ 머리말 ■

　고도의 경제 성장으로 인하여 인간의 생활 수준이 향상되고, 욕구가 다양해짐에 따라 이를 충족시켜 줄 수준 높은 건축 기술자가 많이 필요한 것이 현실이지만, 아직까지는 여러 모로 부족한 실정이다. 특히, 경제가 어려운 상황에서 건축 분야의 자격증 즉, 건축일반시공산업기사, 기능장 등의 자격증 취득은 취업의 필수 조건이라 하겠다.

　필자는 30여 년간의 건축 분야의 현장 경력을 바탕으로 건축일반시공산업기사, 기능장 시험을 준비하는 수험생들이 짧은 기간 내에 효율적으로 시험에 대비하는 데 중점을 두고 본서를 집필하였다. 따라서, 이 책 한 권만 습득하면 누구든지 시험에 쉽게 합격할 수 있으리라는 신념을 갖고 집필하였다.

　이 책의 특징을 보면 다음과 같다.

1. 한국산업인력공단의 출제 기준에 따라 수험자가 문제의 출제 경향을 한 눈에 파악하여 학습할 수 있도록 하였다.
2. 출제 예상 문제를 엄선하였고, 핵심적인 내용을 바탕으로 해설하였으며, 엄선된 문제와 해설은 현장근무로 인한 시간을 가장 아낄 수 있도록 구성하였다.
3. 출제 기준에 의하면 매우 방대한 내용으로 구성되어 있어 학습하는 데 매우 힘든 상황이나, 이를 대비할 수 있도록 체계적이면서 이해가 쉽도록 구성하였다.

　저자는 수험생 여러분이 시험에 효과적으로 대비할 수 있도록 집필에 최선을 다하였으나, 저자의 학문적인 역량이 부족하여 이 책에서 본의 아닌 오류가 발견될지도 모르겠으므로 차후 여러분의 조언과 지도를 받아서 완벽하게 만들어갈 것임을 약속드린다.

　끝으로 이 책의 출판 기회를 주신 도서출판 성안당의 이종춘 회장님과 임직원 여러분, 그리고 편집과 교정에 수고해 주신 분들께 진심으로 감사를 표하는 바이다.

사무실에서 저자

건축일반시공산업기사 출제기준(필기)

산업기사 적용 기간 : 2023. 1. 1. ~ 2026. 12. 31.

필기과목명	문제수	주요항목	세부항목	세세항목
건축일반 시공계획	20	1. 건축일반시공 도면검토	1. 도면기본지식 파악	1. 한국산업표준(KS) 건축제도 통칙 2. 각종 표시기호 및 표기법
			2. 기본도면 파악	1. 도면의 종류 및 표시법
		2. 조적미장시공 계획수립	1. 공정관리 계획	1. 공정관리의 개요 2. 공정표의 종류 및 작성방법
			2. 품질관리 계획	1. 품질관리의 개요 2. 품질관리 도구
			3. 환경관리 계획	1. 소음 및 진동관리 2. 비산먼지 및 오염관리 3. 폐기물 관리 및 자원 재활용
		3. 타일석공시공 계획수립	1. 시공 물량 산출	1. 타일시공 물량 산출 2. 석공시공 물량 산출
			2. 작업인원 자재투입 계획	1. 타일시공 작업인원 및 자재투입 계획 2. 석공시공 작업인원 및 자재투입 계획
		4. 조적미장시공 작업준비	1. 투입자재 준비	1. 조적시공 물량 산출 2. 미장시공 물량 산출 3. 자재 선정
			2. 인원 장비 준비	1. 조적시공 작업인원 및 자재투입 계획 2. 미장시공 작업인원 및 자재투입 계획
		5. 타일석공시공 현장안전	1. 안전보호구 착용	1. 안전보호구의 개요 2. 안전보호구의 종류 및 특성
			2. 안전시설물 설치	1. 안전시설물의 개요 2. 안전시설물의 종류 및 특성
		6. 안전관리에 관 한 기초지식	1. 재해예방 및 조치	1. 산업재해의 분류, 원인, 모형 2. 재해예방대책 3. 안전관리 조직, 교육
			2. 산업시설의 안전	1. 건설공사의 안전 2. 소방안전
		7. 건축시공에 관 한 기초지식	1. 건축시공 개요	1. 사업의 집행 및 관리 2. 공사시공 방식 3. 입찰 및 계약
조적미장시공	20	1. 기준설정 및 규준틀 설치	1. 기준점 표시, 먹매김	1. 기준점 설정 2. 수직 수평의 측정원리 및 방법 3. 먹매김과 레이저 등 사용법
			2. 규준틀 설치	1. 규준틀 제작 및 설치 2. 수준기, 레벨기, 트랜싯 등 측정도구 활용법
		2. 벽돌 쌓기 작업	1. 바탕처리	1. 바탕상태 점검 2. 바탕수직수평 측정

필기과목명	문제수	주요항목	세부항목	세세항목
조적미장시공	20	2. 벽돌 쌓기 작업	2. 모르타르 배합	1. 모르타르 배합 방법 2. 비빔 공구 사용법
			3. 일반 쌓기법	1. 벽돌 나누기 2. 각종 벽돌 쌓기 방법 3. 각 부위별 쌓기 방법
			4. 치장 쌓기법	1. 벽돌 나누기 2. 각종 치장 쌓기 방법 3. 균열 방지 방법
			5. 벽돌조 줄눈시공	1. 줄눈용 모르타르 배합 2. 줄눈 넣기 방법 3. 줄눈 도구 활용 4. 줄눈 파기
		3. 블록 쌓기 작업	1. 바탕처리	1. 바탕상태 점검 2. 바탕수직수평 측정
			2. 보강철근 설치	1. 보강철근 배근 방법
			3. 콘크리트 블록 쌓기법	1. 콘크리트 블록쌓기용 공구 사용법 2. 콘크리트 블록쌓기법 3. 모르타르 충전 방법 4. 앵커 및 보강철물
			4. ALC 블록 쌓기법	1. ALC 블록 규격 2. ALC 블록 쌓기 방법 3. 작업 후 보양 방법
			5. 블록조 줄눈넣기법	1. 블록조 줄눈넣기 방법
		4. 모서리 및 벽면 비드설치	1. 비드 부착	1. 비드의 종류 및 설치 목적 2. 비드의 설치 방법
		5. 모르타르 벽미장	1. 바탕처리	1. 각종 바탕의 특성 및 처리 2. 미장면 균열 방지 방법
			2. 초벌, 재벌, 정벌 바르기법	1. 미장 바름 기준 2. 미장재료 배합비 3. 바름 도구 및 방법
		6. 모르타르 바닥 미장	1. 바탕처리	1. 각종 바탕의 특성 및 처리 2. 미장면 균열 방지 방법
			2. 시멘트 모르타르 바르기법	1. 시멘트 모르타르 배합비 2. 시멘트 모르타르 적정 두께
			3. 바닥미장 마무리	1. 평활도 처리 방법
		7. 단열 모르타르 바름	1. 모르타르 배합	1. 무기질, 유기질 혼합 재료의 종류와 특성 2. 부위별 재료에 대한 배합 방법
			2. 초벌, 정벌, 보강 모르타르 바르기법	1. 미장 바름 단열 재료의 특성 2. 단열재 바름 미장 방법 3. 부위별 재료에 대한 배합 방법
		8. 조적미장시공 보양 청소	1. 보호, 양생, 잔재정리 청소	1. 보양재 설치 및 제거 방법 2. 재료종류별 양생 3. 폐자재 처리 및 관리
		9. 조적미장시공 재료	1. 조적미장시공 재료의 성질 및 분류	1. 조적시공 재료의 성질 2. 조적시공 재료의 분류 3. 미장시공 재료의 성질 4. 미장시공 재료의 분류

필기과목명	문제수	주요항목	세부항목	세세항목
타일석공시공	20	1. 바탕면 준비	1. 줄눈 나누기법	1. 줄눈의 규격, 종류 및 시공 방법 2. 줄눈 나누기 방법
		2. 타일붙임	1. 떠붙이기, 압착, 접착 붙이기법	1. 떠붙이기 방법 2. 압착붙이기 방법 3. 접착붙이기 방법
			2. 바닥타일 붙이기법	1. 바닥타일 붙이기 방법
			3. 줄눈 넣기법	1. 줄눈재의 종류 및 특성 2. 줄눈 넣기 방법
		3. 석재붙임	1. 습식 및 건식붙이기법	1. 충전재 종류와 특성 2. 습식 붙이기 방법 3. 건식 붙이기 방법
		4. 검사 보수	1. 품질기준 및 시공품질 확인, 보수 방법	1. 검사 체크리스트 작성 2. 도면 이해 3. 석재 · 타일의 하자 및 보수 방법
		5. 작업 준비	1. 작업지시서 확인, 자재 검수	1. 공사공정표 작성 방법 2. 자재 품질 관리 기준
			2. 자재 가공, 가설재 설치, 운반 보관	1. 자재 절단 및 가공 방법 2. 가설재 안전 기준 3. 자재 관리 방법
		6. 청소 보양	1. 청소, 보양방법 계획, 보양	1. 바탕면 청소 방법 2. 보양 방법
		7. 타일석공시공 재료	1. 타일석공시공 재료의 성질 및 분류	1. 타일시공 재료의 성질 2. 타일시공 재료의 분류 3. 석공시공 재료의 성질 4. 석공시공 재료의 분류

건축일반시공기능장 출제기준(필기)

기능장 적용 기간 : 2022. 1. 1. ～ 2025. 12. 31.

필기과목명	문제수	주요항목	세부항목	세세항목
건축일반시공	60	1. 건축제도	1. 건축제도 용구 및 재료	1. 건축제도 용구 2. 건축제도 재료
			2. 각종 제도 규약	1. 한국산업표준(KS) 건축제도 통칙 2. 기타 한국산업표준(KS)의 건축제도 관련 사항
			3. 건축설계도면	1. 설계도면의 종류 2. 설계도면의 작도법
			4. 건축물의 묘사 및 표현	1. 건축물의 묘사 2. 건축물의 표현
		2. 건축구조	1. 건축구조의 일반사항	1. 건축구조의 개념 2. 건축구조의 분류 3. 각 구조의 특성
			2. 건축물의 각 구조	1. 목구조 2. 조적구조 3. 철근콘크리트구조 4. 철골구조
		3. 건축재료	1. 목재	1. 목재의 성질 2. 목재의 이용
			2. 시멘트 및 콘크리트	1. 시멘트의 성질 및 분류 2. 콘크리트 재료의 성질 및 이용 3. 콘크리트의 성질 및 이용
			3. 점토질 재료	1. 점토질 재료의 성질 2. 점토질 재료의 이용
			4. 금속재료	1. 금속재료의 성질 2. 금속재료의 이용
			5. 합성수지	1. 합성수지의 성질 2. 합성수지의 이용
			6. 단열재료	1. 단열재료의 성질 2. 단열재료의 이용
			7. 도료 및 접착제	1. 도료 및 접착제의 성질 2. 도료 및 접착제의 이용
			8. 친환경 재료	1. 친환경 재료의 성질 2. 친환경 재료의 이용
		4. 건축시공	1. 시공방식과 업무, 시공관계자	1. 시공방식과 업무 2. 시공관계자
			2. 각종 공사	1. 가설공사 2. 기초공사 3. 철근콘크리트공사 4. 방수공사

필기과목명	문제수	주요항목	세부항목	세세항목
건축일반시공	60	5. 조적 공사	1. 조적공사 재료	1. 조적공사 재료의 성질 2. 조적공사 재료의 분류
			2. 벽돌 공사	1. 벽돌공사의 일반사항 2. 벽돌의 시공
			3. 블록 공사	1. 블록 공사의 일반사항 2. 블록의 시공
			4. 조적공사 적산	1. 벽돌공사 적산 2. 블록공사 적산
		6. 미장공사	1. 미장공사 재료	1. 미장공사 재료의 성질 2. 미장공사 재료의 분류
			2. 미장 시공	1. 모르타르 시공 2. 플라스터 시공 3. 미장공사 적산
		7. 타일공사	1. 타일공사 재료	1. 타일공사 재료의 성질 2. 타일공사 재료의 분류
			2. 타일시공	1. 타일공사 일반사항 2. 타일 붙이기 3. 타일 보양 및 검사 4. 타일공사 적산
		8. 안전관리	1. 산업안전의 개요	1. 산업재해 분류, 요인, 모형 2. 산업재해 통계방법, 현황
			2. 재해예방 및 조치	1. 산업재해원인 및 재해조사 2. 재해예방 3. 안전관리조직 및 교육
			3. 산업시설의 안전	1. 건설공사의 안전 2. 소방안전 3. 안전보호구
			4. 인간공학과 사고예방	1. 인간공학의 개념 2. 인간공학과 사고 방지 대책 3. 사고 발생 현황

■ 차 례 ■

제1편 | 건축 일반

I 건축 제도

건축 제도 ·· 1-3

1. 제도 용구의 종류 및 사용법 ··· 1-3

　1 제도 용구의 종류 ·· 1-3

　2 제도 용구의 사용법 ·· 1-5

　3 제도 준비 ··· 1-7

　4 제도할 때 주의사항 ·· 1-8

2. 각종 제도의 규격 ··· 1-8

　1 도면의 크기와 척도 ·· 1-8

　2 선과 문자 ·· 1-9

　3 치수와 치수 요소 ··· 1-12

　4 제도의 규약 ··· 1-14

3. 건축 설계 도면 ··· 1-18

　1 설계 도면의 종류 ·· 1-18

　2 각종 설계 도면 ·· 1-19

　3 표제란 ·· 1-20

4. 건축물의 묘사 및 표현 ··· 1-21

　1 입체의 표현 ··· 1-21

　2 묘사 도구와 방법 ·· 1-22

　3 투시도 ·· 1-24

　4 투상도 ·· 1-25

▌**출제예상문제** ··· 1-27

II 건축 구조 ·········· 1-55

1. 건축 구조의 일반 사항 ·········· 1-55

- **1** 건축 구조의 분류 ·········· 1-55
- **2** 건축 구조의 선정 ·········· 1-57
- **3** 구조 계획과 건축법 ·········· 1-57
- **4** 우리나라 건축 구조의 발달 ·········· 1-57

2. 건축물의 각 구조 ·········· 1-58

- **1** 나무 구조 ·········· 1-58
- **2** 조적 구조 ·········· 1-87
- **3** 철근 콘크리트 구조 ·········· 1-107
- **4** 철골 구조 ·········· 1-124

┃ 출제예상문제 ·········· 1-139

III 건축 재료 ·········· 1-168

1. 목재 ·········· 1-168

- **1** 개설 ·········· 1-168
- **2** 목재의 분류와 조직 ·········· 1-168
- **3** 목재의 성질 ·········· 1-171
- **4** 제재와 건조 ·········· 1-174
- **5** 목재의 부식과 보존법 ·········· 1-176
- **6** 목재 제품 ·········· 1-177

2. 시멘트 및 콘크리트 ·········· 1-182

- **1** 시멘트 ·········· 1-182
- **2** 콘크리트 ·········· 1-187

3. 점토질 재료 ·········· 1-199

- **1** 개설 ·········· 1-199
- **2** 점토 ·········· 1-199
- **3** 점토 제품 ·········· 1-200

4. 금속 재료 ·········· 1-203

- **1** 개요 ·········· 1-203
- **2** 철강 ·········· 1-203
- **3** 철강의 제법, 가공 및 성형 ·········· 1-204

4 물리적 성질 ·· 1-205

5 주철 및 합금강 ·· 1-206

6 비철 금속 ·· 1-208

7 금속의 부식과 방지 ·· 1-210

8 금속 제품 ·· 1-211

5. 합성수지 ·· 1-216

1 개요 ·· 1-216

2 일반적 성질 ·· 1-216

3 종류와 특성 ·· 1-217

4 합성수지 제품 ·· 1-221

6. 방수 재료 ·· 1-224

1 개설 ·· 1-224

2 아스팔트의 종류 ·· 1-224

3 아스팔트의 성질 ·· 1-225

4 아스팔트 제품 ·· 1-226

7. 도료 및 접착제 ·· 1-227

1 도장 재료 ·· 1-227

2 접착제 ·· 1-235

▌ 출제예상문제 ·· 1-239

IV

건축 시공 ·· 1-264

1. 시공 방식과 업무, 시공 관계자 ·························· 1-264

1 건축 시공의 의의 ·· 1-264

2 건축 시공의 관계자 ·· 1-265

3 시공 방식과 업무 ·· 1-266

2. 각종 공사 ·· 1-268

1 가설 공사 ·· 1-268

2 기초 공사 ·· 1-273

3 철근 콘크리트 공사 ·· 1-276

▌ 출제예상문제 ·· 1-291

제2편 | 조적, 미장, 타일 시공 및 재료

I

미장 공사 ··· 2-3

1. 미장 공사의 재료 ·· 2-3
1 일반 사항 ··· 2-3
2 미장 재료의 종류 ·· 2-3
3 혼합 재료 ··· 2-6

2. 미장 시공 ··· 2-6
1 적합한 미장 바탕의 조건 ··· 2-6
2 미장 공구 및 기구 ··· 2-8
3 미장 공사의 결함 ·· 2-10
4 미장 공사의 안전 사항 ··· 2-11
5 미장재 바르기 ··· 2-12

3. 적산 실습 ··· 2-23
1 일반 사항 ··· 2-23
2 미장 공사 적산 기준 ·· 2-23
3 표준 품셈 ··· 2-27
4 적산 실습 ··· 2-28

▌출제예상문제 ··· 2-29

타일 공사 ··· 2-34

1. 타일 공사 재료 ·· 2-34
1 일반 사항 ··· 2-34
2 타일의 종류 ·· 2-34
3 타일 재료 및 제조 ··· 2-35
4 타일 공구 및 기구 ··· 2-37
5 타일의 가공 ·· 2-40
6 줄눈나누기 ·· 2-42

2. 타일 시공 ··· 2-44
1 일반 수칙 ··· 2-44
2 절단 작업 ··· 2-44

3. 타일붙이기 ‥‥‥‥‥‥‥‥‥‥‥‥‥‥‥‥‥‥‥‥‥ 2-45
  1 일반 사항 ‥‥‥‥‥‥‥‥‥‥‥‥‥‥‥‥‥‥ 2-45
  2 타일붙이기 ‥‥‥‥‥‥‥‥‥‥‥‥‥‥‥‥ 2-45

4. 적산 실습 ‥‥‥‥‥‥‥‥‥‥‥‥‥‥‥‥‥‥‥‥‥ 2-53
  1 일반 사항 ‥‥‥‥‥‥‥‥‥‥‥‥‥‥‥‥‥ 2-53
  2 타일 공사 적산 기준 ‥‥‥‥‥‥‥‥‥‥ 2-53
  3 표준 품셈 ‥‥‥‥‥‥‥‥‥‥‥‥‥‥‥‥‥ 2-54
  4 적산 실습 ‥‥‥‥‥‥‥‥‥‥‥‥‥‥‥‥‥ 2-55

┃ 출제예상문제 ‥‥‥‥‥‥‥‥‥‥‥‥‥‥‥‥‥‥‥ 2-56

Ⅲ 조적 공사 ‥‥‥‥‥‥‥‥‥‥‥‥‥‥‥‥‥‥‥‥‥ 2-60
1. 조적 공사 재료 ‥‥‥‥‥‥‥‥‥‥‥‥‥‥‥‥‥ 2-60
  1 일반 사항 ‥‥‥‥‥‥‥‥‥‥‥‥‥‥‥‥‥ 2-60
  2 조적 재료 ‥‥‥‥‥‥‥‥‥‥‥‥‥‥‥‥‥ 2-61
  3 쌓기용 모르타르 ‥‥‥‥‥‥‥‥‥‥‥‥ 2-67
  4 쌓기용 공구 및 기구 ‥‥‥‥‥‥‥‥‥ 2-68
  5 조적 공사의 주의 사항 ‥‥‥‥‥‥‥‥ 2-69

2. 벽돌조 시공 ‥‥‥‥‥‥‥‥‥‥‥‥‥‥‥‥‥‥‥ 2-69
  1 벽돌쌓기 방법의 종류 ‥‥‥‥‥‥‥‥ 2-69
  2 벽돌의 마름질 ‥‥‥‥‥‥‥‥‥‥‥‥‥ 2-75
  3 줄 눈 ‥‥‥‥‥‥‥‥‥‥‥‥‥‥‥‥‥‥‥ 2-76
  4 벽돌쌓기 ‥‥‥‥‥‥‥‥‥‥‥‥‥‥‥‥ 2-77

3. 블록조 시공 ‥‥‥‥‥‥‥‥‥‥‥‥‥‥‥‥‥‥‥ 2-82
  1 블록쌓기의 일반 사항 ‥‥‥‥‥‥‥‥ 2-82
  2 블록쌓기 ‥‥‥‥‥‥‥‥‥‥‥‥‥‥‥‥ 2-84

4. 조적 공사 적산 ‥‥‥‥‥‥‥‥‥‥‥‥‥‥‥‥‥ 2-88
  1 일반 사항 ‥‥‥‥‥‥‥‥‥‥‥‥‥‥‥‥‥ 2-88
  2 조적 공사 적산 기준 ‥‥‥‥‥‥‥‥‥ 2-89
  3 표준 품셈 ‥‥‥‥‥‥‥‥‥‥‥‥‥‥‥‥‥ 2-89
  4 적산 실습 ‥‥‥‥‥‥‥‥‥‥‥‥‥‥‥‥‥ 2-91

┃ 출제예상문제 ‥‥‥‥‥‥‥‥‥‥‥‥‥‥‥‥‥‥‥ 2-92

제3편 | 안전 관리

I 안전 관리 개요 ·· 3-3

1. 안전 관리의 개요 ······································ 3-3

1 산업 안전과 재해 ······························· 3-3
2 산업 재해의 분류 · 요인 · 모형 ·············· 3-4
3 산업 재해의 통계 방법 · 현황 ················· 3-6
4 작업 환경 ·· 3-8

2. 재해 예방 ·· 3-11

1 산업 재해의 원인 ······························ 3-11
2 산업 재해 조사 ································· 3-11
3 재해 예방 대책 ································· 3-12
4 안전 관리 조직과 교육 ······················· 3-13

▌ 출제예상문제 ··· 3-15

II 산업 시설의 안전 ································ 3-21

1. 건설 공사의 안전 ···································· 3-21

1 건설재해 및 안전대책 ························· 3-21
2 건설 가시설물 안전기준 ······················ 3-29
3 건설 구조물공사 안전 ························· 3-35

2. 소방 안전 ·· 3-43

1 유해위험물질의 안전 ························· 3-43
2 방화 및 방폭설비 ····························· 3-51
3 소화 및 방호설비 ····························· 3-54

3. 보호구 및 안전표시 ································· 3-60

1 보호구 ·· 3-60
2 안전표지 ·· 3-67

▌ 출제예상문제 ··· 3-69

III

인간 공학과 사고 예방 ··· **3-86**

1. 인간 공학의 개념 ·· **3-86**
  1 인간 공학의 정의 ·· 3-86

2. 인간 공학과 사고 방지 대책 ······························ **3-87**
  1 인간 과오(Human Error)와 신뢰도 ···················· 3-87
  2 인체 측정과 작업 공간 ·································· 3-90
  3 인간·기계의 통제 ·· 3-92
  4 인간과 환경 ··· 3-94

3. 사고 발생 현황 ·· **3-96**
  1 시스템 안전과 안전성 평가 ························· 3-96
  2 결함수 분석법(FTA, Fault Hazard Analysis) ······· 3-99

▌출제예상문제 ·· **3-103**

부록 I | **산업기사 과년도 출제문제**

부록 II | **기능장 과년도 출제문제**

Part 1

건축 일반

I

건축 제도

제도 용구의 종류 및 사용법

1 제도 용구의 종류

(1) 제도기

제도기의 크기는 품종 수로서 나타내며 6품, 12품, 24품으로 구분한다. 일반용으로는 12품 정도의 것이 좋으니 전문적인 제도를 하려면 24품 제도기를 사용해야 한다.

① 디바이더(Divider) : 축척의 눈금을 옮기거나 선을 등분하는 데 사용하며 무리한 힘을 가하지 않는다.

② 컴퍼스(Compass) : 원이나 원호를 그릴 때 사용하며 이음대를 이용하여 반지름 500mm 까지의 원을 그릴 수 있다.

③ 스프링 컴퍼스(Spring compass) : 보통 반지름 10mm 이하의 작은 원이나 원호를 그릴 때 사용한다.

④ 먹줄펜(Drawing pen) : 먹물로 선을 그을 때 사용하는 것으로 최근에는 만년필형 먹줄펜이 유용하게 사용된다.

⑤ 빔 컴퍼스(Beam Compass) : 지름이 큰 원을 그리거나 긴 선분을 옮길 때에 이용한다.

⑥ 비례 디바이더(Proportional divider) : 보통 140~200mm 크기의 직선, 원을 분할할 때 쓰며 도면을 축소하거나 확대한 치수로 복사할 때에도 쓰인다.

(2) 자와 각도기

① 삼각자(Set square) : 두 개가 한 조로 되어 있고 삼각자의 규격도 표시한다.

② T자(Tsquare)

㉮ 충분히 건조시킨 벗나무나 플라스틱을 사용한다.

㉯ 선을 긋는 부분은 투명한 것이 좋고 수평선을 긋거나 삼각자를 대어 수직선을 긋는다.

③ 운형자(French curve) : 컴퍼스로 그리기 어려운 원호나 곡선을 그릴 때 사용한다.

④ 자유곡선자(Adjustable curve rulers) : 보통 납이 들어 있는 금속 고무재로 되어 있으며 여러 가지 곡선을 자유롭게 그릴 수 있다.

⑤ 스케일(Scale) : 길이를 재거나 줄이는 데 사용하며 실척 축척, 배척으로 도면을 작성하는 데 쓰인다.

⑥ 각도기(Protractors) : 셀룰로이드로 만든 반원의 모양이 보통이며 방향 및 각도를 측정하는 데 사용한다.

(3) 제도 용지

① 원도 용지

㉮ 두껍고 불투명한 제도 용지를 말한다.

㉯ 연필제도나 먹물제도에 사용하는 켄트지와 채색용인 위트먼지가 있다.

② 트레이싱 페이퍼

㉮ 얇고 반투명인 제도용 자를 말한다.

㉯ 얇아서 제도하기는 어려우나 착색이 자유롭고 서류 같은 곳에 영구적으로 접어서 보관하기 좋은 미농지가 있다.

㉰ 보관 및 착색이 어려우나 트레이싱 먹물넣기가 쉬운 기름종이가 있다.

㉱ 기름종이보다 잘되는 트레이싱 클로오드가 있다.

(4) 그 밖의 용구 및 재료

① 제도판(Drawing board)

㉮ 충분히 건조한 전나무, 피나무, 합판 등이 많이 사용되나 가장자리는 닳지 않는 단단한 나무를 붙인다.

㉯ 두께는 20~30mm로 하고 크기는 큰판(900mm×1200mm), 중판(60mm×900mm), 작은판(450mm×600mm)이 있으며 큰판, 중판을 널리 쓴다.

㉰ 제도판은 10~15° 경사지게 하는 것이 좋다.

② 연필

㉮ 제도용 연필로 2H, H, F, HB를 많이 사용한다.

㉯ H는 연필의 굳기를, B는 무르기를 표시한다.

③ 제도용 펜촉 : 작은 문자나 치수의 숫자와 같이 프리핸드로 먹물을 넣을 때 쓰는 라운드 펜촉, G펜촉이 있으며 굵은 글씨를 쓰기 위해서는 룬드펜(Rund pen)를 쓴다.

④ 템플릿(Templet) : 셀룰로이드, 아크릴 판으로 얇게 만든 판에 서로 크기가 다른 원, 타원 등과 같은 기본 도형이나 문자, 숫자, 위생도구 등의 형태를 축척에 맞추어 뚫어 놓은 판이다.

⑤ **지우개 및 지우개판** : 지우개는 연필 지우개, 먹물 지우개가 있으며 지우개판은 잘못 그린 선이나 불필요한 선을 지우는데 사용한다.

⑥ **만능제도 기계** : T자, 삼각자, 축척, 각도기, 눈금자(1mm, 0.5mm의 눈금이 새겨져 있다) 등의 역학을 한꺼번에 맡아서 하는 제도기계이다.

2 제도 용구의 사용법

(1) 제도의 자세

① 제도할 때는 가슴부분을 구부리지 말고 허리를 10~15° 가량 굽힌다.

② 조명은 왼쪽 위에서 광선이 들어오도록 한다.

③ 조명의 밝기는 300~700(Lux)가 좋다.

(2) 연필의 사용법

아래 그림과 같이 원뿔 모양으로 깎은 연필로 연필을 돌려가면서 긋는다.

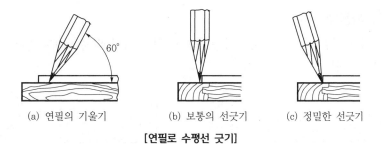

(a) 연필의 기울기   (b) 보통의 선긋기   (c) 정밀한 선긋기

[연필로 수평선 긋기]

(3) 먹줄펜의 사용법

① 먹줄펜에 먹물을 넣을 때에는 5~7mm 정도 넣는 것이 좋다.

② 먹물 제도 시에는 굵은선, 중간선, 가는선용의 3가지를 준비하는 것이 좋으며 먹줄펜의 사용법은 아래 그림에 의한다.

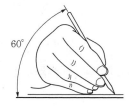

[먹줄펜의 사용]

③ 먹줄펜은 처음부터 끝까지 일정한 힘으로 선을 긋는다.

(4) T자의 사용법

① 제도판의 가장자리에 T자의 머리를 정확히 대고 수평선, 수직선을 긋는다.

② 긴선을 그을 때에는 중간에서 삐뚤어지기 쉬우므로 처음부터 끝가지 손, 팔, 몸 전체가 선을 따라 일정한 힘으로 한번에 긋는다.

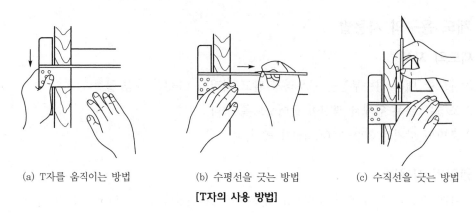

|(a) T자를 움직이는 방법|(b) 수평선을 긋는 방법|(c) 수직선을 긋는 방법|

[T자의 사용 방법]

(5) 삼각자의 사용법

아래 그림과 같이 삼각자 1개, 2개를 가지고 여러 가지 위치를 바꾸면서 수직선, 각도를 가지는 빗금을 쉽게 그을 수 있다.

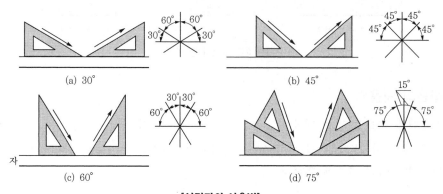

(a) 30°　　　(b) 45°

(c) 60°　　　(d) 75°

[삼각자의 사용법]

(6) 운형자의 사용법

운형자는 컴퍼스로 그리기 어려운 곡선을 몇 번에 나누어 그린다.(연결점이 4점 이상이 되게 한다)

(7) 디바이더 사용법

축척된 눈금을 옮기거나 선을 등분할 때 사용하며 무리한 힘을 주지 않도록 주의한다.

(8) 컴퍼스 사용법

① 작은 원은 스프링 컴퍼스를 이용하며 반지름 2cm 이상인 원은 중형, 대형 컴퍼스를 이용한다.

② 반지름이 20cm 이상인 원은 빔 컴퍼스를 이용하고 바늘구멍에 주의한다.

(9) 라운드 펜의 사용법

① 먹물은 약간 정도 찍어 사용한다.

② 선을 긋거나 문자, 숫자, 지형도 등의 일반기호를 그릴 때에는 유리막대와 삼각자를 이용해도 편리하다.

3 제도 준비

(1) 제도 용구의 준비

제도 용구를 준비해서 놓는다.

(2) 제도 용구의 점검과 조정밥법

① 제도기는 금속제이므로 깨끗이 닦아서 사용해야 한다.

② 특히 먹줄펜은 깨끗이 사용하며 오래 사용하면 날끝이 변형되므로 기름 숫돌에 갈아서 바른 날 끝으로 조정하여 사용한다.

③ 먹줄펜 가는 순서와 방법

㉮ 두 날을 합쳐 수직으로 세우고 좌우 수평으로 왕복시키면서 두 날 끝이 같게 만든다.

㉯ 수평갈기가 끝나면 날끝의 모양을 둥글게 한다.

㉰ 가는선용, 굵은선용을 구별하여 간다.

㉱ 날끝이 너무 날카로우면 제도지가 베어지므로 가볍게 2~3회 문질러 준다.

㉲ 시계기름이 가장 좋으며 재봉틀 기름도 많이 쓴다.

(3) 제도 용지 및 표제란

① 제도 용지는 켄트지, 트레이싱 페이퍼, 모눈종이 등이 있으나 연필원도는 켄트지를 사용하며, 압정과 테이프를 이용하여 제도용지를 고정시키며 테이프로 붙이는 방법을 많이 사용한다.

② 표제란에는 도면번호, 도면이름, 척도, 투상법의 구별, 도면작성 년월일, 책임자 이름 등을 기입한다.

4 제도할 때 주의사항

(1) T자를 움직일 때에는 날을 기울여 움직인다.

(2) 삼각자는 손톱으로 든다.

(3) 도면 위에서 연필을 갈지 않는다.

(4) 깨끗한 천으로 연필가루를 닦는다.

(5) 샌드 페이퍼는 봉투 속에 넣는다.

(6) 도면위에 잡다한 물건을 놓지 않는다.

(7) 비누로 손을 깨끗이 씻는다.

(8) 손으로 지우개 부스러기를 문지르지 않는다.

(9) 털이개(솔)나 천으로 연필가루를 털어낸다.

(10) 도면 위에 땀이나 기타 이물질을 떨어뜨리지 않는다.

(11) 손가락으로 머리를 긁지 않는다.

(12) 지울 때는 지우개 판을 이용하되 다른 선이 지워지지 않도록 한다.

(13) 도면을 가리킬 때는 손톱 뒤로 가리킨다.

(14) 제도를 하지 않을 때에는 종이로 도면을 덮어 놓는다.

(15) 장기적으로 비울 때에는 천으로 제도판을 덮어 놓는다.

(16) 잉킹이나 레터링할 때는 손 밑에 종이를 대고 선을 긋는다.

(17) T자 삼각자는 지우개로 깨끗이 지운다.

(18) 둥글게 말은 도면은 선이 더러워지므로 큰 종이에 접어서 운반한다.

2. 각종 제도의 규격

1 도면의 크기와 척도

(1) 도면의 크기

① 제도용지의 크기는 번호가 커짐에 따라 작아지고, 세로와 가로의 비는 $1 : \sqrt{2}$ 이며, A_0의 넓이는 약 $1m^2$이다.

② 큰 도면을 접을 때에는 A_4의 크기로 접는 것을 원칙으로 한다.

>>> 도면의 크기

크기의 호칭		A₀	A₁	A₂	A₃	A₄	A₅
도면의 외각	a×b	841×189	594×841	420×594	297×420	210×297	148×210
	c	10	10	10	5	5	5
	d 철하지 않을 때	10	10	10	5	5	5
	철할 때	25	25	25	25	25	25

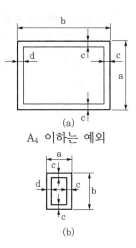

(a)

A₄ 이하는 예외

(b)

(2) 척도

① 물체와 도면의 크기 비율을 말한다.

② **실척** : 실물의 크기와 같은 치수로 그린 것을 말한다.

③ **축척** : 실물의 크기보다 축소하여 그린 것을 말한다.

④ **배척** : 실물의 크기보다 크게 하여 그린 것을 말한다.

>>> 척도의 종류와 사용구분

1/1	1/2	1/5	1/10	부분 상세도, 시공도 등에 쓰인다.
1/5	1/10	1/20	1/30	부분 상세도, 단면 상세도 등에 쓰인다.
1/50	1/100	1/200	1/300	평면도, 입면도 등 일반도와 기초 평면도 등 구조도, 설비도에 쓰인다.
1/500	1/600	1/1,000	1/1,200	배치도 또는 대규모 건물의 평면도 등에 쓰인다.

2 선과 문자

(1) 선의 종류와 용도

선의 종류와 용도는 다음과 같은 종류가 있으며

① 선의 굵기는 KS A 0005(1981)에 준한다.

② 굵은 파선도 좋다.

③ 절단선이라는 것이 명확할 경우에는 양끝 및 주요한 곳에 굵게 하지 않아도 좋다.

④ 화살표에 의하여 투상의 방향을 표시할 필요가 없을 때에는 이것을 생략하여도 좋다.

>>> 선의 종류 및 용도

용도에 의한 명칭	선의 종류		용도
외형선	굵은 실선(0.3~0.8mm)	——	물체의 보이는 겉모양을 표시하는 선
은선	중간 굵기의 파선	-------	물체의 보이지 않는 부분의 모양을 표시하는 선
중심선	가는 일점 쇄선 또는 가는 실선	—·—·—	도형의 중심을 표시하는 선
치수선, 치수 보조선	가는 실선(0.2mm 이하)	—	치수를 기입하기 위하여 쓰는 선
지시선	가는 실선(0.2mm 이하)	——	지시하기 위하여 쓰는 선
절단선	가는 일점 쇄선으로 하고, 그 양 끝 및 굴곡부 등의 주요한 곳에는 굵은선으로 한다. 또, 절단선의 양 끝에 투상의 방향을 표시하는 화살표를 붙인다.	↑—·—↑	단면을 그리는 경우, 그 절단 위치를 표시하는 선
파단선	가는 실선 (불규칙하게 쓴다.)	～～	물체의 일부를 파단한 곳을 표시하는 선, 또는 끊어낸 부분을 표시하는 선
가상선	가는 이점쇄선	—··—··—	• 도시된 물체의 앞면을 표시하는 선 • 인접 부분을 참고로 표시하는 선 • 가공 전 또는 가공 후에 모양을 표시하는 선 • 이동하는 부분의 이동 위치를 표시하는 선 • 공구, 지그 등의 위치를 참고로 표시하는 선 • 반복을 표시하는 선 • 도면 내에 그 부분의 단면형을 90° 회전하여 표시하는 선
피치선	가는 일점쇄선	—·—·|—	• 기어나 스프로킷 등의 이 부분에 기입하는 피치원이나 피치선 • 방향을 변화할 때에는 끝을 굵게 이동하는 부분의 이동 위치를 참고로 표시하는 선
해칭선	가는 실선(0.2mm 이하)	//////	절단면 등을 명시하기 위하여 쓰는 선
특수한 용도의 선	가는 실선	——	• 외형선과 은선의 연장선 • 평면이라는 것을 표시하는 선
	굵은 일점 쇄선	—·—·—	특수한 가공을 실시하는 부분을 표시하는 선

⑤ **파단선** : 부재의 길이를 모두 표시할 필요가 없을 때 사용한다.

⑥ **단면선** : 바깥선을 굵게 하고 재료의 선을 나타낼 필요가 있을 때 아래 그림과 같이 한다.

⑦ **해칭선** : 가는 선을 같은 간격으로 밀접하게 그은 선으로 단면 표시 등에 쓰이며 아래 그림과 같다.

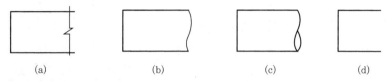

| (a) | (b) | (c) | (d) |

(a) 직선이 계속되는 것을 나타내는 것 (b) 자를 사용하지 않고 표시한 것
(c) 원형 단면인 경우 (d) 파단되어 있는 것이 명백할 때에는 파단선을 생략한다.

[파단선의 표시법]

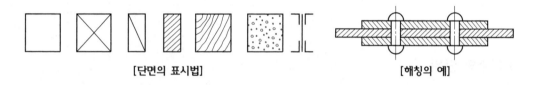

[단면의 표시법]   **[해칭의 예]**

⑧ **절단선** : 2개 이상의 연속된 직선 또는 쇄선으로 표시하며 절단선에는 기호를 기입하고 단면을 보는 방향을 나타내는 화살표를 표시한다.

⑨ **가상선** : 가공하기 전, 움직이는 물체 위치를 나타내는 선으로 2점 쇄선으로 한다.

(2) 선의 연습

① 연필을 사용하여 제도할 때의 유의사항

  ㉮ 굵은선용, 가는선용의 연필을 이용하여 선의 굵기를 명료하게 한다.

  ㉯ 원, 원호는 작은 것부터 큰 것 순으로 긋는다.

  ㉰ 선을 그을 때 제도용구를 바르게 사용하며 명확하고 깨끗한 선이 되도록 습관화해야 한다.

  ㉱ 가는선의 굵기는 0.2mm 이하로 하고 굵은선은 0.8~0.3mm로 한다.

② 먹넣기할 때의 유의사항

  ㉮ 먹넣기는 작은원, 큰원, 원호, 곡선, 직선의 순서로 한다.

  ㉯ 직선은 수평선, 수직선, 빗금의 순서로 긋고 실선을 먼저 파선을 나중에 긋는다.

  ㉰ 먹줄펜은 수직으로 잡은 다음 일정한 속도로 움직여 선을 긋고 모서리의 선은 바르게 교차되도록 한다.

  ㉱ 한번 그은 선은 또 다시 긋도록 하지 않으며 같은 굵기의 선은 일시에 먹넣기를 한다.

  ㉲ 먹넣기에 실수한 것은 마른 다음 칼로 긁어내고 타자용 지우개를 조심하여 지운다.

(3) 제도 문자 및 숫자쓰기

① 좋은 문자를 쓰기 위해서는 서체와 모양, 낱말을 형성하는 문자의 간격, 문장을 형성하는 낱말과의 간격 등에 유의하고 명조체보다는 동선체인 고딕체를 쓰도록 숙달한다.

② 문자의 크기는 문자의 높이로서 나타낸다.

③ 글자의 자체와 크기는 건축 제도 통칙(KS F 1501)에 준한다.

▶▶▶ 문자의 쓰이는 곳과 크기

	쓰이는 곳	크기 (mm)
1	치수차 문자	2~2.5
2	일반 치수 문자	3.2~5
3	부품의 번호 문자	5~8
4	도면 번호 문자	8~14
5	도면 이름 문자	10~20

④ 문자의 크기는 KS A 0005에 의하면 20, 16, 12.5, 10, 8, 6.3, 5, 4, 3.2, 2.5, 2mm의 11가지가 있다.

⑤ 아리비아 숫자는 치수, 부품번호, 척도, 도면 번호 등을 기입하는 데 사용한다.

3 치수와 치수 요소

(1) 치수의 단위

① 치수

㉮ 치수의 단위는 mm 단위로 기입하고 단위기호는 생략한다.

㉯ mm 이하의 숫자를 나타낼 때의 소수점은 아래에 찍는다.

② 각도 : 각도는 도(Degree)로 나타낸다.

(2) 치수, 기입의 요소

① 치수선 : 아래 그림과 같이 표기한다.

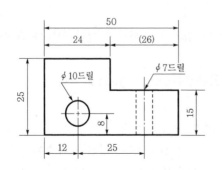
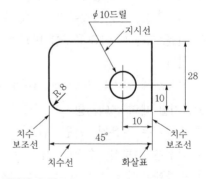

[치수선 긋는법. 치수 기입의 요소]

② 치수 보조선 : 2mm 이하 가는 실선으로 긋되 60° 방향 정도의 각도로 긋는다.

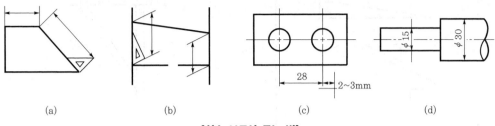

[치수 보조선 긋는 법]

③ 지시선 : 수평선에 대하여 60°의 직선으로 긋고 지시되는 쪽에 화살표를 댄다.

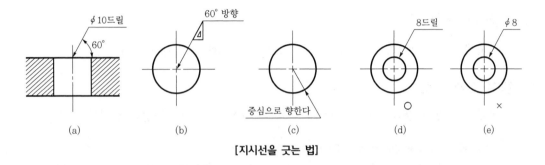

[지시선을 긋는 법]

④ 화살표, 치수 숫자 등의 요소가 있다.

(3) 치수 표시 기호

① 지름 기호 : ∅
② 정사각형 기호 : □
③ 반지름 기호 : R
④ 구면 기호 : '구면' 이라 쓴다.
⑤ 리벳의 피치 기호 : P
⑥ 모따기 기호 : C
⑦ 판의 두께 기호 : t

(4) 치수 기입법

① 전체 치수를 기입할 때에는 왼쪽에서 오른쪽으로 적되 치수선의 상단에 기입한다.
② 좁은 부분은 인출선을 사용하여 기입한다.
③ 치수 표시 기호는 치수숫자 앞에 쓴다.

(5) 각도의 표시

지면물매, 지붕물매, 각도의 도수 표시, 적합한 두 부재 간의 교각은 아래 그림과 같이 표시한다.

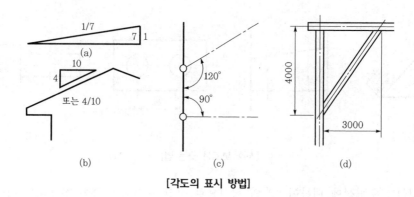

[각도의 표시 방법]

4 제도의 규약

건축제도의 표시기호는 건축제도 통칙(KS F 1501)에 규정되어 있다.

(1) 평면 표시 기호

평면도에 창과 출입문 등을 나타내는 표시로 KS F 1501에 규정되어 있다.

>>> 평면 표시 기호표(출입구 및 창호 표시)(KS F 1501, 1980)

문		창	
출입구 일반	일반 바닥 차가 있을 때 문턱있을 때	창 일반	일반
여닫이문	외여닫이문 쌍여닫이문 쌍여닫이문 자재 여닫이문	여닫이창	외여닫이창 쌍여닫이창
미닫이문	외미닫이문 쌍미닫이문	미닫이창	외미닫이창 쌍미닫이창
미서기문	두짝 미서기문 네짝 미서기문	미서기창	두짝 미서기창 네짝 미서기창
회전문	회전문	회전창	회전창

문		창	
붙박이문	붙박이문	붙박이창 샤시	붙박이창
망사문	망사문	망사문	망사문
셔터 달린 문	셔터달린문	셔터 달린 창	셔터달린창
접이문	접이문	오르내리창	오르내리창
주름문	창주름문	창살 댄 창	창살댄창

(2) 창호 기호

창호의 재료 등을 구체적으로 나타내기 위해 KS F 1502에 규정되어 있다.

>>> 창호 기호(KS F1502, 1980)

올거미 재료	창	문	비고
목재	1 WW	2 WD	창문번호 재료기호 / 창문셔터별 기호
철재	3 SW	4 SD	
알루미늄재	5 ALW	6 ALD	창문번호는 같은 규격일 경우에는 모두 같은 번호로 기입한다.
플라스틱	7 PW	8 PD	• 창 : W
스테인레스강	5 $S_S W$	6 $S_S D$	• 문 : D • 셔터 : S

(3) 재료 및 구조의 표시 기호

벽체의 재료, 구조 등을 구분하여 표시할 때 쓰이며 평면용과 단면용이 있다.

≫≫≫ 재료 구조 표시 기호(평면용)

축척 정도별 구분 표시 사항	축척 1/100 또는 1/200일 때	축척 1/20 또는 1/50일 때
벽 일반		
철골 철근 큰크리트 기둥 및 철근 콘크리트벽		
철근 콘크리트 기둥 및 장막벽	재료 표시	재료 표시
철골 기둥 및 장막벽		
블록벽		축척 1/50 축척 1/20
벽돌벽		
목조벽 / 양쪽심벽 { 안심벽 밖평벽 / 안팎평벽		반쪽 기둥 통재 기둥 축척 1/50

>>> **재료 구조 표시 기호(단면용)**

표시 사항 부분		원칙적으로 사용한다.	준용한다.	비고
지반				경사면
잡석 다짐				
자갈, 모래				타재와 혼용될 우려가 있을 때에는 반드시 재료명을 기입한다.
자갈·모래 반섞기				
석재				
모조석				
콘크리트		a b c		a 는 강자갈 b 는 깬자갈 c 는 철근 배근일 때
벽돌				
블록				
목재	치장재		단면 직사각형	
	구조재	보조 구조재	합판	유심재, 거심재를 구별할 때 유심재 거심재
철재				준용란은 축척이 실척에 가까울 때 쓰인다.
차단재 (보온 흡음, 방수, 기타)		재료명 기입		
얇은 재료 (유리)		a		a는 실척에 가까울 때 사용한다.
망사		a		a는 실척에 가까울 때 사용한다.
기타		윤곽을 그리고 재료명을 기입한다.	재료명	실척에 가까울수록 윤곽 또는 실형을 그리고 재료명을 기입한다.

3. 건축 설계 도면

1 설계 도면의 종류

(1) 설계 도면의 종류

계획 설계도		구상도, 조직도, 동선도, 면적 도표 등
		기본 설계도, 계획도, 스케치도
실시 설계도	일반도	배치도, 평면도, 입면도, 단면도, 전개도, 창호도, 현치도, 투시도 등
	구조도	기초 평면도, 바닥틀 평면도, 지붕틀 평면도, 골조도, 기초, 기둥, 보, 바닥판, 일람표, 배근도, 각부 상세 등
	설비도	전기, 위생, 냉·난방, 환기, 승강기, 소화 설비도 등
시공도		시공 상세도, 시공 계획도, 시방서 등

(2) 계획 설계도

설계 도면의 종류 중에서 가장 먼저 이루어지는 도면으로 구상도, 조직도, 동선도, 면적 도표 등이 있고, 이를 바탕으로 실시 설계도(일반도, 구조도 및 설비도)가 이루어지며 그 후에 시공도가 작성된다.

① **구상도** : 구상한 계획을 자유롭게 표현하기 위하여 모눈종이, 스케치에 프리핸드로 그리게 되며, 대개 1/200~1/500의 축척으로 표현되는 기초적인 도면이다.

② **조직도** : 평면 계획의 기초 단계에서 각 실의 크기나 형태로 들어가기 전에 동·식물의 각 기관이 상호 관계에 있는 것과 같이 용도나 내용의 관련성을 정리하여 조직화한다.

③ **동선도** : 사람이나 차 또는 화물 등이 움직이는 흐름을 도식화하여 기능도, 조직도를 바탕으로 관찰하고 동선 이론의 본질에 따르도록 한다.

④ **면적 도표** : 전체 면적 중에 각 소요실의 비율이나 공동 부분(복도, 계단 등)의 비율(건폐율)을 산출한다.

(3) 실시 설계도

설계 도면의 종류 중 실시 설계도에는 일반도(배치도, 평면도, 입면도, 단면도, 전개도, 창호도, 현치도, 투시도 등), 구조도(기초 평면도, 바닥틀 평면도, 지붕틀 평면도, 골조도, 배근도, 기초·기둥·보·바닥판, 일람표, 각부 상세도 등) 및 설비도(전기, 위생, 냉·난방, 환기, 승강기, 소화 설비도 등)로 나눈다.

① **배치도** : 대지 안에 건물이나 부대 시설의 배치를 나타낸 도면으로 위치, 간격, 축척, 방위, 경계선 등을 나타낸다.

② 평면도 : 건축물을 각 층마다 창틀 위에서 수평으로 자른 수평 투상도로서 실의 배치 및 크기를 나타낸다.

③ 입면도 : 건축물의 외관을 나타낸 직립 투상도로서 동, 서, 남, 북측 입면도 또는 정면도, 측면도, 배면도 등으로 나타낸다.

④ 단면도 : 건축물을 수직으로 잘라 그 단면을 나타낸 것으로 기초, 지반, 바닥, 처마, 층높이 등의 높이와 지붕의 물매, 처마의 내민 길이 등을 표시한다.

⑤ 전개도 : 각 실 내부의 의장을 명시하기 위해 작성하는 도면으로, 실내의 입면을 그린 다음 벽면의 형상, 치수, 마감 등을 표시한다. 또한, 천장면 내지 벽면 등의 절단된 부분은 그 실내측의 마무리면만을 그리면 되지만 절단면에 출입구나 창 등이 있는 경우에는 그 단면을 그려야 한다.

2 각종 설계 도면

(1) 배치도

① 배치도에 표시할 내용에는 축척, 대지의 모양 및 고저, 치수, 건축물의 위치, 방위, 대지 경계선까지의 거리, 대지에 접한 도로의 위치와 너비 및 길이, 출입구의 위치, 문, 담장, 주차장의 위치, 정화조의 위치, 조경 계획 등이다.

② 배치도 및 평면도 등의 도면은 위쪽을 북쪽으로 한다.

③ 배치도에 표시하지 않아도 되는 것에는 각 실의 위치, 실의 크기, 외부 마감재, 지붕 물매, 실의 배치와 넓이, 개구부의 위치와 크기 등이다.

(2) 평면도

평면도는 건축물의 창틀 위(바닥에서 약 1.2~1.5 m 내외)에서 수평으로 자른 수평 투상도면으로 실의 배치 및 크기, 개구부의 위치 및 크기, 창문과 출입구 등을 나타낸 도면이다. 또한, 천장 평면도에는 환기구, 조명 기구 및 설비 기구, 반자틀 재료 및 규격 등을 표시하며, 천장의 높이는 단면도에 표기한다.

(3) 입면도

입면도란 건축물의 외관 또는 외형을 나타내는 정투상도에 의한 직립 투상도로서 동, 서, 남, 북의 네 면의 외부 형태를 나타내며, 창의 형상, 창의 높이, 외벽의 마감 재료, 건물 전체 높이, 지붕 물매, 처마 높이, 창문의 형태 등을 나타낸다. 특히, 실내의 높이(천장 높이, 반자 높이 등)는 단면도에 표기하고, 입면도의 작도 순서는 다음과 같다.

① 지반선을 긋는다. → ② 각 층의 높이를 가는 선으로 긋는다. → ③ 바닥면에서 창문의 높이를 가는 선으로 긋는다. → ④ 창호의 모양에 따라 창과 문의 형태를 작도한다.

(4) 단면도

① 단면도 제도시 필요한 사항은 기초, 지반, 바닥, 처마, 건축물, 층, 창, 난간 등의 높이와 처마 및 베란다의 내민 길이, 계단의 챌판 및 디딤판의 길이 등을 나타내고, 단면 상세도는 건축물의 구조상 중요한 부분을 수직으로 자른 것을 그린 도면으로 평면도만으로 이해하기 힘든 부분, 전체 구조의 이해를 필요로 하는 부분, 설계자의 강조 부분 등을 그려야 하고, 각 부의 높이, 부재의 크기, 접합 및 마감 등을 상세하게 그린다.

② 부분 단면 상세도는 건축물의 주요 부분만을 상세하게 그린 도면으로 각 부재의 형상, 치수 등을 표시한 도면이다.

③ 단면도에 나타내지 않아도 되는 사항은 도로와 대지의 고저차, 등고선, 지붕의 물매, 창의 개폐법, 실명, 창호 기호 표시, 각 실의 용도와 부지 경계선 등이다.

④ 단면도를 그리는 순서
지반선의 위치를 결정 → 기둥의 중심선 → 기둥의 크기와 벽의 크기 → 창틀 및 문틀의 위치 → 지붕 → 천장 → 치수 기입의 순으로 작도한다.

(5) 창호도

창호도는 건축물에 사용되는 창호의 개폐 방법, 재료, 마감, 창호 철물, 유리 등을 나낸 도면이다.

(6) 설계도서

설계도서는 건축물의 건축 등에 관한 공사용 도면과 구조 계산서 및 시방서, 기타 국토해양부령이 정하는 공사에 필요한 서류(건축 설비 계산 관계 서류, 토질 및 지질 관계 서류, 기타 공사에 필요한 서류 등) 등이고, 공사 예산서 작성시에는 공사에 소요되는 재료명, 수량 및 단가 등이 필요하다.

3 표제란

(1) 표제란

① 표제란의 기입 내용
표제란은 반드시 설정하여야 하며, 표제란에는 도면명, 도면 번호, 공사 명칭, 축척, 설계 책임자의 서명, 설계자의 성명, 도면 작성 날짜, 도면 작성 기관 및 도면 분류 기호 등을 기입한다.

② 표제란의 위치
표제란의 위치는 일반적으로 도면의 우측 하단으로 하며, 오른쪽 끝 일부 및 도면의 아래쪽 일부를 사용하기도 한다.

③ 표제란에 기입하지 않아도 되는 사항은 감리자의 성명, 시공 회사 명칭, 시공 책임자의 서명, 공사비 및 시공자 서명 등이다.

4. 건축물의 묘사 및 표현

1 입체의 표현

(1) 입체의 표현

입체 표면에 명암이나 음영을 넣어 표현함으로써 형태를 좀더 쉽게 이해할 수 있으며, 면의 명확한 구분 사용은 도면상 형태 표현의 기본 요점이 된다.

① 아무것도 그려 있지 않은 백지는 우리에게 아무런 느낌이나 크기, 방향 등을 제시하지 못하나 일단 백지 위에 윤곽이나 명암을 달리하는 도형을 그려 놓으면 크기와 방향 등을 느끼게 된다. [그림 (a)]

② 같은 크기와 농도로 그려진 2개의 점은 동일 평면상에서 위치한 것으로 보인다. [그림 (b)]

③ 같은 크기의 점이라도 그 명암을 달리하면 진한 쪽은 돋보이고, 흐린 쪽은 후퇴한 것처럼 보인다. [그림 (c)]

④ 2개의 직사각형의 경우, 같은 굵기로 그려진 때에는 동일면상에 있는 것처럼 보이나 그 중 한 직사각형의 윤곽선의 굵기를 굵게 하면 다른 직사각형보다 돋보이고, 한쪽은 후퇴하여 보인다. [그림 (d)]

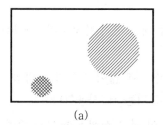

(a)

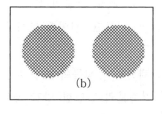

(b)

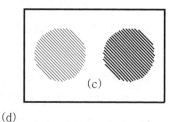

(c)

(d)

(2) 각종 배경의 표현

① 주변 환경, 스케일 및 용도 등을 나타낼 때에는 꼭 필요할 때에만 적당하게 표현한다.

② 건물보다 앞에 표현될 배경은 사실적으로 그리고, 멀리 있는 것은 단순하게 그린다.

③ 공간과 구조, 그들의 관계를 표현하는 요소들에 지장을 주어서는 아니 된다.

④ 표현 요소의 크기와 비중 및 배치는 도면 전체의 구성을 고려하여 결정한다.

⑤ 건축물의 표현에서 사람의 배경과 표현은 건축물의 크기(스케일감), 공간의 깊이와 높이 및 공간의 용도(관습적인 용도)를 나타내기 위함이다.

(3) 묘사 기법

① 윤곽선을 강하게 묘사하면 공간상의 입체를 돋보이게 하는 효과가 있다.

② 곡면인 경우에는 농도에 변화를 주어 묘사하고, 일반적으로 그림자는 표면의 그늘보다 어둡게 표현한다.

③ 그늘과 그림자는 물체의 위치, 보는 사람의 위치, 빛의 방향, 그림자가 비칠 바닥의 형태에 의하여 표현을 달리한다.

(4) 건축물의 색채

외관의 색채를 결정하는 요인은 건축물의 형태, 위치 및 용도 등이 있으며, 건축물의 구조와는 무관하다.

2 묘사 도구와 방법

(1) 묘사 도구

① **연필** : 효과적으로 구분하여 사용하면 밝은 상태에서 어두운 상태까지 폭넓게 명암을 나타낼 수 있으며, 다양한 질감 표현이 가능하다. 지울 수 있는 장점이 있으나, 번지거나 더러워지는 단점이 있다. 특히, 연필의 표시에서 H, B는 Hard와 Black의 약자이고, H의 수가 클수록 단단하고 흐리며, B의 수가 클수록 연하고 진하다. 또한, 9H부터 6B까지 15종류에 F, HB를 포함하여 17단계로 구분한다.

② **잉크** : 농도를 정확히 나타낼 수 있고, 선명해 보이기 때문에 도면이 깨끗하며, 다양한 묘사가 가능하다.

③ **색연필** : 간단하게 도면을 채색하여 실물의 느낌을 표현하는 데 많이 사용하는 방법으로, 작품성은 부족하나 실내 건축물의 간단한 마감 재료를 그리는 데 사용한다.

④ **물감** : 재료에 따라 차이가 있으며, 수채화는 투명하고 윤이 나고 신선한 느낌을 주며, 부드럽고 밝은 특징이 있다. 불투명은 주로 포스터 물감을 주로 사용하고, 사실적이며 재료의 질감 표현과 수정이 용이하여 많이 사용하는 방법으로, 붓을 사용하여 그린다. 또한, 건축물의 묘사에 있어서 트레이싱지에 컬러(color)를 표현하기에 가장 적합한 것은 수성 마커펜이고, 투시도의 착색 마무리에서 유채색의 마무리 중 불투명 마무리 색채로 가장 적합한 것은 포스터 컬러이다.

(2) 묘사 방법(Ⅰ)

① **모눈종이 묘사** : 묘사하고자 하는 내용 위에 사각형의 격자를 그리고, 한 번에 하나의 사각형을 다른 종이에 같은 형태로 옮겨 그리며, 사각형이 원본보다 크거나 작다면 완성된 그림은 사각형의 크기에 따라 규격이 정해진다. 또한, 사각형의 격자는 빠르게 스케치 할 때, 리듬을 중복되게 하거나 비율을 정확히 맞춰주며 일정한 각도($90°$, $45°$)로 그리려고 할 때 도움이 된다.

② **투명 용지 묘사** : 그리고자 하는 대상물에 트레이싱 페이퍼를 올려놓고, 그대로 그리는 것으로, 이것을 여러 번 해 본 후에는 평면에 선의 형태로 대상물을 단순히 옮긴다는 순수한 그림의 원칙을 이해하게 된다.

③ **보고 그리기 묘사** : 보면서 그림을 그릴 때에는 주의 깊게 사물을 관찰하여야 하고, 사물에 대한 고정적인 관념을 배제하여야 하며, 사실적인 묘사 이외에 형태의 본질 파악에 주의를 기울여야 한다.

(3) 묘사 방법(Ⅱ)

건축물의 묘사 방법에는 단선에 의한 묘사, 여러 선에 의한 묘사, 단선과 명암에 의한 묘사, 명암 처리만으로의 묘사 및 점에 의한 묘사 등이 있다.

① **단선에 의한 묘사** : 선의 종류와 굵기에 따라 묘사가 가능하고 선의 위계에 유의하며 명확하고도 일관성이 있는 적절한 선이 되도록 하여야 한다.

② **여러 선에 의한 묘사** : 선의 간격에 변화를 주어 면과 입체에 한정시키는 방법으로, 평면은 같은 간격으로 선의 간격을 달리하여 곡면을 나타내고 묘사하는 선의 방향은 면이나 입체에 대하여 수직, 수평으로 맞추며 물체의 윤곽선은 그리지 않는다.

③ **단선과 명암에 의한 묘사** : 선으로 공간을 한정하고 명암으로 음영을 넣는 방법으로 평면의 경우는 같은 명암의 농도로, 곡면의 경우에는 농도의 변화를 주어 묘사한다.

④ **명암 처리만으로 묘사** : 면이 다른 경우에는 면의 명암 차이를 명확히 나타나도록 하고, 명암의 표현에서 방향을 나타낼 때에는 면의 수직과 수평 방향이 일치하도록 한다.

⑤ **점에 의한 묘사** : 여러 점으로 입체의 면이나 형태를 나타내고자 할 때 각 면의 명암 차이를 표현하고 점을 많이 또는 적게 찍어 형태의 변화를 준다.

(4) 음영의 표현 방법

음영은 어떤 물체에 빛을 주었을 때, 빛이 비치지 않는 면과 바닥에 나타난 물체의 그늘과 그림자를 표현하는 것이다. 음영은 건축물의 입체적인 표현을 강조하기 위하여 그리며, 물체의 위치, 보는 사람의 위치, 빛의 방향, 그림자가 나타나는 바닥 형태에 의해 표현이 달라진다. 그림자를 그리는 데에는 측광, 역광, 배광 등 여러 가지 음영 도법이 있다. 음영을 나타내는 표현법은 실내 투시도(일점 광원)와 외관 투시도(평행 광원)에 주로 사용되는 표현법이다.

(5) 사람을 8등분하여 비례를 보면 다음과 같다.

신체 부위	머 리	목	팔	몸 통	다 리	팔 굽	무 릎
비례	1	1/2	3.0	3.5	4.0	팔의 1/2	지표면에서 2.5

3 투시도

(1) 투시도의 원리

① 투시도에 있어서 투사선은 관측자의 시선으로서, 화면을 통과하여 시점에 모이게 된다.

② 투사선이 한곳에 모이므로 물체의 크기는 화면에 가까이 있는 것보다 멀리 있는 것이 작아 보이고, 화면보다 앞에 있는 물건은 확대되어 나타나며, 화면에 접해 있는 부분만이 실제의 크기가 된다.

③ 투시도에서 수평면은 시점 높이와 같은 평면 위에 있고, 화면에 평행하지 않은 평행선들은 소점으로 모인다.

(2) 투시도의 용어

① 기면(Ground Plane : G.P) : 사람이 서 있는 면

② 화면(Picture Plane : P.P) : 물체와 시점 사이에 기면과 수직한 평면

③ 수평면(Horizontal Plane : H.P) : 눈높이에 수평한 면

④ 기선(Ground Line : G.L) : 기면과 화면의 교차선

⑤ 수평선(Horizontal Line : H.L) : 수평선과 화면의 교차선

⑥ 정점(Station Point : S.P) : 사람이 서 있는 곳

⑦ 시점(Eye Point : E.P) : 보는 사람의 눈의 위치

⑧ 시선축(Axis of Vision : A.V) : 시점에서 화면에 수직하게 통하는 투사선

⑨ 소점(Vanishing Point : V.P) : 좌측 소점·우측 소점 또는 중심 소점 등으로 투시도에서 직선을 무한한 먼 거리로 연장하였을 때 그 무한 거리 위의 점과 시점을 연결하는 시선과의 교점이다.

(3) 투시도의 종류

투시도의 형식은 물체와 화면의 관계 및 소점의 수에 따라 세 가지로 분류할 수 있다.

① 1소점 투시도 : 화면에 그리려는 물체가 화면에 대하여 평행 또는 수직이 되게 놓이는 경우로 소점이 1개가 된다. 실내 투시도 또는 기념 건축물과 같은 정적인 건물의 표현에 효과적이다.

② 2소점 투시도 : 2개의 수평선이 화면과 각을 가지도록 물체를 돌려 놓은 경우로, 소점이 2개가 생기고 수직선은 투시도에서 그대로 수직으로 표현되는 가장 널리 사용되는 방법이다.

③ 3소점 투시도(조감도) : 물체가 돌려져 있고 화면에 대하여 기울어져 있는 경우로, 화면과 평행한 선이 없으므로 소점은 3개가 된다. 아주 높은 위치나 낮은 위치에서 물체의 모양을 표현할 때 쓰이나, 건축에서는 제도법이 복잡하여 자주 사용되지 않는다.

4 투상도

(1) 투상도의 종류

투상도에서 무한대의 거리에 설정된 시점은 평행하며, 소점은 존재하지 않고, 어디에서도 모이지 않는 일정 방향에 대하여 모두 평행이다. 임의의 각도를 하나 결정하는 것만으로 어떤 복잡한 것이라도 쉽게 입체감을 표현할 수가 있어 편리하다. 투상도의 축에는 수직축, 수평축, 경사진 임의의 축이 각각 하나씩 만들어지는 세 가지의 유형이 있다.

① 등각 투상도 : 입방체를 정투상하는 경우에 평화면에 수직으로 놓으면 그 투상도에서는 두 면밖에 안 나타나고, 평화면에 경사지게 놓고 투상하면 3면이 투상되어, 비로소 입체감이 생기게 된다. 이와 같은 입체적인 입방체의 투영도를 직접 그릴 수 있는 도법 중의 하나가 등각 투상법으로 등각도에서는 인접 두 축 사이의 각이 120°이므로, 한 축이 수직일 때에는 나머지 두 축은 수평선과 30°가 되어 T자와 30° 삼각자를 이용하면 쉽게 등각 투상도를 그릴 수 있다.

② 이등각 투상도 : 3개의 축선 가운데 2개의 수평선과 등각을 이루고 하나의 축선이 수평선과 수직이 되게 그린 것이다.

③ 부등각 투상도 : 수평선과 2개의 축선이 이루는 각을 서로 다르게 그린 것이다.

④ 유각 투시도 : 물체가 화면에 대해서 일정한 각도를 가지며, 지반면에 대해서는 수직으로 놓여 있을 경우의 투시도로서, 이 경우 평면도는 기선에 대해서 30° 및 60°로 두 변을 취하도록 놓는 것이 일반적이다.

(2) 정투상법

정투상법에는 제1각법과 제3각법이 있으며, 건축 제도 통칙에서는 제3각법을 원칙으로 한다.

① **제1각법** : 눈 - 물체 - 투상면의 순으로 투상면의 앞쪽에 물체를 놓게 되므로 우측면도는 정면의 왼쪽에, 좌측면도는 정면도의 오른쪽에, 저면도는 정면도의 위에 그리며, 평면도는 밑에 그린다.

② **제3각법** : 눈 - 투상면 - 물체의 순으로 투상면의 뒤쪽에 물체를 놓게 되므로 정면도를 기준으로 하여 그 좌우상하에서 본 모양을 본 쪽에서 그리는 것이므로 투상도 상호 관계 및 위치를 보기가 쉽다.

(3) 도면과 투상도

① **입면도** : 건축물의 외관을 나타낸 직립 투상도(건축물의 외형 또는 외관을 각 면에 대하여 정투상법으로 투상한 도면)로서 동, 서, 남, 북측 입면도 또는 정면도, 측면도, 배면도 등으로 나타낸다.

② **배치도** : 대지 안에 건물이나 부대 시설의 배치를 나타낸 도면으로 위치, 간격, 축척, 방위, 경계선 등을 나타낸다.

③ **단면도** : 건축물을 수직으로 잘라 그 단면을 나타낸 것으로 기초, 지반, 바닥, 처마, 층 높이 등의 높이와 지붕의 물매, 처마의 내민 길이 등을 표시한다.

④ **평면도** : 건축물을 각 층마다 창틀 위에서 수평으로 자른 수평 투상도로서 실의 배치 및 크기를 나타낸다.

출제예상문제

01 Ⅰ자 위에 놓인 삼각자를 사용하여 선을 그을 때, 작도 방향이 잘못된 것은?

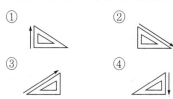

해설 선의 작도법에서 수평선은 좌에서 우로, **수직선은 밑에서 위로**, 사선은 좌측 상단에서 우측 하단으로, 좌측 하단에서 우측 상단으로 선을 긋는다.

02 삼각 스케일에 표기되어 있는 축척이 아닌 것은?

① 1/100 　　② 1/600
③ 1/250 　　④ 1/300

해설 스케일에는 1/100, 1/200, 1/300, 1/400, 1/500 및 1/600 축척의 눈금이 있다.

03 제도판에서 불규칙한 곡선을 그릴 때 사용하는 제도 기구는?

① 삼각자 　　② 자유 곡선자
③ 지우개판 　　④ 만능 제도기

해설 자유 곡선자는 임의의 모양을 구부려 사용할 수 있으며, 비교적 큰 곡선을 그을 때 사용하며, 특히 **불규칙한 곡선을 그릴 때 사용**한다.

04 KS 제도 통칙에 의한 A0 용지의 크기에 해당하는 것은?

① 594 mm×841 mm
② 841 mm×1,189 mm
③ 1,189 mm×1,090 mm
④ 1,090 mm×1,200 mm

해설 A0 용지의 규격은 841 mm×1,189 mm이다.

05 KS에서 A2의 제도 용지의 크기는?

① 420 mm×594 mm
② 594 mm×841 mm
③ 841 mm×1,189 mm
④ 297 mm×420 mm

해설 A열 제도지의 크기(An)=A0$\times\left(\dfrac{1}{2}\right)^n$이다.
즉, A2의 용지는 $n=2$이므로,
A2=A0$\times\left(\dfrac{1}{2}\right)^n$=A0의 1/4이다.
그러므로
A2 용지=A0 용지의 1/4=A1 용지의 1/2
　　　　=$(841-1)\times 1/2$ mm×594
　　　　=420 mm×594 mm

06 제도 용지 중 A4의 규격으로 맞는 것은?

① 594 mm×841 mm
② 420 mm×594 mm
③ 297 mm×420 mm
④ 210 mm×297 mm

해설 A열 제도지의 크기(An)=A0$\times\left(\dfrac{1}{2}\right)^n$이다.
즉, A2의 용지는 $n=2$이므로,
A4=A0$\times\left(\dfrac{1}{2}\right)^4$=A0의 1/16이다.

07 제도 용지 A2의 크기는 A0 용지의 얼마 정도의 크기인가?

① 1/2 　　② 1/4
③ 1/8 　　④ 1/16

해설 제도 용지의 크기(An)=A0$\times\left(\dfrac{1}{2}\right)^n$이다.
여기서, $n=2$이므로, A2=A0$\times\dfrac{1}{4}$이다.

08 제도 용지의 규격에서 A0 용지의 크기는 A2 용지의 몇 배인가?

① 2.0배   ② 2.5배

③ 3.0배   ④ 4.0배

해설 An(제도 용지의 크기)$=A0 \times \left(\dfrac{1}{2}\right)^n$ 이므로,

$A2 = A0 \times \left(\dfrac{1}{2}\right)^2 = \dfrac{1}{4}A0$

∴ $A0 = 4A2$

09 KS에서 규정한 제도 용지의 세로와 가로 길이의 비는?

① 1 : 1   ② 1 : $\sqrt{2}$

③ 1 : 2   ④ 1 : 3

해설 제도 용지 A0의 크기는 세로×가로=841 mm×1,189 mm이고, 면적은 약 1 m^2 정도이며, 길이의 비는 1 : $\sqrt{2}$ 정도이다.

10 건축 도면의 복사도는 보관, 정리 또는 취급상 접을 때에 얼마의 크기로 접는 것을 표준으로 하는가?

① A1   ② A2

③ A3   ④ A4

해설 건축 도면의 복사도는 보관, 정리 또는 취급상 접을 때에는 A4를 기준으로 하여 접는다.

11 A2 제도 용지의 도면에 테두리선(윤곽선)을 그릴 때 제도지 끝에서의 거리는? (단, 도면을 철하지 않을 경우)

① 5 mm   ② 10 mm

③ 15 mm   ④ 20 mm

해설 A2 용지로 철하지 않는 경우 테두리선은 제도지 끝에서 10 mm의 거리를 두어야 한다.

12 A3 제도 용지에 테두리선을 그릴 때 여백은 최소한 얼마를 두는가? (단, 묶지 않을 경우)

① 5 mm   ② 10 mm

③ 15 mm   ④ 20 mm

해설 A3의 제도 용지를 사용하여 철하지 않는 경우에는 도면의 끝과 외곽선과의 **상, 하, 좌, 우측**까지의 거리는 **5 mm의 여백**을 둔다.

13 건축 도면의 크기에 관한 설명으로 틀린 것은?

① A4의 도면 크기는 210 mm×297 mm이다.

② A2의 도면은 철하지 않을 때 테두리선 여백은 10 mm이다.

③ 접은 도면의 크기는 A3의 크기를 원칙으로 한다.

④ 제도 용지의 크기는 KS A 5201 A열을 따른다.

해설 건축 도면의 복사도는 보관, 정리 또는 취급상 접을 때 A4를 기준으로 하여 접는다.

14 제도 용지에 대한 설명으로 옳지 않은 것은?

① 제도 용지의 가로와 세로의 비는 $\sqrt{2}$: 1이다.

② A0 용지의 넓이는 약 1 m^2이다.

③ A2 용지의 크기는 A0의 1/4이다.

④ 큰 도면을 서류철용으로 접을 때에는 A3의 크기로 접는 것을 원칙으로 한다.

해설 건축 도면의 복사도는 보관, 정리 또는 취급상 접을 때 A4를 기준으로 하여 접는다.

15 건축 도면에 관한 설명 중 옳지 않은 것은?

① A2의 도면 크기는 420 mm×594 mm이다.

② 도면은 그 길이 방향을 좌우 방향으로 놓은 위치를 정위치로 한다.

08. ④   09. ②   10. ④   11. ②   12. ①   13. ③   14. ④   15. ③   **정답**

③ A2의 도면의 크기는 A0의 1/2이다.

④ 제도 용지의 크기는 KS A 5201의 A열의 A0~A6을 따른다.

해설 An(제도 용지의 크기)$=A0\times\left(\dfrac{1}{2}\right)^{n}$이다.

A2 용지는 A0 용지의 1/4이다.

16 건축 도면의 크기에 관한 설명으로 틀린 것은?

① A2의 도면 크기는 420 mm×594 mm이다.

② A2의 도면은 철하지 않을 때 테두리선 여백은 10 mm이다.

③ A2의 도면의 크기는 A0의 1/2이다.

④ 제도 용지의 크기는 KS A 5201 A열을 따른다.

해설 An(제도 용지의 크기)$=A0\times\left(\dfrac{1}{2}\right)^{n}$이다.

A2 용지는 A0 용지의 1/4이다.

17 한국산업규격에서 토목, 건축 분야 통칙의 기호로 옳은 것은?

① KS A　　② KS B

③ KS F　　④ KS E

해설 한국산업규격의 분류 기호에서 ①번은 기본 부문, ②번은 기계 부문, **③번은 토건 부문**, ④번은 광산 부문이다.

18 다음 중 도면에서 가장 굵게 표시하여야 할 선은?

① 외형선　　② 단면선

③ 치수선　　④ 보조 설명선

해설 실선의 전선은 단면선, 외형선에 사용하나, 단면선을 굵게 한다.

19 다음 중 선의 종류가 실선이 아닌 것은?

① 치수선　　② 치수 보조선

③ 단면선　　④ 경계선

해설 경계선은 허선의 일점쇄선을 사용한다.

20 건축 도면에서 물체의 보이지 않는 부분을 나타내는 선은?

① 파선　　② 파단선

③ 상상선　　④ 일점쇄선

해설 물체의 보이지 않는 부분을 나타내는 선은 파선이다.

21 다음 중 가는 실선으로 표현해야 하는 것은?

① 단면선　　② 중심선

③ 상상선　　④ 치수선

해설 가는 실선으로 표현되는 선은 치수선, 치수 보조선, 인출선, 지시선 및 해칭선 등이다.

22 배치도에서 대지 경계선을 표시할 때 사용하는 선은?

① 실선　　② 파선

③ 일점쇄선　　④ 이점쇄선

해설 배치도에서 대지 경계선을 표시할 때에는 일점쇄선의 반선을 사용하여야 한다.

23 물체의 절단한 위치를 표시하거나 경계선으로 사용하는 선은?

① 굵은 실선　　② 가는 실선

③ 일점쇄선　　④ 파선

해설 허선의 일점쇄선의 가는 선은 중심선, 대칭축, 기준선에 사용하고, 일점쇄선의 반선은 절단선, 경계선, 기준선에 사용한다.

24 도면에서 절단 부분을 표시하는 데 사용하는 선은?

① 일점쇄선　　② 굵은 실선

③ 파선　　④ 가는 실선

정답 16. ③ 17. ③ 18. ② 19. ④ 20. ① 21. ④ 22. ③ 23. ③ 24. ①

해설 허선의 일점쇄선의 가는 선은 중심선, 대칭축, 기준선에 사용하고, 일점쇄선의 반선은 절단선, 경계선, 기준선에 사용한다.

25 도면에서 기준선으로 사용하는 선은?

① 파선　　　　② 점선
③ 일점쇄선　　④ 이점쇄선

해설 허선의 일점쇄선의 가는 선은 중심선, 대칭축, 기준선에 사용하고, 일점쇄선의 반선은 절단선, 경계선, 기준선에 사용한다.

26 일점쇄선을 사용하는 선 가운데 가장 가는 선으로 표시하는 것은?

① 절단선　　　② 경계선
③ 중심선　　　④ 기준선

해설 허선의 일점쇄선의 가는 선(0.2 mm 이하의 선)은 중심선, 대칭축, 기준선에 사용하고, 일점쇄선의 반선(전선의 약 1/2, 가는 선보다 굵은 선)은 절단선, 경계선, 기준선에 사용한다.

27 다음 중 도면에서 일점쇄선으로 표현하는 선은?

① 단면선　　　② 치수보조선
③ 중심선　　　④ 상상선

해설 허선의 일점쇄선의 가는 선(0.2 mm 이하의 선)은 중심선, 대칭축, 기준선에 사용하고, 일점쇄선의 반선(전선의 약 1/2, 가는 선보다 굵은 선)은 절단선, 경계선, 기준선에 사용한다.

28 다음 중 도면에서 상상선 또는 일점쇄선과 구별할 필요가 있을 때 사용하는 선은 무엇인가?

① 점선　　　　② 파선
③ 파단선　　　④ 이점쇄선

해설 허선의 이점쇄선은 물체가 있는 것으로 가상(상상)되는 부분을 표시하거나, 일점쇄선과 구별할 때 사용한다.

29 다음 중 이점쇄선으로 표현해야 하는 것은?

① 중심선　　　② 절단선
③ 상상선　　　④ 경계선

해설 허선의 이점쇄선은 물체가 있는 것으로 가상(상상)되는 부분을 표시하거나, 일점쇄선과 구별할 때 사용한다.

30 다음 도면에서 A가 가리키는 선의 종류로 옳은 것은?

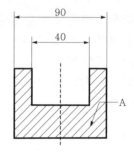

① 중심선　　　② 해칭선
③ 절단선　　　④ 가상선

해설 해칭선은 가는 선을 같은 간격으로 밀접하게 그은 선으로 단면의 표시에 사용한다.

31 도면 작성시 선의 종류와 용도의 연결 중 가장 거리가 먼 것은?

① 굵은 실선 − 단면선
② 가는 실선 − 치수선
③ 이점쇄선 − 상상선
④ 일점쇄선 − 숨은선

해설 허선의 일점쇄선의 가는 선은 중심선, 대칭축, 기준선에 사용하고, 일점쇄선의 반선은 절단선, 경계선, 기준선에 사용한다.

32 건축 제도에서 선의 용법에 관한 설명으로 틀린 것은?

① 점선은 보이지 않는 부분의 모양을 표시하는 데 사용한다.

② 일점쇄선은 중심선, 절단선, 기준선, 경계선 등에 사용한다.

③ 선은 단면선, 윤곽선, 평면상의 구획선, 보조 설명선의 차례로 가늘게 함을 원칙으로 한다.

④ 실선은 보이는 부분의 모양을 표시하는 선이며 굵은 선으로 표시한다.

해설 실선의 굵은 선은 단면선과 외형선으로 사용하고, 물체의 보이는 부분을 나타내는 선으로, 단면선과 외형선으로 구별하여 사용한다. 특히, 실선은 굵은 선, 가는 선이 있다.

33 건축 제도에서 선의 용도에 관한 설명으로 틀린 것은?

① 점선은 보이지 않는 부분의 모양을 표시하는 데 사용한다.

② 일점쇄선은 중심선, 절단선, 기준선, 경계선 등에 사용한다.

③ 실선의 단면의 윤곽 표시에 사용된다.

④ 파선은 치수 보조선, 인출선, 격자선에 사용된다.

해설 치수선, 치수 보조선, 인출선, 각도 설명 등을 나타내는 지시선 및 해칭선은 실선의 가는 선을 사용한다.

34 도면 작성시 사용되는 선의 설명에 적합하지 않은 것은?

① 실선－물체의 단면, 외형을 표시하는 선

② 쇄선－기준, 경계, 중심 등을 표시하는 선

③ 파선－선이나 면을 전체적으로 표현할 필요없이 생략할 때 사용하는 선

④ 지시선－어느 부분을 지적하여 설명하거나 표시할 때 사용하는 선

해설 파선은 물체의 보이지 않는 부분을 표시하는 데 사용하고, 파선과 구별할 필요가 있는 경우

에는 점선을 사용한다. 또한, **선이나 면을 전체적으로 표현할 필요없이 생략할 때 사용하는 선은 파단선**이다.

35 다음 중 선의 용도로 틀린 것은?

① 굵은 실선은 물체나 도형의 외형 또는 단면을 나타내는 데 사용된다.

② 파선은 보이지 않는 부분을 나타낼 때 사용된다.

③ 일점쇄선은 물체 또는 도형의 단면을 표시할 때 사용한다.

④ 이점쇄선은 일점쇄선과 구분할 필요가 있을 때 사용한다.

해설 허선의 일점쇄선의 가는 선은 중심선, 대칭축, 기준선에 사용하고, 일점쇄선의 반선은 절단선, 경계선, 기준선에 사용한다

36 도면 중 지시선에 관한 설명으로 옳지 않은 것은?

① 수평 또는 수직으로 긋지 않는다.

② 지시되는 쪽의 화살표를 점으로 대신할 수도 있다.

③ 60°로 그을 수 없는 경우에는 30°, 45°로 그어도 좋다.

④ 2개 이상의 지시선을 그을 때에는 서로 다른 각도로 긋는다.

해설 2개의 지시선을 그을 경우에는 각도를 동일하게 하여 그린다.

37 건축 도면에 선을 그을 때 유의 사항에 관한 설명 중 옳지 않은 것은?

① 선과 선이 각을 이루어 만나는 곳은 정확하게 작도가 되도록 한다.

② 선의 굵기를 조절하기 위해 중복하여 여러 번 긋지 않도록 한다.

③ 파선이나 점선은 선의 길이와 간격이 일정해야 한다.

④ 선 굵기는 도면의 축척이 다르더라도 항상 일정해야 한다.

해설 축척과 도면의 크기에 따라서 **선의 굵기를 다르게** 한다.

38 선긋기의 유의 사항 중 틀린 것은?

① 용도에 따라 선의 굵기를 구분한다.
② 축척과 도면의 크기가 변화하더라도 선 굵기는 변화가 없다.
③ 각을 이루어 만나는 선은 정확히 긋는다.
④ 한 번 그은 선은 중복해 긋지 않는다.

해설 선긋기시 축척과 도면의 크기에 따라서 **선의 굵기를 다르게** 한다.

39 선 그리기에 대한 설명으로 옳지 못한 것은?

① 굵은 선의 굵기는 0.8 mm 정도면 적당하다.
② 선의 굵기는 축척과 도면의 크기에 관계없이 일정하게 한다.
③ 시작부터 끝까지 일정한 힘을 주어 일정한 속도로 긋는다.
④ 한 번 그은 선은 중복해서 긋지 않는다.

해설 선긋기시 축척과 도면의 크기에 따라서 **선의 굵기를 다르게** 한다.

40 다음 그림에서 치수 기입 방법이 잘못된 것은?

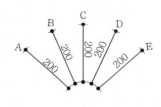

① A
② B
③ C
④ D

해설 **200의 표기는 수직의 치수선에 표기**하므로 왼쪽의 아래에서 위로 표기하고, 그 예로는 다음 그림과 같다.

41 건축 제도의 치수 기입에 관한 설명 중 옳지 않은 것은?

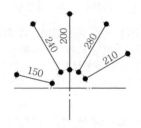

① 치수는 특별히 명시하지 않는 한 마무리 치수로 표시한다.
② 치수 기입은 치수선 중앙 윗부분에 기입하는 것이 원칙이다.
③ 치수의 단위는 cm를 원칙으로 하고, 이때 단위 기호는 쓰지 않는다.
④ 협소한 간격이 연속될 때에는 인출선을 사용하여 치수를 쓴다.

해설 **치수의 단위는 mm를 기준으로** 한다.

42 건축 도면을 작성할 때 일반적으로 사용되는 길이의 단위는?

① cm
② mm
③ m
④ km

해설 제도 통칙에 있어서 **치수의 단위는 mm로** 하며, 치수의 뒷부분에는 기입하지 않는다.

43 아래와 같은 평면도를 CAD로 1/50로 그릴 경우 치수선과 치수선의 간격으로 가장 적당한 것은?

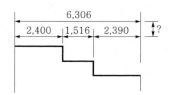

① 5~7 mm ② 8~10 mm

③ 11~13 mm ④ 14~15 mm

해설 치수선은 그림에 방해가 되지 않는 적당한 위치에 긋고, **치수선과 치수선의 간격은 8~10 mm 정도로** 한다.

44 치수 보조선은 치수를 나타내는 부분의 양 끝에서 어느 정도 떨어져서 긋기 시작하는가?

① 0.5~1 mm ② 2~3 mm

③ 6~7 mm ④ 9~10 mm

해설 치수 보조선은 치수선에 직각이 되도록 긋되, 2~3 mm 정도 떨어져 긋기 시작하고, 치수 보조선의 끝은 치수선 너머로 약 3 mm 정도 더 나오도록 하는 것이 좋다.

45 치수를 표기하는 요령으로 바르지 못한 것은?

① 치수는 특별히 명시하지 않는 한 마무리 치수로 표시한다.

② 협소한 간격이 연속될 때에는 인출선을 사용하여 치수를 쓴다.

③ 치수 기입은 치수선에 평행하게 도면의 왼쪽에서 오른쪽으로, 아래에서 위로 읽을 수 있도록 기입한다.

④ 치수 기입은 치수선을 중단하고 선의 중앙에 기입하는 것이 원칙이다.

해설 치수 기입시 도면의 아래로부터 위로, 또는 왼쪽에서 오른쪽으로 읽을 수 있도록 **치수선 위의 가운데(중앙)에 기입**하고, 외형선에 직접 넣을 수도 있으며, **특별히 명시하지 않는 한 마무리 치수로 표시**한다.

46 건축제도에서 치수를 표기하는 요령으로 옳지 않은 것은?

① 치수는 특별히 명시하지 않는 한, 마무리 치수로 표시한다.

② 협소한 간격이 연속될 때에는 인출선을 사용하여 치수를 쓴다.

③ 치수의 단위는 밀리미터(mm)를 원칙으로 하고, 이때 단위 기호는 쓰지 않는다.

④ 치수 기입은 치수선을 중단하고 선의 중앙에 기입하는 것이 원칙이다.

해설 치수 기입시 주의사항은 중복을 피하고, 계산하지 않고도 알 수 있도록 기입하며, 치수선에 평행하게 기입한다. 또한, **도면의 아래로부터 위로, 또는 왼쪽에서 오른쪽으로 읽을 수 있도록** 치수선 위의 가운데에 기입하고, **외형선에 직접 넣을 수도 있다.**

47 도면에서 치수 기입 방법에 관한 설명으로 옳은 것은?

① 치수는 특별히 명시하지 않는 한 마무리 치수로 표시한다.

② 치수 기입은 치수선 중앙 왼쪽에 기입한다.

③ 치수 기입은 치수선과 평행으로 도면의 우측에서 좌로, 위에서 아래로 읽을 수 있도록 기입한다.

④ 치수선의 양 끝은 화살 또는 점으로 혼용해서 사용할 수 있으며, 같은 도면에서 치수선이 작은 것은 점으로 표시한다.

해설 치수 기입시 도면의 아래로부터 위로, 또는 왼쪽에서 오른쪽으로 읽을 수 있도록 **치수선 위의 가운데(중앙)에 기입**하고, **치수선의 양 끝 표시 방법인 화살 또는 점은 같은 도면에서 혼용하지 않는 것이 좋다.**

48 다음 중 건축 제도의 치수 기입에 관한 설명으로 옳은 것은?

① 치수 기입은 치수선을 중단하고 선의 중앙에 기입하는 것이 원칙이다.

② 치수 기입은 치수선에 평행하게 도면의 오른쪽에서 왼쪽으로 읽을 수 있도록 기입한다.

③ 치수의 단위는 밀리미터(mm)를 원칙으로 하고, 반드시 단위 기호를 명시하여야 한다.

④ 치수는 특별히 명시하지 않는 한 마무리 치수로 표시한다.

해설 치수의 기입은 원칙적으로 **치수선의 상부에** 도면에 **평행하게** 기입하고, 도면의 **아래에서 위, 왼쪽에서 오른쪽으로** 읽을 수 있도록 하며, **치수의 단위는 mm로 도면에서는 생략**한다.

49 도면의 치수 기입시 유의 사항과 관계없는 것은?

① 치수의 기입은 치수선에 따라 도면과 평행하게 쓰고 도면의 아래에서 위로, 왼쪽에서 오른쪽으로 읽을 수 있도록 기입한다.

② 치수 기입은 보는 사람의 입장에서 명확한 치수를 기입한다.

③ 필요한 치수의 기재가 누락되는 일이 없도록 한다.

④ 치수 기입은 계산해서 확인할 수 있도록 한다.

해설 치수의 기입은 중복을 피하고, **계산하지 않고도 알 수 있도록** 기입하며, **치수선에 평행하게 기입**한다.

50 치수를 표시하는 요령으로 바르지 못한 것은?

① 치수선에 따라 도면에 평행하도록 표기한다.

② 계산을 하지 않으면 알 수 없을 정도로 치수를 기입해서는 안 된다.

③ 보는 사람의 입장에서 명확한 치수를 표기한다.

④ 경사 지붕의 물매는 분자를 1로 한 분수로 표기한다.

해설 지면의 물매나 바닥의 배수 물매가 작을 때에는 분자를 1로 한 분수로 표시하고, **지붕처럼 비교적 물매가 클 때에는 분모를 10으로 한 분수로 표시**한다(예, 4/10, 1/200).

51 제도에 사용하는 글자의 종류는 몇 가지를 표준으로 하는가?

① 9종류　　　　② 10종류

③ 11종류　　　　④ 12종류

해설 글자의 크기는 **높이로 표시**하고, 20, 16, 12.5, 10, 8, 6.3, 5, 4, 3.2, 2.5 및 2 mm의 **11종류**이다.

52 제도 글씨를 쓸 때 일반 사항으로 틀린 것은?

① 글자를 명확하게 쓴다.

② 문장은 왼쪽에서부터 가로쓰기를 원칙으로 한다.

③ 글자체는 고딕체로 하며 수직 또는 15° 경사로 쓰는 것을 원칙으로 한다.

④ 글자의 크기는 폭에 의하여 결정한다.

해설 글자의 크기는 **높이로 표시**하고, 20, 16, 12.5, 10, 8, 6.3, 5, 4, 3.2, 2.5 및 2 mm의 **11종류**이다.

53 건축 도면에 사용되는 글자에 대한 설명 중 옳은 것은?

① 글자의 크기는 높이로 나타낸다.

② 글자체에 대한 규정은 없다.

③ 문장은 가로쓰기가 원칙이며 세로쓰기는 어떠한 경우에도 할 수 없다.

④ 4자리의 수는 3자리에 휴지부를 찍
거나 간격을 반드시 두어야 한다.

해설 글자체는 **고딕체**이고, 가로쓰기를 원칙으로 하
나 **세로쓰기도 가능**하며, **4자리 이상의 수는 3
자리**에 휴지부를 찍거나 간격을 둔다.

54 건축 제도에 사용되는 글자에 관한 설명
중 옳지 않은 것은?

① 숫자는 아라비아 숫자를 원칙으로
한다.
② 문장은 왼쪽에서부터 가로쓰기를 원
칙으로 한다.
③ 글자체는 수직 또는 15° 경사의 명조
체로 쓰는 것을 원칙으로 한다.
④ 글자의 크기는 각 도면의 상황에 맞
추어 알아보기 쉬운 크기로 한다.

해설 글자 쓰기에서 글자는 명확하게 하고, 문장은
왼쪽에서부터 가로쓰기를 원칙으로 하며(다
만, 가로쓰기가 곤란할 때에는 세로쓰기도 무
방), **글자체는 고딕체로 하며, 수직 또는 15°
경사로 쓰는 것을 원칙으로 한다.**

55 도면 작성시 고려해야 할 사항이 아닌
것은?

① 도면의 인지도를 높이기 위하여 선의
굵기를 고려하여 그린다.
② 표제란에는 작성자 성명, 축척, 도면
명 등을 기입한다.
③ 도면의 글씨는 깨끗하게 자연스러운
필기체로 쓰는 것이 좋다.
④ 도면상의 배치를 고려하여 작도한다.

해설 **글자체는 고딕체**로 하고, 수직 또는 15° 경사
로 쓰는 것을 원칙으로 한다.

56 도면 작도시 유의 사항으로 옳지 않은 것은?

① 축척과 도면의 크기에 관계없이 글자
의 크기는 같아야 한다.

② 용도에 따라서 선의 굵기를 구분하여
사용한다.
③ 숫자는 아라비아 숫자를 원칙으로
한다.
④ 글자체는 수직 또는 15° 경사의 고딕
체로 쓰는 것을 원칙으로 한다.

해설 글자의 크기는 각 **도면(축척과 도면의 크기)**
의 상황에 맞추어 알아보기 쉬운 크기로 한다.

57 도면 작도시 유의 사항 중 가장 거리가
먼 것은?

① 축척과 도면의 크기에 관계없이 글자
의 크기는 같아야 한다.
② 용도에 따라서 선의 굵기를 구분하여
사용한다.
③ 숫자, 로마자는 수직 또는 15° 경사
로 쓰는 것을 원칙으로 한다.
④ 문자의 크기는 11종류로 정해져 있다.

해설 글자의 크기는 각 **도면(축척과 도면의 크기)**의
상황에 맞추어 알아보기 쉬운 크기로 한다.

58 도면 표시 기호를 바르게 설명한 것은?

① 치수 보조선은 도면에서 2~3 mm 떨
어져 긋는다.
② 화살표의 크기는 글씨 크기와 조화되
게 쓴다.
③ 도면에 표시된 기호는 치수 뒤에 쓴다.
④ 반지름을 나타내는 기호는 ϕ이다.

해설 **화살표의 크기는 선의 굵기와 조화**를 이루도
록 하고, **도면에 표기된 기호는 치수 앞에 쓰**
며, **반지름은 R, 지름은 ϕ로 표기**한다.

59 건축 제도 기본 사항에 관한 설명 중 틀
린 것은?

① 평면도, 배치도 등은 북을 위로 하여
작도함을 원칙으로 한다.

② 제도 용지 가로와 세로의 비는 2 : 1
이다.

③ 도면 A0의 넓이는 약 1.0 m²이다.

④ 큰 도면을 접을 때 접은 도면의 크기
는 A4의 크기를 원칙으로 한다.

해설 A0 용지의 크기는 841 mm×1,189 mm이므로
면적은 약 1 m² 정도이며, **길이의 비는 약 세
로 : 가로=1 : $\sqrt{2}$ 정도이다.**

60 제도를 할 때 알아야 할 일반 사항 중
바르게 설명된 것은?

① 제도 용지의 치수 중에서 가장 큰 것
은 A1이다.

② 표제란은 일반적으로 도면의 좌측 상
단에 표시한다.

③ 선은 모양 및 굵기에 따라 용도가 다
르다.

④ 도면에 표시하는 글자는 쓰기 쉽고,
읽기 쉬우며 독창적이고 특징이 있는
것이 좋다.

해설 제도 용지 중에서 가장 큰 것은 **B열에서는 B0**
이고, **A열에서는 A0**이며, **표제란의 위치는 도
면의 우측 하단에 위치**한다. 또한, 도면에 사
용하는 글자체는 **고딕체를 원칙으로 한다.**

61 도면에는 척도를 기입해야 하는데, 그림
의 형태가 치수에 비례하지 않을 경우
표시 방법으로 옳은 것은?

① US   ② DS

③ NS   ④ KS

해설 그림의 형태가 치수에 비례하지 않을 경우에
표시하는 방법으로 **NS(No Scale)를 사용한
다.**

62 실제 길이 16 m를 1 : 200으로 축소하면
얼마인가?

① 0.8 mm   ② 8 mm

③ 80 mm   ④ 800 mm

해설 축척이란 실제의 길이에 비례하여 도면에 표
기하는 길이로서

$$축척 = \frac{도면상의\ 길이}{실제의\ 길이}\ 이므로$$

도면상의 길이=실제의 길이×축척에서 16 m
=1,600 cm를 1/200로 축소하면,
$1,600 \times (1/200) = 8\ cm = 80\ mm$이다.

63 KS 규정의 제도 통칙에 의한 척도의 종
류는 몇 종류인가?

① 6종   ② 11종

③ 18종   ④ 24종

해설 건축 제도 통칙에서 사용하는 **척도의 종류는
24종**이다.

64 KS 건축 제도 통칙에 의해 규정된 척도
가 아닌 것은?

① 5/1   ② 1/6,000

③ 1/25   ④ 1/400

해설 건축 제도 통칙에서 사용하는 척도의 종류에
는 $\frac{2}{1}$, $\frac{5}{1}$, $\frac{1}{1}$, $\frac{1}{2}$, $\frac{1}{3}$, $\frac{1}{4}$, $\frac{1}{5}$, $\frac{1}{10}$, $\frac{1}{20}$,
$\frac{1}{25}$, $\frac{1}{30}$, $\frac{1}{40}$, $\frac{1}{50}$, $\frac{1}{100}$, $\frac{1}{200}$,
$\frac{1}{250}\left(\frac{1}{300}\right)$, $\frac{1}{500}$, $\frac{1}{600}$, $\frac{1}{1,000}$, $\frac{1}{1,200}$,
$\frac{1}{2,000}$, $\frac{1}{2,500}\left(\frac{1}{3,000}\right)$, $\frac{1}{5,000}$, $\frac{1}{6,000}$ 등
의 24종이다.

65 건축 도면에서 주 기준선의 표시 기호로
옳은 것은?

①   ②

③   ④

해설 ①항은 **주 기준선의 표시**이고, ②항은 보조 기
준선의 표시이다.

66 그림은 단면 재료 표시 기호이다. 구조용으로 쓰이는 목재의 표시 방법은?

①   ②

③   ④

해설 ①번은 목재의 **구조재**, ②번은 철근을 배근한 콘크리트의 단면, ③번은 벽돌벽 단면 및 ④번은 모르타르의 단면 표시 기호이다.

67 다음의 단면용 재료 표시 기호 중 석재에 해당하는 것은?

①   ②

③   ④

해설 ①항은 구조재, ②항은 보조 구조재, ③항은 벽돌, ④항은 석재를 의미한다.

68 건축 제도에서 석재의 재료 표시 기호(단면용)로 옳은 것은?

①   ②

③   ④

해설 ①번은 석재, ②번은 목재 중 치장재 또는 벽돌, ③번은 블록과 차단재(보온, 흡음, 방음 등), ④번은 콘크리트로서 철근을 배근한 것이다.

69 도면에서 그림과 같은 목재의 재료 표시 명칭으로 옳은 것은?

① 구조재   ② 보조재
③ 치장재   ④ 인조석

해설 재료 구조 표시 기호(단면용)

재료	표기법
구조재	
보조재	□⁄ ⊿
치장재	▱ ▱
인조(모조)석	▨

70 재료 구조 표시 기호 중 틀린 것은?

① 치장목재   ② 망사
③ 모르타르 마감 ④ 단열재

해설 ①번은 목재의 구조재 표시 기호이다.

71 재료 단면 표시 기호로 틀린 것은?

① 보통 콘크리트 ② 인조석
③ 지반   ④ 잡석다짐

해설 ①번의 재료 표시 기호는 철근 콘크리트를 의미한다.

72 목조벽 중 벽체 양면이 평벽을 나타내는 표시법은?

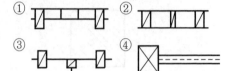

해설 목조벽의 표시 사항 중 ①항은 안심벽 밖평벽, **②항은 안팎 평벽**, ④항은 심벽식이다.

73 그림의 명칭으로 옳은 것은?

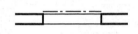

① 미닫이창   ② 셔터창
③ 이중창   ④ 망사창

해설

명 칭	평면 기호
여닫이창	
이중창	
망사창	

※ **셔터창의 표시는 창문 앞에 일점쇄선으로 표기**하고, 망사창의 표시는 창문 앞에 점선 (파선)으로 표기한다.

74 창호의 평면 그림과 일치하는 입면은?

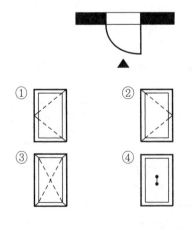

해설 파선의 교차점이 있는 곳에 경첩을 배치한다. 즉, ①번과 ②번은 문의 개폐 방향이 반대이다.

75 그림과 같은 평면 기호 명칭은?

① 오르내리창   ② 붙박이문
③ 붙박이창   ④ 격자문

해설 평면 표시 기호

명칭	표시 기호
오르내리창	
붙박이문	
붙박이창	
격자문	

76 그림과 같은 평면 기호의 명칭은?

① 망사창   ② 격자창
③ 망사문   ④ 격자문

해설 이 문제의 창호 표시는 **망사문**을 의미하고, **창과 출입문의 구분시 밑틀의 표시가 없는 경우는 출입문이고, 밑틀의 표시가 있는 경우는 창문**이므로 유의하여야 한다.

77 창호의 평면 표시 기호 명칭이 잘못 연결된 것은?

① 외여닫이창
② 미서기창
③ 외미닫이창
④ 쌍여닫이창

해설 ③번의 표기는 **붙박이창**을 의미하고, 외미닫이창은 ▨▨▨ 이다.

78 창호의 평면 표시 기호 명칭이 잘못 연결된 것은?

① 외여닫이창

② 미서기창

③ 오르내리창

④ 망사창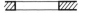

[해설] 오르내리창의 기호는 ▨▨▨ 이고, ③항은 회전창이다.

79 창호의 표시 기호 중 틀린 것은?

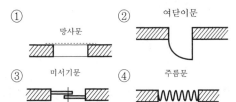

[해설] ①번은 망사창이고,
문의 일반은 ▨▨▨,
창의 일반은 ▨▨▨ 이다.

80 다음 중에서 시기적으로 가장 먼저 이루어지는 도면은?

① 기본 설계도 ② 실시 설계도
③ 계획 설계도 ④ 시공 계획도

[해설] 설계 도면의 종류 중에서 가장 먼저 이루어지는 도면은 계획 설계도로 구상도, 조직도, 동선도, 면적 도표 등이 있고, 이를 바탕으로 실시 설계도가 이루어지며 그 후에 시공도가 작성된다.

81 계획 설계도에 관한 설명 중 틀린 것은?

① 구상도는 모눈종이나 스케치북에 프리핸드로 그리는 기초적인 도면이다.
② 조직도는 평면 계획에서 각 실의 용도나 내용의 관련성을 정리한 도면이다.

③ 동선도는 사람이나 차 또는 화물 등의 흐름을 도식화하여 나타낸다.
④ 면적 도표는 용적률을 나타내며 평면 계획 초기 단계에 작성한다.

[해설] 면적 도표는 전체 면적 중에 각 소요실의 비율이나 공동 부분(복도, 계단 등)의 비율(건폐율)을 산출한다.

82 다음은 어떤 계획 설계도를 설명한 것인가?

> 사람이나 차 또는 화물 등의 흐름을 도식화하여 기능도, 조직도를 바탕으로 관찰하고, 흐름의 원칙을 따르도록 한다.

① 구상도 ② 조직도
③ 동선도 ④ 면적 도표

[해설] 동선도는 사람이나 차 또는 화물 등이 움직이는 흐름을 도식화하여 기능도, 조직도를 바탕으로 관찰하고 동선 이론의 본질에 따르도록 한다.

83 다음은 어떤 도면에 대한 설명인가?

> 평면 계획의 초기 단계에서 각 실의 크기나 형태로 들어가기 전에 동·식물의 각 기관이 상호 관계에 있는 것과 같이 용도나 내용의 관련성을 정리하는 도면이다.

① 구상도 ② 조직도
③ 동선도 ④ 면적 도표

[해설] 조직도는 평면 계획 초기 단계에서 각 실의 크기나 형태로 들어가기 전에 동·식물의 각 기관이 상호 관계에 있는 것과 같이 용도나 내용의 관련성을 정리하여 조직화한다.

84 기본 설계도에 해당하지 않는 것은?

① 배치도 ② 평면도
③ 건물 개요 ④ 구조도

[해설] 구조도는 실시 설계도에 포함된다.

85 설계 단계에서 평면도, 단면도, 입면도 등이 작성된 설계 도면은?

① 계획 설계도
② 기본 설계도
③ 실시 설계도
④ 특수 설계도

해설 **실시 설계도**는 계획 설계도를 바탕으로 하여 어느 정도 상세하게 표시한 도면으로, 주로 건축주에게 설계 계획의 내용을 확실하게 전달하기 위한 기본 도면이다. **배치도, 평면도, 입면도, 단면도, 전개도, 창호도, 현치도 및 투시도** 등이 포함된다.

86 건축 도면 중 실시 설계도에 포함되는 것은?

① 구상도
② 조직도
③ 전개도
④ 동선도

해설 설계 도면의 종류 중 구상도, 조직도 및 동선도는 계획 설계도에 속하고, **전개도는 실시 설계도의 일반도**에 속한다.

87 건축 도면 중 실시 설계도에 포함되는 것은?

① 구상도
② 조직도
③ 전개도
④ 동선도

해설 설계 도면의 종류 중에서 **계획 설계도**에는 **구상도, 조직도, 동선도,** 면적 도표, 기본 설계도, 계획도, 스케치도 등이 있고, **전개도는 실시 설계도의 일반도**에 속한다.

88 실시 설계도 중 일반도가 아닌 것은?

① 배치도
② 입면도
③ 동선도
④ 창호도

해설 배치도, 입면도 및 창호도는 실시 설계도 중 일반도에 속하고, **동선도는 계획 설계도에 속한다.**

89 도면을 일반도와 구조 설계도로 나눌 때, 일반도에 속하지 않는 것은?

① 배치도
② 단면도
③ 창호도
④ 골조도

해설 설계 도면의 종류 중 실시 설계도의 일반도에는 **배치도, 평면도, 입면도, 단면도, 전개도, 창호도, 현치도, 투시도** 등이 있다. 그러나 **골조도는 실시 설계도의 구조도**에 속한다.

90 배치도, 평면도, 입면도, 단면도, 창호도 및 부분 단면도의 도면은 실시 설계도의 어떤 도면에 속하는가?

① 일반도
② 구조 설계도
③ 설비 설계도
④ 면적 도표

해설 설계 도면의 종류 중 실시 설계도의 일반도에는 **배치도, 평면도, 입면도, 단면도, 전개도, 창호도, 현치도, 투시도** 등이 있다.

91 설계 도면의 분류에서 실시 설계도 중 구조도에 해당하는 것은?

① 기초 평면도
② 창호도
③ 단면도
④ 전개도

해설 설계 도면의 종류 중 **실시 설계도**는 **일반도**(배치도, 평면도, 입면도, 단면도, 전개도, 창호도, 현치도, 투시도 등), **구조도**(기초 평면도, 바닥틀 평면도, 지붕틀 평면도, 골조도, 배근도, 기초·기둥·보·바닥판, 일람표, 각부 상세도 등) 및 설비도(전기, 위생, 냉·난방, 환기, 승강기, 소화 설비도 등)로 나눈다.

92 다음 중 건축 도면의 분류에서 구조도가 아닌 것은?

① 골조도
② 단면도
③ 기초 평면도
④ 배근 단면도

해설 설계 도면의 종류 중에서 **실시 설계도의 구조도**에는 **기초 평면도, 바닥틀 평면도, 지붕틀**

평면도, 골조도, 배근도, 기초, 기둥·벽·보·바닥판, 일람표, 각부 상세도 등이 있고, 단면도는 일반도에 속한다.

93 다음은 어떤 도면에 대한 설명인가?

> 각 실 내부의 의장을 명시하기 위해 작성하는 도면으로, 천장면 내지 벽면 등의 절단된 부분은 그 실내측의 마무리면만을 그리면 되지만 절단면에 출입구나 창 등이 있는 경우에는 그 단면을 그려야 한다.

① 구상도　　　② 전개도
③ 동선도　　　④ 설비도

해설 전개도는 **각 실 내부의 의장을 명시하기 위해 작성하는 도면**으로, 실내의 입면을 그린 다음 벽면의 형상, 치수, 마감 등을 표시한다. 또한, **천장면 내지 벽면 등의 절단된 부분은 그 실내측의 마무리면만을 그리면 되지만 절단면에 출입구나 창 등이 있는 경우에는 그 단면을 그려야 한다.**

94 건축 도면 중 건물 내부의 입면을 정면에서 바라보고 그리는 내부 입면도는?

① 구상도　　　② 조직도
③ 전개도　　　④ 창호도

해설 전개도는 **건축물의 각 실내의 입면을 전개하여 그린 도면**으로, 각 실내의 입면을 그린 다음 벽면의 형상, 치수, 마감 등을 나타낸다.

95 각 실 내부의 의장을 명시하기 위해 작성하는 도면은?

① 배근도　　　② 전개도
③ 설비도　　　④ 구조도

해설 전개도는 **각 실 내부의 의장을 명시하기 위해 작성하는 도면**으로, 실내의 입면을 그린 다음 벽면의 형상, 치수, 마감 등을 표시한다. 또한, **천장면 내지 벽면 등의 절단된 부분은 그 실내측의 마무리면만을 그리면 되지만 절단면에**

출입구나 창 등이 있는 경우에는 그 단면을 그려야 한다.

96 철근 콘크리트 배근도 중 기초 바닥에서 옥상 슬래브 상단까지 기초, 기초보, 기둥, 큰 보 등의 배근 상태를 표시한 도면은?

① 배근 단면도　　② 라멘 배근도
③ 뼈대도　　　　④ 구조도

해설 라멘 배근도는 **철근 콘크리트 배근도 중 기초 바닥에서 옥상 슬래브 상단까지 기초, 기초보, 기둥, 큰 보 등의 배근 상태를 표시한 도면**을 말한다.

97 철근 콘크리트 구조의 도면에만 사용되는 도면은?

① 단면표　　　② 시공도
③ 창호도　　　④ 바닥 평면도

해설 **철근 콘크리트 구조**에 있어서는 기둥, 보, 기초, 슬래브, 벽체의 단면 크기와 철근 배근 상태를 표시하는 배근도를 작성하여야 하고, 기둥, 보, 슬래브 등의 치수와 배근 상태를 작도하는 라멘 구조도와는 별도로 목록으로 보통 부분적으로 표시하는 방법으로 쓰이며 이것은 **기초, 기둥, 보, 슬래브 목록**이라 한다.

98 주택 배치도의 세부 내용에서 반드시 표시하여야 하는 것은?

① 방위 및 경계선
② 실의 크기
③ 외부 마감재
④ 지붕 물매

해설 **배치도에 표시할 내용**에는 축척, 대지의 모양, 고저, 치수, **건축물의 위치, 방위, 대지 경계선까지의 거리**, 대지에 접한 도로의 위치와 너비, 출입구의 위치, 문, 담장, 주차장의 위치, **정화조의 위치, 조경 계획** 등이다.

99 건축 설계 도면의 배치도에 나타내야 할 사항과 가장 거리가 먼 것은?

① 인접 도로의 너비 및 길이

② 실의 배치와 넓이, 개구부의 위치와 크기

③ 대지 내 건물과 인접 경계선과의 거리

④ 정화조의 위치

해설 실의 배치와 넓이, 개구부의 위치와 크기는 평면도에 표기해야 할 사항들이다.

100 건축 제도에서 배치도를 작도할 때 표시할 사항과 관계가 없는 것은?

① 방위

② 부지의 고저

③ 인접 도로의 너비

④ 실의 배치

해설 실의 배치는 평면도에 표기한다.

101 배치도, 평면도 등의 도면은 어느 쪽을 위로 하여 작도함이 원칙인가?

① 동쪽   ② 서쪽

③ 남쪽   ④ 북쪽

해설 모든 도면의 방위 표시가 없는 경우에는 **위쪽을 북쪽으로 하여 작도함을 원칙**으로 한다.

102 평면도에 대한 설명이 적합한 것은?

① 대지 안의 건물이나 부대 시설의 배치를 나타낸 도면

② 건축물의 창틀 위(바닥에서 1~1.5 m 내외)에서 수평으로 자른 수평 투상 도면

③ 건축물을 수직으로 잘라 그 단면을 나타낸 도면

④ 건축물에 사용되는 창호를 모아서 그린 도면

해설 ① 배치도, ③ 단면도, ④ 창호도에 대한 설명이다.

103 건축물의 기준층 평면도는 바닥에서 높이 몇 m 정도 높이에서 수평 절단한 수평 투상 도면인가?

① 0.5 m   ② 1.2 m

③ 2 m   ④ 2.5 m

해설 평면도는 건축물의 창틀 위(바닥에서 약 1.2~1.5 m 내외)에서 수평으로 자른 투상도면이다.

104 일반 평면도에 나타내지 않아도 되는 것은 어느 것인가?

① 실 배치 및 크기

② 개구부 위치 및 크기

③ 창문과 출입구의 구별

④ 보 등 구조 부분의 높이 및 크기

해설 보 등의 구조 부분의 높이 및 크기는 단면도에 표기하여야 한다.

105 천장 평면도 작성시 표시하지 않아도 되는 것은?

① 환기구 개구부

② 조명 기구 및 설비 기구

③ 천장 높이

④ 반자틀 재료 및 규격

해설 천장 평면도에는 환기구, 조명 기구 및 설비 기구, 반자틀 재료 및 규격 등을 표시하며, 천장의 높이는 단면도에 표기한다.

106 건축 도면 중 건물벽 직각 방향에서 건물의 외관을 그린 것은?

① 입면도   ② 전개도

③ 배근도   ④ 평면도

해설 입면도란 건축물의 외관을 나타내는 정투상도에 의한 직립 투상도로서 동, 서, 남, 북 네 면의 외부 형태를 나타내며, 창의 형상, 창의 높이 등을 나타낸다.

107 건축물의 입면도에 관한 기술 중 옳지 않은 것은?

① 동서남북 각각 4면의 외부 형태를 나타낸다.

② 창의 형상, 창대 높이 등이 표시된다.

③ 단면도와 지붕 평면도를 그리는 기초 도면이다.

④ 정투상도법에 의한 직립 투상도로 외관을 나타낸다.

해설 입면도란 건축물의 외관 또는 외형을 나타내는 정투상도에 의한 직립 투상도로서 동, 서, 남, 북의 네 면의 외부 형태를 나타낸다.

108 입면도에 표시되는 내용이 아닌 것은?

① 외벽의 마감 재료

② 처마 높이

③ 창문의 형태

④ 바닥 높이

해설 입면도에 표시할 내용에는 외벽의 마감 재료, 창문의 형태 및 처마 높이이고, **바닥 높이는 단면도에 표기**한다.

109 다음 중 입면도의 표시 사항이 아닌 것은?

① 건물 전체 높이, 처마 높이

② 지붕 물매

③ 천장 높이

④ 외부 재료의 표시

해설 입면도를 그리려면 주요부의 높이, 지붕의 경사와 물매, 처마의 나옴, 외부 마무리 등을 미리 알아야 하고 단면도와 지붕 평면의 작도가 선행되어야 하는 경우가 많으며, **천장 높이는 단면도에 표기**한다.

110 건물의 주요 부분을 수직 절단한 것을 상상하여 그린 것으로서 건물의 높이, 지붕 구조 등을 알 수 있는 도면은?

① 단면도　　　② 평면도

③ 전개도　　　④ 입면도

해설 단면도는 건축물을 수직한 면으로 절단하여 절단된 면과 그 면으로부터 앞으로 보이는 입면을 나타낸 것으로 축척은 평면도, 입면도와 같게 한다.

111 단면도에 관한 설명으로 옳은 것은?

① 건축물을 정투상도법에 의하여 수직 투상하여 외관을 나타낸 도면이다.

② 건축물의 주요 부분을 수직 절단한 것을 상상하여 그린 도면이다.

③ 건물 내부의 입면을 정면에서 바라보고 그리는 내부 입면도이다.

④ 건축물을 창 높이에서 수평으로 절단하였을 때의 수평 투상도이다.

해설 ① 입면도, ② 단면도, ③ 전개도, ④ 평면도에 대한 설명이다.

112 다음 중 주택의 입면도 그리기 순서에서 가장 먼저 이루어져야 할 사항은?

① 처마선을 그린다.

② 지반선을 그린다.

③ 개구부 높이를 그린다.

④ 재료의 마감 표시를 한다.

해설 입면도를 그리는 순서는 지반선 → 벽체의 중심선 → 벽체의 외곽선 → 개구부의 수직선 → 처마선 → 각 부의 높이 → 개구부의 높이 → 지붕의 처마 높이 → 각 부의 높이에 따른 외곽선 → 재료의 마감 표시와 조경 및 인출선이다. 즉, ② → ① → ③ → ④의 순이다.

113 다음 중 입면도를 그리는 순서로 가장 나중에 해야 하는 것은?

① 지반선 GL을 긋는다.

② 각 층의 높이를 가는 선으로 긋는다.

③ 창의 모양에 따라 창과 문의 형태를 작도한다.

④ 바닥면에서 창 높이를 가는 선으로 긋는다.

해설 입면도의 작도 순서는 ① → ② → ④ → ③의 순이다.

114 단면도에 표기하여야 할 사항으로 가장 거리가 먼 것은?

① 건물 높이, 층 높이, 처마 높이, 거실 높이
② 도로와 대지의 고저차, 등고선
③ 창대 높이, 창 높이
④ 지반에서 1층 바닥까지의 높이

해설 단면도 제도시 필요한 사항은 기초, 지반, 바닥, 처마, 건축물, 층, 창, 난간 등의 높이와 처마 및 베란다의 내민 길이, 지붕의 물매, 계단의 챌판 및 디딤판의 길이 등을 나타내고, 단면도에 나타내지 않아도 되는 사항은 도로와 대지의 고저차, 등고선, 창의 개폐법, 실명, 창호 기호 표시, 각 실의 용도와 부지 경계선 등이다.

115 일반적으로 단면도에 표시할 사항은?

① 슬래브의 철근 배치
② 보 철근 및 기둥 철근
③ 창 높이
④ 창호 부호

해설 단면도에 나타내지 않아도 되는 사항은 도로와 대지의 고저차, 등고선, 창의 개폐법, 실명, 창호 기호 표시, 각 실의 용도와 부지 경계선 등이다.

116 단면도에 표시할 사항과 가장 거리가 먼 것은?

① 건축물의 높이, 층 높이
② 처마 높이, 창 높이
③ 난간 높이, 베란다의 돌출 정도
④ 지붕의 물매, 창의 개폐법

해설 단면도에 나타내지 않아도 되는 사항은 도로와 대지의 고저차, 등고선, 창의 개폐법, 실명, 창호 기호 표시, 각 실의 용도와 부지 경계선 등이고, 베란다의 돌출 정도는 단면도에

표시가 가능하나, 창의 개폐법은 평면도에 가능하다.

117 단면도에 표시할 사항으로 옳지 않은 것은?

① 건축물의 높이, 층 높이
② 처마 높이, 창 높이
③ 계단의 디딤판, 챌판 치수
④ 지붕의 물매, 창의 개폐법

해설 단면도 제도시 필요한 사항은 기초, 지반, 바닥, 처마, 건축물, 층, 창, 난간 등의 높이와 처마 및 베란다의 내민 길이, 지붕의 물매, 계단의 챌판 및 디딤판의 길이 등이다.

118 단면도에서 표시해야 할 일반적인 사항이 아닌 것은?

① 층 높이, 천장 높이
② 창턱 높이, 창 높이
③ 처마 높이, 처마 나옴 길이, 용마루 높이
④ 실명, 등고선, 창호 기호 표시

해설 단면도에 나타내지 않아도 되는 사항은 도로와 대지의 고저차, 등고선, 창의 개폐법, 실명, 창호 기호 표시, 각 실의 용도와 부지 경계선 등이고, 베란다의 돌출 정도는 단면도에 표시가 가능하나 창의 개폐법은 평면도에 가능하다.

119 단면도에 표기하는 사항과 가장 거리가 먼 것은?

① 건물 높이, 층 높이, 처마 높이
② 각 실의 용도, 부지 경계선
③ 창대 높이, 창 높이
④ 지반에서 1층 바닥까지의 높이

해설 단면도 제도시 필요한 사항은 기초, 지반, 바닥, 처마, 건축물, 층, 창, 난간 등의 높이와 처마 및 베란다의 내민 길이, 지붕의 물매, 계단의 챌판 및 디딤판의 길이 등이다.

120 단면도를 그려야 할 부분과 가장 거리가 먼 것은?

① 평면도만으로 이해하기 어려운 부분
② 전체 구조의 이해를 필요로 하는 부분
③ 설계자의 강조 부분
④ 시공자의 기술을 보여주고 싶은 부분

해설 단면 상세도는 건축물의 구조상 중요한 부분을 수직으로 자른 것을 그린 도면으로 평면도만으로 이해하기 힘든 부분, 전체 구조의 이해를 필요로 하는 부분, 설계자의 강조 부분 등을 그려야 한다.

121 건축물의 주요 구조 부분만을 상세하게 그린 도면으로 각 부재의 형상, 치수 등을 표시한 설계도는?

① 부분 단면 상세도
② 주단면 상세도
③ 배치도
④ 부분 구조도

해설 부분 단면 상세도는 건축물의 주요 부분만을 상세하게 그린 도면으로 각 부재의 형상, 치수 등을 표시한 도면이다.

122 다음 중 단면도를 그릴 때 가장 먼저 행하는 것은?

① 지반선의 위치를 결정한다.
② 기둥의 중심선을 일점쇄선으로 그린다.
③ 마루, 천장의 윤곽선을 그린다.
④ 내외벽, 지붕을 그리고 필요한 치수를 기입한다.

해설 단면도를 그리는 순서는 지반선의 위치를 결정 → 기둥의 중심선 → 기둥의 크기와 벽의 크기 → 창틀 및 문틀의 위치 → 지붕 → 천장 → 치수 기입의 순으로 작도한다.

123 공사 예산서 작성시 불필요한 것은?

① 공사에 소요되는 재료명
② 재료의 수량
③ 각종 단가
④ 구조 계산서

해설 공사 예산서 작성시 필요한 사항은 공사에 소요되는 재료, 재료의 수량 및 각종 재료의 단가 등이다.

124 창호도에 표시하지 않아도 되는 것은?

① 창호 형태   ② 개폐 방법
③ 재료 및 치수   ④ 창호 단면도

해설 창호도란 건축물에 사용되는 창호의 개폐 방법, 재료, 마감, 창호 철물, 유리 등을 나타낸 도면이다.

125 설계도서에 해당되지 않는 것은?

① 도면   ② 구조 계산서
③ 시방서   ④ 견적서

해설 설계도서는 건축물의 건축 등에 관한 공사용 도면과 구조 계산서 및 시방서, 기타 국토해양부령이 정하는 공사에 필요한 서류(건축 설비 계산 관계 서류, 토질 및 지질 관계 서류, 기타 공사에 필요한 서류 등) 등이다.

126 건축 도면에 대한 설명으로 옳지 않은 것은?

① 평면도는 건축물을 각 층마다 일정한 높이에서 수평으로 자른 수평 단면도이다.
② 입면도는 건축물을 수직으로 잘라 그 단면을 나타낸 것이다.
③ 전개도는 건축물의 각 입면을 전개하여 그린 도면이다.
④ 배치도는 대지 안에 건물이나 부대 시설을 배치한 도면이다.

해설 입면도는 건축물의 외관 또는 외형을 나타내는 정투상도에 의한 직립 투상도로서 동, 서, 남, 북 네 면의 외부 형태를 나타내며, **창의 형상, 창의 높이, 외벽의 마감 재료, 건물 전체 높이, 지붕 물매, 처마 높이, 창문의 형태** 등을 나타낸다. 건축물을 수직으로 잘라 그 단면을 나타낸 도면은 단면도이다.

127 다음의 각종 도면에 대한 설명 중 옳지 않은 것은?

① 부분 상세도는 건축물의 주요 구조부의 부분을 상세하게 그린 도면으로, 각 부재의 형상, 치수 등을 표시한다.

② 시공 도면은 시공법을 명확하게 그린 것으로, 건축의 공작을 명확하게 할 수 있도록 그린 도면이다.

③ 동선도는 사람이나 차 또는 화물 등의 흐름을 도식화하여 나타낸다.

④ 평면도는 건축 부지의 위치를 나타내는 도면이다.

해설 **평면도는 건축물의 창틀 위**(바닥에서 약 1.2~1.5 m 내외)**에서 수평으로 자른 수평 투상도면**으로 실의 배치 및 크기, 개구부의 위치 및 크기, 창문과 출입구 등을 나타낸 도면이다. ④항의 설명은 배치도에 대한 것이다.

128 다음의 각종 도면에 대한 설명 중 옳지 않은 것은?

① 각 층 바닥 복도의 축척은 보통 평면도와 같게 하고 상세를 필요로 하는 경우에는 1/50, 1/20로 한다.

② 기초 복도의 척도는 보통 1/100로 한다.

③ 지붕 복도는 지붕 마무리면의 의장이나 재료를 나타낸다.

④ 천장 복도는 천장의 의장이나 마무리를 나타내기 위한 것으로, 천장 밑에서 쳐다본 그림이다.

해설 천장 복도(천장 평면도)는 바닥에서 천장을 올려다 본 그림으로 축척과 방위는 평면도와 동일하고, 환기구, 조명기구, 마감재의 명칭과 재질, 치수와 규격을 기입한다.

129 설계 도면의 표제란에 기입하지 않아도 되는 것은?

① 축척

② 작성자 성명

③ 도면명

④ 시공 회사 명칭

해설 **표제란은 반드시 설정**하여야 하며, 표제란에는 **도면명, 도면 번호, 공사 명칭, 축척,** 설계 책임자의 서명, 설계자의 **성명, 도면 작성 날짜,** 도면 작성 기관 및 도면 분류 기호 등을 기입한다.

130 표제란에 기입하지 않아도 되는 것은?

① 공사 명칭

② 시공 책임자의 서명

③ 설계자의 성명

④ 도면 분류 번호

해설 표제란에 기입하지 않아도 되는 사항은 감리자의 성명, 시공 회사 명칭, 시공 책임자의 서명, 공사비 및 시공자 서명 등이다.

131 도면 표제란의 표기 사항이 아닌 것은?

① 도면 번호, 도면 명칭

② 축척, 도면 작성 연월일

③ 공사비, 시공자 서명

④ 도면 작성 기관 명칭

해설 표제란에 기입하지 않아도 되는 사항은 감리자의 성명, 시공 회사 명칭, 시공 책임자의 서명, 공사비 및 시공자 서명 등이다.

132 다음은 표제란에 대한 설명이다. 잘못된 것은?

① 도면은 반드시 표제란을 설정해야 한다.

② 표제란에는 도면 번호, 도면 명칭, 축척, 책임자의 서명, 설계자의 성명, 도면 작성 연월일 등을 기입한다.

③ 표제란의 위치는 왼쪽의 상부로 잡는 것이 보통이다.

④ 기타 주의 사항은 표제란 부근에 기입하는 것이 원칙이다.

해설 표제란의 위치는 일반적으로 **도면의 우측 하단**으로 하며, 오른쪽 끝 일부 및 도면의 아래쪽 일부를 사용하기도 한다.

133 다음 중 건축물과 관련된 각종 배경의 표현 요령에 대한 설명으로 올바른 것은?

① 표현은 항상 섬세하게 하도록 한다.

② 건물을 이해할 수 있도록 배경을 다소 크게 표현한다.

③ 배경을 다양하게 표현한다.

④ 건물보다 앞쪽의 배경은 사실적으로, 뒤쪽의 배경은 단순하게 표현한다.

해설 각종 배경의 표현에서 **건물보다 앞에 표현될 배경은 사실적으로, 멀리 있는 것은 단순하게 그린다.**

134 건축 도면에서 각종 배경과 세부 표현에 대한 설명으로 옳지 않은 것은?

① 건축 도면 자체의 내용을 해치지 않아야 한다.

② 건물의 배경이나 스케일, 용도를 나타내는 데 꼭 필요할 때에만 적당히 표현한다.

③ 공간과 구조, 그들의 관계를 표현하는 요소들에게 지장을 주어서는 안 된다.

④ 가능한 한 현실과 동일하게 보일 정도로 디테일하게 표현한다.

해설 각종 배경의 표현에서 **건물보다 앞에 표현될 배경은 사실적으로, 멀리 있는 것은 단순하게 그린다.**

135 배경 표현법의 주의 사항 중 틀린 것은?

① 표현에서는 크기와 무게, 배치는 도면 전체의 구성 요소가 고려되어야 한다.

② 건물 앞에 것은 사실적으로, 멀리 있는 것은 단순히 그린다.

③ 공간과 구조, 그들의 관계를 표현하는 요소들에 지장을 주어서는 안 된다.

④ 건물의 용도와는 무관하게 가능한 한 세밀한 그림으로 표현한다.

해설 각종 배경의 표현에 있어서 **주변 환경, 스케일 및 용도 등을 나타낼 때에는 꼭 필요할 때에만 적당하게 표현한다.**

136 건축물의 각종 배경 표현 방법에 대한 설명 중 가장 거리가 먼 것은?

① 주변 환경, 스케일 및 용도 등을 나타낼 때에는 꼭 필요할 때에만 적당하게 표현한다.

② 건물보다 앞에 표현될 배경은 단순하게, 그리고 멀리 있는 것은 사실적으로 그린다.

③ 공간과 구조, 그들의 관계를 표현하는 요소들에 지장을 주어서는 안 된다.

④ 표현 요소의 크기와 비례 및 배치는 도면 전체의 구성을 고려하여 결정한다.

해설 각종 배경의 표현에 있어서 **건물보다 앞에 표현될 배경은 사실적으로, 멀리 있는 것은 단순하게 그린다.**

137 다음 중 건축 도면에서 사람의 배경과 표현을 통해 알 수 있는 것과 가장 거리가 먼 것은?

① 스케일감
② 공간의 깊이
③ 건물 공간의 관습적인 용도
④ 건물의 배치

해설 건축물의 표현에서 사람의 배경과 표현은 건축물의 크기(스케일감), 공간의 깊이와 높이 및 공간의 용도(관습적인 용도)를 나타내기 위함이고, 건물의 배치는 배치도에서 정확히 알 수 있다.

138 건축물 표현에서 사람을 나타내는 목적으로 적당하지 않은 것은?

① 건축물 크기
② 공간의 깊이와 높이
③ 공간 내 질감
④ 공간 용도

해설 건축물의 표현에서 사람의 배경과 표현은 건축물의 크기(스케일감), 공간의 깊이와 높이 및 공간의 용도(관습적인 용도)를 나타내기 위함이다.

139 묘사 기법에 대한 방법으로 틀린 것은?

① 윤곽선을 강하게 묘사하면 공간상의 입체를 돋보이게 하는 효과가 있다.
② 곡면인 경우에는 농도에 변화를 주어 묘사한다.
③ 일반적으로 그림자는 표면의 그늘보다 밝게 표현한다.
④ 그늘과 그림자는 물체의 위치, 보는 사람의 위치, 빛의 방향, 그림자가 비칠 바닥의 형태에 의하여 표현을 달리한다.

해설 묘사 기법에 있어서 ①, ② 및 ④ 외에, 일반적으로 그림자는 표면의 그늘보다 어둡게 표현한다.

140 건축물의 묘사와 표현 방법에 대한 설명 중 옳지 않은 것은?

① 윤곽선을 강하게 묘사하면 공간상의 입체를 돋보이게 하는 효과가 있다.
② 각종 배경 표현은 건물의 배경이나 스케일, 용도를 나타내는 데 꼭 필요할 때만 적당히 표현한다.
③ 일반적으로 건물의 그림자는 건물 표면의 그늘보다 밝게 표현한다.
④ 그늘과 그림자는 물체의 위치, 보는 사람의 위치, 빛의 방향, 그림자가 비칠 바닥의 형태에 의하여 표현을 달리한다.

해설 일반적으로 건물의 그림자는 건물 표면의 그늘보다 어둡게 표현한다.

141 건축물의 외관 색채 결정시 크게 고려하지 않아도 되는 것은?

① 건축물의 형태　② 건축물의 용도
③ 건축물의 위치　④ 건축물의 구조

해설 건축물의 외관의 색채를 결정하는 요인은 건축물의 형태, 위치 및 용도 등이 있으며, 건축물의 구조와는 무관하다.

142 묘사 도구 중 연필에 대한 설명으로 옳지 않은 것은?

① 연필은 9H부터 6B까지 15종류에 F, HB를 포함하여 17단계로 구분한다.
② 밝은 상태에서 어두운 상태까지 폭넓게 명암을 나타낼 수 있다.
③ 선명해 보이고, 도면이 더러워지지 않는다.
④ 연필은 다양한 질감 표현이 가능하며, 지울 수 있는 장점이 있다.

해설 연필은 지울 수 있는 장점이 있으나, 번지거나 더러워지는 단점이 있다.

143 다음 중 건축물의 묘사에 있어서 묘사 도구로 사용하는 연필에 대한 설명으로 틀린 것은?

① 폭넓은 명암을 나타낸다.
② 다양한 질감 표현이 가능하다.
③ 지울 수 있으나 번지거나 더러워질 수 있다.
④ 일반적으로 H의 수가 높을수록 무르다.

> **해설** 연필의 표시에서 H, B는 Hard와 Black의 약자이고, H의 수가 클수록 단단하고 흐리며, B의 수가 클수록 연하고 진하다. 또한, 9H부터 6B까지 15종류에 F, HB를 포함하여 17단계로 구분한다.

144 제도에서 묘사에 사용되는 도구에 관한 설명 중 틀린 것은?

① 잉크는 농도를 정확하게 나타낼 수 있고, 선명해 보이기 때문에 도면이 깨끗하다.
② 연필은 지울 수 있는 장점이 있는 반면에 폭넓은 명암이나 다양한 질감 표현이 불가능하다.
③ 잉크는 여러 가지 모양의 펜촉 등을 사용할 수 있어 다양한 묘사가 가능하다.
④ 물감으로 채색할 때 불투명 표현은 포스터 물감을 주로 사용한다.

> **해설** 연필은 폭넓은 명암, 다양한 질감의 표현도 가능하고, 지울 수 있는 장점이 있는 반면에 번지거나 더러워지는 단점이 있다.

145 건축물을 표현하는 묘사 도구에 관한 설명으로 옳은 것은?

① 연필은 굵기에 따라서 구분하여 단단한 정도에 따라 2H부터 4B까지 6단계로 구분한다.

② 잉크는 음영을 나타내어 건축물을 표현하고 번지거나 더러워지는 단점이 있다.
③ 색연필은 채색하여 건물의 미관을 깨끗하게 나타내며 허가 도면에 많이 사용한다.
④ 물감은 재료에 따라 차이가 있으며, 수채화는 포스터 물감을 이용하여 사실적인 표현이 가능하다.

> **해설** 연필은 9H부터 6B까지 15종에 F, HB를 포함하여 17단계로 구분하여 사용하고, 잉크는 선명하게 보이기 때문에 도면이 깨끗하다. 색연필은 실내 건축물의 간단한 마감 재료를 그리는 데 사용한다.

146 건축물의 묘사 도구 중 도면이 깨끗하고 선명하며 농도를 정확히 나타낼 수 있는 것은?

① 연필   ② 물감
③ 색연필   ④ 잉크

> **해설** 잉크는 농도를 정확히 할 수 있고, 선명하게 할 수 있어 도면이 깨끗하다.

147 다음과 같은 특징을 갖는 투시도 묘사 용구는?

> • 밝은 상태에서 어두운 상태까지 폭넓게 명암을 나타낼 수 있다.
> • 다양한 질감 표현이 가능하다.
> • 지울 수 있는 장점이 있는 반면에 번지거나 더러워지는 단점이 있다.

① 포스터 컬러   ② 연필
③ 잉크   ④ 파스텔

> **해설** 연필은 효과적으로 구분하여 사용하면 밝은 상태에서 어두운 상태까지 폭넓게 명암을 나타낼 수 있으며, 다양한 질감 표현이 가능하다. 지울 수 있는 장점이 있으나 번지거나 더러워지는 단점이 있다.

148 건축물의 묘사 방법 중 가장 거리가 먼 것은?

① 면에 의한 묘사 방법
② 여러 선에 의한 묘사 방법
③ 단선과 명암에 의한 묘사 방법
④ 점에 의한 묘사 방법

해설 건축물의 묘사 방법에는 단선에 의한 묘사, 여러 선에 의한 묘사, 단선과 명암에 의한 묘사, 명암 처리만으로의 묘사 및 점에 의한 묘사 등이 있다.

149 다음은 어떤 묘사 방법에 대한 설명인가?

> 묘사하고자 하는 내용 위에 사각형의 격자를 그리고 한 번에 하나의 사각형을 그릴 수 있도록 다른 종이에 같은 형태로 옮기며, 사각형이 원본보다 크거나 작다면, 완성된 그림은 사각형의 크기에 따라서 규격이 정해진다.

① 모눈종이 묘사
② 투명 용지 묘사
③ 복사 용지 묘사
④ 보고 그리기 묘사

해설 모눈종이 묘사 방법은 묘사하고자 하는 내용 위에 사각형의 격자를 그리고, 한 번에 하나의 사각형을 다른 종이에 같은 형태로 옮겨 그리며, 사각형이 원본보다 크거나 작다면 완성된 그림은 사각형의 크기에 따라 규격이 정해진다.

150 다음 설명에 알맞은 건축물의 입체적 표현 방법은?

> 선의 간격을 달리 함으로써 면과 입체를 결정하는 방법으로, 평면은 같은 간격의 선으로, 곡면은 선의 간격을 달리하여 표현하며, 선의 방향은 면이나 입체의 수직, 수평의 방위에 맞추어 그린다.

① 단선에 의한 표현
② 여러 선에 의한 표현
③ 명암 처리만으로의 표현
④ 단선과 명암에 의한 표현

해설 여러 선에 의한 묘사는 선의 간격에 변화를 주어 면과 입체에 한정시키는 방법으로 평면은 같은 간격으로, 곡면은 선의 간격을 달리하여 나타내고, 묘사하는 선의 방향은 면이나 입체에 대하여 수직, 수평으로 맞추며 물체의 윤곽선은 그리지 않는다.

151 건축물을 묘사함에 있어서 선의 간격에 변화를 주어 면과 입체를 표현하는 묘사 방법은?

① 단선에 의한 묘사 방법
② 여러 선에 의한 묘사 방법
③ 단선과 명암에 의한 묘사 방법
④ 명암 처리에 의한 묘사 방법

해설 여러 선에 의한 묘사는 선의 간격에 변화를 주어 면과 입체에 한정시키는 방법으로 평면은 같은 간격으로 선의 간격을 달리하여 곡면을 나타내고, 묘사하는 선의 방향은 면이나 입체에 대하여 수직, 수평으로 맞추며 물체의 윤곽선은 그리지 않는다.

152 다음에서 설명하는 묘사 방법으로 옳은 것은?

> • 선으로 공간을 한정시키고 명암으로 음영을 넣는 방법
> • 평면은 같은 명암의 농도로 하여 그리고 곡면은 농도의 변화를 주어 묘사

① 단선에 의한 묘사 방법
② 여러 선에 의한 묘사 방법
③ 단선과 명암에 의한 묘사 방법
④ 명암 처리만으로의 방법

해설 단선과 명암에 의한 묘사는 선으로 공간을 한정하고 명암으로 음영을 넣는 방법으로, 평면의 경우는 같은 명암의 농도로 곡면의 경우에는 농도의 변화를 주어 묘사한다.

153 건축물 표현의 방법에 관한 설명으로 잘 못된 것은?

① 단선에 의한 표현 방법은 종류와 굵 기에 유의하여 단면선, 윤곽선, 모서 리선, 표면의 조직선 등을 표현한다.

② 여러 선에 의한 표현 방법에서 평면 은 같은 간격의 선으로, 곡면은 선의 간격을 달리하여 표현한다.

③ 단선과 명암에 의한 표현 방법은 선 으로 공간을 한정시키고 명암으로 음 영을 넣는 방법으로 농도에 변화를 주어 표현한다.

④ 명암 처리만으로의 표현 방법에서 면 이나 입체를 한정시키고 돋보이게 하 기 위하여 공간상 입체의 윤곽선을 굵은 선으로 명확히 그린다.

해설 면이나 입체를 한정시키는 방법은 여러 선에 의한 묘사 방법이고, 공간상의 입체를 돋보이 게 하기 위한 방법은 단선에 의한 묘사 방법이 다.

154 건축물의 묘사 및 표현에 관한 설명 중 옳지 않은 것은?

① 음영은 건축물의 입체적인 표현을 강 조하기 위해 그려 넣는 것으로 실시 설계도나 시공도에 주로 사용된다.

② 건축 도면에 사람의 그림을 그려 넣 는 목적은 스케일감을 나타내기 위해 서이다.

③ 건축 도면에서 수목의 배치와 표현을 통해 건물 주변 대지의 성격을 나타 낼 수 있다.

④ 여러 선에 의한 건축물의 표현 방법 은 선의 간격을 달리함으로써 면과 입체를 결정한다.

해설 음영을 나타내는 표현법은 실내 투시도(일점 광원)와 외관 투시도(평행 광원)에 주로 사용 되는 표현법이다.

155 음영의 형태와 표현이 달라지는 사항과 가장 관계가 없는 것은?

① 물체의 위치
② 보는 사람의 위치
③ 빛의 방향
④ 물체의 색상

해설 음영의 표현은 건축물의 입체적인 표현을 강 조하기 위하여 그리며, **물체의 위치, 보는 사 람의 위치, 빛의 방향, 그림자가 나타나는 바 닥 형태**에 의해 표현이 달라진다.

156 건축물의 묘사에 있어서 트레이싱지에 컬러(color)를 표현하기에 가장 적합한 것은?

① 연필
② 수채 물감
③ 포스터 컬러
④ 수성 마커펜

해설 건축물의 묘사에 있어서 트레이싱지에 컬러 (color)를 표현하기에 가장 적합한 것은 수성 마커펜이다.

157 투시도의 착색 마무리에서 유채색의 마 무리 중 불투명 마무리 색채로 가장 적 합한 것은?

① 포스터 컬러
② 연필
③ 콩테
④ 파스텔

해설 투시도의 착색 마무리에서 **유채색의 마무리 중 불투명 마무리 색채로 가장 적합한 것은 포 스터 컬러**이다.

158 인체를 표현할 때, 8등분으로 표현한다 면 수직 길이를 가장 길게 표현해야 하 는 부분은?

① 머리
② 팔
③ 몸통
④ 다리

해설 사람을 8등분하여 비례로 큰 것부터 나열하면, 다리 → 몸통 → 팔 → 무릎 → 팔굽 → 머리 → 목의 순이다.

159 투시도법에 쓰이는 용어와 그 표시의 연결이 옳은 것은?

① 시점 – E.P ② 정점 – P.P
③ 기선 – H.P ④ 소점 – G.P

해설 투시도법에 쓰이는 용어 중에서 **정점(S.P)**, 기선(G.L), 소점(V.P)으로 표현한다.

160 투시도에 사용되는 용어의 관계가 잘못 연결된 것은?

① 화면–P.P ② 수평선–H.P
③ 기선–G.L ④ 시점–S.P

해설 투시도법에 쓰이는 용어 중에서 **시점(Eye Point : E.P)**은 보는 사람의 눈의 위치이고, **정점(Station Point : S.P)**은 사람이 서 있는 곳이다.

161 투시도법에 쓰이는 용어에 대한 표시로 맞지 않는 것은?

① 시점 – E.P ② 수평면 – H.P
③ 소점 – S.P ④ 화면 – P.P

해설 **소점(V.P ; Vanishing Point)**은 좌측 소점, 우측 소점 및 중심 소점 등으로 투시도에서 직선을 무한한 먼 거리로 연장하였을 때 그 무한 거리 위의 점과 시점을 연결하는 시선과의 교점이고, **정점(S.P ; Station Point)**은 사람이 서 있는 곳이다.

162 투시도법에 사용되는 용어의 연결이 옳지 않은 것은?

① 소점 : V.P ② 정점 : S.P
③ 화면 : E.P ④ 수평면 : H.P

해설 투시법에 쓰이는 용어 중에서 **화면(Picture Plane : P.P)**은 물체와 시점 사이에 기면과 수직한 평면이고, **시점(Eye Point : E.P)**은 보는 사람의 눈의 위치이다.

163 투시도에 쓰이는 용어 중 사람이 서 있는 곳을 무엇이라 하는가?

① 정점(S.P) ② 화면(P.P)
③ 소점(V.P) ④ 기선(G.P)

해설 정점(S.P)은 사람이 서 있는 곳이다.

164 다음 중 투시도법의 시점에서 화면에 수직하게 통하는 투사선의 명칭으로 옳은 것은?

① 소점 ② 시선축
③ 시점도 ④ 수직선

해설 투시법에 쓰이는 용어 중에서 **시선축(Axis of Vision : A.V)**은 시점에서 화면에 수직하게 통하는 투사선이며, **시점(Eye Point : E.P)**은 보는 사람의 눈의 위치이다.

165 투시도 용어 중 물체와 시점 사이에 기면과 수직한 직립 평면을 나타내는 것은?

① 지반면(G.P) ② 화면(P.P)
③ 수평면(H.P) ④ 기선(G.L)

해설 투시법에 쓰이는 용어 중에서 **기면(Ground Plane : G.P)**은 사람이 서 있는 면이고, **화면(Picture Plane : P.P)**은 물체와 시점 사이에 기면과 수직한 평면이다.

166 투시도의 종류에 속하지 않는 것은?

① 조감도 ② 2소점 투시도
③ 전개도 ④ 1소점 투시도

해설 투시도의 형식은 물체와 화면의 관계 및 소점의 수에 따라 세 가지(1소점 투시도, 2소점 투시도 및 3소점 투시도)로 분류할 수 있다.

167 정방형의 건물이 다음과 같이 표현되는 투시도는?

① 등각 투상도 ② 1소점 투시도

③ 2소점 투시도 ④ 3소점 투시도

해설 3소점 투시도(조감도)는 물체가 돌려져 있고 화면에 대하여 기울어져 있는 경우로, 화면과 평행한 선이 없으므로 **소점은 3개가 된다.**

168 투시도에 대한 설명으로 잘못된 것은?

① 2소점 투시도는 소점이 2개가 생기며, 건축에서는 제도법이 복잡하여 거의 사용되지 않는다.

② 1소점 투시도는 실내 투시도와 같은 정적인 건물 표현에 효과적이다.

③ 3소점 투시도는 아주 높거나 낮은 위치에서 건축물을 표현할 때 사용된다.

④ 같은 크기의 면이라도 보이는 면적은 시점의 높이에 가까워질수록 좁게 보인다.

해설 2소점 투시도는 2개의 수평선이 화면과 각을 가지도록 물체를 돌려 놓은 경우로, 소점이 2개가 생기고 수직선은 투시도에서 그대로 수직으로 표현되는 **가장 널리 사용되는 방법**이다.

169 건축물의 투시도에 관한 설명 중 옳지 않은 것은?

① 투시도의 회화적인 효과를 변화시키는 요소에는 건물 평면과 화면의 각도, 시선의 각도, 시점의 거리 등이 있다.

② 수평선 위에 있는 수평면은 천장 부분이 보이게 되며, 수평선 아래의 수평면은 바닥이 보이게 된다.

③ 3소점 투시도는 실내 투시도 또는 기념 건축물과 같은 정적인 건축물의 표현에 가장 효과적이다.

④ 물체의 크기는 화면 가까이 있는 것보다 먼 곳에 있는 것이 작아 보인다.

해설 1소점 투시도는 실내 투시도 또는 기념 건축물과 같은 정적인 건물의 표현에 효과적이고,

3소점 투시도는 건축 제도법이 복잡하여 자주 사용되지 않는다.

170 투시도 작도에 관한 설명으로 옳지 못한 것은?

① 화면보다 앞에 있는 물체는 축소되어 나타난다.

② 화면에 접해 있는 부분만이 실제의 크기가 된다.

③ 물체와 시점 사이에 기선과 수직한 평면을 화면(P.P)이라 한다.

④ 화면에 평행하지 않은 평행선들은 소점(V.P)으로 모인다.

해설 화면보다 앞에 있는 물건은 확대되어 보이고, 화면보다 뒤에 있는 물건은 축소되어 보인다.

171 투상도에 대한 설명 중 틀린 것은?

① 시점이 평행이다.

② 소점이 존재한다.

③ 모든 시점의 선들과 투영선은 주요 평면에 대해 직각을 이룬다.

④ 수직축, 수평축, 경사진 임의 축이 만들어진다.

해설 투상도는 무한대의 거리에 설정된 시점은 평행하며, 소점은 존재하지 않고, 어디에서도 모이지 않는 일정 방향에 대하여 모두 평행이다.

172 등각 투상도에서 축과 축 사이의 각도로 적합한 것은?

① 45° ② 60°

③ 90° ④ 120°

해설 등각 투상법으로 등각도에서는 인접 두 축 사이의 각이 120° 이므로, 한 축이 수직일 때 나머지 두 축은 수평선과 30° 가 되어 T자와 30° 삼각자를 이용하면 쉽게 등각 투상도를 그릴 수 있다.

173 다음 중 투상도의 종류 중 X, Y, Z의 기본 축이 120°씩 화면으로 나누어 표시되는 것은?

① 등각 투상도
② 이등각 투상도
③ 부등각 투상도
④ 유각 투시도

해설 등각 투상법으로 등각도에서는 인접 두 축 사이의 각이 120°이므로, 한 축이 수직일 때에는 나머지 두 축은 수평선과 30°가 되어 T자와 30° 삼각자를 이용하면 쉽게 등각 투상도를 그릴 수 있다.

174 건축도면에 사용하는 투상법 작도의 원칙은?

① 제1각법
② 제2각법
③ 제3각법
④ 제4각법

해설 정투상법에는 제1각법(눈 – 물체 – 투상면)과 제3각법(눈 – 투상면 – 물체)이 있으며, **건축제도 통칙에서는 제3각법을 원칙으로** 한다.

175 다음 중 설계 도면에서 건축물의 외형을 각 면에 대하여 정투상법으로 투사한 도면은?

① 배치도
② 평면도
③ 입면도
④ 단면도

해설 입면도는 건축물의 외관을 나타낸 직립 투상도(건축물의 외형 또는 외관으로 각 면에 대하여 정투상법으로 투상한 도면)로서 동, 서, 남, 북측 입면도 또는 정면도, 측면도, 배면도 등으로 나타낸다.

176 건축 도면 중 건축물의 외관을 나타낸 투상도는?

① 입면도
② 배치도
③ 단면도
④ 평면도

해설 입면도는 건축물의 외관을 나타낸 직립 투상도(건축물의 외형 또는 외관으로 각 면에 대하여 정투상법으로 투상한 도면)로서 동, 서, 남, 북측 입면도 또는 정면도, 측면도, 배면도 등으로 나타낸다.

177 그림의 투상법에서 A방향이 정면도일 때 C방향의 명칭은?

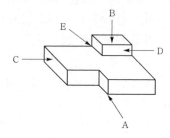

① 정면도
② 좌측면도
③ 우측면도
④ 배면도

해설 투상법에 의한 도면의 명칭은 다음과 같다.
A : 정면도, B : 평면도, C : **좌측면도**, D : 우측면도, E : 배면도

178 건축에 있어서 착시에 대한 설명과 일치하지 않는 것은?

① 길이의 착시 : 길이는 그 양 끝에 달린 부가물의 형상에 의해 좌우된다.
② 방향의 착시 : 예각은 과소하게, 둔각은 과대하게 판단하는 경향이 있다.
③ 면적의 착시 : 검은 것 속의 흰 것은 커 보이고, 흰 것 속의 검은 것은 작아 보인다.
④ 경험의 착시 : 경험을 통해서 물체의 강약, 구성의 안정성과 불안정성을 느끼게 한다.

해설 **방향의 착시**에 있어서 두 선이 만났을 때 **예각은 과대하게, 둔각은 과소하게** 판단하는 경향이 있다.

Ⅱ 건축 구조

1. 건축 구조의 일반 사항

1 건축 구조의 분류

건축 구조는 건축물의 기둥, 보, 벽 등의 주요 뼈대에 어떠한 재료를 사용했는지에 따라 다음과 같이 분류한다.

ⅰ) **가구식 구조(Framed struction)** : 목재, 철재 등 비교적 가늘고 긴 재료를 조립하여 뼈대를 만드는 구조로서, 재료의 배치와 연결 방법에 따라 강도가 좌우되는 구조이다.

ⅱ) **조적식 구조(Masonry struction)** : 돌, 벽돌, 시멘트, 블록 등의 비교적 작은 하나하나의 재료를 접합제를 써서 쌓아올려 건축물을 구성한 구조이다.(보기 : 벽돌구조, 돌구조, 블록구조 등)

ⅲ) **일체식 구조(Monolitnic struction)** : 현장에서 거푸집을 짜서 전 구조체가 일체가 되게 콘크리트를 부어 만든 구조이다.(보기 : 철근 콘크리트 구조, 철골 철근 콘크리트 구조 등)

(1) 나무 구조

① 장점

㉠ 가공하기가 쉽다.

㉡ 무게가 가볍다.

㉢ 강도가 비교적 크다.

② 단점

㉠ 불에 타기 쉽다.

㉡ 썩기 쉽다.

㉢ 건조에 대하여 수축 변형이 잘 된다.

③ 나무 구조에는 세 가지 양식이 있다.

㉠ 예부터 전하여진 전각, 사원 등의 동양 고전식 구조법

㉡ 한식 구조와 일본에서 개량한 일식 구조의 절충식 구조법

㉢ 유럽과 미국에서 발전한 양식 구조

④ 심벽식은 기둥 사이에 벽을 만들어 기둥이 보이도록 하는 구조이다.

⑤ 평벽식은 기둥 표면에 벽을 쳐서 기둥이 보이지 않도록 한 소위 양식 건축이다.

⑥ 간 사이가 작을 때에는 절충식 지붕들이 쓰인다.

⑦ 간 사이가 클 때에는 양식 지붕틀이 쓰인다.

(2) 조적 구조

① 벽돌, 블록, 돌 등의 하나하나를 모르타르로 접착시켜 쌓아올려 벽체를 만든 구조이다.

② 일반적으로 수직력에는 강하고 수평력에는 대단히 약하다.

(3) 철근 콘크리트 구조

① 철근은 인장력에 강하나 열에 약하고 녹슬기 쉽다.

② 콘크리트는 압축력에는 강하고 내화성이 크나 인장력에는 대단히 약하다.

③ 철근과 콘크리트는 팽창률이 거의 같고 부착력도 좋다.

④ 내진, 내풍, 내화, 내구상으로 매우 우수하다.

(4) 철골 구조

① 보통 ㄴ형, I형, ㄷ형, H형 등의 긴 강재와 강판을 조립하여 볼트나 리벳이음으로 한다.

② 간 사이가 큰 구조물도 안전하고 경제적으로 건축할 수 있다.

③ 두께 4mm 이하의 얇은 강판을 ㄷ형, ㄴ형으로 가공한 형강을 써서 건축물의 경량화와 저렴화를 기한 것을 경량 철골조라 한다.

④ 긴 부재를 조립하여 뼈대를 만든 가구식 구조이다.

⑤ 빗재를 각 요소에 넣어 짜맞추어 3각형 구조로 만들어 내진, 내풍적으로 만들 수 있다.

(5) 철골 철근 콘크리트 구조

① 철골조의 각 부분을 철근으로 보강하고 콘크리트로 피복한 구조이다.

② 고층 건물 큰 간 사이(Span)의 건물에 많이 쓰는 내진, 내화, 내구적인 구조이다.

(6) 특수 콘크리트 구조

① 철근 콘크리트 기성판 조립구조와 프리스트레스트 콘크리트 구조 등을 들 수 있다.

② 철근 콘크리트 기성판 조립구조는 벽판, 바닥판, 지붕판 등을 공장에서 단위판 또는 대형판으로 제작하여 현장에서 조립하는 구조이다.

③ 짧은 기간에 저렴한 가격으로 다량생산을 도모할 수 있다.

④ 프리스트레스트 콘크리트 구조상 중요한 뼈대 부분에 프리스트레스트 콘크리트를 쓴 구조이다.

⑤ 철근은 고장력 강재를 쓰고, 고강도의 콘크리트에 프리스트레스를 도입한 것이다.

⑥ 큰 공간의 구조가 가능하여 큰 집회실이나 공장, 체육관 등에 쓰인다.

2 건축 구조의 선정

① 주택과 같이 규모가 작은 것은 일반적으로 나무구조, 조적구조 등 어떤 것이든 간에 그 지역의 기후, 대지의 혼경 등을 고려하여 선정하며 된다.

② 대규모의 사무소를 건축하려면 내진, 내풍, 내화적으로 강한 철골 철근 콘크리트 구조로 한다.

③ 많은 인원을 수용하는 체육관, 극장 또는 공장 등은 큰 간 사이의 구조물에 적합한 철골구조나 철근 콘크리트 구조인 셸구조가 적당하다.

④ 건축물을 설계할 때에는 그 용도, 규모, 지역, 대지, 공사비 등 여러 가지 설계 조건을 충분히 고려해야 한다.

3 구조 계획과 건축법

① 건축물은 비나 바람을 막고 천재, 화재 등의 인재에서 생명과 재산을 보호한다.

② 실내 환경을 가장 적합하게 유지시키는 동시에 이를 이용하는 사람들의 생활에 편리하도록 해야 한다.

③ 건축물의 용도, 건축면적, 대지, 구조, 설비, 높이 등의 필요한 최저의 기준을 설정, 규제하여 국민의 생명, 건강, 재산을 보호하고 공공의 복지 증진에 도움이 되도록 하는 것을 목적으로 하고 있다.

④ 건축물을 설계할 때에는 우선 대지의 측량, 지반의 조사 건축물의 용도, 공사기간, 건축비 등을 고려하여 가장 적합한 것으로 선정한다.

4 우리나라 건축 구조의 발달

① 우리나라의 건축은 일찍이 중국의 한문화의 영향을 받아 건축가구의 기본적인 형식을 이루었다.

② 조선 시대에 이르러서는 불교가 정책적으로 억압되어 불교 건축은 일시 쇠퇴되었고, 유교의 융성에 따라 분묘, 향교, 서원 등이 많이 건축되었다.

③ 19세기말 조선 개화기를 맞이하면서 양식 나무 구조, 벽돌 구조, 돌 구조 등의 서양 건축이 수입되었다.

④ 20세기에는 시멘트 공업과 제강 공업의 수입, 발달과 철근 콘크리트, 철골 구조 등의 새로운 구조법의 기술 도입으로 건축이 활기를 띠었다.

⑤ 1960년대부터 주택과 아파트를 정부 주도하에 민간업체를 지원하여 다량 생산하였다.

⑥ 1970년대부터는 아파트나 사무소 건축 등이 더욱 고층화되고 또 대단위 공장이 건설되어 철골 구조 또는 철근 콘크리트 구조가 발전하게 되었다.

2. 건축물의 각 구조

1 나무 구조

나무 구조는 목재의 수요난과 내화, 내구성에서 뒤떨어지므로, 특수한 건축물을 제외하고는 전체 나무 구조는 드물고, 마루, 지붕틀 간막이벽 그 밖에 내부 수장 등에 주로 많이 쓰이고 있다.

이 단원에서는 절충식 구조와 양식 구조를 주로 배우기로 한다.

(1) 기초

• 건축물을 지반에 안전하게 정착시키기 위한 건물의 최하부 지하구조 부분을 기초라 한다.

• 기초에는 줄기초, 독립기초, 온통기초 등이 있다.

• 지반이 동결되는 지방에서는 기초 바닥면이 지하 동결선보다 더 깊이 오게 한다.

① **지정** : 건축물의 규모에 따라 잡석지정, 자갈지정, 말뚝지정 등의 종류가 있으며, 기초파기 형식에는 구덩이 파기 줄파기, 온통파기 등이 있다.

㉮ 잡석 지정

㉠ 100~200mm 정도의 잡석을 세워서 편평하게 깐다.

㉡ 틈서리에는 틈막이 자갈을 채워 넣는다.

㉢ 가장자리에서부터 중앙부로 충분히 다져 단단한 지반을 만든다.

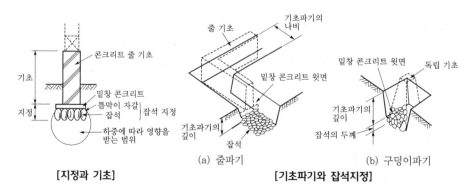

[지정과 기초]

(a) 줄파기   (b) 구덩이파기

[기초파기와 잡석지정]

ⓑ 자갈 지정 : 깬 자갈 또는 모래를 반쯤 섞은 자갈을 100mm 정도 두께로 편평하게 깔고 다진다.

② 기초

㉮ 줄 기초

  ㉠ 기초가 연속되어 있는 것을 줄기초 또는 연속기초라 한다.

  ㉡ 콘크리트를 채우고 갈고리 볼트를 묻고, 콘크리트가 굳으면 토대를 긴결한다.

㉯ 독립 기초 : 독립 기초는 기둥에서 전달되는 하중을 하나의 기초로 받게 한 것이다.

  ㉠ 동바리돌 기초 : 동바리를 통하여 전달되는 마루판에서의 하중을 받는 기초로서, 넓적한 돌을 호박돌이라 한다.

  ㉡ 주춧돌 기초 : 호박돌 대신에 네모돌을 깎아 다듬고 잡석다짐한 위 또는 밑창 콘크리트 위에 놓아 기둥을 받게 한 것이다.

  ㉢ 긴 주춧돌 기초 : 단단한 지반이 다소 깊게 있을 때 쓰이는 것으로, 단단한 지반까지 흙을 파내고, 잡석다짐을 한다.

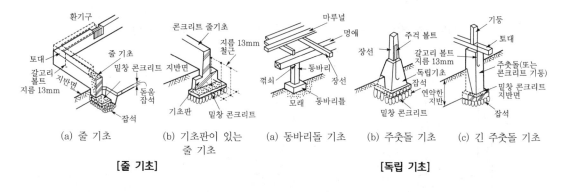

(a) 줄 기초　　(b) 기초판이 있는 줄 기초　　(a) 동바리돌 기초　　(b) 주춧돌 기초　　(c) 긴 주춧돌 기초

[줄 기초]　　　　　　　　　　　　　　　　[독립 기초]

(2) 나무 구조 벽체

- 나무 구조 벽체는 주로 토대, 기둥, 처마도리 등으로 구성되어 건축물의 평면에 따라 조립된다.
- 지붕보를 걸칠 때에는 대체적으로 처마도리의 방향을 벽이 긴 쪽으로 잡는다.
- 지붕보의 길이를 짧게 하기 위하여 이에 직각되는 짧은 벽쪽으로 걸쳐 댄다.
- 심벽식은 가새를 바깥쪽이나 받침벽 등을 제외하고는 넣기 어렵다.
- 평벽식은 어느 곳이고 단면이 큰 가새나 벽 밑바탕재를 요소마다 걸쳐 맞추어 댄다.

① 토대

㉮ 토대는 기둥의 집중 하중을 받아 이것을 기초에 전달한다.

㉯ 기둥의 하부를 연결시켜 주는 목적을 가진 나무뼈대의 최하부에 있는 중요한 수평재이다.

㉰ 토대는 기둥의 맞춤 위치나 토대의 이음위치로부터 15cm 정도 떨어진 곳에서 기초에 갈고리 볼트로 긴결한다.

㉢ 간막이 토대의 접합부분에는 토대 각도의 변형을 막기 위하여 45° 각도로 길이 100cm 정도의 귀잡이 토대를 빗통 맞춤 큰 못치기, 또는 빗턱통 넣고 짧은 장부맞춤, 볼트 죔 등으로 한다.

㉣ 토대의 크기는 기둥과 같게 하거나 다소 크게 한다.

㉤ 단층집에서 105mm각 정도, 2층일 때에는 120mm각 정도의 것을 쓴다.

㉥ 귀잡이 토대는 90mm×45mm 이상의 것을 쓴다.

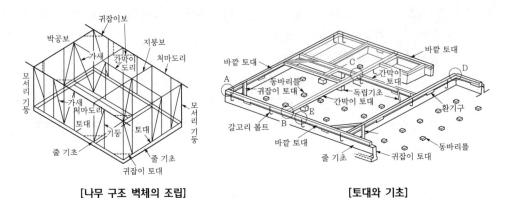

[나무 구조 벽체의 조립]　　　　　[토대와 기초]

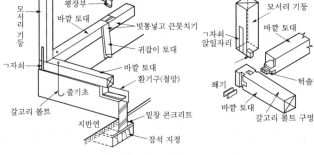

(a) A부의 맞춤　　　　(b) A부 맞춤의 상세　　　　(c) B부의 맞춤

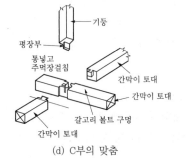

(d) C부의 맞춤　　　　(e) D부의 맞춤　　　　(f) 귀잡이 토대의 맞춤

[토대의 맞춤]

② 기둥

　　㉮ 기둥은 상부에서의 힘을 받아 토대에 전달시키는 수직재이다.

　　㉯ 밑층에서 위층까지 한 개의 부재로 되어있는 통재 기둥과 따로따로 되어있는 평기둥
　　　이 있다.

　　㉰ 통재 기둥은 건물의 모서리, 중간 요소에 배치한다.

　　㉱ 주택에서는 단층에서 100mm각, 2층 건물에서는 120mm각 정도로 한다.

　　㉲ 벽체의 중간 기둥은 약 2m 간격으로 배치하는 것을 표준으로 한다.

　　㉳ 기둥 면접기에는 실면과 큰 면(기둥 나비의 약 10%를 깎는다)이 있다.

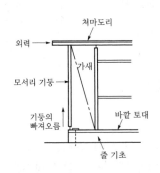

[외력으로 인한 기둥 장부의 빠짐]

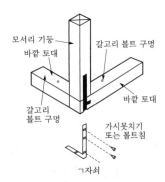

[모서리 기둥의 보강]

③ 층도리

　　㉮ 층도리는 위층과 밑층 사이에서 연결하는 위층 바닥 하중을 받아 기둥에 전달시키는
　　　역할을 하는 가로재이다.

　　㉯ 층도리와 통재 기둥과의 맞춤은 빗턱통 넣고 짧은 장부 맞춤으로 하여 안팎에 띠쇠를
　　　대고 볼트 또는 가시못 죔으로 한다.

　　㉰ 모서리 통재 기둥일 때에는 감잡이 쇠를 돌려 대어 볼트 또는 가시못 죔으로 한다.

　　㉱ 층도리에 아래위층의 기둥을 맞출 때에는 짧은 장부 맞춤으로 하고 띠쇠를 안팎에 대
　　　어 보강한다.

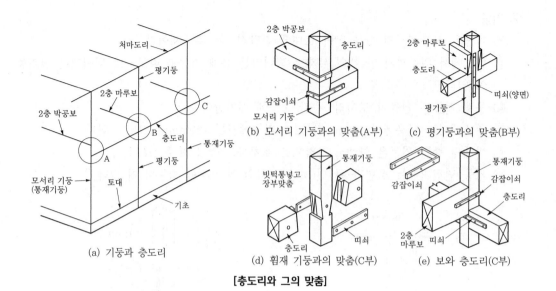

[충도리와 그의 맞춤]

④ 도리

㉠ 기둥 맨 위에서 기둥 머리를 연결하고 지붕틀을 받는 가로재를 깔도리라 한다.

㉡ 깔도리 위에 지붕틀을 걸치고 지붕틀의 평보 위에 깔도리와 같은 방향으로 걸친 가로재를 처마도리라 한다.

㉢ 간 사이의 중간에서 지붕보를 받는 부재를 베개보라 한다.

㉣ 기둥과 기둥 사이에서 지붕틀을 받을 때에는 특히 춤이 큰 것을 쓰거나, 덧도리를 대고 볼트 죔으로 하여 보강한다.

㉤ 이음은 엇걸이 산지 이음의 내 이음이 많이 쓰인다.

㉥ 부재 단면이 다를 때에는 주먹장 내이음이므로 하여 철물로 보강한다.

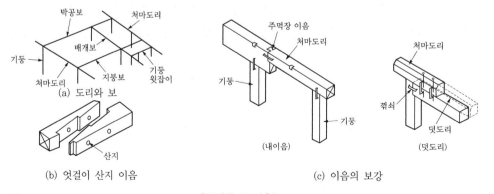

[도리와 그 이음]

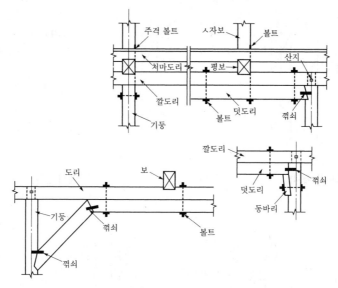

[깔도리와 덧도리]

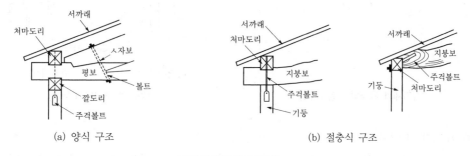

(a) 양식 구조   (b) 절충식 구조

[도리와 걸침의 방법]

⑤ **가새**

㉮ 직사각형 뼈대가 수평력의 작용을 받아도 그 형태가 변하지 않게 대각선 방향에 빗재를 대는 것을 말한다.

㉯ 가새에는 인장력에 저항하는 인장 가새와 압축력에 저항하는 압축 가새가 있다.

㉰ 인장력에 저항하는 가새는 기둥의 단면적 1/5쪽 정도의 얇은 목재나 지름 9mm 이상의 철근을 쓴다.

㉱ 압축력에 저항하는 가새는 기둥과 같은 치수 또는 1/2, 1/3쪽 정도의 것을 쓴다.

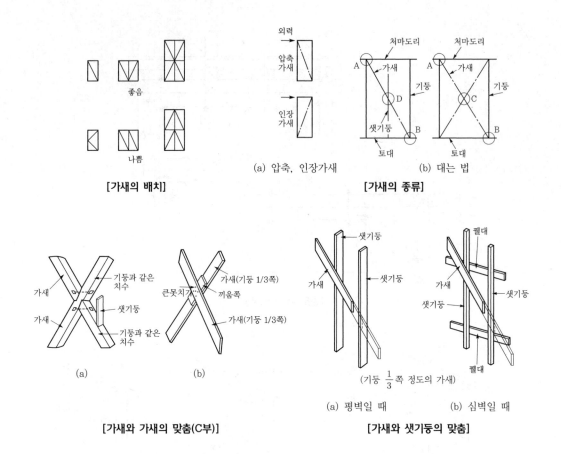

[가새의 배치]

(a) 압축, 인장가새   (b) 대는 법

[가새의 종류]

[가새와 가새의 맞춤(C부)]   [가새와 샛기둥의 맞춤]

⑥ 버팀대, 덧기둥

  ㉮ 버팀대는 기둥과 깔도리, 기둥과 층도리, 보 등이 맞추어진 부분이 수평력에 대해 변형되는 것을 막기 위한 것이다.

  ㉯ 기둥과의 맞춤에는 되도록 기둥을 적게 따내도록 하고, 양끝은 연결 고정 철물을 써서 잘 죄어야 한다.

  ㉰ 기둥에 큰 휨력, 측 방향력이 작용할 때에는 이를 보강하기 위하여 덧기둥을 댄다.

⑦ 인방 및 창대

  ㉮ 심벽식에서는 특별히 뼈대를 짜멜 필요가 없고, 밑흠대와 웃흠대를 직접 기둥에 맞추어 댄다.

  ㉯ 평벽식에서는 창대, 창위 인방, 설주를 맞추어 대서 창틀을 받게 한다.

  ㉰ 창대와 창위 인방을 기둥에 빗턱 통맞춤으로 하여 꺾쇠로 보강하고 샛기둥 끝에 못박아 댄다.

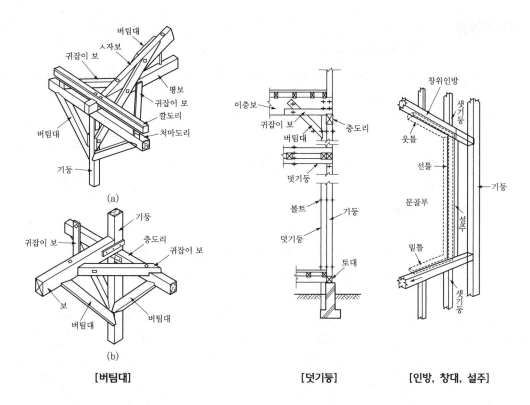

[버팀대]   [덧기둥]   [인방, 창대, 설주]

⑧ 꿸대, 샛기둥

㉮ 꿸대는 심벽식 벽의 뼈대로 기둥과 기둥 사이에 100mm×20mm 정도의 것을 가로로
꿰뚫어 넣어 외를 엮어 대는 힘살이 되게 한다.

㉯ 기둥과의 맞춤은 기둥에 통맞춤 못치기, 내림 메뚜기장 맞춤, 갈퀴 맞춤, 내리맞춤 등
으로 하여 쐐기치기로 한다.

㉰ 평벽식 벽에서는 뼈대로 기둥 사이에 약 45~50cm 간격으로 옆면은 기둥과 같고 앞면
은 1/2 또는 1/3로 쪼갠 치수의 수직재를 가로재에 짧은 장부맞춤으로 세운다.

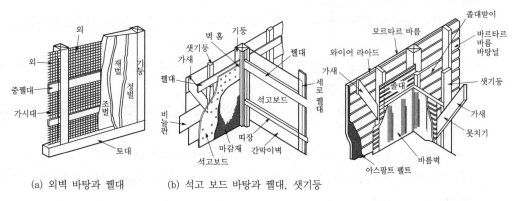

(a) 외벽 바탕과 꿸대   (b) 석고 보드 바탕과 꿸대, 샛기둥

[심벽식의 꿸대와 샛기둥]   [평벽식의 샛기둥]

(3) 지붕틀

- 지붕의 경사를 물매라고 한다.
- 오른쪽 그림과 같이 수평 길이 AB 10cm에 대해서 수직 높이 BC 4cm일 때 빗면 AC의 경사를 4/10 물매 또는 4cm 물매라 한다.
- 지붕 경사가 45°일 때를 되물매라 하고, 그 이상을 된물매라 한다.
- 지붕 물매를 간 사이의 크기, 건물의 용도, 강우량 등에 따라 정해진다.

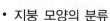

[지붕 물매]

- 지붕 모양의 분류
  - ㉠ 주택 : 박공지붕, 모임지붕, 방형지붕, 합각지붕 등
  - ㉡ 사무소 : 박공지붕, 모임지붕, 외쪽지붕, 평지붕, 꺾임지붕 등
  - ㉢ 공장, 창고 : 박공지붕, 왼쪽지붕, 톱날지붕, M지붕, 솟을지붕 등

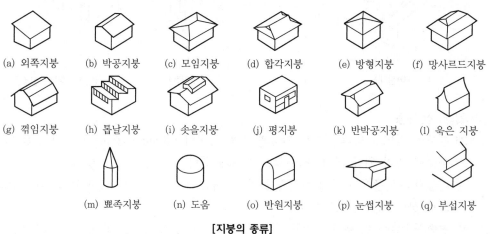

| (a) 외쪽지붕 | (b) 박공지붕 | (c) 모임지붕 | (d) 합각지붕 | (e) 방형지붕 | (f) 망사르드지붕 |

| (g) 꺾임지붕 | (h) 톱날지붕 | (i) 솟을지붕 | (j) 평지붕 | (k) 반박공지붕 | (l) 욱은 지붕 |

| (m) 뾰족지붕 | (n) 도움 | (o) 반원지붕 | (p) 눈썹지붕 | (q) 부섭지붕 |

[지붕의 종류]

① 절충식 지붕틀과 양식 지붕틀
  - ㉮ 절충식 지붕틀은 지붕보에 동자기둥, 대공 등을 세워 서까래를 받치는 중도리를 걸쳐 댄 것이다.
  - ㉯ 양식 지붕틀은 뼈대를 3각형 구조로 짜맞추어 댄 지붕틀에 지붕의 힘을 받아 깔도리를 통하여 기둥이나 벽체에 전달시킨 것이다.
  - ㉰ 절충식 지붕틀은 구조가 간단하고 작은 건물에 많이 쓰이나 역학적으로 좋지 않은 구조이다.
  - ㉱ 양식 지붕틀 중에서는 왕대공 지붕틀이 가장 많이 사용된다.
  - ㉲ 굵은 선으로 나타낸 부재는 압축력, 가는 선으로 나타낸 부재는 인장력을 받는 부재이다.

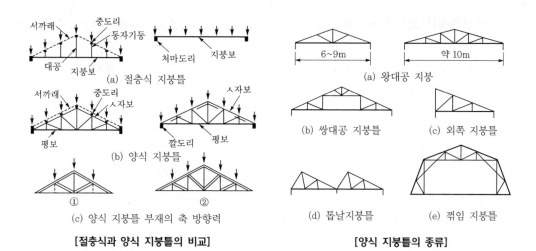

[절충식과 양식 지붕틀의 비교]　　　[양식 지붕틀의 종류]

② 절충식 지붕틀의 구조

㉮ 절충식 지붕틀은 지붕보를 약 1.8~2m 간격으로 벽체 위에 걸쳐 댄다.

㉯ 대공을 약 90cm 간격으로 세운 다음 중도리를 그 위에 걸쳐 댄다.

㉰ 지붕이 클 때에는 종보를 쓴다.

㉱ 지붕보는 빗걸이 이음 또는 덧판 이음으로 하여 볼트로 쥔다.

㉲ 동자기둥이나 대공은 크기가 100~120mm각의 것을 약 90cm 간격으로 한다.

㉳ 지붕보의 크기는 기와지붕의 간 사이가 4m일 때 끝마구리 지름은 180mm, 6m일 때 240mm, 8m일 때 300mm 정도의 소나무를 쓴다.

㉴ 박공보와 처마도리와의 접합 부분은 90mm각 이상 정도의 귀잡이 보를 맞추어 철물로 보강한다.

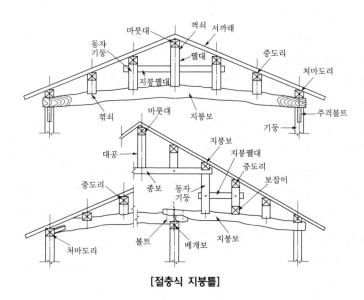

[절충식 지붕틀]

ⓐ 서까래는 보통 5cm각의 단면의 것을 45~50cm 간격으로 배치하여 중도리에 못박아 댄다.

ⓐ 모임지붕일 때에는 박공보에서 일반 지붕보에 우미량을 적당히 배치하여 동자기둥을 받게 한다.

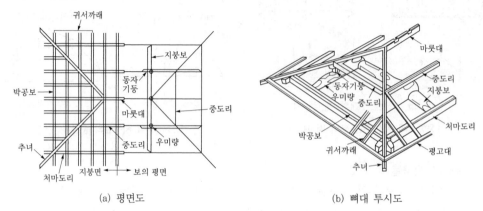

(a) 평면도　　　　　　　　　(b) 뼈대 투시도

[모임 지붕의 구조]

③ 양식 지붕틀의 구조

ⓐ 왕대공 지붕틀

ⓐ 양식 지붕틀에는 왕대공지붕틀이 가장 많이 쓰인다.

ⓐ 왕대공, 평보, ㅅ자보, 빗대공, 달대공 등으로 구성한다.

ⓐ 지붕틀을 깔도리 위에 약 2~3m 간격으로 벽체의 기둥 위에 배치하여 걸쳐 댄다.

ⓐ 왕대공은 평보에 짧은 장부맞춤으로 하여 평보 밑에서 감잡이 쇠를 대고 볼트 죔을 하며 인장 응력을 받는 부재이다.

ⓐ ㅅ자보와 평보는 빗턱통 넣고 장부맞춤 또는 안장맞춤으로 하고 볼트로 죄며, 압축응력과 휨모멘트를 받는 부재이다.

ⓑ 평보는 인장응력과 휨 모멘트를 받는 부재이다.

ⓐ 빗대공은 ㅅ자보와 왕대공에 빗턱통 넣고 장부맞춤으로 하여 꺾쇠로 보강하며, 압축 응력을 받는 부재이다.

ⓞ 달대공은 소요 단면의 반쪽을 각각 평보와 ㅅ자보의 양쪽에 대고 볼트로 죄며, 인장응력을 받는 부재이다.

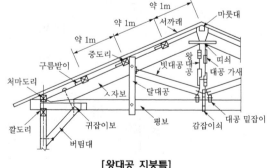

[왕대공 지붕틀]

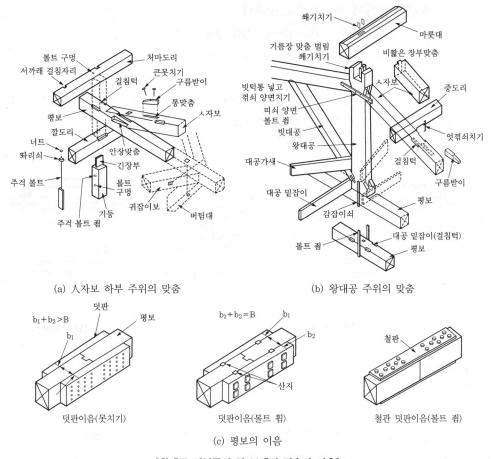

(a) 人자보 하부 주위의 맞춤   (b) 왕대공 주위의 맞춤

(c) 평보의 이음

[왕대공 지붕틀의 각 부재의 맞춤과 이음]

(4) 마루

상점, 창고 등의 1층 마루는 낮게 할 때가 많지만 주택, 학교 등에서는 위생상 상당히 높게 할 필요가 있고, 보통 지반 위 45cm 이상으로 한다.

① 1층 마루

⑦ 동바리 마루

㉠ 동바리 마루는 장선, 멍에, 동바리 등을 짜맞추어 만든 마루를 말한다.

㉡ 동바리는 멍에에 짧은 장부맞춤으로 하여 큰 못 또는 꺾쇠치기로 한다.

㉢ 멍에는 내이음으로 주먹장 이음 또는 메뚜기장 이음으로 한다.

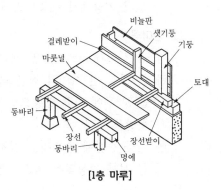

[1층 마루]

ⓔ 장선은 멍에에 걸침턱으로 맞춘다.
　ⓐ 동바리, 멍에 : 100~120mm각(1~2m 간격)
　ⓑ 장선 : 45~60mm각(40~50cm 간격)
　ⓒ 마룻널 : 두께 18mm 정도
㉯ 납작마루 : 동바리를 세우지 않고 바닥에 직접 멍에와 장선을 걸고 마룻널을 깔거나 콘크리트 바닥에 장선만을 깔고 마룻널을 까는 마루를 말한다.

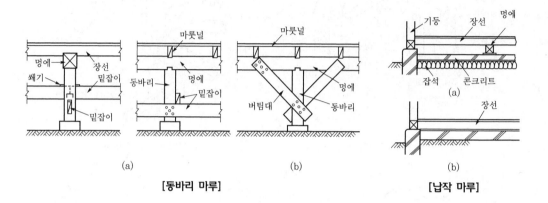

[동바리 마루]　　　　　　　　　　[납작 마루]

② **2층 마루**
　㉮ 홀마루
　　㉠ 보를 쓰지 않는다.
　　㉡ 층도리와 간막이도리에 직접 장선을 걸쳐 대고 마룻널을 깐다.
　　㉢ 간 사이가 2m까지는 많이 쓰인다.
　㉯ 보마루
　　㉠ 보통 간 사이가 2.5m 이상의 마루에 쓰인다.
　　㉡ 2m 정도의 간격으로 보를 걸치고 이 위에 장선을 배치하여 마룻널을 깐다.
　　㉢ 보의 통재 기둥맞이에 빗턱통 넣고 장부맞춤으로 하여 감잡이쇠로 보강한다.
　　㉣ 평기둥에서는 층도리에 걸쳐 대고 띠쇠, 볼트 죔으로 한다.

③ **짠마루**
　㉮ 간 사이가 6m 이상일 때 쓰인다.
　㉯ 큰 보를 간 사이가 작은 쪽에 3~5m 간격으로 걸쳐댄다.
　㉰ 큰 보 위에 직각 방향으로 작은 보를 약 2m 간격으로 걸쳐 댄 다음 장선을 걸치고 마룻널을 깐다.
　㉱ 기둥 중간에 층도리를 걸쳐 댈 때에는 덧도리를 써서 이를 보강한다.
　㉲ 큰 보를 기둥맞이 버팀대맞이로 하기 위해서는 배합보로 하는 것이 좋다.

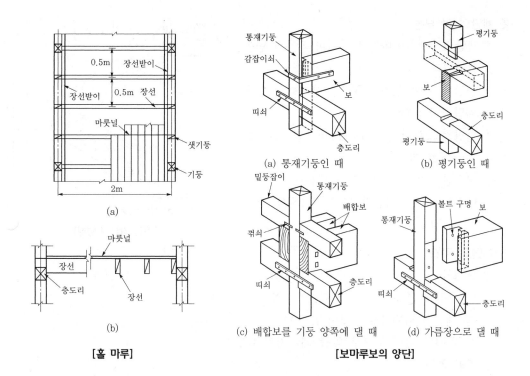

[홀 마루]

[보마루보의 양단]

(5) 계단

- 계단은 상·하층을 연락하는 통로로서 중요한 역할을 한다.
- 출입구에 가깝고 편리한 곳에 둔다.
- 화재가 났을 때에는 밑층의 화기를 위층으로 보내는 굴뚝의 작용을 한다.

① 종류

㉮ 모양에 따른 분류 : 곧은 계단, 꺾은계단, 돎계단 등

㉯ 주재료에 따른 분류 : 목조계단 철근 콘크리트조 계단, 철골조계단, 석조계단 등

㉰ 장소에 따른 분류 : 내부계단, 외부계단

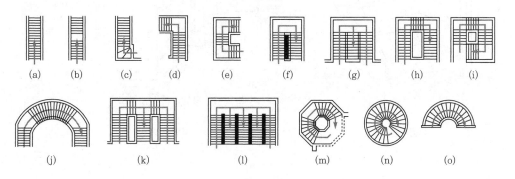

[계단의 종류]

② 계단의 각 부분

㉮ 계단의 한 단의 바닥을 디딤바닥, 수직면을 챌판이라 한다.

㉯ 중간에 단이 없이 넓게 된 다리쉼의 면을 계단참이라 한다.

㉰ 일반적으로 단 높이 15~18cm, 단 나비 27~30cm로 한다.

㉱ 계단참은 3~4m 이내마다 만든다.

㉲ 난간 두겁은 디딤바닥의 중심에서 75~90cm 정도의 높이로 한다.

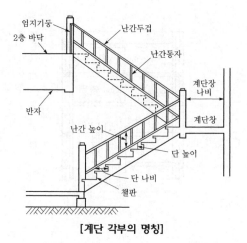

[계단 각부의 명칭]

③ 계단의 구조

㉮ 틀계단

㉠ 주택에 주로 많이 쓰인다.

㉡ 계단의 나비 1m 정도이다.

㉢ 2~4단 걸러 통장부 맞춤 쐐기치기로 한다.

㉯ 옆판 계단

㉠ 계단옆판, 디딤판, 챌판, 엄지기둥, 난간 등으로 되어 있다.

㉡ 옆판의 위끝은 계단받이보에 걸치고 주걱 볼트 죔으로 한다.

㉢ 밑끝은 멍에에 걸쳐 댄다.

㉣ 챌판은 디딤판에 홈을 파넣고 옆판에는 통넣고 쐐기치기한다.

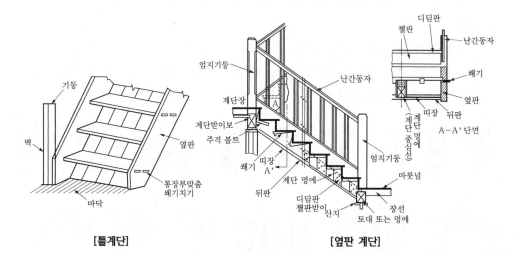

[틀계단]   **[옆판 계단]**

⑭ 따낸 옆판 계단

㉠ 옆판에 홈을 파지 않고 디딤판이 닿는 곳마다 옆판을 따내어 디딤판을 얹어 놓은 것이다.

㉡ 챌판과 따낸 옆판과는 안촉 연귀맞춤으로 한다.

㉢ 디딤판을 따낸 옆판 위에 얹어 고정 철물, 귓목 등으로 연결시킨다.

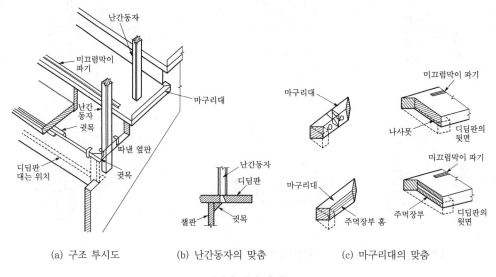

(a) 구조 투시도   (b) 난간동자의 맞춤   (c) 마구리대의 맞춤

[따낸 옆판 계단]

(6) 외부 수장

① 처마, 박공, 차양

㉮ 처마

㉠ 바깥벽면의 문골을 비바람이나 햇빛으로부터 보호하는 역할을 한다.

㉡ 처마 내밀기는 서까래나 지붕널이 없는 것은 처마도리 중심에서 30~35cm 정도 내민다.

㉢ 처마돌림은 두께 24mm, 나비 100mm 이상의 것을 쓴다.

㉣ 지붕널이 썩는 것을 방지하기 위하여 24mm×120mm의 평고대를 처마돌림 면에서 1cm 정도 내어 서까래 위에 못박아 댄다.

㉯ 박공

㉠ 박공지붕, 합각지붕의 측면 지붕도 보의 중심에서 45cm 정도 내밀고 박공처마를 만든다.

㉡ 박공널은 두께 18~30mm, 나비 150~300mm 정도로 한다.

㉢ 박공널 끝은 처마돌림보다 1~1.5cm 내민다.

ⓒ 차양

　ㄱ 출입구나 창 등의 문골을 보호하기 위하여 설치한다.

　ㄴ 차양에는 팔대를 주재로 한 평벽식에 쓰이는 것과 팔대와 도리 등으로 짜맞추어 만든 주로 심벽식에 쓰이는 것이 있다.

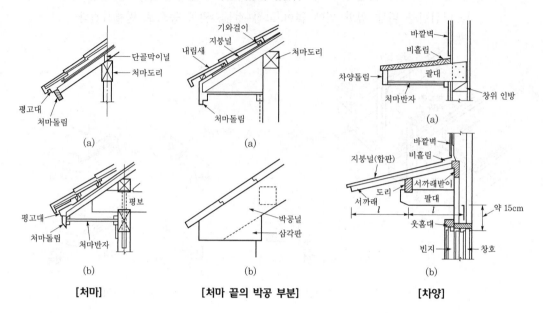

[처마]　　　[처마 끝의 박공 부분]　　　[차양]

② 지붕이기

TIP

- 재료를 선택할 때 고려할 사항
  ① 내수적이어야 한다.　　　　② 온도, 습도에 따라 신축이 생기지 않아야 한다.
  ③ 열전도율이 작고 가벼워야 한다.　　④ 동해를 받지 않고 외력에 잘 파괴되지 않도록 한다.
- 재료에 따른 보통 물매의 최소 한도
  ① 기와이기:4/10(21° 48)　　　　② 골스레이트 이기 : 3/10(16° 42)
  ③ 금속판 이기:3/10(16° 42)　　　　④ 금속판 기왓가락 이기:1.5/10(8° 32)
  ⑤ 아스팔트 루핑:3/10(16° 42)　　　⑥ 아스팔트 방수층:0.2/10(1° 09)

㉮ 기와이기

　ㄱ 한식기와 이기

　　ⓐ 내림새는 처마 끝 연암에서 약 10cm 내놓는다.

　　ⓑ 기와 이음발은 기와 길이의 1/3~1/2 정도로 한다.

　　ⓒ 처마 끝 수키와는 암키와에서 약 6cm 정도 들여 놓는다.

　　ⓓ 암키와에서 수키와 마구리에는 회백토를 물려 바르며 이것을 아귀토라 한다.

　　ⓔ 추녀마루의 처마 끝은 암키와를 삼각형으로 다듬어 모서리에 넣고 수키와를 덮는데 이것을 보습장이라 한다.

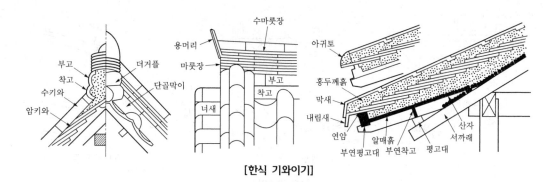

[한식 기와이기]

ⓒ 시멘트 기와이기

    ⓐ 걸침턱이 없는 것과 있는 것 두 가지 방법이 있다.

    ⓑ 걸침턱이 없는 것은 지붕널 또는 산자 위에 알매흙을 깔고 줄바르게 이어 나간다.

    ⓒ 걸침턱이 있는 것은 지붕널 위에 기와 크기에 맞추어 20mm 각재의 기왓살을 못박아 대고 줄을 맞추어 깔아 나간다.

    ⓓ 박공 쪽에는 감새를 박공널 위에 한 줄로 깔고 박공처마 끝에는 감내림새 한 장을 깐다.

㉴ 금속판 이기

- 금속판에는 아연도금 철판, 구리판, 알루미늄판 등이 쓰인다.
- 자유로 이을 수 있는 잇점이 있다.
- 열전도율이 크고 온도에 대한 신축이 큰 것이 결점이다.
- 공중산화 또는 염류, 가스부식, 기타 화학작용에 약한 것이 결점이다.

㉠ 평판이기

    ⓐ 보통 일자이기로 한다.

    ⓑ 지붕널 위에 아스팔트 루핑을 펴고 적당한 크기로 자른 네 변을 1.5cm 정도 거멀접기로 한다.

    ⓒ 각 판마다 거멀쪽을 약 25cm 간격에 배치하여 지붕널에 고정시켜 이어 나간다.

㉡ 기왓가락 이기

    ⓐ 평판이기보다 빗물이 새는 것을 잘 막을 수 있으며 풍압에 강하다.

    ⓑ 약 50mm의 각재를 서까래선에 맞추어 박아대고 평판을 기왓가락 사이에 맞추어 깐다.

㉢ 골판이기

    ⓐ 지붕널 위에 이기도 하고, 직접 중도리 위에 이을 때도 있다.

    ⓑ 못이나 볼트는 골형의 볼록한 부분에서 박되 고무 펠트를 끼운다.

    ⓒ 지붕마루 부분에는 덮개판을 대고 금속판을 충분히 접어 댄다.

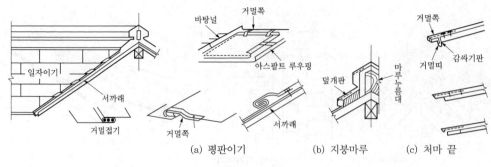

[금속 평판이기]

(a) 평판이기   (b) 지붕마루   (c) 처마 끝

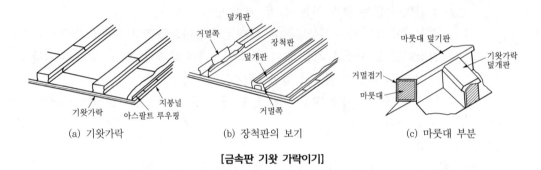

(a) 기왓가락   (b) 장척판의 보기   (c) 마룻대 부분

[금속판 기왓 가락이기]

　　⑤ 골석면 슬레이트이기

　　　　㉠ 지붕이기에 일반적으로 쓰이는 것은 골석면 슬레이트이다.

　　　　㉡ 기와보다 무게가 가볍고 휨, 충격에 강하며, 내수 내화성도 있어 공장, 창고 등에 많이 쓰인다.

　　㉑ 유리판이기

　　　　㉠ 유리판이기는 공장, 창고, 강당 등의 채광용 천창을 비롯하여 온실, 선 룸(Sun room), 차양 등에 쓰인다.

　　　　㉡ 천창에 쓰는 유리는 두께 6mm 이상의 철망유리, 골형유리 등을 쓴다.

　　　　㉢ 소규모의 온실 등에서는 유리판을 서까래 위에 깔고 퍼티로 밀착시킨다.

　　㉺ 평지붕

　　　　㉠ 평지붕은 주로 철근 콘크리트 구조에 많이 쓰인다.

　　　　㉡ 지붕널에 방부재를 충분히 칠하고 아스팔트 방수층을 시공한다.

　　　　㉢ 방부재를 칠한 위에 아스팔트 펠트, 와이어 라드(Wire lath)를 깐 다음 모르타르를 바르고 그 위에 아스팔트 방수층을 시공한다.

③ **홈통**

　㉮ 처마홈통, 깔대기 홈통, 선홈통, 흘러내림 홈통 등으로 나눈다.

　㉯ 물매는 보통 1/100 이상으로 한다.

㉰ 처마홈통은 반원형, 쇠시리형으로 한다.

㉱ 띠쇠로 만든 처마홈통 걸이를 약 1m의 간격으로 서까래 옆에 못을 박는다.

㉲ 반원형은 지름 90~120mm 정도로 한다.

㉳ 홈통의 이음은 30mm 이상 겹쳐 안팎을 납땜하고 죔 못을 칠 때도 있다.

㉴ 쇠시리홈통은 150~180mm각 정도로 하지만, 나비를 500~600mm 정도로 넓게 할 경우도 있다.

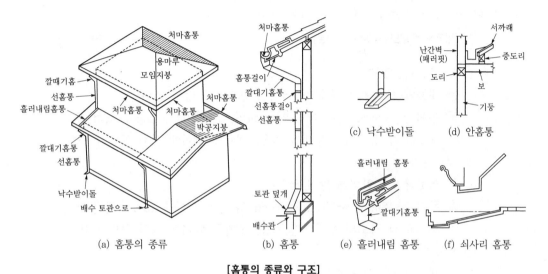

[홈통의 종류와 구조]

④ **바깥벽**

㉮ 판벽

- 판벽은 화재의 위험성이 많아 밀집되어 있는 도시에서는 금지되어 있다.
- 연소를 막기 위해서는 불연재로 둘러싸든지 내화 목재를 써야 한다.

㉠ 영국식 비늘판벽

ⓐ 두께 20mm 정도 되는 널을 겹쳐 못박아 댄다.

ⓑ 널두께 위를 10mm 밑을 20mm 정도로 비켜서 웃널 밑은 반턱쪽매로 하여 밑 널과 15mm 깊이 정도 겹쳐 물리게 한다.

㉡ 턱솔비늘 판벽

ⓐ 널을 바깥면에 경사지게 붙이지 않는다.

ⓑ 두께 20mm 이상 되는 널의 위아래, 옆을 반턱으로 붙인다.

ⓒ 줄눈나비 6~18mm 정도의 오목줄눈이 생기게 하며 모서리 부분은 연귀맞춤으로 한다.

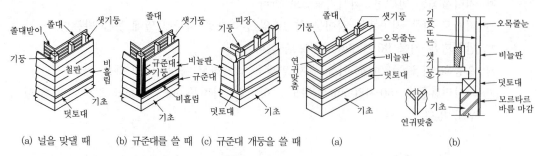

(a) 널을 맞댈 때   (b) 규준대를 쓸 때   (c) 규준대 개둥을 쓸 때   (a)   (b)

[영국식 비늘판벽의 모서리 부분]   **[턱솔비늘 판벽]**

  ⓒ 누름대 비늘판벽

    ⓐ 빗물막이가 좋고 경제적이어서 일반적으로 많이 쓰인다.

    ⓑ 두께 9~18mm, 나비 180~240mm의 널을 위아래 15mm 겹쳐 댄다.

    ⓒ 30mm 각 정도의 누름대를 기둥, 샛기둥 맞이에 세워 못박아 댄다.

  ⓔ 세로판벽

    ⓐ 세로판벽은 안벽에 많이 쓰인다.

    ⓑ 두께 9~18mm, 나비 180~240mm의 널을 위아래 15mm 겹쳐 댄다.

    ⓒ 30mm 각 정도의 누름대를 기둥, 샛기둥 맞이에 세워 못박아 댄다.

  ⓜ 세로판벽

    ⓐ 세로판벽은 안벽에 많이 쓰인다.

    ⓑ 띠장을 가로대고 반턱쪽매 또는 제혀쪽매로 해서 못을 박아 댄다.

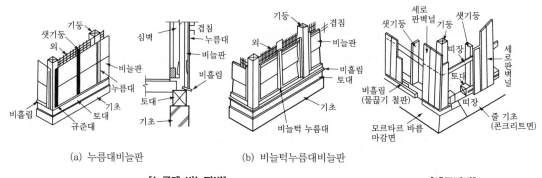

(a) 누름대비늘판   (b) 비늘턱누름대비늘판

[누름대 비늘판벽]   **[세로판벽]**

④ 바름벽

  ㉠ 모르타르 바름벽

    ⓐ 기둥, 샛기둥에 펠대 정도의 널을 못박아 댄다.

    ⓑ 널 위에 아스팔트 펠트 및 와이어 라드 또는 메탈 라드를 거멀못으로 박아 댄다.

    ⓒ 균열을 방지하기 위하여 빗 방향으로 댈 때도 있다.

㉡ 인조석 바름, 테라쪼 바름

ⓐ 인조석 바름은 모르타르의 정벌 바름 대신에 시멘트, 모래, 종석(돌의 지름 1.5~6mm)을 섞어 반죽한다.

ⓑ 두께 약 7mm 정도로 바른 다음, 인조석 씻기, 잔다듬, 갈기 등을 거쳐 자연석 비슷하게 마무리한다.

ⓒ 테라쪼 현장갈기는 인조석 때보다 2~3회 더 갈고 왁스 먹임으로 광내기를 하며 백색 시멘트에 안료를 충분히 사용한다.

㉢ 흙질

ⓐ 흙질은 한식 구조나 절충식 구조의 심벽으로 마무리할 때에 쓰인다.

ⓑ 가시새를 기둥이나 꿸대 옆에서 약 6cm, 중간은 약 30cm 간격으로 배치한다.

ⓒ 외는 댓가지, 수수깡, 삼대, 갈대 등을 가로, 세로 각각 30~40mm 간격으로 배치한다.

㉰ 붙임벽

㉠ 습식바탕 붙임벽

ⓐ 타일 붙임과 테라쪼판 붙임, 돌붙임 등이 있다.

ⓑ 타일 붙임은 모르타르 바른 위에 타일을 뒷면에 모르타르를 채워 붙여 댄다.

ⓒ 테라쪼판 붙임, 돌붙임은 죔쇠 등으로 벽체에 고정시켜 모르타르를 채우고 붙임재 상호 간도 꽂임촉을 박아 단단히 고정시킨다.

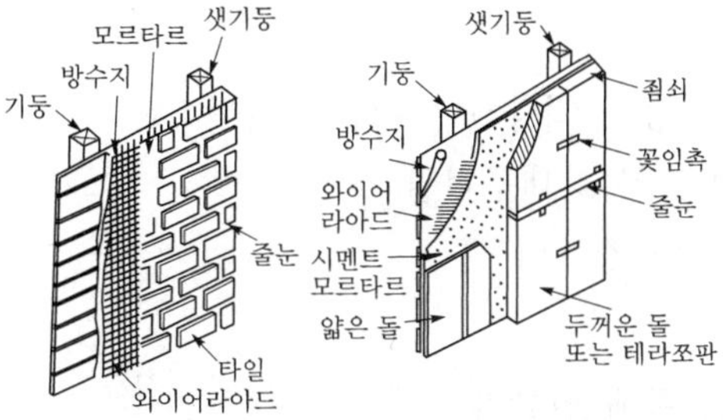

(a) 타일붙임　　(b) 테라쪼판 또는 돌붙임

[습식 바탕 붙임벽]

㉡ 건식바탕 붙임벽

ⓐ 금속판 붙임과 석면 시멘트판 붙임이 있다.

ⓑ 금속판에는 아연도금 철판, 구리판, 알루미늄판 등이 쓰인다.

ⓒ 금속 평판 붙임은 기둥, 샛기둥에 두께 12~15mm 정도의 널을 밑바탕으로 붙여 대고 아스팔트 루핑을 펴 댄다.

ⓓ 석면 시멘트 평판 붙임벽은 띠장을 외장재 크기에 맞추어 댄다.

ⓔ 석면 시멘트판은 단열, 내수, 내화성이 있고 비교적 경량이므로 공장, 창고, 기타 방화성이 요구되는 곳에 많이 사용된다.

(a) 금속 평판 붙임벽   (b) 골형판 붙임벽   (c) 석면 시멘트판

[건식 바탕 붙임벽]

(7) 내부수장

ⅰ) 보온을 필요로 하는 곳 : 코르크판, 천등의 보온재료

ⅱ) 방음을 필요로 하는 곳 : 섬유판, 천등의 흡음재료

ⅲ) 방화를 필요로 하는 곳 : 흙, 모르타르 등의 불연재료

ⅳ) 방수, 방습을 필요로 하는 곳 : 타일, 모르타르 등의 흡수성이 없는 재료

① 바닥

바닥은 발디딤 촉감이 좋고 진동하지 않으며, 마멸하지 않고 깨끗하며 아름다운 바닥면으로 설계해야 하며, 다음 사항을 고려해야 한다.

- 아름다울 것
- 미끄럽지 않을 것
- 굳기, 무르기, 탄력성 등이 적당하여 촉감이 좋을 것
- 마멸, 충격에 대하여 강하고 내구적일 것
- 발생음이 적고 방음적일 것

   ㉮ 널깔기

      ㉠ 맞댐쪽매, 턱솔쪽매 널깔기

         ⓐ 가장 간단한 널깔기이다.

         ⓑ 널두께 18mm, 나비 150~180mm 정도의 널을 맞댐, 턱솔쪽매 등으로 못박아 깐다.

         ⓒ 이음은 장선 위에서 엇갈리게 배치하여 맞댄 이음으로 한다.

      ㉡ 플로어링 널깔기

         ⓐ 두께 15mm 이상, 나비 100mm 정도의 제혀쪽매널 또는 딴혀쪽매널을 숨은 못치기로 깐다.

         ⓑ 널 나비가 180mm보다 넓을 때에는 마구리 중앙에 주걱꺾쇠를 박고 장선에 못치기하는 것이 좋다.

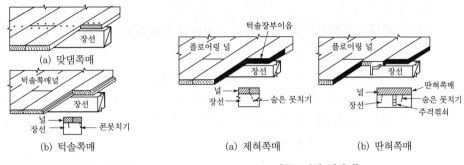

[맞댐쪽매와 턱솔쪽매 널깔기]　　　　**[플로어링 널깔기]**

   ⓒ 쪽매널깔기

    ⓐ 밑바탕 마루 위에 무늬가 좋은 토막널을 세로, 가로 또는 빗 방향으로 접착제
     또는 숨은 못으로 고정시킨다.

    ⓑ 박달나무, 단풍나무, 느티나무, 자단, 흑단, 화류 티크, 마호가니 등은 색깔과
     무늬가 아름다워 많이 쓰인다.

  ㉯ 바르기

   ㉠ 모르타르, 인조석, 테라쪼 등을 현장에서 발라 표면을 마무리한다.

   ㉡ 바닥 표면의 갈라짐을 막고, 보기 좋게 하기 위하여 황동제의 줄눈대를 가로, 세
    로로 약 1.2m 이내마다 넣은 것이 좋다.

   ㉢ 공장의 바닥이나 역의 플랫폼의 바닥 등에는 아스팔트에 적당한 모래, 돌가루 등
    을 섞은 아스팔트 모르타르를 바른다.

  ㉰ 타일깔기

   ㉠ 콘크리트 바닥 바탕에 타일을 모르타르로 붙여 댄다.

   ㉡ 치장 줄눈으로 할 때에는 색 모르타르로 마무리한다.

   ㉢ 타일 표면에 붙어 있는 종이를 물칠하여 벗겨내고 줄눈을 마무리한다.

  ㉱ 붙임 재료 깔기

   ㉠ 바닥깔기 재료에는 시트류와 타일류가 있다.

   ㉡ 시트류에는 보통 리놀륨이 많이 사용된다.

   ㉢ 타일류에는 아스팔트 타일, 비닐타일 등이 사용되며, 접착제를 써 붙여댄다.

② **안벽**

 ⅰ) 안벽은 벽면의 위치에 따라 바깥벽의 실내측 벽면과 간막이 벽면으로 구별된다.

 ⅱ) 높이의 위치에 따라 징두리벽과 높은 정두리벽으로 구별된다.

 ⅲ) 안벽 마무리는 시공상으로 습식벽과 건식벽으로 나뉜다.

 ㉮ 습식벽

  ㉠ 심벽 : 외새끼로 엮어낸 외를 바탕으로 하여 진흙을 초벌바름, 고름질, 재벌바름,
   정벌바름의 순서로 바른다.

ⓛ 평벽

　　ⓐ 졸대를 밑바탕으로 하여 바른 회반죽의 균열과 떨어지는 것을 방지하기 위하여 졸대에 수염을 댄다.

　　ⓑ 수염은 길이 50cm 정도의 삼오리를 쓴다.

　　ⓒ 두 가닥으로 매어 졸대 위에 30~40cm 간격에 마름모형으로 박아 댄다.

　　ⓓ 목모 시멘트판이나 석고 보드 등으로 밑바탕을 만들 때도 있으나, 이것은 방습, 방음, 방화에 효과가 있다.

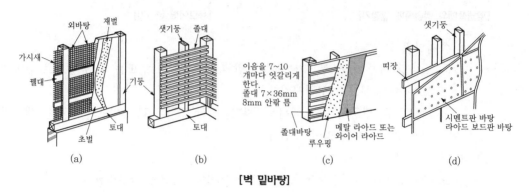

[벽 밑바탕]

ⓝ 건식벽 : 합판, 섬유류판, 석면판, 석고 보드, 목모 시멘트판 등을 재료의 크기에 맞추어 배치한 띠장과 기둥, 샛기둥면에 접착제나 못으로 붙여 댄다.

ⓓ 걸레받이, 반자돌림 및 판벽

　ⓛ 걸레받이

　　ⓐ 바닥에 접한 벽 맨 밑부분은 벽면의 보호와 장식을 겸한 것이다.

　　ⓑ 걸레받이 높이는 100~200mm 정도로 벽면에서 10~20mm 정도 내밀게 하거나 들어가게 만들어 댄다.

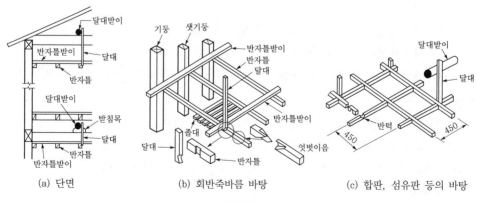

[반자틀]

    ⓛ 반자돌림

       ⓐ 벽 맨 위쪽에서 벽아무림으로 댄 가로재이다.

       ⓑ 심벽일 때에는 기둥에 30mm 정도의 턱을 파 맞추고 기둥면에서 15mm 정도 나오게 한다.

       ⓒ 평벽일 때에는 벽면에서 나오지 않고 들어가게 만들기도 한다.

    ⓒ 판벽 : 높이 1~1.2m 정도로 판벽을 만드는 것을 징두리 판벽이라 하고 그 이상의 것을 높은 판벽이라 한다.

       ⓐ 평판붙임 : 기둥, 샛기둥에 약 50cm 간격으로 가로 댄 띠장을 바탕으로 하여 판벽널을 걸레받이와 두겁대에 홈을 파 넣고 못을 박아댄다.

       ⓑ 양판붙임 : 걸레받이와 두겁대 사이에 틀을 짜대고 그 사이에 넓은 널을 끼운 것을 양판벽이라 한다.

③ 반자

  반자는 각종 설비 관계를 감추고 지붕에서의 열을 완화시키고 위층에서의 소리를 차단하며, 실내 환경을 좋게 하기 위하여 지붕틀 밑과 위층 바닥틀 밑에 만든 것이다.

    ㉮ 반자틀

      ⓛ 보통 45mm각의 반자틀을 약 45cm 간격으로 건네 댄다.

      ⓛ 반자틀을 달아매기 위하여 40mm각 정도의 달대를 반자틀에 외주먹장 맞춤으로 한다.

      ⓒ 달대받이는 끝마구리 지름 75mm 정도의 통나무 또는 죽각재를 지붕틀의 평보 또는 층보에 못을 박아 대거나 꺾쇠치기로 한다.

    ㉯ 각종 반자

      ⓛ 바름반자

        ⓐ 반자틀에 졸대를 못박아 댄다.

        ⓑ 수염을 약 $30cm^2$마다 하나씩 박아 늘리고 회반죽 또는 플라스터를 바른다.

        ⓒ 회반죽은 떨어지기 쉬우므로, 메탈 라드를 치고 바르면 안전하다.

      ⓛ 널반자 : 널 두께 9mm 정도, 나비 100~150mm 정도의 널을 반자틀 밑에서 못을 박아 붙여 댄다.

      ⓒ 살대반자

        ⓐ 반자틀에 붙여댄 널밑에 널에 직각되게 기둥 사이에 30~60cm 정도의 간격으로 살대를 박아댄다.

        ⓑ 살대의 춤은 보통 기둥 나비의 25~30%, 또는 반자돌림 춤의 60% 정도가 적당하다.

      ⓛ 우물반자 : 반자틀을 반자 붙임재의 크기에 맞추어 바둑판 눈금 모양으로 네모 반듯하게 네모 격자로 짜되, 서로 +자로 만나는 곳은 연귀턱 맞춤으로 한다.

      ⓛ 넓은판 반자 : 합판, 각종 섬유제 보드류, 석면 시멘트판, 석고판, 금속판 등을 대는 반자를 말한다.

(8) 창문틀, 창호

창은 채광, 환기를 하기 위하여, 또 문은 사람이나 물품의 출입을 자유로이 할 수 있도록 적당한 위치에 설치해야 하며, 창문의 종류는 다음과 같다.

 ⅰ) 문 : 외여닫이문, 쌍여닫이문, 미닫이문, 미서기문, 자재문, 회전문, 접문 등
 ⅱ) 창 : 붙박이창, 외여닫이창, 쌍여닫이창, 미서기창, 오르내리창, 회전창, 미들창 등

① 문·창 주위의 구조

- 창문틀은 좌우 선틀, 밑틀, 웃틀로 되어 있다.
- 필요에 따라 중간틀, 중간 홈대, 중간 선대 등을 대고 문소란을 만들어 견고하게 짜댄다.
- 바닥면에는 1~2cm 정도의 높이에 문소란을 만들거나 바닥면과 같게 한다.
- 외부에 면하는 창 또는 문의 밑틀에는 물돌림, 물흘림, 물매, 물끊기 홈을 만들어 빗물받이를 한다.
- 모서리 보임면은 연귀맞춤, 연귀장부 맞춤, 쐐기치기 또는 턱솔 넣고 볼트 죔으로 한다.
- 문선굽은 걸레받이가 문선보다 두드러질 때에 두꺼운 부재를 걸레받이보다 약 2~3cm 높게 대어 걸레받이와 같은 역할을 한다.

㉮ 여닫이문, 여닫이창

  ㉠ 창, 문의 한쪽에 경첩을 달아서 여닫을 수 있도록 한 것이며 외닫이와 쌍여닫이가 있다.
  ㉡ 문골의 나비가 1m까지는 외여닫이로 하고, 그 이상일 때에는 쌍여닫이로 한다.
  ㉢ 문짝 2개가 마주 닿는 선대(마중대)는 턱솔변탕으로 하거나 마중선을 대어 방풍이 되게 하며, 이것을 풍소란이라 한다.

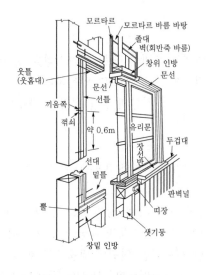

[창문 주위의 구조(미서기창)]

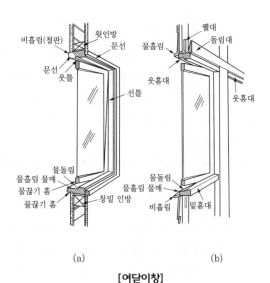

(a)   (b)

[여닫이창]

㉯ 미닫이문, 미닫이창
　　㉠ 아래 위의 문틀에 한줄 홈을 파고, 창, 문을 이 홈에 끼워 미닫게 한 것이다.
　　㉡ 밑틀은 홈을 파지 않고 레일을 박아 댄다.
　　㉢ 방음과 기밀한 점에서는 불리하다.
　　㉣ 쌍미닫이문의 마중대는 턱솔변탕으로 하거나 마중선을 대어 기밀하게 만든다.

㉰ 미서기문, 미서기창
　　㉠ 웃틀과 밑틀에 두 줄로 홈을 파서 문이나 창 한 짝을 다른 한 짝 옆에 밀어 붙이게 한 것이다.
　　㉡ 문골 넓이의 전체를 열 수 없는 결점이 있다.
　　㉢ 닫았을 때 문짝은 약 3~10cm 겹치게 된다.

㉱ 오르내리창
　　㉠ 오르내리창은 2짝의 미서기창을 아래 위로 오르내릴 수 있도록 만든 것이다.
　　㉡ 취급이 편리하며, 빗물박이를 하기 쉽다.
　　㉢ 개방을 적당히 할 수 있어 통풍의 조절에 편리하다.
　　㉣ 창 전체를 열 수 없고 공작하기가 번거롭다.
　　㉤ 오르내리는 홈의 깊이는 10~15mm, 나비는 창 두께와 같게 한다.

㉲ 접이문 : 간막이를 문짝으로 만들어 2개의 방을 필요에 따라 하나의 큰 방으로 사용할 수 있다.

㉳ 회전문, 회전창
　　㉠ 회전문은 나비 0.8~1m 정도의 문 네 짝을 +자로 짜서 회전하는 문이다.
　　㉡ 문짝은 외풍, 먼지 등을 막는 데에는 편리하다.
　　㉢ 큰 물건이나 많은 사람이 출입하는 곳에는 적당하지 않다.
　　㉣ 회전창은 선대의 중앙부에 회전 지도리를 댄다.

㉴ 자재문
　　㉠ 자유 경첩으로 문짝을 달아 안팎 자유로 여닫을 수 있는 문을 말한다.
　　㉡ 여닫기에 편리하나, 기밀하지 못하며, 문단속이 불완전하다.

㉵ 내닫이창
　　㉠ 창틀을 벽면에서 내밀어 짜 대고 창을 다는 것이다.
　　㉡ 실내 공간을 넓히고 실용적인 면과 외관적인 면에서 효과가 크다.
　　㉢ 거실, 부엌, 서재 등에 많이 쓰인다.

㉶ 붙박이창, 주마창, 비늘창
　　㉠ 붙박이창은 열지 못하게 고정된 창이다.
　　㉡ 주마창은 임시 건물 등의 환기, 채광용으로 쓰인다.
　　㉢ 비늘창은 얇고 넓은 살을 간격 3cm, 각도 45° 정도로 빗대어 차양과 통풍이 되게 한 것이다.

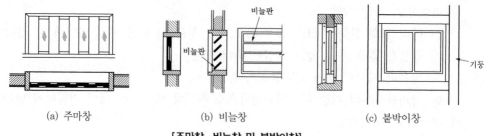

(a) 주마창   (b) 비늘창   (c) 붙박이창

[주마창, 비늘창 및 붙박이창]

② 창호

㉮ 목재 창호

㉠ 널문 : 가로 띠장에 널을 붙여 댄 것이다.

㉡ 양판문

ⓐ 양판문은 울거미를 짜고 그 중간에 중막이대, 중간선대를 대고 양판을 끼워 댄 것이다.

ⓑ 맞춤은 상하막이의 경우 두쌍장부, 중간막이는 쌍장부로 중간선대는 반다지 장부 맞춤으로 한다.

ⓒ 징두리 양판문은 채광을 필요로 하는 곳에 쓰인다.

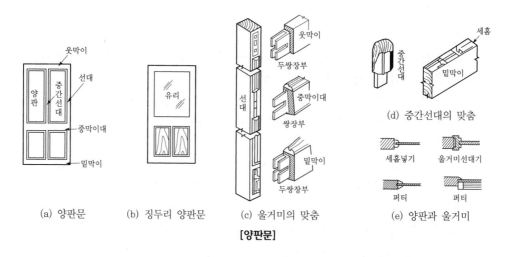

(a) 양판문   (b) 징두리 양판문   (c) 울거미의 맞춤   (e) 양판과 울거미

(d) 중간선대의 맞춤

[양판문]

㉢ 유리문

ⓐ 울거미를 짜고 그 중간에 유리를 끼운 문이다.

ⓑ 유리를 끼우는 부분에는 가로살을 선대에 긴 장부로 맞추어 대고 세로살에 짧은 장부로 맞춘다.

㉣ 플러시문 : 울거미를 짜고 중간 살을 30cm 이내 간격으로 배치하여 양면에 합판을 접착제로 붙인 것이다.

ⓜ 합판문 : 울거미 안에 두께 9mm 정도의 합판 한 장을 끼운 것이다.

ⓗ 잔살 합판문, 널도듬문, 도듬문

 ⓐ 잔살 합판문은 합판문에 얇은 합판을 쓰고 그 한 면 중간 요소에 가는 살을 2.5cm 간격으로 댄 것이다.

 ⓑ 널도듬문은 합판문 한 면에 종이를 바른 것이다.

 ⓒ 도듬문은 울거미를 짜고, 그 중간에 가는 살을 약 20cm 간격으로 가로, 세로로 짜대고 종이를 두껍게 바른 것이다.

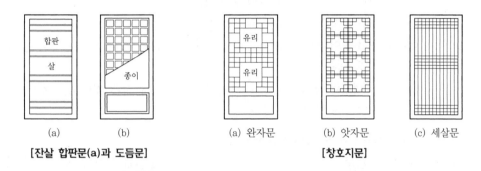

[잔살 합판문(a)과 도듬문] [창호지문]

2 조적 구조

(1) 벽돌 구조

- 건물의 기초, 벽체, 기둥 등을 벽돌을 쌓아 만든 것이다.
- 내화, 내구, 방화, 방한, 방서적이고 외관이 중후하고 아름답다.
- 풍압력, 지진력 등의 수평력에 약하다.

[벽돌의 크기 및 모양]

① 재료 및 종류

 ㉮ 벽돌의 규격 및 품질

  ㉠ 벽돌의 규격

   ⓐ 벽돌의 규격은 기존형과 표준형이 있다.

   ⓑ 나비의 크기는 길이에는 줄눈의 나비를 뺀 것의 반으로 한다.

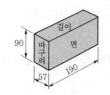

[벽돌 치수와 각면 이름]

⟩⟩⟩ 벽돌치수 및 허용값(단위 : mm)

구분 종별	길이	나비	두께
기존형(일반용)	210	100	60
표준형(장려용)	190	90	57
허용값±%	3	3	4

ⓛ 벽돌의 품질

ⓐ 강도가 크고 흡수율이 적어야 한다.

ⓑ 모양이 바르고 갈라짐이 없어야 한다.

ⓒ 1급은 소성이 양호하고 두드리면 금속성의 맑은 소리가 나며, 2급은 소성이 보통인 것이다.

ⓓ 1호는 형상이 양호하고 갈라짐 등의 흠이 극히 적은 것이고, 2호는 형상이 보통이고 심한 갈라짐과 흠이 없다.

⟩⟩⟩ 벽돌의 종별 및 품질에 따른 사용장소

종별		사용장소
1급	1호	바깥벽 및 내리벽으로서 치장이 되는 부분
	2호	바깥벽 및 내리벽으로서 치장이 안 되는 부분
2급	1호	내리벽이 아닌 안벽 또는 간막이벽으로서 치장이 되는 부분
	2호	내리벽이 아닌 안벽 또는 간막이벽으로서 치장이 안 되는 부분

㉮ 벽돌의 종류

㉠ 보통벽돌 : 진흙을 빚어 구워서 만든 벽돌

ⓐ 검정벽돌 : 불완전 연소로 구운 것(흑색)

ⓑ 붉은벽돌 : 완전 연소로 구운 것(적색)

⟩⟩⟩ 벽돌의 강도 및 흡수율

종렬	흡수율	압축강도	허용압축강도	무게
1급	20% 이하	$150kg/cm^2$ 이상	$22kg/cm^2$ 이상	2.2kg/장
2급	23% 이하	$100kg/cm^2$ 이상	$15kg/cm^2$ 이상	2.0kg/장

㉡ 특수벽돌 : 특수한 재료와 모양으로 만든 벽돌

ⓐ 이형벽돌 : 특별한 모양으로 된 것

ⓑ 경량벽돌 : 중공벽돌, 경량벽돌이 있으며, 가볍고, 방음과 방열의 효과가 크다.

ⓒ 포도용 벽돌 : 흡수율이 적고 내마멸성과 강도가 큰 것

ⓓ 오지벽돌 : 벽돌면에 유약을 칠하여 소성한 치장벽돌

ⓔ 내화벽돌 : 고온에 견디는 벽돌

ⓒ 기타벽돌 : 보통 벽돌이나 특수벽돌을 제외한 여러 벽돌

 ⓐ 시멘트 벽돌 : 시멘트와 모래를 반죽하여 만든 벽돌

 ⓑ 어어드 벽돌 : 석탄재와 시멘트로 만든 벽돌

 ⓒ 광재 벽돌 : 광재를 주원료로 하여 만든 벽돌

 ⓓ 날벽돌 : 굽지 아니한 날흙의 벽돌

㉰ 모르타르

 ㉠ 모르타르는 시멘트와 모래의 용적 배합비를 1:3~1:5 정도로 한다.

 ㉡ 아치 쌓기용 모르타르의 배합비는 1:2로 한다.

 ㉢ 치장용 모르타르의 배합비는 1:1로 한다.

 ㉣ 물을 부어 섞은 모르타르는 1시간 후부터 굳기 시작하기 때문에, 그 안에 사용해야 한다.

② **벽돌 쌓기**

• 벽돌은 쌓기 전에 물을 충분히 축여서 써야 한다.

• 특별한 경우를 제외하고는 막힌 줄눈으로 쌓는 것을 원칙으로 한다.

• 하루 쌓는 높이는 1.2m(7켜)를 표준으로, 최대 1.5m(20켜) 이내로 한다.

• 벽돌 벽체를 일체로 하고 튼튼하게 보강하기 위하여 테두리보를 설치한다.

㉮ 줄눈

 ㉠ 가로줄눈 : 수평 방향의 줄눈

 ㉡ 세로줄눈 : 수직방향의 줄눈

 ㉢ 연결줄눈 : 옆면과 옆면의 접합부분 줄눈

 ㉣ 막힌줄눈 : 세로줄눈의 아래 위가 막힌 줄눈

 ㉤ 통줄눈 : 세로줄눈의 아래 위가 통한 줄눈

 ㉥ 줄눈의 크기는 가로, 세로, 모두 10mm로 한다.

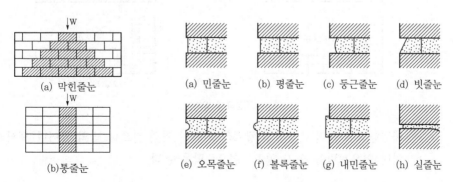

(a) 막힌줄눈

(b)통줄눈

[줄눈에 따른 하중 전달]

(a) 민줄눈 (b) 평줄눈 (c) 둥근줄눈 (d) 빗줄눈

(e) 오목줄눈 (f) 볼록줄눈 (g) 내민줄눈 (h) 실줄눈

[치장 줄눈]

⑭ 벽돌 쌓기의 종류
  • 벽체의 강도는 벽에 두께, 높이, 길이에 의하여 결정된다.
  • 벽체의 강도는 벽돌과 모르타르 자체의 강도, 부착력 및 쌓기법 등에 좌우된다.
  • 벽돌 1장의 길이의 단위를 B로 하여 0.5B(100mm 또는 90mm), 1.0B(210mm 또는 190mm), 1.5B(320mm 또는 290mm) 등으로 표시한다.
  ㉠ 길이쌓기
    ⓐ 각 켜 모두 벽돌의 길이 방향만이 나타나도록 쌓은 것이다.
    ⓑ 공간벽 쌓기, 덧붙임벽 쌓기, 간막이벽 쌓기, 담쌓기 등에 사용된다.
  ㉡ 마구리쌓기 : 벽의 길이 방향에 지각으로 벽돌의 길이를 놓아 각 켜 모두 마구리 면이 보이도록 쌓는 것이다.
  ㉢ 층단 떼어 쌓기와 켜걸름 드려 쌓기 : 벽을 한번에 모두 쌓지 못하거나, 공사 관계로 그 일부를 쌓지 못한 것을 뒷날 쌓더라도 먼저 쌓은 벽돌벽에 물려져 통줄눈이 생기지 않도록 하기 위하여 먼저 쌓는 벽돌의 일부를 떼어 쌓거나 드려 쌓는 것을 말한다.
  ㉣ 영국식 쌓기
    ⓐ 마구리 쌓기 켜와 길이쌓기 켜가 상호 배치되어 통줄눈이 생기지 않는다.
    ⓑ 벽의 끝의 끝이나 모서리 부분은 반절 또는 이오토막을 사용한 것이다.
    ⓒ 벽돌벽 쌓기 중 가장 간단하면서도 구조적으로 튼튼하다.

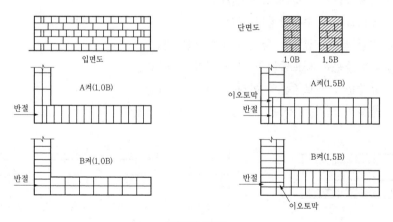

[영국식 쌓기]

  ㉤ 네덜란드식 쌓기 : 영국식 쌓기와 외관이 거의 같으나 벽의 끝이나 모서리에 반절 이나 이오토막을 쓰지 않고, 칠오토막을 쓴다.

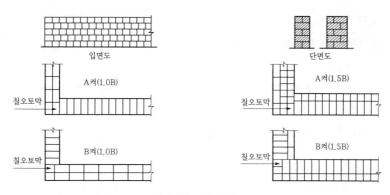

[네덜란드식 쌓기]

ⓑ 미국식 쌓기

　ⓐ 마무리 무늬쌓기인 동시에 구조쌓기의 구실을 한다.

　ⓑ 마구리 켜는 길이 쌓기 5켜, 6켜마다 하구 마구리켜 모서리마다 칠오토막으로 쌓는다.

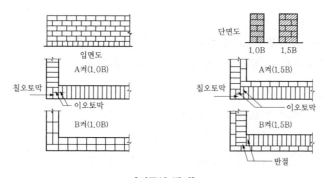

[미국식 쌓기]

ⓢ 프랑스식 쌓기 : 매켜마다 길이와 마구리를 번갈아 쌓는 것으로 통줄눈이 생기는 경우가 있으나 외관이 좋아 강도를 필요로 하지 않는 벽체쌓기에 쓰인다.

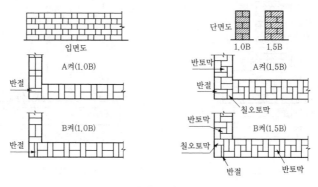

[프랑스식 쌓기]

◎ 내쌓기

ⓐ 마루 및 방화벽을 설치하고자 할 때에는 벽돌을 벽면에서 부분적으로 내어 쌓는다.

ⓑ 1단씩 내쌓을 때에는 1/8B 정도 내밀고, 2단씩 내쌓을 때에는 1/4B 정도씩을 내어 쌓는다.

ⓒ 내미는 정도는 2.0B를 한도로 한다.

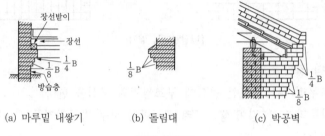

(a) 마루밑 내쌓기　　(b) 돌림대　　(c) 박공벽

[벽돌 내쌓기]

ⓩ 기타쌓기

ⓐ 특수 쌓기법으로 벽체의 일부 또는 차대, 아치 부분에 장식을 겸하여 쌓는다.

ⓑ 세워쌓기, 엇모쌓기, 영롱쌓기 등이 있다.

③ 벽돌조의 기초

㉮ 벽돌조 내력벽의 기초는 줄 기초로 하여야 한다.

㉯ 푸팅을 넓히는 경사는 60° 이상으로 한다.

㉰ 벽체에서 2단씩 1/4B 정도를 벌려 쌓되, 벽돌로 쌓는 맨 밑의 나비는 벽체 두께의 2배 정도로 한다.

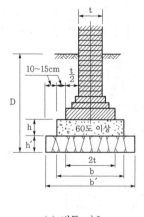

(a) 벽돌 기초

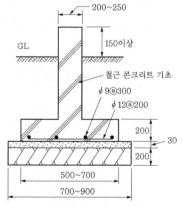

(b) 철근 콘크리트 기초

[벽돌 기초]

　　㉣ 콘크리트 기초판의 두께는 그 나비의 1/3 정도(보통 20~30cm)로 한다.

　　㉤ 벽돌면보다 10~15cm 정도 내밀고 철근을 넣어 보강할 때도 있다.

　　㉥ 잡석다짐의 두께는 20~30cm, 나비는 콘크리트 기초판보다 10~15cm 넓힌다.

④ 벽체 및 기둥

　• 최상층의 내력벽의 높이는 4m를 넘지 않도록 한다.

　• 벽의 최대 길이를 10m 이하로 하고, 10m를 초과할 때에는 중간에 붙임기둥, 또는 부축
　　벽을 만들어 보강한다.

　• 벽돌벽의 길이란, 그 벽에 교차되는 벽 또는 붙임기둥, 부축벽의 중심 사이의 거리를
　　말한다.

　• 내력벽의 두께는 벽돌인 경우에는 그 벽 높이의 1/20 이상, 블록인 경우에는 1/16 이상
　　으로 한다.

　• 조적조의 내력벽으로 둘러쌓인 부분의 바닥 면적은 80m² 이하로 하고, 60m²를 넘을
　　경우에는 그 내력벽의 두께는 아래 표의 두께 이상으로 한다.

　• 내력벽으로서 토압을 받는 부분의 높이가 2.5m 이하일 때에는 벽돌조로 할 수 있다.

》》》 내력벽의 두께　　　　　　　　　　　　　　　　　　　　　　　　　　　(단위 : cm)

층별 ＼ 건축물의 높이 벽의 길이	5m 미만		5~11m 미만		11m 이상	
	8m 미만	8m 미만	8m 미만	8m 이상	8m 미만	8m 이상
1층	15	19	19	29	29	39
2층	–	–	19	19	19	29
3층	–	–	19	19	19	19

》》》 바닥면적 60m²를 넘을 때의 내력벽의 두께　　　　　　　　　　　　　(단위 : cm)

층별 ＼ 층수	1층	2층	3층
1층	19	29	39
2층	–	19	29
3층	–	–	19

㉠ 벽체의 평식

　㉠ 내력벽 : 벽체 자체 하중과 외력을 지지하는 벽

　㉡ 비내력벽 : 벽체 자체 하중만 지지하는 벽

　㉢ 속찬 조적벽 : 조적 개체의 상호 간을 모르타르로 채워서 만든 벽

　㉣ 공간 조적벽

　　ⓐ 바깥벽과 안벽의 공간은 0.5B 또는 10cm 이하가 되게 한다.

ⓑ 바깥벽은 보통 10cm 두께로 하고, 안벽은 구조적인 요구에 따라 10~20cm 두께로 한다.

ⓒ 연결 철물은 벽 면적 $0.4m^2$ 이내마다 1개씩 사용한다.

ⓓ 연결 철물은 6켜(45cm) 이내마다 넣고, 수평 간격은 90~100cm 이내로 한다.

ⓜ 덧붙임벽 : 구조벽체가 되는 안벽에 벽돌, 시래믹, 돌 등을 덧붙인 벽을 말한다.

ⓗ 보강 조적벽 : 인장력, 전단력 및 압축응력에 대한 내력을 증가시키기 위하여 벽돌과 벽돌 사이에 철근을 배근하고, 그 부분에 모르타르 또는 콘크리트로 채워 보강하는 벽이다.

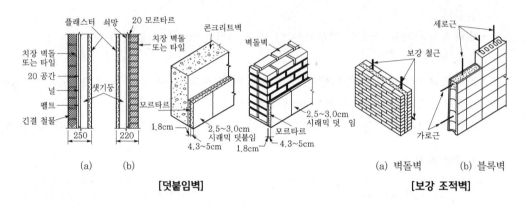

[덧붙임벽] [보강 조적벽]

㉯ 벽돌기둥

㉠ 벽돌 기둥에는 독립기둥과 붙임기둥, 부축벽 등이 있다.

㉡ 독립기둥은 벽체와 일체가 되지 않은 내력 독립기둥을 말한다.

㉢ 붙임 기둥이나 부축벽은 길고 높은 벽돌 벽체를 보강하기 위하여 벽돌벽에 붙여 일체가 되게 쌓은 것이다.

㉣ 독립 기둥의 높이는 기둥 단면 최소 치수의 10배를 넘지 않아야 한다.

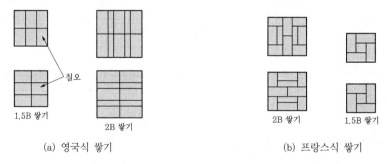

(a) 영국식 쌓기 (b) 프랑스식 쌓기

[독립 기둥 쌓기]

⑤ 문골 및 문골 주위의 구조

㉮ 문골

㉠ 건축물의 각 층 내력벽의 위에는 춤이 벽 두께의 1.5배인 철골구조, 또는 철근 콘크리트 구조의 테두리 보를 설치해야 한다.

㉡ 문골과 바로 위에 있는 문골과의 수직 거리는 60cm 이상으로 한다.

㉢ 문골의 나비가 1.8m 이상일 때에는 철근 콘크리트 구조의 윗인방을 설치한다.

㉣ 양쪽 벽에 물리는 부분의 길이는 20cm 이상으로 한다.

㉯ 문골 주위의 구조

㉠ 벽체의 창, 출입구의 위는 상부로부터의 하중을 안전하게 지지하기 위하여 인방보를 설치한다.

㉡ 아치는 상부에서 오는 수직 압력이 아치의 축선에 따라 좌우로 나누어져 밑으로 직압력만으로 전달되게 한 것이다.

㉢ 아치에는 보통 벽돌을 써서 줄눈을 쐐기형으로 만든 거친 아치와, 아치 벽돌을 써서 줄눈 나비를 일정하게 만든 본 아치가 있다.

㉣ 창문의 나비가 1.2m 정도일 때에는 수평으로 아치를 튼 평 아치로 할 수 있다.

㉤ 문골 나비가 1.8m 이상이고 집중 하중이 실릴 때에는 창문 등의 문골 위에 인방보를 보강해야 한다.

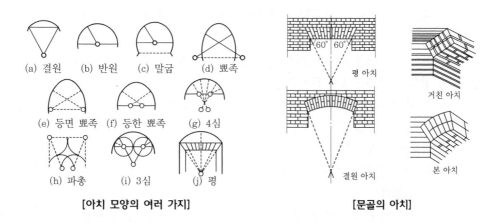

(a) 결원 (b) 반원 (c) 말굽 (d) 뾰족

(e) 등면 뾰족 (f) 등한 뾰족 (g) 4심

(h) 파충 (i) 3심 (j) 평

[아치 모양의 여러 가지]

평 아치

결원 아치

거친 아치

본 아치

[문골의 아치]

⑥ 바닥틀, 지붕틀

㉮ 1층 마루와 위층마루

㉠ 1층 마루는 벽돌벽 내쌓기로 하고, 이 위에 멍에 받이나 장선 받이를 올려 놓는다.

㉡ 위층 마루는 보를 받을 수 있는 보 받침을 안쪽에 놓고 벽돌을 쌓아 올린다.

㉯ 지붕틀 : 벽체의 맨 위에 설치한 테두리 보에 미리 묻어둔 갈고리 볼트로 깔도리, 평보, 처마도리가 일체가 되게 죄어 고정시킨다.

ⓓ 벽돌벽에 홈파기

㉠ 그 층 높이의 3/4 이상 연속되는 홈을 세로로 팔 때에는 그 홈의 깊이는 벽 두께의 1/3 이하로 한다.

㉡ 가로로는 그 길이를 3 이하로 하며, 그 깊이는 벽 두께의 1/3 이하로 한다.

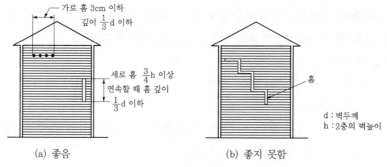

[벽돌벽의 홈]

(2) 블록 구조

① 재료 및 종류

㉮ 블록제작

㉠ 블록은 시멘트와 잔자갈, 왕모래, 모래 등의 골재와의 용적 배합비를 1 : 5~1 : 7 정도로 한다.

㉡ 물 시멘트비가 40% 이하인 된비빔을 하여 형틀에 넣고 진동 가압하여 만든다.

㉢ 성형한 블록은 40~60℃의 온도와 80~100%의 습도로 500℃ · h의 실내 보양을 한 후 2000℃ · h 이상 대기에서 보양시켜 사용한다.

㉯ 블록의 규격 및 품질

㉠ 블록의 규격

ⓐ 기본 블록의 치수는 390mm×190mm×190mm, 150mm, 100mm가 가장 많이 쓰인다.

ⓑ 기본형 블록의 전면 살의 두께는 25mm 이상으로 하고, 웨브 살은 20mm 이상으로 하며, 빈속의 최소 지름은 60mm 이상으로 한다.

⫸⫸⫸ 콘크리트 블록의 치수

(단위 : mm)

형상	치수			허용값	
	깊이	높이	두께	길이, 두께	높이
기본형 블록	390	190	190 150 100	±2	±3

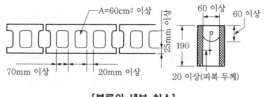

[블록의 세부 치수]

ⓛ 블록의 품질

　ⓐ 치수의 차가 작고 흠집, 비틀림, 갈라짐 등이 없어야 한다.

　ⓑ 품질 판별법으로서는 치수, 무게, 흡수율 및 흡수상태 등이 일정하면 좋다.

　ⓒ 중량블록은 보통골재를 쓴 것으로 기건 상태의 체적 비중이 1.8 이상이고, 경량 블록은 경량골재를 쓴 것으로 비중이 1.8 이하이다.

ⓒ 블록의 종류

　ⓐ 블록의 형식에 따라 BI형, BM형, BS형 및 재래형으로 구분되나 주로 쓰이는 것은 BI형이다.

　ⓑ 블록은 모양이나 사용하는 곳에 따라 기본형 외에 반장형, 평마구리형, 이형, 특수용 블록 등이 있다.

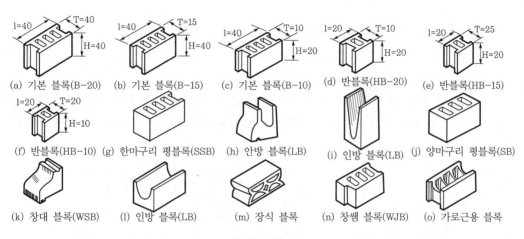

[각종 블록]

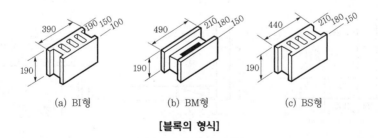

[블록의 형식]

㉣ 모르타르

　㉠ 시멘트와 모래의 용적 배합비는 1:3~1:5로 한다.

　㉡ 모르타르에 석회를 약간 혼합하면 끈기가 있고, 수분 유지가 잘 된다.

　㉢ 슬럼프 값은 중량 블록용으로는 21cm, 경량 블록용으로는 23cm 정도로 한다.

　㉣ 물·시멘트비는 60~70% 정도가 좋다.

② 블록 쌓기

막힌 줄눈으로 쌓는 것을 원칙으로 하나, 철근 콘크리트로 보강할 경우에는 통줄눈으로 쌓는다.

㉮ 각단쌓기

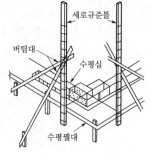

[세로 규준틀 설치]

　㉠ 블록쌓기의 밑창을 먼저 깨끗이 청소하고 블록 나누기를 정확히 한 다음 모서리에 규준틀 설치한다.

　㉡ 블록의 밑바탕에 적당한 물축이기를 한 다음, 블록의 살 두께가 두꺼운 면이 위로 오게 하여 쌓는다.

　㉢ 블록의 1일 쌓기 높이는 1.2m(6켜)에서 1.5m(7켜) 이하로 하되, 높이가 균등하게 쌓는다.

㉯ 모서리 및 교차부 쌓기

　㉠ 위치와 각도를 정확하게 하고, 모서리에는 모서리 블록을 쓴다.

　㉡ 교차부의 바깥벽 또는 중요한 간막이벽은 연속시키고 직교하는 벽의 블록은 맞대어 쌓는다.

　㉢ 모서리 및 교차부에 세로 보강근이 없을 때에는 철근, 철망 또는 굵은 철선을 한 단 또는 두 단걸러 묻고 쌓아 서로 교차하는 벽을 연결시켜 튼튼하게 만든다.

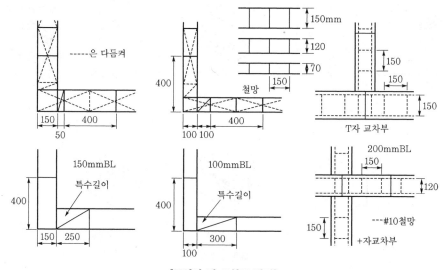

[모서리 및 교차부 쌓기]

㉰ 인방블록 쌓기

　㉠ 문골의 나비가 좁고 문골 위에 테두리보가 가까이 있을 때에는 인방블록 또는 가로근용 블록을 쓴다.

　㉡ 인방보는 벽에 200mm 이상 물리게 한다.

㉔ 테두리보 밑쌓기 : 테두리보를 설치할 때에는 그 밑에 있는 블록의 빈 속을 채우거나, 철판 등으로 빈 속의 뚜껑을 만들어 빈속을 막고, 테두리보의 거푸집을 설치한 다음 콘크리트를 부어 넣는다.

㉕ 문골 주위 : 창대까지 블록을 쌓은 후 창문틀을 먼저 세우고 옆 블록을 쌓을 때와 옆 블록을 먼저 쌓고 창문틀을 나중에 세우는 경우가 있다.

③ 블록 구조의 형식

㉮ 조적식 블록조 : 블록을 단순히 모르타르를 써서 쌓아올려 벽체를 구성하는 것이며, 1, 2층 정도의 소규모 건물에 쓰인다.

㉯ 블록 장막벽 : 철근 콘크리트조나 철골조 등의 주체 구조에 블록을 쌓아 벽을 만들거나 단순히 칸을 막는 정도의 경미한 간막이벽을 쌓는 것이다.

㉰ 보강 블록조 : 블록의 빈 속에 철근과 콘크리트를 넣어 보강한 것

㉱ 거푸집 블록조 : 살 두께가 얇고 속이 없는 ㄱ자형, ㄷ자형, T자형, ㅁ자형 등의 블록을 큰크리트의 거푸집을 써서, 그 안에 철근을 배근하고 콘크리트를 부어넣은 벽체를 말한다.

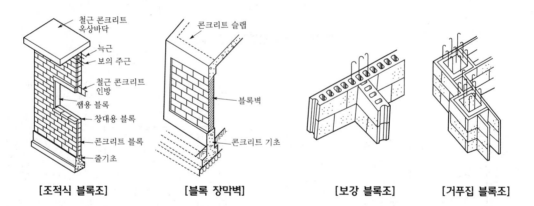

| [조적식 블록조] | [블록 장막벽] | [보강 블록조] | [거푸집 블록조] |

④ 보강 블록조

• 기초보의 두께는 벽체의 두께와 같게 하거나 다소 크게 한다.

• 기초보의 높이는 처마 높이의 1/12 이상 또는 60cm 이상(단층은 45cm 이상)으로 한다.

• 2층 건물로서 처마 높이가 7m일 때에는 60cm 이상, 3층 건물로서 처마 높이가 11m일 때에는 90cm 이상으로 한다.

• 단층 건물의 기초에는 2-D13, 2층에는 4-D13, 3층에는 6-D13 정도를 배근한다.

㉮ 벽체의 구조

㉠ 벽체의 높이 : 난간벽의 높이가 1.2m 이하인 것은 처마 높이에 포함하지 않고, 1.2m를 초과할 때에는 초과한 부분의 높이만 포함시킨다.

ⓛ 내력벽의 길이 : 내력벽의 길이는 55cm 이상(보통은 60cm)으로 하거나 벽의 양쪽에 있는 문골 높이의 평균값의 30% 이상으로 한다.

ⓒ 내력벽의 두께 : 내력벽의 두께는 15cm 이상으로 하며, 그 내력벽의 구조 내력상 주요한 지점 간의 수평 거리의 1/50 이상으로 한다.

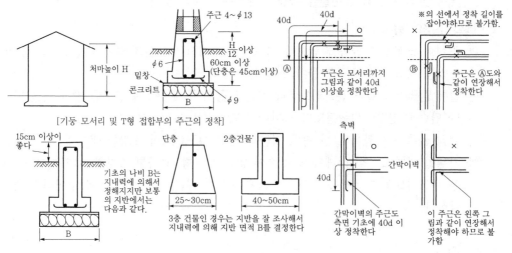

[블록조 기초의 단면크기 및 배근]

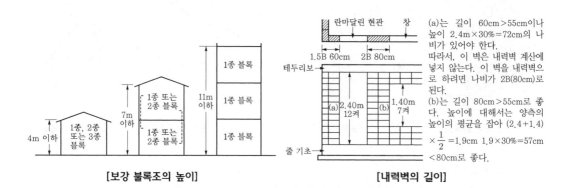

[보강 블록조의 높이]   [내력벽의 길이]

ⓡ 벽량 : 벽량은 2종 블록으로는 25cm/m² 이상, 1종 블록으로는 18cm/m² 이상으로 하여야 한다.

$$벽량 = \frac{내력벽의\ 전체\ 길이(cm)}{그\ 층의\ 바닥면적(m^2)}$$

≫≫≫ 벽량의 최소값 ※ *t* : 벽 두께임

종별 \ 층수	벽량(cm/m²) 1층	2층	3층
3종 블록	15		
2종 블록	15	*t* < 18cm : 15 / 18 *t* > 18cm : 15 / 21	
1종 블록	15	*t* < 18cm : 15 / 18 *t* > 18cm : 15 / 15	15 / 15 / 24

ⓜ 내력벽의 배치

ⓐ 도리 방향, 보 방향에 일반적으로 대칭하고, 벽 단면의 중심과 건축물의 중심과의 편심 거리가 작게 배치되어야 한다.

ⓑ 벽의 배치가 편재해 있을 때에는 편심거리(*l*)가 커져서 수평 하중을 받으면 전단작용과 휨작용을 동시에 크게 받게 되어 벽체에 균열이 생기게 된다.

ⓒ 대린벽 중심 간의 거리는 벽 두께의 50배 이하로 하는데, 이를 초과할 때에는 0.3h 이상의 부축벽을 설치한다.

ⓓ 내력벽의 중심선으로 둘러싸인 부분의 면적은 60m² 이하로 한다.

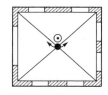
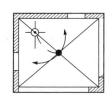
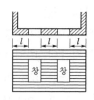

(a) 벽의 저항 중심 ⊙과 건물의 중심 ●이 가깝다(좋음)   (b) 벽의 저항 중심 ⊙과 건물의 중심 ●이 떨어져 있다(나쁨)   (a) 좁은 불리한 벽   (b) 긴 유효한 벽

[내력벽의 배치]   **[좁은 벽과 긴 벽]**

ⓗ 보강근

ⓐ 벽근은 세로근, 가로근 모두 D10(∅9) 이상의 것을 넣는 것이 보통이다.

ⓑ 모서리부, T형 접합부, 문골부의 주위는 D13(∅12) 이상의 철근을 넣는다.

ⓒ 테두리보 또는 바닥 슬랩에 철근 지름의 40배 이상을 정착시킨다.

ⓓ 가로근의 정착 및 이음의 겹침 길이는 철근 지름의 25배 이상으로 한다.

㉴ 테두리보의 구조

㉠ 테두리보의 춤과 나비

ⓐ 테두리보의 춤은 2, 3층의 건물일 때에는 내력벽 두께의 1.5배 이상으로 한다.

ⓑ 테두리보의 유효 나비는 일반적으로 대린벽 중심 간의 거리의 1/20 이상이어야 한다.

ⓒ 테두리보가 ㄱ자형 또는 T자형 단면일 때에는 그 플랜지의 두께가 150mm(단층일 때에는 120mm) 이상인 부분의 나비를 유효 나비로 한다.

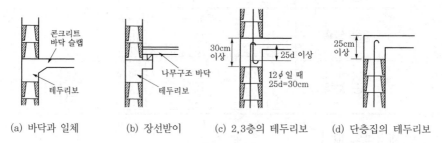

(a) 바닥과 일체   (b) 장선받이   (c) 2,3층의 테두리보   (d) 단층집의 테두리보

[테두리보]

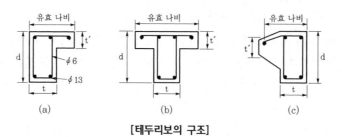

(a)   (b)   (c)

[테두리보의 구조]

ⓛ 테두리보의 배근

  ⓐ 주근은 D10(∅9)이나 D13(∅12)의 것을 쓰며, 복 배근으로 한다.

  ⓑ 철근 지름의 40배 이상 정착시킨다.

  ⓒ 보의 늑근은 ∅6 이상으로 하고, 간격은 내력벽의 위에서는 400mm, 문골부 위에서는 200mm 이하로 한다.

  ⓓ 인장 철근의 이음 길이 25d, 또는 40d, 압축 철근의 이음 길이는 20d 이상으로 한다.

ⓒ 인방구조

  ⓐ 철근 콘크리트 현장붓기 방법, 기성 콘크리트 보를 설치하는 방법, 가로근용 블록 또는 인방 블록을 테두리보에 달아매는 방법 등이 있다.

  ⓑ 인방보의 양끝은 벽체에 200mm 이상 걸친다.

  ⓒ 문골의 나비가 2.0m 정도까지는 블록으로, 3.6m 정도까지는 철근 콘크리트로 부어 만든다.

ⓛ 바닥, 지붕의 구조

  ⓐ 바닥은 철근 콘크리트 현장붓기와 기성재 조립식이 있다.

  ⓑ 지붕은 테두리보와 일체가 되게 콘크리트를 슬랩으로 한다.

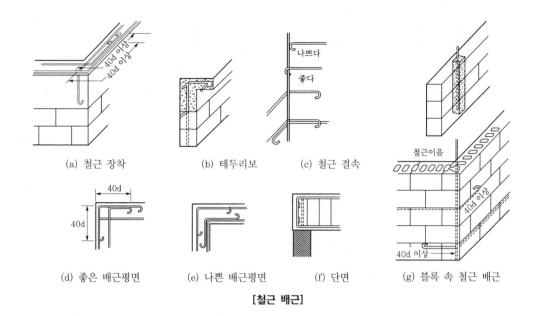

(a) 철근 장착   (b) 테두리보   (c) 철근 결속

(d) 좋은 배근평면   (e) 나쁜 배근평면   (f) 단면   (g) 블록 속 철근 배근

[철근 배근]

(3) 돌 구조

장점	단점
① 내구적이다. ② 내화적이다. ③ 외관이 장중미려하다. ④ 방한, 방서적이다. ⑤ 내마멸적이다. ⑥ 내풍화적이다.	① 자체 무게가 무겁다. ② 수평력에 약하다. ③ 벽체 두께가 커서 실내 유효 면적이 작다. ④ 재료 가공이 어렵다.

① 석재의 종류와 가공

  ㉮ 석재의 종류

    ㉠ 화강암 : 구조용 및 장식용

    ㉡ 안산암 : 구조용

    ㉢ 점판암, 사암, 응회암 : 지붕 재료

    ㉣ 대리석 : 장식용 또는 조각용

    ㉤ 석재의 시판품 : 잡석, 둥근잡석, 간사, 각석, 견치돌, 사고석, 판돌 등

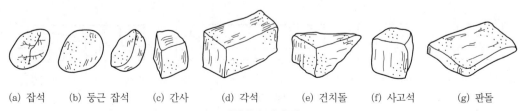

(a) 잡석   (b) 둥근 잡석   (c) 간사   (d) 각석   (e) 견치돌   (f) 사고석   (g) 판돌

[석재의 시판품]

④ 석재의 가공
　㉠ 표면 조밀에 의한 조류
　　ⓐ 마름돌 : 채석장에서 채석한 다듬지 않은 그대로의 돌
　　ⓑ 메다듬 : 마름돌의 거친 면을 쇠메로 다듬어 보기 좋게 다듬은 것. 큰 혹두기, 중 혹두기, 작은 혹두기 등으로 구별한다.
　　ⓒ 정다듬 : 메다듬돌을 정으로 쪼아 조밀한 흔적을 내어 평탄한 거친면으로 다듬는 것
　　ⓓ 도드락 다듬 : 거친 정다듬한 면을 도드락 망치로 더욱 평탄하게 다듬는 것
　　ⓔ 잔다듬 : 도드락다듬한 위를 날망치로 곱게 쪼아 표면을 더욱 평탄하게 다듬는 것
　　ⓕ 물갈기 : 잔다듬한 면에 금강사, 카아버런덤, 모래, 숫돌 등으로 물을 주면서 갈아 광택이 나게 한 것
　㉡ 표면 현상에 의한 분류
　　ⓐ 혹두기 : 거친 돌을 약간 가공한 것
　　ⓑ 모치기 : 돌의 줄눈 부분의 모를 접어 다듬은 것으로, 양면치기, 빗모치기, 귀갑치기 등이 있다.

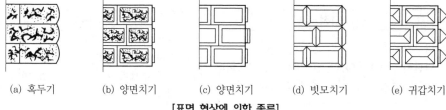

(a) 혹두기　　(b) 양면치기　　(c) 양면치기　　(d) 빗모치기　　(e) 귀갑치기

[표면 현상에 의한 종류]

② 돌 쌓기
　㉮ 거친돌 쌓기
　　㉠ 잡석, 간사 등을 적당한 크기로 쪼개 쓴다.
　　㉡ 줄눈을 몇 개씩 맞추어 쌓는 방법이 있다.
　　㉢ 줄눈을 몇 개씩 맞추어 쌓는 방법이 있다.
　　㉣ 가로줄눈만을 수평으로 쌓는 방법이 있다.
　㉯ 다듬돌 쌓기 : 돌의 모서리 맞댐면을 일정하게 다듬어 통줄눈이 없게 쌓는 방법

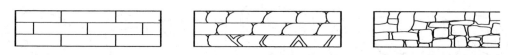

(a) 다듬돌 바른층 쌓기　(b) 거친돌 바른층 쌓기　(c) 거친돌 완자 쌓기　(d) 다듬돌 막쌓기　　(e) 거친돌 막쌓기

[돌 쌓기]

ⓒ 돌 쌓기법

ㄱ 각 줄눈에는 헝겊을 대어 모르타르가 흘러 나오지 않도록 해야 한다.

ㄴ 모르타르가 어느 정도 굳으면 헝겊과 굄을 **빼낸다.**

ㄷ 줄눈의 크기가 맞댐면 물갈기일 때에는 3mm 내외, 보통 잔다듬에서는 6~12mm, 거친돌 막쌓기 등에서 15~10mm 정도로 한다.

ㄹ 치장줄눈으로 마무리할 때에는 줄눈을 10mm 깊이까지 파낸다.

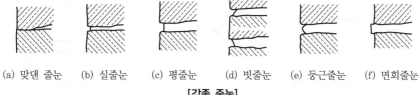

(a) 맞댄 줄눈 (b) 실줄눈 (c) 평줄눈 (d) 빗줄눈 (e) 둥근줄눈 (f) 면회줄눈

[각종 줄눈]

ⓒ 돌붙임

ㄱ 벽돌벽 또는 콘크리트벽 등에 치장을 목적으로 벽면을 깨끗이 한 다음, 모르타르로 얇은 돌을 붙인다.

ㄴ 석재가 비교적 두꺼운 것은 맞댐면에 꽂임촉을 꽂고, 뒷벽에 철선으로 연결한다.

ⓒ 돌접합

ㄱ 꽂임촉

ⓐ 맞댐면의 양쪽에 구멍을 파고 철제의 촉을 꽂은 다음, 좋은 모르타르, 납 등을 채워 고정한다.

ⓑ 촉의 단면은 보통 15~20mm각, 또는 지름이 15~20mm 정도의 원형으로 하고 길이는 40~80mm로 한다.

ㄴ 꺾쇠, 은장 : 이음 장소에 꺾쇠나 은장을 묻어 넣을 수 있는 자리를 파고 넣은 다음 모르타르나 납을 채워 고정시킨다.

ㄷ 반턱이음, 제혀이음, 장부이음 : 특수한 경우에 쓰인다.

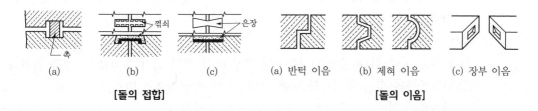

(a) (b) 꺾쇠 (c) 은장 (a) 반턱 이음 (b) 제혀 이음 (c) 장부 이음

촉

[돌의 접합]　　　　**[돌의 이음]**

③ 문골 주위

㉮ 인방돌, 창대돌, 문지방 돌, 쌤돌

ㄱ 인방돌

ⓐ 문골 나비가 1m 정도까지는 문골위에 인방돌을 걸쳐 대어 상부에서 오는 하중을 받게 한다.

ⓑ 하중에 클 때에는 인방돌의 뒷면에 쇠보, 또는 철근 콘크리트보를 설치하여 보강한다.

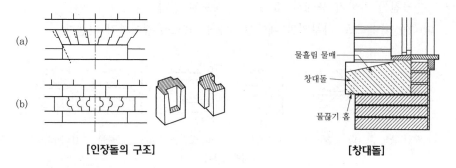

[인장돌의 구조]   [창대돌]

ⓛ 창대돌
　　ⓐ 창대돌은 창 밑에 대어 치장겸 빗물막이가 되는 것이다.
　　ⓑ 창대돌이 윗면에는 물돌림, 물흘림, 밑면 끝에는 물끊기 홈을 만든다.
ⓒ 문지방돌 : 추입문의 밑에 마멸에 강한 경질의 석재를 잔다듬 또는 물갈기를 하여 댄 것이다.
ⓔ 쌤돌 : 문골의 벽 두께 면에 대는 돌
㉯ 아치
　ⓛ 벽돌 아치에 준하여 쌓으면 된다.
　ⓒ 접합에는 촉, 꺾쇠 등을 쓰고 서로 엇물리게 하여 튼튼하게 만든다.

④ 각부 구조
㉮ 돌림띠
　ⓛ 바깥 벽면에서 내밀어 가로로 길게 돌린 돌을 말한다.
　ⓒ 장식, 차양, 물끊기 등의 역할을 한다.
　ⓒ 벽체 상부에 설치한 것을 처마돌림띠, 각 층의 중간에 설치한 것을 허리돌림띠라 한다.
㉯ 난간, 난간벽
　ⓛ 난간은 처마 위 옥상에 난간동자를 세우고 그 위에 난간 두겁을 댄 것을 말한다.
　ⓒ 난간동자의 위는 두겁돌과 밑은 밑받침돌에 꽂임촉으로 맞춘다.
　ⓒ 난간벽은 처마 위 옥상에 벽으로 된 난간을 말한다.
㉰ 박공 : 박공지붕 건물의 양 측면 벽에서 지붕 물매에 따라 삼각형으로 된 부분을 말한다.

3 철근 콘크리트 구조

(1) 개요

① 특성
- 철근 콘크리트 구조물은 철근과 콘크리트 두 재료의 장점과 단점을 서로 보완 이용한 것이다.
- 콘크리트는 압축력에는 강하나 인장력에는 약하다.
- 철근은 인장력에는 강하나 압축력에는 약하다.
- 철근 콘크리트 구조물의 경제적인 스팬은 6m 정도이다.

㉮ 장점
  ㉠ 내화성과 내구성이 크다.
  ㉡ 내풍, 내진성이 크다.
  ㉢ 크기, 형상의 설계가 자유롭다.
  ㉣ 재료의 구입이 용이하다.
  ㉤ 건축물의 유지 및 관리가 용이하다.

㉯ 단점
  ㉠ 건축물의 자중이 크다.
  ㉡ 시공의 좋고 나쁨에 의한 영향이 크고, 시공 기간이 길다.
  ㉢ 공사의 성질상 가설물의 비용이 많이 든다.
  ㉣ 균열이 생기기 쉽다.
  ㉤ 전음도가 크다.
  ㉥ 해체, 이전, 개조 등의 형태 변경을 하기 어렵다.

② 구조형식
㉮ 라멘 구조 : 기둥, 보를 강접합하고, 이것에 하중을 부담시키는 방식으로 벽, 슬랩, 기둥, 보 등의 뼈대와 일체로 구성된다.
㉯ 플랫 슬랩 구조 : 실내 공간을 크게 하기 위하여 보를 설치하지 않고 철근 콘크리트 슬랩이 보는 겸한 형식으로 창고, 공장 등에 많이 이용된다.
㉰ 벽식 구조 : 벽체와 바닥 슬랩을 일체적으로 구성한 구조
㉱ 셸 구조
  ㉠ 원통 셸은 압축력이나 휨 모멘트에 강한 역학적 특성이 있다.
  ㉡ 큰 간 사이의 지붕이나 벽면을 경량 구조로 구성할 수 있다.

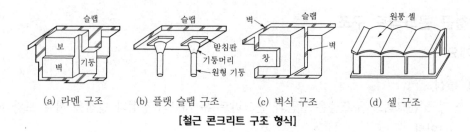

(a) 라멘 구조   (b) 플랫 슬랩 구조   (c) 벽식 구조   (d) 셀 구조

[철근 콘크리트 구조 형식]

(2) 사용 재료

① **철근**

㉮ 철근에는 단면의 모양에 따라 둥근 철근과 이형 철근이 있다.

㉯ 근래의 건설 공사에서는 이형 철근이 많이 이용되고 있다.

㉰ 철근의 지름 표시법은 이형 철근은 D, 둥근 철근은 Ø로 표시한다.

㉱ 철근의 지름으로는 6mm로부터 10, 13, 16, 19, 22, 25, 29, 32, 38mm 등이 있다.

㉲ 가장 많이 쓰이는 것은 D10~D25의 철근이다.

② **콘크리트**

콘크리트는 시멘트풀의 접착력에 의하여 모래와 자갈 등의 골재를 결합시킨 것이다.

㉮ 시멘트, 물, 골재

㉠ 보통 포틀랜드 시멘트는 KSL 5201의 규격품을 사용한다.

㉡ 물은 깨끗하고 산, 알칼리, 기름이나 유해한 유기 불순물 등이 포함되어 있지 않아야 한다.

㉢ 골재는 유해량의 먼지, 흙, 유기 불순물이 포함하지 않고, 내화성, 내구성이 있어야 한다.

㉣ 잔 골재 및 굵은 골재의 공극율은 보통 30~40% 정도이다.

㉯ 배합

㉠ 시멘트, 골재의 혼합 비율을 배합률이라 한다.

㉡ 물량은 물 : 시멘트의 무게비로 표시하며, 이 비율을 물·시멘트비라고 한다.

㉢ 물·시멘트비를 W/C로 표시하며, 일반적으로는 백분율(%)로 표시한다.

㉰ 중량, 강도

㉠ 무근 콘크리트의 중량은 $2.3t/cm^3$, 철근 콘크리트의 중량은 $2.4/cm^3$ 정도를 표준으로 한다.

㉡ 철근 콘크리트의 4주 압축강도는 $150kg/cm^2$ 이상이다.

㉱ 온도에 대한 성질 : 콘크리트의 팽창 계수는 대략 1.0×10^{-5} 정도로 철근의 선팽창 계수와 거의 같다.

③ 특수 콘크리트

㉮ 경량 콘크리트

㉠ 보통 콘크리트의 비중은 약 2.3 정도에 대하여 비중이 2.0 이하의 것을 경량 콘크리트라 한다.

㉡ 경량 콘크리트는 경량 골재 콘크리트, 기포 콘크리트 등이 있다.

㉢ 경량 골재로 화산석, 탄각, 질석 등이 쓰인다.

㉣ 구조용으로 쓰일 때의 4주 압축강도는 110kg/cm^2 이상이다.

㉯ AE 콘크리트 : 콘크리트를 비빌 때 인공적으로 미세한 기포가 콘크리트 안에 생기게 하기 위하여 AE제를 혼합한 것이다.

㉰ 그 밖의 콘크리트 : X선, γ선 등 방사선 차단용으로 황철광, 자철광 등과 같이 비중이 큰 중량 골재를 사용한 중량 콘크리트가 있다.

④ 혼화 재료

콘크리트나 모르타르의 성질을 개선하기 위하여 시멘트, 골재, 물 이외에 더 넣는 것으로 사용량이 비교적 많은 것을 혼화재, 미량의 것을 혼화제라고 한다.

(3) 기초

기초는 건축물의 자중, 적재 하중, 풍압력, 지진력, 토압, 수압 등의 외력을 받아 지반에 안전하게 전달하는 건축물의 최하부 지하 구조 부분을 말한다.

① 지반과 지질 조사

㉮ 지반 : 광물질이 오랜 세월 동안 복잡한 변천 과정을 거쳐 형성된 것으로 암반, 자갈, 모래, 실트 진흙, 로움, 부식토 등으로 구성되어 있다.

㉠ 암반 : 가장 간단한 지반이며, 그 지반을 구성하고 있는 암석의 종류에 따라서 차이가 있다.

㉡ 모래질 지반 : 모래분이 많고 점착력이 비교적 작거나 무시할 수 있는 정도의 지반이다.

㉢ 진흙질 지반 : 진흙분이 많고 내부마찰각이 작거나 무시할 수 있는 정도의 지반이다.

㉯ 지반의 지질검사

㉠ 철봉에 의한 검사

ⓐ 상부의 지층이 무르고 굳은 층이 비교적 얕게 있을 때 이용하는 것이다.

ⓑ 끝이 뾰족한 $\varnothing 22 \sim 30$mm 정도의 철봉을 수직으로 땅 속에 꽂아 손에 오는 느낌에 따라 지반의 단단한 정도를 판단하는 방법이다.

㉡ 가스관 꽂음 검사 : $\varnothing 40 \sim 60$mm 정도의 쇠 파이프를 수직으로 땅 속 깊이 꽂아 그 저항에 따라서 지내력을 판단한다.

ⓒ 우물파기 검사 : 지층이 매우 단단하거나 굳은 층이 얕게 있을 때, 우물을 파서 직접 지질을 조사하는 방법이며, 3~4m 정도의 깊이가 적당하다.

ⓔ 말뚝박기 시험 : 땅 속에 말뚝을 박아서 그 침하량을 측정하여 지내력을 산정하고 지층의 구조를 추정하는 방법

ⓜ 시추법

   ⓐ 고층 건물은 기초 설계에 착수하여 전에 건물의 규모에 따라 상당히 깊은 곳까지 지질을 엄밀하게 검사하여 지내력 측정에 정확한 자료가 되도록 한다.

   ⓑ 검사법에는 회전식 보오링, 수세식 보오링, 충격식 보오링 등이 있다.

   ⓒ 지질이나 지층의 상태, 지하 수위의 측정, 토질 시험용 시료 채취 등의 목적에 쓰인다.

ⓗ 표준 관입 시험 : 보오링을 할 때 스플릿 스푼 샘플러를 쇠막대 끝에 끼워 대고 위에서 추를 떨구어 관입량을 측정한다.

② **지내력**

  ㉮ 지반의 내력

>>> **지반의 허용 지내력도**   (단위 : t/m^2)

	지반	장기 응력에 대한 허용 응력도	단기 응력에 대한 허용 응력도
경암반	화강암, 석록암, 편마암, 안산암 등의 화성암, 굳은 역암 등의 암반	400	장기 응력에 대한 허용 응력도의 각각의 값의 1.5배로 한다.
연암반	판암, 편암 등의 수성암의 암반	200	
	혈암, 토단반 등의 암반	100	
	자 갈	30	
	자갈과 모래와의 혼합물	20	
	모래 섞인 점토 또는 롬토	15	
	모래 또는 점토(실트)	10	

  ㉯ 지내력 시험

   ㉠ 실제로 기초를 설치할 위치까지 파고 하중대를 설치한다.

   ㉡ 예상 파괴 하중 W(kg)을 가정한다.

   ㉢ 매회 재하는 1t 이하 또는 1/5W 이하로 한다.

   ㉣ 각 재하의 침하의 증가가 2시간에 0.1mm 이하일 때는 침하가 정지한 것으로 보고 다음 단계의 재하를 한다.

   ㉤ 지반이 항복하였거나 총 침하량이 2.5cm가 되었을 때에는 재하를 중지한다.

   ㉥ 허용 지내력의 판정은 총 침하량이 2cm가 되었을 때의 전 하중을 단기 지내력도로 하고 그 값의 1/1.5을 장기 지내력도로 한다.

ⓐ 총 침하량이 2cm 이하로서 침하곡선이 항복 상태를 나타낼 때는 항복점 이하로서 판정한다.

ⓞ 재하판의 크기는 2000cm²(30~45cm각)으로 한다.

ⓩ 총 침하량이란 24시간 경과 후의 침하의 증가가 0.1mm 이하로 될 때까지의 침하량을 말한다.

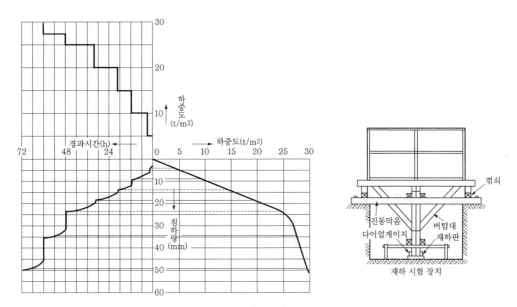

[재하 시험 장치의 예 및 시험 결과]

③ **기초의 명칭**

- 기초 슬랩 : 상부 구조의 응력을 받아 지반 또는 지정에 전달하는 구조 부분
- 지정 : 기초 슬랩을 받치기 위하여 잡석다짐 또는 말뚝박기 등을 한 부분
- 기초 : 기초 슬랩과 지정을 총칭하는 것

㉮ 지정

㉠ 잡석 지정 : 조적구조 또는 나무 구조일 때에는 100~200mm, 철근 콘크리트 또는 철골 구조일 때에는 250~300mm 정도의 잡석을 세워서 깐다.

㉡ 자갈 지정 : 경량 구조물일 때에는 잡석 대신 자갈을 100mm 정도의 두께로 편평하게 깔고 다진다.

㉢ 모래 지정 : 연약한 진흙층이나 하천, 연못 근처에 건물 기초를 만들 때에는 연약 지반의 자질을 개량하여 그 위에 기초를 만든다.

㉣ 말뚝 지정

ⓐ 지지 말뚝 : 견고한 지층까지 닿도록 박은 것

ⓑ 마찰 말뚝 : 말뚝과 흙의 마찰력으로 하중을 지지하는 말뚝

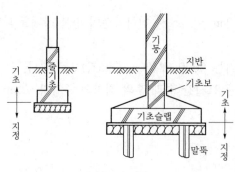

[기초 및 지정]

ⓒ 나무 말뚝
- 수종 : 소나무, 낙엽송, 밤나무 등 곧고 긴 생통나무의 껍질을 벗겨 사용한다.
- 지름 및 길이 : 지름은 15~20cm 정도, 길이는 5~20cm 정도
- 휨 정도 : 길이의 1/50 이하로 하고, 밑마구리와 끝마구리의 중심을 연결하는 선이 말뚝 밖으로 나오지 않아야 한다.
- 말뚝의 배치 : 바둑판식 또는 엇갈림식으로 배치하고 최소 배치 간격은 2.5d 이상으로 한다.
- 말뚝은 재료에 따라 나무 말뚝일 때 60cm 이상, 기성 콘크리트 말뚝은 75cm 이상, 제자리 콘크리트 말뚝과 철제 말뚝은 90cm 이상으로 한다.
- 말뚝 간격은 나무 말뚝일 때 60cm 이상, 기성 콘크리트 말뚝은 75cm 이상, 제자리 콘크리트 말뚝과 철제 말뚝은 90cm 이상으로 한다.

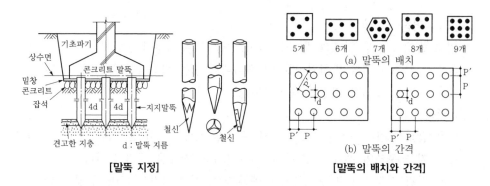

[말뚝 지정] [말뚝의 배치와 간격]

ⓜ 케이슨 지정
ⓐ 개방 잠함(Open caisson) : 지름이 큰 콘크리트 기둥 또는 원통형 기둥을 굳은 지반까지 우물파기를 하여 가라앉히고, 여기에 자갈 또는 콘크리트를 부어서 피어를 만드는 방법
ⓑ 용기 잠함(Pnevmatic caisson) : 파 내려가는 작업실을 밀폐하여 수압과 같은 압력의 압축공기를 공급하고 작업실에 지하수가 침입하지 않게 하는 방법

ⓝ 기초

ㄱ 독립 기초 : 1개의 기둥을 하나의 기초 슬랩으로
지지하게 한 것으로, 밑판의 모양은 정방형이나 장
방형으로 한다.

ㄴ 복합 기초 : 대지의 경계선 부근에서 독립 기초가
할 여지가 없는 경우 바깥기둥과 안기둥을 하나의
기초 슬랩으로 지지한 것.

ㄷ 줄 기초 : 건축물의 주위나 벽체 밑을 연속되게 마
든 기초

ㄹ 온통 기초

ⓐ 지반이 연약할 때

ⓑ 기둥에 작용하는 하중이 매우 커서 기초 슬랩의 면적이 클 때

ⓒ 건축물의 밑바닥 전체를 기초 슬랩으로 만들 때

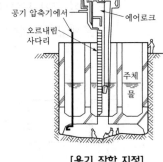

[용기 잠함 지정]

(4) 뼈대

① 구조 계획

㉮ 건축물의 현상

ㄱ 정방형이나 정방형에 가까운 장방형의 평면형이 가장 좋다.

ㄴ 돌출부가 많은 평면형은 외각의 접합부에서 파괴되기 쉬운 결점이 있다.

㉯ 기둥배치

ㄱ 기둥의 배치는 규칙적으로 배치하고, 평면적으로는 같은 간격으로 배치한다.

ㄴ 기둥 1개가 지지하는 바닥 면적은 각 층마다 대략 $30m^2$ 정도를 기준으로 하는 것
이 좋다.

ㄷ 큰 보의 길이는 보통 5~7m 정도로 한다.

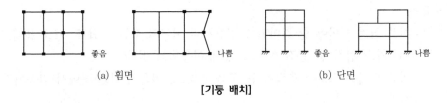

(a) 횡면   (b) 단면

[기둥 배치]

㉰ 보의 배치

ㄱ 큰 보는 기둥과 기둥을 연결하는 부재로서, 바닥의 하중을 지지하는 동시에 지진
이나, 수평 하중에 저항한다.

ㄴ 작은 보는 큰 보 사이에 설치되어 단지 바닥에 작용하는 하중만을 지지하는 부재이다.

ㄷ 바닥 슬랩이 넓은 경우에는 작은 보를 사용하여 적당한 넓이로 구획하는 것이 좋다.

④ 내진벽의 배치

　㉠ 내진벽의 평면상의 교점이나 연장선의 교점은 2개 이상 있게 하면 안정되나, 교점
　　 이 없거나 하나만 있는 경우에는 불안정하다.

　㉡ 내진벽은 상·하층 모두 같은 위치에 오도록 배치한다.

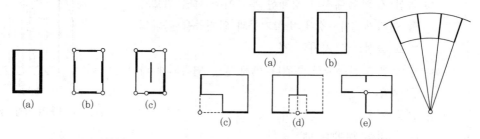

[안전한 내진벽의 배치]　　　　　　　　　　[불안정한 내진벽의 배치]

② 배근

　㉮ 배근의 기본

　　㉠ 콘크리트는 인장력에 매우 약하므로, 인장력에 강한 철근을 배치하여 보강한 것이다.

　　㉡ 휨 모멘트와 축 방향력을 받기 위하여 배치한 철근을 주근이라 한다.

　　㉢ 전단력을 받기 위하여 보나 기둥에서는 주근에 직각으로 감아대는 철근을 각각 늑
　　　 근 또는 띠철철이라 한다.

　㉯ 부착

　　㉠ 철근과 콘크리트는 잘 부착되게 하여 일체화됨으로써 하중에 견디어 낼 수 있게
　　　 해야 한다.

　　㉡ 굵은 철근의 개수를 적게 넣은 것보다 가는 철근의 개수를 많이 넣는 편이 부착
　　　 강도상 유리하다.

　㉰ 정착 : 철근의 끝부분이 콘크리트 속에서 빠지지 않도록 충분히 묻힌 것을 말한다.

　㉱ 이음

　　㉠ 서로 겹쳐 이어야 할 길이만큼 연장시켜 이어서 쓰는 방법과, 아크 용접, 전기 압
　　　 접, 가스 압접 등 용접 이음도 많이 이용되고 있다.

　　㉡ 이음 위치는 되도록 응력이 큰 곳을 피하고, 이음이 같은 곳에서 집중되지 않도록
　　　 한다.

　㉲ 이음의 겹친 길이와 정착 길이

　　㉠ 철근을 이을 때 겹치는 길이나, 정착 길이는 보통 철근 지름의 15~45배 정도로 한다.

　　㉡ 주근의 이음이나 정착 위치는 압축력이 작용하는 곳에 두는 것이 좋다.

　　㉢ 갈고리의 길이는 정착이나 이음 길이에 가산하지 않는다.

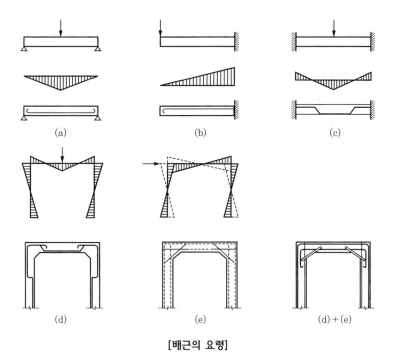

[배근의 요령]

㉑ 철근 간격과 피복 두께

ㄱ 기둥이나 보의 주근 간격은 철근 안쪽
  사이의 거리를 말하며 그 외의 철근에서
  는 철근과 철근 간격을 말한다.

ㄴ 철근의 피복 두께는 콘크리트 표면으로
  부터 가장 가까운 위치에 있는 철근 표
  면까지의 치수를 말한다.

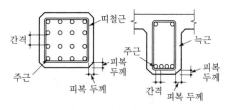

[철근 간격과 피복 두께]

▶▶▶ 철근에 대한 콘크리트 피복 두께의 최소값(cm)

구조 부분의 종류		피복두께
흙에 접하지 않는 부분	바닥 슬랩 내력벽 이외의 벽	2
	기둥 · 보 · 내력벽	3 다만 옥내에 면하는 부분으로서 철근의 내구성을 위한 마무리가 있는 경우는 2cm 이상
직접 흙에 접하는 부분	기둥 · 보 · 바닥 슬랩 · 벽	4
	기초(밑창 콘크리트 제외)	6

③ 보

㉮ 보의 형태

　㉠ 단면의 모양에 따라 장방형 보와 T형보 또는 반T형보 등으로 나눈다.

　㉡ 인장 측에만 배근하는 단근 배근법과 인장 측과 압축 측 양측에 배근하는 복근 배근법으로 나눈다.

　㉢ 보의 춤 D는 보의 간 사이의 1/12~1/10 정도로 하고, 나비는 춤의 1/2 정도로 한다.

　㉣ T형보 : B=16t+b

　　　　　　　B=양쪽 슬랩의 중심 거리　　　B=1/4×부재의 스팬

　㉤ 반T형보 : B=부재의 외측부터 슬래브 중심까지의 거리

　　　　　　B=1/12×부재의 스팬　　　　B=6t×6

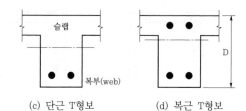

| (a) 단근 장방향보 | (b) 복근 장방향보 | (c) 단근 T형보 | (d) 복근 T형보 |

[보의 형태와 배근법]

㉯ 보의 주근

　㉠ 보의 중앙에서는 아래쪽에, 양단부에서는 위쪽에 인장력이 일어나게 된다.

　㉡ 인장력이 일어나는 부분에는 반드시 철근을 배치해야 한다.

　㉢ 응력의 상태에 따라 주근은 중앙부와 단부에서 다르게 된다.

　㉣ 중앙부에서의 아래쪽 인장 철근을 반곡점 부근(안목 길이의 1/4 되는 곳)에서 휘어 올려서 이 철근을 보단부의 상부 인장 철근으로 겸용하는 경우가 있으며, 이 철근을 굽힌 철근(Bent up bar)이라 한다.

　㉤ 철근의 이음 위치는, 상부 철근의 이음은 중앙부 내에 두고 하부 철근의 이음은 단부 안에 둔다.

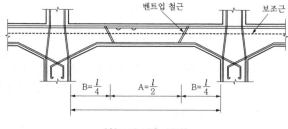

[철근의 이음 위치]

ⓓ 늑근

　ㄱ 전단력에 저항하는 늑근을 넣어 보강한다.

　ㄴ 늑근의 간격은 양단부에 가까울수록 간격을 좁게 배치한다.

　ㄷ 늑근의 끝에는 135° 이상으로 굽힌 갈고리를 만든다.

　ㄹ 보의 춤이 약 60cm 이상일 경우에는 늑근의 흔들림을 방지하기 위하여 중간에 보조근을 넣는다.

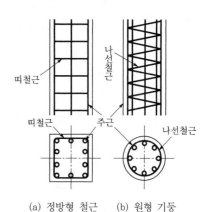

(a) 정방형 철근　　(b) 원형 기둥

[기둥의 배근]

ⓔ 배근상의 주의

　ㄱ 주근은 D13, 또는 ∅12 이상의 것을 쓴다.,

　ㄴ 주근의 간격

　　ⓐ 주근 간격은 2.5cm 이상(∅16 이하일 경우)

　　ⓑ 철근 지름의 1.5배 이상(∅19 이상일 경우)

　　ⓒ 자갈 지름의 1.25배 이상

　ㄷ 늑근에는 지름 6mm 이상의 것을 사용하고, 늑근의 간격은 보의 춤의 3/4 이하 또는 45cm 이하로 배치한다.

④ **기둥**

㉮ 기둥의 형태

　ㄱ 단면의 모양은 정방형, 장방형, 원형 등을 많이 사용한다.

　ㄴ 기둥의 최소 단면 치수는 20cm 이상 또는 기둥 간 사이의 1/15 이상이야 하고, 기둥 단면적은 600cm^2 이상이여야 한다.

㉯ 주근 : 철근 콘크리트 기둥의 주근 배근은 중심축에 대하여 대칭으로 배근한다.

㉰ 띠철근

　ㄱ 전단력에 대한 보강과 압축력으로 인한 주근의 좌굴을 막아준다.

　ㄴ 띠철근 끝은 135° 이상 굽힌 갈고리를 만든다.

　ㄷ 기둥의 단면이 복잡한 모양의 경우는 띠철근을 2개 이상으로 분할하여 배근한다.

㉱ 배근상의 주의

　ㄱ 주근은 기둥이 단면이 정방형, 장방형에서는 4개 이상, 원형에서는 6개 이상을 사용한다.

　ㄴ 콘크리트 단면적에 대한 철근의 비율은 기둥의 유효 높이의 비가 5 이하일 때에는 0.4%, 10을 초과할 때에는 0.8% 이상으로 한다.

　ㄷ 띠철근은 지름 6mm 이상의 것을 사용하고, 기둥의 최소 치수 이하, 또는 30cm 이하로 배근한다.

ⓐ 나선 철근은 지름 6mm 이상의 것을 쓰고 최대 간격은 8cm 이하로 하고, 최소 간격은 3cm 이상으로 한다.

ⓜ 철근의 이음 위치는 기둥 유효 높이의 2/3 이내에 두며, 분산시키도록 한다.

⑤ **바닥 슬랩**

바닥 슬랩은 일반적으로 4변이 큰 보다 작은 보에 지지된 장방향 슬랩으로 바닥슬랩에 작용하는 하중을 보에 전달하는 동시에 수평력을 라멘에 배분하는 역할을 한다.

㉮ 바닥 슬랩의 주근, 배력근

ⓒ 철근 콘크리트의 장방형 바닥 슬랩의 배근은 단변 방향의 인장철근을 주근이라고 하고, 장변 방향의 인장 철근을 배력근 또는 부근이라고 한다.

ⓛ 배력근은 반드시 주근의 안쪽에 배근한다.

ⓔ 바닥슬랩 전체에 균등하게 분포시키기 위하여, 장변 방향으로도 콘크리트 전 단면적에 대하여, 이형 철근에 있어서는 0.2% 이상의 철근을 배근한다.

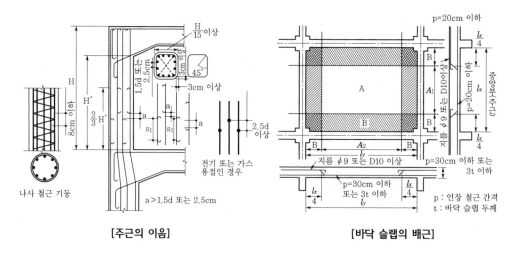

[주근의 이음]　　　　　[바닥 슬랩의 배근]

㉯ 바닥 슬랩의 두께 : 철근 콘크리트 바닥 슬랩 두께는 8cm 이상이어야 한다.

㉰ 배근상의 주의

ⓒ 주근 배력근 모두 ∅9 이상의 둥근 철근 또는 D10 이상의 이형 철근을 사용한다.

ⓛ 철근 간격은 바닥 슬랩 중앙부의 주근은 20cm 이하로 하고, 배력근의 간격은 30cm 이하로 한다.

ⓔ 철근의 이음은 상부근은 중앙 부분에 두고 하부근은 단부가 좋으나, 모두 임의의 곳에서 하여도 무방하다.

⑥ **계단**

㉮ 경사진 보의 형식 : 계단실의 4변이 지지된 계단으로써 계단의 나비 및 간 사이가 큰 경우에 많이 이용된다.

ⓝ 경사진 바닥 슬랩 형식 : 계단에 측보를 설치하지 않는 2변이 지지된 형식으로서 계단의 길이에 제약을 받게 되며, 보통 수평 길이가 6m 정도까지가 적당하다.

ⓓ 캔틸레버보 형식 : 계단의 나비가 작을 때에는 1변만 지지된 형식으로서 주근을 계단 나비 방향의 위쪽에 배근된 형식

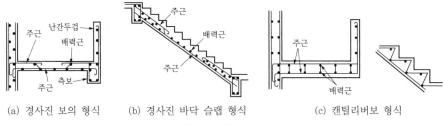

(a) 경사진 보의 형식　　　(b) 경사진 바닥 슬랩 형식　　　(c) 캔틸리버보 형식

[계단의 배근 보기]

⑦ **벽체**

ⓐ 내진벽

ㄱ 기둥과 보로 둘러싸인 벽으로, 지진력, 바람 등의 수평하중을 받게 된다.

ㄴ 벽 두께는 15cm 이상으로 하며, 내력벽의 두께가 25cm 이상인 경우는 복근으로 배근해야 한다.

ㄷ 철근은 ∅9 또는 D10 이상으로 하고, 배근 간격은 45cm 이하로 한다.

ㄹ 가로, 세로 철근을 배근하는 2방향 배근법, 벽체의 대각선 방향으로 배근하는 4방향 배근법이 있다.

ㅁ 문골 모서리 부분의 빗 방향으로 배근하는 보강근은 D13 이상의 철근을 사용한다.

ⓑ 장막벽 : 단순히 공간을 막아주기 위하여 설치하는 것

ㄱ 벽돌조, 블록조, 보강 블록조 등의 간막이벽

ㄴ 경량 철골조 간막이벽

ㄷ 나무 구조 간막이벽

(5) 방수와 수장

① **방수**

ⓐ 방수 방법 : 일반적으로 콘크리트의 표면에 방수층을 구성하여 방수의 효과를 얻게 하는 아스팔트 방수, 모르타르 방수, 시트 방수법 등이 있다.

ㄱ 아스팔트 방수

ⓐ 기온의 변화에 따라 건축물에 생기는 국부적 신축에 대하여 안정해야 한다.

ⓑ 방수법은 건축물의 용도, 종별, 시공 장소, 공사 정도 등에 따라 사용 재료나 붙여 대는 층수 등에 따라 다르다.

ⓒ 모르타르 방수 : 콘크리트 표면에 방수제를 혼합한 모르타르를 발라 방수가 되게
한 것

ⓒ 시트 방수 : 신축성과 강도가 크며, 밑 바탕면의 변동에 따른 적응성이 풍부한 합
성 고무계나 합성 수지계의 시트를 한 층만 붙여 방수 효과를 얻는 방법

ⓔ 실재에 의한 방수 : 건축물의 구성된 접합 부분에 누수를 방지하기 위하여 코킹재
나 실링제가 쓰인다.

⑭ 옥상 방수

• 평지붕을 모르타르로 방수할 때에는 지붕의 물매를 1/50 이상으로 한다.

• 아스팔트 방수 및 시트 방수로 할 때에는 1/100 정도의 물매를 둔다.

ⓐ 패러핏 · 핀트 하우스

ⓐ 패러핏 · 핀트 하우스나 출입구 하부 등의 옥상 방수층의 올림 부분은 30~
40cm 정도 올린다.

ⓑ 방수층 상단에는 내민 부분을 구성하여 물끊기 홈 등을 만들어서 빗물막이가
되게 한다.

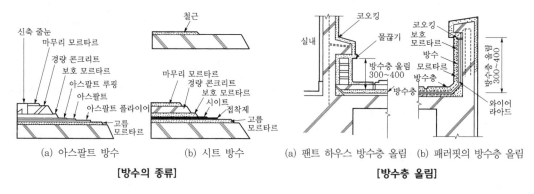

[방수의 종류]   [방수층 올림]

ⓒ 내민 부분 : 난간 두겁 등 내민 부분을 설치하려면 방수층의 위에 콘크리트 등을
친다.

ⓒ 신축 이음 : 신축 이음에서의 누수를 방지하려면 신축 이음으로 아무림한다.

ⓔ 배수구 : 패러핏의 위치에 따라 달라지나, 배수구에는 드레인을 설치하여 티끌,
먼지 등이 들어가지 않도록 한다.

ⓜ 선 홈통 : 벽체 속으로 묻는 경우와 안벽 또는 바깥벽에 따라 설치하는 경우가 있다.

⑭ 실내 방수

ⓐ 화장실

ⓐ 바닥 슬랩을 관통하는 배관부를 아스팔트 방수로 할 때에는 콘크리트와 파이
프의 접촉 부분을 파이프에 아스팔트를 녹여 바른 다음, 루핑을 쌓아 올려서
아스팔트를 바르고 구리선으로 긴결한다.

ⓑ 변기 주위는 플라이머를 바르고 코킹재를 바른 후 루핑을 아스팔트로 붙여 대
서 바닥면 위로 꺾어 올려, 방수층과의 밀착이 잘 되게 한다.

ⓛ 욕실 : 출입구 부분의 방수층의 올림이 낮아서 누수의 원인이 되기 쉬우므로, 바
닥면에서 15cm 정도 높게 해야 한다.

 ㉣ 지하실의 방수

  ㉠ 바깥 방수

   ⓐ 구조 주체의 바깥쪽 주위를 방수층으로 둘러싸는 방법이다.

   ⓑ 수압에 대하여는 유리하나 시공 후의 보수가 거의 불가능한 것이 결점이다.

  ㉡ 안 방수

   ⓐ 구조 주체의 안쪽에 방수층을 구성하는 방법이다.

   ⓑ 시공이 용이하고 공비도 저렴하며 시공 후 수리도 쉬우나 수압에 대하여는 불
리하다.

② 수장

 ㉮ 바깥수장

  ㉠ 모르타르 바르기

   ⓐ 일반적으로 용적 배합비 1 : 2~1 : 3 정도의 모르타르를 사용한다.

   ⓑ 두께 12~30mm 정도로 바르고 흙손질, 뿜질, 긁어내기, 뿌림 등으로 마무리
한다.

   ⓒ 모르타르 바르기는 균열되기 쉽고, 더러움이 잘 타며, 시공이 잘못되면 떨어지
기 쉬운 것이 결점이다.

  ㉡ 돌붙임

   ⓐ 내화성, 내수성, 내구성 등이 우수하나 무게가 무겁고 높게 붙여낼 수 없는 것
이 결점이다.

   ⓑ 화강암, 안사암, 사암, 대리석 등의 종류가 있다.

   ⓒ 판석의 크기는 보통 두께 80~150mm, 길이 600~1000mm 정도이다.

   ⓓ 대리석은 두께 30~60mm 정도의 얇은 것이 쓰인다.

   ⓔ 모르타르 두께는 보통 30~50mm로 한다.

  ㉢ 인조석 붙임

   ⓐ 두께 40mm 정도의 판으로 한다.

   ⓑ 백색 시멘트와 안료 및 종석을 섞어서 발라 잔다듬 갈기로 마무리 한다.

  ㉣ 타일 붙임

   ⓐ 내구력이 크고 흡수성이 적으며, 가벼우므로 시공이 용이하다.

   ⓑ 용적 배합비 1 : 2~1 : 3의 모르타르로 붙인다.

   ⓒ 줄눈에는 통줄눈, 막힌줄눈, 가로줄눈 등이 있다.

ⓓ 바깥 줄눈은 보토 8~12mm이고, 내부 줄눈은 2~4mm 정도로 한다.

ⓜ 테라코타 붙임 : 건물의 부벽, 돌림 띠, 기둥머리 등에 쓰인다.

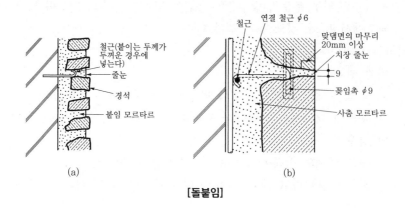

[돌붙임]

㉯ 내부수장

㉠ 벽체 걸레받이

ⓐ 대리석은 시멘트에 침식되기 쉬우므로, 접착용 모르타르 대신 석고로 붙이고, 고정 철물로 주체 구조에 긴결한다.

ⓑ 널이나 텍스를 붙일 때에는 나무벽돌을 미리 묻어 두고 여기에 30~45cm 간격으로 설치한 띠장에 못질하여 붙인다.

ⓒ 석고 보드, 섬유판, 합판, 베니어판, 플라스틱판 등도 못질하여 붙이며, 나비는 1~2mm 줄눈을 만든다.

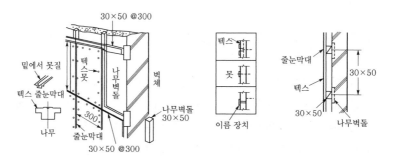

[텍스 붙임]

㉡ 반자

ⓐ 철근 콘크리트 구조의 건축물에서는 윗층 바닥 슬랩의 밑을 그대로 반자를 생각하여 회반죽 또는 플라스터를 발라 제물 반자로 한다.

ⓑ 달대를 써서 목재 또는 철골로 짠 반자틀을 구성하여 이것에 반자재를 붙인 달대 반자가 있다.

ⓒ 걸레받이, 반자돌림

    ⓐ 목재, 대리석이나 또는 테라쪼, 타일 등의 재료를 써서 걸레받이를 설치한다.

    ⓑ 높이는 바닥면에서 10~20cm가 적당하고, 두께는 벽 마무리면에서 5~10mm 내민다.

ⓔ 바닥

    ⓐ 콘크리트 바닥 슬랩을 치면서 표면을 평탄하게 고르고 그대로 흙손으로 마무리하는 방법이 있다.

    ⓑ 바깥 마무리와 같이 모르타르 바름, 인조석 갈기, 타일붙임, 벽돌깔기 등으로 마무리한다.

    ⓒ 리놀륨 바닥깔기 재료는 밑바탕면이 잘 건조, 경화된 후 1~2주간 임시적으로 깔아 두었다가 그후 제대로 깔아야 한다.

    ⓓ 콘크리트 밑바탕에 목재널이나 플로어링 블록깔기로 마무리하는 경우도 있다.

(a) 타일붙임   (b) 돌붙임   (c) 벽돌붙임   (d) 코르크판 붙임 (e) 리놀륨 깔기 (f) 아스팔트 타일붙임

[기타 바닥 마무리]

ⓓ 문골부

    ㉠ 금속제 창호의 종류

        ⓐ 알루미늄, 철, 스테인레스, 청동 등으로 만든다.

        ⓑ 알루미늄제는 철제에 비하여 강도면에서는 떨어지나, 내식성이 우수하고 가벼우며, 기밀성이 좋고 유지비가 적게 들어 많이 사용된다.

    ㉡ 금속제 창호의 구조 : 금속제 창호의 구조는 빗물막이와 강도, 외관 등을 고려하여 여러 가지 단면형의 것이 있다.

    ㉢ 금속제 창호틀 설치

        ⓐ 먼저 세우기는 창호틀을 소정의 위치에 세우고, 콘크리트를 부어 넣는 방법으로 견고하게 설치한다.

        ⓑ 나중 세우기는 콘크리트를 부어 넣은 후에 쐐기 등을 사용하여 바른 위치에 세우고 철근을 묻어 둔 고정 철물에 용접하고, 그 주위의 빈 틈을 모르타르나 콘크리트로 채우는 방법이다.

ㄹ 계단 주위의 마무리

ㄱ 디딤판

ⓐ 바닥 마무리의 여러 가지 방법을 사용하게 되나, 미끄러지지 않고 깨지지 않으며 마포가 적은 재료를 선택하고 떨어지지 않도록 주의해야 한다.

ⓑ 미끄럼막이로는 금속제, 타일제, 경질 비닐제 등이 있으며, 뜨거나 떨어지지 않도록 밑바탕면에 견고하게 설치한다.

ㅁ 난간벽, 난간두겁 : 철근 콘크리트제의 난간벽은 보통 계단 슬랩의 콘크리트와 일체적으로 만들어지나, 목제, 금속제의 난간두겁은 난간동자를 세우고 그 위에 설치한다.

4 철골 구조

(1) 개요

① 특성

㉮ 장점

㉠ 인성이 커서 상당한 변위에 대하여서도 견디어 낸다.

㉡ 내진성과 내풍성이 우수하며 강력하다.

㉢ 다른 재료에 비해 재질이 균일하므로 신뢰성이 있다.

㉣ 대규모 구조인 고층 및 큰 간 사이의 구조가 가능하다.

㉤ 이동, 해체, 수리 보강, 등이 용이하다.

㉯ 단점

㉠ 단면에 비하여 부재 길이가 비교적 길고 두께가 얇아서 좌굴하기 쉽다.

㉡ 노출된 강재는 내화성과 내구성이 약하다.

㉢ 일반적으로 녹슬기 쉽다.

㉣ 공사비가 많이 든다.

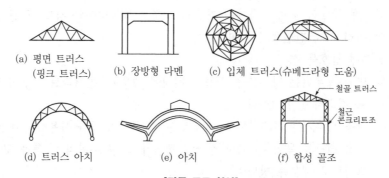

(a) 평면 트러스 (핑크 트러스)　(b) 장방형 라멘　(c) 입체 트러스(슈베드라형 도움)

(d) 트러스 아치　(e) 아치　(f) 합성 골조

[각종 구조 형식]

② 구조 형식

철골 구조에는 트러스 구조와 라멘 구조로 크게 나누며, 또한 트러스와 라멘을 조합한 합성 뼈대가 있으며, 극장, 영화관 등에 이용된다.

⑦ 트러스 구조

㉠ 3각형으로 조립하여 각 부재에 작용하는 힘이 축 방향력이 되도록 한 구조이다.

㉡ 라멘 구조에 비하여 역학적 취급이 간단하며 가는 부재로 큰 간 사이를 지지할 수 있다.

㉢ 강재의 절약은 되나 가공, 조립하는 데 수공이 드는 것이 결점이다.

㉣ 일반적으로 평면 트러스와 입체 트러스가 있다.

⑭ 라멘 구조

㉠ 부재를 견고하게 접합하여, 각 부재가 일체가 되도록 한 구조이다.

㉡ 이형 라멘은 공장, 체육관 등과 같은 건축물에 사용된다.

㉢ 장방형 라멘은 고층 건축물 등의 뼈대에 사용된다.

(2) 강재와 그 접합법

① 강재

• 철골 구조에 사용되는 강재의 재질은 주로 연강이 사용된다.

• 고장력강은 인장강도 50kg/mm^2, 항복점 강도 30kg/mm^2 이상이다.

⑦ 구조용 압연 형강의 종류와 표시법

㉠ 강재로는 형강, 봉강, 강판, 강관 등이 있다.

㉡ 건축물에는 L형강, I형강, ㄷ형강, H형강 등이 많이 사용된다.

㉢ 강판의 종류에는 박강판, 후강판으로 나누며 두께 4mm 이하 것을 박강판, 두께 4mm 이상의 것을 후강판이라 한다.

ⓐ 박강판 : 두께 0.29~0.9mm

ⓑ 중강판 : 두께 1.0~5.5mm

ⓒ 후강판 : 두께 6.0~50.0mm로 구분한다.

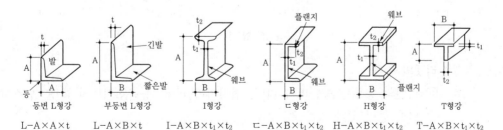

[형강의 종류와 표시법]

④ 강재의 성질

㉠ 온도에 대한 영향

ⓐ 강은 온도가 1000℃ 정도가 되면 강도는 거의 없어지기 때문에 내화 피복을 해야 한다.

ⓑ 불연 구조로는 인정되나 내화 구조로는 인정되지 않는다.

㉡ 녹과 방청

ⓐ 강은 공기 중에서 산화되어 녹이 생긴다.

ⓑ 모르타르 피복, 콘크리트 피복, 아연 도금, 페인트 칠 등의 방청 조치가 필요하다.

㉢ 구조용 강재의 허용 응력도 : 강재의 허용 응력도는 강재의 항복점 강도가 인장 강도의 70% 중 작은 값을 기준으로 한다.

② 접합법

㉮ 리벳 접합

• 2장 이상의 강재에 구멍을 뚫어 약 800~1000℃ 정도로 가열한 리벳을 박는다.

• 시공에 따른 강도의 영향이 적고 신뢰도가 높다.

• 접합재에 구멍을 뚫으므로 재료 단면이 결손된다.

• 접합부의 형태에 따라서는 접합이 불가능한 곳도 있다.

• 현장에서 리벳치기 소음이 난다.

▶▶▶ 리벳 구멍의 지름

(단위 : mm)

리벳의 지름	13	16	19	22	25	28	32 이상
구멍의 지름 d	14	17	20.5	23.5	26.5	29.5	34

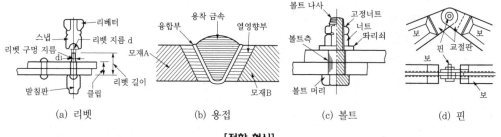

(a) 리벳　　　　(b) 용접　　　　(c) 볼트　　　　(d) 핀

[접합 형식]

㉠ 리벳의 종류

ⓐ 리벳의 종류는 둥근머리 리벳, 접시머리 리벳, 둥근접시머리 리벳, 납작머리 리벳 등이 있다.

ⓑ 둥근머리 리벳이 많이 쓰인다.

ⓒ 리벳은 지름 12~25mm이나 보통 16~22mm의 것이 많이 쓰인다.

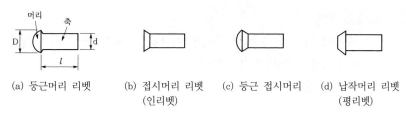

(a) 둥근머리 리벳　(b) 접시머리 리벳　(c) 둥근 접시머리　(d) 납작머리 리벳
　　　　　　　　　　　　(인리벳)　　　　　　　　　　　　　　　　　(평리벳)

[리벳의 종류]

ⓛ 접합형식 : 강재의 리벳 접합에는 겹침 이음과 덧판 이음이 있다.

ⓒ 리벳의 배치

　ⓐ 리벳은 재축 방향에 평행하게 규칙적으로 직선상에 배치한다.

　ⓑ 게이지 라인(Gauge line) : 리벳의 중심선

　ⓒ 게이지(g) : 게이지 라인 상호 간의 중심선

　ⓓ 피치(P) : 게이지 라인상의 리벳 상호간의 간격

　ⓔ 끝남기(e_2) : 부재 끝에 가까운 리벳 중심과 부재 끝과의 거리

　ⓕ 옆남기(e_1) : 힘의 직각 방향에 대한 갓 사이

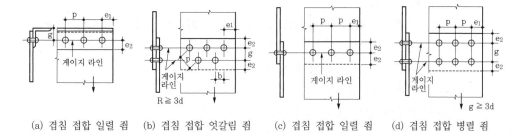

(a) 겹침 접합 일렬 쬠　(b) 겹침 접합 엇갈림 쬠　(c) 겹침 접합 일렬 쬠　(d) 겹침 접합 병렬 쬠

[리벳의 배치]

ⓡ 주의사항

　ⓐ 1렬상에는 최고 8개 이상 배열하지 않는다.

　ⓑ 같은 건물에 쓰는 리벳의 종류는 많아도 2-3종류 정도가 좋다.

㉯ 볼트 접합

　㉠ 볼트에는 검정 볼트, 연마 볼트 등이 있다.

　㉡ 검정 볼트는 연마하지 않은 것으로 가조립용, 인장용으로 쓰인다.

　㉢ 연마 볼트는 본쬠이나 핀 등의 중요한 곳에 쓰인다.

　㉣ 볼트의 구멍 지름은 볼트의 지름보다 0.5mm 이내의 한도 내에서 크게 뚫을 수 있다.

　㉤ 진동을 받아 너트가 풀릴 염려가 있을 때에는 너트를 용접하거나 콘크리트 속에 묻어 풀리지 않도록 해야 한다.

⒟ 고장력 볼트 접합

  ㉠ 인장 내력이 매우 큰 고장력 볼트를 사용하고, 토크 렌치나, 임팩트 렌치 등으로 접합할 강재를 강력하게 긴결한다.

  ㉡ 리벳 접합과 같은 소음도 없고 시공도 비교적 용이하며, 인력의 절약, 공기의 단축이 가능하다.

  ㉢ 강재 접촉면의 상태나 볼트류의 재질, 긴결 작업 등에 대하여 주의하여야 한다.

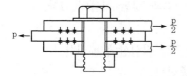 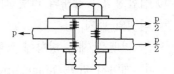

(a) 고장력 볼트 접합(마찰 저항에 의한 접합)　　　(b) 보통 볼트 접합(지압과 전단에 의한 접합)

[보통 볼트와 고장력 볼트의 힘의 전달]

⒠ 교절(핀) 접합

  ㉠ 교절 접합은 핀으로 부재를 연결하는 것으로, 접합부에서 회전은 하나 이동은 못하게 되어 있다.

  ㉡ 판에는 잘 연마된 상급 볼트를 쓰고, 한쪽을 똬리쇠가 있는 너트로 죈다.

⒡ 용접

  • 용접은 리벳 접합에 대하여 부재 단면의 결손이 없다.

  • 접합부의 연속성, 강성을 얻을 수 있다.

  • 소음의 발생도 없는 것이 잇점이다.

  • 재료 시공 불량에 의한 결함이 생기기 쉽다.

  • 용접열에 의한 변위나 응력이 발생하는 것이 결점이다.

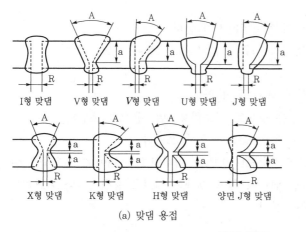 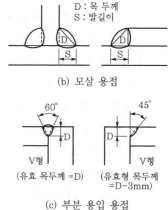

(a) 맞댐 용접　　　　　　　　　(c) 부분 용입 용접

[용접 현상]

㉠ 용접의 형식

ⓐ 용접에는 맞댐용접, 모살용접, 부분용입용접 등이 있다.

ⓑ 맞댐 방법에는 맞댐, 모살 등의 이음을 적절하게 조합한 맞댐 접합, 겹친 접합, T형 접합, 모서리 접합, 갓 접합 등의 각종 형상이 있다.

ⓒ 용접부가 연속된 것을 연속용접, 단속된 것을 띔 용접이라 한다.

⋙ 접합의 종류와 형상

접합 종류	형상	사용되는 용접의 종류	접합 종류	형상	사용되는 용접의 종류
맞댐 접합		모든 맞댐 부분 용입	겹친 접합		모살 : 원형, 오목형
T형 접합		모살 V형, K형 맞댐 부분 용입	모서리 접합		모살 V형, K형 맞댐 부분 용입
갓 접합		비이드 V형, U형 맞댐	갓 접합		비이드 V형, U형 맞댐

㉡ 용접기호 : 설계도에는 용접의 종류, 크기, 범위, 공장 용접, 현장 용접 등의 구별을 알 수 있도록 용접 기호에 따라 명시해야 한다.

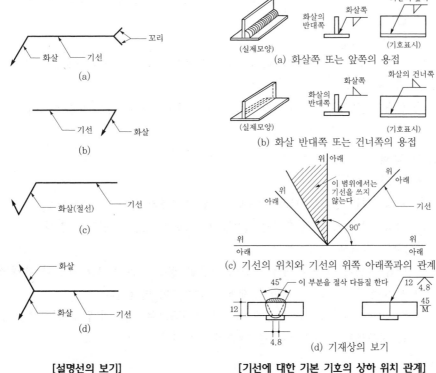

[설명선의 보기]　　　　[기선에 대한 기본 기호의 상하 위치 관계]

ⓒ 용접부의 기호표시 방법

ⓐ 설명선의 기선과 접합부를 지시하는 지시선으로 나타낸다.

ⓑ 기호 및 치수는 용접하는 쪽이 화살쪽인 경우에는 기선의 아래쪽에 화살 반대쪽인 경우에는 기선의 위쪽에 기입한다.

ⓒ 현장 용접, 온둘레 용접의 보조 기호는 기선과 지시선과의 교점에 기입한다.

ⓓ 용접방법, 그 밖의 특히 지시할 필요가 있을 때에는 꼬리 부분에 기입한다.

(3) 기초

① 독립 기초를 사용하는 경우가 많다.

② 기초보를 설치하고 상호간을 연결하여 일체가 되게 한다.

③ 기초와 기둥을 접합하려면 기둥 밑부분에 주각을 설치한다.

(4) 뼈대

① 뼈대의 구성형식

㉮ 트러스에 의한 뼈대 구성

㉠ 기둥 위에 트러스를 얹고, 기둥과 트러스의 접합부를 버팀대로 보강하여 간 사이 방향의 주체 뼈대를 구성하도록 한다.

㉡ 트러스를 3~5m 간격으로 배치하고 연결보를 연결하고 벽면, 지붕면에 가새를 넣는다.

㉯ 이형 라멘에 의한 뼈대구성

㉠ 공장, 체육관 등의 뼈대로서, 트러스 뼈대에 대신하여 사용되고 있는 것이 이형 라멘이다.

㉡ 설계도 간단하고 공사 현장에서 조립만 하면 되므로 공기가 단축되며 구조도 단순하다.

② 뼈대의 부재

㉮ 단일재와 조립재

㉠ 형강, 강관 등을 그대로 사용한 것을 단일재라 한다.

㉡ 형강, 강관 등을 리벳 또는 용접으로 조합한 것을 조립재라 한다.

㉯ 인장재와 압축재

㉠ 다음 그림과 같은 뼈대에 외력이 작용할 경우 가는 선으로 표시한 부재에는 인장력이 굵은 선으로 표시한 부재에는 압축력이 발생한다.

㉡ 압축재는 일반적으로 좌굴에 대하여 파괴되므로, 길이가 같고 외력의 절댓값이 같은 경우에는 인장재보다 큰 단면이 필요하다.

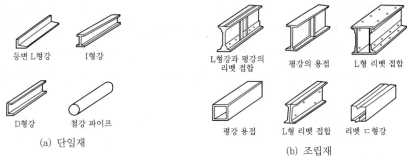

등변 L형강   I형강

L형강과 평강의 리벳 접합   평강의 용접   L형 리벳 접합

D형강   철강 파이프

평강 용접   L형 리벳 접합   리벳 ㄷ형강

(a) 단일재

(b) 조립재

[단일재와 조립재]

③ 보

- 형강보는 단면의 크기에 한계가 있으므로, 하중이나 간 사이가 증가하게 되면 플레이트 보, 트러스보, 래티스보 등이 쓰인다.
- 보의 춤은 트러스보에서는 간 사이의 1/12~1/10 정도, 라멘보에서는 1/15~1/16 정도로 한다.

㉠ 형강보

　㉠ 주로 I형강, H형강이 사용되며, 단면이 부족한 경우에는 플레이트를 덧붙이기도 한다.

　㉡ 보의 춤은 간 사이의 1/30~1/15 정도로 한다.

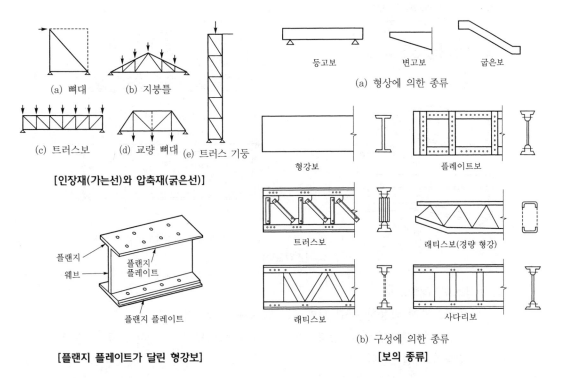

(a) 뼈대   (b) 지붕틀

(c) 트러스보   (d) 교량 뼈대   (e) 트러스 기둥

[인장재(가는선)와 압축재(굵은선)]

등고보   변고보   굽은보

(a) 형상에 의한 종류

형강보   플레이트보

트러스보   래티스보(경량 형강)

래티스보   사다리보

(b) 구성에 의한 종류

플랜지

플랜지 플레이트

웨브

플랜지 플레이트

[플랜지 플레이트가 달린 형강보]

[보의 종류]

㉯ 플레이트보
- L형강과 강판을 리벳 접합이나 용접으로 I형 모양으로 조립한 것이다.
- 설계 제작도 용이하고 전단력이나 충격, 진동에도 강하다.
- 형강보로는 감당하기 어려운 큰 하중이나 간 사이가 큰 구조물에 많이 쓰인다.
  ㉠ 플랜지 플레이트
    ⓐ 일반적으로 보의 전 길이에 같은 크기의 휨 모멘트가 작용하지 않는다.
    ⓑ 플랜지 플레이트의 매수는 4장 이하로 한다.
  ㉡ 웨브 플레이트
    ⓐ 전단력에 따라 결정된다.
    ⓑ 시공, 운반 중의 손상, 녹쓰는 영향 등을 고려하여 두께를 6mm 이상으로 한다.
  ㉢ 스티프너
    ⓐ 웨브 플레이트의 좌굴을 방지하기 위하여 스티프너를 설치한다.
    ⓑ 재축에 나란하게 설치한 것을 수평 스티프너라 하고, 직각으로 설치한 것을 중간 스티프너라고 한다.
    ⓒ 중간 스티프너 중 보의 지점이나 집중 하중점에 설치한 것을 하중점 스티프너라고 한다.
    ⓓ 보의 굴곡부, 헌치 끝에서 응력의 방향이 급변하므로 스티프너가 필요하게 된다.

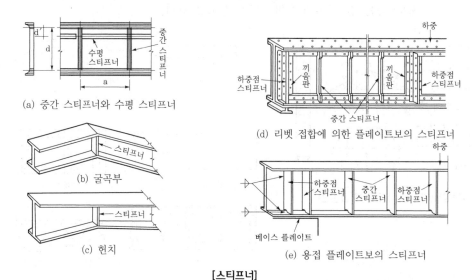

(a) 중간 스티프너와 수평 스티프너

(b) 굴곡부

(c) 헌치

(d) 리벳 접합에 의한 플레이트보의 스티프너

(e) 용접 플레이트보의 스티프너

[스티프너]

㉰ 트러스보, 래티스보
  ㉠ 트러스보에 작용하는 휨 모멘트는 현재가 부담한다.
  ㉡ 전단력은 웨브재의 축 방향력으로 작용하게 되므로, 부재는 모두 인장재나 또는 압축재로 설계한다.

ⓒ 트러스보는 웨브재에 형강을 사용하고 래티스보는 웨브재에 평강을 사용한다.

ⓔ 트러스보는 간 사이가 큰 구조물에 쓰인다.

ⓜ 래티스보나 사다리보는 규모가 적거나 철근 콘크리트로 피복할 때 많이 쓰인다.

✏ TIP

• 보의 처짐

① 일반보 : 스팬의 1/300 이하   ② 내민보 : 스팬의 1/250 이하

③ 중도리, 도리류 : 스팬의 1/150~1/200 이하   ④ 수동 크레인 : 스팬의 1/500 이하

⑤ 전동 크레인 : 스팬의 1/800~1/1200 이하

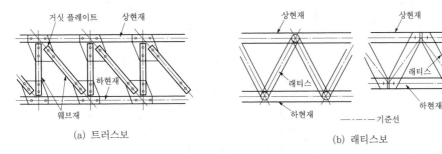

(a) 트러스보   (b) 래티스보

[트러스보, 래티스보]

ⓡ 이음

ⓐ 이음은 응력이 작은 곳을 택하고, 또 플랜지와 웨브의 이음 장소를 같은 위치에서 하지 않는 것이 좋다.

ⓑ 현장 접합은 리벳보다 볼트, 용접, 고장력 볼트가 많이 이용된다.

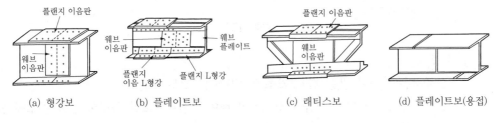

(a) 형강보   (b) 플레이트보   (c) 래티스보   (d) 플레이트보(용접)

[보의 이음]

④ **기둥**

㉮ 형강기둥

ⓐ 단일 I형강, H형강 또는 ㄷ 형강을 쓴다.

ⓑ 저항력을 크게 하기 위하여 플랜지부 및 웨브부에 플레이트를 댈 때도 있다.

㉯ 플레이트 기둥 : 플랜지 부분에 L형강을 웨브 부분에 강판을 써서 I자형으로 만들어 저항력을 크게 한다.

㉰ 래티스 기둥, 사다리 기둥

　㉠ 래티스는 형강이나 평강을 쓴다.

　㉡ 단 래티스에서는 약 30°, 복래티스에서는 약 45°로 한다.

　㉢ 사다리 기둥은 철골, 철근 콘크리트 구조물에 주로 많이 쓰인다.

㉱ 트러스 기둥 : 트러스 기둥은, 큰 구조물에 주로 쓰인다.

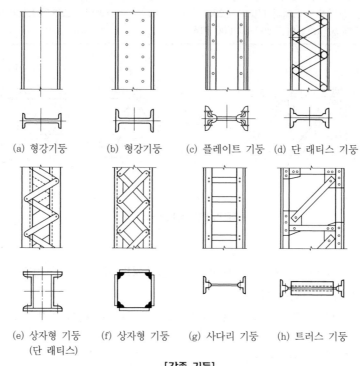

(a) 형강기둥　　(b) 형강기둥　　(c) 플레이트 기둥　(d) 단 래티스 기둥

(e) 상자형 기둥　　(f) 상자형 기둥　　(g) 사다리 기둥　　(h) 트러스 기둥
　　(단 래티스)

[각종 기둥]

㉲ 주각

　㉠ 주각은 기둥이 받는 힘을 기초에 전달하는 부분이다.

　㉡ 윙플레이트를 대서 힘을 분산시키고 베이스 플레이트를 통하여 힘을 기초에 전달
시킨다.

　㉢ 기초와의 접합은 클립앵글, 사이드 앵글을 사용하고, 앵커 볼트로 견고하게 설치
한다.

　㉣ 베이스 플레이트의 두께는 보통 15mm 정도, 때로는 30mm 정도가 쓰인다.

　㉤ 묻어 두는 앵커 볼트의 길이는 볼트 지름의 40배 정도가 필요하다.

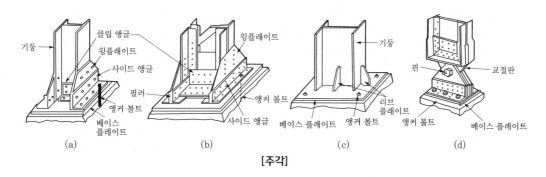

[주각]

　　바 이음

　　　　㉠ 이음은 응력이 작은 위치에 설치하는 것이 좋다.

　　　　㉡ 바닥에서 1m 정도의 위치에서 이음을 한다.

　　　　㉢ 접합 방법에는 기둥 전단면을 같은 평면 내에 두는 맞댐이음, 플랜지 부분과 웨브 부분의 이음 위치를 달리하는 이음, 기둥 단면이 다를 때 쓰이는 특수 이음 등이 있다.

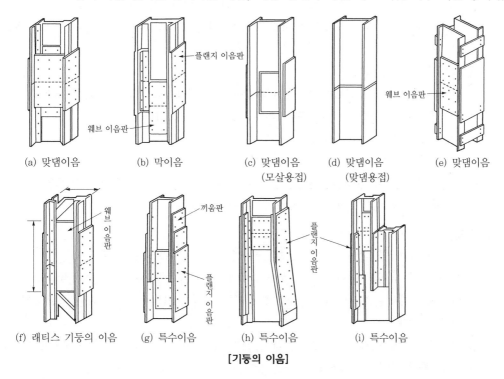

[기둥의 이음]

　　사 맞춤

　　　　㉠ 작은 보는 보통 큰 보의 옆면에 대되, 큰 보 양쪽의 작은 보는 연속보로 같이 댄다.

　　　　㉡ 리벳에 의한 맞춤은 기둥, 보가 모두 조립재인 경우 웨브 플레이트를 한 장의 판으로 한 거싯 플레이트에 의하는 방법이 잘 쓰인다.

　　　　㉢ 용접은 리벳 접합보다 간단하고 견고한 맞춤으로 할 수 있어 많이 이용되고 있다.

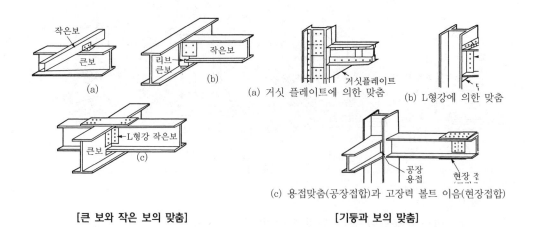

[큰 보와 작은 보의 맞춤]　　　　　[기둥과 보의 맞춤]

⑤ 벽 뼈대
　㉮ 샛기둥
　　㉠ 기둥 간격이 4m 이상이면 2~3m 간격으로 샛기둥을 세운다.
　　㉡ 샛기둥은 벽 마무리재의 밑바탕 뼈대인 띠장을 지지하는 동시에 내풍보의 중량을 받는다.
　㉯ 벽보(처마도리, 층도리) 내풍보
　　㉠ 기둥과 기둥을 연결하여, 벽면의 수평 방향의 뼈대가 되는 것이 벽보이다.
　　㉡ 벽보로는 I형강, H형강 또는 래티스형의 것이 쓰인다.
　　㉢ 풍압력에 대하여는 내풍보, 내풍 트러스, 수평 트러스, 벽 가새 이외에 지붕면에도 내풍 가새를 설치하여 보강한다.
　㉰ 띠장 : 벽 마무리재의 밑바탕 뼈대로서 기둥, 샛기둥에 접합시키며, 간격은 마무리재의 치수에 맞추어 ㄴ형강, ㄷ형강 등을 사용한다.

⑥ 지붕틀
　㉮ 건축 면적이 클 때의 지붕은 트러스로 짜서 뼈대를 만든다.
　㉯ 트러스 각 부재의 단면은 대개 2개의 ㄴ형강, ㄷ형강을 배합한 것을 쓴다.
　㉰ 인장재일 때에는 1.5~2cm 간격으로 필러를 대서 죄고, 압축재일 때에는 좌굴에 안전하도록 한다.
　㉱ 접합에는 거싯 플레이트를 쓰고, 한 접합부에는 적어도 2개의 리벳이나 볼트를 박는다.
　㉲ 거싯 플레이트는 6~12mm 두께로 한다.

⑦ 가새, 귀잡이 버팀대
　㉮ 가새는 뼈대의 벽면, 지붕면, 지붕 트러스의 평보면 등에 넣는 외에 바닥면에도 넣는다.
　㉯ 가새는 봉강, ㄴ형강 등이 사용된다.

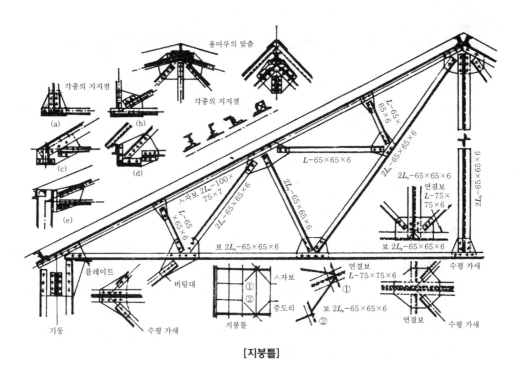

용마루의 맞춤

각종의 지지점

각종의 지지점

(a)

(b)

(c)

(d)

(e)

$L-65 \times 65 \times 6$

$L-65 \times 65 \times 6$

$2L_a-65 \times 65 \times 6$

$2L_a-65 \times 65 \times 6$

$2L_a-65 \times 65 \times 6$

연결보 $L-75 \times 75 \times 6$

스자보 $2L_a-100 \times 75 \times 7$

$L-65 \times 65 \times 6$

$2L_a-65 \times 65 \times 6$

$2L_a-65 \times 65 \times 6$

보 $2L_a-65 \times 65 \times 6$

보 $2L_a-65 \times 65 \times 6$

플레이트

버팀대

기둥

수평 가새

스자보

중도리

지붕틀

①

②

연결보 $L-75 \times 75 \times 6$

①

보 $2L_a-65 \times 65 \times 6$

②

연결보

수평 가새

수평 가새

[지붕틀]

⑧ 바닥

㉮ 두께 1~2mm 정도의 강판을 구부려 강성을 높인 덱 플레이트라고 하는 재료를 보에
용접하여 그 위에 철근을 배근한다.

㉯ 보통 콘크리트나 경량 콘크리트를 부어 넣는 바닥 시공이 간편하고 공기 단축에 도움
이 된다.

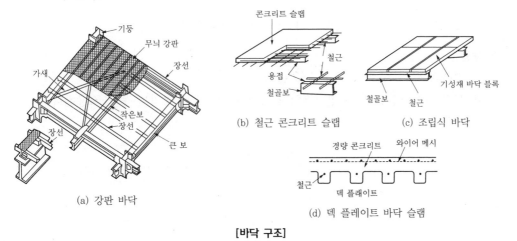

기둥

무늬 강판

장선

가새

작은보

장선

장선

큰 보

(a) 강판 바닥

콘크리트 슬랩

철근

용접

철골보

(b) 철근 콘크리트 슬랩

기성재 바닥 블록

철골보

철근

(c) 조립식 바닥

경량 콘크리트

와이어 메시

철근

덱 플래이트

(d) 덱 플레이트 바닥 슬램

[바닥 구조]

⑨ 계단

㉮ 강제 계단은 불연성이고 무게가 가벼우며, 구조가 비교적 간단하고 형태를 자유로이 만들 수 있다.

㉯ 디딤판은 두께 5mm 정도의 무늬 강판을 사용하고, ㄴ형강으로 옆판에 접합한다.

㉰ 피난 계단은 계단 옆판의 일부를 교절 이음으로 하여 사용하지 않을 때에는 접어 달아 두는 형식이다.

(5) 수장

① 외부 수장

㉮ 지붕 수장

㉠ 금속판, 석면 슬레이트판이 쓰이나, 천창 채광용으로는 유리판, 아크릴판 등이 사용된다.

㉡ 골석면 슬레이트가 많이 사용되며, 수장 재료의 치수에 맞추어 배치한 도리에 직접 잇는다.

㉯ 바깥벽 수장 : 바깥벽 수장에는 모르타르 바르기 이외에 골금속판, 골석면 슬레이트, 섬유판 등을 붙이는 방법이 사용된다.

② 내부 수장

㉮ 반자 수장 : 보에 달대 철물을 설치하고, 반자틀을 구성하여 반자재를 붙여 수장한다.

㉯ 안벽 수장 : 간막이벽은 샛기둥, 띠장에는 형강, 경량 형강 등을 설치한다.

㉰ 바닥 수장

㉠ 바닥 수장에는 방의 용도에 따라 모르타르, 강판 목재 바닥판, 각종 타일류 등을 사용한다.

㉡ 강 구조의 사무소 건축물에서는 내화 피복이 매우 중요하다.

③ 문골부

㉮ 일반적으로 금속제 창호를 사용한다.

㉯ 공장에서 조립된 금속 장막벽이나 공장제 콘크리트 장막벽 등도 사용된다.

출제예상문제

01 건축 원리의 3대 요소 중 견실, 견고, 축조, 논리에 대한 개념이 내포되어 있는 것은?

① 구조
② 형태
③ 기능
④ 환경

해설 건축 원리의 3대 요소는 구조(견실, 견고, 축조 및 논리 등), 기능, 미(형태)이다.

02 건축 구조의 구성 방식에 의한 분류 중 하나로 부재의 접합에 의해서 구조체인 기둥과 보로 축조하는 방법으로, 뼈대를 삼각형으로 짜맞추면 안정한 구조체를 만들 수 있는 구조는?

① 가구식 구조
② 캔틸레버 구조
③ 조적식 구조
④ 건식 구조

해설 가구식 구조는 비교적 가늘고 긴 재료(목재, 철재 등)를 조립하여 뼈대를 만드는 구조 또는 부재의 접합에 의해서 기둥과 보로 축조하는 방법으로서 목구조, 철골 구조 등이 있다.

03 내구적, 방화적이나 횡력과 진동에 약하고 균열이 생기기 쉬운 구조는?

① 철골 구조
② 목구조
③ 벽돌 구조
④ 철근 콘크리트 구조

해설 건축 구조의 각 구조 중 조적식 구조(벽돌, 블록, 돌구조 등)는 내구적·방화적이나 횡력과 진동에 약하고 균열이 생기기 쉬운 구조이다.

04 다음 중 습식 구조와 가장 거리가 먼 것은?

① 나무 구조
② 철근 콘크리트 구조
③ 블록 구조
④ 벽돌 구조

해설 습식 구조는 물을 많이 사용하는 공정이 포함된 건축 구조의 방식으로 조적식 구조(벽돌, 블록, 돌구조), 일체식 구조(철근 콘크리트조, 철골 철근 콘크리트조)가 이에 속한다.

05 다음 중 건물 전체의 무게가 비교적 가벼우면서 강도가 커 고층이나 간사이가 큰 대규모 건축물에 적합한 구조는?

① 철근 콘크리트 구조
② 철골 구조
③ 목구조
④ 블록 구조

해설 가구식 구조 중 철골 구조는 건물 전체의 무게가 비교적 가벼우면서 강도가 커 고층이나 간사이가 큰 대규모 건축물에 적합한 구조이다.

06 건축 구조에 관한 기술 중 옳은 것은?

① 나무 구조는 내구성이 약하다.
② 돌구조는 횡력과 진동에 강하다.
③ 철근 콘크리트 구조는 공사 기간이 짧다.
④ 철골 구조는 공사비가 싸고 내화적이다.

해설 나무 구조는 내구성이 약하고, 돌구조는 횡력과 진동에 약하며, 철근 콘크리트 구조는 습식 구조이므로 공사 기간이 길다. 또한, 철골 구조는 공사비가 비싸고, 내화적이지 못하다.

정답 01. ① 02. ① 03. ③ 04. ① 05. ② 06. ①

07 조립식 구조의 특징 중 옳지 않은 것은?

① 공장 생산이 가능하다.
② 대량 생산을 할 수 있다.
③ 기계화 시공으로 단기 완성이 가능하다.
④ 각 부품과의 결합부를 일체화할 수 있다.

> **해설** 조립식 구조는 공장 생산에 의한 대량 생산을 할 수 있으며, 기계화 시공으로 단기 완성이 가능하나 **각 부품과의 접합부가 일체화되기가 곤란한 단점**이 있다.

08 다음의 각 건축 구조에 대한 설명으로 옳지 않은 것은?

① 건식 구조는 기성재를 짜맞추어 구성하는 구조로서 물은 거의 쓰이지 않는다.
② 일체식 구조는 철근 콘크리트 구조 등을 말한다.
③ 조립식 구조는 경제적이나 공기(工期)가 길다.
④ 비내력벽 구조는 상부 하중을 받지 않는 구조로서 장막벽 등을 말한다.

> **해설** 조립식 구조는 공장 생산에 의한 **대량 생산이 가능**하고 **공사 기간을 단축**시킬 수 있으며, 기후의 영향을 받지 않는 구조로서 건축의 생산성 향상을 위한 방법으로 사용한다.

09 건물의 최하부에 놓여 건물의 무게를 안전하게 지반에 전달하는 구조부는?

① 지붕　　② 계단
③ 기초　　④ 창호

> **해설** **기초**는 상부 구조물의 하중을 지반에 전달하는 부재로서 건축물을 안정되게 지탱하는 최하부 구조체이며, **건축물의 자중 및 적재 하중을 지반에 전달하는 구조부** 또는 건물의 최하부에 놓여져 건물의 무게를 안전하게 지반에 전달하는 구조부이다.

10 높이가 다른 바닥의 상호간에 단을 만들어 연결하는 구조체로서 세로 방향의 통로로 중요한 역할을 하는 것은?

① 수장　　② 기초
③ 계단　　④ 창호

> **해설** **계단**은 바닥의 일부로서 높이가 서로 다른 바닥을 연결하는 통로의 역할을 한다.

11 인접 건물의 화재에 의해 연소되지 않도록 하는 구조는?

① 흡음벽　　② 보온벽
③ 방습벽　　④ 방화벽

> **해설** **방화벽**은 방화 구획 내의 방화구조 또는 내화구조의 벽으로 인접 건물의 화재에 의해 연소되지 않도록 하는 구조

12 나무 구조의 특징에 관한 설명 중 옳지 않은 것은?

① 함수율에 따른 변형이 크다.
② 부패 및 충해가 크다.
③ 열전도율이 크다.
④ 고층 건물에 부적당하다.

> **해설** 나무 구조는 **열전도율이 작아 단열 효과가 높은 것**이 장점 중 하나이다.

13 나무 구조에 관한 설명 중 옳지 않은 것은?

① 한식 구조는 평벽식을 주로 사용한다.
② 간사이가 작을 때 절충식 지붕틀이 쓰인다.
③ 목골 구조는 나무 구조를 모체로 한다.
④ 평벽식은 내진, 내풍성을 증대시킬 수 있다.

> **해설** **심벽식**은 기둥의 중앙에 벽을 쳐서 기둥이 벽의 바깥쪽으로 내보이게 된 것으로서 **한식 구조에 많이 이용**된다.

14 목조 벽체의 토대에 대한 설명으로 옳은 것은?

① 기초 위에 가로 놓아 상부로부터 오는 하중을 기초에 전달하고 기둥 밑을 고정한다.
② 지붕, 마루 등의 하중을 전달하는 수직 구조재이다.
③ 본기둥 사이의 벽체를 이루는 것으로 가새의 옆 휨을 막는 데 유효하다.
④ 모서리나 칸막이벽과의 교차부 또는 집중 하중을 받는 위치에 설치한다.

해설 **토대는 기초 위에 가로 놓아 상부로부터 오는 하중을 기초에 전달하고 기둥 밑 부분을 고정하는 역할**을 하는 부재이다. ②항은 동바리, ③항은 샛기둥, ④항은 평기둥에 대한 설명이다.

15 다음 중 목구조 벽체의 수평력에 대한 안정성을 보강하기 위한 조치로서 가장 유리한 것은?

① 가새
② 버팀대
③ 처마도리
④ 펠대

해설 **가새**는 사각형으로 짠 뼈대에 대각선상으로 빗대는 경사재로서 수직·수평재의 각도 변형을 막기 위하여 설치하는 부재를 말하며, **수평력에 대한 안정성을 보강하기 위한 부재로서 버팀대보다 강한 부재**이다.

16 목조 벽체에 사용되는 가새에 대한 설명으로 옳지 않은 것은?

① 목조 벽체를 수평력에 견디게 하고 안정한 구조로 하기 위해 사용한다.
② 가새는 일반적으로 네모 구조를 세모 구조로 만든다.
③ 주요 건물에서는 한 방향 가새로만 하지 않고 X자형으로 하여 인장과 압축을 겸비하도록 한다.
④ 가새의 경사는 60°에 가까울수록 횡력 저항에 유리하다.

해설 **가새는 수평력에 견디게 하고, 수직·수평재의 각도 변형을 방지**하여 안정된 구조로 하기 위한 목적으로 쓰이는 경사재로서 버팀대보다 강하며, 가새의 경사는 45°로 한다.

17 목구조에서 버팀대와 가새에 대한 설명 중 잘못된 것은?

① 가새의 경사는 45°에 가까울수록 유리하다.
② 가새는 하중의 방향에 따라 압축 응력과 인장 응력이 번갈아 일어난다.
③ 버팀대는 가새보다 수평력에 강한 벽체를 구성한다.
④ 버팀대는 기둥 단면에 적당한 크기의 것을 쓰고 기둥 따내기도 되도록 적게 한다.

해설 **가새**는 수평력에 대한 안정성을 보강하기 위한 부재로서 버팀대보다 강한 부재이다.

18 실 내부의 벽 하부에서 1~1.5 m 정도의 높이로 설치하여 밑부분을 보호하고 장식을 겸한 용도로 사용하는 것은?

① 걸레받이
② 고막이널
③ 징두리 판벽
④ 코펜하겐 리브

해설 **징두리 판벽**은 실 내부의 벽 하부에서 높이 1~1.5 m 정도의 높이로 설치하여 벽의 밑부분을 보호하고 장식을 겸하여 널을 댄 벽을 징두리 판벽이라고 하며, **징두리 판벽의 부재에는 비늘판, 띠장, 걸레받이 및 두겁대** 등이 있다.

19 가로판벽에서 너비 20 cm, 두께 2 cm 정도의 널 상, 하, 옆을 반턱으로 만들고 기둥 및 샛기둥에 가로쪽매로 하여 붙이는 것은?

① 영식 비늘판벽
② 턱솔 비늘판벽
③ 누름대 비늘판벽
④ 얇은 널 비늘판벽

[해설] 턱솔 비늘판벽 : 널을 바깥면에 경사지게 붙이지 않고 너비 200 mm, 두께 20 mm 이상 되는 널의 위·아래·옆을 반턱으로 하여 기둥 및 샛기둥에 가로쪽매로 하여 붙이고, 줄눈 너비 6~18 mm 정도의 오목 줄눈이 생기게 하여 모서리 부분은 연귀맞춤으로 한다.

20 문골과 벽체의 접합면에서 벽체의 마무리를 좋게 하기 위해 대는 것은?

① 문선
② 풍소란
③ 선대
④ 인방

[해설] 문선은 문의 양쪽에 세워 문짝을 끼워 달게 된 기둥과 벽 끝을 아물리고 장식으로 문틀 주위에 둘러대는 테두리 또는 문골과 벽체의 접합면에서 벽체의 마무리를 좋게 하기 위해 대는 부재이다.

21 동바리마루에서 마루의 윗면은 지면에서 얼마 이상의 높이로 하는가?

① 45 cm
② 50 cm
③ 55 cm
④ 60 cm

[해설] 건축물의 최하층에 있는 거실의 바닥이 목조인 경우에는 그 바닥 높이를 지표면으로부터 45 cm 이상으로 하여야 한다.

22 2층 마루의 구조상 분류에 속하지 않는 것은?

① 홑마루
② 보마루
③ 짠마루
④ 납작마루

[해설] 2층 마루의 종류에는 홑(장선)마루, 보마루 및 짠마루 등이 있고, 1층 마루의 종류에는 납작마루와 동바리마루가 있다.

23 2층 마루 중에서 큰 보 위에 작은 보를 걸고 그 위에 장선을 대고 마루널을 깐 것은?

① 보마루
② 짠마루
③ 홑마루
④ 납작마루

[해설] 2층 마루 중 짠마루는 큰 보 위에 작은 보를 걸고, 그 위에 장선을 대고 마루널을 깐 것이다.

24 나무 구조의 마루에 대한 설명 중 옳지 않은 것은?

① 1층 마루에는 동바리 마루, 납작 마루가 있다.
② 2층 마루 중 보마루는 보를 걸어 장선을 받게 하고 그 위에 마루널을 깐 것이다.
③ 동바리는 동바리돌 위에 수평재로 설치한다.
④ 동바리 마루는 동바리돌, 동바리, 멍에, 장선 등으로 구성된다.

[해설] 동바리 마루 구조의 동바리는 동바리돌 위에 수직재로 설치한다.

25 목조 양식 지붕틀의 기둥 상부를 연결하여 지붕틀의 하중을 기둥에 전달하는 부재로 크기는 기둥 단면과 같게 하는 것은?

① 가새
② 인방
③ 깔도리
④ 토대

[해설] 깔도리는 목조 양식 지붕틀의 기둥 상부를 연결하여 지붕틀의 하중을 기둥에 전달하는 부재로 크기는 기둥 단면과 같게 하는 부재 또는 기둥 맨 위 처마의 부분에 수평으로 거는 것으로 기둥머리를 고정하여 지붕틀을 받아 기둥에 전달하는 역할을 한다.

26 다음 중 층도리에 대한 설명으로 옳은 것은?

① 지붕틀의 하중을 기둥에 전달하는 부재로서, 크기는 기둥의 단면과 같게 한다.

② 건물의 외벽에서 지붕머리를 연결하고 지붕보를 받아 지붕의 하중을 기둥에 전달하는 부재이다.

③ 2층 이상의 건물에서 바닥층을 제외한 각 층을 만드는 가로 부재이다.

④ 기둥과 기둥 사이를 연결한 벽체의 뼈대 또는 문틀이 되는 가로 부재이다.

해설 ①번과 ②번은 **깔도리**에 대한 설명이고, ④번은 **인방**에 대한 설명이다.

27 목구조에서 기둥의 배치 간격으로 적당한 것은?

① 1.2 m 전후 ② 1.5 m 전후

③ 1.8 m 전후 ④ 2.3 m 전후

해설 **본기둥의 배치**는 건축물의 모서리나 벽체가 교차되는 곳에 배치하고, 이 밖의 장소에는 **1.8~2 m 간격으로 배치**한다.

28 다음 중 목조에서 본기둥 간격이 2 m일 때 샛기둥의 간격은?

① 30 cm ② 50 cm

③ 80 cm ④ 100 cm

해설 **샛기둥**은 본기둥과 본기둥 사이에 벽체의 바탕으로 배치한 기둥으로 가새의 휨 방지나 졸대 등 벽체의 바탕으로 배치하며, 배치 간격은 본기둥 간격의 1/4 정도(약 50 cm)이다. 즉

$$200 \times \frac{1}{4} = 50 \text{ cm}$$이다.

29 한식 건축에서 추녀뿌리를 받치는 기둥의 명칭은?

① 평기둥

② 누주

③ 활주

④ 통재기둥

해설 **활주는 추녀뿌리를 받치는 기둥**이고, 1층에서는 기단 위에 작은 주춧돌을 놓고, 위에는 촉을 꽂아 세우거나 추녀 밑에 받이재를 초새김하여 대고 그 밑을 받칠 때도 있다.

30 다음 중 기둥과 기둥 사이의 간격을 나타내는 용어는?

① 아치 ② 스팬

③ 트러스 ④ 버트레스

해설 **스팬**이란 부재 등(기둥, 큰 보, 작은 보, 바닥판 및 조이스트 등) 지점과 지점 간의 수평 거리이다.

31 목재의 이음과 맞춤을 할 때 주의해야 할 사항으로 틀린 것은?

① 이음과 맞춤은 응력이 큰 곳에서 하여야 한다.

② 맞춤면은 정확히 가공하여 서로 밀착되어 빈틈이 없게 한다.

③ 공작이 간단하고 튼튼한 접합을 선택하여야 한다.

④ 재는 될 수 있는 한 적게 깎아내어 약해지지 않도록 한다.

해설 **목재의 이음과 맞춤시 될 수 있는 대로 응력이 적은 곳에서 접합**하도록 한다.

32 목구조에서 감잡이쇠가 사용되는 곳은?

① 기둥과 보

② 기둥과 층도리

③ 평보와 왕대공

④ 큰 보와 작은 보

해설 **감잡이쇠는 평보와 왕대공**, 토대와 기둥을 조이는 데 사용하는 보강 철물이고, ①번은 ㄱ자쇠, ②번은 띠쇠, ④번은 안장쇠를 사용한다.

33 목구조 접합부에서 부적당한 철물은?

① 왕대공과 평보 – 감잡이쇠
② 평기둥과 층도리 – 띠쇠
③ 큰 보와 작은 보 – 안장쇠
④ 토대와 기둥 – 앵커 볼트

해설 모서리 기둥과 토대의 맞춤에는 앵커 볼트를 사용하고, 평기둥과 토대의 맞춤에는 꺾쇠를 사용한다.

34 목재 반자 구조에서 반자틀받이의 설치 간격으로 옳은 것은?

① 45 cm   ② 60 cm
③ 90 cm   ④ 120 cm

해설 반자틀받이는 약 90 cm 간격으로 대고 달대로 매달며, 달대를 반자틀에 외주먹장 맞춤으로 하고, 위는 달대받이 층보·평보·장선 옆에 직접 못을 박아 댄다.

35 응접실 등의 천장을 장식 겸 음향 효과가 있게 층단으로 또는 주위 벽에서 띄어 구성하고, 전기 조명 장치도 간접 조명으로 천장에 은폐하는 반자는?

① 바름 반자   ② 우물 반자
③ 구성 반자   ④ 널반자

해설 구성 반자는 응접실, 다방 등의 반자를 장식 겸 음향 효과가 있게 층단으로 또는 주위 벽에서 띄어 구성하고, 전기 조명 장치도 간접 조명으로 반자에 은폐하는 방식을 사용한다.

36 왕대공 지붕틀의 보강재가 아닌 것은?

① 귀잡이보   ② 버팀대
③ 대공가새   ④ 토대

해설 토대는 기둥 등의 상부 하중을 기초에 전달하는 한편 기둥 밑을 고정시켜 일체화하고, 수평 방향의 외력으로 인해 건축물의 하부가 벌어지지 않도록 하는 수평재로서 왕대공 지붕틀 부재와는 무관하다.

37 목조 왕대공 지붕틀에서 압축력과 휨 모멘트를 동시에 받는 부재는?

① 빗대공   ② 왕대공
③ ㅅ자보   ④ 평보

해설 ㅅ자보는 압축 응력과 동시에 중도리에 의한 휨 모멘트를 받는 부재이다.

38 목조 왕대공 지붕틀에서 압축력을 받는 부재는?

① 왕대공   ② 빗대공
③ 달대공   ④ 평보

해설 왕대공 지붕틀의 부재 중 수직 및 수평 부재(왕대공, 달대공 및 평보)는 인장력을 받고, 경사 부재(ㅅ자보, 빗대공)는 압축력을 받는다.

39 목조 왕대공 지붕틀의 각 부재에 대한 설명 중 옳지 않은 것은?

① 중도리는 서까래를 받아 지붕의 하중을 지붕틀에 전하는 것이므로 지붕틀에 튼튼히 고정해야 한다.
② 빗대공은 인장재이므로 경사를 아주 완만하게 할수록 좋다.
③ 중도리가 ㅅ자보의 절점에 올 때에는 단순한 압축재이지만 그 절점 간에 올 때에는 휨을 받는 압축재가 된다.
④ 지붕 가새는 지붕틀의 전도 방지를 목적으로 V자형이나 X자형으로 배치한다.

해설 왕대공 지붕틀의 빗대공은 압축재이고, 경사가 너무 완만하면 빗대공으로서의 의미가 없으며, 특히 맞춤에 유의하여야 한다.

40 왕대공 지붕틀 부재 중 가장 작은 단면을 사용하는 부재는?

① 왕대공   ② ㅅ자보
③ 평보   ④ 달대공

해설 왕대공 지붕틀 부재의 크기는 왕대공은 100mm×180mm, ㅅ자보는 100mm×200mm, 평보는 100mm×180mm 및 달대공은 100mm×50mm이다.

41 목구조에서 깔도리와 처마도리를 고정시켜 주는 철물은?

① 주걱 볼트　　② 달대공
③ 띠쇠　　　　④ 꺾쇠

해설 주걱 볼트는 볼트의 머리가 주걱 모양이고 다른 끝은 넓적한 띠쇠로 된 볼트로서 기둥과 보의 긴결에 사용하는 보강 철물을 말한다.

42 목재 왕대공 지붕틀에 사용되는 부재와 연결 철물의 연결이 틀린 것은?

① ㅅ자보와 평보 – 안장쇠
② 달대공과 평보 – 볼트
③ 빗대공과 왕대공 – 꺾쇠
④ 대공 밑잡이와 왕대공 – 볼트

해설 ㅅ자보와 평보에는 볼트를 사용하고, 안장쇠는 큰 보와 작은 보의 맞춤에 사용한다.

43 간사이가 20 m일 때의 철골 트러스로서 가장 합리적인 형식은?

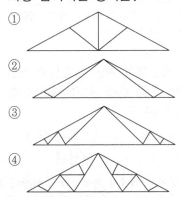

① ② ③ ④

해설 평면 트러스의 형식은 보통 간사이를 20 m 정도로 하고, 간사이가 20 m 이상인 경우에는 용마루의 높이가 높아지므로 아치 형식을 쓰는 것이 좋다.

44 절충식 지붕틀에서 동자기둥이 받는 부재는?

① 중도리와 마룻대
② 서까래와 벼개보
③ 대공과 지붕보
④ 깔도리와 처마도리

해설 절충식 지붕틀은 처마도리에 지붕보를 걸고, 그 위에 동자 기둥과 대공을 세워 중도리와 마룻대를 걸쳐 대고 서까래를 받게 한 지붕틀로서 작업이 단순하고 공사비가 적어 소규모 건축물에 적당하다.

45 목구조에 대한 설명 중 옳지 않은 것은?

① 토대는 큰 각재를 쓰고 기초에 긴결시킨다.
② 양식 지붕틀보다 절충식 지붕틀이 역학적으로 합리적이다.
③ 2층 건물에서 모서리 부분에는 통재 기둥을 설치한다.
④ 바닥 및 지붕틀의 수평보에는 귀잡이를 설치한다.

해설 왕대공 지붕틀과 절충식 지붕틀을 비교하면, 왕대공(양식) 지붕틀이 매우 역학적인 구조물이다.

46 지붕의 경사 등과 같이 물매가 큰 경우의 표시로 적당한 것은?

① 4/10　　　　② 4/100
③ 4/50　　　　④ 1/100

해설 물매는 지면의 물매나 바닥의 배수 물매 등 물매가 작은 경우에는 분자를 1로 한 분수로 표기하고, 지붕의 물매처럼 비교적 물매가 큰 경우에는 분모를 10으로 한 분수로 표기한다.

47 지붕이기에서 지붕 물매를 가장 적게 할 수 있는 것은?

① 기와　　　　② 소형 슬레이트
③ 금속판　　　④ 금속판 기와 가락

해설 ①항은 4/10~5/10, ②항은 5/10, ③항은 3/10, ④항은 2.5/10이다.

48 시멘트 기와이기를 하는 지붕의 물매는 최소 얼마 이상으로 하는가?

① 2/10 　　② 3/10

③ 4/10 　　④ 5/10

해설 시멘트 기와이기의 물매는 4/10 정도로 한다.

49 지붕이기 재료에서 물매의 최소 한도로 부적당한 것은?

① 평기와 : 4/10

② 슬레이트(소형) : 5/10

③ 아스팔트 루핑 : 3/10

④ 슬레이트(대형) : 2/10

해설 대형 슬레이트의 최소 한도는 3/10 이상이다.

50 다음 중 주택에 일반적으로 사용되는 지붕이 아닌 것은?

① 모임지붕 　② 박공지붕

③ 평지붕 　　④ 톱날지붕

해설 톱날지붕은 공장 특유의 지붕 형태이고, 채광창의 면적에 관계없이 채광이 되며, 채광창은 북향으로 하루종일 변함없는 조도를 가진 약한 광선을 받아들여 작업 능률에 지장이 없도록 한다. 그러나 기둥이 많이 소요되므로 바닥 면적이 증대되며, 기둥으로 인하여 기계의 배치 등의 융통성과 작업 능력의 감소를 초래한다.

51 모임지붕 일부에 박공지붕을 같이 한 것으로, 화려하고 격식이 높으며 대규모 건물에 적합한 한식 지붕 구조는?

① 외쪽지붕 　② 합각지붕

③ 솟을지붕 　④ 꺽인지붕

해설 합각지붕은 지붕 위에 까치박공이 달리게 된 지붕 또는 끝은 모임지붕처럼 되고 용마루의

부분에 삼각형의 벽을 만든 지붕 또는 모임지붕 일부에 박공지붕을 같이 한 것으로, 화려하고 격식이 높으며 대규모 건물에 적합한 한식 지붕 구조이다.

52 그림은 지붕의 평면도를 나타낸 것이다. 박공지붕은?

 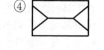

해설 ①번은 박공지붕이고, ②번은 모임지붕이며, ③번은 합각지붕이다. 또한, ④번은 반박공지붕이다.

53 다음 중 계단의 모양에 따른 분류에 속하지 않는 것은?

① 곧은 계단

② 돎 계단

③ 꺾인 계단

④ 옆판 계단

해설 계단의 종류에는 모양에 따라 곧은 계단, 꺾은 계단 및 돎 계단 등이 있고, 사용하는 재료에 따라 목조 계단(틀계단, 옆판 계단, 따낸 옆판 계단 등), 철근 콘크리트조 계단, 철골조 계단 및 석조 계단 등이 있다.

54 목조 계단에서 계단 디딤판의 처짐, 보행시의 진동 등을 막기 위하여 중간에 댄 보강재는?

① 계단멍에 　　② 계단 두겁

③ 엄지기둥 　　④ 달대

해설 계단멍에는 계단의 폭이 1.2 m 이상이 되면 디딤판의 처짐, 보행 진동 등을 막기 위하여 계단의 경사에 따라 중앙에 걸쳐 대는 보강재이다. 양 끝은 계단받이 보 또는 바닥보에 장부 맞춤하고 볼트 조임으로 한다.

55 목재 틀계단 구조에 대하여 설명한 내용이다. 잘못된 내용은?

① 주택에 주로 많이 이용된다.

② 디딤판의 두께는 2.5~3.0 cm 정도로 한다.

③ 구조로는 옆판, 디딤판, 챌판으로 구성된다.

④ 디딤판은 옆판에 통장부 맞춤 쐐기치기로 한다.

해설 계단의 구조에서 **틀계단은 옆판에 디딤판을 통째로 넣고** 챌판 겸 계단 뒤 반자로 널판을 댄다.

56 벽돌조 기초에서 콘크리트 기초판의 두께는 너비의 얼마 정도로 하는가?

① 1/2 ② 1/3

③ 1/4 ④ 1/5

해설 **콘크리트 기초판의 두께는 그 너비의 1/3 정도(보통 20~30 cm)로** 하고, 벽돌면보다 10~15 cm 정도 내밀고 철근을 보강하기도 한다.

57 벽돌조의 기초에서 ⓐ의 길이는 얼마 정도로 하는가? (단, t 는 벽두께)

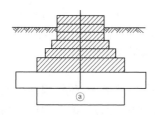

① 1t ② 2t

③ 3t ④ 4t

해설 벽돌조 줄기초에 있어서 벽체에서 2단씩 B/4 정도를 벌려서 쌓되, **벽돌로 쌓은 맨 밑의 너비는 벽체 두께의 2배로** 한다.

58 벽돌쌓기에서 모서리 부분을 반절 또는 이오토막으로 쌓는 것은?

① 미국식 쌓기 ② 프랑스식 쌓기

③ 영국식 쌓기 ④ 네덜란드식 쌓기

해설 **영식 쌓기는 서로 다른 아래·위 켜로 번갈아 쌓고, 벽 모서리나 끝을 이오토막, 반절을 사용하며, 쌓기 방법 중 가장 튼튼한 방법으로 통줄눈이 생기지 않는 것이** 특징이다.

59 벽돌조 조적법 중 가장 튼튼한 내력벽 쌓기는?

① 영국식 쌓기

② 미국식 쌓기

③ 네덜란드식 쌓기

④ 플레밍식 쌓기

해설 **영식 쌓기는 서로 다른 아래·위 켜로 번갈아 쌓고, 벽 모서리나 끝을 이오토막, 반절을 사용하며, 쌓기 방법 중 가장 튼튼한 방법으로 통줄눈이 생기지 않는 것이** 특징이다.

60 한 켜는 길이쌓기로 하고 다음 켜는 마구리쌓기로 하며, 모서리 또는 끝에서 칠오토막을 사용하는 벽돌쌓기법은?

① 영식 쌓기 ② 화란식 쌓기

③ 불식 쌓기 ④ 미식 쌓기

해설 **네덜란드(화란)식 쌓기는 한 면의 모서리 또는 끝에 칠오토막을 써서 길이쌓기의 켜를 한 다음에 마구리쌓기를 하여 마무리하고, 일하기 쉬우며, 견고하므로 대개 이 방법을 사용**한다.

61 벽돌쌓기에 대한 설명이다. 틀린 것은?

① 영식 쌓기 : 통줄눈이 생기지 않으며, 내력벽을 만들 때에 많이 이용된다.

② 미식 쌓기 : 구조적으로 약해 치장용 벽돌쌓기법에 이용된다.

③ 불식 쌓기 : 부분적으로 통줄눈이 생기므로 구조벽체로는 부적합하다.

④ 네덜란드식 쌓기 : 모서리에 칠오토막이 사용되며 모서리가 다소 약한 흠이 있다.

해설 네덜란드(화란)식 쌓기는 한 면의 모서리 또는 끝에 칠오토막을 써서 길이쌓기의 켜를 한 다음에 마구리쌓기를 하여 마무리하고, 일하기 쉬우며, **견고하므로 대개 이 방법을 사용**한다.

62 벽돌 구조에서 방음, 단열, 방습을 위해 벽돌벽을 이중으로 하고 중간을 띄어 쌓는 법은?

① 들여쌓기　　② 공간쌓기
③ 내쌓기　　　④ 기초쌓기

해설 공간쌓기는 벽돌쌓기에서 바깥벽의 방습, 방열, 방한, 방서 등을 위하여 벽돌벽 중간에 공간을 두어 쌓는 방식이다.

63 다음 줄눈에 대한 명칭으로 틀린 것은?

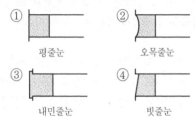

① 평줄눈　　② 오목줄눈
③ 내민줄눈　　④ 빗줄눈

해설 ①번의 줄눈 형태는 민줄눈이다.

64 조적조 내력벽 쌓기에서 막힌 줄눈 쌓기를 하는 이유는?

① 외관을 좋게 하기 위하여
② 각 재료의 부착을 좋게 하기 위하여
③ 응력의 분산을 위하여
④ 시공을 용이하게 하기 위하여

해설 막힌 줄눈이란 세로 줄눈의 아래·위가 막힌 줄눈이며 **내력벽일 경우에는 응력의 분산을 위하여 사용**한다.

65 벽돌조에서 개구부 상호간 또는 개구부와 대린벽 중심의 수평 거리는 벽 두께의 최소 몇 배 이상으로 하는가?

① 1배　　　　② 2배
③ 3배　　　　④ 4배

해설 조적조에 있어서 문골 상호간 또는 문골과 대린벽 중심의 수평 거리는 벽 두께의 2배 이상으로 하여야 한다.

66 벽두께 1.5B인 벽돌벽체의 문골 상호간의 최소 수평 거리 치수는? (단, 표준형 벽돌 사용)

① 32 cm　　　② 48 cm
③ 58 cm　　　④ 80 cm

해설 조적조에 있어서 문골 상호간 또는 문골과 대린벽 중심의 수평 거리는 벽 두께의 2배 이상으로 하여야 한다. 여기서, 벽돌벽의 두께는 90 $+[\{(n-0.5)/0.5\} \times 100]$에서 $n=1.5$이므로, 벽 두께$=90+[\{(1.5-0.5)/0.5\} \times 100]=290mm$이다. 그러므로, 문골 상호간의 거리$=2 \times$벽의 두께$=2 \times 290=580mm=58cm$이다.

67 벽돌조에서 개구부와 개구부 사이의 수직 거리는 최소 얼마 이상으로 하여야 하는가?

① 20 cm　　　② 40 cm
③ 60 cm　　　④ 80 cm

해설 문골 바로 위에 있는 문골과의 수직 거리는 **60 cm 이상**으로 하고, 각 벽의 개구부 폭의 합계는 그 벽 길이의 1/2 이하로 하며, 폭 1.8 m를 넘는 개구부의 상부에는 철근 콘크리트의 윗인방을 설치한다.

68 대린벽으로 구획된 벽돌조 내력벽의 벽 길이가 7 m일 때 개구부의 폭의 합계는 최대 얼마 이하로 하는가?

① 3 m　　　　② 3.5 m
③ 4 m　　　　④ 4.5 m

해설 벽돌조에 있어서 **각 층의 대린벽으로 구획된 벽에서 문골 너비의 합계는 그 벽 길이의 1/2 이하**로 하고, 문골 바로 위에 있는 문골과의 수직 거리는 60 cm 이상으로 하여야 하므로, 7$\times$1/2$=7/2=3.5$ m 이상이다.

69 조적식 벽체의 길이가 10m를 넘을 때, 벽체를 보강하기 위해 사용하는 것이 아닌 것은?

① 부축벽　　　② 칸막이벽
③ 붙임벽　　　④ 붙임 기둥

해설 붙임 기둥과 부축벽은 길고 높은 벽돌 벽체를 보강하기 위하여 벽돌벽에 붙여 만든 기둥 또는 벽으로서 구조상으로 볼 때는 같으나 의장상 기둥 모양으로 보이는 것을 붙임 기둥, 벽처럼 보이는 것을 부축벽이라고 한다. 즉, **벽돌 벽체의 보강으로는 부축벽, 붙임벽 및 붙임 기둥** 등이 있다.

70 조적식 구조에 대한 설명 중 옳지 않은 것은?

① 조적식 구조인 각 층의 벽은 편심 하중이 작용하도록 설계하여야 한다.
② 조적식 구조인 내력벽의 길이는 10 m를 넘을 수 없다.
③ 조적식 구조인 내력벽으로 둘러싸인 부분의 바닥 면적은 80 m^2를 넘을 수 없다.
④ 조적식 구조인 내력벽의 두께는 바로 윗층의 내력벽의 두께 이상이어야 한다.

해설 **조적식 구조**에서 각 층의 벽이 편재해 있을 때에는 편심 거리가 커져서 수평 하중에 의한 전단 작용과 휨 작용을 동시에 크게 받게 되어 벽체에 균열이 발생하므로 **각 층의 벽은 편심 하중이 작용되지 않도록 하여야 한다.**

71 벽돌조 내력벽에 관한 설명이다. 옳지 않은 것은?

① 교차되는 대린벽 중심간의 거리를 벽의 길이라 한다.
② 벽의 길이는 10 m를 넘을 수 없다.
③ 내력벽의 두께는 그 벽 높이의 1/20 이상으로 한다.

④ 내력벽으로 둘러싸인 부분의 바닥 면적은 100 m^2 이하로 한다.

해설 내력벽으로 둘러싸인 부분의 바닥 면적은 80 m^2 이하로 하여야 하고, 60 m^2를 넘는 경우에는 내력벽의 두께를 달리 정한다.

72 조적조 내력벽 두께 설명 중 부적당한 것은?

① 건축물 내력벽 최소 두께는 15 cm 이상으로 한다.
② 내력벽으로 둘러싸인 바닥 면적이 60 m^2를 넘을 때는 19 cm 이상으로 한다.
③ 벽돌인 경우는 벽높이의 1/16 이상으로 한다.
④ 토압을 받는 벽 높이가 1.2 m 이상일 때는 그 직상층의 벽 두께에 10 cm를 가산한 두께 이상으로 한다.

해설 **조적식 구조인 내력벽의 두께**는 그 건축물의 층수, 높이 및 벽의 길이에 따라서 달라지며, **조적재가 벽돌인 경우에는 벽 높이의 1/20 이상,** 블록조인 경우에는 벽높이의 1/16 이상으로 하여야 한다.

73 벽돌조 내력벽에 관한 다음 설명 중 옳지 않은 것은?

① 통줄눈이 되지 않도록 조절한다.
② 내력벽으로 둘러싸인 바닥 면적은 80 m^2 이내로 한다.
③ 테두리 보의 춤은 벽 두께의 1.5배 이상으로 한다.
④ 이중벽쌓기일 경우 두 벽을 전부 내력벽으로 간주한다.

해설 조적식 구조인 내력벽을 이중벽으로 하는 경우에는 당해 이중벽 중 하나의 내력벽에 대하여 적용한다.

74 조적조에서 개구부 상부의 인방 보는 좌우의 벽에 몇 cm 이상 물리게 하는가?

① 10 cm ② 20 cm
③ 30 cm ④ 40 cm

[해설] 문골의 너비가 1.8 m 이상되는 문골의 상부에는 철근 콘크리트 구조의 윗인방을 설치하고, 양쪽 벽에 물리는 부분의 길이는 20 cm 이상으로 한다.

75 벽돌 구조에서 문골에 관한 설명 중 옳지 않은 것은?

① 너비 180 cm가 넘는 문골의 상부에는 철근 콘크리트 인방 보를 설치한다.
② 대린벽으로 구획된 벽에서 문골 너비의 합계는 그 벽 길이의 1/3 이하로 한다.
③ 문골과 바로 위에 있는 문골의 수직 거리는 60 cm 이상으로 한다.
④ 문골 상호간 또는 문골과 대린벽 중심의 수평 거리는 그 벽 두께의 2배 이상으로 한다.

[해설] 각 층의 대린벽으로 구획된 벽에서 문골 너비의 합계는 그 벽 길이의 1/2 이하로 하고, 문골 바로 위에 있는 문골과의 수직 거리는 60 cm 이상으로 한다.

76 조적식 구조에서 칸막이벽의 두께는 최소 얼마 이상으로 하는가?

① 9 cm ② 12 cm
③ 15 cm ④ 20 cm

[해설] 조적식 구조인 칸막이벽(내력벽이 아닌 기타의 벽을 포함)의 두께는 9 cm 이상으로 하여야 한다.

77 공간 조적벽 쌓기에서 표준형 벽돌로 바깥벽은 0.5B, 공간 80 mm, 안벽 1.0B로 할 때 총 벽체 두께는?

① 290 mm ② 310 mm
③ 360 mm ④ 380 mm

[해설] 표준형 벽돌의 크기는 190 mm×90 mm×57 mm이므로, 1.0B 공간쌓기의 벽 두께는 90 mm＋80 mm＋190 mm＝360 mm이다.

78 조적조 벽체에 있어서 1.0B 공간쌓기의 벽 두께로 옳은 것은? (단, 벽돌은 표준형을 사용하고, 공간은 50 mm로 한다.)

① 200 mm ② 210 mm
③ 220 mm ④ 230 mm

[해설] 표준형 벽돌의 크기는 190 mm×90 mm×57 mm이므로, 1.0B 공간쌓기의 벽 두께는 90 mm＋50 mm＋90 mm＝230 mm이다.

79 벽돌조 공간쌓기에서 벽체 연결 철물 간의 수평 간격은 최대 얼마 이하로 하여야 하는가?

① 450 mm ② 600 mm
③ 750 mm ④ 900 mm

[해설] 공간 조적벽에 있어서 연결 철물은 6켜(45 cm) 이내마다 넣고, 수평 간격은 90~100 cm 이내로 한다.

80 벽돌벽에 배관을 위한 홈파기를 할 때 가로 홈의 길이는 얼마 이하로 하여야 하는가?

① 1.0 m ② 2.0 m
③ 3.0 m ④ 4.0 m

[해설] 벽돌벽 홈파기에 있어 벽돌벽에 배선·배관을 위하여 벽체에 홈을 팔 때, 홈을 깊게 연속하여 파거나 대각선으로 파면 수평력에 의하여 갈라지기 쉬우므로, 가로로는 그 길이를 3 m 이하로 하고, 그 깊이는 벽 두께의 1/3 이하로 한다.

81 벽돌 내쌓기에서 한 켜씩 내쌓을 때의 내미는 길이는?

① $\frac{1}{2}$B ② $\frac{1}{4}$B
③ $\frac{1}{8}$B ④ 1B

해설 벽돌벽의 내쌓기는 1단씩 내쌓을 때에는 B/8 정도 내밀고, 2단씩 내쌓을 때에는 B/4 정도씩 내어 쌓으며, **내미는 정도는 2.0B 정도로** 한다.

82 벽돌조에 관한 설명 중 옳지 않은 것은?

① 벽돌 너비는 길이에서 줄눈 너비를 뺀 것의 1/2이 된다.

② 벽돌조 내력벽은 막힌 줄눈으로 쌓는 것이 원칙이다.

③ 검정 벽돌은 점토에다 흑색 안료를 혼합하여 구운 것이다.

④ 조적용 모르타르 강도는 벽돌 강도 이상이어야 한다.

해설 보통 벽돌의 종류 중 **검정 벽돌은 불완전 연소로 구운 것**이고, **붉은 벽돌은 완전 연소로 구운 것**이다.

83 보를 지지하는 벽돌 독립 기둥의 높이가 3 m일 때 기둥 한 변의 최소 크기는 얼마인가?

① 19 cm 이상   ② 21 cm 이상

③ 30 cm 이상   ④ 43 cm 이상

해설 벽돌 구조 독립 기둥의 높이는 기둥 단면 최소 치수의 10배를 넘지 않아야 한다.

∴ 300 cm÷10=30 cm 이상

84 돌구조에서 창문 등의 개구부 위에 걸쳐 대어 상부에서 오는 하중을 받는 수평 부재는?

① 문지방돌   ② 인방돌

③ 창대돌   ④ 쌤돌

해설 인방(기둥과 기둥에 가로 대어 창문틀의 상·하 벽을 받고, 하중은 기둥에 전달하며 창문틀을 끼워 댈 때 뼈대가 되는 것)돌이란 **개구부 (창문 등) 위에 가로로 길게 건너 대는 돌**을 말한다.

85 물돌림, 물흘림 물매, 물끊기 홈을 설치하는 것은?

① 인방돌(Lintel stone)

② 창대돌(Window sill stone)

③ 쌤돌(Jamb stone)

④ 돌림띠(Cornice)

해설 **창대돌은 창 밑, 바닥에 댄 돌로서 빗물을 처리하고 장식적으로 쓰이며, 윗면, 밑면, 옆면에는 물끊기, 물흘림 물매, 물돌림 등을 두어 빗물의 침입을 막고, 물흘림이 잘되게 한다.**

86 블록의 빈 속에 철근과 콘크리트를 부어 넣은 것으로서 수직 하중·수평 하중에 견딜 수 있는 구조로 가장 이상적인 블록 구조는?

① 거푸집 블록조

② 보강 블록조

③ 조적식 블록조

④ 블록 장막벽

해설 **보강 블록조는 수직 및 수평 하중에 견딜 수 있도록 블록의 빈 속에 철근을 배근하고 콘크리트를 부어 넣어 보강된 이상적인 구조이다.**

87 시멘트 블록 구조에서 옳지 않은 기술은?

① 지붕을 철근 콘크리트 바닥판으로 할 수 있다.

② 와이어 메시(wire mesh)가 보강재로 쓰인다.

③ 시멘트 블록을 형틀로 사용하는 부분도 있다.

④ 보강 블록조는 2층까지를 한도로 한다.

해설 보강 블록조는 블록의 빈 속에 철근과 콘크리트를 부어 넣은 것으로서, 수직 하중·수평 하중에 견딜 수 있는 구조이다. 가장 이상적인 블록 구조로 4~5층의 대형 건물에도 이용된다.

88 보강 블록조 단층 건축물에 있어서 그림과 같이 철근 콘크리트의 줄기초를 설치할 때 높이 D는?

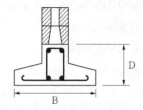

① 30 cm 이상   ② 45 cm 이상
③ 60 cm 이상   ④ 92 cm 이상

해설 **기초보의 두께**는 벽체의 두께(블록의 두께)와 같게 하거나 다소 크게 하고, **그 높이는** 처마 높이의 1/12 **이상 또는 60 cm 이상**(단층의 경우에는 45 cm 이상)으로 한다.

89 보강 블록조의 벽체에 대한 설명 중 틀린 것은?

① 벽 길이는 최대 15 m 이하로 한다.
② 내력벽의 두께는 15 cm 이상으로 한다.
③ 조적조의 내력벽으로 둘러싸인 부분의 바닥 면적은 80 m² 이하로 한다.
④ 내력벽의 한 방향의 길이의 합계는 그 층의 바닥 면적 1 m²에 대하여 0.15 m 이상이 되도록 한다.

해설 조적조 벽체의 두께와 높이에 있어 **최대 길이 10 m 이하**로 하며, 벽의 길이가 10 m를 초과하는 경우에는 중간에 붙임 기둥 또는 부축벽을 설치한다.

90 보강 블록조에 있어서 내력벽의 두께는 최소 몇 cm 이상으로 하는가?

① 9 cm 이상   ② 10 cm 이상
③ 15 cm 이상   ④ 21 cm 이상

해설 **보강 콘크리트 블록조**에 있어서 **내력벽의 두께는 15 cm 이상**으로 하며, 그 내력벽의 구조 내력상 주요한 지점간의 수평 거리의 1/50 이상으로 한다.

91 보강 블록조 내력벽의 벽량은 얼마 이상으로 하는가?

① 15 cm/m²   ② 20 cm/m²
③ 25 cm/m²   ④ 28 cm/m²

해설 **보강 블록조 내력벽의 벽량**(내력벽 길이의 총 합계를 그 층의 건물 면적으로 나눈 값으로, 즉 단위 면적에 대한 그 면적 내에 있는 내력벽의 비)은 **보통 15 cm/m² 이상**으로 한다.

92 보강 블록조의 바닥 면적이 40 m²일 때 내력벽의 벽량은?

① 4 m 이상   ② 6 m 이상
③ 8 m 이상   ④ 10 m 이상

해설 보강 블록조 한 방향의 내력벽의 길이는 **그 층의 바닥 면적 1 m²당 15 cm 이상**으로 하여야 하므로, 15 cm/m²×40 m²=600 cm=6 m 이상이다.

93 보강 블록조에서 테두리 보의 춤은 벽체 두께의 최소 얼마 이상으로 하여야 하는가?

① 1배   ② 1.5배
③ 2배   ④ 2.5배

해설 보강 블록조의 테두리 보의 춤은 2, 3층 건물에서는 **내력벽 두께의 1.5배 이상 또한 30 cm 이상**, 단층 건물에서는 25 cm 이상으로 한다. 테두리보의 너비는 내력벽의 두께 이상 또는 대린벽 중심간의 1/20 이상으로 한다.

94 다음 중 테두리 보에 대한 설명으로 옳지 않은 것은?

① 철근 콘크리트 블록조에 있어서 벽체를 일체화하기 위해 설치한다.
② 테두리 보의 너비는 보통 그 밑의 내력벽의 두께보다는 작아야 한다.
③ 최상층의 경우 지붕 슬래브를 철근 콘크리트 바닥판으로 할 경우에는 테두리 보를 따로 쓰지 않아도 좋다.

④ 테두리 보는 폐쇄된 수평면의 골조를 구성해야 한다.

해설 테두리 보란 조적조의 벽체를 보강하여 지붕, 처마, 층도리 부분에 둘러댄 철근 콘크리트 구조의 보로서 조적조의 맨 위에는 철근 콘크리트의 테두리 보를 설치하여야 하며, **테두리 보의 너비는 그 밑에 있는 내력벽의 두께와 동일하거나 다소 크게** 한다.

95 콘크리트 블록 구조에서 부축벽의 길이로서 옳지 않은 것은?

① 층 높이의 1/3 정도
② 단층에서는 1 m 이상
③ 2층의 밑층에서는 2 m 이상
④ 3층의 밑층에서는 6 m 이상

해설 **부축벽**이란 벽이 쓰러지지 않게 버티어 대거나 보강하기 위하여 달아낸 벽으로서 **부축벽의 길이는 층 높이의 1/3 정도**로 하고, 또 **단층에서는 1 m 이상, 2층의 밑층에서는 2 m 이상**으로 한다.

96 다음 중 돌구조에 대한 설명으로 옳지 않은 것은?

① 외관이 장중, 미려하다.
② 내화적이다.
③ 내구성, 내마멸성이 우수하다.
④ 목구조에 비해 가공이 용이하다.

해설 석구조는 목구조에 비해 가공이 불편한 단점이 있다.

97 석재의 표면 가공에 관한 설명으로 옳지 않은 것은?

① 혹따기는 쇠메로 쳐서 따내어 다듬는 정도로 마감한다.
② 정다듬은 정으로 쪼아 평평하게 다듬은 것이다.
③ 잔다듬은 카보런덤을 써서 윤이 나게 다듬는다.

④ 도드락 다듬에 사용되는 도드락 망치의 망치날의 면은 돌출된 이로 구성되어 있다.

해설 잔다듬은 양날 망치를 사용하여 정다듬한 면을 양날 망치로 평행 방향으로 정밀하게 곱게 쪼아 표면을 평탄하게 다듬는 것이고, 카보런덤을 써서 윤이 나게 다듬는 것은 물갈기이다.

98 철근 콘크리트 구조의 특성으로 옳지 않은 것은?

① 부재의 크기와 형상을 자유자재로 제작할 수 있다.
② 내화성이 우수하다.
③ 작업 방법, 기후 등에 영향을 받지 않으므로 균질한 시공이 가능하다.
④ 철골조에 비해 철거 작업이 곤란하다.

해설 철근 콘크리트의 단점은 작업 방법, 기후, 기온 및 양생 조건 등이 강도에 큰 영향을 끼치므로 구조물 전체의 균일한 시공이 곤란하고, 시공이 복잡하며, 균열의 발생이 많다는 점이다.

99 철근 콘크리트 구조의 원리에 대한 설명으로 틀린 것은?

① 콘크리트와 철근이 강력히 부착되면 철근의 좌굴이 방지된다.
② 콘크리트는 인장력에 강하므로 인장력을 부담한다.
③ 콘크리트와 철근의 선팽창 계수가 거의 같다.
④ 콘크리트는 내구성과 내화성이 있어 철근을 피복 보호한다.

해설 **철근 콘크리트 구조의 원리**에는 ①, ③ 및 ④ 외에 콘크리트는 **압축력에 강하므로 압축력에 견디고**, 철근은 **인장력과 휨에 강하므로 인장력과 휨에 견딘다.**

100 철근 콘크리트 구조에 대한 바른 설명은?

① 내구성 · 내진성 · 내풍성은 좋으나 내화성이 좋지 않다.

② 철근 콘크리트 건축은 자체 중량은 크지만, 강도 계산이 단순하며 공사 기일이 짧다는 장점이 있다.

③ 콘크리트의 부착력은 철근의 주장에 비례한다.

④ 철근의 선팽창 계수는 콘크리트의 선팽창 계수의 3배 정도이다.

해설 철근 콘크리트 구조는 내화성, 내구성, 내진성 및 내풍성이 강한 구조이고, 습식 구조이므로 공사 기간이 긴 것이 단점이며, 철근의 선팽창 계수는 콘크리트의 선팽창 계수와 거의 동일하다.

101 철근 콘크리트 구조의 장점에 대한 설명으로 옳지 않은 것은?

① 콘크리트의 성질은 산성으로 철근의 부식을 막아주므로 내구성이 크다.

② 콘크리트는 압축력에 강하고, 철근은 인장력에 강하다.

③ 설계가 비교적 자유롭고, 철골조보다 유지, 관리 비용이 저렴하다.

④ 철골조에 비해 처짐 및 진동이 적고, 소음이 비교적 적은 편이다.

해설 콘크리트는 알칼리성이므로 철근의 부식을 막아주어 내구성이 크다.

102 철근 콘크리트 기초보에 대한 설명으로 옳지 않은 것은?

① 독립 기초 상호를 연결한다.

② 주각의 이동이나 회전을 구속한다.

③ 기둥의 부동 침하를 가속화시킨다.

④ 지진시에 주각에서 전달되는 모멘트에 저항한다.

해설 기초보란 기초와 기초를 연결하는 보로서 기초의 부동 침하를 방지하는 역할을 한다.

103 옥외의 공기나 흙에 직접 접하지 않는 철근 콘크리트 보에서 철근의 최소 피복 두께는? (단, 콘크리트 설계 기준 강도는 40 N/mm² 미만임.)

① 30 mm   ② 40 mm

③ 50 mm   ④ 60 mm

해설 옥외의 공기나 흙에 직접 접하지 않는 철근 콘크리트 보의 경우 $f_{ck} < 40$ MPa인 경우에는 40 mm 이상, $f_{ck} > 40$ MPa인 경우에는 30 mm 이상이다.

104 철근 콘크리트 구조에 있어서 철근 피복의 최소 두께가 큰 것으로부터 차례로 배열된 것은?

① 기초 – 기둥 – 바닥

② 기초 – 바닥 – 기둥

③ 기둥 – 기초 – 바닥

④ 기둥 – 바닥 – 기초

해설 피복 두께가 큰 것부터 작은 것의 순으로 나열하면, 기초 → 기둥 → 바닥의 순이다.

105 다음의 거푸집에 대한 설명 중 옳지 않은 것은?

① 기초 거푸집은 지반이 무르고 좋지 않을 때는 사용하지 않는다.

② 벽 거푸집은 일반적으로 한쪽 벽 옆판은 버팀대로 지지하여 세우고 철근을 배근한 후에 다른 쪽 옆판을 세워서 조립한다.

③ 기둥 거푸집 재료로는 목재 합판이나 강재 패널 등을 사용한다.

④ 보 거푸집은 바닥 거푸집과 함께 설치하는 경우가 많다.

해설 기초 거푸집은 **무른 진흙, 모래와 같은 불안정한 지반**일 때에는 모서리에 말뚝을 박고 기초 거푸집을 고정한다. 즉, **거푸집을 사용**하여야 한다.

106 거푸집 공사시 패널 사이의 간격을 유지하는 데 쓰이는 긴결재는?

① 꺽쇠   ② 띠쇠

③ 세퍼레이터   ④ 듀벨

해설 **세퍼레이터(separater)**는 **거푸집의 간격을 유지하기 위한 격리재**이고, 거푸집과 철근 사이의 간격을 유지하기 위한 간격재는 스페이서(spacer)이다.

107 철근 콘크리트 건물에 가장 많이 쓰이는 철근의 규격은?

① D6~D10

② D10~D25

③ D20~D32

④ D28~D35

해설 철근 콘크리트의 구조에 가장 많이 사용하는 철근은 D10~D25의 철근이다.

108 철근 콘크리트 보의 주근 배치 간격으로 옳은 것은?

① 주근 지름의 1.25배 이상

② 자갈 최대 지름의 1.5배 이상

③ 기둥 단면의 최소 치수 이상

④ 2.5 cm 이상

해설 **주근 간격**은 **2.5 cm 이상, 최대 자갈 직경의 1.25배 이상, 공칭 철근 지름의 1.5배 이상**으로 한다.

109 철근 콘크리트 보에서 동일 평면에서 평행한 철근 사이의 수평 순간격은 최소 얼마 이상이어야 하는가?

① 12.5 mm   ② 15 mm

③ 20 mm   ④ 25 mm

해설 **주근의 간격**은 배근된 철근의 순간격과 표면의 최단 거리를 말하며, **2.5 cm(25 mm) 이상, 주근 직경의 1.5배 이상, 자갈 최대 직경의 1.25배 이상**으로 한다.

110 철근 콘크리트 보에서 전단력을 보강하기 위해 사용하는 철근은?

① 대근   ② 주근

③ 보조근   ④ 늑근

해설 철근 콘크리트 보는 전단력에 대해서 콘크리트가 어느 정도 견디나, 그 이상의 **전단력**은 **늑근을 배근하여 견디도록** 하여야 한다.

111 철근 가공에서 표준 갈고리의 구부림 각도를 135°로 할 수 있는 것은?

① 기둥 주근   ② 보 주근

③ 늑근   ④ 슬래브 주근

해설 **스터럽과 띠철근의 가공**에 있어서 대표적인 **철근의 구부림 각도는 90°, 135°** 등으로 한다.

112 철근 콘크리트 보의 늑근에 대한 설명 중 옳지 않은 것은?

① 전단력에 저항하는 철근이다.

② 중앙부로 갈수록 조밀하게 배치한다.

③ 굽힘철근의 유무에 관계없이 전단력의 분포에 따라 배치한다.

④ 계산상 필요 없을 때라도 사용한다.

해설 보의 전단력은 일반적으로 **양단에 갈수록 커지므로** 양단부에서는 **늑근의 간격을 좁히고**, 중앙부로 갈수록 **늑근의 간격을 넓혀** 배근한다.

113 보에서 스터럽(늑근)에 관한 기술 중 옳지 않은 것은?

① 보의 춤이 60 cm 이상일 때는 늑근잡이로 보조근을 넣는다.

② 늑근잡이로 사용하는 보조근은 지름 9 mm 이상의 철근을 쓴다.

③ 보의 늑근은 단부로 갈수록 간격을 넓힌다.

④ 늑근의 간격은 계산상 필요하지 않을 때 3/4×보의 춤 이하 또는 450 mm 이하로 한다.

해설 늑근의 간격은 보의 전 길이에 대하여 같은 간격으로 배치하나, 보의 전단력은 일반적으로 양단에 갈수록 커지므로 양단부에서는 늑근의 간격을 좁히고, 중앙부로 갈수록 늑근의 간격을 넓혀 배근한다.

114 철근 콘크리트 보에 대한 설명 중 바르지 못한 것은?

① 보는 하중을 받으면 휨 모멘트와 전단력이 생긴다.

② T형 보는 압축력을 슬래브가 일부 부담한다.

③ 보 단부의 헌치는 주로 압축력을 보강하기 위해 만든다.

④ 보의 인장력이 작용하는 부분에는 반드시 철근을 배근한다.

해설 헌치란 보, 슬래브의 단부의 단면을 중앙부의 단면보다 크게 한 부분으로 폭과 높이를 크게 하여 그 부분의 휨 모멘트나 전단력을 견디게 하기 위하여 단부의 단면을 증가한 부분으로서, 헌치의 폭은 안목 길이의 1/10~1/12 정도이며, 헌치의 춤은 헌치 폭의 1/3 정도이다.

115 철근 콘크리트 보의 단부에 헌치(Hunch)를 두는 이유는?

① 전단력이 크기 때문에

② 인장력이 크기 때문에

③ 축방향력이 크기 때문에

④ 접합부를 강하게 하기 위하여

해설 헌치는 휨 모멘트나 전단력을 견디게 하기 위하여 단부의 단면을 증가시킨 부분이다.

116 다음의 철근 콘크리트 보에 대한 설명 중 옳지 않은 것은?

① 내민보는 보의 한 끝이 지지점에서 내밀어 달려 있는 보이다.

② 연속보에서는 지지점 부분의 하부에서 인장력을 받기 때문에, 이곳에 주근을 배치하여야 한다.

③ 내민보는 상부에 인장력이 작용하므로 상부에 주근을 배치한다.

④ 단순보에서 부재의 축에 직각인 스터럽의 간격은 단부로 갈수록 촘촘하게 한다.

해설 연속보는 2 이상의 스팬에 일체로 연결된 보이며, 지지점 부분의 상부에서 인장력을 받기 때문에 이곳에 주근을 배치하여야 한다.

117 철근 콘크리트 보에 관한 기술 중 틀린 것은?

① 내민보는 연속보의 한 끝이나 지점에 고정된 보의 한 끝이 지지점에서 내밀어 달려 있는 보이다.

② 단순보는 양단이 벽돌, 블록, 석조벽 등에 단순히 얹혀 있는 상태로 된 보이다.

③ 인장력에 대항하는 재축 방향의 철근을 보의 주근이라 한다.

④ 단순보에서 늑근은 단부보다 중앙부에서 더 촘촘하게 배치한다.

해설 늑근의 간격은 보의 전 길이에 대하여 같은 간격으로 배치하나, 보의 전단력은 일반적으로 양단에 갈수록 커지므로 양단부에서는 늑근의 간격을 좁히고, 중앙부로 갈수록 늑근의 간격을 넓혀 배근한다.

118 내민보(cantilever beam)에 대한 설명으로 옳은 것은?

① 연속보의 한 끝이나 지점에 고정된 보의 한 끝이 지지점에서 내밀어 달려 있는 보를 말한다.

② 보의 양단이 벽돌, 블록, 석조벽 등에 단순히 얹혀 있는 상태로 된 보를 말한다.

③ 단순보와 동일하게 보의 하부에 인장 주근을 배치하고 상부에는 압축 철근을 배치한다.

④ 전단력에 대한 보강의 역할을 하는 늑근은 사용하지 않는다.

해설 ②번의 상태로 된 보를 **단순보**라고 하고, **내민보의 철근 배근은 내민 부분에는 상부에, 단순보의 부분에는 하부에 배근**하며, **전단력의 보강을 위해서는 늑근을 배근**한다.

119 철근과 콘크리트의 부착력에 대한 설명으로 틀린 것은?

① 부착력은 정착 길이를 크게 증가시킴에 따라 비례 증가하지는 않는다.

② 압축 강도가 큰 콘크리트일수록 부착력은 커진다.

③ 콘크리트의 부착력은 철근의 주장(周長)에 반비례한다.

④ 철근의 표면 상태와 단면 모양에 따라 부착력이 좌우된다.

해설 u(철근 콘크리트의 부착 응력)$= u_c$(철근의 허용 부착 응력도)$\times \Sigma 0$(철근의 주장)$\times L$(정착 길이)이므로, **철근의 주장과 정착 길이에 비례**한다.

120 철근 콘크리트 보에서 철근의 콘크리트에 대한 부착력이 부족한 경우 콘크리트의 단면 크기를 바꾸지 않고 부착력을 증가시키는 방법으로서 가장 적당한 것은?

① 인장 철근의 주장(周長)을 증가시킨다.

② 철근의 강도를 증가시킨다.

③ 압축 철근의 단면적을 증가시킨다.

④ 절곡근(折曲筋)을 많이 넣는다.

해설 **철근의 부착력은 철근의 주장에 비례하므로, 철근 콘크리트 보에 있어서 콘크리트 단면을 바꾸지 아니하고 부착력을 증가시키는 방법은 주장을 증가시키는 것이다.**

121 그림에서 인장 철근의 정착 길이 표시가 옳은 것은?

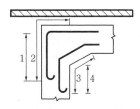

① 1　　　　　② 2
③ 3　　　　　④ 4

해설 **인장 철근의 정착 길이는 최상층에 있어서는 1번을 기준으로 하고, 중간층은 2번을 기준으로 한다.**

122 철근 콘크리트 구조의 단순보 배근에 대한 설명이 틀린 것은?

① 보의 주근은 중앙에서는 하부에 많이 넣는다.

② 보의 주근은 단부에서는 하부에 많이 넣는다.

③ 보의 늑근은 중앙보다 단부에서 좁게 넣는다.

④ 보의 늑근은 인장력에 저항하므로 주근이 많은 곳에 많이 배근한다.

해설 **보의 전단력은 일반적으로 양단에 갈수록 커지므로, 양단부에서는 늑근의 간격을 좁히고, 중앙부로 갈수록 늑근의 간격을 넓혀 배근한다.**

123 철근 콘크리트 구조에 사용되는 철근에 관한 설명 중 틀린 것은?

① 인장력이 약한 부분에 철근을 배근한다.

② 철근의 합산한 총 단면적이 같을 때 가는 철근을 사용하는 것이 부착에 좋다.

③ 철근과 콘크리트의 부착 강도는 콘크리트의 강도만이 중요하게 작용한다.

④ 철근의 이음은 인장력이 작은 곳에서 한다.

해설 철근과 콘크리트의 부착 강도는 콘크리트의 강도, 철근의 표면적, 피복 두께, **철근의 단면 모양과 표면 상태(마디와 리브)**, 철근의 주장 및 압축 강도에 따라 변화한다.

124 철근 콘크리트 구조에서 원칙적으로 최소 얼마를 초과하는 철근은 겹침 이음을 하지 않아야 하는가?

① D19   ② D22

③ D35   ④ D41

해설 보나 기둥의 부재에서 중요 부재의 이음 위치는 응력이 작은 부분에 두어야 하며, **원칙적으로 D35를 초과하는 철근은 겹침 이음을 하지 않는다.**

125 철근의 정착에 대한 설명 중 틀린 것은?

① 철근의 부착력을 확보하기 위한 것이다.

② 정착 길이는 콘크리트의 강도가 클수록 짧아진다.

③ 정착 길이는 철근의 지름이 클수록 짧아진다.

④ 정착 길이는 철근의 항복 강도가 클수록 길어진다.

해설 철근의 정착 길이는 철근의 부착력을 확보하기 위한 것으로 **콘크리트 강도**(클수록 짧아짐)와 **철근의 항복 강도**(클수록 길어짐), **철근의**

지름(클수록 길어짐) 및 **철근의 표면 상태** 등에 따라 달라진다.

126 철근 콘크리트 장방형 기둥에는 주근을 최소 몇 개 이상 배근하는가?

① 2개   ② 4개

③ 6개   ④ 8개

해설 주근은 D13(φ12) 이상의 것을 **장방형의 기둥**에서는 **4개 이상**, 원형 기둥에서는 6개 이상을 사용한다.

127 철근 콘크리트 기둥의 최소 단면 치수는 기둥 간사이의 얼마 이상이어야 하는가?

① 기둥 간사이의 1/2 이상

② 기둥 간사이의 1/12 이상

③ 기둥 간사이의 1/15 이상

④ 기둥 간사이의 1/20 이상

해설 기둥의 최소 단면의 치수는 20 cm 이상이고 **최소 단면적은 600 cm^2(60,000 mm^2) 이상**이며, 기둥 간사이의 1/15 이상으로 한다.

128 구조 내력상 중요한 지점간 거리가 6 m일 때 철근 콘크리트 기둥의 최소 단면 치수는?

① 300 mm   ② 400 mm

③ 500 mm   ④ 600 mm

해설 철근 콘크리트 기둥의 최소 단면 치수는 20 cm 이상, 최소 단면적은 600 cm^2 이상으로 하고, **기둥 간사이의 1/15 이상**으로 한다.
여기서, 6 m=6,000 mm이다.

$$\therefore 6,000 \times \frac{1}{15} = 400 \text{ mm 이상}$$

129 철근 콘크리트 구조에서 기둥의 띠철근 간격은 최대 얼마 이내로 하는가?

① 10 cm   ② 20 cm

③ 30 cm   ④ 35 cm

해설 피철근의 직경은 6 mm 이상의 것을 사용하고, 그 간격은 주근 직경의 16배 이하, 피철근 직경의 48배 이하, 기둥의 최소 치수 이하, 30 cm 이하 중에 최소값으로 한다.

130 철근 콘크리트 구조 기둥 주근의 이음 위치로 가장 알맞은 것은? (단, 바닥에서부터의 높이임.)

① 0.5 m 부근에서
② 1.0 m 부근에서
③ 1.5 m 부근에서
④ 2.0 m 부근에서

해설 기둥 철근의 이음 위치는 기둥의 유효 높이의 2/3에 두고, 각 철근의 이음 위치는 분산시키며, 보통 바닥판 위 1 m 위치에 두는 것이 좋으며, 한 자리에서 반 이상 잇지 않는다.

131 철근 콘크리트 기둥에 관한 기술 중 옳지 않은 것은?

① 기둥 단면의 최소 치수는 20 cm 이상으로 한다.
② 기둥의 주근은 직경 9 mm 이상으로 한다.
③ 피철근 직경은 6 mm 이상으로 한다.
④ 기둥의 최소 단면적은 600 cm^2 이상으로 한다.

해설 기둥 주근(축방향 철근)은 D13(ϕ12) 이상의 것을, 장방형의 기둥에서는 4개 이상, 원형 기둥에서는 6개 이상을 사용한다.

132 철근 콘크리트 기둥의 배근에 관한 기술 중 옳지 않은 것은?

① 주근은 D13 이상을 사용한다.
② 주근의 간격은 1.5 cm 이상이다.
③ 철근의 피복 두께는 3 cm 이상이다.
④ 장방형 기둥에서 주근을 4개 이상 사용한다.

해설 철근 콘크리트 기둥의 주근 간격은 배근된 철근 표면의 최단 거리를 말하며 2.5 cm 이상, 주근 직경의 1.5배 이상, 자갈 최대 직경의 1.25배 이상으로 한다.

133 철근 콘크리트 기둥에 대한 설명으로 옳지 않은 것은?

① 기둥의 최소 단면적은 60,000 mm^2 이상이어야 한다.
② 원형이나 다각형 기둥은 주근을 최소 2개 이상 사용하여야 한다.
③ 피철근 기둥 단면의 최소 치수는 200 mm이다.
④ 피철근과 나선 철근은 주근의 좌굴을 막는 역할을 한다.

해설 기둥 철근 배근시 주근은 D13(ϕ12) 이상의 것을, 장방형의 기둥에서는 4개 이상, 원형 기둥에서는 6개 이상을 사용한다.

134 철근 콘크리트 기둥에 대한 설명 중 옳은 것은?

① 피철근 기둥 단면의 최소 치수는 400 mm이다.
② 한 건물에서는 기둥의 간격을 다르게 하는 것이 유리하다.
③ 기둥의 축방향 주철근의 최소 개수는 직사각형 피철근 내부의 철근의 경우 4개이다.
④ 기둥 철근의 피복 두께는 20 mm 이상으로 해야 한다.

해설 피철근 기둥의 단면의 최소 치수는 200 mm 이상, 기둥 간사이의 1/15 이상이고, 한 건축물에서 기둥의 간격은 동일하게 하는 것이 바람직하며, 기둥 철근의 피복 두께는 흙에 접하지 않는 경우로서 옥내는 40 mm, 옥외는 50 mm이고, 흙에 접하는 부위는 50 mm 이상이다.

135 철근 콘크리트의 압축 부재에 대한 설명 중 옳지 않은 것은?

① 압축 부재의 축방향 주철근의 최소 개수는 직사각형 띠철근 내부의 철근의 경우 4개이다.

② 띠철근 압축 부재 단면의 최소 치수는 200 mm이다.

③ 띠철근 압축 부재의 단면적은 최소 40,000 mm² 이상이어야 한다.

④ 나선 철근 압축 부재 단면의 심부 지름은 200 mm 이상이어야 한다.

해설 철근 콘크리트의 **압축 부재**에 있어서 단면의 최소 치수는 200 mm 이상이고, **단면적은 600 cm²(60,000 mm²) 이상**이며, 나선 철근의 압축 부재 단면의 심부 직경은 200 mm 이상이다.

136 철근 콘크리트 기둥의 철근 배근에 대한 설명 중 부적당한 것은?

① 주근은 직경 13 mm 이상이어야 한다.

② 주근의 이음부는 층고의 2/3 범위 내에 있게 한다.

③ 대근은 주근의 좌굴을 방지하고 휨력에 저항한다.

④ 대근 간격은 30 cm 이하로 한다.

해설 대근의 역할은 전단력에 대한 보강, 주근의 위치를 고정 및 압축력에 의한 주근의 좌굴을 방지함과 동시에 인장력에 저항한다.

137 철근 콘크리트 기둥에 관한 설명으로 틀린 것은?

① 기둥은 보와 함께 라멘 구조의 뼈대를 구성한다.

② 건물의 각 층 바닥 하중을 기초에 전달한다.

③ 축방향 철근이 주근이고, 원형·다각형 기둥에서 주근 주위를 나선형으로 둘러감은 것을 띠철근이라 한다.

④ 무근 콘크리트로도 할 수 있으나 단면이 커져서 바닥 면적이 감소되어 실용적이 못 된다.

해설 철근 콘크리트 기둥에 있어서 **축방향 철근이 주근**이고, **원형 기둥에 있어서 주근 주위를 나선형으로 둘러감은 철근을 나선 철근**, 장방형의 기둥에 있어서 주근 주위를 둘러감은 철근을 **띠철근**이라고 한다.

138 철근 콘크리트조에서 슬래브 두께가 12 cm 정도일 때 4개의 기둥으로 만들어지는 가장 적당한 바닥 면적은?

① 20 m²   ② 30 m²

③ 45 m²   ④ 60 m²

해설 철근 콘크리트 기둥이 규칙적으로 직사각형의 상태로 배치될 때 **4개의 기둥으로 만들어지는 바닥 면적은 20~40 m²의 범위로 하는 것이 좋고 가장 적당한 것은 30 m² 내외이다.**

139 철근 콘크리트 슬래브에서 주근의 간격은?

① 150 mm 이하

② 200 mm 이하

③ 250 mm 이하

④ 300 mm 이하

해설 철근 콘크리트 바닥판의 배근 간격은 주근(슬래브의 단면 방향의 인장 철근)은 **20 cm 이하**, 직경 9 mm 미만의 용접 철망을 사용하는 경우에는 15 cm 이하로 한다.

140 4변에 의해 지지되는 철근 콘크리트 슬래브 중 장변의 길이가 단변 길이의 몇 배를 넘으면 1방향 슬래브로 해석하는가?

① 2배   ② 3배

③ 4배   ④ 5배

해설 철근 콘크리트 슬래브의 종류에는 **1방향 슬래브(순 간사이의 장변과 단변의 비가 2를 초과하는 경우의 슬래브)**, 즉 λ = 장변 방향의 순

간사이/단변 방향의 순 간사이>2와 2방향 슬래브(순 간사이의 장변과 단변의 비가 2 이하), 즉 λ＝장변 방향의 순 간사이/단변 방향의 순 간사이≦2인 슬래브가 있다.

141 1방향 슬래브에 대하여 배근 방법을 옳게 설명한 것은?

① 단변 방향으로만 배근한다.

② 장변 방향으로만 배근한다.

③ 단변 방향은 부근을 배근하고, 장변 방향은 주근을 배근한다.

④ 단변 방향은 주근을 배근하고, 장변 방향은 온도 철근을 배근한다.

해설 **1방향 바닥판에 있어서 장변 방향의 배력근**이 필요하지 않은 경우라 하더라도 **장변 방향으로도 콘크리트 전단 면적에 대하여 최소 0.2% 이상의 철근을 배근**하여야 한다.

142 철근 콘크리트 구조의 슬래브에서 짧은 변을 l_x, 긴 변을 l_y라 할 때 2방향 슬래브에 해당하는 것은?

① $l_y / l_x \geq 1$ ② $l_y / l_x \leq 1$

③ $l_y / l_x \geq 2$ ④ $l_y / l_x \leq 2$

해설 **2방향 슬래브**(순 간사이의 장변과 단변의 비가 2 이하), 즉 λ＝**장변 방향의 순 간사이/단변 방향의 순 간사이≦2**인 슬래브가 있다.

143 철근 콘크리트 슬래브에 관한 설명 중 옳지 않은 것은?

① 두께는 최소 10 cm 이상으로 한다.

② 주근의 간격은 20 cm 이하로 한다.

③ 배력근의 간격은 30 cm 이하로 한다.

④ 슬래브의 인장 철근은 D10 이상으로 한다.

해설 **철근 콘크리트 바닥판의 두께는 8 cm(경량 콘크리트 10 cm) 이상** 또는 계산식에 의한 값으로 하여야 하나 바닥 슬래브의 두께는 보통 12~15 cm 정도로 하는 경우가 많다.

144 철근 콘크리트의 배근에 관한 기술 중 옳지 않은 것은?

① 장방형 기둥의 주근은 4개 이상이어야 한다.

② 보의 주근은 단부에서 상부에 많이 넣어야 한다.

③ 보의 주근은 중앙부에서 하부에 많이 넣어야 한다.

④ 슬래브의 철근은 장변 방향에 많이 넣어야 한다.

해설 **1방향 및 2방향 바닥판의 주근은 단변 방향으로 배근**한다.

145 슬래브 배근상의 주의 사항을 설명한 것이다. 적합하지 않은 것은?

① $\phi 9$ 이상의 원형 철근, 또는 D10 이상의 이형 철근, 6 mm 이상의 용접 철망을 사용한다.

② 중앙부의 주근의 간격은 20 cm 이하로 한다.

③ 중앙부의 배력근의 간격은 30 cm 이하 또는 슬래브 두께의 3배 이하로 한다.

④ 주근은 그 성질상 반드시 배력근의 안쪽에 배근하도록 한다.

해설 **슬래브의 주근**은 휨 모멘트에 견딜 수 있도록 단면 2차 모멘트를 크게 하기 위하여 **배력근의 바깥쪽에 배근**하여야 한다.

146 철근 콘크리트 슬래브에 대한 설명 중 옳은 것은?

① 1방향 슬래브는 2방향으로 주근을 배근하는 것이 원칙이다.

② 나선 철근은 콘크리트 수축이나 온도 변화에 따른 균열을 방지하기 위해서 사용된다.

③ 플랫 슬래브는 기둥 주위의 전단력과 모멘트를 감소시키기 위해 드롭 패널과 주두를 둔다.

④ 1방향 슬래브는 슬래브에 작용하는 모든 하중이 장변 방향으로만 전달되는 것으로 본다.

해설 1방향 슬래브의 **주근은 단변 방향으로 배근**하고, **장변 방향으로는** 배력근 또는 온도 철근**을 배근**하고, 나선 철근은 기둥의 주근의 좌굴**을 방지**하기 위하여 배근하며, **1방향 슬래브에 작용하는 모든 하중은 단변 방향으로만 작용**한다.

147 철근 콘크리트 슬래브 배근도에서 철근을 가장 많이 배근해야 할 곳은?

① 장변 방향 단부
② 장변 방향 중앙부
③ 단변 방향 단부
④ 단변 방향 중앙부

해설 철근 콘크리트 **2방향 슬래브의 배근**에 있어서 **철근을 많이 배근하여야 하는 곳부터 나열**하면, **단변 방향의 단부** → 단변 방향의 중앙부 → 장변 방향의 단부 → 장변 방향의 중앙부의 순이다.

148 철근 콘크리트 무량판 구조의 설명 중 부적당한 것은?

① 바닥판 두께는 15 cm 이상으로 한다.
② 기둥의 폭은 기둥 중심 거리의 1/15 이상이고 25 cm 이상으로 한다.
③ 단면 형태는 바닥판, 받침판, 기둥머리, 기둥으로 만들어지는 것이 표준이다.
④ 철근 배근 방법은 2방식, 3방식, 4방식, 원형식 등이 있다.

해설 **무량판 구조의 기둥의 단면 치수**는 한 변의 길이 D(원형기둥에 있어서는 직경)가 그 **방향의 기둥 중심 사이의 거리의 1/20 이상, 300 mm 이상 및 층 높이의 1/15 이상의 최대값**으로 한다.

149 바닥 마감판과 바탕 사이에 암면 등의 완충재를 넣어 판의 진동을 감소시키는 바닥구조는?

① 방부 바닥 구조
② 방음 바닥 구조
③ 방충 바닥 구조
④ 전도 바닥 구조

해설 **방음 바닥 구조**는 바닥 마감판과 바탕 사이에 **완충재(암면 등)를 넣어 밑의 진동을 막아주는 구조**이고, 방부 바닥 구조는 부식을 방지하는 구조이며, 방충 바닥 구조는 충해를 막는 바닥 구조이다.

150 철근 콘크리트 내력벽(내진벽)에 배근할 철근 직경은 최소 얼마 이상으로 하는가?

① D10   ② D13
③ D16   ④ D19

해설 **철근 콘크리트의 벽체의 내진벽(내력벽)의 사용 철근은** $\phi9$ 또는 D10 이상을 사용하여야 한다.

151 축방향 하중을 받는 지하실 외벽 및 기초 벽체의 두께는 최소 얼마 이상이어야 하는가?

① 100 mm   ② 150 mm
③ 200 mm   ④ 300 mm

해설 **축하중을 받는 지하실의 외벽 및 기초 벽체의 두께는 최소 200 mm 이상**으로 하여야 한다.

152 다음 중 철근 콘크리트 구조의 내진벽에 관한 설명으로 틀린 것은?

① 내진벽은 수평 하중에 대하여 저항할 수 있도록 설계된 벽체이다.
② 평면상으로 둘 이상의 교점을 가지도록 배치한다.
③ 하중을 벽체가 고르게 부담할 수 있도록 배치한다.

④ 내진벽은 상부층에 많이 배치하는 것이 바람직하다.

[해설] 철근 콘크리트 내진벽은 상·하층 모두 같은 위치에 오도록 배치한다.

153 철근 콘크리트 내력벽체에 관한 기술 중 옳지 않은 것은?

① 벽근의 간격은 45 cm 이하로 한다.
② 개구부 주위는 13 mm 이상의 철근을 배근한다.
③ 벽 두께가 40 cm를 초과할 때에는 복배근으로 한다.
④ 벽체에는 9~12 mm 철근을 사용한다.

[해설] 철근 콘크리트 벽체의 **내력벽(내진벽)의 두께가 25 cm 이상**인 경우에는 복근으로 배근하여야 한다.

154 다음 중 라멘 구조에 대한 설명으로 옳지 않은 것은?

① 기둥과 보의 절점이 강접합되어 있다.
② 기둥과 보의 휨 응력이 발생한다.
③ 내부 벽의 설치가 자유롭다.
④ 예로는 조적조나 목구조 등이 있다.

[해설] **라멘 구조**는 수직 부재인 기둥과 수평 부재인 보가 그 접합부에서 서로 강접합으로 연결되어 있어 일체로 거동한다. 예로는 **철골 철근 콘크리트 구조, 철근 콘크리트 구조** 등이 있다.

155 부재에 하중이 작용하면 각 부재의 내부에는 외력에 저항하는 힘인 응력이 생기는데, 다음 중 부재를 직각으로 자를 때에 생기는 응력은?

① 인장 응력   ② 압축 응력
③ 전단 응력   ④ 휨 모멘트

[해설] **전단 응력**이란 부재의 임의의 단면(단면 방향과 평행 방향 또는 축방향과 직각 방향)을 따라 작용하여 부재가 서로 밀려 잘리도록 작용하는 힘이다.

156 다음 중 콘크리트 설계 기준 강도를 의미하는 것은?

① 콘크리트 타설 후 7일간 인장 강도
② 콘크리트 타설 후 7일 압축 강도
③ 콘크리트 타설 후 28일 인장 강도
④ 콘크리트 타설 후 28일 압축 강도

[해설] 설계 기준 강도라 함은 **콘크리트 타설 후 28일 (4주) 압축 강도**를 의미한다.

157 단면이 0.3m×0.6m이고 길이가 10m인 철근 콘크리트 보의 중량은?

① 1.8t   ② 3.6t
③ 4.14t   ④ 4.32t

[해설] 철근 콘크리트의 비중은 $2.4t/m^3$이고, 체적$=0.3×0.6×10=1.8m^3$이다.
그러므로, 중량=비중×체적
$=2.4t/m^3×1.8m^3=4.32t$이다.

158 건축물에 수평으로 작용하는 하중은?

① 적설 하중   ② 고정 하중
③ 적재 하중   ④ 지진 하중

[해설] **수평 방향의 하중**은 **지진 하중**과 풍하중이고, 적설·적재 및 고정 하중은 수직 하중이다.

159 철골 구조에 대한 설명으로 옳지 않은 것은?

① 구조재의 자중이 내력에 비해 작다.
② 강재는 연성이 커서 상당한 변위에도 견디어 낼 수 있다.
③ 열에 강하고 고온에서 강도가 증가한다.
④ 단면에 비해 부재가 세장하므로 좌굴하기 쉽다.

[해설] **철골(강) 구조**는 구조체의 자중에 비하여 강도가 강하고, 현장 시공의 공사 기간을 단축할 수 있으며, 재료의 품질을 확보할 수 있고, 모양이 경쾌한 구조물인 장점이 있으나 열에 약하고, **고온에서는 강도가 저하**되므로 내구·내화에 특별한 주의가 필요하다.

160 다음 중 철골 구조에 대한 설명으로 옳지 않은 것은?

① 벽돌 구조에 비하여 수평력에 강하다.
② 장스팬 구조가 가능하다.
③ 화재에 대비하기 위해서 적당한 내화 피복이 필요하다.
④ 철근 콘크리트 구조에 비하여 동절기 기후의 영향을 많이 받는다.

해설 철골 구조는 볼트, 리벳 및 용접 등으로 부재를 접합함으로써 건식 공법에 의한 공사가 가능하므로 **동절기 기후에 영향을 거의 받지 않는 구조**이다.

161 철골 구조에 관한 설명에서 옳지 않은 것은?

① 내구·내화적이다.
② 정밀한 가공을 요한다.
③ 철근 콘크리트조에 비해 경량이다.
④ 대규모 건물에 알맞다.

해설 철골(강) 구조는 열에 약하고, 고온에서는 강도가 저하되므로 내구·내화에 특별한 주의가 필요하며 부식에 약하다. 조립 구조여서 접합, 세장하므로 변형과 좌굴 등의 단점이 있다.

162 다음 중 철골 구조의 구조 형식상 분류에 속하지 않는 것은?

① 트러스 구조 ② 입체 구조
③ 라멘 구조   ④ 강관 구조

해설 철골 구조의 분류에서 재료상 분류는 보통 형강 구조, 경량 철골 구조, **강관 구조**, 케이블 구조 등이 있고, 구조 형식상 분류에는 **라멘 구조**, 가새 골조 구조, 튜브 구조, **입체 구조**, **트러스 구조** 등이 있다.

163 철골 구조에서 리벳 상호간의 중심 간격은 최소한 리벳 지름의 몇 배 이상으로 하여야 하는가?

① 1.5배   ② 2배
③ 2.5배   ④ 3배

해설 리벳치기의 표준 피치는 리벳 직경의 3~4배이고, **최소한 2.5배 이상**이어야 한다.

164 ϕ19 mm 리벳의 표준 피치(pitch)의 값으로 적당한 것은?

① 48 mm   ② 55 mm
③ 76 mm   ④ 95 mm

해설 리벳 배치시 표준 배치는 리벳 직경의 3~4배이고, 최소한 2.5배 이상이어야 한다. 그러므로, 19 mm×(3~4)배=57~76 mm

165 지름이 32 mm인 리벳의 리벳 구멍의 크기는?

① 30 mm   ② 32 mm
③ 33.5 mm ④ 35 mm

해설 리벳의 직경에 따른 구멍 직경은 리벳 직경이 20 mm 미만은 (리벳 직경+1) mm, **20 mm 이상**은 **(리벳 직경+1.5) mm**이다.

166 철골 구조를 구성하는 부재의 응력 중심선에 해당하는 용어는?

① 게이지 라인   ② 중심선
③ 기준선   ④ 클리어런스

해설 게이지 라인은 재축 방향의 리벳 중심선이고, 중심선은 재단면의 중심선이며, **부재의 기준선은 구조체의 역학상의 중심선 또는 부재의 응력 중심선**이다. 또한, 클리어런스는 리벳과 수직재면의 거리이다.

167 철골 구조에서 볼트로 접합시 볼트 구멍은 볼트 직경보다 얼마 이상 크게 해서는 안 되는가?

① 0.2 mm   ② 0.5 mm
③ 0.9 mm   ④ 1.2 mm

해설 철골 공사에 있어서 볼트의 구멍은 볼트의 지름보다 0.5 mm 이내의 한도 내에서 크게 뚫을 수 있다. 즉, **볼트의 구멍 직경 ≤ 볼트의 직경 + 0.5 mm**이다.

168 고력 볼트의 접합 원리는?

① 휨력   ② 압축력
③ 전단력   ④ 마찰력

해설 고장력(고력) 볼트는 접합재(강재) 간에 생기는 마찰력에 의하여 저항하는 접합법으로 마찰 접합이고, 고력 볼트의 접합은 다른 볼트의 접합에 비하여 반복 하중에 대한 이음부의 강도, 즉 피로 강도가 높은 것이 장점이다.

169 다음 중 용접 결함에 속하지 않는 것은?

① 언더컷(under cut)
② 앤드탭(end tab)
③ 오버랩(overlap)
④ 블로홀(blowhole)

해설 용접 결함의 종류에는 공기 구멍, 선상 조직, 슬래그 혼입, 외관 불량, 언더컷, 오버랩 등이 있고, 앤드탭은 용접의 처음과 끝에서 결함이 생기지 않도록 하기 위한 보조판으로 용접한 후 제거한다.

170 다음의 이음 중 모살 용접이 널리 쓰이지 않는 이음은?

① 플러그 이음   ② 덧판 이음
③ 겹친 이음   ④ T형 이음

해설 모살 용접의 종류에는 맞댄 용접, 겹친 용접, 모서리 용접, T자 용접, 단속 용접, 갓용접, 덧판 용접, 양면 덧판 용접, 산지 용접 및 혼합 용접 등이 있고, 플러그 용접은 슬롯 용접이다.

171 철골 구조에서 판 보(plate girder)의 구성 부재 명칭으로서 관계가 없는 것은 무엇인가?

① 플랜지 앵글   ② 스티프너
③ 웨브 플레이트   ④ 래티스

해설 판 보(플레이트 보)의 구성재에는 플랜지 플레이트, 웨브 플레이트, 스티프너 및 필러 등이 있고, 래티스는 래티스 보나 기둥에 사용하는 것으로 윗가지나 장대, 막대기 등을 교차시킴으로써 그물 모양을 이루는 금속이나 목재를 말한다.

172 다음 중 플레이트 보와 직접 관계가 없는 것은?

① 커버 플레이트
② 웨브 플레이트
③ 스티프너
④ 거싯 플레이트

해설 판 보(플레이트 보)의 구성재에는 플랜지 플레이트, 웨브 플레이트, 스티프너 및 필러 등이 있고, 거싯 플레이트는 철골 구조의 절점에 있어 부재의 접합에 덧대는 연결 보강용 강판의 총칭이다.

173 철골 구조의 플레이트 보에서 스티프너 (stiffener)는 웨브의 무엇을 방지하기 위하여 사용하는가?

① 처짐   ② 좌굴
③ 진동   ④ 블리딩

해설 스티프너는 웨브 플레이트의 좌굴에 저항할 뿐 아니라 플랜지의 보강을 위하여 설치하는 플레이트 보의 구성재이다.

174 H형강, 판 보 또는 래티스 보 등에서 보의 단면의 상하에 날개처럼 내민 부분을 지칭하는 용어는?

① 웨브   ② 플랜지
③ 스티프너   ④ 거싯 플레이트

해설 플랜지는 휨 모멘트에 의해 단면이 결정되고, 보의 단면의 상하에 달린 부분이며, H형강, 판 보 또는 래티스 보에 사용한다.

175 다음 중 철골 구조에서 H자 형강 보의 플랜지 부분에 커버 플레이트를 사용하는 가장 주된 목적은?

① H자 형강의 부식을 방지하기 위해서
② 집중 하중에 의한 전단력을 감소시키기 위해서
③ 덕트 배관 등에 사용할 수 있는 개구 부분을 확보하기 위해서
④ 휨 내력의 부족을 보충하기 위해서

해설 "휨 모멘트＝허용 휨 응력도×단면 계수"이므로 같은 재질의 재료에서 휨 모멘트를 증대시키기 위해서는 단면 계수를 증대시켜야 한다. 즉, **철골 구조에서 커버 플레이트를 설치하여 단면 계수를 증대시키므로 휨내력의 부족을 보충**한다.

176 철골조에서 판 보의 춤은 간사이의 얼마 정도가 적당한가?

① 1/10~1/12 정도
② 1/15~1/18 정도
③ 1/18~1/20 정도
④ 1/20~1/25 정도

해설 철골 구조의 판 보(플레이트 보)의 춤은 간사이의 1/15~1/16 정도로 한다.

177 철골 보의 종류에서 형강의 단면을 그대로 이용하므로 부재의 가공 절차가 간단하고 기둥과 접합도 단순하며, 다른 철골 구조보다 재료가 절약되어 경제적인 것은?

① 조립 보
② 형강 보
③ 래티스 보
④ 트러스 보

해설 형강 보는 철골 보의 종류에서 형강의 단면을 그대로 이용하므로 부재의 가공 절차가 간단하고 기둥과 접합도 단순하며, 다른 철골 구조보다 재료가 절약되어 경제적인 보이다.

178 철골조의 보에 대한 설명으로 옳지 않은 것은?

① 형강 보에는 L형강이 가장 많이 사용된다.
② 트러스 보에는 모든 하중이 압축력과 인장력으로 작용한다.
③ 플레이트 보는 형강보다 큰 단면 성능을 가지도록 만들 수 있다.
④ 래티스 보는 힘을 많이 받는 곳에는 잘 쓰이지 않는다.

해설 형강 보는 주로 I형강과 H형강을 사용하고, 힘을 많이 받게 하기 위하여 플랜지의 상·하부에 커버 플레이트를 붙이기도 한다. 보의 춤은 스팬의 1/18~1/20 정도로 한다.

179 철골조에 대한 기술 중 옳은 것은?

① 웨브재를 플랜지에 경사로 댄 것을 격자 보라 한다.
② 격자 보에 접합판을 대서 접합한 보를 래티스 보라 한다.
③ 래티스 보의 웨브판은 두께 6~12mm로 한다.
④ 격자 보는 콘크리트에 피복되지 않고 단독으로 쓰일 때가 많다.

해설 ①항은 래티스 보, ②항은 격자 보로서 콘크리트에 피복되지 않고 단독으로 쓰이는 경우는 거의 없다.

180 철골조의 주각 부분의 부재명이 아닌 것은?

① 베이스 플레이트
② 사이드 앵글
③ 윙 플레이트
④ 플랜지 플레이트

해설 플랜지 플레이트는 플레이트 보에 사용하는 강판으로 용접 구조의 I형 단면의 플랜지로 사용한다.

181 철골 구조에서 간사이가 크고 옆면의 기둥 간격이 좁은 공장이나 체육관 같은 건축물에 유리한 기둥 단면의 형태는?

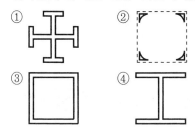

해설 간사이가 크고, 옆면의 기둥 간격이 좁은 건축물(공장, 체육관 등)에서는 I형 기둥이 유리하고, 기둥이 가로, 세로로 등 간격인 사무소 건축물에서는 상자 기둥이나 십자 기둥이 유리하다.

182 철골 공사시 바닥 슬래브를 타설하기 전에, 철골 보 위에 설치하여 바닥판 등으로 사용하는 절곡된 얇은 판의 부재는?

① 윙 플레이트
② 데크 플레이트
③ 베이스 플레이트
④ 메탈 라스

해설 윙 플레이트와 베이스 플레이트는 철골의 주각부에 사용되는 부재이고, 메탈 라스는 천장이나 벽 등의 미장에 사용된다.

183 다음 각 구조에 대한 설명으로 옳지 않은 것은?

① PC의 접합 응력을 향상시키기 위하여 기둥에 CFT를 적용하였다.
② 초고층 골조 강성을 증가시키기 위하여 아웃리거(Out Rigger)를 설치하였다.
③ 프리스트레스트 구조(Pre-stressed)에서 강성을 향상시키기 위해 강선에 미리 인장을 작용시켰다.
④ 가구식 목구조의 횡력에 대한 저항성을 향상시키기 위하여 가새를 설치하였다.

해설 CFT(Concrete Filled Tube Structure)는 원통 및 각형의 철제 강관의 내부에 고강도 콘크리트를 채워 일체화시켜 부재의 단면적 감소, 내진성의 향상 및 내화 성능의 향상을 꾀하는 공법이다.

III 건축 재료

1. 목재

1 개설

(1) 장점

① 가볍고, 가공이 쉬우며, 감촉이 좋다.

② 비중에 비하여 강도가 크다.

③ 열전도율과 열팽창률이 작다.

④ 종류가 많고, 각각 외관이 다르며, 우아하다.

⑤ 산성 약품 및 염분에 강하다.

(2) 단점

① 착화점이 낮아 내화성이 적다.

② 흡수성이 크며, 변형하기가 쉽다.

③ 습기가 많은 곳에서는 부식하기가 쉽다.

④ 충해나 풍화에 의해 내구성이 떨어진다.

2 목재의 분류와 조직

(1) 목재의 분류

목재는 일반적으로 다음과 같이 분류한다.

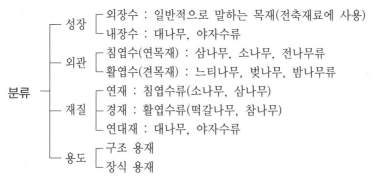

분류
- 성장
  - 외장수 : 일반적으로 말하는 목재(전축재료에 사용)
  - 내장수 : 대나무, 야자수류
- 외관
  - 침엽수(연목재) : 삼나무, 소나무, 전나무류
  - 활엽수(견목재) : 느티나무, 벚나무, 밤나무류
- 재질
  - 연재 : 침엽수류(소나무, 삼나무)
  - 경재 : 활엽수류(떡갈나무, 참나무)
  - 연대재 : 대나무, 야자수류
- 용도
  - 구조 용재
  - 장식 용재

(2) 목재의 조직

① 세포

>>> **목재의 세포와 그 역할**

구분 / 세포	나무섬유	물관(도관)	수선	수지관
침엽수	헛물관(가도관)이라고 하며 수목 전용적의 90~97%를 차지함. 길이가 1~4mm의 주머니모양으로 되어 있고 끝이 가늘어져 막혀 있다.	없음	가늘고 잘 보이지 않음	많다.
활엽수	길이가 0.5~2.5mm로서 구멍이 없다. 목섬유라고도 하며 수목 전용적의 40~75%를 차지함	나무 섬유 세포보다 크고 길다. 줄기 방향으로 배치 건조한 목재의 종단면 위에 크고 진한 색깔의 무늬가 나타나는 이유이다.	잘 나타나며 종단면에서는 어두운 색의 얼룩 무늬와 광택이 나는 뚜렷한 무늬	극히 드물다.
역할 / 침엽수	수액의 통로			수지의 이동이나 저장
역할 / 활엽수	수목의 견고성(강도 유지)	양분과 수분의 통로	물관과 동일	
비고			수목 줄기의 중심에서 겉껍질 방향에 방사상으로 들어 있는 세포	나무 줄기 방향으로 나타나는 것과 직각 방향으로 나타난다.

② 결

㉮ 나이테

㉠ 구분된 춘재와 추재의 1쌍의 나비를 합한 것을 한 나이테(Annual ring)라 한다.

㉡ 세포가 생기는 계절에 따라 세포의 크기와 형태가 다르다.

㉢ 나이테는 수목의 성장 연수를 나타내는 동시에, 강도의 표준이 되기도 한다.

㉣ 목재 중에는 침엽수와 같이 나이테가 확실하게 나타나는 것도 있고, 활엽수에 속하는 단풍나무, 버드나무, 라왕, 티이크, 마호가니 등과 같이 확실하지 않은 것도 있다.

㉤ 연중 기후의 변화가 없는 열대 지방에서는 형성되지 않거나 명확하지가 않다.

ⓑ 춘·추재의 특성

　　ⓐ 춘재 : 봄, 여름에 생긴 세포로서 크며, 세포막은 얇고 유연하다.

　　ⓑ 추재 : 가을, 겨울에 생긴 세포로서 작고, 세포막은 두껍고 견고하다.

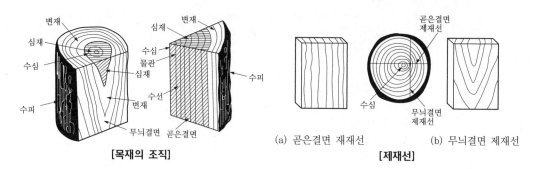

[목재의 조직]　　　　(a) 곧은결면 제재선　　　(b) 무늬결면 제재선

[제재선]

㉯ 무늬

　㉠ 곧은결

　　ⓐ 절단선이 마구리 면의 수심을 통하여 나이테에 직각 방향이 되면 자른 종단면 위에는 곧은 평행선 무늬가 나는 결재

　　ⓑ 질이 좋아 구조재로 쓰인다.

　㉡ 무늬결

　　ⓐ 절단선이 마구리면의 나이테에 접선 방향이 되면 자른 종단면 위에는 물결 모양의 무늬가 나타나는 결재

　　ⓑ 재면의 무늬가 아름다우므로 장식재로 쓰인다.

㉰ 심재와 변재

　㉠ 심재

　　ⓐ 변재에서 변화되어 세포는 고화되고, 수지, 색소, 광물질 등이 고결된 것

　　ⓑ 수목의 강도를 크게 하는 역할을 한다.

　　ⓒ 수분도 적고, 단단하므로 부패하지 않는다.

　　ⓓ 목재로서는 양질로 취급하고 있다.

　㉡ 변재

　　ⓐ 세포는 양분을 함유한 수액을 보내어, 수목을 자라게 하거나 양분을 저장한다.

　　ⓑ 수분을 많이 함유하며, 제재 후에 부패하기 쉽다.

③ 흠

　㉮ 발생 시기 : 수목이 성장하는 도중이나 벌목, 운반, 제재, 건조를 하는 작업 중

　㉯ 흠의 종류 : 갈림, 옹이(산, 죽은, 썩은 옹이, 옹이구멍) 상처, 껍질박이, 썩정이

　㉰ 발생 원인 : 조직의 파괴, 변질

》》》 흠의 종류, 발생 시기 및 원인

구분 흠의 종류		흠의 발생 시기	발생 원인	장소	비고
갈림		수목이 성장할 때	심재부의 나무섬유 세포가 죽으면 함수량이 줄면서 수축된다.	심재부가 방사상으로 갈라짐, 심재와 변재의 경계선 부분이 반달형으로 갈라짐	
		벌목을 한 후	변재가 건조 수축된다.	변재부가 방사상으로 갈라짐	
옹이	산옹이	수목이 성장하는 도중에 줄기에서 가지가 생길때	줄기의 세포와 가지의 세포가 교차되어 생긴다.	산가지의 흔적 (벌목시)	다른 목질부보다 약간 굳고 단단한 부분이 되어 가공이 불편하고 미관상 좋지 않다.
	죽은옹이			성장도중 가지를 잘라버린 흔적	너무 견고하므로 가공하기가 어려워 용재로는 적당치 않다.
	썩은옹이			죽은 가지의 흔적	색깔이 변하고 강도도 낮아서 목재로 사용하는데 지장이 많다.
	옹이구멍			옹이가 썩거나 빠진 부분의 흔적	
상처		벌목할 때	타박상, 원목운반시 쇠갈구리 자국	섬유가 상한 부분이 썩을 때	
껍질박이		수목이 성장하는 도중에 나무 껍질이 상하였다가 상처가 아물때	나무껍질의 일부가 목질부속으로 말려들어간다.		
썩정이			부패균이 목재 내부에 침입하여 섬유를 파괴 시킬 때		강도가 저하되고 가공에 지장을 준다.

3 목재의 성질

(1) 비중

① 목재의 비중은 실용적으로는 기건재의 단위용적 무게(g/cm^3)에 상당하는 값으로 나타낸다.

② 목재를 구성하고 있는 세포막의 두께, 즉 섬유나 물관막의 두께에 따라 다르다.

③ 같은 수종이라 하더라도 나이테의 밀도, 생산지, 수령 또는 심재, 변재 등에 따라서 비중이 다르다.

(2) 함수율과 그 영향

① 함수율

㉮ 함수율$(\%) = \dfrac{\text{목재의 무게} - \text{전건시 목재의 무게}}{\text{전건시 목재의 무게}} \times 100$

㉯ 생나무에는 40~80% (때로는 100% 이상)의 수분이 포함되어 있다.

㉰ 함수량은 수종, 수령, 생산지 및 심재, 변재 등에 따라서 다르고, 계절에 따라서도 다소 차이가 있다.

㉱ 함수율에 따른 목재의 상태

㉠ 섬유 포화점 : 생나무가 건조되어 수분이 점차 증발함으로써 약 30%의 함수 상태가 되었을 때

㉡ 기건 상태 : 건조하여 대기 중의 습도와 균형 상태가 되면 함수율은 약 15% 정도가 되는 상태

㉢ 전건 상태 : 건조되어 함수율이 0%가 되는 상태

㉲ 수분의 증발이나 흡수 속도는 같은 목재일지라도 부분에 따라 다르다. 마구리면이 가장 빠르고, 무늬결면이 그 다음으로 곧은 결면이 가장 느리다.

② 함수율의 증감에 따른 변형

㉮ 팽창 수축률 : 함수율 15%일 때의 목재의 길이를 기준으로 하고 무늬결, 곧은결 나비를 길이로 재어 함수율 1%의 변화에 대한 표시법

㉠ 팽창 수축률은 수종 이외에도 생장상태나 수령에 따라 일정하지 않다.

㉡ 같은 목재라 하더라도 변재는 심재보다 크다.

㉢ 비중이 클수록 크다.

㉯ 전 수축률$(\%) = \dfrac{\text{생나무의 길이} - \text{전건 상태로 되었을 때의 길이}}{\text{생나무의 길이}} \times 100$

㉠ 무늬결 나비 방향 : 6~10%

㉡ 곧은결 나비 방향 : 무늬결 나비 방향의 1/2 (2.5~4.5%)

㉢ 길이(섬유) 방향 : 곧은결 나비 방향의 1/20 (0.1~0.3%)

㉰ 목재의 휨, 뒤틀림 등의 변형은 특히 섬유가 곧게 뻗어 있지 않을수록 심하고, 활엽수는 침엽수보다 심하다.

(3) 강도

① 비중과 강도

㉮ 목재의 강도는 비중과 비례한다.

㉯ 함수율이 일정하고 결함이 없으면 비중이 클수록 강도는 크다.

② 함수율과 강도

㉮ 섬유 포화점 이상의 함수 상태에서는 함수율이 변화하더라도 목재의 강도는 일정하다.

㉯ 섬유 포화점 이하에서는 함수율이 작을수록 강도는 커진다. (기건재의 강도는 생나무 강도의 약 1.5배, 전건재의 강도는 생나무 강도의 3배 이상이 된다.)

③ 심재 및 변재의 강도

㉮ 심재는 변재에 비하여 강도가 크다.

㉯ 심재와 변재의 강도 차이는 비중의 차이로 볼 수 있다.

④ 흠과 강도

목재에 흠(옹이, 갈림, 썩정이 등)이 있으면 강도가 떨어진다. 이 중에서 옹이, 썩정이의 영향이 크다.

⑤ 가력 방향과 강도

㉮ 목재에 힘을 가하는 방향에 따라 강도가 다르다.

㉠ 섬유 방향에 평행하게 가한 힘에 대해서는 가장 강하다.

㉡ 섬유 방향에 직각으로 가한 힘에 대해서는 가장 약하다.

㉢ 중간의 각도(10~70°)에서는 거의 각도의 변화에 비례하여 약해진다.

㉯ 섬유 방향에 대하여 직각 방향의 강도를 1이라 할때, 섬유 방향의 강도의 비는 압축강도가 5~10, 인장 강도가 10~30, 휨 강도가 7~15이다.

(4) 내구성

① 부패

㉮ 부패균의 번식 조건

㉠ 온도

ⓐ 25~35℃ 사이에서 가장 활동이 왕성하다.

ⓑ 4℃ 이하에서는 발육할 수가 없다.

ⓒ 55℃ 이상에서는 거의 사멸된다. (증기 건조재는 살균된 것이다)

㉡ 습도

ⓐ 균계의 발육 가능한 최고 습도는 80% 정도이다.

ⓑ 목재의 함수율로는 20% 이상이 되면 균이 발육하기 시작한다.

ⓒ 40~50%인 때가 발육이 가장 왕성해질 수 있는 조건으로 볼 수 있다.

ⓓ 15% 이하로 건조하면 번식이 중단된다.

㉢ 공기

ⓐ 완전히 수중에 잠긴 목재는 부패되지 않는데, 이는 공기가 없기 때문이다.

ⓑ 생나무의 변재가 건전함에도 불구하고 심재가 부패할 때가 있다. (변재가 수분으로 메워져 있지만, 심재에는 공기가 들어 있기 때문이다)

    ㉣ 양분 : 목질부의 단백질 및 녹말
   ㉯ 부패 원인 : 균류의 작용에 의한 것으로 균에서 분비되는 여러 가지 효소에 의하여 목재 섬유질을 용해 또는 감소 시킨다.
   ㉰ 부패된 목재의 현상
    ㉠ 성분의 변질로 비중이 감소된다.
    ㉡ 강도 저하율은 비중 감소율의 약 4~5배가 된다.

② 풍화
  ㉮ 풍화의 원인 : 오랜 세월동안 햇볕, 비바람, 기온의 변화 등
  ㉯ 풍화의 현상 : 수지 성분이 증발하여 광택이 없어지고 표면이 변색, 변질 된다.
  ㉰ 풍화의 진행 : 풍화 초기에는 갈색이 되며, 더 진행되면 은백색이 된다.

③ 충해
  목재를 침식시키는 것은 주로 흰개미, 굼벵이 등이며 목재의 밑에서부터 내부로 침입하여, 추재부는 그대로 두고 주로 춘재부를 갉아먹어 구멍을 만드는 수가 많다.

④ 연소
  ㉮ 100℃ 정도 : 수분이 증발한다.
  ㉯ 180℃ 전후(인화점)
   ㉠ 열분해가 시작되어 가연성 가스가 발생한다.
   ㉡ 불꽃을 가깝게 하면 가연성 가스에 인화되지만, 목재에는 불이 붙지 않는다.
  ㉰ 260~270℃ (착화점, 화재 위험 온도) : 가연성 가스의 발생이 많아지고, 불꽃에 의하여 목재에 불이 붙는다.
  ㉱ 400~450℃ (발화점) : 화기가 없더라도 자연 발화된다.

4 제재와 건조

(1) 벌목

① 벌목의 계절
  ㉮ 가을, 겨울의 벌목
   ㉠ 수액이 가장 적으므로 건조가 빠르고 목질도 견고하다.
   ㉡ 산속에서 운반하기도 쉬우며, 벌목하는 데에 가장 좋은 시기이다.
  ㉯ 봄, 여름의 벌목
   ㉠ 수목의 성장기이므로 수액이 많아 재질이 무르다.
   ㉡ 함수율이 높아 건조가 잘 되지 않으며, 벌목 작업에도 불리한 점이 많다.

② 벌목 적령기
  장년기에 해당하는 장목기의 수목을 벌목하는 것이 재적도 많고 재질도 좋다.

(2) 제재

① 제재 계획

제재 계획선을 그을 때 알아 두어야 할 사항은 다음과 같다.

㉮ 원목 재적에 비하여 목재를 얻을 수 있는 비율, 즉 취재율을 침엽수에서는 70% 이상, 활엽수에서는 50% 이상의 취재율이 되게 한다.

㉯ 건조에 대한 수축을 고려하여 여유 있게 계획선을 그어야 한다.

㉰ 나뭇결을 고려하여 효과적인 목재면을 얻을 수 있도록 계획선을 그어야 한다.

㉱ 사용 부분에 따라 심재와 변재로 구별한 다음, 제재용 톱을 선택한다.

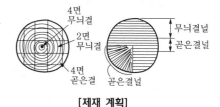

[제재 계획]

② 제재품

㉮ 정척재 : 제재소에서 임의로 미리 많은 양을 제재하여 자유 판매하는 기성재

㉯ 주문재 : 설계도에 따라 실제로 필요한 치수의 것을 주문을 받아 제재한 것

(3) 건조

① 건조시 유리한 점 및 건조의 정도

㉮ 건조시 유리한 점

㉠ 수축 균열이나 변형이 일어나지 않는다.

㉡ 부패균 발생 방지

㉢ 강도가 커지고 가공하기 쉽다.

㉯ 건조의 정도

㉠ 생나무 무게의 1/3 이상이 경감되도록 한다.

㉡ 구조용재는 15% 이하, 수장재 및 가구용재는 10% 이하로 건조

② 목재의 건조법

㉮ 수액 제거법

㉠ 원목을 현지에서 1년 이상 그대로 놓아 두면 비와 이슬에 의하여 수액이 빠지고 건조가 빨라진다.

㉡ 원목을 뗏목으로 하여 강물에 띄워 약 반 년쯤 물에 담가 두면 수액이 제거되고 흡수가 되지만, 건조는 빨라진다.

㉢ 목재를 열탕으로 삶으면 수액이 빨리 제거되어 건조가 빨라진다.

㉯ 자연 건조법 : 목재를 옥외에 엇갈리게 수직으로 쌓거나, 일광이나 비에 직접 닿지 않도록 옥내에서 건조시키는 방법으로서, 가장 간단하므로 널리 쓰이며 다음과 같은 점에 주의해야 한다.

㉠ 목재 상호 간의 간격, 지면에서의 거리를 충분히 유지하며, 지면에서는 높이가 30cm 이상 되는 괴목을 받친 다음에 쌓는다.

㉡ 건조를 균일하게 하기 위하여 가끔 상하, 좌우로 환적(換積)한다.

㉢ 나무 마구리에서의 급속 건조를 피하기 위하여 이 부분의 일광을 막거나, 경우에 따라서는 마구리를 페인트로 칠한다. 뒤틀림을 막기 위하여 오림대를 고루 괴어 둔다.

㉴ 인공 건조법

　㉠ 건조 방법 : 제재품을 건조실에 쌓고 밀폐한 다음 다습, 저온의 열기를 통과시키다가 저온, 고습으로 조절하여 건조시킨다.

　　ⓐ 증기법 : 건조실을 증기로 가열하여 건조시키는 방법으로 주로 사용된다.

　　ⓑ 열기법 : 건조실 내의 공기를 가열하거나, 가열 공기를 넣어 건조시키는 방법

　　ⓒ 훈연법 : 짚이나 톱밥을 태운 연기를 건조실에 도입하여 건조시키는 방법

　　ⓓ 진공법 : 원통형 탱크속에 목재를 넣고 밀폐하여 고온, 저압상태로 수분을 없애는 방법

　㉡ 특성

　　ⓐ 건조가 빠르다.

　　ⓑ 변형이 적다.

　　ⓒ 시설비, 가공비가 많이 든다.

　　ⓓ 가격이 비싸다.

5 목재의 부식과 보존법

(1) 방부, 방충법

① 일광 직사 : 자외선으로 살균(30시간 이상 일광 직사)

② 침지 : 완전히 물속에 넣어 공기를 차단(부패균의 번식 조건 중 공기를 없앰, 소나무 말뚝)

③ 표면 탄화 : 목재의 표면을 태워서 탄화시키는 방법으로 방부성은 있으나 탄화 부분은 흡수성이 증가하는 단점도 있다. (부패균의 번식 조건 중 수분을 차단)

④ 표면 피복 : 금속판이나 도료(옻, 니스, 페인트)로 표면을 피복(공기를 차단, 방습, 방수) 일반적으로 많이 쓰인다.

⑤ 약제 처리 : 약제를 칠하거나 가압, 주입 또는 약제에 침지시키는 방법

　㉮ 코울타르(Coal tar)

　　㉠ 방부력이 약하고 도포용으로만 쓰인다.

　　㉡ 상온에서 침투가 잘되지 않는다.

　　㉢ 흑색이므로 사용 장소가 제한된다.

④ 크레오소오트(Creosote)

　　㉠ 방부력이 우수하고 내습성도 있으며 값이 싸다.

　　㉡ 냄새가 좋지 않아서 실내에서는 쓸 수 없다.

　　㉢ 침투성이 좋아서 목재에 깊게 주입할 수 있다.

　　㉣ 흑갈색 용액이므로 미관을 고려하지 않은 외부에 사용된다.

⑤ PCP(Pentachloro phenol)

　　㉠ 무색이고 방부력이 가장 우수하다.

　　㉡ 그 위에 페인트를 칠할 수 있다.

　　㉢ 석유 등의 용제로 녹여서 사용한다.

⑥ 기타 : 황산구리(남색, 1%의 수용액), 플루오르화나트륨(황색 2%의 수용액), 염화아연 (2~5%의 수용액) 등

(2) 방화법

① 연소시간을 지연시키는 방법

㉮ 목재의 표면에 불연성 도료(방화 페인트, 규산 나트륨)를 칠하여 방화막을 만들어 불 꽃의 접촉을 막고, 가연성 가스의 발생을 막는다.

㉯ 방화제(인산암모늄, 황산암모늄, 탄산칼륨, 탄산나트륨, 붕사)를 단독 또는 혼합하여 목재에 주입시켜 발염성을 적게 하고 인화점을 높인다.

㉰ 목재의 표면을 불연재인 동시에 단열재(시멘트 모르타르, 벽돌) 등으로 둘러 싸서 목 재가 화재 위험 온도(260~270℃)에 도달하지 않도록 한다.

6 목재 제품

(1) 합판

합판은 3장 이상의 얇은 판을 1장마다 섬유 방향이 다른 각도(90°)로 교차되도록 겹쳐서 접착제로 붙인 것이다.

① 단판제법

	제조 방법	특성	두께	비고
로터리베니어	일정한 길이로 자른 원목의 양마구리의 중심을 축으로 하여 원목이 회전함에 따라 넓은 기계 대패로 나이테에 따라 두루마리를 펴듯이 연속적으로 벗기는 것이다.	얼마든지 넓은 단판을 얻을 수 있으며, 원목의 낭비가 적다. 단판이 널결만이어서 표면이 거친 결점이 있다. 생산 능률이 높으므로 합판 제조의 80~90%를 이 방식에 의존.	0.5~3mm	 회전　단판 원목　칼

슬라이스드 베니어	상하 또는 수평으로 이동하는 나비가 넓은 대패날로 얇게 절단한 것	합판 표면에 곧은결 등의 아름다운 결을 장식적으로 이용한다. 원목의 지름 이상인 넓은 단판은 불가능하다.	0.5~1.5mm	
소오드 베니어	판재를 만드는 것과 같은 방법으로 얇게 톱으로 쪼개는 단판으로 만든 것	아름다운 결을 얻을 수 있다. 결의 무늬를 좌우대칭의 위치로 배열한 합판을 만들 때에 효과적이다.	1~6mm	

② **합판의 제법** : 단판에 접착제를 칠한 다음, 여러 겹으로 겹쳐서 접착제의 종류에 따라 상온 가압($10{\sim}18\text{kg/cm}^2$) 또는 열압($150{\sim}160℃$)하여 접착시킨다.

③ **합판의 특성**

㉮ 판재에 비해 균질이며, 유리한 재료를 많이 얻을 수가 있다.

㉯ 단판을 서로 직교시켜서 붙인 것이므로 잘 갈라지지 않으며, 방향에 따른 강도의 차가 적다.

㉰ 단판은 얇아서 건조가 빠르고, 뒤틀림이 없으므로 팽창, 수축을 방지할 수 있다.

㉱ 아름다운 무늬가 되도록 얇게 벗긴 단판을 합판 양 표면에 사용하면 값싸게 무늬가 좋은 판을 얻을 수 있다.

㉲ 나비가 큰 판을 얻을 수 있고, 쉽게 곡면판으로 만들 수가 있다.

④ **합판의 종류**

㉮ 보통 합판

㉠ 표면에 아무것도 붙이지 않고 칠하지도 않은 합판을 말한다.

㉡ 표판으로 쓰이는 단판의 나무 종류, 등급, 치수에 따라 구별된다.

㉯ 특수 합판

㉠ 화장 합판 : 표면에 목재질 특유의 미관을 목적으로 하여 얇은 단판을 붙인 합판이다.

㉡ 멜라민 화장 합판 : 표면에 종이 또는 이와 비슷한 섬유질을 재료로 하는데, 멜라민 수지를 주 재료로 한 열경화성 수지를 결합제 또는 화장재로 입혀 가공한 합판

㉢ 폴리에스테르 화장 합판 : 표면에 폴리에스테르 수지를 사용한 합판

㉣ 염화비닐 화장 합판 : 표면에 염화비닐 수지 시트 또는 염화비닐 수지 필름을 입혀 가공한 합판

㉤ 프린트 합판 : 표면을 인쇄 가공한 합판으로, 미관적으로나 가격면에서 손쉬운 화장 합판으로 널리 보급되어 있다.

ⓑ 도장 합판

　　ⓐ 표면에 투명 도장을 하여 자연의 아름다움을 그대로 살린 합판

　　ⓑ 표면을 착색하여 불투명하게 도장 가공을 한 합판

⑤ 구성 요소

　㉮ 표면판 : 보통 합판에는 라왕이 많이 쓰이고, 아름답고 고른 무늬를 가진 목재는 화장 단판으로 쓰인다. 이것은 나무의 종류에 따라 광택, 결, 색조 등에 차이가 많다.

　㉯ 접착층 : 접착층은 합판의 내구성, 내수성을 결정하는 최대 요소로서, KS에서는 다음 과 같이 분류하고 있다.

　　㉠ 1류 합판 : 주로 페놀 수지(Phenol resin) 접착제를 사용하고, 외부 및 내부라도 물이 자주 닿는 곳에 쓰인다.

　　㉡ 2류 합판 : 주로 순도 높은 요소 수지와 멜라닌 수지 접착제를 사용하고, 습도가 높은 장소에 쓰인다.

　　㉢ 3류 합판 : 주로 카세인(Caseine) 또는 소맥분의 함유율이 높은 요소 수지를 혼합 한 접착제를 쓴다. 주로 내부용이다.

　㉰ 심재료

　　㉠ 보통 단판을 쓴 것

　　㉡ 목재를 가늘게 톱질한 것을 가로, 세로로 붙여, 폭넓고 두터운 심판을 만들어, 양 쪽에 표판을 붙인 것

　　㉢ 파티클 보드를 쓴 것

(2) 집성 목재

① 제조 방법 : 두께 15~50mm의 단판을 섬유 방향을 거의 평행이 되게 여러 장 겹쳐서 접 착한 것이다.

② 집성 목재와 합판의 차이점

　㉮ 판의 섬유 방향을 평행으로 붙인 것

　㉯ 판이 홀수가 아니라도 된다는 점

　㉰ 합판과 같은 얇은 판이 아니라, 보나 기둥에 사용할 수 있는 단면을 가진다는 점

③ 집성 목재의 장점

　㉮ 목재의 강도를 인공적으로 자유롭게 조절할 수 있다.

　㉯ 응력에 따라 필요한 단면을 만들 수 있다.

　㉰ 필요에 따라 아치와 같은 굽은 용재를 만들 수 있다.

　㉱ 길고 단면이 큰 부재를 간단히 만들 수 있다.

(3) 강화 목재

① 제조 방법 : 합판의 단판에 페놀 수지 등을 침투시켜 열압($140 \sim 150℃$, $200 \sim 300 \text{kg/cm}^2$)하여 붙여 댄 것

② 특징 : 비중은 1 이상이며, 강도가 크고 마멸이 잘되지 않으므로 특수한 용도로 쓰인다.

(4) 인조 목재

인조 목재는 톱밥, 대팻밥, 나무 부스러기 등을 원료로 사용하며, 이것을 적당히 처리한 다음에 고열, 고압을 가하여 원료가 가지고 있는 리그닌(Lignin) 단백질을 이용하여 목재 섬유를 고착시켜 만든 견고한 판이다.

(5) 바닥 판재

① 파키트리 보드

㉮ 파키트리 보드(Parquetry board)는 두께가 $9 \sim 15 \text{mm}$(3~5푼), 폭이 6cm(2치)인 단판을 접착제나 파정(波釘)으로 3~5장씩 접합하여 23cm 각(7치 5푼각)의 패널로 만든 것

㉯ 양 측면은 제혀 쪽매로 가공을 하고, 표면을 상대패로 마감한다.

② 파키트리 패널

㉮ 파키트리 패널(parquetry panel)은 두께가 $9 \sim 15 \text{mm}$, 폭이 6cm, 길이는 폭의 정수배로 한 것

㉯ 양 측면을 제혀 쪽매로 가공하고, 뒷면에 흠이 없다.

③ 파키트리 블록 : 파키트리 블록(Parquetry block)은 파키트리 보드 단판을 3~5장씩 접합하여 18cm각이나 30cm각으로 만들어 접합하여 방수 처리한 것
사용할 때에는 철물과 모르타르를 써서 콘크리트 마루에 깐다.

(6) 벽, 천장재

① 코펜하겐 리브 : 코펜하겐 리브(Copenhagen rib)는 강당, 극장, 집회장 등에 음향 조절용으로 쓴다.

② 코르크

㉮ 화이트 코르크 : 코르크 나무 껍질에서 채취한 것을 편평하게 압축, 건조하여 5~6분 동안 솥에서 끓여 건조시킨 것

㉯ 탄화 코르크 : 코르크 나무에서 채취한 것을 편평하게 압축, 건조하여 5~6분 동안 화열 또는 과열 증기로 처리한 것으로 약간 질이 떨어진다.

㉮ 코르크판은 가벼우며(비중 0.22~0.26), 탄성, 단열성, 흡음성 등이 있으므로 음악 감
상실, 방송실 등의 천정, 안벽의 흡음판으로 쓰일 뿐만 아니라, 냉장고, 냉동고, 제빙
공장등의 단열판으로도 쓰인다.

(7) 섬유판

섬유판은 식물성 섬유(목재, 짚, 종이 등)를 원료로 하여 여기에 접착제, 방부제 등을 첨
가하여 제판한 것

① **연질 섬유판** : 침엽수 등의 식물섬유를 주원료로 하여 만든 것으로 건축의 내장 및 보온
을 목적으로 하여 성형한 비중이 0.4 미만의 제품이다.

② **반경질 섬유판(하드텍스, 세미하드텍스)** : 원료는 볏짚, 수숫대, 펄프 등을 사용하여 습식
법으로 채뜨기하여 열압해서 만든다.

③ **경질 섬유판** : 합판 제조 때의 폐재, 그 밖에 다른 목재의 폐재를 주원료로 하여, 이를 섬
유화하여 성형 및 열압한 것으로 특성은 다음과 같다.
㉮ 강도가 크고, 가로, 세로의 강도차는 10% 이하이어서 방향성을 고려하지 않아도 되
며, 넓은 면적의 판을 만들 수 있다.
㉯ 표면은 평활하고 경도가 크며, 내마멸성이 크다.
㉰ 가로, 세로의 신축이 거의 같으므로 비틀림이 작다.
㉱ 외부 장식용으로 쓸 때에는 평활도와 광택이 줄어들고, 강도도 줄어든다. 강도의 저하
는 1년에 15~20%, 5년에 25~30% 정도이다.

(8) 파티클 보드

파티클 보드(Particle board)는 식물 섬유를 주원료로 하여, 접착제로 성형, 열압하여 제
판한 비중 0.4 이상의 판을 파티클 보드라 하며 특성은 다음과 같다.
① 강도에 방향성이 없고, 큰 면적의 판을 만들 수 있다.
② 두께는 비교적 자유로 선택할 수 있다.
③ 표면이 평활하고 경도가 크다.
④ 방충, 방부성이 크다.
⑤ 균질한 판을 대량으로 제조할 수 있다.
⑥ 가공성이 비교적 양호하다.
⑦ 못, 나사못의 지보력은 목재와 거의 같다.

2. 시멘트 및 콘크리트

1 시멘트

(1) 개설

오늘날의 시멘트는 어떤 석회석에 포함되어 있는 점토질이 수경성이 크다는 것이 알려진 후, 영국의 벽돌공인 조셉 애습딘이 1791년에 경질 석회석을 구워서 얻은 생석회에 물을 가하여 얻은 소석회에 점토를 혼합하여 만든 시멘트를 포틀랜드 시멘트라 하여 사용하게 되었다. 그 후 소성로, 분쇄기와 같은 기계의 출현, 그리고 배합, 소성, 냉각 기술의 발전으로, 오늘날과 같은 용도별로 그 특수성에 적응한 다양한 특수 시멘트가 제조되기에 이르렀다.

(2) 분류 및 제법

① 분류

분류 ＼ 종류	종류	비고
포틀랜드 시멘트	보통 포틀랜드 시멘트, 중용열 포틀랜드 시멘트, 조강 포틀랜드 시멘트, 백색 포틀랜드 시멘트	
혼합 시멘트	슬래그 시멘트, 플라이 애시 시멘트, 포촐란 시멘트	
특수 시멘트	알루미나 시멘트, AE포틀랜드 시멘트, 초조강 포틀랜드 시멘트, 팽창 시멘트	

* 한국 공업 규격에 품질 규정이 없는 시멘트는 AE포틀랜드, 초조강 포틀랜드, 팽창 시멘트 등이다.

② 제법

시멘트의 제조에는 원료 배합, 고온 소성, 분쇄의 세 가지 공정이 있다. 원료로는 석회석과 점토를 쓰며, 시멘트의 응결 시간을 조정하기 위하여 석고를 보통 시멘트 클링커의 2~3% 정도가 쓰인다.

㉮ 원료 배합

㉠ 건식법 : 건식법은 각 원료를 개별적으로 함수량 1% 이하로 건조하여 균일하게 분쇄, 배합하여 소성하는 방법.

㉡ 습식법 : 습식법은 각 원료를 건조시키지 않고 그대로 분쇄, 배합을 하며, 동시에 원료 전체에 약 36~40%의 물을 첨가하여 재분쇄, 혼합한 다음, 진흙(Sludgy)을 만들어 원반형 여과기(Slurry filter)에 과잉 수분을 제거하여, 수분의 함유량을 약 20%의 진흙형 케이크(Sludgy cake)로 하여 회전로에 넣어 소성하는 방법으로 건식법에 비하여 여러 가지의 비경제적인 점도 있으나, 원료 배합이 매우 우수하며 고급 시멘트(조강 포클랜드 시멘트)의 제조에 쓰인다.

ⓒ 반습식법 : 반습식법은 노 뒤에 장치되어 있는 조립기 내에서 건식 배합 원료에 10~20%의 물을 가하여 원료를 소립자의 모양으로 만드는 것이 특징이며, 조립기에서 나온 원료 입자를 다시 예열실에 보내어 1000℃로 열처리를 하여 회전로에 넣어 소성하는 방법

ⓑ 고온 소성 : 소성은 모두 회전로에 의해서 구워지고, 1400~1500℃의 온도하에서 거의 용융될 무렵까지 소성을 하면 원료는 작은 클링커로 된다.

ⓒ 분쇄 : 클링커에 무게비 3% 이하의 석고를 첨가하여 분쇄기로 미분쇄하면 포틀랜드 시멘트를 얻을 수 있다.

(3) 성분 및 반응

① 화학 성분

㉮ **주요한 성분** : 실리카(SiO_2), 알루미나(Al_2O_3), 석회(CaO), 산화철(Fe_2O_3), 석고 중의 무수황산(SO_3)

㉯ **주요 구성 화합물** : 규산삼석회($3CaO \cdot SiO_2$), 규산이석회($2CaO \cdot SiO_2$), 알루민산삼석회($3CaO \cdot Al_2O_3$), 알루민산철사석회($4CaO \cdot Al_2O_3 \cdot Fe_2O_3$)

② 수화 반응

㉮ **수화 작용** : 시멘트의 구성 화합물은 물과 접촉을 하면 각각 특유한 화학 반응을 일으켜서 다른 화합물이 되는 작용

ⓐ 응결 : 시멘트에 적당한 양의 물을 부어 뒤섞은 시멘트풀(Cement paste)은, 천천히 점성이 늘어남에 따라 유동성은 점차 없어져서 차차 굳어지는 상태

ⓑ 경화 : 응결된 시멘트 고체는 시간이 지남에 따라 조직이 굳어져서 강도가 커지게 되는 상태

ⓒ 수경성 : 시멘트풀이 응결, 고체화된 것이 물속에서 더욱 강도가 증대되는 성질

㉯ **수화 작용의 순서** : 알루민산 삼석회(1주일 이내의 강도)→규산삼석회(1주일~4~13주일의 강도)→규산이석회(1개월 이후의 강도)→알루민산철사석회

㉰ **수화열** : 수화 작용에 따라 상당한 열(40~60℃)을 발생하여 응결이나 경화를 촉진시키는데에 유효한 역할을 하기도 하나, 댐 또는 그밖의 매스 콘크리트(Mass concrete)에서는 장기간에 걸쳐 수화열이 냉각되므로 수축 갈림이 생길 때가 있다.

(4) 성질

① 비중

시멘트의 비중은 보통 3.05~3.15이며, 소성 온도, 성분 등에 따라 다르고 같은 시멘트에서도 풍화한 것일수록 비중이 작아진다.

㉮ 풍화 : 시멘트가 공기 중의 습기를 받아 천천히 수화 반응을 일으켜 작은 알갱이 모양으로 굳어지고, 결국에는 큰 덩어리로 굳어지는 현상이다.

⑭ 시멘트의 단위 용적 무게는 채우는 방법에 따라 달라지나, 편의상 1500kg/m³로 한다.

⑮ 시멘트의 비중을 측정하는 데 르샤틀리에(Le Chatelier) 비중병이 사용된다.

② 분말도

시멘트의 분말도(Fineness)는 수화 속도에 큰 영향을 준다.

㉮ 분말도가 높은 경우

㉠ 장점

ⓐ 수화 작용이 촉진되므로 응결이 빠르다.

ⓑ 조기 강도가 높아진다.

ⓒ 시공할 때 시공 연도가 좋다.

ⓓ 시공 후에 투수성이 적다.

㉡ 단점

ⓐ 콘크리트가 응결할 때 초기 균열이 일어나기 쉽다.

ⓑ 시멘트를 저장할 때 풍화 작용이 일어나기 쉽다.

㉯ 분말도 시험 방법에는 블레인(Blaine) 법(KSL 5106)과 표준체에 의한 방법(KSL 5112, KSL 5117)이 있다.

③ 응결 및 경화

㉮ 응결 및 경화에 영향을 주는 요인은 시멘트의 화학적 성분, 혼합 물질, 온도, 습도, 풍화의 정도 및 분말도 등이다.

㉠ 시멘트의 화학 성분 중에서 알루민산 삼석회가 많으면 응결이 빠르다.

㉡ 혼합 용수가 많으면 응결, 경화가 늦는다.

㉢ 온도와 습도가 높으면 응결 시간이 짧아지며, 경화가 촉진된다.

㉣ 풍화된 시멘트는 응결이 늦어진다.

㉤ 시멘트의 분말도가 높으면 응결, 경화 속도가 빠르고, 온도의 증가에 따른 응결 경화 속도는 로그 함수와 관계가 있다.

㉯ 위응결(2중 응결) : 시멘트가 물과 혼합하여 발열하지 않고, 10~20분만에 굳어졌다가 다시 풀리면서 응결하는 현상

㉰ 응결 시간 측정법 : KS 규격에는 KSL 5108(비커 침에 의한 시험법)과 KSL 5109(길모어 침에 의한 시험법)의 규정

④ 안전성

㉮ 원인과 일어나는 현상 : 시멘트가 불안정하면 이상 팽창과 갈라짐이 일어난다. 이와 같은 현상은 콘크리트 구조물에 균열을 주어 치명적인 붕괴 현상을 일으키는 원인이 된다. 이 원인은 클링커 안에 유리석회, 마그네시아 및 아황산의 함유량이 초과하였기 때문이다.

      ㉴ 측정 방법

        ㉠ 안정성 시험은 시험 패트(Pat)에 의한 팽창과 균열을 검사하는 방법으로 침수법과 비등법이 있다.

        ㉡ 엄밀한 검사를 하려면 KSL 5107의 규정에 의한 오토클레이브(Autoclave)를 이용한 팽창도 시험 방법

⑤ 강도

    ㉮ 시험체 : 시멘트의 강도는 KSL 5100에 정한 표준 모래(Standard sand; 주문진 향호리에서 채취한 것)를 사용하여 KSL 5104와 KSL 5105의 규정에 따라 실시한 모르타르의 강도를 말한다.

    ㉯ 시멘트의 강도에 영향을 주는 요인은 시멘트의 성분, 분말도, 사용수량, 풍화 정도, 양생 조건 및 시험 방법 등이 있다.

      ㉠ 분말도

        ⓐ 시멘트의 미분말은 골재 표면을 피복하여 완전한 결합을 이룬다.

        ⓑ 표면적이 크므로 물과의 반응이 빠르게 되어 분말도와 강도는 비례한다.

      ㉡ 사용 수량 : KS 규격에 의한 표준 밀도가 높으면 강도는 떨어진다. 이것은 우리나라의 KSL 5104와 KSL 5105의 규정은 표준 흐름값(Flow value)이 110~115인 모르타르에 의해 강도 시험용 공시체를 만들기 때문이다.

      ㉢ 풍화

        ⓐ 시멘트는 제조 직후의 강도가 가장 크며, 장기간의 저장은 공기 중의 습기를 흡습하여 풍화하므로 강도의 저하를 가져온다.

        ⓑ 초기 강도의 저하는 현저하다.

      ㉣ 양생조건

        ⓐ 시멘트의 강도는 양생 온도 30℃까지는 온도가 높을수록 커지고, 재령의 증가에 따라 커진다.

        ⓑ 초기에 있어서 양생 온도의 영향은 대단히 높다.

        ⓒ 공기 중의 습기에 의한 양생보다는 수중 양생의 것이 훨씬 높다.

(5) 각종 시멘트의 특성 및 용도

종류		원료	특성	용도	비고
포틀랜드시멘트	보통 포틀랜드 시멘트	석회석, 점토(백색 점토), 생석회	• 공정이 비교적 간단하다. • 품질이 우수하다. • 생산량이 많다.	일반적으로 가장 많이 쓰인다.	
	중용열 포틀랜드 시멘트		• 원료 중 석회, 알루미나, 마그네시아 양을 적게 하고, 실리카와 산화철을 다량 넣은 것 • 수화작용을 할 때 발열량이 적다. • 조기 강도가 작으나 장기 강도는 크다. • 체적의 변화가 적어서 균열 발생이 적다. • 방사선을 차단한다. • 내식성·내구성이 크다.	• 댐축조 콘크리트 구조물 • 콘크리트 포장 • 방사능 차폐용 콘크리트	
	조강 포틀랜드 시멘트		• 경화가 빠르고 조기 강도가 크다. • 석회분이 많아서 품질이 향상 • 분말도가 커서 수화열이 크다. • 공기를 단축할 수 있다.	• 한중 공사 • 수중 공사 • 긴급 공사	
	백색 포틀랜드 시멘트		• 산화철 및 마그네시아의 함유량을 제한한 시멘트 • 보통 포틀랜드 시멘트와 거의 품질이 같다.	• 미장재 • 도장재	
	고산화철 포틀랜드 시멘트	석회석, 점토, 광재, 생석회	• 내산성, 내구성을 증가시키기 위하여 광재를 시멘트 원료로 사용한 것 • 장기 강도는 적으나 수축률과 발열량이 적다.	• 화학 공장의 건설재 • 해안 구조물의 축조	
혼합시멘트	고로 시멘트		• 보통 포틀랜드 시멘트 클링커(30%)와 광재(클링커의 30~50%)에 적당한 석고를 넣은 것 • 광재의 혼합량은 포틀랜드 시멘트의 25~65% 정도	• 해안 공사 • 큰 구조물 공사	광재 : 고로에서 선철을 만들 때 나오는 광재를 물에 넣어 급히 냉각시켜 잘게 부순것
	플라이애쉬 시멘트	포틀랜드 시멘트 클링커, 플라이애쉬 생석회	• 플라이 애쉬의 혼합량은 포틀랜드 시멘트의 15~40% 정도 • 수화열이 적고 조기강도가 낮으나 장기 강도는 커진다. • 워커빌리티가 좋고 수밀성이 크며, 단위 수량을 감소시킨다.	• 하천 공사 • 해안 공사 • 해수 공사 • 기초 공사	플라이 애쉬 : 미분탄을 연료로 하는 보일러의 연도에 집진기로 채취한 미립자의 재
	포촐란 시멘트	포틀랜드 시멘트 클링커, 포촐란, 생석회	• 고로 시멘트와 동일		포촐란 : 화산재 규조토, 규산백토 등의 실리카질 혼화재
특수시멘트	알루미나 시멘트	보오키 사이트 석회석	• 조기 강도가 크고 수화열이 높다.(재령 1일=PC 28일) • 화학 작용에 대한 저항이 크다. • 수축이 적고 내화성이 크다.	• 동기 공사 • 해수 공사 • 긴급 공사	
	팽창 시멘트 (무수 시멘트)	칼슘 클링커 광재 포틀랜드 클링커	• 칼슘 클링커(보크 사이트, 백악, 석고를 혼합 소성한 것)에 광재 및 포틀랜드 클링커의 혼합물을 넣어 만든 것		

2 콘크리트

(1) 개설

콘크리트(Concrete)는 시멘트, 잔 골재, 굵은 골재에 적당한 양의 물을 넣고 혼합하여 만든 것으로, 굵은 골재를 쓰지 않은 것을 모르타르(Mortar), 골재를 전혀 쓰지 않은 것을 시멘트풀이라 한다.

콘크리트의 장단점은 다음과 같다.

㉮ 장점

  ㉠ 압축 강도가 크다.

  ㉡ 내화적이다.

  ㉢ 내수적이다.

  ㉣ 내구적이다.

  ㉤ 강재와의 접착이 잘 되고, 방청력이 크다.

  위의 특징은 강재와 병용함으로써 더욱 뚜렷해진다.

㉯ 단점

  ㉠ 무게가 크다.

  ㉡ 인장 강도가 작다.

  ㉢ 경화할 때 수축에 의한 균열이 발생하기 쉽고, 이들의 보수, 제거가 곤란하다.

(2) 골재와 물

① 골재

㉮ 골재의 분류

  ㉠ 크기에 따른 분류

    ⓐ 잔 골재 : 5mm체를 90% 이상 통과시키는 것으로서 모래가 있다.

    ⓑ 굵은 골재 : 5mm체를 90% 이상 체에 남는 것으로서 자갈류가 있다.

  ㉡ 형성 원인에 따른 분류

    ⓐ 천연골재 : 강모래, 강자갈, 바다모래, 바다자갈, 산모래, 산자갈 등

    ⓑ 인공골재 : 깬자갈, 슬랙 깬자갈 등

  ㉢ 비중에 따른 종류

    ⓐ 보통 골재 : 전건 비중이 2.5~2.7 정도의 것으로 강모래, 강자갈, 깬자갈 등이 있다.

    ⓑ 경량 골재 : 전건 비중이 2.0 이하의 것으로서, 경석, 인조 경량 골재 등이 있다.

    ⓒ 중량 골재 : 전건 비중이 2.8 이상의 것으로서, 철광석 등이 있다.

㉯ 품질 : 콘크리트용 골재는 다음 사항에 주의하여 사용해야 한다.

  ㉠ 골재의 강도는 시멘트풀이 경화하였을 때 시멘트풀의 최대 강도 이상이어야 한다.

따라서, 석회석, 사암 등과 같은 연질 수성암은 골재로서 부적당하다.

ⓛ 형태는 거칠고, 구형에 가까운 것이 가장 좋으며, 편평하거나 세장한 것은 좋지 않다.

ⓒ 진흙이나 유기 불순물 등의 유해물이 포함되지 않아야 한다.

ⓔ 골재는 잔 것과 굵은 것이 적당히 혼합된 것이 좋다.

ⓜ 운모가 다량으로 함유된 골재는 콘크리트의 강도를 떨어뜨리고, 풍화되기도 쉽다.

㉲ 비중 : 골재의 비중이란, 표면은 건조하고 내부는 포수 상태에 있는 표면 건조 상태하에서의 골재의 비중을 말한다.

㉠ 골재의 비중은 2.5~2.7 정도이다.

㉡ 일반적으로 비중이 큰 것일수록 흡수량이 적으며, 내구성이 크다.

㉢ 골재의 비중으로 골재가 어느 정도의 경도, 강도, 내구성 등을 지니고 있는지를 알수가 있다.

㉳ 단위 용적 무게

㉠ 골재는 계량하는 그릇의 모양, 크기, 채우는 방법, 함수량 등에 따라 같은 부피라 하더라도 실제로는 큰 차이가 있다.

㉡ 잔 골재일수록 단위 용적 무게 차이가 심하다.

ⓐ 모래는 가만히 계량할 때 표면이 젖어 있으면 부피가 커진다.

ⓑ 표면의 수량이 5~10%에서 부피가 최대로 되어 건조상태의 25%가 증가하며 아주 가는 모래에서는 약 50%가 증가하는 경우도 있다.

ⓒ 수분이 더 많아지면 부피가 점차 작아져서 포화상태(약 30%)가 되면 건조상태 때와 거의 같게 된다.

㉴ 공극률과 실적률 : 잔 골재 및 굵은 골재의 공극률은 보통 30~40%이고, 잔 골재와 굵은 골재를 혼합하면 단위 용적 무게가 커지며, 적당히 혼합할 때에는 공극률이 약 20%까지 줄어든다. 공극률과 실적률은 다음과 같이 계산한다.

$$공극률(\%) = \left(1 - \frac{w}{\rho}\right) \times 100$$

$$실적률(\%) = \frac{w}{\rho} \times 100$$

여기서, ρ : 비중, w : 단위 용적 무게(kg/l)

㉵ 입도 : 골재의 입도란, 크고 작은 모래, 자갈이 혼합되어 있는 비율을 말한다. 콘크리트의 유동성, 강도, 경제성과 관계가 깊으며 입도 시험은 다음과 같다.

㉠ 체가름 시험

ⓐ 시험 방법 : 눈이 좁은 것으로부터 차례로 띄워서 겹쳐 놓은 체 진동기로 충분히 거른 다음, 각 체에 걸린 모래 또는 자갈의 무게를 측정하여 전체의 양에 대한 비율을 계산하는 방법

ⓑ 시험체의 사용량 : 이 시험에서 모래는 500g, 자갈은 2000g으로 한다.

ⓛ 체가름 곡선 : 체가름 시험에서 비율을 상관관계로 나타낸 것으로 철근 콘크리트용으로 적당한 입도의 범위를 나타낸 것이다.

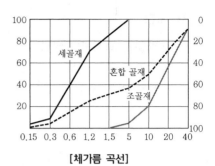

[체가름 곡선]

ⓒ 조립률

ⓐ FM으로 나타내는데, 조립률 또는 세율이라고도 한다.

ⓑ 각체의 눈보다 큰 골재의 합(여러가지 체로 걸렀을 때 각 체위에 남은 골재의 무게)을 전체에 대한 %로 계산하여 1/100한 것이다.

• 2 이하를 가는 모래

• 2~3을 중 모래

• 3 이상을 굵은 모래

• 자갈은 6~8 정도이다.

ⓒ 콘크리트용으로 적당한 FM값은 모래가 2~3.6, 자갈은 6~7이다.

ⓢ 골재의 수분 : 골재의 함수 상태는 다음 그림과 같이, 절대 건조 상태로부터 습윤 상태로까지 변화한다. 그림에서, 표면 건조 내부 포수 상태란, 표면은 건조되어 있으나 내부는 물로 꽉 차 있는 상태를 말한다. 비빈 콘크리트 속의 골재는 이 상태로 보면 된다.

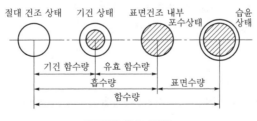

[골재의 함수 상태]

② 물

콘크리트는 물과 시멘트와의 화학적 결합에 의하여 경화되고, 수분이 있는 한 장기에 걸쳐 강도가 증진하므로, 수질이 콘크리트의 강도나 내구력에 미치는 영향은 크다.

㉮ 약한 알칼리는 해가 없고, 산은 약산이라도 지장이 있다.

㉯ 염분은 철근 방청상 0.01% 이하의 함유량이 요구된다.

㉰ 당분은 시멘트 무게의 0.1~0.2%가 함유되어도 응결이 늦고, 그 이상이면 강도도 떨어진다.

(3) 배합

① 배합을 표시하는 방법

배합은 보통 시멘트, 잔 골재, 굵은 골재의 비를 용적 또는 무게비로 1 : m : n으로 표시하기도 하고 때로는 시멘트와 골재와의 비로 1 : m+n으로 표시하기도 한다.

㉮ 무게 배합 : 각 재료의 무게비에 의해서 배합하는 방법으로, 계측상의 오차가 거의 없으므로 정확하나, 특별한 계량 장치가 없는 현장에서는 적합하지가 않다. 실험실에서 주로 많이 쓰인다.

㉯ 용접 배합

㉠ 절대 용적 배합 : 절대 용적이란, (빈 틈이 없는 상태의 용적) 실제로는 정확히 측정할 수 없으므로 무게 배합에 의한 각 재료의 무게를 그 재료의 비중으로 나누어 값을 구한다.

㉡ 표준 계량 용적 배합 : 시멘트는 1.5kg/l, 골재는 표준 계량 방법에 따라 얻은 단위 용적의 무게를 가진 용적의 비율로 표시하는 것이다.

㉢ 현장 계량 용적 배합 : 현장에서 운반 기구에 재료를 담는 것과 같은 간단한 용기의 용적으로 비율을 나타내는 방법으로, 가장 실용적인 방법이다.

㉰ 표준 배합표에 의한 방법 : 각 재료는 콘크리트 1m^{3}를 만드는 데 필요한 양을 나타내며, 물-시멘트비(o/wt), 슬럼프(cm), 잔 골재율(o/vl 또는 o/wt) 및 유효 수량(kg/m^3)을 함께 기입하게 되어 있다.

㉠ 잔 골재율이란, 잔 골재의 절대 용적을 잔 골재와 굵은 골재와의 절대 용적을 합한 값으로 나눈 것을 백분율로 나타낸 것이다.

㉡ 유효 수량이란 부어 넣은 직후에 콘크리트 1m^{3}의 시멘트를 속에 포함된 물의 무게를 말한다.

② 콘크리트의 묽기

콘크리트를 시공하기에 적당한 묽기를 워커빌리티(Workability) 또는 시공 연도라 한다.

㉮ 워커빌리티가 좋은 콘크리트의 성질

㉠ 재료가 분리되지 않는다.

㉡ 질이 고른 콘크리트가 만들어져 내구성이 좋다.

㉢ 그 밖의 성질을 향상시킬 수 있다.

㉯ 워커빌리티의 결정 요인

㉠ 골재의 성질

㉡ 골재의 모양

㉢ 수량

㉣ 배합 및 비비기 정도

㉤ 혼합 후의 시간

ⓓ 워커빌리티의 측정 방법

ⓐ 슬럼프 시험 : 슬럼프 시험(Slump test)은 콘크리트를 3회로 나누어 규정된 방법으로 다져서 채운 다음, 원통을 가만히 수직으로 올리면 콘크리트는 가라앉는데, 이 가라앉는 정도가 슬럼프 값(cm로 표시)이다.

건축공사 시방서에서 정한 슬럼프의 표준 범위는 다음과 같다.

》》》 슬럼프의 표준 범위 (단위 : cm)

장소	슬럼프(cm)	
	진동 다지기일 때	진동 다지기가 아닐 때
기초, 바닥판, 보	5~10	15~19
기둥, 벽	10~15	19~22

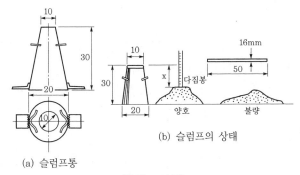

(a) 슬럼프통

(b) 슬럼프의 상태

[슬럼프 시험]

ⓑ 플로우 시험(Flow test)

ⓒ 리모울딩 시험 : 슬럼프 시험과 플로우 시험을 혼합한 것과 같은 것이다.

ⓓ 낙하시험

ⓔ 구(Ball)의 관입 시험 : 주로 콘크리트를 섞어 넣은 직후의 반죽 질기를 측정하는 편리한 방법

(4) 강도

콘크리트의 강도 중에서는 압축 강도가 가장 크고, 그 밖에 인장 강도, 휨 강도, 전단 강도는 압축 강도의 $\frac{1}{10} \sim \frac{1}{5}$에 불과하다.

① 수량과 강도와의 관계

콘크리트의 강도는 수량에 따라 크게 달라진다. 1916년, 아브람의 물·시멘트 비설과 1932년 라이스의 시멘트 물·비설에 의한 물·시멘트 산정식은 다음과 같다.

시멘트의 종류	물·시멘트 비	비고
보통 포틀랜드 시멘트	$x(\%) = \dfrac{61}{\dfrac{F}{K} + 0.34}$	x : 물·시멘트 비(%)
조강 포틀랜드 시멘트	$x(\%) = \dfrac{41}{\dfrac{F}{K} + 0.03}$	F : 배합강도(kg/cm^2)
중용열, 고로 시멘트	$x(\%) = \dfrac{110}{\dfrac{F}{K} + 1.09}$	K : 시멘트 강도(kg/cm^2)

② 강도에 영향을 주는 수량 이외의 사항

㉮ 재료의 품질 : 물-시멘트비가 일정한 콘크리트의 강도는 재료(시멘트, 물, 골재)의 품질에 따라 달라진다.

㉯ 시공 방법

㉠ 비비기 방법 : 비비기 시간 약 10분까지는 오래 비빌수록 강도가 커지나, 1분 이하일 경우에 강도는 현저하게 떨어진다.

㉡ 부어 넣기 방법 : 진동기나 막대로 충분히 철근이나 그 밖의 매설물의 둘레나 거푸집의 구석까지 채워지도록 한다.

㉰ 보양 및 재령

㉠ 보양 : 콘크리트는 시멘트의 수화 작용이 계속되어 강도가 증가하도록 부어 넣은 다음부터 보호해야 하는것

ⓐ 보양을 할 때에는 온도와 습도가 가장 큰 문제가 된다.

ⓑ 온도는 대체로 높을수록 시멘트의 수화 반응이 빠르므로 콘크리트의 강도가 빨리 난다.

ⓒ 수화 작용에 필요한 수분을 충분히 주면 강도는 증진되나, 그렇지 않으면 중단된다.

㉡ 재령 : 강도는 콘크리트를 비벼서 부어 넣은 다음의 경과된 시간, 즉 재령에 따라 오랜 기간 동안 증가된다.

㉱ 시험법 : 강도는 공시체의 형상, 특히 가압면의 한 변 또는 지름 d와 높이 h와의 비율 $\left(\dfrac{h}{d}$가 클수록 강도가 작다.$\right)$, 치수(큰 것일수록 강도가 작다.), 하중 속도 등에 따라 다르다.

(5) 배합의 결정

배합의 결정 방법에는 실험에 의한 방법과 표준 배합표에 의한 방법이 있다. 어느 방법을 쓰거나 배합된 콘크리트는 다음의 세 가지 조건을 갖추어야 한다.

첫째 : 적당한 워커빌리티가 있어야 한다.

둘째 : 소요 강도가 있고, 내구적이어야 한다.

셋째 : 가장 경제적이어야 한다.

① 실험에 의한 방법

다음의 순서에 따라 배합을 결정한다.

㉮ 소요 강도에 적합한 물-시멘트비 $\dfrac{w}{c} = x(\%)$를 결정한다.

㉯ 잔 골재와 굵은 골재와의 비를 정한다.

㉰ 위의 골재비로 된 골재에 소요 $\dfrac{w}{c}$의 시멘트풀을 소요 연도가 될 때까지 넣는다.

㉱ 위와 같은 배합에서, 시멘트 : 모래 : 자갈=1 : m : n의 무게비를 구하고, 적당한 양에 소요 $\dfrac{w}{c}$에 상당하는 물을 가하여 시험 비비기를 하여 연도, 균질성, 점성 등을 조사한다.

② 표준 배합표에 의한 방법

㉮ 예정한 슬럼프가 얻어지지 않을 때에는 골재의 양을 가감하여 배합의 보정을 한다.

㉯ 표준 배합표에 나타낸 단위 수량은 표면 건조 내부 포수 상태의 골재를 사용했을 때의 배합 강도와 슬럼프를 나타내는 수량이므로, 골재가 기건 상태일 때에는 유효 함수량을 더하고, 습윤 상태 일 때에는 표면 수량을 뺀다.

(6) 강도 이외의 성질

① 탄성적 성질

콘크리트의 응력과 변형률과의 관계는, 응력이 작을 때에는 응력과 변형률이 비례하나, 응력이 커지면 응력에 비하여 변형이 더욱 커져서, 결국은 응력이 그다지 증가하지 않더라도 변형은 급격히 증가하여 파괴된다.

㉮ 영률은 압축 강도가 150~250kg/cm²에서는 $(2.2{\sim}2.6){\times}10^5$kg/cm²

㉯ 최대 변형량은 압축일 때에는 0.14~0.2%, 인장일 때에는 0.01~0.013%이다.

② 체적 변화

㉮ 수축량

㉠ 시멘트풀 양이 많을수록, w/c가 클수록 커진다.

㉡ 길이에 대한 최대 수축률

ⓐ 모르타르 : $(12{\sim}15){\times}10^{-4}$

ⓑ 보통 콘크리트 : $(5{\sim}7){\times}10^{-4}$

ⓒ 경량 콘크리트 : $(7.5{\sim}10.5){\times}10^{-4}$

ⓝ 체적의 변화

    ㉠ 온도에 따라 변화한다. (시멘트풀의 양, w/c 등의 영향이 적다.)

    ㉡ 골재의 석질과 관계가 깊다.

    ㉢ 열팽창 계수 : $(7 \sim 13) \times 10^{-6} /℃$

    ㉣ 골재가 석영질일 때에 가장 크고, 사암, 화강암, 현무암, 석회암의 순으로 작아진다.

    ㉤ 시멘트풀의 경화체는 약 100℃까지 팽창하나, 그 이상의 고온이 되면 수축한다.

    ㉥ 골재는 온도가 상승함에 따라 계속 팽창하며, 콘크리트는 골재에 가까운 열팽창을 나타낸다.

③ 내화적 성질

    콘크리트의 내화성은 배합이나 물-시멘트비 등의 영향은 비교적 적고, 사용 골재의 석질에 크게 관계된다. 화산암질 계통의 골재는 내화성이 좋고, 화강암, 석영질 계통은 내화성이 떨어진다.

(7) 특수 콘크리트

① 경량 콘크리트

    경량 골재를 쓰거나 발포제를 써서 만든 기건 비중이 2.0 이하의 콘크리트이다.

    ㉮ 특성

        ㉠ 경량, 단열, 방음 등의 효과가 있다.

        ㉡ 비중이 적으며 강도가 낮다.

    ㉯ 용도

        ㉠ 열전도율이 적고, 흡수율이 커서 단열적인 목적으로 쓰인다.

        ㉡ 철골 구조의 내화 피복용을 겸하여 구조용으로 이용되고 있다.

    ㉰ 제법

        ㉠ 밀폐하여 거의 진공 상태가 될 때까지 감압하여 시멘트풀을 해면 상태로 경화시킨다.

        ㉡ 발포제를 넣어서 미세한 기포가 생기게 한다.

        ㉢ 화산석, 탄각, 질석 등의 경량 골재를 사용한다.

        ㉣ 크기가 같은 둥근 골재를 사용하고, 표면에 시멘트풀을 부어 골재를 고착시킨다.

② AE 콘크리트

    ㉮ 제법 : 콘크리트를 비빌 때 AE제를 넣어 인공적으로 미세한 기포가 생기게 하여 다공질로 만든 콘크리트를 AE콘크리트라 한다.

    ㉯ 장·단점

        ㉠ 장점

            ⓐ 미세 기포의 조활 작용으로 시공 연도가 증대되고, 응집력이 있어 분리가 적다.

ⓑ 사용 수량을 줄일 수 있어서 블리이딩, 침하가 적고, 시공한 면이 평활하게 된
다. 제물치장 콘크리트의 시공에 적당하다.

ⓒ 탄성을 가진 기포는 동결 융해 및 건습 등에 의한 용적 변화가 적다.

ⓓ 방수성이 뚜렷하고, 화학 작용에 대한 저항성이 크다.

ⓛ 단점

ⓐ 강도가 떨어진다(공기량 1%에 대하여 압축 강도는 약 4~6% 떨어진다.)

ⓑ 철근의 부착 강도가 떨어지고, 감소 비율은 압축 강도보다 크다.

ⓒ 마감 모르타르 및 타일 붙임용 모르타르의 부착력도 약간 떨어진다.

③ 기포 콘크리트

　　기포제를 사용한 경량 콘크리트로, 어떠한 시멘트 제품보다 가볍고, 단열성이 우수하며,
제법도 비교적 간단하다. 특히, 지붕 단열층, 간막이 벽, 단열 마루에 사용하면 좋고, 수축
은 일반 콘크리트의 10배 정도로 크다.

④ 프리팩트 콘크리트

㉮ 제법 : 거푸집에 미리 자갈을 넣은 다음, 골재 사이에 모르타르를 압입, 주입하여 콘
크리트를 형성해 가는 공법으로서, 이것을 주입 콘크리트 또는 프리팩트 콘크리트
(Prepacked concrete)라 한다.

㉯ 특성

㉠ 콘크리트가 밀실하며, 내수성, 내구성이 있고, 동해 및 융해에 대하여 강하다.

㉡ 중량 콘크리트의 시공도 가능하다.

㉢ 거푸집을 견고하게 만들어야 한다.

㉰ 용도 : 원자로의 방사선의 차단 콘크리트와 같이 특히 균질하고 극히 밀도가 높은 콘
크리트에 중정석, 철광석 등과 같은 비중이 큰 골재를 쓰는 공법에 적당하다.

⑤ PS 콘크리트

㉮ 제법 : PS 콘크리트(Prestressed concrete)는 고강도의 강재나 피아노선과 같은 특
수 선재를 사용하여 재축 방향으로 콘크리트에 미리 압축력을 준 콘크리트로서, 시
공하는 방법에는 프리텐셔닝(Pretensioning)법과 포스트 텐셔닝(Post tensioning)법
이 있다.

㉠ 프리텐셔닝법 : 콘크리트를 타설하기 전에 5mm∅ 이하의 선재에 인장력을 미리
준 다음, 콘크리트를 타설하여 경화시킨 후에 콘크리트와 선재의 부착에 의한 자
동 정착에 따라 콘크리트에 압축 프리스트레스(Prestress)를 받게 하는 방법이다.

㉡ 포스트 텐셔닝법 : 콘크리트가 경화한 후에 인장력을 가하는 것으로, 강선은 콘크
리트와 부착되지 않도록 해 두고, 압축력을 부재 단부의 장착 장치에 의해 콘크리
트에 전달되도록 하는 것이다.

ⓐ 장·단점

  ㉠ 장점

    ⓐ 상용 하중하의 콘크리트에 전혀 균열이 발생하지 않게 할 수가 있다.

    ⓑ 극히 탄성이 높고, 가소성이 크며, 단면을 적게 할 수 있고, 자중이 적게 된다.

    ⓒ 강 및 콘크리트량이 적게 든다.

    ⓓ 긴 스팬(Span)의 가구재를 짧은 프리캐스트(Pre-cast)의 블록(Block)으로 만들 수가 있다.

  ㉡ 단점

    ⓐ 제작하는 데 인력이 많이 들고, 숙련이 필요하다.

    ⓑ 콘크리트는 극히 양질의 것을 써야 한다.

    ⓒ 프리스트레스를 가하는 장치나 작업비가 많이 든다.

⑥ 진공 콘크리트

  ㉮ 제법 : 진공 콘크리트는 대기압을 가장 유효하게 이용한 방법으로, 진공 장치에 의해 부어 넣고, 아직 굳지 않은 콘크리트면에 진공층을 만듦으로써 경화하는 데에 필요 이상의 물을 끌어올려 제거하는 방법이다.

  ㉯ 특성

    ㉠ 조기 강도가 현저하게 증가된다.

    ㉡ 장기 강도가 크고, 경화 수축률이 감소된다.

    ㉢ 동결 융해에 대한 저항이 증대되고 공기를 단축할 수 있다.

⑦ 레드 믹스트 콘크리트

  ㉮ 종류

    ㉠ 센트럴 믹스트 콘크리트(Central mixed concrete) : 고정된 믹서(Mixer)에서 혼합된 콘크리트를 트럭으로 현장까지 운반, 투입한다.

    ㉡ 시링크 믹스트 콘크리트(Shrink mixed concrete) : 고정된 믹서로 반혼합한 것을 트럭 믹서로 계속 혼합하여 쓴다.

    ㉢ 트랜싯 믹스트 콘크리트(Transit mixed concrete) : 트럭 믹서에 물통이 붙어 있어, 계량된 재료가 운반 도중에 가수, 혼합된다.

  ㉯ 용도

    ㉠ 현장이 협소하여 재료 보관 혼합 작업이 불편하고, 기초나 지하실 등과 같이 운반 차보다 낮은 부분의 공사일 때

    ㉡ 균질 콘크리트를 쓰기 위한 경우와 긴급 공사일 때(가설 공사에 시간적 여유가 없을 때)

    ㉢ 소량의 콘크리트를 쓸 때 이용하면 편리하다.

(8) 혼화 재료

시멘트, 콘크리트의 성질을 개선하기 위하여 시멘트, 골재, 물 이외에 콘크리트의 한 성분으로서 더 넣는 재료를 혼화 재료라 하는데, 넣는 양에 따라 혼화재와 혼화제로 나눌 수 있다.

혼화재란, 포졸란과 같이 사용량이 비교적 많아 그 자체의 용적이 콘크리트의 배합 계산에 관계되는 것을 말하고, 혼화제란 사용량이 비교적 적어 약품적인 사용에 그치는 것을 말한다.

① 혼화재

㉮ 포졸란

㉠ 성분 및 성질 : 포졸란은 실리카질 또는 실리카 및 알루미나질의 것으로, 그 자체에는 수경성이 없으나, 미분상으로 한 것을 콘크리트 중의 물에 녹아 있는 수산화칼슘과 상온에서 서서히 결합하여 경화한다.

㉡ 종류

ⓐ 천연적인 것 : 화산재, 규산백토, 규조토 등

ⓑ 인공적인 것 : 플라이 애시, 가소점토, 혈암, 경석 등

㉢ 특성

ⓐ 콘크리트의 시공 연도가 좋아지며 블리딩이 감소된다.

ⓑ 조기 강도는 작으나 장기간 습윤 양생하면 장기 강도, 수밀성 및 염류에 대한 화학적 저항성이 커진다.

ⓒ 발열량이 적은 반면, 조립이 많은 것은 콘크리트의 단위 수량을 증가시킨다.

㉣ 건조 수축이 크다.

㉯ 플라이 애시

㉠ 성분 : 플라이 애시는 포졸란에 비해 실리카가 적고 알루미나가 많으며, 비중이 작아 표면이 매끈한 구형 입자로 된다.

㉡ 특성

ⓐ 충분한 수중 양생을 하면 장기 강도가 증가한다.

ⓑ 수밀성이 증진되며 일정하게 슬럼프를 유지하면 단위 수량을 줄일 수 있다.

② 혼화제

㉮ AE제 : AE제(Air entraining agent)는 독립된 작은 기포(지름 0.025~0.05mm)를 콘크리트 속에 균일하게 분포시키기 위하여 사용하는 것으로, 천연 수지를 주성분으로 한 것과 화학 합성품이 있다.

㉠ 특성

ⓐ 기포가 아직 굳지 않은 콘크리트

• 콘크리트의 워커빌리티가 개선된다.

• 단위 수량이 줄어든다.

ⓑ 굳은 다음의 콘크리트

• 콘크리트의 수밀성과 내구성이 커진다.

• 동결 작용에 대한 저항성이 커진다.

• 강도가 감소되고, 흡수율이 커져서 수축량이 많아진다.

ⓛ $\frac{w}{c}$와 강도 : $\frac{w}{c}$가 일정할 경우, 공기량이 1% 증가함에 따라 압축 강도는 4~6% 감소하며, AE제를 사용할 경우에 공기량은 콘크리트 체적의 2~5%가 적당하다.

㉯ 경화 촉진제 : 시멘트의 수화 작용을 촉진하는 혼화제로서, 일반적으로 염화칼슘($CaCl_2$)이 많이 쓰인다. 염화칼슘을 시멘트 무게의 1~2%를 넣어 사용하면 응결이 촉진되어 방동에 효과가 있는데, 이것은 동기 공사나 수중 공사에 이용된다.

경화 촉진제를 사용할 때에는 다음 사항에 주의해야 한다.

㉠ 사용량이 많으면(4% 이상) 흡수성이 커지고, 철물을 부식시킨다.

㉡ 건조, 수축이 증가한다.

㉢ 콘크리트의 응결이 빨라지므로, 콘크리트의 운반, 넣기, 다지기 작업 등의 시공을 빨리 해야 한다.

㉣ 황산염의 작용을 받는 구조물에는 부적당하다.

㉰ 지연제 : 지연제는 시멘트의 응결을 늦추기 위하여 쓰이는 혼화제이며, 여름 콘크리트의 시공 및 장시간 수송하는 레미콘, 수조, 사일로우(Silo) 등의 연속 타설을 요하는 콘크리트의 조인트(Joint) 방지 등에 효과가 있다.

지연제에는 리그닌 술폰(lignin sulfon)산과 염류, 옥시카본(Oxicarbon)산과 염류, 인산염 등의 무기 화합물이 있다.

㉱ 급결제 : 콘크리트의 응결 시간을 더욱 빠르게 하기 위해서 쓰이는 혼화제로서, 탄산소다(Na_2CO_3), 알루민산소다($NaAl_2O_3$), 규산소다(Na_2SiO_3), 염화제이철($FeCl_3$), 염화알루미늄($AlCl_3$) 등을 주성분으로 하는 것이 있다.

㉲ **방수제** : 모르타르나 콘크리트를 방수적으로 하기 위하여 사용하는 혼화제

㉠ 방수법

ⓐ 방수제를 콘크리트 속에 넣어 혼합함으로써 화학적 변화에 의하여 수밀성을 크게 하는 방법

ⓑ 방수제를 도료로 사용하여 콘크리트가 물에 접촉하는 것을 방지하는 방법

㉡ 주성분 : 염화칼슘, 지방산 비누, 규산나트륨 등

㉳ 발포제 : 알루미늄, 마그네슘, 아연 등의 분말로서, 시멘트의 응결 과정에 있어서 수산화물과 반응하여 수소 가스를 발생시켜 모르타르나 콘크리트에 미세 기포를 생기게 하는 혼화제이다.

3. 점토질 재료

1 개설

점토 제품은 내화성 또는 불연성이며, 상당한 강도와 내수성이 있고, 어떤 것은 아름다운 색깔과 광택을 가지고 있기 때문에 간막이 등의 간단한 구조물에도 사용되며, 내화재, 지붕재, 설비재, 장식 및 마감재로 이용되는 재료이다.

2 점토

(1) 점토의 생성

① 점토의 생성 과정 : 암석(화성암)이 지표상에서 오랜 세월을 거치는 동안 비바람과 대기 중의 여러가지 가스 등에 의해서 조금씩 분해되어 점토가 된다.

② 점토의 분류

㉮ 잔류 점토 : 원래의 암석이 놓여 있던 자리에 그대로 쌓여 있는 점토로 특성은 다음과 같다.

㉠ 비교적 순수한 점토로 되어 있다.

㉡ 석영, 운모 등의 덩어리가 섞여 있다.

㉢ 가소성도 나쁘다.

㉯ 침적 점토 : 원래의 암석이 놓여 있던 자리에서 옮겨져 쌓여 있는 점토로 특성은 다음과 같다.

㉠ 순수한 양질의 점토로 되어 있다.

㉡ 유기물질 등의 불순물이 섞여 있다.

㉢ 가소성이 크다.

(2) 점토의 일반적인 성질

① 점토의 비중 : 불순 점토일수록 작고, 번토분이 많을수록 크다. (2.5~2.6이며, 입자의 크기는 0.1~25μ이다.)

② 함수율에 따른 점토의 성질

㉮ 40~45% : 가소성이 가장 커진다.

㉯ 30% : 최대의 수축이 나타난다.

(최대 수축률은 길이 방향으로 5~6%, 용적에서 17% 정도이다.)

㉰ 30% 이하 : 소성 제품의 강도·경도가 커진다.

③ 점토의 성분

㉮ 함수 규산 알루미나(Kaolin, $Al_2O_3 \cdot 2SiO_2 \cdot 2H_2O$) : 자기류등 고급 제품 제조에 이용

㉯ 대부분 암석 성분인 산화철, 석회, 산화 마그네슘, 산화칼륨, 산화나트륨을 포함

　㉠ 산화철은 제품의 색깔과 관계가 있다.

　㉡ 석회는 소성된 다음 물에 의해 팽창하므로 좋지 않은 영향을 준다.

3 점토 제품

(1) 분류 및 제법

① 분류

점토 제품을 바탕의 투명도, 흡수율 등에 따라서 분류하면 다음과 같다.

▶▶▶ **점토의 분류와 성질**

제품명	원료	소성온도	바닥의 투명도	특성	흡수율(%)	용도
토기	전답의 흙	790~1000℃	불투명한 회색, 갈색	흡수성이 크고 깨지기 쉽다.	20	기와, 벽돌, 토관
석기	유기 불순물이 섞여 있지 않는 양질의 점토(내화점토)	1160~1350℃	불투명하고 색깔이 있다.	흡수성이 극히 작다. 경도와 강도가 크다. 두드리면 청음이 난다.	3~10	경질 기와, 바닥용 타일, 도관
도기	석영, 운모의 풍화물(도토)	1100~1230℃	불투명하고 백색	흡수성이 있기 때문에 시유한다.	10	타일 위생도기
자기	양질의 도토와 자토	1230~1460℃	투명하고 백색	흡수성이 극히 작다. 경도와 강도가 가장 크다. 투명한 유약을 칠해서 굽는다.	0~1	자기질 타일

② 제법 : 점토 제품의 제법은 일반적으로 다음과 같다.

원토 처리 → 원료 배합 → 반죽 → 성형 → 건조 → $\begin{cases} 소성 \to 사유 \to 소성 \\ (시유) \to 소성 \end{cases}$

㉮ 원토 처리

　㉠ 토기류 : 대기 중에서 풍화시킨 후 빻아서 사용

　㉡ 도기류 : 정제법(물에 떠내려 보내 고운 가루를 얻는 방법)을 사용

㉯ 원료 배합

　㉠ 점성이 큰 경우 가는 모래, 샤모트(소성된 점토를 빻은 것) 등을 넣는다.

　㉡ 용융점을 낮추기 위해서 : 산화철, 산화마그네슘 등을 넣는다.

㉰ 반죽 : 손, 기계, 발을 이용해서 반죽한다.

    ㉣ 성형할 때에는 건조 수축 및 성형 수축을 고려한다.

       기와, 벽돌은 형틀로 만들고, 타일은 원료 (건조된 원토+수분)을 가압해서 형성하며, 위생 도기는 묽게 갠 원료를 형틀에 부어서 형성

    ㉤ 건조 : 건조(그늘 및 소성가마의 여열)시킨 후 소성

    ㉥ 시유 : 1차 소성후 시유

    ㉦ 소성

       ㉠ 소성 온도 및 시간, 제품의 종류, 모양, 색깔 및 가마의 형식에 따라 다르다.

       ㉡ 소성 가마 ┌ 양식 가마 ┌ 터널 가마 : 일정한 온도를 유지하고 있는 각 요실을 소재가 적당한 속도로 통과하여 구어내는 가마

                  ├ 호프만 가마 : 하루 한요실씩 구어내는 가마

                  └ 머플 가마 : 연도와 요실이 분리된 가마(연기에 그을리는 것을 막기 위하여)

            └ 등요 : 경사지에 계단식으로 만든 가마

       ㉢ 소성 온도 측정 : 광학 고온계, 방전 고온계, 열전쌍 고온계, 제게르추가 사용

(2) 점토 제품

  ① 벽돌

    ㉮ 보통 벽돌 : 논, 밭에서 나오는 점토를 원료로 소성가마 (등요, 터널, 호프만 가마)에서 만들어지는 벽돌

    ㉯ 이형 벽돌 : 특수한 용도에 사용하기 위해서 특수한 모양으로 만든 것

⟫⟫⟫ **벽돌의 특성**

분류		형태	흡수율	압축강도	흡음	용도
1급품	1호	형상이 바르고 갈라짐이나 흠이 극히 적은 것	20% 이하	$150kg/cm^2$ 이상	청음	구조재 수장재
	2호	형상이 보통이고 심한 갈라짐이나 흠이 없는 것				
2급품	1호	형상이 바르고 갈라짐이나 흠이 극히 적은 것	23% 이하	$100kg/cm^2$ 이상	탁음	내력벽 간이구조재
	2호	형상이 보통이고 심한 갈라짐이나 흠이 없는 것				
과소품		모양이 나쁘고 색이 짙다. 지나치게 높은 온도로 구워낸 것 흡수율이 매우 작고 강도가 크다.	15% 이하	$200kg/cm^2$ 이상	금속음	기초쌓기 특수장식용

ⓓ 특수 벽돌

  ㉠ 공동 벽돌 : 시멘트 블록과 같이 속이 비게하여 만든 벽돌로서 가볍고, 단열, 방음성이 있으므로 간막이 벽이나 외벽등에 쓰인다.

  ㉡ 다공질 벽돌 : 원료에 유기질 가루(톱밥)를 혼합해서 성형, 소성한 것으로 특성은 다음과 같다.

   ⓐ 비중은 1.5 정도이다.

   ⓑ 톱질과 못박기가 가능하다.

   ⓒ 단열 및 방음성이 있다.

   ⓓ 강도가 약하다.

  ㉢ 포도 벽돌 : 도로 포장용, 건물 옥상 포장용으로 쓰이므로 마멸이나 충격에 강하고, 흡수율은 작으며, 내화력이 강한 것이 요구된다.

  ㉣ 광재 벽돌 : 광재에 10~20%의 석회를 가하여 성형, 건조한 것으로 보통 벽돌보다 모든 성질이 양호하다.

  ㉤ 내화 벽돌 : 높은 온도를 요하는 장소(용광로, 시멘트, 유리 소성 가마, 굴뚝)에 쓰이는 벽돌

② **기와**

  원료 : 논밭에서 나오는 저급 점토로 만든 것으로 유약의 종류에 따라 기와의 색이 달라진다.

③ **타일**

  ㉮ 원료 : 자토, 도토 또는 내화 점토

  ㉯ 타일의 분류

   ㉠ 모양에 따른 분류

    ⓐ 보더 타일 : 길이가 폭의 3배 이상인 타일

    ⓑ 스크래치 타일 : 표면에 파인 홈이 나란하게 되어 있는 타일

    ⓒ 모자이크 타일 : 각 또는 지름이 50mm 정도의 타일

    ⓓ 이형 타일 : 마감을 정밀하게, 미려하게 마무리하기 위한 타일

   ㉡ 바탕질에 따른 분류

    ⓐ 도기질 타일 : 실내에 사용

    ⓑ 자기질, 석기질 타일 : 외부에 사용

④ 테라코타 : 버팀벽, 주두, 돌림띠 등에 사용되는 장식용 점토 제품으로서 석재 조각물 대신에 사용되며 특성은 다음과 같다.

  ㉮ 일반 석재보다 가볍고, 압축 강도는 $800 \sim 900 \text{kg/cm}^2$로서 화강암의 $\frac{1}{2}$ 정도이다.

  ㉯ 화강암보다 내화력이 강하다.

     ⓓ 대리석보다 풍화에 강하므로 외장에 적당하다.

     ⓔ 1개의 크기는 제조와 취급상 $0.5m^2$ 또는 $0.3m^3$ 이하가 적당하다.

⑤ 토관 및 도관

     ㉮ 토관 : 논밭의 저급 점토를 원료로 하여 소성온도 1000℃ 이하로 구운 관으로 배수용 또는 하수도용으로 이용

     ㉯ 도관 : 양질의 점토를 유약에 발라 1000℃ 이상의 온도로 구운 것으로 배수관이나 케이블을 묻는데 사용(급수관도 가능)

⑥ 위생도기

     ㉮ 원료 : 자토, 내화 점토 등

     ㉯ 갖추어야 할 조건

          ㉠ 표면에 흠이 없고 깨끗해야 한다.

          ㉡ 아름답고 흡수성이 적어야 한다.

          ㉢ 내산, 내알카리성이어야 한다.

          ㉣ 모양과 치수가 정확해야 한다.

     ㉰ 분류

          ㉠ 융화 바탕질 도기 : 고급 점토를 주원료로 사용하여 흡수성이 0.65%로 거의 없다.

          ㉡ 화장 바탕질 도기 : 내화 점토를 주원료로 사용하며 흡수성이 있다.

          ㉢ 경질 도기질 도기 : 도기 바탕을 잘 구운 것인데 흡수성이 있다.

4. 금속 재료

1 개요

    19세기 중엽부터 제강법이 개량되어 양질의 철강을 다량으로 생산하게 되었으며, 현재는 건축 구조용 재료로서뿐만 아니라, 여러 가지의 공사재료로서 시멘트 유리와 함께 가장 중요한 재료가 되고 있다.

2 철강

    철강은 철과 탄소(C) 이외에 규소(Si), 망간(Mn), 황(S), 인(P) 등을 함유하고 있다. 탄소량이 적을수록 연질이며, 강도도 작아지나 신장률은 커진다.

3 철강의 제법, 가공 및 성형

(1) 제철

① 제철 과정 : 산화철을 주성분으로 하는 철광석(적철광(Fe_2O_3), 좌철광(Fe_3O_4), 갈철광($2Fe_2O_3$))과 코크스(환원제), 석회석(용제)을 넣고 용광로 밑에서 1500℃ 이상의 열풍을 불어 넣으면 코크스가 연소되면서 일산화탄소가 생겨, 이 가스(이산화탄소)가 용광로 위로 빠져 나갈 때 철광석 속의 산소와 결합하여 철분으로 환원된다. 이와 같이 얻어진 상태의 철을 선철(용선)이라고 한다.

② 선철의 종류

㉮ 백선 : 용광로 속의 선철이 급랭하여 생긴 것으로 탄소와 철이 화학적으로 결합하여 시멘타이트가 된 것으로 질이 좋고 부서지기 쉬우며, 단면이 은백색이다.

㉯ 회선 : 고열인 선철이 천천히 냉각하여 탄소의 대부분이 흑연 모양으로 유리되어 회색으로 보이게 된 것으로 질이 연하고, 절삭하기 쉬우며, 수축이 작아서 주조에 적당하다.

③ 선철의 용도 : 용융 상태에서 강철의 원료로 하거나, 냉각시켜서 주철의 연료로 한다.

(2) 제강

용광로에서 얻어진 선철은 탄소량이 많으므로, 다음과 같은 방법으로 제강한다.

종류＼구분	제강방법	특성
전로법 (Besse-mer)	선철을 전로에 넣고, 윗쪽에서 노 속에 내린 관을 통하여 고압, 고순도의 산소를 붙어 넣어 용선 속에 포함된 철 이외의 불순물을 산화 연소시키는 방법	• 인과 황의 함유량이 많다. • 평로에 비하여 건설비, 제강비가 싸게 든다. • 제강 시간이 짧다. • 수시로 소량을 제조할 수 있다. • 품질이 평로 제품보다 낮다.
평로법 (Sieme-ns-Msrtin)	평로 속에 선철과 함께 폐철, 철광석, 석회석 등을 넣어 좌우의 축열실에서 번갈아 가열된 가스와 공기의 혼합기체를 보내어 철 이외의 불순물을 산화, 연소시키는 방법	원료나 제품의 조정이 자유롭고, 품질도 우수하다.
전기로 법	전열을 이용하여 원료를 용융시키는 방법	불순불이 충분히 제거되므로 합금강의 제조에 적하다.
도가니법	점토와 흑연으로 만든 도가니를 사용한 것으로 과거에 많이 사용한 방법	질이 좋은 강을 얻을 수 있으나 대량 생산이 적합하지 않다.

(3) 가공 및 성형

① 가공 방법

㉮ 열간 가공

㉠ 900~1200℃에서 가공한다.

㉡ 구조용재(형강, 강판, 봉강)의 제조에 사용

㉯ 냉간 가공

㉠ 700℃ 이하에서 가공한다.

㉡ 강의 조직이 치밀하다.

㉢ 내부에 심한 변형이 생기고 점성이 감소한다.

② 성형 방법

㉮ 단조 : 강괴를 1200℃로 가열하여 기계 해머나 수압 프레스 등으로 불순물을 제거하여 질을 치밀하게 만드는 방법

㉯ 압연 : 가열된 강(1000~1200℃)을 서로 반대로 회전하는 롤러 사이에 여러 번 통과시켜 정해진 치수로 눌러 늘이는 방법(형강, 강판, 봉강)

㉰ 인발 : 어느 정도의 굵기까지는 열간 가공으로 가늘게 만든 다음 상온에서 다이스를 통하여 뽑아내는 가공(못, 철사)

4 물리적 성질

(1) 물리적 성질

강의 성질은 탄소 함유량 이외에도 가공 온도에 따라 달라지는데, 일반적으로 상온에서는 비중, 열팽창 계수, 열전도율은 탄소의 양이 증가함에 따라 감소하고, 비열, 전기 저항 등은 증가한다.

(2) 역학적 성질

① 인장 강도, 탄성 강도, 항복점은 탄소의 양이 증가함에 따라 상승하여 약 0.85%에서 최대가 되고, 그 이상이 되면 다시 내려가고, 이 사이의 신장률은 점차 작아진다.

② 압축 강도는 인장 강도와 거의 같으나, 탄소량이 0.85% 이상이 되어도 강도는 내려가지 않고 오히려 증가한다.

③ 전단 강도는 인장 강도와 매우 밀접한 관계가 있으며, 인장 강도의 0.65~0.8배가 된다.

④ 경도는 브리넬(Brinell) 경도로 표시하는데, 인장 강도값은 약 2.8배가 된다.

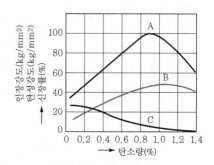

[탄소 함유량에 따른 성질]

A : 인장 강도   B : 탄성 강도   C : 신장률

(3) 온도에 의한 영향

① 상온에서 100℃까지는 변화가 없다.

② 100~250℃ 사이에서는 강도가 증가하여 약 250℃에서 최대가 된다.

③ 250℃ 이상이 되면 강도는 감소한다.

④ 500℃에서는 0℃일 때의 강도의 $\frac{1}{2}$로 감소한다.

⑤ 600℃에서는 0℃일 때의 강도의 $\frac{1}{3}$로 감소한다.

⑥ 900℃에서는 0℃일 때의 강도의 $\frac{1}{10}$로 감소한다.

(4) 열처리

강을 가열하여 냉각시키면 강철의 조직 성분에 변화가 생기므로 강의 성질을 개선, 향상시킬 수 있다.

방법＼구분	열처리방법	특성
불림	강을 800~1000℃로 가열한 다음 공기 중에서 천천히 냉각시키는 것	① 강철의 결정 입자가 미세하게 된다. ② 변형이 제거된다. ③ 조직이 균일화된다.
풀림	강을 800~1000℃로 가열한 다음 노 속에서 천천히 냉각시키는 것	① 강철의 결정이 미세화된다. ② 강철의 결정이 연화된다.
담금질	가열된 강을 물 또는 기름 속에서 급히 냉각시키는 것	① 강도, 경도가 증가한다. ② 저 탄소강은 담금질이 어렵고, 담금질 온도가 높아진다. ③ 탄소 함유량이 클수록 담금질 효과가 크다.
뜨임	담금질한 강의 인성을 부여하기 위하여 강을 200~600℃ 정도에서 천천히 냉각시키는 것	① 강의 변형이 없어진다. ② 강인한 강이 된다.

5 주철 및 합금강

(1) 주철

탄소의 함유량이 2.11~6.67%인 철을 주철이라 하고 보통 사용하고 있는 것은 탄소량이 2.5~3.5%이다.

① 특징

㉮ 기계적인 가공(단조, 압연) 등을 할 수 없다.

㉯ 복잡한 모양으로 쉽게 주조할 수 있다.

㉰ 회선은 연질이고 수축이 적어서 가공하기 쉬운 주물에 사용된다.

㉱ 백선은 강도를 필요로 하는 주물에 사용된다.

② 종류

㉮ 보통 주철 : 선철에서 만든 주철로 창의 격자, 장식 철물, 계단, 교량이 손잡이, 방열
기, 주철관, 하수관 뚜껑 등에 쓰인다.

>>> **보통 주철의 성질**

종류	색	비중	융해점	경도	인장강도	수축	세로탄성계수
백선	은백색	7.5~7.7	1100℃	주철 중에서 최대	비교적 크다.	2% 정도, 주조 곤란	$(1.71\sim1.87)$ $\times10^4kg/mm^2$
회선	회색	7.0~7.1	1225℃	연하여 가공하기 쉽다.	비교적 작다.	0.5~1.0% 주조하기 쉽다.	$(1.0\sim4.0)$ $\times10^4kg/mm^2$

㉯ 가단주철 : 백선을 고온(700~1000℃)으로 오랜 시간 풀림을 하여 전성과 연성을 증
가시킨 것

㉠ 탄소 함유량 : 2.4~2.6%

㉡ 용도 : 뒤벨, 창호의 철물, 파이프 이음

㉰ 주강 : 탄소량이 1% 이하인 용융강을 필요한 모양과 치수에 따라 주조하여 만든 것

㉠ 성질 : 경도는 강과 동일하나, 신장율은 강에 비해서 작다.

㉡ 용도 : 구조용재(철골구조의 주각, 기둥과 보의 접합부)

(2) 합금강

탄소강에 니켈(Ni), 크롬(Cr), 망간(Mn), 몰리브덴(Mo), 텅스텐(W) 및 그밖의 다른 원소
를 한 가지 이상 혼합한 것을 합금강이라 한다. 합금강에는 높은 강도를 목적으로 하는 구
조용 합금강과 내식성, 그 밖에 특수한 목적에 사용하기 위한 특수용 합금강이 있다.

① 구조용 합금강

㉮ 제법 : 탄소(0.5% 이하) 이외에 니켈, 크롬, 망간 등의 원소를 한 원소에 대하여 약
5% 이하로 한 가지 이상 넣어 담금질을 한 후 뜨임질을 한다.

㉯ 특성

㉠ 인장 강도, 항복점이 높다.

㉡ 인성이 크다.

㉢ 충격에도 잘 견딘다.

㉰ 용도 : 저합금 고장력 강(니켈, 크롬, 몰리브덴 등의 여러 가지 원소를 약간 첨가한
강)은 PC 강선에, 고망간 강(망간을 12~14% 첨가하여 담금질한 강)은 툭수레일에 사
용한다.

② 특수용 합금강

㉮ 스테인레스강

ㄱ 특성

ⓐ 공기 중이나 수중에서 녹이 잘 나지 않는다.

ⓑ 크롬의 양(13% 이상)이 증가하면 내식성, 내열성이 좋아진다.

ⓒ 니켈의 첨가에 따라 기계적 성질이 개선된다.

ⓓ 니켈(7~12%), 크롬(18~20%)의 강은 고온(1000℃)에도 견디고 아세트산에도 침해받지 않는다.

ㄴ 용도 : 화학 약품 취급 기구, 개수기, 식기, 건축 장식 등

㉯ 함동강

ㄱ 구리(0.2~0.3%)를 포함한 연강   ㄴ 내식성과 강도가 크다.

ㄷ 스테인레스강보다 가격이 싸다.   ㄹ 널말뚝으로 사용된다.

6 비철 금속

(1) 비철 금속의 종류 특성 및 용도

종류 \ 구분		제법	특성	용도	비고
구리		황동광의 원광석을 용광로 또는 전로에서 거친 구리물로 만들며 이것을 전기분해에 의하여 구리로 정련한다.	• 연성과 전성이 크다.(선재나 판재로 이용) • 열이나 전기 전도율이 크다. • 건조한 공기 중에서는 변화하지 않는다. • 습기를 받으면 이산화탄소와 부식하여 녹청색이 된다. • 알카리성(암모니아) 용액에 침식이 잘 된다. • 산성(아세트산, 진한 황산) 용액에 잘 용해된다.	• 지붕이기 • 홈통 • 철사 • 못 • 철망	
구리 합금	황동	구리에 아연(Zn) 10~45% 정도를 가하여 만든 합금	• 구리보다 단단하고 구조가 잘되며, 가공하기 쉽다. • 내식성이 크고 외관이 아름답다.	• 창호 철물	색깔은 주로 아연의 양에 따라 정해진다.
	청동	구리와 주석(Sn) 4~12% 정도의 합금	• 황동보다 내식성이 크고, 주조하기가 쉽다. • 표면은 특유의 아름다운 청록색이다.	• 장식 철물, 공예 재료	성질은 주석의 양에 따라 달라진다.
	포금	주석 10%에 아연, 납, 구리의 합금	• 강도와 경도가 크다.	• 기계, 톱니바퀴, 건축용 철물	
	인천동	인(P)을 포함한 청동	• 탄성과 내마멸성이 크다.	• 금속재 창호의 가동 부분	
	알루미늄 청동	구리에 알루미늄 5~12% 정도를 가하여 만든 합금	• 색깔이 변하지 않고, 황금색이다.	• 장식 철물	

종류 \ 구분		제법	특성	용도	비고
알루미늄		원광석인 보크 사이트로 순수한 알루미나(Al_2O_3)를 만들고 이것을 다시 전기 분해 하여 만든 은백색의 금속	• 전기나 열전도율이 높다. • 비중에 비하여 강도가 크다. • 산화막이 생겨 내부를 보호한다. • 전성과 연성이 풍부하다. • 가공이 용이하다. • 산, 알칼리에 약하다.	• 지붕이기 • 실내장식 • 가구 • 창호 • 커어튼 레일	전해법에 의하여 알루미늄 표면에 산화알루미늄의 치밀한 피막을 만들어 방식처리를 한다.
알루미늄의합금	두랄루민	알루미늄에 구리(4%), 마그네슘(0.5%), 망간(0.5%)의 합금	• 보통 온도에서 균열이 생기고, 압연이 잘 되지 않는다. • 430~470℃에서 쉽게 압연이 되고, 한번 가공한 것은 보통 온도, 고온에서 박판이나 가는 선으로 제조 • 열처리를 하면 재질이 개선되며, 시일이 경과함에 따라 강도와 경도가 커진다. • 염분이 있는 바닷물 속에서 부식이 잘됨.	• 비행기 • 자동차 • 건축용 판재	
주석			• 전성과 연성이 풍부하다.(상온에서 얇은 강판 제조, 철사로는 부적당하다) • 내식성이 크다. • 산소나 이산화탄소의 작용을 받지 않는다. • 유기산에 거의 침식되지 않는다. • 공기 중이나 수중에서 녹이 나지 않는다. • 알칼리에 천천히 침식된다.	• 생철판 (철판에 도금) • 청동(구리와 주석의 합금) • 방식피복재료 (식료품, 음료수용 금속 재료) • 땜납(주석과 납의 합금)	
납			• 금속 중에서 가장 비중이 크고 연하다. • 주조 가공성 및 단조성이 풍부하다. • 열전도율이 작으나 온도 변화에 따른 신축이 크다. • 공기 중에서 탄산납의 피막이 생겨 내부를 보호한다. • 내산성은 크나 알칼리에는 침식된다.	• 송수관 • 가스관 • X-선실	
아연			• 강도가 크다. • 연성 및 내식성이 양호하다. • 공기 중에서 거의 산화하지 않는다. • 습기나 이산화탄소가 있을 때 표면에 탄산염이 생겨 내부의 산화 진행을 막는다.	• 철강의 방식용 피복재 • 합석판 • 지붕이기 • 홈통 • 얇은판 · 선 · 못	
니켈			• 전성과 연성이 크다. • 청백색의 광택이 있다. • 내식성이 커서 공기나 습기에 대하여 산화가 잘되지 않는다.	• 장식용(도금을 해서 사용) • 합금용	
양은(화이트 보론즈)		구리, 니켈, 아연의 합금	• 색깔이 아름답다. • 내산, 내알칼리성이 있다. • 마멸에 강하다.	• 문 장식 • 전기기구	

(2) 비철 금속 재료의 역학적 성질

건축 재료로 사용되는 주요한 비철 금속 재료의 역학적 성질을 비교해 보면 다음과 같다.

>>> 비철 금속 재료의 역학적 성질

금속 및 그 합금	인장 강도(kg/mm^2)	항복점(kg/mm^2)	비중
구리	16~36	9.8~35	8.9
청동	28~141	14~122	7~9
황동	21~28	10~25	8.4~8.8
아연 및 그 합금	10.5~21.5	7~17.5	6.6~7.1
납 및 그 합금	1.4~8.4	0.7~7	10.5~11.5
주석 및 그 합금	1.4~10.5	0.9~7	7.3~7.8
알루미늄 및 그 합금	9.1~50.4	3.5~43.5	2.6~2.9
니켈 및 그 합금	42~70	21~56	8.3~8.9

7 금속의 부식과 방지

(1) 부식 작용

지붕이기, 홈통, 비흘림 등에 사용되는 금속 재료는 대기 중의 매연, 유독성 기체, 빗물 등에 포함된 산, 염류에 의하여 시일이 경과함에 따라 부식 작용을 받는다.

또, 배관용 금속 재료는 가정 용수나 하수, 오물 및 각종 가스 등에 의하여 부식되며, 특히 지하에 매설된 것은 지하수나 토일 또는 전류의 영향으로 점차 부식된다.

① 대기에 의한 부식 : 공기 중에서는 산화물(황, 암모니아), 탄산염(매연), 그 밖의 화합물(번지, 염분)로 된 피막이 금속면에 생겨서 변색되는데, 피막이 밀착되고 무공성이면 부식이 진행되지 않으나, 대개의 피막은 밀착되지 않고 다공성이므로 부식이 내부로 진행된다.

② 물에 의한 부식 : 연수는 경수에 비하여 부식성이 크며, 오수는 염화물, 황화염 등으로 더욱 부식 작용이 심해지고, 오수에서 발생하는 이산화탄소(CO_2), 메탄가스(CH_4) 등은 금속을 부식시키는 촉진제의 역할을 한다.

③ 흙 속에서의 부식 : 산성이 강한 흙 속에서는 대부분의 금속 재료는 부식된다. 부식토 중에서는 염화물 또는 질산염과 같은 염류가 있으면 더욱 부식 작용이 커지는데, 황화물은 특히 심하다.

④ 전기 작용에 의한 부식 : 서로 다른 금속이 접촉을 하여, 그 곳에 수분이 있을 경우에는 전기 분해가 일어나 이온화 경향이 큰 쪽이 음극이 되어 전기의 부식 작용을 받으며, 단일 금속이라도 내부 조직 조밀의 차이가 있으므로 국부 전류가 생겨 조잡한 부분에서 부식된다. 금속의 이온화 경향이 큰 것부터 차례대로 열거해 보면 다음과 같다.

$$Mg \rightarrow Al \rightarrow Cr \rightarrow Mn \rightarrow Zn \rightarrow Fe \rightarrow Ni \rightarrow Sn \rightarrow (H) \rightarrow Cu \rightarrow Hg \rightarrow Ag \rightarrow Pt \rightarrow Au$$

(2) 방식법

금속의 방식법에는 다음과 같은 것이 있다.

① 다른 종류의 금속을 서로 잇대어 쓰지 않는다.

② 균질한 재료를 쓴다. 가공 중에 생긴 변형은 풀림 등에 의해서 제거한다.

③ 표면은 깨끗하게 하고, 물기나 습기가 없도록 한다.

④ 도료나 내식성이 큰 금속으로 표면에 피막을 입혀 보호한다. 그 방법에는 다음과 같은 것이 있다.

  ㉮ 도료, 특히 방청 도료를 칠한다.

  ㉯ 아스파트, 코울타르를 칠한다.

  ㉰ 내식, 내구성이 있는 금속으로 도금한다.

  ㉱ 법랑을 올린다.

  ㉲ 금속 표면을 화학적으로 방식 처리를 한다. 인산철과 산화망간과의 혼합액 속에 강을 담가 표면에 염기성 인산철의 피막을 만들고, 유성 도료로 마감칠을 하는 파커라이징 (Parkerizing) 법이 쓰인다.

  ㉳ 알루미늄에는 알루마이트, 철재에는 사삼산화철과 같은 치밀한 산화 피막을 표면에 형성하게 한다.

  ㉴ 모르타르나 콘크리트로 강재를 피복한다.

8 금속 제품

(1) 구조용 강재

① 경량 철골

  ㉮ 경량 형강 : 압연 기계로 냉간 가공하여 성형한 것으로, 판의 두께는 1.6~4.6mm의 범위이다. 보통 형강에 비하면 단위 무게에 대한 단면 2차 모멘트가 커서 소규모의 강 구조물이나 가설 건물용으로 많이 사용된다.

  ㉯ 익스펜드(Expand) 형강 : 띠강에 철선을 넣어 확대하면서 냉간 가공한 것으로, 두께는 1.6~3.2mm의 범위이다.

  ㉰ 코너 비드(Corner bead) : 재질은 아연 도금 철제와 황동제로 되어 있다. 코너 비드의 형상은 T형, I형, 그 밖에 특수형이 있으며, 길이는 1.8m, 날개의 폭은 3.75~5cm, 코너의 폭은 6mm 정도이다.

  ㉱ 죠이너(Joiner) : 텍스, 보드, 금속판, 합성 수지판 등의 줄눈에 대어 붙이는 것으로서 아연 도금 철판제, 알루미늄제, 황동제, 플라스틱제 등이 많고, 못박기나 나사 죄기로 된 것이 많다.

② PC강재

㉮ PC강선 : PC강선은 보통 원형 단면이나 콘크리트의 부착력을 증대시키기 위하여 이형물 또는 두 가닥을 꼬아 만든 것이다.

㉯ PC강연선 : PC강선을 7가닥 꼬아 만든 것을 특별히 7연선 (7-Wire-strand)이라 하는데, 이것은 PC강선과 PC강봉의 장점을 취한 것과 같은 성질이 있다.

㉰ PC강봉 : 지름 10mm 이상의 강봉을 나사 죔에 의하여 팽팽하게 당겨두고 쓰는 특수 강봉을 PC강봉이라 한다. 인장가도는 $80\sim140kg/mm^2$, 항복 강도는 $65\sim110kg/mm^2$, 신장도는 $5\sim8\%$ 정도이다.

③ 철선, 경인 강선 및 와이어 로프

㉮ 철선

㉠ 보통 철선 : 연강 선재를 상온으로 신선한 것이다.

㉡ 열처리 철선 : 보통 철선을 열처리한 것으로, 비계(목재)를 조립할 때 사용한다.

㉢ 아연 도금 철선 : 보통 철사를 말하며, 아연 도금한 것이다.

㉣ 정용 철선 : 못을 만드는 데 쓰인다.

㉯ 와이어 메시(Wire mesh) : 비교적 굵은 보통 철선을 격자형으로 짠 다음 각 접점을 전기 용접한 것으로, 콘크리트 보강용으로 많이 쓰인다.

㉰ 와이어 로프(Wire rope) : 엘리베이터, 크레인, 케이블카 등에 쓰인다.

㉠ 자승 : 강선을 7, 12, 19, 24, 30, 37, 61가닥으로 꼰 것이다.

㉡ 로프 : 자승을 6본 합하여 꼰 것으로, 로프 심으로는 마승 또는 연강선이 들어 있다.

㉢ 종류

ⓐ 보통 꼬임 : 자승과 로프 꼬임의 방향이 서로 반대인 것

ⓑ 랭크 꼬임 : 자승과 로프 꼬임의 방향이 서로 같은 방향인 것

(2) 가설용 강재

㉮ 강재 거푸집 : 강재 거푸집은 최근에 같은 평면의 반복 집합체인 철근 콘크리트조 아파아트의 건축 공사에 많이 사용되기 시작한 것으로 특성은 다음과 같다.

㉠ 조립, 해체하기가 쉽다.

㉡ 강도가 커서 보조재가 별로 들지 않는다.

㉢ 시공의 질이 높고, 파손과 소모가 적어서 내구성이 있다.

㉣ 재료비가 비싼 단점이 있다.

㉯ 강관 받침 기둥 : 주로 건축 공사의 콘크리트 형틀의 받침 기둥으로 사용되는 단주식의 강관 받침 기둥으로서, 지름이 다른 강관을 2중으로 끼워 내관을 빼어내 높이를 조절하는 방식으로서, 상단에는 받이판, 하단에는 대판이 붙어 있다. 외관의 바깥지름

은 60mm의 것이 쓰이고, 신축 범위는 2~3m, 최대 3.2~5.25m 사이에서 높이를 체인이 달린 핀, 조정 너트, 나사관으로 자유로 저절할 수 있다.

㉱ 강관 비계 : 최근에는 목제 비계 대신에 강관 비계가 많이 쓰이고 있으며, 이러한 추세는 비계의 장기 사용을 위해서 처음 구입하는 비용은 비싸더라도 반복하여 사용할 수 있는 장점이 있으나, 값이 비싸고 누전의 위험이 있으며, 여름에는 뜨겁고, 부품 손실 등의 단점이 있다.

$$
\text{강관 비계}
\begin{cases}
\text{고정식 조립 비계}
\begin{cases}
\text{달관 비계} \\
\text{틀 조립 비계}
\end{cases} \\[1em]
\text{이동식 비계}
\begin{cases}
\text{이동식 틀 조립 비계} \\
\text{신축 작업대} \\
\text{사다리}
\end{cases} \\[1em]
\text{달비계}
\begin{cases}
\text{달비계} \\
\text{간이 달비계}
\end{cases}
\end{cases}
$$

(3) 간결 철물

① **볼트, 너트, 와셔**

㉮ 흑 볼트 : 경미한 구조물에 쓰이고, 전단력을 받는 곳은 피한다. 용도로는 가쥠이나 인장력만 받는 장소에 쓰인다.

㉯ 중 볼트 : 건축물의 일반 내력용으로서, 리벳의 대용으로 쓰인다.

㉰ 상 볼트 : 핀 등의 중요한 부분이나 장식 효과를 기대하는 곳에 쓰인다.

② **고강도 볼트, 핀 구조** : 철골 구조에 리벳 대신에 쓰이는 것으로, 종래의 전단 볼트와는 달리 죄는 힘을 크게 한 것으로, 접촉면의 마찰면으로 유지되는 것이다. 볼트 강도는 63kg/mm^2이다.

③ **경질 재료에 박는 못**

㉮ 인서트(Insert) : 콘크리트 슬랩에 묻어 천정 달림재를 고정시키는 철물로서, 주물제는 9mm 철근을 나사 끼움 한다. 철판 가공품도 있다.

㉯ 콘크리트 못 : 특수강을 열처리한 것으로, 인발력은 25~105kg이다.

㉰ 스크루 앵커(Scrow anchor) : 삽입된 연질 금속 플러그에 나사못을 끼운 것으로, 인발력은 50~115kg이다.

㉱ 익스팬션 볼트(Expansion bolt) : 스크루 앵커와 똑같은 원리이고, 인발력은 270~500kg이다.

㉲ 드라이빗(Driveit) : 화약의 폭발력에 의해 콘크리트, 금속판 등에 쓰이는 특수 가공한 못, 리벳을 박기 위한 기구를 드라이빗이라 한다.

(4) 박판 및 가공품

① 박강판 제품

㉮ 아연 철판 : 박강판에 용융 아연 도금을 한 것으로, 보통 함석판이라 한다.

㉯ 가공 철판 : 골형 이외의 무한척 롤러에 의하여 성형되는 장척 철판으로서, 시공할 때 이음이 적어서 비가 새지 않는다.

② 표면 가공 철판

㉮ 표면 가공 철판 : 산화아연을 주체로 한 피막을 입힌 아연 철판으로서, 도료의 밀착성, 내식성이 강하다.

㉯ 도장 철판 : 아연 철판에 인산염을 처리한 다음, 그 위에 합성수지 도료를 뿜칠하여 도장한 것이다.

㉰ 프린트(Print) 철판 : 아연 철판에 염화비닐 수지계 잉크로 여러 가지의 무늬를 인쇄한 것

㉱ 타일 가공 철판 : 타일면의 감각을 나타내기 위한 철판이다.

㉲ 전기 아연 도금 철판 : 아연 철판은 용융 아연을 도금하는 법인데, 이것은 전기 도금 방법이다.

이것의 특징은 아연 부착량이 아연 철판의 $\frac{1}{10}$ 이하로 도금된다.

㉳ 법랑 철판 : 0.6~2.0mm 두께의 저탄소 강판을 760~820℃로 하여 법랑(유리질 유약)을 소성(유약 두께 0.3~0.7mm)한 것으로서, 주방용품, 용조 등에 쓰인다.

㉴ 생철판(Tinned sheet iron) : 주석을 입힌 철판이다.

㉵ 메탈 실링(Metal ceiling) : 박강판제의 천정판으로서, 여러 가지의 무늬가 박혀지거나 펀칭된 것이다.

㉶ 펀칭 메탈(Punching metal) : 금속판에 여러 가지 무늬의 구멍을 펀칭한 것으로서 환기 구멍, 라디에이터 커버 등에 쓰인다.

③ 메탈 라아드 : 도벽 바탕에 쓰이는 메탈 라아드 (Metal lath)는 얇은 철판에 많은 절목을 넣어 이를 옆으로 늘여서 만든 것이다.

④ 와이어 라아드 : 도벽 바탕용 와이어 라아드(Witr lath)는 능형(마름모꼴), 귀갑형, 원형 등이 있다.

⑤ 논슬립 : 계단에 쓰이는 논슬립(Nonslip)은 철제 이외에 놋쇠, 황동, 스테인레스, 강제 등이 있고, 미끄럼을 방지하기 위하여 홈파기, 고무 삽입 등의 방식이 있다.

⑥ 강제 셔터 : 강제 셔터(Steel shutter)는 용도상으로 방화 셔터(중량), 도난 방지용 셔터(경량)가 있고, 개폐 방법으로는 감아올리기식, 가로끌기식, 수평식이 있으며, 개폐 조작 방법으로는 수동식, 전동식이 있다. 셔터의 구성 부분은 슬랫(Slat), 홈대(Guide rail), 개폐 장치, 셔터 케이스로 되어 있다.

㉮ 슬랫

　　㉠ 셔터는 보통 폭이 좁고 긴 연강판제의 슬랫을 연결하여 두루마리 모양으로 말 수 있게 만든 문

　　㉡ 형상은 슬랫이 1겹으로 된 싱글식과 2겹으로 된 홀로우(Hollow)식이 있다.

　　㉢ 슬랫의 두께는 0.6~1.6mm를 사용하는데, 중량 셔터는 1.5~1.6mm, 경량 셔터는 0.6~0.8mm를 사용한다.

㉯ 홈대 : 홈대는 셔터의 양쪽 벽면에 매입한 강판, 스테인레스 강판 또는 황동제의 홈대로서, 셔터의 승강 통로이다.

　두께는 1.6mm 이상을 사용하고, 풍압 또는 수재에 의한 휨으로 인하여 셔터가 빠지지 않도록 셔터와 홈대의 물림을 35mm 이상으로 해야 한다.

⑦ **금속 장막벽** : 금속 장막벽(Metal curtain wall)은 콘크리트 장막벽과 같이, 구조적으로 하중을 받지 않는 벽을 말한다.

㉮ 외측 부재는 외부의 작용에 대하여 완전한 방호 역할을 한다.

㉯ 내측 부재는 습기가 통하지 않게 방호한다.

㉰ 중간 부분은 소리와 열을 차단한다.

(5) 경첩, 그 밖의 창호 철물

① **피벗 힌지**

㉮ 피벗 힌지(Pivot hinge)는 창호를 상하에서 축달림으로 받치는 것이다.

㉯ 조정 나사에 의하여 창호의 정지 속도와 정지 위치가 조절된다.

② **플로어 힌지** : 플로어 힌지(Floor hinge)는 피벗 힌지와 비슷한 것인데, 스프링이 마루면에 숨어있는 것으로서, 무게가 큰 것에 쓰인다. 보통 스프링의 힘은 액체나 피스톤에 의하여 죄어지게 되어 있다.

③ **도어 클로우저, 도어 첵** : 문을 자동적으로 닫게 하는 장치로서, 스프링 경첩의 일조이다.

④ **도어 스톱** : 도어 스톱(Door stop)은 여러 종류가 있으며, 손잡이 아랫부분에 붙이는 것이 보통이며, 가로형과 세로형이 있다.

　이것은 고무와 마루면과의 마찰에 의하여 정지한다.

5. 합성수지

1 개요

합성수지는 석탄, 석유, 유지, 녹말, 섬유소, 고무 등의 원료를 인공적으로 합성시켜 만든 것으로, 분자량이 수백에서 수십만에 이르는 고분자 물질을 말한다.

합성수지는 일정한 온도 범위 안에서 여러 가지 모양의 물체를 만들기 쉬운 성질, 즉 가소성이 있기 때문에 플라스틱이라고도 한다.

2 일반적 성질

합성수지의 일반적인 성질과 용도를 간추려 보면 다음과 같다.

① 소성, 방적성이 커서 기구류, 판류, 시트, 파이프 등을 만드는 데 쓰인다.

② 전성이 크고, 피막이 튼튼하며, 광택이 있어서 페인트, 바니시 등의 도료로서 좋은 성질을 가진다.

③ 접착성, 특히 안정성이 큰 것이 많고, 흡수율, 투수율이 적어 접착제, 코킹재, 퍼티(Putty)재로서 우수하다.

④ 내산성, 내알칼리성이 커서, 방부재로서뿐만 아니라 모르타르, 콘크리트, 회반죽 등에 바르는 도료로 접합하다.

⑤ 투광성이 큰 것은 유리 대신에 채광판으로 쓰인다. 아크릴 수지의 투광률은 90%, 비닐 수지의 투광률은 85~90%에 이른다.

⑥ 가공하기가 쉽고, 착색이 자유로와 화장재로 만들기가 좋다.

⑦ 고체 성형품은 경량이며(합성수지의 비중은 1~2), 강도가 큰 것이 있으나(압축 강도에 있어서 페놀 수지가 $3000kg/cm^2$, 멜라민 수지가 $2100kg/cm^2$, 폴리에스테르 수지가 $2500kg/cm^2$ 정도), 탄성이 강철의 $\frac{1}{10}$ 정도이며, 강성도 작아 구조재로는 불리한 점이 있다.

⑧ 내열, 내화성이 부족하여 150℃ 이상의 온도에 견디는 것이 드물다. 대부분이 불에 타며, 열에 닿으면 변질되기가 쉽다.

⑨ 온도, 습기에 의한 변형이 클 뿐만 아니라, 온도, 습기와 관계 없이 시간이 지나면 약간씩 수출되는 성질도 있다. 또, 장기 하중에 의하여 구부러지는 성질도 있다.

⑩ 경도가 낮아서 잘 긁히며, 마멸되기 쉽다.

⑪ 내후성이 부족한 것이 많다. 햇빛에 의해 황색이나 갈색으로 변하고, 투명판은 투광률이 감소한다. 외기에 닿으면 표면이 거칠어지고, 강도 및 경도도 낮아지는 경우가 많다.

　　합성수지는 크게 열경화성 수지(Thermosetting resin)와 열가소성 수지(Thermoplastic resin)로 분류된다. 열경화성 수지는 가열하면 구더져서 더 이상 가열하여도 연화되거나 녹지 않는 것이며, 열가소성 수지는 가열하면 연화되어 변형하나, 냉각시키면 그대로 굳어지는 것이다.

3 종류와 특성

(1) 열경화성 수지의 특성, 제법 및 용도

종류 \ 구분	제법	특성	사용온도(내열성)의 변화	용도
페놀 수지 (베이클라이트)	원료(페놀과 포르말린)를 촉매(산, 알칼리)로 하여 만든다.	• 성질은 원료의 배합비, 촉매의 종류, 제조 조건, 제품의 종류(성형 재료, 도료, 접착제)에 따라 다르다. • 매우 견고하며, 전기 절연성이 우수하다. • 내후성도 양호하다. • 수지 자체는 취약하여 성형품, 적층품의 경우에는 충전제를 첨가한다.	• 유기질 충전제(종이, 천, 펄프 등) 혼합시 : 105℃ • 무기질 충전제 혼합시 : 125℃ • 200℃ 이상에서는 그대로 두면 탄화 분해된다.	• 전기통신기재 (약 60% 이상) • 도료, 접착제
요소 수지	요소(이산화탄소와 암모니아에서 얻음)와 포르말린을 반응시켜서 제조한다.	• 수지 자체가 무색이어서 착색이 자유롭다. • 약산, 약알칼리에 견디고, 유류(벤졸, 알코올)에는 거의 침해받지 않는다. • 전기적 성질은 페놀 수지보다 약간 떨어진다.	페놀 수지보다 약간 떨어지나 100℃ 이하에서 연속적으로 사용이 가능하다.	• 일용 잡화(완구, 장식품) • 접착제(준 내수합판)
멜라민 수지	멜라민과 포르말린을 반응시켜서 제조한다.	• 무색, 투명하여 착색이 자유롭다. • 매우 굳고, 내수, 내약품성, 내용제성이 뛰어나다. • 기계적 강도, 전기적 성질 및 내노화성이 우수하다.	내열성이 우수하다. (120~150℃)	• 벽판, 천정판, 카운터 • 조리대, 냉장고, 실험대

종류 \ 구분		제법	특성	사용온도(내열성)의 변화	용도
폴리에스테르수지	포화폴리에스테르수지(알킷 수지)	순수수지(무수프탈산과 글리세린에서 얻음)를 지방산, 유지, 천연 수지로 변성하여 얻는다.	• 변성하는 유지, 수지의 종류 및 양에 따라 성질이 다르다. • 내후성, 밀착성, 가요성이 우수하다. • 내수성, 내알칼리성이 부족하다.		• 도료의 원료
	불포화 폴리에스테르 수지	• 불포화 다염기산과 포화다가알코올의, 에스테르형 • 포화 다염기산과 불포화 다가알코올의 에스테르형 *위의 두 가지 형태의 제조 방법으로 양자의 축합에서 얻어지는 쇄상의 폴리머 중에 함유된 불포화 결합부가 비닐계 단량체의 불포화 결합부와 부가 중합하여 3차원의 망상 구조가 되어 경화한다.	• 산류 및 탄화수소계의 용제에는 강하다. • 알칼리나 산화성 산에는 침해를 받는다.		• 아케이드 천창 • 루버, 칸막이 • 수지모르타르(수지액)
실리콘 수지		• 염화 규소(금속 규소와 염소에서 얻음)에 그리냐르 시약을 가하여 클로로실란을 제조하여 만든다.	• 클로로실란의 종류와 배합비에 따라 액체, 고무, 수지 등을 얻는다. • 전기절연성, 내수성이 좋다. • 발수성이 있다.	• 내열성이 우수하다 (−80~250℃) • 약간의 사용이 가능한 온도(270℃)	• 액체 : 윤활유, 펌프유, 절연유, 방수제 • 고무 : 개스킷, 패킹 • 수지 : 성형품
				도료의 경우 안료로서 알루미늄 분말을 혼합한 것은 500℃에서 몇 시간을 견디며, 250℃에서는 수백 시간을 견딘다.	• 접착제, 전기 절연재
에폭시 수지		에피클로로 히드린과 비스페놀에 알칼리를 가하여 반응시켜서 제조한다.	• 접착성이 매우 우수하다. • 경화할 때 휘발물의 발생이 없으므로 용적의 감소가 극히 적다. • 내약품성, 내용제성이 뛰어나다. • 산, 알칼리에 강하다.		• 주형재료 • 접착제(금속, 유리, 플라스틱, 도자기, 목재, 고무) • 도료 • 유리 섬유의 보강품

(2) 열가소성 수지의 특성, 제법 및 용도

종류 \ 구분	제법	특성	사용온도(내열성)의 변화	용도
염화 비닐 수지	아세틸렌과 염화수소 가스에서 만들어지는 염화비닐 단량체가 부가 중합하여 이루어진 쇄상의 중합체	• 비중 1.4, 휨강도 100kg/cm², 인장강도 600kg/cm² • 전기 절연성, 내약품성이 양호하다. • 경질성이지만 가소제의 혼합에 따라 유연한 고무형태의 제품을 제조한다.	−10~60℃	• 성형품(필름, 시트, 플레이트, 파이프) • 지붕재, 벽재 • 블라인드, 도료, 접착제
폴리에틸렌 수지	에틸렌(천연가스 또는 석유분해가스에서 얻음)을 지글러 법으로 중합하여 제조	• 비중 0.94 • 유백색의 불투명한 수지 • 저온에서도 유연성이 크다. • 내충격성도 일반 플라스틱의 5배 정도이다. • 내화학약품성, 전기절연성, 내수성이 우수하다.	취화온도 −60℃ 이하	• 방수, 방습 시트 • 포장 필름 • 전선 피복, 일용잡화 • 도료, 접착제
폴리프로필렌 수지	프로필렌을 촉매로 써서 중합하여 제조	• 비중이 0.9로서 가장 가볍다. • 기계적인 강도가 뛰어나다. • 전기적 성능, 내화학 약품성, 광택, 투명도 등이 우수하다.	열가소성 수지 중 내열성이 가장 양호하다.	• 섬유제품 • 기계공업(정밀부분품) • 화학 장치, 의료 기구 • 가정용품
폴리스티렌 수지	벤젠과 에틸렌에서 만들어진다.	• 비점이 145.2℃인 무색 투명한 액체 • 유기 용제에 침해되기 쉽다. • 취약한 것이 결점이다. • 내수, 내화학 약품성, 전기 절연성, 가공성이 우수하다.		• 벽타일, 천정재 • 블라인드, 도료 • 저온 단열재
ABS 수지	아크릴로니트릴, 부타디엔, 스티렌 등으로 이루어진 것으로, 이들 사이의 장점만을 택하여 복합 작용을 취한 것	충격성, 치수, 안정성, 경도 등이 우수하다.		• 파이프, 판재. 전기 부품 • 변성제(성형성, 내충격성)
아크릴산 수지	아크릴산으로 합성한 에스테르의 중합에 의해서 제조	투명성, 유연성, 내후성, 내화학 약품성이 우수하다.		• 도료 • 섬유 처리
메타크릴산 수지 (유기 유리)	메타크릴산으로 합성한 에스테르의 중합에 의해서 제조	• 투명도가 매우 높다. • 내후성도 뛰어나고, 착색이 자유롭다.		• 항공기의 방풍 유리 • 조명 기구 • 도료, 접착제, 의치

(3) 섬유소계 수지(셀룰로오스계 수지)

식물성 물질의 구성 성분으로, 자연계에 많이 분포되어 있는 고분자 물질을 질산, 아세트산 등의 화학 약품에 의해 변성한 것으로서, 반합성 수지이다. 셀룰로오스계 수지의 중요한 것을 들어 보면 다음과 같다.

① 셀룰로이드

㉮ 제법 : 솜, 펄프 등의 셀룰로오스를 질산 및 황산으로 처리하여 질화면을 만들고, 이 것을 에스테르, 알코올로 녹인 다음, 가소제를 넣어 형상을 만든다.

㉯ 특성

㉠ 비중이 1.3 정도이며, 무색 투명하고 투광률은 80~85%이다.

㉡ 대부분의 자외선을 투과시키거나, 적외선은 차단한다.

㉢ 착색이 쉽고 가공성이 좋다.

㉣ 내광성 및 내화학성이 부족하며, 90℃에서 연화되고 185℃에서 연소한다.

㉤ 용도 : 금속, 가죽, 목재 등의 접착제

② 아세트산 섬유소 수지

㉮ 제법 : 린터 펄프(Linter pulp)를 원료로 하여 아세트산, 황산 등으로 처리하여 가수 분해시킨 것이다.

㉯ 성질 : 여러 가지의 성질이 셀룰로이드와 비슷하나, 그보다 더 우수하다.

㉰ 용도 : 판, 파이프, 시트, 도료, 사진 필름 등의 제조

(4) 고무 및 그 유도체와 합성 고무

고무나무에서 채취한 고무 라텍스에 가류제, 그밖에 다른 약제로 처리하여 물리적 성질을 개선한 것이다.

① 라텍스

㉮ 고무나무의 수피에서 분비되는 유상의 즙액이다.

㉯ 흰색 또는 회백색으로서, 비중이 1.02이고, 이를 몇 시간 동안 그대로 두면 응고한다.

㉰ 암모니아를 응고 방지제로 혼합하여 용도에 따라 농축하여 사용하거나, 재취하여 수 분을 분리, 제거하여 생고무로 만들어 쓰기도 한다.

② 생고무

㉮ 채취된 라텍스를 정제한 것으로서, 비중은 0.91~0.92이다.

㉯ 4℃에서 경직하여 탄성이 감소되고, 130℃ 정도에서 연화되며, 200℃에서 분해를 일으킨다.

㉰ 생고무는 광선을 흡수하여 점차 분해되어 균열이 발생하고 점성으로 변한다.

③ **가황 고무** : 생고무는 광선, 산소에 대하여 약하므로, 여기에다 황을 가하여 물리적, 화학적 성질을 개선하여 사용 목적에 적합하게 만든 것이 가황 고무이다.

㉠ 가황에는 분말 황이 쓰이고, 그밖에 촉진제, 안정제, 충전제, 착색제가 가해진다.

㉡ 고무에 대하여 황 6% 정도를 가한 것이 연질 고무, 30% 정도를 가한 것이 경질 고무(에보나이트)이다.

㉢ 내유성이 약하고, 광선, 열에 의해 산화, 분해되어 균열이 발생하여 노화되지만, 생고무에 비하면 한층 내노화성이 개선된 것이다.

④ **리놀륨** : 공장 생산에 마루 마감 재료 중에서는 가장 우수한 것으로서, 시공도 쉽고 값도 비교적 싸기 때문에 수요가 크다.

㉠ 원료 : 아마인유, 건조제(망간, 납의 혼합물), 수지(로지, 가우리, 코우펄), 코르크 분말, 톱밥, 충전물(充填物; 목분, 도토, 활석), 안료(황토, 크롬황), 황마포 등이 있다.

㉡ 공정 : 생아마유를 가열하여 보일드유로 이를 산화하여 얻어지는 리노 키신에 수지를 가하여 호상(糊狀)인 리놀륨 시멘트를 만든다. 여기에 코르크 분말, 톱밥, 충전물 및 안료를 혼합하여 분상(粉狀)의 리놀륨질 모양으로 하고, 마포에 도포한 다음 롤러로 열압하여 건조시킨다. 이러한 공정은 약 6개월이 걸린다.

㉢ 성질

㉠ 내구력이 비교적 크고, 탄력성, 내수성이 있다.

㉡ 장기간 그대로 두면 서서히 산화유가 되어, 함유 안료와 화합하여 탄성이 줄어들고 취약해진다. 〈이것을 방지하기 위하여 약간의 리놀륨유로 자주 닦는다.〉

4 합성수지 제품

(1) 바닥 재료

① 비닐 타일

㉠ 제법 : 충전제로서 석면, 석분을 많이 섞고, 염화비닐 수지 등을 넣어 점결제로 하고, 이 밖에 가소제, 안정제, 안료를 넣어 혼합하여 가열을 한 다음 유동 상태로 만들어 회전하고 있는 몇 개의 가열 롤러 사이를 통과시키는 캘린더 가공을 하여 시트 모양을 만들어 정해진 치수로 절단하여 만든다.

㉡ 성질

㉠ 값이 비교적 싸고, 착색이 자유롭다.

㉡ 약간의 탄력성, 내마멸성, 내약품성이 있어 바닥 재료로 많이 쓰인다.

② 비닐 시트 : 표층은 수지량이 많고, 내마멸성이 좋은 비닐 시트 층으로서 강도와 바닥판의 접착성이 좋은 면포, 마포 등으로 되어 있고, 중간층은 석면과 같은 충전제를 많이 섞은 비닐판으로 되어 있다.(모노륨, 골드륨)

(2) 천정, 벽 재료

① 화장판

㉮ 멜라민 적층판

㉠ 멜라민 수지를 먹인 투명한 박지를 표면에, 다음에는 멜라민 수지를 먹인 착색 무늬 종이, 뒷면에는 페놀수지를 먹인 크라프트지 2~3장을 겹쳐 약 140℃, 100kg/cm² 로 약 30분 동안 열압하여 만든 것으로 테이블, 카운터 철판에 이용

㉡ 난연성이 높으며, 경도, 자유로운 착색, 광택이 우수하다.

㉯ 멜라민 화장 합판 : 6mm 합판의 표면에는 멜라민 수지를 먹인 착색 모양지, 뒷면에 는 페놀 수지를 먹인 그라프트지를 붙여서 열압한 것

㉰ 멜라민 화장 급속판 : 강판, 알루미늄판의 표면에 멜라민 수지를 먹인 착색 모양지와 투명한 박지를 겹쳐 놓은 다음, 뒷면에 페놀 수지를 먹인 크라프트지를 붙여서 열압 한 것으로 차량, 선박, 엘리베이터의 내장재로 쓰인다.

㉱ 폴리에스테르 화장판 : 합판, 경질 섬유판, 파티클 보드 등의 표면을 폴리에스테르 수 지를 먹인 착색 모양지로 가공한 것으로 건물의 내장재, 가구재로 쓰인다.

㉲ 염화비닐 화장판 : 두께가 0.1mm인 여러 가지의 모양을 인쇄한 PVC시트를 합판 또 는 강판에 접착제로 붙여 만든 것이다.

(3) 지붕 재료

① 골판

㉮ 경질 PVC골판

㉠ PVC 단독 제품과 보강용 철망을 삽입하여 만든 망입 골판이 있다.

㉡ 값이 싸고, 좋은 채광성, 자유로운 착색성 때문에 간이 지붕재로 사용되었다.

㉯ FRP 골판

㉠ FRP는 유리 섬유로 강화된 불포화 폴리에스테르 수지를 말한다.

㉡ FRP 골판은 PVC 골판과 용도는 비슷하나, 사용 가능한 온도 범위가 -50~120℃ 로 넓다.

㉢ 강도가 크고 열팽창 계수가 PVC보다는 작다는 점 등이 PVC에 비하여 유리하나 값이 비싸다.

㉰ 천창, 도움

㉠ 메타크릴 수지 천창 : 메타크릴 수지는 우수한 내후성, 내약품성, 투광성을 가지며, 자외선의 투과율도 무기 유리에 비하여 크고, 사용 온도 범위도 PVC보다 넓어서 70℃ 이하에서는 연화하는 경우가 없으므로 도움재로 적합하나, 값이 비싸다.

㉡ FRP 천창 : 합성수지 제품 중에서 FRP는 강도가 가장 크다는 장점이 있으며, 공 장, 체육관 등의 천창용으로 적합하다. 메타크릴 수지에 비하여 투광성, 내후성도 떨어지므로 변색하는 경우가 있다.

④ 발포 제품
  ㉠ 저발포 제품 : 목재와 비슷하고, 흡수율은 목재의 $\frac{1}{60}$ 정도이며, 표면은 평활하고, 가공하기가 쉬워서 철근 콘크리트조 기둥, 벽, 보의 표면에 제물 모양 또는 모서리에 쇠시리 모양을 내기 위하여 거푸집의 부속 재료로 많이 쓰이고 있다.
  ㉡ 고발포 제품 : 플라스틱 폼(Plastic foam)에는 경질 폼과 연질 폼(Sponge)이 있는데, 앞에 것은 건축에서 단열재로 쓰이고, 뒤에 것은 주로 가구의 쿠션재로 쓰인다.
    ⓐ 폴리스티렌 폼
      • 비이드 보드법 : 스티렌 단량체에 발포체를 섞어 중합시켜 폴리스티렌 원립을 만들고, 이 원립을 다시 가열하여 발포시킨 다음 금형에 채워 약 115℃로 가열하여 만든다.
      • 모놀리틱 보드법 : 단량체, 발포제를 섞어 중합시키면서 바로 연속적으로 압출, 발포시켜서 만든다.
    ⓑ 폴리우레탄 폼 : 다가 알코올과 폴리이소시아네트 및 그 밖의 부재를 섞어 제조되고, 기포의 가스는 이산화탄소 또는 할로겐화 탄산수소이며, 폼의 단열성은 기포 중에 포함되어 있는 가스체의 열전도율에 좌우된다.
    ⓒ 우레아 폼 : 요소 수지액과 발포제, 그 밖의 것을 발포기로 섞어서 호스로 분출시켜 공간을 채울 수 있는 발포제로서, 강도가 적은 것이 흠이나, 값이 싸고 현장 발포가 가능하다.
⑤ 그 밖의 제품
  ㉠ 판류, 유기 유리문 : 도어(Door)재로 사용되는 합성수지는 메타크릴 수지, 경질 염화비닐 수지, FRP 등이 있고, 이들을 무기 유리와 비교하였을 때의 장·단점은 다음과 같다.
    ⓐ 장점
      • 유리에 비하여 투명도가 떨어지지 않는다.
      • 인성이 있어 유리와 같이 취약하지가 않다. (충격 강도가 유리의 10배 이상)
      • 가볍고 접착이 쉬우며, 착색이 자유롭다.
    ⓑ 단점
      • 열팽창 계수가 커서 겨울철에 옥내외의 온도차로 인하여 판문이 휘어지기 쉽다.
      • 표면 경도가 낮아서 흠이 나기 쉽다.
      • 대전성이 커서 먼지가 앉기 쉽다.
  ㉡ 관류 : 합성 수지관은 경량이며, 전기 부도체이고, 시공하기가 쉽다. 또, 유연성과 높은 내약품성, 표면이 평활하여 유체의 마찰 저항이 적어 상·하수도관, 가스관, 전기 공사용관, 화공약품관 등으로 많이 이용되고 있는데, PVC 파이프가 주류를 이루고 있다.

6. 방수 재료

1 개설

아스팔트란, 비파라핀계 석유 성분의 일부가 자연적으로 증발하거나 인공적으로 이를 증발시켜서 얻은 고체, 또는 반고체의 점조성 역청(Bitumen) 물질을 말한다.

역청의 성분은 산화물을 함유하지 않은 탄화수소로서, 기체, 액체, 고체의 상태로 존재하는데, 방수성 및 화학적인 안전성이 크므로, 방수 재료, 화학 공장 등의 내약품 재료, 그 밖에 녹막이 재료, 도로 포장 재료 등에 쓰이고 있다.

2 아스팔트의 종류

아스팔트는 생산되는 형태에 따라 천연 아스팔트와 석유 아스팔트로 나눌 수 있다.

(1) 천연 아스팔트

① 종류

㉮ 레이크 아스팔트 : 지구 표면의 낮은 곳에 괴어서 반 액체 또는 고체로 굳은 것으로 남아메리카의 트리니다드 섬에서 많이 생산된다.

㉯ 로크 아스팔트 : 사암 석회암 또는 모래 등의 틈에 침투되어 있으며 역청분의 함유율이 5~40%로 산지에 따라 다르다.

㉰ 아스팔트 타이트 : 많은 역청분을 포함하고 있으며, 검고 견고한 것

(2) 석유 아스팔트

석유의 원유를 정유할 때 부산물로 생산되는 아스팔트로서 처리하는 방법에 따라 스트레이트 아스팔트, 블로운 아스팔트, 아스팔트 컴파운드의 세가지가 있다.

① 스트레이트 아스팔트

㉮ 제법 : 아스팔트 성분을 될 수 있는대로 분해, 변화되지 않도록 제조한다.

㉯ 특성

㉠ 점성, 신성, 침투성 등이 크고, 증발성분이 많다.

㉡ 온도에 의한 강도, 신성, 유연성의 변화가 크다.

㉢ 용도 : 아스팔트 펠트, 아스팔트 루핑의 바탕재에 침투 또는 지하실 방수

② 블로운 아스팔트

㉮ 제법 : 증류탑에 뜨거운 공기를 불어 넣어 제조한다.

㉯ 특성

㉠ 점성이나 침투성이 작다.

     ⓒ 온도에 의한 변화가 적어서 열에 대한 안전성이 크다.

     ⓒ 내후성이 크다.

③ 아스팔트 컴파운드

    ⑦ 제법 : 동·식물성 유지와 광물질 미분 등을 블로운 아스팔트에 혼입하여 만든 것

    ⑪ 특성 : 내열성, 점성, 내구성 등을 블로운 아스팔트보다 좋게 한 것이다.

    ⑭ 용도 : 방수 재료, 아스팔트 방수 공사

(3) 기타

① **커트백 아스팔트** : 아스팔트를 가열하지 않고 연화제(휘석제 플럭스)를 사용하여 상온에서 아스팔트를 묽게 하여 시공하는 아스팔트를 커트백 아스팔트(Cut-back asphalt) 또는 콜드(Cold) 아스팔트라 한다.

② **아스팔트 모르타르**

    ⑦ 제법 : 스트레이트 아스팔트 또는 연질 블로운 아스팔트에 모래, 석분, 쇄석을 가열, 혼합하여 바닥에 깔고, 인두나 롤러로 가압한 것이다.

③ **내산 아스팔트 모르타르**

    ⑦ 제법 : 아스팔트는 보통의 산, 알칼리에는 저항성이 있으므로, 내산 물질(광석분, 규사, 납석분, 석면 등)을 혼입하여 인두나 롤러로 전압하여 마감을 한다.

    ⑪ 용도 : 산을 보관, 취급하는 창고나 공장에서는 철재 및 콘크리트의 방식이 필요하다.

④ **방수 공사용 아스팔트** : 방수 공사는 아스팔트의 품질에 따라 좌우되며, 사용 장소의 기온, 사용 조건을 감안하여 아스팔트를 선정해야 한다.

방수장소	방수재료	침입도	연화점(℃)
옥상 평지붕	아스팔트 컴파운드	20~30	85~100
	블로운 아스팔트	10~30	85~90
옥내 지하실	아스팔트 컴파운드	20~40	85 이상
	블로운 아스팔트	20~30	80 이상

3 아스팔트의 성질

    아스팔트의 성질은 산지, 함유성분, 처리법, 정제법 등에 따라 다르며 일반적인 성질은 다음과 같다.

① 내산성, 내알칼리성, 내구성이 있다.

② 방수성, 접착성, 전기 절연성이 크다.

③ 이황화탄소, 사염화탄소, 벤졸과 석유계 탄화수소의 용제에 잘 녹는다.

④ 변질되지 않으나 열을 가하면 유동성이 많은 액체가 된다.

4 아스팔트 제품

종류		제법	특성	용도
아스팔트 펠트		유기질 섬유(양털, 무명, 삼, 펠트 등)로 원지포를 만들고 이것에 스트레이트 아스팔트를 침투시켜 롤러로 압착하여 제조	• 방수, 방습성이 좋다. • 경량이다. • 넓은 면적을 덮을 수 있다.	• 기와 지붕의 바탕재 • 방수공사
아스팔트 루핑		아스팔트 펠트의 양면에 아스팔트 컴파운드를 피복한 다음 그위에 활석, 또는 운석 분말을 부착시켜 제조	• 방수, 방습성이 펠트보다 우수하다. • 유연성이 증대된다. • 내후성이 있다.	• 가설건물, 창고의 경사진 지붕에 기와 대신 사용
특수루핑	아스팔트 시트	원포를 합성수지 직포(폴리프로필렌 수지)로 하고 아스팔트는 고무화 아스팔트 컴파운드를 사용하여 표면에 규사, 뒷면에는 박리지를 붙여 제조	• 방수 공사시 간편하다(아스팔트 프라이머 도포 후 뒷면의 박리지를 벗겨 가면서 압착시키면 바탕에 밀착된다)	• 옥상 방수 • 지하 구조물 방수
	알루미늄 루핑	원포를 합성수지 직포로 하고 아스팔트는 특수 촉매 아스팔트를 사용하여 표면에는 알루미늄박, 뒷면에는 폴리에틸렌 필름을 붙여 제조	• 전용 접착제로 붙인다. • 옥상 평지붕 방수시 보호 모르타르가 필요없다.	• 보행이 적은 평지붕 방수 • 패러핏, 수직벽면의 방수 재료
아스팔트 바닥 재료	아스팔트 타일	아스팔트와 쿠마론 인덴 수지, 염화비닐 수지에 석면, 돌가루 등을 혼합한 다음 높은 열과 압력으로 녹여 얇은 판으로 만든 것	• 탄성이 있다. • 가공하기가 쉽다. • 여러가지 색으로 만들어져 있으므로 아름답다.	
	아스팔트 블록	모래, 광재, 깬자갈과 가열한 아스팔트를 섞어서 정해진 틀에 채워 강압하여 제조	• 내마멸성이 강하다. • 보행감이 좋고 먼지가 덜 난다.	공장, 창고, 철도, 플랫폼 등의 바닥
아스팔트 도료 접착제	아스팔트 프라이머	블로운 아스팔트를 휘발성 용제로 희석한 흑갈색의 용액		콘크리트나 모르타르 바탕의 아스팔트 방수층
	아스팔트 코팅	블로운 아스팔트(침입도 20~30) 휘발성 용제, 석면, 광물질 분말, 안정제를 혼합하여 제조	• 비교적 점도가 높다. • 도막이 두껍다.	• 지붕, 벽면의 방수칠 • 벽면의 균열 부분 메우기
	아스팔트 접착제		• 초기 접착력이 작다. • 수직벽면에는 부적당 • 경사면, 수평면에 많이 쓰인다.	비닐 타일, 아스팔트 타일 아스팔트 루핑, 발포 단열재의 접착제
타르		유기물(석유, 원유, 석탄, 수목 등)을 건류하여 얻어진 흑색유	• 비교적 휘발성이 있다. • 비중 1.1~1.2 정도 • 내구력이 적고, 특수한 냄새가 난다.	목재, 철재의 방부제
피치		타르에서 비교적 추출하기 쉬운 것을 증류에 의하여 추출한 나머지로서 암색의 점성이 있는 고체 물질	• 비중이 비교적 크다. • 감온비가 높다. • 고체에서 액체로 급히 변한다. • 나프탈렌을 함유하고 파라핀은 함유하지 않는다.	• 방수재 • 아스팔트에 비해서 내구력이 부족하고 감온비가 높아서 지상에는 부적당하다.

7. 도료 및 접착제

1 도장 재료

(1) 개설

도장 재료는 물체의 표면에 칠을 하여 부식을 방지(아스팔트 도료, 크레오소오트류, 연단)하고, 표면을 보호하며, 광택, 색채, 무늬 등을 이용하여 표면을 미화하기 위한 재료로 쓰이는 것으로, 내습성, 내후성, 내수성, 내약품성, 내유성을 가져야 한다.

(2) 도료의 분류와 원료

① 분류

분류 \ 구분		정의	종류
성분에 의한 분류	페인트	바니시류에 안료를 첨가한 것	• 유성페인트 • 수성페인트 • 래커에나멜 • 에나멜 페인트
	바니스	안료가 첨가되지 않은 것	• 천연수지 바니시 • 유성 바니시 • 합성수지 바니시 • 섬유소 바니시
건조 과정에 의한 분류	자연 건조형	도장한 것만으로 단순히 상온에서 경화하는 것	• 락바니시 • 래커 에멀션 도료 • 비닐수지 도료
	가열 건조형	도장한 다음 가열하여 경화하는 것	• 아미노 알킷 수지 • 에폭시 수지 • 페놀 수지
용도에 의한 분류			• 목재, 금속, 콘크리트용 • 내 · 외부용 • 내알칼리용, 방청용, 내산용, 전기절연용 • 내열용, 발광용, 방화용
도장 방법에 의한 분류			• 솔칠용 • 뿜칠용 정전도장용 • 에어리스 도장용

② 원료

도료의 원료로는 도막을 형성하는 성분인 전색제로 유지(보일드유, 스탠드유 등)와 수지(천연 · 합성수지 등)가 쓰이며, 이 밖에 여러가지의 안료(착색 · 방청 · 체질 안료 등), 용제

(미네럴스피릿, 벤졸, 알코올, 아세트산 에스테르 등), 건조제(코발트, 납, 마그네시아의 금속 산화물, 붕산염, 초산염) 등이 사용된다.

 ㉠ 기름(유지) : 건성유로는 아마인유, 동유(桐油), 임유(荏油), 마실유 등이 있으며, 이보다 품질이 낮고 값이 싼 반건성유로서 대두유, 채종유, 어유 등이 있다. 그러나, 건조가 늦고, 도막도 연하며, 시일이 경과함에 따라 연화되는 결점이 있다.

  ㉠ 보일드유(Boiled oil)

   ⓐ 건성유는 공기 중에서 산화하여 탄력성 있는 단단한 막을 만드나, 건조에 많은 시간이 걸리므로, 기름에 건조제를 넣어 공기를 흡입하면서 100℃로 가열하여 보일드유를 만든다.

   ⓑ 속건성유를 사용하는 것은 공사 기간을 단축시키는 목적보다는 강한 도막이 형성되기 때문이다.

  ㉡ 스탠드유(Stand oil) : 아마인유에 공기를 차단시켜 300℃로 장시간 가열한 것을 스탠드유라 한다. 도막은 광택이 있는 고급품인데, 건조는 보일드유보다 늦다.

 ㉡ 수지 : 바니시, 에나멜의 주요 원료로서, 용제에 녹이면 투명한 점성이 있는 액체로 되고, 건조하면 굳은 막을 만든다.

  ㉠ 천연 수지 : 송진, 다마아르(Dammar), 셸락(Shellac), 코우펄(Copal), 앰버(Amber) 등이 있다.

  ㉡ 합성수지

   ⓐ 열경화성 합성 수지계 : 페놀 수지, 요소 수지, 알킷 수지, 멜라민 수지, 에폭시 수지, 실리콘 수지 등이 있다.

   ⓑ 열가소성 합성 수지계 : 아세트산비닐 수지, 염화비닐 수지, 아크릴 수지 등이 있다.

   ⓒ 이 밖에 래커의 원료가 되는 셀룰로오스 수지계 등이 있다.

 ㉢ 안료 : 안료는 도료에 색채를 주고, 도막을 불투명하게 하여 표면을 은폐하며, 물, 알코올, 테레빈유 등의 용제에 녹지 않는 물질을 말한다.

  ㉠ 착색 안료

   ⓐ 백색 안료는 아연화, 티탄백 등이 있다.

   ⓑ 흑색 안료로는 카본 슬랙이 있다.

   ⓒ 적색 안료로는 산화철, 연단(광명단) 등이 있다.

  ㉡ 방청 안료 : 철재 표면에 쓰이는 안료로서, 연단, 산화철, 크롬산아연, 아산화납 등이 있다.

  ㉢ 체질 안료 : 착색 안료의 체질 증량용으로 쓰이는 것으로, 황산바륨, 탄산칼슘 등이 있다.

⑭ 용제

　ⓐ 도료의 유동성을 조절하고, 묽게 하여 다루기 좋도록 하며, 증발 속도를 조절하는 데에 사용하는 것이다.

　ⓑ 유성페인트, 유성바니시, 에나멜 등의 용제로는 미네럴 스피릿(Mineral spirit)을 주로 사용한다.

　ⓒ 래커의 용제로는 벤졸, 알코올, 아세트산에스테르(Ester) 등의 혼합물을 사용한다.

⑮ 건조제

　ⓐ 건조제는 건성유의 건조를 촉진시키기 위하여 사용되는 것이다.

　ⓑ 금속 산화물(코발트, 납, 마그네시아 등)과 붕산염, 초산염 등이 쓰인다.

　ⓒ 이들 금속 화합물은 건성유의 산화, 건조를 촉진시키나, 사용하는 금속에 따라 건조 상황이 현저하게 다르고, 건성유의 종류에 따라 건조 촉진력의 차이가 있으므로, 각 금속성 건조제의 특성을 충분히 고려해야 한다.

(3) 페인트

① 유성 페인트

㉮ 제법 : 유성 페인트는 안료, 건성유, 용제, 건조제 등을 혼합한 것이다.

㉯ 종류 : 굳음의 정도에 따라 된반죽 페인트, 중련(中練) 페인트, 조합 페인트의 세 종류가 있다.

㉰ 배합 : 페인트의 배합은 초벌, 재벌, 정벌 및 도포시의 계절, 피도물의 성질, 광택의 유무 등에 따라 적당히 변경해야 한다.

　ⓐ 비율적으로 유량을 늘리면 광택과 내구력이 증대되나, 건조가 늦다.

　ⓑ 용제를 늘리면 건조가 빠르고 솔질이 잘 되나, 옥외 도장시 내구력을 떨어뜨린다.

　ⓒ 여름철의 고온일 때에는 겨울철의 저온일 때보다 건조제의 양을 줄이고, 초벌에는 광명단을 가하여 도막을 단단히 해야 한다.

　ⓓ 유성 페인트는 목재, 석고판류의 도장에 무난하여 널리 사용되나, 알칼리에는 약하므로 콘크리트, 모르타르, 플라스터면에 바를 수 없다.

　ⓔ 유성 페인트를 칠하려면 초벌로서 내알칼리성 도료(내알칼리성 합성수지와 용제를 주원료로 한 것으로, 안료와 섞을 때도 있다)를 발라야 한다.

② 수성 페인트

㉮ 제법 : 광물성 가루(탄산칼슘, 규산알루미늄)와 안료(카세인, 아교, 아라비아 고무, 녹말 등)를 물에 개어서 묽게 한 것이다.

　ⓐ 아교를 사용한 것은 곰팡이가 생기기 쉽다.

　ⓑ 녹말을 넣은 것은 내수성이 전혀 없으므로 벗겨지기가 쉽다.

　ⓒ 카세인은 이러한 염려가 없고, 비교적 내수성이 있다.

　　㉯ 사용법

　　　　㉠ 수성 페인트의 사용법은 저온수를 조금씩 넣으면서 충분히 혼합하여 30분 이상 그
　　　　대로 둔 다음, 풀기가 완전히 용해된 뒤에 120메시 이상의 체에 걸러서 쓴다.

　　　　㉡ 수성 도료는 내수, 내구성이 부족하므로 최근에는 합성수지 에멀션 도료를 사용
　　　　한다.

　　　　㉢ 바른 다음에 물은 발산되어 고화되고, 표면은 거의 광택이 없는 도막이 된다.

　　㉰ 종류 : 수성 페인트중 가장 우수한 도료는 카세인 수성 도료이다.

　　　　㉠ 카세인이 알칼리 수용액에 녹는 성질을 이용하여 석회와 혼합한 다음, 내알칼리
　　　　안료를 넣어 분말상으로 시판되고 있다.

　　　　㉡ 알칼리에 침해되지 않으므로 모르타르 회반죽면의 도장에 적당하다.

　　　　㉢ 무광택으로서 내수성이 없으므로 실내용으로 쓰인다.

　　　　㉣ 비교적 내수성이 있다.

③ **수지성 페인트**

　　㉮ 제법 : 합성수지와 안료 및 휘발성 용제를 혼합한 것이다.

　　㉯ 성질

　　　　㉠ 건조 시간이 빠르고 도막이 단단하다.

　　　　㉡ 내산, 내알칼리성이 있어 콘크리트나 플라스터면에 바를 수 있다.

　　　　㉢ 도막은 인화할 염려가 없어서 페인트와 바니시보다는 더욱 방화성이 있다.

　　　　㉣ 투명한 합성수지를 사용하면 극히 선명한 색을 낼 수 있다.

④ **에나멜 페인트**

　이것은 보통 에나멜이라고도 하는데, 안료에 오일 바니시를 반죽한 액상으로서, 유성 페
인트와 오일 바니시의 중간 제품이다.

　　㉮ 에나멜 페인트

　　　　㉠ 사용하는 오일 바니시의 종류에 따라 성능이 다르다.

　　　　㉡ 일반 유성 페인트보다는 건조 시간이 늦고(경화 건조 12시간), 도막은 탄성, 광택
　　　　이 있으며, 평활하고 경도가 크다.

　　　　㉢ 광택의 증가를 위하여 보일드유보다는 스탠드 오일을 사용한다.

　　　　㉣ 스파아 바니시를 사용한 에나멜 페인트는 내수성, 내후성이 특히 우수하여 외장용
　　　　으로 쓰인다.

　　㉯ 은색 에나멜

　　　　㉠ 알루미늄 분말과 고울드 사이즈를 혼합한 액상품이다.

　　　　㉡ 온수관, 라디에이터 등에 사용된다.

　　　　㉢ 내후성은 좋지 못하고, 내장용이다.

　　　㉱ 알루미늄 페인트

　　　　　㉠ 알루미늄 분말과 스파아 바니시를 따로 용기에 넣어 1조로 한 제품이다.

　　　　　㉡ 은색 에나멜과 색상이 거의 같다.

　　　　　㉢ 외부 은색 페인트의 대표적인 제품이다.

(4) 바니시

　　수지류 또는 셀룰로오스를 건성유 또는 휘발성 용제로 용해한 것을 총칭하여 바니시라 한다. 바니시를 용제의 종류에 따라 크게 구분하면 유성 바니시와 휘발성 바니시로 나누는데, 휘발성 바니시는 다시 래크(Lake)와 래커(Lacquer)로 나눌 수 있다.

① 유성 바니시

　　유성 바니시는 무색 또는 담갈색의 투명 도료로서, 일반적으로 목재부의 도장에 쓰인다. 착색을 하려 할 때에는 미리 목재를 스테인(착색제)으로 착색하거나, 또는 염료를 넣은 바니시로 마감을 하며 유성 바니시 종류는 다음과 같다.

　　　㉮ 스파아 바니시(보디 바니시)

　　　　　㉠ 장유성 바니시로서, 배의 마스트에 사용되었다고 하여 스파아라 한다.

　　　　　㉡ 기름은 동유, 아마인유, 수지는 요소 변성 페놀 수지가 많이 쓰인다.

　　　　　㉢ 내수성, 내마멸성이 우수하여 목부 외부용으로 많이 쓰인다.

　　　㉯ 코우펄 바니시

　　　　　㉠ 중유성 바니시로서, 코우펄과 건성유를 가열, 반응시켜 만든 것

　　　　　㉡ 건조가 비교적 빠르고, 담색으로서 목부 내부용이다.

　　　㉰ 고울드 사이즈 바니시

　　　　　㉠ 단유성 바니시로서, 건조가 빠르고, 도막이 굳어 연마성이 좋다.

　　　　　㉡ 코우펄 바니시의 초벌용으로 사용된다.

　　　㉱ 흑유성 바니시

　　　　　㉠ 코울타르와 건성유를 섞은 바니시로서, 일반적으로 건조가 가장 빠르나, 기름을 많이 섞으면 늦어진다.

　　　　　㉡ 다른 유성 바니시에 비하여 내수성, 내산성, 내알칼리성이 강하여 여러 가지의 바탕용으로 좋다.

　　　　　㉢ 흑색으로서 미장용으로는 좋지 않다.

② 휘발성 바니시

　　수지류를 휘발성 용제에 녹인 것으로, 에틸알코올을 사용하기 때문에 주정 도료 또는 주정 바니시라고도 한다. 특히, 천연 수지를 주체로 한 것을 래크라 하고, 합성수지를 주체로 한 것을 래커라 한다.

　　　㉮ 래크

　　　　　㉠ 휘발성 용제에 천연 수지를 녹인 것이다.

ⓒ 건조가 빠르고(약 30분), 피막은 오일 바니시보다 약하다.

ⓒ 수지의 종류에 따라 품질이 다른데, 내장재나 가구 등에 쓰이는 셸락 바니시는 다음과 같은 특성이 있다.

ⓐ 셸락에 주정, 목정, 테레빈유 등을 1 : 3~4의 비율로 용해한 것이다.

ⓑ 건조가 빠르고 광택이 있으나, 내열성, 내광성이 없으므로 화장용으로는 부적당하다.

ⓒ 내장 또는 가구 등에 쓰인다.

㉺ 래커 : 합성수지 도료로서, 가장 오래된 제품이다.

㉠ 제법 : 이것은 질화면(Nitrocellulose)을 용제(아세톤, 부탄올, 지방산 에스테르 등)에 녹인 다음, 수지 연화제, 신나 등을 가하여 저장 탱크 안에서 충분히 반응을 시킨 것이다.

㉡ 특성

ⓐ 래커는 건조가 빠르고(10~20분), 내후성, 내수성, 내유성이 우수하다.

ⓑ 도막이 얇고 부착력이 약하다.

ⓒ 특별한 초벌 공정이 필요하며, 목재면 또는 금속면 등의 외부용으로 쓰인다.

ⓓ 심한 속건성이어서 바르기가 어려우므로 스프레이어를 사용하는데, 바를 때에는 래커와 신나의 비를 1:1로 섞어서 쓴다.

㉢ 종류

ⓐ 클리어 래커(Clear lacquer)

• 주로 목재면의 투명 도장에 쓰인다.

• 오일 바니시에 비하여 도막은 얇으나 견고하고, 담색으로서 우아한 광택이 있다.

• 내수성, 내후성은 약간 떨어지고, 내부용으로 쓰인다.

ⓑ 에나멜 래커(Enamel lacquer)

• 유성 에나멜 페인트에 비하여 도막은 얇으나 견고하다.

• 기계적 성질도 우수하며, 닦으면 윤이 난다.

• 에나멜 래커는 불투명 도료이다.

ⓒ 하이솔릿 래커(High solid lacquer)

• 니트로셀룰로오스 수지와 가소제의 함유량 등을 보통 래커보다 많게 한 것이다.

• 도막이 두터워서 도장에 능률을 높일 수 있고, 경제적이다.

• 탄력이 있는 도막을 만들어 내후성도 좋으나, 경화 건조는 약간 늦다.

(5) 방호 도료

① 방청 도료

㉮ 목적 : 철재 표면에 녹이 스는 것을 막고, 철재와의 부착성을 높이기 위하여 사용한다.

　　㉯ 도막의 성질

　　　　㉠ 방청 초벌은 금속면에 잘 접착되고, 물, 공기가 통하지 않아야 한다.

　　　　㉡ 굳은 도막을 만들어 정벌에 적합한 바탕을 이루어야 한다.

　　　　㉢ 화학적인 방청력이 있어야 한다.

　　㉰ 안료 : 안료로는 연단, 아연화, 연류, 산화철, 크롬산아연, 납 시안아미드(Cyanmide) 등이 많이 쓰인다.

　　㉱ 종류

　　　　㉠ 연단 도료 : 광명단을 보일드유에 녹인 유성 페인트의 일종으로서, 기름과 잘 반응하여 단단한 도막을 만들어 수분의 투과를 방지한다.

　　　　㉡ 함연 방청 도료 : 연단, 산화아연과 산화철을 스탠드 오일에 녹인 것이다.

　　　　㉢ 규산염 도료 : 교상(膠狀)의 규산염과 방청 안료를 주원료로 하고, 여기에 장유성 바니시를 섞은 것으로, 색은 청색, 적청색이 있다.

　　　　㉣ 크롬산 아연 : 크롬아연을 페놀 수지 또는 프탈산 수지에 녹인 것이다.

　　　　㉤ 워시 프라이머 : 워시 프라이머(Wash primer)를 에칭 프라이머(Etching primer) 라고도 하며, 이것은 금속 표면에 화학적으로 결합하는 방청 초벌용이다.

② 방화 도료

　　화재시에 불길에서 목재의 연소를 방지하는 데 쓰이는 도료로서, 방화 도료라 하는데, 여기에는 발포형과 비발포형이 있다.

　　㉮ 발포형 방화 도료 : 이것을 불이 났을 때 열 때문에 도막 성분이 열분해하여 질소 가스와 같은 불연성 가스의 발포층을 만들어, 연소를 방지해 주며 비발포형보다 효과가 크다.

　　㉯ 비발포형 방화 도료 : 두껍게 바른 도막은 열을 받으면 불연성 가스가 발생하여 수소, 산소와 같은 가연성 가스의 농도를 엷게 하고, 또 결정수를 방출하여 방화하는 것이며, 발포형보다는 성능이 약간 떨어진다.

(6) 옻과 감즙

① 옻

　　㉮ 종류

　　　　㉠ 생옻 : 옻나무 껍질에 상처를 내거나 가지를 잘라서 흘러나오는 분비액을 모은 것

　　　　㉡ 정제옻 : 생옻을 마직천(삼베 등)으로 나무껍질 기타 불순물을 제거한 후 상온에서 잘 저어서 균질하게 만든 후 낮은 온도(40~50℃)에서 수분을 증발시킨 것

　　㉯ 특징

　　　　㉠ 옻은 온도와 습도가 있는 상태에서 잘 굳는다. (25~30℃, 80%, 산화 또는 축합 반응)

　　　　㉡ 경화된 옻은 화학적으로 안정하므로 내산, 내구, 기밀, 수밀성이 크다.

　　　　㉢ 내열성은 보통 페인트나 바니시에 비해서 우수하나 공정이 대단히 복잡하다.

ⓔ 작업 환경에도 제약이 있고, 공기가 많이 소요된다.

② 캐슈우 칠

수지에 속하는 것으로는 캐슈우(Cashew) 열매의 껍질에서 얻은 즙으로 만든 것으로 특성은 다음과 같다.

㉮ 내산성, 내알칼리성이 강하고, 내수성, 내유성, 내용제성도 우수하다.

㉯ 밀착성도 좋고, 광택이 있는 도막을 만들수 있다.

㉰ 소성 도장 공법을 쓰기도 하나, 자연 건조만으로도 충분히 튼튼한 도막을 얻을 수 있다.

㉱ 값도 비교적 싸므로 건축 현장에서 고급 도장으로 쓰이는 경우가 있다.

③ 감즙

㉮ 익지 않은 감에서 채취한 액체로서 주성분은 타닌이 5% 정도 포함되어 있다.

㉯ 건조 피막은 물, 알코올에 녹지 않는다.

㉰ 목재, 종이, 실 등에 바르면 방수, 내수성을 높일 수 있다.

(7) 퍼티 및 코킹재

① 퍼티

㉮ 제법 : 유지 또는 수지와 충전제(탄산칼슘, 연백, 티탄백)를 혼합하여 제조한다.

㉯ 종류

㉠ 경화성 퍼티

ⓐ 피막이 1~6주일 사이에 형성

ⓑ 경화 후 균열이 생기기 쉽다

㉡ 비경화성 퍼티

ⓐ 오랫동안 유연성이 있다.

ⓑ 흘러내리는 결점이 있다.

㉰ 용도 : 창유리를 끼우는데 사용

② 유성 코킹재

㉮ 제법 : 유지(천연, 합성), 수지와 석면, 탄산칼슘 등을 혼합하여 제조한다.

㉯ 특성

㉠ 표면은 경화되어 피막을 형성한다.

㉡ 내부는 유연성과 점성을 가진다.

㉢ 콘크리트, 목재, 금속 등에 잘 접착된다.

㉰ 용도 : 섀시 주위의 균열 보수, 줄눈의 틈을 메우는 데 사용

③ 합성수지 코킹재

㉮ 제법 : 합성수지(폴리설 파이드, 실리콘, 폴리우레탄)에 충전제, 경화제 등을 혼합하여 제조한다.

　　ⓛ 특성 : 접착성과 탄성이 우수하다.

　　ⓓ 용도 : 유성 코킹재와 동일

2 접착제

(1) 개설

　　액체 상태의 물질로 만들어 목재, 금속, 유리, 합성수지, 천 등의 여러 가지 물체 사이에 발라 놓으면, 굳어지면서 이 물체들을 단단히 연결시키는 재료를 접착제라 한다.

　　접착제는 원료의 주성분에 따라 단백질계 접착제, 고무계 접착제, 합성수지 접착제, 아스팔트 접착제 등으로 크게 나눌 수 있다.

(2) 단백질계 접착제

　　① 동물성 단백질계 접착제

종류	제법	특성	사용법	용도	비고
카세인	지방질을 제거한 우유를 자연 산화 시키거나 호아산, 염산 등을 가해 카세인을 분리한 다음 물로 씻어 55℃ 정도의 온도로 건조시켜 제조한다.	• 알코올, 물, 에스테르에는 녹지 않고 알칼리에는 잘 녹는다. • 제조할 때 넣는 산의 종류에 따라 성질이 다르다. • 산·유산을 쓰면 양질이 되고 황산은 응결 시간을 단축시킨다.	• 소석회를 카세인 무게의 3% 정도 혼합하여 풀에 풀어 쓴다. • 사용 가능 시간 6~7시간	• 수성 도료의 원료 • 목재, 리놀륨의 접착	접착력을 증가시키려면 나트륨염(수산화나트륨)이나 물유리로 쓴다.
아교	원료(소, 말, 돼지 등의 가죽, 근육, 뼈)를 다시 씻어 석회를 제거하고 산으로 처리한 후 물에 끓여 점액을 내어서 농축하여 식혀서 건조시켜 제조한다. (주성분은 콜라겐이다)	• 접착력이 좋고 빨리 굳는다. • 내수성이 부족하다.(암모니아, 포르말린, 중크롬산 칼륨 등을 첨가하여 내수성과 방부성을 증가)	• 바로 물을 부어 끓이지 말고 충분히 불린 다음 물을 붓고, 60~80℃의 온도로 천천히 녹인다. • 일단 녹인 아교는 일정한 온도를 유지시키도록 한다. • 사용하다. 남은 것은 될 수 있는 대로 다시 사용하지 않도록 한다. • 될 수 있는대로 피접물의 붙일 부분을 따뜻하게 데워서 붙이고 붙인 후 갑자기 식히지 않는 것이 좋다.	나무와 종이의 접착제 나무나 가구의 맞춤	• 좋은 아교의 성질 • 엷은 색으로, 투명성과 탄성이 크며 악취가 없는 것 • 물속에 넣으면 잘 녹지 않는 것 • 물을 많이 흡수하여 크게 불어 나는 것 • 불어 나는데 걸리는 시간이 긴 것 • 가열하여 녹이면 점성이 큰 것

종류		제법	특성	사용법	용도	비고
알부민 접착제	혈액 알부민	짐승(소, 말, 돼지)의 혈장을 70℃ 이하의 온도에서 건조시켜 제조한다.	• 아교에 비하여 내수성과 접착력이 우수하다.	1~2시간 정도 물에 담가 녹인 후 알부민 무게에 비하여 암모니아 4%, 소석회 2~3%, 물 25%를 넣고 거품이 나지 않게 저어서 쓴다. 피접부분은 90~110℃로 가열하면서 $4~7kg/cm^2$의 압력을 가한다.)		
	난백 알부민	달걀의 흰자를 원료로 하여 타닌산 혹은 아세트산 산을 가해 정제하여 제조한다. (담황색 가루)	• 상온에서 사용 할 수 있다. • 시간의 경과에 따라 품질이 저하된다. • 가격이 고가이다.	1.5시간 정도 물에 담갔다가 암모니아 석회수를 조금 넣고, 거품이 일지 않게 저어서 사용한다.	직물 가공의 접착제	

② 식물성 단백질계 접착제

종류	제법	특성	사용법	용도	비고
(콩물) 대두교	지방질을 제거한 콩가루로 제조한다.	• 가격이 저렴하다. • 내수성이 크고 상온에서 사용이 가능하다. • 점성이 작고 색이 나쁘며 오염되기 쉽다.	탈지대두분말(30)+물(120)+가성소다액(18%)·(13)+황화탄소(5)+소석회(3)+규산소오다(15)를 혼합해서 사용한다.	연목이나 합판의 접착제	접착력을 증가시키려면 동물성 카세인(5~10%)과 수산화나트륨 또는 규산나트륨을 약간 첨가한다.
소맥단백질 접착제			소맥의 조 단백질을 끓여서 사용한다.		소맥에는 조 단백질이 7.6~11.3% 한 유되어 있다.
녹말질계 접착제	쌀, 밀, 옥수수, 감자 등의 녹말 가루로 제조한다.	• 제법이 간단하고 가격이 저렴 • 시간 경과에 따른 품질 저하가 적다. • 부패하기 쉽고 내수성, 내구성이 나쁘다.	녹말가루에 1.5배의 물을 부어 70℃ 가까이 가열하거나, 희석한 알카리 용액을 혼합하여 사용한다.	종이나 천을 바르는 데 사용	

(3) 고무계 접착제

종류	제법	특성	사용법	용도	비고
천연고무풀	천연고무, 재생고무 등을 휘발성 용제(사염화탄소, 벤젠, 에테르, 알코올)에 녹여서 제조한다.	• 접착력과 내수성이 크다. • 상온에서 사용할 수 있다. • 황을 혼합하면 열경화성이 된다.		목재, 플라스틱, 종이, 펠트, 천, 가죽, 도자기의 접착제	
아라비아고무풀	아카시아 나무의 줄기나 껍질에서 침출되는 액체를 건조시킨 것	• 용액의 점도는 시일이 경과할수록 증대된다. • 알코올, 에테르에는 불용성이고, 습기에 대단히 약하다. • 엷은 황색의 덩어리 모양이거나, 분말 모양으로 물에 녹아서 투명한 액체로 된다.			

(4) 합성수지계 접착제

종류	제법	특성	사용법	용도	비고
요소수지풀	• 상온에서 사용가능(합판, 집성 목재, 파티클 보드, 가구 등) • 접착성이 크나 내수성이 부족하다. • 가격이 싸다.	경화재(염화암모늄 10% 수용액)를 수지에 대하여 10~20% (무게)를 가하면 상온에서 경화된다.	경화제(염화암모늄 10% 수용액)를 수지에 대하여 10%~20% (무게)를 가하면 상온에서 경화된다.	목재, 합판의 접착제	
페놀수지풀	페놀(석탄산)과 포르말린의 반응에 의하여 얻어지는 다갈색의 액상, 분상 필름상의 수지	접착력, 내수성, 내용제성, 내열성, 내한성이 크다.	페놀수지를 알코올이나 아세톤에 녹여서 접착 페놀수지 가루를 뿌리고(200kg/cm², 130℃, 45분간 유지) 접착한다.	내수합판 접착제	금속이나 유리에는 부적당
레졸시놀수지풀	레졸시놀과 포르말린을 원료로 하는 접착제로서 페놀 수지 접착제와 같은 계통이다.	• 페놀 수지풀과 동일하다. • 성능은 페놀 수지풀보다 우수하다.		• 완전 내수합판 • 옥외용 집성 목재의 제조.	

종류	제법	특성	사용법	용도	비고
멜라민 수지풀	멜라민과 포르말린과의, 반응에 의하여 얻어지는 투명, 백색의 액상으로 제조	• 내열성, 내수성, 접착력이 크다. • 페놀 수지와 달리 순백색, 투명, 백색이므로 착색될 염려가 없다.		목재, 합판의 접착제	금속, 유리, 고무 접착에는 부적당
에폭시 수지풀	에피클로로히드린과 비스 페놀과의 반응에 의하여 얻어짐. 액체 상태나 용용 상태의 수지에 경화제를 넣어서 제조한다.	• 경화제의 첨가에 따라 불용, 불융인 수지가 될 수 있다. • 상온에서 사용이 가능 • 접착력이 가장 강하다. • 내수성, 내산성, 내알칼리성, 내용제성, 내한성, 내열성이 크다.		합성수지, 유리, 목재, 천, 금속의 접착제	
폴리우레탄 수지풀		• 내약품성, 내후성이 우수하다. • 접착층 필름은 다른 경화성 수지에 비하여 탄성이 있다.			최근에 사용량이 증가하고 있다.
푸란 수지풀		• 접착층이 두꺼워도 강도가 떨어지지 않는다. • 내산, 내알칼리성이 강하고 고온(180℃)에 견딘다.		• 화학 공장의 벽돌, 타일의 접착제 • 멜라민과 요소 수지 접착제를 사용한 적층품 접착제	
규소 수지풀		• 내열성이 뛰어나므로 200℃ 정도에서 오랜 시간 노출되어도 접착력이 떨어지지 않는다.		피혁 이외의 접착제	
아세트산 비닐 수지풀		• 유백색의 점성 액체(수지분 50%, 수분 50%) • 경화제를 첨가하지 않은 그대로의 상태에서 경화된다. • 경화전의 접착제는 물에 녹으며 밀폐해 두면 장기간 보존 가능 • 접착력이 낮고 가소성이 있다.			내수성이 낮으므로 요소 또는 멜라민 수지를 첨가하여 성질을 향상시킨다.

출제예상문제

01 목재의 성질로 틀린 것은?

① 함수율에 의한 변형이 크다.

② 가공하기 쉽다.

③ 불에 타기 쉽다.

④ 열전도율이 크다.

해설 목재의 장점은 **비중에 비하여 강도가 크고, 열전도율과 열팽창률이 작으며**, 종류가 많고 각각 외관이 다르며 우아하다.

02 목재의 벌목 시기로 겨울철이 가장 좋은 이유는?

① 목질이 연약하여 베어내기 쉽기 때문

② 사람의 왕래가 적기 때문

③ 수액이 적어 건조가 빠르기 때문

④ 옹이가 적기 때문

해설 목재의 벌목 시기는 **수액이 적어 건조가 빠른 가을과 겨울이 적합**하고, 목재 중 장목기의 목재를 벌목한다.

03 목재의 강도에 관한 기술 중 옳지 않은 것은?

① 목재는 건조할수록 강도가 증가한다.

② 목재는 인장 강도가 압축 강도보다 크다.

③ 목재의 인장 강도는 섬유 방향이 직각 방향보다 크다.

④ 목재는 콘크리트보다 인장 강도가 작다.

해설 나무 섬유 세포에 있어서는 압축력에 대한 강도보다 인장력에 대한 강도가 크며, **목재는 콘크리트보다 인장 강도가 크다.**

04 목재의 강도에 관한 기술 중 옳지 않은 것은?

① 비중이 클수록 강도가 크다.

② 함수율이 클수록 강도가 크다.

③ 심재가 변재보다 크다.

④ 섬유 방향의 인장 강도가 압축 강도보다 크다.

해설 **함수율의 변화에 따라서 목재의 강도가 변화한다.** 즉, **목재의 강도는 함수율과 반비례한다.** 함수율이 100%에서 섬유 포화점인 30%까지는 강도의 변화가 작으나, 함수율이 30% 이하로 더욱 감소하면 강도는 급격히 증가한다.

05 목재의 강도 중에서 가장 큰 것은?

① 섬유 직각 방향의 압축 강도

② 섬유 직각 방향의 인장 강도

③ 섬유 평행 방향의 압축 강도

④ 섬유 평행 방향의 인장 강도

해설 목재의 강도를 큰 것부터 작은 것의 순서대로 늘어 놓으면 **섬유 평행 방향의 인장 강도** → 섬유 평행 방향의 압축 강도 → 섬유 직각 방향의 인장 강도 → **섬유 직각 방향의 압축 강도**의 순이다.

06 목재의 기건 상태 함수율은 평균 얼마 정도인가?

① 7% ② 15%

③ 21% ④ 25%

해설 목재의 기건 상태는 건조하여 대기 중의 습도와 균형을 이루는 함수율로서 10~15%(12~18%) 정도이다.

07 목재를 건조시킬 경우 구조용재는 함수율을 얼마 이하로 건조시키는 것이 가장 적정한가?

① 15% ② 25%

③ 35% ④ 45%

해설 목재의 기건 상태는 건조하여 대기 중의 습도와 균형을 이루는 함수율로서 약 15%가 되는 상태를 말하고, 전건 상태는 건조하여 함수율이 0%가 되는 상태를 말하며, 섬유 포화점은 생나무가 건조하여 수분이 점차 증발함으로써 약 30%의 함수 상태가 되었을 때를 말한다.

08 10 cm×10 cm인 목재를 400 kN의 힘으로 잡아당겼을 때 끊어졌다면, 이 목재의 최대 강도는 얼마인가?

① 4MPa ② 40MPa

③ 400MPa ④ 4,000MPa

해설 단위에 유의하여야 한다.
즉, $1Pa = 1N/m^2$, $1MPa = 1N/mm^2$
σ (응력도) = P(작용 하중)/A(단면적)이다.
그런데, $P = 400kN = 400,000N$,
$A = 100 \times 100 = 10,000mm^2$이다.
$$\therefore \sigma = \frac{P}{A} = \frac{400,000}{10,000} = 40N/mm^2 = 40MPa$$

09 목재의 함수율과 역학적 성질에 관한 설명으로 옳은 것은? (단, 섬유 포화점 이하인 경우)

① 함수율이 낮을수록 강도가 증가한다.

② 함수율이 높을수록 강도가 증가한다.

③ 함수율과는 관계없이 강도는 일정하다.

④ 함수율이 낮을수록 인성은 증가한다.

해설 목재의 강도는 섬유 포화점 이상에서는 변함이 없으나, 섬유 포화점 이하에서는 함수율이 낮을수록 강도가 증가하고, 인성(재료가 파괴에 이르기까지 고강도의 응력에 견딜 수 있고, 동시에 큰 변형을 나타내는 성질)이 감소한다.

10 참나무의 절대 건조 비중이 0.95일 때 공극률로 옳은 것은?

① 10.0% ② 23.4%

③ 38.3% ④ 52.4%

해설 목재의 공극률$(V) = \left\{1 - \frac{w}{1.54}\right\} \times 100\%$
여기서, w : 전건비중, 1.54 : 목재를 구성하고 있는 섬유질의 비중
그런데, $w = 0.95$이다.
$$\therefore V = \left\{1 - \frac{w}{1.54}\right\} \times 100$$
$$= \left\{1 - \frac{0.95}{1.54}\right\} \times 100 = 38.3\%$$

11 목재의 자연 발화점 평균 온도는 어느 정도인가?

① 250℃ ② 350℃

③ 450℃ ④ 550℃

해설 목재의 연소에서 100℃ 전후에서 가연성 가스가 발생되고, 180℃의 전후는 인화점, 260~270℃는 착화점 또는 화재 위험 온도, 400~450℃는 자연 발화점이다.

12 목재의 인화점은 몇 ℃ 정도인가?

① 200℃ ② 260℃

③ 300℃ ④ 350℃

해설 목재의 연소에서 100℃ 전후에서 가연성 가스가 발생하고, 180℃의 전후는 인화점, 260~270℃는 착화점 또는 화재 위험 온도, 400~450℃는 발화점이다.

13 다음 목재에 관한 기술 중 옳지 않은 것은?

① 섬유 포화점 이하에서는 함수율이 감소할수록 목재 강도는 증가한다.

② 섬유 포화점 이상에서는 함수율이 증가해도 목재 강도는 변화 없다.

③ 가력 방향이 섬유에 평행할 경우 압축 강도가 인장 강도보다 크다.

④ 심재는 일반적으로 변재보다 강도가 크다.

해설 목재의 강도는 섬유 방향에 대하여 직각 방향의 강도를 1이라 하면, 섬유 방향의 강도의 비는 압축 강도가 5~10, 인장 강도가 10~30, 휨 강도가 7~15 정도이고, **섬유 방향에 평행하게 가한 힘에 대하여 가장 강하고 직각 방향에 대하여 가장 약하다.**

14 목재에 관한 기술 중 옳은 것은?

① 목재의 비중은 섬유 포화점 상태의 함수율을 기준으로 한다.
② 절건 비중이 큰 목재일수록 공극률이 작아진다.
③ 공극률이 큰 목재는 강도가 커진다.
④ 비중이 작은 목재는 강도가 크다.

해설 목재의 비중은 기건재의 단위 용적 중량에 상당하는 값으로서, 공극률이 큰 목재는 강도가 작고, 비중이 작은 목재는 일반적으로 강도가 약하다.

15 목재의 신축과 관련된 설명 중 옳지 않은 것은?

① 목재의 팽창·수축률은 변재가 심재보다 크다.
② 일반적으로 널결 쪽의 신축이 곧은결 쪽보다 크다.
③ 일반적으로 비중이 큰 목재일수록 강도가 작다.
④ 목재의 팽창·수축은 함수율이 섬유 포화점 이상의 범위에서는 증감이 거의 없다.

해설 목재의 성질 중 **강도는 비중이 클수록 크고, 외력에 대한 저항이 증가한다.**

16 목재에 관한 설명 중 옳지 않은 것은?

① 심재는 변재에 비해 내구성이 크다.

② 우리나라에서 기건 상태의 함수율은 20% 정도이다.
③ 생목을 건조하면 함수율이 30% 이하일 때부터 수축한다.
④ 일반적으로 춘재는 추재보다 약하다.

해설 목재의 기건 상태는 건조하여 대기 중의 습도와 균형을 이루는 함수율로서 10~15%(12~18%) 정도이다.

17 다음은 나이테에 대한 설명이다. 틀린 것은?

① 춘재부와 추재부가 수간 횡단면상에 나타나는 동심원형의 조직을 나이테라 한다.
② 일반적으로 열대 지방의 목재는 연중 계속 성장하므로 나이테가 많고, 명확하게 나타난다.
③ 추재의 세포는 소형으로 세포막이 두껍고 조직은 비교적 치밀하다.
④ 나이테는 간격이 좁을수록, 추재부가 차지하는 면적이 클수록 비중과 강도가 크다.

해설 목재의 **나이테는** 기후의 변화가 뚜렷한 온대 지방의 나무에서 확실하게 나타나는 반면에, **열대 지방의 나무에서는 연중 계속 성장**하므로 **나이테가 없고, 있다고 하더라도 정확하지 않다.**

18 다음 중 목재의 방부제로서 가장 부적절한 것은?

① 황산동 1%의 수용액
② 염화아연 3% 수용액
③ 수성 페인트
④ 크레오소트 오일

해설 방부제의 종류에는 **유용성 방부제(크레오소트, 콜타르, 아스팔트, 펜타클로로 페놀 및 페인트 등)와 수용성 방부제(황산구리용액, 염**

화아연용액, 염화제2수은용액 및 플루오르화 나트륨용액 등) 등이 있다.

19 목재 방부제에 관한 기술 중 부적당한 것은?

① 크레오소트 오일은 방부력이 우수하나 냄새가 강하여 실내 사용이 곤란하다.

② PCP는 거의 무색 제품이므로 그 위에 페인트를 칠할 수 있다.

③ 황산동, 염화아연 등은 방부력이 있으나 철을 부식시킨다.

④ 벌목 전에 나무 뿌리에 약액을 주입하는 생리적 주입법은 효과가 좋아 많이 쓰인다.

> **해설** 방부제 처리법 중 **생리적 주입법**은 벌목 전에 나무 뿌리에 약액을 주입하여 나무 줄기로 이동하게 하는 방법이나, **별로 효과가 없는 것**으로 알려져 있다.

20 합판에 대한 설명 중 적당하지 못한 것은?

① 단판을 서로 직교되게 붙인다.

② 단판을 짝수겹으로 붙인다.

③ 단판 제조에는 로터리 베니어(rotary veneer)법이 많이 쓰인다.

④ 값싸게 무늬가 좋은 판을 얻을 수 있다.

> **해설** 보통 합판은 3장 이상의 **단판(얇은 판)**을 1장마다, 섬유 방향이 다른 각도(90°)로 교차, 즉 **직교되도록 한다. 단판을 겹치는 장수는 3, 5, 7장 등의 홀수**이며, 이와 같이 겹쳐서 만든 것은 합판이라고 한다.

21 다음 중 목재 제품 중 파티클 보드(Particle board)에 대한 설명으로 옳지 않은 것은?

① 합판에 비해 휨 강도는 떨어지나 면 내 강성은 우수하다.

② 강도에 방향성이 거의 없다.

③ 두께는 비교적 자유롭게 선택할 수 있다.

④ 음 및 열의 차단성이 나쁘다.

> **해설** 파티클 보드는 방부·방화성을 높일 수 있고, 가공성·흡음성과 열차단성도 좋다.

22 파티클 보드에 대한 설명 중 옳지 않은 것은?

① 변형이 아주 적다.

② 합판에 비해 휨 강도는 떨어지나 면 내 강성은 우수하다.

③ 흡음성과 열의 차단성이 작다.

④ 칸막이벽, 가구 등에 이용된다.

> **해설** 파티클 보드는 방부·방화성을 높일 수 있고, 가공성·흡음성과 열차단성도 좋다.

23 목재 제품 중 파티클 보드(Particle board)의 특성을 설명한 것이다. 옳지 않은 것은?

① 표면이 평활하고 경도가 크다.

② 균질한 판을 대량으로 제조할 수 있다.

③ 두께는 비교적 자유롭게 선택할 수 있다.

④ 음 및 열의 차단성이 나쁘다.

> **해설** 파티클 보드는 방부·방화성을 높일 수 있고, 가공성·흡음성과 열차단성도 좋다.

24 경질 섬유판에 대한 설명으로 옳지 않은 것은?

① 식물 섬유를 주원료로 하여 성형한 판이다.

② 신축의 방향성이 크며 소프트 텍스라고도 불린다.

③ 비중이 0.8 이상으로 수장판으로 사용된다.

④ 연질, 반경질 섬유판에 비하여 강도가 우수하다.

해설 섬유판 중 신축의 방향성이 큰 것은 연질 섬유판에 대한 설명이고, 경질 섬유판은 hard fiber board, hard board라고도 한다.

25 코르크판(cork board) 사용 용도 중 옳지 않은 것은?

① 방송실의 흡음재
② 제빙 공장의 단열재
③ 전산실의 바닥재
④ 내화 건물의 불연재

해설 **코르크판의 용도**는 음악감상실, 방송실 등의 천장과 안벽의 흡음판, 냉장고, 냉동고, 제빙 공장 등의 단열판으로 사용하고, **유기질 섬유재이므로 불연 재료로의 사용은 불가능**하다.

26 다음의 목재 제품 중 일반 건물의 벽 수장재로 사용되는 것은?

① 플로어링 보드 ② 코펜하겐 리브
③ 파키트리 패널 ④ 파키트리 블록

해설 **코펜하겐 리브**의 용도는 **면적이 넓은 강당, 영화관, 극장** 등의 안벽에 붙이면 음향 조절 효과와 장식 효과가 있다. 주로 **벽과 천장 수장재로 사용**한다.

27 다음 중 강당, 극장, 집회장 등에 음향 조절용으로 사용하기에 가장 적당한 목재 제품은?

① 플로어링 블록 ② 코펜하겐 리브
③ 플로어링 보드 ④ 파키트리 패널

해설 **코펜하겐 리브**의 용도는 **면적이 넓은 강당, 영화관, 극장** 등의 안벽에 붙이면 음향 조절 효과와 장식 효과가 있다.

28 다음 설명 중 집성 목재의 장점에 속하지 않는 것은?

① 목재의 강도를 인공적으로 조절할 수 있다.
② 응력에 따라 필요한 단면을 만들 수 있다.
③ 길고 단면이 큰 부재를 간단히 만들 수 있다.
④ 톱밥, 대팻밥, 나무 부스러기를 이용하므로 경제적이다.

해설 **톱밥, 대팻밥 및 나무 부스러기를 이용하여 만든 목재 제품은 인조 목재**이다.

29 다음의 건축물의 용도와 바닥 재료의 연결 중 적합하지 않은 것은?

① 유치원의 교실 – 인조석 물갈기
② 아파트의 거실 – 플로어링 블록
③ 병원의 수술실 – 전도성 타일
④ 사무소 건물의 로비 – 대리석

해설 **유치원 교실의 바닥**은 어린이들의 안전을 위하여 **마룻바닥**으로 하는 것이 바람직하다.

30 다음 중 포틀랜드 시멘트의 제조 원료에 속하지 않는 것은?

① 석회석   ② 점토
③ 석고   ④ 종석

해설 **시멘트**는 **석회석**과 **점토**를 주원료로 하여 이것을 가루로 만들어 적당한 비율(석회석 : 점토＝4 : 1)로 섞어 용융될 때까지 회전 가마에서 소성하여 얻어진 클링커에 **응결 시간 조정제로 약 3% 정도의 석고**를 넣어 가루로 만든 것이다. 즉 **시멘트의 주원료는 석회석, 점토 및 석고** 등이다.

31 다음 중 보통 포틀랜드 시멘트에 일반적으로 함유되는 성분이 아닌 것은?

① 석회   ② 실리카
③ 구리   ④ 산화철

해설 **포틀랜드 시멘트의 주요 화학 성분으로는 실리카, 석회, 산화철,** 알루미나, 마그네시아 및 무수황산 등이 있다.

32 다음 중 시멘트의 단위 용적 중량은 얼마 정도인가?

① 1,300 kg/m³   ② 1,500 kg/m³

③ 1,800 kg/m³   ④ 2,000 kg/m³

해설 시멘트의 단위 용적 중량은 1,500 kg/m³로 본다.

33 시멘트 분말도가 높을수록 다음과 같은 성질이 있다. 옳지 않은 것은?

① 초기 강도가 높다.

② 수화 작용이 빠르다.

③ 풍화하기 쉽다.

④ 수축 균열이 생기지 않는다.

해설 시멘트의 분말도는 시멘트 입자의 굵고 가늚을 나타내는 것으로 분말도가 높은 경우에 일어나는 현상은 초기 강도(조기 강도)가 높아지고, 수화 작용이 빨라지는 것이다. 또한 풍화하기 쉽고, 수축 균열이 많이 생긴다.

34 시멘트의 응결 시간에 관한 설명 중 옳지 않은 것은?

① 가수량이 많을수록 응결이 늦어진다.

② 온도가 높을수록 응결 시간이 짧아진다.

③ 신선한 시멘트로서 분말도가 미세한 것일수록 응결이 빠르다.

④ 알루민산3칼슘 성분이 많을수록 응결이 늦어진다.

해설 시멘트의 응결은 가수량이 적을수록, 온도가 높을수록, 분말도가 높을수록, 알루민산3칼슘이 많을수록 빨라진다.

35 다음 중 시멘트 응결 시간이 단축되는 경우는?

① 풍화된 시멘트를 사용할 때

② 수량이 많을 때

③ 온도가 낮을 때

④ 시멘트 분말도가 클 때

해설 시멘트의 응결(시멘트에 적당한 양의 물을 부어 뒤섞은 시멘트풀이 천천히 점성이 늘어남에 따라 유동성이 점차 없어져서 굳어지는 상태로서 고체의 모양을 유지할 정도의 상태)은 가수량이 적을수록, 온도가 높을수록, 분말도가 높을수록, 알루민산3칼슘이 많을수록 빨라진다. 경화는 응결된 시멘트의 고체가 시간이 지남에 따라 조직이 굳어져서 강도가 커지게 되는 상태를 말한다.

36 다음 중 시멘트 안전성 시험 방법은?

① 비비 시험기에 의한 시험법

② 오토클레이브 팽창도 시험법

③ 브리넬 경도 측정

④ 슬럼프 시험법

해설 ①번은 시공 연도의 측정에 사용되고, ②번은 시멘트의 안정성 시험에 사용되며, ③번은 재료의 표면의 단단한 정도의 측정에 사용된다. 또한, ④번은 시공 연도의 측정에 사용된다.

37 시멘트에 관한 설명 중 옳지 않은 것은?

① 시멘트의 비중은 소성 온도나 성분에 따라 다르며, 동일 시멘트인 경우에 풍화한 것일수록 작아진다.

② 우리나라의 경우 시멘트 1포는 보통 60 kg이다.

③ 시멘트의 분말도는 블레인법 또는 표준체법에 의해 측정된다.

④ 안정성이란 시멘트가 경화될 때 용적이 팽창하는 정도를 말한다.

해설 시멘트 1포의 무게는 40 kg이다.

38 시멘트의 일반적 성질 중 옳지 않은 것은?

① 시멘트의 수화 작용시 발생하는 열을 수화열이라 한다.

② 설탕은 0.1% 첨가로 시멘트 응결을 지연시킨다.

③ 시멘트의 응결은 1시간 이내에 종결된다.

④ 시멘트의 비중은 3.05~3.15 정도이다.

해설 시멘트의 응결은 초결은 1시간에서, 종결은 10시간이다.

39 조강 포틀랜드 시멘트에 대한 설명으로 옳은 것은?

① 생산되는 시멘트의 대부분을 차지하며 혼합 시멘트의 베이스 시멘트로 사용된다.

② 장기 강도를 지배하는 C_2S를 많이 함유하여 수화 속도를 지연시켜 수화열을 작게 한 시멘트이다.

③ 콘크리트의 수밀성이 높고 경화에 따른 수화열이 크므로 낮은 온도에서도 강도의 발생이 크다.

④ 내황산염성이 크기 때문에 댐공사에 사용될 뿐만 아니라 건축용 매스콘크리트에도 사용된다.

해설 ①항은 **보통 포틀랜드 시멘트**이고, ②항은 **중용열 포틀랜드 시멘트**이며, ④항은 **내황산염 포틀랜드 시멘트**이다.

40 다음 중 수화열 발생이 적은 시멘트로서 원자로의 차폐용 콘크리트 제조에 가장 적합한 시멘트는?

① 중용열 포틀랜드 시멘트

② 조강 포틀랜드 시멘트

③ 보통 포틀랜드 시멘트

④ 알루미나 시멘트

해설 **중용열 포틀랜드 시멘트**(석회석+점토+석고)는 원료 중의 석회, 알루미나, 마그네시아의 양을 적게 하고, 실리카와 산화철을 다량으로 넣어서 수화 작용을 할 때 발열량을 적게 한 시멘트로서 조기 강도는 작으나 장기 강도는 크며, 체적의 변화가 적어서 균열의 발생이 적다. 특히, 방사선의 차단과 내식성 및 내구성

이 크므로 **댐 축조, 콘크리트 포장, 방사능 차폐용 콘크리트에 이용**된다.

41 수화 속도를 지연시켜 수화열을 작게 한 시멘트로 매스 콘크리트에 사용되는 것은?

① 조강 포틀랜드 시멘트

② 중용열 포틀랜드 시멘트

③ 백색 포틀랜드 시멘트

④ 폴리머 시멘트

해설 **중용열 포틀랜드 시멘트**(석회석+점토+석고)는 **원료 중의 실리카와 산화철을 다량으로 넣어서 수화 작용을 할 때 발열량을 적게 한 시멘트로서 댐 축조, 매스 콘크리트, 대형 구조물, 콘크리트 포장, 방사능 차폐용 콘크리트에 이용**된다.

42 수화열이 작고, 단기 강도가 보통 포틀랜드 시멘트보다 작으나 내침식성과 내수성이 크고 수축률도 매우 작아서 댐공사나 방사능 차폐용 콘크리트로 사용되는 것은?

① 백색 포틀랜드 시멘트

② 조강 포틀랜드 시멘트

③ 중용열 포틀랜드 시멘트

④ 내황산염 포틀랜드 시멘트

해설 **중용열 포틀랜드 시멘트**(석회석+점토+석고)는 수화 작용을 할 때 **발열량을 적게 한 시멘트로서 방사선의 차단, 내수성, 화학 저항성, 내침식성, 내식성 및 내구성이 크므로 댐 축조, 매스 콘크리트, 대형 구조물, 콘크리트 포장, 방사능 차폐용 콘크리트에 이용**된다.

43 시멘트 중 방사선 차단 효과가 있는 것은?

① 고로 시멘트

② 조강 포틀랜드 시멘트

③ 중용열 포틀랜드 시멘트

④ 알루미나 시멘트

해설 중용열 포틀랜드 시멘트(석회석+점토+석고)는 수화 작용을 할 때 발열량을 적게 한 시멘트로서 방사선의 차단, 내수성, 화학 저항성, 내침식성, 내식성 및 내구성이 크다.

44 중용열 포틀랜드 시멘트에 대한 설명으로 옳은 것은?

① 초기에 고강도를 발생시키는 시멘트이다.
② 급속 공사, 동기 공사 등에 유리하다.
③ 발열량이 적고 경화가 느린 것이 특징이다.
④ 수화 속도가 빨라 한중 콘크리트 시공에 적합하다.

해설 중용열 포틀랜드 시멘트(석회석+점토+석고)는 수화 작용을 할 때 발열량을 적게 한 시멘트로서 조기(단기) 강도는 작으나 장기 강도는 크다. 즉 경화가 느리다.

45 건축물의 내·외면 마감, 각종 인조석 제조에 주로 사용되는 시멘트는?

① 실리카 시멘트
② 조강 포틀랜드 시멘트
③ 팽창 시멘트
④ 백색 포틀랜드 시멘트

해설 백색 포틀랜드 시멘트는 철분이 거의 없는 백색 점토를 사용하여 시멘트에 포함되어 있는 산화철, 마그네시아의 함유량을 제한한 시멘트로서 건축물의 표면(내·외면) 마감, 도장에 사용하고 구조체에는 거의 사용하지 않는다. 특히 인조석 제조에 주로 사용한다.

46 고로 시멘트의 특징이 아닌 것은?

① 댐 공사에 좋다.
② 보통 포틀랜드 시멘트보다 비중이 크다.
③ 초기 강도는 약간 낮지만 장기 강도는 높다.
④ 화학 저항성이 크다.

해설 고로 시멘트의 비중은 보통 포틀랜드 시멘트보다 적은 2.85 이상이다.

47 고로 시멘트의 특징이 아닌 것은?

① 댐 공사에 좋다.
② 보통 포틀랜드 시멘트보다 비중이 크다.
③ 바닷물에 대한 저항이 크다.
④ 콘크리트에서 블리딩이 적어진다.

해설 고로 시멘트의 비중은 보통 포틀랜드 시멘트보다 작은 2.85 이상이다.

48 다음 중 보통 시멘트와 비교한 고로 슬래그 시멘트의 특징에 대한 설명으로 틀린 것은?

① 댐 공사에 적합하다.
② 바닷물에 대한 저항성이 크다.
③ 단기 강도가 작다.
④ 응결 시간이 빠르다.

해설 고로 시멘트는 응결 시간이 약간 느리고, 콘크리트 블리딩이 적어진다.

49 다음 중 플라이 애시 시멘트를 사용한 콘크리트의 특성에 관한 설명으로 옳지 않은 것은?

① 수화열이 적다.
② 워커빌리티가 좋다.
③ 수밀성이 크다.
④ 초기 강도가 크다.

해설 플라이 애시 시멘트의 특성은 수화열이 적고, 조기 강도는 낮으나 장기 강도는 커지며, 수밀성이 크고 단위 수량을 감소시킬 수 있으며, 콘크리트의 워커빌리티가 좋다.

50 장기에 걸친 강도의 증진은 없지만 조기의 강도 발생이 커서 긴급 공사에 사용되는 시멘트는?

① 중용열 포틀랜드 시멘트

② 고로 시멘트

③ 알루미나 시멘트

④ 실리카 시멘트

해설 알루미나 시멘트는 초기(조기) 강도가 크고 장기 강도의 증진은 없으나, 동기, 해수 및 긴급 공사에 사용한다.

51 보크사이트와 같은 Al_2O_3의 함유량이 많은 광석과 거의 같은 양의 석회석을 혼합하여 전기로에서 완전히 용융시켜 미분쇄한 것으로, 조기의 강도 발생이 큰 시멘트는?

① 고로 시멘트

② 실리카 시멘트

③ 보통 포틀랜드 시멘트

④ 알루미나 시멘트

해설 알루미나 시멘트는 보크사이트, 석회석 원료(보크사이트와 같은 Al_2O_3의 함유량이 많은 광석과 거의 같은 양의 석회석)를 혼합하여 전기로에서 완전히 용융시켜 미분쇄한 것이다. 성질은 초기(조기) 강도가 크고 수화열이 높으며, 화학 작용에 대한 저항성이 크다. 또한 수축이 적고 내화성이 크므로 동기, 해수 및 긴급 공사에 사용한다.

52 콘크리트에 대한 설명으로 맞는 것은?

① 현대 건축에서는 구조용 재료로 거의 사용하지 않는다.

② 압축 강도는 크지만 내화성이 약하다.

③ 철근, 철골 등과 접착성이 우수하다.

④ 무게가 무겁고 인장 강도가 크다.

해설 콘크리트는 압축 강도가 크고 방청성, 내화성, 내구성, 내수성 및 수밀성이 있고, 철근 및 철골과 접착력이 우수하다.

53 일반적으로 콘크리트의 장점 중 잘못 기술된 것은?

① 인장 강도가 크다.

② 내화적이다.

③ 내구적이다.

④ 내수적이다.

해설 콘크리트의 단점은 무게가 무겁고 인장 강도가 작으며, 경화할 때 수축에 의한 균열이 생기기 쉬우나 균열의 보수와 제거가 곤란하다.

54 다음 중 콘크리트용 골재로서 일반적으로 요구되는 성질이 아닌 것은?

① 입도는 조립에서 세립까지 연속적으로 균등히 혼합되어 있을 것

② 입형은 가능한 한 평편, 세장하지 않을 것

③ 잔골재의 염분 허용 한도는 0.04% (NaCl) 이하일 것

④ 강도는 콘크리트 중의 경화 시멘트 페이스트의 강도보다 작을 것

해설 골재의 강도는 시멘트풀이 경화하였을 때 시멘트풀의 최대 강도 이상이어야 한다. 따라서 쇄설암(이판암, 점판암, 사암, 역암, 응회암 등), 유기암(석회암) 및 침적암(석고) 등의 수성암은 골재로는 부적합하다.

55 철근 콘크리트용 골재에 관한 설명 중 옳지 않은 것은?

① 골재의 알 모양은 구(球)형에 가까운 것이 좋다.

② 골재의 표면은 매끈한 것이 좋다.

③ 골재는 크고 작은 알이 골고루 섞여 있는 것이 좋다.

④ 골재에는 염분이 섞여 있지 않는 것이 좋다.

해설 콘크리트 골재의 표면은 거칠고, 모양은 구형에 가까운 것이 좋으며, 평편하거나 세장한 것은 좋지 않다.

56 20 kg의 골재가 있다. 5 mm 표준망체에 중량비로 몇 kg 이상 통과하여야 모래라고 말할 수 있는가?

① 10 kg   ② 12 kg

③ 15 kg   ④ 17 kg

해설 모래란 5 mm체를 85% 이상 통과하는 것을 말하므로 20kg×0.85=17kg 이상이다.

57 다음 골재의 수분량을 설명한 것 중 틀린 것은?

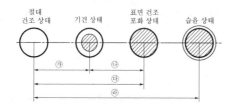

① 기건 함수량   ② 표면 수량

③ 흡수량   ④ 전함수량

해설 ①항은 기건 함수량, ②항은 유효 함수량, ③항은 흡수량, ④항은 전함수량이다. 또한, **표면 수량은 습윤 상태의 함수량에서 표면 건조 내부 포수 상태의 함수량을 뺀** 것이다.

58 골재의 비중 시험을 할 때 일반적으로 사용되는 비중은?

① 진비중   ② 표건 비중

③ 절건 비중   ④ 기건 비중

해설 골재 비중의 종류는 골재가 포함하고 있는 물에 따라 진비중, 표건 비중 및 절건 비중(일반적인 비중)으로 구분하는데 **일반적으로 사용되는 비중은 절건(전건) 비중**이다.

59 크고 작은 모래, 자갈 등이 혼합되어 있는 정도를 나타내는 골재의 성질은?

① 입도   ② 실적률

③ 공극률   ④ 단위 용적 중량

해설 골재의 입도란 크고 작은 모래, 자갈이 혼합되어 있는 정도, 골재의 크기가 고르게 섞여 있는 정도 또는 골재의 대소립이 혼합하여 있는 정도를 말한다.

60 골재 입도의 분포 상태를 측정하기 위한 시험은?

① 파쇄 시험

② 체가름 시험

③ 단위 용적 중량 시험

④ 슬럼프 시험

해설 골재의 입도 시험 방법은 체가름 시험, 체가름 곡선 및 조립률에 의한다.

61 철근 콘크리트에 사용하는 모래는 염분 함유 한도를 얼마 이하로 하는가?

① 0.02%

② 0.04%

③ 0.06%

④ 0.08%

해설 보통 골재의 품질(건축공사 표준시방서 기준)에서 모래의 염분 함유 한도는 0.04% 이하이다.

62 다음 중 콘크리트 혼화재의 첨가 목적이 아닌 것은?

① 워커빌리티(workability) 개량

② 펌퍼빌리티(pumpability) 개량

③ 수화열 증가 및 알칼리 골재 반응 형성

④ 장기 강도 및 초기 강도 증진

해설 **콘크리트의 혼화 재료**(혼화재, 혼화제 등)는 콘크리트의 내부에 혼합되어 **콘크리트의 성질을 향상**, 워커빌리티 및 펌퍼빌리티를 향상시키기 위함이나, 수화열의 증가와 알칼리 골재 반응 형성은 콘크리트에 좋지 않은 결과를 초래하는 원인이 된다.

63 다음 중 콘크리트 혼화 재료에 속하지 않는 것은?

① 플라이 애시　　② 고로 슬래그

③ 시멘트　　　　④ 방청제

해설 콘크리트의 혼화 재료로 혼화재에는 포촐란, 플라이 애시, 팽창재 등이 있으며, 혼화제에는 AE제, 감수제와 유동화제, 응결 경화 시간 조절제, 방수제, 기포제, 발포제, 착색제 등이 있다.

64 AE제의 사용 효과에 대한 설명으로 옳지 않은 것은?

① 시공연도가 좋아진다.

② 수밀성을 개량한다.

③ 동결융해에 대한 저항성을 개선한다.

④ 동일 물시멘트비인 경우 압축 강도가 증가한다.

해설 AE제를 사용하면 강도(압축 강도, 인장 강도, 전단 강도, 부착 강도 및 휨 강도 등)가 저하되는 결점이 있다.

65 AE제를 사용한 콘크리트에 대한 설명 중 잘못된 것은?

① 콘크리트의 수화 발열량이 높아진다.

② 시공연도가 좋아지므로 재료 분리가 적어진다.

③ 제치장 콘크리트(exposed concrete)로 쓸 수 있다.

④ 철근에 대한 부착 강도가 감소한다.

해설 AE제의 탄성을 가진 기포는 동결융해, 수화 발열량의 감소 및 건습 등에 의한 용적 변화가 적고, 강도(압축 강도, 인장 강도, 전단 강도, 부착 강도 및 휨 강도 등)가 감소한다.

66 AE제를 사용한 콘크리트의 특징이 아닌 것은?

① 동결융해 작용에 대하여 내구성을 갖는다.

② 작업성이 좋아진다.

③ 수밀성이 개량된다.

④ 압축 강도가 커진다.

해설 AE제의 탄성을 가진 기포는 동결융해, 수화 발열량의 감소 및 건습 등에 의한 용적 변화가 적고, 강도(압축 강도, 인장 강도, 전단 강도, 부착 강도 및 휨 강도 등)가 감소한다.

67 AE 콘크리트의 특징이 아닌 것은?

① 워커빌리티가 좋아진다.

② 단위 수량이 감소된다.

③ 수밀성, 내구성이 커진다.

④ 강도가 증가한다.

해설 AE제의 탄성을 가진 기포는 동결융해, 수화 발열량의 감소 및 건습 등에 의한 용적 변화가 적고, 강도(압축 강도, 인장 강도, 전단 강도, 부착 강도 및 휨 강도 등)가 감소한다.

68 콘크리트의 경량, 단열, 내화성 등을 목적으로 사용되는 혼화제는?

① AE제　　　　② 감수제

③ 방수제　　　④ 기포제

해설 기포제는 콘크리트의 경량, 단열, 내화성 등을 목적으로 사용되는 것으로 AE제와 동일하게 계면 활성 작용에 의하며, 경량 기포 콘크리트를 만드는 데 사용된다.

69 다음 중 콘크리트의 경화 촉진제로 사용되는 염화칼슘에 대한 설명으로 옳지 않은 것은?

① 한중 콘크리트의 초기 동해 방지를 위해 사용된다.

② 시공연도가 빨리 감소되므로 시공을 빨리 해야 한다.

③ 염화칼슘을 많이 사용할수록 콘크리트의 압축 강도는 증가한다.

④ 강재의 발청을 촉진시키므로 RC 부재에는 사용하지 않는 것이 좋다.

해설 경화 촉진제 사용시 사용량이 많으면 흡습성이 커지고 철물을 부식시키고, 건조 수축이 증대되며, 콘크리트의 시공연도가 빨리 감소되므로 시공을 빨리 해야 한다.

70 콘크리트의 경화 촉진제에 대한 설명 중 옳지 않은 것은?

① 경화 촉진 혼화제로 염화칼슘 등이 쓰인다.

② 시공연도가 빨리 감소되므로 시공을 빨리 해야 한다.

③ 건조 수축이 감소한다.

④ 동기 공사나 수중 공사에 이용된다.

해설 경화 촉진제 사용시 유의 사항은 사용량이 많으면 흡습성이 커지고 철물을 부식시키고, 건조 수축이 증대되며, 콘크리트의 시공연도가 빨리 감소되므로 시공을 빨리 해야 한다.

71 콘크리트 배합에 사용되는 수질에 대한 설명으로 옳지 않은 것은?

① 산성이 강한 물을 사용하면 콘크리트의 강도가 증가한다.

② 수질이 콘크리트의 강도나 내구력에 미치는 영향은 크다.

③ 당분은 시멘트 무게의 일정 이상이 함유되었을 경우 콘크리트의 강도에 영향을 끼친다.

④ 염분은 철근 부식의 원인이 된다.

해설 콘크리트 배합의 수질에는 기름, 산(약산도 지장이 있다), 알칼리(약알칼리는 해가 거의 없다), 당분(시멘트 무게의 0.1~0.2%가 함유되어도 응결이 늦고, 그 이상이면 강도가 저하), 염분(철근 부식의 원인), 그 밖에 유기물이 포함된 물은 시멘트의 수화 작용에 영향을 끼쳐 강도가 떨어질 수 있다.

72 콘크리트 배합에서 물시멘트비(W/C)와 가장 관계가 깊은 것은?

① 콘크리트의 공기량

② 콘크리트의 골재 품질

③ 콘크리트의 재령

④ 콘크리트의 강도

해설 콘크리트 강도에 영향을 끼치는 요인 중 가장 큰 영향을 주는 것은 물시멘트비이고, 그 밖에 물, 시멘트, 골재의 품질, 비비기 방법, 부어넣기 방법 등의 시공 방법, 보양 및 재령과 시험 방법 등이 있다.

73 물시멘트비(W/C)가 콘크리트의 성질에 가장 큰 영향을 주는 것은?

① 시공연도   ② 강도

③ 중량   ④ 응결 속도

해설 콘크리트 강도에 영향을 끼치는 요인 중 가장 큰 영향을 미치는 것은 물시멘트비이고, 그 밖에 물, 시멘트, 골재의 품질, 비비기 방법, 부어넣기 방법 등의 시공 방법, 보양 및 재령과 시험 방법 등이 있다.

74 콘크리트에서 물시멘트비란?

① 물의 용적/시멘트 용적

② 시멘트 용적/물의 용적

③ 물의 중량/시멘트 중량

④ 시멘트 중량/물의 중량

해설 콘크리트의 강도는 수량(물시멘트비)에 따라서 크게 달라진다.

$$물시멘트비 = \frac{물의\ 중량}{시멘트의\ 중량} \times 100(\%)이다.$$

75 콘크리트의 인장 강도는 압축 강도의 얼마 정도인가?

① 1/3~1/5   ② 1/5~1/10

③ 1/10~1/15   ④ 1/15~1/20

해설 콘크리트의 강도 중에서 압축 강도가 크고, 그 밖의 인장 강도, 휨 강도, 전단 강도는 압축 강도의 1/10~1/15에 불과하다.

76 보통 무근 콘크리트의 단위 중량은?

① 1.5 t/m³ ② 1.8 t/m³

③ 2.3 t/m³ ④ 2.8 t/m³

해설 콘크리트의 중량은 **무근 콘크리트 2.3 t/m³**, 철근 콘크리트 2.4 t/m³, 철골 철근 콘크리트 2.5 t/m³이다.

77 다음 중 굳지 않은 콘크리트가 구비해야 할 조건이 아닌 것은?

① 워커빌리티가 좋을 것

② 시공시 및 그 전후에 있어서 재료 분리가 클 것

③ 거푸집에 부어넣은 후, 균열 등 유해한 현상이 발생하지 않을 것

④ 각 시공 단계에 있어서 작업을 용이하게 할 수 있을 것

해설 **콘크리트 배합의 구비 조건**은 소요 강도, 적당한 워커빌리티 및 균일성으로 **시공시 전후에 있어서 재료 분리가 없어야 한다.**

78 다음 중 콘크리트가 구비해야 할 조건은?

① 골재의 분리가 있을 것

② 적당한 워커빌리티를 가질 것

③ 내구성이 작을 것

④ 수밀성이 작을 것

해설 **배합 콘크리트의 구비 조건**은 소요 강도, **적당한 워커빌리티** 및 균일성이 있어야 한다.

79 다음 중 콘크리트 배합 설계시 가장 먼저 하여야 하는 것은?

① 요구 성능의 설정

② 배합 조건의 설정

③ 재료의 선정

④ 현장 배합의 결정

해설 **콘크리트 배합 설계**의 단계는 **요구 성능(소요 강도)의 설정** → 배합 조건의 설정 → 재료의 선정 → 계획 배합의 설정 및 결정 → 현장 배합의 결정의 순이다.

80 그림은 콘크리트의 슬럼프 시험(Slump test) 결과이다. 슬럼프값은?

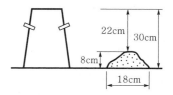

① 8 cm
② 18 cm
③ 22 cm
④ 30 cm

해설 **슬럼프값**은 공시체가 충분히 주저앉은 다음 **몰드의 높이와 공시체 윗면의 원 중심으로부터의 높이 차**(정밀도 0.5 mm 단위)이다.

81 비빔 콘크리트의 질기 정도를 측정하는 방법이 아닌 것은?

① 플로 시험
② 다짐도에 의한 방법
③ 슬럼프 시험
④ 르샤틀리에 비중병 시험

해설 **르샤틀리에 비중병 시험은 시멘트의 비중 시험에 사용하는 방법**이다.

82 콘크리트를 보양(保養)할 때 가장 중요한 것은?

① 배합비
② 온도와 습도
③ 수화열의 응결
④ 공극률과 신축률

해설 콘크리트의 보양이란 시멘트의 수화 작용이 계속되어 강도가 증가하도록 부어넣은 다음부터 보호하는 것으로 **보양시 가장 중요한 문제는 온도와 습도이다.**

83 콘크리트가 시일이 경과함에 따라 공기 중의 탄산가스의 작용을 받아 수산화칼슘이 서서히 탄산칼슘으로 되면서 알칼리성을 잃어가는 현상은?

① 블리딩
② 동결융해 작용
③ 중성화
④ 알칼리 골재 반응

[해설] 콘크리트의 중성화란 콘크리트가 시일이 경과함에 따라 공기 중의 탄산가스의 작용을 받아 수산화칼슘이 서서히 탄산칼슘으로 되면서 알칼리성을 잃어가는 현상이다.

84 블리딩(bleeding)과 크리프(creep)에 대한 설명으로 옳은 것은?

① 블리딩이란 굳지 않은 모르타르나 콘크리트에 있어서 윗면에 물이 스며 나오는 현상을 말한다.
② 블리딩이란 콘크리트의 수화 작용에 의하여 경화하는 현상을 말한다.
③ 크리프란 하중이 일시적으로 작용하면 콘크리트의 변형이 증가하는 현상을 말한다.
④ 크리프란 블리딩에 의하여 콘크리트 표면에 떠올라 침전된 물질을 말한다.

[해설] 블리딩이란 굳지 않은 콘크리트나 모르타르에 있어서 골재의 압력에 의해 미세한 물질과 아울러 물이 올라오는 현상이고, 블리딩에 의해 떠오른 미세한 물질이 얇은 막을 형성하는 것을 레이턴스라고 한다.

85 다음 기술 중 옳지 않은 것은?

① 철근 콘크리트의 중량은 $2.4 \, t/m^3$이다.
② 무근 콘크리트에 사용되는 자갈의 크기는 25 mm 이하로 한다.
③ 철근 콘크리트에 직류 전류가 흐르면 콘크리트에 균열이 발생한다.

④ 철근 콘크리트보에서 피복 두께라 함은 늑근의 표면부터 콘크리트의 표면까지이다.

[해설] 무근 콘크리트에 사용하는 굵은 골재의 직경은 40 mm 이하로 하여야 한다.

86 거푸집에 미리 자갈을 넣고 그 골재 사이 공극에 시멘트 모르타르를 압입하여 콘크리트를 형성한 것은?

① 펌프 콘크리트
② 레디믹스트 콘크리트
③ 쇄석 콘크리트
④ 프리팩트 콘크리트

[해설] 프리팩트 콘크리트는 거푸집에 미리 자갈을 넣은 다음 골재 사이에 모르타르를 압입·주입하여 콘크리트를 형성해 가는 공법이다.

87 고강도의 피아노선이 사용되는 것은?

① 레디믹스트 콘크리트
② 프리스트레스트 콘크리트
③ 콘크리트 말뚝
④ AE 콘크리트

[해설] 프리스트레스트 콘크리트는 특수 선재(고강도의 강재나 피아노선)를 사용하여 재축 방향으로 콘크리트에 미리 압축력을 준 콘크리트이다.

88 다음 중 콘크리트의 시멘트 페이스트 속에 AE제, 알루미늄 분말 등을 첨가하여 만든 경량 콘크리트는?

① 경량 골재 콘크리트
② 경량 기포 콘크리트
③ 무세 골재 콘크리트
④ 무근 콘크리트

[해설] 경량 기포 콘크리트는 콘크리트의 시멘트 페이스트 속에 AE제, 알루미늄 분말 등을 첨가하여 만든 경량 콘크리트이다.

89 다음 중 속빈 콘크리트 기본 블록의 치수로 알맞지 않은 것은? (KS 규격, 단위는 mm)

① 390×190×190
② 390×190×150
③ 390×190×100
④ 390×190×80

해설 시멘트 블록의 치수는 390×190×(100, 150, 190) mm이다.

90 시멘트 및 콘크리트 제품의 형상에 따른 분류에 속하지 않는 것은?

① 판상 제품
② 블록 제품
③ 봉상 제품
④ 대형 제품

해설 시멘트 및 콘크리트 제품의 종류에는 **판상 제품, 봉상 제품 및 블록 제품** 등이 있다.

91 점토에 대한 다음 설명 중 옳지 않은 것은?

① 제품의 색깔과 관계있는 것은 규산 성분이다.
② 점토의 주성분은 실리카, 알루미나이다.
③ 각종 암석이 풍화, 분해되어 만들어진 가는 입자로 이루어져 있다.
④ 점토를 구성하고 있는 점토 광물은 잔류 점토와 침적 점토로 구분된다.

해설 점토 제품의 색상은 철 산화물 또는 석회 물질에 의해 나타나며, **철 산화물이 많으면 적색**이 되고, **석회 물질이 많으면 황색**을 띠게 된다.

92 다음 중 점토의 물리적 성질에 대한 설명으로 옳은 것은?

① 점토의 비중은 일반적으로 3.5~3.6 정도이다.
② 양질의 점토일수록 가소성은 나빠진다.

③ 미립 점토의 인장 강도는 3~10 MPa 정도이다.
④ 점토의 압축 강도는 인장 강도의 약 5배이다.

해설 점토의 비중은 일반적으로 **2.5~2.6 정도**이고, 양질의 점토일수록 가소성이 좋아지며, **미립 점토의 인장 강도는 0.3~1 MPa 정도**이다. 특히, **점토의 압축 강도(1.5~5 MPa)는 인장 강도의 5배 정도**이다.

93 점토 벽돌에 붉은색을 갖게 하는 성분은?

① 산화철
② 석회
③ 산화나트륨
④ 산화마그네슘

해설 점토 제품의 색상은 철 산화물 또는 석회 물질에 의해 나타나며, 철 산화물이 많으면 적색이 되고, 석회 물질이 많으면 황색을 띠게 된다.

94 점토를 한번 소성하여 분쇄한 재료는?

① 샤모트
② 펄라이트
③ 규석
④ 슬래그

해설 샤모트는 소성된 점토를 빻아서 만든 것으로 점성 조절에 이용된다.

95 점토 제품 중 흡수율이 가장 작은 것은?

① 토기
② 석기
③ 도기
④ 자기

해설 점토 제품의 흡수율이 작은 것부터 큰 것의 순으로 나열하면, **자토**(자기, 0~1%) → **석기**(석암 점토, 3~10%) → **도토**(도기, 10%) → **토기**(저급 점토, 20% 이상)의 순이다.

96 토기에 대한 설명으로 옳지 않은 것은?

① 기와, 벽돌, 토관 등의 건축 재료로 사용한다.
② 소성 온도는 790~1,000℃ 정도이다.
③ 흡수성이 크고 강도가 약하다.
④ 양질의 도토를 원료로 한다.

해설 양질의 도토 또는 장석분을 주원료로 하는 것은 자기이고, 토기는 최저급의 점토(전답토)를 사용한다.

97 소성 온도는 1,230~1,460℃ 정도이고, 견고·치밀한 구조로서 흡수율이 1% 이하로 거의 없으며, 위생도기 등에 사용되는 것은?

① 토기　　　　② 석기
③ 도기　　　　④ 자기

해설 자기는 소성 온도가 1,230~1,460℃ 정도이고, 견고·치밀한 구조로서 흡수율이 1% 이하로 거의 없으며, 위생도기, 자기질 타일 등에 사용된다.

98 다음 점토 제품 가운데 가장 저급의 원료를 사용하는 것은?

① 타일　　　　② 기와
③ 테라코타　　④ 위생도기

해설 토기(저급 점토) 제품에는 기와, 벽돌, 토관 등이 있고, 도기(도토) 제품에는 타일, 테라코타, 위생도기 등이 있으며, 석기(석암 점토) 제품에는 마루 타일, 클링커 타일 등이 있다. 또한 자기(자토) 제품에는 위생 도기, 자기질 타일 등이 있다.

99 점토 제품의 재료로 짝지어진 것 중 맞지 않는 것은?

① 토기류 – 기와
② 석기류 – 벽돌
③ 도기류 – 위생도기
④ 자기류 – 자기질 타일

해설 토기(저급 점토) 제품에는 기와, 벽돌, 토관 등이 있고, 석기(석암 점토) 제품에는 타일, 테라코타, 위생도기 등이 있다.

100 점토 제품의 제조시 소성 온도의 측정에 일반적으로 많이 쓰이는 것은?

① 광학 온도계　　② 제게르 추
③ 방전 온도계　　④ 열전쌍 온도계

해설 점토 제품의 소성 온도를 측정하는 데에는 복사 고온계, 광 고온계, 열전대 고온계, 전위차 고온계, 저항 온도 지시시계, 광 스펙트럼 분석 방법 등이 쓰이나, 제게르 추가 가장 많이 사용되며, 600~2,000℃까지는 온도를 측정할 수 있다.

101 벽돌의 품질 등급에서 1종 붉은 벽돌의 압축 강도는?

① 10.78 N/mm² 이상
② 15.69 N/mm² 이상
③ 20.59 N/mm² 이상
④ 31.38 N/mm² 이상

해설 점토 벽돌의 품질에서 1종 붉은 벽돌의 압축 강도는 210 kgf/cm²(20.59 N/mm²) 정도이다.

102 점토 벽돌 중 지나치게 높은 온도로 구워낸 것으로, 모양이 좋지 않고 빛깔은 짙지만 흡수율이 매우 적고 압축 강도가 매우 큰 벽돌을 무엇이라 하는가?

① 이형 벽돌　　② 과소품 벽돌
③ 다공질 벽돌　④ 포도 벽돌

해설 과소품 벽돌은 지나치게 높은 온도로 구워낸 것으로서 흡수율이 매우 작고, 압축 강도가 매우 크나, 모양이 바르지 않아 기초쌓기나 특수 장식용으로 이용된다.

103 점토에 톱밥이나 분탄 등을 혼합하여 소성시킨 것으로 절단, 못치기 등의 가공성이 우수하며 방음·흡음성이 좋은 경량 벽돌은?

① 이형 벽돌　　② 포도 벽돌
③ 다공질 벽돌　④ 내화 벽돌

해설 다공질 벽돌은 원료인 점토에 톱밥, 분탄 등의 유기질 가루(30~50%)를 혼합하여 성형 소성한 것으로 비중은 1.5 정도로서 보통 벽돌의

2.0보다 작고, 절단(톱질)과 못박기의 가공성이 우수하며, 단열과 방음성 및 흡음성이 있으나 강도는 약하다. 특히, 강도가 약하므로 구조용으로의 사용은 불가능하고, 규격은 보통 벽돌과 동일하다.

104 비중이 1.5 정도로 톱질과 못박기가 가능한 벽돌은?

① 다공질 벽돌
② 공동 벽돌
③ 내화 벽돌
④ 시멘트 벽돌

해설 다공질 벽돌은 원료인 점토에 톱밥, 분탄 등의 유기질 가루(30~50%)를 혼합하여 성형 소성한 것으로 비중은 1.5 정도로서 보통 벽돌의 2.0보다 작다.

105 다공질 벽돌에 관한 설명 중 옳지 않은 것은?

① 방음, 흡음성이 좋지 않고 강도도 약하다.
② 점토에 분탄, 톱밥 등을 혼합하여 소성한다.
③ 비중은 1.5 정도로 가볍다.
④ 톱질과 못박음이 가능하다.

해설 다공질 벽돌은 원료인 점토에 톱밥, 분탄 등의 유기질 가루(30~50%)를 혼합하여 성형 소성한 것으로, 단열과 방음성 및 흡음성이 있으나 강도는 약하다.

106 다공질 벽돌에 관한 설명 중 옳지 않은 것은?

① 보통 벽돌보다 크기가 2배 정도이다.
② 점토에 30~50%의 분탄, 톱밥 등을 혼합하여 소성한다.
③ 비중은 1.2~1.7 정도이다.
④ 톱질과 못박음이 가능하다.

해설 다공질 벽돌은 원료인 점토에 톱밥, 분탄 등의 유기질 가루(30~50%)를 혼합하여 성형 소성한 것으로, 규격은 보통 벽돌과 동일하다.

107 보통의 내화 벽돌 기본 치수는? (단위 : mm)

① 230×114×65
② 210×100×60
③ 230×120×60
④ 190×90×60

해설 내화 벽돌의 크기는 230 mm×114 mm×65 mm이고, 내화 벽돌을 쌓을 경우에는 접착제로 내화 점토를 사용하고, 특히 내화 점토는 기건성이므로 물축이기를 하지 않는다.

108 내화 벽돌 중 굴뚝이나 페치카 등에 사용되는 벽돌인 것은?

① SK 26~SK 29
② SK 30~SK 33
③ SK 34~SK 42
④ SK 20~SK 25

해설 내화 온도는 저급 내화 벽돌(굴뚝, 페치카의 안쌓기) SK 26~SK 29, 보통 내화 벽돌(여러 가지의 가마) SK 30~SK 33, 고급 내화 벽돌(고열 가마)이 SK 34~SK 42이다.

109 내화 벽돌에 대한 설명 중 옳지 않은 것은?

① 보통 벽돌보다 비중이 크고 내화성도 높다.
② 굴뚝 등의 내부 쌓기용으로 사용된다.
③ 종류로는 샤모트 벽돌, 규석 벽돌, 고토 벽돌 등이 있다.
④ 쌓을 때 적당히 물축임을 한다.

해설 내화 벽돌을 쌓을 때에는 내화 점토를 사용하는데, 내화 점토는 기건성이므로 물축이기를 하지 않는다.

110 타일의 흡수율에 대한 규정으로 옳은 것은? (한국산업규격)

① 자기질 8%, 석기질 15%, 도기질 18%, 클링커 타일 28% 이하로 규정되어 있다.

② 자기질 13%, 석기질 15%, 도기질 18%, 클링커 타일 18% 이하로 규정되어 있다.

③ 자기질 3%, 석기질 5%, 도기질 18%, 클링커 타일 8% 이하로 규정되어 있다.

④ 자기질 15%, 석기질 15%, 도기질 18%, 클링커 타일 28% 이하로 규정되어 있다.

해설 타일의 흡수율은 자기질 3%, 석기질 5%, 도기질 18% 및 클링커 타일 8% 이하로 규정하고 있다.

111 모자이크 타일의 재질로 가장 좋은 것은?

① 토기질   ② 자기질
③ 석기질   ④ 도기질

해설 외장과 바닥용 타일은 자기질, 석기질이고, 모자이크 타일은 자기질이며, 내장 타일은 자기질, 석기질 및 도기질을 사용한다.

112 고온으로 충분히 소성한 타일로서 색깔은 진한 다갈색이고 요철 무늬를 넣어 바닥 등에 붙이는 타일은?

① 모자이크 타일   ② 클링커 타일
③ 스크래치 타일   ④ 카보런덤 타일

해설 클링커 타일은 진한 다갈색이고 요철을 넣어 바닥 등에 사용하는 외부 바닥용의 특수 타일로서 고온으로 충분히 소성한 타일이다.

113 테라코타(terra-cotta)의 주된 용도는?

① 구조재   ② 방수재
③ 내화재   ④ 장식재

해설 테라코타는 석재 조각물 대신에 사용되는 장식용 공동의 대형 점토 제품으로서 속을 비게 하여 가볍게 만들고, 건축물의 패러핏, 버팀벽, 주두, 난간벽, 창대, 돌림띠 등의 장식에 사용한다.

114 공동의 대형 점토 제품으로 주로 장식용이나 난간벽, 돌림대, 창대 등에 사용되는 것은?

① 이형 벽돌   ② 포도 벽돌
③ 테라코타   ④ 테라초

해설 테라코타는 석재 조각물 대신에 사용되는 장식용 공동의 대형 점토 제품으로서 속을 비게 하여 가볍게 만들고, 건축물의 패러핏, 버팀벽, 주두, 난간벽, 창대, 돌림띠 등의 장식에 사용한다.

115 테라코타에 관한 기술 중 옳지 않은 것은?

① 장식용으로 사용되며 시멘트 제품이다.
② 대리석보다 풍화에 강하므로 외장에 적당하다.
③ 압축 강도는 $80 \sim 90\,\text{MPa}$ 정도이다.
④ 단순한 제품은 기계로 압축 성형, 압출 성형하여 만든다.

해설 테라코타는 석재 조각물 대신에 사용되는 장식용 공동의 대형 점토 제품으로서 화강암보다 내화력이 강하고, 대리석보다 풍화에 강하므로 외장에 적당하다.

116 테라코타(terra cotta)에 관한 설명 중 옳지 않은 것은?

① 석재보다 채색이 자유롭다.
② 일반 석재보다 가볍고 압축 강도는 화강암의 1/2 정도이다.
③ 화강암보다 내화력이 강하고 대리석보다 풍화에 잘 견딘다.
④ 한 개의 크기는 제조와 취급상 $1\,\text{m}^2$ 이하로 한다.

해설 테라코타는 석재 조각물 대신에 사용되는 장식용 공동의 대형 점토 제품으로서 1개의 크기는 제조와 취급상 0.5 m³ 또는 0.3 m³ 이하로 하는 것이 좋고, 단순한 제품의 경우 압축 성형 및 압출 성형 등의 방법을 사용한다.

117 다음 중 재료들의 주용도가 옳게 연결되지 않은 것은?

① 테라코타 : 구조재, 흡음재
② 테라초 : 벽, 바닥의 수장재
③ 트래버틴 : 내벽 등의 특수 수장재
④ 타일 : 내외벽, 바닥면의 수장재

해설 테라코타는 석재 조각물 대신에 사용되는 장식용 공동의 대형 점토 제품으로서 속을 비게 하여 가볍게 만들고, 건축물의 패러핏, 버팀벽, 주두, 난간벽, 창대, 돌림띠 등의 장식에 사용한다.

118 시멘트를 사용하지 않는 재료는?

① 후형 슬레이트
② 테라코타
③ 흄관
④ 테라초

해설 테라코타는 석재 조각물 대신에 사용되는 장식용 공동의 대형 점토 제품이다.

119 다음 중 점토 제품이 아닌 것은?

① 테라초　　　② 자기질 타일
③ 테라코타　　④ 위생도기

해설 테라초는 인조석의 종석을 대리석의 쇄석으로 사용하여 대리석 계통의 색조가 나도록 표면을 물갈기한 것으로 석재 제품이고, 테라초의 원료는 대리석의 쇄석, 백색 시멘트, 강모래, 안료, 물 등이다.

120 점토 제품이 아닌 것은?

① 벽돌　　　　② 기와
③ 타일　　　　④ 펄라이트

해설 벽돌, 기와 및 타일은 점토 제품이나, 펄라이트는 진주석, 흑요석을 분쇄하여 가루를 가열·팽창시켜서 제조한 석재 제품이다.

121 탄소 함유량이 증가함에 따라 철에 끼치는 영향으로 옳지 않은 것은?

① 항복 강도의 증가
② 연신율의 증가
③ 경도의 증가
④ 용접성의 저하

해설 강의 탄소량에 따라 물리적 성질의 비열, 전기저항, 항장력과 화학적 성질의 내식성, 항복 강도, 인장 강도, 경도 및 항복점 등은 증가하고, 물리적 성질의 비중, 열팽창 계수, 열전도율과 화학적 성질의 연신율, 충격치, 단면 수축률 등은 감소한다.

122 철강은 0~250℃ 사이에서는 강도가 증가하여 약 250℃에서 최대가 되고 250℃ 이상이 되면 강도가 감소된다. 약 500℃에서는 0℃일 때 강도의 얼마 정도로 감소되는가?

① 1/2　　　　② 1/3
③ 1/4　　　　④ 1/5

해설 강재의 온도에 의한 영향은 0~250℃에서 강도의 증가, 250℃에서 최대 강도, 500℃에서는 0℃ 강도의 1/2, 600℃에서 0℃ 강도의 1/3, 900℃에서 0℃ 강도의 1/10 정도이다.

123 다음 중 건축 재료용으로 가장 많이 이용되는 철강은?

① 탄소강　　　② 니켈강
③ 크롬강　　　④ 순철

해설 탄소강 중 보통 주철은 건축 재료용(창의 격자, 장식 철물, 계단, 교량의 손잡이, 방열기, 철관, 하수관의 뚜껑 등 비교적 가격이 싼 제품)으로 사용한다.

124 구리의 특징이 아닌 것은?

① 연성과 전성이 커서 선재나 판재로 만들기 쉽다.
② 열이나 전기 전도율이 크다.
③ 건조한 공기에서 산화하여 녹청색을 나타낸다.
④ 암모니아 등의 알칼리성 용액에 침식이 잘 된다.

해설 구리는 습기를 받으면 이산화탄소의 작용으로 인하여 부식하여 녹청색을 띠나, 내부까지는 부식하지 않는다.

125 비철 금속에서 황동(놋쇠)은 무엇의 합금인가?

① 구리+주석
② 구리+아연
③ 니켈+주석
④ 니켈+아연

해설 황동(놋쇠)은 구리에 아연을 10~45% 정도 가하여 만든 합금이다.

126 구리와 주석을 주체로 한 합금으로 건축 장식 철물 또는 미술 공예 재료에 사용되는 것은?

① 황동
② 두랄루민
③ 주철
④ 청동

해설 청동은 구리와 주석의 합금으로 주석의 함유량은 보통 4~12%이고, 주석의 양에 따라 그 성질이 달라진다. **청동은 황동보다 내식성이 크고 주조하기 쉬우며**, 표면은 특유의 아름다운 청록색을 띠고 있어 **건축 장식 철물, 미술 공예 재료로 사용**한다.

127 청동에 대한 설명으로 옳지 않은 것은?

① 청동은 황동보다 내식성이 크다.
② 주조하기가 어렵다.
③ 주석의 함유량은 보통 4~12%이다.

④ 표면은 특유의 아름다운 청록색을 띠고 있어 장식 철물, 공예 재료 등에 많이 쓰인다.

해설 청동은 구리와 주석의 합금으로 주석의 함유량은 보통 4~12%이고, 청동은 황동보다 내식성이 크고 주조하기 쉬우며, 표면은 특유의 아름다운 청록색을 띠고 있어 **건축 장식 철물, 미술 공예 재료로 사용**한다.

128 알루미늄의 특성에 대한 설명으로 옳지 않은 것은?

① 전기나 열전도율이 높다.
② 압연, 인발 등의 가공성이 나쁘다.
③ 가벼운 정도에 비하면 강도가 크다.
④ 해수, 산, 알칼리에 약하다.

해설 **알루미늄**은 전기나 열전도율이 크고 전성과 연성이 크며, 가공하기 쉽고 가벼운 정도에 비하여 강도가 크며, 공기 중에서 표면에 산화막이 생기면 내부를 보호하는 역할을 하므로 내식성이 크다. 특히, **가공성(압연, 인발 등)이 우수**하다. 반면 **산, 알칼리나 염에 약하**므로 이질 금속 또는 콘크리트 등에 접하는 경우에는 방식 처리를 하여야 한다.

129 알루미늄의 합금재는?

① 두랄루민
② 모네메탈
③ 포금
④ 퓨터

해설 알루미늄 합금의 대표적인 것은 두랄루민(알루미늄+구리+마그네슘+망간)으로 내열성, 내식성, 고강도의 제품으로 비중은 2.8 정도이고, 인장 강도는 40~45 kg/mm²이다.

130 비철 금속 중에서 비중이 가장 큰 것은?

① 구리
② 주석
③ 알루미늄
④ 아연

해설 비철 금속의 비중이 큰 것부터 나열하면, **납(11.35)** → **구리(8.87~8.92)** → 주석(7.30) → 아연(7.14~7.16) → 티탄(4.5) → **알루미늄(2.70)**의 순이다.

131 금속의 부식 작용에 대한 설명으로 옳지 않은 것은?

① 동판과 철판을 같이 사용하면 부식 방지에 효과적이다.
② 산성인 흙 속에서는 대부분의 금속재가 부식된다.
③ 습기 및 수중에 탄산가스가 존재하면 부식 작용은 한층 촉진된다.
④ 철판의 자른 부분 및 구멍을 뚫은 주위는 다른 부분보다 빨리 부식된다.

해설 다른 종류의 금속, 즉 동판과 철판은 서로 잇대어 사용하지 않아야 부식을 방지할 수 있다.

132 금속의 방식법에 대한 설명으로 옳지 않은 것은?

① 다른 종류의 금속을 서로 잇대어 쓰지 않는다.
② 큰 변형을 준 것은 가능한 한 풀림하여 사용한다.
③ 표면을 평활, 청결하게 하고 가능한 한 습윤 상태로 유지한다.
④ 방부 보호 피막을 실시한다.

해설 금속의 방식법에는 ①, ② 및 ④ 외에 표면은 깨끗하게 하고, 물기나 습기가 없도록 하며, 내식성이 큰 금속 또는 도료로 표면에 피막을 만든다.

133 철재의 부식 방지 방법으로 부적당한 것은?

① 철재의 표면에 아스팔트나 콜타르(coaltar) 등을 도포한다.
② 시멘트액 피막을 만든다.
③ 사삼산화철(Fe_3O_4) 등의 금속 산화물의 피막을 만든다.
④ AE제를 도포한다.

해설 AE제는 시멘트 혼화제로서 철제의 부식 방지와는 무관하다.

134 창호 철물의 사용 용도 중 옳지 않은 것은?

① 외여닫이－실린더 로크(cylinder lock)
② 접문－도어 볼트(door bolt)
③ 오르내리창－크레센트(crescent)
④ 자재 여닫이－플로어 힌지(floor hinge)

해설 도어 볼트는 놋쇠대 등으로 여닫이문 안쪽에 간단히 설치하여 잠그는 철물이다.

135 창호 철물이 아닌 것은?

① 플로어 힌지(floor hinge)
② 나이트 래치(night latch)
③ 논슬립(non slip)
④ 도어 클로저(door closer)

해설 플로어 힌지, 나이트 래치 및 도어 클로저는 창호 철물에 속하나, 논슬립(계단 디딤판 코, 즉 모서리 끝부분의 보강 및 미끄럼막이를 목적으로 대는 금속 제품)은 금속 제품에 속한다.

136 코너 비드와 가장 관계가 깊은 것은?

① 난간 손잡이
② 형틀 접합부
③ 벽체, 모서리
④ 나선형 계단

해설 코너 비드(corner bead)는 기둥 모서리 및 벽체 모서리면에 미장을 쉽게 하고, 모서리를 보호할 목적으로 설치한다.

137 목재의 접합에서 목재와 목재 사이에 끼워서 전단에 대한 저항 작용을 목적으로 한 철물은?

① 꺾쇠 ② 듀벨
③ 클램프 ④ 비계

해설 듀벨은 볼트와 함께 사용하는데 듀벨은 전단력에, 볼트는 인장력에 작용시켜 접합재 상호 간의 변위를 막는 강한 이음을 얻기 위해 또는 목재의 접합에서 목재와 목재 사이에 끼워서 전단에 대한 저항 작용을 목적으로 사용한다.

138 두께 1.2 mm 이하의 박강판을 여러 가지 무늬 모양으로 구멍을 뚫어 환기 구멍, 방열기 덮개 등에 쓰이는 것은?

① 펀칭 메탈(punching metal)
② 메탈 라스(metal lath)
③ 코너 비드(corner bead)
④ 와이어 라스(wire lath)

해설 펀칭 메탈은 두께 1.2 mm 이하의 박강판을 여러 가지 무늬 모양으로 구멍을 뚫어 환기 구멍, 라디에이터 커버 등에 사용한다.

139 얇은 강판에 마름모꼴의 구멍을 연속적으로 뚫어 만든 것으로 천장, 내벽 등의 회반죽 바탕에 균열 방지의 목적으로 쓰이는 금속 제품은?

① 코너 비드
② 메탈 라스
③ 펀칭 메탈
④ 와이어 메시

해설 메탈 라스는 도벽 바탕에 사용하는 것으로 얇은 철판에 마름모꼴의 구멍을 연속적으로 뚫어 그물처럼 만든 금속제품이다.

140 계단의 미끄럼을 방지하기 위하여 놋쇠 또는 황동, 스테인리스 강재 등에 홈파기, 고무 삽입 등의 처리를 한 것은?

① 와이어 메시
② 코너 비드
③ 논슬립
④ 경첩

해설 논슬립이란 계단의 미끄러짐을 방지하기 위하여 놋쇠 또는 황동, 스테인리스 강재 등에 홈파기, 고무 삽입 등의 처리를 한 것이다.

141 함석판 잇기 지붕 공사에 사용하는 골함석의 두께로서 가장 적합한 것은?

① #24~#27
② #28~#31
③ #32~#35
④ #36~#40

해설 함석판의 접합은 주로 거멀접기에 의하며, 골함석의 두께는 #28~#31의 함석을 사용한다.

142 열경화성 수지에 해당되는 것은?

① 멜라민 수지
② 염화비닐 수지
③ 메타크릴 수지
④ 폴리에틸렌 수지

해설 멜라민 수지는 열경화성 수지(가열하거나 용제에서도 다시 용해되지 않는 수지)에 속하고, ②, ③ 및 ④번은 열가소성 수지(가열하거나 용제에 녹여서 자유롭게 가공할 수 있는 수지)에 속한다.

143 다음 중 열가소성 수지에 속하지 않는 것은?

① 염화비닐 수지
② 멜라민 수지
③ 폴리에틸렌 수지
④ 아크릴 수지

해설 멜라민 수지는 열경화성 수지에 속하고, ①, ③ 및 ④항은 열가소성 수지에 속한다.

144 유리 섬유로 보강한 섬유 보강 플라스틱으로서 일명 FRP라 불리는 제품을 만드는 합성수지는?

① 아크릴 수지
② 폴리에스테르 수지
③ 실리콘 수지
④ 에폭시 수지

해설 폴리에스테르 수지의 중요한 성형품으로는 유리 섬유로 보강한 섬유 강화 플라스틱(FRP : Fiberglass Reinforced Plastic)이 있다.

145 다음 중 요소 수지에 대한 설명으로 옳지 않은 것은?

① 착색이 용이하지 못하다.
② 마감재, 가구재 등에 사용된다.
③ 내수성이 약하다.
④ 열경화성 수지이다.

해설 요소 수지는 수지 자체가 무색이어서 착색이 자유롭고 약산, 약알칼리에는 견디며, 유류(벤졸, 알코올 등)에는 거의 침해받지 않는다.

146 내열성·내한성이 우수한 수지로 −60 ~260℃ 정도의 범위에서는 안정하고 탄성을 가지며 내후성 및 내화학성 등이 아주 우수하기 때문에 접착제, 도료로서 주로 사용되는 것은?

① 페놀 수지   ② 멜라민 수지
③ 실리콘 수지   ④ 염화비닐 수지

해설 **실리콘 수지**는 금속 규소와 염소에서 염화규소를 만들고, 여기에 그리냐르시약을 가하여 클로로실란을 만든 수지로 내열성이 강하고, **광범위한 온도(-80~250℃)에서 안정**하며, 내후성, 내화학성 전기 절연성과 내수성이 우수하다. 주로 **접착제, 도료로 사용**한다.

147 다음 합성수지 중 내열성이 가장 좋은 것은?

① 실리콘 수지   ② 페놀 수지
③ 염화비닐 수지   ④ 멜라민 수지

해설 **합성수지의 사용 온도는 실리콘 수지(-80~250℃)**, 염화비닐 수지(-10~60℃), 멜라민 수지(120℃), 페놀 수지(60℃)이다.

148 비닐 바닥 타일에 대한 설명으로 틀린 것은?

① 일반 사무실이나 점포 등의 바닥에 널리 사용된다.
② 염화비닐 수지에 석면, 탄산칼슘 등의 충전제를 배합해서 성형된다.
③ 반경질 비닐 타일, 연질 비닐 타일, 퓨어 비닐 타일 등이 있다.
④ 의장성, 내마모성은 양호하나 경제성, 시공성은 떨어진다.

해설 **비닐 타일**은 약간의 탄력성, 내마멸성, 내약품성 등이 있어 바닥 재료로 많이 쓰이며, **값이 비교적 싸고** 착색이 자유로운 특성이 있다. 특히, **시공이 용이**하다.

149 다음 중 천연 아스팔트가 아닌 것은?

① 레이크 아스팔트
② 로크 아스팔트
③ 스트레이트 아스팔트
④ 아스팔타이트

해설 석유계 아스팔트의 종류에는 스트레이트 아스팔트, 블론 아스팔트 및 아스팔트 콤파운드(용제 추출 아스팔트) 등이 있고, 천연 아스팔트의 종류에는 레이크 아스팔트, 로크 아스팔트 및 아스팔타이트 등이 있다.

150 블론 아스팔트를 휘발성 용제로 희석한 흑갈색의 액체로서 콘크리트, 모르타르 바탕에 아스팔트 방수층 또는 아스팔트 타일 붙이기 시공을 할 때에 사용되는 초벌용 도료는?

① 아스팔트 프라이머
② 타르
③ 아스팔트 펠트
④ 아스팔트 루핑

해설 **아스팔트 프라이머**(asphalt primer)는 **블론 아스팔트를 휘발성 용제로 희석한 흑갈색의 액**으로서 아스팔트 방수층을 만들 때 **콘크리트, 모르타르 바탕에 제일 먼저 사용하는 역청 재료** 또는 **아스팔트 타일 붙이기 시공을 할 때의 초벌용 도료**이다.

151 아스팔트를 용제에 녹인 액상으로서 아스팔트 방수의 바탕 처리재로 사용되는 것은?

① 아스팔트 펠트
② 아스팔트 루핑
③ 아스팔트 프라이머
④ 아스팔트 싱글

해설 **아스팔트 프라이머**(asphalt primer)는 **블론 아스팔트를 휘발성 용제로 희석한 흑갈색의 액**으로서 아스팔트 방수층을 만들 때 **콘크리트, 모르타르 바탕에 제일 먼저 사용하는 역**

청 재료 또는 **아스팔트 타일 붙이기 시공을 할 때의 초벌용 도료이다.**

152 아스팔트 펠트의 양면에 아스팔트 피복을 하고 밀착 방지를 위해 활석, 운모, 석회석, 규조토의 미분말을 뿌린 것으로 방수층의 주층으로 쓰이거나 지붕 바탕 깔기로 쓰이는 것은?

① 아스팔트 프라이머
② 아스팔트 루핑
③ 아스팔트 유제
④ 아스팔트 콤파운드

[해설] **아스팔트 루핑**은 아스팔트 펠트의 양면에 아스팔트 콤파운드를 피복한 다음, 그 위에 활석 또는 운석 분말을 부착시킨 것으로, 유연하므로 온도의 상승에 따라 유연성이 증대되고, 방수·방습성이 펠트보다 우수하며, 표층의 아스팔트 콤파운드 때문에 내후성이 크다. **방수층의 주층, 지붕 바탕 깔기에 사용**한다.

153 아스팔트의 용도로서 가장 적합하지 못한 것은?

① 도로 포장 재료
② 녹막이 재료
③ 방수 재료
④ 보온, 보냉 재료

[해설] **아스팔트**는 방수성 및 화학적인 안전성이 크므로 **방수 재료, 화학 공장의 내약품 재료, 녹막이 재료 및 도로 포장 재료** 등의 용도에 사용하고 있다.

154 방수 공사용 아스팔트의 품질을 판별하는 기준과 가장 거리가 먼 것은?

① 연화점
② 마모도
③ 침입도
④ 가열 안정성

[해설] 아스팔트의 품질 판정시 고려하여야 할 사항은 **침입도, 연화점, 이황화탄소(가용분), 감온비, 비중 및 늘임도(다우스미스식)** 등이다.

155 다음 중 아스팔트의 물리적 성질 중 온도에 따른 견고성 변화의 정도를 나타내는 것은?

① 침입도
② 감온성
③ 신도
④ 비중

[해설] 아스팔트의 품질 판정시 고려하여야 할 사항은 **침입도, 연화점, 이황화탄소(가용분), 감온비, 비중 및 늘임도(다우스미스식)** 등이다.

156 합성수지 니스에 대한 설명이다. 잘못된 것은?

① 도막이 단단하다.
② 건조가 느리다.
③ 광택이 있고 값이 싸다.
④ 목재 부분 도장에 많이 쓰인다.

[해설] **합성수지성 니스** 중 랙(휘발성 용제에 천연 수지를 녹인 것)과 래커(오일 바니시의 지건성과 랙 도막의 취약성을 제거한 것)는 **건조가 빠르고** 내수성, 내후성, 내유성이 우수하나, 도막이 얇고 부착력이 약하다.

157 다음 중 유성 페인트와 직접 관련이 없는 것은?

① 보일유
② 테레빈유
③ 카세인
④ 안료

[해설] **유성 페인트**는 **안료, 건성유, 용제, 건조제** 등을 혼합한 것으로서, 유량을 늘리면 광택과 내구성이 증대되나 건조의 속도가 느리다. 용제를 늘리면 건조가 빠르고 솔질은 잘 되나, 옥외 도장시 내구력이 떨어진다. 반면 **카세인**은 **수성 페인트의 접착제로 사용**한다.

158 다음의 유성 페인트에 관한 설명 중 옳지 않은 것은?

① 내후성이 우수하다.
② 붓바름 작업성이 뛰어나다.
③ 모르타르, 콘크리트, 석회벽 등에 정벌 바름하면 피막이 부서져 떨어진다.

④ 유성 에나멜 페인트와 비교하여 건조 시간, 광택, 경도 등이 뛰어나다.

해설 유성 에나멜 페인트는 유성 페인트보다 건조 시간이 늦고(경화 건조 12시간), 도막은 탄성·광택이 있으며, 평활하고 경도가 크다.

159 다음 중 수성 페인트에 대한 설명으로 옳지 않은 것은?

① 내알칼리성이 약해 콘크리트면에 사용하기 부적합하다.
② 건조가 빠르며 작업성이 좋다.
③ 희석제로 물을 사용하므로 공해 발생 위험이 적다.
④ 수성 페인트의 일종으로 에멀션 페인트가 있다.

해설 수성 페인트는 속건성이어서 작업의 단축을 가져오고, 내수·내후성이 좋아서 햇빛과 빗물에 강하며, 내알칼리성이라서 콘크리트면에 밀착이 우수하다.

160 목재의 착색에 사용하는 도료 중 가장 적당한 것은?

① 오일 스테인　② 연단 도료
③ 래커(lacquer)　④ 크레오소트

해설 오일 스테인은 유성 니스의 눈메움에 사용하는 유성 착색제로서 침투율이 크고, 퇴색이 적다.

161 다음 도료 중 가장 건조가 빠른 것은?

① 유성 바니시　② 수성 페인트
③ 유성 페인트　④ 클리어 래커

해설 래커는 심한 속건성(건조 시간이 10~20분 정도로 빠르다)이어서 바르기가 어려우므로 스프레이어를 사용하는데, 바를 때에는 래커: 시너=1:1로 섞어서 쓴다.

162 물에 유성 페인트, 수지성 페인트 등을 현탁시킨 유화 액상 페인트로서 바른 후

물은 발산되어 고화되고, 표면은 거의 광택이 없는 도막을 만드는 것은?

① 에멀션 도료　② 셸락
③ 종페인트　④ 스파 바니시

해설 에멀션(emulsion) 도료는 물에 용해되지 않는 건성유, 수지, 니스, 래커 등을 에멀션화제의 작용에 의하여 물속에 분산시켜서 에멀션을 만들고, 여기에 안료를 혼합한 도료 또는 물에 유성 페인트, 수지성 페인트 등을 현탁시킨 유화 액상 페인트로서 바른 후 물은 발산되어 고화되고, 표면은 거의 광택이 없는 도막을 만드는 도료이다.

163 벽체 도장 작업 중 페인트칠의 경우 초벌과 재벌 등을 바를 때마다 그 색을 약간씩 다르게 하는 가장 주된 이유는?

① 희망하는 색을 얻기 위해서
② 다음 칠을 하였는지 안 하였는지를 구별하기 위해서
③ 색이 진하게 되는 것을 방지하기 위해서
④ 착색 안료를 낭비하지 않고 경제적으로 하기 위해서

해설 도장 작업시 초벌, 재벌 및 정벌의 색깔을 조금씩 다르게 바르는 이유는 다음 칠(재벌과 정벌)이 제대로 되었는지 아닌지를 구분하기 위함이다.

164 다음 재료와 용도의 짝지움이 맞는 것은?

① 광명단-방음제
② 회반죽-방수제
③ 카세인-접착제
④ 아교-흡음제

해설 광명단은 철재의 부식을 방지하기 위한 바탕재의 도장재, 즉 녹막이 페인트이고, 회반죽은 소석회, 풀, 여물 및 모래(초벌과 재벌에만 사용하고 정벌에는 사용하지 않는다) 등을 혼합하여 바르는 미장 재료이며, 아교는 접착제이다.

Ⅳ 건축 시공

1. 시공 방식과 업무, 시공 관계자

1 건축 시공의 의의

(1) 건축 생산

① 건축 시공이란?

건축물을 설계 도면에 의해 일정한 기간 내에 완성하는 생산 활동을 말한다.

② 건축물 완성 3단계

㉮ 1단계 : 건축주의 기획

㉯ 2단계 : 설계자의 설계

㉰ 3단계 : 시공자의 시공

(2) 건축 시공

① 시공 계획

㉮ 시공자는 설계도서, 견적서를 상세하게 검토하고, 설계의 내용과 공사 수량을 조사하여 시공계획을 수립 한다.

㉯ 시공자는 가설물과 시공 기계의 배치, 자재의 반입 및 공사의 방법과 순서를 검토한 후 시공 계획을 세운다.

㉰ 계획서대로 공기를 고려하고, 공정표를 작성 실행 예산을 짜며, 공사비를 예정 배분한다.

② 시공 관리

㉮ 시공 계획에 의한 공사가 진행되어 소기의 목적을 달성할 수 있도록 한다.

㉯ 적절한 관리 조직과 품질, 공정, 작업, 노무, 재무, 자재 등 시공에 필요한 전반적인 관리가 합리적으로 운영되어야 한다.

㉰ 공사 진행이 계획대로 되는지 검토하고, 변동이 생기면 원인을 조사하여 개선, 시정하고 공사가 계획대로 이루어지도록 한다.

③ 공사 착수 전 준비 사항

㉮ 재료의 주문과 반입 및 저장

㉯ 노무자의 수배

㉰ 기계 및 가설물의 준비

2 건축 시공의 관계자

(1) 건축주

자금과 토지를 가지고 건축물을 계획 및 완성 후 사용하는 자

(2) 설계자와 공사 감리자

설계 도서를 작성하고, 잘못된 공사를 교정하도록 지도하는 자(건축사)

(3) 시공자

건축주의 주문에 따라 일정한 건축 공사의 시행을 책임지고 완성, 그 댓가로 공사비를 받는 자

① 원도급자(수급인) : 건축주와 직접 도급 계약을 체결한 시공자

② 하도급자(하수급인) : 원도급자가 도급받은 건축 공사의 일부 또는 전부를 다시 도급받은 시공업자

(4) 도급과 건설 노무자

① 도급 내용에 따른 하도급자의 구분

㉮ 재료 공급업자 : 건축 자재를 공급하는 업자(예 : 자갈, 모래, 시멘트 등)

㉯ 노무 하도급자 : 노동력만 제공하는 업자(예 : 토공등)

㉰ 직종별 공사 하도급자 : 일정 기간에 특정 부분 공사를 현장에서 완성하는 도급업자 (예 : 미장 공사, 도장 공사 등)

㉱ 외주공사 하도급자 : 특정 부분의 공사를 자기의 공장에서 가공, 제조하여 공사를 완성하는 도급업자(예 : 대리석 공사, 창호 공사 등)

② 건설 노무자 : 공사 현장에서 주로 육체적 노동에 종사하여 보수를 받는 자

㉮ 숙련 기능공 : 각 직종별 기능공(건설 기능공)

㉯ 미숙련 노무자 : 조력공, 견습공, 조력 인부(단순 노무자)

3 시공 방식과 업무

(1) 공사의 실시 방식

① **직영 방식** : 건축주가 계획을 세우고, 일체의 공사를 자신의 책임으로 시행하는 방식

② **계약 방식** : 건축주가 작성한 설계 도서에 따라 건설업자에게 공사를 의뢰 완성하는 방법

  ㉮ 도급 방식

    ㉠ 일식 도급 : 한 공사 전부를 하나의 도급자에게 맡겨 시행시키는 방법

    ㉡ 분할 도급 : 공사를 어느 유형으로 세분하여 각기 다른 도급자를 선정하여 도급계약 체결 하는 방법(전문 공종별 분할 도급, 공정별 분할 도급, 공정별 분할 도급, 공구별 분할 도급, 직종별 공종별 분할 도급)

    ㉢ 공동 도급 : 하나의 공사를 2명 이상의 건축업자들이 공동으로 도급하기 위하여 채택되는 공동 기업의 경영 방식

    ㉣ 정액 도급 : 총공사비를 미리 결정한 후 계약을 체결하는 방식

    ㉤ 단가 도급 : 단위 공사 부분에 대한 단가만 확정하고 공사 완료 후 실시 수량에 따라 정산하는 방식

  ㉯ 실비 정산 방식 : 건축주가 시공자에게 공사를 위임하고, 실제로 공사에 소요되는 공사비와 미리 정한 보수를 시공자에게 지불하는 방식

(2) 시공자의 선정

① 시공자의 선정 방식

  ㉮ 경쟁 입찰 방식

    ㉠ 일반 경쟁 입찰 : 공입찰이라고도 하며 입찰 참가자를 공모, 유자격자는 모두 입찰에 참가할 수 있게 하는 방식

    ㉡ 지명 경쟁 입찰 : 3~7인 정도의 시공자를 선정, 입찰시키는 방식

  ㉯ 수의 계약 방식

    ㉠ 견적내기 : 합견적이라고 하며, 시공자 2~3명을 지명하여 입찰시키는 방식

    ㉡ 특명 입찰 : 가장 적격한 시공자 1명을 지명하여 입찰시키는 방식

② 입찰의 순서

입찰 공고 → 현장 설명 → 견적 → 입찰 → 개찰 → 낙찰 → 계약

            질의 응답 ┘   재입찰 → 수의 계약

(3) 공사 계약

도급자는 공사 완성의 의무를 지고 대금 청구의 권리를 가지며, 건축주는 대금 지급의 의무와 건물의 취득권을 가진다.

(4) 공사의 계획과 관리

① 공정 관리

공기 내 건축물을 완성하기 위해 면밀한 계획을 세워 노무, 자재, 공사용 기계 등 건축 생산에 필요한 자원을 경제적으로 배치 운영해야 한다.

㉮ 공사의 소요 일수 : 공사량을 1일 작업량으로 나눈다.

㉯ 공정표의 종류

㉠ 전체 공정 : 횡선식 공정표, 다이아그램식 공정표

㉡ 각종 공사(상세) 공정 : 열기식 공정표, 그래프식 공정표, 다이아그램식 공정표

② 시공 계획

각 공사 착수 전 가설물과 기계의 배치, 자재의 반입, 시공의 순서, 방법 등을 미리 계획하는 것

(5) 재무 관리

① 실행 예산의 편성

공사의 수향을 정밀히 계상하여 공사 원가를 산출, 실제 가능한 예산을 편성 시공 계획의 기준이 되게 한다.

② 도급 대금의 청구

㉮ 전도금 : 재료 구입 및 기타 비용을 착공 전에 지불하는 방법

㉯ 중간불 : 공사 감리자의 승인에 의해 기성고에 대하여 기성 금액의 90% 한도 내에서 지불하는 방법

㉰ 준공불 : 공사를 완성한 후 공사비 전액을 지불하는 방법

(6) 노무 관리

노무자의 특이성, 고용 제도, 임금 관계, 노동 법규 등을 알고, 노무자를 최고 수준 상태로 채용하여 배치 및 지휘한다.

TIP

노무자의 임금 형태

① 정액 임금제(상용제) : 일수 단위의 임금

② 기성고 임금제 : 일정 작업량에 대한 임금

---

(7) 자재 관리

자재는 적정 가격에 구입하여 소요 기간 내에 반입, 공사의 진행을 원활하게 한다.

(8) 현장 관리

① 현장 직원의 편성

공사의 규모, 내용에 상응하는 경력과 수단을 가진 현장 책임자를 선임하고, 연령, 성격 등을 고려하여 소요 계원을 배속시켜 현장 작원을 편성한다.

② 안전 관리

현장 안전 규칙을 준수하며, 안전 대책 계획을 수립하고, 안전 관리자를 정하며, 안전 회의를 개최하여 안전 작업에 관한 교육과 훈련을 실시한다.

③ 위생 관리

근로자가 건강한 근무를 할 수 있도록 위생 관리자를 두어 관리한다.

2. 각종 공사

1 가설 공사

(1) 개요

가설 공사란, 건축 공사 기간 중 임시적 설비로, 공사를 완성할 목적으로 쓰이는 제반 시설 및 수단의 총칭이고, 공사 완료 후 해체, 철거, 정리하는 것이다.

① 가설 공사의 구분

㉮ 공통 가설(간접적 역할) : 울타리, 현장 사무실, 숙소, 일간, 창고, 변소, 초소, 급배 수, 운반로 등이다.

㉯ 직접 가설(직접적 역하) : 규준틀, 비계, 기타 보양 재료 등이다.

② 가설 공사의 내용

가설 운반로, 비계 설치, 가설 건물, 기계 기구 설비 및 동력, 규준틀 설치 등이다.

③ 가설 공사 계획

시공자가 공사의 규모, 내용 등을 검토하고, 관계 법규에 준해서 합리적이고 경제적으로 해야 하며, 감리자의 승인을 얻어 실시한다.

(2) 가설 울타리

① 판 울타리

기둥은 육송 9cm 각 이상의 것을 2m 정도 간격으로 밑둥 부분은 방부제칠하고, 지면을 30cm 이상 파고 세운다. (버팀 기둥은 9cm 각재 이상으로 4m 이내 간격으로 설치한다)

② 출입구(대문)

차량 통행을 고려하여 나비 4.0m 이상으로 하고, 높이는 4.0~5.0m로 하며 현장원의 출입구는 나비 90cm 정도로 별도 설치한다.

③ 목책 및 철조망

기둥은 통나무 끝마구리 지름 7.5cm 이상의 것을 2m 이내 간격으로 배치하고, 높이는 1.5m 이상으로 하며 가로대 또는 가시 철선의 간격은 25cm 이내로 한다.

(3) 가설 건축물

① 현장 사무실

공사 감리자와 시공자가 사무 보는 곳으로 같은 건물에 인접해서 설치하는 경우가 많다. 사무실의 크기는 현장원 1인당 6~12m²이 적당하고, 최근에는 조립 해체가 용이한 경량 철골이나 강철제로 규격화된 것이 많이 사용된다.

② 가설 창고

현자에서 사용하는 재료나 기계 공구의 보관을 위해 설치하는 임시적 창고로 재료의 성질에 따라 위치와 구조를 다르게 하며, 반입 반출이 편리하고 관리가 용이한 장소이어야 한다.

  ㉮ 시멘트 창고

    ㉠ 창고 주위에 배수 도랑을 설치한다.

    ㉡ 출입구 채광창 이외는 환기창을 설치하지 않는다.

    ㉢ 반입구와 반출구를 따로 설치하여 반입 순서대로 사용한다.

    ㉣ 마룻 바닥은 지반에서 30cm 이상으로 하고, 마룻널위 철판 깔기 하면 더욱 좋다.

    ㉤ 외벽은 골함석 또는 널판 붙임으로 하고, 지붕은 빗물이 새지 않는 재료로 골함석이나 루핑 등으로 한다.

    ㉥ 시멘트 쌓기 높이는 13포대를 초과하지 않는다.(1M² 당 30~35포대가 적당하고, 최대 50포대)

    ㉦ 시멘트 창고의 소요 면적 산출

$$A = 0.4 \times \frac{N}{n} (m^2)$$

A : 소요 면적

N : 시멘트 저장 수량

n : 쌓는 단수

⑭ 위험물 저장 창고 : 인화성 재료와 화약 등의 저장 창고는 건축물 및 재료 창고에서 격리된 장소를 택하고, 내화구조(불연재료)로 하여 자물쇠를 닫고 소화기를 설치한다.

⑮ 비품 창고 : 비교적 작고, 값진 재료나 비품을 보관하는 창고로 감시가 용이하며 도난의 예방이 잘되는 위치와 구조로 한다.

⑯ 골재 저장장 : 모래와 자갈을 분리 저장하고 불순물이 혼입되지 않게 하며 빗물이 괴이지 않게 한다.

③ 현장 숙소

숙박 및 휴게실로 사용할 수 있게 하고 위생적인 설비로 하며 1실당 거주 인원은 50명 이하로 하고 비상구는 2개소 이상 설치한다.

④ 변소

대소변은 남녀별로 구별하여 위생적인 설비로 한다. 규모는 상시 근로 인원 100명 이하일 때는 20명에 대변기 1개, 소변기는 대변기의 2/3, 100명 이상일 때는 30명에 대변기 1개, 소변기는 대변기의 2/3로 설치한다.

⑤ 일간

비, 이슬, 직사 광선을 피하기 위해 벽이 없고, 지붕만 씌운 가설 건물로 작업에 지장이 없는 넓이와 구조로 한다.

⑥ 가설도로

사람, 차량의 동선, 통행량, 중량, 지반의 상태, 내구성, 경제성들을 고려하여 적당히 가포장하여 설치한다.

(4) 규준틀

① 기준점

공사 중에 높이를 잴 때의 기중으로 하기 위해 설정하는 것으로 바라보기 좋고 공사에 지장이 없는 곳에 견고하게 설치하고 지정 지반면에서 0.5~1m 위에 두며 2개소 이상 보조 기준점을 표시해 두는 것이 좋다.

② 수평 규준틀

건물 각부의 위치 및 기초의 나비 또는 깊이 등을 결정하기 위한 것으로 이동 및 변형이 없게 견고하게 설치한다.

③ 세로 규준틀

조적 공사의 고저 및 수직면의 규준으로 설치하며 견고하게 설치하고, 수시로 검사하여 틀림이 없도록 한다.

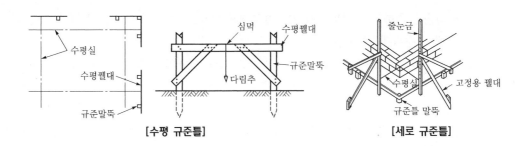

[수평 규준틀]　　　　　　　　　　　[세로 규준틀]

(5) 비계

① 개요

비계는 높은 곳에서 작업을 용이하게 하기 위해 설치하는 가설 구조물이다.

㉠ 비계의 용도

ㄱ 작업의 용이　　　　ㄴ 재료 운반

ㄷ 작업원의 통로　　　ㄹ 작업 발판

㉡ 비계의 분류

ㄱ 재료면 : 통나무 비계, 파이프 비계

ㄴ 용도면 : 외부 비계, 내부 비계, 수평 비계, 달비계, 간이 비계, 사다리 비계, 발돋움, 말비계

ㄷ 공법면 : 외줄 비계, 겹비계, 쌍줄 비계(본비계)

② 통나무 비계

㉠ 재료 : 주로 낙엽송 삼나무 등으로 지름 100mm 정도(1.5m 눈 높이에서) 끝마구리 지름 45mm 이상, 길이 7.2m 정도의 것으로 흠이 없고 곧은 재료를 사용한다.

㉡ 결속선 : 결속선 : 철선 #8~#10을 불에 달구어 누구러진 철선 또는 #16~#18의 아연 도금 철선을 여러겹으로 사용하며, 다시 사용하지 않는다.

㉢ 기둥 : 건축물 외벽에서 45~90cm 정도 떨어져 외벽에 따라 1.2~2m(보통 1.5~1.8m)의 간격으로 세우고 밑동 묻음은 30~60cm 정도로 하거나 밑둥 잡이로 하부에 고정한다.

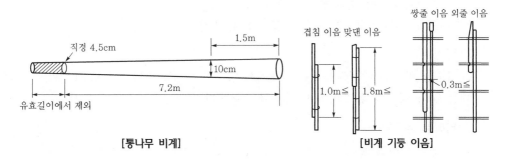

[통나무 비계]　　　　　　　　　　[비계 기둥 이음]

ⓔ 띠장 : 최하부는 지면에서 2m 이상 3m 이하로 하고, 그 위에서는 1.5m 내외로 기둥에 수평되게 결속한다.

ⓕ 장선 : 지름 9cm 이상, 길이는 2.0m 정도로 하며 간격은 1.5m 이내로 한다.

ⓖ 가새 : 수평 간격 14m로 모서리 부분에서 45° 경사로 빗세워대고 기둥 및 띠장에 연결한다.

ⓗ 버팀대 : 처마 높이 9m 이상의 버팀대를 설치할 수 없는 건축물에서는 버팀 기둥을 설치하여 보강한다.

ⓘ 비계다리 : 설치는 나비 90cm 이상, 물매 3/10(17°)을 표준으로 하며, 그 이상일 때는 못박아 대거나 철선으로 매어 미끄럼 막이 하고, 되돌음 또는 참은 높이 7m 이내마다 설치하며 위험한 곳에서는 높이 75cm의 난간을 설치한다.

ⓙ 발판 : 나비 25cm 이상, 두께 4cm 이상, 길이 2.5~3.5m의 옹이없는 널재나 구멍 철판을 사용하며, 설치는 장선에서 20cm 이하로 내밀어 걸치고, 30cm 이상 겹치게 하며, 그 사이는 3cm 이하로 하여 비계장선에 고정시킨다.

③ **강관 비계**

㉮ 종류

㉠ 단관 비계(단식 파이프 비계) : 파이프 이음, 받침 철물(고정형, 조절형), 연결 철물(직교형, 자재형) 등으로 조립하여 통나무 비계와 동일한 방법으로 사용한다.

㉡ 틀파이프 비계 : 규정된 강관으로 공장에서 제작, 조립된 강재 파이프틀을 다시 조립하여 사용한다.

㉯ 장·단점

㉠ 장점

ⓐ 조립 해체가 용이하다.

ⓑ 안전도가 높고 내구 연한이 길다.

ⓒ 화재의 염려가 없다.

㉡ 단점

ⓐ 조립시 전선 등의 감전에 유의

ⓑ 취급, 보관시 녹슬지 않도록 유의

④ **달비계**

건축물 외부 수리에 사용하며 구체에서 형강재를 내밀어 와이어 로프(Wire rope)로 작업대를 달아 내리운 것으로 상하 이동이 가능하다.

⑤ **낙하물 방지망**

㉮ 수평 낙하물 방지망 : 설치 높이는 지상에서 3.5m 정도로 하여, 그 이상은 15m 이내마다 설치하는데 경사도는 30° 정도로 하고, 방지망의 눈 크기는 1cm 이하로 하며, 비

계 장선의 길이는 1.5~3m로 내밀어 1.5m 배치 간격으로 비계 기둥, 띠장 등에 견고하게 설치한다.

ⓐ 수직 낙하물 방지망 : 낙하물의 방지와 작업원의 위험 방지를 위해 비계의 바깥쪽에 철망, 발, 거적 등을 수직으로 설치한다.

ⓑ 그 밖의 재해 방지용
ㄱ 방호 철망
ㄴ 방호 시트
ㄷ 방호 선반

(6) 급수 설비 및 전기 설비

① 급수 설비
공사 착수선 급수 방법과 사용 수량을 조사하여 계획을 세우고 상수도를 이용할 때는 해당 관청에 수속을 하여 공사에 지장이 없도록 하며 우물이나 하천의 물을 사용할 때는 수량 수질을 조사한다.

② 전기 설비
동력용 최대 전력 소요량을 산출하고, 전등 등 조명에 필요한 전력 용량을 가산하여 총 전기 사용량을 전력 회사에 신청, 승인을 받아 가설한다.

2 기초 공사

(1) 개요

① 지정 및 기초
지정이란, 기초를 보강하거나 지반의 지지력을 증가시키기 위하여 설치하는 부분이다.
기초란, 건물의 최하부에 있어 건물의 각종 하중을 받아 지반에 안전하게 전달시키는 건축물의 최하부 구조이다.

② 보통 지정
ⓐ 잡석 지정 : 지름 20~30cm의 경질인 잡석을 나란히 옆세워 깔고, 그 위에 사춤자갈, 모래반 섞인 자갈을 깔아 손달구, 몽둥달구 등으로 다진다.
ⓑ 자갈 지정 : 방습, 배수를 고려하여 지름 45mm 내외의 자갈을 6~10cm 두께로 깔고 잔자갈을 사춤하고 다진다.
ⓒ 모래 지정 : 모래를 넣고 30cm마다 물다짐하며, 지하수 등으로 모래가 옆으로 밀려나가지 않도록 흙막이를 고려해야 한다.
ⓓ 긴 주춧돌 지정 : 잡석 또는 자갈 위에 설치하는 것으로 긴 주춧돌 또는 지름 30cm 정도의 관을 깊이 묻은 다음 그 속에 콘크리트를 넣는 것이다.

ⓜ 밑창 콘크리트 지정 : 기초 밑에 먹줄치기, 잡석 등의 유동을 막기 위하여 배합비 1:3:6으로 두께 5~6cm의 콘크리트를 치는 것으로 물을 최소량으로 하여 적절한 시공 연도를 얻을 수 있도록 한다.

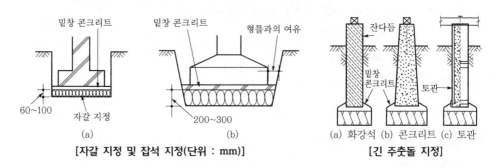

[자갈 지정 및 잡석 지정(단위 : mm)]　　　　[긴 주춧돌 지정]

(2) 말뚝 지정

① 나무 말뚝

소나무, 낙엽송, 삼나무 등 곧고 긴 생나무로 결함이 없어야 하며, 길이는 6m 정도, 허용 압축강도 $50kg/cm^2$, 지름 12cm 이상(보통 15~20cm)으로 말뚝 중심선이 말뚝 내에 있어야 한다.

말뚝 중심 간격은 밑마구리 지름의 2.5배 이상, 또는 60cm 이상으로 하며, 말뚝 끝은 3~4면 빗깎기 하고, 말뚝 머리에 쇠가락지를 끼우며, 말뚝은 지하 상수면 이하에 두고 껍질을 벗겨서 사용한다.

말뚝 박기용 원치를 사용할 때 공이의 무게는 말뚝 무게의 2~3배로 한다.

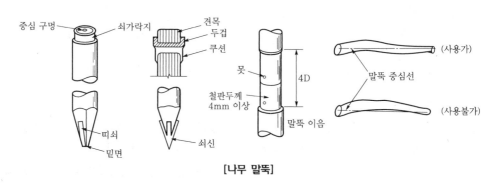

[나무 말뚝]

② 기성 콘크리트 말뚝

공장에서 원심력을 이용하여 만든 속빈 말뚝으로 길이는 15m 이내, 지름 20~40cm, 살 두께 4~8cm인 것이며, 말뚝 박기 간격은 말뚝 지름의 2.5배 이상 또는 75cm 이상으로 하며, 부스럼 방지를 위해 배킹을 대고 박는다.

③ 강재 말뚝

H형강이나 강관을 사용하여 깊은 지지층까지 도달시킬 수 있으며 중량이 가볍고 휨 저항이 큰 것이 유리하고 박기도 용이하나 고가이다. 강관 말뚝 끝에 나선형의 철물을 붙이므로 박을 때 진동, 소음이 없고, 지지력이 증대된다.

④ 제자리 콘크리트 말뚝

㉮ 페디스털 말뚝(Pedestal Pile) : 2중 강관을 박고 구근용 콘크리트를 부어 만든 후 다시 관을 뽑아 콘크리트를 상부까지 넣어 만든 말뚝이다.

㉯ 컴프레솔 말뚝(Compressol Pile) : 끝이 뾰족한 추를 낙하시켜 구멍을 뚫고 콘크리트를 둥근 추로 다지면서 부어 넣은 다음 평면진 추로 다져 만든 콘크리트 말뚝이다.

㉰ 심플렉스 말뚝(Simplex pile) : 쇠신을 씌운 강관을 박고 콘크리트를 부어 넣으면서 다진 뒤 강관을 뽑아 내어 만든 말뚝이다.

㉱ 레이먼드 말뚝(Raymond pile) : 2중 강관을 박고 내관을 뽑으면서 외관에 콘크리트를 부어 넣고 땅속에 남게 한 말뚝이다.

㉲ 프랭키 말뚝(Franky pile) : 강관을 박고 콘크리트를 넣어 추로 다지면서 구근을 만들고 외관을 뽑아 내어 만든 말뚝이다.

(3) 깊은 기초

고층 건물의 기초 구조로써 지정이 되는 동시에 기초가 되는 공법이다.

① 우물통식 기초

㉮ 널말뚝식 우물 기초 : 지하 2층 이상의 철골을 주 구조체로 할 때 건물 주위에 널말뚝을 박고 건물 중앙에 우물을 파고 밑창 콘크리트 기초 위에 철골 기둥을 세운 후, 지표면에서 밑으로 보를 짜 걸어 널말뚝을 받친 다음 땅파기를 하여 철골 구조체를 조립 완성 하는 방법이다.

㉯ 강판제 우물통 기초 : #18 이상의 아연 도금 철판으로 지름 1~2m의 우물통을 만들고 ㄱ형강 등으로 테를 둘러 만들어 넣고, 그 안에서 흙을 파내어 내려 앉힌다. 그 내부에 콘크리트를 채워 넣어 우물통 전부를 말뚝으로 하거나 하부 기초 말뚝을 하고, 통속에 기둥을 만들어 지하 구조를 구성하는 방법이다.

㉰ 철근 콘크리트조 우물통 기초 : 현장에서 철근 콘크리트조 우물통(지름 1~2m)을 지상에서 만들고 속을 파서 침하시키는 방법과 기성재 콘크리트 판을 이어 내리면서 침하시키는 것. 또는 지상에서 미리 전체 깊이의 우물통을 설치하고 침하시키는 방법이 있다.

② 잠함 기초

㉮ 개방 잠함 : 경질 지층이 깊을 때 사용하는데 콘크리트 통을 지상에서 축조하여 그 내

부의 흙을 자중이나 재하 중량에 의하여 지하의 경질 지반까지 침하하는 공법으로 다음과 같은 이점이 있다.

ㄱ 잠함의 외주벽이 흑막이 역할을 한다.

ㄴ 인접지반의 이완을 방지한다.

ㄷ 진동과 소음이 없고 흙막이가 필요 없다.

ㄹ 공기가 단축되고 천후에 영향이 없다.

㉑ 용기 잠함 : 지하 수량이 많고 토사의 수량이 많을 때, 압축 공기를 잠함 속에 넣어 그 압력으로 물, 토사 등의 유입을 배제하고 침하시키는 공법으로 상수면 아래 37.176m까지 굴착할 수 있는 공법이다.

3 철근 콘크리트 공사

(1) 거푸집 공사

① 개요

거푸집은 콘크리트를 부어 넣어 외력에 견디게 하고, 응결 경화를 목적으로 만들어지므로 콘크리트 중량에 충분히 견딜수 있고 누출되지 않게 세밀히 공작해야 하며 철거에 용이하게 설치하고 반복 사용이 가능하게 한다.

② 재료

㉮ 목재 패널 : 재료는 소나무, 낙엽송, 삼나무, 미송 등으로 두께 12~18mm(보통 13mm 정도) 것을 사용하여 이음은 반턱 또는 제혀 쪽매로 한다. 패널의 표준 크기는 60cm×180cm, 90cm×180cm 또는 그 1/2로 하며 합판은 두께 9~12mm를 사용하고, 울거미는 3.6mm×6cm, 4.5cm×6cm(7.5cm) 등으로 한다.

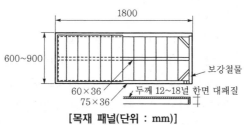

[목재 패널(단위 : mm)]

㉯ 철제 패널 : ㄱ형강 등으로 울거미를 짜고, 그 위에 얇은 강판(두께 1.0~1.5mm)을 용접 접합한 것이다.

㉰ 긴장재 및 결박기, 간격재 : 거푸집재를 서로 결박, 고정, 널의 간격 철근 간격 등을 유지하기 위해 사용하는 재료다.

ㄱ 긴장재, 결박기 : 거푸집을 정확히 유지하기 위하여 사용하는 재료로 철선, 꺾쇠, 볼트, 폼 타이, 파이프 등을 사용한다.

ⓛ 간격재 : 콘크리트를 거푸집 내에 주입할 때 철근과 거푸집 또는 거푸집 간의 간격이 변형되는 것을 방지하기 위해 사용하는 재료로, 스페이서(Spacer), 세퍼레이터(Separater) 등이 있다.

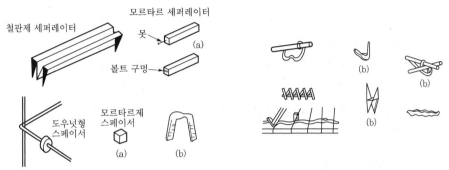

[각종 세퍼레이터 ⓐ 및 스페이서 ⓑ]

③ **거푸집 구조**

㉮ 기초 거푸집 : 기초판(Footing) 옆은 패널 또는 두꺼운 널로 기초 밑창 콘크리트의 먹메김에 따라 짜 대고 외부에는 움직이지 않도록 받침을 튼튼히 하며, 윗면 경사가 6/10(35°) 이상일 때에는 경사면에도 거푸집을 댄다.

㉯ 기둥 거푸집 : 띠장은 모서리 및 귀에서 내밀어 서로 상하 +자형으로 조립하며, 압력이 클 때는 볼트 및 긴장재로 결박하고 기둥 위는 보물림 자리를 따내고, 밑에는 청소 구멍을 내어 간단히 막을 수 있도록 뚜껑을 설치한다.

㉰ 벽 거푸집 : 보통 패널을 양면에 나누어 대고, 남은 부분만 따로 널을 짜 대고 거푸집 밑에는 청소 구멍을 두어 쉽게 막을 수 있도록 짜야 한다. 가로멍에 대기 간격은 밑에서 75cm, 위에서 90~110cm, 철선 죔일 때에 밑에서 75cm, 중앙 90cm, 위에서 100~110cm 정도로 배치한다.

㉱ 보 거푸집 : 밑판과 옆판을 따로 짜서 일체로 하여 기둥에 걸어 조립하고 중머리 못을 사용하며 보의 나비에 따라 한 줄 또는 두 줄로 멍에를 댄다.

㉲ 바닥 거푸집 : 받침 기둥을 세운 뒤 멍에를 걸고, 벽 옆 보 옆에는 장선 받이를 박아대여 장선을 패널 크기에 맞추고 나누어 댄 다음 패널을 깔며 받침 기둥 1개의 받는 하중은 콘크리트 무게의 두 배로 한다.

㉳ 계단 거푸집 : 옆판, 디딤판, 챌판을 조립하여 만들고 견고하게 설치한다.

㉴ 슬라이딩 폼(Sliding form) : 밑부분이 약간 벌어진 거푸집을 1m 정도 높이로 설치하여 콘크리트가 경화되기 전 요오크(Yoke)로 끌어 올려 연속 작업할 수 있는 것으로 사일로(Silo) 축조에 많이 이용한다.

④ 거푸집 제거 및 존치 기간

㉮ 거푸집 제거 : 거푸집 제거는 시기를 엄수하고 다음 사항을 지켜야 한다.

㉠ 콘크리트의 자중과 작업 중의 하중에 지탱 가능한 강도일 때 제거하며 보양 중 진동을 주어서는 안된다.

㉡ 보양 중 최저 기온이 5℃ 이하일 때 1일을 반일로 하고 0℃ 이하일 때는 보양 일수로 계산하지 않는다.

㉢ 방축널 제거 후의 보양은 재령 7일까지 습윤하게 한다.

㉣ 제거 순서는 큰보, 작은보, 바닥판 순으로 제거한다.

㉤ 철거한 거푸집은 콘크리트를 제거하고 보수 또는 개수한다.

㉯ 존치 기간

>>> 거푸집 존치 기간

부위	기초, 보 옆, 기둥 및 벽		바닥 슬랩, 지붕 슬랩, 보 밑	
시멘트의 종류	조강 포틀랜드 시멘트	포틀랜드 시멘트	조강 포틀랜드 시멘트	포틀랜드 시멘트
콘크리트의 압축 강도	50kg/cm^2		설계 기준 강도의 50%	
콘크리트의 재령(일) 평균 기온 20℃ 이상	2	4	4	7
콘크리트의 재령(일) 평균기온 10℃ 이상 20℃ 미만	3	6	5	8

⑤ 거푸집의 측압

㉮ 콘크리트 시공 연도(슬럼프 값)가 클수록 측압은 크다.

㉯ 콘크리트 붓기 속도가 빠를수록 측압은 크다.

㉰ 온도가 낮을수록 측압은 크다.

㉱ 콘크리트 다지기가 충분할수록 측압은 크다(진동 다짐일 경우 30~50% 증가)

㉲ 생 콘크리트의 높이가 클수록 측압은 커지나 일정한 높이(기둥 : 약 1m, 벽 : 약 50cm)에서는 커짐이 없다.

㉳ 벽 두께가 클수록 측압은 커진다.

㉴ 거푸집의 수밀성이 높은 경우, 측압은 생콘크리트 유체압과 비슷하다.

(2) 철근 공사

① 재료

보통 철근은 KSD3503, KSD3504 또는 KSD3511 재생 강재의 규격에 합격한 것으로 하위 항복점 2400kg/cm^2 이상의 원형 철근 및 이형 철근이 사용되며 종류는 다음과 같다.

㉮ 원형 철근　　　　　　　　㉯ 이형 철근

㉰ 고장력 이형 철근　　　　　㉱ 철선 및 경강선

㉲ 각 강 및 피아노선

② **철근의 반입 및 저장**

철근을 조립하기 전에 콘크리트 부착력을 감소시킬 우려가 있는 것은 제거하고 조립 순서에 의하여 반입하며 반입된 철근은 지름의 크기 별로 분류하여 정리하고 습기 없는 깔판 위에 저장하면 비에 젖거나 흙이 묻지 않도록 주의한다.

>>> **이형 철근의 지름별 용도**

지름별 호칭	용도
D10, D13	바닥, 벽의 주근, 대근, 늑근, 경미한 기초판
D16, D19, D22, D25, D29	기초판, 기둥, 보의 주근
D32, D35, D38	특수 구조체의 주근

③ **철근 가공**

절단은 인력 또는 동력(28mm 이상은 철근 가공기로 절단)으로 하고 구부리기 및 갈고기 내기는 25mm 이하는 상온에서 하며 28mm 이상은 가열하여 가공하고 철근 말단부는 갈고기 내는 것이 원칙이나 이형 철근은 굴뚝 기둥 이외의 경우에는 갈고리 내지 않아도 무방하다.

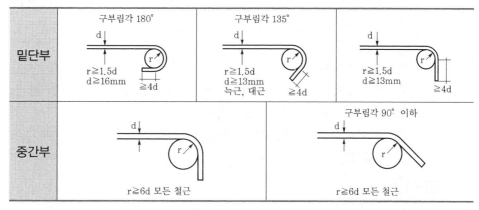

[철근의 구부리기 표준]

④ **철근의 이음 및 정착**

㉮ 이음 및 정착

㉠ 철근의 이음은 겹친 이음과 용접 이음이 있고 D29 이상 철근은 겹침 이음으로 하지 않는다.

ⓛ 철근의 끝은 갈고리 내고 그 구부림 각은 180°로 하고 반지름은 r=1.5d로 하며, 끝은 4d까지 더 연장하고 13mm 이하의 늑근과 대근은 135°, 바닥 철근일 때는 90° 구부린다.

ⓒ 이음 길이는 갈고리 중심 간의 거리로 하고 정착 길이는 앵커시키는 재의 안쪽에서 갈고리 중심까지의 길이로 한다.

ⓔ 압축근 및 작은 인장을 받는 곳의 이음및 정착 길이는 25d 이상으로 하고 큰 인장을 받는 곳은 40d 이상으로 한다.

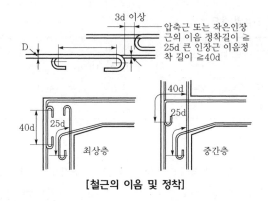

[철근의 이음 및 정착]

ⓐ 이음 및 정착의 위치

   ⓞ 큰 응력을 받는 곳은 피하고 동일한 위치에 철근 수의 1/2 이상 집중은 피한다.

   ⓒ 도면에 표시되지 않은 철근의 정착위치

      ⓐ 기둥의 주근 → 기초

      ⓑ 보의 주근 → 기둥

      ⓒ 작은 보의 주근 → 큰 보가 직교하는 단부 보 밑(기둥이 없을 때 그 양쪽)

      ⓓ 지중보의 주근 → 기초 또는 기둥

      ⓔ 벽 철근 → 기둥, 보 또는 바닥판

      ⓕ 바닥철근 → 보 또는 벽체

⑤ **철근의 조립**

  ⓐ 기초의 철근 조립

   ⓞ 기초 갓둘레 형틀 위치에 먹줄 치기를 한다.

   ⓒ 심먹에서부터 철근 간격을 정확히 배분하여 표시하고 기초판 바닥 철근을 가로 세로 정확하게 배근하고 직교 부분은 결속한다.

   ⓒ 간단한 기초판(1.5m각 정도)은 지상에서 조립하여 설치할 수 있다.

   ⓔ 바닥 철근 밑에 모르타르 블록(최소 5cm각)을 괴어 피복 두께가 유지되도록 한다.

　　　ⓓ 보의 주근 조립

　　　　　㉠ 이어서 쓰지 않는 것을 원칙으로 하나 부득이한 경우는 굽힌 부분(단부에서 1/4위치)에서 잇는다.

　　　　　㉡ 중간 기둥에 접합되는 보의 상부 주근은 기둥을 건너 지르고 하부근은 기둥에 깊이 정착시킨다.

　　　　　㉢ 끝의 기둥에 접합되는 보의 철근은 기둥 속에 구부려 내려 깊이 정착한다.

　　　　　㉣ 접근하는 철근의 이음 간격은 서로 3d 이상 거리를 둔다.

　　　　　㉤ 늑근의 간격은 보 춤의 3/4 또는 40cm 이하로 한다.

　　　　　㉥ 늑근의 겹침은 원칙적으로 반곡점을 사이로 양끝에서는 밑에, 중앙에서는 위에 오게 한다.

　　　　　㉦ 늑근의 상부근을 따로 댈 때에는 상부근의 배치는 늑근마다 한다(단, 경미한 중앙부에서는 하나 또는 둘 걸려서 배치한다)

　　　ⓔ 바닥 철근 조립

　　　　　㉠ 바닥판이 사변 고정일 때에는 사방 휨으로 하고, 인장근은 자유단에서 상부에 단순 지지단은 하부에 배치하며, 상부근은 보의 상부근 위로, 하부근은 보의 상부근 밑으로 건너 지르고, 단부 바닥판에서는 상·하부근을 보안에 구부려 정착한다.

　　　　　㉡ 바닥판이 직사각형인 경우에는 짧은 간살 방향의 철근을 주근(간격 : 20cm 이하) 긴 간살 방향의 철근을 부근(간격 : 30cm 이하) 또는 배력근이라 한다.

　　　　　㉢ 바닥판을 보에 매다는 형식의 철근 배근은 보의 하부근 위로 건너지르고, 보에 깊이 정착하거나 보강근을 별도 배치한다.

　　　　　㉣ 바닥판의 두께는 8cm 이상 또는 그 단별 길이의 1/40 이상으로 한다.

　　　ⓕ 기둥의 철근 조립

　　　　　㉠ 기둥 철근은 윗 층높이 1/3지점 정도 뽑아 올리고, 한 기둥 철근의 이음은 층 높이의 2/3 하부에 두고 주근 개수의 1/2씩 이음 자리를 엇갈려 놓으며 인접 철근과의 간격은 3d 또는 25mm로 한다.

　　　　　㉡ 대근의 간격은 30cm 이하로 하되, 가는 주근 지름의 15배 이내로 설치해야 한다.

　　　　　㉢ 대각선 띠철근, 연결 띠철근은 일반 띠철근의 2~3개마다 배치한다.

　　　　　㉣ 기둥 철근의 단면적은 콘크리트 단면적의 0.8% 이상으로 하며 기둥의 최소 나비는 층 높이의 1/15 이상, 또는 20cm 이상으로 한다.

　⑥ 철근의 결속 및 간격재

　　　ⓐ 철근의 결속 : 불에 군 철선 #18~21로 결속하거나 용접 조립을 하는데, 철근 1개소 이음에 두 군데 이상 두겹으로 겹쳐 결속해야 한다.

　　　ⓑ 간격재 : 거푸집과 철근과의 간격을 유지하기 위해 간격재 또는 굄을 사용하며, 간격재로 철재, 철근재, 모르타르재, 패킹재 등을 사용한다.

⑦ 철근 조립검사

㉮ 도면에 따라 배근하고 콘크리트 부어 넣기까지 이동하지 않도록 견고하게 조립한다.

㉯ 도면에 지시가 없는 철근 간의 간격은 최대 자갈 지름의 1.25배 이상이나, 철근 지름의 1.5배 이상 또는 2.5cm 이상으로 한다.

㉰ 닥트(Duct) 및 파이프 등의 관통 구멍과 기타의 매설물 위치의 허용 오차는 ±0.5cm를 표준으로 한다.

㉱ 조립된 철근의 이동 및 굳음은 정확하게 바로잡는다.

(3) 콘크리트 공사

① 일반 사항

콘크리트는 시멘트, 모래, 자갈에 물을 가하여 혼합한 것을 용도에 따라 거푸집에 채워 넣고 일정기간(재령 28, 압축강도 150kg/cm^2 이상)이 경과한 다음 거푸집을 제거하는 것으로 혼합, 운반, 부어 넣기 작업으로 구분된다.

② 재료

㉮ 시멘트

㉠ 포틀랜드 시멘트를 많이 사용하고, 시멘트는 0.88mm체로 쳐서 잔량이 10% 이내로 하며 분말도는 포틀랜드 시멘트의 경우 2600cm^2/g 이상이다.

㉡ 단위 용적 중량은 1300~2000kg/m^3(보통 1500kg/m^3)으로 K.S 규정에 의한 것이어야 한다.

㉢ 응결은 표준 묽기의 시멘트 풀을 온도 20±3℃, 습도 80° 이상으로 유지할 때 1시간 후부터 시작하여 10시간이면 응결이 끝난다.

>>> **포틀랜드 시멘트의 표준 강도**

시멘트의 종류	휨 강도(kg/cm^2)				압축 강도(kg/cm^2)			
	1일	3일	7일	28일	1일	3일	7일	28일
보통 포틀랜드 시멘트		15	25	40		55	110	220
조강 포틀랜드 시멘트	10	25	40	50	40	90	180	250
고로, 실리카 시멘트		10	20	30		35	70	150

㉯ 골재 : 인공 골재와 천연 골재로 구분되며 비중으로 보통 골재, 경량 골재, 중량 골재 등으로 구분된다.

㉠ 잔골재 : 잔 모래의 지름이 1.2~2.5mm, 굵은 모래의 지름은 2.5~5.0mm이다.

㉡ 굵은 골재 : 잔자갈 지름이 15mm 이하, 중 자갈의 지름이 25mm 이하, 큰 자갈의 지름은 35mm 이하인 골재이다.

ⓒ 골재의 최대 치수와 입도

    ⓐ 무근 콘크리트용 굵은 골재는 지름이 10cm 이하, 또는 부재 단면 치수의 1/4 이하로 한다.

    ⓑ 철근 콘크리트용 잔 골재는 지름이 15mm 이하, 또는 부재 단면 치수의 1/5 이하, 철근 최소 간격의 3/4 이하로 한다.

    ⓒ 철근 콘크리트용 굵은 골재의 지름은 25mm 이하, 또는 철근 지름의 1.5배 이하로 한다.

    ⓓ 포장용 콘크리트는 골재의 지름이 50mm 이하, 또는 판 두께의 1/4 이하로 한다.

    ⓔ 댐 등의 대규모 콘크리트용은 최대 15cm 이하로 한다.

ⓓ 골재의 비중과 단위 용적 무게

    ⓐ 골재의 비중 : 잔골재는 2.50~2.65, 굵은 골재는 2.55~2.65 정도이며 비중이 큰 것이 양질의 골재이다.

    ⓑ 단위 용적 무게 : 비중, 함수율, 투입 방법, 입도 등에 따라 차이가 있으나 표준 시험에 의한 단위 용적 무게는 잔 골재 $1450 \sim 1700 \text{kg/m}^3$, 굵은 골재 $1550 \sim 1850 \text{kg/m}^3$이다.

ⓜ 골재의 선택 조건

    ⓐ 골재는 깨끗하고 내구적이며 먼지, 흙, 유기 불순물이 포함되지 않아야 한다.

    ⓑ 자갈은 편평하나 길쭉하지 않고 깬 자갈은 모두 둔각의 것을 사용한다.

    ⓒ 골재는 청색 계통의 것이 좋으며, 푸석돌이나 연석 등이 혼합되어 있지 않은 것을 사용한다.

    ⓓ 잔 모래는 거친 것이 좋으며, 굵은 모래는 굵은 것과 잔 것이 적당히 혼합되어 있는 것이 좋다.

    ⓔ 화강석이 많이 포함되거나 풍화 유수 작용으로 된 왕모래 또는 붉은 빛깔의 것은 좋지 않다.

ⓗ 골재의 실적률과 공간율 : 골재의 단위 용적 중 공간의 비율과 골재의 실적 부분을 백분율로 나타낸 것이다.

㉯ 물 : 기름, 산, 알칼리, 유기물을 함유하지 않은 깨끗한 것을 사용하고, 철근 콘크리트 공사에는 바닷물을 사용할 수 없다.

㉰ 콘크리트 혼화재료 : 콘크리트의 성질 개량, 부피 증가, 공사비 절감을 목적으로 사용하나 강도에 영향을 주므로 배합을 잘 하고 주의하여 사용해야 한다.

  ㉠ 표면 활성제

    ⓐ A·E제 : 기포를 분산시켜 시공연도 증진 및 단위 사용 수량을 감소시키며 동결에 저항력이 생긴다.

    ⓑ 분산제 : 콘크리트 배합 후 시멘트 가루를 분산시켜 시공 연도를 개선한다.

ⓛ 성질개량

ⓐ 포졸란(Pozzolan) : 시멘트가 수화할 때 생기는 수산화칼슘과 화합하여 콘크리트의 강도, 해수 등에 대한 화학적 저항성 수밀성 등의 성질을 개선하는데 사용하고, 인장 강도와 신장 능력 및 건조 수축이 크다.

ⓑ 플라이 애시(Fly ash) : 댐 콘크리트, 프리팩트 콘크리트 등에 중량제로 사용되며 시공 연도가 좋아진다.

ⓒ 급결제 : 콘크리트를 급히 응결할 목적으로 염화칼슘, 규산나트륨 등을 혼합하여 사용한다.

ⓓ 방수제 : 방수를 목적으로 염화칼슘, 금속비누, 지방산과 석회석의 화합물, 규산나트륨, 소석회, 돌가루 등을 혼합하여 사용한다.

ⓜ 시공연도 증진제 : 미세한 알갱이를 콘크리트에 혼합하면 시공연도가 개선되는데, 소석회, 포졸란류를 사용하면 재료 분리를 감소시키고 사용 수량을 감소시킨다.

ⓗ 발포제 : 알루미늄 또는 아연 가루를 혼입하면 기포가 되어 콘크리트 중에 함유된 것을 가압 수증기로 보양하거나 소량의 수산화나트륨을 넣으면 작용이 심하게 된다.

ⓢ 착색제 : 내알칼리성 광물질이어야 한다.

ⓐ 빨강 → 제2산화철   ⓑ 노랑 → 크롬산 바륨
ⓒ 파랑 → 군청   ⓓ 초록 → 산화크롬
ⓔ 갈색 → 이산화망간   ⓕ 검정 → 카본블랙(Carbon black)

③ 배합

㉮ 철근 콘크리트 구조의 콘크리트에 대한 요구

㉠ 소요의 강도   ㉡ 균일성
㉢ 밀실성   ㉣ 내구성
㉤ 시공 용이성   ㉥ 정확성
㉦ 경제성 등이다.

㉯ 배합을 표시하는 방법

㉠ 절대 용접 배합 : 각 재료를 콘크리트 비빔량 1m³당의 절대 용적(l)으로 표시한 배합이다.

㉡ 무게 배합 : 각 재료를 콘크리트 비벼내기 1m³당의 무게(kg)로 표시한 배합이다.

㉢ 표준 계량 배합 : 각 재료를 콘크리트 비빔량 1m³당의 표준계량 용적(m³)으로 표시한 배합이다.

㉣ 현장 계량 용적 배합 : 콘크리트 비빔량 1m³당의 재료를 시멘트는 포대(0.026m³) 수로, 골재는 현장 계량에 의한 용적(m³)으로 표시한 배합이다.

ⓒ 콘크리트 강도

    ⊙ 배합 강도를 정하는 법 : 현장 콘크리트 강도의 표준 편차에 따라 다음 식으로 정한다.

$$F = F_0 + \delta$$

        F : 배합강도(28일 압축강도 kg/cm^2)

        F_0 : 소요 강도(kg/cm^2)

        δ : 콘크리트 강도의 표준편차(kg/cm^2)

    ⓛ 시멘트 강도를 정하는 법 : 현장에 반입된 시멘트는 강도 시험을 하고 28일 압축강도(kg/cm^2)를 정한다.

ⓓ 물 : 시멘트 비

    ⊙ 물, 시멘트비의 범위는 40~70%로 하며, 정밀도를 지정하지 않는 콘크리트는 70% 이하로 한다.

    ⓛ 수밀 콘크리트로 할 때에는 물 시멘트의 범위를 50% 이하로 한다.

    ⓒ A · E제의 공기량은 2~5%를 표준으로 하고, 자연 콘크리트의 공기량은 1~2%이며 A · E제를 쓸 때도 6% 이하로 한다(6%가 초과되면 강도 및 내구성이 저하된다).

ⓔ 슬럼프 값 : 슬럼프 시험은 콘크리트를 투입하는 시공 연도를 측정하는 방법으로, 구조물의 강도, 내구성, 기타 모든 성질에 영향을 주며 건축에 쓰이는 슬럼프값의 표준은 5~22cm의 범위로 한다.

>>> **슬럼프 값(단위 cm)**

장소	진동 다짐일 때	진동 다짐이 아닐 때
기초, 바닥판, 보	5~10	15~19
기둥, 벽	10~15	19~22
수밀 콘크리트	7.5 이하	12.5 이하

④ **계량**

    ㉮ 물의 계량 : 물은 중량 또는 부피로 계량하고 타 재료에 비해 오차가 적으나 물의 계량의 오차는 콘크리트의 품질에 많은 영향을 끼치므로 정확히 해야 한다.

    ㉯ 시멘트의 계량 : 시멘트는 무게 계량 또는 포대 단위로 계량하는데, 용적 계량으로 할 때는 포틀랜드 시멘트는 25%, 고토, 실리카 시멘트는 35% 정도의 부피 증가를 가산해야 한다.

    ㉰ 골재의 계량 : 중량 계량이 원칙이나 경미한 공사는 용적으로 계량한다. 무게 계량으로 할 때는 함수량을 수정하고, 함수량을 포함한 골재의 무게를 구하며 용적 계량일 때에는 부풀기를 수정한 용적을 구한다.

    ㉱ 혼화제의 계량 : 물에 희석하여 사용하며, 계량 오차는 1% 이내이어야 한다.

⑤ 비비기와 부어넣기

㉮ 손 비빔 : 원칙적으로 손비빔은 하지 않으나 소규모 공사에서 많이 쓰이고 4인 1조가 작업하는데 3회 이상 건비빔한 후 물을 부어 4회 이상 혼합하며 재료 투입 순서는 다음과 같다.

　　※ 재료 투입 순서 : 모래 → 시멘트 → 자갈 → 물

㉯ 기계 비빔 : 혼합기에 의한 비빔으로 혼합 시간은 1배처에 5~10분을 비빔하면 압축 강도는 증대하나 2분 이상에서는 증가 비율이 크지 않으므로 1~2분이 알맞고 비빔량을 1시간에 배처 20회 정도가 적당하며 재료 투입 순서는 다음과 같다.

　　※ 재료 투입 순서 : 모래 → 시멘트 → 자갈 → 물

㉰ 혼합기의 종류

　㉠ 이동식 혼합기 : 이동이 편리하여 부어 넣는 장소가 일정치 않을 때 사용하며, 용량은 $0.22M^3$(8절) 이하의 것이다.

　㉡ 고정식 혼합기 : 건축 공사에 많이 사용되고, 재료의 투입구와 배출구가 따로 있으며 드럼형이 많이 쓰이고 용량은 $0.4{\sim}0.60M^3$(14~21절)가 많이 쓰인다.

㉱ 혼합 장치

　㉠ 콘크리트 타워(Concrete tower) : 믹서의 배출구에 접하여 타워를 세워 버킷으로 콘크리트를 올리는 장치로 혼합한 1회 비빔 용량보다 버킷이 30% 정도 커야 하며 최고 높이는 70m 이하로 한다.

　㉡ 슈트(Chute) 및 호퍼(Hopper) : 슈트의 길이는 최대 10m까지로 하고 경사는 4/10~7/10(20~30°)이다. 플로어 호퍼는 바닥판 밖에 설치하여 거푸집에 진동을 주지 않도록 한다.

　㉢ 버킷 및 타워 호퍼

　　ⓐ 버킷(Bucket) : 타워 내에 두는 것 이외에는 원형으로 크레인 또는 가이드 레일에 의하여 원치로 달아 올리는데 버킷은 믹서의 배출구 앞 밑에 내려 놓고, 콘크리트를 받아 올리면 타워 호퍼 또는 플로어 호퍼에 쏟아지게 한다.

　　ⓑ 타워 호퍼(Tower hopper) : 버킷으로 올린 콘크리트를 받아 수직 슈트로 플로어 호퍼나 경사 슈트로 직접 넣을 곳에 보내는 깔대기처럼 생긴 원뿔통이다.

　㉣ 손수레 및 발판

　　ⓐ 손수레 : 운반 거리는 80m 정도이고, 외바퀴 손수레의 용량은 $0.05{\sim}0.06m^3$, 두바퀴 손수레의 용량은 $0.15{\sim}0.20m^3$ 정도다.

　　ⓑ 발판 : 구멍 철판 또는 목제 패널로 철근에 지장이 없고 운반하기 편리해야 하며 두바퀴 손수레의 운행하는 길의 폭은 80cm, 왕복용은 180cm 정도가 적당하다.

㉲ 콘크리트 펌프 : 콘크리트를 압송하는 기계로 대규모 공사에서 사용하며, 수평 거리 200m, 수직 거리 30m까지 압송한다.

ⓜ 콘크리트 베처 플랜트(Concrete batcher plant) : 각종 골재와 시멘트 물을 자동으로 계량하여 혼합기에 공급하는 총합 계량 기계로 양질의 콘크리트를 얻을 수 있으며 가장 우수한 계량기다.

ⓑ 이넌데이터 및 워세크리터

　㉠ 이넌데이터 : 모래의 계량을 정확히 하는 장치다.

　㉡ 워세크리터 : 모래, 자갈의 무게 계량 외의 추가 물량과 계량한 시멘트를 미리 혼합하여 시멘트풀을 만들고 골재와 같이 혼합기에 투입하는 기계다.

ⓢ 부어 넣기

　㉠ 콘크리트를 부어 넣을 곳에 모르타르(1:2)를 뿌린다.

　㉡ 콘크리트를 삽으로 다시개어 수직부인 기둥, 벽에 먼저 부어 넣고 각 부분을 수평이 유지되도록 부어 넣는다.

　㉢ 각 부분은 호퍼에서 먼 곳으로부터 가까운 곳으로 부어 넣고, 한 쪽에 치우침이 없도록 한다.

　㉣ 부어 넣을 때에는 적당한 기구로 충분히 다지고 다지다가 곤란한 곳은 거푸집 외부를 가볍게 두드리거나 진동기로 잘 다진다.

　㉤ 기둥에는 여러번 나누어 천천히, 충분하게 다지면서 부어 넣는다.

　㉥ 보는 바닥판과 동시에 부어 넣고, 바닥판은 먼 곳에서 가까운 쪽으로 수평지게 부어 넣는다.

　㉦ 수직부와 수평부가 접촉되는 부분은 한 부분이 안정된 다음에 타부분을 부어 넣는다.

　㉧ 벽체는 수평으로 주입구를 많이 설치하여 충분히 다지면서 천천히 부어 넣는다.

　㉨ 수직부에 콘크리트를 부어 넣을 때 1회 높이는 2m 이하로 하는 것이 좋다.

ⓐ 이어붓기 공법

　㉠ 이어붓기 개소는 가장 응력이 작은 곳에 이음자리를 작게 한다.

　㉡ 이음 부분은 수평 또는 수직으로 정확하게 끊어 막고, 레이던스(Laitance)는 제거한다.

>>> 콘크리트 이어붓기 개소

개소	이음 개소
기둥	보, 바닥판 또는 기초의 윗면
보	간살의 $\frac{1}{2} \sim \frac{1}{4}$ 부근
바닥판	간살의 $\frac{1}{4}$ 부근
벽	문틀, 끊기 좋고 이음자리 막이를 떼어 내기 쉬운 곳
캔틸레버	이어붓지 않음을 원칙으로 한다.

㉔ 종말 청소 및 보양

　㉠ 종말 청소 : 콘크리트 시공 후 거푸집 표면에 부착된 것과 벽, 기둥 밑에 흘러나온 것 또는 면에 부착된 콘크리트나 자갈을 제거한다.

　㉡ 보양 : 콘크리트를 부어 넣은 후 직사광선, 추위, 비바람은 피하고 노출면은 거적 등으로 덮어 5일 이상 살수하여 보양하며, 3일 간은 충격 또는 하중을 주지 않는다.

⑥ 특수 기온에서의 콘크리트 시공

㉮ 한랭기 시공 : 보양 기간 4주일의 평균 기온이 2~10℃일 때로 콘크리트 주입 시 더운 물을 써 2℃ 이하가 되지 않게 하고, 그 이하의 기온일 때는 노출 부분을 거적 등으로 5일 이상 보호하여 최저 2℃ 이하가 되지 않게 하고 −3℃ 이하가 예상되면 개구부를 막고 거푸집 외부도 보온해야 한다.

㉯ 극한기의 시공 : 보양기간 4주일의 평균 기온이 2℃ 이하일 때로, 재료와 공구도 보온하며 부착된 눈, 서리, 얼음 등은 제거한다. 콘크리트 칠 때에는 바람 막이를 설치하고 보온 장치를 하며, 골재는 60℃ 이하, 시멘트는 혼합기 안의 수온이 40℃ 이하에서 비비고 콘크리트는 10~20℃로 하여 부어넣고 10일 동안은 5℃ 이상으로 한다. 혼합기의 재료 투입 순서는 골재, 물, 시멘트 순으로 하고 물 시멘트 비율은 60% 이하로 하며, AE제, 감수제 등을 반드시 사용한다.

㉰ 서열기의 시공 : 골재는 냉각하여 사용하고, 찬물을 사용하며, 콘크리트의 온도는 30℃ 이하가 되도록 하고, 슬럼프 값은 18cm 이하 부어 넣을 때 콘크리트 온도는 35℃ 이하로 된다.

⑦ 각종 콘크리트

㉮ 진동 다짐 콘크리트 : 1회 부어넣기 높이를 30~60cm 정도로 하고, 꽂이식 진동기의 꽂이 간격은 60cm 이하로 하고 콘크리트 부어 넣기 양은 1일(8시간)당 20m³마다 1대 꼴로 하고 3대에 대하여 1대를 예비로 준비한다.

㉯ 레디 믹스트 콘크리트(Ready mixed concrete) : 전문 공장에서 대량의 콘크리트를 생산하여 트럭으로 시공 현장에 운반하여 판매하는 것으로 균일성을 기할 수 있으며 협소한 현장에 유리하다.

㉰ 무근 콘크리트 : 간단한 목조, 벽돌조 건물의 기초 또는 바닥다짐에 사용하고 굵은 골재는 부재단면의 1/4 이내로서 10cm 이하의 것을 사용한다.

㉱ 잡석 콘크리트 : 강도가 요구되지 않는 곳에 배합비 1:4:8로 잡석, 둥근 잡석 등을 넣기도 하고 때로는 모래 섞인 자갈로서 1:15 이하의 용적비로 한다.

㉲ 진공 콘크리트 : 콘크리트가 경화하기 전에 콘크리트 중의 수분과 공기를 진공 매트로 흡수하는 공법인데 강도가 높아지고 내구성이 개선되며 조기 강도가 증대되는 것으로 도로 포장 공사에 주로 사용된다.

㉑ 데어모 콘크리트(Thermo concrete) : 시멘트와 물 발포제를 배합하여 만든 경량 콘크리트로 강도는 40~45kg/cm² 이며 붓기 일단의 높이는 20cm 정도로 하고, 비중은 0.8~0.9이며 물, 시멘트비는 약 43%이다.

⑧ 특수 콘크리트 시공

㉮ 수밀 콘크리트

㉠ 물, 시멘트비는 50% 이하, 슬럼프 값은 12.5cm 이하로 한다.

㉡ 콘크리트 비빔 시간은 2~3분으로 하며 이어붓기는 금하고 표면 활성제를 사용하는 것이 좋다.

㉢ 마감 모르타르 등을 하지 않을 때에는 쇠흙손질을 2회 정도로 하여 표면을 미끈하게 마무리한다.

㉣ 수밀 콘크리트 위에 피복 모르타르를 하지 않을 때에는 철근 피복 두께를 3~4cm로 한다.

㉤ 균열 방지책으로 #8~#14 철망을 펴고 다져 넣는다.

㉥ 시공 후 2중리 이상 습윤 상태로하여 건조 균열을 방지하고 거푸집은 완전히 경화된 후 제거한다.

㉯ 제물 치장 콘크리트

㉠ 콘크리트 면을 직접 노출시켜 치장 마무리하는 것으로 벽, 기둥은 한번에 끝까지 부어 넣는다.

㉡ 거푸집은 이음 부분에 틈이 없도록 정밀하게 해야 한다.

㉢ 콘크리트의 피복 두께는 구조상 요구보다 1~3cm 더해야 한다.

㉣ 콘크리트 배합은 된비빔 부배합으로 하고, 강도는 210kg/cm² 이상으로 하며 진동기를 사용하여 부어 넣는다.

㉤ 부어 넣기는 손수레로 운반하여 다시 비벼 넣어 마무리 한다.

㉥ 옆에 창이 있는 기둥 벽의 콘크리트는 창대 밑의 중앙부 높이까지 콘크리트를 채운다음 진동기로 다진다.

㉰ 경량 콘크리트

㉠ 콘크리트의 무게를 감소하기 위해 경량 골재를 사용한 콘크리트로 기건 비중 2.0 이하이다.

㉡ 골재의 저장은 물빠짐이 좋고 굵은 알과 작은 알이 분리되지 않게 한다.

㉢ 골재는 항상 습윤 상태로 유지시키며 햇빛을 덜 받게 한다.

㉣ 물, 시멘트비는 표면 건조, 내부 포수 상태 골재에 대하여 70% 이하를 표준으로 한다.

㉤ 보, 바닥의 콘크리트는 기둥, 벽체의 콘크리트가 충분히 안정된 다음에 넣는다.

㉥ 위로 부어 올라갈수록 수량을 감하여 된비빔으로 하는 것이 좋다.

  ㉱ 프리팩트 콘크리트(Prepacked concrete)

    ㉠ 거푸집 안에 미리 골재를 넣고 그 사이에 특수 모르타르를 적당한 압력으로 주입하여 만든 콘크리트로 수밀성이 크고 염류에 대한 내구성이 크다.

    ㉡ 재료의 분리가 적고 수축도 보통 콘크리트의 1/2밖에 되지 않는다.

    ㉢ 암반 및 콘크리트 철근과의 부착력이 커서 구조물 수리 및 개조에 유리하다.

    ㉣ 시공이 비교적 쉽고 수중 시공도 가능하며 조기 강도는 작으나 장기 강도는 보통 콘크리트와 같다.

    ㉤ 재료의 투입 순서는 물, 주입 보조재, 플라이 애시(Fly ash), 시멘트, 모래의 순이고 설비비 및 공사비가 절약된다.

 ⑨ 프리캐스트 콘크리트(Precast concrete pcc)

  ㉮ 개요 : 이 공법은 소요 규격이 프리캐스트 콘크리트 재를 공장에서 제작하여 현장에 운반 타워크레인으로 들어 각 부재를 조립하여 구조체 완성 후 설비, 방수, 마감 공사를 하여 건물을 완성하는 공법으로 장·단점은 다음과 같다.

    ㉠ 장점

      ⓐ 자재의 규격화로 대량 생산

      ⓑ 시공 용이

      ⓒ 공기의 단축

      ⓓ 공사비 저렴

      ⓔ 연중 공사 가능(극한기 제외)

    ㉡ 단점

      ⓐ 초기 시설의 투자가 많다.

      ⓑ 각 부재의 다원화가 어렵다.

      ⓒ 부재의 접합부에 결함이 생기기 쉽다(방수상 유의해야 함)

  ㉯ 대형 패널식 조립 방법 : 줄기초로 현장 작업하고 대형 프리캐스트 콘크리트 판을 조립도에 따라 타워 크레인으로 정위치에 들어 놓으며 용접 접합으로 구조체를 완성하는 공법이다.

  ㉰ 가구식 조립 공법 : 바닥판, 벽판 및 건물의 뼈대를 이루는 기둥, 보 등도 프리캐스트 콘크리트로 타워 크레인을 사용하여 가구식으로 조립하는 공법이다.

출제예상문제

01 건축물 완성 3단계와 관계 없는 것은?

① 건축주의 기획 ② 설계자의 설계
③ 감리자의 감독 ④ 시공자의 시공

해설 감리자는 설계도서대로 공사가 진행되도록 촉구한다.

02 건축물에 대한 인간의 욕구가 아닌 것은?

① 기능 ② 구조
③ 경제성 ④ 일관성

해설 건축물에 대한 인간의 욕구는 기능, 구조, 미, 경제성, 시공 속도 등이다.

03 건축물 생산 과정에 필요한 요소가 아닌 것은?

① 자금 ② 자재 및 기술
③ 건축의 연혁 ④ 기계

04 공사 착수 전 준비 사항 중 관계 없는 것은?

① 공사 감리 ② 재료의 주문
③ 노무자 수배 ④ 가설물 준비

해설 공사 감리는 공사 기간 내에 설계도서대로 공사가 진행되도록 지도 및 감독하는 것이다.

05 다음 중 건축 시공의 관계자에 속하지 않는 사항은?

① 건축주 ② 재료 보관 업자
③ 원 도급자 ④ 노무자

해설 건축 시공의 관계자는 건축주, 설계자, 도급자, 노무자 등이다.

06 건축주와 직접 도급 계약을 체결하는 시공자는?

① 재료 공급업자
② 하도급자
③ 원도급자
④ 하수급인

해설 건축주와 직접 도급 계약을 체결하는 시공자를 원도급자(수급인)라 한다.

07 도급 내용에 따른 하도급자의 구분에 속하지 않는 것은?

① 재료 공급업자
② 노무 하도급자
③ 수급인
④ 외주 공사 하도급자

해설 하도급자의 구분은 재료 공급업자, 노무 하도급자, 직종별 하도급자, 외주 하도급자로 구분된다.

08 일정 기간 내 특정 부분의 공사를 현장에서 완성하는 도급자는?

① 직종별 공사 하도급자
② 재료 공급업자
③ 외주 공사 하도급자
④ 노무 하도급자

09 다음 중 단순 노무자에 속하지 않는 건설 노무자는?

① 조력공 ② 견습공
③ 잡부 ④ 조력 인부

해설 조력공은 숙련 기능공이다.

10 공동 도급 방식의 특징에 관계없는 사항은?

① 손익 분담의 공동 계산
② 영구적 병합
③ 단일 목적성
④ 일시적 조직

11 공동 도급 방식의 장점이 아닌 것은?

① 위험의 분산   ② 융자력 증대
③ 기술의 확충   ④ 시공비 절감

해설 공동 도급 방식은 융자력의 증대와 기술의 확충 및 위험을 분산시켜 우량의 시공을 기대할 수 있다.

12 다음 중 실비 정산 도급방식에 속하지 않는 것은?

① 정액 도급
② 분할 도급
③ 단가 도급
④ 실비 청산 보수 가산 도급

13 시공자 선정 방법에 관한 설명 중 틀린 것은?

① 지명 경쟁 입찰은 시공자 2~3명을 지명해서 견적을 받아 낙찰시키는 방법이다.
② 일반 경쟁 입찰은 여러 시공자에게 공평한 입찰의 기회를 부여한다.
③ 특명 입찰은 시공자 1명을 지명하여 입찰 시키는 방식이다.
④ 견적내기는 합견적이라 하며 충분히 신뢰할 수 있는 시공자로부터 견적을 받는다.

해설 지명 경쟁 입찰은 3~7명 정도의 시공자를 선정, 입찰시키는 방식이다.

14 다음 공정표의 종류 중 전체 공정표는?

① 횡선식 공정표
② 열기식 공정표
③ 그라프식 공정표
④ 꺾은금 공정표

해설 전체 공정표는, 횡선식 및 다이아그램 공정표가 있다.

15 입찰의 순서로 맞는 것은?

a. 현장 설명	b. 입찰공고
c. 입찰	d. 견적
e. 낙찰	f. 계약
g. 개찰	

① a→b→c→d→e→f→g
② b→c→d→e→f→a→g
③ b→a→d→c→g→e→f
④ a→c→b→d→g→e→f

16 도급 대금의 청구 방법 중 중간불로 맞는 것은?

① 재료 구입 대금을 공사 기간 내에 지불한다.
② 공사 대금을 착공전에 지불한다.
③ 기성고에 대해 기성 금액의 90% 이내로 지불한다.
④ 공사 완성 직전에 공사비 전액을 지불한다.

해설 중간불은 공사 감리자의 승인에 의해 기성고에 대한 기성금액의 90% 한도 내에서 지불하는 방법이다.

17 공정표를 작성할 때 가장 기본이 되는 사항은?

① 실행 예산의 산출
② 일기와 계절에 따른 공기를 산출

③ 각 공사별 공사량의 산출

④ 공사용 재료 반입 계획 수립

18 공정표 작성시 고려하여야 할 사항 중 관계가 먼 것은?

① 기상   ② 노동 동원

③ 물자 조달   ④ 가설물 설치 방법

해설 공정 계획 작성을 위한 사항

① 설계 도서의 내용 검토

② 공사 수량을 파악하고 기상 조건을 고려한다.

③ 그 밖의 준비

    ㉮ 각 직종의 작업원과 공사용 기계의 작업 능률

    ㉯ 자재, 작업원, 공사용 기계 등의 조달 가능성 및 시공 방법의 결정

19 다음 중 공통 가설에 속하지 않는 것은?

① 울타리   ② 숙소

③ 규준틀   ④ 창고

해설 직접 가설에는 규준틀, 비계, 기타 보양 재료가 있다.

20 판 울타리 기둥 간격은?

① 0.5m   ② 1.0m

③ 1.5m   ④ 2.0m

21 울타리 설비에 대한 기술 중 틀린 것은?

① 통행자의 위험 방지

② 도난 방지

③ 0.5% 정도의 공사비 소요

④ 인근 건물의 손상 방지

해설 울타리 설비는 전체 공사비의 0.1% 정도이다.

22 목책 및 철조망의 적당한 높이는?

① 0.5m 이상   ② 1.0m 이상

③ 1.2m 이상   ④ 1.5m 이상

23 현장원 출입구의 적당한 나비는?

① 0.5m   ② 0.9m

③ 1.5m   ④ 4.2m

24 현장 사무실의 1인당 적당한 넓이는?

① 2M²   ② 3M²

③ 5M²   ④ 8M²

해설 사무실의 크기는 현장원 1인당 6~12M² 이 적당하다.

25 비계에 관한 기술 중 틀린 것은?

① 높은 곳에서의 작업을 용이하게 한다.

② 달비계는 밧줄로 매달아 사용한다.

③ 내부 공사에는 발돋음 비계를 사용한다.

④ 비계 넓이는 외벽 넓이의 2.0배가 좋다.

해설 비계 비율의 넓이는 외벽 넓이의 1.2배가 좋다.

26 가설 시멘트 창고에 관한 기술 중 틀린 것은?

① 출입구 환기창 이외의 개구부는 설치하지 않는다.

② 반입구와 반출구는 따로 설치하여 반입 순서대로 사용한다.

③ 마룻바닥은 지면에서 30cm 이상으로 한다.

④ 시멘트 쌓기 높이는 13포대를 초과하지 않는다.

해설 출입구 채광창 이외의 환기창은 설치하지 않는다.

27 가설 시멘트 창고의 면적이 52M² 일 때, 보관할 수 있는 시멘트의 최대량은?

① 1500부대   ② 1540부대

③ 1600부대   ④ 1690부대

해설 $A = 0.4 \times \dfrac{N}{n}(\text{m}^2)$

(A : 소요 면적, N : 저장할 수 있는 시멘트 량, n : 쌓는 단수)

$52 = 0.4 \times \dfrac{N}{13}$ $\qquad$ $N = 1690$

28 공사 현장의 일간을 만드는 주목적은?

① 재료의 반입과 반출을 편리하게 하기 위해
② 천후에 관계없이 공사를 진행하기 위해
③ 현장원의 관리를 편리하게 하기 위해
④ 시공자와 감독관의 상호 연락이 편리 하기 위해

29 현장 숙소의 1실당 거주 인원은?

① 50명 이하 ② 70명 이하
③ 90명 이하 ④ 100명 이하

30 현장 사무실의 적당한 구조는?

① 벽돌조
② 콘크리트조
③ 조립식 경량 철골조
④ 조립식 철근 콘크리트조

해설 최근에는 조립 해체가 용이한 경량 철골 또는 강철재로 규격화된 것을 사용

31 가설 도로의 고려 사항이 아닌 것은?

① 사람 차량의 동선
② 통행량
③ 지반의 상태
④ 영구성

32 세로 규준틀과 직접적 관계가 없는 공사는?

① 벽돌 공사 ② 돌 공사
③ 목 공사 ④ 블록 공사

해설 세로 규준틀은 조적 공사의 고저 및 수직면에 기준으로 사용한다.

33 수평 규준틀과 관계 없는 사항은?

① 건물 각부의 위치
② 건물 각부의 높이
③ 기초의 나비
④ 기초의 깊이

해설 수평 규준틀은 건물 각부의 위치 및 기초의 나비 또는 깊이 등을 결정하기 위한 것이다.

34 공사 중 높이를 잴 때 기준으로 하기 위해 설치하는 규준틀은?

① 기준점 ② 세로 규준틀
③ 귀 규준틀 ④ 수평 규준틀

35 세로 규준틀에 관한 사항 중 잘못된 것은?

① 고저 및 수직면의 기준으로 쓰인다.
② 뒤틀리지 않고 곧으며 건조된 목재로 한다.
③ 담당원의 승인을 얻어 기준대로 대신 할 수 있다.
④ 건물 각부의 위치를 표시한다.

36 비계의 용도가 아닌 것은?

① 작업 용이 ② 재료 운반
③ 재료의 보관 ④ 작업 발판

해설 비계의 용도는 작업 용이, 재료 운반, 작업원 의 통로, 작업 발판 등이다.

37 비계를 공법면으로 분류할 때 속하지 않는 것은?

① 외줄 비계 ② 겹 비계
③ 본 비계 ④ 내부 비계

해설 내부 비계는 용도면에 의한 분류에 속한다.

38 통나무 비계에 사용되는 결속선은?

① #8~10번선
② #15~17번선
③ #18~21번선
④ #24~30번선

해설 통나무 비계 결속선은 #8~10번 또는 #16~#18 아연 도금 철선을 여러겹으로 사용한다.

39 통나무 비계에 관한 사항 중 틀린 것은?

① 주로 낙엽송, 삼나무로 곧고 홈이 없는 재료를 사용한다.
② 끝마구리의 지름은 45mm 이상, 길이는 7.2mm 정도로 한다.
③ 1.5M 눈높이에서 통나무 비계의 지름은 150mm 이상으로 한다.
④ 기둥은 건축물 외벽에서 45~90cm 떨어져 세운다.

해설 통나무의 지름은 눈높이(1.5m)에서 100mm 정도로 한다.

40 통나무 비계의 적당한 기둥 간격은?

① 0.5~1m   ② 0.8~1.1m
③ 1.5~1.8m   ④ 2.0~2.5m

해설 기둥 간격은 1.2m~2m(보통 1.5~1.8m)이다.

41 비계 기둥의 이음 방법이 아닌 것은?

① 두겹 이음   ② 맞댄 이음
③ 쌍줄 이음   ④ 외줄 이음

해설 비계 기둥의 이음은 겹친 이음, 맞댄 이음, 외줄 이음, 쌍줄 이음으로 한다.

42 비계 기둥 맞댄 이음의 덧댐목의 길이는?

① 0.5m 이상
② 1.0m 이상
③ 1.5m 이상
④ 1.8m 이상

43 통나무 비계 띠장의 최하부는 지면에서 어느 정도 높이에 설치하는가?

① 1~2m   ② 1.5~2m
③ 2~3m   ④ 3~4m

44 통나무 비계 가새의 수평 간격과 설치 각은?

① 간격 : 14m 내외, 각 : 45°
② 간격 : 10m 내외, 각 : 60°
③ 간격 : 14m 내외, 각 : 60°
④ 간격 : 10m 내외, 각 : 45°

45 강관 비계의 장점이 아닌 것은?

① 조립 해체가 용이하다.
② 안전도가 높다.
③ 화재의 염려가 없다.
④ 구입비가 저렴하다.

해설 강관 비계는 초기 시설 투자가 많다.

46 통나무 비계, 비계 다리에 관한 사항 중 틀린 것은?

① 비계 다리의 나비는 90cm 이상으로 한다.
② 비계 다리의 경사도는 약 17°로 한다.
③ 위험한 곳에서는 높이 75cm의 난간을 설치한다.
④ 비계 다리의 되돌음 또는 참은 높이 9m 이내마다 설치한다.

해설 되돌음 또는 참은 높이 7m 이내마다 설치한다.

47 강관 비계의 부속 철물이 아닌 것은?

① 직교형   ② 자재형
③ 설치형   ④ 조절형

해설 부속 철물은 직교형, 자재형, 조절형, 고정형, 이음철물이 있다.

48 수평 낙하물 방지망에 관한 설명 중 틀린 것은?

① 설치 높이는 지상에서 3.5m 정도로 한다.
② 비계 장선의 배치 표준 간격은 2m이다.
③ 비계 장선의 길이는 1.5~3m로 한다.
④ 설치각은 30° 경사로 한다.

해설 비계 장선의 배치 간격은 1.5m이다.

49 통나무 비계 발판의 나비는?

① 10cm 이상
② 15cm 이상
③ 20cm 이상
④ 25cm 이상

50 비계 발판으로 가장 적합한 것은?

① 두께 15cm 이상의 널판
② 두께 4cm 이상의 철판
③ 아연 도금 골함석
④ 구멍 철판

51 시멘트 350포대를 쌓을 수 있는 시멘트 창고의 최소 면적은?

① 약 11M²   ② 약 13M²
③ 약 16M²   ④ 약 18M²

해설 $A = 0.4 \times \dfrac{N}{n} (\mathrm{m}^2)$

$0.4 \times \dfrac{350}{13} = 10.76 (\mathrm{m}^2)$

52 규준틀 말뚝의 상단부를 엇빗 자르기로 하는 이유로서 옳은 것은?

① 눈에 잘 띄며 다른 말뚝과 구별하기 위하여
② 충격을 받을 경우 발견되기 쉽고 보호를 위하여

③ 규준대를 대는 위치를 잘 알게 하기 위하여
④ 실을 고정시키기 쉽고 가로 및 세로 줄눈을 바르게 하기 위하여

53 수평보기 규준틀에 관한 설명 중 옳지 못한 것은?

① 수평틀 보기 위한 규준틀은 준승 말뚝과 수평펠대로 되어 있다.
② 규준틀은 건물의 위치, 파기의 넓이, 깊이 등을 결정하는 표준이 된다.
③ 규준틀은 규석규준틀과 평규준틀이 있다.
④ 벽돌조에 있어서는 가로 규준틀이 있다.

해설 조적 공사에는 세로 규준틀이 사용된다.

54 통나무 비계에 관한 기술 중 틀린 것은?

① 비계 가설 넓이는 외벽 넓이의 약 1.8배이다.
② 비계 기둥 간격은 1.5~1.8m 정도이다.
③ 비계 결속선은 보통 #8~#10 철선을 사용한다.
④ 비계 가설 넓이는 외벽 넓이의 1.2배이다.

55 가설공사에 관한 기술로서 적당하지 않은 것은?

① 비계 기둥은 2.5m의 간격으로 세운다.
② 비계 장선의 간격은 1.5m 이내로 한다.
③ 비계 다리의 물매(경사)는 30° 이내 보통 17°로 한다.
④ 비계 다리의 미끄럼막이는 30cm 간격으로 한다.

해설 비계 기둥의 간격은 보통 1.5~1.8m로 한다.

56 가설 공사에 관한 기술 중 부적당한 것은?

① 수평 규준틀은 준승 말뚝과 수평 꿸대로 제작된다.

② 발돋움 비계는 외부 공사에 주로 사용되는 비계이다.

③ 구름 다리 발판은 건평 1,000m² 마다 1개소씩 설치한다.

④ 비계목은 건물의 외벽으로부터 약 90cm 떨어져 세운다.

[해설] 주로 내부 공사에 발돋움 비계를 사용한다.

57 다음 중 가장 깊은 기초의 지정은?

① 우물통식 지정

② 밑창 콘크리트 지정

③ 잡석 콘크리트 지정

④ 자갈 지정

58 잡석 지정에 사용하는 자갈의 지름은?

① 5~10cm   ② 10~20cm

③ 20~25cm   ④ 30~40cm

[해설] 잡석 지정은 지름 20~30cm의 경질인 잡석을 나란히 옆세워 깐다.

59 보통 지정에 관한 기술 중 틀린 것은?

① 자갈 지정은 지름 4.5cm 내외의 자갈을 6~10cm 두께로 깔고 잔자갈을 사춤한다.

② 모래 지정은 30cm마다 물다짐한다.

③ 긴 주춧돌 지정은 잡석 또는 자갈 위에 설치한다.

④ 밑창 콘크리트 지저의 두께는 10~15cm로 한다.

[해설] 밑창 콘크리트는 두께 5~6cm의 콘크리트를 치는 것이다.

60 긴 주춧돌 지저의 방법이 아닌 것은?

① 토관   ② 화강석

③ 콘크리트   ④ 벽돌

61 밑창 콘크리트 지정의 배합비는?(시멘트, 모래, 자갈)

① 1:2:3   ② 1:2:4

③ 1:3:6   ④ 1:2:7

62 다음 중 나무 말뚝 지정에 관한 설명 중 틀린 것은?

① 재료는 소나무, 낙엽송, 삼나무 등으로 곧고 긴 생나무로 한다.

② 말뚝 중심선은 말뚝내에 있어야 한다.

③ 말뚝은 지하 상수면 이하에 두고 껍질은 벗겨서 사용한다.

④ 말뚝 중심 간격은 밑 마구리 지름의 2배 이상으로 한다.

[해설] 말뚝 중심 간격은 밑 마구리 지름의 2.5배 이상 또는 60cm 이상으로 한다.

63 추를 낙하시켜 구멍을 뚫고 콘크리트를 부어 넣어 만든 제자리 콘크리트 말뚝은?

① 페디스털(Pedestal) 말뚝

② 컴프레솔(Compressol) 말뚝

③ 심프렉스(Simplex) 말뚝

④ 프랭키(Franky) 말뚝

[해설] 컴프레솔 말뚝은 끝이 뾰족한 추를 낙하시켜 구멍을 뚫고 둥근 추로 다지면서 부어 넣은 다음 평면진 추로 다져 만든 말뚝이다.

64 나무 말뚝을 원치로 박을 때 공이의 무게는 말뚝 무게의 몇배로 하는가?

① 1~2배   ② 2~3배

③ 3~4배   ④ 4~5배

65 기성 콘크리트 말뚝에 대한 기술 중 틀린 것은?

① 단면은 속이 메워져 있다.
② 길이는 15m 이내다.
③ 말뚝 박기 간격은 75cm 이상이다.
④ 살두께는 4~8cm이다.

해설 공장에서 원심력을 이용한 속빈 말뚝이다.

66 연질층 흙파기의 적당한 경사 물매의 조건은? (H : 흙파기 깊이)

① 0.1H　　② 0.2H
③ 0.3H　　④ 0.4H

해설 기초 파기의 경사는 0.3H로 하여 흙의 붕괴를 방지 해야 한다.

67 깊은 기초에 관한 기술 중 틀린 것은?

① 강판제 우물통 기초는 #18 이상의 아연 도금 철판으로 지름 1~2m의 우물통을 만든다.
② 개방 잠함은 연질 지층이 깊을 때 사용한다.
③ 용기 잠함은 지하 수량과 토사의 수량이 많을 때 사용한다.
④ 널 말뚝식 우물 기초는 지하 2층 이상의 철골을 주 구조체로 할 때 사용한다.

해설 개방 잠함은 경질 지층이 깊을 때 사용한다.

68 기초 거푸집 제거에 가장 적당한 여유는?

① 10cm　　② 15cm
③ 20cm　　④ 25cm

69 개방 잠함에 관한 기술 중 틀린 것은?

① 잠함의 외주벽이 흙막이 역할을 한다.
② 인접 지반의 이완을 방지한다.
③ 진동과 소음이 많다.

④ 공기가 단축되고 천후에 영향이 적다.

해설 흙막이가 필요없고, 진동과 소음이 적다.

70 지반을 굴착하여 기둥 모양으로 만든 지정은?

① 말뚝 기초　　② 피어 기초
③ 줄 기초　　　④ 직접 기초

71 나무 말뚝박기에 관한 다음 사항 중 틀린 것은?

① 말뚝은 껍질을 벗겨서 사용한다.
② 말뚝머리는 상수면 이하에 둔다.
③ 말뚝은 되도록 건조한 것을 사용한다.
④ 말뚝은 휘거나 뒤틀리지 않은 곧은 것을 사용한다.

해설 나무 말뚝은 생나무로 한다.

72 다음 시험 말뚝박기 할 때 주의 사항 중 옳지 않은 것은?

① 시험말뚝은 2본 이상으로 할 것
② 휴식시간을 두지 않고 연속적으로 박을 것
③ 최종 관입량은 5회 또는 10회 타격한 평균값을 쓸 것
④ 실제 사용할 말뚝과 꼭 같은 조건으로 할 것

해설 시험 말뚝은 3본 이상 한다.

73 목재 패널에 관한 기술 중 틀린 것은?

① 재료는 소나무, 삼나무, 낙엽송, 미송 등으로 한다.
② 두께는 보통 13mm 정도의 것으로 이음은 오늬 쪽매로 한다.
③ 패널의 표준 크기는 180cm×60cm, 90cm 또는 그 1/2로 한다.
④ 합판은 두께 9~12mm를 사용한다.

해설 목재 패널의 이음은 반턱 또는 제혀 쪽매로 한다.

74 거푸집에 요구되는 사항이 잘못된 것은?

① 콘크리트를 부어넣어 외력에 견디게 한다.
② 콘크리트가 누출되지 않게 한다.
③ 콘크리트를 응결 경화할 목적으로 사용한다.
④ 가설재이므로 반복 사용하지 않는다.

해설 반복 사용이 가능해야 한다.

75 철제 패널에 사용되는 강판의 두께는?

① 0.5~1.0mm
② 1.0~1.5mm
③ 1.5~2.0mm
④ 2.0~2.5mm

76 거푸집을 정확하게 유지하기 위한 재료가 아닌 것은?

① 철선
② 꺽쇠
③ 결속선
④ 포옴 타이

해설 ① 긴장재 및 결박기 : 철선, 꺽쇠, 볼트, 포옴 타이, 파이프 등이 있다.
② 간격제 : 스페이서, 세퍼 레이터 등이 있다.

77 철선 죔일 때 벽 거푸집 가로 멍에 대기 간격은?

① 밑에서 75cm, 위에서 100~110cm
② 밑에서 60cm, 위에서 90cm
③ 밑에서 100~110cm, 위에서 75cm
④ 밑에서 90cm, 위에서 60cm

해설 철선 죔일때는 밑에서 75cm, 중앙 90cm, 위에서 100~110cm 정도로 한다.

78 계단 거푸집의 구성재가 아닌 것은?

① 옆판
② 디딤판
③ 가로판
④ 챌판

79 보 거푸집 짜기에 관한 사항 중 틀린 것은?

① 옆판의 띠장과 밑판의 띠장은 격리시킨다.
② 밑판과 옆판은 따로 짜서 일체가 되게 하여 기둥 거푸집에 건다.
③ 형틀에 사용하는 못은 떼어내기 편리하게 중머리 못을 사용한다.
④ 장선 받이는 5cm 각 또는 5×10cm 각을 사용한다.

해설 옆판의 띠장과 밑판의 띠장은 +자로 교차되게 한다.

80 거푸집 제거에 관한 설명 중 틀린 것은?

① 보양 중에는 진동과 하중을 주지 않아야 한다.
② 보양 일수는 최저 기온이 5℃ 이하에서 0℃ 이상일 때는 1일을 반일로 한다.
③ 방축널 제거후의 보양은 제령 3일까지 습윤하게 한다.
④ 거푸집 제거 순서는 큰보, 작은보, 바닥판 순으로 한다.

해설 방축널 제거 후 보양은 재령 7일까지 습윤케 한다.

81 평균 기온 20℃ 이상일 때 기둥 및 벽을 포틀랜드 시멘트로 사용하여 콘크리트를 부어 넣었을 때 거푸집 존치 기간은?

① 2일
② 3일
③ 4일
④ 5일

82 철재 패널에 대한 기술 중 틀린 것은?

① 거푸집의 조립이 복잡하다.
② 치장 콘크리트에 적합하다.
③ 여러 회 반복 사용할 수 있다.
④ 거푸집 판이 수밀하다.

해설 거푸집의 조립이 편리하다.

83 콘크리트를 진동 다짐으로 할 때 거푸집의 측압력의 증가는?

① 증가하지 않는다.
② 10~20% 증가
③ 30~40% 증가
④ 약 2배 증가

해설 진동 다짐 시 측압력은 30~50% 증가한다.

84 거푸집의 측압에 관한 설명 중 틀린 것은?

① 콘크리트 시공연도가 클수록 측압은 증가한다.
② 온도가 낮을수록 측압은 크다.
③ 콘크리트 붓기 속도가 느릴수록 측압은 작다.
④ 벽 두께가 얇을수록 측압은 크다.

해설 벽 두께가 두꺼울수록 측압은 크다.

85 콘크리트 거푸집 존치 기간 중 부적당한 것은?

① 최저 기온 18℃ 이상일 때 보 밑은 9일 이상
② 최저 기온 5℃ 이상일 때 보 밑은 5일 이상
③ 최저 기온 1~5℃일 때 하루를 1/2로 계산한다.
④ 최저 기온 0℃일 때 하루를 1/3로 계산한다.

해설 콘크리트 경화 중 최저 온도가 5℃ 이하로 되었을 때에는 그 1일을 반일로 산입하고, 0℃ 이하일 경우에는 보양일수로 계산하지 않는다.

86 철근의 반입 및 저장으로 잘못된 것은?

① 저장은 비에 젖거나 흙이 묻지 않게 한다.
② 조립 순서에 의해 반입한다.
③ 철근은 지면 위에 야적하여 덮게를 씌운다.
④ 콘크리트 부착력을 감소시킬 우려가 있는 오물을 제거한다.

해설 철근은 습기 없는 깔판위에 저장한다.

87 이형 철근의 지름별 용도로 틀린 것은?

① D_{10}, D_{13} : 바닥, 벽의 주근, 대근
② D_{16}, D_{22} : 늑근, 보의 주근
③ D_{25}, D_{29} : 기둥, 기초판 주근
④ D_{32}, D_{35} : 특수 구조체 주근

해설 늑근은 D_{10}, D_{13}으로 한다.

88 철근의 정착 위치로 잘못된 것은?

① 기둥의 주근 → 기초
② 보의 주근 → 기둥
③ 바닥 철근 → 큰보
④ 벽철근 → 기둥, 보 또는 바닥판

해설 바닥 철근 : 보 또는 벽체

89 철근 콘크리트 공사에 가장 많이 사용되는 철근의 종류는?

① 원형 철근
② 이형 철근
③ 고장력 이형 철근
④ 각강

90 보의 주근, 이음 위치로 맞는 것은? (l : 보 간 사이의 길이)

① 단부에서 $l/4$ 위치
② 단부에서 $l/8$ 위치
③ 중앙부
④ 양단부

해설 보의 주근은 원칙적으로 이어쓰지 않으나 부득이한 경우는 굽힘 부분(단부에서 $l/4$ 위치)에서 잇는다.

91 압축근의 이음 및 정착 길이는? (d : 철근 지름)

① 25d 이상　　　② 40d 이상
③ 25d 미만　　　④ 40d 미만

해설 큰 인장근의 이음 및 정착길이는 ≧40d로 한다.

92 철근의 이음 및 정착에 관한 사항 중 틀린 것은? (d : 철근 지름)

① 철근의 이음은 겹친이음과 용접 이음이 있고 D29 이상 철근은 겹친이음으로 한다.
② 철근의 끝은 180° 갈고리 내고 반지름 r=1.5d로 한다.
③ 철근의 끝은 4d까지 연장하고 늑근과 대근은 135°로 구부린다.
④ 바닥 철근의 끝은 90°로 구부린다.

해설 D29 이상의 철근은 용접 이음으로 한다.

93 철근의 끝 갈고리의 연장 길이는? (d : 철근 지름)

① d　　　　　　② 2d
③ 3d　　　　　　④ 4d

해설 철근의 끝은 180° 구부리고 4d까지 더 연장한다.

94 다음 그림에서 철근의 이음 길이는?

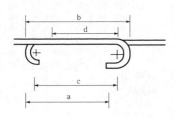

① a　　　　　　② b
③ c　　　　　　④ d

해설 이음 길이는 갈고리 중심간의 거리로 한다.

95 철근의 정착길이로 맞는 것은?

① 앵커시키는 재의 안쪽에서 갈고리 중심까지의 길이로 한다.
② 앵커시키는 재의 바깥쪽에서 갈고리 중심까지의 길이로 한다.
③ 앵커시키는 재의 안쪽에서 갈고리 끝까지의 길이로 한다.
④ 앵커시키는 재의 바깥쪽에서 갈고리 끝까지의 길이로 한다.

96 보의 늑근 간격으로 맞는 것은?

① 보 춤의 2/3 또는 40cm 이하
② 보 춤의 3/4 또는 40cm 이하
③ 보 춤의 3/4 또는 50cm 이하
④ 보 춤의 2/3 또는 50cm 이하

97 바닥판 주근과 부근의 최대 간격은?

① 주근 : 20cm 이하, 부근 : 30cm 이하
② 주근 : 40cm 이하, 부근 : 20cm 이하
③ 주근 : 30cm 이하, 부근 : 20cm 이하
④ 주근 : 20cm 이하, 부근 : 40cm 이하

98 바닥판의 두께로 맞는 것은?

① 8cm 이상 또는 단변 길이의 1/40 이상
② 10cm 이상 또는, 단변 길이의 1/40 이상
③ 8cm 이상 또는 단변 길이의 1/50 이상
④ 10cm 이상 또는 단변 길이의 1/50 이상

99 철근 콘크리트 기둥의 주근 이음 위치는?

① 층 높이의 1/3 하부
② 층 높이의 1/3 상부
③ 층 높이의 2/3 하부
④ 층 높이의 2/3 상부

100 기둥 철근 대근의 간격은?

① 30cm 이하 ② 35cm 이하

③ 40cm 이하 ④ 45cm 이하

101 기둥 철근의 단면적은 콘크리트 단면적의 몇 % 이상으로 하는가?

① 0.2% 이상 ② 0.5% 이상

③ 0.8% 이상 ④ 1.0% 이상

102 기둥의 최소 나비는 얼마로 하는가?

① 층 높이의 1/30 이상

② 층 높이의 1/25 이상

③ 층 높이의 1/20 이상

④ 층 높이의 1/15 이상

해설 기둥의 최소 나비는 층 높이의 1/15 이상, 또는 20cm 이상으로 한다.

103 바닥 철근의 배근에 관한 기술 중 틀린 것은?

① 단부 상부근은 보의 상부근 위로 배근한다.

② 바닥판 주근의 간격은 20cm 이하로 한다.

③ 부근은 짧은 간살 방향으로 배근한다.

④ 바닥판 하부근은 보의 상부근 밑으로 배근한다.

해설 짧은 간살 방향에 주근 긴 간살 방향에 부근(배력근)을 배근한다.

104 철근 공작도에 기입되지 않는 사항은?

① 철근의 지름

② 각부의 치수

③ 철근의 품질

④ 철근의 갯수 및 길이

해설 철근의 품질은 시방서에 규정되어 있다.

105 철근 공작도의 기둥 상세도 대근에 대한 기록이 아닌 것은?

① 대근의 배치 간격

② 대근의 굵기

③ 대근의 무게

④ 대근의 모양

106 철근의 최소 간격으로 틀린 것은?

① 사용 자갈 지름의 1.25배 이상

② 2.5cm 이상

③ 철근 지름의 1.5배 이상

④ 인접 철근의 지름 3배 이상

해설 인접 철근 지름과는 관계가 없음.

107 철근 절단용 기계, 기구에 속하지 않는 것은?

① 철제 모탕 ② 철근 가공기

③ 절단용 망치 ④ 절단용 칼

108 실내의 내력벽에 마무리가 있을 때 표준 시방서에 의한 철근의 최소 피복 두께는?

① 2cm ② 3cm

③ 4cm ④ 5cm

해설 철근의 최소 피복 두께

구분	흙에 접하지 않는 부분						
	바닥 벽		기둥, 보, 내력벽				
			실내		실외		
마무리 종별	마무리 있을 때	마무리 없을 때	마무리 있을 때	마무리 없을 때	마무리 있을 때	마무리 없을 때	옹벽
표준 시방서	2	3	3	3	3	4	4
건축물의 구조 기준 등에 관한 규칙 제47조	2		2	3	3		—

구분 마무리 종별	직접 흙에 접하는 부분				
	기둥, 보, 바닥	내력벽	벽	기초	옹벽
표준 시방서	4(5)		—	6(7)	
건축물의 구조 기준 등에 관한 규칙 제 47조	4	—	4	6	—

[주] ( )안의 값은 경량 콘크리트 1종 및 2종에 적용한다.

109 철근을 상온에서 구부릴 수 있는 최대 지름은?

① D_{32} 　② D_{29}

③ D_{25} 　④ D_{22}

110 철근 결속에 사용하는 철선은?

① #8 　② #10

③ #16 　④ #20

해설 철근 결속선은 불에 구운 철선 #18~#21을 사용한다.

111 콘크리트 재령 28일 압축 강도는?

① 120kg/cm^2 이상

② 150kg/cm^2 이상

③ 180kg/cm^2 이상

④ 200kg/cm^2 이상

112 포오틀랜드 시멘트 단위 용적 중량은?

① 1000kg/m^3

② 1200kg/m^3

③ 1500kg/m^3

④ 2100kg/m^3

해설 시멘트의 단위 용적 중량은 1300~2000kg/m^3 (보통 1500kg/m^3)이다.

113 양질의 콘크리트를 얻는 조건이 아닌 것은?

① 거푸집의 외부 상태

② 콘크리트 붓기 방법

③ 콘크리트 사용 재료의 품질

④ 콘크리트 보양 방법

114 콘크리트 공사에 사용되는 골재의 최소 지름은?

① 0.5mm 　② 1.2mm

③ 2.0mm 　④ 2.5mm

115 무근 콘크리트용 굵은 골재의 최대지름은?

① 5cm 이하 　② 7cm 이하

③ 10cm 이하 　④ 15cm 이하

해설 무근 콘크리트용 굵은 골재는 10cm 이하, 또는 부재 단면 치수의 1/4 이하로 한다.

116 철근 콘크리트용 골재에 대한 설명 중 틀린 것은?

① 잔골재의 지름은 15mm 이하로 한다.

② 잔골재의 지름은 철근 최소 간격의 3/4 이하로 한다.

③ 굵은 골재의 지름은 25mm 이하로 한다.

④ 굵은 골재의 지름은 철근 지름의 2.5 배 이하로 한다.

해설 철근 콘크리트용 굵은 골재의 지름은 철근 지름의 1.5배 이하로 한다.

117 콘크리트 공사에 사용되는 골재의 최대 지름은?

① 15mm 이하 　② 25mm 이하

③ 35mm 이하 　④ 45mm 이하

해설 골재의 지름은 잔모래 : 지름 1.2~2.5mm, 굵은 모래 : 지름 2.5~5mm
잔자갈 : 지름 15mm 이하,
중자갈 : 지름 25mm 이하,
큰자갈 : 지름 35mm 이하인 골재이다.

118 골재의 비중과 단위 용적 무게로 틀린 사항은?

① 잔골재의 비중은 2.50~2.65이고 굵은 골재의 비중은 2.55~2.65 정도다.
② 골재의 비중은 작을수록 양질의 골재이다.
③ 단위 용적 무게는 잔골재가 1450~1700kg/m³이고, 굵은 골재가 1550~1850kg/m³ 정도다.
④ 단위 용적 무게는 비중, 함수율, 투입방법 및 입도에 따라 다르다.

해설 골재의 비중은 클수록 양질의 골재다.

119 골재의 선택 조건으로 틀린 것은?

① 골재는 깨끗하고 내구적이어야 한다.
② 깬자갈은 모두 둔각의 것을 사용한다.
③ 골재는 붉은 빛깔의 화강석이 좋다.
④ 잔모래는 거친 것이 좋다.

해설 골재는 청색 계통의 것으로 푸석돌이나 연석이 포함되지 않아야 한다.

120 모래와 자갈의 실적률은? (단위 : %)

① 모래 : 55~70, 자갈 : 60~65
② 모래 : 45~30, 자갈 : 40~35
③ 모래 : 45~50, 자갈 : 50~55
④ 모래 : 70~75, 자갈 : 70~80

해설 실적률 : a%, 공간율 : b%
a+b=100%

121 콘크리트 혼화재료를 사용하는 목적이 아닌 것은?

① 콘크리트 성질 개량
② 콘크리트의 부피 증가
③ 콘크리트 강도 증가
④ 공사비 절감

해설 콘크리트 혼화재료는 강도에 영향을 주므로 계량을 정확히 해야 한다.

122 A.E제에 관한 기술 중 틀린 것은?

① 표면 활성 작용으로 수많은 기포가 생긴다.
② 단위 수량이 증가된다.
③ 시공 연도를 증진시킨다.
④ 동결에 저항력이 생긴다.

해설 단위 사용 수량을 감소시킨다.

123 콘크리트 혼화재료 착색제의 조합이 틀린 것은?

① 빨강-제2산화철
② 노랑-산화 크롬
③ 갈색-이산화망간
④ 검정-카본 블랙(Carbon black)

해설 노랑-크롬산 바륨, 초록-산화 크롬이다.

124 철근 콘크리트 구조에서 콘크리트에 대한 요구사항이 아닌 것은?

① 소요의 강도 및 내구성
② 균일성 및 밀실성
③ 정확성 및 시공의 용이성
④ 일관성 및 조화

125 콘크리트용 각종 재료를 콘크리트 비빔량 1m³당의 표준 계량 용적m³으로 표시하는 배합 방법은?

① 절대 용적 배합
② 표준 계량 배합
③ 무게 배합
④ 현장 계량 용적 배합

해설 ㉠ 절대 용적 배합 : 각 재료를 콘크리트 비빔량 1m³당의 절대용적 ℓ 으로 표시한 배합이다.
㉡ 무게 배합 : 각 재료를 콘크리트 비벼내기 1m³당의 무게 kg로 표시한 배합이다.
㉢ 현장 계량 용적 배합 : 콘크리트 비빔량 1m³ 당의 재료를 시멘트는 포대수로 골재는 현장 계량에 의한 용적 m³으로 표시한 배합이다.

126 콘크리트 공사에 사용하는 물시멘트비의 범위는?

① 10~50%   ② 30~60%
③ 40~70%   ④ 50~80%

127 수밀 콘크리트의 물시멘트비는?

① 30% 이하   ② 40% 이하
③ 50% 이하   ④ 60% 이하

128 콘크리트에 A.E제를 사용할 때 최대 공기량은?

① 3%   ② 6%
③ 9%   ④ 10%

해설 자연 콘크리트 공기량은 1~2%이고, A.E제의 공기량은 2~5%이다.

129 건축에 쓰이는 슬럼프값의 범위는?

① 5~22cm   ② 8~20cm
③ 10~22cm   ④ 12~22cm

130 기둥을 진동 다짐으로 할 때 슬럼프 값은?

① 5~10cm   ② 10~15cm
③ 15~19cm   ④ 19~22cm

해설 슬럼프값 (단위:cm)

장소	진동다짐일 때	진동다짐이 아닐 때
기초, 바닥판, 보기둥, 벽 수밀 콘크리트	5~10	15~19
	10~15	19~22
	7.5 이하	12.5 이하

131 포틀랜드 시멘트를 용적 계량으로 할 때 부피 증가는?

① 15%   ② 25%
③ 35%   ④ 45%

해설 고로, 실리카 시멘트의 부피 증가는 35% 정도이다.

132 콘크리트 혼화제의 계량 오차는?

① 1% 이내   ② 2% 이내
③ 3% 이내   ④ 4% 이내

133 콘크리트 손비빔 재료 투입 순서는?

① 모래→시멘트→물→자갈
② 모래→시멘트→자갈→물
③ 시멘트→모래→물→자갈
④ 시멘트→물→모래→자갈

134 콘크리트 손비빔의 최소 비빔 회수로 맞는 것은?

① 건비빔 3회, 물비빔 3회
② 건비빔 2회, 물비빔 4회
③ 건비빔 3회, 물비빔 4회
④ 건비빔 4회, 물비빔 4회

해설 건비빔 3회 이상, 물비빔 4회 이상으로 한다.

135 콘크리트 혼합기의 알맞는 비빔 시간은?

① 1~2분   ② 2~3분
③ 3~4분   ④ 4~5분

136 콘크리트 혼합기의 재료 투입 순서는?

① 모래 → 시멘트 → 물 → 자갈
② 모래 → 시멘트 → 자갈 → 물
③ 모래 → 자갈 → 물 → 시멘트
④ 시멘트 → 물 → 모래 → 자갈

137 콘크리트 혼합 장치에 관한 사항 중 틀린 것은?

① 콘크리트 타워의 최고 높이는 70m 이하로 한다.

② 혼합기의 1회 비빔량보다 버킷은 30% 정도 더 커야 한다.

③ 슈우트(Shoot)의 최대 길이는 10m 경사는 45°로 한다.

④ 타워 호퍼(Tower hopper)는 깔대기 처럼 생긴 원뿔통이다.

해설 슈트의 길이는 최대 10m이고, 경사는 4/10~7/10(20~30°)이다.

138 콘크리트를 손수레로 운반할 수 있는 거리는?

① 50m 이하   ② 60m 이하

③ 70m 이하   ④ 80m 이하

139 콘크리트 손비빔 1조는 몇사람으로 구성되는가?

① 2인   ② 4인

③ 6인   ④ 8인

140 콘크리트 펌프의 수평 및 수직 압송 거리는?

① 수평거리 100m, 수직거리 30m

② 수평거리 200m, 수직거리 50m

③ 수평거리 200m, 수직거리 30m

④ 수평거리 100m, 수직거리 50m

141 다음 설명 중 배처 프랜트의 특징으로 맞는 것은?

① 골재, 시멘트, 물은 계량하여 혼합기에 보내는 계량기계

② 모래의 계량을 정확히 하는 장치

③ 모래와 자갈을 무게 계량하고 시멘트 풀을 만들어 혼합기에 투입하는 기계

④ 골재의 용적과 시멘트를 계량하는 장치

해설 ㉯는 이넌 데이타 ㉰는 워세크리터다.

142 콘크리트 부어 넣기에 관한 기술 중 틀린 것은

① 콘크리트는 수직부를 먼저 부어 넣고 각 부분이 수평이 되게 부어 넣는다.

② 각 부분은 호퍼에서 가까운 쪽에서 먼곳으로 부어 넣는다.

③ 바닥판은 먼 곳에서 가까운 쪽으로 수평이 되게 부어 넣는다.

④ 부어 넣을 때는 충분히 다지고, 벽체는 수평으로 주입구를 많이 설치한다.

해설 각 부분은 호퍼에서 먼 곳에서 가까운 쪽으로 부어 넣는다.

143 콘크리트 부어 넣는 곳에 뿌리는 모르타르의 배합비는? (시멘트 : 모래)

① 1 : 1   ② 1 : 2

③ 1 : 3   ④ 1 : 4

144 수직부에 콘크리트를 부어 넣을때 1회 높이는?

① 1m 이하   ② 1.5m 이하

③ 2m 이하   ④ 2.5m 이하

145 바닥판의 콘크리트 이어 붓기 개소는?

① 간살의 1/2 부근

② 간살의 1/3 부근

③ 간살의 1/4 부근

④ 간살의 1/5 부근

146 이어 붓기 공법으로 틀린 것은?

① 이어 붓기 개소는 가장 응력이 큰 곳에 둔다.

② 이어 붓기 이음자리는 작게 한다.

③ 이음 부분은 수평 또는 수직으로 정확하게 끊는다.

④ 이음 부분의 레이턴스(Laitance)는 제거한다.

해설 이어 붓기 개소는 가장 응력이 작은 곳에 한다.

147 콘크리트 종말 청소와 보양에 관한 사항 중 틀린 것은?

① 콘크리트 시공 후 거푸집 표면에 부착된 콘크리트는 제거한다.

② 콘크리트 시공 후 벽, 기둥 밑에 흘러나온 콘크리트는 제거한다.

③ 콘크리트 시공 후 직사광선, 추위, 비바람 등을 피한다.

④ 콘크리트 시공 후 5일 간은 충격 및 하중을 주지 않는다.

해설 노출면은 거적 등으로 덮어 5일 이상 살수하여 보양하고 3일 간은 충격 및 하중을 주지 않는다.

148 한랭기의 콘크리트 시공에 관한 설명 중 틀린 것은?

① 한랭기는 보양 기간 4주일의 평균 기온이 2℃ 이하일 때다.

② 콘크리트 주입시 2℃ 이하가 되지 않게 더운 물을 쓴다.

③ 2℃ 이하의 기온에서는 노출부분을 거적 등으로 5일 이상 보호한다.

④ -3℃ 이하가 예상되면 개구부를 막고 거푸집 외부도 보양한다.

해설 한랭기는 보양 기간 4주일의 평균 기온이 2~10℃일때다.

149 극한기는 콘크리트를 부어 넣은 후 4주일의 평균 기온이 몇 도 이하일 때인가?

① -3℃ 이하   ② 0℃ 이하

③ 2℃ 이하   ④ 5℃ 이하

150 콘크리트 극한기 시공시 물, 시멘트비는?

① 40% 이하   ② 50% 이하

③ 60% 이하   ④ 70% 이하

151 콘크리트 극한기 시공시 혼합기의 재료 투입 순서는?

① 모래 → 자갈 → 물 → 시멘트

② 모래 → 시멘트 → 물 → 자갈

③ 모래 → 시멘트 → 자갈 → 물

④ 물 → 모래 → 시멘트 → 자갈

해설 ㉯는 일반적 기계 비빔의 재료 투입 순서
㉰는 손비빔 재료 투입 순서

152 콘크리트 강도에 관한 사항 중 틀린 것은?

① 콘크리트 강도는 슬럼프 값과 시멘트 강도에 좌우된다.

② A.E제를 혼입하면 콘크리트 강도는 증가된다.

③ 콘크리트 압축 강도는 공시체 3본의 28일 압축 강도의 평균치로 한다.

④ 극한기 콘크리트 시공은 되도록 물은 적게 써야 강도에 좋다.

해설 A.E제 혼입시 공기량이 6% 이상이 되면 강도는 저하된다.

153 진동 다짐 콘크리트에 관한 기술 중 틀린 것은?

① 1회 부어 넣기 높이는 30~60cm 정도로 한다.

② 꽂이식 진동기 꽂이의 간격은 보통 80cm 이하로 한다.

③ 진동기의 종류는 꽂이식 진동기, 거푸집 진동기, 표면 진동기가 있다.

④ 진동기 3대에 대해 1대를 예비로 준비한다.

해설 꽂이식 진동기 꽂이의 간격은 보통 60cm 이하로 한다.

154 전문 공장에서 대량으로 생산하여 트럭으로 현장에 운반하는 콘크리트는?

① 진동 다짐 콘크리트

② 무근 콘크리트

③ 데어모 콘크리트(Thermo concerte)

④ 레디 믹스트 콘크리트(Ready mixed concrete)

155 무근 콘크리트 굵은 골재의 최대 크기는?

① 3cm 이하   ② 5cm 이하

③ 7.5cm 이하   ④ 10cm 이하

해설 무근 콘크리트의 굵은 골재는 부재 단면의 1/4 이내, 또는 10cm 이하의 것으로 한다.

156 도로 포장에 주로 사용하는 콘크리트는?

① 진공 콘크리트

② 진동 다짐 콘크리트

③ 잡석 콘크리트

④ 무근 콘크리트

157 데어모 콘크리트(Thermo concerte)에 대한 내용 중 틀린 것은?

① 시멘트와 물, 발포제를 배합하여 만든 콘크리트다.

② 경량 콘크리트다.

③ 강도는 45~55kg/cm^{2}이다.

④ 1단의 붓기 높이는 20cm 정도로 한다.

해설 데어모 콘크리트의 강도는 40~45kg/cm^{2}이다.

158 수밀 콘크리트의 슬럼프 값은? (단, 진동다짐일 때)

① 20cm 이하   ② 15cm 이하

③ 12.5cm 이하   ④ 7.5cm 이하

해설 수밀 콘크리트의 슬럼프 값은 7.5 이하(진동다짐일 때), 또는 12.5 이하(진동다짐이 아닐 때)로 한다.

159 수밀 콘크리트에 관한 설명 중 틀린 것은?

① 수밀 콘크리트 비빔시간은 2~3분으로 한다.

② 이어 붓기는 응력이 작은 곳에 한다.

③ 수밀 콘크리트를 제물치장으로 할 때에는 철근 피복 두께를 3~4cm로 한다.

④ #8~#14 철망을 펴고 수밀 콘크리트를 다져 넣어 균열을 방지한다.

해설 이어 붓기는 누수의 원인이 되므로 피한다.

160 제물 치장 콘크리트의 피복 두께는 구조상 요구보다 어느 정도 더 하는가?

① 1~3cm   ② 3~5cm

③ 5~7cm   ④ 7~9cm

161 제물 치장 콘크리트에 관한 기술 중 틀린 것은?

① 벽, 기둥은 콘크리트를 한번에 부어 넣는다.

② 거푸집은 이음이 없도록 정밀하게 짠다.

③ 수밀 콘크리트의 강도는 180kg/cm^2 이상이 되게 한다.

④ 부어 넣을때는 순수레로 운반한 다음 다시 비벼 넣는다.

해설 수밀 콘크리트의 강도는 210kg/cm^2 이상으로 한다.

162 경량 콘크리트의 기건 비중은?

① 1.5 이하 ② 2.0 이하

③ 2.3 이하 ④ 2.5 이하

163 프리팩트 콘크리트(Prepacked concrete)에 대한 기술 중 틀린 것은?

① 수밀성이 크고 염류에 대한 내구성이 크다.

② 재료 분리가 적고, 수축도 일반 콘크리트의 1/2이다.

③ 시공은 쉬우나, 수중시공이 불가능하고 공사비가 증대 된다.

④ 조기 강도는 작으나 장기 강도는 일반 콘크리트와 같다.

해설 수중 시공이 가능하고 공사비가 절약된다.

164 프리팩트 콘크리트(Prepacked concrete)의 재료 투입 순서는?

① 물 – 주입 보조재 – 플라이 애시(Fly ash) – 시멘트 – 모래

② 물 – 주입 보조재 – 시멘트 – 플라이 애시 – 모래

③ 주입 보조재 – 물 – 시멘트 – 플라이 애시 – 모래

④ 주입 보조재 – 플라이 애시 – 시멘트 – 물 – 모래

165 프리캐스트 콘크리트(Precast concrete)공법의 단점이 아닌 것은?

① 초기 시설의 투자가 많다.

② 각 부재의 다원화가 어렵다.

③ 접합부에 결합이 생기기 쉽다.

④ 시공상의 어려움이 많다.

해설 시공이 용이하다.

166 프리캐스트 콘크리트(Precast concrete)공법의 장점에 아닌 것은?

① 대량 생산이 가능하다.

② 부재의 다원화가 용이하다.

③ 공사비가 저렴하다.

④ 연중 공사가 가능하다. (극한기 제외)

해설 공사 기간이 단축된다.

167 소규모 콘크리트 비빔을 손비빔으로 할 때 건비빔과 물비빔의 최소 비빔 횟수는?

① 3회 ② 5회

③ 7회 ④ 10회

해설 손비빔 콘크리트는 건비빔 3회, 물비빔 4회 이상으로 한다.

168 무근 콘크리트 공사에 대하여 틀린 것은?

① 무근 콘크리트에 사용되는 굵은 골재의 크기는 단면의 1/2 이내

② 배합비는 1:3:6으로 한다.

③ 무근 콘크리트는 간단한 목조 건축물의 기초에 쓰인다.

④ 물 시멘트비는 70%로 할때도 있다.

해설 무근 콘크리트에 사용되는 굵은 골재의 크기는 부재 단면의 1/4 이내로 한다.

169 콘크리트 타워 설치에 관한 기술 중 옳지 못한 것은?

① 믹서의 배출구에 접하여 타워를 세우고 버킷으로 콘크리트를 올리도록 한다.

② 타워의 높이는 믹서의 위치에서 건물 높이에 따라 필요한 버킷이 올라가는 높이로서 결정한다.

③ 믹서의 위치는 재료 투입 위치에 따라 지상에 설치하며 공사를 진행시킨 후 장소를 결정한다.

④ 타워의 크기는 믹서의 용량과 버킷에 적합한 것으로 한다.

해설 믹서의 위치는 공사 진행 전 적합한 곳에 설치한다.

170 각종 골재, 시멘트, 물을 자동적으로 계량하여 믹서에 공급하는 장치로서 대규모 공사의 고급 콘크리트를 얻는데 사용되는 기계는?

① 웨세 크리이터　② 배처 플랜트
③ 콘크리트 타워　④ 이넌데이터

171 콘크리트 슈트(Chute)의 경사로서 가장 적당한 것은?

① 3/10~5/10　② 4/10~7/10
③ 6/10~8/10　④ 7/10~9/10

해설 슈트의 경사는 20~30°(4/10~7/10)로 한다.

172 물 시멘트비가 50%이고 시멘트 200kg을 쓴 콘크리트에 소요되는 물의 전체량으로 맞는 것은?

① 50ℓ　② 100ℓ
③ 150ℓ　④ 250ℓ

해설 $w/c = \dfrac{\text{물의 중량}}{\text{시멘트 중량}}$

물의 중량=시멘트 중량$\times w/c$=200(kg)$\times$0.5
=100(kg)=100ℓ
※ 물의 비중은 1이다.

173 배합강도(F) : 186kg/cm^2, 시멘트 K$_{28}$, 압축강도(K) : 310kg/cm^{2}일때 조강 포틀랜드 시멘트를 사용할 때의 물 시멘트비 값은?

① 55%　② 60%
③ 65%　④ 70%

해설 물, 시멘트비
F : 배합강도(kg/cm^2),
K : 시멘트 강도(kg/cm^2),
X : 물, 시멘트비(o/wt)라 할 때 물, 시멘트비 산정식은 다음과 같다.

물 시멘트비의 산정식

보통 포틀랜드 시멘트	$X = \dfrac{61}{\dfrac{F}{k} + 0.34}$ (o/wt)
조강 포틀랜드 시멘트	$X = \dfrac{41}{\dfrac{F}{k} + 0.03}$ (o/wt)
고로, 실리카 시멘트	$X = \dfrac{110}{\dfrac{F}{k} + 1.09}$ (o/wt)

$$\therefore X = \dfrac{41}{\dfrac{F}{K} + 0.03} = \dfrac{41}{\dfrac{186}{310} + 0.03} = 65\%$$

Part 2

조적, 미장, 타일 시공 및 재료

I. 미장 공사

1. 미장 공사의 재료

1 일반 사항

미장 공사는 건축물의 성능과 장기적 내구 수명에 영향을 주는 태양열, 바람, 눈, 비, 온도 및 습도, 이산화탄소, 산성비, 염분, 자외선 등으로부터 구조체를 보호하거나, 건축물의 외적 아름다움을 보완하기 위하여 각종 바름재를 건설 현장에서 흙손 및 뿜칠기 등을 사용하여 벽, 천장, 기둥, 바닥 등의 실내외 구조 부위 표면에 발라 붙이거나 뿌려 바르는 공사를 말한다. 또, 미장 공사는 건축물의 최종 마무리 또는 그 바탕이 되는 공사로서, 그 성능의 좋고 나쁨은 바로 건축물의 마감 성능에 큰 영향을 끼치는 중요한 공사이다.

2 미장 재료의 종류

(1) 구성 재료에 의한 분류

① 결합재(고결재)

㉮ 결합재는 자신이 물리적, 화학적으로 경화(고체화)하여 미장바름의 주체가 되는 재료로서, 소석회 및 돌로마이트 플라스터, 석고, 마그네시아 시멘트, 점토 등이 있다.

㉯ 경화하는 성질에 따라 수경성(물만 충분히 있으면 공기 중이나 수중에서도 물과 화학 반응하여 굳는 성질)과 기경성(공기 중에서 기화 건조하여 경화하는 것)으로 분류할 수 있다.

② 보강재

결합재에서 발생하는 결함(수축 균열, 점성도, 보수성 부족)을 보완하고 응결 경화 시간을 조절하기 위하여 쓰이는 재료이며, 자신은 직접 경화(고체화)에 관계하지 않는 여물, 풀, 수염, 섬유 등이 이에 속한다. 보강재는 결합재의 성질에 적합한 것을 택하여 사용하여야 한다.

③ 골재

결합재의 결점인 수축 균열, 점성 및 보수성의 부족을 보완하거나, 응결·경화 시간의 조절 또는 증량 및 치장을 목적으로 사용하는 것으로서 모래, 규사, 탄산칼슘 분말 등이 있다.

>>>> **모래 입자의 크기**

초벌, 재벌용 모래	5mm 체 통과분 100%, 0.15mm 체 통과분 10% 이하
정벌용 모래	2.5mm 체 통과분 100%, 0.15mm 체 통과분 10% 이하

④ **혼화 재료**

미장 재료에 착색, 방수, 내화, 단열, 차음, 음향 등의 효과를 얻기 위하여 사용되며, 응결 시간을 단축시키거나, 반대로 연장시키기 위한 첨가 재료를 말한다.

(2) 경화 성질에 의한 분류

① **기경성 재료**

㉮ 진흙질(벽토재) 바름재

흙, 모래, 짚, 여물(짚, 마섬유 등을 3~9cm 정도로 잘라 진흙에 섞어 사용하고, 바름재의 건조 수축 균열을 방지하기 위하여 사용한다.)을 잘라 혼합한 진흙과 새벽흙(새벽질하는 데 쓰는 황갈색의 고운 흙이나 고운 진흙에 잔모래가 섞인 빛깔이 누런 흙)에 모래, 짚여물을 잘게 썰어 혼합하여 만드는 미장재이다.

㉯ 석회질 바름재(석회 플라스터)

㉠ 석회암($CaCO_3$)을 900~1,200℃로 가열 소성하여 얻은 생석회(산화칼슘 : CaO)에 물을 첨가하면 소석회[수산화칼슘 : $Ca(OH)_2$]가 되고, 이것을 미장용 회반죽으로 사용한다.

㉡ 소석회에 모래, 여물을 썰어 혼합한 뒤 해초를 끓여 넣어 반죽한 것을 회반죽, 생석회에 모래, 여물을 혼합한 후 해초를 끓여 넣어 반죽한 것을 회사벽, 돌로마이트 석회(고토 석회, 마그네슘 석회라고도 하며, 석회암 중에서 마그네시아를 함유하는 백운암을 구어 가수하여 분말화한 것)에 모래, 여물을 혼합하여 반죽한 것을 돌로마이트 플라스터라고 한다.

② **수경성 재료**

㉮ 시멘트 모르타르 바름재

시멘트 모르타르는 시멘트를 결합재로 하고 모래를 골재로 하여, 이를 혼합해서 물반죽하여 쓰는 미장 재료로서, 시멘트와 물의 화학 작용(수화 작용)으로 경화하므로 다른 미장 재료보다 내구성 및 강도가 크고 또한 가장 많이 사용하고 있는 재료이다.

㉯ 석고질 바름재(석고 플라스터)

㉠ 석고의 화학 성분은 황산칼슘($CaSO_4 \cdot H_2O$)이며, 이는 결정수의 유무에 따라 이

수 석고($CaSO_4 \cdot 2H_2O$), 반수 석고$\left(CaSO_4 \cdot \dfrac{1}{2}H_2O\right)$ 또는 소석고 그리고 무수 석고($CaSO_4$)의 3종류로 구분하는데, 석고 제품으로 주로 사용되는 것은 반수 석고이다.

ⓛ 석고에 모래나 석회, 여물을 소량 혼합하여 반죽한 것을 석고 플라스터라고 하며, 무수 석고를 주원료로 하여 만든 것을 무수 석고 플라스터(킨스 시멘트)라고 한다.

ⓒ 석고 플라스터의 특징은 다음과 같다.

ⓐ 원칙적으로 해초 또는 풀즙 사용 안 함.

ⓑ 경화 기간이 짧다.

ⓒ 일반적으로 경화시 팽창함.

ⓓ 유성 페인트 마감이 가능하고 목재에 접할 경우 방부 효과가 뛰어나다.

ⓔ 방화성이 크다.

ⓐ 인조석 및 테라조 바름재

ⓖ 인조석 바름재는 모르타르 바름 바탕 위에 종석과 보통 포틀랜드 시멘트 또는 백색 포틀랜드 시멘트와 안료, 돌가루 등을 배합 반죽하여 바르고, 씻어내기, 갈기 또는 잔다듬 등으로 마무리하는 미장재를 말한다.

ⓛ 테라조 바름재는 인조석 바름재와 거의 같으나 약간 대형의 종석(대리석, 화강석, 한수석 등을 잘게 부순 돌 알갱이)을 쓰고, 갈기 횟수를 늘려 잘 갈아 낸 인조석의 일종이다.

>>>> 인조석과 테라조 바름재의 비교

종류	종석의 종류	종석의 크기
인조석	백색 또는 흑색의 암석을 깨뜨려 사용	5mm체에 100%, 2.5mm체에 50%, 1.2mm체에 0% 통과하는 것
테라조	대리석 및 기타의 암석을 깨뜨려 사용	15mm체에 100%, 5mm체에 50%, 2.5mm체에 0% 통과하는 것

(3) 화학 경화성 재료

주제와 경화제의 두 종류의 성분이 서로 화학적으로 반응하여 경화하는 2액형 수지계 재료로서 에폭시 수지 바닥 마감재 등이 있다.

(4) 고화성(固化性) 재료

액체가 고체 상태로 변화하는 물리적 현상으로 경화하는 재료로서 용융 또는 유화 아스팔트 바닥 마감재 등이 있다.

3 혼합 재료

(1) 점성재(풀)

① 풀은 미장 재료에 점성을 주어 흙손질의 작업성을 좋게 하고 부착성 및 바름 벽면의 고착성을 높이기 위하여 점성이 없는 재료에 혼입하여 사용하여 왔다.

② 과거에는 주로 해초를 사용하여 왔으나, 오늘날에는 합성 수지계의 발달로 인하여 화학 합성풀이 많이 이용되고 있다.

(2) 첨가제

① 극히 소량을 첨가함에 따라 바름재(미장재)의 성능 및 성질을 여러 가지로 개선할 수 있는 혼화 재료를 말한다.

② 첨가제의 종류에는 소포제(콘크리트 속에 기포가 생기지 않게 하는 혼합제), 방수제, 방동제, 섬유재 등이 있다.

2. 미장 시공

1 적합한 미장 바탕의 조건

아무리 우수한 재료와 기능공에 의한 미장 공사라 하여도 바탕이 부실하면 결함을 피할 수 없다. 미장 공사에서 일어난 결함의 절반 이상이 바탕의 결함에서 오고 있다. 미장 바탕에 요구되는 일반적인 조건은 아래와 같다.

① 미장바름을 지지하는 데 필요한 강도와 강성이 있어야 한다.

② 미장바름을 지지하는 데 필요한 접착 또는 부착 강도를 유지할 수 있는 재질 및 형상이어야 한다.

③ 미장바름에 영향을 주는 유해한 요철, 접합부의 어긋남, 균열 등이 없어야 한다.

④ 미장바름에 영향을 주는 녹물에 의한 오손, 화학 반응, 흡수 등에 의한 약화가 생기지 않아야 한다.

⑤ 온도 및 습도에 의한 수축, 팽창이 적어야 한다.

(1) 미장 바탕의 종류

① 콘크리트 바탕

㉮ 콘크리트의 바탕은 거푸집을 완전히 제거한 상태로서, 미장 재료의 부착에 유해한 잔류물(기름, 먼지, 때, 레이턴스), 균열, 오물, 과도한 요철 등이 없어야 한다.

　　㉯ 미장 바름 재료에 지장을 주는 철근 간격재 또는 나무 부스러기 등은 제거하고 구멍
　　　등은 모르타르 등으로 메운다.

　　㉰ 콘크리트를 이어친 부분에서 누수의 원인이 될 우려가 있는 곳은 미리 방수 처리를
　　　한다.

② 프리캐스트 콘크리트 및 ALC 패널 바탕

　　㉮ 프리캐스트 콘크리트 및 ALC 패널 바탕 부재 조립 때에 손상된 부분은 미장바름에 지
　　　장이 없도록 보수해야 한다.

　　㉯ 바탕 표면에 레이턴스(블리딩에 따른 콘크리트 또는 모르타르의 표면에 떠올려서 앙
　　　금된 물질), 거푸집 박리제, 박리 시트 등 미장 바름에 지장이 되는 부착물이 완전히
　　　제거, 청소된 상태여야 한다.

　　㉰ 패널의 접합부는 특별한 경우를 제외하고 콘크리트 또는 모르타르로 채워져 있어야
　　　한다.

③ 콘크리트 블록 및 벽돌 바탕

　　㉮ 콘크리트 블록 및 벽돌쌓기에 사용되는 줄눈재에 적용되는 미장 재료와의 적합성을
　　　고려하고, 미장 재료의 균열을 방지하기 위해 건조, 수축이 적은 것을 사용한다.

　　㉯ 콘크리트 블록 줄눈나누기 등에 의한 균열을 방지하기 위해 건습에 따른 신축이 작도
　　　록 미장 재료의 경화 과정, 보수성, 흡수율 등을 고려하여 물뿌리기를 한다.

④ 와이어 라스 및 메탈 라스 바탕

　　㉮ 와이어 라스의 힘살은 지름 2.6mm 이상의 강선으로 한다. 갈고리 못은 지름 1.6mm,
　　　길이 25mm 내외의 철선으로 한다.

　　㉯ 방수지를 붙일 때의 이음은 일그러지거나 주름이 생기지 않도록 한다.

　　㉰ 방수지에 손상된 곳이나 찢김이 생긴 곳이 있을 때에는 물이 새지 않도록 잘 겹쳐
　　　댄다.

⑤ 석고 보드 바탕

　　㉮ 석고 라스 보드, 석고 보드는 두께 9.5mm 것으로 하고, 보드용 평머리 못은 아연 도
　　　금 또는 유니크롬 도금이 된 것으로 한다.

　　㉯ 석고 보드 설치용 목조틀의 띠장 간격은 450mm 내외로 하며, 기둥 및 샛기둥에 따넣
　　　고 못치기로 한다.

　　㉰ 이음은 보드 받음재 위에서 하고, 이음재 양쪽 주위는 100mm 내외로, 기타 받음재마
　　　다 간격 150mm 내외로 보드용 평머리못을 쳐서 고정시킨다.

⑥ 목모 시멘트판 및 목편 시멘트판 바탕

　　㉮ 목모 시멘트판은 굵은 목모 시멘트판으로 두께 15mm 이상의 것으로 하고, 목편 시멘
　　　트판은 두께 30mm 이상의 것을 사용한다.

㉯ 목모 시멘트판 및 목편 시멘트판은 주위를 15mm 내외로 띄우고, 받음재마다 못 간격 150mm 내외로 밑판을 댄 못치기로 한다.

2 미장 공구 및 기구

(1) 바름용 및 마무리용 공구

① 바름용 흙손

흙손은 미장재바름을 위한 대표적 공구이다. 흙손의 재질은 철재, 나무, 플라스틱, 고무, 단단한 스펀지 등이 있고, 미장 공사에 따라 여러 종류의 재질을 사용한다. 흙손은 용도에 따라 재질, 크기가 다르나, 원칙은 직사각형, 양 끝이 삼각형으로 되어 있는 것이 기준형이다.

㉮ 쇠흙손

쇠흙손의 재질에는 철, 강철, 스테인리스강이 있고, 그 크기는 150mm, 180mm, 195mm, 300mm 등이 있으며, 용도는 초벌, 재벌 및 정벌바름에 쓰인다.

㉯ 나무 흙손

주로 쇠흙손 마감 전에 기준대에 의하여 고름질된 모르타르면을 평탄하고 치밀하게 고르고, 얼룩 등을 고름질하는 데 쓰인다. 재질은 미송이나, 나왕, 합판, 압축 스펀지 등을 사용한다.

㉰ 고무 흙손

모르타르의 고름질이나 타일의 줄눈메우기에 쓰이는 것으로 바닥이 고무로 되어 있다.

㉱ 좁은 흙손

쇠흙손과 같은 용도에 쓰이는 것으로 재질은 철, 강철, 스테인리스강 등이 있다. 용도는 쇠흙손을 사용하기에 곤란한 구석이나 좁은 면에 사용하고, 세공이나 인조석 줄눈대 작업을 할 때 사용한다.

② 마무리용 흙손

㉮ 줄눈 흙손

벽돌이나 블록의 조적조 줄눈을 마루리하는 데 사용하는 공구로서 줄눈의 모양에 맞게 다양한 종류가 있다.

㉯ 면접기 흙손

벽과 벽, 벽과 기둥 또는 바닥과 벽이 만나는 모서리 및 모퉁이 등의 교차 부분에 마감용으로 사용하는 공구이다.

㉰ 쇠시리 흙손

줄눈 긋기나 줄눈 파기를 하여 미장바름 바탕의 치장용이나 균열의 은폐용에 사용하는 공구로 여러 종류의 형태가 있다.

(2) 반죽용 및 비비기용 공구

① 삽

삽에는 환삽, 각삽, 비빔삽 등이 있으며, 비교적 많은 양의 모르타르를 비빌 때 사용한다.

② 모르타르 흙손

모르타르 흙손은 벽돌쌓기, 타일붙이기에 쓰이는 공구로서 미장용으로는 모르타르 용이게 비비는 데 사용하고, 모르타르를 필요한 양만큼 퍼올리는 데 사용하기도 한다.

(3) 측정용 공구

주로 수직보기와 수직 측정하기에 사용하는 수직(다림)추와 수평이나 수직을 측정하는 수평(수준)기 등이 있다.

① 줄자

줄자는 미장재바름을 하고자 하는 건축물의 벽체, 기둥, 바닥 등을 대상으로 내측면, 외측면 또는 원형 둘레의 길이와 면적을 측정하기 위한 공구이다.

② 수준기

㉮ 수준기는 공작물의 수평, 수직을 점검하는 데 사용한다.

㉯ 수준기는 유리 튜브가 약간 휘어져 볼록하게 된 부분에 알코올이 들어 있고, 작은 공기 방울을 포함하고 있다.

㉰ 수준기의 공기 방울은 수평이나 수직이 맞으면 유리 튜브의 높은 위치에 온다. 유리 튜브에는 공기 방울 크기 만큼의 표지선이 중앙에 위치하여 있다.

③ 다림추

다림추는 수직의 검사나 수직선을 표시할 때 사용되며, 원리는 줄에 다림추를 달아매어 연직이 되게 하여 수직을 측정한다. 다림추는 추가 가벼우면 흔들려 오차가 생기므로 되도록 중량이 무거운 것이 좋다. 다림추로 수직을 측정하기 위해서는 상당한 눈 훈련이 요구된다. 다림추를 이용하여 수직을 측정할 때에는 다음 사항에 유의한다.

㉮ 점검하고자 하는 면의 윗부분에 나무 토막을 고정하거나 면과의 일정한 간격을 유지할 수 있는 조치를 강구한다.

㉯ 다림추의 줄을 고정 부분에 밀착시킨다.

㉰ 구조물의 수직을 측정한다.

㉱ 측정하는 순간 다림추가 흔들리지 않게 한다.

④ 레벨 및 트랜싯

㉮ 레벨은 수평, 표준, 수준 등을 측량하는 기계를 말하며, 고저 측량용 기계로서 망원경이 부착되어 있어 좌우의 표척을 겨누어 좌우 점의 고저차를 측량하는 기계이다.

㉴ 트랜싯은 망원경, 분도원, 수준기로 구성된 정밀도가 높은 측각 기계이며, 주로 수평 각, 세로각을 정확하게 측정하고, 또 직선을 연장하는 데 사용한다.

(4) 기계 공구

미장용 기계 공구로 사용되는 것은 인조석 그라인더, 모르타르 믹서, 공기 압축기 등이 며, 그 외에 전동 흙손이 있다. 인조석 및 테라조 바르기 공사에서 주로 기계 공구가 사용 되는 데, 인조석바르기 표면의 씻기용 공구로 분무기가 사용되고, 또, 표면갈기 및 구석이 나 수직면갈기용 공구로서 인조석 광내기 기계가 사용된다.

3 미장 공사의 결함

미장 공사의 결함은 미장바름재 표면의 균열, 박락, 불경화, 변색 등을 들 수 있다. 또, 석회질 재료에서 볼 수 있는 백화 현상, 온도의 변화에 따른 동해 등이 미장 공사에서 흔히 일어나는 결함이라 할 수 있다. 기타 결함으로는 오염, 색반, 곰팡이 반점, 흙손 반점 등이 있다.

(1) 균열

표면 균열 결함에는 가장 눈에 띄기 쉬운 지도상 균열과 망상 균열 등이 있다.

(2) 박락

① 균열과 함께 미장 공사에서 2대 결함의 하나로, 바탕으로부터 미장재가 떨어지는 결함이다.
② 바탕과 함께 낙하하는 경우와 초벌바름에서 박리되는 경우, 또는 정벌만이 탈락되는 경 우도 있다. 또, 범위로 미장면 전체에 걸리는 경우와 부분적인 경우가 있다.

(3) 백화

① 석회질 재료에서 불 수 있는 현상으로, 시멘트 모르타르 미장바름의 벽면 일부에서 흰 반 점이 생기는 것이다.
② 보통은 미장 표면의 유리 석회(수산화칼슘 : $Ca(OH)_2$)가 용출되었다고 생각되나, 공기 중의 이산화탄소 등과 미장재 중의 알칼리 성분이 반응하여 생성되는 것이다.

(4) 동해

겨울철에 미장면에 물이 흡수되어 동결하면서, 미장재가 부스러지거나 표면 분리, 탈락 등이 발생하는 결함이다.

(5) 미장 공사의 시공상 주의 사항

① 신축, 진동, 요철이 없도록 한다.

② 적당한 접착성이 있게 하여 녹이 슬거나 부식되지 않도록 한다.

③ 양질의 재료를 사용하여 배합을 정확히 한다.

④ 재료의 혼합을 충분히 하여 각 재료의 이겨 두는 시간에 주의한다.

⑤ 바탕면에는 필요에 따라 물축임을 한다.

⑥ 바탕이 서로 다른 종류의 재료일 때에는 두 재료의 신축이 다르므로 와이어 라스, 메탈 라스 등으로 보강한다.

⑦ 바탕면에난 접착이 잘 되게 면을 거칠게 해 둔다.

⑧ 시공 중이나 경화 중에는 바름면에 대한 진동을 피한다.

4 미장 공사의 안전 사항

(1) 작업장 안전 사항

① 개구부나 피트 등 추락의 위험이 있는 장소에는 상단까지의 높이가 90cm 이상인 표준 안전 난간과 물체의 떨어짐을 방지하기 위한 폭목을 설치한다.

② 난간을 설치하는 것이 곤란하거나, 임시로 난간을 해체해야 할 경우에는 추락 방지망을 설치해 근로자와 통행자를 보호한다.

③ 개구부 주변 작업자는 안전대와 안전모 등의 보호구를 착용하고 작업을 한다.

④ 작업장 주변에는 조명을 밝게 하고 안전 표지판을 눈에 잘 띄는 곳에 부착한다.

(2) 비계 작업 때의 안전 사항

비계를 사용하여 작업할 때에는 다음과 같은 안전 조치가 필요하다.

① 폭 40cm 이상의 발판을 전면에 깔고, 작업 발판의 끝단에는 표준 안전 난간을 설치한다.

② 작업 발판 위에는 모래나 기름 등을 떨어뜨리지 않는다.

③ 추락의 위험이 있는 장소에는 안전 표지판을 설치한다.

④ 작업에 따라 작업 발판을 이동시킬 때에는 위험 방지에 필요한 조치를 취한다.

⑤ 비, 눈, 바람 등의 기상 조건의 변화에 유의하고, 작업 시간 전에 비계를 점검한다.

5 미장재 바르기

(1) 일반 사항

① 미장바름 공법의 종류

㉮ 미장재바르기 공사에는 일반적으로 경화 후 내구성이 좋고, 시공이 용이하며, 재료의 구입이 쉬운 시멘트 모르타르 공법이 있다. 그 외에도 종석을 사용한 인조석바름 및 테라초바름 등이 있다.

㉯ 큰 유동성을 가지고 있어 자체의 흐름성으로 평탄하게 되는 성질을 가지는 셀프레벨링재를 이용한 바닥바름 공법이 있다.

㉰ 방진성, 탄력성, 내약품성 등을 목적으로 한 합성 고분자계 바닥재바름 공법 등이 있다.

② 미장바름을 위한 바탕의 처리

㉮ 콘크리트 또는 콘크리트 블록 등의 바탕을 대상으로 미장재를 바르기 위해서는 먼저 바탕의 표면을 깨끗이 청소하여 먼지, 기름, 때, 레이턴스 등을 제거하고, 파손된 부분, 심한 요철, 구멍, 균열 등을 보수하여 미장재가 부착되도록 해야 한다.

㉯ 미장재의 부착이 어려운 때에는 접착용 혼화제를 넣은 시멘트풀을 엷게 문지르고 나서 미장재를 바른다.

㉰ 콘크리트 또는 콘크리트 블록 등은 미리 물을 적시고 바탕의 물 흡수를 조정하고 나서 초벌바름을 한다.

(2) 시멘트 모르타르 바름

• 시멘트 모르타르 바름이라 함은 시멘트와 모래를 주재료로 하고, 여기에 물을 섞어 만든 모르타르를 바름하는 공사이다.

• 그 자체가 마무리 바름 공사가 될 때도 있고, 다른 마감 재료의 밑바탕으로 쓰이기도 한다.

① 재료

시멘트는 KS 규격품으로 보통 포틀랜드 시멘트, 백색 포틀랜드 시멘트 등을 사용하고, 모래는 질이 좋으며, 철분, 염분, 흙, 먼지 및 유기 불순물 등을 포함하지 않는 것으로 한다. 물은 깨끗하고 유해량의 염분, 철분, 황분 및 유기물 등을 포함하지 않는 것을 사용한다.

② 배합

시멘트 모르타르 미장재의 배합(용적비)

바탕	바르기 부분	초벌바름	라스먹임	고름질	재벌바름	정벌바름
		시멘트 : 모래				시멘트 : 모래 : 소석회
콘크리트, 콘크리트 블록 및 벽돌면	바닥	–	–	–	–	1 : 2 : 0
	안벽	1 : 3	1 : 3	1 : 3	1 : 3	1 : 3 : 0.3
	천장	1 : 3	1 : 3	1 : 3	1 : 3	1 : 3 : 0
	차양	1 : 3	1 : 3	1 : 3	1 : 3	1 : 3 : 0
	바깥벽	1 : 2	1 : 2	–	–	1 : 2 : 0.5
	기타	1 : 2	1 : 2	–	–	1 : 2 : 0.3
각종 라스 바탕	바닥	1 : 3	1 : 3	1 : 3	1 : 3	1 : 3 : 0.3
	천장	1 : 3	1 : 3	1 : 3	1 : 3	1 : 3 : 0.5
	차양	1 : 3	1 : 3	1 : 3	1 : 3	1 : 3 : 0.5
	바깥벽	1 : 2	1 : 2	1 : 3	1 : 3	1 : 3 : 0
	기타	1 : 3	1 : 3	1 : 3	1 : 3	1 : 3 : 0

※ 1) 초벌바름과 라스먹임은 택일할 수 있다.
2) 와이어 라스 바탕의 라스먹임에는 다시 왕모래 1을 가해도 된다. 다만, 왕모래는 2.5mm 정도의 것으로 한다.
3) 정벌바름에서는 바르는 부분에 따라 소석회를 약간 사용할 수 있다.

③ 바름 두께

바름 두께의 표준은 다음 표에 따른다. 마무리 두께는 천장 및 차양 등은 15mm 이하, 기타의 경우에는 15mm 이상으로 한다. 바름 두께는 바탕의 표면으로부터 측정하는 것으로, 1회바름 두께는 바닥의 경우를 제외하고 6mm를 표준으로 한다.

바름 두께의 표준(단위 : mm)

바탕	바름 부분	바름 두께(mm)					
		초벌	라스먹임	고름질	재벌	정벌	합계
콘크리트, 콘크리트 블록 및 벽돌면	바닥					24	24
	안벽	7	7		7	4	18
	천장	6	6		6	3	15
	차양	6	6		6	3	15
	바깥벽	9	9		9	6	24
	기타	9	9		9	6	24
각종 라스 바탕	안벽	라스 두께보다 2mm 정도 두껍게 바른다.		7	7	4	18
	천장			6	6	3	15
	차양			6	6	3	15
	바깥벽			0~9	0~9	6	24
	기타			0~9	0~9	6	24

④ 시공 순서

㉮ 재료의 비빔과 운반

㉠ 시멘트와 모래를 혼합하고, 물을 부어서 잘 섞는다.

㉡ 분말 모양의 혼화 재료는 그대로 혼입하고, 합성 수지계 혼화제, 방수제 등의 액상의 것은 시멘트 모르타르와 섞기 전에 미리 물과 섞어 둔다.

㉢ 비빔은 기계로 하는 것을 원칙으로 한다.

㉯ 초벌 바름 및 라스 먹임

㉠ 흙손으로 충분히 눌러 발라 2주 이상 건조시켜 홈, 균열 등을 충분히 발생시킨다.

㉡ 바른 후에는 쇠갈퀴 등으로 전면을 거칠게 긁어 놓는다.

㉢ 콘크리트 바탕이 너무 매끄럽거나 경량 콘크리트 블록 등과 같이 흡수가 큰 바탕은 미장재의 접착력을 확보하기 위해 시멘트 풀에 혼화제를 혼입하거나 접착제를 사용한다.

㉰ 초벌바름 방치 기간

초벌바름 또는 라스먹임은 가능한 한 2주일 이상 방치하여 바름면 또는 라스의 이음 등에서 홈이나 균열이 발생하는지의 유무를 충분히 관찰하고, 만일 심한 균열이 생기면 덧먹임을 한다.

㉱ 고름질

바름 두께가 너무 두껍거나 얼룩이 심할 때에는 고름질을 한다. 고름질을 한 다음에는 초벌바름 때와 마찬가지로 일정 시간 방치 기간을 두어 관찰한다.

㉲ 재벌 바름

재벌바름에 앞서서 구석, 모서리, 벽쌤 주위 등에 규준대를 대고, 초벌 바름면의 평탄성을 확인하고, 평탄하지 못한 부분은 재벌바름을 통해서 바르게 면을 잡고 고름질을 한다.

㉳ 정벌 바름

정벌바름은 미장바르기의 최종 작업으로서 미장면의 성능과 미적인 효과를 나타내는 것이므로 얼룩, 처짐, 돌기, 들뜸 등이 생기지 않도록 바른다.

㉠ 솔질 마무리 시멘트 풀칠

나무 흙손으로 시멘트 모르타르 미장재를 정벌바름한 직후, 솔에 물을 축여 벽면을 세로로 쓸어 내려 흙손 자국이 없게 마무리하는 것이다. 이 때 될 수 있는 대로 솔에 물이 많이 묻지 않도록 한다.

㉡ 긁어 만든 거치 면 마무리

재벌바름 그 위에 두께 6mm 이상으로 정벌바름한 후 흙손, 쇠빗, 솔 등의 기구를 사용하여 일정한 방향으로 얼룩이 없도록 긁어 내어 거친 면 형태로 마무리하는 것이다. 이 때, 가장자리 모서리 등은 안쪽으로 나비 1~2cm 정도는 긁지 않는 것이 미관상 좋다.

ⓒ 뿜칠

시멘트, 가는 모래, 방수제, 혼화재, 물 등을 혼합하여 모르타르 건으로 뿜칠하는 것이며, 석고 플라스터, 돌로마이트 플라스터 등을 혼합하여 사용할 때도 있다. 뿜칠 작업은 바탕을 잘 청소하여야 한다. 뿜칠기의 노즐은 바르는 면에 대하여 직 각으로 운행한다. 초벌뿜기, 정벌뿜기는 가로, 세로 두 방향으로 뿌려 바탕이 노 출되거나 얼룩이 생기지 않도록 마감한다. 뿜칠할 바탕이 건좋하거나 여름철과 같 이 빨리 건조될 때에는 뿜칠 전에 바탕면에 균등하게 물을 적신 후 뿜칠을 하여야 하며, 강우가 예상될 때나 뿜칠 후 3시간 내에 5℃ 이하로 기온이 내려갈 염려가 있을 때에는 시공을 하지 않아야 한다.

⑤ 시공할 때의 주의 사항

㉮ 시공 전의 보양

바름 작업 전에 근접한 다른 부재나 마감면 등이 더러워지거나 손상되지 않도록 종 이, 시트재, 테이프 등을 붙이거나 널빤지, 포장, 거적, 폴리에틸렌 필름 시트 등으로 덮어서 적절히 보양한다. 바름면의 오염 방지 외에 조기 건조를 방지하기 위해 통풍 이나 강한 일조를 피할 수 있도록 창에 유리 및 차광막을 설치한다.

㉯ 시공할 때의 보양

한냉기에는 따뜻한 날을 선택해서 시공하도록 한다. 외부 미장공사를 여름에 시공하 는 경우에는 바름층의 급격한 건조를 방지하기 위하여 거적 덮기 또는 폴리에틸렌 필 름 시트 덮기를 한 후에 물뿌리기를 한다.

㉰ 시공 후의 보양

바람 등에 의하여 작업 장소에 먼지가 날려 작업면에 부착될 우려가 있는 경우에는 방풍 보양을 한다. 빠른 시간 내에 건조할 우려가 있는 경우에는 통풍, 일사를 피하 도록 시트를 설치하여 보양한다.

▶▶▶ 회반죽바름과 플라스터바름 비교

사항 종류	경화성	수 축	여물 사용	페인트 시공	강 도
회반죽	늦음	대	필요	부적합	소
돌로마이트 플라스터	늦음	대	불필요	부적합	중
석고 플라스터	빠름	소	불필요	적합	대

(3) 인조석 바름 및 테라초 바름

인조석바름은 보통 포틀랜드 시멘트, 종석, 돌가루, 안료 등을 혼합하여 마감바름하고, 씻 어내기, 갈기, 잔다듬 등으로 마무리한 것을 말하며, 테라조 현장바름은 갈기의 일종으로 인 조석바름의 종석보다 입자 지름이 큰 것을 사용하여 갈아 낸 것으로 모두 테라조라 통칭한다.

① 재료

시멘트, 모래, 물 등의 재료는 모르타르바름 공사에 따르고, 안료는 순수한 광물질이나 합성 안료로 내알칼리성이고, 퇴색되지 않으며, 금속을 부식시키지 않는 것으로 한다. 종석은 대리석, 화강석 등의 부순 돌, 부순 모래로서 단단하고 미려한 것으로 한다.

② 배합과 바름 두께

인조석과 테라조 원료의 배합은 기계를 사용한다. 바름 종류별 배합비 및 두께는 다음과 같다.

>>> 배합 및 바름 두께

종 별		바름층	시멘트	모래	백색 시멘트 또는 착색 시멘트	종석	바름 두께 (mm)
인조석바름		정벌바름	–	–	1	1.5	7.5
테라조 바름	접착 공법	초벌바름	1	3	–	–	20
		정벌바름	–	–	1	3	15
	절연 공법	초벌바름	1	4	–	–	45
		정벌바름	–	–	1	3	15

③ 줄눈

㉮ 줄눈대

줄눈대에는 금속재와 목재가 있고, 목재는 인조석바르기 씻어내기 마감, 인조석바르기 잔다듬 마감에 사용하며, 줄눈대는 인조석면에 남기지 않고 제거한다. 금속재는 인조석바르기 갈기 마감에 사용되며, 제거하지 않고 인조석면에 남게 된다.

㉯ 줄눈나누기

줄눈나누기는 1구획을 $1.2m^2$ 이내로 하며, 최대 줄눈 간격은 2m 이하로 한다. 줄눈 간격은 보통 인조석바르기의 경우 2m 이내, 테라조바르기의 경우 1.2m 이내로 한다.

㉰ 줄눈대의 배치

줄눈대의 배치 방법을 그림과 같이 통줄눈식, 막힌줄눈식, 허튼줄눈식의 세 종류로 나눌 수 있다.

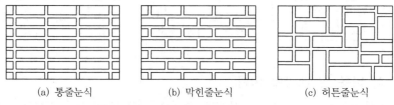

| (a) 통줄눈식 | (b) 막힌줄눈식 | (c) 허튼줄눈식 |

[줄눈대의 배치법]

㉔ 줄눈대넣기

줄눈대를 넣기 전에 초벌바름면에 줄눈대의 배치 계획에 따라 먹줄을 넣고 먹줄에 따라서 마무리면 위치에 수평실을 띄운다. 이 때, 줄눈대 넣는 방법은 시멘트를 물에 되게 반죽하여 먹줄에 따라 바르고, 그 위에 줄눈대를 수평실에 맞추어 눌러 대고 줄눈대의 양 옆도 시멘트 모르타르로 바른다.

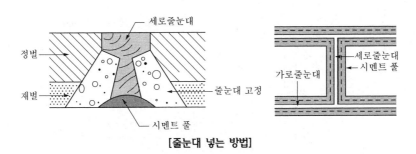

[줄눈대 넣는 방법]

④ 인조석바름 방법

㉮ 벽바름

벽바름의 경우, 재벌바름까지는 바탕 위에 시멘트 모르타르 바름 방법에 따라 모르타르를 바른다. 정벌바름은 재벌바름의 경화 정도를 살펴서 미리 시멘트풀 또는 배합비 1:1인 모르타르를 3mm 정도 바르고 실시한다.

㉯ 바닥바름

바닥바름인 경우에는 바탕 위에 시멘트풀을 문질러 칠한 후, 이어서 배합비 1:3 모르타르로 두께 약 15mm의 초벌바름을 하고, 정벌바름을 한다.

㉰ 줄눈

줄눈은 줄눈나누기를 하여 줄눈대를 시멘트풀 또는 모르타르로 고정한다.

㉱ 마감

인조석바르기 마감에는 씻어내기, 갈아내기 마감, 잔다듬 마감 등이 있고, 정벌바름은 특히 종석 입자의 돌 배열이 균일하도록 눌러 바른다. 인조석바름 순서는 재료의 선정 → 재료의 배합 → 줄눈 나누기 → 바름 → 마감(씻어내기, 갈아내기 등)의 순이다.

㉠ 씻어내기 마감

씻어내기 마감일 때에는 정벌바름 후 솔이나 분무기로 2회 이상 씻어 내고 돌의 배열을 조정하여 흙손으로 누른다. 그 후, 물걷기 정도를 보아 맑은 물로 씻어 내고 마감한다.

ⓛ 갈아내기 마감

갈아내기 마감일 때에는 정벌바름 후 시멘트 경화 정도를 보아 초벌갈기, 재벌 갈기를 하고, 눈먹임칠을 한 후 경화되면 마감갈기를 한다. 광내기 마감을 할 때에는 No.220 금강석 숫돌로 갈고 마감 숫돌로 마감한 후 왁스 등으로 광을 낸다.

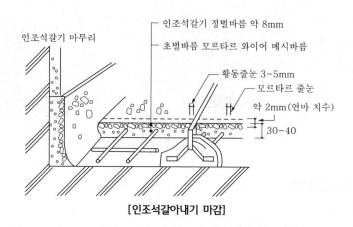

[인조석갈아내기 마감]

ⓒ 잔다듬 마감

인조적바름면에 대한 잔다듬, 기타 이에 준하는 모조적 마감일 때에는 경화 정도 를 보아 도드락 망치로 두들겨 마감한다.

ⓜ 치장 줄눈의 마감

인조석바름의 마감면이 긁히지 않도록 줄눈대를 살며시 빼낸다. 만일 긁혔을 경우 보 기 싫지 않도록 손질을 한다. 줄눈은 시멘트와 모래 또는 한수석분 1:1(용적비)의 모 르타르를 잘 밀어넣어 마감한다.

⑤ **테라조바름 방법**

㉮ 공법의 종류

테라조바름 공법에는 절연 공법과 접착 공법 등이 있다.

㉠ 절연 공법

테라조바름의 마감 두께가 일정하게 되도록 바탕고르기를 하고 줄눈나누기에 따 라 줄눈대를 고정시킨다. 건조한 모래를 5mm 두께로 깔고, 그 위에 아스팔트 펠 트 또는 아스팔트 루핑을 깔아 바닥과 분리시킨다. 초벌바름용 모르타르를 30mm 정도로 깔아 바르고, 보강용 용접 철망 등을 깔고, 테라조 정벌 마감 두께만큼을 남기고 재벌 모르타르를 눌러 바른 다음 그 표면을 긁어 놓는다. 마지막으로 정벌 모르타르를 바르고 표면을 연마한다.

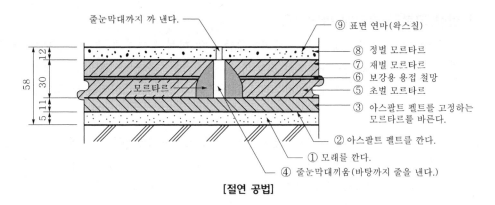

줄눈막대까지 까 낸다.

모르타르

⑨ 표면 연마(왁스칠)
⑧ 정벌 모르타르
⑦ 재벌 모르타르
⑥ 보강용 용접 철망
⑤ 초벌 모르타르
③ 아스팔트 펠트를 고정하는
   모르타르를 바른다.
② 아스팔트 펠트를 깐다.
① 모래를 깐다.
④ 줄눈막대끼움(바탕까지 줄을 낸다.)

[절연 공법]

ⓛ 접착 공법

접착 공법은 바탕에 덧바르기를 한 다음 1:1~1:2로 배합한 모르타르를 얇게 발라서 바탕과 밀착시킨 후 다시 1:3 모르타르로 평탄하게 발라 바탕을 만든다.

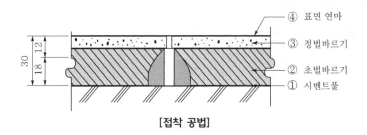

④ 표면 연마
③ 정벌바르기
② 초벌바르기
① 시멘트풀

[접착 공법]

ⓗ 줄눈

줄눈은 줄눈나누기를 하여 줄눈대를 시멘트풀 또는 모르타르로 고정한다.

ⓓ 테라조바름 시공 순서

ㄱ 바닥 콘크리트 바탕면의 건조와 요철 정도를 조사한다.

ㄴ 바탕을 청소한다.

ㄷ 바탕과 테라조의 밀착을 위해 기초바르기를 한다.

ㄹ 설계 도면에 따라 줄눈대 위치를 먹금넣기를 한다.

ㅁ 줄눈대 위치에 기준실을 띄운다.

ㅂ 줄눈대 위치에 모르타르를 놓고, 줄눈대를 올려놓는다.

ㅅ 정벌 두께 15mm를 남기고 초벌바르기를 한다.

ㅇ 정벌바르기를 실시한다.

⑥ 시공할 때의 주의 사항

정벌바름 직후 비닐 시트 등으로 덮고, 때때로 물뿌리기를 하여 양생한다. 양생은 마감일까지 계속한다.

(4) 합성 고분자 수지계 바닥바름

에폭시계, 폴리에스테르계 및 폴리우레탄 등의 합성 고분자계 재료에 잔모래, 부순돌, 안료 등을 혼합한 재료를 사용하여 흙손바름, 롤러바름, 솔바름, 뿜칠 등의 방법으로 마감하는 바닥 공사이다. 필요에 따라 구조물의 기둥이나 건축물의 벽체바름 공사에도 사용된다.

① 재료

합성 고분자계 바닥 바름재의 종류에는 크게 폴리우레탄 바닥바름재, 에폭시 수지 바닥바름재 및 불포화 폴리에스테르 수지 바닥바름재의 3종류가 있다. 재료가 반입될 때에는 재료의 품명, 색 번호, 로트 번호, 수량 등을 확인하고, 비, 서리 및 직사 일광이 미치치 않는 장소에 밀봉한 상태로 보관하고 환기에 주의해야 한다.

② 공정

합성 고분자 수지계 바닥바름 공정은 다음 표에 따른다.

>>> **바닥바름 마감 공정**

공법	손질 또는 뿌칠 공법		흙손바름 공법	
종류	폴리우레탄 마감 (US)	에폭시 수지 마감 (ES)	에폭시 수지 모르타르바름 (ET)	불포화 폴리에스터 수지 모르타르바름 (PT)
1	폴리우레탄 프라이머 (약 $0.3kg/m^2$)	에폭시 수지 프라이머 (약 $0.2kg/m^2$)	에폭시 수지 모르타르 프라이머 (약 $0.2kg/m^2$)	불포화 폴리에스터 수지 프라이머 (약 $0.3kg/m^2$)
2	폴리우레탄 페이스트 (약 $1.5kg/m^2$)	에폭시 수지 페이스트 (약 $1.8kg/m^2$)	에폭시 수지 모르타르용 결합재 (약 $0.3kg/m^2$) 에폭시 수지 모르타르 (약 $10kg/m^2$)	불포화 폴리에스터 수지 모르타르 (약 $10kg/m^2$)
3	폴리우레탄 페이스트 (약 $1kg/m^2$)	에폭시 수지 페이스트 (약 $1kg/m^2$)	에폭시 수지 페이스트 (약 $0.4kg/m^2$)	불포화 폴리에스터 수지 페이스트 (약 $0.4kg/m^2$)
4	폴리우레탄 정벌바름 (약 $0.3kg/m^2$)		에폭시 수지 정벌바름 (약 $0.2kg/m^2$)	불포화 폴리에스터 수지 정벌바름 (약 $0.3kg/m^2$)
참고 두께 (mm)	1.5~2.0	1.5~2.2	4.0~6.0	

※ 1) ( ) 안은 도포량을 표시한다.
2) ES에서 미끄럼 방지 마감을 하는 경우에는 공정 2와 3 사이에 모래뿜기를 하여 4개의 공정으로 한다.
3) US 및 흙손바름 공법에서 미끄럼 방지를 위해서 모래뿜기 마감을 하는 경우에는 공정 3과 4 사이에 모래뿜기를 하여 5개의 공정으로 한다.

③ 시공 순서

㉮ 바닥 콘크리트의 레이턴스, 유지류 등은 완전하게 제거하고 깨끗이 청소한다.

㉯ 크게 튀어나와 있는 요철 부분은 미리 제거하고, 균열, 파손부가 있는 바탕은 바탕 조정용 시멘트 페이스트를 소정량 바닥면에 부어서 롤러 또는 쇠흙손으로 평탄하게 마무리한다.

㉰ 바탕 조정이 끝난 후 프라이머를 솔, 롤러, 고무 주걱 등을 사용하여 균일하게 바른다.

㉱ 합성 수지계 미장바름재는 규정보다 약간 두껍게 바르고, 잣대를 이용하여 표면을 고른 후, 흙손으로 평탄하게 마감한다(초벌 바름).

㉲ 미끄럼 방지를 목적으로 모래를 살포할 때에는 도포한 시멘트 페이스트의 표면이 경화되지 않은 상태에서 시행한다.

㉳ 치켜올림 부분과 걸레받이 부분은 모르타르나 시멘트 페이스트 초벌 바름면이 경화된 후 묽지 않은 점도의 바탕 조정용 시멘트 페이스트를 도포한다.

㉴ 정벌바름은 솔 또는 롤러, 뿜칠 등을 사용하여 골고루 바른다.

④ 겹쳐바름 및 이음바름

㉮ 합성 수지계 미장바름재의 겹쳐바름과 이음바름은 다음의 최대 양생 시간에 따른다.

>>> **겹쳐바름, 이음바름의 최대 양생 시간**

시공	최대 양생 시간(일)		
계절	폴리우레탄 결합재	에폭시 수지 결합재	불포화 폴리에스터 수지 결합재
여름	2	−	3
봄·가을	3	3	−
겨울	4	−	−

㉯ 최대 양생 시간을 초과하여 겹쳐바름 또는 이음바름을 할 경우에는 담당원과 협의하여 적절한 조치를 취한다.

⑤ 청소 및 보양

정벌바름 또는 시멘트 페이스트가 경화된 후 심하게 더러워진 부분은 적합한 세제를 사용하여 청소한다.

⑥ 시공할 때의 주의 사항

㉮ 보양은 시멘트 모르타르 바름 공법과 동일하게 시행한다.

㉯ 프라이머, 합성 수지계 미장바름재의 1회 혼합 반죽량은 사용 재료의 가용 시간 내에 바름을 끝낼 수 있는 양으로 한다.

㉰ 프라이머, 합성 수지계 미장바름재의 주제와 경화제는 반드시 지정된 비율로 계량하고, 될 수 있는 대로 전동 교반기를 사용하여 충분히 혼합한다.

㉱ 모르타르는 주제와 경화제를 혼합 반죽한 후 소정량의 골재를 투입하고, 믹서를 사용하여 충분히 혼합한다.

(5) 셀프 레벨링(Self Leveling)재 바름

일반적으로 미장바름재의 공사는 바름면의 평활성을 유지하는 것이 중요한 기술적 요소이다. 특히, 바닥의 경우에는 더욱 중요하지만, 기존의 미장 재료는 유동성(흐름성)이 크지 않기 때문에 흙손 및 전동 흙손으로 평활하게 만든다. 그러나 이 방법은 세심하게 주의해야 하는 어려움이 있으나, 최근에는 유동성이 크고 재료 분리가 없어 바닥에 부어 놓으넘 저저롤 수평을 이루는 성질을 가진 바닥바름재가 사용되고 있는데, 이것을 셀프 레벨링재라 한다.

① 재료

㉮ 셀프 레벨링재는 합성 수지계, 시멘트계, 황토계 등 다양한 재료가 사용되고 있고, 우리 나라에서는 주로 공장, 주차장, 아파트 등의 바탕 마감재로 주로 사용되고 있다.

㉯ 셀프 레벨링재를 사용할 때 유동성을 확보하기 위한 유동화제와 건조시 수축, 균열을 방지하기 위한 수축 저감제(팽창제) 등의 혼화제를 사용한다.

② 공정

셀프 레벨링재의 표준 바름 공정은 다음과 같다.

》》》 셀프 레벨링재의 바름 공정

공 정	재료 또는 표면 처리	배합 (중량비)	바름 두께 (mm)	바름 횟수	경과 시간 공정 내	경과 시간 공정 간	경과 시간 최종 양생
실러바름 1회	합성 수지 에멀션	100	(소요량) 0.2~ 0.6kg/m²	1~2	1 이상	15 이상	–
실러바름 1회	물	지정에 따름.					
실러바름 2회	합성 수지 에멀션	100		1	–	1~2	–
실러바름 2회	물	지정에 따름.					
SL재바름	SL재	100	2~20	1	–	24 이상	–
SL재바름	모래	0~100					
SL재바름	물	지정에 따름.					
이어치기 부분	요철부는 연마기로 다듬고 기포는 된비빔 석고로 보수	–	–	–	–	–	3일 이상

※ 1) 실러바름 1회는 시방에 따라 생략할 수 있다.
　2) 바름 두께 10mm 이하인 경우에는 모래를 혼합하지 않고, 바름 두께 10~20mm인 경우에는 제조업자가 지정하는 모래를 지정량 혼입한다. 혼입량의 표준은 일반적으로 30~100%이다.

③ 시공 순서

㉮ 재료의 혼합 반죽

㉠ 합성 수지 에멀션 실러는 지정량의 물로 균일하고 묽게 반죽해서 사용한다.

㉡ 셀프 레벨링 바름재는 제조업자가 지정하는 수량으로 소정의 표준 연도가 되도록 기계를 사용하여 균일하게 반죽하여 사용한다.

㉯ 실러바름(프라이머바름)

실러바름은 사용 재료의 지정된 도포량으로 바르되, 수밀하지 못한 수분은 2회 이상에 걸쳐 도포하고, 셀프 레벨링재를 바르기 2시간 전에 완료한다.

㉰ 셀프 레벨링재 붓기

연도를 일정하게 한 셀프 레벨링재를 시공면 수평에 맞게 붓는다. 이 때 필요에 따라 고름 도구 등을 이용하여 마무리한다.

㉱ 이어치기 부분의 처리

㉠ 경화 후 이어치기 부분의 돌출 부분 및 기포 흔적이 남아 있는 주변의 튀어나온 부위 등은 연마기로 갈아서 평탄하게 한다.

㉡ 기포로 인하여 오목 들어간 부분 등은 된비빔 셀프 레벨링재를 이용하여 보수한다.

④ 시공할 때의 주의 사항

셀프 레벨링재의 표면에 물결 무늬가 생기지 않도록 창문 등을 밀폐하여 통풍과 기류를 차단하며, 시공 완료 후 기온이 5℃ 이하가 되지 않도록 한다. 기타 주의 사항은 시멘트 모르타르 바름 방법과 동일하게 시행한다.

3. 적산 실습

1 일반 사항

미장 공사는 습식 재료 또는 이에 부수되는 재료를 사용하여 건물의 내·외부를 최종적으로 마무리하는 공사를 말한다. 그러나 뿜칠에 의한 공사는 도장 공사로 분류될 수 있다.

미장 공사비는 미장재의 종류, 시공 장소, 시공 방법, 시공의 난이도 및 마무리 방법에 따라 공임의 차등을 두어 총괄적으로 산출한다.

2 미장 공사 적산 기준

시멘트 모르타르 미장재바르기의 적산 기준은 다음과 같다.

(1) 벽, 바닥, 천장 등의 장소별 또는 마무리 종류별로 면적을 산출한다. 바름 나비가 30cm 이하이거나 원주 바름일 때에는 별도로 계산한다.

(2) 도면 정미 면적(마무리 표면적)은 소요 면적으로 하여 재료량을 구하고 다음 표의 값 이내의 할증률을 가산해야 한다.

>>> 바름 바탕별 할증률

바름 바탕	할증률(%)	비고
바닥	5	회사 모르타르바름은 제외
벽·천장	15	
나무 졸대 바탕	20	

(3) 각 부분의 적산

① 바닥 면적

항상 넓은 면적에서 좁은 면적의 전체를 감하여야 한다.

A실 면적 $= (a \times b) + (W \times t) - (c \times d)$

② 내벽 및 걸레받이 면적 산출

㉮ 먼저 내벽 전체를 산출하고 여기에 개구부의 면적을 감한다.

내면 면적 $= (a + b) \times 2 \times$ 천장고 $- \{ (W \times H) + (w \times h) \}$

㉯ 걸레받이 면적은 다음가 같이 산출한다.

걸레받이 면적 $= \{ (a + b) \times 2 - W \} \times$ 걸레받이 높이

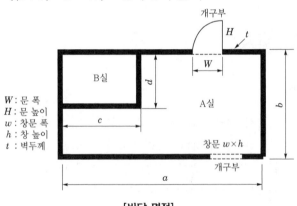

W : 문 폭
H : 문 높이
w : 창문 폭
h : 창 높이
t : 벽두께

[바닥 면적]

㉰ 내벽의 미장 면적은 산출한 걸레받이 면적을 그 수량만큼 내벽 면적에서 감하여야 한다.

㉱ 걸레받이를 산출할 때 코너 비드 및 줄눈(SST, PVC, AL, M 등)은 필요할 때에 길이로 산출한다.

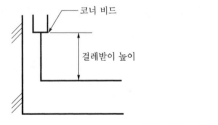
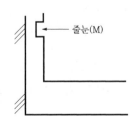

[코너 비드, 걸레받이]

㉫ 계단에서 걸레받이의 면적을 산출
한다.
　걸레받이의 마감 면적
$$= L \times H + \frac{1}{2}(a+b) \times 4$$

　　H : 걸레받이 높이
　　L : $\sqrt{l^2 + h^2}$

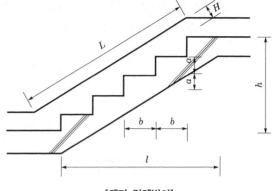

[계단 걸레받이]

③ 이중 천장판이 없는 내벽 면적 산출
㉮ 벽과 천장의 재료가 같을 때(마감 면적 산출)
　　㉠ 점선(······)은 벽 부분으로 산출한다.
　　㉡ 실선(──)은 천장 부분으로 산출한다.

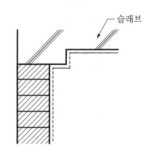

[내벽 천장]

㉯ 벽과 천장의 재료가 다를 때(마감 면적 산출)
　　㉠ 점선(······)은 벽 부분으로 산출한다.
　　㉡ 실선(──)은 천장 부분으로 산출한다.

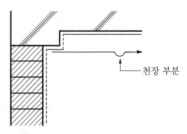

[내벽 천장]

㉰ 이중 천장판이 있는 내벽 높이 결정
　벽 마감 재료 중 모르타르, 타일, 돌, 합판, 내장판, 집성 보
드일 경우에 내벽의 높이는 천장고에서 150mm 가산한 치수
로 한다.

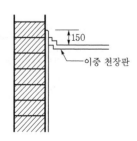

[내벽]

㉑ 벽면이 원형이거나 폭이 30cm 이하이면 구분하여 산출해야 하며, 외벽의 높이는 다음과 같이 구분하여 적용한다.

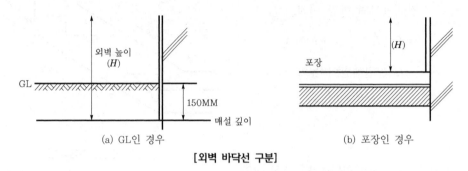

[외벽 바닥선 구분]

㉠ 외벽 높이는 GL에서 깊이 150mm를 가산한 연장선을 외벽의 하부선으로 한다.
㉡ 포장인 경우에는 포장 윗면을 외벽의 하부선으로 한다.

④ 공제 부분의 계산

㉮ Ⓐ 벽 개구부
㉯ Ⓑ 바닥 공제
㉰ Ⓒ 보 마무리
㉱ Ⓓ 기둥 마무리
㉲ Ⓔ 반자 돌림띠는 0.5m 이하인 경우 마감 길이에서 공제하지 않는다.
㉳ Ⓕ 걸레받이는 0.5m 이하인 경우에는 마감 길이에서 감하지 않는다.
㉴ Ⓓ 기둥 마무리는 이중 천장일 때 크기에 관계 없이 마감 면적에서 감하지 않는다.
㉵ 창호의 개구부는 면적에서 감하되, 창호 주변의 미장은 언제나 고려해서 산출하여야 한다.

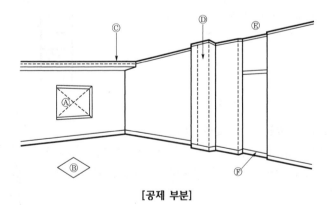

[공제 부분]

3 표준 품셈

시멘트 모르타르 미장재의 바름 두께, 배합 용적비에 따른 소요 재료량과 품은 다음 표와 같다.

》》》 모르타르(용적비) 및 바름 두께

바탕 \ 구분		바름 두께(용적비)				시멘트(kg)		모래(m²)		소석회 (용적비)
		초벌 (mm)	고름질 (mm)	재벌 (mm)	정벌 (mm)	초벌+정벌 (바닥은 바름 두께 15mm 때)	초벌 +바닥고르기 +재벌+정벌 (바닥은 바름 두께 24mm 때)	초벌+정벌 (바닥은 바름 두께 15mm 때)	초벌 +바닥고르기 +재벌+정벌 (바닥은 바름 두께 24mm 때)	
콘크리트 및 블록 바탕	바닥	–	–	–	15~24 (1:2) (1:3)	10.20 (7.65)	16.32 (12.24)	0.0147 (0.0165)	0.0235 (0.0264)	
	내벽	7 (1:3)	– –	7 (1:3)	4 (1:3)	5.61	9.18	0.0121	0.0198	0.3
	천장	6 (1:3)	–	6 (1:3)	3 (1:3)	4.59	7.65	0.0099	0.0165	
	외벽	9 (1:2)		9 (1:2)	6 (1:2) (1:3)	10.20 (9.18)	14.79 (13.77)	0.0147 (0.0154)	0.0246 (0.0253)	0.5

》》》 모르타르 배합

배합 용적비	시멘트(kg)	모래(m²)	인부(인)
1:1	1,093	0.78	1.0
1:2	680	0.98	1.0
1:3	510	1.10	1.0
1:4	385	1.10	0.9
1:5	320	1.15	0.9

(주) ① 재료의 할증률이 가산되어 있다.
② 본 품에는 기구 손료 및 소운반 품이 포함되어 있다.
   단, 모르타르 배합의 선정은 다음의 표를 참고로 한다.

배합비	사용처
1:1	치장 줄눈, 방수 및 중요한 개소
1:2	미장용 마감바르기 및 중요한 개소
1:3	미장용 마감바르기, 쌓기 줄눈
1:4	미장용 초벌바르기
1:5	중요하지 아니한 개소

4 적산 실습

(1) 문제

콘크리트 바닥 면적 110m²를 모르타르로 마감하고자 한다. 이에 소요되는 재료 수량을 산출하시오(시멘트 : 모래 = 1 : 3, 미장 두께는 24mm로 한다).

(2) 풀이

① 바닥 정미량 : 시멘트 = 12.24×110

$$= 1,346.4(kg)$$

모래 = 0.0264×110

$$= 2.91(m^3)$$

바닥 재료는 5%의 할증률을 가산하여 소요 수량을 산출한다.

② 바닥 : 시멘트 = $1,346.4 + 1,346.4 \times 0.05$

$$= 1,413.8(kg)$$

$$1,413.8(kg) \div 40(kg) = 35.4(포)$$

모래 = $2.91 + 2.91 \times 0.05 = 3.06(m^3)$

>>> **모르타르의 재료량**　　　　　　　　　　　　　　　　　　　　　　　　　(m²당)

장소＼재료	시멘트(kg)	모래(m³)	소석회(kg)
바닥	12.24	0.0264	–
내벽	9.18	0.0198	0.01
외벽	13.77	0.0253	–
천장	7.65	0.0165	0.015

출제예상문제

01 미장 공사에 대한 기술 중 틀린 것은?

① 석고는 경화 속도가 빠르고 팽창성이 있다.

② 플라스터 반죽 바름은 간접 통풍을 해야 한다.

③ 플라스터류의 정벌 바름은 재벌 바름 후 7일 경과된 후 한다.

④ 순석고 플라스터는 석고 플라스터에 석회죽을 혼합한 것이다.

해설 정벌 바름은 재벌 바름 후 24시간 경과 후에 한다.

02 미장 공사 시공 부분이 아닌 것은?

① 건물의 내외벽

② 건물의 바닥판

③ 건물의 천정

④ 건물의 지붕틀 내부

해설 건물 지붕틀은 뼈대 공사에 속한다.

03 미장 공사에서 목모 시멘트판을 철골 바탕에 설치할 때 띠장 및 중도리의 간격은?

① 10cm 내외 　② 20cm 내외

③ 30cm 내외 　④ 40cm 내외

04 미장 공사 적산에 필요없는 것은?

① 설계도서

② 수량산출 용지

③ 제도 용구

④ 계산 요구

해설 제도 용구는 도면 작성시 필요하다.

05 미장 바탕 균열의 원인이 아닌 것은?

① 구조체 변형에 의한 원인

② 미장 바탕에 의한 원인

③ 바르기면에 의한 원인

④ 기후에 의한 원인

06 경량 철골 천정을 석고 보드 바탕으로 할 때 반자틀의 간격은?

① 15mm 내외 　② 20mm 내외

③ 25mm 내외 　④ 300mm 내외

07 모르타르 바름 표면 마무리 방법이 아닌 것은?

① 솔질 마무리 　② 혹두기

③ 긁어내기 　④ 뿌리기

해설 혹두기는 돌의 가공 방법이다.

08 미장 바탕에 관한 기술 중 틀린 것은?

① 나무 졸대 바탕은 육송, 삼나무로 옹이가 없고, 건조된 것을 사용한다.

② 나무 졸대의 간격은 8mm 정도로 10매마다 엇갈려 잇는다.

③ 콘크리트 바탕의 이음 부분은 방수처리 하고 손질 바름 두께는 50mm로 한다.

④ 라아드 바탕은 주로 모르타르 바름의 바탕면과의 부착력을 증대시키기 위해서다.

해설 콘크리트 바탕 손질 바름 두께는 최대 25mm로 한다.

09 석고 보드 바탕에 관한 설명 중 틀린 것은?

① 내화성이 크나 중량이고 신축성이 크다.

② 목조 바탕의 띠장 간격은 450mm 내외로 한다.

③ 목조 천정 바탕의 반자틀 간격은 300mm 내외로 한다.

④ 경량 철근 바탕의 간막이 벽에서 샛기둥의 간격은 450mm 내외로 한다.

해설 석고 보드 바탕은 내화성이 크고 경량이며 신축성이 작다.

10 모르타르벽 마무리 1회 바름 표준 두께는?

① 6mm ② 9mm

③ 12mm ④ 18mm

해설 1회 바름 두께는 바닥을 제외하고 6mm를 표준으로 한다.

11 플라스터류 고름질 미장일수로 맞는 것은?

① 초벌 바름후 7일 이상 경과된 후

② 초벌 바름후 5일 이상 경과된 후

③ 재벌 바름 후 7일 이상 경과된 후

④ 재벌 바름 후 5일 이상 경과된 후

해설 ㉮ 재벌 바름 : 고름질한 후 7일 이상 경과된 후
㉯ 정벌 바름 : 재벌 바름 다음날

12 플라스터 반죽 바름식 실내 유지 온도는?

① 2℃ 이상 ② 3℃ 이상

③ 4℃ 이상 ④ 5℃ 이상

해설 2℃ 이하에서는 작업을 중단하고, 5℃ 이상을 유지토록 한다.

13 순석고 플라스터 초벌용은 가수 후 몇 시간 경과하면 사용이 불가능한가?

① 1시간 이상

② 2시간 이상

③ 3시간 이상

④ 4시간 이상

해설 가수 후 초벌용은 4시간 이상, 정벌용은 2시간 이상 경과된 것은 사용 불가능하다.

14 플라스터 반죽 바름에 관한 설명 중 틀린 것은?

① 혼합 석고 플라스터는 공장에서 적당하게 혼합한 후 현장에서 모래와 물을 넣어 반죽한 것이다.

② 혼합 석고 플라스터 초벌, 재벌용은 4시간 이상 경과된 것은 사용하지 않는다.

③ 경석고 플라스터는 경도가 낮고 철재를 부식시킨다.

④ 돌로마이트 플라스터는 돌로마이트에 모래, 여물을 섞어 반죽한 것이다.

해설 경석고 플라스터는 경도가 높다.

15 다음 중 해초풀로 좋은 것은?

① 잎이 크고 살이 얇은 것

② 가을에 딴 것

③ 딴지 1년 이내의 것

④ 잎에 흰가루가 많은 것

해설 해초풀은 살이 두껍고, 입이 작고, 봄철에 딴 것으로 2년 이상 저장하여 흰가루가 많은 것이 양질의 해초풀이다.

16 회반죽 바름에 수염을 쓰는 주된 목적이 아닌 것은?

① 건조 및 수축에 의한 균열 방지를 위해

② 끈기를 증대시키기 위해

③ 충격에 의해 떨어짐을 방지하기 위해

④ 바름 바탕의 강도를 높이기 위해

17 인조석 시공시 사용되는 재료가 아닌 것은?

① 모래와 안료
② 해초풀과 수염
③ 시멘트와 백시멘트
④ 돌가루와 종석

해설 해초풀과 수염은 회반죽 바름의 재료다.

18 테라쪼 바름 손갈기는 정벌 바름 후 몇 일이 경과되어야 하는가?

① 1~3일   ② 3~4일
③ 4~6일   ④ 7일 이상

해설 정벌 바름 후 손갈기는 1~3일, 기계갈기는 7일 이상 경과 후에 한다.

19 천장 바름시 콘크리트 슬라브 바탕일 경우 탈락을 우려하여 구획면을 둘 경우 얼마 정도가 적당한가?(단, 시멘트 모르타르 바름)

① 2×2m 정도
② 2×3m 정도
③ 4×4m 정도
④ 크기에 관계없이 1실 단위로 한다.

20 미장 재료 중에서 기경성인 재료는?

① 시멘트 모르타르
② 혼합 석고 플라스터
③ 회반죽
④ 킨스 시멘트

21 다음 중에서 여물이 필요하지 않은 미장 재료는?

① 회반죽
② 돌로마이트 플라스터
③ 회사벽
④ 시멘트질

22 다음 중에서 석고 보드 바탕의 초벌바름 용 재료인 것은?

① 크림용 석고 플라스터
② 혼합 석고 플라스터
③ 보드용 석고 플라스터
④ 킨스 시멘트

23 인조석바름의 소요 재료가 아닌 것은?

① 시멘트
② 모래
③ 종석
④ 화학 합성풀

24 석고 플라스터에 대한 설명 중에서 옳지 않은 것은?

① 점성이 크기 때문에 여물이 필요하지 않다.
② 유성 페인트를 즉시 칠할 수 있다.
③ 접촉된 목재의 부식을 막는다.
④ 수축이 매우 크다.

25 회반죽에 여물을 넣는 이유 중에서 옳은 것은?

① 균열을 방지하기 위하여
② 점성을 높이기 위하여
③ 경화 속도를 높이기 위하여
④ 경도를 높이기 위하여

26 마감용 공구 중에서 벽과 벽의 교차 부분인 구석의 모르타르 마감용으로 사용하는 흙손은?

① 줄눈 흙손
② 모르타르 흙손
③ 면접기 흙손
④ 쇠시리 흙손

27 미장 바탕의 일반적인 조건이 아닌 것은?

① 미장바름을 지지하는 데 필요한 강도와 강성이 있어야 한다.

② 미장바름을 지지하는 데 필요한 접착강도를 유지할 수 있는 재질 및 형상이어야 한다.

③ 바탕은 미장바름재를 바를 수 있도록 면이 곱고 윤기가 있어야 한다.

④ 유해한 요철, 접합부의 어긋남, 균열 등이 없어야 한다.

28 시멘트 모르타르 바름에서 콘크리트, 콘크리트 블록 등의 바탕으로 덧붙임 손질이 필요한 부분은 요철을 조정하고 긁어 놓은 다음 몇 주 이상 방치하는가?

① 1주
② 2주
③ 3주
④ 4주

29 모르타르바름 두께는 천장을 제외하고 다른 부분은 몇 mm 이상으로 하는가?

① 3mm
② 5mm
③ 10mm
④ 15mm

30 시멘트 모르타르 바름 공법의 순서가 바르게 된 것은?

① 재료의 비빔, 운반 → 초벌바름 → 재벌바름 → 정벌바름 → 고름질

② 재료의 비빔, 운반 → 초벌바름 → 고름질 → 재벌바름 → 정벌바름

③ 재료의 비빔, 운반 → 초벌바름 → 재벌바름 → 고름질 → 정벌바름

④ 재료의 비빔, 운반 → 초벌바름 → 재벌바름 → 정벌바름 → 양생

31 다음은 회반죽과 플라스터 바름의 비교이다. 빈 칸에 드러갈 내용이 바르게 짝지어진 것은?

〈회반죽 바름과 플라스터 바름의 비교〉

종류＼사항	경화성	수축	여물 사용	페인트 시공	강도
회반죽	a	대	c	e	g
돌로마이트 플라스터	늦음	대	불필요	부적합	중
석고 플라스터	빠름	b	d	f	h

사항＼종류	a	b	c	d	e	f	g	h
①	늦음	소	필요	불필요	부적합	적합	소	대
②	늦음	소	필요	필요	부적합	적합	대	대
③	빠름	대	필요	필요	적합	부적합	소	소
④	빠름	소	불필요	불필요	부적합	부적합	소	중

32 테라조바르기의 줄눈나누기는 몇 m^2 이내로 하는가?

① $0.5m^2$
② $1m^2$
③ $1.2m^2$
④ $1.5m^2$

33 인조석 바름의 순서가 바르게 나열된 것은?

① 재료 선정 → 줄눈나누기 → 재료 배합 → 바름 → 마감(씻어내기, 갈아내기)

② 재료 선정 → 재료 배합 → 줄눈나누기 → 바름 → 마감(씻어내기, 갈아내기)

③ 줄눈나누기 → 재료 선정 → 재료 배합 → 바름 → 마감(씻어내기, 갈아내기)

④ 재료 선정 → 재료 배합 → 바름 → 줄눈나누기 → 마감(씻어내기, 갈아내기)

34 테라조의 기계갈기는 며칠이 경과한 후에 경과 정도를 보아 갈아내기를 하는가?

① 1~2일
② 3~4일
③ 5~7일
④ 7~10일

35 목편 시멘트판 바탕에서 목편 시멘트는 두께 몇 mm 이상의 것을 사용하는가?

① 10mm ② 20mm

③ 30mm ④ 40mm

36 미장 바탕고름에서 콘크리트 바탕이 손질바름 두께가 몇 mm를 초과할 때 철망 등을 긴결시켜 콘크리트를 덧붙이는가?

① 10mm ② 20mm

③ 25mm ④ 50mm

37 다음 중에서 수직을 측정할 때 사용하는 공구는?

① 다림추 ② 고무 호스

③ 줄자 ④ 곱자

38 천장 모르타르바름의 할증률은 몇 %인가?

① 5% ② 10%

③ 15% ④ 20%

II 타일 공사

1. 타일 공사 재료

1 일반 사항

　타일은 의장적 효과가 뛰어나 건축물의 외관을 아름답게 하는 점이 기본적 특성이라 볼 수 있다. 가격은 경제적이고 다양한 색상과 고급스러운 질감을 줄 수 있으므로 뛰어난 의장 재료로 볼수 있고, 내화성, 내구성 및 내오염성이 뛰어나 건축물의 내·외장 마감 재료로 널리 사용하고 있다.

　타일은 점토 또는 암석의 분말을 성형·소성하여 만든 박판 제품(두께 약 5mm 정도)을 총칭한 것이다. 타일에는 도자기 타일, 시멘트 타일, 비닐 타일, 아스팔트 타일 등이 있으며, 기타 화학 제품으로 다양한 타일이 개발되고 있다. 보통의 타일은 도자기 타일을 말하는데, 주된 원료는 점토, 고령토를 사용한다.

　타일의 사용은 그 사용 방법을 틀리게 하거나 시공이 불확실하면 건축물의 외관에는 나쁜 영향을 주지만, 타일이 떨어지는 경우 인적, 물적으로 다양한 재해가 유발될 수 있으므로 시공 및 품질 관리에 각별히 주의해야 한다.

2 타일의 종류

(1) 재질에 의한 분류

　타일의 재질은 토기질, 도기질, 석기질, 자기질이 있으며, 각종 타일의 품질과 특성은 표와 같다.

>>> 타일의 품질과 특성 및 소성 온도

종류	소지				유약 처리	소성 온도(℃)
	흡수성	색조	성질·소리	성분		
토기질 타일	20% 이상	있다.	취약, 탁함	점토, 석기질	안함	790~1,000
도기질 타일	10% 이상	있다.	경질, 탁함	점토질	처리함	1,080~1,250
석기질 타일	1~10%	있다.	경질, 맑음	규석질	안함	1,000~1,300
자기질 타일	0~1% 미만	백색	경질, 맑음	규석질	처리함	1,250~1,450

(2) 표면의 상태에 의한 분류

타일은 표면에 유약을 처리하여 소성한 타일로서, 방수성이 강하고 내산성이 높아 벽면 시공에 많이 쓰이는 시유(施釉) 타일과, 유약 처리를 하지 않아 미끄럼 방지 효과가 높아 바닥 시공에 많이 쓰이는 무유(無釉)타일로 나누어진다.

(3) 용도 및 형태에 의한 분류

① 타일은 쓰이는 용도에 따라 크게 내장 타일, 외장 타일, 바닥 타일 등으로 분류된다.

② 타일은 형태에 따라 정사각형, 직사각형, 육가형, 팔각형 등이 있으며, 이 외에 특수한 모양의 이형 타일과 5cm 이하의 소형 타일로서 모자이크 타일(mosaic tile)이 있다. 모자이크 타일은 30cm각 하드롱지 망사에 일정한 줄눈으로 붙어 있다.

③ 타일 표면의 형태에 따라서는 타일 표면이 거칠지 않으면서 평활한 활면 타일과 거친 모양으로 의장적, 장식적 효과를 주는 조면 타일이 있다. 단, 조면 타일은 먼지가 끼는 문제가 있어 정기적으로 청소를 해야 한다.

(4) 기타 타일의 종류

① 아트 모자이크 타일

㉮ 모자이크 타일은 바닥 마감에 주로 쓰이는 소형 타일로 색을 쓰기도 하지만, 아름다운 무늬를 만들기 위해서 다양한 색을 이용한다.

㉯ 18mm각, 24mm각, 30mm각, 36mm각의 반형 또는 원형이 있고, 12mm각 이하의 소형은 색상이 풍부하여 회화적으로 표현할 수 있으므로 아트 모자이크 타일(art mosaic tile)이라고 한다.

② 계단 미끄럼 방지용 타일(non-slip tile)

계단의 디딤판 모서리에 붙이는 자기질이나 도기질의 타일로, 금속제보다 내마멸성이 강하며 장식성이 좋다. 치수 6cm×11cm, 7.5cm×15cm, 9cm×15cm 등이 많이 쓰인다.

3 타일 재료 및 제조

(1) 타일의 원료

타일 제품은 자기류, 도기류 등에 따라 장석, 납석, 규석, 도석 등의 원료를 분쇄하여 점토에 적당히 혼합하여 성형, 건조, 유약바르기, 소성 과정을 거쳐 제조된다.

① 점토

㉮ 점토란 화강암, 석영 등의 각종 암석이 오랜 세월 동안 풍화, 분쇄되어 세립(0.01mm 이하) 또는 분말로 된 것이다. 일반적으로 물을 함유하여 습윤하게 되면 가소성이 생기고, 고열로 소성하면 경화되는 성질이 있다.

ⓑ 점토를 구성하고 있는 점토 광물은 잔류 점토(암석의 풍화, 분해된 것이 그 장소에 그 대로 침적된 1차 점토)와 침적 점토(우수나 풍력으로 이동되어 다른 장소에 침적된 2차 점토로, 비교적 양질의 점토이지만, 유기물이 포함)가 있다.

ⓒ 점토의 주성분은 실리카(SiO_2), 알루미나(Al_2O_3)이고, 그 밖에 산화철(Fe_2O_3), 산화칼슘(CaO), 산화칼륨(K_2O), 산화나트륨(Na_2O) 등이 포함되어 있다.

ⓓ 알루미나가 많은 점토는 가소성이 좋고, 산화철과 기타 부성분이 많은 것은 건조 수축과 소성 변형이 크므로 고급 타일의 원료로서는 부적당하다.

② 유약

유약은 타일 소지의 표면에 입혀진 단단한 유리질로, 주성분은 장석, 규석, 아연화탄산바륨 등이 사용된다.

③ 안료

㉮ 타일의 색상은 점토에 포함된 불순물에 의하여 착색되기도 하지만, 금속의 산화물인 안료를 넣어 착색시키는 방법도 있다.

㉯ 유약에 의한 착색은 바탕 소재에 착색 시유하는 방법과 유약에 안료를 넣어 바탕 소재에 시유하는 방법이 있다. 착색제의 종류는 다음과 같다.

>>> 주요 착색 재료

색 상	안 료
백색	산화아연, 실리콘
회색	산화니켈, 산화코발트
흑색	산화철, 산화크롬
황색	카드뮴, 산화안티몬, 연단
갈색	이산화망간, 산화크롬
적색	셀젠, 황화카드뮴, 크롬산
청색	코발트, 산화망간
녹색	크롬, 철
자색	이산화망간, 망간코발트

(2) 타일의 성형 및 소성

① 습식 성형

배합된 원료를 균일한 형태로 반죽하여 타일을 찍어 내거나 형틀에 넣고 성형하는 방법으로서 비교적 특이한 형상에 적합하며 주로 외장 타일, 바닥 타일을 생산한다.

② 건식 성형

배합된 원료를 건조 분말로 분쇄하여 약간의 습기를 가해 반죽한 후 가압 성형하는 방법으로서, 밀도가 치밀하여 표면이 매끈하고 모서리가 정확하며, 두께가 얇아도 비교적 강하여 자동화 생산에 적합하고 주로 내장 타일, 모자이크 타일, 바닥 타일을 생산한다.

③ 소성 방법
㉮ 등요법 : 경사지에 계단식으로 만드는 가마로서 최하부의 방에 불을 붙여 차례로 소성시킨다.

㉯ 터널 요법 : 일정한 온도를 유지하고 있는 각 요실에 소재를 적당한 속도로 통과하여 소성시킨다.

㉰ 호프만 요법 : 각 요실이 모여 타원형을 이루고 있으며, 하루에 한 요실씩 구워서 소성시킨다.

㉱ 머플 요법 : 소재가 연기에 그을리는 것을 막기 위하여 연도와 요실이 분리되어 소성시킨다.

4 타일 공구 및 기구

(1) 타일 가공용 공구 및 기구

① 타일 정 및 금긋기 공구
㉮ 타일 공사에서는 필요데 따라 타일을 절단하여 사용한다. 과거에는 정으로 마름질하였으나, 오늘날에는 초경합금제의 칼날을 붙여 타일의 표면에 금긋기를 하여 손으로 절단하거나, 기계 공구를 사용하여 절단한다.

㉯ 손으로 절단하는 공구는 타일 표면에 칼자국을 내어 절단하는 공구로 근래에는 다이아몬드 날을 부착한 칼의 사용이 늘어나고 있다.

② 타일 절단기
㉮ 전동 타일 절단기는 크기가 작은 절단기로, 현장에서 이동이 쉬우므로 많이 이용되고 있으며, 분진을 줄이기 위하여 습식 공구를 사용하는 것이 좋다.

㉯ 수동 타일 절단기는 초경합금 롤러로 자국을 내고 레버의 힘으로 타일을 V자로 눌러서 절단하는 것으로 마름질의 정확도와 작업 능률을 높일 수 있다.

③ 타일 구멍뚫기 공구
타일의 구멍뚫기에는 휴대용 전기 드릴이 많이 사용되고 있다. 드릴 작업 때, 동작이 흔들리면 정확한 가공이 되지 않으므로 드릴날과 타일면의 직각을 유지하면서 뚫어야 한다.

④ 타일 망치
타일을 크게 자르거나 콘크리트 면에 요철이 심한 경우, 면을 고르는데 사용된다. 또, 타일 면을 가볍게 두드려 줄눈을 맞출 때에는 주로 고무 망치가 사용되지만 마치 자루가 사용되기도 한다.

⑤ 타일 집게

날 끝에 초경합금 바이트를 붙이고, 레버의 길이를 길게한 것으로 타일을 필요한 형태로 가공할 때 사용되고, 간단한 타일을 자를 때에도 쓰인다.

(2) 타일붙임용 공구

벽돌을 쌓을 때 사용하는 벽돌 흙손을 타일 공사에 쓰고 있으나, 최근에는 각종 타일 작업에 적합한 특수한 여러 가지 형태의 타일 흙손을 만들어 쓰고 있다.

① 타일 흙손

흙손의 종류는 크기에 따라 #1, #2, #3, #4 등으로 분류되며, 일반적으로 #1과 #2는 조적용, #3과 #4는 타일붙이기용으로 쓰이고 있다.

② 미장 흙손

미장 흙손의 종류는 크기에 따라 대, 중, 소로 분류하고, 연강이나 강철로 만든다. 대형은 초벌용, 중형은 재벌용, 소형은 마무리 흙손으로 사용된다.

③ 나무 흙손과 플라스틱 흙손

나무 판재에 손잡이를 붙인 것으로 모르타르 바름면을 ±1~2mm 정도까지 평활하게 고르는 데 사용된다. 현재는 일반적으로 플라스틱 흙손을 많이 사용하고 있다.

④ 줄눈 흙손

㉮ 줄눈은 타일 상호간의 간격을 말하며, 방수와 장식을 고려하여 치밀하게 아름답게 시공되어야 한다.

㉯ 줄눈 흙손은 줄눈 처리 작업에 편리하도록 제작된 면이 좁은 흙손으로, 줄눈의 크기에 따라 여러 종류가 있다. 또, 3mm 이하의 줄눈은 고무 흙손이나 스펀지, 천 등을 사용하여 줄눈을 채워 마감하기도 한다.

⑤ 밧줄 흙손

압착 타일 시공 또는 접착 타일 시공법 등에 주로 사용되는 흙손으로 타일의 뒷판이 미장면에 강하게 흡착될 수 있도록 붙임모르타르 또는 접착제에 골을 파주는 흙손이다.

(3) 측정용 공구

① 곱자

곱자는 철제의 잣대 양 면에 눈금을 표시한 것으로, 직각이나 치수의 측정, 도형의 작도에 쓰이며, 타일 공사에도 사용되고 있다.

② 스틸자 및 줄자

스틸자는 강철로 만든 자로 30cm, 60cm, 100cm, 200cm 등이 있고, 줄자는 둥근 갑 속

에 띠처럼 말아 두었다가 필요할 때에 풀어서 쓰는 것으로 재질은 헝겊과 철재가 있는데 소
규모 타일 공사에는 주로 철재로 만든 줄자가 사용된다.

③ 먹통

㉮ 먹통은 긴 직선을 그을 때 사용하는 것으로 목공 작업 이외에 미장, 타일 공사 등에서
도 많이 사용하는 공구이다.

㉯ 타일 공사에는 먹통의 구성이 병입구 모양으로 생겨 먹줄을 치기에 편리한 미장용 먹
통을 사용하고 있다.

④ 물통 수준기

㉮ 지름이 작고 높이가 높은 통에 물을 넣고, 고무관을 연결하면 물통과 관 안의 수면은
수평이 되는 원리를 이용한 것으로, 혼자서도 수평을 측정할 수 있다.

㉯ 대규모 공사나 정밀한 공사에서는 트랜싯이라는 측량 기계를 사용한다.

⑤ 다림추

금속제 원추를 실에 매달면 중력에 의해 추는 지구의 중심을 향하는 원리를 이용하여 시
공할 타일면의 수직 기준선을 측정하는 공구이다.

⑥ 레이저 레벨기

시공면에 수평, 수직, 연직 상하로 레이저 빔을 투사하여 시공의 기준선을 잡거나, 수평
또는 수직을 확인할 수 있는 장비이다. 이러한 장비는 수동, 자동 등이 있으며, 리모콘 조
절도 가능하다.

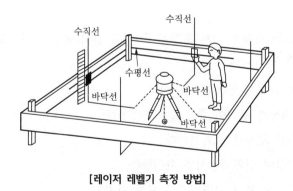

[레이저 레벨기 측정 방법]

⑦ 디지털 수준기

디지털 측정기를 장착하여 측정 오차가 낮고, 다양한 각도를 측정할 수 있으며, 측정 결
과를 수치로 표시하여 작업 시간을 단축하고 어두운 장소나 가려진 곳의 수평과 수직을 측
절할 때에는 부저가 울려 수평과 수직을 알 수 있다. 또한, 측정 각도의 단위도 변화가 가
능하다.

(4) 기타 공구

① 솔

솔은 타일 표면에 부착된 모르타르를 물로 씻을 때 또는 바탕면에 물축임을 할 때 사용되며, 모자이크 타일의 첨지를 적실 때도 쓰인다.

② 흙받이

모르타르를 바를 때 이 판 위에 모르타르를 적당히 담아 바르는 면 가까이 가져갈 때 사용한다.

③ 스펀지, 고무판, 고무 흙손

줄눈채우기 작업을 할 때 줄눈을 채워 넣거나 시멘트 찌꺼기를 닦을 때 사용한다.

④ 모르타르 믹서기

시멘트 모르타르를 뒤섞기 위해 이동용 전기 드릴에 교반기를 부착한 후 현장에서 시멘트 모르타르를 섞는 데 사용한다.

5 타일의 가공

타일을 가공하여 사용할 때에는 특별한 경우를 제외하고는 평타일을 필요한 치수로 절단, 가공하여 사용한다. 또, 수동 및 전동 공구 등을 사용하여 타일에 구멍을 뚫거나, 타일의 모서리를 조금씩 따내는 작업을 포함하여 타일 가공이라 한다.

(1) 타일의 선별

타일 시공 또는 가공에 앞서 포장을 뜯은 후 전체 물량을 대상으로 선별작업을 한다. 선별 작업은 다음과 같다.

① 유약 표면에 균열이 있는지 확인한다.
② 타일 면의 색상과 광택이 좋은지를 확인한다.
③ 타일의 치수가 일정한지 확인한다.
④ 타일의 대각선이 일치되는지를 확인한다.
⑤ 외관의 평활도를 보고 변형이 있는지를 확인한다.

(2) 타일 자르기

① 수공구를 이용한 타일자르기

㉮ 곱자나 직각자를 이용하여 절단한 위치에 유성 펜, 먹줄 등으로 선을 긋는다. 많은 수량을 절단할 때에는 절단대의 자에 맞추어 절단하며, 먹줄은 치지 않는다.
㉯ 절단대의 잣대를 타일의 절단선에 맞춘다.

㉰ 절단선에 타일 칼을 이용하여 힘을 주어 위에서 아래로 긋는다. 이 때, 절단선의 시작과 끝부분은 힘을 주어 긋는다.

㉱ 타일 절단선의 끝부분에 타일 자르기용 집게를 넣고 가볍게 눌러 자른다.

㉲ 타일이 완전히 절단되지 않은 부분은 타일 집게로 따낸다.

㉳ 절단한 면은 사포기나 금강사 숫돌로 마무리를 한다.

② 수동 절단기를 이용한 타일자르기

㉮ 직각자나 곱자를 이용하여 절단할 위치에 유성 펜 또는 먹줄로 선을 긋고, 절단기 위에 타일을 올려 놓는다.

㉯ 오른손으로는 타일 절단기의 롤러식 날을 절단할 면에 대고 유약면을 가압하면서 절단기의 다이아몬드 날로 힘껏 눌러 앞으로 금긋기를 한다.

㉰ 타일이 절단될 때까지 위에서 2~3번 반복하여 눌러 자른다.

㉱ 절단면을 사포기 또는 금강사 숫돌로 마무리를 한다.

③ 전동 절단기를 이용한 타일자르기

㉮ 직각자나 곱자 또는 스틸자를 이용하여 가공할 타일면 위에 유성 펜으로 금긋기를 한다.

㉯ 전동기의 안전 커버를 확인한 후 전원을 작동시켜 물흘림 공급 장치를 가동시킨다.

㉰ 보안경을 착용한 후 타일을 전동기 위에서 선을 따라 앞으로 밀면서 천천히 가공한다.

㉱ 절단면을 사포기 또는 금강사 숫돌로 마무리를 한다.

(3) 타일 구멍뚫기

① 수동 원형 커터기를 이용한 타일 구멍뚫기

㉮ 가공할 구멍의 중심을 구하고, 유성펜을 이용하여 원을 그린다.

㉯ 절단대 위에 타일을 올려놓는다.

㉰ 가공할 타일의 구멍 중심에 원형 커터기의 중심을 맞추고, 원형 커터기의 커터날 회전 반지름을 조절하여 가공 구멍의 크기를 맞춘다.

㉱ 회전 레버를 돌려 원형 커터기로 타일을 가공한다.

㉲ 원형 커터기로 가공된 타일의 원형을 떼어낸다.

㉳ 뚫은 구멍에 알맞은 형태의 금강사 숫돌 또는 사포기로 연마하여 깨끗하게 마무리한다.

② 전기 드릴을 이용한 타일 구멍뚫기

㉮ 타일면에 대각선을 그어 중심을 구하고, 잘 지워지지 않도록 필요한 크기의 원을 그린다.

㉯ 절단대 위에 타일을 올려놓는다.

㉰ 뾰족한 정을 비스듬히 잡고 가볍게 때려 3~4mm 정도의 작은 구멍을 낸다.

㉱ 필요한 크기의 콘크리트 드릴을 척에 부착한다.

㉲ 시험뚫기를 하여 중심의 위치가 틀리면 수정하여 다시 뚫는다. 드릴은 타일면에 수직이 되도록 하여 구멍을 뚫는다.

ⓑ 유약면이 손상되지 않도록 조심하고, 뚫은 구멍에 알맞은 형태의 금강사 숫돌 또는 사포기로 연마하여 깨끗이 마무리한다.

(4) 따내기

① 따낼 부분을 유성펜 등으로 표시하고, 타일칼로 금을 긋는다.

② 타일 집게로 타일 뒷부분을 먼저 따내고, 유약이 발라진 앞부분은 나중에 따내는 방법으로 필요한 크기만큼 확장한다.

③ 절단된 면에 물을 묻혀 금강사 숫돌로 연마한다.

6 줄눈나누기

(1) 줄눈의 종류

타일 공사에서 줄눈은 통줄눈, 막힌줄눈, 경사줄눈, 교차줄눈 등이 있고, 이것은 타일 마감 벽체의 미적 외관에 직접 영향을 주므로 세밀하게 계획되어야 한다. 일반적으로 줄눈 나비는 내장 타일의 경우 1~4mm 정도이지만 실제로는 2~3mm가 널리 사용된다. 외장 및 바닥 타일은 타일 크기에 따라 4~10mm 정도가 표준이며, 모자이크 타일은 내장과 같이 2~3mm 정도가 사용된다.

(2) 줄눈나누기

현장 타일 공사를 할 경우에는 도면에 맞게 현척도를 작성하여 줄눈나누기를 한다. 줄눈을 나누는 방법에 따라 벽 중심 나누기, 타일 중심 나누기 또는 한쪽나누기, 양쪽나누기 등이 있다.

① 내장 타일 나누기

내장 타일의 나누어 붙임은 시선이 향하는 정면의 벽은 중심 나눔을 기본으로 하고, 측면의 벽은 한쪽 나눔으로서 정면 벽에 접한 면에서 나누어 붙임을 시작하는 방법이 일반적이다.

보기를 들면, 타일 200mm(줄눈 포함)각을 2,000mm 폭의 정면 벽에 나누기를 한다고 생각하면 2,000÷200=10장으로 나누고, 10장의 중심이 줄눈 중심이 된다. 같은 타일 200mm각을 1,920mm 폭의 정면 벽에 나누기를 할 때에는 9장과 나머지가 120mm가 된다. 이 경우의 처리 방법에는 다음의 두 가지가 있다.

• 120÷2=60mm의 절단 타일을 양 끝에 넣은 방법
60mm 조각의 타일을 양쪽에 넣으면 서로 대칭 구조가 되므로 타일 중심에서 나누어진다. (그림 (a))

• 160mm의 절단 타일을 양 끝에 넣는 방법

나머지 길이인 120mm에 평타일 1장(200mm)을 더한 만큼 쪼개는 것, 즉 (120+200)÷2=160mm의 절단 타일을 양쪽 끝에 넣으면 줄눈 중심에서 나눌 수 있다.(그림 (b))

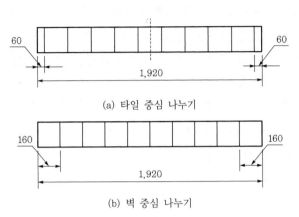

(a) 타일 중심 나누기

(b) 벽 중심 나누기

[내장 타일 나누기 예(정면 벽)]

㉮ 측면 벽의 내장 타일 나누기

보기를 들면, 벽의 길이가 1,880mm이고, 타일 한 장의 크기가 200mm각(줄눈 포함)이라면 타일 9장과 나머지 80mm가 남는다고 하면, 이는 타일 한 장의 크기인 200mm의 반이 채 안된다. 이런 경우에는 절단 타일에 평타일 한 장 분을 더한 치수를 둘로 나누어 2로 나누어, 즉 (80+200)÷2=140mm의 절단 타일을 양쪽 끝에 배치(그림 (a))하거나, 140mm 절단 타일을 두 장 연속으로 한 쪽 끝에 배치(그림 (b))한다.

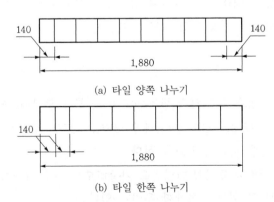

(a) 타일 양쪽 나누기

(b) 타일 한쪽 나누기

[내장 타일 나누기 예(측면 벽)]

② 외장 타일

　외장 타일의 줄눈은 일반적으로 막힌줄눈으로 하고, 치장줄눈은 평줄눈이 많이 사용된다. 외장 타일의 나누어 붙임은 해당 붙임 벽면의 길이를 타일의 표준 길이에 줄눈 폭을 더한 것으로 나누어 나머지가 남게 되면 다음과 같은 방법으로 처리한다.

　㉮ 남는 치수가 작을 때에는 줄눈 폭을 넓게 잡아 처리한다.
　㉯ 남는 치수가 타일 1장의 치수에 가까울 때에는 줄눈 폭을 좁게하여 처리한다.
　㉰ 남는 치수가 타일 1장 치수의 1/2~3/4 정도로서 줄눈 폭을 가감하여 처리할 수 없을 때에는 평타일을 절단한 타일을 한쪽나눔 또는 양쪽나눔으로 넣는다.

　이러한 처리 방법은 내장 타일과 같으므로 어느 정도 길이에 여유가 있는 평면 벽에서는 어느 방법으로도 쉽게 처리할 수 있다.

2. 타일 시공

1 일반 수칙

　타일 작업은 모르타르의 배합 작업이나 운반 등 공동으로 작업하는 경우가 대부분으로 다음과 같은 사항에 주의한다.

① 작업하기 전에 공동 작업자의 성격, 능력 정도를 미리 파악한다.
② 작업 능력이나 기타 사항을 고려해 작업의 상대 및 구성원을 배치한다.
③ 중량물의 운반 등에는 각 동작마다 상대에게 신호를 하고 동작을 일치시킨다.
④ 상대방의 숙련도에 따라 작업 속도를 가감한다.

2 절단 작업

① 전동 공구의 사용은 분진의 발생을 줄이는 장치가 부착된 공구를 사용하도록 한다.
② 절단 작업을 할 때에는 절단 날이 매우 날카로우므로 절대 무리한 손동작을 하지 않도록 하여 실수로 손을 다치지 않도록 한다.
③ 절단 공구의 적합한 규격의 타일만을 가공하도록 하고 규모가 큰 타일의 절단은 무리한 힘을 주게 되므로 위험을 초래할 우려가 있다.
④ 작업할 때에는 반드시 보안경을 착용하여 타일 파편이 튀어 눈을 다치는 것을 막아야 한다.
⑤ 전동 공구를 사용할 때에는 면장갑의 사용을 금한다.

⑥ 전동 공구의 소음이 기준치를 초과할 경우 청각을 보호하기 위해 반드시 청각 보호용 귀마개를 사용한다.

⑦ 구부리고 작업할 경우 무릎을 보호할 수 있는 무릎 보호대를 착용한다.

3. 타일붙이기

1 일반 사항

타일붙이기에는 건축물의 벽체, 기둥, 바닥 등에 타일을 직접 붙이는 손붙이기와 조립식 건축에서 사용하는 방법으로서 공장에서 거푸집에 타일을 고정시키고 콘크리트를 타설하거나, PC 콘크리트판 표면에 타일을 미리 붙이는 먼저붙이기가 있다.

먼저붙이기는 비교적 넓은 면적의 외벽에 사용되고 있으나, 양적으로는 손붙이기에 비해 널리 보급되어 있지 않다. 그러나 최근 대형 타일의 사용이 증가되면서 점차 이 방법이 증가되고 있다.

일반적으로 많이 사용되고 있는 손붙이기는 시멘트 모르타르를 접착제로 사용하는 떠붙이기와 압착붙이기가 있고, 합성 고분자계 접착제를 사용한 접착붙이기가 있다. 최근에는 이들 방법이 개량되어 개량 떠붙이기, 개량 압착붙이기, 밀착붙이기의 형태로 현장에서 사용되고 있다.

2 타일붙이기

(1) 타일붙이기 방법을 선정할 때의 유의 사항

타일붙이기는 건축물의 외장을 아름답게 장식하고, 외부의 자연 환경으로부터 건축물을 보호할 목적으로 이루어지지만, 타일 공사에서 타일붙이기가 잘못될 경우 타일의 탈락에 의해 사람 및 주변의 사물에 큰 피해를 줄 수 있다. 따라서, 타일붙이기 방법을 선정할 때 우선적으로 고려해야 할 기본적인 성능은 다음과 같다.

① 타일 박리(剝離)를 발생시키지 않는 방법일 것.

② 타일 줄눈 및 표면에서 백화가 생기지 않을 것.

③ 붙이기 및 줄눈 작업의 마무리 정도(精度)가 좋을 것.

④ 타일에 균열이 생기지 않을 것.

타일 공사에서 일반적으로 추천되는 방법은 아래 표와 같다.

>>> **타일붙이기의 분류**

붙이는 부위		붙이기 종류	적용 타일
외벽	손붙이기	떠붙이기, 압착붙이기, 밀착붙이기	외장 타일
		모자이크 타일 붙이기, 개량 모자이크 타일 붙이기	모자이크 타일
	먼저붙이기	거푸집 먼저붙이기, PC판 먼저붙이기	외장·모자이크 타일
내벽	손붙이기	떠붙이기, 압착붙이기	내장 타일
		접착붙이기	모자이크 타일
바닥	손붙이기	압착붙이기, 밀착붙이기, 접착붙이기	바닥 타일
		바닥 모자이크 타일 붙이기	모자이크 타일

(2) 타일 선별 및 바탕 조정하기

① 사용하고자 하는 타일이 규격품인지 정상적인 품질을 확보하고 있는지를 선별하고, 사용에 편리하도록 정돈한다.

② 타일붙이기 바탕으로는 콘크리트, 콘크리트 벽돌, 콘크리트 블록, 라스 바탕 등이 있다.

③ 바탕 조정하기란 바탕 모르타르를 바르기 전에 바탕에 있는 균열, 구멍, 요철 등의 결함을 보수하고, 바탕을 평활하게 조정하는 것을 말한다.

④ 기존의 바탕이 더러워진 부분은 깨끗이 청소하고, 바탕이 충분히 건조되었는지 확인하여 습기가 있는 곳은 완전히 건조시킨다.

(3) 타일붙이기의 특징

① 떠붙이기

㉮ 개요

타일의 뒷면에 붙임 모르타르를 올린 후, 벽이나 바닥의 바탕에 모르타르를 누르듯이 하여 1장씩 붙여 가는 방법이다. 이 방법은 적상 방법, 쌓기 방법이라고도 하였으며, 타일붙이기의 가장 오래 된 기본 방법이었으나, 외벽에서 백화가 발생하는 일이 많아 현재는 점차 다른 개량 공법으로 바뀌고 있다.

>>> **떠붙이기의 장단점**

장점	단점
• 초벌 바탕에 시공할 수 있다. • 쌓아올리기에 적당하다. • 박리 탈락률이 적다.	• 숙련된 기능과 잔손질이 필요하다. • 1일 쌓기 제한(1.2~1.5m)이 있다. • 백화 현상과 동결의 우려가 있다. • 뒷면에 공극이 많이 발생한다.

㉯ 적용 바탕 및 붙임 재료

바탕의 정밀도(평활도)가 높지 않아도 되므로 다양한 종류의 바탕에 사용할 수 있다. 일반적으로 콘크리트, 콘크리트 벽돌, 콘크리트 블록, 라스 모르타르 바탕 등에 사용한다. 또, 타일붙이기 재료는 시멘트 모르타르를 사용한다.

㉰ 시공 방법

ⓐ 바탕 모르타르 준비 및 바르기

- 타일을 붙이는 방법에 따라 필요한 바탕 모르타르를 준비한다.
- 붙임 모르타르의 적정 두께는 타일붙이기의 종류와 타일 크기에 따라 각각 달라지며, 표준 두께보다 얇으면 접착력이 나빠지고, 두꺼우면 아래로 처져 내린다.
- 마무리면에서 적당한 붙임 두께를 미리 결정해야 하며, 이를 기준으로 바탕 모르타르의 바름 두께를 조금씩 가감하여 면고르기를 한다.

ⓑ 먹줄치기

- 먹줄치기는 마무리의 기준 위치를 결정하는 중요한 작업으로, 이것이 잘못되면 타일붙이기 작업이 제대로 이루어지지 않으므로 정확하게 작업해야 한다.
- 먹줄은 수평(가로) 먹줄, 수직(세로) 먹줄, 마무리 먹줄, 기울기 먹줄로 구분한다.
- 수평 먹줄은 수준기, 물통 수평기 및 고무 호스 등을 사용하여 표시하고, 수직 먹줄은 정해진 기준점에 다림추의 실 끝을 고정하고, 다림추를 정지시킨 후 먹줄을 친다.
- 마무리 먹줄은 기둥의 중심 먹줄과 같이 타일의 마무리 위치를 결정하는 먹줄이다. 기울기 먹줄은 화장실 바닥이나 계단 등에서 물빠짐을 조정하기 위해 치는 먹줄이다.

ⓒ 줄눈나누기 및 실띄우기

- 줄눈나누기는 규격품에 대하여 취급하므로 타일은 될 수 있는 대로 토막을 내서 사용하지 않도록 하는 것이 좋으며, 필요한 경우에는 타일의 마름질 치수를 변경할 수도 있다.
- 절단한 타일을 어떻게 이용할 것인가가 줄눈나누기를 결정하는 조건이다. 줄눈나누기가 결정되면 확정된 줄눈 폭을 사용하여 줄눈나누기 자에 간격을 표시한다.
- 실띄우기는 송곳에 실을 묶고 줄눈나누기에 맞추어 가로와 세로로 줄을 치는 타일붙이기의 준비 작업이다. 이 실띄우기가 정확하고 능률적이어야 타일붙이기 작업의 결과가 좋다.

ⓓ 타일 가공

줄눈나누기를 한 후 평타일을 절단하거나, 구멍을 뚫거나, 모서리를 자르거나 따내어 필요한 치수로 타일을 가공한다.

ⓔ 모르타르만들기
- 붙임 모르타르는 시멘트와 모래를 혼합하여, 적정한 물을 섞어 제조한다. 사용되는 시멘트는 풍화되지 않은 것을 선택하고, 모래는 깨끗한 강모래(하천 모래)로 2.36mm 체에 통과한 것을 사용한다. 단, 모자이크 타일 붙이기를 할 때는 1.18mm체를 100% 통과한 모래를 사용한다.
- 모르타르에 사용되는 물은 깨끗한 상수도물이나 우물물, 강물 등을 사용한다.
- 붙임 모르타르에 사용되는 시멘트는 보통 포틀랜드 시멘트로, 단위용적 무게는 1,500kg/m³이다.
- 붙임 모르타르의 표준 배합비(용적비)는 다음의 표와 같다.

▶▶▶ 붙임용 모르타르의 표준 배합비(용적비)

구분			시멘트	모래
벽체 타일	떠붙이기	내·외장	1	3~4
	압착붙이기	내장	1	0.5~1.0
		외장	1	1~2
모자이크	개량	내장	1	0.5~1.0
	떠붙이기	외장	1	

ⓕ 타일붙이기

벽체 타일 붙이기의 순서는 다음과 같이 진행된다.
- 붙임 모르타르를 흙손으로 타일에 떠 얹는다.
- 타일 뒷면의 모르타르가 흘러내리지 않도록 흙손을 타일 아래에 대고 세로와 가로실에 맞추어 타일을 붙임벽에 문질러 눌러 붙인다.
- 타일이 처지면 건비빔 모르타를 뿌려 수분을 흡수시키고 위로 밀려나온 모르타르는 흙손으로 긁어 낸다.
- 이와 같은 방법으로 첫 켜인 최하단 타일을 오른쪽에서 왼쪽으로 붙여 가고, 좌우측의 세로측 기준 타일을 아래에서 위쪽으로 붙여 간다.
- 계속하여 안쪽으로 둘째 켜를 붙여 나간다.
- 타일붙이기를 완료한다.

ⓖ 줄눈 마감 및 마무리

타일을 붙이고 24시간이 경과하면 시공 순서에 따라 백색 포틀랜드 시멘트 또는 줄눈용 모르타르로 줄눈 처리를 한다.
- 흙받이에 물비빔한 줄눈 모르타르를 떠 얹고 고무 흙손으로 3~4회 뒤집어 부드럽게 하여 모르타르를 뜬다.

- 흙손의 측면을 기울여 밀면서 줄눈을 눌러서 메우고 타일면에 묻은 여분의 시멘트풀을 긁어 낸다.
- 줄눈채우기가 끝나면 물축임한 스펀지로 타일 표면에 묻어 있는 시멘트풀을 닦아 낸다.
- 타일면을 마르걸레로 닦은 후, 빈 곳이 있는 경우에는 다시 채우고 위와 같은 방법으로 마감한다.
- 줄눈 경화 후 광택제를 이용하여 타일면을 닦는다.
- 사용한 기계나 공구를 정리하고 주변 청소를 실시한다.

② 압착붙이기

㉮ 개요

압착붙이기는 평평히 만든 바탕 위에 기성 조합 압착 모르타르를 바르고, 그 위에 타일을 비벼 누르거나 두드려 눌러 붙이는 방법을 말한다. 오래 전부터 모자이크 타일은 이 방법으로 공사를 해 왔으며, 외장 타일의 경우는 떠붙이기 방법의 문제점을 개선하기 위하여 이 방법을 사용하였다.

>>> **압착붙이기의 장단점**

장점	단점
• 백화 발생이 적다. • 시공 속도가 빠르다. • 타일과 붙임 재료 사이에 공극이 생기지 않는다. • 외장 타일에 적합하다.	• 오픈 타임(open time : 사용 가능 시간, 붙임 모르타르를 도포한 후 타일을 붙이기까지의 시간)의 영향이 크다. • 접착 강도의 편차가 크다(박리, 탈락의 염려가 있다.). • 바탕만들기가 필요하다.

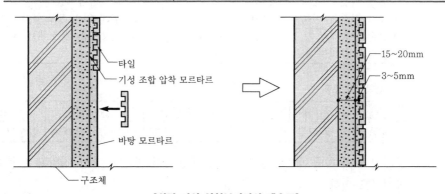

[외장 타일 압착붙이기의 개요도]

㉯ 적용 바탕 및 붙임 재료

바탕 모르타르를 두껍게 바르기 때문에 콘크리트, 벽돌 및 콘크리트 블록, 라스 바탕에도 사용할 수 있다. 바탕 모르타르의 고르기 정도가 그대로 타일 마무리면에 나타나므로 마무리 오차가 작게 되도록 시공하여야 한다.

ⓓ 시공 방법

ⓐ 압착붙이기는 바탕 모르타르의 고르기 정도를 확인하며, 위에서 아래로 붙이는 방법이 많이 쓰이고 있다.

ⓑ 기준실을 친 다음 줄눈나누기를 하고, 실을 띄워 눈금을 표시한다.

ⓒ 첫 켜인 최상단 수평 기준 타일 부분에 압착 모르타르를 바르고, 빗줄흙손으로 빗줄눈을 낸다.

ⓓ 수평 타일을 붙인 후 세로 기준 타일을 좌우에 붙인 다음, 점차 중앙부로 붙여 간다.

ⓔ 압착붙이기는 타일을 붙이는 위치에서 2~3mm 정도 위에 가볍게 붙인 다음, 약간의 힘을 가하여 붙이는 위치까지 내리면서 비빈다. 부착성을 높이기 위하여 고무망치나 망치의 자루 등으로 타일면을 두드리면서 붙인다.

ⓕ 줄눈채움은 내벽에서 타일붙이기 후 1일 이상 경과하고 나서, 외벽에서는 2일 이상이 경과한 후 실시한다.

ⓖ 타일붙이기를 완성한다.

③ 접착붙이기

㉮ 개요

접착붙이기에서는 시멘트 모르타르 대신 강력한 접착력을 가진 유기질계 접착제를 섞은 모르타르로 타일을 비벼 눌러 밀착시켜 붙이는 방법으로, 주로 내벽에서 사용한다.

≫≫≫ 접착붙이기의 장단점

장점	단점
• 합판이나 방수 석고판 등의 건식 구조 바탕에 직접 시공할 수 있다.	• 바탕을 고르는 작업이 필요하다.
• 공사 기간을 단축할 수 있다.	• 모르타르 바탕에는 다소 부적합하다.
• 잔손질이 적어 인건비를 줄일 수 있다.	• 시공 후 타일의 탈락률이 높다.
• 플라스틱 바탕에도 시공할 수 있다.	• 물을 사용하는 장소에는 부적합하다.

≫≫≫ 접착제의 종류

형태	용제형	2액 혼합형	분말형	용액형
종류	합성 고무 및 텍스계	에폭시 수지계	인스턴트 시멘트	합성고무 라텍스제

근래의 또다른 공법으로는 시멘트를 사용하지 않고 순수한 접착제로 붙이는 방법이 발전하고 있다.

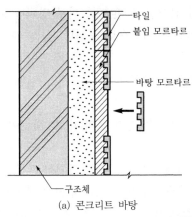

(a) 콘크리트 바탕

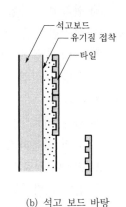

(b) 석고 보드 바탕

[접착붙이기 시공 예]

⑭ **적용 바탕 및 붙임 재료**

적용 바탕의 종류는 콘크리트, 라스는 물론 합판, 석고 보드와 같은 종의 보드에 많이 사용된다. 기본적으로 바탕의 상태는 충분히 건조되어 있어야 하며, 압착붙이기와 달리 바탕 모르타르의 고르기 정도는 ±1mm~2mm 이내여야 하고, 접착제의 두께가 얇기 때문에 바탕은 평활하여야 한다. 사용하는 타일의 재질과 시공 장소에 따라 접착제를 선택하여야 한다. 보통은 에폭시 수지계, 고무 라텍스계, 아크릴 에멀션계 접착제를 선택하여야 한다.

타일 공사 후 타일의 탈락으로 인한 안전 사고나 타일 제조 기술의 발전으로 타일이 대형화되고 있는 점을 고려한다면, 접착제의 접착 강도는 매우 중요하다.

⑮ 시공 방법

㉠ 합성 고분자계 바탕 접착제 바르기

접착제를 바른 후 바로 타일을 붙이면 타일이 흘러내리기 쉽고, 표면에서 공기 소통이 되지 않아 경화 시간이 길어진다. 따라서, 합성 고분자계 접착제는 반드시 경화 시간을 확인하여 타일을 붙일 시간을 결정해야 한다.

접착제는 시멘트 모르타르와는 경화 시간이 다르므로 1회 바르는 면적을 지나치게 넓게 잡으면 타일붙임 시간을 놓칠 경우가 있으므로 주의해야 한다.

접착제를 바를 때에는 벽면의 오른쪽 상단에 바를 부분을 표시하고 얼룩을 수정하면서 구석까지 충분히 바른다. 접착제를 바른 면은 빗날 흙손으로 빗줄눈을 내면서 여분의 재료를 긁어 낸다.

㉡ 타일붙이기

ⓐ 접착제의 경화 시간을 고려하여 줄눈나누기에 따라 기준실을 치고, 세로와 가로 줄눈에 주의하면서 왼쪽 상단에서부터 붙여 간다.

     ⓑ 접착제가 타일 뒷면에 충분히 접착될 수 있도록 나무 망치나 고무망치를 용하 여가볍게 두들겨 가며 밀어올리는 기분으로 붙인다.

     ⓒ 붙임 도중에 반드시 수평을 확인한다.

     ⓓ 중앙부에 접착제를 바르고 타일을 붙인다.

   ⓒ 마무리

     ⓐ 줄눈 위로 솟아오른 접착제는 가급적 빨리 긁어 내고, 줄눈이 어느 정도 경화되면 줄눈파기를 한다.

     ⓑ 줄눈이 완료되면 타일 또는 주위에 묻은 접착제를 제거하고 물걸레로 닦아 낸다.

     ⓒ 심하게 더러워진 부분이나 접착제가 묻어 지워지지 않는 부분은 사용한 접착제의 용제나 알코올 등을 이용하여 벗겨 내고 마른 천으로 닦아 내어 마감한다.

(4) 보양 및 청소

① 보양

㉠ 기온이 2℃ 이하일 때는 임시로 난방·보온 등 시공 부분을 보양한다. 부득이한 때에는 담당자의 승인을 받아 방동제를 사용할 수 있으며, 보양이 불가능한 경우에는 시공을 중단한다.

㉡ 외부 타일 붙임인 경우에, 일광의 직사 또는 풍우 등으로 손상을 받을 염려가 있는 곳은 담당자의 지시에 따라 시트 등 적절한 것을 사용하여 보양한다.

㉢ 타일을 붙인 후 3일간은 진동이나 보행을 금한다. 단, 부득이한 경우에는 담당자의 승인을 받아 보행판을 깔고 보행할 수 있다.

② 청소

㉠ 공업용 염산 30배 용액을 사용했을 때에는 물로써 산분을 완전히 씻어낸다.

㉡ 접착제를 사용하여 타일을 붙였을 때에는 담당자의 지시에 따라 용제로서 깨끗이 청소한다.

㉢ 치장 줄눈 작업이 완료된 후에는 타일 면에 붙은 불결한 것이나 모르타르·시멘트풀 등을 제거하고, 솔이나 헝겊 또는 스폰지 등으로 물을 축여 타일 면을 깨끗이 씻어 낸다.

4. 적산 실습

1 일반 사항

　　타일 공사는 건출물의 외장을 아름답게 장식하나, 외부 환경으로부터 구조체를 보호하기 위한 공사이다.

　　타일의 수량을 정산할 때에는 타일의 종류를 구분하여 타일의 크기와 줄눈의 간격에 따라서 타일의 소요 매수를 산출하지만, 보통은 타일의 종류만을 구분하여 타일을 붙이는 면적을 타일의 수량으로 한다.

　　타일 공사는 방수재의 종류, 시공 장소, 시공 방법, 시공의 난이도 및 마무리 방법에 따라 공임의 차등을 두어 총괄적으로 산출한다.

2 타일 공사 적산 기준

(1) 타일 공사 수량 산출

　　타일 공사는 붙이는 면적(m^2)으로 산출하며 할증률을 가산하여 소요량으로 한다. 한편, 모르타르 바탕 바름 위에 타일을 붙일 때에는 타일 공사비에 계상하고, 바탕 바름을 한 다음 따로 타일을 붙일 때에는 이 바탕 바름의 공사비는 미장 공사비에서 계상하는 것이 보통이다.

① 타일붙임은 설계 도면에 의한 설계 치수로 붙임 면적(m^2)을 산출한다.

② 타일붙임 면적은 벽 및 바닥 면적의 정미 면적을 산출한다.

③ 액체 방수위 모자이크 타일 붙이기처럼 마감이 2종 이상이면 각각 공사 면적(m^2)을 산출한다.

④ 붙임 면적의 계산 수치는 소수점 아래 셋째 자리 숫자를 반올림한다.

⑤ 건축 설비의 위생 기구 및 전기 기구의 부착면은 타일붙임 면적 계산에서 공제하지 아니한다.

⑥ 건물 내부의 바닥 타일 면적은 구체의 안목 치수로 계산한다.

⑦ 구체에서 내부벽과 구석 기둥은 일반 벽면과 동일하게 계측하고 독립 기둥은 마감 치수로 계산한다.

⑧ 타일 공사용 재료의 할증률은 다음과 같다.

　　㉮ 자기질, 도기질, 모자이크 타일: 3%

　　㉯ 아스팔트, 비닐 타일: 5%

㉰ 붙임용 모르타르: 10%

㉱ 줄눈용 모르타르: 100%

⑨ 액체 방수 위의 바닥 타일의 모르타르 시공 두께는 콘크리트면이나 조적면에서 동일하게 (12+5)mm 면적으로 산출한다. 그러나 조적면일 경우에만 타일의 바탕 모르타르 바르기 6mm를 가산해서 계상한다. 또, 줄눈은 시방서를 참조해서 적용한다.

⑩ 타일붙이기용 바탕 모르타르의 일위 대가(표준 품셈을 기초로 하여 건설 공사의 공종별 단위 수량에 대한 공사 금액을 작성한 것)는 다음과 같이 적용한다.

㉠ 바닥 타일인 경우에 바탕 모르타르의 두께는 현관 15mm, 화장실 10mm, 발코니 20mm, 1층 홀 20mm로 각각 적용한다.

㉡ 벽타일인 경우에 바탕 모르타르의 두께는 화장실에서 콘크리트 바닥면 위는 12mm, 벽돌면 위는 18mm(6+12, 6+6+6)로 한다. 그리고 주방은 12mm, 외장 타일은 15mm 로 한다.

㉢ 내외벽은 타일 공법이 압착 공법일 때에는 타일붙임용 바탕 모르타르를 별도 산출한다.

㉣ 타일 공법 및 시방서의 지시에 의해서 줄눈용 시멘트와 압착 시멘트는 별도 산출한다.

3 표준 품셈

타일 공사에 관련한 붙임 모르타르, 타일 장수 및 붙이기 품의 기준은 다음의 표와 같다.

(1) 타일붙임 모르타르

⟫⟫⟫ 타일붙임 모르타르

바름 두께		12mm			15mm			18mm		
종류	구분	모르타르 (m³)	시멘트 (kg)	모래 (m³)	모르타르 (m³)	시멘트 (kg)	모래 (m³)	모르타르 (m³)	시멘트 (kg)	모래 (m³)
바탕 모르타르	바닥벽	0.013 0.014	6.64 7.14	0.0143 0.0154	0.018 0.018	8.16 9.18	0.0176 0.0198	0.016 0.021	9.69 10.71	0.0209 0.0231
붙임 모르타르	바닥벽	0.016 0.014	6.12 7.14	0.0132 0.0154	0.015 0.017	7.65 8.67	0.0165 0.0187	0.018 0.020	9.18 10.20	0.0198 0.022
줄눈 모르타르		0.005	5.465	0.0039	0.005	5.465	0.0039	0.005	5.465	0.0039

(2) 타일 장수 및 붙이기 품

》》》 타일 장수 및 붙이기 품 (인/m²)

	명칭	길이형	마구리형	5치각	3.6치각	2.5치각	1.8치각	1.2치각	모자이크
종별	치수	210×60	100×60	150×150	110×110	75×75	54×54	36×36	각종
	줄눈 나비	7.5mm	7.5	6.0	4.5	4.5	3.0	3.0	1.5
	타일 장수	63장/m²	126	39	77	156	302	646	11
벽	타일공	0.25	0.30	0.22	0.25	0.30	0.34	0.40	0.40
	줄눈공	0.02~0.03	0.03~0.04	0.02~0.04	0.02~0.03	0.03~0.04	0.04~0.04	0.03~0.04	0.02~0.03
	조력공	0.15	0.15	0.19	0.15	0.13	0.12	0.12	0.12
	운반·청소공	0.03~0.04							
바닥	타일공	—	—	0.10	0.15	0.25	0.30	0.30	0.12
	줄눈공	—	—	0.19	0.15	0.13	0.12	0.12	0.12
	조력공	—	—	0.02~0.03		0.03~0.04		0.02~0.03	
	운반·청소공	—	—	0.03~0.04					

4 적산 실습

(1) 문제

타일의 크기가 15cm×15cm이며, 가로, 세로 줄눈은 6mm로 할 때 타일붙임 면적 2m²에 필요한 타일의 정미 수량은 몇 장인가?

(2) 풀이

$$타일 수량(장) = \frac{붙임\ 면적(2m^2)}{타일\ 크기(줄눈\ 포함)}$$

$$= \frac{200 \times 200}{(15+0.6) \times (15+0.6)}$$

$$= \frac{40,000(cm^2)}{243.36(cm^2)}$$

$$= 164.37 \fallingdotseq 165(장)$$

출제예상문제

01 타일의 용도상 분류에 속하지 않는 것은?

① 외장용 타일　② 내장용 타일
③ 바닥 타일　　④ 천정용 타일

해설 타일의 용도상 분류는 내, 외장용 타일 및 바닥 타일과 모자이크 타일이 있다. 천정에는 타일이 사용되지 않는다.

02 타일 붙이기에 대한 기술 중 틀린 것은?

① 줄눈 나누기는 정확히 하고 되도록 온장을 사용한다.
② 외부용 대형 벽돌 타일의 마무리 줄눈 나비는 6mm를 표준으로 한다.
③ 이질재 접합 부분에는 약 3mm 정도의 신축 줄눈을 둔다.
④ 모르타르는 2회에 나누어 바른다.

해설 마무리 줄눈 나비는 10mm 정도로, 표준은 대형 벽돌형(외부)은 9mm, 대형(내부 일반)은 6mm, 소형은 3mm, 모자이크는 2mm로 한다.

03 외장용 타일의 붙임 두께는?

① 1cm 정도　　② 1.5cm 정도
③ 2.5cm 정도　④ 3cm 정도

해설 타일의 붙임 두께는 외장 2.5cm, 내장 2cm 정도로 한다.

04 소형 벽타일 하루 붙임 높이는?

① 0.7~0.9m　② 0.9~1.1m
③ 1.2~1.5m　④ 1.5~1.8m

해설 벽타일 붙이기 하루 높이는 소형일 때 1.2~1.5m, 대형은 0.7~0.9m로 한다.

05 벽 타일 압착식 낱장 붙이기에 관한 기술 중 틀린 것은?

① 중형 이상의 타일은 1장씩 타일 뒷면에 모르타르를 발라 붙인다.
② 모르타르는 배합비(시멘트 : 모래)는 1:2 또는 1:3으로 한다.
③ 붙임 모르타르 두께는 5~7mm 정도를 표준으로 한다.
④ 1회 붙임 면적은 3.0~3.5m² 를 표준으로 한다.

해설 벽 타일 압착식 낱장 붙이기 1회 붙임 표준 면적은 1.5~2.0m² 이다.

06 벽타일 압착식 판형 붙이기시 줄눈은 타일 붙인 후 어느 정도 경과 후에 고치는가?

① 5분 이내
② 10분 이내
③ 15분 이내
④ 20분 이내

07 바닥 타일 붙이기에 관한 기술 중 틀린 것은?

① 모르타르(시멘트 : 모래) 배합비는 1 : 2로 한다.
② 모르타르 두께는 10mm로 한다.
③ 1회 바름 면적은 2~3m² 을 표준으로 한다.
④ 바탕 바르기 후 수평 및 물흘림 물매를 잡아 규준먹을 친다.

해설 1회 바름 면적은 6~8m² 을 표준으로 한다.

08 타일 치장 줄눈을 하기 위한 줄눈 파기는 타일을 붙인 다음 언제 하는가?

① 1시간 경과 후
② 2시간 경과 후
③ 3시간 경과 후
④ 24시간 경과 후

해설 치장 줄눈은 타일을 붙인 후 24시간 경과 후에 한다.

09 타일 시공후 진동과 보행을 금하는 기간은?

① 3일간   ② 5일간
③ 7일간   ④ 9일간

10 테라 콧타에 관한 기술 중 틀린 것은?

① 테라 콧타는 속이 빈 대형의 점토 제품이다.
② 장식용으로만 쓰인다.
③ 장식용 테라 콧타의 크기는 20~30cm, 살 두께 3cm 내외다.
④ 주로 난간벽, 돌림띠, 창대, 기둥 머리에 사용한다.

해설 테라 콧타는 장식용과 구조용이 있다.

11 치장 줄눈에 관한 기술 중 틀린 것은?

① 깨끗이 청소한다.
② 줄눈 모르타르를 빈틈없이 채운다.
③ 줄눈 파기는 둥근 나무 끝으로 한다.
④ 타일면을 잘 두들긴다.

해설 타일 시공 후 3일간은 충격 및 진동을 금한다.

12 타일 시공에 관한 기술 중 옳지 않은 것은?

① 벽 타일 붙임이 끝난 후 5~6시간 경과된 다음 줄눈 가셔내기를 하고 곧 치장 줄눈을 한다.

② 바닥 타일 붙임이 끝난 후 3~5일 정도는 밟지 않게 하고 물 적신 톱밥을 펴놓아 보양하고 1주 동안은 물건을 놓지 않도록 한다.
③ 타일에 묻은 모르타르 등의 부착물은 묽은 염산을 사용하고 곧 맑은 물로 충분히 씻어 낸다.
④ 벽 타일은 하루 붙임의 최대 높이인 1.5m 정도에 제일 윗단을 수평으로 붙인 다음 수평실에 맞추어 아래에서 위로 올라간다.

해설 벽 타일은 맨 하단부터 수평으로 붙인다.

13 타일 붙임의 줄눈 나비로 가장 부적당한 것은?

① 내벽용 타일 : 10mm
② 외벽용 타일 : 9mm
③ 소형 타일 : 3mm
④ 모자이크 타일 : 2mm

해설 내벽용 타일은 6mm로 한다.

14 다음 중에서 타일의 원료가 아닌 것은?

① 장석   ② 규석
③ 납석   ④ 진주

15 타일의 소성 방법 중에서 성형된 타일을 터널 모양의 가마 속에서 기계적으로 이동하면서 굽는 방식의 요법은?

① 등요법   ② 호프만 요법
③ 터널 요법   ④ 머플 요법

16 타일의 소성 온도가 가장 높은 것은?

① 토기질 타일
② 도기질 타일
③ 석기질 타일
④ 자기질 타일

17 다음과 같은 특성을 나타내는 타일은?

> a. 흡수성이 10% 이상이다.
> b. 색조가 있다.
> c. 성질은 경질이며, 소리가 탁하다.
> d. 주성분은 점토질이다.
> e. 유약 처리는 하지 않는다.
> f. 소성 온도는 1,080~1,250℃이다.

① 토기질 타일
② 도기질 타일
③ 석기질 타일
④ 자기질 타일

18 다음 중 모자이크 타일의 특성만으로 묶은 것은?

> a. 일반적으로 무유 타일을 주로 사용한다.
> b. 외장, 내장, 바닥 타일 등에 사용된다.
> c. 계단의 디딤판 모서리에 미끄럼 방지용으로 사용된다.
> d. 주성분은 점토질이다.
> e. 타일의 형태는 정사각형과 직사각형이 있다.
> f. 소성 온도는 1,250~1,450℃이다.

① a, b, f   ② b, e
③ b, e, f   ④ b

19 타일 선별 방법이 아닌 것은?

① 유약 표면에 균열이 있는지 확인한다.
② 타일의 치수가 일정한지 확인한다.
③ 대변과 대각선이 일치되는지 확인한다.
④ 타일 유약면의 습기를 확인한다.

20 타일을 절단할 경우 절단면의 일부분이 모재에 남아 있는 경우, 끊어 내는 타일 공구는?

① 타일 흙손
② 송곳
③ 타일 절단기
④ 타일 집게

21 내장 타일의 줄눈은 주로 몇 mm로 하는가?

① 1~4mm   ② 6~8mm
③ 10mm   ④ 12~15mm

22 나비가 1,000mm인 벽면에 200×200각 타일(줄눈 포함)을 가공하지 않고 붙이는 경우, 높이 5단을 붙일 경우 200×200각 타일이 필요한 정미 수량은?

① 25개   ② 26개
③ 27개   ④ 28개

23 타일 떠붙이기 공법에서 줄눈넣기는 타일 시공 후 어느 정도가 경과해야 하는가?

① 6시간   ② 12시간
③ 24시간   ④ 36시간

24 압착붙이기의 장점이 아닌 것은?

① 중급 정도의 숙련공도 시공할 수 있다.
② 백화 현상이 적다.
③ 낱장붙이기보다 작업 능률이 2배 정도 높다.
④ 박리나 탈락 현상이 일어날 가능성이 적다.

25 접착붙이기의 단점이 아닌 것은?

① 바탕을 고르는 작업이 필요하다.
② 건식 구조 바탕에 시공할 수 없다.
③ 모르타르 바탕에는 다소 부적합하다.
④ 시공 후 타일의 탈락률이 높다.

26 바닥 타일의 시멘트 페이스트 붙임 두께는 몇 mm 이내인가?

① 3mm

② 5mm

③ 15mm

④ 25mm

27 모자이크 타일붙이기는 바탕을 평탄하게 고르고 몇 시간 정도 경과한 후 시공하는 것이 좋은가?

① 2시간

② 3시간

③ 4시간

④ 5시간

28 타일 공사용 재료의 할증률 중에서 자기질 타일의 할증률은 얼마인가?

① 3% ② 5%

③ 7% ④ 10%

29 다음은 타일 공사의 일반적인 방법이다. 추천할 수 있는 붙이기의 종류는?

붙이는 부위	붙이기 종류 (손붙이기의 경우)	적응 타일
외벽 내벽 바닥		외장 타일 내장 타일 바닥 타일

	외벽	내벽	바닥
①	떠붙이기	떠붙이기	떠붙이기
②	압착붙이기	접착붙이기	떠붙이기
③	접착붙이기	압착붙이기	떠붙이기
④	압착붙이기	압착붙이기	압착붙이기

Ⅲ 조적 공사

1. 조적 공사 재료

1 일반 사항

조적 공사는 벽돌, 블록 등 작은 부피의 재료를 수경성 고착제인 시멘트 모르타르를 이용하여 쌓아올리는 작업을 말하는 것으로 벽돌 공사, 블록 공사 등으로 구분할 수 있다.

(1) 벽돌 공사

① 최근 건축 현장의 조적 공사에서는 건축물 내부의 칸막이벽(비내력벽) 또는 장막벽 (curtain wall, 벽체 자신의 무게 이외의 하중(지붕, 바닥 등)을 부담하지 않는 벽체를 말하며, 주로 벽선 새시, 패널, 유리 등을 조합하여 구성되어 있다. 장식벽이라고도 한다. 역학적으로는 비내력벽이다.) 재료로 시멘트 벽돌이 주로 사용되고, 점토 벽돌은 외부의 치장재로 사용되고 있다.

② 우리 나라에서의 벽돌 공사는 과거에는 주택에 있어서 높이 12m 이하의 구조벽(내력벽) 재료로서 벽돌을 사용하여 왔으나, 최근 콘크리트 및 경량 골재 등의 새로운 재료의 등장으로 구조 재료로서의 사용은 감소되고 있다.

(2) 블록 공사

① 블록 공사는 콘크리트 블록을 사용하여 주택·창고·공장 등과 같이 높지 않고, 규모가 작은 건축물의 벽체, 칸막이벽이나 지하층의 방수 보호벽 등으로 사용되고 있다.

② 최근의 블록 공사에서는 블록만을 사용하여 축조하는 단순 블록 공법은 많지 않고, 대부분 철근을 보강하여 구조 내력을 강화시키는 보강 블록 공법이 주로 시공되고 있다.

③ 콘크리트 블록은 형상이 같더라도 강도, 흡수율 등에 따라 중량 블록(기건 비중이 1.9 이상인 속빈 콘크리트 블록)과 경량 블록(기건 비중이 1.9 미만인 속빈 콘크리트 블록)으로 분류된다.

2 조적 재료

조적 재료는 크게 벽돌과 블록으로 구분할 수 있다.

(1) 벽돌

① 벽돌의 종류 및 제조

㉮ 콘크리트 벽돌

   ㉠ 건축물 내부의 칸막이벽, 소형 건물의 구조 벽체에 사용하는 재료로서 시멘트와 모래를 사용하여 만들며, 일반적으로 건축 현장에서 가장 많이 사용하는 벽돌이다.

   ㉡ 콘크리트 벽돌이 제조에서 원료는 기계 믹서로 혼합하고, 제품의 성형은 동력에 의한 진동과 압축을 병용한 방법으로 한다.

   ㉢ 성형 후에는 습도 약 100%의 실내에 500℃h 이상 보존하고, 야적(野積) 시간을 통산하여 4000℃h 이상 다습 상태로 양생하며, 약 7일 이상 경과한 후 출하하여 사용한다.

㉯ 점토 벽돌

   ㉠ 우리 나라에서는 옛날부터 전(甎)이라고 하여 진흙(점토, 습윤 상태에서는 가소성(可塑性)이 있기 때문에 형태를 자유롭게 만들 수 있고, 고온으로 구우면 경화되는 성질이 있다.)을 이용하여 검정색의 소성 벽돌을 제조하여 궁궐·담장·사찰 등에 사용하였으며, 현재에도 이와 같은 목적으로 건축물의 외부 장식용으로 많이 사용하고 있다.

   ㉡ 점토 벽돌의 제조는 불순물이 많은 저급 점토에 점성을 조절하기 위해 모래를 섞거나, 색깔을 조절하기 위해 석회를 섞어 터널형 가마에서 1,200~1,350℃로 소성하여 만든다.

   ㉢ 제품의 색깔이 적색 또는 적갈색을 띠는 것은 원료 점토에 포함되어 있는 산화철의 영향 때문이다.

㉰ 내화 벽돌

   ㉠ 고온에 견딜 수 있도록 만든 벽돌로서 굴뚝, 난로, 가마 등을 만드는 데 이용된다. 내화 벽돌은 형상, 내화도, 품질에 따라 많은 종류가 있다.

   ㉡ 내화도에 따라 저급품, 중급품, 고급품이 있고, 성분에 따라 점토질, 규석질, 산성, 중성, 염기성 등으로 구분된다.

   ㉢ 내화 벽돌의 종류는 소성 온도에 따라 저급, 보통, 고급의 3종으로 나누는데, 저급은 1,580~1,650℃, 보통은 1,670~1,730℃, 고급은 1,750~2,000℃로 소성한 것으로 소성 온도가 높을수록 내화도가 높다.

   ㉣ 내화 벽돌을 쌓을 때에는 품질이 같은 내화 모르타르를 사용하는 것이 원칙이다.

   ㉤ 점토 벽돌 제조 기간은 일반적으로 가마 내에 벽돌쌓기, 건조하기, 소성하기, 식

히기, 그리고 꺼내기까지는 약 2주일 이 소요되며, 일관된 작업으로 가마 한 칸에서 매일 벽돌을 꺼낸다.

㉰ 이형 벽돌

창, 출입구 등 특수 구조부에 사용하기에 적합한 특수한 형태로 만들어진 벽돌이다. 이것은 처음부터 특수 용도에 알맞도록 만들어진 것도 있고, 현장에서 보통 벽돌을 가공해서 사용하기도 한다.

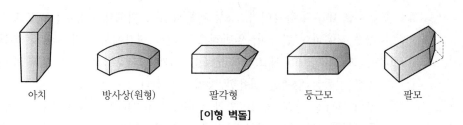

| 아치 | 방사상(원형) | 팔각형 | 둥근모 | 팔모 |

[이형 벽돌]

㉱ 경량 벽돌

원료 중에 질석(vermiculite, 운모질 원석을 1,000℃ 정도로 소성하여 유공질로 만든 것으로 비중(0.2~0.4)이 낮아진 경량 골재), 슬래그(Slag, 용광로에서 제련할 때 바닥에 고여 만들어지는 분말 상태의 잔재(찌꺼기)) 등 경량 물질을 넣어 만든 것으로서 가벼우면서도 소리와 열을 차단할 수 있는 장점이 있으나, 흡수성이 크기 때문에 일반적으로 내부 칸막이벽 공사에 많이 이용한다. 종류에는 다공질 벽돌과 중공 벽돌이 있다.

㉲ 도로 포장용 벽돌

도로 주차장, 공원 산책로 등에 깔기 위해 만든 벽돌로서 강도(압축 강도 : 49N/mm^2)가 크고, 마멸이나 충격에 대하여 강하며, 흡수율(1~3%)이 작은 것이 특징이다.

② 벽돌의 규격 및 품질

㉮ 벽돌의 규격

벽돌의 크기, 모양, 성능은 한국 산업 규격(KS)의 규정에 합격한 것을 사용한다. 일반적으로 사용하는 벽돌의 종류와 규격은 다음 표와 같다.

›››› 시멘트 및 점토, 내화 벽돌의 치수 및 허용값(단위 : mm)

종별	구분	길이(L)	너비(W)	무게(T)
점토 벽돌	치수	190	90	57
	허용값	±5.0	±3.0	±2.5
콘크리트 벽돌	치수	190	90	57
	허용값	±2	±2	±2
내화 벽돌	치수	230	114	65
	허용값	±1.5% 이내	±1.5% 이내	±2% 이내
※ KS L 4201(점토 벽돌), KS F 4004(시멘트 벽돌), KS L 3101(내화 벽돌)				

㉯ 벽돌의 품질

벽돌은 강도가 크고 흡수율이 적으며, 치수가 정확하고 모양이 바르며 갈라짐 등의 흠이 없어야 한다.

㉠ 콘크리트 벽돌 : 콘크리트 벽돌은 눈에 뜨이는 비틀림, 균열 또는 흠이 없는 것이어야 하고, 골재의 크기는 10mm 이하로 세조립이 적당히 혼합된 것이 좋다. 압축 강도는 $8N/mm^2$ 이상이어야 하고, 흡수율은 10% 이하이어야 한다. 현장에 반입할 때에는 KS 규정에 따라 규격, 압축 강도 등을 평가한 후에 사용해야 한다.

㉡ 점토 벽돌 : 점토 벽돌의 종류는 1종, 2종, 3종으로 구분하고, 벽돌쌓시에 지장을 주거나, 강도의 저하, 내구성을 해치는 균열이나 결함이 없어야 하며, 시험용 벽돌로 벽을 쌓은 후 일정 거리에서 관찰하였을 때 미관을 해치는 결함이 없어야 한다.

⫸⫸⫸ 점토 벽돌의 종류 및 품질

품질 \ 종류	1종	2종	3종
흡수율(%)	10 이하	13 이하	15 이하
압축 강도(N/mm^2)	20.59 이상	15.69 이상	10.78 이상

㉢ 내화 벽돌 : 굴뚝, 난로 등의 내부쌓기용 벽돌로서, 그 종류는 샤모트 벽돌, 규석 벽돌, 고토 벽돌 등이 있다. 내화 벽돌을 저장할 때에는 비에 젖지 않도록 규격과 용도별로 구분하여 저장하고 운반·취급할 때 모서리가 깨어지지 않도록 주의 한다.

⫸⫸⫸ 내화 벽돌의 종류 및 품질

품질 \ 종류		샤모트 벽돌	규석 벽돌	고토 벽돌
비중		2.7	2.8	3.6
압축 강도 (N/mm^2)	20℃	11.76~31.36	14.70~34.30	25.48~44.10
	1,300℃	6.86~25.48	5.88~15.68	6.86~11.76

㉰ 벽돌의 품질 시험

벽돌의 중요 품질 시험 항목은 흡수율과 압축 강도의 측정이고, 실험에 사용하는 필요한 시료의 양은 벽돌 20,000개 또는 단수를 한 로트로 하여, 각 로트에서 5개를 견본으로 함을 원칙으로 한다.

벽돌의 흡수율과 압축 강도의 측정 방법은 다음과 같다.

흡수율

$$a(\%) = \frac{m_2 - m_1}{m_1} \times 100 \quad \begin{cases} m_1 : \text{건조 무게(g)} \\ m_2 : \text{수분을 포함한 무게(g)} \end{cases}$$

압축 강도

$$c(\text{N/mm}^2) = \frac{W}{A}$$

$$\begin{cases} c : \text{압축 강도}(\text{N/mm}^2) \\ A : \text{가압 면적 (mm}^2) \\ W : \text{최대 하중 (N)} \end{cases}$$

(2) 블록

① 블록의 종류

㉮ 블록은 보통 블록의 형식에 따라 BI형, BS형, BM형 및 재래형으로 구분되고, 주로 BI 형이다.

㉯ 블록은 모양이나 사용하는 곳에 따라 KS F 4002의 규격에 의한 기본형 외에도 반장 형, 가로근용 블록, 이형 블록, 특수형 블록 등 여러 가지가 있다.

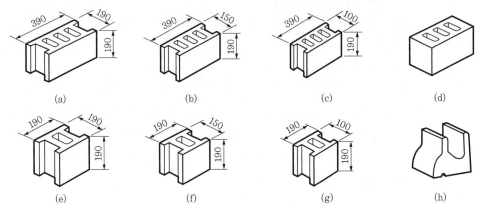

(a)   (b)   (c)   (d)

(e)   (f)   (g)   (h)

[각종 블록의 형태] (a, b, c : 기본 블록, d : 양마구리 평블록, e, f, g : 반블록, h : 창대 블록)

② 블록의 제조

㉮ 블록의 원료

㉠ 시멘트 : 시멘트는 석회석과 점토를 혼합하여 만든 것으로서 물과 함께 시멘트 페 이스트, 모르타르, 콘크리트를 만드는 원료로 사용된다. 시멘트는 KSL 5201(포틀 랜드 시멘트)의 규정에 합격한 것이어야 하고, 대기 중에 장기간 노출되어 풍화된 것을 사용해서는 안된다.

㉡ 골재 : 골재는 유해량의 먼지, 흙, 유기 불순물, 염분 등을 포함해서는 안된다. 블 록 제작에 쓰이는 골재의 최대 지름은 블록 최소 살 두께의 1/3 이하로 하고, 크 기의 분포는 세조립(細組立)이 적절히 혼입된 것으로서, 다음 표의 입도 분포(골 재 또는 흙에 섞여 있는 여러 가지 크기의 입자에 대한 입경별 함유 비율을 나타 내는 표시) 범위의 것을 사용한다.

>>> 속빈 콘크리트 블록 제작용 골재의 밀도

체의 번호	No. 100	No. 50	No. 30	No. 16	No. 8	No. 4	10mm
통과율(중량 %)	5~20	10~30	24~40	20~50	45~65	65~85	100

　　　ⓒ 물 : 콘크리트 및 철근에 나쁜 영향을 끼치는 기름, 산, 알칼리, 기타 유기 불순물
　　　　이 없는 깨끗한 물을 사용한다.

　　　ⓔ 혼화 재료 : 혼화 재료는 벽돌 및 블록의 강도, 수밀성 등을 향상시키거나, 제조할
　　　　때 재료의 혼합, 비빔 작업을 개선시키기 위하여 시멘트, 모래, 물의 원료에 첨가
　　　　하는 재료를 말하며, 적당한 양을 첨가해야 한다.

　　　ⓜ 기타 재료 : 블록조의 구조 내력을 보강하기 위해 사용하는 재료로서, 철근과 블
　　　　록 보강용 철망(wire mesh)등이 있다. 철근의 굵기는 지름이 D6~D13인 것을 주
　　　　로 이용한다. 철망은 #8~#10의 철선을 가스압접 또는 용접한 것을 이용한다.

　　㉯ 블록의 제조 방법

　　　㉠ 블록 제조 때 시멘트와 골재의 용적 배합비는 1:5~1:7 정도로 하고, 물−시멘트비
　　　　는 40% 정도로 한 된비빔으로 하며, 기계 믹서를 사용하거나, 그 외의 기계 기구
　　　　를 사용하여 충분히 혼합한 후 목재 또는 금속 형틀을 사용한다.

　　　㉡ 제품으로 성형 후에는 온도 40~60℃, 습도 80~100% 상태에서 500℃h 이상의
　　　　실내 보양을 한 후, 4,000℃h(보양 온도(℃)와 보양시간(h)을 서로 곱한 값) 이상
　　　　다습한 상태에서 보양한다. 그 후 7일 이상 경과한 후 이용한다. 일반적으로 블록
　　　　의 제조 방법 및 공정은 시멘트 벽돌의 제조 방법 및 공정과 유사하다.

③ 블록의 규격 및 품질

　㉮ 블록의 규격

　　　블록의 크기, 모양, 성능은 KS F 4002(속빈 콘크리트 블록)의 규정에 합격한 것을
　　　사용한다. 실제로 설계를 할 때에는 길이나 높이는 줄눈의 두께 10mm를 가산하여 길
　　　이 400mm, 높이 200mm로 본다. 기본 블록의 치수는 다음과 같다.

>>> 블록의 치수(단위 : mm)

항목 \ 형상	치수			허용값	
	길이	높이	두께	길이 두께	높이
기본 블록	390	190	190 150 100	±2	
이형 블록	길이, 높이 및 두께의 최소 두께를 90mm 이상으로 한다. 가로근용 블록이나 모서리용 블록과 기본형 블록과 같은 것의 치수 및 허용차는 기본 블록에 준한다.				

>>> 속빈 부분 및 최소 살 두께(단위 : mm)

속빈 부분 및 최소 살 두께 블록의 종류	속빈 수분		가로근을 삽입하는 속빈 부분	최소 살 두께	
	세로근을 삽입하는 속빈 부분			표면살(face shell, 속빈 부분을 가진 블록 개체의 바깥쪽 부분)	중간살(web shell, 속빈 부분을 가진 블록 개체의 내부에 속한 살 부분)
	단면적 (mm^2)	최소 나비 (mm)	최소 지름 (mm)		
두께 150mm 이상의 블록	6,000 이상	70 이상	85 이상	25 이상	20 이상
두께 100mm 의상의 블록	3,000 이상	50 이상	50 이상	20 이상	20 이상

1) 2개의 블록의 조적에 의해 만들어진 속빈 부분(줄눈도 포함)을 포함한다.
2) 속빈 부분의 모서리에 등글기가 없는 것으로 보고 계산한다.

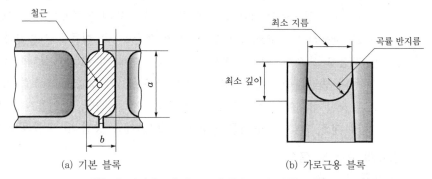

(a) 기본 블록   (b) 가로근용 블록

[철근을 삽입하는 속빈 부분의 치수 특정 위치(보기)]

㉴ 블록의 품질

블록은 사용 골재의 종류에 따라 A, B, C종으로 분류된다. 블록은 제조 후에 겉모양이 균일하고 비틀림, 균열 또는 흠 등이 없어야 한다.

>>> 블록의 품질

구분		기건 비중	전단면적[1]에 대한 압축 강도(N/mm^2)	흡수율(%)
A종	경량	1.7 미만	4.0 이상	—
B종	골재	1.9 미만	6.0 이상	—
C종	보통 골재	—	8.0 이상	10 이하

1) 전단면적이란 가압면(길이×두께)으로서, 속빈 부분 및 양 끝의 오목하게 들어간 부분의 면적도 포함한다.
2) 투수성은 방수 블록에만 적용한다.

3 쌓기용 모르타르

쌓기용 시멘트 모르타르는 시멘트와 모래를 주원료로 하고, 여기에 물을 혼합하여 만든다. 시멘트 모르타르의 품질과 강도는 구조체의 강도와 안전성에 직접적인 영향을 주므로 사용 재료는 소정의 품질을 확보하여야 한다.

(1) 벽돌 공사용 모르타르

벽돌 공사용 모르타르의 배합 표준은 다음과 같다.

>>> **모르타르의 배합**

모르타르의 종류		용접 배합비 (잔골재/결합재)
줄눈 모르타르	벽용	2.5~3.0
	바닥용	3.0~3.5
붙임 모르타르	벽용	1.5~2.5
	바닥용	0.5~1.5
깔 모르타르	바탕 모르타르	2.5~3.0
	바닥용 모르타르	3.0~6.0
안채움 모르타르		2.5~3.0
치장 줄눈 모르타르		0.5~1.5

모르타르의 워커빌리티는 벽돌의 흡수성 등을 고려하여 양호한 접착성 및 충전용이 확보되도록 정한다.

(2) 블록 공사용 콘크리트

블록 공사용 줄눈 모르타르 배합 표준은 다음과 같다. 줄눈 모르타르의 연도는 블록의 흡수성을 고려해서 양호한 점착이 되도록 정한다.

>>> **블록 공사용 모르타르 배합비**

종류	용도	용적 배합비			
		시멘트	석회	모래	자갈
모르타르	줄눈용	1	1	3	
	사춤용	1		3	
	치장용	1		1	
그라우트	사춤용	1		2	3

(3) 조적용 건조 시멘트 모르타르

① 조적용 건조 시멘트 모르타르는 시멘트 및 석회와 기능성 골재 및 특성 개선제를 미리 용도에 맞춰 이상적으로 건식 혼합한 것으로 공사 현장에서 물만 부어 시공한다.

② 재료의 혼합은 기계식 전동 믹서를 사용하는 것으로 하며, 간이 핸드 믹서(hand mixer)를 이용하는 경우에는 적정 크기의 혼합 용기에 혼합하고자 하는 건조 시멘트 모르타르에 적합한 수량을 투입한 후 천천히 교반하면서 소량씩 투입하여 덩어리가 없어지도록 균일하게 혼합한다.

③ 1회에 혼합하는 모르타르 양은 가능한 1시간 이내에 사용 가능한 양으로 한다.

④ 장기간 보관시 야적 상태는 시멘트 보관 관리 상태에 준하고, 조적용 건조시멘트 모르타르는 강도, 내성에 문제가 되지 않는 품질을 갖도록 한다.

4 쌓기용 공구 및 기구

조적용 공구 및 기구는 쌓기용 공구, 가공용 공구, 측정용 기구로 나눌 수 있다.

(1) 쌓기용 공구

① 쌓기용 공구로는 모르타르 비비기, 뜨기, 바르기, 마감하기 등을 위하여 흙손과 흙손판이 사용된다.

② 흙손에는 철재와 목재가 있고, 흙손판은 주로 목재가 사용된다.

③ 벽돌쌓기, 블록쌓기, 돌쌓기에서 줄눈용 모르타르의 치장 줄눈 작업을 할 때에는 줄눈용 흙손이 이용된다.

④ 줄눈용 흙손은 모양에 따라 평줄눈용, 오목줄눈용, 둥근줄눈용 등이 있다.

(a) 블록쌓기용 3각 흙손   (b) 모르타르 흙손

[흙손의 종류]

(2) 가공용 공구

가공용 공구는 벽돌, 블록을 필요한 크기나 모양으로 자르는 데 사용되는 것으로서, 망치, 정, 흙손 등의 손 공구와 절단기 등의 기계 공구가 있다.

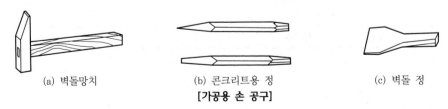

(a) 벽돌망치   (b) 콘크리트용 정   (c) 벽돌 정

[가공용 손 공구]

(3) 측정용 공구

측정용 기구에는 줄자, 헝겊 줄자, 큰 직각자, 곱자, 각종 수준기, 다림추, 먹통 등이 있으며, 이들은 주로 길이, 수직, 수평, 각도, 기준선 등을 측정하는 데 쓰인다.

5 조적 공사의 주의 사항

(1) 조적 공사의 주의 사항

① 외벽을 쌓을 때는 안전 가드 레일을 제거한 후 외부 비계에 부착된 안전망을 확인하고 외부로 추락하지 않게 주의한다.

② 벽돌을 쌓으면서, 벽돌, 모르타르 등이 외부로 낙하하지 않도록 주의하여야 한다.

③ 벽돌 운반로는 사전에 안전 유무를 확인하며, 벽돌을 손수레에 의해 운반할 때에는 과도한 물량을 적재하지 않아야 한다.

④ 벽돌 쌓기를 하고 일정 시간이 경화하지 않은 벽돌벽은 소요 강도가 날 때까지 보양 조치를 해야 한다.

⑤ 벽돌을 운반할 때는 상부로부터 낙하물을 주의하며 안전 통로를 사용한다.

⑥ 벽돌을 저장할 때에는 외부 충격에 의해 쉽게 무너지지 않도록 확실하게 쌓아 놓는다.

⑦ 벽돌, 모래, 시멘트를 리프트로 운반할 때에는 리프트 안전 수칙에 따른다.

⑧ 벽돌 쌓기를 위해 발판을 준비할 때에는 안전하게 작업할 수 있는 시설 즉, 받침대를 튼튼하게 해서 외부 충격 등에 쉽게 전도되지 않게 한다.

(2) 작업장의 정리 정돈

공사 현장의 주변에 공사용 재료나 공구가 흩어져 있으면 안전 사고가 일어나기 쉽다. 작업장의 정리 정돈이 잘 되어 있는 상태에서는 다음과 같은 효과가 있다.

① 노동의 재해가 감소한다.　② 작업 능률이 향상된다.

③ 자재의 손상이나 낭비가 감소한다.　④ 좁은 작업장도 넓게 사용할 수 있다.

⑤ 화재를 예방하고 감소시킬 수 있다.

2. 벽돌조 시공

1 벽돌쌓기 방법의 종류

벽돌을 쌓을 때에는 벽돌 한 개 한 개의 접촉면에 줄눈 모르타르를 충분히 채워 상호 접착이 잘 되도록 하여야 한다. 줄눈용 모르타르가 충분하지 못하여 틈새가 생기면 구조물의 강도가 떨어지고 습기나 외기의 침입을 받기 쉽기 때문에 실내의 온도에 영향을 주어 냉·난방의 효율을 감소시킨다.

(1) 길이쌓기

① 벽의 길이 방향으로 벽돌의 길이를 나란히 놓고 각 켜 모두가 길이 방향만이 벽 표면에 나타나도록 쌓는 것으로, 주로 반 장(0.5B) 두께의 벽쌓기에 이용된다. 즉, 공간벽쌓기, 덧붙임벽쌓기, 칸막이벽쌓기, 담쌓기 등이나 치장쌓기에 이용된다.

② 벽의 두께, 높이, 길이에 의해 결정되지만, 벽돌과 모르타르의 자체 강도, 부착력, 쌓기 방법 등에 의해 좌우된다.

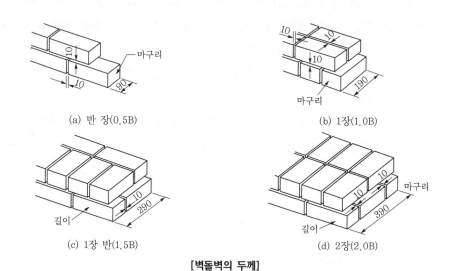

(a) 반 장(0.5B)

(b) 1장(1.0B)

(c) 1장 반(1.5B)

(d) 2장(2.0B)

[벽돌벽의 두께]

(2) 마구리쌓기

벽의 길이 방향에 직각으로 벽돌의 길이를 놓아 각 켜 모두가 마구리면이 보이도록 쌓는 것으로, 주로 원형 벽체쌓기, 기초쌓기 및 벽돌 벽체의 맨 윗단의 마무리쌓기에 많이 이용된다.

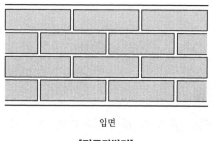

입면

[마구리쌓기]

(3) 층단 들여쌓기와 켜 걸름 들여쌓기

하나의 벽으로 연속되어야 할 벽체를 동시에 공사할 수 없을 때에는, 나중에 쌓을 벽의 벽돌을 먼저 쌓은 벽돌에 물려서 통줄눈이 생기지 않도록 하기 위하여 먼저 쌓는 벽돌을 층단으로 들여 쌓거나, 수직선상으로 한 켜 들여쌓는 것을 말한다.

(4) 영국식쌓기

영국식쌓기는 길이쌓기와 마구리쌓기를 한 켜씩 번갈아 쌓아올리는 것이다. 벽의 끝이나 모서리에는 마름질한 벽돌인 이오토막 또는 반절을 사용하여 통줄눈이 생기지 않게 쌓는 것으로, 쌓기가 간단하고 구조적으로 튼튼하기 때문에 벽돌쌓기 중에서 가장 많이 이용된다.

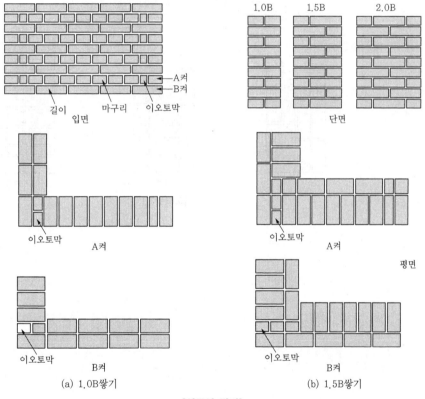

[영국식 쌓기]

(5) 미국식쌓기

길이쌓기의 변형으로 길이쌓기에 일정한 간격으로 마구리쌓기를 한 것이다. 뒷면에는 시멘트 벽돌을 사용하여 튼튼한 영국식 쌓기로 하고, 표면은 치장 벽돌을 써서 5~6켜는 길이쌓기로 하며, 다음 한 켜는 마구리쌓기로 하여 뒷벽에 물려서 쌓는 방법이다.

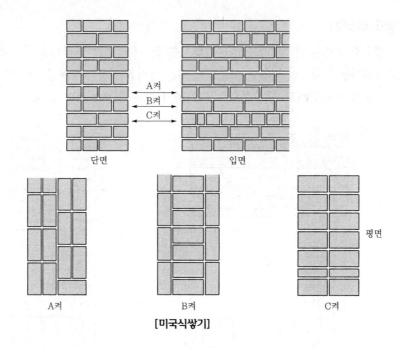

[미국식쌓기]

(6) 네덜란드식쌓기(화란식쌓기)

네덜란드식쌓기는 입면도에서 보면 영국식쌓기와 거의 같으나, 벽의 모서리나 끝에 영국식 쌓기와 같이 이오토막이나 반절을 쓰지 않고 칠오토막을 사용한다. 이 쌓기 방법의 특징은 일하기 쉽고, 모서리가 튼튼하게 축조되므로 우리나라에서도 비교적 많이 이용하고 있다.

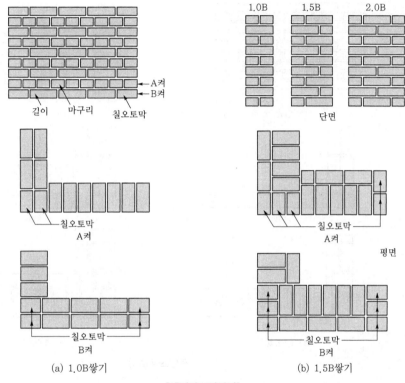

[네덜란드식쌓기]

(7) 프랑스식쌓기(불식 쌓기)

프랑스식 쌓기는 한 켜에 벽돌의 길이와 마구리가 번갈아 나오도록 쌓는 것으로서, 이 방법은 통줄눈이 많이 생겨 구조적으로는 튼튼하지 못하나, 외관이 아름답기 때문에 강도를 필요로 하지 않는 벽체 또는 벽돌담 쌓기 등에 쓰인다.

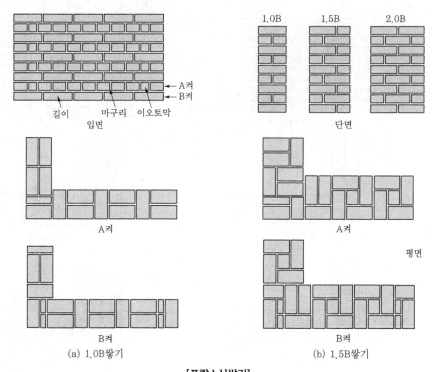

[프랑스식쌓기]

(8) 기타 쌓기

① 세워 쌓기

벽체의 일부 또는 창대, 아치 등에 장식을 겸하여 구조적인 효과를 높이기 위해 벽돌을 수직으로 세워 쌓을 때가 있는데, 마구리가 보이게 세워 쌓는 것을 옆세워쌓기, 벽돌의 길이가 보이도록 세워 쌓는 것을 세워쌓기라 한다.

② 엇모쌓기

엇모쌓기는 담 또는 처마 부분에 내쌓기를 할 때 45° 각도로 모서리가 벽면에서 나오도록 쌓는 것으로, 비교적 시공이 간단하고, 벽면에 변화를 주며 음영이 효과도 있어 외관을 보기 좋게 장식할 수 있는 방법이다.

③ 영롱쌓기

　벽돌면을 장식적으로 구멍을 내어 쌓는 것으로 벽돌 담벽의 두께는 보통 반 장 두께로 하고, 구멍의 모양은 삼각형, 사각형, −자형, +자형 등 여러 가지로 할수 있다.

④ 무늬쌓기

　벽돌 벽면에 벽돌을 1/4B또는 1/8B 정도가 튀어나오도록 무늬를 놓아 쌓기도 하고 줄눈에 변화를 주어 일부분에 통줄눈을 넣거나 또는 부분 적으로 변색 벽돌을 끼워 쌓기도한다. 또, 벽돌 길이 3장을 나란히 가로, 세로 또는 엇물려 줄눈 모양을 무늬로 보기 좋게 쌓는 것이다.

⑤ 벽돌 바닥 깔기

　바닥이나, 도로, 옥외 주차장, 통로 등의 장식을 겸한 벽돌깔기 방법을 말한다.

2 벽돌의 마름질

　벽돌은 온장을 사용하는 것이 구조적으로나 강도상으로 유리하지만, 요소에 따라 쓰기에 편리하도록 적당한 크기나 모양으로 잘라 써야 하는데 이것을 마름질이라 한다. 마름질 방법에는 다음과 같은 것이 있다.

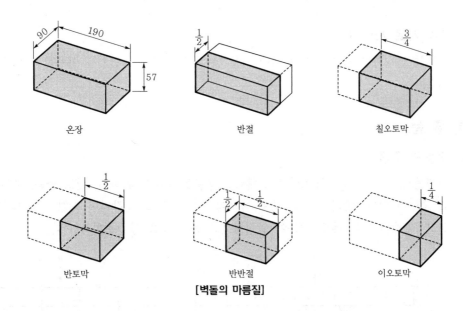

[벽돌의 마름질]

(1) 망치로 자르기

　벽돌 망치의 날이 있는 쪽을 이용하여 대충 자를 때에 이용한다.

(2) 벽돌 정으로 자르기

벽돌 정의 날을 벽돌의 너비가 좁은 양 면에 먼저 대고 망치로 쳐서 홈을 낸 후, 넓은 면에 벽돌 정의 날을 대고 망치로 쳐서 절단하는 방법이다.

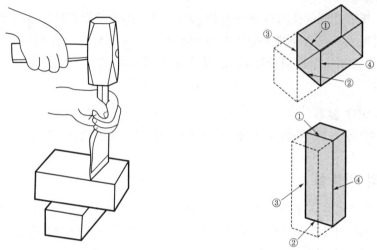

[벽돌 정으로 벽돌 자르는 방법]

(3) 절단기로 자르기

벽돌을 정확한 치수로 자를 때에 이용하는 방법으로서 절단기를 이용하여 절단하는 방법이다.

3 줄 눈

(1) 줄눈의 종류

벽돌과 벽돌 사이가 모르타르로 채워진 부분을 줄눈이라 하며, 가로 줄눈, 세로 줄눈, 연결 줄눈이 있다. 아래위 켜의 세로 줄눈이 통하지 않고 엇갈리어 막힌 것을 막힌줄눈이라 하고, 아래위 켜의 세로 줄눈이 일직선으로 통한 것을 통줄눈이라 한다.

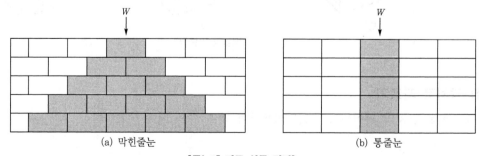

(a) 막힌줄눈   (b) 통줄눈

[줄눈에 따른 하중 전달]

(2) 줄눈 시공

벽돌쌓기 줄눈 모르타르는 벽돌 접합면 전부에 빈틈없이 가득 차도록 하고 쌓은 직후 줄눈 모르타르가 굳기 전에 줄눈 흙손으로 빈틈없이 줄눈 누르기를 한다.

(3) 치장 줄눈 및 마무리

치장 줄눈을 바를 겨우에는 줄눈 모르타르가 굳기 전에 줄눈파기를 하고 치장 줄눈은 벽돌 벽면을 청소 정리하고 공상에 지장이 없는 한 빠른 시일 내에 빈틈없이 바르며 벽면의 상부에서부터 하부쪽으로 시공한다. 치장 줄눈의 깊이는 6mm로 한다.

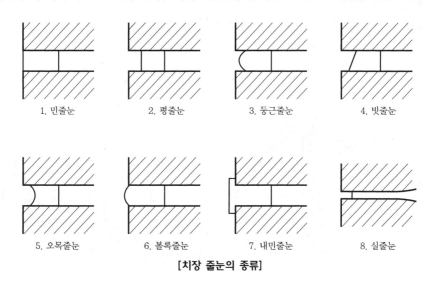

[치장 줄눈의 종류]

4 벽돌쌓기

(1) 벽돌의 운반 및 저장

① 벽돌의 운반 및 취급에서 깨어지거나 모서리가 파손되지 않도록 하고, 특히 치장으로 사용하는 벽돌은 던지거나 쏟아 내리는 일이 없도록 주의한다.

② 벽돌 및 이에 준하는 제품의 저장은 형상, 품질 및 용도별로 구분하여 일정한 장소에 쌓아 둔다.

③ 모래는 평평한 장소에 저장하고, 주위의 흙, 대팻밥 등의 불순물이 혼입되지 않도록 한다.

(2) 규준틀 설치

① 규준틀은 건축 공사에서 여러 부분의 관계 위치를 정하는 데 기준이 되는 틀로서 수평 규준틀과 세로 규준틀이 있다.

② 조적 공사에서는 주로 세로 규준틀을 이용하게 된다. 세로 규준틀은 뒤틀리지 않은 건조한 직선재를 대패질하여 벽돌 줄눈을 명확히 먹매김하고, 켜수와 기타 관계 사항을 기입한다.

③ 세로 규준틀의 설치는 수평 규준틀에 의하여 위치를 정확하고 견고하게 설치하고, 작업 개시 전에 반드시 검사하여 수정한다.

④ 세로 규준틀 대신에 기준대를 사용할 때에는 담당자의 승인을 받아 수준기, 레이저 레벨기 및 다림추 등과 병용한다.

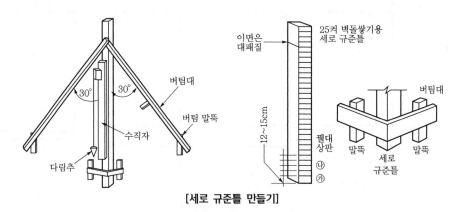

[세로 규준틀 만들기]

(3) 기초 정리

줄기초, 연결보 및 바닥 콘크리트의 쌓기면은 작업 전에 청소하고 움푹패인 곳은 수평이 되도록 모르타르를 채운다. 모르타르가 굳은 다음, 접착면은 적절히 물축이기를 하고 벽돌 쌓기를 시작한다.

(4) 벽돌의 선별

① 현장에 반입된 벽돌은 철저히 검사를 하여 불합격품은 즉시 공사장 밖으로 반출하고 합격품은 등급별로 구분, 정리하여 사용 순서별로 쌓아 둔다.

② 제물 치장벽돌쌓기를 할 때에는 벽돌의 규격이 정확하지 못하거나 모서리나 벽돌면이 마멸된 것이 있을 경우에는 별도로 부분하여 외부에 면하지 않는 뒷면에 쌓도록 하여, 구조물의 외관을 더욱 아름답게 하고 재료의 낭비를 가급적 줄이도록 한다.

(5) 벽돌나누기

벽돌쌓기 방법에는 여러 가지 방법이 있는데, 벽돌쌓기를 하기 전에 도면에 맞게 현척도를 작성하여 벽돌나누기를 하고, 이 벽돌나누기 등에 의해서 벽돌을 쌓아야 한다. 즉, 벽의 길이, 높이, 출입구, 창의 크기, 위치, 높이 등도 벽돌나누기에 의해 결정한다.

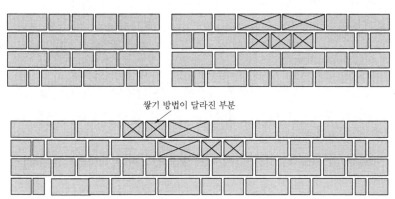

[정수 벽돌나누기가 안 될 경우]

(6) 물축임

① 시멘트 벽돌 및 점토 벽돌은 다공질이고 흡수성이 비교적 크기 때문에 쌓기 전에 물축임을 적당히 하였다가 사용한다. 내화 벽돌은 물축임을 하지 않고 사용한다.

② 벽돌을 쌓을 때 물축임을 하지 않고 사용하게 되면 쌓기용 모르타르의 수분을 벽돌이 흡수하게 되므로, 모르타르 경화에 필요한 수분이 부족하게 된다. 이러한 현상은 모르타르의 건조 경화 속도를 촉진시켜 건조 수축에 의해 균열이 발생되므로 강도가 크게 떨어지게 되어 벽체의 안전성에도 큰 영향을 주게 된다.

(7) 벽돌쌓기

① 벽돌쌓기의 일반 사항

㉮ 벽돌쌓기 방법은 도면 또는 공사 시방에서 정한 바가 없을 때에는 영국식쌓기 또는 네덜란드식쌓기로 한다.

㉯ 가로 · 세로줄눈의 나비는 도면 또는 공사 시방서에 정한 바가 없을 때에는 10mm를 표준으로 한다. 단, 세로줄눈은 통줄눈이 생기지 않도록 하고 수직 일직선상에 오도록 벽돌나누기를 한다.

㉰ 가로줄눈의 바탕 모르타르는 일정한 두께로 평평히 펴 바르고, 벽돌을 내리누르듯 규준틀과 벽돌나누기에 따라 정확히 쌓는다.

㉱ 세로줄눈의 모르타르는 벽돌 마구리면에 충분히 발라 쌓도록 한다.

ⓜ 벽돌벽이 블록벽과 서로 직각으로 만날 때에는 연결 철물을 만들어 블록 3단마다 보강하여 쌓는다.

ⓑ 벽돌은 각부가 가급적 평균한 높이로 쌓아 올라가고, 벽면의 일부 또는 국부적으로 높게 쌓지 않아야 한다.

ⓢ 연속되는 벽면의 일부를 트이게 하여 나중쌓기로 할 때에는 그 부분을 층단 들여쌓기로 한다.

ⓐ 벽돌의 하루 쌓기 높이는 표준 1.2m(18켜 정도)로 하고, 최대 1.5m(22켜 정도) 이하로 한다.

ⓩ 직각으로 오는 벽체의 한편을 나중에 쌓을 때에도 층단 들여쌓기로 하는 것을 원칙으로 하나, 부득이할 때에는 담당자의 승인을 받아 켜걸름 들여쌓기로 하거나, 이음 보강 연결 철물을 사용한다.

ⓒ 벽돌벽이 콘크리트 기둥(벽)과 슬래브 하부면과 만날 때는 그 사이에 모르타르를 충전한다.

② 벽돌쌓기 방법

세로 규준틀의 벽돌나누기 눈금에 따라 수평실을 정확하고 팽팽하게 띄우고, 모서리나 기타 중요한 부분은 먼저 쌓은 후 이것을 기준으로 하여 쌓는다.

㉮ 모르타르뜨기

모르타르통을 오른쪽의 30~40cm 뒤에 놓고 모르타르를 충분히 비빈 다음, 통 한쪽으로 약간 모아 벽돌 흙손으로 45° 정도 굽혀서 모르타르를 뜬다.

㉯ 모르타르놓기

오른손으로 흙손을 잡고 모르타르를 뜬 다음, 깔모르타르를 벽돌 위에 화살표 방향으로 움직이면서 중앙부에 고르게 깐다.

㉰ 모르타르펴기

흙손을 화살표 방향으로 움직이면서 세로줄눈에도 모르타르가 잘 채워지도록 하면서 가로줄눈을 형성하게 되는데, 이 때 벽돌 윗면의 안팎 부분의 모르타르는 약간 두껍게 올라오도록 한다.

㉱ 벽돌에 모르타르붙이기

왼손으로 벽돌을 잡고 오른손에 잡은 흙손으로 쌓기용 모르타르를 떠서 마구리면 또는 길이면에 붙인다.

㉲ 벽돌 제자리에 놓기

모르타르를 붙인 벽돌을 쌓을 자리에 정확히 놓고 벽돌이 수평실과 잘 맞도록 흙손으로 이쪽 저쪽을 가볍게 쳐서 조정한다. 이 때 밖으로 넘쳐 나온 모르타르는 흙손으로 긁어 낸다.

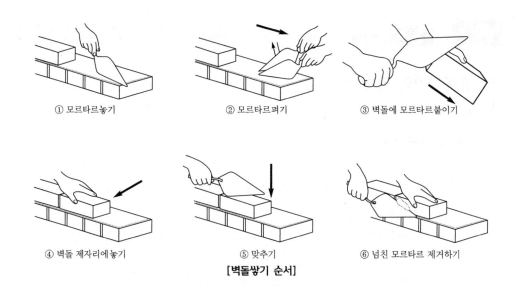

① 모르타르놓기　　② 모르타르펴기　　③ 벽돌에 모르타르붙이기

④ 벽돌 제자리에놓기　　⑤ 맞추기　　⑥ 넘친 모르타르 제거하기

[벽돌쌓기 순서]

(8) 보양

① 충격 방지

㉮ 쌓기가 완료된 벽돌은 어떠한 경우에도 움직이지 않도록 한다. 쌓은 후 12시간 동안은 등분포 하중을 받지 않도록 하고, 3일 동안은 집중 하중을 받지 않도록 한다.

㉯ 모르타르가 완전히 경화할 때까지 유해한 진동, 충격 및 횡력 등의 하중을 주지 않도록 한다.

㉰ 벽돌의 모서리, 돌출부 및 단부 등은 파손되지 않도록 적절한 재료를 사용하여 보양하고 더럽히지 않도록 주의한다.

② 시공 온도 관리

벽돌쌓기에서 평균 기온이 4℃ 이하, 영하 4℃까지는 최소한 24시간 동안 보온막을 설치한다. 아직 지붕을 설치하지 않은 치장쌓기로서 직접 우로에 노출되는 부분은 매일의 공사가 끝날 때마다 두꺼운 방수 시트로 벽 위를 덮고 단단히 고정시킨다.

㉮ 평균 기온이 −4~4℃까지는 눈, 비로부터 24시간 방수 시트로 덮어서 보호해야 한다.

㉯ 평균 기온이 −7~−4℃까지는 보온 덮개 혹은 이에 상응하는 재료로 24시간 보호해야 한다.

㉰ 평균 기온이 −7℃ 이하의 경우는 벽돌 쌓는 부위의 온도가 0℃를 유지할 수 있도록 보호막에 열을 공급하거나 전기 담요 혹은 전열 등을 이용하는 방법을 사용하여 벽돌 쌓은 부위를 24시간 보호한다.

3. 블록조 시공

1 블록쌓기의 일반 사항

(1) 블록쌓기의 종류

① 단순 블록쌓기

단순 블록쌓기는 단순히 모르타르만을 사용하여 블록을 접합 시공하는 방법으로 구조체를 형성하는 공법이다. 하중을 크게 받지 않는 소형 담장, 칸막이벽 등에 주로 사용된다.

② 보강 콘크리트 블록쌓기

㉮ 단순 블록쌓기와는 달리 철근 콘크리트로 보강하여 내력벽을 구성하는 것으로, 지하철 역사의 내벽, 공장 건물 등에 활용되고 있다.

㉯ 다른 재료 부분과의 접촉부 및 창문틀 주위의 상세, 시공상 필요한 블록나누기, 볼트·나무 벽돌·배관 등의 위치 및 철근 삽입 부분의 상세를 나타낸 상세도를 작성하여 시공한다.

(2) 블록의 절단

블록쌓기 작업을 할 때에는 필요에 따라 블록을 세로 또는 가로로 절단하거나 모서리를 따내어 적절한 크기로 가공한 후 쌓기를 한다.

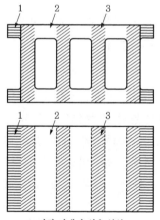

1. 가장 따내기 쉬운 부분
2. 가장 자르기 쉬운 부분
3. 자르기 어려운 부분

[블록 절단의 개요]

① 블록을 절단할 때의 주의 사항

㉮ 절단 부분에는 4면 모두 먹줄을 사용하여 선을 그어야 한다.

㉯ 따내 버리는 경우에는 벽돌 정을 약간 바깥쪽으로 세게 쳐서 따낸다.

㉰ 벽돌 망치를 사용할 때에는 45° 방향으로 따낸다.

㉱ 경량 블록은 자르기가 쉬우나 중량 블록은 잘 잘라지지도 않고 조각이 튀어나오기 쉬우므로 안전 사고에 주의한다.

㉲ 큰 블록을 망치로 무리하게 가공하면 깨지기 쉬우므로 벽돌 정을 사용하여 자르거나 따내도록 한다.

② 블록의 절단 방법

㉮ 곱자의 장수를 블록의 자르고자 하는 방향(세로 및 길이 방향)으로 대고 4면에 먹줄을 그어 표시한다.

㉯ 먹줄 위에 벽돌 정을 수직으로 세워 대고 망치로 가볍게 2~3회 쳐서 줄이 생기게 한다.

㉰ 줄을 낸 위를 다시 가볍게 쳐서 줄을 더 깊게 낸다.

㉱ 블록의 측면을 쳐서 따내기를 하고, 최후에 중앙 부분을 좀더 세게 쳐서 절단한다.

㉲ 잘린 면은 벽돌 망치나 날망치로 가볍게 쳐서 마무리한다. 이 때에는 블록의 모서리가 상하지 않도록 특히 주의해야 한다.

㉳ 모서리부의 전면 가공 부분은 전동 절단기를 사용하면 쉽고 능률적으로 가공할 수 있다.

(3) 블록쌓기 주의 사항

① 준비할 때의 주의 사항

㉮ 줄기초, 연결보 및 바닥판 기타 블록을 쌓는 밑바탕은 정리 및 청소를 하고 물축임을 한다.

㉯ 블록은 깨끗한 건조 상태로 저장되어야 하고 담당자의 승인 없이는 물축임을 해서는 안 된다.

㉰ 블록에 붙은 흙, 먼지, 기타 더러운 것은 제거하고 모르타르 접착면은 적당히 물로 축여 모르타르의 경화수가 부족하지 않도록 한다.

㉱ 모르타르나 그라우트의 비빔 시간은 기계 믹서를 사용하는 경우 최소 5분 동안 비벼야 하며 원하는 시공 연도가 되도록 한다. 모르타르나 그라우트의 비빔은 기계 비빔을 원칙으로 한다.

㉲ 반죽한 것은 될 수 있는 대로 빨리 사용하고, 물을 부어 반죽한 모르타르가 굳기 시작한 것은 사용하지 아니한다. 굳기 시작한 모르타르에 물을 부어 되비빔하는 것은 금한다.

② 쌓기할 때의 주의 사항

㉮ 단순 조적 블록쌓기의 세로줄눈은 도면 또는 공사 시방에 정한 바가 없을 때에는 막힌 줄눈으로 한다.

㉯ 가로줄눈 모르타르는 블록의 중간살을 제외한 양면살 전체에, 세로 줄눈 모르타르는 마구리 접합면에 각각 발라 수평, 수직이 되게 쌓는다.

㉰ 규준틀 또는 블록나누기 먹매김에 따라 모서리, 중간 요소, 기타 기준이 되는 부분을 먼저 정확하게 쌓는다. 그 다음 수평실을 치고, 먼저 쌓은 블록을 기준으로 하여 수평 실을 맞추어 모서리부에서부터 차례로 쌓아 간다. 수평실이 사람이나 블록 또는 다른 물건에 걸려 있을 때도 있기 때문에 항상 주의하면서 쌓아야 한다.

㉱ 블록은 살이 두꺼운 쪽을 위로 하여 쌓는다.

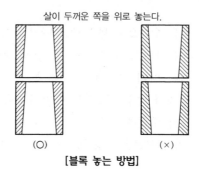

[블록 놓는 방법]

㉲ 블록은 턱솔이 없게 수평실에 맞추어 줄눈이 똑 바르도록 대어 쌓는다. 치장이 되는 면이 더러울 때에는 그 때마다 청소한다.

③ 줄눈 작업할 때의 주의 사항

㉮ 줄눈 모르타르는 쌓은 후 줄눈누르기 및 줄눈파기를 한다.

㉯ 줄눈의 너비는 특별한 지정이 없으면 가로줄눈 및 세로줄눈의 두께는 10mm가 되게 한다. 치장 줄눈을 할 때에는 줄눈용 흙손을 사용하여 줄눈이 완전히 굳기 전에 줄눈 파기하여 치장 줄눈을 바른다.

㉰ 블록쌓기 높이는 1일 1.5m(7켜 정도) 이내를 표준으로 한다.

2 블록쌓기

(1) 블록의 선별 및 정리 정돈

① 블록 선별상의 일반적인 주의 사항

㉮ 블록의 견본품을 미리 확인하고 담당자의 승인 아래 반입한다.

㉯ 치수가 정확한지를 확인한다.

㉰ 내압 강도가 규정된 값 이상인지를 확인한다.

  ㉱ 외부의 비틀림, 균열, 파손 등의 흠이 없는가를 확인한다.

  ㉲ 방수성이 있는가를 확인한다.

② 선별 방법

 블록의 뒤틀림을 확인하는 데는 정면에서 보면 발견하기 어려우므로 빗 방향에서 훑어보는 것이 발견하기 쉽다. 특히, 마구리용 블록은 용도상 모양이 똑바르고 뒤틀림이 없으며 모서리의 직각도가 정확한 것이 좋다.

③ 정리 정돈

 검사를 하여 합격한 블록은 내력벽용과 비내력벽용을 분리하여 정리하되, 기본형, 가로근용, 한 마구리용, 양 마구리용, 반블록, 창대 블록, 인방 블록 등으로 구분하여 쌓아 둔다.

(2) 세로 규준틀

 세로 규준틀은 블록쌓기의 기준이 되는 것이므로 뒤틀리거나 휘지 아니한 직선재를 대패질하여 블록 및 줄눈 위치를 정확히 먹매기고 견고하게 설치한다.

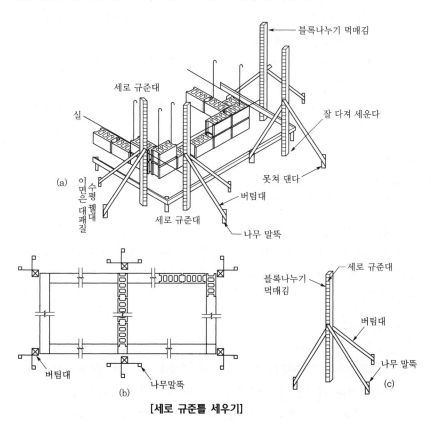

[세로 규준틀 세우기]

(3) 기초고르기

기초의 윗면이 평편하지 않을 경우에는 윗면의 고저차가 15mm 이하가 되도록 골라야 하는데, 만약 15mm 이상일 경우에는 높은 부분을 따내거나 낮은 부분에 모르타르를 채워서 줄눈의 두께가 6~15mm 정도가 되도록 한다.

(4) 블록나누기도와 블록 나누기

① 블록나누기도

블록쌓기는 블록나누기도에 따라 쌓게 되는데, 블록나누기도는 평면도에 의해 작성을 하며, 이 도면에는 블록나누기 평면도와 블록나누기 입면도가 있다.

② 블록나누기 자

블록쌓기 현장에서는 블록나누기 자를 만들어 사용하면 공사의 능률을 올릴 수 있고 정확한 시공을 할 수 있다. 이용 방법은 다음과 같다.

㉮ 기초의 밑창 콘크리트 윗면이나 콘크리트 기초 윗면에 먹통으로 중심선을 치고, 그 위에 설계도에 따라 미리 만들어 놓은 블록나누기자를 이용하여 벽의 모서리, T형 교차부, 개구부, 벽의 세로근의 위치 등을 표시한다.

㉯ 세로 철근을 세운 다음에는 장척을 이용하여 위치를 확인한다.

㉰ 기초 콘크리트를 친 후에도 장척으로 재확인한다.

㉱ 장척의 작은 눈금은 블록 한 켜의 치수에 해당하므로 블록을 쌓아 올릴 경우에도 이용된다.

③ 기준선

블록나누기와 블록 줄눈 나누기의 먹줄치기에서는 벽의 중심선을 기준으로 하는 경우와 벽면을 기준으로 하는 경우가 있는데, 일반적으로는 바깥 벽면을 기준으로 한다.

④ 블록나누기 및 먹줄치기

세로 규준틀에서 실을 띄우고 다림추와 자를 이용하여 연속 기초의 윗면에 벽면선을 그은 다음(먹줄치기), 모서리 부분을 기준으로 블록나누기 자를 이용하여 나누기를 한 후 먹줄을 친다.

⑤ 각 단 쌓기

㉮ 모서리 첫째 블록 쌓기

블록쌓기는 규준틀을 설치하고 이 규준틀에 따라 쌓아야 하는데, 규준틀을 설치하기 어렵거나 경미한 블록쌓기는 다음의 순서에 따른다.

㉠ 기초의 윗면에 블록쌓기를 할 곳을 정확한 치수로 먹줄을 치거나 수평실을 띄운다.

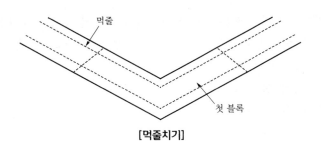

[먹줄치기]

ⓛ 모르타르는 지정된 배합비로 건비빔을 하여 두고, 사용할 때에 적당한 양을 모르타르 통에 옮겨 물을 넣고 충분히 혼합하여 반죽한다. 기준선을 따라 깔 모르타르를 깐다.

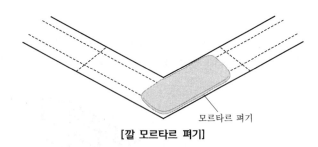

[깔 모르타르 펴기]

ⓒ 블록을 들어 기준선에 맞추어 가볍게 모르타르 위에 올려놓는데, 이때 블록의 살 두께가 두꺼운 부분이 위로 오게 놓아야 한다.

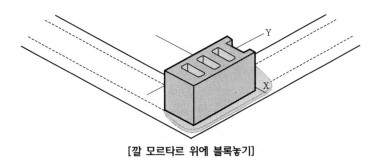

[깔 모르타르 위에 블록놓기]

ⓔ 블록을 지긋이 눌러서 정확한 위치에 바로 놓이도록 하고, 밖으로 빠져 나온 여분의 모르타르는 흙손으로 긁어 낸다.

ⓜ 블록을 쌓은 다음, 목재 또는 철재 수준기를 블록 윗면에 X, Y 방향으로 놓아 보고 수평 상태를 확인한다.

㉯ 모서리 둘째 블록 쌓기

ⓖ 둘째 블록을 놓을 자리에 깔 모르타르를 깐 다음, 둘째 블록의 마구리면에 모르타르를 붙여서 블록을 두 손으로 들어 먼저 쌓은 블록의 옆면에 밀착시키면서 밑으로 지긋이 누른다.

　　ⓛ 옆으로 삐져 나오는 모르타르는 긁어 내고 수평 수직의 줄눈 나비를 검사한다. X, Y 두 방향에 수준기를 놓고 수평 여부를 확인하면서 블록이 제자리에 정확히 놓이도록 한다.

　ⓓ 모서리 셋째 블록 쌓기

　　㉠ 셋째 블록을 놓을 자리에 깔 모르타르를 깐 다음, 둘째 블록을 쌓을 때와 같은 방법으로 블록을 쌓는다.

　　ⓛ 수평 상태의 검사는 X, Y, W의 세 방향에서 검사하는 것이 정확하고 좋다.

　ⓔ 둘째 켜 이상의 블록쌓기

　　㉠ 블록의 살 위에 모르타르를 펴고 쌓는다. 이 때 블록은 수평실에 일치하도록 쌓되 수평실을 움직여서는 안 된다.

　　ⓛ 블록을 쌓는 방법은 그림과 같이 (a) 부분은 이미 쌓아 놓은 밑켜 블록의 마구리에 맞추고, (b) 부분은 이미 쌓은 블록의 가로면에 맞추며, (c) 부분은 이미 쌓아 놓은 블록의 가로면 상단에 맞춘다. 그리고 (d) 부분은 수평실에 맞추어 놓는다.

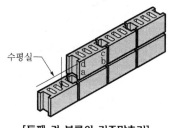

수평실

[둘째 켜 블록의 기준맞추기]

　　ⓒ 둘째 켜 쌓기에는 수평 상태뿐만 아니라 수직 상태도 수준기를 이용하여 수시로 확인해 가면서 쌓아야 한다.

　　ⓔ 수직 검사는 어느 한 곳이라도 빼 놓으면 안 된다.

4. 조적 공사 적산

1 일반 사항

　　건축 시공 분야에서 벽돌 공사는 철근 콘크리트조의 칸막이벽, 벽돌조의 내력벽 등에 주로 사용하며, 그 밖에 방수층의 누름벽돌쌓기, 화단만들기, 굴뚝쌓기, 건물 외벽의 치장쌓기 등 보조 공사에 사용된다.

　　벽돌 공사비는 벽돌의 종류, 사용 장소, 쌓기 방법, 시공 난이도 및 마무리 방법에 따라 공임의 차등을 두어 총괄적으로 산출한다.

2 조적 공사 적산 기준

(1) 수량 산출

벽돌 수량 산출은 사용 벽돌의 종류, 품 등을 구분하고, 기초 및 각 층별로, 또 두께별로 나누어 벽 면적을 산출한 다음, 단위 면적당의 벽돌 소요 장수를 곱하여 산출한다.

벽돌은 기준량에 운반, 파손, 마름질, 기타의 손실을 감안하여 기준량에 3~5%를 가산하여 소요량으로 한다. 모르타르의 양은 벽돌의 장수에 따라 단위 소요량으로 산출하며, 벽돌 쌓기의 품은 특별한 부분을 제외하고는 그 평균으로 단위 벽돌양에 대한 품수로 계산한다.

(2) 공사비의 구성

공사비=벽돌값+쌓기 모르타르값+쌓기 품+닦기 품(치장쌓기일 때)+치장 줄눈 품(치장쌓기일 때)+소운반비

3 표준 품셈

(1) 벽돌쌓기 재료 및 품

벽돌쌓기 공사에 관련한 재료 및 품은 다음 표와 같다.

》》》 벽돌쌓기의 재료 및 품

(1,000장당)

벽돌형	구분	모르타르(m³)	시멘트(kg)	모래(m³)	벽돌공(인)	인부(인)
표준형	0.5B	0.25	129.5	0.279	1.8	1.0
	1.0B	0.33	167.3	0.361	1.6	0.9
	1.5B	0.35	179.8	0.388	1.4	0.8
	2.0B	0.36	186.2	0.402	1.2	0.7
	2.5B	0.37	189.7	0.409	1.0	0.6
	3.0B	0.38	192.3	0.415	0.8	0.5

※ 1. 벽 높이 3.6~7.2m일 때에는 품을 20%, 7.2m 이상일 때에는 품을 30% 가산할 수 있다.
2. 본 표는 벽돌 10,000장 이상일 때를 기준으로 한 것이며, 5000장 미만일 때에는 품을 15%, 5,000 장 이상 10,000장 미만일 때에는 품을 10% 가산한다.
3. 벽돌 소운반 및 모르타르 비빔공은 별도로 계산한다.
4. 본 품은 모르타르의 할증률 및 모르타르 소운반 품이 포함된 것이다.
5. 모르타르 배합비는 1 : 3이다.

(2) 벽돌쌓기 기준량

벽돌쌓기 공사에서 사용 벽돌의 기준량은 다음 표와 같다.

>>> 벽돌쌓기의 기준량

(장/m²)

벽돌 규격(mm) \ 벽 두께	0.5B	1.0B	1.5B	2.0B	2.5B	3.0B
190×90×57(표준형)	75	149	224	298	373	447

※ 1. 본 표는 정량을 표시한 것이며, 벽돌의 할증률은 점토 벽돌일 때에는 3%, 시멘트 벽돌일 때에는 5%로 한다.
    2. 본 표는 줄눈의 너비를 10mm로 한 것을 기준으로 한 것이다.

(3) 블록쌓기 기준량

블록쌓기 공사에서 사용 블록의 기준량은 다음 표와 같다.

>>> 블록쌓기의 기준량

(m²)

형상 치수(mm)	구분	블록 (매/m²)	쌓기용 모르타르 (m²)	시멘트 (kg)	모래 (m³)	블록공 (인)	인부 (인)
기본형	390×190×190(8인치 블록)	13	0.01	5.10	0.011	0.20	0.10
	390×190×150(6인치 블록)	13	0.009	4.59	0.01	0.17	0.08
	390×190×100(4인치 블록)	13	0.006	30.6	0.007	0.15	0.07
이형 블록	길이, 높이, 두께의 최소 치수는 90mm 이상으로 한다. 가로근용 블록, 한마구리 평블록과 같은 기본 블록과 동일한 크기의 치수 및 허용치는 기본 블록에 준한다.						

4 적산 실습

(1) 문제

다음 그림과 같은 조적조 건물의 벽돌량을 산출하시오(단, 벽 두께는 1.0B이고, 벽 높이는 3.0m이며, 붉은 벽돌을 쌓는 경우이다.).

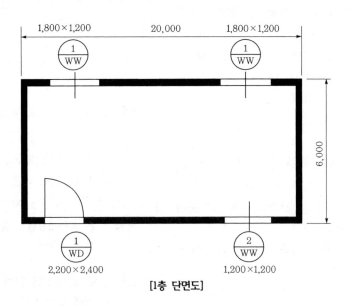

[1층 단면도]

(2) 풀이

벽 면적(㎡)＝(외벽 길이×벽 높이)－개구부 면적

(실제 실무에서는 외벽 길이나 개구부 면적을 산출할 때 순수 면적으로 계산한다.)

- 외벽 길이＝$(20×2)+(6×2) = 40+12 = 52(m)$
- 순수 벽 면적 ＝ 외벽 길이×벽 높이
  $$= 52×3=156(㎡)$$
- 개구부 면적＝$(1.8×1.2)×2+(1.2×1.2)+(2.2×2.4)=11.04(㎡)$
- 벽 면적＝순수 벽 면적－개구부 면적
  $$=156-11.04=144.96(㎡)$$

① 벽돌 정미량(장)＝벽 면적×1.0B 쌓기 기준량(장/㎡)
  $$=(52×3-11.04)×149$$
  $$=21,599.04≒21,600(장)$$

② 벽돌 소요량(장)＝정미량＋정미량×할증률(%)
  $$=21,600+21,600×0.03$$
  $$=22,248(장)$$

출제예상문제

01 소성 벽돌에 대한 기술 중 틀린 것은?

① 흡수율은 20~23%다.
② 압축 강도는 100~150kg/cm²이다.
③ 비중은 2.5~3.0이다.
④ 무게는 1.9~3.5kg/장이다.

해설 비중은 1.0~2.0이다.

02 벽돌 공사에 관한 기술 중 틀린 것은?

① 반드시 통줄눈은 피한다.
② 시멘트 벽돌은 쌓기 전 충분히 물축이기 한다.
③ 시멘트 벽돌 압축 강도는 25kg/cm²이다.
④ 줄눈은 가로, 세로 10mm가 표준이다.

해설 시멘트 벽돌의 압축 강도는 40kg/cm²이다.

03 비내력벽으로 벽자체의 하중만 받는 벽체는?

① 내력벽　　　② 장막벽
③ 중공벽　　　④ 공간벽

해설 장막벽은 벽자체의 하중만 받고 자립하는 벽체로 역학상 비내력벽이라 한다.

04 다음 중 벽돌 흡수 시험 공식으로 맞는 것은?

W_1 : 건조 중량　　W_2 : 포수 중량

① 흡수율(%) $= \dfrac{W_2 - W_1}{W_1} \times 100$

② 흡수율(%) $= \dfrac{W_2 - W_1}{W_2} \times 100\,(\%)$

③ 흡수율(%) $= \dfrac{W_1}{W_2 - W_1} \times 100$

④ 흡수율(%) $= \dfrac{W_2}{W_2 - W_1}\,(\%)$

05 각종 벽돌의 사용처로 잘못된 것은?

① 보통 벽돌(1등급) : 습기가 많은 것
② 보통 벽돌(2등급) : 잘 보이는 면
③ 내화 벽돌 : 온도가 높은 곳
④ 경량 벽돌 : 음향 및 열의 차단

해설 보통 벽돌 2등급은 잘보이지 않는 곳과 장막벽에 사용한다.

06 주요 조적조의 일반 쌓기용 표준 모르타르 배합비는? (단, 시멘트 : 모래)

① 1:1　　　② 1:2
③ 1:3　　　④ 1:4

해설 모르타르 표준 배합비(용적비)

등급		시멘트 모르타르 (시멘트 : 모래)	시멘트 석회 모르타르 (시멘트 : 소석회 : 모래)	사용개소
1급	1호	1:1	1:0.2:1	치장 줄눈용
	2호	1:2	1:0.2:2.5	아아치쌓기용, 특수 구조용
	3호	1:2.5	1:0.2:2.8	특수 조적조의 일반 쌓기용
2급	1호	1:3	1:0.5:3.5	중요 조적조의 일반 쌓기용
	2호	1:4	1:2.0:5	일반쌓기용(경미한 구조부용)
	3호	1:5	1:2.0:7	일반쌓기용(경미한 소규모형)
3급		1:7	1:2.0:9	경미한 구조물 쌓기용

07 아아치 쌓기용 표준 모르타르 배합비는? (단, 시멘트 : 모래)

① 1:1 ② 1:2
③ 1:3 ④ 1:7

08 외벽 또는 습기가 많은 곳에 사용되는 벽돌은?

① 시멘트 벽돌 ② 다공질 벽돌
③ 이형 벽돌 ④ 소성 벽돌

09 모르타르에 관한 기술 중 틀린 것은?

① 모르타르는 건비빔 후 1시간이면 응결이 시작되어 10시간이면 끝난다.
② 줄눈 방수에는 방수 모르타르를 사용한다.
③ 동결 방지용으로 내한제를 혼합하여 사용한다.
④ 내화 벽돌에는 내화용 모르타르를 사용한다.

해설 모르타르는 가수 후 1시간이면 응결이 시작되어 10시간이면 끝난다.

10 벽돌 공사 세로 규준틀에 관한 설명 중 틀린 것은?

① 세로 규준틀에는 켯수와 필요한 사항을 표시한다.
② 10cm 각의 목재를 대패질하여 사용한다.
③ 세로 규준틀은 중간부에만 설치한다.
④ 세로 규준틀 대신 담당자의 승인을 받아 규준대로 대신할 수 있다.

해설 세로 규준틀은 필요한 각부에 설치한다.

11 가장 튼튼한 벽돌 쌓기 형식은?

① 미국식 쌓기 ② 영국식 쌓기
③ 프랑스식 쌓기 ④ 네덜란드식 쌓기

12 영국식 벽돌 쌓기 형식을 옳게 설명한 것은?

① 길이 쌓기와 마구리 쌓기를 켜마다 교대로 쌓고 벽의 모서리 끝에는 이오토막을 쓴다.
② 길이 쌓기와 마구리 쌓기를 켜마다 교대로 쌓고 벽모서리 끝에는 칠오토막을 쓴다.
③ 매켜에 길이 쌓기와 마구리 쌓기를 번갈아 쌓는다.
④ 5켜는 길이 쌓기 2위 1켜는 마구리 쌓기로 한다.

해설 ②는 네덜란드식 쌓기
③는 프랑스식 쌓기
④는 미국식 쌓기다.

13 공간 쌓기의 효과가 아닌 것은?

① 방습 ② 방열
③ 방음 ④ 방도

14 공간 쌓기에 관한 설명 중 틀린 것은?

① 외벽을 주벽체로 하고 내외벽의 간격은 0.5B 이내로 한다.
② 연결쇠의 간격은 50~75cm로 한다.
③ 외벽 밑에 배수파이프(ϕ10mm)는 1.0m 간격으로 설치한다.
④ 방열, 방습, 방음의 표과가 크다.

해설 배수 파이프의 간격은 2m로 설치하여 배수를 고려한다.

15 벽돌 하루 쌓기 높이는?

① 0.5~1m ② 1.2~1.5m
③ 1.7~2.0 ④ 2.0~2.4m

해설 벽돌 하루 쌓기 높이는 1.2~1.5m(17~21켜)로 한다.

16 벽돌 쌓기의 일반적인 사항으로 틀린 것은?

① 작업 전 바탕면은 수평되게 고르고 청소한다.

② 모든 부분은 균일한 높이로 쌓는다.

③ 시멘트 벽돌은 쌓기 2~3일 전에 물 축이기 한다.

④ 연속되는 벽면 일부를 나중 쌓기할 때에는 일직선이 되게 한다.

해설 연속되는 벽면 일부를 나중 쌓기할 때에는 층 단 떼어 쌓기로 한다.

17 벽돌 벽면의 백화 현상 방지 방법으로 효과가 적은 것은?

① 양질의 벽돌 사용

② 줄눈 모르타르에 석회를 넣는다.

③ 줄눈 표면에 방수제를 칠한다.

④ 줄눈에 방수 모르타르를 사용한다.

18 벽돌 줄눈의 사춤 모르타르는 보통 몇 켜마다 하는가?

① 1~2켜 ② 2~3켜

③ 3~4켜 ④ 5~7켜

해설 원칙은 매켜마다 하나, 보통 3~5켜마다 한다.

19 치장 줄눈용 모르타르 배합비는? (시멘 트 : 모래)

① 1:1 ② 1:2

③ 1:3 ④ 1:4

20 나무 벽돌은 벽돌 벽면보다 얼마 정도 내밀어 쌓는가?

① 1mm ② 2mm

③ 3mm ④ 4mm

해설 쐐기형으로 방부제를 칠하고 정확한 위치에 벽돌 벽면보다 2mm 정도 내밀어 벽돌과 함 께 쌓는다.

21 창대 쌓기시 벽돌 옆세워 쌓는 경사도는?

① 5° ② 10°

③ 15° ④ 20°

22 배관 홈파기 가로홈의 깊이와 길이는?

① 깊이는 벽두께의 1/3 이하, 길이는 3m 이하

② 깊이는 벽두께의 1/2 이하, 길이는 3m 이하

③ 깊이는 벽두께의 1/3 이하, 길이는 5m 이하

④ 깊이는 벽두께의 1/2 이하, 길이는 5m 이하

23 창문틀 세우기에 관한 기술 중 틀린 사 항은?

① 특기가 없는 한 먼저 세우기가 원칙 이다.

② 나중 세우기할 때는 상하 및 중간 1m 간격으로 고정철물을 묻는다.

③ 창문틀은 유동하지 않게 버팀대로 견 고하게 고정시킨다.

④ 창문틀은 모르타르 또는 벽돌 접착면 에 방부제를 칠한다.

해설 나중 세우기할 때 고정철물은 60cm 간격으 로 묻는다.

24 내화 벽돌 쌓기에 관한 설명 중 틀린 것은?

① 통줄눈이 생기지 않게 쌓는다.

② 물축이기를 충분히 한다.

③ 줄눈 나비는 가로, 세로 9mm가 표 준이다.

④ 굴뚝, 연도 등의 안쌓기는 구조 벽체 에서 0.5B 이상 떼어 쌓는다.

해설 내화 벽돌은 물축이기를 하지 않는다.

25 두켜씩 내쌓기 할 때 내쌓는 벽의 두께는?

① 1/2B ② 1/4B

③ 1/6B ④ 1/8B

해설 두켜씩 내쌓을 때는 1/4B, 한켜씩 내쌓을 때는 1/8B로 한다.

26 보통 내화 벽돌의 내화도는 얼마인가?

① 1,450℃~1,550℃

② 1,580℃~1,650℃

③ 1,670℃~1,730℃

④ 1,750℃~2,000℃

해설 저급 : 1,580℃~1,650℃
보통 : 1,670℃~1,730℃
고급 : 1,750℃~2,000℃

27 연속되는 벽면의 벽돌쌓기 공사가 하루에 다 끝나지 않을 때 어떤 형태로 남겨두었다가 나중쌓기를 하는가?

① 수직으로 남긴다.

② 수평으로 남긴다.

③ 계단식으로 남긴다.

④ 톱날형으로 남긴다.

해설 연속되는 벽면의 일부를 나중 쌓기할 때에는 층단떼어 쌓기로 한다.

28 높이 3m, 길이 20m의 벽을 표준벽돌 1.0B 쌓기로 할 때 현장에 반입할 소요량은? (단, 시메트 벽돌)

① 8,190장

② 9,208장

③ 9,387장

④ 9,450장

해설 0.5B 벽 1m² 의 소요량 65매
1.0B 벽 1m² 의 소요량 65×2=130매이고, 손율을 5%로 본다.
130(매/m²)×3(m)×20(m)×(1+0.05)
=8,190(장)

29 벽돌 쌓기에 있어서 벽 두께 1.0B, 길이 5m, 높이 2m일 때 현장에 반입할 벽돌 장수로 옳은 것은? (단, 벽돌 규격 210×100×60mm)

① 1,265매 ② 1,365매

③ 1,465매 ④ 1,564매

해설 130×5×2×(1+0.05)=1,365(매)

30 창, 출입구 등 특수한 구조부에 사용하기에 적합한 특수한 형태로 만들어진 벽돌을 무엇이라 하는가?

① 보통 벽돌 ② 이형 벽돌

③ 경량 벽돌 ④ 다공질 벽돌

31 다음 벽돌쌓기 설명 중에서 틀린 것은?

① 벽돌쌓기 작업을 착수하기 전에 도면에 따라 벽돌을 선별한다.

② 벽돌을 사용할 때에는 미리 벽돌에 물을 고루 축여서 모르타르 경화에 지장을 주지 않도록 한다.

③ 벽돌은 온장으로만 사용한다.

④ 벽돌의 품질이 비교적 낮고 무른 것을 대충 자를 경우에 벽돌 흙손을 이용한다.

32 다음 규준틀에 대한 설명이다. 틀린 것은?

① 규준틀은 건축 공사에서 여러 부분의 관계 위치를 정하는 데 기준이 되는 틀이다.

② 규준틀에는 수평 규준틀과 세로 규준틀이 있다.

③ 조적 공사에서는 주로 수평 규준틀을 시용하게 된다.

④ 세로 규준틀은 벽돌쌓기의 기준이 된다.

33 그림은 벽돌쌓기를 나타낸 것이다. 'a'를 무엇이라 하는가?

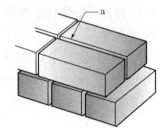

① 세로줄눈 ② 가로줄눈
③ 연결줄눈 ④ 통줄눈

34 그림은 벽돌벽을 나타낸 것이다. 벽두께를 옳게 나타낸 것은?

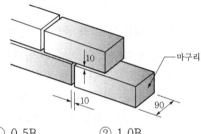

① 0.5B ② 1.0B
③ 1.5B ④ 2.0B

35 벽의 길이 방향에 직각으로 벽돌의 길이를 놓아 각 켜 모두가 마구리면이 보이도록 쌓는 방법을 무엇이라 하는가?

① 길이쌓기
② 마구리쌓기
③ 층단 떼어쌓기
④ 켜 걸름 들여쌓기

36 벽돌쌓기에 대한 설명이다. 틀린 것은?

① 가로줄눈, 세로줄눈의 나비는 10mm를 표준으로 한다.
② 벽돌쌓기 방법은 공사 시방에 정하는 바가 없을 때에는 미국식쌓기로 한다.

③ 세로줄눈의 모르타르는 벽돌 마구리면에 충분히 발라 쌓도록 한다.
④ 벽돌은 벽면의 일부 또는 국부적으로 높이 쌓지 아니한다.

37 〈보기〉는 블록의 운반, 취급 및 저장에 대한 설명이다. 옳은 것만 모두 고른 것은?

> ㉮ 블록의 보관 장소는 평탄한 곳으로 한다.
> ㉯ 블록을 저장할 때에는 품질, 형상, 치수 및 사용 개소별로 구분하여 저장한다.
> ㉰ 블록을 바닥판 위에 임시로 쌓을 때에는 사용할 때 편리하도록 한곳에 집중하여 쌓는다.
> ㉱ 블록의 운반 및 취급에서는 모서리의 파손, 깨짐 및 긁힘 등이 생기지 않도록 주의한다.

① ㉮
② ㉮, ㉯
③ ㉮, ㉯, ㉰
④ ㉮, ㉯, ㉱

38 그림은 벽돌을 마름질한 것이다. 이 벽돌의 명칭은?

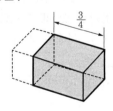

① 온장
② 반절
③ 칠오토막
④ 반토막

39 다음 치장줄눈의 명칭으로 옳은 것은?

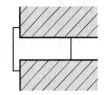

① 민줄눈
② 둥근줄눈
③ 오목줄눈
④ 내민줄눈

40 블록의 하루 쌓기 최대 높이는?

① 1.2m ② 1.3m
③ 1.4m ④ 1.5m

41 다음은 벽돌쌓기 순서를 나열한 것이다. 옳은 순서는?

⑦ 모르타르뜨기
⑭ 모르타르펴기
⑭ 모르타르놓기
⑭ 벽돌제자리에 놓기
⑭ 벽돌에 모르타르붙이기

① ⑦ - ⑭ - ⑭ - ⑭ - ⑭
② ⑦ - ⑭ - ⑭ - ⑭ - ⑭
③ ⑭ - ⑦ - ⑭ - ⑭ - ⑭
④ ⑦ - ⑭ - ⑭ - ⑭ - ⑭

42 다음은 블록쌓기 준비할 때 주의 사항이다. 옳은 것만 모두 고르면?

⑦ 블록을 쌓는 밑바탕은 정리 및 청소를 하고 물축임을 하지 않는다.
⑭ 블록은 깨끗한 건조 상태로 저장되어야 한다.

⑭ 블록에 붙은 흙, 먼지, 기타 더러운 것은 제거한다.
⑭ 모르타르의 비빔 시간은 기계 믹서로 하는 경우에는 최소 5분 동안 비벼야 한다.

① ⑦, ⑭
② ⑦, ⑭
③ ⑭, ⑭
④ ⑭, ⑭, ⑭

43 다음은 블록의 절단 가공상의 주의할 사항을 설명한 것이다. 옳은 것을 모두 고르면?

⑦ 절단 부분에는 2면에만 먹줄을 그어야 한다.
⑭ 따내버리는 경우에는 벽돌정을 약간 바깥쪽으로 세게 쳐서 따낸다.
⑭ 벽돌 망치를 사용할 때에는 30° 방향으로 따낸다.
⑭ 중량 블록은 잘 잘라지지도 않고 조각이 튀어나오기 쉬우므로 주의한다.

① ⑦
② ⑦, ⑭
③ ⑭, ⑭
④ ⑭, ⑭

44 벽돌 1000장을 쌓을 때 소요되는 재료의 양으로 옳지 못한 것은? (단, 벽돌은 1.0B 쌓기일 때)

① 모르타르 : $0.33m^3$
② 시멘트 : 167.3kg
③ 모래 : $0.361m^3$
④ 인부 : 1.0인

45 벽돌량을 산출할 때 할증률로 옳은 것은?

① 붉은 벽돌 : 3%, 시멘트 벽돌 : 5%

② 붉은 벽돌 : 5%, 시멘트 벽돌 : 3%

③ 붉은 벽돌 : 5%, 시멘트 벽돌 : 5%

④ 붉은 벽돌 : 3%, 시멘트 벽돌 : 3%

46 기본형 블록 1m²를 쌓는 데 소요되는 블록의 양은?

① 7장   ② 10장

③ 13장   ④ 15장

47 점토 벽돌 1.5B쌓기에 소요되는 단위면적당 기준량은 얼마인가?

① 75장   ② 149장

③ 224장   ④ 298장

48 벽돌 소요량을 구할 때 벽의 면적 산출 방식은?

① 순수 벽 면적 – 개구부 면적

② 개구부 면적 – 순수 벽 면적

③ 순수 벽 면적 + 출입문 면적

④ 순수 벽 면적 + 개구부 면적

49 시멘트 블록구조의 특징이 아닌 것은?

① 목조 건물보다 내구적이다.

② 불연재로 내화적이다.

③ 목조 벽체보다 2~3배 보온적이다.

④ 내풍, 내진적이다.

해설 보강 콘크리트 블록조일 때 내풍, 내진적이다.

50 얇은 콘크리트판을 거푸집 형태로 만들어 빈속에 철근을 넣고 콘크리트를 부어 넣어 만든 블록 구조는?

① 조적식 블록조

② 보강 콘크리트 블록조

③ 거푸집 블록조

④ 블록 장막벽

51 우리나라에서 많이 사용되는 블록 형상은?

① BI형   ② BS형

③ BM형   ④ BT형

52 블록 구조의 분류에 속하지 않는 것은?

① 조적식 블록조

② 공간 쌓기 블록조

③ 보강 콘크리트 블록조

④ 블록 장막벽

해설 블록 구조이 분류는 조적식 블록조, 보강 콘크리트 블록조, 거푸집 블록조, 블록 장막벽이다.

53 1급 블록의 압축 강도는?

① 25kg/cm²

② 40kg/cm²

③ 60kg/cm²

④ 75kg/cm²

해설 1급 : 60kg/cm², 2급 : 40kg/cm²

54 모르타르 및 콘크리트 사춤에 관한 사항 중 틀린 것은?

① 사춤 모르타르 및 콘크리트는 빈틈없이 3켜 이내마다 채운다.

② 이어 붓는 위치는 블록 윗면까지 채워 넣는다.

③ 보강 철근은 정확히 유지하고 사춤 콘크리트는 빈틈이 없도록 한다.

④ 보강 철근의 피복 두께는 2cm 이상으로 하며 사춤용 자갈의 최대지름은 20mm 이하로 한다.

해설 사춤 모르타르 및 콘크리트 이어 붓는 위치는 블록 윗면 5cm 아래로 한다.

55 블록 쌓기에 관한 기술 중 틀린 것은?

① 쌓기 전 모르타르 접착면에 적당히 물축이기 한다.

② 블록은 살두께가 두꺼운 부분이 아래로 가도록 쌓는다.

③ 일반 블록조는 막힌 줄눈을 원칙으로 한다.

④ 모르타르는 건비빔해 두고 사용시에 물을 넣고 반죽한다.

해설 블록은 살두께가 두꺼운 부분이 위로 가도록 쌓는다.

56 사춤용 모르타르의 적당한 배합비는?

① 1 : 1 　　② 1 : 2

③ 1 : 3 　　④ 1 : 4

57 제자리 콘크리트 부어넣기 인방보 주근의 정착 길이는? (d : 철근 지름)

① $25d$ 　　② $30d$

③ $35d$ 　　④ $40d$

58 블록 하루 쌓기 표준 높이는?

① 7켜 이내 　　② 8켜 이내

③ 9켜 이내 　　④ 10켜 이내

해설 블록 하루 쌓기 높이는 1.5m(블록 7켜 정도) 이내를 표준으로 하고, 보통 1.2m(블록 6켜 정도)로 한다.

59 보강 콘크리트 블록조 가로근에 대한 설명 중 틀린 것은?

① 가로근은 배근 상세도에 따라 단부를 180° 갈고리 내어 세로근에 건다.

② 모서리에서는 수직으로 구부려 $25d$ 이상 정착시킨다.

③ 가로근의 간격은 60~80cm로 한다.

④ 가로근을 이을 때 이음 길이는 $25d$ 이상으로 한다.

해설 가로근은 모서리에서 수직으로 구부려 $40d$ 이상 정착시킨다.

60 다음 중 중량 블록의 무게는?

① 1.8kg/장 이상 　② 1.8kg/장 이하

③ 1.5kg/장 이상 　④ 1.5kg/장 이하

해설 중량 블록은 1.8kg/장 이상, 경량 블록은 1.8kg/장 이하이다.

61 거푸집 블록조 1일 쌓기 높이는?

① 0.5m 　　② 1m

③ 1.5m 　　④ 2.0m

62 블록 쌓기시 와이어 메쉬(Wire mesh)를 묻어 쌓는 이유로 틀린 것은?

① 벽체의 수직 하중을 경감시키기 위해

② 벽체의 균열을 방지하기 위해

③ 벽체의 횡력을 경감시키기 위해

④ 벽체 교차부의 균열을 방지하기 위해

63 보강 콘크리트 블록조에 묻어 쌓는 와이어 메쉬(Wire mesh)는?

① #8~#10 철선을 가스 압접 또는 용접한 것이다.

② #16~#18아연 도금 철선을 가스 압접한 것이다.

③ #16~#18 철선을 가스 압접 또는 용접한 것이다.

④ #18~#21 철선을 불에 달구어 가스 압접한 것이다.

64 보강 콘크리트 블록조 세로근의 간격은?

① 80cm 이하 　　② 90cm 이하

③ 1m 이하 　　④ 1.2m 이하

해설 가로근의 간격은 60~80cm, 세로근의 간격은 최대 80cm 이하로 한다.

65 시멘트 블록의 운반, 보양, 저장에 관한 설명 중 틀린 것은?

① 블록은 운반시 깨짐, 긁힘, 파손 등이 없도록 한다.
② 저장은 모양, 치수 및 사용 개소별로 한다.
③ 쌓은 후 돌출부는 파손이 되지 않게 보양한다.
④ 블록은 사춤 콘크리트가 경화 되기 전에 하중을 주어야 한다.

해설 사춤 콘크리트가 충분히 경화될 때까지 이동, 하중, 충격을 주지 않는다.

66 거푸집 블록조에 관한 기술 중 틀린 것은?

① 1일 쌓기 높이는 2m 정도로 한다.
② 1회의 콘크리트 부어넣기 높이는 50cm 이하로 한다.
③ 콘크리트를 충전할 때에는 철근의 변형을 초래하는 일이 없도록 한다.
④ 줄눈 처리는 줄눈 모르타르가 굳기 전에 줄눈 누름을 하고 치장 줄눈을 한다.

해설 1일 쌓기 높이는 거푸집의 측압을 고려하여 2m 정도로 한다.

67 블록(Block) 쌓기 시공도의 기입 사항이 아닌 것은?

① 블록의 평면, 입면 나누기 및 블록의 종류
② 벽 중심간의 치수
③ 세로 규준틀 설치 위치
④ 연결 고정 철물(앵커 볼트, 나무벽돌 등)의 위치

68 보강 블록조에 있어서 시공상 적당치 않는 것은?

① 기초에서 세운 세로근은 테두리보 하부까지만 오게 한다.
② 철근의 정착 길이는 40d 이상으로 한다.
③ 내력벽의 세로근은 원칙적으로 이음을 하지 않는다.
④ 블록의 하루 쌓기 최대 높이는 1.5m 이내로 한다.

해설 보강 블록조 세로근은 원칙적으로 잇지 않고 기초에서 테두리보까지 직통되게 하여 40d 이상 테두리보에 정착시킨다.

69 블록 1m²당 소요 매수는? (손율 포함)

① 12매   ② 13매
③ 14매   ④ 15매

해설 블록 1m² 당 소요 매수는 12.5매이다.

70 블록 1,000장으로 쌓을 수 있는 최대 벽 면적은?

① 50m²
② 76.9m²
③ 80m²
④ 86.9m²

해설 블록 1m²당 소요 매수는 12.5매, 1,000÷12.5 =80m²

71 돌공사의 장점에 속하지 않는 것은?

① 외관이 장중 미려하다.
② 내화적이다.
③ 가공이 쉽다.
④ 내구적이다.

해설 장점은 외관이 장중 미려하고, 내화적이며, 내구적이고, 마모 및 풍화에 잘 견딘다.

72 돌공사의 단점에 속하지 않는 것은?

① 운반이 곤란하다.
② 가공이 어렵고 고가이다.
③ 공사 기간이 비교적 길고 횡력에 약하다.
④ 마모, 풍화가 잘 견딘다.

73 외장용 돌에 관한 기술 중 틀린 것은?

① 내화적이며 내구적인 돌
② 화강암이나 사암이 쓰인다.
③ 대리석이 가장 접합하다.
④ 외관이 미려해야 한다.

[해설] 대리석은 외장용으로는 부적합하다.

74 석재 가공용 손연장으로 부적합한 것은?

① 정   ② 쇠메
③ 쇠망치   ④ 연마기

[해설] 기계 공구로 잭크 해머, 와이어 톱, 줄톱 수동톱, 연마기 등이 있다.

75 채석장에서 네모뿔형으로 만든 돌로 석축에 쓰이는 돌은?

① 간사   ② 견치돌
③ 장대석   ④ 판돌

[해설]
• 간사 : 1면이 20~30cm 네모진 막생긴 돌로 간단한 돌쌓기에 쓰인다.
• 장대석 : 단면 30~60cm 각, 길이 60~150cm로 구조용으로 쓰인다.
• 판돌 : 두께 15~20cm, 나비 30~60cm, 길이 60~90cm로 바닥깔기 및 붙임돌에 쓰인다.

76 돌의 가공 순서로 맞는 것은?

① 혹두기-정다듬-도드락다듬-잔다듬-물갈기
② 혹두기-도드락다듬-정다듬-잔다듬-물갈기

③ 혹두기-정다듬-잔다듬-도드락다듬-물갈기
④ 혹두기-도드락다듬-잔다듬-정다듬-물갈기

77 돌의 가공 방법에 대한 사용 공구의 조합이 잘못된 것은?

① 혹두기-쇠메
② 정다듬-도드락 망치
③ 잔다듬-날망치
④ 물갈기-금강사 숫돌

[해설] 정다듬은 정으로, 도드락 다듬은 도드락 망치로 가공한다.

78 돌 1일 쌓기 켯수는?

① 1~2단   ② 2~3단
③ 3~4단   ④ 4~5단

79 대리석 붙이기에 사용하는 줄눈 모르타르의 배합비는?

① 시멘트 : 식고(1 : 1)
② 시멘트 : 모래(1 : 2)
③ 시멘트 : 석회석(1 : 3)
④ 방수 모르타르(1 : 4)

80 대리석 붙이기 줄눈으로 맞는 것은?

① 오목 줄눈   ② 평 줄눈
③ 민 줄눈   ④ 실 줄눈

81 자연석과 유사하게 시멘트 제품으로 두께 4.5cm 정도로 만든 돌은?

① 테라조(Terrazzo)
② 판돌
③ 모조석
④ 테라조 판상 제품

해설 모조석은 자연석과 유사하게 만든 것으로 대리석 붙이기와 동일한 공법으로 시공한다.

82 정다듬의 종류로 잘못 조합된 것은?

① 거친 다듬 : 정자국 6cm 간격
② 중다듬 : 정자국 5cm 간격
③ 고운 다듬 : 정자국 3cm 간격
④ 줄 정다듬 : 정자국을 줄지게 한다.

해설 중다듬의 정자국 간격은 4.5cm이다.

83 돌의 윤내기 과정으로 맞는 것은?

a : 거친 갈기	b : 광내기
c : 정벌 갈기	d : 재벌 갈기

① a-b-c-d   ② a-c-b-d
③ b-c-d-a   ④ a-d-c-b

84 다음 철물 중 돌공사의 연결 고정철물이 아닌 것은?

① 촉   ② 은장
③ 안장쇠   ④ 쐐기

해설 안장쇠는 층도리와 작은보의 연결에 쓰인다.

85 다음 사항 중 틀린 것은?

① 테라조는 대리석 부스러기로 만든 판상 제품이다.
② 모조석은 화강석 부스러기로 자연석과 유사하게 만든 것이다.
③ 대리석은 탄산석회 성분으로 외장용으로는 부적합하다.
④ 테라조 쓰이는 종석의 크기는 15~20mm 정도로 한다.

해설 종석의 크기는 3~15mm 정도로 한다.

86 대리석 양생 재료로 가장 적당한 것은?

① 거적   ② 널빤지
③ 백지   ④ 톱밥

87 다음 중 석재를 쪼개는 데 사용되는 공구는?

① 쇠망치   ② 부리
③ 날망치   ④ 도드락 망치

해설 ①, ③, ④는 석재 가공용 공구이다.

88 석재의 가공용 공구가 아닌 것은?

① 쇠메   ② 연마기
③ 댐퍼   ④ 와이어 톱

해설 석재의 가공용 공구
㉠ 혹두기 : 망치, 쇠메
㉡ 정다듬 : 정
㉢ 도드락 다듬 : 도드락 망치
㉣ 잔 다듬 : 날 망치(외날 망치, 양날 망치)
㉤ 물갈기 : 철판, 숫돌, 와이어 톱, 다이아몬드 톱, 그라인더 톱, 원반톱, 플레이너, 그라인더 등
㉥ 댐퍼는 충격식 다지기 기계다.

89 돌 쌓기에 관한 사항 중 옳지 않은 것은?

① 1일 쌓기 켯수는 3~4단으로 한다.
② 각형이 크고 작은 것을 엇갈려 쌓는 것을 완자 쌓기라 한다.
③ 허튼층 쌓기는 막 쌓기라고도 한다.
④ 메쌓기는 모르타르를 사용한다.

해설 메쌓기는 모르타르를 사용하지 않는다.

Part 3

안전 관리

Ⅰ 안전 관리 개요

1. 안전 관리의 개요

1 산업 안전과 재해

산업 안전이란 생산 활동에서 발생되는 모든 위험으로부터 근로자의 신체와 건강을 보호하고 산업 시설을 안전하게 유지하며 쾌적한 작업 환경을 조성하여 산업재해를 미연에 방지하는 일을 말하며 산업 재해란 산업장에서 우발적으로 발생하는 사고로 인하여 신체적 상해와 경제적 손실을 입는 것을 말한다.

(1) 산업 안전의 중요성

사업장이나 생활 환경에서 일어나는 사고는 대개가 불안전한 행동과 상태가 그 원인이 되고 있으며, 조금만 주의하면 방지할 수 있는 것이 대부분이다. 따라서, 이러한 사고를 미리 방지하기 위해서는 근로자와 사업주 사이의 원만한 협력과 조직적인 노력을 통하여 인명과 재산의 피해를 방지하는 것이 중요하다. 그러므로 기업 경영자는 물론 근로자도 산업 안전에 대한 충분한 이해와 관심을 기울임으로써 다음과 같은 이점이 있다.

① 인간의 생명과 기업의 재산을 보호한다.

사망이나 신체적 고통 및 불구자가 될 위험성을 감소시켜 인명과 재산의 손실을 방지한다.

② 근로자와 기업의 계속적인 발전을 도모한다.

근로자가 불안전한 행위로 인하여 발생하는 사고는 인명의 피해와 재산의 손실을 초래하므로 기업의 발전을 지연시킨다. 이러한 사고를 미리 예방함으로써 근로자의 피해를 예방하고, 계속적인 생산 활동을 하게 되면, 기업의 발전을 이룩할 수 있다.

③ 기업의 경비를 절감시킨다.

산업 현장의 안전도를 향상시키고, 사고 방지 시설에 투자되는 비용은 발생되는 재해 수습 비용이나 재해자에 대한 보상금에 비하면 오히려 경제적이다.

④ 근로자의 사기와 생산 의욕을 향상시킨다.

사고 방지를 위한 기업 경영자의 근로자에 대한 관심과 배려는 근로자의 사기와 생산 의욕을 북돋워 주고, 품질 관리면이나 생산성 향성에 크게 도움이 된다.

⑤ 기업의 대외 여론과 기업 활동을 향상시킨다.

빈번한 사고의 발생은 기업으로 하여금 재산상의 손실을 초래하므로 경영상의 문제점을 드러나게 한다. 따라서, 대외적으로 공신력을 잃게 하고 대내적으로는 근로자의 사기를 저하시켜 결국은 작업 의욕을 잃게 되므로 산업 안전은 기업의 대외 여론과 공신력을 향상시켜 준다.

2 산업 재해의 분류 · 요인 · 모형

(1) 산업 재해의 분류

산업 재해의 분류 방법에는 재해의 발생 형태 또는 재해의 발생 장소에 따른 분류 방법 등이 있다.

① 공장 재해

공장이나 산업장, 연수소 등에서 일어나는 화재, 폭발, 파괴, 공업 중독, 근로 재해, 직업병, 사업 공해 등의 재해를 공장 재해하고 한다. 이러한 재해는 정도의 차이는 있지만, 주로 근로자 재해(노동 재해)와 시설 재해가 대부분이다.

② 광산 재해

광산에서 일어나는 가스 배출, 갱내의 화재, 가스 폭발, 탄전 폭발, 석탄의 자연 변화, 갱내의 천장 낙반 등으로 인하여 일어나는 재해를 광산 재해라고 말한다.

③ 교통 재해

각종 차량과 열차 등의 충돌 및 전복, 탈선 등의 사고나 항공기의 추락 사고, 위험물 수송 사고 등으로 인하여 발생하는 재해를 교통 재해라고 말한다.

④ 해상 재해

선박 등에서의 화재, 폭발, 침몰, 좌초, 표류 등의 사고로 인하여 일어나는 재해를 해상 재해라고 말한다.

⑤ 도시 화재

도시의 주택, 점포, 공공 건축물에서 일어나는 화재와 그 소화 활동에 따르는 파괴로 인하여 일어나는 재해를 도시 화재라고 말한다.

⑥ 도시 오염

한 곳에 밀집된 고층 건물이나 주택의 난방 시설, 자동차나 하수도 등에서 배출되는 유해 물질에 의한 환경의 오염, 소음 등을 도시의 오염이라고 한다.

(2) 재해 발생의 요인

재해 발생은 시간이 흐름에 따라 일어나는 하나의 사건의 결과로서, 그 발생 요인 중 중요한 사항은 다음과 같다.

① 유전과 환경의 영향

인간의 소질에서 유전에 의한 선천적인 소질과 환경에 의한 후천적인 소질이 있는데, 이들 소질은 사고 발생에 큰 영향을 끼친다.

② 심신의 결함

인간에게서 사고를 일으키기 쉬운 성격을 가진 사람과 그렇지 않은 사람이 있다. 흥분, 신경질적이고 무모한 성격 및 성실성과 사려성이 부족한 성격, 신체적인 결함 등은 사고 발생과 밀접한 관계를 가진다.

③ 불안전한 행동 및 상태

인간의 불안전한 행동이나 시설이 불안전한 상태는 사고를 유발할 수 있는 요인이 된다.

(3) 재해 발생의 모형

일반적으로 발생한 재해를 보면, 과거에 발생했던 사고와 같거나 비슷한 종류의 사고인 경우가 많다. 많은 사고의 요인들이 서로 어떤 관계를 가지고 있는가를 조사·분석하는 것은 매우 중요하며, 요인들 사이의 관계는 그 배열과 가치로 구분하는데, 요인 배열의 형태에는 사슬형, 집중형, 혼합형 등이 있다.

① 사슬형

아래 그림의 (a)의 어떤 요인이 발생하면 이것이 원인이 되어 다음 요인을 발생하고, 또 연속적으로 하나하나의 요인을 일으켜 결국은 사고를 일으키는 형태를 말한다.

② 집중형

아래 그림의 (b)의 사고가 일어나는 시간과 장소의 요인들이 일시적으로 집중하는 형태이다.

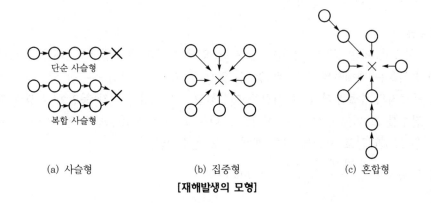

(a) 사슬형   (b) 집중형   (c) 혼합형

[재해발생의 모형]

③ 혼합형

앞 그림의 (c)의 사슬형과 집중형이 혼합된 형으로, 연속적인 요인이 하나 또는 2개 이상 모여서 어떤 시기 또는 장소에서 한꺼번에 사고가 일어나는 형태이다.

3 산업 재해의 통계방법 · 현황

(1) 산업 재해의 통계 방법

산업 재해의 통계는 효과적인 안전 관리와 예방 대책을 세우는 데 중요한 자료가 된다. 즉, 각각의 재해에 대하여 그 원인과 발생 조건을 여러 면에서 조사, 분류하여 검토함으로써 문제점을 찾아낼 수 있고, 재해 예방과 방지 대책을 강구할 수 있다.

일정한 기간 동안에 발생한 피해자의 수와 재해로 인하여 낭비된 근로 일수를 집계하고, 각종 재해 통계를 작성, 활용하면 산업간 또는 유사 산업간의 재해 현황을 비교할 수 있으며, 이를 통하여 미비했던 안전 활동을 반성하고 보다 안전한 활동 방법을 세울 수 있다.

이렇게 하여 근로자의 사업주 간의 협력에 따라서 근로자의 재해 통계에 대하여 깊은 관심을 가지고 자신들이 일하는 사업체의 안전 수준이 어느 정도인가를 인식하고, 또 사고의 원인이나 발생 조건을 이해함으로써 재해를 방지할 수 있다.

산업 재해 통계에 가장 많이 사용하고 있는 방법은 다음과 같다.

① 천인율

㉮ 천인율은 어느 일정한 근무 기간 동안(1년 또는 1개월)에 발생한 재해자의 수를 그 기간 동안의 평균 근로자의 수로 나누고 이것을 1,000배 한 것이다. 다시 말하면 일정 기간 동안에 근로자 1,000명에 대하여 발생한 재해자의 수로 나타낸 것이다.

㉯ 천인율은 각 사업장 간의 재해 상황을 비교하는 자료로 많이 이용된다.(단, 근로자의 수는 1년 동안에 증감이 있으므로, 그 평균값을 계산하여 재해를 비교한다.)

㉰ 천인율 $= \dfrac{\text{재해자의 수}}{\text{평균 근로자의 수}} \times 1{,}000$

② 도수율

㉮ 도수율은 어느 일정한 기간(100만 시간) 안에 발생한 재해 발생의 빈도를 나타낸 것이다.

㉯ 천인율은 재해자의 수는 잘 알 수 있으나, 재해 발생 빈도는 잘 알 수 없다.

㉰ 근로자의 수로부터 근무 시간을 계산하고, 어느 일정 기간 동안에 발생한 재해 발생 건수를 그 기간의 연 근로 시간으로 나누고, 이것을 100만 배 한 것이다. 즉, 도수율은 100만 근로 시간에 대한 재해 발생 건수이다.

㉱ 도수율 $= \dfrac{\text{재해 발생 건수}}{\text{연 근로 시간수}} \times 1{,}000{,}000$

ⓜ 다른 사업이나 또는 같은 산업에서 서로 비교할 때, 연 천인율로 표시된 경우와 도수율도 표시된 경우가 있으므로, 이와 같은 것을 비교하고자 할 때에는 서로 환산하여 계산하다. 이 때의 환산법에 환산식은 다음과 같다.

ㄱ 환산법 : 근로자가 공장에서 1인당 1일 8시간, 연간 근로 일수 300일, 연간 근로 시간수를 2,400시간이라 한다.

ㄴ 환산식 : 연 천인율=도수율×2.4 또는, 도수율 $= \dfrac{\text{연 천인율}}{2.4}$

③ 강도율

㉮ 천인율과 도수율로는 근로자 1,000명 당 재해자 발생 비율과 100만 시간당 재해의 발생 건수의 빈도는 알 수 있으나, 재해의 경중 정도는 알 수가 없다. 이 때 재해자의 수나 재해 발생 빈도에 관계없이 그 재해 내용을 측정하는 하나의 척도로 쓰이는 것이 강도율이다.

㉯ 강도율은 어느 일정한 근무 기간(1년 또는 1개월) 동안에 발생한 재해로 인한 근로 손실 일수를 일정한 근무 기간의 연 근로 시간으로 나누어 이것을 1,000배 한 것이다. 즉, 근로 시간 1,000시간당 발생된 재해에 의하여 손실된 근로 총 손실 일수를 나타낸 것이다.

㉰ 강도율 $= \dfrac{\text{근로 손실 일수}}{\text{연 근로 시간 수}} \times 1,000$

㉱ 근로 손실 일수 $= \text{휴업 총 일수} \times \dfrac{\text{연간 근로 일수}}{365}$

(2) 재해 발생의 현황

중대 재해의 발생과 재해 강도율이 계속 상승하여 재해 문제가 심각한 양상을 나타내고 있다. 아래 표는 사망 및 신체 장애자 등 중대 재해의 연도별 발생 현황을 나타낸 것으로, 1988년도의 사망 및 신체 장애자 수는 1972년의 8배를 넘고 있다.

≫≫≫ 중대 재해의 연도별 발생 현황

연도	1972	1977	1982	1987	1988
사망	654	1,174	1,230	1,761	1,925
신체 장애	2,717	11,336	15,882	25,244	26,247
중대 재해	3,371	12,510	17,112	27,005	28,172

4 작업 환경

작업 환경을 구성하고 있는 요소 중에는 인적 환경과 물적 환경이 있다. 이 요소 중에는 근로자에게 유리한 것이 있는 반면, 도리어 인체에 해로운 영향을 주는 것도 많이 있다. 근로자들에게 신체적, 심리적으로 나쁜 영향을 주어 건강 상해를 유발시키는 유해한 작업 환경 요소에는 가스, 증기, 분진, 병원체, 산소 결핍 공기, 원재료, 유해 광선, 고온, 저온, 초음파, 소음, 진동, 이상 기압, 폐기물 등이 있다.

(1) 온도와 습도

① 인간이 불쾌감을 느끼지 않고 작업을 할 수 있는 온도는 16~17℃이다.

② 고온하에서 작업할 때에는 1인 일 평균 1.7ℓ 이상의 땀을 흘리지 않도록 하여야 하며, 많은 땀을 흘린 경우에는 땀 100mℓ에 대한 0.1~0.3g의 염분을 공급하여야 한다.

③ 냉방은 바깥보다 5~6℃ 정도 낮게 유지시켜야 한다.

④ 온도와 습도는 상관 관계가 있으므로, 작업장의 온도를 조절할 때에는 습도를 함께 고려하여야 하며, 인간이 쾌적하게 작업할 수 있는 상대 습도의 범위는 40~60%이다.

⑤ 온도와 습도가 적절하지 않으면 사람들은 불쾌감을 느끼게 되는데, 그 정도를 나타내는 것을 "불쾌지수"라고 하며 불쾌지수가 75 이상이 되면 과반수의 사람들이 불쾌감을 느낀다. 그러므로 에어컨을 가동하는 때의 불쾌지수는 75인 경우이다.

불쾌지수는 다음과 같이 산정한다.

· 불쾌지수=(건구 온도+습구 온도)×0.4+15

(2) 채광과 조명

태양 광선으로 밝게 하는 것을 자연 조명 또는 채광이라 하고, 인공 광선에 의한 것을 인공 조명 또는 조명이라 한다.

광원의 위치는 작업면의 왼쪽 위에 있는 것이 좋다. 이 위치에서 빛을 받게 되면, 손 그림자가 생기지 않고 반사에 의하여 눈이 부시는 것도 적어진다. 조명 방법으로는 직접 조명, 간접 조명, 반직접 조명, 반간접 조명 등이 있다.

조명을 할 때에 유의해야 할 사항은 다음과 같다.

① 작업의 종류에 따라 작업 장소를 충분히 밝게 해야 한다.

② 광원이 흔들리지 않아야 한다.

③ 작업 상태에서 눈이 부시지 않아야 한다.

④ 너무 짙은 그림자를 만들지 않아야 한다.

⑤ 작업 장소와 그 주위의 밝기는 큰 차이가 없어야 한다.

⑥ 작업의 성질에 따라 빛의 질이 적당해야 한다.

빛을 받은 면의 밝기를 조도라 하며, 작업별로 알맞은 조도는 아래 표와 같다.

▶▶▶ 작업 종류별 기준 조도

작업의 종류	조 도(lx)
초정밀 작업	600 이상
정밀 작업	300 이상
보통 작업	150 이상
기타 작업	70 이상

(3) 소음과 진동

① 소음

시끄러운 소리, 듣기 싫은 소리, 없는 편이 좋은 소리로서 듣는 사람에게 불쾌감을 주는 소리를 소음이라 한다. 소음은 대화나 정신 활동을 어지럽게 하고, 수면을 방해할 뿐만 아니라 생활이나 행동에 지장을 주며, 작업 능률을 저하시키고 때로는 사고를 유발시킨다.

작업장의 소음이 근로자의 신체에 미치는 영향은 다음과 같다.

㉮ 직업성 난청을 일으킨다.

㉯ 자율신경계에 영향을 주므로, 타액과 위액의 분비가 억제되고, 소화 기능에 장애를 준다.

㉰ 교감 신경계의 긴장도를 높이므로, 혈압이 상승하고 맥박 수가 증가하며 근육이 긴장된다.

소음의 정도를 나타내는 단위는 dB(decibel)인데, 이것을 음압 수준 SPL(sound pressure level)이라고도 한다.

일반적으로 소음 노출 시간에 따른 소음의 최대 허용 기준값은 아래 표와 같다.

▶▶▶ 소음의 허용한계

1일 노출 시간	소음 강도(dB)
8시간	90
4시간	95
2시간	100
1시간	105
1/2시간	110
1/4시간	115

사업장에서 소음으로 인한 사고를 미리 방지하기 위해서는 소음원을 제거 또는 밀폐하거나 흡음과 방음 설비를 설치하며, 귀마개, 귀덮개와 같은 보호구를 사용한다.

② 진동

작업장에서 근로자에게 영향을 끼치는 진동은 주로 기계적 진동으로 진폭, 진동 수, 진동의 방향 및 가속도가 원인이 된다.

진동은 심신의 안정에 나쁜 영향을 주어 두통, 피로, 구토, 난청, 시력 감퇴, 혈뇨 등의 현상이 나타난다. 그러므로 진동이 심한 기계나 설비는 정확하게 조작하기가 어려우므로, 충격 완충 장치를 설치하여 진동에 의한 재해를 방지 또는 완화해야 한다.

(4) 유해 가스와 분진

작업장 안에는 기계 장치 및 생산 과정에서 발생하는 해로운 가스, 증기, 분진 등으로 작업 환경이 오염되기 쉽다. 분진은 공기중에 떠 있는 알갱이 모양의 물질로서, 먼지, 증기(fume), 스모그(smog), 안개(mist), 재 등을 통틀어 말한다.

① 분진의 영향

분진이나 피부나 점막에 접촉되면 수포, 눈물, 결막염, 실명, 재채기, 폐렴, 폐수종, 마취, 질식, 알레르기 현상 등이 나타난다. 또 분진은 피부, 호흡기, 소화기를 통하여 몸안으로 흡수되어 축적되며, 흡수된 부분 이외에서도 장해를 일으킨다. 즉, 진폐증, 폐암, 체중 감소, 배뇨통, 혈뇨, 간장 장해, 신장 장해, 혈액 장해, 신경 장해, 뼈의 장해, 치아의 변화 등을 일으킨다.

② 분진 재해 방지 대책

분진에 의한 재해를 방지하기 위한 방법은 다음과 같다.

㉮ 재료를 물이나 기름 등에 적시는 습식 작업 방법을 택한다.
㉯ 원료를 분진이 발생하지 않는 것으로 바꾼다.
㉰ 분진의 발생원을 막아 작업장 안으로 확산되는 것을 막는다.
㉱ 집진 시설이나 환기 시설을 한다.
㉲ 방진 마스크, 호스 마스크 등의 보호구를 착용한다.

(5) 색채

① 색채는 인간의 감각을 여러 가지로 변화시켜 일이 능률이나 휴식을 좌우한다. 그러므로, 작업장의 벽이나 기계 설비의 색상을 잘 선택하여 작업자로 하여금 안정감을 가지고 작업할 수 있도록 하여야 한다.
② 위험물(기름, 화약, 폭발물 등)은 붉은색으로 표시한다.
③ 주의(공사 현장, 회전 금지, 통행 금지 등) 표지는 노란색 또는 노란색과 검정색의 줄모양으로 표시한다.

④ 색채는 둔함, 경쾌함을 좌우하기도 하고, 크게 보이거나 작게 보이기도 한다. 느리고, 둔하고, 무거운 느낌을 주는 색으로부터 빠르고, 경쾌하고, 가벼운 느낌을 주는 색을 순서대로 나열하면 흑색−청색−적색−자색−등색−녹색−황색−백색의 순으로 된다.

⑤ 색채에 대한 감각은 연령이나 성별에 따라서 다르다. 그러므로, 기업의 경영자나 안전 관리 책임자는 작업자의 구성 성분을 잘 분석하고, 그들이 가장 효과적으로 작업 능률을 올릴 수 있는 색채를 설정하여 사용하여야 한다.

2. 재해 예방

1 산업 재해의 원인

산업 재해의 발생 원인은 단순한 것이 아니고, 직접적인 원인과 간접적인 원인들이 복합되어 일어난다. 일반적으로 재해 발생 원인을 가해 요인에 따라서 나누어 보면 다음과 같다.

　　┌ 사람의 작업 활동에 따른 결함이 주요 원인이 되는 경우
　　└ 기계 설비 및 장치 등의 결함이 주요 원인이 되는 경우

그리고, 사람의 작업 활동에 따르는 결함이 전체 재해의 약 80%를 차지하며, 산업 재해를 예방하기 위해서는 산업 현장에서 자주 일어나는 산업 재해의 발생 원인을 분석·분류하고 이를 기초로 한 예방 방법과 기업체 내에서의 안전 관리의 조직과 안전 교육 등에 대하여 이해하고 실천하는 데 노력을 하여야 한다.

2 산업 재해 조사

산업 재해 조사란 같은 종류의 사고가 다시 일어나지 않도록 사고의 원인이 되는 위험한 상태 및 불안전한 행동을 미리 발견하여 이것을 분석·검토하는 것을 말하며, 올바른 사고 예방 대책 수립에 필요한 자료를 얻는 데 그 목적이 있다. 특히 재해 조사는 조사 그 자체에 목적이 있는 것이 아니라 조사를 통하여 원인을 정확하게 파악하려는 데 목적을 두고 있다.

(1) 조사 방법

재해 조사는 사고 예방을 위한 자료를 얻을 수 있도록 사고 발생 과정, 사고 원인, 피해 상황, 사후 대책 등에 대하여 면밀하게 조사하여야 하며, 특히 재해 조사시 유의하여야 할 사항은 다음과 같다.

① 책임을 추궁하는 방향보다는 과거의 사고 발생 경향, 재해 사례, 조사 기록 등을 참고하여 조사한다.

② 사고 발생 즉시 재해와 관계있는 기계, 장치, 작업 공정, 작업 방법, 작업 행동 등을 조사한다.

③ 조사는 2명 이상이 한 조가 되어 실시하고 피해자와 관련자, 목격자 등으로부터 사고 발생 전후 사정을 듣는다.

④ 규모가 큰 사고는 전문가에게 조사를 의뢰한다.

⑤ 현장의 상황을 기록(사진)하여 보존하고, 사고 현장의 참상을 근로자들이 보면 사기를 저하시킬 우려가 있으므로 조사는 가능한 한 빨리 끝낸다.

(2) 상해 발생 형태의 종류

상해 발생 형태란 부상과 질병의 근원이 된 물질이 관계된 현상을 말하며, 추락, 전도, 부딪힘, 협착(끼임), 이물질의 침입, 무리한 동작, 타격, 감전, 유해물 접촉, 교통 사고, 기타 등으로 분류한다.

(3) 상해의 종류

상해란 사고 발생으로 인하여 사람이 입은 질병이나 부상을 말하는 것으로, 골절, 동상, 부종, 자상, 좌상, 절상, 중독, 질식, 찰과상, 창상, 화상, 청력장해, 시력장해, 그 밖의 상해 등으로 분류한다.

(4) 재해 조사표의 작성

사고의 원인을 규명하고, 이에 따른 시정 대책을 세우기 위하여 재해 조사표에는 재해 발생의 일시와 장소, 재해 유발자 및 재해자의 신상 명세, 재해의 원인과 결과, 조사자의 의견 등을 기록한다.

3 재해 예방 대책

(1) 사고 방지 대책

산업 재해를 예방하기 위해서는 사고의 직접적인 요인이 되는 불안전한 인간의 행동과 시설의 상태를 분석하고 통제하여 사고를 미연에 방지하도록 대책을 수립하여야 한다.

미국의 안전 기사 하인리히(Heinrich, H.W.)는 사고 방지에 대하여 다음과 같이 5단계로 설명하고 있다.

① 조직

안전 관리 책임자 선정, 안전 계획의 수립

② 사실의 발견

위험의 요인을 조사, 검열, 관찰, 면담을 통하여 발견

③ 분석

사고 발생 장소, 사고 형태, 관련 인원, 사고 정도, 감독 불충분, 공구 및 장비 등의 사고 원인 분석 등

④ 시정책의 선정

인사 조정, 교육, 설득, 호소, 공학적 조치 등

⑤ 시정책의 적용 및 사후 처리

사고를 예방하기 위한 시정책으로 안전에 대한 교육 및 훈련의 실시, 안전 시설과 장비의 결함 개선, 안전 감독의 실시 등

(2) 불안전한 행동의 방지

같은 종류의 재해가 반복해서 발생되지 않게 하고, 근로자의 불안전한 행동을 방지하기 위하여 안전 규정이나 안전 수칙 등을 명확하게 제시하여야 한다. 그러나, 근로자들이 불안전한 행동을 하지 못하도록 하는 규정은 제정되어 있으나 스스로 그것을 지키려는 안전 의식이 많이 결여되어 있으며, 근로자들이 안전 수칙을 지키지 않는 이유를 살펴보면 다음과 같다.

① 자신의 기능을 너무 믿거나 겉으로만 지키는 척하여 새로운 시정 방법을 귀찮게 생각한다.
② 간단한 작업 과정은 대수롭지 않게 생각하여 생략한다.
③ 사전 준비가 미흡하고 의사 전달이 불충분하여 능력이 부족하거나 안전 수칙을 잊어버린다.

4 안전 관리 조직과 교육

(1) 안전 관리 조직

생산 활동을 보다 더 효율적으로 수행하기 위하여 생산 방법에 알맞은 관리 조직이 필요하듯이 사고예방을 위해서도 안전 관리 조직이 필요하다.

① 안전 관리 조직의 목적

모든 근로자 직무와 상호 관계를 명확히 규정하고, 안전하고 능률적으로 생산 활동을 할 수 있도록 하는 데 있다.

② 안전 관리의 인적 구성

㉮ 안전 보건 관리 책임자 : 상시 근로자 100인 이상의 사업장에서 사업을 총괄 관리하는 공장장 사업소장급을 말하며, 안전 보건 관리자의 임무는 다음과 같다.

㉠ 안전 관리자와 보건 관리자를 지휘·감독한다.

ⓒ 업무를 적절하고, 원활하게 수행하도록 필요한 조치를 강구한다.

ⓒ 업무의 수행 상황을 감독한다.

ⓔ 당해 업무에 대한 책임을 진다.

㉯ 안전 관리자 : 일정한 업종이나 규모의 사업장에서 안전에 관계되는 기술적 사항을 관리하는 사람을 말하며, 안전 관리자의 자격 기준은 업종과 사업 규모에 따라서 다르고, 사업주는 안전 관리자에게 그 직책을 충분히 수행할 수 있도록 필요한 조치와 권한을 부여하여야 한다. 특히, 안전 관리자의 임무는 안전 보건 관리 책임자의 업무 중 안전에 관한 사항을 관리한다.

㉰ 안전 담당자 : 기계, 기구에 대한 안전 상태를 점검하고 이상이 있을 때에는 즉시 필요한 안전 조치를 취하여야 하며, 작업을 시작하기 이전에 안전 교육을 실시하고 근로자의 복장, 보호구, 작업 용구 등을 점검한다.

㉱ 산업 안전 보건 위원회 : 상시 100인 이상의 근로자를 사용하는 사업장에는 산업 재해 예방 계획의 수립 등 안전 보건 관리에 관한 사항을 심의하기 위한 산업 안전 보건 위원회를 설치하여 운영하고 있다. 단, 노사 협의회가 설치되어 있는 경우에는 노사 협의회를 산업 안전 보건 위원회로 활용할 수 있다.

(2) 안전 교육

경험이 없는 근로자를 생산 작업장과 같은 인위적인 작업 환경에 적응시켜 합리적으로 안전하게 작업할 수 있도록 하기 위해서는 교육과 훈련을 실시하여야 한다.

① 안전 교육의 목적

㉮ 산업 재해를 예방할 수 있는 능력을 기르는 데 목적이 있으며, 안전 관리에서 가장 중요한 사항은 근로자의 안전이다.

㉯ 안전 교육을 실시하면 올바른 작업 행동을 할 수 있고, 안전 기능도 향상되어 재해를 감소시킬 수 있다.

㉰ 안전 교육은 안전에 관한 지식과 기술을 정확하게 이해시켜 근로자들로 하여금 산업 현장에서 바르게 실천하도록 해야 효과를 거둘 수 있다.

② 안전 교육의 내용

㉮ 안전 교육의 내용 : 관계 법규, 안전 수칙, 작업별 위험, 사고 사례, 사고 방지의 기본 원리, 보호구의 사용법, 대피 방법, 응급 처치 방법 등이 있다.

㉯ 안전 교육의 구분 : 안전 지식 교육, 안전 기능 교육, 안전 태도 교육 등이 있다.

출제예상문제

01 다음은 무엇에 대한 설명인가?

> 생산 활동에서 발생되는 모든 위험으로부터 근로자의 신체와 건강을 보호하고 산업시설을 안전하게 유지하며, 쾌적한 작업 환경을 조성하여 산업 재해를 미연에 방지하는 일을 말한다.

① 산업 재해
② 산업 안전
③ 산업 활동
④ 산업 환경

해설 산업 안전은 생산 활동에서 발생되는 모든 위험으로부터 근로자의 신체와 건강을 보호하고 산업시설을 안전하게 유지하며, 쾌적한 작업 환경을 조성하여 산업 재해를 미연에 방지하는 일

02 다음은 산업 안전의 중요성에 대한 설명이다. 틀린 것은 어느 것인가?

① 인간의 생명과 기업의 재산을 보호한다.
② 근로자와 기업의 계속적인 발전을 도모한다.
③ 기업의 경비는 증가되나 기업의 대외 여론과 기업 활동을 향상시킨다.
④ 근로자의 사기와 생산 의욕을 향상시킨다.

해설 기업 경영자는 물론 근로자도 산업 안전의 중요성에 대한 충분한 이해와 관심을 기울임으로써 기업의 경비를 절감시킨다.

03 다음은 산업 재해의 종류를 설명한 것이다. 틀린 것은 어느 것인가?

① 공장 재해
② 교통 재해
③ 환경 재해
④ 해상 재해

해설 산업 재해의 분류에는 공장 재해, 광산 재해, 교통 재해, 해상 재해, 도시 화재 및 도시 오염 등이 있다.

04 다음은 산업 재해의 발생 요인에 대한 설명이다. 틀린 것은?

① 유전과 환경의 영향
② 심신의 결함
③ 작업 시간의 부족
④ 불안전한 행동과 상태

해설 재해 발생의 요인 중 중요한 사항은 유전과 환경의 영향, 심신의 결함, 불안전한 행동 및 상태 등이 있다.

05 다음 중 재해 발생의 모형에 속하지 않는 것은?

① 사슬형
② 분산형
③ 집중형
④ 혼합형

해설 재해 발생의 모형
① 사슬형 : 그림 (a)에서 어떤 요인이 발생하면 이것이 원인이 되어 다음 요인을 발생하고, 또 연속적으로 하나하나의 요인을 일으켜 결국은 사고를 일으키는 형태를 말한다.
② 집중형 : 그림 (b)에서 사고가 일어나는 시간과 장소의 요인들이 일시적으로 집중하는 형태이다.
③ 혼합형 : 그림 (c)에서 사슬형과 집중형이 혼합된 형으로, 연속적인 요인이 하나 또는 2개 이상이 모여서 어떤 시기 또는 장소에서 한꺼번에 사고가 일어나는 형태이다.

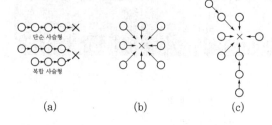

단순 사슬형		
복합 사슬형		
(a)	(b)	(c)

06 다음 중 산업 재해의 통계 방법에 속하지 않는 것은 어느 것인가?

① 천인율　　　② 도수율
③ 빈도율　　　④ 강도율

해설 산업 재해의 통계 방법에는 천인율, 도수율 및 강도율 등이 있다.
　　㉠ 천인율 $= \dfrac{재해자의 수}{평균 근로자의 수} \times 1,000$
　　㉡ 도수율 $= \dfrac{재해 발생 건수}{연 근로 시간 수} \times 1,000,000$
　　㉢ 강도율 $= \dfrac{근로 손실 일수}{연 근로 시간수} \times 1,000$

07 다음은 무엇에 대한 설명인가?

> 어느 일정한 근무 기간 동안(1년 또는 1개월)에 발생한 재해자의 수를 그 기간 동안의 평균 근로자의 수로 나누고 이것을 1,000배 한 것이다. 다시 말하면, 일정 기간 동안에 근로자 1,000명에 대하여 발생한 재해자의 수로 나타낸 것으로 각 사업장 간의 재해 상황을 비교하는 자료로 많이 이용된다.

① 천인율　　　② 도수율
③ 빈도율　　　④ 강도율

해설 문제 6. 해설 참조

08 다음은 무엇에 대한 설명인가?

> 어느 일정한 기간(100만 시간) 안에 발생한 재해 발생의 빈도를 나타낸 것으로, 근로자의 수로부터 근무 시간을 계산하고, 어느 일정 기간 동안에 발생한

재해 발생 건수를 그 기간의 연 근로 시간으로 나누고, 이것을 100만 배 한 것이며, 100만 근로 시간에 대한 재해 발생 건수이다.

① 천인율　　　② 도수율
③ 빈도율　　　④ 강도율

해설 문제 6. 해설 참조

09 다음은 무엇에 대한 설명인가?

> 어느 일정한 근무 기간(1년 또는 1개월) 동안에 발생한 재해로 인한 근로 손실 일수를 일정한 근무 기간의 연 근로 시간으로 나누어 이것을 1,000배 한 것이다. 즉, 근로시간 1,000시간당 발생된 재해에 의하여 손실된 근로 총 손실 일수를 나타낸 것이다.

① 천인율　　　② 도수율
③ 빈도율　　　④ 강도율

해설 문제 6. 해설 참조

10 다음은 산업 재해의 통계 방법에 대한 설명이다. 틀린 것은 어느 것인가?

① 천인율은 어느 일정한 근무 기간 동안에 발생한 재해자의 수를 그 기간 동안의 평균 근로자의 수로 나누고 이것을 1,000배 한 것이다.
② 천인율은 각 사업장 간의 재해 상황을 비교하는 자료로는 부적당하다.
③ 천인율은 재해자의 수는 잘 알 수 있으나, 재해 발생의 빈도는 잘 알 수 없다.
④ 천인율에서 근로자의 수는 1년 동안에 증감이 있으므로 그 평균값을 계산하여 재해를 비교한다.

해설 천인율은 각 사업장 간의 재해 상황을 비교하는 자료로써 많이 이용된다.

11 다음 중 산업재해의 통계 방법 산정식으로 틀린 것은 어느 것인가?

① 천인율 $= \dfrac{\text{재해자의 수}}{\text{평균 근로자의 수}} \times 1,000$

② 도수율 $= \dfrac{\text{재해 발생 건수}}{\text{연 근로 시간 수}} \times 1,000,000$

③ 강도율 $= \dfrac{\text{근로 손실 일수}}{\text{연 근로 시간수}} \times 1,000$

④ 연 천인율 = 도수율×1.4

해설 산업 재해의 통계 방법

㉠ 천인율 $= \dfrac{\text{재해자의 수}}{\text{평균 근로자의 수}} \times 1,000$

㉡ 도수율 $= \dfrac{\text{재해 발생 건수}}{\text{연 근로 시간 수}} \times 1,000,000$

㉢ 연 천인율 = 도수율 × 2.4

㉣ 강도율 $= \dfrac{\text{근로 손실 일수}}{\text{연 근로 시간수}} \times 1,000$

㉤ 근로 손실 일수

  $= \text{휴업 총 일수} \times \dfrac{\text{연간 근로 일수}}{365}$

12 천인율과 도수율의 관계에서 환산법을 설명한 것으로 틀린 것은 어느 것인가?

① 1인당 1일 근무 시간은 8시간으로 한다.
② 연간 근로 일수는 300일로 한다.
③ 연간 근로 시간 수를 2,400시간으로 한다.
④ 연 천인율은 도수율의 2.5배이다.

해설 환산법은 근로자가 공장에서 1인당 1일 8시간, 연간 근로 일수 300일, 연간 근로 시간수를 2,400시간이라 하고, 연 천인율 = 도수율 ×2.4, 또는 도수율 $= \dfrac{\text{연 천인율}}{2.4}$ 이다.

13 어떤 공장에 평균 근로자의 수가 1,000,000명이고, 재해자의 수는 100명이라고 한다. 이 공장의 천인율로 옳은 것은 어느 것인가?

① 1/10   ② 1/100
③ 10   ④ 100

해설 천인율 산정 : 재해자의 수는 100명이고, 평균 근로자의 수는 1,000,000명이므로

천인율 $= \dfrac{\text{재해자의 수}}{\text{평균 근로자의 수}} \times 1,000$

$= \dfrac{100}{1,000,000} \times 1,000 = \dfrac{1}{10}$

14 어떤 공장의 재해 발생 건수가 1,000회이고, 연 근로 시간 수 1,000,000시간이라고 한다. 이 공장의 도수율로 옳은 것은 어느 것인가?

① 1/100   ② 1/1,000
③ 100   ④ 1,000

해설 도수율 산정 : 재해 발생 건수가 1,000회이고, 연 근로 시간 수는 1,000,000시간이므로

도수율 $= \dfrac{\text{재해 발생 건수}}{\text{연 근로 시간 수}} \times 1,000,000$

$= \dfrac{1,000}{1,000,000} \times 1,000,000 = 1,000$

15 어떤 공장의 근로 손실 일수가 1,000일이고, 연 근로 시간 수 1,000,000시간이라고 한다. 이 공장의 강도율로 옳은 것은 어느 것인가?

① 1,000   ② 100
③ 10   ④ 1

해설 강도율 산정 : 근로 손실 일수가 1,000일이고, 연근로 시간 수는 1,000,000시간이므로

강도율 $= \dfrac{\text{근로 손실 일수}}{\text{연 근로 시간수}} \times 1,000$

$= \dfrac{1,000}{1,000,000} \times 1,000 = 1$

16 다음과 같은 조건을 갖는 경우에 있어서 근로 손실 일수로 옳은 것은 어느 것인가?

> ㉠ 휴업 총 일수 : 150일
> ㉡ 연간 근로 일수 : 600일

① 247일   ② 147일

③ 174일   ④ 124일

해설 근로 손실 일수의 산정

$$근로 \; 손실 \; 일수 = 휴업 \; 총 \; 일수 \times \frac{연간 \; 근로 \; 일수}{365}$$

$$= 150 \times \frac{600}{365}$$

$$= 246.57일$$

17 사망 및 신체 장애자 등 중대 재해의 연도별 발생 현황을 보면 1988년도의 사망 및 신체 장애자의 수는 1972년의 몇 배가 증가하였는가?

① 10배   ② 8배

③ 5배   ④ 3배

해설 중대 재해의 발생과 재해 강도율이 계속 상승하여 재해 문제가 심각한 양상을 나타내고 있으며, 사망 및 신체 장애자 등 중대 재해의 연도별 발생 현황을 나타낸 것으로, 1988년도의 사망 및 신체 장애자 수는 1972년의 8배를 넘고 있다.

18 산업 재해의 발생 원인 중 사람의 작업 활동에 따르는 결함이 전체 재해의 몇 % 정도가 되는가?

① 100%   ② 80%

③ 60%   ④ 50%

해설 산업 재해의 원인에서 사람의 작업 활동에 따르는 결함이 전체 재해의 약 80%를 차지한다.

19 다음 중 산업 재해 조사의 목적으로 틀린 것은 어느 것인가?

① 같은 종류의 사고가 다시 일어나지 않도록 사고의 원인을 조사한다.

② 사고의 원인이 되는 상태를 미리 발견하기 위함이다.

③ 사고의 원인이 되는 불안전한 행동을 미리 발견한다.

④ 사고 원인의 조사 자체에 목적이 있다.

해설 산업 재해 조사 : 산업 재해 조사란 같은 종류의 사고가 다시 일어나지 않도록 사고의 원인이 되는 위험한 상태 및 불안전한 행동을 미리 발견하여 이것을 분석·검토하는 것을 말하며, 올바른 사고 예방 대책 수립에 필요한 자료를 얻는 데 그 목적이 있는 것이 아니라 조사를 통하여 원인을 정확하게 파악하려는 데 목적을 두고 있다.

20 다음 중 산업 재해 조사의 내용에 속하지 않는 것은 어느 것인가?

① 사고 발생 과정

② 사고의 원인

③ 피해 상황

④ 사고자의 경력

해설 산업 재해의 조사 방법에서 재해 조사는 사고 예방을 위한 자료를 얻을 수 있도록 사고 발생 과정, 사고 원인, 피해 상황, 사후 대책 등에 대하여 면밀하게 조사하여야 한다.

21 다음 중 재해 조사시 유의하여야 할 사항으로 틀린 것은?

① 책임을 추궁하는 방향보다는 과거의 사고 발생 경향, 재해 사례, 조사 기록 등을 참고하여 조사한다.

② 사고 발생 즉시 재해와 관계있는 기계, 장치, 작업 공정, 작업 방법, 작업 행동 등을 조사한다.

③ 조사는 5명 이상이 한 조가 되어 실시하고 피해자와 관련자, 목격자 등으로부터 사고 발생 전후 사정을 듣는다.

④ 규모가 큰 사고는 전문가에게 조사를 의뢰한다.

해설 산업 재해 조사시 유의하여야 할 사항 중 조사는 2명 이상이 한 조가 되어 실시하고 피해자와 관련자, 목격자 등으로부터 사고 발생 전후 사정을 듣는다.

22 다음 설명 중 틀린 것은?

① 상해 발생 형태란 부상과 질병의 근원이 된 물질이 관계된 현상이다.

② 상해란 사고 발생으로 인하여 사람이 입은 질병이나 부상을 말한다.

③ 재해 조사표에는 재해 발생의 일시와 장소, 재해 유발자의 신상 명세, 재해 원인과 결과, 재해 조사자의 의견 등을 기록한다.

④ 중독, 질식, 찰과상은 상해의 발생 형태에 속한다.

해설 상해의 종류에는 골절, 동상, 부종, 자상, 좌상, 절상, 중독, 질식, 찰과상, 창상, 화상, 청력 장해, 시력 장해, 그 밖의 상해 등으로 분류한다.

23 상해 발생 형태의 종류에 속하지 않는 것은 어느 것인가?

① 추락
② 전도
③ 감전
④ 화상

해설 상해 발생 형태란 부상과 질병의 근원이 된 물질이 관계된 현상을 말하며, 추락, 전도, 부딪힘, 협착(끼임), 이물질의 침입, 무리한 동작, 타격, 감전, 유해물 접촉, 교통사고, 기타 등으로 분류한다.

24 상해의 종류에 속하지 않는 것은 어느 것인가?

① 골절

② 동상
③ 전도
④ 중독

해설 상해의 종류에는 골절, 동상, 부종, 자상, 좌상, 절상, 중독, 질식, 찰과상, 창상, 화상, 청력 장해, 시력 장해, 그 밖의 상해 등으로 분류한다.

25 상해 발생시 조사표의 작성시 기록하지 않는 사항은 어느 것인가?

① 재해 발생의 일시와 장소
② 재해자의 신상 명세
③ 재해 원인과 결과
④ 조사자의 인적 사항

해설 재해 조사표의 작성에서 사고의 원인을 규명하고, 이에 따른 시정 대책을 세우기 위하여 재해 조사표에는 재해 발생의 일시와 장소, 재해 유발자 및 재해자의 신상 명세, 재해의 원인과 결과, 조사자의 의견 등을 기록한다.

26 다음 중 미국의 안전 기사 하인리히(Heinrich, H. W.)는 사고 방지 5단계의 순서로 옳은 것은 어느 것인가?

① 조직-사실의 발견-분석-시정책의 선정-시정책의 적용 및 사후 처리

② 분석-사실의 발견-조직-시정책의 선정-시정책의 적용 및 사후 처리

③ 사실의 발견-조직-분석-시정책의 선정-시정책의 적용 및 사후 처리

④ 분석-조직-사실의 발견-시정책의 선정-시정책의 적용 및 사후 처리

해설 미국의 안전 기사 하인리히(Heinrich, H. W.)는 사고 방지에 대하여 다음과 같이 5단계(조직 → 사실의 발견 → 분석 → 시정책의 선정 → 시정책의 적용 및 사후 처리)로 설명하고 있다.

27 다음 중 근로자들이 안전 수칙을 지키지 않는 이유로 틀린 것은?

① 기능적 면에서 의욕이 매우 있는 경우에 일어난다.

② 자신의 기능을 너무 믿거나 겉으로만 지키는 척하여 새로운 시정 방법을 귀찮게 생각한다.

③ 간단한 작업 과정은 대수롭지 않게 생각하여 생략한다.

④ 사전 준비가 미흡하고 의사 전달이 불충분하여 능력이 부족하거나 안전 수칙을 잊어버린다.

해설 근로자들이 안전 수칙을 지키지 않는 이유를 살펴보면 ②, ③ 및 ④항 등이다.

28 다음의 설명은 어떤 목적을 설명한 것인가?

> 모든 근로자 직무와 상호 관계를 명확히 규정하고, 안전하고 능률적으로 생산활동을 할 수 있도록 하는 데 있다.

① 안전 관리 조직의 목적

② 산업 안전 교육의 목적

③ 재해 예방의 목적

④ 산업 안전 관리의 목적

해설 안전 관리 조직의 목적에는 모든 근로자 직무와 상호 관계를 명확히 규정하고, 안전하고 능률적으로 생산 활동을 할 수 있도록 하는 데 있다.

29 안전 보건 관리자의 임무에 속하지 않는 것은 어느 것인가?

① 안전 관리자와 보건 관리자를 지휘·감독한다.

② 업무를 적절하고, 원활하게 수행하도록 필요한 조치를 강구한다.

③ 업무의 수행 상황을 감독한다.

④ 기계, 기구에 대한 안전 상태를 점검한다.

해설 안전 보건 관리자의 임무는 ①, ② 및 ③항 등이고, 기계, 기구에 대한 안전 상태를 점검하는 것은 안전 담당자의 임무이다.

30 안전 보건 관리자와 산업 안전 보건 위원회를 두어야 하는 경우의 사업장의 상시 근로자의 인원수로 옳은 것은 어느 것인가?

① 100명 ② 80명

③ 60명 ④ 50명

해설 상시 100인 이상의 근로자를 사용하는 사업장에는 산업 재해 예방 계획의 수립 등 안전 보건 관리에 관한 사항을 심의하기 위한 산업 안전 보건 위원회를 설치하여 운영하고 있다. 단, 노사 협의회가 설치되어 있는 경우에는 노사 협의회를 산업 안전 보건 위원회로 활용할 수 있다.

31 다음 중 안전 교육의 목적에 속하지 않는 것은 어느 것인가?

① 산업 재해를 예방할 수 있는 능력을 기른다.

② 안전 관리에서 가장 중요한 사항은 사업장의 안전이다.

③ 안전 교육을 실시하면 올바른 작업 행동을 할 수 있다.

④ 안전 기능도 향상되어 재해를 감소시킬 수 있다.

해설 안전 교육의 목적에는 산업 재해를 예방할 수 있는 능력을 기르는 데 목적이 있으며, 안전 관리에서 가장 중요한 사항은 근로자의 안전이다.

Ⅱ 산업 시설의 안전

1. 건설 공사의 안전

1 건설재해 및 안전대책

(1) 추락에 의한 위험방지(안전보건규칙)

① 추락하거나 넘어질 위험이 있는 장소(작업발판 끝·개구부 등은 제외) 또는 기계·설비·선반블록 등에서의 추락재해방지조치사항은 작업발판 설치, 안전방망 설치 및 안전대 착용 등이다.

② 작업발판 및 통로의 끝이나 개구부 등에서의 추락재해방지조치사항은 안전난간·울타리·수직형 추락방망 등 설치, 덮개설치, 개구부 표시, 안전방망 설치 및 안전대 착용 등이다.

③ 안전방망(추락 방지망) 설치기준
   ㉮ 설치위치 : 작업면에 가장 가까운 지점에 설치하여야 하며, 작업면에서 방망설치 지점까지의 수직거리는 10m를 초과하지 않을 것.
   ㉯ 방망은 수평으로 설치하고, 방망의 처짐은 짧은 변 길이의 12% 이상이며, 방망의 내민 길이는 벽면으로부터 3m 이상(다만 그물코가 20mm 이하인 망을 사용한 경우에는 낙하물방지망을 설치한 것으로 봄)

④ 슬레이트·선라이트 등 지붕 위에서의 작업시 위험방지조치사항은 폭 30cm 이상의 발판 설치와 안전방망 설치 등이다.

⑤ 이동식 사다리의 구조
   이동식 사다리 조립시 준수사항은 견고한 구조로 하고, 재료는 심한 손상·부식 등이 없는 것으로 하며, 폭은 30cm 이상으로 할 것. 또한, 다리 부분에는 미끄럼 방지장치를 설치하는 등 미끄러지거나 넘어지는 것을 방지하기 위한 필요한 조치를 하고, 발판의 간격은 동일하게 할 것.

⑥ 사다리기둥의 구조

㉮ 견고한 구조로 하고, 재료는 심한 손상·부식 등이 없는 것으로 할 것

㉯ 기둥과 수평면과의 각도는 75° 이하로 하고, 접는식 사다리기둥은 철물 등을 사용하여 기둥과 수평면과의 각도가 충분히 유지되도록 할 것

㉰ 바닥면적은 작업을 안전하게 하기 위하여 필요한 면적이 유지되도록 할 것.

(2) 안전대

① 안전대의 종류

벨트식, 안전그네식으로 U자걸이 전용, 1개걸이전용, 안전블록 및 추락방지대 등이다.

② 바닥면(지면)으로부터 안전대 고정점까지의 최소높이

㉮ 추락시 로프의 지지점에서 신체의 최하단까지의 거리(h)

= 로프길이+(로프의 길이×신장률)+(작업자의 키×1/2)

㉯ 로프를 지지한 위치(안전대 고정건)에서 바닥면까지의 거리를 H라 하면 $H > h$가 되어야만 한다.

(3) 안전난간

① 안전난간의 설치위치는 중량물 취급 개구부, 작업대, 가설계단의 통로 및 흙막이 지보공의 상부 등과 관계가 깊다.

② 안전난간의 구조 및 설치요건

㉮ 상부난간대·중간난간대·발끝막이판 및 난간기둥으로 구성할 것(중간난간대·발끝막이판 및 난간기둥은 이와 비슷한 구조 및 성능을 가진 것으로 대체할 수 있다.)

㉯ 상부난간대는 바닥면 등으로부터 90cm 이상에 설치하고, 상부난간대를 120cm 이하에 설치하는 경우에는 중간난간대를 상부난간대와 바닥면 등의 중간에 설치하여야 하며, 상부난간대를 120cm 이상에 설치하는 경우에는 중간난간대를 2단 이상으로 균등하게 설치하고 난간의 상하간격을 60cm 이하가 되도록 할 것

㉰ 발끝막이판은 바닥면 등으로부터 10cm 이상의 높이를 유지할 것

㉱ 난간기둥은 상부난간대와 중간난간대를 견고하게 떠받칠 수 있도록 적정간격을 유지할 것

㉲ 상부난간대와 중간난간대는 난간길이 전체에 걸쳐 바닥면 등과 평행을 유지할 것

㉳ 난간대는 지름 2.7cm 이상의 금속재 파이프나 그 이상의 강도를 가진 재료일 것

㉴ 안전난간은 구조적으로 가장 취약한 지점에서 가장 취약한 방향으로 작용하는 100kg 이상의 하중에 견딜 수 있는 튼튼한 구조일 것

(4) 안전방망

① 방망사의 강도

㉮ 방망사의 신품에 대한 인장강도

그물코의 크기(단위 : cm)	방망의 종류(단위 : kg)	
	매듭 없는 방망	매듭 방망
10	240	200
5		110

㉯ 방망사의 폐기시 인장강도

그물코의 크기(단위 : cm)	방망의 종류(단위 : kg)	
	매듭 없는 방망	매듭 방망
10	150	135
5		60

② 방망지지점 강도

600kg의 외력에 견딜 수 있고, 연속적인 구조물이 방망지지점인 경우의 외력이고, $F=200B$, 여기서, F : 외력(kg), B : 지지점 간격(m)

③ 방망의 정기시험

사용 개시 후 1년 이내로 하고, 그 후 6개월마다 1회씩 정기적으로 시험용사에 대해서 등속인장시험을 할 것

(5) 낙하 · 비래에 의한 위험방지(안전보건규칙)

① 물체가 낙하 · 비래할 위험이 있을 경우 위험방지조치사항은 낙하물방지망 · 수직보호망 또는 방호선반의 설치, 출입금지구역의 설정 및 안전모 등 보호구의 착용 등이다.

② 낙하물방지망 또는 방호선반 설치시 준수사항은 설치 높이는 10m 이내마다 설치하고, 내민 길이는 벽면으로부터 2m 이상으로 하며, 수평면과의 각도는 20°내지 30°를 유지할 것

③ 높이가 3m 이상인 장소에서 물체 투하시 위험방지조치사항은 투하설비 설치와 감시인 배치 등이다.

(6) 토석붕괴의 위험성 및 대책

① 흙의 휴식각(angle of repose) : 안식각, 자연경사각

② 토사붕괴의 원인

㉮ 외적 요인은 사면, 법면의 경사 및 구배의 증가, 절토 및 성토 높이의 증가, 공사에 의한 진동 및 반복하중의 증가, 지표수 및 지하수의 침투에 의한 토사중량 증가 및 지진, 차량, 구조물의 하중이다.

㉯ 내적 요인은 절토사면의 토질, 암석, 성토사면의 토질 및 토석의 강도저하 등이다.

③ 사면의 붕괴위험이 가장 큰 때 : 사면의 수위가 급격히 하강할 때

④ 토사붕괴재해의 예방대책은 안전경사로 굴착, 흙막이지보공의 설치 및 순찰강화 및 안전 점검 실시 등이다.

⑤ 토사붕괴예방을 위한 조치사항

㉮ 적절한 경사면의 기울기를 계획하여야 하고, 경사면의 기울기가 당초 계획과 차이가 발생되면 즉시 재검토하여 계획을 변경시켜야 한다.

㉯ 활동할 가능성이 있는 토석은 제거하여야 하고, 경사면의 하단부에 압성토 등 보강공법으로 활동에 대한 저항대책을 강구하여야 한다.

㉰ 말뚝(강관, H형강, 철근콘크리트)을 타입하여 지반을 강화시키고, 비탈면 또는 법면의 「하단」을 다져서 활동이 안 되도록 저항을 만들어야 한다.

㉱ 지표수가 침투되지 않도록 배수를 시키고 지하수위를 낮추기 위하여 수평보링을 하여 배수시켜야 한다.

⑥ 토사붕괴의 발생을 예방하기 위하여 점검할 사항

전 지표면의 답사, 경사면의 지층 변화부 상황 확인, 부석의 상황 변화의 확인, 용수의 발생 유무 또는 용수량의 변화 확인, 결빙과 해빙에 대한 상황의 확인, 각종 경사면 보호공의 변위, 탈락 유무 및 점검시기는 작업 전·중·후, 비온 후, 인접 작업구역에서 발파한 경우에 실시 등이다.

(7) 지반개량공법

① 연약지반 개량공법

치환공법(굴착치환공법, 성토자중에 의한 치환공법, 폭파치환공법, 폭파다짐공법 등), 압성토 및 여성토 공법, 샌드드레인공법 및 페이퍼드레인공법, 샌드콤펙션 말뚝공법(다짐모래말뚝공법 : 압축법), 바이브로플로테이션공법(진동법) 및 약액주입공법과 생석회 파일공법 등이다.

② 점토지반의 개량공법

샌드드레인(sand drain)공법, 페이퍼드레인(paper drain)공법, 치환공법 및 프리로딩(pre loading)공법 등이다.

③ 사질토지반을 강화하는 개량공법

다짐기계 등을 이용하는 다짐공법 사용

진동법인 바이브로플로테이션 공법과 압축법인 샌드콤펙션말뚝 공법이다.

④ 지반개량을 위한 재하공법은 여성토(pre-loading)공법, 서차지(sur-charge)공법 및 사면선단 재하공법 등이다.

⑤ 지반개량을 위한 탈수공법은 샌드드레인 공법(점성토에 적합), 페이퍼드레인 공법(점성토에 적합) 및 웰포인트 공법(사질토에 적합) 및 생석회 공법 등이다.

⑥ 언더피닝 공법

기존건물의 인접된 장소에서 새로운 깊은 기초를 시공하고자 할 때 기존건물의 기초를 보강하거나 새로이 기초를 삽입하는 공법

(8) 굴착작업 등의 위험방지

① 굴착작업시 굴착시기와 작업순서를 정하기 위해 작업장소 및 그 주변의 지반에 대한 조사사항은 형상, 지질 및 지층의 상태, 균열·함수·용수 및 동결의 유무 또는 상태, 매설물의 유무 또는 상태, 지반의 지하수위 상태 등이다.

② 굴착작업시 굴착면의 기울기 기준

구 분	지반의 종류	구 배
보통 흙	습 지	1 : 1~1 : 1.5
	건 지	1 : 0.5~1 : 1
암 반	풍화암	1 : 0.8
	연 암	1 : 0.5
	경 암	1 : 0.3

③ 굴착작업시 지반의 붕괴 또는 토석의 낙하에 의한 위험방지를 위해 관리감독자가 작업시작전에 점검해야 할 사항은 작업장소 및 그 주변의 부석·균열의 유무와 함수·용수 및 동결상태의 변화 등이다.

④ 지반의 굴착작업시 관리감독자의 직무수행내용

㉮ 안전한 작업방법을 결정하고 작업을 지휘하는 일

㉯ 재료·기구의 역할유무를 점검하고 불량품을 제거하는 일

㉰ 작업중 안전대 및 안전모 등 보호구 착용상황을 감시하는 일

⑤ 지반의 붕괴 등에 의한 위험방지

㉮ 굴착작업시 지반의 붕괴 또는 토석의 낙하에 의한 위험방지 조치사항

흙막이지보공 설치, 방호망 설치 및 근로자의 출입 금지 등이다.

㉯ 비가 올 경우 빗물 등의 침투에 의한 붕괴재해방지 조치사항

측구 설치와 굴착사면에 비닐을 덮음 등이다.

⑥ 노천굴착작업시 사전에 조사해야 할 지하매설물

상하수도관, 가스관 및 송유관, 전기, 전화, 전선케이블 등이다.

(9) 흙막이지보공의 안전기준(안전보건규칙)

① 흙막이지보공(흙막이판, 말뚝, 버팀대 및 띠장 등) 조립시 조립도에 포함되는 내용은 부재의 배치, 부재의 치수, 부재의 재질 및 부재의 설치방법과 순서이다.

② 흙막이지보공 설치시 붕괴 등의 위험방지를 위한 정기점검사항은 부재의 손상 · 변형 · 부식 · 변위 및 탈락의 유무와 상태, 버팀대의 긴압의 정도, 부재의 접속부 · 부착부 및 교차부의 상태, 침하의 정도 등이다.

(10) 터널작업 등의 위험방지(안전보건규칙)

① 터널굴착작업시 낙반 · 출수 및 가스폭발 등의 위험방지를 위해 미리 조사할 사항은 지형 · 지질 및 지층상태 등이다.

② 터널굴착작업시 작업계획의 작성내용은 굴착의 방법, 터널지보공 및 복공의 시공방법과 용수의 처리방법, 환기 또는 조명시설을 하는 때에는 그 방법 등이다.

③ 자동경보장치의 설치

㉮ 자동경보장치의 설치 : 터널공사 등 건설작업시에는 가연성가스 농도의 이상상승을 조기에 파악하기 위해 자동경보장치를 설치할 것

㉯ 자동경보장치에 대한 당일의 작업시작전 점검사항에는 계기의 이상유무, 검지부의 이상유무 및 경보장치의 작동상태 등이다.

(11) 터널건설 작업

① 터널건설작업시 낙반 등에 의한 위험방지

㉮ 터널건설작업시 낙반 등에 의한 위험방지 조치사항은 터널지보공 설치, 록볼트의 설치 및 부석의 제거 등이다.

㉯ 터널 등의 출입구 부근의 지반 붕괴 및 토석 낙하에 의한 위험방지 조치사항은 흙막이지보공 설치와 방호망 설치 등이다.

㉰ 터널작업시 터널 내부의 시계를 유지하기 위한 조치사항은 환기를 시키고, 물을 뿌릴 것

② 터널지보공의 안전기준

㉮ 터널지보공 조립시 조립도의 내용은 부재의 재질, 부재의 단면규격 및 부재의 설치간격 및 이음방법 등이다.

㉯ 터널지보공 설치시 수시점검사항은 부재의 손상 · 변형 · 부식 · 변위 탈락의 유무 및 상태, 부재의 긴압의 정도, 부재의 접속부 및 교차부의 상태, 기둥침하의 유무 및 상태이다.

③ 터널작업 등의 안전기준

㉮ 터널작업시 작업면에 대한 조도기준

막장구간은 60 lux 이상, 터널중간구간은 50 lux 이상, 터널 입·출구, 수직구 구간
은 30 lux 이상이다.

㉯ 굴착공사중 암질변화구간 및 이상암질의 출현시 암질판별기준

R·Q·D(%), 탄성파 속도(m/sec), R·M·R, 일축압축강도(kg/cm^2) 및 진동치속도
(cm/sec=Kine)이다.

㉰ 깊이 10.5m 이상의 굴착시 설치해야 할 계측기기는 수위계, 경사계, 하중 및 침하계,
응력계 등이다.

④ 파일럿터널(pilot tunnel)

본 터널(main tunnel)을 시공하기 전에 터널에서 약간 떨어진 곳에 지질조사, 환기, 배
수, 운반 등의 상태를 알아보기 위하여 설치하는 터널

⑤ 굴착공법

㉮ NATM 공법(New Austrain Tunnel Method : 무지보공터널굴착공법) : 암반을 천공하
고 화약을 충진하여 발파한 후 스틸리브(Steel rib) 및 와이어메시(Wire mesh)를 설
치하고 숏크리트(Shot crete)를 타설하여 시공하는 터널공법

㉯ TBM 공법(Tunnel Boring Machine) : 터널굴착기계를 이용한 터널굴착공법

(12) 채석작업 안전기준

① 채석작업시 작업계획의 작성내용

노천굴착과 갱내굴착의 구별 및 채석방법, 굴착면의 높이와 기울기, 굴착면의 소단의 위
치와 넓이, 갱내에서의 낙반 및 붕괴방지의 방법, 발파방법, 암석의 분할방법, 암석의 가공
장소 및 사용하는 굴착기계·분할기계·적재기계 또는 운반기계의 종류 및 능력, 토석 또
는 암석의 적재 및 운반방법과 운반경로 및 표토 또는 용수의 처리방법

② 채석작업시 지반의 붕괴 또는 토석의 낙하에 의한 위험방지 조치사항

㉮ 점검자를 지명하고 작업장소 및 그 주변의 지반에 대하여 당일의 작업을 시작하기 전
에 부석과 균열의 유무와 상태, 함수·용수 및 동결상태의 변화를 점검할 것

㉯ 점검자는 발파를 행한 후 당해 발파를 행한 장소와 그 주변의 부석과 균열의 유무 및
상태를 점검할 것

(13) 잠함 내 작업 등 안전기준

① 잠함·우물통·수직갱 기타 이와 유사한 건설물 또는 설비의 내부에서 굴착작업시 준수
사항

㉮ 산소 결핍의 우려가 있는 때에는 산소의 농도를 측정하는 자를 지명하여 측정하도록 할 것

㉯ 근로자가 안전하게 승강하기 위한 설비(승강설비)를 설치할 것

㉰ 굴착깊이가 20m를 초과하는 때에는 당해 작업장소와 외부와의 연락을 위한 통신설비 등을 설치할 것

㉱ 산소결핍이 인정되거나 굴착깊이가 20m를 초과할 때에는 송기설비를 설치하여 필요한 양의 공기를 송급할 것

② 잠함 등의 내부에서 굴착작업시 작업을 금지해야 할 경우는 산소농도측정기, 승강설비, 통신설비, 송기설비 등의 설비에 고장이 있는 때와 잠함 등의 내부에 다량의 물 등이 침투할 우려가 있는 때이다.

(14) 붕괴 등에 의한 위험방지

① 지반의 붕괴·구축물의 붕괴 또는 토석의 낙하 등에 의한 위험방지 조치사항

㉮ 지반은 안전한 경사로 하고 낙하의 위험이 있는 토석을 제거하거나 옹벽·흙막이 지보공 등을 설치할 것

㉯ 지반의 붕괴 또는 토석의 낙하원인이 되는 빗물이나 지하수 등을 배제할 것

② 갱내에서의 낙반 또는 측벽의 붕괴에 의한 위험방지 조치사항
지보공 설치와 부석제거 등이다.

(15) 전기기계·기구 등으로 인한 위험방지

① 전기기계·기구 또는 전로 등의 충전부분에 접촉 또는 접근시 감전의 위험이 있는 충전부에 대한 감전사고방지대책(전기기계·기구 등의 충전부 방호)

㉮ 충전부가 노출되지 아니하도록 폐쇄형 외함이 있는 구조로 하고, 충전부에 방호망 또는 절연덮개를 설치할 것

㉯ 발전소, 변전소 및 개폐소 등 구획되어 있는 장소로서 관계근로자 외의 자가 출입이 금지되는 장소에 설치할 것

㉰ 전주위, 철탑위 등 격리되어 있는 장소로서 관계근로자 외의 자가 접근할 우려가 없는 장소에 설치할 것

② 누전차단기에 의한 감전방지

㉮ 누전차단기 접속시 준수사항

㉠ 전기기계·기구에 접속되어 있는 누전차단기는 정격감도전류가 30mA 이하이고 작동시간은 0.03초 이내일 것

㉡ 정격전부하전류가 50A 이상인 전기기계·기구에 접속되는 누전차단기는 오작동을 방지하기 위하여 정격감도전류는 200mA 이하, 작동시간은 0.1초 이내일 것

    ㉯ 누전차단기를 설치해야 할 전기기계·기구

        ㉠ 대지전압이 150V를 초과하는 이동형 또는 휴대형 전기기계·기구

        ㉡ 물 등 도전성이 높은 액체가 있는 습윤장소에서 사용하는 저압용 전기기계·기구

        ㉢ 철판·철골 위 등 도전성이 높은 장소에 사용하는 이동형 또는 휴대형 전기기계·기구

        ㉣ 임시배선의 전로가 설치되는 장소에서 사용하는 이동형 또는 휴대형 전기기계·기구

    ㉰ 누전차단기를 설치하지 않아도 되는 전기기계·기구

    이중절연구조로 되어 있는 전기기계·기구, 절연대 위에서 사용하는 전기기계·기구 및 비접지방식의 전로 등

2 건설 가시설물 안전기준

(1) 비계의 종류 등

① 비계의 종류에는 통나무비계, 강관비계, 강관틀비계, 달비계, 달대비계 및 걸침비계, 이동식비계, 안장비계 및 각주비계 등의 말비계, 시스템비계 등이 있다.

② 비계 등 가설구조물이 갖추어야 할 3요소는 안전성, 작업성 및 경제성 등이다.

(2) 작업발판의 안전기준(안전보건규칙)

① 달비계(곤돌라의 달비계는 제외)를 작업발판으로 사용할 때 최대적재하중을 정함에 있어서의 안전계수에 있어서 달기와이어로프 및 달기강선의 안전계수는 10 이상이고, 달기체인 및 달기훅의 안전계수는 5 이상이며, 달기강대와 달비계의 하부 및 상부지점의 안전계수는 강재의 경우 2.5 이상, 목재의 경우 5 이상이다.

    또한, 안전계수 $= \dfrac{\text{절단하중}}{\text{최대사용하중}}$

② 작업발판의 구조

    ㉮ 발판재료는 작업시의 하중에 견딜 수 있도록 견고한 것으로 할 것.

    ㉯ 작업발판의 폭은 40cm 이상으로 하고, 발판재료 간의 틈은 3cm 이하로 할 것

    ㉰ 선박 및 보트 건조작업의 경우 선박블록 또는 엔진실 등의 좁은 작업공간에 작업발판을 설치하기 위하여 필요하면 작업발판의 폭을 30cm 이상으로 할 수 있고, 걸침비계의 경우 강관기둥 때문에 발판재료 간의 틈을 3cm 이하로 유지하기 곤란하면 5cm 이하로 할 수 있으며, 이 경우 그 틈 사이로 물체 등이 떨어질 우려가 있는 곳에는 출입금지 등의 조치를 할 것

    ㉱ 추락의 위험성이 있는 장소에는 안전난간을 설치할 것

ⓜ 작업발판의 지지물은 하중에 의하여 파괴될 우려가 없는 것을 사용할 것

ⓑ 작업발판 재료는 뒤집히거나 떨어지지 아니하도록 2 이상의 지지물에 연결하거나 고정시킬 것

ⓢ 작업발판을 작업에 따라 이동시킬 때에는 위험방지에 필요한 조치를 할 것

(3) 비계의 조립 등 안전기준

① 달비계 또는 높이 5m 이상의 비계를 조립·해체하거나 변경하는 작업시 준수사항

ⓐ 관리감독자의 지휘하에 작업하도록 하고, 조립·해체 또는 변경의 시기·범위 및 절차를 그 작업에 종사하는 근로자에게 교육할 것

ⓑ 조립·해체 또는 변경작업구역 내에는 당해 작업에 종사하는 근로자 외의 자의 출입을 금지시키고 그 내용을 보기 쉬운 장소에 게시할 것

ⓒ 비·눈 그 밖의 기상상태의 불안정으로 인하여 날씨가 몹시 나쁠 때에는 그 작업을 중지시킬 것

ⓓ 비계재료의 연결·해체작업을 하는 때에는 폭 20cm 이상의 발판을 설치하고 근로자로 하여금 안전대를 사용하도록 하는 등 근로자의 추락방지를 위한 조치를 할 것

ⓔ 재료·기구 또는 공구 등을 올리거나 내리는 때에는 근로자로 하여금 달줄 또는 달포대 등을 사용하도록 할 것

② 비계를 조립·해체 또는 변경한 후 그 비계에서 작업을 할 때 작업시작전 점검사항

발판재료의 손상여부 및 부착 또는 걸림상태, 당해 비계의 연결부 또는 접속부의 풀림상태, 연결재료 및 연결철물의 손상 또는 부식상태, 손잡이의 탈락여부, 기둥의 침하·변경·변위 또는 흔들림 상태, 로프의 부착상태 및 매단 장치의 흔들림 상태

ⓐ 달비계 또는 높이 5m 이상의 비계를 조립·해체하거나 변경하는 작업을 하는 경우 관리감독자의 직무수행 내용은 재료의 결함 유무와 기구·공구·안전대 및 안전모 등의 기능을 점검하고 불량품을 제거하는 일

ⓑ 작업방법 및 근로자의 배치를 결정하고 작업진행상태와 안전대 및 안전모 등의 착용상황을 감시하는 일

(4) 통나무비계

① 통나무비계를 사용할 수 있는 경우는 지상높이 4층 이하 또는 12m 이하인 건축물·공작물 등의 건조·해체 및 조립 등 작업시

② 통나무비계의 구조

ⓐ 비계기둥의 간격은 2.5m 이하로 하고 지상으로부터 첫 번째 띠장은 3m 이하의 위치에 설치할 것

ⓐ 비계기둥의 이음이 겹침이음인 때에는 이음부분에서 1m 이상을 서로 겹쳐서 2개소 이상을 묶고, 비계기둥의 이음이 맞댄 이음인 때에는 비계기둥을 쌍기둥틀로 하거나 1.8m 이상의 덧댐목을 사용하여 4개소 이상을 묶을 것

ⓑ 외줄비계·쌍줄비계 또는 돌출비계의 간격은 수직방향에서는 5.5m 이하, 수평방향에서는 7.5m 이하로 하고, 강관·통나무 등의 재료를 사용하여 견고하게 하며, 인장재와 압축재로 구성되어 있는 때에는 인장재와 압축재의 간격은 1m 이내로 할 것 등으로 벽이음 및 버팀을 설치할 것

(5) 강관비계 및 강관틀비계

① 강관비계의 조립간격

강관비계의 종류	조립간격(단위 : m)	
	수직방향	수평방향
단관비계	5	5
틀비계(높이가 5m 미만인 것은 제외)	6	8

② 비계설치시 벽연결을 하는 가장 중요한 이유는 비계의 도괴방지와 좌굴응력의 저하를 방지하기 위하여

③ 강관비계의 구조

ⓐ 비계기둥의 간격은 띠장방향에서는 1.5m 내지 1.8m, 장선방향에서는 1.5m 이하로 할 것. 다만, 선박 및 보트 건조작업의 경우 안전성에 대한 구조검토를 실시하고 조립도를 작성하면 띠장방향 및 장선방향으로 각각 2.7m 이하로 할 수 있음

ⓑ 띠장간격은 1.5m 이하로 설치하되, 첫 번째 띠장은 지상으로부터 2m 이하의 위치에 설치할 것

ⓒ 비계기둥의 최고부로부터 31m 되는 지점 밑부분의 비계기둥은 2본의 강관으로 묶어세울 것.(브라켓 등으로 보강하여 그 이상의 강도가 유지되는 경우에는 그러하지 아니하다.)

ⓓ 비계기둥간의 적재하중은 400kg을 초과하지 아니하도록 할 것.

④ 강관틀비계를 조립하여 사용할 때의 준수할 사항

ⓐ 높이가 20m를 초과하거나 중량물의 적재를 수반하는 작업을 할 경우에는 주틀 간의 간격이 1.8m 이하로 할 것

ⓑ 주틀 간의 교차가새를 설치하고 최상층 및 5층 이내마다 수평재를 설치할 것

ⓒ 길이가 띠장방향으로 4m 이하이고 높이가 10m를 초과하는 경우에는 10m 이내마다 띠장방향으로 버팀기둥을 설치할 것

(6) 달비계 및 달대비계와 걸침비계

① 달비계 및 달대비계

㉮ 달비계 : 와이어로프나 철선 등을 이용하여 상부지점에 승강할 수 있는 작업용 발판을 매다는 형식의 비계로서 건물외벽의 도장이나 청소 등의 작업에 사용된다.

㉯ 달대비계 : 철골공사의 리벳치기, 볼트 작업시에 주로 이용되는 것으로 주체인 철골에 매달아서 작업발판을 만드는 비계로서 상하이동을 시킬 수 없는 것이다.

② 달비계의 구조

㉮ 달기강선 및 달기강대는 심하게 손상·변형 또는 부식된 것을 사용하지 아니하도록 할 것

㉯ 달기와이어로프·달기체인·달기강선·달기강대 또는 달기섬유로프는 한쪽 끝을 비계의 보 등에, 다른쪽 끝을 내민 보·앵커볼트 또는 건축물의 보 등에 각각 풀리지 아니하도록 설치할 것

㉰ 작업발판은 폭을 40cm 이상으로 하고 틈새가 없도록 할 것

㉱ 선반비계에 있어서는 보의 접속부 및 교차부를 철선·이음철물 등을 사용하여 확실하게 접속시키거나 단단하게 연결시킬 것

㉲ 추락에 의한 근로자의 위험을 방지하기 위하여 달비계에 안전대 및 구명줄을 설치하고, 안전난간의 설치가 가능한 구조인 경우에는 안전난간을 설치할 것

③ 걸침비계의 구조

선박 및 보트건조작업에서 걸침비계를 설치하는 경우의 준수사항

㉮ 지지점이 되는 매달림부재의 고정부는 구조물로부터 이탈되지 않도록 견고히 고정할 것

㉯ 비계재료 간에는 서로 움직임, 뒤집힘 등이 없어야 하고, 재료가 분리되지 않도록 철물 또는 철선으로 충분히 결속할 것. 다만, 작업발판 밑부분에 띠장 및 장선으로 사용하는 수평부재 간의 결속은 철선을 사용하지 않을 것

㉰ 매달림부재의 안전율은 4 이상일 것

㉱ 작업발판에는 구조검토에 따라 설계한 최대적재하중을 초과하여 적재하여서는 아니 되며, 그 작업에 종사하는 근로자에게 최대적재하중을 충분히 알릴 것

(7) 말비계 및 이동식비계

① 말비계를 조립하여 사용시 준수사항

㉮ 지주부재의 하단에는 미끄럼 방지장치를 하고, 양측 끝부분에 올라서서 작업하지 아니하도록 할 것

㉯ 지주부재와 수평면과의 기울기를 75° 이하로 하고, 지주부재와 지주부재 사이를 고정시키는 보조부재를 설치할 것

㉮ 말비계의 높이가 2m를 초과할 경우에는 작업발판의 폭을 40cm 이상으로 할 것

② 이동식비계를 조립하여 작업을 할 때 준수사항

㉮ 이동식 비계의 바퀴에는 뜻밖의 갑작스러운 이동을 방지하기 위하여 브레이크·쐐기 등으로 바퀴를 고정시킨 다음 비계의 일부를 견고한 시설물에 잡아매는 등의 조치를 할 것

㉯ 승강용사다리는 견고하게 설치하고, 비계의 최상부에서 작업을 할 때에는 안전난간을 설치할 것

㉰ 작업발판은 항상 수평으로 유지하고 작업발판 위에서 안전난간을 딛고 작업을 하거나 받침대 또는 사다리를 사용하여 작업하지 않도록 할 것

㉱ 작업발판의 최대적재하중은 250kg을 초과하지 않도록 할 것

③ 이동식비계를 조립하여 사용시 준수사항

비계의 최대높이는 밑변 최소폭의 4배 이하로 하고, 최대적재하중을 표시하도록 하며, 이동할 때에는 작업원이 없는 상태일 것. 또한, 재료, 공구의 오르내리기에는 포대, 로프 등을 이용할 것

(8) 통로의 안전기준

① 통로의 조명

통로에는 근로자가 안전하게 통행할 수 있도록 75Lux 이상의 채광 또는 조명시설을 할 것

② 가설통로의 구조

㉮ 견고한 구조로 하고, 경사는 30° 이하로 할 것(계단을 설치하거나 높이 2m 미만의 가설통로로서 튼튼한 손잡이를 설치한 때에는 그러하지 아니하다.)

㉯ 경사가 15°를 초과한 때에는 미끄러지지 아니하는 구조로 할 것

㉰ 추락의 위험이 있는 장소에는 안전난간을 설치할 것(작업상 부득이한 때에는 필요한 부분에 한하여 임시로 이를 해체할 수 있다.)

㉱ 수직갱에 가설된 통로의 길이가 15m 이상인 때에는 10m 이내마다 계단참을 설치하고, 건설공사에서 사용하는 높이 8m 이상인 비계다리에는 7m 이내마다 계단을 설치할 것

③ 사다리식 통로의 구조

㉮ 견고한 구조로 하고, 심한 손상·부식 등이 없는 재료를 사용할 것

㉯ 발판의 간격은 동일하게 하고, 발판과 벽과의 사이는 15cm 이상의 간격을 유지하며, 폭은 30cm 이상으로 할 것

㉰ 사다리가 넘어지거나 미끄러지는 것을 방지하기 위한 조치를 할 것

㉣ 사다리의 상단은 걸쳐놓은 지점으로부터 60cm 이상 올라가도록 할 것

㉤ 사다리식 통로의 길이가 10m 이상인 때에는 5m 이내마다 계단참을 설치할 것

㉥ 이동식 사다리식 통로의 기울기는 75° 이하로 할 것(다만, 고정식 사다리식 통로의 기울기는 90° 이하로 하고 높이 7m 이상인 경우 바닥으로부터 2.5m 되는 지점부터 등받이 울을 설치할 것.)

㉦ 접이식 사다리기둥은 사용시 접혀지거나 펼쳐지지 않도록 철물 등을 사용하여 견고하게 조치할 것

(9) 계단의 안전기준

① 계단의 강도

계단 및 계단참을 설치할 때에는 $500kg/m^2$ 이상의 하중에 견딜 수 있는 강도를 가진 구조로 설치하여야 하며, 안전율(파괴응력/허용응력)은 4 이상으로 할 것

② 계단의 폭

계단을 설치하는 때에는 그 폭을 1m 이상으로 할 것. 다만, 급유용·보수용·비상용 계단 및 나선형 계단 제외

③ 계단참의 높이

높이가 3m를 초과하는 계단에는 높이 3m 이내마다 너비 1.2m 이상의 계단참을 설치할 것

④ 천장의 높이

계단을 설치하는 때에는 바닥면으로부터 높이 2m 이내의 공간에 장애물이 없도록 할 것. 다만, 급유용·보수용·비상용 계단 및 나선형 계단은 제외

⑤ 계단의 난간

높이가 1m 이상인 계단의 개방된 측면에는 안전난간을 설치할 것

(10) 가설통로의 설치 및 사용기준

① 경사로

㉮ 비탈면의 경사각은 30° 이내로 하고 미끄럼막이 간격은 다음 표에 의한다.

경사각	미끄럼막이 간격	경사각	미끄럼막이 간격
30°	30cm	22°	40cm
29°	33cm	19° 20′	43cm
27°	35cm	17°	45cm
24° 15′	37cm	14°	47cm

  ⓒ 경사로의 폭은 최소 90cm 이상이어야 하고, 높이 7m 이내마다 계단참을 설치하여야
하며, 경사로 지지기둥은 3m 이내마다 설치하여야 한다.

② 통로발판

발판을 겹쳐 이음하는 경우 장선 위에서 이음을 하고 겹침길이는 20cm 이상으로 하여야
하고, 발판 1개에 대한 지지물은 2개 이상이어야 하며, 작업발판의 최대폭은 1.6m 이내이
어야 한다.

③ 고정사다리

고정사다리는 90°의 수직이 가장 적합하고, 경사를 둘 필요가 있는 경우에는 수직면으로
부터 15°를 초과해서는 안된다.

④ 이동식사다리

길이가 6m를 초과해서는 안되고, 다리의 벌림은 벽 높이의 1/4 정도가 적당하며, 벽면
상부로부터 최소한 60cm 이상의 연장길이가 있어야 한다.

3 건설 구조물공사 안전

(1) 거푸집에 작용하는 하중

① 거푸집 및 지보공(동바리)설계시 고려해야 할 하중

  ㉮ 연직방향 하중 : 거푸집, 지보공(동바리), 콘크리트, 철근, 작업원, 타설용 기계, 기
구, 가설설비 등의 중량 및 충격하중

  ㉯ 횡방향 하중 : 작업할 때의 진동, 충격, 시공오차 등에 기인되는 횡방향 하중 이외에
필요에 따라 풍압, 유수압, 지진 등

  ㉰ 콘크리트의 측압(굳지 않은 콘크리트의 측압), 특수하중(시공중에 예상되는 특수한 하
중) 및 상기의 하중에 안전율을 고려한 하중

② 거푸집의 연직방향 하중(W) = 고정하중 + 충격하중 + 작업하중

$$= (r \cdot t) + \left(\frac{1}{2}r \cdot t\right) + 150\text{kg/m}^2 \text{이다.}$$

여기서, r : 철근콘크리트 비중(kg/m^3), t : 슬래브 두께(m)

  ㉮ 고정하중 : 콘크리트 자중(=철근콘크리트 비중×슬래브 두께)

  ㉯ 충격하중 : 고정하중 × $\frac{1}{2}$

  ㉰ 작업하중 : 작업원 중량 + 장비 및 가설설비의 등의 중량 = 150kg/m^2

③ 거푸집을 설치하기 위해 멍에의 휨처짐에 대한 검토시 적용하는 공식

$$\therefore F_b(\text{휨강도}) = \frac{M(\text{휨모멘트})}{Z(\text{단면계수})}$$

(2) 거푸집동바리 등 조립시의 조립도에 명시하여야 할 내용은 동바리·멍에 등 부재의 재질, 단면규격, 설치간격 및 이음방법 등이다.

① 거푸집동바리 조립시 준수사항

㉮ 깔목의 사용, 콘크리트 타설, 말뚝박기 등 동바리의 침하를 방지하기 위한 조치를 할 것

㉯ 개구부 상부에 동바리 설치하는 때에는 상부하중을 견딜 수 있는 견고한 받침대를 설치할 것

㉰ 동바리의 상하고정 및 미끄러짐 방지조치를 하고, 하중의 지지상태를 유지할 것

㉱ 동바리의 이음은 맞댄이음 또는 장부이음으로 하고 같은 품질의 재료를 사용할 것

㉲ 강재와 강재와의 접속부 및 교차부는 볼트·클램프 등 전용철물을 사용하여 단단히 연결할 것

㉳ 거푸집이 곡면인 때에는 버팀대의 부착 등 그 거푸집의 부상(浮上)을 방지하기 위한 조치를 할 것

㉴ 동바리로 사용하는 강관(파이프서포트는 제외)의 설치기준

㉠ 높이 2m 이내마다 수평연결재를 2개 방향으로 만들고 수평연결재의 변위를 방지할 것

㉡ 멍에 등을 상단에 올릴 때에는 당해 상단에 강재의 단판을 붙여 보 또는 멍에에 고정시킬 것

㉵ 동바리로 사용하는 파이프서포트의 설치기준

㉠ 파이프서포트를 3본 이상이어서 사용하지 아니하도록 할 것

㉡ 파이프서포트를 이어서 사용할 때에는 4개 이상의 볼트 또는 전용철물을 사용하여 이을 것

㉢ 높이가 3.5m를 초과할 때에는 높이 2m 이내마다 수평연결재를 2개 방향으로 만들고 수평연결재의 변위를 방지할 것

㉶ 동바리로 사용하는 강관틀의 설치기준

㉠ 강관틀과 강관틀과의 사이에 교차(交叉)가새를 설치할 것

㉡ 최상층 및 5층 이내마다 거푸집동바리의 측면과 틀면의 방향 및 교차가새의 방향에서 5개 이내마다 수평연결재를 설치하고 수평연결재의 변위를 방지할 것

㉢ 최상층 및 5층 이내마다 거푸집동바리의 틀면의 방향에서 양단 및 5개틀 이내마다의 장소에 교차가새의 방향으로 띠장틀을 설치할 것

㉣ 멍에 등을 상단에 올릴 때에는 당해 상단에 강재의 단판을 붙여 보 또는 멍에에 고정시킬 것

ⓧ 동바리로 사용하는 조립강주의 설치기준

　　㉠ 멍에 등을 상단에 올릴 때에는 당해 상단에 강재의 단판을 붙여 보 또는 멍에에 고정시킬 것

　　㉡ 높이가 4m를 초과할 때에는 높이 4m 이내마다 수평연결재를 2개 방향으로 설치하고 수평연결재의 변위를 방지할 것

ⓚ 동바리로 사용하는 목재의 설치기준

　　㉠ 높이 2m 이내마다 수평연결재를 2개 방향으로 만들고 수평연결재의 변위를 방지할 것

　　㉡ 목재를 이어서 사용할 때에는 2본 이상의 덧댐목을 대고 4개소 이상 견고하게 묶은 후 상단을 보 또는 멍에에 고정시킬 것

② 시스템 동바리 설치기준

시스템 동바리(규격화·부품화된 수직재, 수평재 및 가새재 등의 부재를 현장에서 조립하여 거푸집으로 지지하는 동바리 형식을 말함)는 다음의 방법에 따라 설치할 것

　㉮ 수평재는 수직재와 직각으로 설치하여야 하며, 흔들리지 않도록 견고하게 설치할 것

　㉯ 연결철물을 사용하여 수직재를 견고하게 연결하고, 연결부위가 탈락 또는 꺾어지지 않도록 할 것

　㉰ 수직 및 수평하중에 의한 동바리 본체의 변위가 발생하지 않도록 각각의 단위 수직재 및 수평재에는 가새재를 견고하게 설치하도록 할 것

　㉱ 동바리 최상단과 최하단의 수직재와 받침철물은 서로 밀착되도록 설치하고 수직재와 받침철물의 연결부의 겹침길이는 받침철물 전체길이의 3분의 1 이상 되도록 할 것

③ 계단 형상으로 조립하는 거푸집 동바리

깔판 및 깔목 등을 끼워서 계단 형상으로 조립하는 거푸집 동바리에 대하여 다음 각 호의 사항을 준수하도록 할 것

　㉮ 거푸집의 형상에 따른 부득이한 경우를 제외하고는 깔판·깔목 등을 2단 이상 끼우지 않도록 할 것

　㉯ 깔판·깔목 등을 이어서 사용하는 경우에는 그 깔판·깔목 등을 단단히 연결할 것

　㉰ 동바리는 상·하부의 동바리가 동일 수직선상에 위치하도록 하여 깔판·깔목 등에 고정시킬 것

④ 거푸집동바리의 조립 등 작업시 준수사항

　㉮ 거푸집동바리 등의 조립 또는 해체작업시 준수할 사항

　　㉠ 당해 작업을 하는 구역에는 관계근로자외의 자의 출입을 금지시키고, 비·눈 그 밖의 기상상태의 불안정으로 인하여 날씨가 몹시 나쁠 때에는 그 작업을 중지시킬 것

ⓒ 재료·기구 또는 공구 등을 올리거나 내릴 때에는 근로자로 하여금 달줄·달포대 등을 사용하도록 할 것

ⓒ 보·슬래브 등의 거푸집동바리 등을 해체할 때에는 낙하·충격에 의한 돌발적 재해를 방지하기 위하여 버팀목을 설치하는 등 필요한 조치를 할 것

㉯ 철근조립 등의 작업을 하는 때에 준수할 사항
크레인 등 양중기로 철근을 운반할 경우에는 2개소 이상 묶어서 수평으로 운반하고, 작업위치가 높이가 2m 이상일 경우에는 작업발판을 설치하거나 안전대를 착용하게 하는 등 위험방지를 위하여 필요한 조치를 할 것

⑤ 거푸집의 해체작업시 준수사항

㉮ 거푸집 및 지보공(동바리)의 해체는 순서에 의하여 실시하여야 하며 관리감독자를 배치하여야 한다.

㉯ 거푸집 및 지보공(동바리)은 콘크리트 자중 및 시공중에 가해지는 기타 하중에 충분히 견딜만한 강도를 가질 때까지는 해체하지 아니하여야 한다.

㉰ 거푸집을 해체할 때에는 다음에 정하는 사항을 유념하여 작업하여야 한다.

ⓐ 해체작업을 할 때에는 안전모 등 안전보호장구를 착용토록 하여야 한다.

ⓑ 거푸집 해체작업장 주위에는 관계자를 제외하고는 출입을 금지시켜야 한다.

ⓒ 상하 동시작업은 원칙적으로 금지하여 부득이한 경우에는 긴밀히 연락을 취하며 작업을 하여야 한다.

ⓓ 거푸집 해체 때 구조체에 무리한 충격이나 큰 힘에 의한 지렛대 사용은 금지하여야 한다.

⑥ 거푸집동바리의 고정·조립 또는 해체작업시 관리감독자의 직무수행내용

㉮ 안전한 작업방법을 결정하고 작업을 지휘하는 일

㉯ 재료·기구의 결함 유무를 점검하고 불량품을 제거하는 일

㉰ 작업중 안전대 및 안전모 등 보호구 착용상황을 감시하는 일

(3) 거푸집의 존치기간(표준시방서)

부위	바닥슬래브, 지붕슬래브 및 보 밑		기초, 기둥 및 벽, 보 옆	
시멘트의 종류	포틀랜드 시멘트	조강포틀랜드 시멘트	포틀랜드 시멘트	조강포틀랜드 시멘트
콘크리트의 압축강도	설계기준강도의 50%		$50(kg/cm^2)$	
콘크리트의 재령(일) — 평균기온 10℃ 이상 ~20℃ 미만	8	5	6	3
평균기온 20℃ 이상	7	4	4	2

(4) 콘크리트의 성질

① 블리딩 현상

㉮ 블리딩(bleeding) : 콘크리트 타설 후 시멘트, 골재입자 등의 침하에 따라 물이 분리 상승되어 콘크리트 표면에 떠오르는 현상

㉯ 블리딩이 발생하는 원인 : 콘크리트 배합시 물을 많이 사용할 때에 발생

② 레이턴스(laitance)

블리딩에 의해 떠오른 미립물이 콘크리트 표면에 엷은 막으로 침적되는 현상

③ 워커빌리티(workability : 시공연도)

반죽질기(consistency)에 의한 작업의 난이도 및 재료분리에 저항하는 정도를 나타내는 콘크리트 성질

④ 크리프(creep)

일정한 하중이 장기간 가해질 때 하중의 증가가 없어도 변형이 증대되는 현상

⑤ 콘크리트의 중성화

콘크리트가 탄산가스에 의해 알칼리성을 상실하는 것

㉮ 콘크리트 중성화의 원인

물시멘트비(W/C)가 클 때, 분말도가 작은 시멘트 사용시 및 골재자체의 공극이 큰 경량골재 사용시 등이다.

㉯ 콘크리트 중성화에 의해 발생하는 현상

철근의 부식에 의한 체적증가, 철근피복 콘크리트의 박리현상, 철근의 부착강도 감소 및 철근단면적의 감소에 의한 저항모멘트 저하 등이다.

⑥ 콘크리트의 강도

㉮ 콘크리트의 강도를 큰 것부터 작은 것의 순으로 나열하면, 압축강도 → 전단강도 → 휨강도 → 인장강도의 순이다.

㉯ 콘크리트의 강도에 영향을 주는 요인은 사용재료의 품질(시멘트, 골재, 혼합수, 혼합재료 등의 품질 등), 배합(물 시멘트비, 공기량, 단위시멘트량 등), 시공방법(콘크리트의 비빔, 타설 및 다지기 등) 및 기타, 양생방법, 재령, 시험방법 등

⑦ 콘크리트 품질에 영향을 주는 요소는 골재의 입도, 소요강도 및 배합강도와 시멘트 강도, 물시멘트비 및 슬럼프 값 등이다.

(5) 콘크리트의 타설작업의 안전기준

① 콘크리트의 타설작업시 준수해야 할 사항

㉮ 당일의 작업을 시작하기 전에 당해 작업에 관한 거푸집 동바리 등의 변형·변위 및 지반의 침하유무 등을 점검하고 이상을 발견한 때에는 이를 보수할 것

㉯ 작업 중에는 거푸집 동바리 등의 변형·변위 및 침하유무 등을 감시할 수 있는 감시자를 배치하여 이상을 발견한 때에는 작업을 중지시키고 근로자를 대피시킬 것

㉰ 콘크리트의 타설 작업시 거푸집 붕괴의 위험이 발생할 우려가 있는 때에는 충분한 보강 조치를 할 것

㉱ 설계 도서상의 콘크리트 양생기간을 준수하여 거푸집 동바리 등을 해체할 것

㉲ 콘크리트를 타설하는 경우에는 편심이 발생하지 않도록 골고루 분산하여 타설할 것

② **콘크리트의 타설작업을 하기 위하여 콘크리트 펌프카를 사용할 때에 준수할 사항**

㉮ 작업을 시작하기 전에 콘크리트 펌프카용 비계를 점검하고 이상을 발견한 때에는 즉시 보수할 것

㉯ 건축물의 난간 등에서 작업하는 근로자가 호스의 요동·선회로 인하여 추락하는 위험을 방지하기 위하여 표준안전난간의 설치 등 필요한 조치를 할 것

㉰ 콘크리트 펌프카의 붐을 조정할 때에는 주변전선 등에 의한 위험을 예방하기 위한 적절한 조치를 할 것

㉱ 작업 중에 지반의 침하, 아웃트리거의 손상 등으로 인하여 콘크리트펌프카의 전도 우려가 있는 때에는 이를 방지하기 위한 적절한 조치를 할 것

(6) 콘크리트의 타설 및 다지기

① **콘크리트 타설시의 유의사항**

㉮ 타설속도는 하계 1.5m/h, 동계 1.0m/h를 표준으로 하고, 비비기로부터 타설시까지 시간은 25℃ 이상에서는 1.5시간을 넘어서는 안된다.

㉯ 최상부의 슬래브는 이어붓기를 되도록 피하고 일시에 전체를 타설하도록 한다.

㉰ 휠발로우(wheel barrow)로 콘크리트를 운반할 때에는 적당한 간격으로 한다.

㉱ 타설시 콘크리트의 재료분리는 가능한 적게 일어나도록 해야 한다.

㉲ 운반통로에는 장애물 등이 없는가 확인하고, 있으면 즉시 제거하도록 한다.

㉳ 타설한 콘크리트를 거푸집 안에서 횡방향으로 이동시켜서는 안되고, 높은 곳으로부터 콘크리트를 세게 거푸집 내에 부어넣지 않는다.

㉴ 타설시 공동이 발생되지 않도록 밀심하게 부어 넣는다.

② **콘크리트 타설시 내부진동기를 사용하여 다지기를 할 때 유의사항**

㉮ 진동기는 슬럼프값 15cm 이하에만 사용하고, 퍼붓기 1회의 깊이는 60cm 미만으로 하고 진동기 사용간격은 60cm 이내로 한다.

㉯ 내부진동기는 수직으로 사용하며, 진동기를 넣고 나서 뺄 때까지의 시간은 보통 5~15초가 적당하다.

㉰ 진동기를 가지고 거푸집 속의 콘크리트를 옆 방향으로 이동시켜서는 안된다.

㉺ 진동기는 거푸집, 철근 또는 철골에 접촉되지 않도록 하고 뽑을 때에는 천천히 뽑아내
어 콘크리트에 구멍이 남지 않도록 한다.

(7) 콘크리트 타설을 할 때 거푸집의 측압에 미치는 영향

① 슬럼프가 클수록(물·시멘트 비가 클수록 크다.), 기온이 낮을수록(대기 중에 습도가 높
을수록 크다.) 콘크리트의 치어붓기 속도가 클수록 크다.

② 거푸집의 수밀성이 높을수록, 콘크리트의 다지기가 강할수록(진동기 사용시 측압은 30%
정도 증가), 거푸집의 수평단면이 클수록 크다.(벽 두께가 클수록 크다.)

③ 거푸집의 강성이 클수록, 거푸집 표면이 매끄러울수록, 콘크리트의 비중이 클수록 크다.
(단위중량이 클수록 크다.)

④ 묽은 콘크리트일수록, 철근량이 적을수록 크고. 측압은 생콘크리트의 높이가 높을수록
커지는 것이나, 일정한 높이에 이르면 측압의 증대는 없게 된다.

(8) 철골공사 안전기준

① 철골구조의 역학적 분류

㉮ 라멘구조 : 라멘구조란 축조의 각접점이 강하게 접합되어 있는 구조

㉯ 브레이스구조 : 브레이스구조는 가새(Brace)를 이용하여 풍압력이나 지진력에 견딜
수 있게 하는 구조

㉰ 트러스구조 : 트러스구조는 골조의 접점이 모두 핀으로 접합되어 있으며 일반적으로
각 부재가 삼각형으로 구성하는 골조

② 철골공사시 철공의 자립도 검토사항

㉮ 철골구조물의 내력 확인 : 구조안전의 위험성이 큰 철골 구조물은 건립 중 강풍에 의
한 풍압 등 외압에 대한 내력이 설계에 고려되었는지 확인 할 것

㉯ 철골구조물이 외압에 대한 내력이 설계에 고려되었는지 확인할 사항 : 높이 20m 이상
의 구조물, 구조물의 폭과 높이의 비가 1 : 4 이상인 구조물, 단면구조에 현저한 차이
가 있는 구조물, 연면적당 철골량이 $50kg/m^2$ 이하인 구조물, 기둥이 타이 플레이트
(tie plate)형인 구조물 및 이음부가 현자용접인 구조물 등이다.

③ 철골작업의 안전기준

㉮ 승강로 및 작업발판의 설치

㉠ 근로자가 수직방향으로 이동하는 철골부재에는 답단간격이 30cm 이내인 고정된
승강로를 설치할 것

㉡ 수평방향 철골과 수직방향 철골이 연결되는 부분에는 연결작업을 위하여 작업발
판 등을 설치할 것

㉯ 철골작업을 중지해야 하는 기상조건

풍속이 10m/sec 이상인 경우, 강우량이 1mm/hr 이상인 경우 및 강설량이 1cm/hr 이상인 경우이다.

(9) 철골세우기용 기계

① 가이데릭(guy derrick)

주기둥(mast)과 붐으로 구성되어 있고, 6~8본의 지선으로 주기둥이 지탱되고, 붐은 주기둥보다 3~5m 정도 짧게 하여 회전시 당김줄에 걸리지 않게 하며, 360° 회전이 가능하며 당김줄(guy line)은 지면과 45° 이하가 되도록 한다. 또한, 7.5ton 데릭으로 1일 철골세우기 능력은 15~20ton 정도이다.

② 스티프레그데릭(stiff leg derrick, 삼각데릭)

3각형 토대 위에 철골재 3각을 놓고 이것으로 부품을 조작하고, 회전반경이 270° 정도(작업범위 180°)이며, 수평이동이 용이하고 또한 건물의 층수가 적고 긴 평면일 때나 당김줄을 맬 수 없을 때 유리하다.

③ 진폴(gin pole)

1개의 기둥(통나무, 철파이프, 철골 등)을 세우고 3본 이상의 지선을 매어 기둥을 경사지게 세워 기둥 끝에 활차를 달고 원치에 연결시켜 권상시키는 것으로 폴데릭이라고도 하며, 소규모 철골공사에 사용되며 중량재료에 달아올리기에 편리하다.

④ 크레인

타워 크레인, 이동식 크레인 등

2. 소방 안전

1 유해위험물질의 안전

(1) 위험물질

① 산업안전보건법상 위험물질의 종류

㉮ 폭발성 물질 및 유기과산화물 : 산소나 산화제의 공급이 없더라도 가열·마찰·충격 또는 다른 화학물질과의 접촉 등으로 인하여 폭발 등 격렬한 반응을 일으킬 수 있는 고체나 액체 등으로 질산 에스테르류, 니트로 화합물, 니트로소 화합물, 아조 화합물, 디아조 화합물, 하이드라진 및 그 유도체, 유기과산화물 등이 있다.

㉯ 물반응성 물질 및 인화성 고체 : 발화가 용이하고, 가연성 가스가 발생할 수 있는 물질로서 스스로 발화하거나 물과 접촉하여 발화하는 물질로 리튬, 칼륨, 나트륨, 황, 황인, 황화인, 적인, 셀룰로이드류, 알킬알루미늄, 알킬리튬, 마그네슘 분말, 금속 분말(마그네슘 분말을 제외), 알칼리 금속(리튬, 칼륨 및 나트륨을 제외), 유기금속 화합물(알킬알루미늄 및 알킬리튬을 제외), 금속 수소화물, 금속의 인화물, 칼슘 탄화물 및 알루미늄 탄화물 등이 있다.

㉰ 산화성 액체 및 산화성 고체 : 열을 가하거나 충격을 줄 경우 또는 다른 화학물질과 접촉할 경우에 산화력이 강하여 격렬히 분해되는 등의 반응을 일으키는 고체 및 액체 등으로 차아염소산, 아염소산, 염소산, 과염소산, 브롬산, 요오드산, 질산, 과망간산, 중크롬산 및 그 염류와 과산화수소 및 무기과산화물 등이 있다.

㉱ 인화성 액체 : 101.3kPa의 표준압력하에서 인화점이 60℃ 이하이거나 고온·고압의 공정운전조건으로 인하여 화재·폭발위험이 있는 상태에서 취급되는 가연성물질로 종류는 다음과 같다.

㉲ 인화성가스 : 최고한도와 최저한도의 차가 12% 이상인 것 또는 인화한계 농도의 최저한도가 13% 이하로서 101.3kPa의 표준압력하의 20℃에서 가스 상태인 물질로서 수소, 아세틸렌, 에틸렌, 메탄, 에탄, 프로판, 부탄 및 기타 15℃, 1기압 하에서 기체 상태인 인화성 가스 등이 있다.

㉳ 부식성 물질 : 인체에 접촉하면 심한 상해(화상)를 입히고, 금속 등을 쉽게 부식시키는 물질이다.

㉴ 급성 독성물질

㉠ LD_{50}(경구, 쥐)이 kg당 300mg(체중) 이하인 화학물질

㉡ LD_{50}(경피, 토끼 또는 쥐)이 kg당 1000mg(체중) 이하인 화학물질

㉢ 가스 LC_{50}(쥐, 4시간 흡입)이 2500ppm 이하인 화학물질, 증기 LC_{50}(쥐, 4시간 흡입)이 10mg/l 이하인 화학물질, 분진 또는 미스트 1mg/l 이하인 화학물질

② 소방법상 위험물의 종류 및 산업안전보건법과의 비교 등

㉮ 소방법상 위험물의 종류

제1류는 산화성 고체, 제2류는 가연성 고체, 제3류는 자연발화성 물질 및 금수성 물질, 제4류는 인화성 액체, 제5류는 자기반응성 물질 및 제6류는 산화성 액체 등이다.

㉯ 산업안전보건법과 소방법의 위험물의 분류에서 공통으로 포함되지 않는 것은 인화성 가스, 부식성 물질 및 급성독성물질 등이다.

③ 위험물질의 기준량

㉮ 제조 또는 취급하는 설비에서 하루동안 최대로 제조 또는 취급할 수 있는 위험물질의 기준량

㉠ 과염소산, 염소산, 아염소산, 차아염소산 등 산화성물질 : 300kg

㉡ 에테르, 가솔린, 아세트알데히드, 산화프로필렌, 이황화탄소 등 인화점이 30℃ 미만인 인화성 물질 : 50l

㉢ 부식성 염기류 및 부식성 산류 : 300kg

㉣ 시안화수소, 플루오르아세트산 및 소디움염, 디옥신등 LD_{50}(경구, 쥐)이 kg당 5mg 이하인 독성물질 : 5kg

㉯ 2종 이상의 위험물질을 제조 또는 취급하는 경우 : 다음 공식에 의하여 산출한 R값이 1인 이상의 경우 기준량을 초과한 것으로 함

$$\therefore \ R = \frac{C_1}{T_1} + \frac{C_2}{T_2} + \cdots + \frac{C_n}{T_n}$$

C_n : 위험물질 각각의 제조 또는 취급량

T_n : 위험물질 각각의 기준량

(2) 폭발성 물질 및 유기과산화물

① 폭발성 물질의 종류

질산에스테르류(니트로셀룰로오스, 니트로글리세린, 질산메틸, 질산에틸 등), 니트로 화합물(피크린산(트리니트로페놀), 트리니트로톨루엔(TNT) 등), 니트로소 화합물(파라디니트로소 벤젠, 디니트로소레조르신 등), 아조 화합물 및 디아조 화합물, 하이드라진 및 그 유도체, 유기과산화물(메틸에틸케톤 과산화물, 과산화아세틸 등) 및 기타 위의 물질과 동등한 정도의 폭발의 위험성이 있는 물질이나 상기 물질을 함유한 물질 등이다.

② 폭발성 물질(자기반응성 물질)

㉮ 연소 속도가 매우 빨라 폭발적으로 반응하고, 가연성 물질이면서 그 자체 산소를 함유하므로 자기연소를 일으킨다.

㉯ 질식소화는 효과가 없고 물에 의한 냉각소화를 하나 더 이상 연소가 되지 않도록 연소원을 없애는 조치를 취하는 것이 효과적이고, 가열·마찰·충격에 의해 폭발하기 쉽다.

③ 니트로 셀룰로오스$[C_6H_7O_2(ONO_2)_3]_n$의 성상 및 취급방법

- 질화면, 질산셀룰로오스, 질산섬유소라 하고, 물에는 녹지 않고 직사광선 및 산의 존재 하에서 자연발화한다.

㉮ 냉암소에 보관하고, 저장수송 중에는 물이나 알코올(에틸알코올 또는 이소프로필알코올)로 습면시켜야 한다.

㉯ 건조상태에서는 자연발열을 일으켜 분해폭발의 위험이 존재하므로 질화면을 알코올 등으로 습면시킨다.

(3) 물반응성 및 인화성 고체

① 물반응성 및 인화성 고체의 종류

㉮ 인화성 고체 : 비교적 저온에서 발화하기 쉬운 가연성 물질로서 황(S), 황화인(삼황화인 : P_4S_3, 오황화인 : P_2S_5, 칠황화인 : P_4S_7), 적린(P_4) 및 마그네슘(Mg) 분말 및 금속분말 등이다.

㉯ 자연발화성 물질 : 황린(P_4)

㉰ 물반응성 물질(금수성 물질)은 대부분 고체로서 물과 접촉하면 발열반응을 일으키고 가연성 가스와 유독가스를 발생시키는 물질로서, 칼륨(K), 나트륨(Na) 기타 알칼리 금속 등, 알킬알미늄, 알킬리듐 기타 유기금속화합물, 금속의 수소화물, 금속의 인화물[Ca_3P_2(인화칼슘)] 및 칼슘 또는 알루미늄의 탄화물[CaC_2(카바이트)] 등이다.

② 찬물(냉수)과 반응하기가 가장 쉬운 금수성 물질인 금속 나트륨(Na) 칼륨(K) 등은 찬물과도 쉽게 반응하여 수소(H_2) 가스가 발생하며, 수용액은 강알칼리성을 나타낸다.

③ 물과 반응하여 아세틸렌을 발생시키는 물질인 카바이트(CaC_2 : 탄화칼슘)는 물(H_2O)과 반응하여 아세틸렌(C_2H_2) 가스를 발생시킨다.

④ 발화성 물질의 저장법은 황린(물속에 저장), 적린(격리저항) 및 칼륨·나트륨 등(석유속에 저장) 등이다.

(4) 산화성 액체 및 고체(산화성 물질)

① 산화성 물질의 종류

염소산 및 그 염류, 과염소산 및 그 염류, 과산화수소 및 무기과산화물, 아염소산 및 그 염류, 불소산염류, 질산 및 그 염류, 요오드산 염류, 과망간산염류, 중크롬산 및 염류 및 기타 위의 물질과 동등한 정도의 위험이 있거나 상기물질을 함유한 물질 등이 있다.

② 산화성 물질이 가연물(환원성 물질)과 혼합하면 산화·환원반응이 더욱 잘 일어나고 격렬하게 연소·폭발을 일으키므로 산화성 물질이 가연물과 혼합할 경우 혼합위험물질이 된다.

(5) 인화성 액체

① 인화성 액체의 종류

㉮ 인화점이 23℃ 미만이고, 초기 끓는점이 35℃ 이하인 물질에는 에틸에테르, 가솔린, 아세트알데히드, 산화프로필렌 등이 있다.

㉯ 인화점이 23℃ 미만이고 초기 끓는점이 35℃를 초과하는 물질에는 노르말헥산, 아세톤, 메틸에틸케톤, 메틸알코올, 에틸알코올, 이황화탄소 등이 있다.

㉰ 인화점이 23℃ 이상 60℃ 이하인 물질에는 크실렌, 아세트산아밀, 등유, 경유, 테레핀유, 이소아밀알코올, 아세트산, 하이드라진 등이 있다.

② 아세톤(CH_3COCH_3 : 디메틸케톤)

물에 잘 용해되는 수용성의 인화성물질(인화점 : −18℃)로서 일광이나 공기 중에 노출되면 폭발성의 과산화를 생성하고, 피부에 닿으면 탈지작용을 일으키며, 저장용기는 밀봉하여 냉암소에 보관

③ 메탄올(CH_3OH)의 성상

㉮ 비중은 0.79로 물의 비중 1보다 작으며 수용성으로 물에 잘 녹고, 무색투명하며 약간의 향기가 있다.

㉯ Na, K 등 알칼리금속 등의 금속과 반응하여 수소(H_2)를 발생하고, 유기산과 반응하여 에스테르를 생성한다.

(6) 인화성 가스

① 인화성 가스는 상·하한의 차가 12% 이상이고, 인화한계농도의 하한이 13% 이하인 것으로 101.3kPa의 표준압력하의 20℃에서 가스상태인 물질이다.

② 가연성 가스는 상·하한의 차가 20% 이상이거나 폭발한계의 하한치가 10% 이하인 가스이다.

㉮ 폭발한계농도의 하한이 10% 이하인 가스에는 수소(H_2) : 4.1~74.2(%), 아세틸렌(C_2H_2) : 2.5~80.5(%), 에틸렌(C_2H_4) : 2.75~36.0(%), 메탄(CH_4) : 5.0~15.0(%), 에탄(C_2H_6) : 3.0~12.4(%), 프로판(C_3H_8) : 2.1~9.5(%), 부탄(C_4H_{10}) : 1.8~8.4(%) 등이 있다.

㉯ 폭발한계의 상한과 하한의 차가 20% 이상인 가스에는 일산화탄소(CO) : 12.5~74.0(%), 산화에틸렌(C_2H_4O) : 3.0~80.0(%), 이황화탄소(CS_2) : 1.2~44.0(%), 시안화수소(HCN) : 6.0~41.0(%) 등이 있다.

㉰ 상온·상압(15℃ 1기압)에서 기체상태인 가연성 가스에는 암모니아(NH_3) : 15.0~28.0(%), 브롬화메틸(CH_3Br) : 13.5~14.5(%) 등이 있다.

(7) 부식성 물질의 종류와 성질

　　부식성 산류(산성)에는 염산, 황산, 질산 등의 농도가 20% 이상인 것과 인산, 아세트산, 불산 등의 농도가 60% 이상인 것이 있고, 부식성 염기류(알칼리성)에는 수산화나트륨, 수산화칼륨 등의 농도가 40% 이상인 것 등이 있고, 성질은 금속 등을 쉽게 부식시키고, 인체에 접촉하면 심한 상해(화상)를 입힌다.

(8) 독성물질

① 독성물질의 정의 및 종류

　　독성물질은 사람의 건강 또는 환경에 위해를 미칠 독성이 있는 화학 물질로서 종류는 다음과 같다.

㉮ 쥐에 대한 경구투입실험 : 실험동물의 50%를 사망시킬 수 있는 물질의 양, 즉 LD_{50} (경구, 쥐)이 (체중)kg당 300mg 이하인 화학물질

㉯ 쥐 또는 토끼에 대한 경피흡수실험 : 실험동물의 50%를 사망시킬 수 있는 물질의 양, 즉 LD_{50}(경피, 쥐 또는 토끼)이 (체중)kg당 1000mg 이하인 화학물질

㉰ 쥐에 대한 4시간 동안의 흡입실험 : 실험동물의 50%를 사망시킬 수 있는 물질의 농도, 즉 가스 LC_{50}(쥐, 4시간 흡입)이 2500ppm 이하인 화학물질, 증기 LC_{50}(쥐, 4시간 흡입)이 10mg/l 이하인 화학물질, 분진 또는 미스트 1mg/l 이하인 화학물질

② 독물 작용의 구분

㉮ 혈액의 산소공급 방해 및 차단 : 시안화합물, 염소산염류, 니트로벤젠 등으로 혈액소를 용해하며 헤모글로빈 결합체를 형성하는 것.

㉯ 세포의 응고 및 붕괴현상 : 염산, 황산, 석탄산 등의 피부접촉에 의하여 부식성 산류, 수산화나트륨, 수산화칼륨, 암모니아수 등의 부식성 알칼리, 수은, 은, 구리, 아연 등의 중금속염류 등이 있다.

㉰ 중추신경마비 세포원형질 파괴 심장 및 대사작용 장애

③ 독물의 침입경로

㉮ 호흡기 : 혈액 속으로 옮겨가므로 유해성이 강하다.

㉯ 소화기(손에 묻어 들어오는 경우, 침에 녹아 장관에서 흡수되는 경우) : 간장에서 해독되어 줄어든다.

㉰ 피부점막

(9) 가연성 가스 및 고압가스

① 가연성 가스의 정의

　폭발하한치가 10% 이하인 가스와 폭발상한치와 하한치의 차가 20% 이상인 가스

② 고압가스의 상태에 따른 분류

　㉮ 압축가스 : 비점이 낮은 가스로서 상온에서 압축하여도 액화하지 않은 가스를 그대로 압축하여 용기에 충전한 가스

　㉯ 액화가스 : 상온에서 비교적 낮은 압력으로 쉽게 액화할 수 있는 가스

　㉰ 용해가스 : 용제에 용해시켜 취급하는 가스로 아세틸렌(C_2H_2)이 있다.

③ 고압가스의 성질(연소성)에 의한 분류

　㉮ 가연성 가스 : 프로판, 부탄, 메탄, 수소 등의 연소할 수 있는 가스

　㉯ 조연성 가스 : 공기, 산소, 오존, 염소, 불소, 질소산화물 등의 연소를 도와주는 가스

　㉰ 불연성 가스 : 질소, 탄산가스, 후레온 등의 연소하지 않는 가스

(10) 유해물질

① 유해물질의 유해요인

　유해물질의 농도와 접촉시간[유해지수(K) = 유해물질의 농도(C) × 노출시간(t : 폭로시간)], 작업강도, 기상조건 및 근로자의 감수성 등

② 유해물질의 허용농도

　㉮ 시간가중평균농도(TWA) : 1일 8시간 작업을 기준으로 하여 유해요인의 측정농도에 발생 시간을 곱하여 8시간으로 나눈 농도

$$\therefore TWA = \frac{C_1 T_1 + C_2 T_2 + C_3 T_3 + \cdots + C_n T_n}{8}$$

　　C : 유해요인의 측정농도(단위 : ppm 또는 mg/m^3)

　　T : 유해요인의 발생시간(단위 : 시간)

　㉯ 단위시간노출한계(STEL) : 근로자의 1회 15분간 유해요인에 노출되는 경우의 허용농도

　㉰ 최고허용농도(Ceilling농도) : 근로자가 1일 작업시간동안 잠시라도 노출되어서는 아니 되는 최고 허용온도(허용온도 앞에 "C"를 붙여 표시)

　㉱ 혼합물의 허용농도 : 화학물질이 2종 이상 혼재하는 경우 혼합물의 허용농도

$$\therefore 혼합물의 \ 허용농도 = \frac{C_1}{T_1} + \frac{C_2}{T_2} + \cdots + \frac{C_n}{T_n}$$

　　C : 화학물질 각각의 측정농도　　T : 화학물질 각각의 허용농도

⑭ 허용농도 ppm을 mg/m³으로 바꾸는 산정식

    ㉠ 표준상태(0℃, 1기압)일 때, $mg/m^3 = \dfrac{ppm \times 분자량(g)}{22.4}$

    ㉡ 25℃, 1기압일 때, $mg/m^3 = \dfrac{ppm \times 분자량(g)}{22.4 \times (273+25)/273} = \dfrac{ppm \times 분자량(g)}{24.45}$

(11) 독성물질 관리

① 독성물질의 독성기준

    ▶▶▶ 독성기준(LD$_{50}$: 반수치사량)

투여 경로	정맥 주사	피하 주사	경구	경피	흡피
독물(mg/kg 이하)	10	20	30	100	200

② 유독성물질의 종류 및 위험성

    ㉮ 벤젠(C_6H_6) : 허용 농도가 10ppm으로 적혈구 및 백혈구 수의 감소, 빈혈, 백혈병 등 조혈기 계통에 장해를 일으키는 유해성물질이다.

    ㉯ 크롬(Cr) 화합물 : 발암성 물질로 폐암을 일으키고, 코 내부의 물렁뼈에 구멍이 생기는 병, 즉 비중격천공증을 유발하는 유독성 물질

③ 고농도에서 질식을 일으키는 물질 : 시안화수소(HCN), 황화수소(H_2S), 일산화탄소(CO) 등

④ 잠함병(잠수병)의 원인물질 : 질소(N_2)

⑤ 광분해 반응을 일으키는 물질 : 질산은($AgNO_3$)

(12) 분진대책 및 방사선 위험성

① 분진대책

    작업공정에서 분진발생 억제 및 감소화, 분진 비상 방지 조치, 개인 보호구 착용으로 분진 흡입장치, 환기 및 기타 공정을 습식으로 하거나 밀폐 등의 조치

② 방사선 위험성

    X선, γ선, 중성자 등의 외부위험 방사능 물질, 가장 심각한 내적 위험 물질의 α선, β선 등의 내부위험 방사능 물질, 방사능 조사량은 거리의 자승에 반비례, 전리방사선의 인체 조사시 위험성은 200~300rem 조사시, 450~500rem 조사시 등, 투과력(α선 $<$ β선 $<$ γ선 등) 및 방사선 오염의 가장 실제적인 제거방법은 물로 씻어낸다.

(13) 유해물질의 방호관리를 위한 안전관리대책 및 환경관리방법

① 유해물질의 방호관리를 위한 안전관리대책에는 환경관리, 위생관리 및 의학적관리 등이 있다.

② 환경관리의 방법에는 공정 및 시설의 변경, 물질의 대치 등의 대치, 저장·시설 및 공정의 격리 등의 격리, 국소배기장치 및 전체 환기장치 등에 의한 환기 및 교육 등이다.

③ 인화성물질의 증기, 가연성가스, 가연성물질에 의한 화재 및 폭발의 예방대책 통풍, 환기 및 제진 등이다.

④ 관리대상유해물질의 제조 또는 취급작업시 특별안전보건교육내용

   ⑦ 취급물질의 성질 및 상태에 관한 사항과 유해물질이 인체에 미치는 영향

   ⑭ 국소배기장치 및 안전설비에 관한 사항과 안전작업방법 및 보호구 사용에 관한 사항

(14) 배기 및 환기

① 후드(hood)의 종류

리시버형 후드(receiver hood), 밀폐형 후드(포위식 후드), 부스형 후드(booth hood) 및 부착형 후드(외부식 후드) 등

② 후드에 의한 흡인요령 또는 후드의 설치요령

   ⑦ 후드의 개구 면적을 작게 하고, 에어커텐을 이용할 것

   ⑭ 충분한 포집 속도를 유지하고, 배풍기 혹은 송풍기의 소요 동력에는 충분한 여유를 둘 것

   ⑭ 후드를 되도록 발생원에 접근시키고, 국부적인 흡인방식을 선택하며, 후드로부터 연결된 덕트는 직선화할 것

(15) 위험물이 존재하는 곳의 화기관리

① 위험물, 가연성분진 또는 화약류 등에 의한 폭발화재의 발생위험이 있는 곳에는 고온이 될 우려가 있는 기계 및 공구는 사용하지 않을 것

② 환기가 불충분한 장소에서 용접 등의 화기를 사용하는 작업을 할 때에는 통풍 또는 환기를 위해서는 산소를 사용하지 않을 것

③ 소각장을 설치할 때는 불연성 재료를 사용할 것

④ 가열로, 소각로 등의 화재발생 위험설비와 다른 가연성 물체와의 사이에는 안전거리 유지 및 불연성 물체를 차열재료로 하여 방호하도록 할 것

⑤ 건축물, 화학설비 또는 위험물 건조설비가 있는 장소, 인화성유류 등 폭발 또는 화재의 우려가 있는 물질을 취급하는 장소에는 소화설비를 설치할 것

⑥ 흡연장소 및 난로 등 화기를 사용하는 장소에는 화재예방에 필요한 설비를 사용할 것

⑦ 화재 또는 폭발의 위험이 있는 장소에는 화기사용금지 표시를 하고 관계자 외의 자의 출입을 금지시킬 것

(16) 물질안전보건자료

물질안전보건자료의 기재사항에는 화학물질의 명칭, 성분 및 함유량, 인체 및 환경에 미치는 영향, 안전보건상의 취급 주의사항 및 물리·화학적 특성, 독성에 관한 정보, 폭발화재시의 대처방법 및 응급조치 요령 등의 그 밖에 고용노동부령으로 정하는 사항 등이다.

(17) 공정안전보고서

① 공정안전보고서 제출대상

원유정제처리업, 기타 석유정제물 재처리업, 석유화학계 기초화합물 또는 합성수지 및 기타 플라스틱 제조업, 질소, 인산 및 칼리질 비료 제조업, 복합비료 제조업(단순혼합 또는 배합에 의한 경우는 제외), 농약 제조업(원제제조에 한함) 및 화약 및 불꽃제품 제조업 등이다.

② 공정안전보고서의 내용

공정안전자료, 공정위험성평가서, 안전운전계획, 비상조치계획 및 그밖에 공정안전과 관련하여 고용노동부장관이 필요하다고 안정하여 고시하는 사항

2 방화 및 방폭설비

(1) 폭발 및 폭굉

① 폭발의 본질은 급격한 압력의 상승이고, 폭굉(detonation)은 폭발 중에서도 특히, 격렬한 경우를 폭굉이라 하고, 폭굉속도(폭속)는 1000~3500m/sec(폭굉파)이고, 정상연소속도는 0.03~10m/sec(연소파)이다. 또한, 폭굉유도거리가 짧을 경우에는 정상 연소속도가 큰 혼합가스일수록, 관속에 방해물이 있거나 관경이 가늘수록, 압력이 높을수록, 점화원의 에너지가 강한 경우이다.

② 폭굉파(=충격파+폭굉반응에 의한 연소열)를 산정하기 위한 기초식에는 질량보존의 법칙, 운동량보존의 법칙 및 에너지보존의 법칙 등이 성립된다.

(2) 폭발 및 폭굉속도 등 중요사항

① 폭발 또는 폭굉속도에는 TNT의 폭속(4500~6500m/sec으로 가장 큰 값을 나타냄)과 가스폭발의 폭속(1000~3500m/sec)이다.

② 폭발성 물질의 폭발을 일으키는 팽창력의 원인에는 폭발성 혼합기의 형성, 급속한 화학반응에 의한 다량의 가스와 열의 발생 및 급격한 압력의 상승 등이다.

③ 반응폭발에 영향을 미치는 요인에는 온도, 압력, 냉각시스템 및 교반상태 등이 있다.

(3) 폭발의 분류

① 폭발의 분류에는 혼합가스(가연성가스+공기 또는 산소)의 연소에 의한 폭발인 혼합가스의 폭발, 아세틸렌, 산화에틸렌, 에틸렌, 히드라진 등의 폭발인 분해폭발, 분진폭발 및 분무폭발 등의 기상폭발과 혼합위험성에 의한 폭발, 폭발성 화합물의 폭발, 증기폭발 등의 액상폭발 등이 있다.

② 혼합시 폭발 또는 발화의 위험이 있는 혼합 위험성 물질

㉠ 산화성 물질+환원성 물질 → 폭발성 혼합물의 생성

㉡ 산화성 물질+가연성(발화성, 인화성 물질) → 폭발성 혼합물의 생성

㉢ 산화성 고체+산화성 액체 → 혼합접촉발화 또는 폭발

㉣ 폭발성 물질+금수성 물질 → 고감도 폭발성 물질의 생성

㉤ 금수성 물질+가연성 고체(환원성 물질)

③ 혼합(혼재)사용이 가능한 물질

㉠ 가연성 물질+고체 환원성 물질(가연성고체 ; 황, 인, 금속분말 등)

㉡ 니트로셀룰로오스(notroceliuliose)와 알코올

④ 폭발성화합물의 폭발

유기과산화합물, 니트로화합물, 질산에스테르 등의 분자 내 연소에 따른 폭발

⑤ 응상폭발(액상 및 고상폭발)

수증기폭발 또는 증기폭발, 고상 간의 전이에 의한 폭발, 전선폭발 및 화약류 및 유기과산화물 등의 폭발 등이다.

⑥ 증기운폭발

대량의 가연성가스 및 기화하기 쉬운 액체가 사고에 의해 누출, 누설하여 발화원에 의해 폭발, 화재가 발생하는 경우에 발생한다.

⑦ 분진폭발의 특성

연소속도나 폭발압력은 가스폭발보다는 작지만 가해지는 힘(파괴력)은 매우 크고, 2차폭발을 하며, CO의 중독피해가 우려된다.

(4) 가스폭발의 원리

① 폭발의 성립조건

㉠ 가연성 가스 및 증기 또는 분진이 공기와 혼합되어 폭발범위 내에 있어야 한다.

㉡ 혼합되어 있는 가스가 어떤 구획되어 있는 방이나 용기같은 것의 공간에 충만해서 존재해야 하고, 점화원, 즉 에너지가 있어야 한다.

② 폭발성 분위기의 생성조건에 관계되는 위험 특성에는 폭발한계(폭발범위)와 증기밀도 등이 있다.

(5) 폭발범위(폭발한계)

① 폭발범위

　폭발에 필요한 가연성 가스와 공기 또는 산소인 혼합가스 중의 가연성 가스의 농도범위

② 폭발한계에 영향을 주는 요인은 온도, 압력 및 산소 등이다.

③ 르-샤틀리에(Le-Chatelier)의 법칙 : 혼합가스의 폭발한계를 구하는 공식

　㉮ 성분가스의 용량이 100%일 때($V_1 + V_2 + \cdots V_N = 100\%$)

$$\therefore \ L = \frac{100}{\dfrac{V_1}{L_1} + \dfrac{V_2}{L_2} + \cdots + \dfrac{V_n}{L_n}}$$

　여기서, L : 혼합가스의 폭발하한계 또는 상한계(vol%)

　　　　$L_1 + L_2 + \cdots + L_n$: 성분가스의 폭발하한계 또는 상한계(vol%)

　　　　$V_1 + V_2 + \cdots + V_n$: 성분가스의 용량(vol%)

　㉯ 성분가스의 용량이 100%가 아닐 때($V_1 + V_2 + \cdots V_n = 100\%$가 아닐 때)

$$\therefore \ L = \frac{V_1 + V_2 + \cdots V_n}{\dfrac{V_1}{L_1} + \dfrac{V_2}{L_2} + \cdots + \dfrac{V_n}{L_n}}$$

(6) 안전간격 및 폭발등급

① 안전간격

　용기 안에 폭발성 혼합가스를 채우고 점화시켜 발생된 화염이 용기 외부의 폭발성 혼합가스에 전달되는가의 여부를 측정하였을 때 화염을 전달시킬 수 없는 한계의 틈 사이를 말한다.

② 안전간격에 따른 폭발등급

　1등급은 메탄, 에탄, 프로판, n-부탄, 가솔린, 벤젠 일산화탄소, 암모니아, 아세톤, 에틸에테르 등으로 안전간격은 0.6mm 이상이고, 2등급은 에틸렌, 석탄가스 등으로 안전간격은 0.6~0.4mm이고, 3등급은 수소, 아세틸렌, 이황화탄소, 수성가스 등으로 안전간격은 0.4mm 이하이다.

(7) 폭발압력

① 최대폭발압력과 가스농도 및 온도와의 관계 : 최대폭발압력(P_m)은 초기압력(P_1)·가스농도의 변화량($n_1 \rightarrow n_2$), 온도변화($T_1 \rightarrow T_2$)에 비례하여 높아진다.

$$\therefore \ P_m = P_1 \times \frac{n_2}{n_1} \times \frac{T_2}{T_1}$$

② 폭발압력상승속도(τ_m)

가연성 물질은 양론농도보다 약간 높은 농도에서 τ_m이 된다.

(8) 폭발의 방호 대책으로는 폭발봉쇄, 폭발억제, 폭발방산 및 대기방출 등이다.

(9) 불활성가스 첨가에 의한 폭발예방의 원리

가연성 혼합가스(가연성가스+공기) 중의 가연성 성분의 농도를 폭발하한계 이하로 하는 방법과 폭발상한계 이상으로 하는 2가지 방법이 있다.

(10) 불활성화 방법

① 불활성화(purge ; 퍼지)

가스 또는 증기와 공기의 혼합가스에 불활성가스를 주입하여 산소농도를 최소산소농도 (MOC) 이하로 낮게 하는 불활성화공정

② 퍼지의 종류(불활성화 방법)은 진공퍼지(저압퍼지), 압력퍼지 및 스위프퍼지 등이다.

(11) 분진폭발의 방호

① 분진폭발을 일으키는 조건은 가연성 분진, 분진(미분) 상태, 조연성 가스(공기) 중에서의 교반과 유동 및 점화원(발화원) 존재 등이다.

② 분진폭발에 영향을 주는 요인

㉮ 분진의 크기(입도)가 작을수록 비표면적이 커져서 폭발성이 커진다.

㉯ 분진입자의 형상이 매끈한 것보다는 거친 것이 폭발성이 크다.

㉰ 분진이 습기를 많이 함유할수록 부유성을 억제하여 폭발성이 작아진다.

③ 분진폭발의 방호 방법은 분진원의 생성방지, 발화원의 제거 및 불활성 물질의 첨가 등 이다.

3 소화 및 방호설비

(1) 연소의 정의 및 3요소

① 연소의 정의 : 빛과 열을 발생을 동반하는 급격한 산화현상

② 연소의 3요소는 연소되는 물질인 가연물, 공기, 산소 등 지연성가스 등의 산소공급원 및 점화원 등이다.

(2) 가연물 · 산소공급원 · 점화원

① 가연물의 구비조건

　산소와 화합시 연소열(발열량)이 크고, 산소와 화합시 열전도율이 작으며, 산소와 화합시 필요한 활성화 에너지가 작을 것

② 산소공급원

　산화성물질 또는 지연성물질(연소를 계속시키는 물질)로서 공기, 산소, 오존 등의 공기 중의 산소, 산화제로부터 부생되는 산소 및 자기연소성(반응성, 폭발성) 물질 등이다.

③ 점화원은 전기불꽃, 정전기불꽃, 고열물, 마찰 및 충격에 의한 불꽃, 단열압축 및 산화열 등이다.

④ 연소의 조건은 산화되기 쉽고, 산소와의 접촉면, 발열량이 클수록, 열전도율이 작고, 건조도가 좋은 것일수록 좋다.

(3) 가스의 연소속도

① 공기구멍에서 빨아들인 1차공기 및 화염의 주위에서 확산에 의해 취하는 2차공기

② 연소속도

　화염이 화염 주위에서 수직방향으로 미연소혼합가스 쪽으로 이동하는 속도로서 연소속도 =화염속도+미연소가스속도

③ 연소속도(화염속도)에 영향을 주는 요인에는 온도, 압력, 가스조성 및 용기의 형태와 크기 등이 있다.

(4) 연소형태(연소의 종류)

① 연소형태에는 확산연소, 증발연소, 분해연소 및 표면연소 등이 있다.

② 기체, 액체, 고체의 연소형태: 기체의 연소는 발암연소, 불꽃연소 등의 확산연소, 액체의 연소는 증발연소, 고체의 연소는 목재, 종이, 석탄, 플라스틱 등의 분해연소, 코크스, 목탄, 금속분 등의 표면연소, 황, 나프탈렌, 파라핀 등의 증발연소, 질산에스테르류, 셀룰로이드류, 니트로화합물 등의 폭발성물질 등의 자기연소 등이 있다.

③ 수소, 도시가스(메탄 : CH_4), 프로판 및 부탄 등 기체의 연소 등의 균일계 연소와 휘발유, 나무, 석탄 등 액체 및 고체의 연소 등의 불균일계 연소 등이 있다.

(5) 인화점 및 발화온도

① 인화점(flash point)

　㉠ 인화점 : 공기 중에서 가연성 액체가 그 표면에서 인화하는데 충분한 농도의 증기를 발생하는 최저온도를 말한다.

ⓐ 인화점에 영향을 주는 요인에는 압력(압력이 증가하면 인화점이 높아지고 압력이 낮아지면 인화점도 낮아진다.)과 유기물의 수용액(증기압이 낮아지므로 인화점은 높아진다.) 등이 있다.

② 발화온도(lignition temperature)

㉮ 발화온도(발화점 및 착화점) : 가연성물질이 공기 중에서 점화원이 없이 스스로 연소를 개시할 수 있는 최저온도이다.

㉯ 발화온도가 낮아지는 경우(환경적 영향)에는 용기·압력·산소 농도 및 화학적 활성도가 클수록, 접촉금속의 열전도율이 좋을수록 낮아진다.

㉰ 발화점에 영향을 주는 인자에는 가연성가스와 공기의 혼합비, 발화가 생기는 공간의 형태와 크기, 가열속도와 지속시간, 기벽의 재질과 촉매 효과 및 점화원의 종류와 에너지 투여법 등이다.

③ 자연발화현상

㉮ 자연발화가 일어나는 계에 대한 에너지수식으로 열의 축적=열의 발생−열의 방열

㉯ 자연발화성물질의 자연발화를 촉진시키는데 영향을 주는 경우는 표면적이 넓고 발열량이 크며, 주위온도가 높고, 열전도율이 낮을 것

(6) 폭발범위(폭발한계·연소범위 및 연소한계)

① 폭발범위(폭발한계·연소범위 및 연소한계)

가연성가스 또는 증기와 공기 또는 산소와의 혼합가스에 점화원을 주었을 때 연소가 일어나는 가연성가스의 농도범위가 낮은 쪽을 폭발하한계, 높은 쪽을 폭발상한계라 한다

② 폭발한계에 영향을 주는 요인

㉮ 온도 : 폭발하한은 100℃ 증가할 때마다 25℃에서의 값이 8%가 감소하며, 폭발상한은 8%가 증가한다.

㉯ 압력 : 상한값이 증가하고, 가스압력이 높아질수록 폭발범위는 넓어진다.

㉰ 산소 : 상한값이 증가하고, 공기중에서보다 산소중에서 폭발범위가 넓어진다.

(7) 위험도

폭발범위를 하한계로 제(除)한 값을 말한다.

$$\therefore 위험도(H) = \frac{U - L}{L}$$

여기서 U : 폭발상한치, L : 폭발하한치

(8) 완전연소조성농도 및 최소산소농도 · 최소발화에너지

① 완전연소조성농도(C_{st} : 화학양론농도)

가연성물질 1몰이 완전 연소할 수 있는 공기와의 혼합기체 중 가연성 물질의 부피(%)

$$C_{st} = \frac{1}{1 + 4.773\left(n + \dfrac{m - f - 2\lambda}{4}\right)} \times 100\,(\%)$$

여기서, n : 탄소수, m : 수소수, f : 할로겐 원소수, λ : 산소수

② 최소산소농도(MOC)

가연성가스 · 증기 등의 연소에 필요한 최소한의 산소농도(%)로서

$$MOC = 연소(폭발)\ 하한치 \times \frac{산소(O_2)의\ 몰\ 수}{연료의\ 몰\ 수}$$

③ 최소발화에너지(MIE)

물질을 발화시키는 데 필요한 최소에너지(단위 : mJ)로 최소 발화에너지가 낮을수록 폭발하기가 쉽다(MIE가 가장 낮은 물질 : 에틸렌).

(9) 소화이론

① 소화방법

㉮ 냉각소화(화점의 냉각) : 열용량이 큰 고체를 이용하는 방법과 액체의 증발잠열을 이용하는 방법 등이다.

㉯ 희석소화 : 연소반응의 계 내의 가연물이나 산화제의 농도를 낮추어서 반응을 억제시키는 것을 이용하는 방법이다.

㉰ 화염의 불안정화에 의한 소화 : 가연물+산소 공급원의 혼합기체의 유속을 증가하면 연소속도가 일정하게 되고 화염의 길이는 점차 길어지면서 불이 꺼지게 되는 것을 이용한 방법이다.

㉱ 연소의 억제소화 : 연소억제제를 사용하여 소화하는 방법이다.

㉲ 제거소화법 : 소화물의 제거법으로 연소 중에 있는 가연물을 제거함으로서 연소확대를 방지하고 또한 자연소화를 시킨다.

㉳ 질식소화법 : 산소의 차단법으로 산소공급을 차단하여 질식소화를 하는 것으로 그 방법에는 불연성 기체, 불연성 포말, 불연성 고체로 연소물을 덮는 방법과 소화분말로 연소물을 덮는 방법 등이다.

② 포말소화기

소화효과는 질식 및 냉각효과로서, 포말소화약제의 종류에는 기계포(에어졸)와 화학포 등이 있다.

㉮ 기계포(에어졸) : 가수분해단백질, 계면활성제, 물 등의 포제의 수용액을 공기와 혼합하여 포를 만든 것

㉯ 화학포 : 황산알루미늄과 중탄산나트륨의 반응에 의하여 소화효과를 내는 소화제

㉰ 포 소화제의 구비조건에는 부착성이 있으며, 열에 대한 센 막을 가지고 유동성이 있을 것 또한, 바람 등에 견디고 응집성과 안전성이 있으며, 가연물 표면을 짧은 시간 내에 덮을 것 특히, 기름 또는 물보다 가벼운 것일 것

③ 분말소화기

소화효과는 질식 및 냉각효과로서, 분말소화약제에는 제1종분말소화약제[중탄산나트륨($NaHCO_3$)], 제2종분말소화약제[중탄산칼륨($KHCO_3$)] 및 제3종분말소화약제[인산암모늄($NH_4H_2PO_3$)] 등이다.

④ 작업표준증발성 액체소화기(할로겐화물 소화기, 할론 소화기)

증발성 액체소화기의 3대 효과에는 질식효과, 부촉매 효과 및 냉각효과 등으로 증발성 액체소화기의 구비조건은 비점이 낮고, 증기가 되기 쉬우며, 공기보다 무겁고 불연성일 것

⑤ 이산화탄소 소화기

소화효과는 질식 및 냉각효과로서 전기, 유류, 기계화재에 유효하며, 화재 진화 후 깨끗하고 화재 심부 속까지 파고들어 증거의 보존이 가능하다.

㉮ 이산화탄소 소화기 사용시 주의사항

㉠ 동상의 위험이 있는 호스를 잡지 말고, 손잡이를 잡고 이산화탄소를 방출시킨다.

㉡ 체적이 급격하게 팽창하므로 질식에 주의하고, 이산화탄소는 통신기기나 컴퓨터 설비에 사용한다.

㉢ 소화작용은 질식작용으로 산소의 농도가 15% 이하가 되도록 약제를 살포한다.

㉯ 이산화탄소 및 할로겐화물 소화설비의 특징

㉠ 소화속도가 빠르고, 전기기기류 화재에 사용되며, 저장에 의한 변질우려가 없어 장기간 저장이 용이하다.

㉡ 소화할 때 주변을 오염시키지 않아 부식성이 없고, 소화설비의 보수관리가 용이하다.

㉢ 밀폐공간에서는 질식 및 중독의 위험성 때문에 사용이 제한된다.

⑥ 강화액 소화기

물에 탄산칼륨(K_2CO_3)을 녹여 빙점을 $-17 \sim -30℃$까지 낮추어 한랭지역이나 겨울철의 소화에 이용하고, 일반화재, 전기화재에 이용한다.

⑦ 산 알칼리 소화기

황산(H_2SO_4)과 중탄산나트륨($NaHCO_3$)의 화학반응에 의해 발생한 탄산가스(CO_2)의 압력으로 물을 방출시키는 소화기로서 일반화재, 전기화재에 이용한다.

⑧ 간이 소화제

　건조사, 중조톱밥, 수증기, 소화탄 및 팽창진주암·팽창질석(알칼알루미늄 소화에 이용)

(10) 화재이론

① 화재의 종류 및 적응소화기

　㉮ A급화재(일반화재)는 연소 후 재를 남기는 일반가열물의 화재로서 소화방법은 물에 의한 냉각소화로 주수, 산, 알칼리 등에 의한다.

　㉯ B급화재(유류화재)는 에테르, 알코올, 석유, 가연성 액체 등의 유류화재로서 소화방법에는 공기차단으로 인한 피복소화로 화학포, 할로겐화물 등의 증발성 액체, 소화분말, 탄산가스 등을 사용한다.

　㉰ C급화재(전기화재)는 전기기구 및 전기장치 등에서 누전 또는 부하 등에 의하여 발생하는 화재로서 소화방법에는 증발성 액체, 소화분말, 탄산가스 소화기 등에 의하여 질식, 냉각시킨다.

　㉱ D급화재(금속화재)는 마그네슘과 같은 금속의 화재로서 소화방법에는 건조사를 사용 질식 소화시킨다.

② 화재의 예방대책

　화재가 발생하기 전에 발화자체를 방지하는 예방대책, 화재가 확대되지 않도록 하는 국한 대책), 초기소화, 본격적인 소화활동하는 소화 대책 및 비상구 등을 통하여 대피하는 피난 대책 등이 있다.

③ 화재대책의 중요사항

　㉮ 화재예방대책중 화기관리 : 예방대책

　㉯ 근본적인 화재의 발생 방지방법 : 건물내장재 사용시 난연화재료 사용

　㉰ 화재시 사망의 주요원인 : 일산화탄소(CO)에 의한 중독, 일산화탄소의 농도가 4~6% 존재시 치명적인 영향을 줌

　㉱ 아세틸렌용기에 화재발생시 제일 먼저 취해야할 조치사항 : 사용하지 않는 경우에는 항상 밸브를 잠궈야 한다.

④ 자동화재 탐지설비

　㉮ 자동화재 탐지설비의 구성요소에는 화원에서 상승하는 열 또는 연기에 의해서 작동하는 감지기, 감지기에 의해 주어지는 신호를 수신기에 보내는 역할을 하는 발신기 및 화재의 발생을 알리는 수신기 등으로 구성된다.

　㉯ 자동화재 탐지설비의 종류에는 정온식감지기, 차동식감지기, 보상감지기, 복사감지기 및 연기감지기 등이 있다.

3. 보호구 및 안전표시

1 보호구

(1) 보호구의 착용 목적과 관리 및 일반적인 사항

① 보호구의 착용 목적

　작업자가 신체의 일부에 부착, 착용하여 사고로 인하여 발생하는 상해의 정도를 최소화하기 위함이다.

② 보호구의 관리

　㉮ 정기적인 정기 점검을 실시한다.

　㉯ 사용 후에는 항상 깨끗하게 세척한 후 건조시켜 보관한다.

　㉰ 청결하고 습기가 없는 곳에 보관하며, 개인 보호구는 각자 관리한다.

③ 보호구의 선택시 유의 사항

　㉮ 산업 규격에 알맞고, 보호 성능이 보장되며, 사용 목적에 알맞은 보호구를 선택하여야 한다.

　㉯ 사용자에게 착용이 용이하고, 편리하며, 작업시 방해가 되지 않아야 한다.

④ 보호구를 잘 사용하지 않는 이유는 지급을 기피하고, 사용 방법에 미숙하며, 보호구에 대한 이해가 부족하고, 불량품, 특히 비위생적 등이 있다.

(2) 보호구의 종류

　안전보호구의 종류에는 안전모, 안전대, 안전화, 안전장갑 및 보안면 등이 있고, 위생보호구에는 방진마스크, 방독마스크, 송기마스크, 보안경, 귀마개 및 귀덮개 등이 있다.

(3) 안전인증대상 보호구

　안전인증대상 보호구에는 의무 및 자율 안전인증대상 보호구 등이 있고, 이를 구분하면 다음과 같으며, 의무안전 인증대상 보호구의 표시 사항은 형식 및 모델명, 규격 또는 등급 등, 제조자명, 제조 번호 및 제조 년월, 안전 인증 번호 등이고, 자율안전 확인대상 보호구의 표시 사항은 형식 및 모델명, 규격 또는 등급 등, 제조자명, 제조 번호 및 제조 년월, 자율안전 확인번호 등이다.

① 의무 안전인증대상 보호구의 종류에는 추락 및 감전 위험방지용 안전모, 차광 및 비산물 위험방지용 보안경, 방진마스크, 방독마스크, 송기마스크, 전동식 호흡보호구, 방음용 귀마개 또는 귀덮개, 용접용 보안면, 안전장갑, 안전화, 안전대 및 보호복 등이 있다.

② 자율안전확인대상 보호구에는 추락 및 감전 위험방지용을 제외한 안전모, 차광 및 비산물 위험방지용을 제외한 보안경, 용접용을 제외한 보안면 및 잠수기 등이 있다.

③ 안전 및 위생 보호구

안전 보호구에는 안전대, 안전모, 안전화 및 안전 장갑 등이 있고, 위생 보호구에는 마스크(방진, 방독, 호흡용 등), 보호의, 보안경(차광 및 방진), 방음 보호구(귀마개, 귀덮개) 및 특수복(방열복 등) 등이 있다.

(4) 안전모

① 안전모의 종류

㉮ 의무안전인증 대상에는 낙하 및 비래, 추락방지용 등의 AB형, 낙하 및 비래, 감전방지용의 AE형 및 낙하 및 비래, 추락, 감전방지용의 ABE형 등이 있다.

㉯ 자율안전확인 대상에는 의무안전인증대상 안전모를 제외한 안전모 등이 있다.

② 안전모의 일반구조

㉮ 안전모는 모체, 착장체 및 턱끈을 가지고, 착장체의 머리고정대는 착용자의 머리부위에 적합하도록 조절할 수 있을 것

㉯ 착장체의 구조는 착용자의 머리에 균등한 힘이 분배되도록 할 것

㉰ 모체, 착장체 등 안전모의 부품은 착용자에게 상해를 줄 수 있는 날카로운 모서리 등이 없을 것.

㉱ 턱끈은 사용 중 탈락되지 않도록 확실히 고정되는 구조이고, 안전모의 착용높이는 85mm 이상이고, 외부수직거리는 80mm 미만일 것

㉲ 안전모의 내부수지거리는 25mm 이상 50mm 미만이고, 안전모의 수평간격은 5mm 이상일 것

㉳ 머리받침끈이 섬유인 경우에는 각각의 폭은 15mm 이상이어야 하고, 교차되는 끈의 폭의 합은 72mm 이상이며, 턱끈의 폭은 10mm 이상일 것

㉴ 안전모의 모체, 착장체 및 충격흡수재를 포함한 질량은 440g을 초과하지 않을 것

㉵ 모체에 구멍이 없을 것(착장체 및 턱끈의 설치 또는 안전등, 보안면 등을 붙이기 위한 구멍은 제외한다.)

③ 안전모의 시험항목과 성능기준

㉮ 시험성능기준

㉠ 관통 거리 : AE, ABE종은 9.5mm 이하, AB종은 11.1mm 이하이어야 한다.

㉡ 충격흡수성 : 모체와 착장체의 기능이 상실되지 않아야 하고, 최고전달충격력이 4450N을 초과해서는 안된다.

ⓒ 내전압성 : AE, ABE종 안전모는 교류 20kV에서 1분간 절연파괴 없이 견뎌야 하고, 이때 누설되는 충전전류는 10mA 이하이어야 한다.

ⓔ 기타 : 내수성은 질량증가율이 1% 미만, 난연성은 모체가 불꽃을 내며 5초 이상 연소되지 않아야 하며, 150N 이상 250N 이하에서 턱끈이 풀려야 한다.

④ 의무안전인증 및 자율안전확인대상 시험항목

의무안전인증 시험 항목에는 내수성 시험, 내전압성 시험, 금속용융물 분사방호 시험 등이 있고, 자율안전확인 대상 시험 항목에는 내관통성시험, 충격흡수성시험, 난연성시험, 턱끈풀림시험 및 측면변형 방호시험 등이 있다.

(5) 안전화

안전화의 종류에는 물체의 낙하, 충격 또는 날카로운 물체에 의한 찔림 위험으로부터 발을 보호하는 가죽제 안전화, 가죽제 안전화의 기능과 내수성 또는 내화학성을 겸한 고무제 안전화, 가죽제 안전화의 기능과 정전기의 인체대전을 방지하기 위한 정전기 안전화, 가죽제 안전화의 기능과 발등을 보호하기 위한 발등 안전화, 가죽제 안전화의 기능과 저압의 전기에 의한 감전을 방지하기 위한 절연화 및 고압에 의한 감전을 방지 및 방수를 겸한 절연장화 등이 있다.

(6) 안전장갑

① 내전압용 절연장갑

㉮ 절연장갑의 등급은 교류, 직류 및 색상에 따라 분류한다. 00급(교류 500V, 직류 750V, 갈색), 0급(교류 1,000V, 직류 1,500V, 빨간색), 1급(교류 7,500V, 직류 11,250V, 흰색), 2급(교류 17,000V, 직류 25,500V, 노란색), 3급(교류 26,500V, 직류 39,750V, 녹색), 4급(교류 36,000V, 직류 54,000V, 등색)으로 분류한다.

㉯ 절연장갑의 일반구조 및 재료

㉠ 절연장갑은 물리적 변형(핀홀(pin hole), 균열, 기포 등)이 없어야 하고, 고무로 제조하여야 한다.

㉡ 여러 색상의 층들로 제조된 합성 절연장갑이 마모되는 경우에는 그 아래의 다른 색상의 층이 나타나야 한다.

② 유기화합물용 안전장갑

㉮ 안전장갑은 착용자에게 해로운 영향을 주지 않는 재료와 부품을 사용하여야 한다.

㉯ 안전장갑은 착용상태에서 작업을 행하는데 지장이 없도록 하고, 착용 및 조작이 용이하여야 한다.

㉰ 안전장갑은 육안 검사로 확인한 결과 찢어진 곳, 터진 곳, 구멍난 곳이 없어야 한다.

(7) 보안경

① 보안경의 종류

㉮ 보안경의 종류

㉠ 차광 안경 : 자외선 및 적외선 또는 강렬한 가시광선(유해광선)이 발생하는 장소에서 사용하는 안경이다.

㉡ 유리 및 플라스틱 보호안경 : 칩, 미분 및 기타 비산물이 발생하는 장소에서 사용하는 안경이다.

㉢ 도수렌즈 보호안경 : 안경의 착용자가 차광 안경 또는 유리 보호안경을 착용해야하는 경우와 눈의 보호 및 시력을 교정하기 위한 경우에 사용하는 안경이다.

㉯ 의무안전인증 대상 보안경은 자외선용, 적외선용, 복합용 및 용접용 등이 있고, 자율안전확인대상 보안경은 의무안전인증대상 보안경을 제외한 보안경으로 유리 및 플라스틱 보안경, 도수렌즈 보안경 등이 있다.

② 보안경의 일반구조

㉮ 보안경에는 돌출 부분, 날카로운 모서리 혹은 사용 도중 불편하거나 상해를 줄 수 있는 결함이 없어야 한다.

㉯ 착용자와 접촉하는 보안경의 모든 부분에는 피부 자극을 유발하지 않는 재질을 사용해야 한다.

㉰ 머리띠를 착용하는 경우, 착용자의 머리와 접촉하는 모든 부분의 폭이 최소한 10mm 이상 되어야 하며, 머리띠는 조절이 가능해야 한다.

③ 보안경의 구비조건

㉮ 보안경은 그 모양에 따라 특정한 위험에 대해서 적절한 보호를 할 수 있고, 착용했을 때 편안하며, 견고하게 고정되어 착용자가 움직이더라도 쉽게 탈락 또는 움직이지 않을 것

㉯ 내구성, 충분히 소독되어 있고, 세척이 쉬울 것

④ 광선의 유해성은 적외선에 의한 수정체 및 망막이 혼탁해지는 백내장, 자외선에 의한 각막 및 결막이 손상되는 안염 등이 있다.

(8) 귀마개 및 귀덮개

① 방음 보호구의 종류

귀마개의 종류에는 1종(EP-1으로 저음부터 고음까지 차단)과 2종(EP-2, 고음만 차단)으로 구분하고, 귀덮개는 저음부터 고음을 모두 차단한다.

② 방음 보호구의 구비조건

㉮ 귀마개(ear plug) : 귓구멍을 막는 것으로 보호구로서 구비 조건은 귀에 잘 맞고, 사용 중에 불쾌감이 없고, 쉽게 탈락되지 않으며, 분실하지 않도록 주의할 것.

㉯ 귀덮개(ear muff) : 귀 전체를 덮는 것으로 조건은 캡은 귀 전체를 덮어야 하고, 흡음재로 감싸며, 쿠션은 귀 주위에 밀착시키는 구조이며, 머리띠 또는 걸고리 등은 길이 조정이 가능하고 철제 스프링은 압박감 또는 불쾌감을 주지 않도록 탄성이 있어야 한다.

(9) 호흡용 보호구

① 방진마스크

㉮ 방진마스크의 선정기준 및 구비조건

㉠ 분진포집효율, 즉 여과 효율이 좋고, 흡기, 배기저항이 낮으며, 사용면적이 적을 것 특히, 피부 접촉부위의 재료 품질이 좋을 것.

㉡ 중량이 가볍고, 하방 시야 60° 이상으로 시야가 넓으며, 안면 밀착성이 좋을 것

㉯ 방진마스크의 일반기준

㉠ 전면형은 호흡 시에 투시부가 흐려지지 않고, 착용 시에는 압박감이나 고통을 주지 않아야 한다.

㉡ 분리식 마스크에 있어서는 여과재, 흡기밸브, 배기밸브 및 머리끈을 쉽게 교환할 수 있고 착용자 자신이 안면과 분리식 마스크의 안면부와의 밀착성 여부를 수시로 확인할 수 있어야 할 것

㉢ 안면부여과식 마스크는 여과재로 된 안면부가 사용기간 중 변형되지 않도록 하고, 여과재를 안면에 밀착시킬 수 있어야 할 것

㉰ 방진 마스크의 종류

분리식과 안면부 여과식 등이 있고, 분진포집효율[염화나트륨(NaCl) 및 파라핀오일(parafin oil) 시험]에 따라 특급, 1급 및 2급으로 구분한다. 분리식의 특급(99.95%), 1급(94%) 및 2급(80%)으로 구분하고, 안면부 여과식은 특급(99%), 1급(94%), 2급(80%)으로 구분한다.

㉱ 방진 마스크 사용장소

㉠ 특급 : 독성이 강한 물질(베릴륨(Be) 등)을 함유한 분진 등의 발생장소와 석면 취급장소에서 사용한다.

㉡ 1급 : 특급을 제외한 분진, 열적으로 생기는 분진(금속 흄(fume) 등) 및 기계적으로 생기는 분진 등 발생장소. 단, 2급 마스크를 착용하여도 무방한 경우는 제외한다.

㉢ 2급 : 특급 및 1급 마스크 착용장소를 제외한 분진 등 발생장소

특히, 대기밸브가 없는 안면부여과식 마스크는 특급 및 1급 마스크 착용장소에서 사용하여서는 안 된다.

② 방독마스크

㉮ 방독마스크의 종류에는 유기 화합물용[시클로헥산(C_6H_{12})], 할로겐용[염소가스 또는 증기(Cl_2)], 황화수소용[황화수소가스(H_2S)], 시안화수소용[시안화수소가스(HCN)], 아황산용[아황산가스(SO_2)] 및 암모니아용[암모니아가스(NH_3)] 등이 있고, ( ) 안의 시험 가스를 사용하는 경우이다.

㉯ 방독마스크의 일반구조

㉠ 쉽게 깨어지지 않고, 착용자의 시야가 넓으며, 착용자의 얼굴과 방독마스크 내면 사이의 공간이 적당할 것

㉡ 착용이 쉽고 착용시에는 공기가 새지 않고, 압박감이나 고통을 주지 않을 것

㉢ 전면형 방독마스크는 호흡에 의해 눈 주위가 흐려지지 않도록 할 것.

㉣ 정화통, 흡기밸브, 배기밸브 또는 머리끈을 바꿀 수 있는 것은 쉽게 바꿀 수 있는 구조일 것

㉰ 정화통의 외부측면의 표시색은 유기화합물용 정화통은 갈색, 할로겐용·황화수소용 및 시안화수소용 정화통은 회색, 아황산용 정화통은 노랑색, 암모니아용 정화통은 녹색, 복합용은 해당가스 모두 표시(2층 분리), 겸용은 백색과 해당가스 모두 표시(2층 분리)한다.

③ 송기마스크

㉮ 산소결핍장소에서 사용되는 마스크의 종류에는 호스마스크, air line 마스크 및 복합식 에어라인 마스크 등이 있다.

㉯ 산소결핍의 정의

산소결핍은 공기 중의 산소 농도가 18% 미만인 상태를 의미하고, 적정한 공기는 산소 농도의 범위가 18% 이상 23.5% 미만, 탄산가스(CO_2)의 농도가 1.5% 미만, 황화수소(H_2S) 농도가 10ppm 미만인 수준의 공기를 의미한다.

㉰ 송기마스크의 일반구조

㉠ 구조가 튼튼하고 가벼우며, 장시간 사용하여도 고장이 없고, 공기공급호스는 그 결합이 확실하고 누설의 우려가 없어야 한다.

㉡ 취급시의 충격에 대한 내성이 있고, 취급이 간단하며 쉽게 파손되지 않아야 하고 특히, 착용 시 압박을 주지 않아야 한다.

(10) 안전대

① 안전대의 종류 및 등급·사용구분에 있어서 벨트식, 안전 그네식을 1개 걸이용, U자 걸이용, 추락 방지대 및 안전블록 등으로 구분한다.

② 안전대의 용어

㉮ 안전그네 : 신체지지의 목적으로 전신에 착용하는 띠모양의 부품으로서 상체 등 신체의 일부분만 지지하는 것을 제외한다.

㉯ 안전블록 : 안전그네와 연결하여 추락발생시 추락을 억제할 수 있는 자동잠김장치가 갖추어져 있고 죔줄이 자동적으로 수축하는 금속제 장치이다.

㉰ 추락방지대 : 신체의 추락을 방지하기 위해 자동잠김장치를 갖추고 죔줄과 수직구명줄에 연결된 금속제 장치이다.

③ 안전대 착용 대상 작업의 종류

㉮ 2m 이상의 고소 작업과 산소 결핍 위험 작업

㉯ 슬레이트 지붕 위의 작업과 비계의 조립 및 해체의 작업

㉰ 분쇄기, 혼합기의 개구부 작업

④ 안전대용 로프의 구비 조건

㉮ 충격, 인장강도, 내마모성, 내열성 및 완충성 등이 높아야 한다.

㉯ 부드럽고, 매끄럽지 않고, 습기나 약품류에 잘 손상되지 않아야 한다.

2 안전표지

(1) 안전보건표지의 종류와 형태

① 금지표시	101 출입금지	102 보행금지	103 차량통행금지	104 사용금지	105 탑승금지	106 금연
107 화기금지	108 물체이동금지	② 경고표지	201 인화성물질경고	202 산화성물질경고	203 폭발성물질경고	204 급성독성물질경고
205 부식성물질경고	206 방사성물질경고	207 고압전기경고	208 매달린물체 경고	209 낙하물경고	210 고온경고	210-1 저온경고
211 몸균형상실경고	212 레이저광선경고	213 발암성·변이원성·생식독성·전신독성·호흡기과민성물질 경고	214 위험장소경고	③ 지시표지	301 보안경착용	302 방독마스크착용
303 방진마스크착용	304 보안면착용	305 안전모착용	306 귀마개착용	307 안전화착용	308 안전장갑착용	309 안전복착용
④ 안내표지	401 녹십자표시	402 응급구호표지	402-1 들것	402-2 세안장치	403 비상구	

403-1 좌측비상구	403-2 우측비상구	⑤ 관계자외 출입금지	501 허가대상물질 작업장	502 석면취급/해체 작업장	503 금지대상물질의 취급 실험실 등
			관계자외 출입금지 (허가물질명칭) 제조/사용보관 중 보호구/보호복 착용 흡연 및 음식물 섭취 금지	관계자외 출입금지 석면 취급/해체 중 보호구/보호복 착용 흡연 및 음식물 섭취 금지	관계자외 출입금지 발암물질 취급 중 보호구/보호복 착용 흡연 및 음식물 섭취 금지

⑥ 문자추가시 예시문

휘발유화기엄금
d
$\frac{1}{4}d$ 이상

• 내 자신의 건강과 복지를 위하여 안전을 늘 생각한다.
• 내 가정의 행복과 화목을 위하여 안전을 늘 생각한다.
• 내 자신의 실수로써 동료를 해치지 않도록 안전을 늘 생각한다.
• 내 자신이 일으킨 사고로 인한 회사의 재산과 손실을 방지하기 위하여 안전을 늘 생각한다.
• 내 자신의 방심과 불안전한 행동이 조국의 번영에 장애가 되지 않도록 하기 위하여 안전을 늘 생각한다.

(2) 산업안전표지의 종류와 색채

① 금지표지

바탕은 흰색, 기본모형은 빨간색, 관련부호 및 그림은 검정색

② 경고표지

바탕은 노란색, 기본모형 관련부호 및 그림은 검정색[다만, 인화성물질 경고, 산화성물질 경고, 폭발성물질 경고, 급성독성물질 경고, 부식성물질 경고 및 발암성·변이원성·생식독성·전신독성·호흡기과민성물질 경고의 경우 바탕은 무색, 기본모형은 적색(흑색도 가능)]

③ 지시표지

바탕은 파랑, 관련그림은 흰색

④ 안내표지

바탕은 흰색, 기본모형 및 관련부호는 녹색 또는 바탕은 녹색, 관련부호 및 그림은 흰색

(3) 안전표지의 색채·색도기준 및 용도

색 채	색도기준	용도	사용 예
빨간색	7.5R 4/14	금지	정지신호, 소화설비 및 그 장소, 유해행위의 금지
		경고	화학물질 취급장소에서의 유해·위험 경고
노란색	5Y 8.5/12	경고	화학물질 취급장소에서의 유해·위험 경고, 그 밖의 위험 경고 주의표지 또는 기계방호물
파란색	2.5PB 4/10	지시	특정 행위의 지시 및 사실의 고지
녹 색	2.5G 4/10	안내	비상구 및 피난소, 사람 또는 차량의 통행표지
흰 색	N 9.5		파란색 또는 녹색에 대한 보조색
검은색	N 0.5		문자 및 빨간색 또는 노란색에 대한 보조색

출제예상문제

01 다음은 거푸집 지보공을 조립하는 데 준수하여야 할 사항이다. 틀린 것은 어느 것인가?

① 깔목의 사용, 콘크리트 타설, 말뚝 박기 등 지주의 침하를 방지하기 위한 조치를 할 것

② 개구부 상부에 지주를 설치하는 경우에는 상부 하중을 견딜 수 있는 견고한 받침대를 설치하여야 한다.

③ 지주의 고정 등 지주의 미끄러짐을 방지하기 위한 조치를 하여야 한다.

④ 지주의 이음은 겹친 이음 또는 장부 이음으로 하고, 이질 재료를 사용하는 것도 좋다.

해설 사업주는 거푸집 지보공 등을 조립하는 때에는 지주의 이음은 맞댄 이음 또는 장부 이음으로 하고 동질의 재료를 사용한다.

02 다음 중 거푸집 지보공 등의 안전 조치에 대한 설명으로 틀린 것은?

① 지주로 사용하는 강관은 높이 2m마다 수평 연결재를 2개 방향으로 만들고 수평 연결재의 변위를 방지할 것

② 파이프 받침을 3본 이상 이어서 사용하지 아니하도록 할 것

③ 파이프 받침을 이어서 사용하는 경우에는 5개 이상의 볼트 또는 전용 철물을 사용하여야 한다.

④ 높이 3.5m를 초과하는 경우에는 높이 2m마다 수평 연결재를 2개 방향으로 만들고 수평 연결재의 변위를 방지할 것

해설 지주로 사용하는 파이프 받침을 이어서 사용할 때에는 4개 이상의 볼트 또는 전용 철물을 사용하여 잇는다.

03 지주로 사용하는 강관틀에 있어서 수평 연결재를 설치하고 수평연결재의 변위를 방지하는 경우로 옳은 것은 어느 것인가?

① 최상층 및 5층 이내마다

② 최상층 및 3층 이내마다

③ 최하층 및 5층 이내마다

④ 최하층 및 3층 이내마다

해설 지주로 사용하는 강관틀에 있어서 최상층 및 5층 이내마다 거푸집 지보공의 측면과 틀면의 방향 및 교차 가새의 방향에서 5개 이내마다 수평 연결재를 설치하고 수평 연결재의 변위를 방지한다.

04 지주로 사용하는 조립 강주에 수평 연결재를 2개 방향으로 설치하는 경우로서 옳은 것은 어느 것인가?

① 높이 3m를 초과하는 경우 높이 3m 이내마다

② 높이 4m를 초과하는 경우 높이 3m 이내마다

③ 높이 4m를 초과하는 경우 높이 4m 이내마다

④ 높이 5m를 초과하는 경우 높이 4m 이내마다

해설 지주로 사용하는 조립 강주는 높이 4m를 초과하는 경우 높이 4m 이내마다 수평 연결재를 2개 방향으로 설치하고 수평 연결재의 변위를 방지하여야 한다.

정답 01. ④ 02. ③ 03. ① 04. ③

05 다음 설명 중 ( )안에 알맞은 것은?

> 지주로 사용하는 목재를 이어서 사용할 때에는 ( )본 이상의 덧댐목을 대고 ( )개소 이상 견고하게 묶은 후 상단을 보 또는 멍에에 고정시킬 것

① 2, 4　　　　② 3, 4
③ 4, 4　　　　④ 4, 5

해설 지주로 사용하는 목재를 이어서 사용할 때에는 2본 이상의 덧댐목을 대고 4개소 이상 견고하게 묶은 후 상단을 보 또는 멍에에 고정시킨다.

06 사업주가 거푸집 지보공 및 거푸집의 조립 또는 해체작업시 준수해야 할 사항으로 틀린 것은 어느 것인가?

① 당해 작업을 하는 구역에는 관계 근로자 외의 자의 출입을 금지시킬 것
② 폭풍, 폭우 등의 악천후 작업에 있어서 근로자에게 위험을 미칠 우려가 있는 경우라고 하더라도 조치를 취한 후에는 당해 작업을 계속할 수 있다.
③ 재료, 기구 또는 공구를 올리거나 내릴 때에는 근로자로 하여금 달줄, 달포대 등을 사용하도록 할 것
④ 거푸집이 곡면인 때에는 버팀대의 부착 등 당해 거푸집의 부상을 방지하여야 한다.

해설 사업주는 거푸집 지보공 등의 조립 또는 해체 작업을 하는 때에는 ④항과는 무관하다.

07 다음은 거푸집 지보공 등의 안전 담당자의 직무를 설명한 것이다. 틀린 것은?

① 안전한 작업 방법을 결정하고 작업을 지휘하는 일
② 재료, 기구의 결함 유무를 점검하는 불량품을 제거하는 일

③ 작업중 안전모 및 안전대 등 보호구 착용 상황을 감시하는 일
④ 작업 방법 및 근로자의 배치를 결정하고 작업 진행 상태를 감시하는 일

해설 거푸집 지보공 등의 안전 담당자의 직무는 안전한 작업 방법을 결정하고 작업을 지휘하는 일, 재료 및 기구의 결함 유무를 점검하고 불량품을 제거하는 일 및 작업 중 안전모 및 안전대 등 보호구 착용 상황을 감시하는 일 등이다.

08 다음은 달비계 작업 발판의 최대 적재 하중을 정함에 있어서 안전 계수로 틀린 것은 어느 것인가?

① 달기 와이어 로프 및 달기 강선의 안전 계수 : 10 이상
② 달기 체인 및 달기 훅의 안전 계수 : 7 이상
③ 달기 강대와 달비계의 하부 및 상부 지점의 안전 계수(강재) : 2.5 이상
④ 달기 강대와 달비계의 하부 및 상부 지점의 안전 계수(목재) : 5 이상

해설 달비계(곤돌라의 달비계는 제외)의 최대 적재 하중을 정함에 있어서 달기 체인 및 달기 훅의 안전 계수는 5 이상이다.

09 비계의 높이가 2m 이상인 작업 장소의 작업 발판의 기준에 대한 설명이다. 다음 중 틀린 것은?(단, 달비계 제외)

① 발판의 재료는 작업시의 하중치를 견딜 수 있도록 견고한 것을 사용한다.
② 비계의 폭은 40cm 이상, 발판 재료 간의 틈은 3cm 이하로 할 것
③ 작업 발판의 지지물은 하중에 의하여 파괴될 우려가 없는 것을 사용할 것
④ 작업 발판의 재료는 전위하거나 탈락하지 아니하도록 3 이상의 지지물에 부착시킬 것

> **해설** 사업주는 비계 높이가 2m 이상인 작업 장소에서 작업 발판 재료는 전위하거나 탈락하지 아니하도록 2 이상의 지지물에 부착시켜야 한다.

10 비계의 높이가 2m 이상인 작업 장소의 작업 발판의 구조에 있어서 비계의 폭과 발판 재료간의 틈은 얼마로 하여야 하는가?

① 비계의 폭 : 40cm 이상, 발판 재료 간의 틈 : 3cm 이하
② 비계의 폭 : 40cm 이상, 발판 재료 간의 틈 : 4cm 이하
③ 비계의 폭 : 30cm 이상, 발판 재료 간의 틈 : 3cm 이하
④ 비계의 폭 : 30cm 이상, 발판 재료 간의 틈 : 4cm 이하

> **해설** 비계의 높이가 2m 이상인 작업 장소의 작업 발판 구조에 있어서 비계의 폭은 40cm 이상, 발판 재료 간의 틈은 3cm 이하로 하여야 한다.

11 다음은 달비계와 높이 5m 이상의 비계를 조립·해체 및 변경시 준수하여야 할 사항으로 틀린 것은 어느 것인가?

① 조립·해체 또는 변경의 시기, 범위 및 절차를 당해 작업 근로자에게 주지시킬 것
② 조립·해체 또는 변경 작업 구역내에는 당해 작업에 종사하는 근로자 외의 자는 출입을 금지하여야 한다.
③ 재료·기구 또는 공구 등을 올리거나 내리는 때에는 근로자로 하여금 달줄 또는 달포대를 사용하도록 할 것
④ 비계 재료의 연결·해체 작업을 하는 때에는 폭이 40cm 이상의 발판을 설치하여야 한다.

> **해설** 사업주는 달비계 또는 높이 5m 이상의 비계를 조립·해체하거나 변경하는 작업을 하는 때에는 20cm 이상의 발판을 설치하고 근로자로 하여금 안전대를 사용하도록 하는 등 근로자의 추락 방지를 위한 조치를 하여야 한다.

12 사업주가 달비계 또는 높이 5m 이상의 비계를 조립·해체하거나 변경하는 작업을 하는 때에 안전 담당자로 하여금 이행하도록 해야 할 사항이다. 다음 중 틀린 것은?

① 재료의 결함 유무를 점검하고 불량품을 제거하는 일
② 기구·공구·안전대 및 안전모 등의 기능을 점검하고 불량품을 제거하는 일
③ 작업 방법 및 근로자의 배치를 결정하고 작업 진행 상태를 감시하는 일
④ 안전한 작업 방법을 결정하고 작업을 지휘하는 일

> **해설** 사업주는 달비계 또는 높이 5m 이상의 비계를 조립·해체하거나 변경하는 작업을 하는 때에는 안전 담당자로 하여금 다음의 사항을 이행하도록 하여야 하나, 해체 작업을 하는 때에는 재료의 결함 유무를 점검하고 불량품을 제거하는 일을 적용하지 아니한다.

13 다음 중 비계의 점검 보수에 있어서 점검 사항에 속하지 않는 것은 어느 것인가?

① 발판 재료의 손상 여부 및 부착 또는 걸림 상태
② 기초의 침하, 변형, 변위 또는 흔들림의 상태
③ 로프의 부착 상태 및 매단 장치의 흔들림 상태
④ 연결 재료 및 연결 철물의 손상 또는 부식 상태

> **해설** 사업주는 폭풍, 폭우 및 폭설 등의 악천후로 인하여 작업을 중지시킨 후, 비계를 조립·해체하거나 또는 변경한 후 그 비계에서 작업을 하는 때에는 당해 작업 시작 전에 보수할 사항과는 무관하다.

14 다음 통나무 비계의 구조에 대한 설명 중 틀린 것은?

① 비계 기둥의 간격은 2.5m 이하로 하고, 지상으로부터 첫번째 띠장은 3m 이하의 위치에 설치할 것

② 비계 기둥의 이음은 겹친 이음을 하는 경우에는 이음 부분에서 1m 이상 서로 겹쳐서 2개소 이상 묶는다.

③ 비계 기둥의 이음은 맞댄 이음을 하는 경우에는 비계 기둥을 쌍기둥틀로 하여야 한다.

④ 통나무 비계는 지상 높이 5층 이하 또는 12m 이하인 건축물, 공작물 등의 건조, 해체 및 조립 등 작업에서만 사용할 수 있다.

해설 통나무 비계는 지상 높이 4층 이하 또는 12m 이하인 건축물, 공작물 등의 건조, 해체 및 조립 등의 작업에서만 사용할 수 있다.

15 다음 중 외줄 비계, 쌍줄 비계 또는 돌출 비계에 있어서 벽이음 및 버팀을 설치하는 경우의 규정으로 틀린 것은 어느 것인가?

① 비계의 간격은 수직 방향에서는 5.5m 이하로 한다.

② 비계의 간격은 수평 방향에서는 8.5m 이하로 한다.

③ 강관, 통나무 등의 재료를 사용하여 견고하게 할 것

④ 인장재와 압축재와의 간격은 1m 이내로 할 것

해설 외줄 비계, 쌍줄 비계 또는 돌출 비계에 있어서 벽이음 및 버팀을 설치하는 경우의 규정에서 비계의 간격은 수직 방향에서는 5.5m 이하, 수평 방향에서는 7.5m 이하로 한다.

16 다음은 강관 비계의 구조에 대한 설명이다. 틀린 것은?

① 비계 기둥에는 미끄러지거나 침하하는 것을 방지하기 위하여 깔판이나 깔목을 사용한다.

② 강관의 접촉부와 교차부는 적합한 부속 철물을 사용하여 접속하거나 단단히 묶을 것

③ 가능한 한 교차 가새를 사용하지 말 것

④ 각륜을 부착한 이동식 비계에 있어서는 불의의 이동을 방지하기 위하여 브레이크 또는 쐐기를 사용하여야 한다.

해설 비계에 있어서 강관 비계는 교차 가새로 보강한다.

17 다음 비계의 구조에 대한 설명 중 틀린 것은?

① 비계 기둥의 간격은 보 방향에서는 1.5m 내지 1.8m 정도로 한다.

② 지상에서 첫번째 띠장은 2m 이하의 위치에 설치할 것

③ 비계 기둥의 최고부로부터 31m되는 지점 밑부분의 비계 기둥은 3본의 강관을 묶어서 사용할 것

④ 비계 기둥간의 적재 하중은 400kg을 초과하지 아니하도록 할 것

해설 비계의 구조에서 비계 기둥의 최고부로부터 31m 되는 지점 밑부분의 비계 기둥은 2본의 강관으로 묶어 세운다.

18 강관틀 비계 구조에 있어서 수평재를 설치하여야 하는 경우로서 옳은 것은 어느 것인가?

① 최상층 및 5층 이내마다

② 최상층 및 3층 이내마다

③ 최하층 및 5층 이내마다

④ 최하층 및 3층 이내마다

해설 강관틀 비계 구조에 있어서 최상층 및 5층 이내마다 띠장틀 등의 수평재를 설치하여야 한다.

19 강관틀 비계에 있어서 주틀을 높이 2m 이하로 하고, 주틀 간의 간격은 1.8 이하로 하여야 하는 경우는 어느 것인가?

① 높이를 20m 초과하는 경우와 경량물의 적재를 수반하는 작업
② 높이를 30m 초과하는 경우와 경량물의 적재를 수반하는 작업
③ 높이를 20m 초과하는 경우와 중량물의 적재를 수반하는 작업
④ 높이를 30m 초과하는 경우와 중량물의 적재를 수반하는 작업

해설 강관틀 비계는 높이를 20m 초과하는 경우와 중량물의 적재를 수반하는 작업을 하는 때에 사용하는 주틀은 높이 2m 이하로 하고, 주틀 간의 간격은 1.8m 이하로 하여야 한다.

20 다음 중 단관 비계의 구조에 있어서 비계 기둥의 보 방향과 간사이 방향에서의 간격으로 옳은 것은?

① 보 방향 : 1.5m 내지 1.8m 정도, 간사이 방향 : 1.8m 이하로 한다.
② 보 방향 : 1.8m 내지 2.0m 정도, 간사이 방향 : 1.8m 이하로 한다.
③ 보 방향 : 1.5m 내지 1.8m 정도, 간사이 방향 : 1.5m 이하로 한다.
④ 보 방향 : 1.8m 내지 2.0m 정도, 간사이 방향 : 1.8m 이하로 한다.

해설 단관 비계의 구조에 있어서 비계 기둥의 보 방향 간격은 1.5m 내지 1.8m 정도, 간사이 방향의 간격은 1.5m 이하로 하여야 한다.

21 단관 비계의 구조에 있어서 지상 첫 번째의 띠장 위치로 옳은 것은 어느 것인가?

① 2m 이하
② 3m 이하
③ 2.5m 이하
④ 3.5m 이하

해설 단관 비계 구조에 있어서 지상 첫번째 띠장은 2m 이하의 위치에 설치하여야 한다.

22 단관 비계 구조에 있어서 비계 기둥의 최고부로부터 31m되는 지점 밑부분의 비계 기둥은 몇 개의 강관으로 묶어 세울 수 있는가?

① 2본   ② 3본
③ 4본   ④ 5본

해설 단관 비계 구조에 있어서 비계 기둥의 최고부로부터 31m되는 지점 밑부분의 비계 기둥은 2개의 강관으로 묶어 세울 수 있다.

23 다음 중 달비계의 구조에 있어서 사용할 수 있는 것은 어느 것인가?

① 와이어 로프의 한 가닥에서 소선의 수가 10% 이상 절단된 것
② 와이어 로프의 지름의 감소가 공칭 지름의 7%를 초과하는 것
③ 달기 체인의 길이가 제조 당시보다 4% 늘어난 것
④ 달기 체인의 고리인 단면 직경이 제조 당시보다 10% 이상 감소된 것

해설 달기 와이어 로프는 체인의 길이가 제조 당시보다 5% 이상 늘어난 것은 사용하지 않아야 한다.

24 달비계의 구조에 있어서 작업 발판의 폭과 틈새로 옳은 것은 어느 것인가?

① 25cm 이상, 3cm 이하
② 30cm 이상, 없음
③ 35cm 이상, 4cm 이하
④ 40cm 이상, 없음

해설 달비계의 구조에 있어서 작업 발판의 폭은 40cm 이상으로 하고, 틈새는 없는 것으로 한다.

25 할로겐화 반응의 특징에 대한 설명 중 틀린 것은?

① 정반응이 일어나는 경우 대량의 열이 발생되므로 위험하다.

② 약한 발열반응이다.

③ 연쇄 반응에 의해 진행되므로 반응속도가 빠르다.

④ 수분이 존재하면 부식성이 있는 물질이 생성된다.

해설 강한 발열반응이다.

26 염소와 에틸렌이 1차적으로 반응하는 경우 일반적으로 일어나는 반응은?

① 부가 반응　　② 치환 반응

③ 중합 반응　　④ 분해 반응

해설 에틸렌은 부가 반응이 큰 가연성 기체이다.

27 위험 물질의 위험 분석에 있어서 주요한 물리적 특성만을 열거한 것은?

① 광도, 중량, 어는점 특성

② 연소, 부식, 반응 및 폭발 특성 등

③ 내약품성, 전성, 연소성 등

④ 분산성, 저항도, 연성 등

해설 광도, 중량, 어는점, 전성 및 저항도는 물리적 특성에 속한다.

28 산업안전보건법에서 위험물질을 분류한 것이다. 옳은 것은?

① 산화성 물질 – 중크롬산

② 폭발성 물질 – 마그네슘

③ 금수성 물질 – 황화인

④ 인화성 물질 – 유기과산화물

해설 마그네슘과 황화인은 발화성 물질 중 가연성 고체이고, 유기과산화물은 폭발성 물질이다.

29 산업안전보건법상 위험물질의 기준량을 올바르게 나타낸 것은?

① 과염소산 – 50kg

② 에틸에테르 – 150*l*

③ 부식성 염기류 – 200kg

④ 시안화수소 – 5kg

해설 과염소산은 300kg, 에틸에테르는 200*l*, 부식성 염기류는 300kg으로 산업안전보건법에서 규정하고 있다.

30 다음 중 폭발성 물질에 해당되는 것은?

① 황

② 알킬알루미늄

③ 유기과산화물

④ 칼슘

해설 폭발성 물질의 종류에는 유기과산화물, 질산에스테르류, 니트로 및 니트로소화합물, 아조 및 디아조화합물 및 하이드라진 등이 있다.

31 냉수(찬물)과 반응하기 쉬운 물질에 속하는 것은?

① 석면　　　　② 구리 분말

③ 철분말　　　④ 금속 나트륨

해설 금속 나트륨은 냉수(찬물)과 쉽게 반응하여 수소 가스를 발생키고, 수용액은 강알칼리성이다.

32 발화성 약품의 저장 방법이 옳지 않은 것은?

① 황린 – 물　　② 칼륨 – 석유

③ 적린 – 물　　④ 나트륨 – 석유

해설 자연 발화성 물질인 황린은 물에 저장하나, 적린은 격리 저장하여야 한다.

33 마그네슘의 저장 및 안전상 취급에 대한 설명 중 틀린 것은?

① 분진 폭발성이 있으므로 포장시 누설이 되지 않도록 하여야 한다.

② 일단 점화하면 발열량이 크므로 소화가 곤란하다.

③ 산화제와의 접촉을 적극적으로 한다.

④ 공기 중의 습기와 자연 발화한다.

[해설] 마그네슘은 산화제와의 접촉을 피한다.

34 다음 설명의 물질 명칭은?

> 시판되는 시제품의 순도가 30~40%의 수용액이고, 36% 이상의 순도를 지닌 무기과산화물로 표백제, 산화제, 의약 그리고 로켓 연료 등의 용도로 사용되는 물질이다.

① 과산화수소

② 과산화칼륨

③ 과산화나트륨

④ 과산화마그네슘

35 메탄올의 성상에 관한 설명이다. 틀린 것은?

① 비중은 1보다 크고, 유용성이다.

② 무색 투명하고, 약간의 향기가 있다.

③ Na, K, 알칼리 금속 등의 금속과 반응하여 수소를 발생한다.

④ 유기산과 반응하여 에스테르를 생성한다.

[해설] 메탄올은 비중이 0.79 정도로 1보다 작으며, 수용성으로 물에 잘 녹는다.

36 가연(인화)성 가스에 해당되지 않은 것들로 짝지은 것은?

① 에테르, 산소

② 산소, 이산화탄소

③ 프로판, 이산화탄소

④ 프로판, 일산화탄소

[해설] 산소는 조연성 가스, 이산화탄소는 불연성 가스에 속한다.

37 다음 중 액화 가스로 분류되는 것이 속하는 것은?

① 메탄

② 아르곤

③ 네온

④ 에탄

[해설] 메탄, 아르곤 및 네온은 압축 가스에 속한다.

38 다음 중 수소의 취성에 대한 사항으로 옳은 것은?

① 수소는 고온과 고압에서 강중의 철과 반응하는 현상이다.

② 수소는 고온과 저압에서 강중의 탄소와 반응하여 메탄을 생성한다.

③ 수소는 고온과 고압에서 강중의 탄소와 반응하여 메탄을 생성한다.

④ 수소는 고온과 저압에서 강중의 철와 반응하는 현상이다.

[해설] 수소의 취성은 수소는 고온과 고압에서 강중의 탄소와 반응하여 메탄을 생성한다.

39 다음 가스의 허용농도기준(독성)이 가장 약한 가스는?

① 암모니아

② 포스겐

③ 염소

④ 황화수소

[해설] 암모니아는 25ppm, 포스겐은 0.1ppm, 염소는 1ppm, 황화수소는 10m이다.

40 적혈구의 수 및 백혈구의 수를 감소시키고, 백혈병 등 조혈기 계통의 장해를 일으키는 유해성 물질은?

① 염소

② 벤젠

③ 광물성 분진

④ 카드늄

해설 벤젠은 적혈구의 수 및 백혈구의 수를 감소시키고, 백혈병 등 조혈기 계통의 장해를 일으키는 유해성 물질이다.

41 다음은 어떤 물질에 대한 설명인가?

> 고압의 공기 중에서 장시간 작업하는 경우에 일어나는 잠함병 또는 잠수병을 일으키는 물질이다.

① 아황산가스　② 황화수소
③ 질소　　　　④ 일산화탄소

42 포스겐 가스의 누설 검지의 시험지로 사용되는 것은?

① 하리슨 시험지　② 연당지
③ 염화파라듐지　④ 초산구리벤젠지

해설 포스겐 가스의 누설 검지에는 하리슨 시험지를 사용한다.

43 전리 방사선이 인체제 조사되었을 경우, 신체의 외부에 제 1도의 장애인 탈모, 경도발적 등을 나타내는 방사선의 소사량은 얼마인가?

① 50~100Rem
② 200~300Rem
③ 350~500Rem
④ 510~650Rem

해설 450~500Rem의 조사시에는 사망한다.

44 인화성 물질의 증기, 가연성 가스 또는 가연성 분진의 종재에 의한 화재 및 폭발의 예방을 위한 조치로 틀린 것은?

① 세척　　② 통풍
③ 환기　　④ 제진

해설 세척은 화재 및 폭발의 예방을 위한 조치와는 무관하다.

45 작업장에서 유해 물질을 채취하는 위치는 바닥면으로부터 어느 정도로 하는가?

① 1~1.5m　② 2~3m
③ 3~4m　④ 5~6m

해설 작업장에서 유해 물질을 채취하는 위치는 바닥면으로부터 1~1.5m 정도로 하는 것이 바람직하다.

46 정부는 화학공장의 안전성 확보를 위해 공정안전보고서를 제출하도록 규정하고 있다. 공정안전보고서에 포함되어야 할 사항으로 거리가 먼 것은?

① 공정안전자료
② 환경영향평가
③ 공정위험성 평가
④ 비상조치계획

해설 공정안전보고서에 포함되어야 할 사항은 ①, ③ 및 ④항 외에 안전운전계획 등이 있다.

47 가연물이 될 수 있는 조건으로 틀린 것은?

① 활성 에너지가 클 것
② 흡입 열량이 작을 것
③ 연소열이 많을 것
④ 열전도율이 작을 것

해설 가연물이 되기 위해서는 활성 에너지가 작아야 한다.

48 다음 중 점화원에 속하지 않은 것은?

① 단열 압축
② 과도 전류
③ 60MHz의 전자파
④ 화학 반응

해설 연소를 하기 위해 가연성 물질에 활성화를 주는 요인인 점화원에는 화기, 불꽃(전기, 정전기, 마찰 및 충격 등), 고열물, 단열 압축 및 산화열 등이 있다.

49 다음 중 연소 조건에 속하지 않은 것은?

① 산소와 접촉 면적이 클수록 타기 쉽다.
② 열전도율이 작을수록 타기 쉽다.
③ 산화되기 쉬운 것일수록 쉽게 탄다.
④ 발열량이 작을수록 잘 탄다.

해설 연소의 조건에는 열전도율이 작을수록, 건조도가 좋을수록, 산소와 접촉면이 클수록, 발열량이 클수록, 산화되기 쉬운 것일수록 잘 타기 쉽다.

50 물체의 연소 형태에 대한 설명 중 틀린 것은?

① 목재 및 목탄의 연소 – 분해 연소
② 화약, 폭약 – 자기 연소
③ 나프탈렌의 연소 – 표면 연소
④ 황의 연소 – 증발 연소

해설 표면 연소에는 숯, 알루미늄 박, 마그네슘 리본 등의 고체 연소이다.

51 다음 중 용어 설명 중 틀린 것은?

① 착화는 고체에만 불이 붙는 현상이다.
② 발화는 주위의 열에 의해 스스로 불이 붙는 현상이다.
③ 점화는 불이 붙어서 연소하는 현상이다.
④ 인화는 액체가 그 표면에 폭발하한계의 증기를 내어 화염이 전파되는 현상이다.

해설 착화는 고체, 기체 및 액체 어느 것이든 불이 붙는 현상이다.

52 다음은 무엇에 대한 설명인가?

> 가연성 물질을 공기나 산소 중에서 가열한 경우에 발화 또는 폭발을 일으키기 시작하는 최저 온도를 의미한다.

① 자연발화 온도　② 발화 온도
③ 착화 온도　　　④ 화재위험 온도

53 다음 중 연소한계의 설명으로 옳은 것은?

① 연소 한계는 온도에 관계없이 일정하다.
② 연소 하한값은 온도의 증가와 함께 증가한다.
③ 연소 하한값은 저온에서는 약간 증가하나, 고온에서는 일정하다.
④ 연소 상한값은 온도의 증가와 함께 증가한다.

54 다음 표와 같은 각 가연성 물질의 값을 이용하여 그 위험도가 가장 큰 물질은?

	부탄	벤젠	가솔린	프로판
UFL	8.2	6.7	5.9	9.3
LFL	1.6	1.4	1.1	2.2

① 부탄　　　　② 벤젠
③ 가솔린　　　④ 프로판

해설 위험도$(H) = \dfrac{UFL - LFL}{LFL}$ 이다.

㉠ 부탄의 위험도$= \dfrac{8.2 - 1.6}{1.6} = 4.125$

㉡ 벤젠의 위험도$= \dfrac{6.7 - 1.4}{1.4} = 3.786$

㉢ 가솔린의 위험도$= \dfrac{5.9 - 1.1}{1.1} = 4.364$

㉣ 프로판의 위험도$= \dfrac{9.3 - 2.2}{2.2} = 3.227$

55 가연성 혼합가스가 메탄은 75%, 에탄은 13%, 부탄은 12%로 구성되어 있다고 한다. 공기 중에서 이 성분의 혼합 가스의 화학양론조성을 구하면 몇 %인가? (단, 각 단독가스의 화악양론조성은 메탄 9.5%, 에탄 5.6%, 부탄 3.1%로 한다.)

① 7.1%
② 6.1%
③ 5.1%
④ 4.1%

해설 3성분 혼합가스의 화학양론농도(%)

$$= \frac{100}{\dfrac{75}{9.5} + \dfrac{13}{5.6} + \dfrac{12}{3.1}} = 7.0986\%$$

56 자연 발화의 방지법으로 틀린 것은?

① 습기가 많은 곳에는 저장하지 않는다.

② 통풍이나 저장법을 고려하여 열의 축적을 방지한다.

③ 저장소 등의 주위 온도를 낮춘다.

④ 점화원을 제거한다.

해설 점화원이 없는 경우에도 발화하는 자연 발화는 점화원을 제거할 수 없다.

57 가연성 혼합 기체의 최소발화에너지에 영향을 끼치는 인자가 아닌 것은?

① 혼합 기체의 조성

② 전기 전도성

③ 온도 및 압력

④ 불활성 물질

해설 가연성 혼합 기체의 최소발화에너지에 영향을 끼치는 인자에는 혼합 기체의 조성, 온도 및 압력, 불활성 물질(혼입물) 등이고, 전기 전도성과는 무관하다.

58 최소발화에너지에 대한 설명 중 틀린 것은?

① 최소발화에너지는 압력이 높을수록 낮아진다.

② 최소발화에너지는 공기 중에서보다 산소 중에서 더 낮다.

③ 최소발화에너지는 혼합 기체의 흐름이 있으면 유속 증가에 따라 감소한다.

④ 최소발화에너지 온도가 높을수록 낮아진다.

해설 최소발화에너지는 압력과 온도가 높을수록, 공기 중에서보다 산소 중에서 낮아진다.

59 혼합위험의 특성에 속하지 않는 것은?

① 햇빛, 기타의 빛의 영향으로 광분해 반응이 수반될 수 있다.

② 가압 하에서는 발화지연이 길다.

③ 단독물의 혼합인 경우는 혼합물의 경우보다 발화지연이 길다.

④ 주위 온도보다 발화온도가 낮아지면 발화지연이 짧다.

해설 혼합위험은 가압 하에서는 발화지연이 짧다.

60 다음은 무엇에 대한 설명인가?

> 물의 비등 현사 중 막비등에서 핵비등 상태로 급격하게 이행하는 하한점을 의미한다.

① Leidenfront point

② Burn-out point

③ Entrainment point

④ Sub-cooling boiling point

해설 ②항은 철선이나 동선 등의 가열선이 타서 끊어지는 점이고, ④항은 표면 비등점이다.

61 소화 효과에 대한 설명 중 틀린 것은?

① 할로겐화탄화수소를 사용하는 경우의 주요 소화효과는 산소의 공급 차단에 의한 질식 효과이다.

② 소화 분말을 사용하는 경우의 주요 소화효과는 연소의 억제, 냉각, 질식의 상승 효과이다.

③ 물에 의한 소화는 냉각 효과이다.

④ 불연성 가스에 의한 소화는 질식 효과이다.

해설 할로겐화탄화수소는 기화되기 쉬운 액체 또는 기체로 희석 효과, 억제 작용, 기화열에 의한 냉각 작용 등에 의한다.

62 포소화 설비의 대표적인 소화 효과는?

① 질식 효과

② 희석 효과

③ 압력 변화 효과

④ 열전달 감소 효과

해설 포소화 설비의 대표적인 소화 효과는 질식 및 냉각 효과이다.

63 이산화탄소 및 할로겐화합물 소화약제의 특징 중 틀린 것은?

① 전기 절연성이 크기 때문에 전기 기기류의 화재에 사용된다.

② 저장에 의한 변질이 있어 장기간의 저장이 난이하다.

③ 소화 속도가 빠르다.

④ 밀폐 공간에서는 질식 및 중독의 위험성이 있기 때문에 사용이 제한된다.

해설 이산화탄소 및 할로겐화합물 소화약제는 저장에 의한 변질이 없어 장기간의 저장이 용이하다.

64 이산화탄소 소화기의 사용시 주의할 사항이 아닌 것은?

① 액화 탄산가스가 공기 중에서 이산화탄소로 기화하면 체적이 급격하게 팽창하므로 질식에 주의하여야 한다.

② 이산화탄소 소화기는 호스를 잡고, 화원을 향하도록 하여 약제를 방출한다.

③ 이산화탄소는 반도체 설비와 반응을 일으키지 않으므로 통신기기나 컴퓨터 설비에 사용한다.

④ 이산화탄소의 주된 소화 작용은 질식 작용이므로 산소의 농도가 15% 이하가 되도록 약제를 살포한다.

해설 이산화탄소 소화기는 호스를 잡으면 동상의 위험이 있으므로 반드시 손잡이를 잡고 약제를 방출한다.

65 물분무 소화기에 대한 설명 중 틀린 것은?

① 수동 펌프식과 가스 가압식 등이 있다.

② A급 화재의 소화에 적합하다.

③ 수동펌프식은 수동펌프를 연속적으로 조작하여 물을 방사하도록 되어 있다.

④ 가장 구형의 화학소화기로 일명 중탄산나트륨식 소화기라고도 한다.

해설 중탄산나트륨은 분말소화기의 소화 약제이다.

66 다음은 어떤 노즐에 대한 설명인가?

> 방수각이 150°~180°로 방사열 차단, 가스와 차폐 등의 효과가 큰 수막시스템에 사용하는 노즐이다.

① 봉상 방수 노즐 ② 횡형 방수 노즐

③ 편평 방수 노즐 ④ 분무 방수 노즐

67 화재시 발생되는 일산화탄소가 인체에 치명적인 상태로 만들 수 있는 초기 농도는 얼마인가?

① 1~2%　　② 3~4%

③ 4~6%　　④ 7~9%

해설 일산화탄소에 의한 중독은 화재시 사망의 원인으로 농도는 4~6% 정도이다.

68 다음 설명은 어떤 원리에 대한 설명인가?

> 차동식 분포형 열전기식 감지기의 작동 원리는 2종의 금속을 양단에 결합하여 양단에 온도차를 주었을 때 기전력이 발생하는 원리를 이용한 것이다.

① Thomson effect

② Seebeck effect

③ Hall effect

④ Pinch effect

해설 차동식 분포형 열전기식 감지기의 작동 원리는 2종의 금속을 양단에 결합하여 양단에 온도차를 주었을 때 기전력이 발생하는 원리는 제백 효과(Seebeck effect)이다.

69 폭발의 본질을 정의하면 무엇인가?

① 파열과 파괴 현상
② 체적의 급팽창 현상
③ 폭음과 섬광을 일으키는 현상
④ 압력의 급상승 현상

해설 폭발의 본질은 체적 팽창에 의한 압력의 급상승 현상을 의미한다.

70 폭발의 원인이 되는 화학 반응의 종류가 아닌 것은?

① 결합 반응   ② 연소 반응
③ 폭굉 반응   ④ 분해 반응

해설 폭발의 원인이 되는 화학 반응의 종류에는 연소, 분해, 폭굉, 중합 및 폭연 반응 등이 있다.

71 폭굉 반응에 있어서 폭굉파를 산정하기 위한 사항에 속하지 않는 것은?

① 질량 보전의 법칙
② 관성의 법칙
③ 운동량 보전의 법칙
④ 에너지 보전의 법칙

해설 폭굉 반응에 있어서 폭굉파를 산정하기 위한 사항은 질량, 운동량 및 에너지 보전의 법칙 등이 있다.

72 폭발성 물질의 폭발을 일으키는 팽창력의 원인이 아닌 것은?

① 폭발성 혼합기의 형성
② 폭발시 발생하는 충격파가 원인이 된다.
③ 급격한 압력의 상승
④ 급속한 화학 반응이 일어나면서 다량의 가스와 열을 발생

해설 폭발성 물질은 폭발성 혼합기의 형성, 급격한 압력의 상승 및 급속한 화학 반응이 일어나면서 다량의 가스와 열을 발생시키기 때문에 팽창된다.

73 기상 폭발의 종류에 해당되지 않는 것은?

① 혼합가스 폭발   ② 증기 폭발
③ 분무 폭발   ④ 분진 폭발

해설 기상 폭발의 종류에는 혼합 가스의 폭발, 분해 폭발, 분진 폭발 및 분무 폭발 등이 있고, 증기 폭발은 액상 폭발의 종류에 속한다.

74 분해 폭발의 종류에 속하지 않는 것은?

① 아세틸렌   ② 산화 에틸렌
③ 에틸렌   ④ 메탄

해설 분해 폭발의 종류에는 아세틸렌, 산화 에틸렌, 에틸렌, 히드라진 등의 폭발 등이 있다.

75 분진 폭발의 영향 인자에 대한 설명 중 옳지 않은 것은?

① 분진의 입경이 작을수록 폭발하기가 어렵다.
② 분진의 비표면적이 클수록 폭발성이 높아진다.
③ 연소열이 큰 분진일수록 저농도에서 폭발하고, 폭발 위력도 크다.
④ 일반적으로 부유분진이 퇴적분진에 비하여 발화온도가 높다.

해설 분진 폭발에 있어서 분진의 입경이 작을수록 폭발하기 쉽다.

76 폭발의 물질과 종류의 연결이 잘못된 것은?

① 폭발화합물의 폭발 - 유기과산화물
② 혼합가스 폭발 - LPG
③ 중합 폭발 - 시안화수소
④ 분진 폭발 - 하이드라진

해설 분해 폭발의 종류에는 아세틸렌, 산화 에틸렌, 에틸렌, 히드라진 등의 폭발 등이 있다.

77 폭발 현상이 발생하는데 3가지의 조건이 충족되어야 하는 사항으로 틀린 것은?

① 가연성 가스(증기 또는 분진)가 폭발 범위 밖에 있어야 한다.
② 혼합되어 있는 가스가 밀폐되어 있는 방이나 용기와 같은 것의 공간에 충만해서 존재하여야 한다.
③ 에너지인 점화원이 있어야 한다.
④ 밀폐된 공간이 존재되어야 한다.

해설 폭발 현상의 발생은 가연성 가스(증기 또는 분진)가 폭발 범위 내에 있어야 한다.

78 폭발성 분위기의 생성 조건에 관계되는 위험 특성 중 관계가 없는 것은?

① 폭발 한계
② 인화점
③ 폭발 범위
④ 증기 밀도

해설 폭발성 분위기의 생성 조건에는 폭발 한계(범위), 증기 밀도 등이 있고, 인화점은 가연성 물질의 위험성의 척도를 나타낸다.

79 가연성 기체의 폭발 한계에 영향을 미치는 인자와 관계가 없는 것은?

① 산소
② 압력
③ 온도
④ 고유 저항

해설 가연성 기체의 폭발 한계에 영향을 미치는 인자는 온도, 압력, 산소 및 화염 진행 방향 등이 있다.

80 Brugess Wheeler의 법칙에 따르면 포화탄화수소계의 가스에서는 폭발하한계의 농도와 그의 연소열의 곱은 일정하게 된다. 연소열이 650kcal/mol인 탄화수소가스의 하한계 계산치는 얼마인가?

① 1.69% ② 1.78%
③ 1.82% ④ 1.93%

해설
$$X(폭발하한치) = \frac{11}{Q(연소열)} \times 100(\%)$$
이다. 그런데, $Q = 645$kcal/mol이므로
$$X = \frac{11}{Q} \times 100 = \frac{11}{650} \times 100 = 1.6923\%$$

81 활성화에너지가 대체적으로 같은 값을 가지는 가연성 기체의 폭발하한계(X)와 몰연소열(Q) 사이에서 성립하는 근사식은?

① $X/Q = $일정
② $Q/X = $일정
③ $XQ = $일정
④ $X + Q = $일정

해설 활성화에너지가 대체적으로 같은 값을 가지는 가연성 기체의 폭발하한계(X)와 몰연소열(Q) 사이에서 성립하는 근사식은 $XQ = $일정하다.

82 폭발상한계가 100%인 가스에 대한 설명 중 틀린 것은?

① 폭발상한계가 100%인 가스는 폭발하한계와 연소하한계가 같다.
② 폭발성한계가 100%인 가스는 공기가 없는 조건에서는 폭발이 일어나지 않는다.
③ 폭발상한계가 100%인 가스는 분해 폭발성 가스이다.
④ 아세틸렌, 산화에틸렌은 폭발상한계가 100%인 가스이다.

해설 폭발성한계가 100%인 가스는 공기가 없는 조건에서 폭발이 일어난다.

83 메탄 80vol%, 부탄 20vol%인 혼합 가스의 공기 중 폭발하한계는 얼마인가? (단, 각 물질의 폭발하한계는 Jones식에 의한다.)

① 1.688vol% ② 2.688vol%

③ 3.688vol% ④ 4.688vol%

해설 $L(폭발하한계) = \dfrac{100}{\dfrac{80}{5} + \dfrac{20}{1.8}} = 3.688\text{vol}\%$

84 증기 및 가연성 가스의 위험도에 따른 방폭전기기기의 분류로 폭발등급을 결정하는 요인은?

① 발화도

② 최소발화에너지

③ 폭발 한계

④ 화염일주한계(안전간격)

해설 증기 및 가연성 가스의 위험도에 따른 폭발등급은 화염일주한계(안전간격)로 구분하고, 1등급은 0.6mm 이상, 2등급은 0.6~0.4mm, 3등급은 0.4mm 이하이다.

85 안전 간극(Safe Gap)의 의미는 어느 것인가?

① 화염방지기의 철망의 눈금 크기이다.

② 안전한 간극 즉 안전한 구멍을 의미한다.

③ 화염이 전파되지 않는 한계치이다.

④ 유류저장탱크 등이 어레스터(arrester) 눈금이다.

해설 안전 간극(Safe Gap)의 의미는 화염이 전파되지 않는 한계치이다.

86 다음 중 소염에 대한 설명으로 틀린 것은?

① 일반적인 소염소자는 금망이며, 강도상의 결점을 보완한 소결금망이 있다.

② 연소 속도와 소염경의 사이에는 반비례 관계에 있다.

③ 연소 속도는 화염면에 수평한 성분이다.

④ 세극의 집합체를 소염소자라고 한다.

해설 연소 속도는 화염면에 수직한 성분이다.

87 폭발 방호 대책에 속하지 않는 것은?

① 폭발 억제

② 폭발 방산

③ 불활성화

④ 대기 방출

해설 폭발 방호 대책의 종류에는 폭발 봉쇄, 폭발 억제, 폭발 방산 및 대기 방출 등이 있다.

88 폭발억제장치에 대한 설명 중 관계가 없는 것은?

① 폭발억제장치는 고속의 작동성과 신뢰성을 요구한다.

② 폭발억제장치의 폭발검출은 폭발시 상승하는 온도를 검출하여 작동한다.

③ 폭발억제장치는 연소 억제제를 살포하여 폭발을 방지한다.

④ 폭발억제장치는 폭발로부터 설비 등이 파손되는 것을 방지하기 위한 폭발 방호장치이다.

해설 폭발억제장치의 폭발검출은 폭발시 상승하는 압력을 검출하여 작동한다.

89 불활성 가스 중 화학 공장에서 가장 많이 사용하는 가스는?

① 질소

② 이산화탄소

③ 수증기

④ 아르곤

해설 화학공장에서 가장 많이 사용하는 불활성 가스는 질소이다.

90 분진폭발 시험장치로 널리 사용되고 있는 방식은?

① PSA방식　　② 클리블랜드

③ 오하이오식　④ 하트만식

해설 분진폭발 시험장치로 사용되는 방식은 하트만식이다.

91 분진 폭발이 일어나지 않는 물질은?

① 질석 가루

② 소맥부

③ 스텔라이트

④ 마그네슘

해설 연소성이 일어나지 않는 물질인 시멘트, 석회 및 질석 가루(돌가루) 등은 분진 폭발성이 없다.

92 다음 중 분진폭발에 대한 설명으로 옳은 것은?

① 분진 폭발은 분진 입자의 표면이 거친 것보다 매끈할수록 잘 일어난다.

② 분진 폭발은 분진의 크기가 클수록 잘 일어난다.

③ 분진이 습기를 많이 함유할수록 분진 폭발이 잘 일어난다.

④ 분진 폭발도 가스폭발과 같이 폭발상한농도와 폭발하한농도가 있다.

해설 분진 폭발은 분진 입자의 표면이 매끈한 것보다 거칠수록, 분진의 크기가 작을수록 분진이 습기를 적게 함유할수록 분진 폭발이 잘 일어난다.

93 다음은 안전 표지의 종류에 대한 설명이다. 틀린 것은 어느 것인가?

① 1종 표지 : 표지의 색깔과 모양으로 그 중요한 의미나 내용을 표시하는 것

② 2종 표지 : 1종 표지 속에 특정한 글자를 써 넣은 것

③ 3종 표지 : 1종 또는 2종 표지 이외에 필요한 글자를 더 써 넣은 것

④ 4종 표지 : 3종 표지에 필요한 그림과 글자를 넣은 것

해설 안전 표지 : 공장, 광산, 건설 공사장, 학교, 병원, 극장, 역, 비행장, 그 밖의 사업장 및 옥외, 선박, 차량 등의 안전 유지를 위하여 사용되는 표지를 말한다.

㉠ 안전 표지의 종류 : 사용 목적에 따라서 방화 표지, 금지 표지, 위험 표지, 주의 표지, 구호 표지, 경계 표지, 방사능 표지, 방향 표지, 지도 표지 등이 있으며, 안전 표지의 구성은 다음과 같다.

• 1종 표지 : 표지의 색깔과 모양으로 그 중요한 의미나 내용을 표시한 것

• 2종 표지 : 1종 표지 속에 특정한 글자를 써 넣은 것

• 3종 표지 : 1종 또는 2종 표지 이외에 필요한 글자를 더 써 넣은 것

㉡ 산업 안전 표지 : 산업 안전 보건법의 적용을 받는 모든 사업장에서 위험 시설, 위험 장소, 위험 물질에 대한 경고, 비상시의 지시나 안전 사항, 안전 의식을 고취하기 위한 사항 등을 나타내는 그림, 기호, 글자를 포함한 표지를 산업 안전 표지라고 한다. 종류로는 금지 표지, 경고 표지, 지시 표지, 안내 표지 등이 있다.

출입금지	인화성물질경고	보안경착용	안전제일
① 금지표지	② 경고표지	③ 지시표지	④ 안내표지

94 다음은 무엇에 대한 설명인가?

> 작업중에 발생되는 여러 가지 재해와 건강 장해를 방지하기 위하여 근로자 개개인이 착용하는 것을 말한다.

① 안전 설비

② 보호구

③ 안전화

④ 안전모

해설 보호구 : 작업중에 발생되는 여러 가지 재해와 건강 장해를 방지하기 위하여 근로자 개개인이 착용하는 것을 말한다.

ⓐ 보호구의 종류
  • 안전 보호구 : 재해 방지를 대상으로 하는 보호구
  • 위생 보호구 : 건강 장해 방지를 목적으로 하는 보호구
ⓑ 보호구 사용시 유의 사항
  • 보호구를 착용하면 아주 큰 사고를 당하더라도 가벼운 부상정도로 끝낼 수 있다.
  • 근로자는 작업의 특수성에 알맞은 보호구의 선택과 사용 방법, 관리 방법, 정비 및 점검 요령 등을 잘 알고 있어야 한다.
ⓒ 보호구는 착용하고 작업하기가 쉽고, 유해 위험물에 대해서 완전한 방호가 되도록, 구조와 품질 및 모양이 좋아야 한다.
ⓓ 보호구 선택시 유의 사항
  • 사용 목적에 적합하여야 한다.
  • 사용법과 손질하기가 쉬워야 한다.
  • 자기 몸에 알맞은 것을 골라야 한다.
ⓔ 보호구는 어느 때나 사용할 수 있도록 손질하여 깨끗하고 습기가 없는 곳에 보관한다.
ⓕ 보호구의 종류 : 안전모, 안전화, 안전 벨트, 차광 안경, 방진 안경, 방독면, 산소 마스크, 귀마개, 귀덮개, 보호 장갑 등이 있다.

95 다음은 보호구 사용 및 선택시 유의 사항을 설명한 것이다. 틀린 것은 어느 것인가?

① 보호구를 착용하면 아주 큰 사고를 당하더라도 가벼운 부상 정도로 끝낼 수 있다.
② 근로자는 작업의 특수성에 알맞은 보호구의 선택과 사용 방법, 관리 방법, 정비 및 점검 요령 등을 잘 알고 있어야 한다.
③ 보호구는 착용하기가 어렵다고 하더라도 작업하기가 쉬워야 한다.

④ 유해 위험물에 대해서 완전한 방호가 되도록, 구조와 품질 및 모양이 좋아야 한다.

해설 문제 94. 해설 참조

96 다음 중 보호구 선택시 유의할 사항이 아닌 것은?

① 사용 목적에 적합하여야 한다.
② 사용법이 쉬워야 한다.
③ 손질하기가 어렵다고 하더라도 외관이 좋아야 한다.
④ 자기 몸에 알맞은 것을 골라야 한다.

해설 문제 94. 해설 참조

97 다음은 무엇에 대한 설명인가?

> 불안전한 요소를 제거하여 인체의 상해, 재산의 손실을 예방하는 데 필요한 시설, 기계, 설비, 작업 규율, 환기, 채광, 조명, 보온, 방습, 내화학물, 휴식, 대피, 청결, 정리 등에 대한 표준 규범이 된다.

① 안전 설비
② 보호구
③ 안전 기준
④ 안전 관리

해설 안전 기준
ⓐ 불안전한 요소를 제거하여 인체의 상해, 재산의 손실을 예방하는 데 필요한 시설, 기계, 설비, 작업 규율, 환기, 채광, 조명, 보온, 방습, 내화학물, 휴식, 대피, 청결, 정리 등에 대한 표준 규범이 된다.
ⓑ 안전 기준은 정기적인 점검을 통하여 필요한 사항을 수시로 개정하여야 한다.
ⓒ 안전 기준은 교육을 통하여 모든 근로자와 사업자들에게 반드시 주지시켜야 한다.

98 다음은 무엇을 설명한 것인가?

> 사전에 현장의 위험 요인을 찾아내어 재해 방지 대책을 수립하여 실시함으로써 쾌적한 작업 환경 유지와 생산성을 향상시키려는 데 목적이 있다.

① 안전 진단의 목적
② 안전 관리의 목적
③ 보호구의 착용 목적
④ 안전 표지의 목적

해설 안전 진단

㉠ 안전 진단의 목적 : 안전 진단은 사전에 현장의 위험 요인을 찾아내어 재해 방지 대책을 수립하여 실시함으로써, 쾌적한 작업 환경 유지와 생산성을 향상시키려는 데 목적이 있다.

㉡ 안전 진단의 방법 : 사업장의 안전 진단은 안전 부서가 주관이 되어 안전 진단의 항목을 정하고 안전 진단 점검표를 만들어 객관적 입장에서 신뢰성 있게 이루어져야 한다.

㉢ 안전 진단의 대상 : 안전 진단의 대상은 크게 인적인 면과 물질적인 면으로 구분할 수 있으며, 인적인 면과 물질적인 면은 다음과 같다.

• 인적인 면의 대상 : 안전 교육 및 훈련, 안전 활동, 안전 업무, 안전 실천 상태 등이 진단 대상이 된다.

• 물질적인 면의 대상 : 기계, 작업환경, 안전 보호구, 설비, 공구, 정리 정돈의 상태, 위험물 관리 상태 등이 진단 대상이 된다.

Ⅲ 인간 공학과 사고 예방

1. 인간 공학의 개념

1 인간 공학의 정의

(1) 인간 공학의 정의와 목적

① 인간 공학의 정의

인간과 기계의 조화로운 체계를 갖추는 것으로 기계와 그 조작, 작업 환경을 인간의 특성, 능력 및 한계에 잘 어울리도록 설계하기 위한 수단을 연구하는 학문이다.

② 인간 공학의 목적

사고에 대한 안정성의 향상과 방지, 작업, 즉 기계 조작의 생산성과 효율성의 향상 및 환경의 쾌적성 등을 목적으로 한다.

(2) 인간-기계 체계

① 인간 기계 체계의 기능

㉮ 감지(정보 수용)기능

인간에 의한 감지에는 인간의 감각기관(시각, 청각, 촉각, 후각 등)을 사용하는 감지이고, 기계에 의한 감지에는 모든 장치(전자 장치, 사진, 기계적인 장치 등)를 이용하는 감지이다.

㉯ 정보 저장(보관)기능

인간의 정보 저장 기능에는 교육을 통해 축적된 기억 등이고, 기계의 정보 저장 기능에는 자기 테이프, 문서, 기록 등으로 보관되는 기능이다.

㉰ 정보 처리 및 의사 결정 기능

저장된 정보를 이용하여 여러 종류의 조작을 가하는 것으로 인간은 축적된 기억으로 항상 결정하고, 기계의 정보 처리는 미리 프로그램화된 것에 국한된다.

㉱ 행동 기능

의사 결정을 통한 수행되는 조작 행위로서 물리적 조정 행위와 통신적 조정 행위로

구분되고, 인간의 심리적 정보 처리 단계를 보면 회상을 통하여 인식하고, 정리,
집적한다.

② 인간과 기계 통합 체계의 운영

㉮ 수동 체계 : 인간의 신체적인 힘을 이용하여 실시하는 체계로 수공구, 기타 보조물을
사용하여 작업을 하는 체계이다.

㉯ 기계화(반자동화)체계 : 반자동이나 수동식의 동력 제어 장치를 기계와 같이 고도로
통합된 부품으로 구성되고, 인간은 기계의 표시 장치를 보고 조정하는 체계이다.

㉰ 자동화 체계
기계 자체가 감지(정보 수용), 정보 저장, 정보 처리 및 의사 결정을 모두 포함하는
업무 수행의 체계이고, 인간의 역할은 기계의 감시 및 정비 유지, 프로그램 유지 등이다.

2. 인간 공학과 사고 방지 대책

1 인간 과오(Human Error)와 신뢰도

(1) 인간 과오(Human Error)의 분류

① 심리적 분류에는 생리적 과오, 수행적 과오, 시간적 과오, 순서적 과오 및 불필요한 과오
등으로 구분한다.

㉮ 생략적 과오(Omission Error) : 필요한 직무 또는 절차를 생략하므로 발생하는 과오이다.

㉯ 수행적 과오(Commission Error) : 필요한 직무 또는 절차의 불확실한 수행으로 발생
하는 과오이다.

㉰ 시간적 과오(Time Error) : 필요한 직무 또는 절차의 수행 지연으로 발생하는 과오이다.

㉱ 순서적 과오(Sequential Error) : 필요한 직무 또는 절차의 순서를 잘못 이해하여 발생
하는 과오이다.

㉲ 불필요한 과오(Extraneous Error) : 불필요한 직무 또는 절차를 생략하므로 발생하는
과오이다.

② 원인의 레벨적 분류에는 주과오, 2차 과오 및 지시 과로 등으로 구분한다.

㉮ 주과오(Primary Error) : 작업자 자신의 잘못으로 발생하는 과오이다

㉯ 2차 과오(Secondary Error) : 어떤 결함으로부터 파생하여 발생하는 과오 또는 작업
형태나 작업 조건 중에서 문제가 발생하여 이로 인하여 필요한 사항을 실행할 수 없
는 과오이다.

㉰ 지시 과오(Command Error) : 필요한 물건, 성보 및 에너지 등의 공급이 없어 지시된
사항을 작업자가 실행하려고 해도 실행할 수 없어 발생하는 과오이다.

③ 행동 과정을 통한 분류에는 감지 과오(Input Error), 정보 처리 절차의 과오(Information Processing Error), 의사 결정의 과오(Decision Making Error), 출력 과오(Output Error) 및 제어 과오(Feedback Error)등이 있다.

④ 인간 과오의 배후 요인(4M)

㉮ 사람(Man) : 자기 자신을 제외한 모든 사람들, 즉 팀워크, 커뮤니케이션 등이다.

㉯ 기계(Machine) : 물적 요인, 즉 기계, 기구 및 장치 등으로 본질 안전화, 표준화, 점검 및 정비 등이다.

㉰ 매체(Media) : 인간과 기계를 상호 연결시키는 매체로서 작업의 방법, 순서, 정보, 환경 및 정리 정돈 등으로 환경 개선, 작업 방법의 개선 등이다.

㉱ 관리(Management) : 안전에 관한 법규의 준수, 단속, 점검, 관리, 지휘 감독 및 교육 훈련 등이다.

⑤ 인간이 과오를 범하기 쉬운 작업

공동의 작업, 변별을 요구하는 작업, 부적당한 입력 특성을 갖는 작업 및 변별력을 요하는 작업(다수의 의사 결정과 장시간의 의사 결정 등) 등이다.

⑥ 시스템 성능(System Performance)와 인간 과오(Human Error)의 관계식

시스템의 성능(SP) = 인간의 과오의 함수(f(H.E)) = K(상수)(H.E)

㉮ $K ≒ 0$: H.E가 S.P에 어떤 영향도 주지 않는다.

㉯ $0 \langle K < 1$: H.E가 S.P에 위험(Risk)을 준다.

㉰ $K ≒ 1$: H.E가 S.P에 중대한 영향을 준다.

(2) 신뢰도

① 인간의 신뢰도 요인

인간의 주의력(넓이와 깊이가 존재함), 인간의 긴장의 수준(RMR, 체내 수분의 손실량 측정), 의식의 수준(경험 연수, 지식 및 기술의 수준)등이 있다.

② 기계의 신뢰도 요인 : 재질, 기능 및 조작 방법 등이다.

③ 설비의 신뢰도

㉮ 직렬 연결 : 자동차 운전과 같은 연결

㉯ 병렬 연결 : 열차나 항공기의 제어 장치와 같은 연결

㉰ 인간-기계 시스템의 신뢰성

㉠ 직렬 연결 : 제어계가 회전(Roll)요소로 연결되고, 각 요소의 고장이 독립적으로 발생하며, 요소의 고장으로 제어계의 기능을 잃는 상태로서 요소의 수가 적을수록 신뢰도가 높아지고, 많을수록 수명이 짧아진다.

ⓛ 병렬 연결 : 한 부분의 결함이 중대한 사고를 일으킬 염려가 있는 경우, 즉 항공기나 열차의 제어 장치에 적용하고, 결함이 생길 수 있는 부품의 기능을 대체할 수 있는 부품을 중복하여 부착시키는 시스템이다.

ⓒ 요소와 시스템의 병렬 : 요소의 병렬은 요소를 병렬로 연결하는 방법이고, 시스템의 병렬은 항공기의 조정 장치 중 유압 펌프계와 교류전동기 가동유압 펌프계의 쌍방이 고장인 발생한 경우에는 응급용으로 3단의 이중안전장치 방법을 사용하는 방식이다.

(3) 고장

① 고장의 유형

㉮ 초기 고장 : 점검이나 시운전 등에 의해 사전에 예방할 수 있는 고장으로 제작 과정이나 품질관리 미비로 인하여 일어날 수 있는 고장으로 디버깅 기간(결함을 찾아내 고장률을 안정시키는 기간) 또는 번인 기간(장시간 동안 작동을 해서 고장난 것을 제거하는 기간)이라고도 한다.

㉯ 우발 고장 : 점검이나 시운전 등으로 방지할 수 없는 고장으로 실제 사용하는 상태에서 발생할 수 있는 고장이며, 고장을 예측할 수 없다.

㉰ 마모 고장 : 안전 진단 또는 적정한 보수 등에 의해 방지할 수 있는 고장으로 부품 등의 일부가 수명이 다 되어 일어나는 고장이다.

② 고장률과 평균 고장 간격

고장률(λ) = $\dfrac{\text{고장 건수}(\gamma)}{\text{총 가동 시간}(t)}$ 이고, 평균 고장간격 = $\dfrac{1}{\text{고장률}(\lambda)}$ 이다.

③ 리던던시와 리던던시의 방식

㉮ 리던던시(중복설계, Redundancy) : 다수 부품으로 구성되는 시스템으로 기능적으로 여력인 부분을 추가해서 시스템의 일부에 고장이 나더라도 전체가 고장나지 않도록 신뢰도를 향상시키려는 중복 설계를 의미한다.

㉯ 리던던시의 방식에는 병렬 및 대기 리던던시, N개중 M개 동작시 계는 정상이 되는 M out of N 리던던시, 스페어에 의한 교환 및 페일 세이프 등이 있다.

(4) 인간 기계의 신뢰도 유지

① Lock System

기계와 인간의 중간에 두는 시스템으로 기계의 특수성과 인간의 생리적 관습에 의해 사고를 일으킬 수 있는 불안전 요소를 제거하는 시스템으로 Interlock System(기계), Translock System(기계와 인간의 중간 부분) 및 Intralock System(인간)등으로 구성된다.

② 인간에 대한 감시(Monitoring)방법

㉮ 자기 감지법(Self Monitoring) : 자신의 상태를 감각으로 파악하고, 지각(자극, 피로, 권태, 고통, 이상 등)에 의해 자신의 상태를 알고 행동하는 감시 방법이다.

㉯ 호흡 속도, 체온, 뇌파 및 맥박 등의 생리학적 감시법과 졸음 등과 같이 동작자의 태도를 보고, 동작자의 상태를 파악하는 관찰 감시법(Visual Monitoring)

㉰ 자극법(반응에 의한 Monitoring) : 인간에게 어떤 종류의 자극, 즉 청각, 시각을 가해 이에 대한 반응을 보고 정상, 비정상을 판단하는 방법이다.

㉱ 간접법(환경의 Monitoring) : 환경 조건의 개선으로 정상 작업을 할 수 있도록 인체의 안락과 기분을 좋게 하는 간접적인 감시 방법이다.

③ 안전 설정 방법

㉮ Fail Safety(이중안전장치)의 정의 : 기계 또는 인간이 동작상의 실수나 과오로 인하여 사고를 발생시키지 않도록 2중 또는 3중으로 통제하는 방법이다.

㉯ Fail Safety(이중안전장치)의 종류에는 다경로 하중구조, 하중 경감구조, 교대 구조 및 중복 구조 등이 있다.

㉰ 절대 안전(Fool Proof) : 위험 구역에 사람이 접근하지 못하도록 하는 시스템으로 격리, 기계화 및 잠금 장치(Lock) 등이 있고, 공작 기계에 있어서의 절대 안전 방식은 가드, 록 기구, 밀어내기 기구, 트립 기구 및 오버런 기구 등이 있다.

2 인체 측정과 작업 공간

(1) 인체 계측

① 인체의 계측 방법

인체의 계측 방법에는 정지 상태에서의 기본 자세와 선 자세 및 앉은 자세 등의 정적 인체 계측과 체위의 움직임, 상하지의 운동에 따른 상태의 계측인 동적 인체 계측 등이 있다.

② 생리학적 측정법

동적 및 정적 근력 작업, 신경적 작업 및 심적 작업 등

③ 인체 계측의 응용 3원칙

최대 치수와 최소 치수(최대치와 최소치를 위한 설계), 조절 범위(조절이 가능한 범위를 조절하기 위한 설계) 및 평균치를 기준(평균치를 위한 설계)으로 한 설계 등이다.

④ 에너지 대사율(RMR, Relative Metabolic Rare)

산소 흡흡량으로 측정하는 작업 강도로서 다음과 같이 구하고, 작업 강도는 다음과 같다.

㉮ $R.M.R = \dfrac{\text{작업 대사량}}{\text{기초 대사량}} = \dfrac{\text{작업시 소비에너지} - \text{안정시 소비에너지}}{\text{기초 대사량}}$ 이다.

④ 작업 강도

구분	아주 힘든 작업	힘든 작업	보통 작업	가벼운 작업
RMR의 값	7 이상	4~7	2~4	0~2

(2) 작업 공간

① 작업 공간

작업 공간 포락면은 작업을 수행하는 과정에서 근로자가 앉아서 작업을 하는 데 필요한 공간을 의미하고, 파악 한계는 근로자가 앉아서 작업을 하는 데 특정한 수작업 기능을 수행할 수 있는 공간의 외곽 한계이다.

② 작업 공간과 작업대

㉮ 작업 동작 범위

　　㉠ 정상 작업 범위 : 34~45cm 정도의 한계로서 상완을 늘어뜨린 상태에서 전완만으로 편하게 뻗어 파악할 수 있는 범위이다.

　　㉡ 최대 작업 범위 ; 55~65cm 정도의 한계로서 전완과 상완을 곧게 펴서 파악할 수 있는 범위이다.

㉯ 어깨 중심선과 작업대의 간격은 19cm 정도이고, 팔꿈치 높이는 작업대 상방의 5~10cm 정도이다.

㉰ 입식 작업대의 높이 : 가벼운 작업은 팔꿈치 높이보다 5~10cm 정도 낮게 하고, 중량물을 취급하는 작업은 팔꿈치보다 10~20cm 정도 낮게 한다.

③ 의자 설계의 원칙

체중 분포(체중의 중심이 좌골 결절에 위치), 의자 좌판의 높이(오금의 높이보다 높지 않은 위치), 의자 좌판의 깊이와 폭 및 몸통의 안정(좌판의 각도는 3°, 등판의 각은 100° 정도) 등이다.

④ 전시가 형성하는 목시각

구분	수평	수직	정상 작업 위치에서 모든 전시를 보기 위한 조업자의 시계
목 시각	최적: 좌우 15°	최적: 하한 0~30°	60~90°
	제한: 좌우 95°	제한: 상한 75°, 하한 85°	

⑤ 작업 공간에서의 부품의 배치 원칙

㉮ 중요도의 원칙 : 체계의 목표 달성에 중요한 정도에 따라 부품을 작동하는 성능이 우선 순위를 결정한다.

㉯ 사용 빈도의 원칙 : 체계의 목표 달성에 중요한 정도에 따라 부품을 사용하는 빈도가 우선 순위를 결정한다.

㉰ 기능별 배치의 원칙 : 표시 장치와 조정 장치 등의 부품을 기능적으로 모아서 배치한다.

㉱ 사용 순서의 배치 원칙 : 사용되는 순서에 따라 근접시켜 배치한다.

3 인간 · 기계의 통제

(1) 자동 제어

① 제어의 종류

㉮ 시퀀스 제어 : 일정한 순서에 따라 조작하는 제어 장치로서, 제어 장치에 기계의 동작 순서를 기억시키고, 시작부터 종료까지 전부를 제어 장치가 기억하고 있는 제어로 발전소의 운전, 제강로, 가스 공업 및 섬유 공업 등의 조작 자동화에 널리 이용되는 제어이다.

㉯ 피드백 제어 : 고속으로 동작시키는 데 큰 효과가 있고, 제어 정도의 향상이나 동작을 안정시키는 제어 방식으로 체계를 제어하기 위한 신호 전달 경로가 하나의 폐회로계를 이루어 제어량을 검출하고 적당한 신호로 변환하여 제어 장치로 궤환하는 자동 제어이다.

② 제어량의 종류에 의한 분류

㉮ 서보 기구(Servo Mechanism) : 역학적인 물리량(각도, 위치, 힘과 속도 등)을 측정하는 기구로서 항공기, 선방, 원동기의 속도 조절 기구와 레이더의 방향 제어에 사용된다.

㉯ 프로세서 제어(Process Control) : 온도, 압력, 액면, 농도, 점도 및 유량 등의 프로세스의 상태량을 제어량으로 하는 제어로서 각종 제조 공업에 사용된다.

㉰ 자동 조정(Automatic Regulation) : 전동기나 공작 기계의 속도 등과 발전기의 전압, 전류, 전력 및 주파수 등을 제어에 사용되는 제어이다.

③ 목표치의 성질에 의한 분류

㉮ 정치 제어 : 목표치를 일정하게 하는 제어로서 온도나 압력 등을 제어할 때 사용하는 제어이다.

㉯ 프로그램 제어 : 시간적으로 변화하는 목표치를 미리 정해 놓고, 이것에 따라서 제어량을 변화시키는 제어로서 용광로 내의 온도 제어에 사용된다.

㉰ 추종 제어 : 목표치가 임의의 시간적 변화를 하는 경우, 목표치를 자동적으로 따라가서 제어하여 인공 위성이나 항공기를 추적하는 레이더에 사용한다.

(2) 통제 표시

① 기계의 통제

개폐에 의한 통제, 양의 조절에 의한 통제 및 반응에 의한 통제 등이 있다.

㉮ 개폐에 의한 통제 : C/D비(통제비)로 동작 자체를 중단 또는 개시하도록 통제하는 장치로서 수동식·발 푸시버튼, 토글 및 로터리 스위치 등의 불연속 조절 등이다.

㉯ 양의 조절에 의한 통제 : 놉, 크랭크, 밸브, 페달, 핸들 및 레버 등으로 양을 통제하는 장치에 의한 통제

㉰ 반응에 의한 통제 : 자동 경보시스템으로 계기, 신호, 감각으로 통제하는 장치이다.

② 통제비 설계시의 고려 사항

계기의 크기, 방향성, 조작 시간, 공차 및 목측의 거리 등이다.

③ 통제 기기의 선택 조건

㉮ 통제 기기의 작동 속도와 정밀도, 조작의 난이성 판단 및 위험성 여부 등

㉯ 통제 기기와 작업 관계 및 관한 정보와 통제 기기의 조작 편리성 등

④ 통제 표시비(Control Display Ratio, C/D비)

연속 조정 장치에 사용되는 개념으로 통제 기기와 시각 표시 관계를 나타내는 비율로서 다음과 같다.

$$C/D비 = \frac{통제 \ 기기의 \ 변위량(cm)}{표시 \ 기기의 \ 지침의 \ 변위량(cm)} 이다.$$

(3) 표시 장치

① 표시 장치로 나타내는 정보의 유형

정량적 정보, 정성적 정보, 상태의 정보, 경계 및 신호 정보, 묘사적 정보, 식별 정도, 문사 숫자 및 부호 정보, 시차적 정도 등이 있다.

② 표시 장치의 종류에는 동적·정적 표시장치, 정성적·정량적 표시 장치 등이 있다.

(4) 표시 장치의 사용

① 시각적 표시 장치

㉮ 정량적 표시 장치 : 정목 동침형(지침 이동형)은 지침이 움직이고, 눈금이 고정되는 형태, 정침 동목형(지침 고정형)은 눈금이 움직이고, 지침이 고정되는 형태, 계수형 등이 있다.

㉯ 정성적 표시 장치 : 연속적으로 변화하는 변수(온도, 압력, 속도 등) 또는 변화의 추세, 변화률 등을 알고자할 때 사용되는 장치로서 정성적 정보를 제공하는 표시 장치이다.

② 청각적 표시 장치

배경 소음의 진동수와 구별되는 신호를 사용하고, 진동수는 500~3,000Hz 또는 2,000~5,000Hz를 사용하며, 300m 이상의 장거리용으로는 1,000Hz 이하를 사용하고, 장애물 및

칸막이 통과시에는 500Hz 이하를 사용한다. 또는 주의를 끌기 위해서 1~8번 나는 소리/초, 1~3번 오르내리는 소리/초 등의 변조된 신호를 사용한다.

4 인간과 환경

(1) 감각 온도(effective temperature, 체감 온도, 실효 온도)

온도, 습도 및 공기 유동이 인체에 미치는 열효과를 하나의 수치로 통합한 경험적 감각 지수이다.

① 감각 온도에 영향을 주는 원인

온도, 습도, 기류(공기 유동)

② 허용 한계

㉮ 정신(사무) 작업 : E.T. 60~65

㉯ 경작업 : E.T. 55~60

㉰ 중작업 : E.T. 50~55

③ Oxford 지수(WD, 습건 지수)

습구 및 건구 온도의 가중 평균치로서 다음과 같이 구한다.

WD = 0.85W(습구 온도) + 0.15D(건구 온도)

(2) 온도의 영향

① 최적 온도 : 18~21℃

② 갱내 기온 상황 : 37℃

③ 손가락에 영향을 주는 한계 온도 : 13~15.5℃

④ 체온의 안전 한계와 최고 한계 온도 : 38℃, 41℃

(3) 불쾌 지수

↓ 섭씨(건구 온도+습구 온도)×0.72+40.6

△ 화씨(건구 온도+습구 온도)×0.4+15

① 70 이상 : 불쾌를 느끼기 시작한다.

② 70 이하 : 모든 사람이 불쾌를 느끼지 않는다.

③ 80 이상 : 모든 사람이 불쾌를 느낀다.

(4) 환기

① 갱내 CO_2 허용 한계 : 1.5%

② 작업장의 이상적인 습도 : 25~50%까지

✎ **TIP**

산소 농도 등의 결과가 적정한 공기가 유지되지 아니하는 경우에는 작업장의 환기, 송기 마스크의 지급 착용 등 근로자 건강 장해 예방을 위하여 적절한 조치를 하여야 한다.

(5) 소음 및 진동 작업

① 정의

㉮ "소음 작업"이라 함은 1일 8시간 작업을 기준으로 85데시벨 이상의 소음이 발생하는 작업을 말한다.

㉯ "강렬한 소음 작업"이라 함은 다음 각목에 해당하는 작업을 말한다.

- 90데시벨 이상의 소음이 1일 8시간 이상 발생되는 작업
- 95데시벨 이상의 소음이 1일 4시간 이상 발생되는 작업
- 100데시벨 이상의 소음이 1일 2시간 이상 발생되는 작업
- 105데시벨 이상의 소음이 1일 1시간 이상 발생되는 작업
- 110데시벨 이상의 소음이 1일 30분 이상 발생되는 작업
- 115데시벨 이상의 소음이 1일 15분 이상 발생되는 작업

㉰ "충격 소음 작업"이라 함은 소음이 1초 이상의 간격으로 발생하는 작업으로서 다음에 해당하는 작업을 말한다.

- 120데시벨을 초과하는 소음이 1일 1만회 이상 발생되는 작업
- 130데시벨을 초과하는 소음이 1일 1천회 이상 발생되는 작업
- 140데시벨을 초과하는 소음이 1일 1백회 이상 발생되는 작업

㉱ "진동 작업"이라 함은 다음에 해당하는 기계·기구를 사용하는 작업을 말한다.

- 착암기
- 동력을 이용한 해머
- 체인톱
- 엔진 커터
- 동력을 이용한 연삭기
- 임팩트 렌치
- 그 밖에 진동으로 인하여 건강 장해를 유발할 수 있는 기계·기구

㉲ "청력 보존 프로그램"이라 함은 소음 노출 평가, 노출 기준 초과에 따른 공학적 대책, 청력 보호구의 지급 및 착용, 소음의 유해성과 예방에 관한 교육, 정기적 청력 검사, 기록·관리 등이 포함된 소음성 난청을 예방 관리하기 위한 종합적인 계획을 말한다.

② 소음 수준의 주지

소음 작업·강렬한 소음 작업 또는 충격 소음 작업에 근로자를 종사하도록 하는 때에는 다음에 관한 사항을 근로자에게 널리 알려야 한다.

⑦ 당해 작업 장소의 소음 수준

⑭ 인체에 미치는 영향 및 증상

⑮ 보호구의 선정 및 착용 방법

⑯ 그 밖에 소음 건강 장해 방지에 필요한 사항

③ 난청 발생에 따른 조치

소음으로 인하여 근로자에게 소음성 난청 등의 건강 장해가 발생하였거나 발생할 우려가 있는 경우에는 다음의 조치를 하여야 한다.

⑦ 당해 작업장의 소음성 난청 발생 원인 조사

⑭ 청력 손실 감소 및 재발 방지 대책 마련

⑮ 제2호의 규정에 의한 대책의 이행 여부 확인

⑯ 작업 전화 등 의사의 소견에 따른 조치

3. 사고 발생 현황

1 시스템 안전과 안전성 평가

(1) 시스템의 안전설계원칙과 위험성의 분류 등

① 시스템 안전 설계의 원칙

⑦ 1순위 : 2중안전장치(Fail Safety)나 용장성의 도입 등으로 위험 상태 존재의 최소화를 꾀한다.

⑭ 2순위 : 안전 장치를 본체의 내부에 일체시켜 안전 장치를 채용한다.

⑮ 3순위 : 기계의 이상 상태를 검출해서 경보를 발생하는 장치의 설치, 즉 경보장치를 채용한다.

⑯ 4순위 : 규격화를 이용하여 특별한 수단을 강구하여야 한다.

② 시스템의 위험성 분류

⑦ Negligible Frequent(무시) : 인원 및 시스템의 손상에 이르지 않는다.

⑭ Marginal Occasional(한계적) : 인원 및 시스템의 손해가 발생하는 일이 없이 배제 또는 제어할 수 있다.

⑮ Critical Probable(위험) : 인원 및 시스템의 손해가 발생이 생긴 경우 또는 인원 및 시스템의 생존을 유지하기 위해 즉시 시정조치를 필요로 한다.

⑯ Catastrophic Remote(파국적) : 인원의 사망 또는 중상, 시스템의 손상이 발생한다.

③ FAFR(Fatal Accident Frequency Rate)

1억 근로시간당 사망자수로 표시하는 위험도의 단위이다.

즉 $FAFR = \dfrac{사망자\ 수}{100,000,000시간}$ 이다.

④ 위험성의 통제 방법과 산정식

㉮ 위험성(Risk)의 통제 방법에는 회피(Avoidance), 감축(Reduction), 보류(Retention) 및 전가(Transfer) 등이다.

㉯ 위험률 = 사고 발생 빈도×손실 사고의 빈도×사고의 크기

⑤ PHA(예비사고분석, Preliminary Hazard Analysis)의 정의와 주요 목표

㉮ 안전해석기법의 일종으로 시스템 내의 위험요소가 어느 정도의 위험 상태에 있는가를 정성적으로 평가하는 시스템 안전 프로그램의 최소 단계, 즉 개발단계의 분석법이다.

㉯ PHA의 4가지 주요 목표

㉠ 사고 발생 확률의 고려는 식별 초기에 적용되지 않으므로 시스템에 대한 모든 주요한 사고를 식별하고, 대충 말로 표시하여야 한다.

㉡ 사고의 발생 요인을 식별하여야 한다.

㉢ 사고의 발생을 가정하고, 시스템에 발생하는 결과를 식별하며, 평가하여야 한다.

㉣ 식별된 사고를 무시, 한계적, 파국적 및 위험으로 분류하여야 한다.

⑥ FHA(결함위험분석, Fault Hazard Analysis)

안전해석 기법의 일종으로 복잡한 시스템 내의 각 서브시스템의 분석에 이용되는 방법이다.

⑦ FMEA(고장의 형태와 영향 분석, Failure Modes and Effect Analysis)의 정의, 특성 및 분류의 표시 등

㉮ 정의 : 전형적인 정성적, 귀납적 방법으로 시스템의 영향을 미치는 모든 요소의 고장을 유형별로 분석하여 그 영향을 검토하는 방식이다.

㉯ 특성

㉠ 장점 : 서식이 간단하고, 미숙련자로 특별한 교육이 필요없이 분석할 수 있다.

㉡ 단점 : 논리성과 인적 원인 분석이 곤란하고, 특히, 2개 이상의 요소가 고장인 경우에는 분석이 더욱 더 곤란하다.

㉰ 위험성 분류의 표시에는 생명 또는 가옥의 상실, 작업(사명) 수행의 실패, 활동의 지연 및 영향이 없다. 등으로 표시한다.

⑧ 디시젼 트리(Decision Tree)와 사상수 분석법(ETA, Event Tree Analysis)의 정의

㉮ 디시젼 트리(Decision Tree) : 귀납적이고 정량적인 분석 방법으로 시스템의 신뢰도를 나타내는 시스템 모델의 하나이다.

⑭ 사상수 분석법(ETA, Event Tree Analysis) : 귀납적이고 정량적인 분석 방법이고, 사상의 안전도를 사용한 시스템의 안전도를 나타내는 시스템 모델의 하나로 재해의 확대 요인을 분석하는 데 가장 적합하며, ETA의 작성 방법은 주로 왼쪽으로 오른쪽으로 진행하고, 성공 사상은 위쪽에, 실패 사항은 아래쪽으로 분기하며, 분기마다 안전도와 불안전도의 발생 확률이 표시되고, 시스템의 안전도는 최후의 각각의 곱의 합으로 계산된다.

⑨ THERP와 MORT의 정의

㉠ THERP(인간과오율 예측기법) : 안전 해석 기법의 일종으로 인간의 과오를 정량적으로 평가하기 위한 방법이다.

㉡ MORT(경영소홀 및 위험수 분석) : FTA(결함수 분석버)와 같은 논리기법을 이용한 안전 해석 기법의 일종으로 관리, 생산, 보존 등의 광범위하게 안전을 도모하고, 고도의 안전을 달성하는 것을 목적으로 하고 있다.

⑩ 안전 해석 기법의 종류와 특징

분석법의 종류	분석법의 특성
FTA(결함수 분석법)	정량적, 연역법 분석법
PHA(예비 사고 분석)	개발(최초)단계 분석법, 정성적 분석법
FMEA(고장형과 영향 분석)	정성적, 귀납적 분석법
롬(결함수 위험 분석)	서브시스템 분석법
DT와 ETA(사상수 분석법)	정량적, 귀납적 분석법
THERP(인간과오율 예측기법)	인간 과오의 정량적 분석법
MORT(경영소홀 및 위험수 분석)	광범위한 안전 도모 및 고도의 안전 달성

⑪ 위험 및 운전성 검토(Hazard and Operability study)의 정의와 검토 절차

㉠ 위험 및 운전성 검토(Hazard and Operability study)의 정의 : 각각의 기계에 대해 잠재되어 있는 위험이나 기능의 저하, 운전의 잘못 등과 전체로서의 시설에 결과적으로 미칠 수 있는 영향 등을 평가하기 위해서 공정이나 설계도 등에 체계적이고, 비판적인 검토를 행하는 것을 의미한다. 특히, 설계 완료 단계, 즉 설계가 상당히 구체화된 시점인 위험 및 운전성 검토를 수행가기 가장 좋은 시점이다.

㉡ 검토 절차의 순서는 "목적과 범위의 결정 → 검토 팀의 선정 → 검토의 준비 → 검토의 실시 → 후속 조치 후 결과의 기록"의 순이다.

(2) 안전성의 평가

① 안전성 평가의 4가지 기법

㉮ 체크리스트(Cheek List)에 의한 평가

㉯ Layout의 검토를 통한 위험의 예측 평가

㉰ 고장형과 영향 분석(FMEA)

㉱ 결함수 분석법(FTA)

② 안전성 평가의 기본 6단계 원칙

㉮ 제 1단계 : 관계 자료의 정비 검토의 단계로서 지질도, 풍배도 등 입지에 관계있는 도표를 포함함 입지 조건, 화학 설비의 배치도, 건축물의 평면도, 단면도 및 입면도, 기계실 및 전기실의 평면도, 단면도 및 입면도, 원재료, 중간체, 제품 등의 물리적, 화학적 성질 및 인체에 미치는 영향, 제조 공정상 일어나는 화학 반응, 공정 계통도, 제조 공정 개요, 공정 기기의 목록, 배관과 계장 계통도, 안전 설비의 종류와 설치 장소, 요원 배치 계획 및 안전 보건 훈련 계획 등이다.

㉯ 제 2단계 : 정성적 평가의 단계로서 입지 조건, 공장 내의 배치, 건조물, 소방 설비, 원재료, 중간체, 제품 등, 공정, 수송 및 저장, 공정 기기 등이다.

㉰ 제 3단계 : 정량적 평가의 단계로서 물질, 화학 설비의 용량, 온도, 압력 및 조작 등이다.

㉱ 제 4단계 : 안전 대책의 단계로서 설비에 관한 대책(소화 용수, 살수 설비, 경보 장치, 폐기 및 급랭 설비, 비상용 전원, 배기 설비, 가스 검저 설비)과 관리적인 대책(적당한 인원의 배치, 교육 훈련) 등이다.

㉲ 제 5단계 : 재해 정보에 의한 재평가의 단계

㉳ 제 6단계 : 결함수 분석법(FTA)에 의한 재평가의 단계

2 결함수 분석법(FTA, Fault Hazard Analysis)

(1) 결함수 분석법(FTA)의 특성

① 정성적 해석이 가능하도록 간단한 FT도를 작성한다.

② 재해 발생 확률의 계산으로 재해의 정량적 예측이 가능하다.

③ Top Down형식으로 연역적 해석이 가능하다.

(2) 논리 기호와 사상 기호

명칭		기호	명칭		기호
(1) 결함 사상	정상 사상	▭	(3) 논리 기호	AND gate	출력 입력
	중간 사상	▭		OR gate	출력 입력
(2) 말단 사상	기본 사상	○	(4) 전이 기호(이행 기호)		△ △ (in) (out)
	이하 생략의 결합 사상 (추적 불가능한 최후 사상)	◇			
	통상 사상	⌂	(5) 수정 기호		출력 조건 입력

(3) FTA의 작성 순서

① 대상이 되는 시스템의 범위를 결정한다.

② 대상 시스템(공정도, 배관도, 전원 계통도 등)에 관계되는 자료를 정리한다.

③ 상상하고 결정하는 사고의 명제, 즉 트리의 정상 사상이 되는 것을 결정한다.

④ 말단의 사상이 세분화되어 트리가 너무 방대해지므로 원인 추구의 전제 조건을 미리 생각해 둔다.

⑤ 정상 사상에서 시작하여 순차적으로 생각되는 원인의 사상 즉 중간 및 말단 사상을 논리 기호로 이어간다.

⑥ 골격이 될 수 있는 대강의 트리를 만들고, 트리에 나타나는 중요도에 따라 보다 세밀한 부분의 트리를 전개한다.

⑦ 각각 사항 번호를 붙이면 정리하기 쉬워진다.

(4) 수정 기호의 종류

① 우선적 AND 게이트의 의미: 입력 사상 가운데 어느 사상이 다른 사상보다 먼저 일어났을 때에 출력 사상이 생기는 것으로 "A는 B보다 먼저"와 같이 기입한다.

② 짜맞춤(조합)AND 게이트: 3개 이상의 입력 사상 가운데 어느 것인가 2개가 일어나면 출력 사상이 생기는 것으로 "어느 것이든 2개"라고 기입한다.

③ 위험 지속 기호: 입력 사항이 생기어 어느 일정시간 지속하였을 때에 출력 사상이 생기는 것으로 "위험 지속 시간"과 같이 기입한다.

④ 배타적 OR 게이트: OR 게이트로 2개 이상의 입력이 동시에 존재한 때에는 출력 사상이 생기지 않는 것으로 "동시에 발생하지 않는다."라고 기입한다.

(5) 트리(Tree)의 간략화

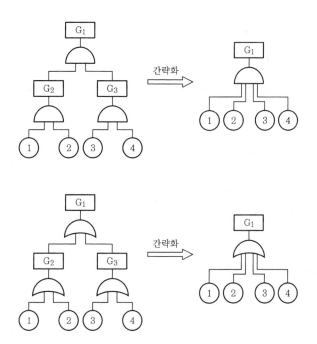

(6) 결함수 분석법(FTA)에 의한 재해사례 연구순서 및 활용에 따른 기대 효과

① 결함수 분석법(FTA)에 의한 재해사례 연구순서

㉮ 정상 사상(톱 사상)의 선정 : 시스템 안전 보건의 문제점을 파악하고, 사고와 재해의 모델화를 하며, 문제점의 중요도, 우선 순위를 결정한다. 또한, 해석할 정상 사상을 결정한다.

㉯ 사상의 재해 원인의 규명 : 정상 사상의 재해 원인을 결정하고, 중간 사상의 재해 요인을 결정하며, 말단 사상까지 전개한다.

㉰ FT도의 작성 : 부분적 FT도를 다시 보고, 중간 사상의 발생 조건을 재검토하며, 전체의 FT도를 완성한다.

　⑭ 개선 계획의 작성 : 안전성이 있는 개선안을 검토하고, 계약의 검토와 타협을 하며, 개선안을 결정한다. 또한, 개선안의 실시를 계획한다.

② 결함수 분석법(FTA)의 활용에 따른 기대 효과

　㉮ 사고 원인의 규명의 간편화

　㉯ 사고 원인의 분석의 일반화

　㉰ 사고 원인의 분석의 정량화

　㉱ 노력 시간의 절감

　㉲ 시스템의 결함 진단

　㉳ 안전 점검표의 작성 등

(7) 확률 사상의 계산

① 논리적(곱)의 확률 : AND 게이트　　　　② 논리화(합)의 확률 : OR 게이트

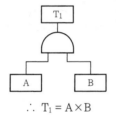

$$\therefore T_1 = A \times B$$

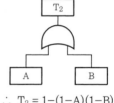

$$\therefore T_2 = 1-(1-A)(1-B)$$

(8) 컷과 패스

① 컷 셋(Cut Sets)과 미니얼 컷(Minimal Cut Sets)

　㉮ 컷 셋(Cut Sets) : 통상 사상과 생략 사상 등의 기본 사상의 집합으로 정상 사상을 일으키는 사상이다.

　㉯ 미니얼 컷(Minimal Cut Sets) : 시스템의 위험성을 나타내고, 정상 사상을 일으키기 위한 필요 최소한의 컷이다.

② 패스 셋과 미니얼 패스

　㉮ 패스 셋 : 기본 사상의 집합으로 정성 사상이 일어나지 않는 사상이다.

　㉯ 미니얼 패스 : 시스템의 신뢰성을 나타내고, 필요 최소한의 패스를 의미한다.

③ 컷과 패스를 구하는 법

　㉮ 컷 : OR 기호는 세로로 배열하고, AND 기호는 가로로 배열한다.

　㉯ 패스 : OR 기호는 AND 기호로, AND 기호는 OR 기호로 교체하는 쌍대결함수를 구하여 컷을 구하는 법으로 배열하는 형식이다.

출제예상문제

01 인간 공학의 정의로 가장 적합한 것은?

① 인간, 기계, 물자, 환경으로 구성된 복잡한 체계의 효율을 최대로 활용하기 위하여 인간의 생리적, 심리적 조건을 시스템에 맞추는 학문 분야이다.

② 인간의 과오가 시스템에 미치는 영향을 최소화하기 위한 연구 분야이다.

③ 인간, 기계, 물자, 환경으로 구성된 복잡한 체계의 효율을 최대로 활용하기 위하여 인간의 한계 능력을 최대화하는 학문 분야이다.

④ 인간의 특성과 한계 능력을 공학적으로 분석, 평가하여 인간, 기계, 물자, 환경으로 구성된 복잡한 체계의 효율을 최대로 활용하는 학문 분야이다.

해설 인간 공학이란 인간의 특성과 한계 능력을 공학적으로 분석, 평가하여 인간, 기계, 물자, 환경으로 구성된 복잡한 체계의 효율을 최대로 활용하는 학문 분야이다.

02 인간 공학(Man-Machine system)의 주 목적은?

① 인간의 신뢰성 회복

② 안전성 향상과 사고 방지

③ 경제성과 보전성

④ 피로의 경감

해설 인간 공학의 목적은 안전성 향상과 사고 방지, 기계 조작의 능률성과 생산성 향상, 쾌적성 등이다.

03 인간과 기계는 상호 보완적인 기능을 담당하며, 하나의 체계로서 임수를 수행하는 기본 기능에 해당되지 않는 것은?

① 의사 결정 ② 행동

③ 감시 ④ 감지

해설 인간과 기계체계의 기능은 감지(정보 수용), 정보 저장(보관), 정보 처리 및 의사 결정, 행동 기능 등이다.

04 인간 기계 통합 체계에서 인간 또는 기계에 의해서 수행되는 4가지 기본 기능 중 다른 세가지 기능 모두와 상호 작용하는 것은?

① 정보 보관

② 행동 기능

③ 감지

④ 정보 처리 및 의사 결정

해설 인간과 기계체계의 기능 중 정보 보관 기능에는 감지(정보 수용), 정보의 처리 및 의사 결정, 행동 기능 등이 있다.

05 인간 기계 시스템을 분류할 때 3가지 중 틀린 것은?

① 기계 시스템에서는 동력 기계화 체계와 고도로 통합된 부품으로 구성된다.

② 자동 시스템에서 인간 요소를 고려하여야 한다.

③ 자동 시스템에서 인간은 감시, 정비 유지, 프로그램 등의 작업을 담당한다.

④ 수동 시스템에서 기계는 동력원을 제공하고 인간의 통제하에서 제품을 생산한다.

해설 수동 시스템에서 인간의 신체적인 힘을 동력원으로 하고 인간의 통제하에서 제품을 생산하며, 인간의 손이나 수공구나 기타 보조물로 이루어진다.

06 인간 기계 시스템에 있어서 기계가 의미하는 것은?

① 침대, 의자 등의 주로 가정에서 사용하는 기구류이다.

② 자동차, 선박, 비행기 등 주로 인간이 타고 다닐 수 있는 운송 기기류이다.

③ 인간이 만든 모든 물건

④ 제조 현장에서 사용하는 공구 및 설비 등이다.

[해설] 인간 기계 시스템에 있어서 기계는 인간이 만든 모든 물건이다.

07 다음은 어떤 체계에 대한 설명인가?

> 체계가 감지, 정보 보관, 정보 처리 및 의사 결정, 행동을 포함한 모든 임무를 수행하는 체계이다.

① 자동 체계　　② 기계화 체계

③ 반자동 체계　　④ 수동 체계

[해설] 자동 체계는 체계가 감지, 정보 보관, 정보 처리 및 의사 결정, 행동을 포함한 모든 임무를 수행하는 체계이다.

08 기계가 인간보다 우수한 기능으로 맞는 것은?

① 암호화된 정보를 신속하게 또 대량으로 보관한다.

② 관찰을 통해서 일반화하여 귀납적으로 추리한다.

③ 항공 사진의 피사체나 말소리처럼 상황에 따라 변화하는 복잡한 자극의 형태를 식별한다.

④ 수신 상태가 나쁜 음극선관에 나타나는 영상과 같이 배경 잡음이 심한 경우에도 신호를 인지한다.

[해설] 암호화된 정보를 신속하게 또 대량으로 보관하는 기능은 기계의 우수한 기능이다.

09 다음 중 기계의 정보 처리의 기능은?

① 귀납적 기능

② 응용 능력적 기능

③ 연역적 기능

④ 임기 응변적 기능

[해설] 기계가 인간을 능가하는 기능은 연역 기능, 정략적 정보처리기능, 장기간 작업처리기능 및 반복작업능력 등이고, 인간이 기계를 능가하는 기능은 귀납적 추리능력, 임기응변식 기능, 예지 능력 및 융통성, 응용력, 독창력, 주관력 등이다.

10 인간과 기계의 능력에 대한 일반적인 비교는 여러 요인에 의해서 그 실용성에 한계가 있다. 이러한 요인에 부적당한 것은?

① 기능의 할당에서 사회적인 또는 이에 관련된 가치들을 고려해야 한다.

② 인간과 기계의 비교가 항상 적용되지는 않는다.

③ 기능의 수행이 유일한 기준이다.

④ 상대적인 비교는 항상 변하기 마련이다.

[해설] 인간과 기계의 능력에 대한 일반적인 비교는 기능의 수행이 유일한 기준이 아니다.

11 인간기계 시스템의 인간 성능을 평가하는 실험을 수행할 때 평가의 기준이 되는 변수로 옳은 것은?

① 종속 변수　　② 확률 변수

③ 독립 변수　　④ 통계 변수

[해설] 인간기계 시스템의 인간 성능을 평가하는 실험을 수행할 때 평가의 기준이 되는 변수는 종속 변수이다.

12 인간과 기계 시스템에서 인간과 기계의 조화성은 3가지 면에서 고려하는데, 3가지 사항에 속하지 않는 것은

① 지적 조화성　② 감각적 조화성
③ 감성적 조화성　④ 감성적 조화성

해설 인간과 기계 시스템에서 인간과 기계의 조화성은 지적 조화성, 감성적 조화성 및 신체적 조화성 등의 3가지 면에서 고려하여야 한다.

13 조사 연구자가 특정한 연구를 수행하기 위해 실제 현장 연구를 실시하는 경우, 장점으로 옳은 것은?

① 비용의 절감이 가능하다.
② 자료의 정확성이 가능하다.
③ 현실적인 작업변수의 설정이 가능하다.
④ 실험조건의 조절이 용이하다.

해설 조사 연구자가 특정한 연구를 수행하기 위해 실제 현장 연구를 실시하는 경우, 장점은 현실적인 작업변수의 설정이 가능하고, ①, ② 및 ④항은 실험실에서 연구시의 장점이다.

14 인간과 기계 시스템에서 인간과 기계가 만나는 면은?

① 인체 설계면　② 의사 결정면
③ 계면　　　　④ 포락면

해설 인간과 기계가 만나는 면을 계면이라고 한다.

15 체계 설계에 있어서 인간 공학의 가치와 관계가 가장 먼 것은?

① 사고 및 오용으로부터 손실의 감소
② 체계 제작비의 절감
③ 인력 이용률의 향상
④ 훈련 비용의 절감

해설 체계 설계에 있어서 인간 공학의 가치는 ①, ③ 및 ④항 외에 성능 향상, 생산 및 정비유지의 경제성 증대, 사용자의 수용도 향상 등이 있다.

16 인간 공학에 있어서 사용하는 인간 기준의 4가지 유형에 속하지 않는 것은?

㉮ 심리적 지표　② 사고 빈도
③ 주관적 반응　④ 생리학적 지표

해설 인간 기준의 4가지 유형은 ②, ③ 및 ④항 외에 인간성능척도이다.

17 기준의 유형에 있어서 체계 기준에 해당되지 않는 것은?

① 인간성능척도　② 운용비
③ 신뢰도　　　④ 인력 요소

해설 체계 기준의 요소에는 ②, ③ 및 ④항 외에 체계의 예상 수명, 운용이나 사용상의 용이도, 정비 유지도 등이 있고, 인간 요소에는 인간성능척도, 생리학적 지표, 주관적인 반응 및 사고빈도 등이 있다.

18 다음 중 연속조절 통제기기에 속하지 않는 것은?

① 페달　　　　② 핸들
③ 노브　　　　④ 토글 스위치

해설 토글 스위치는 불연속조절 통제기기이다.

19 기계의 통제를 위한 통제기기의 선택조건에 속하지 않는 것은?

① 계기지침의 일치성이 없어도 무관하다.
② 통제기기가 복잡하고 정밀한 조절이 필요한 때에는 멀티로테이션 컨트롤 기기를 사용하는 것이 좋다.
③ 식별이 용이한 통제기기를 선택하는 것이 바람직하다.
④ 특정 목적에 사용되는 통제기기는 여러 개를 조합하여 사용하는 것이 바람직하다.

해설 계기지침의 일치성이 있어야 한다.

20 통제기기에서 표시계기의 지침이 50mm 움직이게 하도록 하기 위해 통제기기의 변위를 30mm 움직였다면 이 통제기기의 통제표시비는 얼마인가?

① 0.9   ② 0.8
③ 0.7   ④ 0.6

해설 $\dfrac{C}{D}$(통제표시비, 통제비)

$= \dfrac{X(\text{통제기기의 변위량})}{Y(\text{표시계기의 지침 변위량})}$ 이다.

즉 $\dfrac{C}{D} = \dfrac{X}{Y} = \dfrac{30}{50} = 0.6$ 이다.

21 반경 10cm의 조정구를 60° 움직여 계기판의 표시가 3cm 이동한 경우, 통제표시비는?

① 3.29   ② 3.39
③ 3.49   ④ 3.59

해설
$$\dfrac{C}{D} = \dfrac{X}{Y} = \dfrac{\text{원둘레} \times \dfrac{\text{이동 각도}}{360}}{Y}$$

$$= \dfrac{2 \times \pi \times 10 \times \dfrac{60°}{360°}}{3} = 3.49$$

22 통제표시비를 설계하는 경우, 고려하여야 할 사항에 속하지 않는 것은?

① 조작 시간   ② 계기의 크기
③ 조작 거리   ④ 방향성

해설 통제표시비를 설계하는 경우, 고려하여야 할 사항에는 ①, ② 및 ④항 외에 공차, 목측 거리 등이 있다.

23 다음의 표시 장치 중 정적 표시장치에 속하는 것은?

① 기압계   ② 그래프
③ 온도계   ④ 고도계

해설 정적 표시장치에는 그래프, 간판, 도표 및 인쇄물 등이 있고, 동적 표시장치에는 기압계, 온도계, 온도 조절기, 레이더, 고도계, 속도계 및 TV 등이 있다.

24 조절장치를 켜는 경우에 있어서 기대되는 운동 방향이 잘못 된 것은?

① 조정장치를 반시계 방향으로 돌린다.
② 버튼을 우측으로 민다.
③ 스위치를 위로 올린다.
④ 조정 장치를 앞으로 민다.

해설 조정장치를 시계방향으로 돌린다.

25 인간의 기대가 자극들, 반응들 또는 자극-반응조합과 모순되지 않는 관계인 양립성의 분류에 속하지 않는 것은?

① 운동 양립성
② 공간적 양립성
③ 개념적 양립성
④ 형태적 양립성

해설 양립성의 분류에는 운동 양립성, 공간적 양립성 및 개념적 양립성 등이 있다.

26 인간의 시야 범위에는 한계가 있는데, 정상적 인간의 수평면 시야 범위는?

① 360°   ② 200°
③ 150°   ④ 100°

해설 시계의 범위를 알아 보면, 정상적인 인간의 시계 범위는 200°, 색채를 식별할 수 있는 시계의 범위는 70° 이다.

27 명도가 갖는 심리적 과정에 대한 설명 중 틀린 것은?

① 명도가 높을수록 가볍게 느껴지고, 명도가 낮을수록 무겁게 느껴진다.
② 명도가 높을수록 멀리보이고, 명도가 낮을수록 가까이 보인다.

③ 명도가 높을수록 빠르고, 경쾌하게 느껴지고, 명도가 낮을수록 둔하고 느리게 느껴진다.

④ 명도가 높을수록 크게 보이고, 명도가 낮을수록 작게 보인다.

해설 명도가 높을수록 가까이 보이고, 명도가 낮을수록 멀리 보인다.

28 정량적 표시장치 중 택시요금 계기와 같이 숫자로 표시되는 장치는 무엇이라고 하는가?

① 수평형 　　② 동침형

③ 계수형 　　④ 동목형

해설 정목 동침형은 눈금이 고정되고, 지침이 움직이는 형이고, 정침 동목형은 지침이 고정되고, 눈금이 움직이는 형이다.

29 4M에 대한 설명으로 틀린 것은?

① 기계(Machine): 표준화, 본질 안전화, 점검 정비 등

② 매개체(Media): 작업 관리, 환경 측정 등

③ 인간(Man): 커뮤니케이션, 팀워크 등

④ 관리(Management): 교육, 훈련 및 적성 배치 등

해설 인간과 기계를 잇는 매체인 매개체(Media)는 작업 방법이나 순서, 작업 정보의 실태나 환경과의 관계, 정리 정돈 등이 있다.

30 인간이 과오를 범하기 쉬운 작업 성격에 속하지 않는 것은?

① 장시간 작업

② 다경로 의사결정

③ 단독 작업

④ 공동 작업

해설 인간이 과오를 범하기 쉬운 작업 특성은 공동 작업, 속도와 정확성을 요하는 작업, 변별을 요하는 작업(다경로 의사결정, 장시간 감시 등) 및 부적당한 입력 특성을 갖는 경우 등이다.

31 움직이는 자세, 즉 워드 작업 또는 운전 등과 같이 인체의 각 부분이 서로 조화를 이루는 자세에서의 인체 치수를 측정하는 것에 해당되는 것은?

① 기능적 치수

② 정적 치수

③ 구조적 치수

④ 외곽 치수

해설 인체의 계측 방법에는 구조적 인체 치수(정적 인체 치수)와 기능적 인체 치수(동적 인체 치수)등이 있다.

32 인체측정자료 응용원칙 중 조작자와 제어버튼 사이의 거리, 선반의 높이, 조작에 필요한 힘 등을 정할 때 적용되는 원칙은?

① 조절식 설계

② 최대치 설계

③ 평균치 설계

④ 최소치 설계

해설 최대치수는 문, 탈출구, 통로 등의 공간 여유를 정할 때 적용한다.

33 50분 동안 5kcal/분으로 수행되는 작업을 할 때, 근로자에게 제공되어야 할 적절한 휴식시간은 얼마인가?

① 10.29분 　　② 14.29분

③ 18.29분 　　④ 23.29분

해설 R(휴식시간, 분)=

$$\frac{60 \times (E(\text{에너지소비량, kcal/분}) - 4)}{E - 1.5}$$ 이다.

그런데 $E = 5$kcal/분이므로

$$R = \frac{50 \times (5-1)}{5 - 1.5} = 14.29분 이다.$$

34 사람이 작업하는 데 사용하는 공간으로 작업 공간 포락면(Work Envelope)은 어떤 경우인가?

① 한 장소에 엎드려서 수행하는 작업 활동이다.
② 한 장소에 앉아서 수행하는 작업 활동이다.
③ 한 장소에 누워서 수행하는 작업 활동이다.
④ 한 장소에 서서 수행하는 작업 활동이다.

해설 작업 공간 포락면(Work Envelope)은 한 장소에 앉아서 수행하는 작업 활동이다.

35 다음과 같은 구역은 무엇인가?

> 작업 공간을 설계할 때, 위 팔을 자연스럽게 수직으로 늘어뜨린 채 아래팔만으로 편하게 뻗어 파악할 수 있는 구역이다.

① 파악 한계
② 정상작업구역
③ 최대작업구역
④ 작업공간 포락면

해설 작업 공간을 설계할 때, 위 팔을 자연스럽게 수직으로 늘어뜨린 채 아래팔만으로 편하게 뻗어 파악할 수 있는 구역은 정상작업구역이다.

36 착석식 작업대의 높이를 결정하는 요인과 관계가 먼 것은?

① 작업대의 형태
② 의자의 높이
③ 작업대의 두께
④ 대퇴 여유

해설 착석식 작업대의 높이 결정 요인은 의자의 높이, 작업대의 두께 및 대퇴 여유 등이다.

37 작업대의 높이가 부적절하게 높은 경우에 취해지는 자세가 아닌 것은?

① 겨드랑이 벌린 상태
② 가슴이 압박 받음
③ 머리를 들고 가슴, 어깨를 일으키는 자세
④ 앞 가슴을 위로 올리는 경향

해설 작업대의 높이가 높아진다고 하더라도 가슴을 압박하는 자세를 취하지 않는다.

38 인간과 기계가 직렬체계로 작업할 때 신뢰도는 얼마인가?(단, 인간의 신뢰도는 0.80이고, 기계의 신뢰도는 0.90이다.)

① 0.62   ② 1.5
③ 0.72   ④ 1.7

해설 직렬 신뢰도(R)=인간의 신뢰도×기계의 신뢰도=0.8×0.9=0.72이다.

39 인간과 기계가 병렬체계로 작업할 때 신뢰도는 얼마인가?(단, 인간의 신뢰도는 0.6이고, 기계의 신뢰도는 0.8이다.)

① 0.82   ② 0.88
③ 0.92   ④ 0.98

해설 병렬 신뢰도(R)=1-(1-인간의 신뢰도)×(1-기계의 신뢰도)=1-(1-0.6)×(1-0.8)=0.92이다.

40 다음 시스템의 신뢰도를 구하면 얼마인가?

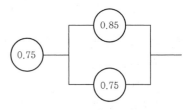

① 0.72   ② 0.83
③ 0.93   ④ 1.03

해설 병렬 신뢰도를 먼저 구하고, 직렬 신뢰도를 구한다.

즉, 병렬 신뢰도=1-(1-0.85)×(1-0.75)이고,
직렬 신뢰도=0.75×{1-(1-0.85)×(1-0.75)}
=0.721875이다.

41 병렬계의 특성에 대한 설명이다. 틀린 것은?

① 요소의 어느 하나가 정상적이면 계는 정상이다.
② 시스템의 수명은 요소 중 수명이 가장 긴 것으로 정해진다.
③ 병렬계는 요소의 중복도가 늘수록 계의 수명이 늘어난다.
④ 요소의 수가 많을수록 고장의 기회가 늘어난다.

해설 병렬계의 특성 중 요소의 수가 많을수록 고장의 기회가 늘어난다.

42 직렬계의 특성에 대한 설명이다. 틀린 것은?

① 계의 수명은 요소 중에서 수명이 가장 짧은 것으로 정해진다.
② 요소의 수가 많을수록 수명이 짧아진다.
③ 요수의 수가 적을수록 신뢰도가 낮아진다.
④ 요소 중 어느 하나가 고장이면 계는 고장이다.

해설 직렬계의 특성 중 요소의 수가 적을수록 신뢰도가 높아진다.

43 고장률의 유형 중 감소형은 어느 고장 기간에 나타나는가?

① 우발 고장 기간
② 피로 고장 기간
③ 초기 고장 기간
④ 마모 고장 기간

해설 고장률의 유형에서 초기 고장은 감소형, 우발 고장은 일정형, 마모 고장은 증가형이다.

44 어느 부품의 제조 공정 중 20,000개를 10,000시간에 10개의 불량품이 발생되었다고 한다. 평균 고장 시간(MTBF)의 값은 얼마인가?

① 20,000,000시간
② 18,000,000시간
③ 15,000,000시간
④ 12,000,000시간

해설 MTBF(평균 고장 시간)
$$= \frac{1}{\lambda(\text{고장률})} = \frac{\text{총 가동시간}}{\text{고장 건수}}$$
$$= \frac{20,000 \times 10,000}{10} = 20,000,000\text{시간}$$

45 평균 고장 시간이 2×10^7시간인 요소 4개소가 병렬계를 이루었을 때, 계의 수명은 얼마인가?

① 21,666,666.67시간
② 31,666,666.67시간
③ 41,666,666.67시간
④ 51,666,666.67시간

해설 시스템의 수명
$$= \text{MTBF} \times (1 + \frac{1}{2} + \frac{1}{3} + \frac{1}{4})$$
$$= 2 \times 10^7 \times (1 + \frac{1}{2} + \frac{1}{3} + \frac{1}{4})$$
$$= 41,666,666.67\text{시간}$$

46 다음 설명 중 페일세이프(Fail Save)의 개념으로 옳은 것은?

① 인간 또는 기계가 동작상의 실패가 있어도 사고를 발생시키지 않도록 하는 통제이다.
② 안전 사고를 예방할 수 없는 불안전한 상태와 조건이다.
③ 기계 장비의 성능이 생산에는 지장이 없으나, 안전상 위험한 상태이다.
④ 안전 장치가 고장난 상태이다.

해설 페일세이프(Fail Save)란 인간 또는 기계가 동작상의 실패가 있어도 사고를 발생시키지 않도록 하는 통제이다.

47 주어진 자극에 대한 인간이 갖는 변화 감지력을 표현하는 Weber법칙의 Wever비와 인간의 분별력과의 관계에 대한 설명 중 옳은 것은?

① Wever비와 분별력과는 관계가 없다.
② Wever비가 작을수록 분별력이 좋다.
③ Wever비가 클수록 분별력이 좋다.
④ Wever비는 모든 사람에 대해 일정하다.

해설 Wever의 법칙에서 Wever비가 작을수록 분별력이 좋다.

48 사람의 기술 분류에 해당되는 것은?

① 전신적, 조작적, 인식적, 언어적 기술
② 조작적, 인식적, 정적, 동적
③ 육체적, 지능적, 심리적, 언어적
④ 근력적, 정신적, 심리적, 조작적

해설 사람의 기술 분류는 전신적 기술(보행, 균형유지 등), 조작적 기술(연속적, 수차적, 이산적 형태를 포함), 인식적 기술 및 언어적 기술(의사 소통, 수화, 은유 또는 컴퓨터 언어 등) 등이다.

49 지역에 적응된 사람은 시간당 최고 0.5kg까지 땀을 흘린다. 이 사람 땀의 증발로 잃을 수 있는 열은 얼마인가? (단, 증발열은 2,410J/g 이다.)

① 134.722W
② 234.722W
③ 334.722W
④ 434.722W

해설 $H = \dfrac{2,410(\text{J/g}) \times 증발량(\text{g})}{증발\ 시간(초)}$

$= \dfrac{2,410 \times 500}{3,600} = 334.722\text{W} = 334.722\text{J/sec}$

50 연구실 또는 사무실 등의 정신 작업의 감각 온도로 적당한 것은?

① 30~35ET
② 40~45ET
③ 50~55ET
④ 60~65ET

해설 정신 작업, 즉 연구실 또는 사무실의 감각 온도는 60~65ET이다.

51 건구 온도는 43℃, 습구 온도는 32℃인 경우의 옥스퍼드 지수는 얼마인가?

① 31.65℃   ② 33.65℃
③ 35.65℃   ④ 37.65℃

해설 옥스퍼드(습건)지수
$= 0.85W(습구온도) + 0.15D(건구온도)$
$= 0.85 \times 32 + 0.15 \times 43 = 33.65℃$

52 추위 압박에 관한 설명 중 옳은 것은?

① 생존 한계는 피부 온도 0℃이다.
② 생존 한계는 피부 온도 28℃이다.
③ 추적 작업이 가장 큰 영향을 받는다.
④ 더위 압박보다 덜 위험하다.

해설 추위 압박에서 생존 한계는 피부 온도 28℃이다.

53 다음 중 조도를 올바르게 설명한 것은?

① 광원에 의한 눈부심이다.
② 1촉광이 발하는 광량이다.
③ 작업면의 밝기를 나타낸다.
④ 광원의 밝기를 나타낸다.

해설 조도는 작업면의 밝기를 나타낸다.

54 표준 회색의 빛의 반사율은 얼마인가?

① 10%   ② 20%
③ 30%   ④ 40%

해설 표준 회색의 빛의 반사율은 약 30% 정도이다.

55 반사광의 처리 방법으로 틀린 것은?

① 광원의 반사광을 줄이고, 수를 늘린다.
② 반사광의 주위를 밝게하여 광속 발산비를 줄인다.
③ 간접조명을 사용하여 작업 장소의 조명을 통일한다.
④ 차양판을 제거하여 눈에 직접 오도록 한다.

해설 반사광의 처리에 있어서 차양판을 설치하여 눈에 직접 오지 않도록 한다.

56 눈부심(휘광)이 시지각에 미치는 영향으로 옳은 것은?

① 시성능과 가시도의 향상
② 시성능과 가시도의 저하
③ 휘도의 향상
④ 대비와 가시도의 저하

해설 눈부심(휘광)은 불편을 주고, 시성능과 가시도를 저하시키는 단점이 있다.

57 산업안전 보건법의 규정에서 정밀 작업의 작업면 조명도는 얼마인가?

① 75럭스 이상   ② 150럭스 이상
③ 300럭스 이상   ④ 750럭스 이상

해설 산업안전 보건법의 규정에서 초정밀 작업은 750럭스 이상, 정밀 작업은 300럭스 이상, 보통 작업은 150럭스 이상, 기타 작업은 75럭스 이상이다.

58 작업장의 조명 수준에 대한 설명 중 옳은 것은?

① 작업 환경의 추천 휘도비는 5:1이다.
② 작업 영역에 따라 휘도의 차이를 작게한다.
③ 천장은 60% 이상의 반사율을 가지게 한다.
④ 실내 표면의 반사율은 천장에서 바닥의 순으로 증가시킨다.

해설 작업 환경의 추천 휘도비는 3:1이고, 천장은 80% 이상의 반사율을 가지게 하며, 실내 표면의 반사율은 바닥에서 천정의 순으로 증가시킨다.

59 소리의 크기와 높이를 판정하는데 사용하는 것은?

① 진동수와 진폭의 고저
② 진동수의 다소와 진폭의 고저
③ 진동수의 다소와 진폭의 다소
④ 진동수의 고저와 진폭의 다소

해설 소리의 크기와 높이를 판정하는데 사용하는 것은 진동수와 진폭의 고저이다.

60 음량의 수준을 측정할 수 있는 척도가 아닌 것은?

① 인식 소음 수준
② Sone에 의한 음량 수준
③ 지수에 의한 수준
④ Phone에 의한 음량 수준

해설 음의 크기와 수준은 Phone에 의한 음량 수준(1,000hz 순음의 음압 수준), Sone에 의한 음량 수준(40phon의 순압의 크기) 및 인식 소음 수준 등이다.

61 소음 노출로 인하여 발생하는 청력 손실에 대한 설명 중 틀린 것은?

① 청력 손실의 정도는 노출 소음 수준에 따라 감소한다.
② 청력의 손실은 4,000hz에서 크게 나타난다.
③ 강한 소음에 대해서는 노출 기간에 따라 청력 손실도 증가한다.
④ 약한 소음에 대해서는 노출 기간과 청력 손실의 관계가 없다.

해설 청력 손실의 정도는 노출 소음 수준에 따라 감소한다.

62 인간의 성능 중 진동의 영향을 가장 많이 받는 것은?

① 추적 능력　　② 반응 시간
③ 감시 작업　　④ 형태 식별

해설 진동이 인간의 성능에 미치는 영향은 반응 시간, 감시 및 형태 식별 등 중앙신경 처리에 달린 임무는 진동의 영향을 덜 받는다.

63 시스템 안전관리의 내용에 관계되지 않는 것은?

① 안전 활동의 조직
② 시스템 안전프로그램의 해석
③ 시스템의 어프로치
④ 다른 프로그램 영역과 조정 등

해설 시스템 안전관리의 내용은 동일성의 식별, 안전 활동의 계획, 조직과 관리, 다른 프로그램 영역과 조정 및 시스템 안전프로그램의 해석 등이다.

64 시스템 안전달성을 위한 시스템안전 설계단계 중 위험상태의 최소화 단계에 포함되는 것은?

① 페일 세이프
② 안전 장치
③ 특수한 수단 강구
④ 경보 장치

해설 시스템의 안전설계 원칙은 1순위(위험 상태 존재의 최소화 단계로 페일 세이프나 용장성을 도입), 2순위(안전 장치의 채용), 3순위(경보 장치의 채용) 및 4순위(특수한 수단 강구) 등이다.

65 위험성 분류 중 범주 Ⅳ에 해당되는 것은?

① 파국적　　② 한계적
③ 무시　　　④ 위기적

해설 위험성의 분류에서 범주Ⅰ(무시), 범주Ⅱ(한계적), 범주Ⅲ(위험) 및 범주Ⅳ(파국적)이다.

66 위험물의 저장 탱크와 같이 폭발의 위험이 있는 경우 사망 재해의 빈도는 925년에 1회 정도이고, 피해자는 1명이다. 1년간의 작업 시간을 2,600시간이라고 할 때 FAFR의 값으로 옳은 것은?

① 37.58　　② 39.57
③ 41.58　　④ 43.57

해설 FAFR은 근로시간 100,000,000시간 당 발생하는 사망자의 수를 나타내는 것이다.

즉 $\text{FAFR} = \dfrac{100,000,000}{925 \times 2,600} = 41.58$이다.

67 다음 중 위험성을 예측 평가하는 단계의 순서를 올바르게 나열한 것은?

> ㉠ 위험성 노출
> ㉡ 위험성 평가
> ㉢ 위험성 관리

① ㉢ → ㉡ → ㉠
② ㉡ → ㉠ → ㉢
③ ㉠ → ㉢ → ㉡
④ ㉠ → ㉡ → ㉢

해설 위험성을 예측 평가하는 단계의 순서는 위험성 노출 → 위험성 평가 → 위험성 관리의 순이다.

68 위험률의 산정에 대해서 바르게 표현한 것은?

① 사고의 빈도×재해 발생 건수이다.
② 사고의 크기×총 노동시간
③ 사고의 크기×사고의 빈도이다.
④ 노동 손실 일수×재해 발생 건수

해설 위험률=사고 발생 빈도×손실=사고의 크기×사고의 빈도이다.

69 시스템 안전을 위한 일반적인 분석 기법에 속하지 않는 것은?

① 고장률 분석
② 사상수 분석
③ 결함수 분석
④ 고장 형태와 영향 분석

해설 시스템 안전을 위한 일반적인 분석 기법의 종류는 ②, ③ 및 ④항 외에 예비사고분석, 인간과오율 예측기법, 경영소홀 및 위험수분석 등이다.

70 다음에서 설명하는 시스템 안전분석 기법은?

시스템 안전 프로그램에 있어서 최초 단계의 분석법으로 시스템 내의 위험 요소가 얼마나 위험 상태에 있는가를 정성적으로 평가하는 안전해석기법이다.

① MORT　　　② PHA
③ FHA　　　④ FMEA

71 다음에서 설명하는 시스템 안전분석 기법은?

복잡한 시스템에 있어서 각 서브시스템의 안전 해석에 이용되는 안전해석 기법이다.

① MORT　　　② PHA
③ FHA　　　④ FMEA

72 다음에서 설명하는 시스템 안전분석 기법은?

시스템 안전 분석에 이용되는 전형적인 정성적, 귀납적 분석방법으로서, 서식이 간단하고 비교적 적은 노력으로 특별한 훈련없이 분석이 가능하다는 장점을 가지고 있는 기법이다.

① MORT　　　② PHA
③ FHA　　　④ FMEA

73 시스템 안전 분석에 이용되는 FMEA의 기법 중 장점에 해당되는 것은 어느 것인가?

① 특별한 훈련없이 분석이 가능하다.
② 서식이 복잡하다.
③ 각 요소 간 분석이 용이하다.
④ 논리성이 다양하다.

해설 FMEA의 기법은 시스템 안전 분석에 이용되는 전형적인 정성적, 귀납적 분석방법으로서, 서식이 간단하고 비교적 적은 노력으로 특별한 훈련 없이 분석이 가능하다는 장점을 가지고 있는 기법이다.

74 FMEA의 위험성 분류에서 카테고리 2에 해당되는 것은?

① 생명 또는 가옥의 상실
② 활동의 지연
③ 영향 없음
④ 작업 수행의 실패

해설 FMEA의 위험성 분류는 카테고리 1.(생명 또는 가옥의 상실), 카테고리 2.(작업 수행의 실패), 카테고리 3.(활동의 지연) 및 카테고리 1.(영향이 없음) 등이다.

75 다음에서 설명하는 시스템 안전분석 기법은?

고장의 형태와 영향 해석은 본래의 정성적 방법이나 이를 정량적으로 보완하기 위하여 개발된 분석법이다.

① MORT
② PHA
③ FMECA
④ FMEA

76 다음에서 설명하는 시스템 안전분석 기법은?

> 설비의 설계 단계에서부터 사용단계까지의 각 단계에서 위험을 분석하는 귀납적, 정량적 분석 방법이다.

① MORT ② PHA
③ ETA ④ FMEA

77 다음에서 설명하는 시스템 안전분석 기법은?

> 인간의 과오를 정량적으로 평가하기 위한 기법으로서 인간의 과오율의 추정법 등 5개 스텝으로 되어 있는 기법이다.

① MORT ② THERP
③ FMECA ④ FMEA

78 시스템의 수명 주기 중 PHA기법이 최초로 사용되는 단계로 옳은 것은?

① 정의 단계 ② 개발 단계
③ 생산 단계 ④ 구상 단계

해설 PHA기법이 최초로 사용되는 단계는 안전성 평가 단계의 1단계인 구상 단계이다.

79 다음에서 설명하는 시스템 안전분석 기법은?

> 미국에너지 개발청에서 개발된 기법으로 관리, 설계, 생산, 보전 등의 넓은 범위의 안전성을 검토하기 위한 기법으로 70년대 산업안전을 목적으로 개발된 시스템 안전프로그램이다.

① MORT ② THERP
③ FMECA ④ FMEA

80 시스템의 설계 단계에서 이루어져야 할 시스템 안전 부문의 작업에 속하지 않는 것은?

① 운영 안전성 분석을 실시한다.
② 예비위험분석을 완전한 시스템 안전 위험 분석으로 경신, 발전시킨다.
③ 구상 단계에서 작성된 시스템 안전 프로그램 계획을 실시한다.
④ 장치 설계에 반영할 안전성 설계 기준을 결정하여 발표한다.

해설 운영 안전성 분석은 시스템의 제조, 조립 및 시험 단계에서 실시하고, 설계 단계에서 실시하는 것이 아니다.

81 다음은 무엇에 대한 설명인가?

> 관리 기술의 일종으로 신기술, 신공법을 도입함에 있어서 설계, 제조, 사용의 전 과정에 걸쳐서 위험성의 게재여부를 사전에 검토하는 것이다.

① 안전 분석 ② 안전성 평가
③ 위험성 평가 ④ 예비 위험 분석

82 위험 및 운전성 검토에서의 검토 절차를 바르게 나타내는 것은?

① 목적과 범위를 결정 → 검토팀을 선정 → 검토 실시 → 검토 검토 → 후속 조치 → 결과 기록의 순이다.
② 목적과 범위를 결정 → 검토팀을 선정 → 검토 준비 → 검토 실시 → 후속 조치 → 결과 기록의 순이다.
③ 목적과 범위를 결정 → 검토팀을 선정 → 검토 준비 → 검토 실시 → 결과의 기록 → 후속 조치의 순이다.
④ 검토팀을 선정 → 목적과 범위를 결정 → 검토 준비 → 검토 실시 → 후속 조치 → 결과 기록의 순이다.

해설 위험 및 운전성 검토의 절차는 목적과 범위를 결정 → 검토팀을 선정 → 검토 준비 → 검토 실시 → 후속 조치 → 결과 기록의 순이다.

83 위험 및 운전성 검토에서 성질상 감소를 나타내는 유인어는?

① No 또는 Not
② As Well As
③ Part of
④ More 또는 Less

해설 ①항은 설계의도의 완전한 부정, ②항은 성질상의 증가, ④항은 양의 증가 또는 감소를 의미하고, Reverse는 설계 의도의 논리적인 역, Other than은 완전한 대체를 의미한다.

84 안전성 평가의 6단계에 의하여 평가하는 데, 이에 해당되지 않는 것은?

① 정성적 평가
② 작업 조건의 평가
③ 재해정보에 의한 재평가
④ FTA에 의한 재평가

해설 안전성 평가의 6단계의 종류는 1단계(관계 자료의 정비검토), 제2단계(정성적 평가), 제3단계(정량적 평가), 제4단계(안전대책), 제5단계(재해정보에 의한 재평가) 및 제6단계(FTA에 의한 재평가)이다.

85 안전성 평가의 5단계 중 4단계에 해당되는 것은?

① 관계 자료의 작성 준비
② 정성적 평가
③ 정량적 평가
④ 안전 대책

해설 안전성 평가의 5단계의 종류는 1단계(관계 자료의 작성준비), 제2단계(정성적 평가), 제3단계(정량적 평가), 제4단계(안전대책) 및 제5단계(재평가)이다.

86 공장설비의 안전성 평가의 순서로 맞는 것은?

① 관계 자료의 작성준비 → 정성적 평가 → 정량적 평가 → 안전대책 → 재평가의 순이다.
② 관계 자료의 작성준비 → 정량적 평가 → 정성적 평가 → 안전대책 → 재평가의 순이다.
③ 관계 자료의 작성준비 → 정량적 평가 → 정성적 평가 → 재평가 → 안전대책의 순이다.
④ 관계 자료의 작성준비 → 정성적 평가 → 정량적 평가 → 재평가 → 안전대책의 순이다.

해설 안전성 평가의 5단계의 종류는 1단계(관계 자료의 작성준비), 제2단계(정성적 평가), 제3단계(정량적 평가), 제4단계(안전대책) 및 제5단계(재평가)이다.

87 안전성 평가의 4가지 기법에 속하지 않는 것은?

① 재해정보로부터 재평가
② 체크리스트에 의한 평가
③ 결함수 분석법
④ 위험의 예측 평가

해설 안전성 평가의 4가지 기법의 종류는 ②, ③ 및 ④항 외에 고장형과 영향 분석 등이다.

88 화학설비의 안전성 평가의 5단계 중 4단계의 정량적 평가결과에 따라 대책을 수립하는데 4단계의 대책은?

① 설비 및 관리적 대책
② 관리 및 교육적 대책
③ 교육적 및 정신적 대책
④ 교육적 및 설비 등에 대한 대책

해설 화학설비의 안전성 평가의 5단계 중 4단계의 안전대책에는 설비 대책(안전장치 및 방재장치에 관한 배려)과 관리적 대책(인원 배치, 교육 훈련 및 보전에 대해 배려) 등이 있다.

89 FTA(Fault Tree Analysis)의 정의로 옳은 것은?

① 재해 발생을 연역적, 정량적으로 해석, 예측할 수 있다.
② 재해 발생을 귀납적, 정성적으로 해석, 예측할 수 있다.
③ 재해 발생을 연역적, 정성적으로 해석, 예측할 수 있다.
④ 재해 발생을 귀납적, 정량적으로 해석, 예측할 수 있다.

[해설] FTA(Fault Tree Analysis)는 재해 발생을 연역적, 정량적으로 해석, 예측할 수 있다.

90 재해의 발생과정 및 원인을 연역적으로 추론하는 FTA(Fault Tree Analysis)를 최초 고안한 자는?

① Rasmussen
② Waston
③ Petersen
④ Swain

[해설] FTA(Fault Tree Analysis)는 1962년 미국의 벨전화 연구소의 Waston에 의해 군사용으로 고안되었다.

91 다음 그림은 무슨 사상을 나타내는가?

① 통상 사상　② 결함 사상
③ 생략 사상　④ 기본 사상

[해설] 결함 사상은 장방형(직사각형) 기호로 표시한다.

92 다음 그림은 무슨 사상을 나타내는가?

① 통상 사상　② 결함 사상
③ 생략 사상　④ 기본 사상

[해설] 기본 사상은 원기호로 표시한다.

93 다음 그림은 무슨 기호를 나타내는가?

① 통상 사상　② 전이 기호
③ 조건 기호　④ 기본 사상

[해설] 전이 기호는 삼각형의 기호로 표시한다.

94 다음은 어떤 논리 명칭에 대한 설명인가?

> FTA(Fault Tree Analysis)에 사용되는 논리 명칭 중 입력의 사상 어느 하나가 일어나도 출력의 사상이 일어난다고 할 때의 논리 명칭이다.

① AND게이트
② 기본 사항
③ 통상 사항
④ OR게이트

[해설] 입력의 사상 어느 하나가 일어나도 출력의 사상이 일어난다고 할 때의 논리 명칭은 OR게이트이다.

95 다음은 어떤 논리 명칭에 대한 설명인가?

> 입력 현상 중 어떤 현상이 다른 현상보다 먼저 일어난 때에 출력 현상이 생기는 수정 게이트이다.

① 우선적 AND게이트
② AND게이트
③ 조합 AND게이트
④ 배타적 OR게이트

[해설] 입력 현상 중 어떤 현상이 다른 현상보다 먼저 일어난 때에 출력 현상이 생기는 수정 게이트는 우선적 AND게이트이다.

96 다음은 어떤 논리 명칭에 대한 설명인가?

> 3개 이상의 입력현상 중 언젠가 2개가 일어난다면 출력이 생기는 결함수에 이용되는 게이트이다.

① 우선적 AND 게이트
② AND 게이트
③ 조합 AND 게이트
④ 배타적 OR 게이트

해설 3개 이상의 입력현상 중 언젠가 2개가 일어난다면 출력이 생기는 결함수에 이용되는 게이트는 조합 AND 게이트이다.

97 FTA(Fault Tree Analysis)에 의한 재해 사례 연구순서 중 3단계에 속하는 것은?

① 톱(정상)사상의 선정
② 사상의 재해원인 규명
③ FT도 작성
④ 개선 계획의 작성

해설 FTA(Fault Tree Analysis)에 의한 재해사례 연구순서는 제1단계(톱사상의 선정), 제2단계(사상의 재해원인의 규명), 제3단계(FT도의 작성) 및 제4단계(개선 계획의 작성)이다.

98 FTA(Fault Tree Analysis)의 활용에 따른 기대효과가 아닌 것은?

① 사고 원인 분석의 정성화
② 사고 원인 규명의 간편화
③ 사고 원인 분석의 일반화
④ 노력과 시간의 절감

해설 FTA(Fault Tree Analysis)의 활용에 따른 기대효과는 ②, ③ 및 ④항 외에 시스템의 결함 진단, 안전 점검표의 작성 등이 있다.

99 다음과 같은 경우 일어나는 현상은?

> 재해예방 측면에서 FT의 상부측 정상 사상에 가까운 쪽의 OR게이트를 어떠한 인터록이나 안전장치 등에 의해 AND 게이트로 바꾼 경우이다.

① 재해율의 점진적인 증가
② 재해율의 급격한 감소
③ 재해율의 변화가 없음
④ 재해율의 급격한 증가

해설 재해예방 측면에서 FT의 상부측 정상사상에 가까운 쪽의 OR 게이트를 어떠한 인터록이나 안전장치 등에 의해 AND 게이트로 바꾼 경우에는 재해발생확률이 급격히 감소한다.

100 다음 그림과 같은 A 시스템의 발생 확률은?

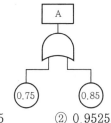

① 0.9425
② 0.9525
③ 0.9625
④ 0.9725

해설 발생 확률=1-(1-0.75)(1-0.85)=0.9625

101 다음 설명과 같은 조합은 무엇인가?

> FT도의 가운데에서 특정한 집합 중의 기본사상들이 동시에 고장이 발생하면 틀림없이 톱사상의 고장이 발생하는 조합이다.

① 패스 셋
② 억제 게이트
③ 최대 패스 셋
④ 컷 셋

해설 패스 셋은 정상 사상이 일어나지 않는 기본 사상의 집합을 패스라고 하고, 최소한의 패스을 미니멀 패스라고 하고, 컷 셋은 정상 사상을 일으키는 기본 사상의 집합을 컷이라고 하고, 최소한의 컷을 미니멀 컷이라고 한다.

102 어떤 결함수의 쌍대 결함수를 구하여 컷 셋을 구하면 이 컷셋은 본래 결함수의 무엇이 되는가?

① 패스 셋
② 억제 게이트
③ 최대 패스 셋
④ 컷 셋

해설 패스 셋은 정상 사상이 일어나지 않는 기본 사상의 집합을 패스라고 하고, 최소한의 패스 을 미니멀 패스라고 하고, 컷 셋은 정상 사상 을 일으키는 기본 사상의 집합을 컷이라고 하고, 최소한의 컷을 미니멀 컷이라고 한다.

산업기사
과년도
출제문제

2023년 산업기사 기출문제는 CBT로 시행되었으며, 수험생의 기억에 의해 복원된 문제이므로 실제 시험문제와 상이할 수 있습니다.

제1과목 건축 일반

01 벽타일 접착붙이기에서 접착제의 1회 바름 면적은 최대 얼마 이하로 하여야 하는가?

① $1m^2$
② $2m^2$
③ $3m^2$
④ $4m^2$

해설 벽타일 접착붙이기에 있어서 **접착제의 1회 바름 면적은 $2m^2$ 이내로** 하여야 한다.

02 보강 블록공사에 관한 설명으로 옳지 않은 것은?

① 살두께가 작은 편을 위로 하여 쌓는다.
② 치장줄눈을 할 때에는 흙손을 사용하여 줄눈이 완전히 굳기 전에 줄눈파기를 한다.
③ 개구부 상하부의 가로근을 양측 벽부에 묻을 때의 정착 길이는 $40d$ 이상으로 한다.
④ 보강 블록조와 라멘 구조가 접하는 부분은 보강 블록조를 먼저 쌓고 라멘 구조를 나중에 시공한다.

해설 보강 블록공사에서 **블록의 살두께가 두꺼운 면을 위로 하여** 쌓아야 하는 이유는 보강 콘크리트를 넣을 경우에 큰 골재의 삽입이 쉽게 하기 위함이다.

03 벽타일 붙이기 공법 중 압착 붙이기에 관한 설명으로 옳지 않은 것은?

① 벽면의 위에서 아래로 붙여 나간다.
② 타일의 1회 붙임 면적은 $2m^2$ 이하로 한다.
③ 붙임 시간은 모르타르 배합 후 15분 이내로 한다.
④ 붙임 모르타르의 두께는 5~7mm를 표준으로 한다.

해설 타일의 1회 붙임 면적은 모르타르의 경화속도 및 작업성을 고려하여 $1.2m^2$ 이하로 한다. 벽면의 위에서 아래로 붙여 나가며, 붙임 시간은 모르타르 배합 후 15분 이내로 한다.

04 시멘트 모르타르 바름 미장공사에서 콘크리트 바탕의 내벽에 초벌 바름을 할 경우 사용되는 모르타르의 표준배합(용적비)은? (단, 시멘트 : 모래)

① 1 : 2
② 1 : 3
③ 1 : 4
④ 1 : 5

해설 시멘트 모르타르 바름 미장공사에서 콘크리트 바탕의 내벽에 초벌 바름을 할 경우 사용되는 **모르타르의 표준배합(용적비)은 시멘트 : 모래 =1 : 3이다**(건축공사 표준시방서 15015. 3.2 참고).

05 다음은 건축공사 표준시방서에 따른 벽돌 벽체의 내쌓기에 관한 설명이다. ( ) 안에 알맞은 것은?

> 벽돌 벽면 중간에서 내쌓기를 할 때에는 2켜씩 (㉠) 또는 1켜씩 (㉡) 내쌓기로 하고 맨 위는 2켜 내쌓기로 한다.

① ㉠ $1B$, ㉡ $\frac{1}{2}B$

② ㉠ $\frac{1}{2}B$, ㉡ $\frac{1}{4}B$

③ ㉠ $\frac{1}{4}B$, ㉡ $\frac{1}{8}B$

④ ㉠ $\frac{1}{8}B$, ㉡ $\frac{1}{16}B$

해설 벽돌벽의 내쌓기에 있어서 벽돌 벽면 중간에서 내쌓기를 할 때에는 2켜씩 $\frac{1}{4}B$ 또는 1켜씩 $\frac{1}{8}B$ 내쌓기를 하고, 맨 위는 2켜 내쌓기로 한다.

06 단순조적 블록공사에 관한 설명으로 옳지 않은 것은?

① 살두께가 큰 편을 위로 하여 쌓는다.

② 특별한 지정이 없으면 줄눈은 10mm가 되게 한다.

③ 하루의 쌓기 높이는 1.5m(블록 7켜 정도) 이내를 표준으로 한다.

④ 단순조적 블록쌓기의 세로줄눈은 도면 또는 공사시방서에서 정한 바가 없을 때에는 통줄눈으로 한다.

해설 단순조적 블록쌓기의 세로줄눈은 도면 또는 공사시방서에서 정한 바가 없을 때에는 막힌줄눈(응력을 분포시키기 위함)으로 한다(건축공사 표준시방서 07000. 3.3 참고).

07 다음과 같은 타일을 욕실 바닥에 붙일 경우 줄눈 폭의 표준은?

> • 재질 : 자기질
> • 크기 : 200mm×200mm 이상
> • 두께 : 7mm 이상

① 2mm ② 3mm

③ 4mm ④ 5mm

해설 욕실 바닥에 자기질 타일(200mm×200mm 이상)을 붙일 경우 줄눈 폭의 표준은 4mm이고, 타일의 두께는 7mm 이상이다(건축공사 표준시방서 09000. 2.1.1 참고).

08 다음과 같은 평면표시기호가 의미하는 출입구의 명칭은?

① 회전문 ② 접이문

③ 주름문 ④ 쌍여닫이문

해설 출입구의 평면표시기호

명칭	평면표시기호
접이문	
주름문	
쌍여닫이문	

09 다음 중 건축공사비의 구성에서 직접공사비의 항목에 속하지 않는 것은?

① 이윤 ② 노무비

③ 외주비 ④ 재료비

해설 순공사비는 직접공사비와 간접공사비로 구분하고, 직접공사비의 종류에는 재료비, 노무비, 외주비, 경비 등이 있으며, 이윤은 총공사비에 포함된다.

10 다음은 벽돌공사에서 공간쌓기에 관한 설명이다. ( ) 안에 알맞은 것은?

> 연결재의 배치 및 거리간격의 최대 수직거리는 (㉠)를 초과해서는 안 되고, 최대 수평거리는 (㉡)를 초과해서는 안 된다.

① ㉠ 300mm, ㉡ 600mm
② ㉠ 400mm, ㉡ 900mm
③ ㉠ 600mm, ㉡ 300mm
④ ㉠ 900mm, ㉡ 400mm

해설 벽돌공사의 공간쌓기에 있어서, 연결재의 배치 및 거리간격의 최대 수직거리는 400mm를 초과해서는 안 되고, 최대 수평거리는 900mm를 초과해서는 안 된다.

11 벽타일붙임공법 중 접착붙이기에 관한 설명으로 옳지 않은 것은?

① 외장공사에 한하여 적용한다.
② 붙임바탕면을 여름에는 1주 이상, 기타 계절에는 2주 이상 건조시킨다.
③ 접착제의 1회 바름면은 $2m^2$ 이하로 하고 접착제용 흙손으로 눌러 바른다.
④ 바탕이 고르지 않을 때에는 접착제에 적절한 충전재를 혼합하여 바탕을 고른다.

해설 벽타일붙이기공법 중 접착붙이기는 내장공사에 한하여 적용한다(건축공사 표준시방서 09000. 3.2.5 참고).

12 미장공사에서 콘크리트 바탕의 조건으로 옳지 않은 것은?

① 거푸집을 완전히 제거한 상태로서, 부착상 유해한 잔류물이 없도록 한다.
② 콘크리트는 타설 후 28일 이상 경과한 다음 균열, 재료분리, 과도한 요철 등이 없어야 한다.
③ 설계변경, 기타의 요인으로 바름두께가 커져서 손질바름의 두께가 10mm를 초

과할 때는 철망 등을 긴결시켜 콘크리트를 덧붙여야 한다.
④ 콘크리트의 이어치기 또는 타설시간의 차이로 이어친 부분에서 누수의 원인이 될 우려가 있는 곳은 적절한 방법으로 미리 방수처리를 한다.

해설 미장공사에서 콘크리트바탕의 조건 중 설계변경, 기타의 요인으로 바름두께가 커져서 손질바름의 두께가 25mm를 초과할 때에는 철망 등을 긴결시켜 콘크리트를 덧붙여야 한다.

13 모자이크타일의 수량 산정 시 적용하는 할증률은?

① 3%   ② 7%
③ 10%   ④ 15%

해설 타일의 수량은 산출하는 경우, 모자이크 타일, 자기질 타일, 도기질 타일의 할증률은 3%로 한다.

14 다음 그림에서 치수기입법이 잘못된 것은?

① A
② B
③ C
④ D

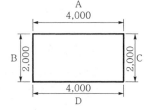

해설 치수는 치수선 상단의 중앙부에 왼쪽에서 오른쪽으로, 아래에서 위로 기록하여야 하므로 B가 잘못된 것이다.

15 다음 설명에 알맞은 계약방식은?

> 발주측이 프로젝트공사비를 부담하는 것이 아니라 민간 부분 수주측이 설계, 시공 후 일정기간 시설물을 운영하여 투자금을 회수하고 시설물과 운영권을 무상으로 발주측에 이전하는 방식

① BOT방식   ② BTO방식
③ BOO방식   ④ 성능발주방식

해설 BTO(Build Transfer Operate)는 사회간접시설을 민간 부분이 주도하여 프로젝트를 설계·시공한 후 시설물의 소유권을 공공 부분에 먼저 이전하고 약정기간 동안 그 시설물을 운영하여 투자금액을 회수하는 방식으로 **설계·시공 → 소유권 이전 → 운영**하는 방식이고, BOO(Build Operate Own)는 사회간접시설을 민간 부분이 주도하여 프로젝트를 설계·시공한 후 그 시설의 운영과 함께 소유권도 민간에 이전하는 방식으로 **설계·시공 → 운영 → 소유권 획득**하는 방식이다. **성능 발주방식**은 건축공사 발주 시 설계 도서를 쓰지 않고 건물의 성능을 표시하여 그 성능만을 실현하는 것을 계약내용으로 하는 방식이다.

16 ALC블록공사에서 비내력벽쌓기에 관한 설명으로 옳지 않은 것은?

① 줄눈의 두께는 1~3mm 정도로 한다.
② 모서리 및 교차부쌓기는 끼어쌓기를 원칙으로 하며 통줄눈쌓기로 한다.
③ 연속되는 벽면의 일부를 트이게 하여 나중 쌓기로 할 때에는 그 부분을 층단떼어쌓기로 한다.
④ 콘크리트구조체와 블록벽이 만나는 부분 및 블록벽이 상호 만나는 부분에 대해서는 접합철물을 사용하여 보강하는 것을 원칙으로 한다.

해설 **ALC블록공사**에서 모서리 및 교차부쌓기는 끼어쌓기를 원칙으로 하여 **통줄눈이 생기지 않도록 한다.** 직각으로 만나는 벽체의 한 편을 나중 쌓을 때는 층단쌓기로 하며, 부득이한 경우 담당원의 승인을 얻어 층단으로 켜거름 들여쌓기로 하거나 이음보강철물을 사용한다.

17 벽돌쌓기에 관한 설명으로 옳지 않은 것은?

① 세로줄눈은 통줄눈이 되지 않도록 한다.
② 하루의 쌓기 높이는 1.2m(18켜 정도)를 표준으로 한다.
③ 벽돌쌓기는 도면 또는 공사시방서에서 정한 바가 없을 때에는 영식쌓기 또는 불식쌓기로 한다.

④ 가로 및 세로줄눈의 너비는 도면 또는 공사시방서에서 정한 바가 없을 때에는 10mm를 표준으로 한다.

해설 **벽돌쌓기**는 도면 또는 공사시방서에서 정한 바가 없을 때에는 **영식 쌓기** 또는 **화란식 쌓기**로 한다.

18 벽돌의 공간쌓기에 대한 설명 중 옳지 않은 것은?

① 공간쌓기는 도면 또는 공사시방서에 정한 바가 없을 때에는 바깥쪽을 주벽체로 하고 안쪽은 반장쌓기로 한다.
② 공간 너비는 통상 50~70mm(단열재 두께 +10mm) 정도로 한다.
③ 개구부 주위 400mm 이내에는 800mm 이하 간격으로 연결철물을 추가 보강한다.
④ 연결재의 배치 및 간격은 수평거리 900mm 이하 수직거리 400mm 이하로 한다.

해설 연결재의 배치 및 간격은 수평거리 900mm 이하 수직거리 400mm 이하로 한다. **개구부 주위 300mm 이내에는 900mm 이하 간격으로 연결철물을 추가 보강**한다.

19 벽돌공사에 관한 설명으로 옳지 않은 것은?

① 창문틀을 먼저 세우기 할 경우에는 그 밑까지 벽돌을 쌓고 24시간 경과한 다음에 세운다.
② 창문틀은 도면 또는 공사시방서에서 정한 바가 없을 때에는 원칙적으로 나중 세우기로 한다.
③ 창대벽돌은 도면 또는 공사시방서에서 정한 바가 없을 때에는 그 윗면을 15° 정도의 경사로 옆 세워 쌓는다.
④ 아치쌓기는 그 축선에 따라 미리 벽돌 나누기로 하고, 아치의 어깨에서부터 좌우대칭형으로 균등하게 쌓는다.

해설 창문틀은 도면 또는 공사시방서에서 정한 바가 없을 때에는 **원칙적으로 먼저 세우기로** 하고, 나중 세우기로 할 때에는 가설틀 또는 먼저 설치 고정한 나무벽돌 또는 연결철물의 재료, 구조 및 공법 등의 상세를 나타낸 공작도를 작성하여 담당원의 승인을 받아 시공한다.

20 시멘트모르타르바름공사에 관한 설명으로 옳지 않은 것은?

① 바름두께가 너무 두껍거나 얼룩이 심할 때는 고름질을 한다.

② 재료의 1회 비빔량은 2시간 이내 사용할 수 있는 양으로 한다.

③ 초벌바름에 이어서 고름질을 한 다음에는 즉시 재벌바름을 한다.

④ 모르타르의 수축에 따른 흠, 갈라짐을 고려하여 적당한 바름면적에 따라 줄눈을 설치한다.

해설 시멘트모르타르바름공사에 있어서 바름두께가 너무 두껍거나 얼룩이 심할 때는 고름질을 한다. **초벌바름에 이어서 고름질을 한 다음에는 초벌바름과 같은 방치기간**(초벌바름 또는 라스먹임은 2주일 이상)**을 둔다.** 고름질 후에는 쇠갈퀴 등으로 전면을 거칠게 긁어놓는다.

제2과목 **조적, 미장, 타일 시공 및 재료**

21 안전·보건표지의 기본 모형 중 하나인 다음 그림이 의미하는 것은?

① 금지표지　　② 지시표지

③ 경고표지　　④ 안내표지

해설 **금지표지**는 원형에 금지사항 표기, **지시표지**는 원형에 지시사항 표기, **안내표지**는 원형 및 사각 내에 안내사항 표기 등으로 표시한다.

22 안전교육의 추진방법 중 안전에 관한 동기부여에 관한 내용으로 옳지 않은 것은?

① 자기보존본능을 자극한다.

② 물질적 이해관계에 관심을 두게 한다.

③ 동정심을 배제하게 한다.

④ 통솔력을 발휘하게 한다.

해설 동기부여의 방법

내적 동기유발은 목표의 인식, 성취의욕의 고취, 흥미 등의 방법, 지적 호기심의 제고, 적절한 교재의 제시 등이, **외적 동기유발**은 경쟁심의 이용, 성공감과 만족감을 갖게 할 것, 학습의욕의 환기 등이 있다.

23 어느 공장에서 200명의 근로자가 1일 8시간, 연간 평균근로일수 300일, 이 기간 안에 재해 발생건수가 6건일 때 도수율은?

① 12.5

② 17.5

③ 22.5

④ 24

해설 도수율은 100만 시간을 기준으로 한 재해 발생건수의 비율로 빈도율이라고도 한다. 즉 **도수(빈도)율** $= \dfrac{\text{재해 발생건수}}{\text{근로 총시간수}} \times 1{,}000{,}000$ 이다. 그런데 재해 발생건수는 6건, 근로 총시간수는 $200 \times 8 \times 300$ $= 480{,}000$시간이다. 그러므로

$$\text{도수(빈도)율} = \frac{\text{재해 발생건수}}{\text{근로 총시간수}} \times 1{,}000{,}000$$
$$= \frac{6}{480{,}000} \times 1{,}000{,}000$$
$$= 12.5$$

즉, 도수(빈도)율이 12.5란 100만 시간당 12.5건의 재해가 발생하였다는 의미이다.

24 다음 중 B급 화재에 속하는 것은?

① 유류에 의한 화재

② 일반가연물에 의한 화재

③ 전기장치에 의한 화재

④ 금속에 의한 화재

해설 화재의 분류

구분	A급 (일반)	B급 (유류)	C급 (전기)	D급 (금속)	E급 (가스)	F급 (식용유)
색깔	백색	황색	청색	무색	황색	

해설 선의 종류와 용도

종류		용도	굵기(mm)
실선	점선	단면선, 외형선, 파단선	굵은 선 (0.3~0.8)
	가는 선	치수선, 치수보조선, 인출선, 지시선, 해칭선	가는 선 (0.2 이하)
허선	파선	물체의 보이지 않는 부분	중간선 (점선 1/2)
	1점쇄선	중심선(중심축, 대칭축)	가는 선
		절단선, 경계선, 기준선	중간선
	2점쇄선	물체가 있는 가상 부분(가상선), 1점쇄선과 구분	중간선 (점선 1/2)

25 공동도급(joint venture)에 관한 설명으로 옳지 않은 것은?

① 공사수급의 경쟁완화수단이 된다.

② 기술의 확충, 강화 및 경험의 증대가 가능하다.

③ 공사의 이윤은 각 회사의 출자비율로 배당된다.

④ 일반적으로 단일회사의 도급공사보다 경비가 감소된다.

해설 **공동도급**은 대규모 공사시공에 대하여 시공자의 기술, 자본 및 위험 등의 부담을 분산, 감소시킬 목적으로 수 개의 건설회사가 공동출자한 기업체를 한 회사의 입장에서 공사수급, 시공하는 도급형태이다. 그 특성은 위험성의 분산, 기술의 확충, 공사이행의 확실성, 공사도급경쟁의 완화, 융자력 및 신용도의 증대, **단일회사의 도급** 또는 **일식도급보다 공사비와 경비가 증대**된다.

26 다음 도면의 방향에 관한 설명 중 ( ) 안에 알맞은 것은?

> 평면도, 배치도 등은 ( )을/를 위로 하여 작도함을 원칙으로 한다.

① 동 　　　　② 서

③ 남 　　　　④ 북

해설 평면도, 배치도 등은 **북을 위로 하여 작도함을** 원칙으로 한다.

27 용도에 따른 선의 종류가 옳지 않은 것은?

① 단면선 : 실선

② 기준선 : 1점쇄선

③ 치수보조선 : 실선

④ 절단선 : 파선 또는 점선

28 타일공사에서 다음과 같이 정의되는 공법은?

> 먼저 시공된 모르타르 바탕면에 붙임모르타르를 도포하고, 모르타르가 부드러운 경우에 타일 속면에도 같은 모르타르를 도포하여 벽 또는 바닥타일을 붙이는 공법

① 떠붙임

② 마스크붙임

③ 접착제붙임

④ 개량압착붙임

해설 ① **떠붙임** : 타일 뒷면에 붙임모르타르를 바르고 빈틈이 생기지 않게 바탕에 눌러 붙이는 공법으로, 붙임모르타르의 두께는 12~24mm를 표준으로 한다.

② **마스크붙임** : 유닛화된 50mm 각 이상의 타일 표면에 모르타르 도포용 마스크를 덧대어 붙임모르타르를 바르고 마스크를 바깥에서부터 바탕면에 타일을 바닥면에 누름하여 붙이는 공법이다.

③ **접착제붙임** : 유기질접착제를 바탕면에 도포하고, 이것에 타일을 세차게 밀어 넣어 바닥면에 누름하여 붙이는 공법이다.

29 미장공사에 사용되는 석고계 셀프레벨링재의 구성재료에 속하지 않는 것은?

① 모래
② 시멘트
③ 유동화제
④ 경화지연제

해설 **석고계 셀프레벨링재**(미장재료 자체가 유동성을 갖고 있기 때문에 평탄하게 되는 성질이 있는 미장재료)는 석고에 모래, 경화지연제, 유동화제 등 각종 혼화제를 혼합하여 자체 평탄성이 있는 것이고, **시멘트계 셀프레벨링재**는 시멘트에 모래, 분산제, 유동화제 등 각종 **혼화제를 혼합**하여 자체 평탄성이 있는 것으로 필요할 경우는 팽창재 등의 혼화재료를 사용한다(건축공사 표준시방서 15000. 2.6.10 참고).

30 시멘트 모르타르바름 미장공사에서 콘크리트 바탕의 바깥벽에 초벌바름을 할 경우 사용되는 모르타르의 표준배합(용적비)은? (단, 시멘트 : 모래)

① 1 : 2
② 1 : 3
③ 1 : 4
④ 1 : 5

해설 **시멘트 모르타르바름** 미장공사에서 콘크리트 바탕의 바깥벽에 초벌바름을 할 경우 사용되는 **모르타르의 표준배합(용적비)**은 시멘트 : 모래=1 : 2이다(건축공사 표준시방서 15015. 3.2 참고).

31 욕실 바닥에 자기질 타일을 붙일 경우 타일 두께는 얼마 이상이어야 하는가? (단, 타일의 크기가 200mm×200mm 이상인 경우)

① 2mm
② 7mm
③ 9mm
④ 10mm

해설 **욕실 바닥에 자기질 타일**(200mm×200mm 이상)을 붙일 경우 줄눈폭의 표준은 4mm이고, **타일의 두께는 7mm 이상**이다(건축공사 표준시방서 09000. 2.1.1 참고).

32 다음은 타일공사의 보양에 관한 설명이다. ( ) 안에 알맞은 것은?

> 타일을 붙인 후 ( )간은 진동이나 보행을 금한다. 다만, 부득이한 경우에는 담당원의 승인을 받아 보행판을 깔고 보행할 수 있다.

① 1일
② 2일
③ 3일
④ 5일

해설 타일공사의 보양(보호와 양생)에 있어서 **타일을 붙인 후 3일간(72시간)은 진동이나 보행을 금한다.** 다만, 부득이한 경우에는 담당원의 승인을 받아 보행판을 깔고 보행할 수 있다(건축공사 표준시방서 09000. 3.5.1 참고).

33 블록공사에 사용되는 자재의 운반, 취급 및 저장에 관한 설명으로 옳지 않은 것은?

① 골재는 종류별로 구분하여 저장한다.
② 응고한 시멘트는 건조 후 사용하도록 한다.
③ 철근은 직접 지면에 접촉하여 저장하지 않으며, 우수에 접하지 않도록 한다.
④ 블록의 적재높이는 1.6m를 한계로 하며, 바닥판 위에 임시로 쌓을 때는 1개소에 집중하지 않도록 한다.

해설 조적공사 중 블록공사에 있어서 조금이라도 **응고한 시멘트는 사용해서는 안 된다**(건축공사 표준시방서 07000. 3.5. 참고).

34 네트워크 공정표에서 플로트(float)가 의미하는 것은?

① 작업의 여유시간
② 대상사업의 작업단위
③ 작업을 수행하는 데 필요한 시간
④ 작업을 시작하는 가장 빠른 시간

해설 ②항은 작업(Activity, Job)이고, ③항은 소요시간(Duration)이며, ④항은 가장 빠른 개시 시간(EST, Earliest Starting Time)을 의미한다.

35 기경성 미장 재료에 속하는 것은?

① 회반죽
② 킨스 시멘트
③ 석고 플라스터
④ 시멘트 모르타르

해설 **킨스 시멘트, 석고 플라스터 및 시멘트 모르타르**는 **수경성**(물과 화합하여 굳어지는 성질) 재료이고, **회반죽**은 **기경성**(공기 중의 이산화탄소와 화합하여 굳어지는 성질)의 미장 재료이다.

36 다음의 안전표지가 나타내는 것은?

① 고압전기 경고
② 위험장소 경고
③ 인화성물질 경고
④ 방사성물질 경고

해설 안전표지

구분	고압전기 경고	위험장소 경고	방사성물질 경고
표지	⚡	⚠	☢

37 다음에서 설명하는 품질관리도구는?

> 불량 등의 발생건수를 분류 항목별로 나누어 크기 순서대로 나열해 놓은 그림으로서, 발생건수(불량, 결점, 고장 등)를 분류 항목별로 구분하여 크기의 순서대로 나열해 놓은 그림

① 파레토도
② 히스토그램
③ 특성요인도
④ 체크시트

해설 ② 히스토그램 : 데이터가 어떤 분포를 하고 있는지를 알아보기 위해 작성하는 그림으로서, 계량치의 데이터(길이, 무게, 강도 등)가 어떠한 분포를 하고 있는가를 알아보기 위해 작성하는 그림으로 도수분포를 만든 후 이를 막대 그래프의 형태로 만든 것이다.
③ 특성요인도(생선뼈 그림) : 결과에 원인이 어떻게 관계하고 있는가를 한 눈에 알 수 있도록 작성한 그림으로서, 품질특성에 대한 결과와 품질특성에 영향을 주는 원인이 어떤 관계가 있는가를 한 눈에 알아 볼 수 있도록 작성한 그림이다.
④ 체크시트 : 계수치의 데이터가 분류 항목의 어디에 집중되어 있는가를 알아보기 쉽게 나타낸 그림이나 표로서, 주로 계수치의 데이터(불량, 결점 등의 수)가 분류 항목별의 어디에 집중되어 있는가를 알아보기 쉽게 나타낸 그림이나 표를 의미한다.

38 네트워크 공정표에 관한 설명 중 옳지 않은 것은?

① 작성자 이외의 사람은 이해하기 어렵다.
② 작성 및 검사에 특별한 기능이 필요하다.
③ 다른 공정에 비하여 손을 익힐 때까지 작성 시간이 필요하다.
④ 실제의 공사에 있어서는 네트워크와 같이 구분하여 이행하므로 진척관리에 있어서는 특별한 연구가 필요하다.

해설 **작성자 이외의 사람도 이해하기 쉽다.** 즉 공사의 진척 상황이 누구에게나 쉽게 알려지게 된다.

39 정액도급 계약제도에 관한 설명으로 옳지 않은 것은?

① 경쟁입찰 시 공사비가 저렴하다.
② 다른 도급방식에 비해 공사비 조정이 용이하다.
③ 공사설계변경에 따른 도급액 증감이 곤란하다.
④ 이윤관계로 공사가 조악해질 우려가 있다.

해설 정액도급 계약제도는 다른 도급방식에 비해 공사비 조정이 어렵다.

40 내화벽돌 쌓기에 있어서 가로, 세로의 줄눈너비로 옳은 것은? (도면 또는 공사시방에 따르나, 그 지정이 없는 경우는 제외)

① 6mm　　② 8mm
③ 10mm　　④ 12mm

해설 내화벽돌의 줄눈너비는 도면 또는 공사시방에 따르고, 그 지정이 없는 경우에는 가로, 세로 6mm를 표준으로 한다.

제3과목　안전 관리

41 1종 점토 벽돌의 압축강도 기준으로 옳은 것은?

① 10% 이하
② 13% 이하
③ 15% 이하
④ 18% 이하

해설 벽돌의 품질

구분	1종	2종
흡수율(% 이하)	10 이하	15 이하
압축강도(MPa, N/mm²)	24.50 이상	10.78 이상

42 세로 규준틀에 표시하여야 할 사항이 아닌 것은?

① 벽돌 및 블록의 줄눈 표시
② 창문틀의 위치
③ 앵커 볼트의 위치
④ 기초의 너비

해설 세로 규준틀에 표시하여야 할 사항은 벽돌 및 블록의 줄눈 표시, 창문틀의 위치, 앵커 볼트의 위치, 나무 벽돌의 위치 등이 있고, 기초의 너비는 수평 규준틀에 표시하여야 한다.

43 다음은 산업안전보건기준에 관한 규칙에 의한 안전난간에 대한 설명이다. (　) 안에 알맞은 것은?

> 안전난간은 구조적으로 가장 취약한 지점에서 가장 취약한 방향으로 작용하는 (　) 이상의 하중에 견딜 수 있는 튼튼한 구조일 것

① 50kg　　② 100kg
③ 150kg　　④ 200kg

해설 안전난간은 구조적으로 가장 취약한 지점에서 가장 취약한 방향으로 작용하는 100kg 이상의 하중에 견딜 수 있는 튼튼한 구조일 것(산업안전보건기준에 관한 규칙 제13조 제7호)

44 다음에서 설명하는 산업안전보건기준에 관한 규칙에 의한 보호구로 옳은 것은?

> 물체의 낙하·충격, 물체에의 끼임, 감전 또는 정전기의 대전(帶電)에 의한 위험이 있는 작업

① 안전대　　② 안전모
③ 안전화　　④ 보안면

해설 사업주는 다음의 어느 하나에 해당하는 작업을 하는 근로자에 대해서는 다음의 구분에 따라 그 작업조건에 맞는 보호구를 작업하는 근로자 수 이상으로 지급하고 착용하도록 하여야 한다.
㉠ 물체가 떨어지거나 날아올 위험 또는 근로자가 추락할 위험이 있는 작업 : 안전모
㉡ 높이 또는 깊이 2미터 이상의 추락할 위험이 있는 장소에서 하는 작업 : 안전대(安全帶)
㉢ **물체의 낙하·충격, 물체에의 끼임, 감전 또는 정전기의 대전(帶電)에 의한 위험이 있는 작업 : 안전화**
㉣ 물체가 흩날릴 위험이 있는 작업 : 보안경
㉤ 용접 시 불꽃이나 물체가 흩날릴 위험이 있는 작업 : 보안면
㉥ 감전의 위험이 있는 작업 : 절연용 보호구
㉦ 고열에 의한 화상 등의 위험이 있는 작업 : 방열복

ⓞ 선창 등에서 분진(粉塵)이 심하게 발생하는
하역작업 : 방진마스크

ⓩ 섭씨 영하 18도 이하인 급냉동어창에서 하는
하역작업 : 방한모 · 방한복 · 방한화 · 방한
장갑

ⓐ 물건을 운반하거나 수거 · 배달하기 위하여
「자동차관리법」에 따른 이륜자동차를 운행
하는 작업 : 「도로교통법 시행규칙」 기준에
적합한 승차용 안전모

45 다음에서 설명하는 타일의 결점은?

> 표면에 그을음이 녹아 붙어서 색이 변하
> 는 것

① 색조 불균일
② 색얼룩
③ 반점 얼룩
④ 연기 먹음

해설 **색조 불균일**은 타일 상호 간 또는 구성타일
상호 간의 색이 불균일한 것이다. **색 얼룩**은
한 개의 타일 중에서 부분적으로 색이 서로
다른 것이다. **반점 얼룩**은 반점 모양이 서로
다른 것이다.

46 다음 시멘트 모르타르 바름 솔질 마무리
방법으로 옳은 것은?

① 쇠흙손으로 바르고, 나무흙손으로 고른
다음 솔로 마무리한다.
② 나무흙손으로 바르고, 쇠흙손으로 고른
다음 솔로 마무리한다.
③ 쇠흙손으로 바르고, 쇠흙손으로 고른 다
음 솔로 마무리한다.
④ 나무흙손으로 바르고, 나무흙손으로 고
른 다음 솔로 마무리한다.

해설 시멘트 모르타르 바름 **솔질 마무리 방법**은 **쇠
흙손으로 바르고, 나무흙손으로 고른 다음 솔
로 마무리한다.** 이 경우 가능한 한 솔에 물이
많이 묻지 않도록 한다.

47 A종 블록의 압축강도로 옳은 것은?

① 4MPa　　② 6MPa
③ 8MPa　　④ 10MPa

해설 블록의 품질 기준

종류	기건 비중	전단면적에 대한 압축강도	흡수율 (%)	투수성
A종	1.7 미만	4MPa		8 이하 (방수 블록에만 적용)
B종	1.9 미만	6MPa	30% 이하	
C종		8MPa	20% 이하	

48 대리석에 대한 설명 중 옳지 않은 것은?

① 내부 장식재로 적당하다.
② 내화성이 높고 풍화되기 어렵다.
③ 석회석이 변성되어 결정화한 것이다.
④ 물갈기 하면 고운 무늬가 생긴다.

해설 **대리석**은 석회암이 오랜 세월 동안 땅 속에서
지열과 지압으로 변성되어 결정화된 것으로,
주성분은 탄산석회이며, 갈면 광택이 나므로
내부 장식용 석재 중에서는 가장 고급재로 쓰
인다. 열이나 산에 매우 약하다.(이탈리아산이
가장 우수하다.) 즉, **내화성이 낮고 풍화되기
쉽다.**

49 석재의 종류 중 변성암에 속하는 것은?

① 석회암
② 화강암
③ 사문암
④ 안산암

해설 석회암은 퇴적암(쇄설성)에, 화강암과 안산암
은 화성암에 속하고, **변성암의 종류**에는 수성
암계의 **대리석**, 화성암계의 **사문암** 등이 있다.

50 건식 석재공사에 대한 설명 중 옳지 않은 것은?

① 석재의 하부는 지지용으로, 석재의 상부는 고정용으로 설치하되 상부 석재의 고정용 조정판에서 하부 석재와의 간격을 1mm로 유지한다.

② 촉구멍 깊이는 기준보다 3mm 이상 더 깊이 천공하여 상부 석재의 중량이 하부 석재로 전달되지 않도록 한다.

③ 건식 석재 붙임공사에서 석재 두께는 20mm 이상을 사용한다.

④ 구조체에 고정하는 앵글은 석재의 중량에 의하여 하부로 밀려나지 않도록 심페드를 구조체와 앵글 사이에 끼우고 단단히 너트를 조인다.

해설 건식 석재 붙임공사에서 **석재의 두께는 30mm 이상을 사용**한다.

51 표준형 벽돌(190mm×90mm×57mm)을 사용하여 벽두께 1.5B로 하였을 경우 1m²당 소요 매수로 옳은 것은?

① 149매
② 298매
③ 75매
④ 224매

해설 벽돌의 소요 매수(1m²당)

벽두께	0.5B	1.0B	1.5B	2.0B
표준형 (190mm×90mm×57mm)	75	149	**224**	298
기존형 (210mm×100mm×60mm)	65	130	195	260

52 머리에 홈이 없는 트러스 머리 형태의 볼트로 머리 밑에 사각형 부분이 있는 볼트의 명칭은?

① 근각 볼트
② 데파 볼트
③ 세트 앵커
④ 앵커 볼트

해설 **데파 볼트**는 건식 시공 시 앵커를 설치하기 위하여 구조체에 주입하는 STS 304 볼트이다. **세트 앵커**는 데파 볼트＋캡＋와셔＋너트를 조립한 상태의 앵커이다.

53 화강석 습식공사에 대한 설명 중 옳지 않은 것은?

① 구조체와 석재와의 뒤채움 간격은 40mm를 표준으로 한다.

② 모르타르를 채울 때에는 모르타르의 압력으로 석재가 밀려나지 않도록 한 번에 채운다.

③ 모르타르를 채우기 전에 모르타르가 흘러나오지 않도록 줄눈에 발포 플라스틱재 등으로 막는다.

④ 상부의 석재 설치는 하부 석재에 충격을 주지 않도록 하고, 하부의 석재와의 사이에 쐐기를 끼우고 연결철물, 촉, 꺾쇠를 사용하여 인접 석재와 턱이 지지 않게 고정시켜 모르타르를 채운다.

해설 모르타르를 채울 때에는 모르타르의 압력으로 석재가 밀려나지 않도록 여러 번에 나누어 채운다.

54 석공사의 치장용 모르타르의 시멘트 : 모래의 배합비(용적비)로 옳은 것은?

① 1 : 3
② 1 : 2
③ 1 : 1
④ 1 : 0.5

해설 모르타르 배합(용적비)

자재의 용도	시멘트	모래
바닥 · 사춤모르타르	1	3
치장모르타르	1	0.5

55 대형 벽돌형(외부)에 사용되는 타일의 줄눈으로 옳은 것은?

① 9mm
② 7mm
③ 5mm
④ 3mm

해설 줄눈 너비의 표준(단위 : mm)

타일의 구분	대형 벽돌형 (외부)	대형 (내부 일반)	소형
줄눈 너비	9	5~6	3

56 타일공사의 바탕면 또는 타일면에 접착 모르타르나 접착제를 발라 타일을 붙일 때 접착강도를 확보할 수 있는 최대 한계 시간은?

① Finish time
② Open time
③ Close time
④ Made time

해설 오픈 타임(Open time)은 타일공사에 있어서 바탕면 또는 타일면에 접착 모르타르나 접착제를 발라 타일을 붙일 때 접착강도를 확보할 수 있는 최대 한계 시간을 의미한다.

57 외장용 타일의 재질로 옳은 것은?

① 자기질
② 석기질, 도기질
③ 자기질, 석기질
④ 자기질, 석기질, 도기질

해설 타일의 분류

호칭명	소지의 질	비고
내장 타일	자기질, 석기질, 도기질	• 도기질 타일은 흡수율이 커서 동해를 받을 수 있으므로 내장용에만 이용된다. • 클링커 타일은 비교적 두꺼운 바닥 타일로서, 시유 또는 무유의 석기질 타일이다.
외장 타일	자기질, 석기질	
바닥 타일	자기질, 석기질	
모자이크 타일	자기질	

58 타일의 동해를 방지하기 위한 설명 중 옳지 않은 것은?

① 타일은 소성온도가 높은 것을 사용한다.
② 붙임용 모르타르의 배합비를 좋게 한다.
③ 줄눈 누름을 충분히 하여 빗물의 침투를 방지하고 타일 바름 밑바탕의 시공을 잘한다.
④ 타일은 흡수성이 높은 것일수록 모르타르가 잘 밀착되므로 동해방지에 효과가 크다.

해설 타일은 **흡수성이 낮은 것**일수록 모르타르가 잘 밀착되므로 **동해방지에 효과가 크다.**

59 모자이크 타일의 정의로 옳은 것은?

① 평 타일의 표면 넓이가 $90cm^2$ 이하인 것이다.
② 평 타일의 표면 넓이가 $100cm^2$ 이하인 것이다.
③ 평 타일의 표면 넓이가 $110cm^2$ 이하인 것이다.
④ 평 타일의 표면 넓이가 $120cm^2$ 이하인 것이다.

해설 KS규격에 의하면, 모자이크 타일이란 평 타일의 표면 넓이가 $90cm^2$ 이하인 타일을 의미한다.

60 타일의 떠붙이기 공법에 대한 내용이다. ( ) 안에 알맞은 것은?

> 타일 뒷면에 붙임 모르타르를 바르고 모르타르가 충분히 채워져 타일이 밀착되도록 바탕에 눌러 붙인다. 붙임 모르타르의 두께는 ( )mm를 표준으로 한다.

① 2~3
② 5~7
③ 12~24
④ 25~32

해설 타일 뒷면에 붙임 모르타르를 바르고 모르타르가 충분히 채워져 타일이 밀착되도록 바탕에 눌러 붙인다. **붙임 모르타르의 두께는 12~24mm를 표준으로 한다.**

2022년 산업기사 기출문제는 CBT로 시행되었으며, 수험생의 기억에 의해 복원된 문제이므로 실제 시험문제와 상이할 수 있습니다.

제1과목 건축 일반

01 건축제도에서 보이지 않는 부분을 표시하는데 사용되는 선의 종류는?

① 파선 　　　　② 실선
③ 1점쇄선 　　④ 2점쇄선

해설 선의 종류와 용도

종류		용도	굵기(mm)
실선	전선	단면선, 외형선, 파단선	굵은 선 (0.3~0.8)
	가는 선	치수선, 치수보조선, 인출선, 지시선, 해칭선	가는 선 (0.2 이하)
허선	**파선**	**물체의 보이지 않는 부분**	중간선 (전선 1/2)
	1점 쇄선	중심선(중심축, 대칭축)	가는 선
		절단선, 경계선, 기준선	중간선
	2점 쇄선	물체가 있는 가상 부분(가상선), 1점 쇄선과 구분	중간선 (전선 1/2)

02 다음 설명에 알맞은 계약방식은?

발주측이 프로젝트공사비를 부담하는 것이 아니라 민간 부분 수주측이 설계, 시공 후 일정기간 시설물을 운영하여 투자금을 회수하고 시설물과 운영권을 무상으로 발주측에 이전하는 방식

① BOT방식 　　② BTO방식
③ BOO방식 　　④ 성능발주방식

해설 BTO(Build Transfer Operate)는 사회간접시설을 민간 부분이 주도하여 프로젝트를 설계·시공한 후 시설물의 소유권을 공공 부분에 먼저 이전하고 약정기간 동안 그 시설물을 운영하여 투자금액을 회수하는 방식으로 **설계·시공 → 소유권 이전 → 운영**하는 방식이고, BOO(Build Operate Own)는 사회간접시설을 민간 부분이 주도하여 프로젝트를 설계·시공한 후 그 시설의 운영과 함께 소유권도 민간에 이전하는 방식으로 **설계·시공 → 운영 → 소유권 획득**하는 방식이다. **성능발주방식**은 건축공사 발주 시 설계도서를 쓰지 않고 건물의 성능을 표시하여 그 성능만을 실현하는 것을 계약내용으로 하는 방식이다.

03 내열성, 내한성이 우수한 수지로 −60~260℃의 범위에서는 안정하고 탄성을 가지며 내후성 및 내화학성이 우수한 열경화성 수지는?

① 요소수지 　　② 실리콘수지
③ 아크릴수지 　④ 염화비닐수지

해설 **요소수지**는 요소(이산화탄소와 암모니아에서 얻어진 것)와 포르말린을 반응시켜 만들고, 무색이므로 착색이 자유롭고 약산, 약알칼리에 견디며, 전기적 성질과 내열성은 페놀수지보다 약간 떨어진다. **아크릴수지**는 투명도, 착색성, 내후성이 우수하며, 표면이 손상되기 쉽고 열에 약하다는 단점이 있는 수지이다. **염화비닐수지**는 비중 1.4, 휨강도 1,000kgf/cm² (100MPa), 인장강도 600kgf/cm² (60MPa), 사용온도 −10~60℃로서 전기절연성, 내약품성이 양호하다. 경질성이지만 가소제의 혼합에 따라 유연한 고무형태의 제품을 만들 수 있다.

04 창대 벽돌은 도면 또는 공사시방에서 정한 바가 없을 때에는 그 윗면을 몇 도 정도의 경사로 옆세워 쌓아야 하는가?

① 15°　　　　　② 30°

③ 45°　　　　　④ 60°

해설 창대 벽돌은 도면 또는 공사시방에서 정한 바가 없을 때에는 그 윗면을 15° 정도의 경사로 옆세워 쌓고, 그 앞 끝의 밑은 벽돌 벽면에서 30~50mm 정도 내밀어 쌓는다.

05 건물의 부동침하 원인과 가장 거리가 먼 것은?

① 연약층　　　　② 경사지반

③ 일부지정　　　④ 건물의 경량화

해설 부동침하의 원인에는 **연약층, 경사지반**, 이질 지층, 낭떠러지, 일부 증축, 지하수위 변경, 지하 구멍, 메운땅 흙막이, 이질 지정 및 **일부지정** 등이 있고, **건물의 경량화**는 연약지반에 대한 대책 중 상부 구조와의 관계이다.

06 다음 중 가구식 구조에 속하는 것은?

① 목구조

② 벽돌 구조

③ 블록 구조

④ 철근 콘크리트 구조

해설 가구식 구조는 비교적 가늘고 긴 재료(목재, 철재 등)를 조립하여 **뼈대**를 만드는 구조 또는 부재의 접합에 기둥과 보에 의해서 축조하는 방법으로서 목구조, 철골 구조 등이 있다. 또한, 벽돌 구조, 블록 구조는 조적식 구조에 속하고, 철근 콘크리트 구조는 일체식 구조에 속한다.

07 탄소함유량의 증가에 따른 강(鋼)의 성질 변화에 관한 설명으로 옳지 않은 것은?

① 비중이 감소한다.

② 열전도도가 증가한다.

③ 전기저항이 증가한다.

④ 열팽창계수가 감소한다.

해설 강의 탄소량에 따른 성질변화 요소

• **증가 요소** : 비열, **전기저항**, 항장력, 내식성, 항복강도, 인장강도, 경도 등

• **감소 요소** : 비중, **열팽창계수**, **열전도율**, 연신률, 용접성, 충격치, 단면수축 등

08 중간에 기둥을 두지 않고 구조물의 주요 부분을 케이블 등에 매달아서 인장력으로 저항하는 구조는?

① 셸구조

② 현수구조

③ 절판구조

④ 트러스구조

해설 ① **셸구조** : 구조물에 작용하는 외력을 곡면판의 면내력으로 전달시키는 특성을 가진 구조, 또는 면에 곡률을 주어 경간을 확장하는 구조로서 곡면구조부재의 축선을 따라 발생하는 응력으로 외력에 저항하는 구조이다. 외력은 주로 판의 면내력으로 전달되기 때문에 경량이고 강성이 우수하여 내력이 큰 구조물을 구성할 수 있는 특색이 있다.

③ **절판구조** : 자중도 지지하기 어려운 평면체를 아코디언과 같이 주름을 잡아 지지하중을 증가시킨 구조 또는 평면 형상으로 시공이 쉽고 구조적 강성이 우수하여 대공간 지붕구조로 적합한 구조이며, 철근 배근이 매우 어려운 구조이다. 예로서, 데크플레이트를 들 수 있다.

④ **트러스구조** : 축방향력만을 받는 직선재를 핀으로 결합시켜 힘을 전달하는 구조로서, 직선부재가 서로 한 점에서 만나고 그 형태가 삼각형인 구조물로서 인장력과 압축력의 축력만을 지지하는 구조이다.

09 철근 콘크리트 공사에 있어서 철근의 정착위치로 옳지 않은 것은?

① 보의 주근은 기둥에

② 기둥의 주근은 기초에

③ 지중보의 주근은 슬래브에

④ 바닥 철근은 보 또는 벽체에

해설 철근의 정착위치

구분	정착위치	구분	정착위치
기둥의 주근	기초	지붕보의 주근	기초, 기둥
큰 보의 주근	기둥	벽 철근	기둥, 보, 바닥판
작은 보의 주근	큰 보	바닥 철근	보, 벽체

10 건축공사의 원가구성항목 중 직접공사비에 속하지 않는 것은?

① 이윤　　　　② 재료비
③ 노무비　　　④ 외주비

해설 총공사비＝총원가＋**부가이윤**
　　　　＝(공사원가＋일반관리비부담금)
　　　　　＋부가이윤
　　　　＝(순공사비＋현장경비)
　　　　　＋일반관리비부담금＋부가이윤
　　　　＝(**직접공사비**＋간접공사비)
　　　　　＋현장경비＋일반관리비부담금
　　　　　＋부가이윤
　　　　＝(**재료비＋노무비＋외주비＋경비**)
　　　　　＋간접공사비＋현장경비
　　　　　＋일반관리비부담금＋부가이윤
즉, **직접공사비는 재료비, 노무비, 외주비 및 경비로 구성**된다.

11 합판에 관한 설명으로 옳지 않은 것은?

① 함수율변화에 의한 신축변형이 적다.
② 표면가공법으로 흡음효과를 낼 수 있다.
③ 곡면가공을 하여도 균열이 생기지 않는다.
④ 얇은 판을 섬유방향이 평행하도록 접착제로 붙여 만든 것이다.

해설 합판은 **단판**(목재의 얇은 판)을 만들어 이들을 **섬유방향이 서로 직교**(90°로 교차)되도록 **홀수**(3, 5, 7장)**로 적층하면서 접착시켜 만든 판**이다.

12 다음 중 계획설계도에 속하지 않은 것은?

① 구상도　　　② 조직도
③ 배치도　　　④ 동선도

해설 설계도면의 종류에 있어서 **계획설계도**에는 **구상도, 조직도, 동선도 및 면적도표** 등이 있고, **배치도, 단면도 및 구조설계도는 실시설계도**에 속하는 도면이다.

13 다음의 단면용 재료표시기호가 의미하는 것은?

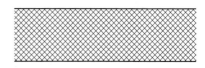

① 차단재
② 콘크리트
③ 잡석다짐
④ 목재치장재

해설 단면용 재료의 표시기호

재료명	표시기호
콘크리트	a : 강자갈　　　b : 깬자갈　　c : 철근 배근일 때
잡석 다짐	
목재 치장재	

14 현대의 건축 생산에서 건축부품의 3S 시스템과 관련 없는 것은?

① 단순화　　　② 표준화
③ 다양화　　　④ 전문화

해설 현대 건축 생산에서 3S 시스템화의 종류에는 **단순화** (Simplification), **규격화**(Standardization), **전문화**(Specialization) 등이 있다.

15 보강 블록조에서 내력벽의 벽량은 최소 얼마 이상으로 하는가?

① 10cm/m^2　　　② 15cm/m^2
③ 20cm/m^2　　　④ 25cm/m^2

해설 보강 블록조 내력벽의 **벽량**(내력벽 길이의 총합계를 그 층의 건물면적으로 나눈 값, 즉 단위면적에 대한 내력벽의 비)은 **보통 15cm/m² 이상**으로 하고, 내력벽의 양이 증가할수록 횡력에 대한 힘이 커지므로 큰 건축물일수록 벽량을 증가시켜야 한다.

16 건축 도면의 치수에 관한 설명으로 옳지 않은 것은?

① 치수는 특별히 명시하지 않는 한 마무리 치수로 표시한다.
② 치수 기입은 치수선 중앙 윗부분에 기입하는 것이 원칙이다.
③ 협소한 간격이 연속될 때에는 인출선을 사용하여 치수를 쓴다.
④ 치수 기입은 치수선에 평행하게 도면의 왼쪽에서 오른쪽으로, 위로부터 아래로 읽을 수 있도록 기입한다.

해설 도면의 치수 기입은 치수선에 평행하게 도면의 왼쪽에서 오른쪽으로, **아래에서 위로** 읽을 수 있도록 기입한다.

17 콘크리트가 공기 중의 탄산가스에 의해 수산화칼슘이 탄산칼슘으로 되면서 알칼리성을 잃어가는 현상을 의미하는 것은?

① 중성화　　　② 크리프
③ 건조 수축　　④ 동결융해 현상

해설 **크리프**는 지속하중, 즉 하중을 장시간 받고 있는 부재가 나타내는 소성변형 현상이고, **건조 수축**은 콘크리트가 경화할 때 용적이 작아지는 현상이며, **동결융해 현상**은 콘크리트의 다공질 속에 함유된 수분이 동결하여 그 팽창압으로 표층부가 파괴되는 현상으로 압축강도가 40MPa 이하이고, 수분은 9% 정도이다.

18 실내용 전면접착공법의 아스팔트 방수공사에서 1층 방수층에 사용되는 것은?

① 아스팔트　　　② 스트레치 루핑
③ 아스팔트 루핑　④ 아스팔트 프라이머

해설 실내용 전면접착공법(A-InF)에는 2가지의 종류가 있다.

방수층	실내용 전면 접착 공법-a	실내용 전면 접착 공법-b
1층	아스팔트 프라이머(0.4kg/m²)	
2층	아스팔트(2kg/m²)	
3층	스트레치 루핑	아스팔트 루핑
4층	아스팔트(1.5kg/m²)	
5층	스트레치 루핑	아스팔트 루핑
6층	아스팔트(2.1kg/m²)	
보호 및 마감	현장 타설 콘크리트, 시멘트 모르타르, 콘크리트 블록, 아스팔트 콘크리트	

19 다음과 같은 특징을 갖는 시멘트의 종류는?

- 수화 속도를 지연시켜 수화열을 작게 한 시멘트이다.
- 건축용 매스콘크리트에 사용된다.

① 백색 포틀랜드 시멘트
② 조강 포틀랜드 시멘트
③ 중용열 포틀랜드 시멘트
④ 초조강 포틀랜드 시멘트

해설 ① **백색 포틀랜드 시멘트**는 철분이 거의 없는 백색 점토를 사용하여 시멘트에 포함되어 있는 산화철, 마그네시아의 함유량을 제한한 시멘트이다.
② **조강 포틀랜드 시멘트**는 원료 중 규산 삼칼슘의 함유량이 많아 보통포틀랜드 시멘트에 비해 경화가 빠르고, 조기 강도가 높은 시멘트이다.
④ **초조강 포틀랜드 시멘트**는 조강 포틀랜드 시멘트보다 조기 강도를 더욱 높인 시멘트이다.

20 다음 중 지붕 물매의 표현 방식으로 옳지 않은 것은?

① 4/10　　　② 2.5/10
③ 6/100　　④ 5/10

해설 건축제도에 있어서, **물매의 표시 방법**에는 지붕처럼 비교적 물매가 큰 경우에는 **분모를 10으로 하는 분수**로 표시하고, 지면의 물매나 바닥 배수와 같이 물매가 작은 경우에는 분자를 1로 하는 분수로 표시한다.

제2과목 조적, 미장, 타일 시공 및 재료

21 면적이 $10m^2$인 벽면에 떠붙이기로 타일을 붙일 경우 붙임모르타르의 소요량은? (단, 붙임모르타르의 배합비는 1 : 3이며, 바름 두께는 12mm이다.)

① $0.14m^3$ ② $0.17m^3$
③ $0.20m^3$ ④ $0.26m^3$

해설 벽타일 붙임모르타르는 $0.014m^3/m^2$이다.
∴ 붙임모르타르 $= 0.014m^3/m^2 \times 10m^2 = 0.14m^3$

22 벽돌쌓기에 관한 설명으로 옳지 않은 것은?

① 세로줄눈은 통줄눈이 되지 않도록 한다.
② 하루의 쌓기 높이는 1.2m(18켜 정도)를 표준으로 한다.
③ 벽돌쌓기는 도면 또는 공사시방서에서 정한 바가 없을 때에는 영식 쌓기 또는 불식 쌓기로 한다.
④ 가로 및 세로줄눈의 너비는 도면 또는 공사시방서에서 정한 바가 없을 때에는 10mm를 표준으로 한다.

해설 **벽돌쌓기**는 도면 또는 공사시방서에서 정한 바가 없을 때에는 **영식 쌓기** 또는 **화란식 쌓기**로 한다.

23 벽타일붙임공법 중 접착붙이기에 관한 설명으로 옳지 않은 것은?

① 내장공사에 한하여 적용한다.
② 붙임바탕면을 여름에는 1주 이상, 기타 계절에는 2주 이상 건조시킨다.
③ 접착제의 1회 바름면적은 $5m^2$ 이하로 하고 접착제용 흙손으로 눌러 바른다.
④ 바탕이 고르지 않을 때에는 접착제에 적절한 충전재를 혼합하여 바탕을 고른다.

해설 타일붙이기에 있어서 접착제의 1회 바름면적은 $2m^2$ 이하로 하고 접착제용 흙손으로 눌러 바른다.

24 벽돌공사에서 붉은 벽돌의 물량 산출 시 적용하는 할증률은?

① 2% ② 3%
③ 4% ④ 5%

해설 벽돌공사에 있어서 **벽돌의 할증률**은 붉은 벽돌은 3%, 시멘트 벽돌은 5% 정도이다.

25 벽타일붙임공법 중 압착붙이기에 관한 설명으로 옳지 않은 것은?

① 타일은 벽면의 위에서 아래로 붙여나간다.
② 타일의 붙임시간은 모르타르배합 후 60분 이내로 한다.
③ 타일의 1회 붙임면적은 모르타르의 경화속도 및 작업성을 고려하여 $1.2m^2$ 이하로 한다.
④ 붙임모르타르의 두께는 타일두께의 1/2 이상으로 하고 5~7mm를 표준으로 한다.

해설 타일의 1회 붙임면적은 모르타르의 경화속도 및 작업성을 고려하여 $1.2m^2$ 이하로 한다. 벽면의 위에서 아래로 붙여나가며, **붙임시간은 모르타르배합 후 15분 이내**로 한다.

26 시멘트 모르타르바름 미장공사에서 콘크리트 바탕의 내벽에 초벌바름을 할 경우 사용되는 모르타르의 표준배합(용적비)은? (단, 시멘트 : 모래)

① 1 : 2 ② 1 : 3
③ 1 : 4 ④ 1 : 5

해설 **시멘트 모르타르바름** 미장공사에서 콘크리트 바탕의 내벽에 초벌바름을 할 경우 사용되는 **모르타르의 표준배합(용적비)**은 **시멘트 : 모래=1 : 3**이다(건축공사 표준시방서 15015. 3.2 참고).

27 테라초 바르기에서 줄눈 나누기를 할 경우 최대 줄눈 간격은 얼마 이하로 하는가?

① 0.9m ② 1.2m
③ 1.5m ④ 2.0m

[해설] 테라초(인조석 중 대리석의 쇄석을 사용하여 대리석 계통의 색조가 나도록 표면을 물갈기한 것) 바르기에서 줄눈 나누기는 1.2m 이내로 하며, **최대 줄눈 간격은 2.0m 이하**로 하여야 한다.

28 시멘트 모르타르바름 미장공사에서 모르타르배합 시 m³당 보통 인부품은? (단, 소운반, 모래체가름, 배합을 포함하며, 비빔은 제외한 경우)

① 0.31인 　　　② 0.42인
③ 0.58인 　　　④ 0.66인

[해설] 모르타르배합 　　　　　　　(단위 : m³당)

구분	단위	수량	비고
보통 인부	인	0.66	모래체가름을 수행하지 않는 경우에는 본 품의 35%를 감한다.

본 품은 소운반, 모래체바름, 배합을 포함하며 비빔은 제외되어 있다.

29 합성고분자계 바름에 있어서 겹쳐바름과 이음바름의 최대 양생기간으로 옳은 것은?

구분	결합재 에폭시수지	불포화 폴리 에스테르수지
봄, 가을	㉠	㉡

① ㉠ 3, ㉡ 3
② ㉠ 2, ㉡ 3
③ ㉠ 3, ㉡ 2
④ ㉠ 4, ㉡ 3

[해설] 합성고분자 바닥바름의 겹처바름과 이음바름의 최대 양생기간(일)

구분	폴리우레탄	결합재 에폭시수지 결합재	불포화 폴리 에스테르수지 결합재
여름	2		
봄, 가을	3	3	3
겨울	4		

30 건축공사 표준시방서상 다음과 같이 정의되는 용어는?

> 벽돌의 흡수팽창 및 열팽창을 흡수·완화하도록 설치하는 신축줄눈

① 연결줄눈 　　　② 치장줄눈
③ 가로줄눈 　　　④ 무브먼트줄눈

[해설] **연결줄눈**은 내부의 수직단면과 외부의 수직단면을 길이 방향으로 연결하는 모르타르 또는 그라우팅의 수직줄눈이고, **치장줄눈**은 벽돌 쌓기 후의 줄눈에 치장 및 내구성 등을 목적으로 사용하는 줄눈이며, **가로줄눈**은 조적개체가 설치되는 수평 모르타르 줄눈이다.

31 벽타일 접착 붙이기에서 접착제의 1회 바름 면적은 최대 얼마 이하로 하는가?

① 1m² 　　　　② 2m²
③ 3m² 　　　　④ 4m²

[해설] 벽타일 접착 붙이기에 있어서 **접착제의 1회 바름 면적은 2m² 이내**로 하여야 한다.

32 기경성 미장 재료에 속하는 것은?

① 돌로마이트 플라스터
② 킨즈 시멘트
③ 석고 플라스터
④ 시멘트 모르타르

[해설] **킨즈 시멘트, 석고 플라스터 및 시멘트 모르타르**는 **수경성**(물과 화합하여 굳어지는 성질) 미장 재료이고, **돌로마이트 플라스터**는 **기경성**(공기 중의 이산화탄소와 화합하여 굳어지는 성질)의 미장 재료이다.

33 건축공사 표준시방서에 따른 욕실 바닥에 요구되는 타일의 품질로 옳지 않은 것은?

① 줄눈 폭 : 4mm
② 재질 : 자기질
③ 두께 : 5mm 이상
④ 크기 : 200×200mm 이상

해설 건축공사 표준시방서에서 욕실 바닥에 요구되는 타일의 품질은 재질은 자기질, 줄눈 폭은 4mm, 크기는 200mm×200mm, **두께는 7mm 이상**이어야 한다.

34 석고계 셀프레벨링재 바닥바름 공사에 관한 설명으로 옳지 않은 것은?

① 실러 바름은 셀프레벨링재를 바르기 2시간 전에 완료한다.

② 석고계 셀프레벨링재는 욕실 등 물을 사용하는 실내에서만 사용한다.

③ 경화 후 이어치기 부분의 돌출 부분은 연마기로 갈아서 평탄하게 한다.

④ 합성수지 에멀션 실러는 지정량의 물로 균일하고 묽게 반죽해서 사용한다.

해설 **석고계 셀프레벨링재**는 석고에 모래, 각종 혼화제(유동화제, 경화 지연제 등)를 혼합하고, 자체 평탄성이 있어야 하며, **물이 닿지 않는 실내에서만 사용**한다. 내수성을 개선하기 위하여 고분자 에멀션을 혼합한다.

35 다음 중 블록쌓기에 있어서 하루 쌓기 높이의 표준으로 옳은 것은?

① 1.2m   ② 1.5m
③ 1.8m   ④ 2.1m

해설 건축공사 표준시방서에 의하면, **블록의 하루 쌓기 높이는 1.5m(7켜) 이내**를 표준으로 한다.

36 콘크리트용 골재로서 요구되는 성질에 대한 설명으로 옳지 않은 것은?

① 강도는 콘크리트 중의 경화 시멘트 페이스트의 강도 이상이어야 한다.

② 표면이 거칠고, 모양은 구형에 가까운 것이 좋다.

③ 입도는 동일한 크기의 골재로 혼합되어 있어야 한다.

④ 유해량 이상의 염분이나 기타 유기 불순물이 포함되지 않아야 한다.

해설 콘크리트용 골재는 ①, ② 및 ④ 외에 **잔 것과 굵은 것**(세립과 조립)이 적당히 혼합된 것이 좋다. 또한, 염분, 유해물(진흙이나 유기불순물 등)을 포함하지 않아야 한다. 특히 운모가 다량 포함된 골재는 콘크리트의 강도를 떨어뜨리고, 풍화되기 쉽다.

37 내화 벽돌쌓기에 있어서 도면 또는 공사시방에 따르나, 그 지정이 없는 경우 가로, 세로의 줄눈너비로 옳은 것은?

① 6mm   ② 8mm
③ 10mm ④ 12mm

해설 내화 벽돌의 줄눈너비는 도면 또는 공사시방에 따르고, 그 지정이 없는 경우에는 **가로, 세로 6mm를 표준**으로 한다.

38 타일의 접착력 시험에 있어서 일반건축물의 경우 타일면적 몇 m²당 한 장씩 시험하여야 하는가?

① 100   ② 200
③ 300   ④ 600

해설 타일의 접착력 시험
㉠ 타일의 접착력 시험은 **일반건축물의 경우 타일면적 200m²당**, 공동주택은 10호당 1호에 **한 장씩 시험**한다. 시험 위치는 담당원의 지시에 따른다.
㉡ 시험할 타일은 먼저 줄눈 부분을 콘크리트 면까지 절단하여 주위의 타일과 분리시킨다.
㉢ 시험할 타일은 시험기 부속 장치의 크기로 하되, 그 이상은 180mm×60mm 크기로 타일이 시공된 바탕면까지 절단한다. 다만, 40mm 미만의 타일은 4매를 1개조로 하여 부속 장치를 붙여 시험한다.
㉣ 시험은 타일 시공 후 4주 이상일 때 실시한다.
㉤ 시험결과의 판정은 타일 인장 부착강도가 $0.39N/mm^2$ 이상이어야 한다.

39 벽타일 붙이기의 판형 붙이기에 있어서 줄눈 고치기는 타일을 붙인 후 얼마 후에 실시하여야 하는가?

① 15분 이내   ② 30분 이내
③ 45분 이내   ④ 60분 이내

해설 벽타일 붙이기 중 **판형 붙이기**(낱장 붙이기와 같은 방법으로 하되, 타일 뒷면의 표시와 모양에 따라 그 위치를 맞추어 순서대로 붙이고, 모르타르가 줄눈 사이로 스며 나오도록 표본 누름판을 사용하여 압착한다.)의 **줄눈 고치기는 타일을 붙인 후 15분 이내에 실시**한다.

40 시멘트의 성질에 대한 설명 중 옳지 않은 것은?

① 시멘트의 분말도는 단위 중량에 대한 표면적, 즉 비표면적에 의하여 표시한다.
② 풍화된 시멘트는 비중이 매우 크다.
③ 시멘트의 풍화란 시멘트가 습기를 흡수하여 경미한 수화 반응을 일으켜 생성된 수산화칼슘과 공기 중의 탄산가스가 작용하여 탄산칼슘을 생성하는 작용을 말한다.
④ 시멘트의 안정성 측정은 오토클레이브 팽창도 시험 방법으로 행한다.

해설 시멘트의 분말도가 높으면 수화 작용이 촉진되므로 응결이 빠르고, 조기 강도가 높아지며, 시공 시 잘 비벼지고, 잘 채워지는 등의 작업성이 우수하다. 시공 후에는 물을 잘 통과시키지 않는 성질이 있는 반면에 콘크리트가 응결할 때 초기 균열이 일어나기 쉽고, 풍화 작용이 일어나기 쉽다. 특히, **풍화된 시멘트의 비중이 작다.**

제3과목 안전 관리

41 공기 중에 분진이 존재하는 작업장에 대한 대책으로 옳지 않은 것은?

① 보호구를 착용한다.
② 재료나 조작방법을 변경한다.
③ 장치를 밀폐하고 환기집진장치를 설치한다.
④ 작업장을 건조하게 하여 공기 중으로 분진의 부유를 방지한다.

해설 공기 중에 분진의 부유를 방지하기 위하여 **작업장을 습하게(습도의 상승)** 하여야 한다.

42 가연성 액체의 화재에 사용되며 전기기구 등의 화재에 효과적이고 소화한 뒤에도 피해가 적은 것은?

① 분말소화기
② 강화액소화기
③ 이산화탄소소화기
④ 포말소화기

해설 ① **분말소화기** : 소화효과는 질식 및 냉각효과로서, 분말소화약제에는 제1종 분말소화약제(중탄산나트륨), 제2종 분말소화약제(중탄산칼륨) 및 제3종 분말소화약제(인산암모늄) 등이 있다.
② **강화액소화기** : 물에 탄산칼륨을 녹여 빙점을 −17~30℃까지 낮추어 한랭지역이나 겨울철의 소화, 일반화재, 전기화재에 이용된다.
④ **포말소화기** : 소화효과는 질식 및 냉각효과로서, 포말소화약제의 종류에는 기계포(에어로졸)와 화학포 등이 있다.

43 연평균근로자수가 200명이고 1년 동안 발생한 재해자수가 10명이라면 연천인율은?

① 20   ② 30
③ 40   ④ 50

해설 연천인율이란 1년 간 평균근로자 1,000명당 발생하는 재해건수를 나타내는 통계로서, 연천인율 $= \dfrac{\text{재해자의 수}}{\text{연평균근로자의 수}} \times 1,000$ 이다. 문제에서 재해자의 수는 10명, 연평균근로자의 수는 200명이므로 연천인율 $= \dfrac{10}{200} \times 1,000 = 50$ 이다. 연천인율 50의 의미는 1년간 근로자 1,000명당 50건의 재해가 발생하였다는 의미이다.

44 연료와 산소의 화학적 반응을 차단하는 힘이 강하여 소화능력이 이산화탄소소화기의 2.5배 정도이며 컴퓨터, 고가의 전기기계, 기구의 소화에 많이 이용되는 소화기는?

① 분말소화기   ② 포말소화기
③ 강화액소화기   ④ 할론가스소화기

해설 ① **분말소화기** : 소화효과는 질식 및 냉각효과로서, 분말소화약제에는 제1종 분말소화약제(중탄산나트륨), 제2종 분말소화약제(중탄산칼륨) 및 제3종 분말소화약제(인산암모늄) 등이 있다.
② **포말소화기** : 소화효과는 질식 및 냉각효과로서, 포말소화약제의 종류에는 기계포(에어로졸)와 화학포 등이 있다.
③ **강화액소화기** : 물에 탄산칼륨을 녹여 빙점을 -17~30℃까지 낮추어 한랭지역이나 겨울철의 소화, 일반화재, 전기화재에 이용된다.

45 사람이 평면상으로 넘어졌을 때를 의미하는 상해 발생형태는?

① 추락　　　　② 전도
③ 파열　　　　④ 협착

해설 ① **추락** : 사람이 건축물, 비계, 기계, 사다리, 계단, 경사면, 나무 등에서 떨어지는 것
③ **파열** : 용기 또는 장치가 물리적인 압력에 의해 파열한 경우
④ **협착** : 물건에 끼워진 상태 또는 말려진 상태

46 다음은 소음작업에 대한 정의이다. (　) 안에 적합한 것은?

> "소음작업"이란 1일 8시간 작업을 기준으로 (　)데시벨 이상의 소음이 발생하는 작업을 말한다.

① 85　　　　② 95
③ 105　　　　④ 120

해설 "소음작업"이란 1일 8시간의 작업을 기준으로 **85데시벨(dB) 이상의 소음이 발생**하는 작업을 말한다.

47 화재의 분류 중 D급 화재가 의미하는 것은?

① 일반화재
② 유류화재
③ 전기화재
④ 금속화재

해설 화재의 분류

분류	색깔	분류	색깔
A급 화재 (일반화재)	백색	C급 화재 (전기화재)	청색
B급 화재 (유류화재)	황색	D급 화재 (금속화재)	무색

48 대규모 기업(1,000명 이상)에서 채택하고 있는 방법으로 사업장의 각 계층별로 각각 안전업무를 겸임하도록 안전부서에서 수립한 사업을 추진하는 조직형태는?

① 직계식 조직
② 참모식 조직
③ 직계 참모식 조직
④ 라인조직

해설 기업의 조직형태
㉠ **직계식(직선식, 라인) 조직** : 안전보건관리에 관한 계획에서부터 실시에 이르기까지 모든 안전보건업무를 생산라인을 통하여 이루어지도록 편성된 조직이다. 소규모(100인 미만) 사업장에 적합한 조직이다.
㉡ **참모식 조직** : 안전보건업무를 담당하는 참모를 두고 안전관리에 관한 계획, 조사, 검토, 보고 등을 할 수 있도록 편성된 조직이다. 중규모(100~1,000인 미만) 사업장에 적합한 조직이다.
㉢ 직계 · 참모식 조직 : 안전보건업무를 담당하는 참모를 두고 생산라인의 각 계층에서도 안전보건업무를 수행할 수 있도록 편성된 조직이다. 대규모(1,000인 이상) 사업장에 적합한 조직이다.

49 보호구의 보관방법으로 옳지 않은 것은?

① 직사광선이 바로 들어오며 가급적 통풍이 잘 되는 곳에 보관할 것
② 유해성 · 인화성 액체, 기름, 산 등과 함께 보관하지 말 것
③ 발열성 물질을 보관하는 곳에 가까이 두지 말 것
④ 땀으로 오염된 경우에 세척하고 건조하여 변형되지 않도록 할 것

해설 **안전보호구**(안전모, 안전대, 안전화, 안전장갑 및 보안면)와 **위생보호구**(방진마스크, 방독마스크, 송기마스크, 보안경, 귀마개 및 귀덮개)**의 보관방법**은 **직사광선은 피하고** 가급적 통풍이 잘 되는 곳에 보관할 것

50 100명의 근로자가 공장에서 1일 8시간, 연간 근로일수를 300일이라 하면 강도율은 얼마인가? (단, 연간 3명의 부상자를 냈고, 총휴업 일수가 730일이다.)

① 1.5 　　　② 2.5
③ 3.5 　　　④ 4.0

해설 강도율 = $\dfrac{\text{근로손실일수}}{\text{연근로시간수}} \times 1,000$ 이다.

근로손실일수 = 총휴업 일수 $\times \dfrac{300}{365}$

$= 730 \times \dfrac{300}{365} = 600$ 일

연근로시간수 = $8 \times 300 \times 100 = 240,000$ 시간

그러므로, 강도율 = $\dfrac{\text{근로손실일수}}{\text{연근로시간수}} \times 1,000$

$= \dfrac{600}{240,000} \times 1,000$

$= 2.5$

51 재해 다발 요인 중 관리감독자 측의 책임에 속하지 않는 것은?

① 작업 조건
② 소질, 성격
③ 환경의 미적응
④ 기능 미숙, 무지

해설 재해 다발 요인 중 **관리감독자 측의 책임**에는 **작업 조건, 환경의 미적응, 기능 미숙과 무지** 등이 있다.

52 다음 중 브레인스토밍(brain storming)의 4원칙과 가장 거리가 먼 것은?

① 자유분방 　　② 대량 발언
③ 수정 발언 　　④ 예지 훈련

해설 **브레인스토밍의 4원칙**에는 자유분방(마음대로 자유로이 발표), 대량 발언(무엇이든 좋으며, 많이 발언), 수정 발언(타인의 생각에 동참하거나, 보충 발언) 및 비판 금지(남의 의견을 비판하지 않는 발언) 등이 있고, **예지 훈련과는 무관**하다.

53 사고예방대책의 기본 원리 5단계에 속하지 않는 것은?

① 안전관리조직 　② 사실의 발견
③ 분석 평가 　　　④ 예비 점검

해설 **사고예방대책의 기본원리 5단계**에는 **안전관리의 조직, 사실의 발견,** 원인 규명을 위한 **분석 평가,** 시정방법의 선정 및 목표달성을 위한 시정책의 적용 등이 있고, **예비 점검과는 무관**하다.

54 안전모를 구성하는 재료의 성질과 조건으로 옳지 않은 것은?

① 쉽게 부식하지 않아야 한다.
② 피부에 해로운 영향을 주지 않아야 한다.
③ 내열성, 내한성 및 내수성을 가져야 한다.
④ 모체의 표면은 명도가 낮아야 한다.

해설 안전모를 구성하는 재료의 성질 중 **모체의 표면**은 안전하도록 하기 위하여 **명도가 높아야 한다.**

55 다음에서 설명하는 재해 발생의 모형으로 옳은 것은?

> 어떤 요인이 발생하면, 이것이 원인이 되어 다음 요인을 발생하고, 또 연속적으로 하나 하나의 요인을 일으켜 결국은 사고를 일으키는 형태이다.

① 사슬형 　　　② 혼합형
③ 집중형 　　　④ 분산형

해설 **집중형**은 사고가 일어나는 시간과 장소의 요인들이 일시적으로 집중되는 형태이다. **혼합형**은 사슬형과 집중형이 복합된 형태로 연속적인 요인이 하나 또는 2개 이상 모여서 어떤 시기 또는 장소에서 한꺼번에 사고가 일어나는 형태이다.

56 추락 시 하중이 허리에 집중되어 큰 하중이 가해지는 방식과는 달리 추락 시 충격하중을 분산시켜 신체 보호 효과가 뛰어난 방식으로 옳은 것은?

① 벨트식 U자 걸이용
② 안전그네식 U자 걸이용
③ 벨트식 추락방지대
④ 벨트식 1개 걸이용

해설 안전대의 종류와 용도

종류	사용 구분	용도
벨트식, 안전그네식	1개 걸이용	작업발판이 설치되어 신체를 안전대에 의지할 필요가 없고, 불의의 사고로 떨어짐 시 신체 보호 목적으로 사용한다.
	U자 걸이용	일명 전주용이라고 하며, 신체를 안전대에 지지하여야 작업할 수 있는 작업 시 사용한다.
	추락 방지대	고층 사다리 또는 철골, 철탑 등의 상·하행 시 사용한다.
	안전블록	떨어짐을 억제할 수 있는 자동 잠김장치가 갖추어져 있다.

전주 작업을 제외한 일반적인 경우에는 추락 사고 시 발생하는 신체 부담 경감을 위해 안전그네식 안전대를 사용한다.

57 건설 공사장의 각종 공사의 안전에 대해 설명한 내용 중 틀린 것은?

① 기초 말뚝시공 시 소음, 진동을 방지하는 시공법을 수립한다.
② 지하를 굴착할 경우 지층상태, 배수상태, 붕괴위험도 등을 수시로 점검한다.
③ 철근을 용접할 때는 거푸집의 화재에 주의한다.
④ 조적 공사를 할 때는 다른 공정을 중지시켜야 한다.

해설 조적 공사를 할 때 다른 공정도 진행이 가능하다.

58 불안전한 행동을 하게 하는 인간의 외적인 요인이 아닌 것은?

① 근로시간   ② 휴식시간
③ 온열조건   ④ 수면부족

해설 불안전한 행동(안전지식이나 기능 또는 안전태도가 좋지 않아 실수나 잘못 등과 같이 안전하지 못한 행위를 하는 것)
㉠ 외적인 요인(인간관계, 설비적 요인, 직접적 요인, 관리적 요인 등)으로 근로 및 휴식시간, 온열조건 등이 있다.
㉡ 내적인 요인
• 심리적 요인 : 망각, 주변동작, 무의식행동, 생략행위, 억측판단, 의식의 우회, 습관적 동작, 정서 불안정 등
• 생리적 요인 : 피로, 수면부족, 신체 기능의 부적응, 음주 및 질병 등

59 무재해운동의 3원칙에 해당하지 않는 것은?

① 참가의 원칙
② 무의 원칙
③ 선취해결의 원칙
④ 수정의 원칙

해설 무재해운동의 3법칙에는 무의 원칙(뿌리에서부터 재해를 없앤다는 원칙), 선취의 원칙(안전제일의 원칙, 재해를 예방, 방지하자는 원칙) 및 참여의 원칙(문제해결행동을 실천하자는 원칙) 등이 있다.

60 다음 피로의 원인 중 환경 조건에 속하지 않는 것은?

① 온도 및 습도
② 조도 및 소음
③ 공기오염 및 유독가스
④ 식사 및 자유시간

해설 피로의 원인 중 환경 조건에는 온도 및 습도, 조도 및 소음, 공기오염 및 유독가스 등이 있고, 식사 및 자유시간과는 무관하다.

MEMO

부록 I CBT 기출복원문제

2021년 5월 9일 시행

2021년 산업기사 기출문제는 CBT로 시행되었으며, 수험생의 기억에 의해 복원된 문제이므로 실제 시험문제와 상이할 수 있습니다.

제1과목 건축 일반

01 목구조 트러스식 조립보에서 어떤 부재에 철근을 사용하는가?

① 압축력을 받는 부재
② 인장력을 받는 부재
③ 휨모멘트를 받는 부재
④ 전단력을 받는 부재

해설 **철근**은 인장력에는 강하나 좌굴로 인한 압축력에는 약하므로 인장력을 받는 곳에 사용하여야 한다. 즉, **인장력을 받는 부재(달대공)에 사용**한다.

02 라멘 구조의 철근콘크리트보에 대한 설명이다. 틀린 것은?

① 콘크리트는 인장력에 약하므로, 인장력이 일어나는 곳에는 반드시 철근을 배치한다.
② 하중이 아래쪽으로 작용하는 경우에 휨모멘트에 의해 보의 중앙은 아래쪽에, 양단부에는 위쪽에 인장력이 일어난다.
③ 철근의 이음 위치는 인장력이 작게 작용하는 곳이나 압축력이 작용하는 곳이 되도록 한다.
④ 굽힌 철근(bent up bar)은 중앙부 윗쪽의 철근을 반곡점 부근에서 아래쪽으로 휘어 배근한다.

해설 굽힌 철근은 **상부 철근을 좌측 반곡점 부근에서 아래쪽**으로, 동시에 **우측 반곡점 부근에서 위쪽으로 휘어 배근**한다.

03 인장력을 받는 구조재의 이음은 어떤 이음을 사용하는가?

① 긴촉이음
② 턱걸이주먹장이음
③ 엇걸이산지이음
④ 쌍장부이음

해설 **긴촉이음**은 긴촉을 내어 물리고, 그 물림자리에 산지를 박아 빠지지 않게 한 이음으로 **인장력을 받는 구조재의 이음**에 사용된다.

04 건물 구체(軀體)가 완성된 다음 외부수리, 치장공사, 유리창 청소 등에 주로 쓰이는 비계는?

① 본비계 ② 틀비계
③ 달비계 ④ 측비계

해설 **본(쌍줄, 정식)비계**는 비계 기둥과 띠장을 2열로 하고, 이것에 펠대(비계장선)을 연결한 비계이다. **틀비계**는 틀을 짜서 조립할 수 있는 비계 또는 강관을 전기용접으로 접합하여 작업판 지지용의 틀형의 구조 단위로 만들어 현장에서 조립하여 사용할 수 있도록 구성한 비계이다. **측비계**는 외줄비계(띠장이 기둥 한쪽에 설치된 형태)와 겹비계(띠장이 기둥의 양쪽에 설치된 형태) 등이 있으며, 간단한 작업 또는 높이 10m 이하의 소규모 단기공사에 사용하고, 벽과의 간격은 45cm~90cm 정도이다.

정답 01. ② 02. ④ 03. ① 04. ③

05 양판문에 대한 기술 중 옳지 않은 것은?

① 밑막이는 선대에 두쌍장부로 맞춤한다.
② 양판은 문울거미에 홈을 파 끼운다.
③ 중간막이는 선대에 쌍장부로 하여도 좋다.
④ 중간선대는 밑막이대에 내다지 장부로 맞춤한다.

해설 양판문 : 울거미를 짜고 정간에 양판(넓은 한 장 널이나 베니어 합판으로 하여 울거미에 4방 홈을 파 끼우고, 양판 및 울거미, 면접기, 쇠시리를 하거나 또는 선으로 장식한다)을 끼워 넣은 양식 목재문으로 가장 널리 사용되고 있으며, 문울거미는 선대, 중간 선대, 윗막이, 밑막이, 중간막이 또는 띠장, 살 등으로 구성된다.
㉠ 울거미재의 두께는 3~5cm로 하고 너비는 윗막이, 선대 같은 크기로 90~120mm 정도, 자물쇠가 붙은 중간막이대는 윗막이대의 약 1.5배, 밑막이는 1.5~2.5배 정도로 한다.
㉡ 맞춤은 윗막이대와 밑막이대는 두쌍장부, 중간막이대는 쌍장부로 하여 꿰뚫어 넣고 벌림쐐기치기로 한다.

06 특정한 입도를 가진 굵은 골재를 거푸집에 채워 넣고 그 굵은 골재 사이의 공극에 특수한 모르타르를 주입하여 만드는 콘크리트는?

① 프리캐스트 콘크리트
② 프리스트레스트 콘크리트
③ 프리팩트 콘크리트
④ 펌프 콘크리트

해설 프리캐스트 콘크리트는 공장에서 고정시설을 가지고 소요 부재(기둥, 보, 바닥판 등)를 철재 거푸집에 의해 제작하고, 고온다습한 증기 보양실에서 단기 보양한 콘크리트이다. 프리스트레스트 콘크리트는 특수 선재(고강도의 강재나 피아노선)를 사용하여 재축 방향으로 콘크리트에 미리 압축력을 준 콘크리트이다. 펌프 콘크리트는 콘크리트를 펌프의 피스톤으로 관중을 통하여 혼합장소에서 치는 곳까지 보내는 기계이다.

07 목구조용 철물 중 볼트와 듀벨을 동시에 사용할 경우 볼트는 어떤 응력에 작용시키는 철물인가?

① 휨모멘트
② 전단력
③ 인장력
④ 부착력

해설 볼트와 함께 사용하는 듀벨은 전단력에, 볼트는 인장력에 작용시켜 접합재 상호 간의 변위를 막는 강한 이음을 얻는 데 사용한다.

08 공정계획 작성에 있어서 주의할 사항이 아닌 것은?

① 재료수입의 난이, 상품제작일수, 운송상황을 고려하여 발주시기를 잡는다.
② 시공기재와 재료는 공사착공과 동시에 반입되어야 현실상 유리한 점이 많다.
③ 미장, 방수, 도장공사는 충분한 공기를 조절함이 좋다.
④ 여름, 겨울철은 작업일수를 고려함이 좋다.

해설 시공기재와 재료는 공정관리 및 공사진행의 순서에 의해 현장에 반입시키는 것이 현실상 유리한 점이 많다.

09 스팬(span)이 큰 보 및 바닥판의 거푸집은 중앙에서 스팬(span)의 얼마 정도로 치켜올려야 되나?

① 1/100 – 1/200
② 1/200 – 1/300
③ 1/300 – 1/500
④ 1/500 – 1/700

해설 보 및 바닥 거푸집은 중앙에서 간사이의 1/300~1/500 정도로 치켜올리는 것이 보통이나 지나치게 올리지 말아야 한다.

10 주로 가구를 제작할 때 접착제 바른 곳을 죄어서 안정시키는데 사용하는 철물을 클램프(clamp)라 한다. 작은 부재를 고정할 때 주로 쓰이며 사용이 간편한 클램프는 다음 중 어느 것인가?

① 죔쇠(bar clamp)
② 나사 클램프(hand-screw clamp)
③ C-클램프(C clamp)
④ 스프링 클램프(spring clamp)

해설 **죔쇠**는 나무오리 같은 것을 물려 죌 수 있도록 쇠로 만든 연장의 하나이고, 손으로 어떤 것을 들거나 붙잡거나 열거나 죌 수 있도록 덧붙여 놓은 부분이다. **나사 클램프**는 치공구에서 광범위하게 사용되고 있으며 설계가 간단하고 제작비가 싼 이점이 있으나 작업속도가 느리다는 단점이 있다. 나사에 의한 클램핑 방법에는 나사가 직접 공작물에 압력을 가하는 방식과, 스트랩을 이용한 간접적으로 압력을 전달하는 방식이 있다. **C-클램프**는 가장 널리 사용된다.

11 연륜에 직각되게 나무 켜기 하였을 때 생기는 결은?

① 곧은결   ② 널결
③ 엇결   ④ 수직결

해설 **널결**은 연륜에 평행 방향으로 켠 목재면에 나타난 곡선형(물결모양)의 나무결로 결이 거칠고, 불규칙하게 나타난다. **엇결**은 나무 섬유가 꼬여 나무결이 어긋나게 나타난 목재면을 말한다.

12 목재에 관한 설명 중 틀린 것은?

① 수축율은 같은 목재에서 변재가 심재보다 크다.
② 함수율이 일정하고 결함이 없으면 비중이 적을수록 강도는 크다.
③ 팽창, 수축은 함수율이 섬유포화점 이상에서는 생기지 않는다.
④ 섬유포화점 이하에서는 함수율이 적을수록 강도는 커진다.

해설 목재의 강도는 함수율이 낮을수록 강도는 증가하고, 비중이 증가할수록 증가하며, 외력에 대한 저항이 증가한다. 나무 섬유 세포의 평행 방향에 대한 강도는 세포의 저항성이 폭 방향보다 길이 방향이 크므로 나무 섬유 세포의 직각 방향에 대한 강도보다 크며, 나무의 허용강도는 최고 강도의 1/7~1/8 정도이다.

13 베이클라이트 평판이나 강화 목재 적층판은 어떤 판에 속한 것인가?

① 멜라민 치장판
② 아크릴평판
③ 염화비닐판
④ 페놀수지판

해설 **페놀수지**(베이클라이트, 페놀과 포르말린을 원료로 하여, 산과 알칼리를 촉매로 하여 만든다)의 성질은 매우 굳고, 전기 절연성이 뛰어나며, 내후성도 양호하다. 수지 자체는 취약하여 성형품, 적층품의 경우에는 충전제를 첨가한다. 충전제를 첨가하지 않은 수지는 0℃ 이하에서는 취약하고, 60℃ 이상에서는 길이의 변화가 뚜렷하며, 강도가 떨어진다. 페놀수지는 내열성이 양호한 편이나 200℃ 이상에서 그대로 두면 탄화, 분해되어 사용할 수 없게 된다. 실용상의 사용온도는 유기질 충전제(종이, 천, 펄프 등)를 혼합하였을 때에는 105℃까지, 무기질 충전제를 혼합하였을 때에는 125℃ 이하이다.
용도로는 전기통신 기자재류가 60% 정도를 차지하고 있으나, **건축용에도 페놀수지 도료, 페놀수지 접착제**(내수 합판의 접착제), 페놀수지 에나멜, 페놀수지관, 페놀수지 경화관, 페놀수지폼 및 페놀수지 화장판 등의 많은 용도에 사용되고 있다.

14 공기를 단축시킬 수 있어 수중 콘크리트 시공에 적합한 시멘트는?

① 보통 포틀랜드 시멘트
② 중용열 포틀랜드 시멘트
③ 조강 포틀랜드 시멘트
④ 백색 포틀랜드 시멘트

해설 보통 포틀랜드 시멘트는 시멘트 중에 가장 많이 사용되고, 보편화된 것으로 공정이 비교적 간단하고, 생산량이 많으며 일반적인 콘크리트 공사에 광범위하게 사용한다.

중용열 포틀랜드 시멘트(석회석＋점토＋석고)는 원료 중의 석회, 알루미나, 마그네시아의 양을 적게 하고, 실리카와 산화철을 다량으로 넣어서 수화 작용을 할 때 수화열(발열량)을 적게한 시멘트로서, 조기(단기) 강도는 작으나 장기 강도는 크며, 경화 수축(체적의 변화)이 적어서 균열의 발생이 적다. 특히 방사선의 차단, 내수성, 화학저항성, 내침식성, 내식성 및 내구성이 크므로 댐 축조, 매스 콘크리트, 대형 구조물, 콘크리트 포장, 원자로의 방사능 차폐용 콘크리트에 적당하다.

백색 포틀랜드 시멘트는 철분이 거의 없는 백색 점토를 사용하여 시멘트에 포함되어 있는 산화철, 마그네시아의 함유량을 제한한 시멘트로서, 보통 포틀랜드 시멘트와 품질은 거의 같으며, 건축물의 표면(내·외면) 마감, 도장에 주로 사용하고 구조체에는 거의 사용하지 않는다. 인조석 제조에 주로 사용된다.

15 콘크리트 바닥판이나 벽체에 어떠한 장치나 시설물을 설치하기 위하여 바닥안 벽내부에 매설하는 철물을 무엇이라 하는가?

① Insert
② Expansion bolt
③ Screw anchor
④ Drive pin

해설 익스펜션 볼트(Expansion bolt)는 스크루 앵커(삽입된 연질 금속 플러그에 나사못을 끼운 것)와 똑같은 원리로서 인발력은 270~500 kg 정도이다. 드라이브핀(Drive pin)은 콘크리트나 강재 등의 드라이비트 타정총(drivit)라는 일종의 못박기총(극소량의 화약을 써서 콘크리트나 강재 등에 드라이브핀을 순간적으로 처박는 기계)을 사용하여 처박는 특수못이다.

16 도면의 표기방법 중 절단선, 기준선 등에 사용하는 선은?

① 일점쇄선
② 이점쇄선
③ 실선
④ 점선

해설 선의 종류와 용도

종류		용도	굵기
실선	전선	단면선, 외형선	0.3~0.8
	가는 선	치수선, 치수 보조선, 인출선, 지시선, 해칭선	가는 선 (0.2 이하)
허선	파선	물체의 보이지 않는 부분	반선 (전선 1/2)
	일점쇄선 가는 선	중심축, 대칭축, 기준선	가는 선
	일점쇄선 반선	절단 위치, 경계선	반선
	이점쇄선	물체가 있는 가상 부분(상상선), 일점쇄선과 구분	반선 (전선 1/2)

17 설계도면의 종류 및 표시법에 대한 설명 중 잘못된 것은?

① 척도에는 축척, 실척, 배척이 있다.
② 치수의 단위는 mm로 사용하나, 단위기호는 기입하지 않는 것이 통칙이다.
③ 도면의 분류에서 견적도는 내용에 따른 분류에 속한다.
④ 실선(외형선)은 물체의 겉모양을 표시하는 선이다.

해설 도면의 종류
㉠ 사용목적에 따른 분류 : 계획도, 제작도, 견적도, 주문도, 승인도, 설명도 등
㉡ 내용에 따른 분류 : 상세도, 조립도, 부분조립도, 부품도, 공정도, 전기회로도, 배선도, 배관도, 축로도, 구조선도, 곡면선도, 기타 등
㉢ 작성방법에 따른 분류 : 연필도, 먹물제도, 착색도 등
㉣ 성격에 따른 분류 : 원도, 트레이스도, 복사도 등

18 단면도에 대한 기술로 옳지 않은 것은?

① 건축물 구조체의 표준이 되는 것이 단면도이다.

② 건물을 바깥벽선에 직각이 되게 수직면으로 절단하였을 때 보이는 입면도이다.

③ 단면도를 그리기 위해 절단되는 위치는 평면상상에 가는 이점쇄선으로 표시한다.

④ 단면도에 표기해야 할 사항은 건물높이, 거실높이, 창대높이, 지붕의 물매, 지반에서 바닥까지의 높이 등이다.

해설 단면도를 그리기 위해 **절단되는 위치**는 평면도상에 **일점쇄선의 반선**으로 표시한다.

19 나무구조 벽체 그리기 순서가 올바르게 된 것은?

> ㉠ 벽체의 각 부 위치를 정한다.
> ㉡ 기둥과 샛기둥을 그리고, 벽 두께를 그린다.
> ㉢ 지반선과 벽체의 중심선을 긋는다.
> ㉣ 테두리선을 긋고, 축척에 알맞게 구도를 잡는다.
> ㉤ 기초벽의 두께와 기초를 그린다.

① ㉣ → ㉢ → ㉠ → ㉤ → ㉡
② ㉤ → ㉡ → ㉣ → ㉢ → ㉠
③ ㉢ → ㉠ → ㉣ → ㉤ → ㉡
④ ㉠ → ㉡ → ㉢ → ㉣ → ㉤

해설 나무구조 벽체의 제도 순서
㉮ 제도 용지에 테두리선을 긋고, 축척에 알맞게 구도를 잡는다. → ㉯ 지반선과 벽체의 중심선을 긋는다. → ㉰ 벽체의 각 부 위치를 정한다. → ㉱ 기초벽의 두께와 기초를 그린다. → ㉲ 기둥과 샛기둥을 그리고, 벽 두께를 그린다. → ㉳ 벽체와 연결된 바닥이나 마루, 처마 등의 위치를 잡는다. → ㉴ 단면선과 입면선을 구분하여 그린다. → ㉵ 각 부분에 재료 표시를 한다. → ㉶ 치수선과 인출선을 긋고, 치수와 명칭을 기입한다.

20 간사이가 8m이고 물매가 4cm일 때 물매에 의한 대공 길이는 얼마가 적당한가?

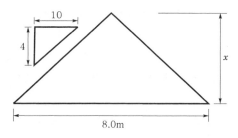

① 1.6m ② 1.8m
③ 3.2m ④ 3.6m

해설 물매의 산정식
㉠ 트러스의 높이=1/2간사이×물매
=1/2×8×4/10=1.6m
㉡ 지붕의 물매=용마루의 높이÷(간사이의 1/2)
이다.
여기서, 물매 표시의 의미는 수평거리 10에 대하여 높이 4가 됨을 의미한다.

제2과목 조적, 미장, 타일 시공 및 재료

21 벽타일 접착붙이기에서 접착제의 1회 바름 면적은 최대 얼마 이하로 하여야 하는가?

① 1m² ② 2m²
③ 3m² ④ 4m²

해설 벽타일 접착붙이기에 있어서 **접착제의 1회 바름 면적**은 **2m² 이내**로 하여야 한다.

22 벽돌 구조에서 각 층의 대린벽으로 구획된 벽에서 개구부의 폭의 합계는 그 벽 길이의 최대 얼마 이하로 하여야 하는가?

① 1/2 ② 1/3
③ 1/5 ④ 1/6

해설 벽돌 구조에서 각 층의 대린벽으로 구획된 벽에서 **개구부 폭의 합계**는 **그 벽 길이의 최대 1/2 이하**로 하여야 한다.

23 벽돌 공사에서 벽돌의 수량 산정 시 사용되는 할증률이 옳게 연결된 것은?

① 붉은 벽돌 : 2%, 시멘트 벽돌 : 5%
② 붉은 벽돌 : 5%, 시멘트 벽돌 : 2%
③ 붉은 벽돌 : 3%, 시멘트 벽돌 : 5%
④ 붉은 벽돌 : 5%, 시멘트 벽돌 : 3%

해설 벽돌 공사에 있어서 **벽돌의 할증률은 붉은 벽돌은 3%, 시멘트 벽돌은 5%** 정도이다.

24 보강 블록 공사에 관한 설명으로 옳지 않은 것은?

① 살두께가 작은 편을 위로 하여 쌓는다.
② 치장줄눈을 할 때에는 흙손을 사용하여 줄눈이 완전히 굳기 전에 줄눈파기를 한다.
③ 개구부 상하부의 가로근을 양측 벽부에 묻을 때의 정착 길이는 40d 이상으로 한다.
④ 보강 블록조와 라멘 구조가 접하는 부분은 보강 블록조를 먼저 쌓고 라멘 구조를 나중에 시공한다.

해설 보강 블록 공사에서 **블록의 살두께가 두꺼운 면을 위로 하여** 쌓아야 하는 이유는 보강 콘크리트를 넣을 경우에 큰 골재의 삽입이 쉽게 하기 위함이다.

25 벽타일 붙이기 공법 중 압착 붙이기에 관한 설명으로 옳지 않은 것은?

① 벽면의 위에서 아래로 붙여 나간다.
② 타일의 1회 붙임 면적은 2m^2 이하로 한다.
③ 붙임 시간은 모르타르 배합 후 15분 이내로 한다.
④ 붙임 모르타르의 두께는 5~7mm를 표준으로 한다.

해설 타일의 1회 붙임 면적은 모르타르의 경화속도 및 작업성을 고려하여 1.2m^2 이하로 한다. 벽면의 위에서 아래로 붙여 나가며, 붙임 시간은 모르타르 배합 후 15분 이내로 한다.

26 타일의 접착력 시험에 관한 설명으로 옳지 않은 것은?

① 시험은 타일 시공 후 4주 이상일 때 실시한다.
② 타일의 접착력 시험은 600m^{2}당 한 장씩 시험한다.
③ 시험결과의 판정은 타일 인장 부착강도가 0.2MPa 이상이어야 한다.
④ 시험할 타일은 먼저 줄눈 부분을 콘크리트면까지 절단하여 주위의 타일과 분리시킨다.

해설 타일의 접착력 시험에 있어서 시험결과의 판정은 **타일 인장 부착강도가 0.39MPa 이상**이어야 한다.

27 건축공사 표준시방서상 다음과 같이 정의되는 용어는?

> 벽돌의 흡수팽창 및 열팽창을 흡수·완화하도록 설치하는 신축줄눈

① 연결줄눈
② 치장줄눈
③ 가로줄눈
④ 무브먼트 줄눈

해설 **연결줄눈**은 내부의 수직단면과 외부의 수직단면을 길이 방향으로 연결하는 모르타르 또는 그라우팅의 수직줄눈이고, **치장줄눈**은 벽돌 쌓기 후의 줄눈에 치장 및 내구성 등을 목적으로 사용하는 줄눈이며, **가로줄눈**은 조적개체가 설치되는 수평 모르타르 줄눈이다.

28 시멘트 모르타르 바름 미장공사에서 콘크리트 바탕의 내벽에 초벌 바름을 할 경우 사용되는 모르타르의 표준배합(용적비)은? (단, 시멘트 : 모래)

① 1 : 2   ② 1 : 3
③ 1 : 4   ④ 1 : 5

해설 시멘트 모르타르 바름 미장공사에서 콘크리트 바탕의 내벽에 초벌 바름을 할 경우 사용되는 **모르타르의 표준배합(용적비)**은 시멘트 : 모래 =1 : 3이다(건축공사 표준시방서 15015. 3.2 참고).

29 다음은 건축공사 표준시방서에 따른 벽돌 벽체의 내쌓기에 관한 설명이다. ( ) 안에 알맞은 것은?

> 벽돌 벽면 중간에서 내쌓기를 할 때에는 2 켜씩 (㉠) 또는 1켜씩 (㉡) 내쌓기로 하고 맨 위는 2켜 내쌓기로 한다.

① ㉠ $1B$, ㉡ $\frac{1}{2}B$

② ㉠ $\frac{1}{2}B$, ㉡ $\frac{1}{4}B$

③ ㉠ $\frac{1}{4}B$, ㉡ $\frac{1}{8}B$

④ ㉠ $\frac{1}{8}B$, ㉡ $\frac{1}{16}B$

해설 벽돌벽의 내쌓기에 있어서 벽돌 벽면 중간에서 내쌓기를 할 때에는 2켜씩 $\frac{1}{4}B$ 또는 1켜씩 $\frac{1}{8}B$ 내쌓기를 하고, 맨 위는 2켜 내쌓기로 한다.

30 다음은 건축공사 표준시방서에 따른 타일 붙이기 일반사항 중 치장줄눈 시공에 관한 내용이다. ( ) 안에 알맞은 것은?

> 타일을 붙이고, (㉠)이 경과한 후 줄눈파기를 하여 줄눈 부분을 충분히 청소하며, (㉡)이 경과한 뒤 붙임 모르타르의 경화 정도를 보아 작업 직전에 줄눈바탕에 물을 뿌려 습윤케 한다.

① ㉠ 1시간, ㉡ 12시간
② ㉠ 1시간, ㉡ 24시간
③ ㉠ 3시간, ㉡ 12시간
④ ㉠ 3시간, ㉡ 24시간

해설 타일 붙이기에 있어서 타일을 붙이고, 3시간이 경화한 후 줄눈파기를 하여 줄눈 부분을 충분히 청소하며, 24시간이 경화한 뒤 붙임 모르타르의 경화 정도를 보아 작업 직전에 줄눈바탕에 물을 뿌려 습윤케 한다.

31 단순조적 블록공사에 관한 설명으로 옳지 않은 것은?

① 살두께가 큰 편을 위로 하여 쌓는다.
② 특별한 지정이 없으면 줄눈은 10mm가 되게 한다.
③ 하루의 쌓기 높이는 1.5m(블록 7켜 정도) 이내를 표준으로 한다.
④ 단순조적 블록쌓기의 세로줄눈은 도면 또는 공사시방서에서 정한 바가 없을 때에는 통줄눈으로 한다.

해설 **단순조적 블록쌓기의 세로줄눈**은 도면 또는 공사시방서에서 정한 바가 없을 때에는 **막힌줄눈 (응력을 분포시키기 위함)**으로 한다(건축공사 표준시방서 07000. 3.3. 참고).

32 다공질 벽돌에 관한 설명으로 옳지 않은 것은?

① 방음, 흡음성이 좋다.
② 현장에서 절단 및 가공을 할 수 없다.
③ 강도가 약해 구조용으로는 사용이 곤란하다.
④ 점토에 톱밥, 겨, 탄가루 등을 혼합, 소성한 것이다.

해설 다공질 벽돌(원료인 점토에 톱밥이나 분탄 등의 불에 탈 수 있는 가루를 혼합하여 성형, 소성한 벽돌)은 비중이 1.5 정도로서 보통 벽돌의 비중 2.0보다 작고, **톱질(절단), 가공 및 못박기가 가능**하며, 단열, 방음성 등이 있으나, 강도는 약하다.

33 타일공사에서 자기질 타일의 할증률은?

① 3% ② 4%
③ 5% ④ 6%

해설 타일의 할증률

　㉠ 모자이크, 도기, **자기**, 클링커 : 3%

　㉡ 비닐, 아스팔트, 리놀륨 : 5%

34 벽돌쌓기의 일반사항으로 옳지 않은 것은?

① 세로줄눈은 통줄눈이 되지 않도록 한다.

② 하루의 쌓기 높이는 1.2m(18켜 정도)를 표준으로 하고 최대 1.5m(22켜 정도) 이하로 한다.

③ 연속되는 벽면의 일부를 트이게 하여 나중쌓기로 할 때에는 그 부분을 층단 들여쌓기로 한다.

④ 벽돌쌓기는 도면 또는 공사시방서에서 정한 바가 없을 때에는 영식쌓기 또는 불식쌓기로 한다.

해설 **벽돌쌓기**는 도면 또는 공사시방서에서 정한 바가 없을 때에는 **영식쌓기** 또는 **화란식쌓기**로 한다.

35 창문틀의 좌우에 붙여 쌓아 창문틀과 잘 물리게 된 특수 블록을 무엇이라 하는가?

① 선틀블록

② 창대블록

③ 인방블록

④ 거푸집블록

해설 **창대블록**은 창틀 밑에 쌓는 물흘림이 달린 특수블록이고, **인방블록**은 창문틀 위에 쌓고 철근과 콘크리트를 다져 넣어 보강하는 U자형 블록이며, **거푸집블록**은 블록을 ㄱ자, ㄷ자, ㅁ자 등으로 만들어 살두께가 얇고 속이 비게 하여 콘크리트의 거푸집용으로 사용되는 블록이다.

36 시멘트 모르타르 바름 미장공사에서 콘크리트바탕의 바깥벽 정벌의 표준 바름 두께는?

① 3mm

② 4mm

③ 6mm

④ 8mm

해설 바름 두께의 표준　　　　(단위 : mm)

바탕	바름부분	바름두께				
		초벌 및 라스먹임	고름질	재벌	정벌	합계
콘크리트, 콘크리트 블록 및 벽돌면	바닥	–	–	–	24	24
	내벽	7	–	7	4	18
	천장	6	–	6	3	15
	차양	6	–	6	3	15
	바깥벽	9	–	9	**6**	24
	기타	9	–	9	6	24
각종 라스 바탕	내벽	라스 두께보다 2mm 내외 두껍게 바른다.		7	4	18
	천장			6	3	15
	차양			6	3	15
	바깥벽	0~9	0~9	6	24
	기타	0~9	0~9	6	24

(주) 1) 바름 두께 설계 시에는 작업여건이나 바탕, 부위, 사용용도에 따라서 재벌두께를 정벌로 하여 재벌을 생략하는 등 바름 두께를 변경할 수 있다. 단, 바닥은 정벌두께를 기준으로 하고, 각종 라스바탕의 바깥벽 및 기타 부위는 재벌 최대 두께인 9mm를 기준으로 한다.

　　2) 바탕면의 상태에 따라 ±10%의 오차를 둘 수 있다.

37 단순조적 블록공사에 관한 설명으로 옳지 않은 것은?

① 살두께가 큰 편을 아래로 하여 쌓는다.

② 특별한 지정이 없으면 줄눈은 10mm가 되게 한다.

③ 하루의 쌓기 높이는 1.5m(블록 7켜 정도) 이내를 표준으로 한다.

④ 가로줄눈 모르타르는 블록의 중간살을 제외한 양면살 전체에 발라 수평이 되게 쌓는다.

해설 단순조적 블록공사에서 블록을 쌓을 때 사춤을 위하여 **살두께가 큰 곳(구멍이 작은 쪽)이 위로 오도록 하여야 사춤이 가능**하다.

38 다음과 같은 타일을 욕실 바닥에 붙일 경우 줄눈 폭의 표준은?

- 재질 : 자기질
- 크기 : 200mm×200mm 이상
- 두께 : 7mm 이상

① 2mm   ② 3mm
③ 4mm   ④ 5mm

해설 욕실 바닥에 자기질 타일(200mm×200mm 이상)을 붙일 경우 줄눈 폭의 표준은 **4mm**이고, 타일의 두께는 7mm 이상이다(건축공사 표준시방서 09000. 2.1.1 참고).

39 석고보드에 관한 설명으로 옳지 않은 것은?

① 단열성이 높다.
② 부식이 안 되고 충해를 받지 않는다.
③ 시공이 용이하고 표면가공이 다양하다.
④ 흡수로 인해 강도가 현저하게 높아진다.

해설 석고보드(소석고를 주원료로 하고, 이에 경량, 탄성을 주기 위해 톱밥, 펄라이트 및 섬유 등을 혼합하여 이 혼합물을 물로 이겨 양면에 두꺼운 종이를 밀착, 판상으로 성형한 것)는 **흡수로 인해 강도가 현저하게 낮아지는** 단점이 있다.

40 콘크리트 바탕에서 초벌 바름하기 전에 마감두께를 균등하게 할 목적으로 모르타르 등으로 미리 요철을 조정하는 것은?

① 덧먹임   ② 고름질
③ 손질바름   ④ 실러바름

해설 **덧먹임**은 바르기의 접합부 또는 균열의 틈새, 구멍 등에 반죽된 재료를 밀어 넣어 때워주는 것이고, **고름질**은 바름두께 또는 마감두께가 두꺼울 때 혹은 요철이 심할 때 초벌바름 위에 발라 붙여 주는 것 또는 바름층이며, **실러바름**은 바탕의 흡수 조정, 바름재와 바탕과의 접착력 증진 등을 위하여 합성수지 에멀션 희석액 등을 바탕에 바르는 것이다.

제3과목 안전 관리

41 평균 근로자 수가 1,000명이 있는 직장에서 1년 동안에 5명의 재해를 냈을 때 천인율은?

① 0.5   ② 5
③ 50   ④ 500

해설 연천인율은 1년간 평균 근로자 1,000명당 재해 발생 건수를 나타내는 통계로서 즉, 연천인율
$$= \frac{\text{사상자의 수}}{\text{연평균 근로자의 수}} \times 1,000$$
$$= \frac{5}{1,000} \times 1,000 = 5 \text{ 이다.}$$

42 인간과 기계의 기능을 비교할 때 인간이 기계를 능가하는 기능은?

① 반복 작업을 신속하게 처리한다.
② 원칙을 적용하여 여러 가지 문제를 해결한다.
③ 정보를 신속하게 또 많은 양을 보관한다.
④ 위험한 환경에서도 효율적으로 임무를 수행한다.

해설 ①, ③, ④항은 기계의 장점이고, ②항은 **인간의 장점**이다.

43 인간-기계 시스템(man-machine system)의 기능 체계의 목적으로 옳은 것은?

① 능률과 안전
② 작동과 효율
③ 인간과 기계의 작업속도
④ 인간과 기계의 작업순서

해설 인간은 자신의 능력 한계에 도구, 공구 및 기계 등을 사용함으로써 능력을 확대하여 최대의 작업 능률을 올리고자 하므로 인간-기계의 통합시스템이 자연적으로 발생한다. 이와 같은 **인간과 기계의 통합시스템의 기능 체계의 목적은 능률과 안전**이다.

44 안전에 대한 색채규정 중 지시표시용으로 사용되는 색채는?

① 황색
② 녹색
③ 파랑색
④ 흰색

해설 안전 보건표지의 색

구분	바탕색	표지	내용	비고
금지 표지	흰색	빨강색, 원형	원의 중앙에 검정색	둥근테, 빗선의 굵기는 원 외경의 10% 이내
경고 표지	노랑색	검은색 삼각테	삼각형 중앙에 검정색	노란색의 면적이 전체의 50%
지시 표지	**파랑색** (전체 면적의 50% 이상)	흰색		원의 직경은 부착된 거리의 1/40
안내 표지	녹색(정방형, 장방형)은 전체 면적의 50% 이상	흰색		

45 다음 그림은 어떤 사고발생 모형을 나타낸 것이다. 특징을 가장 잘 기술한 것은?

× : 사고
○ : 사고요인

① 요인이 연속적으로 하나의 요인을 일으켜 사고를 일으키는 형태
② 연속적으로 일어난 두 개의 요인이 모여 사고를 일으키는 형태
③ 사고가 일어나는 시간과 장소의 요인들이 일시적으로 집중하는 형태
④ 여러 형태의 연속적인 요인이 하나 또는 2개 이상 모여 어떤 시기 또는 장소에서 한꺼번에 일어나는 형태

해설

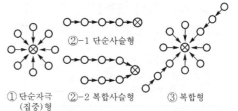

재해(⊗)의 발생 형태 3가지

①단순자극 (집중)형   ②-1 단순사슬형   ②-2 복합사슬형   ③복합형

㉠ 단순자극형(집중형) : 상호 자극에 의하여 순간(일시)적으로 재해가 발생하는 현상
㉡ **연쇄형(사슬형) : 하나의 사고 요인이 또 다른 요인을 발생시키면서 재해가 발생하는 요인**
㉢ 복합형(집중형과 연쇄형의 혼합형) : 연쇄형과 단순자극형(집중형)의 복합적인 발생 유형

46 기계의 능률과 안전을 위하여 기계 시스템에는 통제장치가 되어 있다. 다음 기술 중 통제 기능이 아닌 것은?

① 양의 조절에 의한 통제
② 개폐에 의한 통제
③ 작업 수준에 의한 통제
④ 반응에 의한 통제

해설 기계 시스템은 여러 종류의 동력 공작 기계와 같이 고도로 통합된 부품들로 구성되어 있으며, 이 시스템에서 인간의 역할은 제어 기능을 담당한다. 기계의 능률과 안전을 위하여 **통제 기능**에는 **개폐, 반응, 양의 조절에 의한 통제** 등이 있다.

47 재해의 지표로 사용되어지는 용어 중에서 어느 일정기간(연간 근로시간 100만 시간)에 발생한 재해의 빈도수를 나타내는 용어는?

① 천인율
② 도수율
③ 강도율
④ 재해율

해설 **천인율**은 근로자 1,000명을 1년간 기준으로 한 재해발생비율(재해자수비율)을 뜻하며, 즉 연천인률

$$연천인율 = \frac{사상자의 수}{연평균 근로자의 수} \times 1,000$$ 이다.

강도율은 산재로 인한 1,000시간 당 근로손실일수를 말하며,

$$\frac{연근로손실일수}{연근로총시간수} \times 1,000$$ 이다.

재해율은 산업재해의 발생빈도와 재해강도를 나타내는 재해통계의 지표이다. 일반적으로 도율, 강도율, 연천인율 등을 총칭한다. 이 가운데 도수율과 연천인율을 재해발생율이라고도 한다.

48 건설공사의 안전작업에 대한 설명으로 옳지 않은 것은?

① 가설공사는 건설공사 중 가장 안전을 도모해야 할 공사이다.
② 기초공사 시 인근지반의 안전에 대해서 점검한다.
③ 철근가공 시 해머 사용의 안전에 주의해야 한다.
④ 철골조립 및 용접은 기계를 이용하므로 시간절약을 위하여 다른 작업과 병행한다.

해설 철골조립 및 용접은 기계를 이용하나, 작업의 공정과 순서에 유의하여 작업을 진행하고, **다른 작업과 병행하여서는 아니 된다.**

49 사업장에서 발생되는 안전사고의 발생빈도를 표시하는 도수율(빈도율)은?

① 사고건수/노동 총시간
② 사고건수/노동 총시간×100만
③ 사고건수/노동 총인원
④ 사고건수/노동 총인원×100만

해설 **빈도(도수)율**이란 연 100만 근로시간당 몇 건의 재해가 발생했는가를 나타낸다. 즉, 빈도율

$$= \frac{연간 재해발생건수}{연총근로시간수} \times 1,000,000$$ 이다.

50 화재의 종류 중 소화 시 물을 사용하면 오히려 화재를 확대시키는 결과를 가져오게 되는 것은?

① A급 화재
② B급 화재
③ C급 화재
④ D급 화재

해설 화재의 분류

화재의 분류	A급 화재	B급 화재	C급 화재	D급 화재	E급 화재	F급 화재
	일반 화재	유류 화재	전기 화재	금속 화재	가스 화재	식용유 화재
색깔	백색	황색	청색	무색	황색	

＊ **유류(B급) 화재**는 소화 시 물을 사용하면 오히려 화재를 확대시키는 결과를 가져온다.

51 안전한 작업형성에 가장 중요한 요인은?

① 환경조성
② 강압적인 지시
③ 성실한 자세
④ 조심스러운 태도

해설 하인리히의 산업재해 도미노 이론에 의하면, 제1단계가 사회적 환경(가정 및 사회적 환경의 결함)과 유전적 요소이므로 **안전한 작업형성에 가장 중요한 요인은 환경조성**이다.

52 하인리히 안전의 3요소와 관련이 없는 것은?

① 인간요소
② 관리요소
③ 기술요소
④ 교육요소

해설 하인리히 안전의 3요소(재해조사의 원칙)에는 **관리적 요소, 기술적 요소, 교육적 요소** 등이 있다.

53 하인리히의 사고방지 5단계 중 3단계에 해당되는 것은?

① 시정방법의 선정
② 분석
③ 사실의 발견
④ 안전조직

해설 하인리히 사고예방대책 기본원리 5단계
  ㉠ 1단계 : 안전관리조직
  ㉡ 2단계 : 사실의 발견
  ㉢ 3단계 : 분석 평가
  ㉣ 4단계 : 시정방법의 선정
  ㉤ 5단계 : 시정책의 적용

54 다음 그림은 (1)번이 넘어지면 연쇄적으로 (5)번까지 모두 넘어진다는 도미노 이론의 그림이다. 재해 발생과정 중 (2)번에 해당되는 요소는?

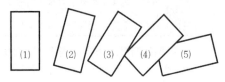

① 사고
② 불안전한 상태와 불안전한 행동
③ 개인의 성격적 결함
④ 사회적 환경과 유전적인 요소

해설 하인리히의 산업재해 도미노 이론
  ㉠ 1단계 : 사회적 환경과 유전적 요소(가정 및 사회적 환경의 결함)
  ㉡ 2단계 : 개인적 결함
  ㉢ 3단계 : 불안전한 상태 및 불안전한 행동
  ㉣ 4단계 : 사고
  ㉤ 5단계 : 상해(재해)

55 산업재해의 뜻을 가장 바르게 설명한 것은?

① 통제를 벗어난 에너지의 광란으로 인한 인명과 재산의 피해를 뜻한다.
② 안전사고의 결과로 일어난 재산의 손실만을 말한다.
③ 공해와 사상은 산업재해에 속하지 않는다.
④ 직업병은 산업재해에 속하지 않는다.

해설 산업재해란 통제를 벗어난 에너지의 광란으로 인하여 입은 인명(3일 이상의 휴업을 요하는 부상자)과 재산의 피해 현상이다.

56 다음 중 안전사고의 정의로 옳지 않은 것은?

① 고의성이 게재된 사고이다.
② 불안전한 행동과 조건이 선행된다.
③ 작업능률을 저하한다.
④ 인명이나 재산의 손실을 가져온다.

해설 안전사고란 고의성이 없는 어떤 불안전한 행동이나 조건이 선행되어 일을 저해시키거나 또는 능률을 저하시키며 직접 또는 간접적으로 인명이나 재산의 손실을 가져올 수 있는 사건으로 생산 공정이 잘못되어가는 잠재적 지표이다.

57 공기 중에 분진이 존재하는 작업장에 대한 대책으로 옳지 않은 것은?

① 재료나 조작방법을 변경한다.
② 작업을 건식화 한다.
③ 보호구를 착용한다.
④ 장치를 밀폐하고 환기 집진 장치를 설치한다.

해설 공기 중에 분진(공기 중에 떠 있는 고체 상태의 모든 물질로 연마, 절삭, 천공, 분쇄 작업으로 인하여 발생하는 미세한 고체입자로 크기가 통상 $150\mu m$ 이하인 것으로 폐포에 침착하여 진폐의 원인이 되고 금속화합물의 분진에는 중독을 일으키는 분진도 있다)이 존재하는 작업장에는 ①, ③, ④항 및 연속적으로 살수를 하여 공기 중에 떠 있는 분진의 분산을 감소시키므로 **작업을 습식화** 한다.

58 다음의 안전표지가 나타내는 것은?

① 고압전기 경고
② 위험장소 경고
③ 인화성물질 경고
④ 방사성물질 경고

해설 안전표지

구분	고압전기 경고	인화성물질 경고	방사성물질 경고
표지	⚠	⚠	⚠

59 재해의 원인 중 관리적 원인이 아닌 것은?

① 위험장소의 접근
② 안전의식의 부족
③ 안전수칙의 미제정
④ 작업준비 불충분

해설 재해의 원인 중 **관리적 원인**에는 **책임감(안전의식)의 부족**, 부적절한 인사 배치, 작업 기준의 불명확, **점검 및 보건 제도의 결함(안전 수칙의 미제정)**, 근로 의욕의 침체, **작업 지시의 부적절(작업준비 불충분)** 등이 있다.

60 재해발생과 근속연수와의 관계에 관한 설명 중 옳은 것은?

① 근속연수가 짧은 사람 특히 1년 미만인 사람의 재해발생이 많다.
② 근속연수가 짧거나 긴 사람은 재해 발생이 적고 중간 정도의 층에서 재해발생이 많다.
③ 근속연수 즉, 연령이 많은 사람이 신체적인 조건 때문에 재해발생이 많다.
④ 근속연수와 재해발생과는 특별한 관계는 없고 순간적인 부주의로 인한 사고가 많다.

해설 재해발생과 근속연수의 관계에 있어서, 가장 많은 재해가 발생되는 경우는 근속연수가 1년 미만 즉, 근속연수가 짧은 직원의 경우이다.

MEMO

제1과목 **건축 일반**

01 다음은 방수시공 직전의 바탕상태에 관한 표준 내용이다. ( ) 안에 알맞은 것은?

> 건조를 전제로 하는 방수공법을 적용할 경우의 바탕표면함수상태는 (㉠) 이하로 충분히 건조되어 있어야 하고, 습윤상태에서도 사용 가능한 방수공법을 적용할 경우에는 바탕의 표면함수상태가 (㉡) 이하이어야 한다.

① ㉠ 10%, ㉡ 20%
② ㉠ 10%, ㉡ 30%
③ ㉠ 12%, ㉡ 20%
④ ㉠ 12%, ㉡ 30%

해설 방수시공 직전의 바탕상태
건조를 전제로 하는 방수공법을 적용할 경우의 바탕표면함수상태는 **10%** 이하로 충분히 건조되어 있어야 하고, 습윤상태에서도 사용 가능한 방수공법을 적용할 경우에는 바탕의 표면함수상태가 **30%** 이하이어야 한다.

02 다음과 같은 평면표시기호가 의미하는 출입구의 명칭은?

① 회전문
② 접이문
③ 주름문
④ 쌍여닫이문

해설 출입구의 평면표시기호

명칭	평면표시기호
접이문	
주름문	
쌍여닫이문	

03 다음의 도면 중 계획설계도에 포함되지 않는 것은?

① 구상도
② 조직도
③ 동선도
④ 시공상세도

해설 계획설계도
설계도면의 종류 중에서 가장 먼저 이루어지는 도면으로 **구상도, 조직도, 동선도 및 면적도표** 등이 있다.
㉠ 구상도 : 구상한 계획을 자유롭게 표현하기 위하여 모눈종이, 스케치에 프리핸드로 그리게 되며, 대개 1/200~1/500의 축척으로 표현되는 기초적인 도면이다.
㉡ 조직도 : 평면계획의 기초단계에서 각 실의 크기나 형태로 들어가기 전에 동·식물의 각 기관이 상호관계에 있는 것과 같이 용도나 내용의 관련성을 정리하여 조직화한다.
㉢ 동선도 : 사람이나 차 또는 화물 등이 움직이는 흐름을 도식화하여 기능도, 조직도를 바탕으로 관찰하고 동선이론의 본질에 따르도록 한다.
㉣ 면적도표 : 전체 면적 중에 각 소요실의 비율이나 공동 부분(복도, 계단 등)의 비율(건폐율)을 산출한다.
* **시공상세도는 시공도에 속한다.**

---

04 다음 설명에 알맞은 시멘트의 종류는?

> • 장기강도를 지배하는 C_2S를 많이 함유하여 수화 속도를 지연시켜 수화열을 작게 한 시멘트이다.
> • 건축용 매스콘크리트 등에 사용된다.

① 보통 포틀랜드 시멘트
② 백색 포틀랜드 시멘트
③ 조강 포틀랜드 시멘트
④ 중용열 포틀랜드 시멘트

해설 ① **보통 포틀랜드 시멘트** : 시멘트 중에 가장 많이 사용되고, 보편화된 것으로 공정이 비교적 간단하고, 생산량이 많으며 일반적인 콘크리트공사에 광범위하게 사용한다.
② **백색 포틀랜드 시멘트** : 철분이 거의 없는 백색 점토를 사용하여 시멘트에 포함되어 있는 산화철, 마그네시아의 함유량을 제한한 시멘트로서, 품질은 보통 포틀랜드 시멘트와 거의 같으며 건축물의 표면(내·외면)마감, 도장에 주로 사용하고 구조체에는 거의 사용하지 않는다. 인조석 재료에 주로 사용된다.
③ **조강 포틀랜드 시멘트** : 원료 중에 **규산삼칼슘(C_3S)의 함유량이 많아 보통 포틀랜드 시멘트에 비하여 경화가 빠르고 조기강도**(낮은 온도에서도 강도발현이 크다)가 크다. 조기강도가 크므로 재령 7일이면 보통 포틀랜드 시멘트의 28일 정도의 강도를 나타낸다. 또 분말도가 커서 수화열이 크고, 공사기간을 단축시킬 수 있으며, 특히 한중 콘크리트에 보온시간을 단축하는 데 효과적이고, 점성이 크므로 수중 콘크리트를 시공하기에도 적합하다.

05 다음 중 건축공사비의 구성에서 직접공사비의 항목에 속하지 않는 것은?

① 이윤　　　② 노무비
③ 외주비　　④ 재료비

해설 순공사비는 직접공사비와 간접공사비로 구분하고, 직접공사비의 종류에는 재료비, 노무비, 외주비, 경비 등이 있으며, **이윤은 총공사비에 포함**된다.

06 알루미늄에 관한 설명으로 옳지 않은 것은?

① 융점이 낮으며 내화성이 적다.
② 비중이 철의 1/3 정도로 경량이다.
③ 열·전기전도성이 크고 반사율이 높다.
④ 알칼리에 침식되지 않으나 산에는 침식된다.

해설 알루미늄은 원광석인 보크사이트로부터 알루미나를 만들고, 이것을 다시 전기분해하여 만든 은백색의 금속으로 전기나 열전도율이 크고, 전성과 연성이 크며, 가공하기 쉽고, 가벼운 정도에 비하여 강도가 크며, 공기 중에서 표면에 산화막이 생기면 내부를 보호하는 역할을 하므로 내식성이 크다. 특히, 가공성(압연, 인발 등)이 우수하다. 반면 **산, 알칼리나 염에 약하므로** 이질금속 또는 콘크리트 등에 접하는 경우에는 방식처리를 하여야 한다.

07 건축제도 시 일점쇄선으로 표현되는 것은?

① 단면선
② 중심선
③ 치수선
④ 상상선

해설 선의 종류와 용도

종류		용도	굵기(mm)
실선	점선	단면선, 외형선, 파단선	굵은선 (0.3~0.8)
	가는선	치수선, 치수 보조선, 인출선, 지시선, 해칭선	가는선 (0.2 이하)
허선	파 선	물체의 보이지 않는 부분	중간선 (점선 1/2)
	1점쇄선	**중심선(중심축, 대칭축)**	가는선
		절단선, 경계선, 기준선	중간선
	2점쇄선	물체가 있는 가상부분(상상선), 1점쇄선과 구분	중간선 (점선 1/2)

08 다음은 네트워크공정표의 일부분이다. A 작업의 LFT는?

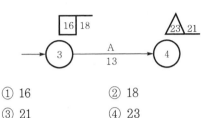

① 16
② 18
③ 21
④ 23

해설 일정관리의 표기방법

EST(Earliest Start Time)는 가장 빠른 개시시각이고, LST(Lastest Start Time)는 가장 늦은 개시시각이며, LFT(Lastest Finish Time)은 가장 늦은 종료시각, EFT(Earliest Finish Time)는 가장 빠른 종료시각을 의미한다.

09 철근콘크리트공사에 있어서 철근의 정착에 관한 설명으로 옳지 않은 것은?

① 보의 주근은 기둥에 정착한다.
② 기둥의 주근은 기초에 정착한다.
③ 작은 보의 주근은 큰 보에 정착한다.
④ 지중보의 주근은 바닥판에 정착한다.

해설 철근의 정착위치
㉠ 바닥철근은 보 또는 벽체에, **보의 주근은 기둥에 정착**하며, **작은 보의 주근은 큰 보에 정착**하고, 벽 철근은 기둥, 보 또는 바닥판에 정착한다.
㉡ 기둥철근은 기초에 정착하고, 지중보의 주근은 기초나 기둥에 정착한다.

10 철골구조의 보의 종류 중 웨브에 철판을 쓰고 상·하부에 플랜지철판을 용접하거나 ㄱ형강을 리벳접합한 것으로 큰 간사이의 구조에 이용되는 것은?

① 판보
② 격자보
③ 래티스보
④ 트러스보

해설 ② **격자보** : 상·하플랜지에 ㄱ자 형강을 대고 플랜지에 웨브재를 직각(90°)으로 접합한 보를 말한다. 철골철근콘크리트구조물에 주로 쓰이고, 콘크리트로 피복되지 아니하고 단독으로 사용되는 경우는 거의 없다.
③ **래티스보** : 상·하플랜지에 ㄱ자 형강을 대고 플랜지에 웨브재를 45°, 60°로 접합한 보를 말하며, 웨브판의 두께는 6~12mm, 너비는 60~120mm 정도이고, 리벳은 직경 16~9mm를 2~3개로 플랜지에 접합한다. 주로 지붕트러스의 작은 보, 부지붕틀로 사용한다.
④ **트러스보** : 플레이트보의 웨브에 빗재 및 수직재를 사용하고, 거싯플레이트로 플랜지 부분과 조립한 보로서, 플랜지 부분의 부재를 현재라고 한다. 트러스보에 작용하는 휨 모멘트는 현재가 부담하고, 전단력은 웨브재의 축방향으로 작용하므로 트러스보를 구성하는 부재는 모두 인장재나 압축재로 설계된다. 특히, 간사이가 15m를 넘거나, 보의 춤이 1m 이상되는 보를 판보로 하기에 비경제적일 경우 사용하는 것으로 접합판(gusset plate)을 대서 접합한 조립보이다.

11 건축도면에서 다음의 기호가 표시하는 사항은?

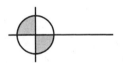

① 레벨표시
② 마감면표시
③ 구조체면표시
④ 주출입구표시

해설 도면의 표시기호

구분	마감면	구조체면	주출입구
표시 기호	▽	▼	⇨

12 다음의 합성수지 중 열경화성 수지에 속하는 것은?

① 에폭시수지
② 아크릴수지
③ 염화비닐수지
④ 초산비닐수지

해설 합성수지의 분류

구분	분류
열경화성 수지	페놀(베이클라이트)수지, 요소수지, 멜라민수지, 폴리에스테르수지(알키드수지, 불포화 폴리에스테르수지), 실리콘수지, **에폭시수지** 등
열가소성 수지	**염화비닐수지**, 폴리에틸렌수지, 폴리프로필렌수지, 폴리스티렌수지, ABS수지, **아크릴산수지**, **초산비닐수지**, 메타아크릴산수지
섬유소계 수지	셀룰로이드, 아세트산섬유소수지

13 내열성, 내한성이 우수한 수지로 −60 ~260℃의 범위에서는 안정하고 탄성을 가지며 내후성 및 내화학성 등이 우수하여 접착제, 도료로서 사용되는 열경화성 수지는?

① 아크릴수지
② 실리콘수지
③ 염화비닐수지
④ 폴리에틸렌수지

해설
① **아크릴수지** : 투명도, 착색성, 내후성이 우수하며, 표면이 손상되기 쉽고, 열에 약하다.
③ **염화비닐수지** : 빛의 투과성은 FRP보다 크나, 강도는 FRP보다 작으며, 2년 정도 지나면 황색으로 변질, 노화되는 수지이다.
④ **폴리에틸렌수지** : 상온에서 탄성이 풍부하고, 내화학약품성이 우수하며, 시트방수에 사용된다.

14 각종 지반의 허용지내력 크기순서로 옳은 것은?

① 경암반 > 자갈 > 연암반 > 모래
② 경암반 > 연암반 > 점토 > 자갈
③ 경암반 > 연암반 > 모래 > 자갈
④ 경암반 > 연암반 > 자갈 > 점토

해설 지반의 허용지내력(단위 : kN/m^2)

지반		장기응력에 대한 허용 응력도	단기응력에 대한 허용응력도
경암반	화강암, 섬록암, 편마암, 안산암 등의 화성암 및 굳은 역암 등의 암반	4,000	장기응력에 대한 허용응력도 각각의 값의 1.5배로 한다.
연암반	편암, 판암 등의 수성암의 암반	2,000	
혈암, 토단반 등의 암반		1,000	
자갈		300	
자갈과 모래의 혼합물		200	
모래 섞인 점토 또는 롬토		150	
모래 또는 점토		100	

15 콘크리트에 AE제의 사용효과에 관한 설명으로 옳지 않은 것은?

① 블리딩이 감소된다.
② 압축강도가 증가된다.
③ 워커빌리티가 개선된다.
④ 동결융해에 대한 저항성이 증대된다.

해설 AE제
독립된 작은 기포(직경 0.025~0.05 mm)를 콘크리트 속에 균일하게 분포시키기 위하여 사용하는 것으로 작업성, 동결융해작용에 대하여 저항(내구)성을 주기 위하여 사용한다.
㉠ 사용수량을 줄일 수 있어서 블리딩과 침하가 감소, 시공한 면이 평활해지며, 제물치장 콘크리트의 시공에 적합하다. 특히, 화학작용에 대한 저항성이 증대된다.
㉡ 탄성을 가진 기포는 동결융해, 수화발열량의 감소 및 건습 등에 의한 용적변화가 적고, **강도(압축강도, 인장강도, 전단강도, 부착강도 및 휨강도 등)가 감소**한다. 철근의 부착강도가 떨어지며, 감소비율은 압축강도보다 크다.
㉢ 시공연도가 좋아지고, 수밀성과 내구성이 증대하며, 수화발열량이 낮아지고 재료분리가 적어진다.

16 목재 건조의 목적과 가장 거리가 먼 것은?

① 균류에 의한 부식예방

② 접착성 및 도장성 향상

③ 사용 후의 수축 및 균열 방지

④ 중량 증가를 통한 내구성 향상

해설 생나무 원목을 기초말뚝으로 사용하는 경우를 제외하고는 일반적으로 사용 전에 건조시킬 필요가 있다. 건조의 정도는 대략 생나무 무게의 1/3 이상 경감될 때까지로 하지만, 구조용재는 기건상태, 즉 함수율 15% 이하로, 마감 및 가구재는 10% 이하로 하는 것이 바람직하다. 건조의 목적과 효과는 다음과 같다.

㉠ **무게를 줄일 수(중량 감소)** 있고, 강도가 증진되며, 사용 후 변형(수축균열, 비틀림 등)을 방지할 수 있다.

㉡ 균의 발생이 방지되어 부식을 막을 수 있고, 침투효과(도장재료, 방부재료 및 접착제 등)가 크다.

17 콘크리트용 골재에 요구되는 일반적인 성질로 옳지 않은 것은?

① 동일한 크기를 가질 것

② 마모에 대한 저항성이 클 것

③ 표면이 거칠고 구형에 가까울 것

④ 강도가 시멘트페이스트 이상일 것

해설 콘크리트용 골재가 갖추어야 할 조건

㉠ 골재의 강도는 시멘트풀이 경화하였을 때 시멘트풀의 최대 강도 이상이어야 한다. 따라서 쇄설암(이판암, 점판암, 사암, 역암, 응회암 등), 유기암(석회암) 및 침적암(석고) 등의 수성암은 골재로는 부적합하다.

㉡ 골재의 표면은 거칠고, 모양은 구형에 가까운 것이 좋으며, 평편하거나 세장한 것은 좋지 않다.

㉢ 진흙이나 유기불순물 등의 유해물이 포함되지 않아야 한다.

㉣ **골재는 잔 것과 굵은 것이 적당히 혼합된 것이 좋다.**

㉤ 운모가 다량으로 함유된 골재는 콘크리트의 강도를 떨어뜨리고, 풍화되기도 쉽다.

18 턴키(turn key)도급방식에 관한 설명으로 가장 알맞은 것은?

① 공사비의 총액을 확정하여 계약하는 도급방식

② 공사의 모든 요소를 포괄하여 계약하는 도급방식

③ 공사의 실비를 건축주와 도급자가 확인 정산하는 방식

④ 공사금액을 구성하는 물공량 또는 단위 공사 부분에 대한 단가만을 확정하고 공사완료 시 실수량에 따라 정산하는 방식

해설 ①항은 **정액도급**, ③항은 **실비정산(청산)보수 가산도급**, ④항은 **단가도급**에 대한 설명이다.

19 건축제도의 글자에 관한 설명으로 옳지 않은 것은?

① 숫자는 로마자를 원칙으로 한다.

② 문장은 왼편에서부터 가로쓰기를 원칙으로 한다.

③ 글자체는 수직 또는 15° 경사의 고딕체로 쓰는 것을 원칙으로 한다.

④ 글자의 크기는 각 도면의 상황에 맞추어 알아보기 쉬운 크기로 한다.

해설 도면의 글자와 숫자

㉠ 글자 쓰기에서 글자는 명확하게 하고, 문장은 왼쪽에서부터 가로쓰기를 원칙으로 한다. 다만, 가로쓰기가 곤란할 때에는 세로쓰기도 무방하다.

㉡ 글자체는 고딕체로 하고, **숫자는 아라비아 숫자를 원칙으로** 하며, 수직 또는 15° 경사로 쓰는 것을 원칙으로 한다.

㉢ 글자의 크기는 높이로 표시하고, 20, 16, 12.5, 10, 8, 6.3, 5, 4, 3.2, 2.5 및 2 mm의 11종류로서 네 자리 이상의 숫자는 세 자리마다 자릿점을 찍든지, 간격을 두어 표시한다.

㉣ 글자의 크기는 각 도면(축척과 도면의 크기)의 상황에 맞추어 알아보기 쉬운 크기로 한다.

20 철근콘크리트구조에 관한 설명으로 옳지 않은 것은?

① 균열이 발생하기 쉽다.
② 내구적이며 내화성이 있다.
③ 자유로운 설계를 할 수 있다.
④ 시공이 간단하여 공기가 짧다.

[해설] 철근콘크리트의 특성
㉠ 장점 : 부재의 크기와 형상을 자유자재로 제작할 수 있고, 철근을 콘크리트로 피복하므로 내화성과 내식성이 크며, 철근과 콘크리트가 일체가 되어 내화성, 내구성, 내진성 및 내풍성이 강한 구조이다.
㉡ 단점 : 철근콘크리트는 작업방법, 기후, 기온 및 양생조건 등이 강도에 큰 영향을 미치기 때문에 구조물 전체의 균일한 시공이 곤란하므로 현장 시공에 부적합하다. **시공이 복잡**하고, 균열의 발생이 많으며, **습식 구조이므로 공사기간이 길다.**

제2과목 조적, 미장, 타일 시공 및 재료

21 시멘트모르타르바름 미장공사에서 배합 용적비 1:2로 시멘트모르타르 1m³을 만들 경우 각 재료의 양으로 옳은 것은? (단, 재료의 할증률 포함)

① 시멘트 320kg, 모래 1.15m³
② 시멘트 510kg, 모래 1.10m³
③ 시멘트 680kg, 모래 0.98m³
④ 시멘트 1,093kg, 모래 0.78m³

[해설] 모르타르배합비

구분	1:1	1:2	1:3	1:4	1:5
시멘트 (kg)	1,093	680	510	385	320
모래 (m³)	0.78	0.98	1.10	1.10	1.15

22 타일붙임공사에 관한 설명으로 옳지 않은 것은?

① 도면에 명기된 치수에 상관없이 징두리 벽은 온장타일이 되도록 나눈다.
② 벽체타일이 시공되는 경우 벽체타일은 바닥타일을 먼저 붙인 후 시공한다.
③ 벽체는 중앙에서 양쪽으로 타일 나누기를 하여 타일 나누기가 최적의 상태가 될 수 있도록 조절한다.
④ 배수구, 급수전 주위 및 모서리는 타일 나누기 도면에 따라 미리 전기톱이나 물톱과 같은 것으로 마름질하여 시공한다.

[해설] 타일붙임공사에 있어서 벽체타일이 시공되는 경우, 바닥타일은 벽체타일을 먼저 붙인 후 시공한다. 즉, **벽체타일공사 후 바닥타일을 시공**한다.

23 다음은 블록공사에 사용되는 블록의 저장에 관한 설명이다. ( ) 안에 알맞은 것은?

> 블록의 적재높이는 ( )를 한계로 하며, 바닥판 위에 임시로 쌓을 때는 1개소에 집중하지 않도록 한다.

① 1.2m   ② 1.6m
③ 2.5m   ④ 3.2m

[해설] 블록의 저장에 있어서 **블록의 적재높이는 1.6m를 한계**로 하며, 바닥판 위에 임시로 쌓을 때에는 1개소에 집중하지 않도록 한다. 야적 시의 블록은 흙 등으로 오염되지 않도록 하고, 또한, 우수를 흡수하지 않도록 한다.

24 인조석바름 미장공사에서 시멘트와 종석의 배합(용적)비는? (단, 시멘트 : 종석이며, 정벌바름의 경우)

① 1:1   ② 1:1.5
③ 1:2   ④ 1:3

해설 인조석은 대리석, 화강암, 사문암 등의 아름다운 쇄석(종석)과 백색 시멘트, 안료 등을 혼합하여 물로 반죽한 다음 색조나 성질이 천연석재와 비슷하게 만든 것으로, 인조석의 원료는 종석(대리석, 화강암 및 사문암의 쇄석), 백색 시멘트, 강모래, 안료, 물 등이다. 또한, 인조석의 정벌바름에 있어서 **시멘트 : 종석의 표준용적배합비는 1 : 1.5 정도**로 하는 것이 가장 적합하다.

25 다음은 벽돌공사에서 공간쌓기에 관한 설명이다. ( ) 안에 알맞은 것은?

> 연결재의 배치 및 거리간격의 최대 수직거리는 (㉠)를 초과해서는 안 되고, 최대 수평거리는 (㉡)를 초과해서는 안 된다.

① ㉠ 300mm, ㉡ 600mm
② ㉠ 400mm, ㉡ 900mm
③ ㉠ 600mm, ㉡ 300mm
④ ㉠ 900mm, ㉡ 400mm

해설 벽돌공사의 공간쌓기에 있어서, 연결재의 배치 및 거리간격의 최대 수직거리는 **400mm를 초과**해서는 안 되고, 최대 수평거리는 **900mm를 초과**해서는 안 된다.

26 미장재료 중 돌로마이트플라스터에 관한 설명으로 옳지 않은 것은?

① 기경성 재료이다.
② 석회보다 보수성, 시공성이 우수하다.
③ 석고플라스터에 비해 경화 시 수축률이 적다.
④ 분말도가 미세한 것이 시공이 용이하고 마감이 아름답다.

해설 돌로마이트플라스터는 소석회보다 점성이 커서 풀이 필요 없고 변색, 냄새, 곰팡이가 없으며, 돌로마이트석회, 모래, 여물, 때로는 시멘트를 혼합하여 만든 바름재료로서 마감표면의 경도가 회반죽보다 크다. 그러나 **건조, 경화 시에 수축률이 가장 커서 균열이 집중적으로 크게 생기므로 여물을 사용**하는데, 요즘에는 무수축성의 석고플라스터를 혼입하여 사용한다.

27 단순 조적블록쌓기에 관한 설명으로 옳지 않은 것은?

① 살두께가 큰 편을 아래로 하여 쌓는다.
② 특별한 지정이 없으면 줄눈 너비는 10mm가 되게 한다.
③ 하루의 쌓기높이는 1.5m(블록 7켜 정도) 이내를 표준으로 한다.
④ 단순 조적블록쌓기의 세로줄눈은 도면 또는 공사시방서에서 정한 바가 없을 때에는 막힌 줄눈으로 한다.

해설 단순 조적블록쌓기에 있어서 사춤을 원활하게 하기 위하여 **살두께가 큰 편(구멍이 작은 쪽)을 위로 하여 쌓는다.**

28 다음 중 요구되는 흡수율이 가장 낮은 타일은?

① 자기질
② 석기질
③ 도기질
④ 토기질

해설 타일의 흡수율

구분	흡수율
자기질	**3% 이하**
석기질	5% 이하
도기질	18% 이하
클링커	8% 이하

29 다음의 테라조바르기의 줄눈 나누기에 관한 설명 중 ( ) 안에 알맞은 내용은?

> 테라조바르기의 줄눈 나누기는 $1.2m^2$ 이내로 하며, 최대 줄눈간격은 ( ) 이하로 한다.

① 0.5m
② 1m
③ 1.5m
④ 2m

해설 테라조바르기의 줄눈 나누기는 $1.2m^2$ 이내로 하며, **최대 줄눈간격은 2m 이하**로 한다.

30 벽돌공사에 사용되는 치장줄눈용 모르타르의 표준용적배합비(잔골재/결합재)는?

① 0.5~1.5　　② 1.5~2.5

③ 2.5~3.0　　④ 3.0~6.0

[해설] 벽돌공사에 사용되는 치장줄눈용 모르타르의 표준용적배합비(잔골재/결합재)는 0.5 ~ 1.5 정도이다.

31 벽타일붙임공법 중 동시 줄눈붙이기에서 붙임모르타르의 표준두께는?

① 2~3mm　　② 3~5mm

③ 5~8mm　　④ 8~10mm

[해설] 벽타일붙임공법 중 동시 줄눈붙이기에 있어서, 붙임모르타르의 표준두께는 5~8mm이다.

32 벽타일붙임공법 중 접착붙이기에 관한 설명으로 옳지 않은 것은?

① 외장공사에 한하여 적용한다.

② 붙임바탕면을 여름에는 1주 이상, 기타 계절에는 2주 이상 건조시킨다.

③ 접착제의 1회 바름면적은 $2m^2$ 이하로 하고 접착제용 흙손으로 눌러 바른다.

④ 바탕이 고르지 않을 때에는 접착제에 적절한 충전재를 혼합하여 바탕을 고른다.

[해설] 벽타일붙이기공법 중 **접착붙이기는 내장공사에 한하여 적용**한다(건축공사 표준시방서 09000. 3.2.5 참고).

33 다음은 타일공사에서 바탕만들기에 관한 설명이다. ( ) 안에 알맞은 것은? (단, 모르타르 바탕인 경우)

> 타일붙임면의 바탕면은 평탄하게 하고, 바탕면의 평활도는 바닥의 경우 3m당 ( )로 한다.

① ±1mm　　② ±2mm

③ ±3mm　　④ ±5mm

[해설] 타일공사에서 바탕만들기에 있어서, 타일붙임면의 바탕면은 평탄하게 하고, 바탕면의 평활도는 바닥의 경우 3m당 ±3mm로 한다.

34 벽돌의 창대쌓기에 관한 설명으로 옳지 않은 것은?

① 창대벽돌의 좌우 끝은 옆벽에 2장 정도 물린다.

② 창대벽돌의 위 끝은 창대 밑에 15mm 정도 들어가 물리게 한다.

③ 창문틀 주위의 벽돌줄눈에는 사춤모르타르를 충분히 하여 방수가 잘 되게 한다.

④ 창대벽돌은 도면 또는 공사시방서에서 정한 바가 없을 때에는 그 윗면을 45° 정도의 경사로 옆세워 쌓는다.

[해설] 벽돌의 창대쌓기

창대 벽돌은 도면 또는 공사시방서에 정한 바가 없을 때에는 그 **윗면은 15° 정도의 경사**로 옆세워 쌓고, 그 앞 끝의 밑은 벽돌 벽면에서 **30~50mm** 내밀어 쌓는다.

35 미장공사에서 콘크리트 바탕의 조건으로 옳지 않은 것은?

① 거푸집을 완전히 제거한 상태로서, 부착상 유해한 잔류물이 없도록 한다.

② 콘크리트는 타설 후 28일 이상 경과한 다음 균열, 재료분리, 과도한 요철 등이 없어야 한다.

③ 설계변경, 기타의 요인으로 바름두께가 커져서 손질바름의 두께가 10mm를 초과할 때는 철망 등을 긴결시켜 콘크리트를 덧붙여야 한다.

④ 콘크리트의 이어치기 또는 타설시간의 차이로 이어친 부분에서 누수의 원인이 될 우려가 있는 곳은 적절한 방법으로 미리 방수처리를 한다.

해설 미장공사에서 콘크리트바탕의 조건 중 설계변경, 기타의 요인으로 바름두께가 커져서 손질바름의 두께가 **25mm**를 초과할 때에는 철망 등을 긴결시켜 콘크리트를 덧붙여야 한다.

36 벽돌공사 중 기초쌓기에 관한 설명으로 옳지 않은 것은?

① 기초쌓기는 1/4 B씩 1켜 또는 2켜 내어 쌓는다.

② 기초벽돌의 맨 밑의 너비는 벽두께의 최소 3배 이상으로 한다.

③ 기초 윗면의 우묵한 곳은 벽돌쌓기 전일에 모르타르 또는 콘크리트로 고름질하여 둔다.

④ 부득이 벽돌을 옆세워 쌓아야 할 때에는 담당원의 승인을 받아 사춤 모르타르를 충분히 하여 쌓는다.

해설 벽돌조의 기초

㉠ 조적식 구조인 내력벽의 기초(최하층의 바닥면 이하에 해당하는 부분)를 연속기초로 하고, 기초 중 기초판은 철근콘크리트구조 또는 무근콘크리트구조로 하며, 기초벽의 두께는 최하층의 벽의 두께에 그 2/10를 가산한 두께 이상으로 하여야 한다.

㉡ 콘크리트 기초판의 두께는 그 너비의 1/3 정도(보통 20~30cm)로 하고, 벽돌면보다 10~15cm 정도 내밀고 철근을 보강하기도 하며, 잡석다짐의 두께는 20~30cm, 너비는 콘크리트 기초판보다 10~15cm 더 넓힌다.

㉢ 벽돌조 줄기초에 있어서 벽체에서 2단씩 B/4 정도를 벌려서 쌓되, **벽돌로 쌓은 맨 밑의 너비는 벽체두께의 2배**로 하고, 2켜 쌓기로 한다.

37 모자이크타일의 수량 산정 시 적용하는 할증률은?

① 3% ② 7%

③ 10% ④ 15%

해설 타일의 수량은 산출하는 경우, 모자이크 타일, 자기질 타일, 도기질 타일의 할증률은 **3%**로 한다.

38 블록쌓기로 면적이 20m²인 벽체를 만들 경우 블록의 소요매수는? (단, 할증을 포함하여, 기본블록 390×190×190mm 사용)

① 240매 ② 260매

③ 280매 ④ 300매

해설 블록의 소요매수는 13매/m²(할증을 포함)이므로, 블록의 소요매수=블록벽의 면적×블록의 단위면적당 소요매수=20×13=260매이다.

39 시멘트모르타르바름 미장공사에서 바탕이 콘크리트이며 바름 부분이 바깥벽인 경우, 시멘트모르타르 바름두께의 표준은?

① 9mm ② 15mm

③ 24mm ④ 32mm

해설 시멘트모르타르바름 미장공사에 있어서, 콘크리트바탕의 바깥벽의 표준두께는 초벌 및 라스 먹임(9mm)+재벌(9mm)+정벌(6mm)=24mm를 표준으로 한다.

40 표준형 내화벽돌 중 보통형의 치수는? (단, 단위는 mm)

① 230×114×65

② 220×114×65

③ 210×100×60

④ 190×90×57

해설 내화 벽돌은 내화점토를 원료로 하여 만든 점토제품으로, 보통벽돌보다 내화성이 크다. **내화벽돌의 크기는 230mm×114mm×65mm**로, 보통벽돌보다 치수가 크며, 줄눈은 작게 한다. 내화벽돌을 쌓을 때에는 접착제로 내화점토의 주성분은 산성 점토(규산점토, 알루미나 등), 염기성 점토인 마그네사이트, 중성 점토인 크롬 철광 등 내화성이 있는 흙으로, 내화 벽돌 쌓기, 단열 처리 등에 사용된다. 황색 광물질, 철분이 비교적 적고, 가소성·내화성이 있어 내화 재료의 원료가 된다. 또한 규조토와 탄층의 하반에서 산출되는 목절 점토 등도 내화 벽돌과 도자기 등에 이용된다. 내화점토는 기건성이므로 물축이기를 하지 않는다.

제3과목 안전 관리

41 산업재해조사방법에 관한 설명으로 옳지 않은 것은?

① 객관적인 입장에서 공정하게 조사하며, 조사는 2인 이상이 한다.

② 목격자 등이 증언하는 사실 이외의 추측의 말은 참고만 한다.

③ 책임을 추궁하는 방향으로 조사를 실시하여야 한다.

④ 사람, 기계설비 양면의 재해요인을 모두 도출한다.

해설 산업재해의 조사방법 중 **책임을 추궁하는 방향보다**는 과거의 사고 발생경향, 재해사례, 조사기록 등을 참고하여 **재발 방지를 우선하여** 조사한다.

42 어느 일정한 기간 안에 발생한 재해발생의 빈도를 나타내는 것은?

① 강도율

② 안전활동률

③ 도수율

④ safe-t-score

해설
① 강도율 : 재해자 수나 재해 발생빈도에 관계없이 그 재해내용을 측정하려는 하나의 척도로서 일정한 근무기간(1년 또는 1개월)동안에 발생한 재해로 인한 근로손실일수를 일정한 근무기간의 연근로시간수로 나누어 이것을 1,000배 한 것이다.

즉, 강도율 $= \dfrac{\text{근로자손실일수}}{\text{연근로시간수}} \times 1,000$ 이다.

② 안전활동률 :

$\dfrac{\text{안전활동건수}}{\text{근로시간수} \times \text{평균근로자수}}$ 이다.

④ safe-t-score : 사업자의 과거와 현재의 안전성적을 비교, 평가하는 방법으로 산정결과 양수(+)이면 나쁜 기록으로, 음수(−)이면 과거에 비해 현재의 안전성적이 좋은 기록으로 평가한다.

43 화재의 종류 중 금속화재를 의미하며 건조된 모래를 사용하여 소화시켜야 하는 것은?

① A급 화재 ② B급 화재

③ C급 화재 ④ D급 화재

해설 화재의 분류

분류		색깔
A급 화재	일반화재	백색
B급 화재	유류화재	황색
C급 화재	전기화재	청색
D급 화재	**금속화재**	**무색**
E급 화재	가스화재	황색
F급 화재	식용유화재	

44 이산화탄소는 상온, 상압에서 무색, 무취의 기체로서 공기보다 약 얼마나 더 무거운가?

① 1.13 ② 1.28

③ 1.52 ④ 1.86

해설 **이산화탄소는 상온, 상압에서 무색, 무취의 기체로서 공기보다 약 1.52배 무거운 가스이다.**

45 방진마스크를 사용하여서는 안 되는 작업은?

① 산소결핍장소 내 작업

② 암석의 파쇄작업

③ 철분이 비산하는 작업

④ 갱내 채광

해설 방진마스크의 사용장소
㉠ 특급 : 독성이 강한 물질을 함유한 분진 등의 발생장소와 석면취급장소
㉡ 1급 : 특급을 제외한 분진, 열적으로 생기는 분진, 기계적으로 생기는 분진 등 발생장소
㉢ 2급 : 특급 및 1급 마스크 착용장소를 제외한 분진 등 발생장소

46 인간에 대한 모니터링방식 중 작업자의 태도를 보고 작업자의 상태를 파악하는 방법은?

① 셀프모니터링방법
② 생리학적 모니터링방법
③ 반응에 의한 모니터링방법
④ 비주얼모니터링방법

해설 인간에 대한 모니터링방법
㉠ **셀프모니터링** : 자신의 상태를 알고 행동하는 감시 방법
㉡ **생리학적 모니터링** : 인간 자체의 상태를 생리적으로 감시하는 방법
㉢ **비주얼모니터링** : 작업자의 태도를 보고 상태를 파악하는 방법
㉣ **반응에 대한 모니터링** : 자극에 의한 반응을 감시하는 방법
㉤ **환경에 대한 모니터링** : 환경적인 조건을 개선으로 인체의 상태를 감시하는 방법

47 건설공사장에서 이루어지는 각종 공사의 안전에 관한 설명으로 옳지 않은 것은?

① 조적공사를 할 때는 다른 공정을 중지시켜야 한다.
② 기초말뚝시공 시 소음, 진동을 방지하는 시공법을 계획한다.
③ 지하를 굴착할 경우 지층상태, 배수상태, 붕괴위험도 등을 수시로 점검한다.
④ 철근을 용접할 때는 거푸집의 화재발생에 주의한다.

해설 조적공사를 할 때에는 **다른 공정과 병행**한다.

48 사고예방 기본원리의 5단계인 시정책 적용은 3E를 완성함으로써 이루어진다고 할 수 있다. 다음 중 3E에 해당되지 않는 것은?

① 기술
② 교육
③ 경비절감
④ 독려

해설 사고예방 기본원리 5단계 중 시정책 적용은 **3E(기술, 교육, 독려)**를 완성함으로써 이루어진다고 할 수 있다.

49 안전·보건표지에 사용하는 색채의 종류와 용도의 연결이 옳지 않은 것은?

① 흰색 - 지시
② 빨간색 - 금지
③ 노란색 - 경고
④ 녹색 - 안내

해설 산업안전표지의 종류와 색채

구분	색채		
	바탕	기본모형	부호 및 그림
금지표지	흰색	빨강	검정
경고표지	노랑	검정	
지시표지	**파랑**	**흰색**	
안내표지	흰색	녹색	
	녹색	흰색	

50 건축공사현장의 안전관리조직형태 중 소규모 사업장에 가장 적합한 것은?

① 스탭형
② 라인형
③ 프로젝트 조직형
④ 라인스탭복합형

해설 ① **스탭형 조직** : 안전관리를 담당하는 참모를 두어 안전관리의 계획, 조사, 검토, 권고 및 보고 등을 관리하는 방식으로 명령체계가 생산과 안전으로 이원화되므로 안전관계지시의 전달이 확실하지 못하게 되기 쉽다.
③ **프로젝트 조직형** : 과제별로 조직을 구성하고, 특정한 건설과제(플랜트, 도시개발 등)를 처리하며, 시간적 유한성을 가진 일시적이고 잠정적인 조직이다.
④ **라인앤 스탭형** : 직계식 조직과 참모식 조직의 장점을 취하여 절충한 조직으로 대규모 사업장에 적용되며, 안전대책은 참모부서에서 계획하고, 생산부서에서 실행한다.

51 다음 중 상해의 종류에 속하지 않는 것은?

① 중독
② 동상
③ 감전
④ 화상

해설 상해란 사고 발생으로 인하여 사람이 입은 질병이나 부상으로 말하는 것으로 골절, **동상**, 부종, 자상, 좌상, 절상, **중독**, 질식, 찰과상, 창상, **화상**, 청력장해, 시력장해, 그 밖의 상해 등으로 분류한다.

※ **감전은 상해 발생형태의 종류에 속한다.**

52 소화능력이 이산화탄소소화기보다 2.5배 이상 강하여 전기기계 기구 등의 화재를 소화하는데 매우 우수한 소화기는?

① 포말소화기
② 분말소화기
③ 산·알칼리소화기
④ 할론가스소화기

해설 ① **포말소화기** : 탄산수소나트륨과 황산알루미늄을 혼합하여 반응하면 거품을 발생하며, 방사하는 거품은 이산화탄소를 내포하고 있으므로 냉각과 질식작용에 의해 소화하는 소화기이다.

② **분말소화기** : 탄산수소나트륨을 주제로 한 소화분말을 본 용기에 넣고, 따로 탄산가스를 넣은 소형 용기를 부속시켜 이 가압에 의하여 소화분말을 방사해서 질식과 냉각작용에 의해 소화하는 소화기이다.

③ **산·알칼리소화기** : 탄산수소나트륨의 수용액이 들어있는 바깥 관 안에 진한 황산이 들어있는 용기가 있으며, 이 용기를 파괴하여 두 액을 혼합하여 탄산가스를 발생시켜 그 압력으로 탄산가스 수용액을 분출시키는 소화기이다.

53 재해의 발생형태 중 사람이 건축물, 비계, 사다리, 경사면 등에서 떨어지는 것을 무엇이라 하는가?

① 낙하
② 추락
③ 전도
④ 붕괴

해설 재해발생의 형태

㉠ **낙하** : 떨어지는 물건에 의해 충격을 받는 경우

㉡ **전도** : 과속, 미끄러짐 등으로 평면에서 넘어진 경우

㉢ **붕괴** : 적재물, 비계, 건축물이 무너진 경우

54 드라이버의 사용 시 유의사항에 관한 설명으로 옳지 않은 것은?

① 드라이버 손잡이는 청결을 유지한다.
② 처음부터 끝까지 힘을 한 번에 주어 조인다.
③ 전기작업 시 절연손잡이로 된 드라이버를 사용한다.
④ 작업물을 확실히 고정시킨 후 작업한다.

해설 드라이버 사용 시 **처음에는 작은 힘을 가하여 조이고, 점진적으로 큰 힘을 가하여 조인다.**

55 인간의 동작특성 중 인지과정 착오의 요인이 아닌 것은?

① 생리적, 심리적, 능력의 한계
② 적성, 지식, 기술 등에 관련된 능력부족
③ 정보량 저장능력의 한계
④ 공포, 불안, 불만 등 정서 불안정

해설 인간의 동작특성 중 착오의 요인

요인	내용
인지과정의 착오	**생리적, 심리적 능력의 한계, 정보량 저장능력의 한계**, 감각 차단 현상, **정서 불안정(공포, 불안, 불만 등)**
판단과정의 착오	**능력부족(지식, 기술 등)**, 정보 부족, 합리화, 환경조건의 불비(표준 불량, 규칙 불충분, 작업조건 불량 등)
조치과정의 착오	작업자의 기능 미숙, 작업경험의 부족 등

56 안전모를 구성하는 재료의 성질과 조건으로 옳지 않은 것은?

① 모체의 표면은 명도가 낮아야 한다.
② 쉽게 부식하지 않아야 한다.
③ 피부에 해로운 영향을 주지 않아야 한다.
④ 내열성, 내한성 및 내수성을 가져야 한다.

해설 안전모를 구성하는 재료의 성질과 조건 중 **모체의 표면은 안전하도록 명도가 높아야 한다.**

57 아래 그림은 사고발생의 모형 중 어느 것에 속하는가?

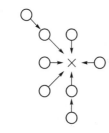

① 단순 연쇄형   ② 복합 연쇄형
③ 집중형   ④ 복합형

해설 재해 발생의 모형

▲ 단순 사슬(연쇄)형   ▲ 복합 사슬(연쇄)형

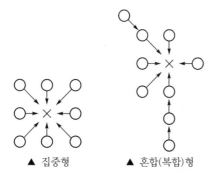
▲ 집중형   ▲ 혼합(복합)형

58 불안전한 행동을 하게 하는 인간의 외적인 요인이 아닌 것은?

① 근로시간   ② 휴식시간
③ 온열조건   ④ 수면부족

해설 불안전한 행동(안전지식이나 기능 또는 안전태도가 좋지 않아 실수나 잘못 등과 같이 안전하지 못한 행위를 하는 것)에는 **외적인 요인**(인간관계, 설비적 요인, 직접적 요인, 관리적 요인 등)으로 **근로 및 휴식시간, 온열조건** 등이 있고, **내적인 요인**에는 심리적 요인(망각, 주변동작, 무의식행동, 생략행위, 억측판단, 의식의 우회, 습관적 동작, 정서 불안정 등)과 생리적 요인(피로, **수면부족**, 신체 기능의 부적응, 음주 및 질병 등)이 있다.

59 목공사 중 화재발생 시 불이 확산되는 것을 방지하기 위한 목재의 방화법이 아닌 것은?

① 불연성 막이나 층에 의한 피복
② 방화페인트류의 도포
③ 절연처리
④ 대단면화

해설 목공사 중 화재발생 시 불이 확산되는 것을 방지하기 위한 목재의 **방화법**에는 물리적인 작용(**불연성 막이나 층에 의한 피복, 방화페인트류의 도포, 대단면화** 등)과 화학적인 작용이 있다.

60 사다리식 통로 등을 설치하는 경우 사다리의 상단은 걸쳐놓은 지점으로부터 얼마 이상 올라가도록 하여야 하는가?

① 30cm   ② 40cm
③ 50cm   ④ 60cm

해설 사다리식 통로의 구조
ㄱ 발판의 간격은 동일하게 하고, 발판과 벽과의 사이는 15cm 이상의 간격을 유지하며, 폭은 30cm 이상으로 할 것
ㄴ **사다리의 상단은 걸쳐놓은 지점으로부터 60cm 이상 올라가도록 할 것**
ㄷ 사다리식 통로의 길이가 10m 이상인 경우에는 5m 이내마다 계단참을 설치할 것
ㄹ 이동식 사다리식 통로의 기울기는 75° 이하로 할 것(다만, 고정식 사다리식 통로의 기울기는 90° 이하로 하고, 높이 7m 이상인 경우에는 바닥으로부터 2.5m 되는 지점으로부터 등받이 울을 설치할 것)

MEMO

부록 I 과년도 출제문제

제1과목 건축 일반

01 금속재료 중 동(Cu)에 관한 설명으로 옳지 않은 것은?

① 열 및 전기전도율이 크다.

② 전·연성이 풍부하며 가공이 용이하다.

③ 황동은 동(Cu)과 아연(Zn)을 주체로 한 합금이다.

④ 내알칼리성이 우수하여 시멘트에 접하는 곳에 사용이 용이하다.

해설 구리(동)는 암모니아 등의 알칼리성 용액에는 침식이 잘 되고, 진한 황산에는 용해가 잘 되므로 **내알칼리성이 매우 약하여 시멘트에 접하는 곳에 사용이 곤란하다.**

02 강구조의 주각 부분에 사용되지 않는 것은?

① 클립앵글 ② 사이드앵글

③ 윙플레이트 ④ 데크플레이트

해설 철골구조의 주각부는 기둥이 받는 내력을 기초에 전달하는 부분으로 **윙플레이트**(힘의 분산을 위함), **베이스플레이트**(힘을 기초에 전달함), 기초와의 접합을 위한 **클립앵글, 사이드앵글** 및 **앵커볼트**를 사용한다. 또한 **데크플레이트**는 얇은 강판에 골 모양을 내어서 만든 재료로서 지붕이기, 벽널 및 콘크리트 바닥과 거푸집의 대용으로 사용한다.

03 건축제도에서 보이지 않는 부분을 표시하는데 사용되는 선의 종류는?

① 파선 ② 실선

③ 1점쇄선 ④ 2점쇄선

해설 선의 종류와 용도

종류		용도	굵기(mm)
실선	점선	단면선, 외형선, 파단선	굵은선 (0.3~0.8)
	가는선	치수선, 치수보조선, 인출선, 지시선, 해칭선	가는선 (0.2 이하)
허선	**파선**	**물체의 보이지 않는 부분**	중간선 (점선 1/2)
	1점쇄선	중심선(중심축, 대칭축)	가는선
		절단선, 경계선, 기준선	중간선
	2점쇄선	물체가 있는 가상 부분(가상선), 1점 쇄선과 구분	중간선 (점선 1/2)

04 콘크리트 타설 후 시멘트, 골재 등의 콘크리트입자의 침하에 따라서 물이 분리 상승되어 표면으로 떠오르는 현상은?

① 블리딩

② 컨시스턴시

③ 워커빌리티

④ 플라스티시티

해설 **컨시스턴시**(consistency, 반죽질기)는 굳지 않은 시멘트페이스트, 모르타르 또는 콘크리트의 유동성의 정도를 나타내는 성질이다. **워커빌리티(시공연도)**는 반죽질기 여하에 따르는 작업의 난이도 및 재료의 분리에 저항하는 정도를 나타내는 성질이다. **플라스티시티(성형성)**는 용이하게 성형되고 풀기가 있어 재료분리가 생기지 않는 성질을 의미한다.

05 건축도면의 글자에 관한 설명으로 옳지 않은 것은?

① 글자체는 고딕체로 쓰는 것을 원칙으로 한다.

② 문장은 왼쪽에서부터 가로쓰기를 원칙으로 한다.

③ 글자체는 수직 또는 30° 경사로 쓰는 것을 원칙으로 한다.

④ 글자의 크기는 각 도면의 상황에 맞추어 알아보기 쉬운 크기로 한다.

[해설] 글자체는 수직 또는 15° 경사의 고딕체로 쓰는 것을 원칙으로 한다.

06 내열성, 내한성이 우수한 수지로 −60~260℃의 범위에서는 안정하고 탄성을 가지며 내후성 및 내화학성이 우수한 열경화성 수지는?

① 요소수지　　② 실리콘수지

③ 아크릴수지　④ 염화비닐수지

[해설] **요소수지**는 요소(이산화탄소와 암모니아에서 얻어진 것)와 포르말린을 반응시켜 만들고, 무색이므로 착색이 자유롭고 약산, 약알칼리에 견디며, 전기적 성질과 내열성은 페놀수지보다 약간 떨어진다. **아크릴수지**는 투명도, 착색성, 내후성이 우수하며, 표면이 손상되기 쉽고 열에 약하다는 단점이 있는 수지이다. **염화비닐수지**는 비중 1.4, 휨강도 $1,000kgf/cm^2$, 인장강도 $600kgf/cm^2$, 사용온도 −10~60℃로서 전기절연성, 내약품성이 양호하다. 경질성이지만 가소제의 혼합에 따라 유연한 고무형태의 제품을 만들 수 있다.

07 플로테스트(flow test)는 콘크리트의 무엇을 알기 위한 것인가?

① 강도　　　② 함수율

③ 수밀성　　④ 시공연도

[해설] **플로테스트**는 비빔콘크리트의 시험괴(試驗傀)를 상하로 진동하는 판 위에 두고 그 유동, 확대한 양으로부터 **반죽질기를 측정하는 시험법**이다.

08 시멘트의 분말도에 관한 설명으로 옳지 않은 것은?

① 분말도가 너무 크면 풍화하기 쉽다.

② 분말도가 높을수록 강도의 발현속도가 빠르다.

③ 분말도가 낮을수록 수화작용이 빠르게 이루어진다.

④ 분말도시험법으로는 체분석법, 브레인법 등이 있다.

[해설] 시멘트의 분말도는 시멘트입자의 굵고 가늚을 나타내는 것으로 **분말도가 높은 경우**에 일어나는 현상은 **초기 강도(조기강도)가 높고 수화작용이 빠르며** 풍화하기 쉽다. 특히 **수축균열이 많이** 생긴다.

09 다음 중 부동침하의 원인과 가장 거리가 먼 것은?

① 독립기초를 하였을 경우

② 일부 지정을 하였을 경우

③ 부주의한 일부 증축을 하였을 경우

④ 건물이 이질(異質)지층에 걸쳐있을 경우

[해설] **부동침하의 원인은 연약층, 경사지반, 이질지층,** 낭떠러지, **일부 증축**, 지하수위변경, 지하구멍, 메운 땅 **흙막이, 이질지정 및 일부 지정** 등이다. 또한 지반이 동결작용을 했을 때, 지하수가 **이동될 때** 및 이웃건물에서 깊은 굴착을 할 때 등이다.

10 철근콘크리트구조의 1방향 슬래브의 두께는 최소 얼마 이상으로 하여야 하는가?

① 60mm　　② 80mm

③ 100mm　　④ 120mm

[해설] **1방향 슬래브의 두께**는 다음 표에 따라야 하며 **최소 100 mm 이상으로 하여야 한다.**

구분	최소 두께			
	단순 지지	1단 연속	양단 연속	캔틸레버
1방향 슬래브	$l/20$	$l/24$	$l/28$	$l/10$

11 부재나 구조물이 외력을 받을 때 변형에 저항하려는 성질을 의미하는 용어는?

① 탄성(elasticity)

② 소성(plasticity)

③ 강성(rigidity)

④ 인성(toughness)

해설 탄성은 물체가 외력을 받으면 변형과 응력이 생긴다. 변형이 적은 경우에는 **외력을 없애면 변형이 생겼다가 없어지고 본래의 모양으로 되돌아가서 응력이 없어지는 성질**이다. 소성은 외력을 없애도 본래의 모양으로 되돌아가지 않고 변형이 남아있는 성질이다. **인성**은 재료가 외력을 받아 파괴될 때까지의 에너지 흡수능력이 큰 성질로서 큰 외력을 받아 변형을 나타내면서도 파괴되지 않고 견딜 수 있는 성질이다.

12 다음 그림에서 치수기입법이 잘못된 것은?

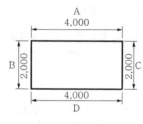

① A

② B

③ C

④ D

해설 치수는 치수선 상단의 중앙부에 왼쪽에서 오른쪽으로, **아래에서 위로 기록**하여야 하므로 B가 잘못된 것이다.

13 다음 설명에 알맞은 계약방식은?

> 발주측이 프로젝트공사비를 부담하는 것이 아니라 민간 부분 수주측이 설계, 시공 후 일정기간 시설물을 운영하여 투자금을 회수하고 시설물과 운영권을 무상으로 발주측에 이전하는 방식

① BOT방식

② BTO방식

③ BOO방식

④ 성능발주방식

해설 BTO(Build Transfer Operate)는 사회간접시설을 민간 부분이 주도하여 프로젝트를 설계·시공한 후 시설물의 소유권을 공공 부분에 먼저 이전하고 약정기간 동안 그 시설물을 운영하여 투자금액을 회수하는 방식으로 **설계·시공 → 소유권 이전 → 운영**하는 방식이고, BOO(Build Operate Own)는 사회간접시설을 민간 부분이 주도하여 프로젝트를 설계·시공한 후 그 시설의 운영과 함께 소유권도 민간에 이전하는 방식으로 **설계·시공 → 운영 → 소유권 획득**하는 방식이다. **성능발주방식**은 건축공사 발주 시 설계도서를 쓰지 않고 건물의 성능을 표시하여 그 성능만을 실현하는 것을 계약내용으로 하는 방식이다.

14 다음 중 지반조사의 목적과 가장 관계가 먼 것은?

① 지내력 측정

② 지하수위 측정

③ 기초파기 방법 결정

④ 건물의 마감재료 결정

해설 **지반조사**는 지반의 안정도, 지반의 구성 또는 지하수상태 등을 조사하여 가장 안전하고 경제적인 기초구조물의 형식을 선정하는 데 **필요한 자료(지내력, 지하수위, 기초파기 방법 등)**를 얻기 위하여 지반조사를 실시한다.

15 건축제도에서 원칙으로 하는 치수의 단위는?

① μm

② mm

③ cm

④ m

해설 건축제도에 있어서 치수의 단위는 mm를 기준으로 한다.

16 시공자선정방식 중 특명입찰에 관한 설명으로 옳지 않은 것은?

① 입찰수속이 간단하다.

② 공사기밀유지가 가능하다.

③ 우량시공을 기대할 수 없다.

④ 공사비가 많아질 우려가 있다.

해설 특명입찰은 건축주가 시공회사의 신용·자산·공사경력·보유기재·자재·기술 등을 고려하여 그 공사에 가장 적격한 한 명을 지명하여 입찰시키는 방법으로 ①, ② 및 ④항 이외에 **우량시공을 기대할 수 있다.**

17 다음과 같은 특징을 갖는 시멘트의 종류는?

- C_3S나 C_3A가 적고, 장기강도를 지배하는 C_2S를 많이 함유한다.
- 수화속도를 지연시켜 수화열을 작게 한 시멘트이다.
- 건축용 매스콘크리트에 사용된다.

① 백색포틀랜드시멘트
② 조강포틀랜드시멘트
③ 중용열포틀랜드시멘트
④ 초조강포틀랜드시멘트

해설 **백색포틀랜드시멘트**는 철분이 거의 없는 백색 점토를 사용하여 시멘트에 포함되어 있는 산화철, 마그네시아의 함유량을 제한한 시멘트로서, 보통포틀랜드시멘트와 품질은 거의 같으며 **건축물의 표면(내·외면)마감, 도장에 주로 사용하고 구조체에는 거의 사용하지 않는다. 인조석 제조에 주로 사용**된다. **조강포틀랜드시멘트**는 원료 중에 **규산삼칼슘(C_3S)의 함유량이 많아 보통포틀랜드시멘트에 비하여 경화가 빠르고 조기강도(낮은 온도에서도 강도발현이 크다)가 크다.** 조기강도가 크므로 재령 7일이면 보통포틀랜드시멘트의 28일 정도의 강도를 나타낸다. 또 조강포틀랜드시멘트는 분말도가 커서 수화열이 크고, 이 시멘트를 사용하면 공사기간을 단축시킬 수 있으며, 특히 한중콘크리트에 보온시간을 단축하는 데 효과적이고 분말도가 커서 점성이 크므로 수중콘크리트를 시공하기에도 적합하다. 또한 **콘크리트의 수밀성이 높고 경화에 따른 수화열이 크므로 낮은 온도에서도 강도의 발생이 크다.** **초조강포틀랜드시멘트**는 수화성이 큰 시멘트광물을 소성하여 수화활성을 잃지 않게 미분쇄한 시멘트로서 단기에 고강도를 발현하고, 장기에 있어서도 증진을 계속한다. 풍화가 심하므로 주의하여야 하며 긴급, 한중공사, 그라우트용으로 사용한다.

18 다음 중 가구식 구조에 속하는 것은?

① 목구조
② 벽돌구조
③ 블록구조
④ 철근콘크리트구조

해설 가구식 구조는 비교적 가늘고 긴 재료(목재, 철재 등)를 조립하여 뼈대를 만드는 구조 또는 부재의 접합에 기둥과 보에 의해서 축조하는 방법으로서 목구조, 철골구조 등이 있다.

19 네트워크공정표에서 C.P(Critical Path)에 관한 설명으로 옳은 것은?

① 작업의 여유시간
② 결합점이 가지는 여유시간
③ 프로젝트를 구성하는 작업단위
④ 개시결합점에서 종료결합점에 이르는 가장 긴 패스

해설 네트워크공정표에서 ①항은 **플로트**(float), ②항은 **슬랙**(slack), ③항은 **작업**(job, activity)에 대한 용어이다.

20 다음 중 평면도에서 표현되지 않는 것은?

① 계단의 폭
② 반자의 높이
③ 창문의 위치
④ 각 실의 벽체의 길이

해설 **평면도**는 건축물의 창틀 위(바닥에서 약 1.2~1.5 m 내외)에서 수평으로 자른 수평투상도면으로 실의 배치 및 크기, 개구부의 위치 및 크기, 창문과 출입구 등을 나타낸 도면이다. 또한 **천장평면도**에는 환기구, 조명기구 및 설비기구, 반자틀재료 및 규격 등을 표시하며, **반자의 높이는 단면도에 표기**한다.

제2과목 조적, 미장, 타일 시공 및 재료

21 시멘트모르타르 미장공사에서 시멘트 680kg과 모래 0.98m³를 배합하였을 경우 이 모르타르의 배합용적비는?

① 1 : 1　　　　② 1 : 2
③ 1 : 3　　　　④ 1 : 4

해설 모르타르배합

배합용적비	시멘트(kg)	모래(m³)	인부(인)
1 : 1	1,093	0.78	
1 : 2	680	0.98	1.0
1 : 3	510	1.10	
1 : 4	385		0.9
1 : 5	320	1.15	

또한 수식으로 산정하면 시멘트의 중량은 1,500kg/m³이므로 시멘트 680kg을 m³로 환산하면 $\frac{680}{1,500}$=0.4533m³이므로 시멘트 : 모래= 0.453 : 0.98=1 : 2.16=1 : 2가 됨을 알 수 있다.

22 돌로마이트 플라스터바름에서 정벌바름용 반죽은 물과 혼합한 후 몇 시간 정도 지난 다음 사용하는 것이 바람직한가?

① 3시간　　　　② 6시간
③ 9시간　　　　④ 12시간

해설 돌로마이트 플라스터의 정벌바름용 반죽
㉠ 소량의 정벌바름용 돌로마이트 플라스터에 물을 넣고 소량의 여물을 넣어 고르게 섞은 다음 다시 정벌바름용 돌로마이트 플라스터와 물을 조금씩 넣으며 고르게 반죽한다.
㉡ **정벌바름용 반죽은 물과 혼합한 후 12시간** 정도 지난 다음 사용하는 것이 바람직하다.

23 조적공사에서 다음과 같이 정의되는 용어는?

> 벽돌쌓기 공사에서 쌓기 벽돌과 콘크리트 구체 사이에 충전되는 모르타르

① 깔모르타르
② 줄눈모르타르
③ 붙임모르타르
④ 안채움모르타르

해설 **깔모르타르**는 벽돌쌓기에서 쌓기면에 미리 깔아놓은 모르타르 혹은 벽돌을 바닥에 붙일 경우의 바탕에 까는 모르타르이고, **붙임모르타르**는 얇은 벽돌을 붙이기 위해 바탕모르타르 또는 벽돌 안쪽 면에 사용하는 접착용 모르타르이며, **줄눈모르타르**는 벽돌의 줄눈에 벽돌을 상호접착하기 위해 사용되는 모르타르이다.

24 면적이 10m²인 벽면에 떠붙이기로 타일을 붙일 경우 붙임모르타르의 소요량은? (단, 붙임모르타르의 배합비는 1 : 3이며, 바름두께는 12mm이다.)

① 0.14m³　　　　② 0.17m³
③ 0.20m³　　　　④ 0.26m³

해설 벽타일 붙임모르타르는 0.014m³/m²이다.
∴ 붙임모르타르=0.014m³/m²×10m²
　　　　　　　=0.14m³

25 미장공사에서 다음과 같이 정의되는 용어는?

> 바탕의 흡수 조정, 바름재와 바탕과의 접착력 증진 등을 위하여 합성수지 에멀션 희석액 등을 바탕에 바르는 것

① 고름질　　　　② 손질바름
③ 실러바름　　　④ 규준바름

해설 **고름질**은 바름두께 또는 마감두께가 두꺼울 때 혹은 요철이 심할 때 초벌바름 위에 발라 붙여주는 것 또는 그 바름층이다. **손질바름**은 콘크리트, 콘크리트블록바탕에서 초벌바름하기 전에 마감두께를 균등하게 할 목적으로 모르타르 등으로 미리 요철을 조정하는 것이다. **규준바름**은 미장바름 시 바름면의 규준이 되기도 하고, 규준대 고르기에 닿는 면이 되기 위해 기준선에 맞춰 미리 둑 모양 혹은 덩어리 모양으로 발라놓은 것 또는 바르는 작업이다.

26 단순조적블록공사에 관한 설명으로 옳지 않은 것은?

① 살두께가 큰 편을 아래로 하여 쌓는다.

② 특별한 지정이 없으면 줄눈은 10mm가 되게 한다.

③ 하루의 쌓기 높이는 1.5m(블록 7켜 정도) 이내를 표준으로 한다.

④ 가로줄눈모르타르는 블록의 중간살을 제외한 양면살 전체제 발라 수평이 되게 쌓는다.

해설 단순조적블록공사에서 블록을 쌓을 때 사춤을 위하여 살두께가 큰 곳(구멍이 작은 쪽)이 위로 오도록 하여야 사춤이 가능하다.

27 ALC블록공사에서 비내력벽쌓기에 관한 설명으로 옳지 않은 것은?

① 줄눈의 두께는 1~3mm 정도로 한다.

② 모서리 및 교차부쌓기는 끼어쌓기를 원칙으로 하며 통줄눈쌓기로 한다.

③ 연속되는 벽면의 일부를 트이게 하여 나중 쌓기로 할 때에는 그 부분을 층단떼어쌓기로 한다.

④ 콘크리트구조체와 블록벽이 만나는 부분 및 블록벽이 상호 만나는 부분에 대해서는 접합철물을 사용하여 보강하는 것을 원칙으로 한다.

해설 ALC블록공사에서 모서리 및 교차부쌓기는 끼어쌓기를 원칙으로 하여 통줄눈이 생기지 않도록 한다. 직각으로 만나는 벽체의 한 편을 나중 쌓을 때는 층단쌓기로 하며, 부득이한 경우 담당원의 승인을 얻어 층단으로 켜거름 들여쌓기로 하거나 이음보강철물을 사용한다.

28 벽돌공사에서 붉은 벽돌의 물량 산출 시 적용하는 할증률은?

① 2% ② 3%

③ 4% ④ 5%

해설 벽돌공사에 있어서 벽돌의 할증률은 붉은 벽돌은 3%, 시멘트벽돌은 5% 정도이다.

29 벽돌쌓기에 관한 설명으로 옳지 않은 것은?

① 세로줄눈은 통줄눈이 되지 않도록 한다.

② 하루의 쌓기 높이는 1.2m(18켜 정도)를 표준으로 한다.

③ 벽돌쌓기는 도면 또는 공사시방서에서 정한 바가 없을 때에는 영식쌓기 또는 불식쌓기로 한다.

④ 가로 및 세로줄눈의 너비는 도면 또는 공사시방서에서 정한 바가 없을 때에는 10mm를 표준으로 한다.

해설 벽돌쌓기는 도면 또는 공사시방서에서 정한 바가 없을 때에는 영식 쌓기 또는 화란식 쌓기로 한다.

30 벽타일붙임공법 중 접착붙이기에 관한 설명으로 옳지 않은 것은?

① 내장공사에 한하여 적용한다.

② 붙임바탕면을 여름에는 1주 이상, 기타 계절에는 2주 이상 건조시킨다.

③ 접착제의 1회 바름면적은 $5m^2$ 이하로 하고 접착제용 흙손으로 눌러 바른다.

④ 바탕이 고르지 않을 때에는 접착제에 적절한 충전재를 혼합하여 바탕을 고른다.

해설 타일붙이기에 있어서 접착제의 1회 바름면적은 $2m^2$ 이하로 하고 접착제용 흙손으로 눌러 바른다.

31 다음 중 수경성 미장재료는?

① 회반죽

② 회사벽

③ 석고플라스터

④ 돌로마이트플라스터

해설 미장재료의 구분
ㄱ **수경성** : 수화작용에 충분한 물만 있으면 공기 중에서나 수중에서 굳어지는 성질의 재료로 시멘트계(시멘트모르타르, 인조석, 테라초 현장바름)와 석고계 플라스터(혼합석고, 보드용, 크림용 석고플라스터, 킨스(경석고플라스터)시멘트) 등이 있다.
ㄴ **기경성** : **충분한 물이 있더라도 공기 중에서만 경화하고, 수중에서는 굳어지지 않는 성질**의 재료로 석회계 플라스터(**회반죽, 돌로마이트 플라스터, 회사벽**)와 흙반죽, 섬유벽 등이 있다.

32 다음은 벽돌공사 중 공간쌓기에 대한 설명이다. ( ) 안에 알맞은 내용은?

> 연결재의 배치 및 거리간격의 최대 수직거리는 (ㄱ)를 초과해서는 안 되고, 최대 수평거리는 (ㄴ)를 초과해서는 안 된다.

① ㄱ 300mm, ㄴ 600mm
② ㄱ 600mm, ㄴ 300mm
③ ㄱ 900mm, ㄴ 400mm
④ ㄱ 400mm, ㄴ 900mm

해설 벽돌공사의 공간쌓기
연결재의 배치 및 거리간격의 **최대 수직거리는 400mm를 초과해서는 안 되고, 최대 수평거리는 900mm를 초과해서는 안 된다.** 연결재는 위, 아래층 것이 서로 엇갈리게 배치한다(건축공사 표준시방서의 규정). 또한 공간쌓기에 있어서 연결철물은 교대로 배치해야 하며, **연결철물 간의 수직과 수평간격은 각각 600mm과 900mm를 초과할 수 없다**(건축구조기준의 규정).

33 다음과 같은 타일을 욕실 바닥에 붙일 경우 줄눈폭의 표준은?

> • 재질 : 자기질
> • 크기 : 200mm×200mm 이상
> • 두께 : 7mm 이상

① 2mm   ② 3mm
③ 4mm   ④ 5mm

해설 **욕실 바닥에 자기질 타일(200mm×200mm 이상)을 붙일 경우 줄눈폭의 표준은 4mm이고, 타일의 두께는 7mm 이상이다**(건축공사 표준시방서 09000. 2.1.1 참고).

34 벽돌공사에 관한 설명으로 옳지 않은 것은?

① 창문틀을 먼저 세우기 할 경우에는 그 밑까지 벽돌을 쌓고 24시간 경과한 다음에 세운다.
② 창문틀은 도면 또는 공사시방서에서 정한 바가 없을 때에는 원칙적으로 나중 세우기로 한다.
③ 창대벽돌은 도면 또는 공사시방서에서 정한 바가 없을 때에는 그 윗면을 15° 정도의 경사로 옆 세워 쌓는다.
④ 아치쌓기는 그 축선에 따라 미리 벽돌 나누기로 하고, 아치의 어깨에서부터 좌우대칭형으로 균등하게 쌓는다.

해설 창문틀은 도면 또는 공사시방서에서 정한 바가 없을 때에는 **원칙적으로 먼저 세우기로 하고**, 나중 세우기로 할 때에는 가설틀 또는 먼저 설치 고정한 나무벽돌 또는 연결철물의 재료, 구조 및 공법 등의 상세를 나타낸 공작도를 작성하여 담당원의 승인을 받아 시공한다.

35 표준형 내화벽돌 중 보통형 벽돌의 치수는? (단, 단위는 mm임)

① 190×90×57
② 210×100×60
③ 220×114×65
④ 230×114×65

해설 **내화벽돌**은 내화점토를 원료로 하여 만든 점토제품으로 보통벽돌보다 내화성이 크다. 종류로는 샤모트벽돌, 규석벽돌 및 고토벽돌이 있다. 크기는 230mm×114mm×65mm로, 보통벽돌보다 치수가 크며, 줄눈은 작게 한다. **내화벽돌을 쌓을 때에는 접착제로 내화점토를 사용하는데, 내화점토는 기건성이므로 물 축이기를 하지 않는다.**

36 타일공사에서 바탕만들기에 관한 설명으로 옳지 않은 것은? (단, 모르타르바탕인 경우)

① 바닥면은 물고임이 없도록 구배를 유지하되 1/100을 넘지 않도록 한다.

② 바름두께가 10mm 이상일 경우에는 1회에 10mm 이하로 하여 나무흙손으로 눌러 바른다.

③ 타일붙임면의 바탕면은 평탄하게 하고, 바탕면의 평활도는 바닥의 경우 3m당 ±10mm로 한다.

④ 바탕고르기 모르타르를 바를 때에는 타일의 두께와 붙임모르타르의 두께를 고려하여 2회에 나누어서 바른다.

해설 타일공사에서 바탕만들기에 있어서 타일붙임면의 바탕면은 평탄하게 하고, 바탕면의 평활도는 **바닥의 경우 3m당 ±3mm**, 벽의 경우는 2.4m당 ±3mm로 한다.

37 시멘트모르타르바름공사에 관한 설명으로 옳지 않은 것은?

① 바름두께가 너무 두껍거나 얼룩이 심할 때는 고름질을 한다.

② 재료의 1회 비빔량은 2시간 이내 사용할 수 있는 양으로 한다.

③ 초벌바름에 이어서 고름질을 한 다음에는 즉시 재벌바름을 한다.

④ 모르타르의 수축에 따른 흠, 갈라짐을 고려하여 적당한 바름면적에 따라 줄눈을 설치한다.

해설 시멘트모르타르바름공사에 있어서 바름두께가 너무 두껍거나 얼룩이 심할 때는 고름질을 한다. **초벌바름에 이어서 고름질을 한 다음에는 초벌바름과 같은 방치기간(초벌바름 또는 라스먹임은 2주일 이상)을 둔다.** 고름질 후에는 쇠갈퀴 등으로 전면을 거칠게 긁어놓는다.

38 벽타일붙임공법 중 압착붙이기에 관한 설명으로 옳지 않은 것은?

① 타일은 벽면의 위에서 아래로 붙여나간다.

② 타일의 붙임시간은 모르타르배합 후 60분 이내로 한다.

③ 타일의 1회 붙임면적은 모르타르의 경화속도 및 작업성을 고려하여 $1.2m^2$ 이하로 한다.

④ 붙임모르타르의 두께는 타일두께의 1/2 이상으로 하고 5~7mm를 표준으로 한다.

해설 타일의 1회 붙임면적은 모르타르의 경화속도 및 작업성을 고려하여 $1.2m^2$ 이하로 한다. 벽면의 위에서 아래로 붙여나가며, **붙임시간은 모르타르배합 후 15분 이내**로 한다.

39 타일의 재질 및 용도에 관한 설명으로 옳지 않은 것은?

① 바닥용 타일은 유약을 바른 시유타일을 사용한다.

② 외장용 타일은 자기질 또는 석기질 타일을 사용한다.

③ 바닥용 타일은 자기질 또는 석기질 타일을 사용한다.

④ 내장용 타일은 도기질이나 석기질 또는 자기질 타일을 사용한다.

해설 ㉠ 타일의 구분

호칭명	소지의 질
내장타일	자기질, 석기질, 도기질
외장타일	자기질, 석기질
바닥타일	
모자이크타일	자기질

㉡ **바닥용 타일은 유약을 바르지 않고** 자기질과 석기질을 사용한다.

40 시멘트모르타르바름 미장공사에서 콘크리트바탕의 바깥벽 정벌의 표준바름두께는?

① 3mm ② 4mm
③ 6mm ④ 8mm

해설 바름두께의 표준(단위 : mm)

바탕	바름부분	바름두께				
		초벌 및 라스먹임	고름질	재벌	정벌	합계
콘크리트, 콘크리트 블록 및 벽돌면	바닥	–	–	–	24	24
	내벽	7	–	7	4	18
	천장	6	–	6	3	15
	차양	6	–	6	3	15
	바깥벽	9	–	9	**6**	24
	기타	9	–	9	6	24
각종 라스 바탕	내벽	라스 두께보다 2mm 내외 두껍게 바른다.	7	7	4	18
	천장		6	6	3	15
	차양		6	6	3	15
	바깥벽		0~9	0~9	6	24
	기타		0~9	0~9	6	24

(주) 1) 바름두께설계 시에는 작업여건이나 바탕, 부위, 사용용도에 따라서 재벌두께를 정벌로 하여 재벌을 생략하는 등 바름두께를 변경할 수 있다. 단, 바닥은 정벌두께를 기준으로 하고, 각종 라스바탕의 바깥벽 및 기타 부위는 재벌 최대 두께인 9mm를 기준으로 한다.
2) 바탕면의 상태에 따라 ±10%의 오차를 둘 수 있다.

제3과목 안전 관리

41 조명설계에 필요한 조건이 아닌 것은?

① 작업대의 밝기보다 주위의 밝기를 더 밝게 할 것
② 광원이 흔들리지 않을 것
③ 보통 상태에서 눈부심이 없을 것
④ 작업대와 그 바닥에 그림자가 없을 것

해설 조명설계에 있어서 **작업대의 밝기보다 주위의 밝기를 어둡게 할 것**

42 하인리히의 재해 발생(도미노) 5단계가 옳게 나열된 것은?

① 사회적 환경과 유전적 요인 → 개인적 결함 → 불안전한 행동, 상태 → 사고 → 재해
② 사회적 환경과 유전적 요인 → 불안전한 행동, 상태 → 개인적 결함 → 사고 → 재해
③ 개인적 결함 → 사회적 환경과 유전적 요인 → 불안전한 행동, 상태 → 재해 → 사고
④ 개인적 결함 → 불안전한 행동, 상태 → 사회적 환경과 유전적 요인 → 사고 → 재해

해설 하인리히의 재해 발생요인은 유전적, 사회적 환경과 유전적 요인(개인의 성격과 특성) → 개인적 결함(전문지식 부족과 신체적, 정신적 결함) → 불안전행동, 상태(안전장치의 미흡과 안전수칙의 미준수) → 사고(인적 및 물적사고) → 재해(사망, 부상, 건강장애, 재산손실)의 순으로 이루어진다.

43 인간공학의 정의를 가장 잘 설명한 것은?

① 기계설비의 효과적인 성능개발을 하는 학문
② 인간과 기계와의 환경조건의 관계를 연구하는 학문
③ 기계의 자동화 및 고도화를 연구하는 학문
④ 기계설비로 인간의 노동을 대치하기 위해 연구하는 학문

해설 인간공학의 정의는 인간과 기계에 의한 산업이 쾌적, 안전, 능률적으로 되게 기계와 인간을 적합하게 하려는 것 또는 인간과 기계와의 환경조건의 관계를 연구하는 학문이다.

44 다음 안전 · 보건표지가 의미하는 내용으로 옳은 것은?

① 레이저광선경고
② 위험장소경고
③ 고온경고
④ 낙하물경고

해설　안전 · 보건표지

레이저광선경고	고온경고	낙하물경고

45 가연성 액체의 화재에 사용되며 전기기구 등의 화재에 효과적이고 소화한 뒤에도 피해가 적은 것은?

① 분말소화기
② 강화액소화기
③ 이산화탄소소화기
④ 포말소화기

해설
① **분말소화기** : 소화효과는 질식 및 냉각효과로서, 분말소화약제에는 제1종 분말소화약제(중탄산나트륨), 제2종 분말소화약제(중탄산칼륨) 및 제3종 분말소화약제(인산암모늄) 등이 있다.
② **강화액소화기** : 물에 탄산칼륨을 녹여 빙점을 −17~30℃까지 낮추어 한랭지역이나 겨울철의 소화, 일반화재, 전기화재에 이용된다.
④ **포말소화기** : 소화효과는 질식 및 냉각효과로서, 포말소화약제의 종류에는 기계포(에어졸)와 화학포 등이 있다.

46 안전교육의 추진방법 중 안전에 관한 동기부여에 관한 내용으로 옳지 않은 것은?

① 자기보존본능을 자극한다.
② 물질적 이해관계에 관심을 두게 한다.
③ 동정심을 배제하게 한다.
④ 통솔력을 발휘하게 한다.

해설　동기부여의 방법
내적 동기유발은 목표의 인식, 성취의욕의 고취, 흥미 등의 방법, 지적 호기심의 제고, 적절한 교재의 제시 등이, **외적 동기유발**은 경쟁심의 이용, 성공감과 만족감을 갖게 할 것, 학습의욕의 환기 등이 있다.

47 어느 공장에서 200명의 근로자가 1일 8시간, 연간 평균근로일수를 300일, 이 기간 안에 재해 발생건수가 6건일 때 도수율은?

① 12.5　　　② 17.5
③ 22.5　　　④ 24

해설　도수율은 100만 시간을 기준으로 한 재해 발생건수의 비율로 빈도율이라고도 한다. 즉 **도수(빈도)율**$=\dfrac{재해\ 발생건수}{근로\ 총시간수}\times 1,000,000$이다. 그런데 재해 발생건수는 12건, 근로 총시간수는 200×8×300=480,000시간이다. 그러므로

$$도수(빈도)율 = \frac{재해\ 발생건수}{근로\ 총시간수}\times 1,000,000$$
$$= \frac{6}{480,000}\times 1,000,000$$
$$= 12.5$$

즉 도수(빈도)율이 12.5란 100만 시간당 12.5건의 재해가 발생하였다는 의미이다.

48 목공용 망치를 사용할 때 주의사항으로 옳은 것은?

① 필요에 따라 망치의 측면으로 내리친다.
② 맞는 표면에 평행하도록 수직으로 내리친다.
③ 맞는 표면과 같은 직경의 망치를 사용한다.
④ 못을 박을 때는 못 아래쪽을 잡고 최대한 빨리 내리친다.

해설　못을 박는 경우 등에 있어서 **목공용 망치**를 사용 시 정확하고 충분한 힘이 전달될 수 있도록 **망치의 표면과 맞는 부분의 표면이 평행이 되도록 수직으로 내리친다.**

49 착용자의 머리 부위를 덮는 주된 물체로서 단단하고 매끄럽게 마감된 재료를 무엇이라 하는가?

① 충격흡수재
② 챙
③ 모체
④ 착장체

해설 **충격흡수재**는 외부로부터의 충격을 완화하는 재료이고, **챙**은 모자의 테두리 부분을 뜻하는 표현이다. **착장체**는 머리받침끈, 머리고정대 및 머리받침고리 등으로 구성되어 추락 및 위험 방지용 안전모의 머리 부위에 고정시켜 주며, 안전모에 충격이 가해졌을 때 착용자의 머리 부위에 전해지는 충격을 완화시켜 주는 기능을 갖는 부품이다.

50 공기 중에 분진이 존재하는 작업장에 대한 대책으로 옳지 않은 것은?

① 보호구를 착용한다.
② 재료나 조작방법을 변경한다.
③ 장치를 밀폐하고 환기집진장치를 설치한다.
④ 작업장을 건조하게 하여 공기 중으로 분진의 부유를 방지한다.

해설 공기 중에 분진의 부유를 방지하기 위하여 **작업장을 습하게(습도의 상승)**하여야 한다.

51 다음 중 B급 화재에 속하는 것은?

① 유류에 의한 화재
② 일반가연물에 의한 화재
③ 전기장치에 의한 화재
④ 금속에 의한 화재

해설 화재의 분류

구분	A급 (일반)	**B급 (유류)**	C급 (전기)	D급 (금속)	E급 (가스)	F급 (식용유)
색깔	백색	**황색**	청색	무색	황색	

52 종이, 목재 등의 고체연료성 화재의 종류는?

① A급 화재
② B급 화재
③ C급 화재
④ D급 화재

해설 화재의 분류

구분	A급	B급	C급	D급	E급	F급
종류	**일반**	유류	전기	금속	가스	식용유

53 구명줄이나 안전벨트의 용도로 옳은 것은?

① 작업능률 가속용
② 추락 방지용
③ 작업대 승강용
④ 전도 방지용

해설 **구명줄**이나 **안전벨트의** 용도는 **추락 방지용**으로 사용된다.

54 산업재해조사표를 작성하는데 주요 기록 내용이 아닌 것은?

① 재해 발생의 일시와 장소
② 재해유발자 및 재해자 주변인의 신상명세서
③ 재해자의 상해 부위 및 정도
④ 재해 발생과정 및 원인

해설 **산업재해조사표를** 작성하는데 주요 기록내용에는 사업체, **재해 발생개요(일시와 장소)**, **재해 발생피해(인적, 물적피해)**, 재해 발생과정 및 원인, 재발 방지계획서 등이 있다.

55 안전사고 발생의 심리적 요인에 해당되는 것은?

① 피로감
② 중추신경의 이상
③ 육체적 과로
④ 불쾌한 감정

해설 안전사고 발생의 원인 중 신체적 요인에는 ①, ② 및 ③항 등이 있고, ④항의 **불쾌한 감정**은 **심리적 요인**에 해당된다.

56 방진마스크의 선정기준으로 옳은 것은?

① 흡기저항이 높은 것일수록 좋다.

② 흡기저항 상승률이 낮은 것일수록 좋다

③ 배기저항이 높은 것일수록 좋다

④ 분진포집효율이 낮은 것일수록 좋다

해설 방진마스크의 구비조건은 **흡기 및 배기저항이 낮은 것**일수록 좋고 **분진포집효율이 높은 것**일수록 좋다

57 사고가 발생하였다고 할 때 응급조치를 잘 못 취한 것은?

① 상해자가 있으면 관계 조사관이 현장을 확인한 후 전문의의 치료를 받게 한다.

② 기계의 작동이나 전원을 단절시켜 사고의 진행을 막는다

③ 사고현장은 사고조사가 끝날 때까지 그대로 보존하여야 한다.

④ 현장에 관중이 모이거나 흥분이 고조되지 않도록 하여야 한다.

해설 사고가 발생한 경우 상해자가 있으면 즉시 전문의의 치료를 받게 한 후 관계 조사관이 현장을 확인하도록 하여야 한다. 즉 **상해자의 치료가 가장 우선**되어야 한다.

58 다음 소방시설 중 경보설비에 속하지 않는 것은?

① 자동화재탐지설비

② 누전경보기

③ 스프링클러설비

④ 자동화재속보설비

해설 소방시설 중 **경보설비**(화재 발생사실을 통보하는 기계·기구 또는 설비)의 종류에는 단독형 감지기, 비상경보설비(비상벨설비, 자동식 사이렌설비 등), 시각경보기, **자동화재탐지설비**, 비상방송설비, **자동화재속보설비**, 통합감시시설, **누전경보기**, 가스누설경보기 등이 있고, **스프링클러설비는 소화설비**에 속한다.

59 연평균근로자수가 200명이고 1년 동안 발생한 재해자수가 10명이라면 연천인율은?

① 20　　　　② 30

③ 40　　　　④ 50

해설 연천인율은 1년간 평균근로자 1,000명당 재해 발생건수를 나타내는 통계로서, 즉 **연천인율** = $\dfrac{\text{재해자의 수}}{\text{연평균근로자의 수}} \times 1{,}000$이다. 그런데 재해자의 수는 10명, 연평균근로자의 수는 200명이므로 연천인율 = $\dfrac{10}{200} \times 1{,}000 = 50$이다. 연천인율 50의 의미는 1년간 근로자 1,000명당 50건의 재해가 발생하였다는 의미이다.

60 목재 및 나무제품 제조업(가구 제외)에서 안전관리자를 최소 2명 이상 두어야 하는 상시근로자수의 기준은?

① 50명 이상

② 100명 이상

③ 300명 이상

④ 500명 이상

해설 **목재 및 나무제품 제조업(가구 제외)**은 상시근로자의 수에 따라 안전관리자를 두어야 한다 (산업안전보건법 시행령 제12조, 별표 3).
㉠ 50명 이상 500명 미만인 경우: 1명 이상
㉡ **500명 이상인 경우: 2명 이상**

제1과목 건축 일반

01 네트워크공정표의 크리티컬패스(CP)에 관한 설명으로 옳은 것은?

① 미리 지정된 공기
② 결합점이 가지는 여유시간
③ 후속작업의 TF에 영향을 끼치는 플로트
④ 개시결합점에서 종료결합점에 이르는 가장 긴 패스

해설 ①항은 **지정공기**, ②항은 **슬랙**(slack), ③항은 **디펜던트플로트**(dependent float)에 대한 설명이다.

02 도면을 묶을 때 묶는 부분에 두어야 하는 여백의 최소 치수는? (단, 제도지가 A3인 경우)

① 10mm
② 15mm
③ 20mm
④ 25mm

해설 도면의 여백규정(단위 : mm)

제도지	$a \times b$	c (최소)	d(최소) 철하지 않을 때	철할 때
A0	841×1,189			
A1	594×841		10	
A2	420×594			
A3	**297×420**			25
A4	210×297			
A5	148×210		5	
A6	105×148			

여기서, a : 도면의 가로길이
b : 도면의 세로길이
c : 테두리선의 외곽선과 도면의 우측, 상부 및 하부와의 간격
d : 테두리선의 외곽선과 도면의 좌측과의 간격

03 다음 중 열가소성 수지에 속하지 않는 것은?

① 요소수지
② 아크릴수지
③ 염화비닐수지
④ 폴리에틸렌수지

해설 합성수지의 분류
㉠ **열경화성 수지** : 페놀(베이클라이트)수지, 요소수지, 멜라민수지, 폴리에스테르수지(알키드수지, 불포화폴리에스테르수지), 실리콘수지, 에폭시수지 등(실에 요구되는 폴은 페멜이다)
㉡ **열가소성 수지** : 염화 · 초산비닐수지, 폴리에틸렌수지, 폴리프로필렌수지, 폴리스티렌수지, ABS수지, **아크릴산수지**, 메타아크릴산수지
㉢ **섬유소계 수지** : 셀룰로이드, 아세트산섬유소수지

04 탄소함유량의 증가에 따른 강(鋼)의 성질변화에 관한 설명으로 옳지 않은 것은?

① 비중이 감소한다.
② 열전도도가 증가한다.
③ 전기저항이 증가한다.
④ 열팽창계수가 감소한다.

해설 강의 탄소량에 따른 성질
강의 탄소량이 증가함에 따라 물리적 성질의 비열, **전기저항**, 항장력과 화학적 성질의 내식성, 항복강도(항복점), 인장강도 및 경도 등은 **증가**하고, 물리적 성질의 **비중**, **열팽창계수**, **열전도율**과 화학적 성질의 **연신율**, 충격치, 단면 수축률, 용접성 등은 **감소한다**.

05 C_3S와 C_3A를 적게 하고 장기강도를 지배하는 C_2S를 많이 함유하여 수화속도를 지연시켜 수화열을 작게 한 시멘트는?

① 폴리머시멘트
② 알루미나시멘트
③ 조강포틀랜드시멘트
④ 중용열포틀랜드시멘트

해설 시멘트의 종류와 성질

㉠ 알루미나시멘트 : 물을 가한 후 24시간 내에 **보통포틀랜드시멘트의 4주 강도가 발현**되는 시멘트, 장기에 걸친 강도의 증진은 없지만 조기의 강도 발생이 커서 긴급공사에 사용되는 시멘트로서, 특성은 초기(조기)강도가 크고(보통포틀랜드시멘트 재령 28일 강도를 재령 1일에 나타낸다) 수화열이 높으며 화학작용에 대한 저항성이 크다. 또한 수축이 적고 내화성이 크므로 동기, 해수 및 긴급공사에 사용한다.

㉡ 조강포틀랜드시멘트 : 원료 중에 규산삼칼슘(C_3S)의 함유량이 많아 보통포틀랜드시멘트에 비하여 **경화가 빠르고 조기강도**(낮은 온도에서도 강도 발현이 크다)가 크다. 조기강도가 크므로 재령 7일이면 보통포틀랜드시멘트의 28일 정도의 강도를 나타낸다. 특성은 분말도가 커서 수화열이 크고, 이 시멘트를 사용하면 공사기간을 단축시킬 수 있으며 한중콘크리트에 보온시간을 단축하는 데 효과적이다. 또한 콘크리트의 수밀성이 높고 경화에 따른 수화열이 크므로 낮은 온도에서도 강도의 발생이 크다.

㉢ 중용열포틀랜드시멘트(석회석+점토+석고) : 원료 중의 석회, 알루미나, 마그네시아의 양을 적게 하고 실리카와 산화철을 다량으로 넣어서 수화작용을 할 때 수화열(발열량)을 적게 한 시멘트로서, 조기(단기)강도는 작으나 장기강도는 크며 경화수축(체적의 변화)이 적어서 균열의 발생이 적다. 특히 방사선의 차단, 내수성, 화학저항성, 내침식성, 내식성 및 내구성이 크므로 댐 축조, 매스콘크리트, 대형 구조물, 콘크리트 포장, 원자로의 방사능 차폐용 콘크리트에 적당하다.

06 계면활성작용에 의해 콘크리트의 워커빌리티 및 동결융해에 대한 저항성 등을 개선시키는 역할을 하는 콘크리트용 혼화제는?

① AE제
② 지연제
③ 급결제
④ 플라이애시

해설 ② 지연제 : 혼화제의 일종으로 시멘트의 응결시간을 늦추기 위해 사용하는 혼화재료이다.

③ 급결제 : 콘크리트 또는 모르타르의 응결(조기강도)을 촉진시키기 위해 혼입하는 소량의 물질(혼화제)이다.

④ 플라이애시 : 화력발전소와 같이 미분탄을 연료로 하는 보일러의 연도에서 집진기로 채취한 미립자의 재로, 수화열이 적고 조기강도는 낮으나 장기강도는 커지며, 수밀성이 크고 단위수량을 감소시킬 수 있으며 콘크리트의 워커빌리티가 좋다.

07 중간에 기둥을 두지 않고 구조물의 주요부분을 케이블 등에 매달아서 인장력으로 저항하는 구조는?

① 셸구조
② 현수구조
③ 절판구조
④ 트러스구조

해설 ① 셸구조 : 구조물에 작용하는 외력을 곡면판의 면내력으로 전달시키는 특성을 가진 구조, 면에 곡률을 주어 경간을 확장하는 구조로서 곡면구조부재의 축선을 따라 발생하는 응력으로 외력에 저항하는 구조로서, 외력은 주로 판의 면내력으로 전달되기 때문에 경량이고 강성이 우수하여 내력이 큰 구조물을 구성할 수 있는 특색이 있다.

③ 절판구조 : 자중도 지지하기 여려운 평면체를 아코디언과 같이 주름을 잡아 지지하중을 증가시킨 구조 또는 평면 형상으로 시공이 쉽고 구조적 강성이 우수하여 대공간 지붕구조로 적합한 구조이며, 철근 배근이 매우 어려운 구조이다. 예로서, 데크플레이트를 들 수 있다.

④ 트러스구조 : 축방향력만을 받는 직선재를 핀으로 결합시켜 힘을 전달하는 구조로서, 직선부재가 서로 한 점에서 만나고 그 형태가 삼각형인 구조물로서 인장력과 압축력의 축력만을 지지하는 구조이다.

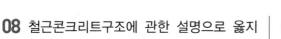

08 철근콘크리트구조에 관한 설명으로 옳지 않은 것은?

① 차음성능, 내진성능이 우수하다.
② 건식구조이므로 동절기 공사가 용이하다.
③ 철근과 콘크리트가 일체가 되어 내구적이다.
④ 철근이 콘크리트에 의해 피복되므로 내화적이다.

[해설] 습식구조는 물을 많이 사용하는 공정이 포함된 건축구조의 방식으로, **동절기 공사에 난이**하며 **조적식 구조**(벽돌, 블록, 돌구조), **일체식 구조**(**철근콘크리트조**, 철골철근콘크리트조)가 이에 속한다.

09 철근콘크리트공사에 있어서 철근의 정착위치로 옳지 않은 것은?

① 보의 주근은 기둥에
② 기둥의 주근은 기초에
③ 지중보의 주근은 슬래브에
④ 바닥철근은 보 또는 벽체에

[해설] 철근의 정착위치

구분	정착위치	구분	정착위치
기둥의 주근	기초	**지붕보의 주근**	**기초, 기둥**
큰 보의 주근	기둥	벽철근	기둥, 보, 바닥판
작은 보의 주근	큰 보	바닥철근	보, 벽체

10 공동도급(joint venture)에 관한 설명으로 옳지 않은 것은?

① 공사수급의 경쟁완화수단이 된다.
② 기술의 확충, 강화 및 경험의 증대가 가능하다.
③ 공사의 이윤은 각 회사의 출자비율로 배당된다.
④ 일반적으로 단일회사의 도급공사보다 경비가 감소된다.

[해설] **공동도급**은 대규모 공사시공에 대하여 시공자의 기술, 자본 및 위험 등의 부담을 분산, 감소시킬 목적으로 수 개의 건설회사가 공동출자한 기업체를 한 회사의 입장에서 공사수급, 시공하는 도급형태이다. 그 특성은 위험성의 분산, 기술의 확충, 공사이행의 확실성, 공사도급경쟁의 완화, 융자력 및 신용도의 증대, **단일회사의 도급 또는 일식도급보다 공사비와 경비가 증대**된다.

11 보통포틀랜드시멘트의 응결시간기준으로 옳은 것은? (단, 비카시험의 경우)

① 초결 30분 이상, 종결 5시간 이하
② 초결 30분 이상, 종결 10시간 이하
③ 초결 60분 이상, 종결 5시간 이하
④ 초결 60분 이상, 종결 10시간 이하

[해설] 시멘트의 응결시간은 가수한 후 **1시간에 시작하여 10시간 후에 종결**하나, 초결은 작업을 할 수 있도록 여유를 가지기 위하여 1시간 이상이 되는 것이 좋으며, 종결은 10시간 이내가 됨이 좋다.

12 건축공사의 원가구성항목 중 직접공사비에 속하지 않는 것은?

① 이윤
② 재료비
③ 노무비
④ 외주비

[해설] 총공사비=총원가+**부가이윤**
  =(공사원가+일반관리비부담금)+부가이윤
  =(순공사비+현장경비)+일반관리비부담금+부가이윤
  =(**직접공사비**+간접공사비)+현장경비+일반관리비부담금+부가이윤
  =(**재료비**+노무비+**외주비**+경비)+간접공사비+현장경비+일반관리비부담금+부가이윤

13 합판에 관한 설명으로 옳지 않은 것은?

① 함수율변화에 의한 신축변형이 적다.
② 표면가공법으로 흡음효과를 낼 수 있다.
③ 곡면가공을 하여도 균열이 생기지 않는다.
④ 얇은 판을 섬유방향이 평행하도록 접착
제로 붙여 만든 것이다.

해설 합판은 **단판**(목재의 얇은 판)을 만들어 이들을 **섬유방향이 서로 직교(90°로 교차)되도록 홀수 (3, 5, 7장)로** 적층하면서 접착시켜 만든 판이다.

14 다음의 단면용 재료표시기호가 의미하는 것은?

① 차단재   ② 콘크리트
③ 잡석다짐   ④ 목재치장재

해설 단면용 재료의 표시기호

재료명	표시기호		
콘크리트	a : 강자갈	b : 깬자갈	c : 철근 배근일 때
잡석 다짐			
목재 치장재			

15 다음 중 콘크리트용 골재로서 요구되는 성질과 가장 거리가 먼 것은?

① 골재의 입형은 편평, 세장할 것
② 잔골재는 유기불순물시험에 합격할 것
③ 입도는 조립에서 세립까지 연속적으로 균등히 혼합되어 있을 것
④ 골재의 강도는 콘크리트 중의 경화시멘트페이스트의 강도 이상일 것

해설 콘크리트용 골재가 갖추어야 할 조건

㉠ 골재의 강도는 시멘트풀이 경화하였을 때 시멘트풀의 최대 강도 이상이어야 한다. 따라서 쇄설암(이판암, 점판암, 사암, 역암, 응회암 등), 유기암(석회암) 및 침적암(석고) 등의 수성암은 골재로는 부적합하다. 즉, 골재의 강도≧시멘트풀이 경화하였을 때 시멘트풀의 최대 강도이다.

㉡ 골재의 표면은 거칠고, 모양은 구형에 가까운 것이 좋으며 **평편하거나 세장한 것은 좋지 않다.**

㉢ 진흙이나 유기불순물 등의 유해물이 포함되지 않아야 한다.

㉣ 골재는 잔 것과 굵은 것이 적당히 혼합된 것이 좋다.

㉤ 운모가 다량으로 함유된 골재는 콘크리트의 강도를 떨어뜨리고 풍화되기도 쉽다.

16 방수공사에서 콘크리트 바탕과 방수시트의 접착을 양호하게 유지하기 위한 바탕 조정용 접착제로 사용되는 것은?

① 아스팔트싱글
② 블론아스팔트
③ 아스팔트컴파운드
④ 아스팔트프라이머

해설 아스팔트의 종류

㉠ **아스팔트싱글** : 아스팔트펠트의 양면에 블론아스팔트를 피복하고 활석, 운모, 석회석, 규조토 등의 가루를 뿌려 붙인 것을 아스팔트루핑이라고 하며, **이 아스팔트루핑을 사각형, 육각형으로 잘라 주택 등의 경사지붕에 사용하는 것을** 말한다.

㉡ **블론아스팔트** : 점성이나 침투성은 작으나 온도에 의한 변화가 적어서 열에 대한 안정성이 크며 아스팔트프라이머의 제작과 옥상의 아스팔트방수에 사용되는 아스팔트이다.

㉢ **아스팔트콤파운드** : 용제추출아스팔트로서 블론아스팔트의 성능을 개량하기 위해 동식물성 유지와 광물질분말을 혼입한 것으로 일반 지붕의 방수공사에 이용되는 아스팔트이다.

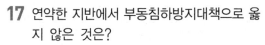

17 연약한 지반에서 부동침하방지대책으로 옳지 않은 것은?

① 건물을 경량화한다.

② 건물의 길이를 길게 한다.

③ 건물의 중량을 평균화한다.

④ 지하실을 강성체로 설치한다.

해설 연약지반에 대한 대책

㉠ 상부구조와의 관계 : **건축물의 경량화, 평균길이를 짧게** 할 것, **강성을 높게** 할 것, 이웃 건축물과 거리를 멀게 할 것, **건축물의 중량을 분배할 것**

㉡ 기초구조와의 관계 : 굳은 층(경질층)에 지지시킬 것, 마찰말뚝을 사용할 것, 지하실을 설치할 것 등. 특히 지반과의 관계에서 흙 다지기, 물 빼기, 고결, 바꿈 등의 처리를 하며, 방법으로는 전기적 고결법, 모래지정, 웰포인트, 시멘트 물 주입법 등으로 한다.

18 건축제도 통칙(KS F 1501)에 정의된 축척의 종류에 속하지 않는 것은?

① $\frac{1}{20}$

② $\frac{1}{25}$

③ $\frac{1}{40}$

④ $\frac{1}{60}$

해설 건축제도 통칙에서 사용하는 척도의 종류에는

$\frac{2}{1}$, $\frac{5}{1}$, $\frac{1}{1}$, $\frac{1}{2}$, $\frac{1}{3}$, $\frac{1}{4}$, $\frac{1}{5}$, $\frac{1}{10}$, $\frac{1}{20}$,

$\frac{1}{25}$, $\frac{1}{30}$, $\frac{1}{40}$, $\frac{1}{50}$, $\frac{1}{100}$, $\frac{1}{200}$,

$\frac{1}{250}\left(\frac{1}{300}\right)$, $\frac{1}{500}$, $\frac{1}{600}$, $\frac{1}{1,000}$, $\frac{1}{1,200}$,

$\frac{1}{2,000}$, $\frac{1}{2,500}\left(\frac{1}{3,000}\right)$, $\frac{1}{5,000}$, $\frac{1}{6,000}$ 등의 24종이다.

19 다음의 도면의 방향에 관한 설명 중 ( ) 안에 알맞은 것은?

> 평면도, 배치도 등은 ( )을/를 위로 하여 작도함을 원칙으로 한다.

① 동

② 서

③ 남

④ 북

해설 평면도, 배치도 등은 북을 위로 하여 작도함을 원칙으로 한다.

20 용도에 따른 선의 종류가 옳지 않은 것은?

① 단면선 : 실선

② 기준선 : 1점쇄선

③ 치수보조선 : 실선

④ 절단선 : 파선 또는 점선

해설 선의 종류와 용도

종류		용도	굵기(mm)
실선	점선	단면선, 외형선, 파단선	굵은선 (0.3~0.8)
	가는선	치수선, 치수보조선, 인출선, 지시선, 해칭선	가는선 (0.2 이하)
허선	파선	물체의 보이지 않는 부분	중간선 (점선 1/2)
	1점쇄선	중심선(중심축, 대칭축)	가는선
		절단선, 경계선, 기준선	중간선
	2점쇄선	물체가 있는 가상부분(가상선), 1점쇄선과 구분	중간선 (점선 1/2)

제2과목 조적, 미장, 타일 시공 및 재료

21 타일붙이기 일반사항으로 옳지 않은 것은?

① 벽체는 중앙에서 양쪽으로 타일나누기를 한다.

② 도면에 명기된 치수에 상관없이 징두리벽은 온장타일이 되도록 나눈다.

③ 벽체타일이 시공되는 경우 벽체타일은 바닥타일을 먼저 붙인 후 시공한다.

④ 배수구, 급수전 주위 및 모서리는 타일나누기 도면에 따라 미리 전기톱이나 물톱과 같은 것으로 마름질하여 시공한다.

해설 벽체타일이 시공되는 경우 **바닥타일은 벽체타일을 먼저 붙인 후 시공**한다. 즉, 벽체타일을 붙인 후 바닥타일을 붙인다.

22 타일공사에서 자기질 타일의 할증률은?

① 3% ② 4%

③ 5% ④ 6%

해설 타일의 할증률
ㄱ 모자이크, 도기, **자기**, 클링커 : 3%
ㄴ 비닐, 아스팔트, 리놀륨 : 5%

23 다음 시공방법에 알맞은 인조석바르기 마감은?

> 정벌바름 후 솔로 2회 이상 씻어내고 돌의 배열을 조정하여 흙손으로 누른다. 그후 물걷기의 정도를 보아 맑은 물로 씻어내고 마감한다.

① 치장 줄눈마감

② 인조석 잔다듬마감

③ 인조석 갈아내기 마감

④ 인조석 씻어내기 마감

해설 ① **치장 줄눈마감** : 인조석바름의 마감면이 긁히지 않도록 줄눈대를 살며시 빼낸다. 만일 긁혔을 때에는 미관상 보기 싫지 않도록 손질을 한다. 줄눈은 시멘트와 모래 또는 석회석분 1 : 1(용적비)의 모르타르를 잘 밀어 넣어 마감한다.

② **인조석 잔다듬마감** : 경화 정도를 보아 도드락망치로 두들겨 마감한다.

③ **인조석 갈아내기 마감** : 정벌바름 후 시멘트경화 정도를 보아 초벌갈기, 재벌갈기를 하고 눈먹임칠을 한 후 경화되면 마감갈기를 한다. 광내기 마감할 때는 220번 금강석 숫돌로 갈고, 마감숫돌로 마감한 후 왁스 등으로 광을 낸다.

24 타일공사에서 다음과 같이 정의되는 공법은?

> 먼저 시공된 모르타르 바탕면에 붙임모르타르를 도포하고, 모르타르가 부드러운 경우에 타일 속면에도 같은 모르타르를 도포하여 벽 또는 바닥타일을 붙이는 공법

① 떠붙임

② 마스크붙임

③ 접착제붙임

④ 개량압착붙임

해설 ① **떠붙임** : 타일 뒷면에 붙임모르타르를 바르고 빈틈이 생기지 않게 바탕에 눌러 붙이는 공법으로, 붙임모르타르의 두께는 12~24mm를 표준으로 한다.

② **마스크붙임** : 유닛화된 50mm 각 이상의 타일 표면에 모르타르 도포용 마스크를 덧대어 붙임모르타르를 바르고 마스크를 바깥에서부터 바탕면에 타일을 바닥면에 누름하여 붙이는 공법이다.

③ **접착제붙임** : 유기질접착제를 바탕면에 도포하고, 이것에 타일을 세차게 밀어 넣어 바닥면에 누름하여 붙이는 공법이다.

25 보강벽돌벽공사에 관한 설명으로 옳지 않은 것은?

① 벽돌의 1일 쌓기 높이는 1.5m 이하로 한다.
② 줄눈모르타르는 공동 부분에 노출되도록 한다.
③ 벽돌쌓기 시공 중 배수가 불가능한 벽돌 공동 내에는 우수 등이 침입하지 않도록 양생한다.
④ 최하단의 벽돌쌓기에 있어서 수평으로 정확히 평평하게 되도록 하고, 완성 후에 누수되지 않도록 바닥면과 벽돌 사이에 바탕모르타르를 바른다.

해설 보강벽돌쌓기에 있어서 **줄눈모르타르는 공동 부분에 노출되지 않도록** 한다.

26 벽돌공사의 줄눈 및 치장줄눈시공에 관한 설명으로 옳지 않은 것은?

① 치장줄눈의 깊이는 6mm로 하고 그 의장은 공사시방서에 따른다.
② 치장줄눈을 바를 경우에는 줄눈모르타르가 굳기 후에 줄눈파기를 한다.
③ 벽돌쌓기 줄눈모르타르는 벽돌의 접합면 전부에 빈틈없이 가득 차도록 한다.
④ 치장줄눈은 벽돌벽면을 청소·정리하고 공사에 지장이 없는 한 빠른 시일 내에 빈틈없이 바른다.

해설 벽돌공사의 줄눈 및 **치장줄눈을 바를 경우 줄눈모르타르가 굳기 전에 줄눈파기를 한다.** 치장줄눈은 벽돌벽면을 청소·정리하고 공사에 지장이 없는 한 빠른 시일 내에 빈틈없이 바르며, 벽면 상부에서부터 하부쪽으로 시공한다. 치장줄눈의 깊이는 6mm로 한다.

27 벽돌면 바탕의 바깥벽에 시멘트모르타르 바름을 할 때 초벌부터 정벌까지의 총바름두께의 표준은?

① 8mm ② 15mm
③ 18mm ④ 24mm

해설 벽돌면 바탕의 바깥벽의 총두께(초벌부터 정벌까지의 두께)는 초벌은 9mm, 재벌은 9mm, 정벌은 6mm이므로 시멘트모르타르의 바름두께=9+9+6=24mm이다.

28 미장공사에서 다음과 같이 정의되는 용어는?

바름두께 또는 마감두께가 두꺼울 때 혹은 요철이 심할 때 초벌바름 위에 발라 붙여주는 것 또는 그 바름층

① 덧먹임 ② 고름질
③ 실러바름 ④ 규준바름

해설 ① **덧먹임** : 바르기의 접합부 또는 균열의 틈새, 구멍 등에 반죽된 재료를 밀어 넣어 때워주는 것이다.
③ **실러바름** : 바탕의 흡수조정, 바름 증진 등을 위하여 합성수지 에멀션희석액 등을 바탕에 바르는 것이다.
④ **규준바름** : 미장바름 시 바름면의 기준이 되기도 하고, 규준대 고르기에 닿는 면이 되기 위해 기준선에 맞춰 미리 둑 모양 혹은 덩어리 모양으로 발라 놓은 것 또는 바르는 작업이다.

29 ALC블록공사에서 블록의 첫 단 작업 시 수평을 맞추기 위해 사용되는 모르타르를 무엇이라 하는가?

① 고름모르타르
② 미장모르타르
③ 보수모르타르
④ 충전모르타르

해설 ② **미장모르타르** : 보통시멘트에 모래를 배합비율에 맞추어 혼합한 다음, 물을 부어 섞어 사용하는 모르타르로서 가장 널리 사용되는 바름재료이다.
③ **보수모르타르** : 보수 시에 사용하는 모르타르이다.
④ **충전모르타르** : 보강벽돌공사에서 공동벽돌쌓기에 의해 생기는 배근용 공동부 등에 충전하는 모르타르이다.

30 기본벽돌(190×90×57mm)로 벽면 10m^2를 1.0B로 쌓을 때 소요되는 벽돌의 수량은? (단, 붉은 벽돌로 줄눈너비는 10mm이며 할증을 포함할 것)

① 1,535장　　② 1,565장
③ 2,308장　　④ 2,352장

[해설] 기본벽돌의 정미수량을 보면 1.0B두께로 1m^2를 쌓을 때 소요되는 정미수량은 149매이고, 할증률은 3%이므로 벽돌의 반입수량=149×10×(1+0.03)=1,534.7≒1,535매이다.

31 타일공사에서 모르타르 바탕만들기에 관한 설명으로 옳지 않은 것은?

① 바닥면은 물고임이 없도록 구배를 유지하되 1/50을 넘지 않도록 한다.
② 타일붙임면의 바탕면은 평탄하게 하고, 바탕면의 평활도는 바닥의 경우 3m당 ±3mm로 한다.
③ 바탕고르기 모르타르를 바를 때에는 타일의 두께와 붙임모르타르의 두께를 고려하여 2회에 나누어서 바른다.
④ 바탕모르타르를 바른 후 타일을 붙일 때까지는 여름철(외기온도 25℃ 이상)은 3~4일 이상의 기간을 두어야 한다.

[해설] 바닥면은 물고임이 없도록 구배를 유지하되 1/100을 넘지 않도록 한다.

32 창문틀의 좌우에 붙여 쌓아 창문틀과 잘 물리게 된 특수 블록을 무엇이라 하는가?

① 선틀블록　　② 창대블록
③ 인방블록　　④ 거푸집블록

[해설] **창대블록**은 창틀 밑에 쌓는 물흘림이 달린 특수 블록이고, **인방블록**은 창문틀 위에 쌓고 철근과 콘크리트를 다져 넣어 보강하는 U자형 블록이며, **거푸집블록**은 블록을 ㄱ자, ㄷ자, ㅁ자 등으로 만들어 살두께가 얇고 속이 비게 하여 콘크리트의 거푸집용으로 사용되는 블록이다.

33 창문선, 문선 등 개구부 둘레와 설비기구류와의 마무리 타일줄눈너비는 얼마 정도로 하는가?

① 5mm　　② 7mm
③ 10mm　　④ 15mm

[해설] 타일의 줄눈너비는 도면 또는 공사시방서에서 정한 바가 없을 때에는 다음 표에 따른다. 다만, 창문선, 문선 등 개구부 둘레와 설비기구류와의 마무리 줄눈너비는 10mm 정도로 한다.

타일구분	줄눈너비
대형, 벽돌형(외부)	9mm
대형(내부 일반)	5~6mm
소형	3mm
모자이크	2mm

34 시멘트모르타르바름 미장공사에서 배합용적비가 1 : 3인 시멘트모르타르 3m^3를 제작하는데 필요한 시멘트의 양은?

① 680kg　　② 1,093kg
③ 1,530kg　　④ 1,895kg

[해설] 시멘트양의 산정
㉠ 모르타르 1m^3 제작용 시멘트 및 모래

부피 배합비	시멘트			모래	인부
	kg	m³	40kg (포대)		
1 : 1	1,026	0.684	25.6	0.685	1.1
1 : 2	683	0.455	17.1	0.910	1.0
1 : 3	510	0.341	12.7	1.023	1.0
1 : 5	344	0.228	8.6	1.140	0.9
1 : 7	244	0.162	6.1	1.200	0.9

㉡ 용접배합비가 1 : m인 경우

$$시멘트양(C)=\frac{1}{(1+m)(1-n)}\ [\text{kg}]$$

여기서, m : 배합비, n : 할증률
∴ 위의 표에 의해 1 : 3인 경우 1m^3당 510kg(=0.341m^3)이 소요되므로 시멘트양=510kg/m^3×3m^3=1,530kg이다.

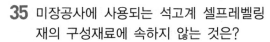

35 미장공사에 사용되는 석고계 셀프레벨링재의 구성재료에 속하지 않는 것은?

① 모래
② 시멘트
③ 유동화제
④ 경화지연제

해설 **석고계 셀프레벨링재**(미장재료 자체가 유동성을 갖고 있기 때문에 평탄하게 되는 성질이 있는 미장재료)는 석고에 모래, 경화지연제, 유동화제 등 각종 혼화제를 혼합하여 자체 평탄성이 있는 것이고, **시멘트계 셀프레벨링재**는 시멘트에 **모래, 분산제, 유동화제 등 각종 혼화제를 혼합**하여 자체 평탄성이 있는 것으로 필요할 경우는 팽창재 등의 혼화재료를 사용한다(건축공사 표준시방서 15000. 2.6.10 참고).

36 단순조적블록공사에 관한 설명으로 옳지 않은 것은?

① 살두께가 큰 편을 위로 하여 쌓는다.
② 특별한 지정이 없으면 줄눈은 10mm가 되게 한다.
③ 하루의 쌓기 높이는 1.5m(블록 7켜 정도) 이내를 표준으로 한다.
④ 단순조적블록쌓기의 세로줄눈은 도면 또는 공사시방서에서 정한 바가 없을 때에는 통줄눈으로 한다.

해설 **단순조적블록쌓기**의 세로줄눈은 도면 또는 공사시방서에서 정한 바가 없을 때에는 **막힌 줄눈**으로 한다.

37 다음은 타일공사의 보양에 관한 설명이다. ( ) 안에 알맞은 것은?

한중공사 시에는 시공면을 보호하고 동해 또는 급격한 온도변화에 의한 손상을 피하도록 하기 위해 외기의 기온이 ( ) 이하일 때에는 타일작업장 내의 온도가 10℃ 이상이 되도록 임시로 가설난방보온 등에 의하여 시공 부분을 보양하여야 한다.

① 2℃
② 4℃
③ 5℃
④ 7℃

해설 타일공사의 보양
한중공사 시에는 시공면을 보호하고 동해 또는 급격한 온도변화에 의한 손상을 피하도록 하기 위해 **외기의 기온이 2℃ 이하**일 때에는 **타일작업장 내의 온도가 10℃ 이상**이 되도록 임시로 가설난방보온 등에 의하여 시공 부분을 보양하여야 한다.

38 시멘트모르타르바름 미장공사의 시공방법에 관한 설명으로 옳지 않은 것은?

① 초벌바름 후 쇠갈퀴 등으로 전면을 거칠게 긁어놓는다.
② 재료의 1회 비빔량은 2시간 이내 사용할 수 있는 양으로 한다.
③ 재벌바름을 한 다음 쇠흙손으로 전면을 평활하게 마무리한 후 초벌바름과 같은 방치기간을 둔다.
④ 평탄한 바탕면으로 마무리두께 10mm 정도의 천장, 벽은 1회 바름공법으로 하는 경우가 있다.

해설 시멘트모르타르의 재벌바름
재벌바름에 앞서 구석, 모퉁이, 개탕 주위 등은 규준대를 대고 평탄한 면으로 바르고, 다시 규준대 고르기를 한다. 단, 재벌바름을 한 다음에는 **쇠갈퀴 등으로 전면을 거칠게 긁어놓은 후** 초벌바름과 같은 방치기간을 둔다.

39 벽돌쌓기의 일반사항으로 옳지 않은 것은?

① 세로줄눈은 통줄눈이 되지 않도록 한다.
② 하루의 쌓기높이는 1.2m(18켜 정도)를 표준으로 하고 최대 1.5m(22켜 정도) 이하로 한다.
③ 연속되는 벽면의 일부를 트이게 하여 나중쌓기로 할 때에는 그 부분을 층단 들여쌓기로 한다.
④ 벽돌쌓기는 도면 또는 공사시방서에서 정한 바가 없을 때에는 영식 쌓기 또는 불식 쌓기로 한다.

해설 **벽돌쌓기**는 도면 또는 공사시방서에서 정한 바가 없을 때에는 **영식 쌓기 또는 화란식 쌓기**로 한다.

40 다음은 벽돌공사 중 공간쌓기에 관한 설명이다. ( ) 안에 알맞은 것은?

> 연결재의 배치 및 거리간격의 최대 수직거리는 (㉠)를 초과해서는 안 되고, 최대 수평거리는 (㉡)를 초과해서는 안 된다.

① ㉠ 300mm, ㉡ 600mm

② ㉠ 600mm, ㉡ 300mm

③ ㉠ 900mm, ㉡ 400mm

④ ㉠ 400mm, ㉡ 900mm

해설 벽돌공사의 공간쌓기
연결재의 배치 및 거리간격의 **최대 수직거리는 400mm를 초과**해서는 안 되고, **최대 수평거리는 900mm를 초과**해서는 안 된다. 연결재는 위, 아래층 것이 서로 엇갈리게 배치한다(건축공사표준시방서의 규정). 또한 **공간쌓기**에 있어서 연결철물은 교대로 배치해야 하며, **연결철물 간의 수직과 수평간격은 각각 600mm과 900mm를 초과할 수 없다**(건축구조기준의 규정).

제3과목 안전 관리

41 분진입자가 포함된 가스로부터 정전기장을 이용하여 분진을 분리, 제거하는 방법으로 미세한 분진의 집진에 가장 널리 사용되는 방식은?

① 응집집진법

② 침전집진법

③ 전기집진법

④ 여과집진법

해설 ① **응집집진법** : 분진입자를 집합시켜 큰 입자를 만드는 방식의 집진법이다.
② **침전집진법** : 분진입자가 중력에 의해 침강하는 방식의 집진법이다.
④ **여과집진법** : 분진입자를 다공질의 여과재를 거쳐 여과재의 표면에 부착시키는 방식의 집진법이다.

42 인간 또는 기계에 과오나 동작상의 실수가 있어도 안전사고를 발생시키지 않도록 2중 또는 3중으로 통제를 가하도록 한 체계는?

① 페일세이프　　② 로크시스템

③ 시퀀스제어　　④ 피드백제어방식

해설 제어장치의 종류
㉠ **로크시스템** : 기계에는 interlock system, 사람에게는 intralock system, 사람과 기계에는 translock system을 두어 불완전한 요소에 대하여 통제를 가하는 요소이다.
㉡ **시퀀스제어** : 미리 정해진 순서에 따라 제어의 각 단계를 차례로 진행시키는 제어로서 신호는 한 방향으로만 전달된다.
㉢ **피드백제어** : 폐회로를 형성하여 출력신호를 입력신호로 되돌아오도록 하는 제어로서 피드백에 의한 목표값에 따라 자동적으로 제어한다.

43 연료와 산소의 화학적 반응을 차단하는 힘이 강하여 소화능력이 이산화탄소소화기의 2.5배 정도이며 컴퓨터, 고가의 전기기계, 기구의 소화에 많이 이용되는 소화기는?

① 분말소화기

② 포말소화기

③ 강화액소화기

④ 할론가스소화기

해설 ① **분말소화기** : 소화효과는 질식 및 냉각효과로서, 분말소화약제에는 제1종 분말소화약제(중탄산나트륨), 제2종 분말소화약제(중탄산칼륨) 및 제3종 분말소화약제(인산암모늄) 등이 있다.
② **포말소화기** : 소화효과는 질식 및 냉각효과로서, 포말소화약제의 종류에는 기계포(에어졸)와 화학포 등이 있다.
③ **강화액소화기** : 물에 탄산칼륨을 녹여 빙점을 -17~30℃까지 낮추어 한랭지역이나 겨울철의 소화, 일반화재, 전기화재에 이용된다.

44 사람이 평면상으로 넘어졌을 때를 의미하는 상해 발생형태는?

① 추락　　　　② 전도

③ 파열　　　　④ 협착

해설 ① **추락** : 사람이 건축물, 비계, 기계, 사다리, 계단, 경사면, 나무 등에서 떨어지는 것

③ **파열** : 용기 또는 장치가 물리적인 압력에 의해 파열한 경우

④ **협착** : 물건에 끼워진 상태 또는 말려진 상태

45 인간-기계체계에서 기계계의 이점에 해당되는 것은?

① 신속하며 대량의 정보를 기억할 수 있다.

② 복잡 다양한 자극형태를 식별한다.

③ 주관적으로 추리하고 평가한다.

④ 예측하지 못한 사건을 감지한다.

해설 기계계의 이점

㉠ 인간의 정상적인 감지범위 밖에 있는 자극을 감지한다.

㉡ 사전에 명시된 사상 및 드물게 발생하는 사상을 감지한다.

㉢ 암호화된 정보를 신속하게 대량보관한다.

㉣ **신속하며 대량의 정보를 기억할 수 있다.**

반면 ②, ③ 및 ④항은 **인체계의 이점**에 해당되는 사항이다.

46 각종 상해에 관한 설명으로 옳은 것은?

① 자상 : 신체부위가 절단된 상해

② 절상 : 창, 칼 등에 베인 상해

③ 찰과상 : 문질러서 벗겨진 상해

④ 좌상 : 날카로운 물건에 찔린 상해

해설 ① **자상**(찔림) : 칼날 등 날카로운 물건에 찔린 상태

② **절상** : 신체의 일부가 절단된 상태

④ **좌상**(타박상) : 타박, 충돌, 추락 등으로 피부표면보다는 피하조직 또는 근육부를 다친 상태

47 인체에 전달되는 에너지의 종류에 따라 근로자는 급성적 또는 만성적으로 피해를 입게 되는데, 이 중 급성적 피해를 주는 에너지에 대한 방호구가 아닌 것은?

① 절연장갑

② 안전모

③ 차광안경

④ 산소마스크

해설 방호구의 종류

급성적 피해를 주는 에너지에 대한 방호구에는 **안전보호구**(안전모, 안전대, 안전화, **안전장갑**, 보안면 등), **산소**(송기)**마스크**는 의무안전인증 보호구, **차광안경**은 눈 및 안면보호구에 속한다.

48 다음은 소음작업에 대한 정의이다. (　　) 안에 적합한 것은?

> "소음작업"이란 1일 8시간 작업을 기준으로 (　)데시벨 이상의 소음이 발생하는 작업을 말한다.

① 85　　　　② 95

③ 105　　　　④ 120

해설 "소음작업"이란 1일 8시간의 작업을 기준으로 **85데시벨(dB) 이상의 소음이 발생**하는 작업을 말한다.

49 사고예방대책수립의 기본원리 5단계에 해당하지 않는 것은?

① 시정방법의 선정

② 분석

③ 시정책의 적용

④ 교육훈련

해설 **사고예방대책의 기본원리 5단계**는 제1단계의 **안전조직** → 제2단계의 **사실의 발견** → 제3단계의 **평가분석** → 제4단계의 **시정방법의 선정** → 제5단계의 **시정책의 적용**의 순이다.

50 목재가공용 기계인 둥근톱기계의 안전수칙으로 옳지 않은 것은?

① 거의 다 켜갈 무렵에 더욱 주의하여 가볍게 서서히 켠다.

② 톱 위에서 15cm 이내의 개소에 손을 내밀지 않는다.

③ 가공재를 송급할 때 톱니의 정면에서 실시한다.

④ 톱이 먹지 않을 때는 일단 후퇴시켰다가 켠다.

해설 둥근톱기계의 안전수칙

①, ② 및 ④항 이외에 다음 사항에 유의하여야 한다.

㉠ 둥근톱은 흔들림이 발생하지 않도록 확실히 장치해야 한다.

㉡ 반발예방장치와 톱과의 간격을 12mm 이내로 설치한다.

㉢ 가공재를 송급할 때 **톱니의 정면은 피하고 측면에서** 실시한다.

㉣ 작은 재료를 켤 때는 적당한 치공구를 사용해야 한다.

㉤ 알맞은 작업복과 안전화, 방진마스크, 보호안경을 착용해야 한다.

51 산업재해지표 중 도수율의 산출식으로 옳은 것은?

① $\dfrac{\text{재해 발생건수}}{\text{연근로시간수}} \times 1,000,000$

② $\dfrac{\text{재해 발생건수}}{\text{평균근로자수}} \times 1,000,000$

③ $\dfrac{\text{연근로시간수}}{\text{재해 발생건수}} \times 1,000,000$

④ $\dfrac{\text{평균근로자수}}{\text{재해 발생건수}} \times 1,000,000$

해설 도수율의 산정식

도수율은 어느 일정한 기간(1,000,000시간) 안에 발생한 재해발생의 빈도를 나타내는 것으로,

$\text{도수율} = \dfrac{\text{재해 발생건수}}{\text{연근로시간수}} \times 1,000,000$ 이다.

52 하인리히의 재해발생빈도법칙을 적용한다면 중상해가 3회 발생 시 경상해는 몇 회 발생한다고 할 수 있는가?

① 84회   ② 87회

③ 94회   ④ 116회

해설 하인리히의 재해구성의 비율은 **중상사고 : 경상사고 : 무상해사고=1 : 29 : 300**의 법칙으로, 중대재해(중상)가 3건이면 **경상재해는 29×3=87건**이다.

53 인간에 대한 셀프모니터링(self monitoring) 방법에 대해 옳게 설명한 것은?

① 자극을 가하여 정상 또는 비정상을 판단하는 방법이다.

② 인간 자체의 상태를 생리적으로 모니터링하는 방법이다.

③ 인체의 안락과 기분을 좋게 하여 정상작업을 할 수 있도록 만드는 방법이다.

④ 지각에 의해서 자신의 상태를 알고 행동하는 감시방법이다.

해설 인간에 대한 모니터링방법

㉠ **셀프모니터링** : 자신의 상태를 알고 행동하는 감시방법

㉡ **생리학적 모니터링** : 인간 자체의 상태를 생리적으로 감시하는 방법

㉢ **비주얼모니터링** : **작업자의 태도를 보고 상태를 파악하는 방법**

㉣ **반응에 대한 모니터링** : 자극에 의한 반응을 감시하는 방법

㉤ **환경에 대한 모니터링** : 환경적인 조건을 개선으로 인체의 상태를 감시하는 방법

따라서 ①항은 **반응에 대한** 모니터링, ②항은 **생리학적** 모니터링, ③항은 **환경에 대한** 모니터링에 대한 설명이다.

54 무재해운동 기본원칙 3가지(이념의 3원칙)에 해당되지 않는 것은?

① 무(無)의 원칙   ② 선취의 원칙

③ 참가의 원칙   ④ 경영의 원칙

해설 무재해운동이념의 3법칙에는 **무의 원칙**(뿌리에서부터 재해를 없앤다는 원칙), **선취의 원칙**(안전 제일의 원칙, 재해를 예방, 방지하자는 원칙) 및 **참여의 원칙**(문제해결행동을 실천하자는 원칙) 등이 있다.

55 건축목공사에서 고소작업 중 추락사고예방을 위한 직접적인 대책이 아닌 것은?

① 안전모 착용
② 안전난간대 설치
③ 안전작업발판 설치
④ 안전대 착용

해설 고소작업의 추락을 방지하기 위한 설비로는 작업내용, 작업환경 등에 따라 여러 가지 형태가 있으나 비계, 달비계, **작업발판**, 수평통로, **안전난간대**, 추락 방지용 방지망, 난간, 울타리, **안전대**, 구명줄, 안전대 부착설비 등이 있다.

56 결함수분석법(FTA : Fault Tree Analysis)의 활용 및 기대효과와 거리가 먼 것은?

① 사고원인 규명의 간편화
② 사고원인 분석의 정량화
③ 사고원인 발생의 책임화
④ 사고원인 분석의 일반화

해설 **결함수분석법의 활용** 및 **기대효과**는 ①, ② 및 ④항 이외에 시스템의 **결함진단**, 노력시간의 **절감** 및 **안전점검표 작성** 등이 있다.

57 건축목공사현장에서 근로자가 착용하는 안전보호구의 구비조건이 아닌 것은?

① 착용 시 작업이 용이해야 한다.
② 대상물(유해물)에 대하여 방호가 완전해야 한다.
③ 보호구별 성능기준을 따른 것이어야 한다.
④ 무겁고 튼튼해서 오래 착용할 수 있어야 한다.

해설 안전보호구의 구비조건
  ㉠ 외관상 보기 좋고 **착용이 편리할 것**
  ㉡ **작업에 방해를 주지 않고** 재료의 품질이 우수할 것
  ㉢ 구조 및 표면가공이 우수하고 **유해위험요소에 대한 방호가 확실할 것**

58 대규모 기업에서 채택하고 있는 방법으로 사업장의 각 계층별로 각각 안전업무를 겸임하도록 안전부서에서 수립한 사업을 추진하는 조직방법은?

① 직계식 조직
② 참모식 조직
③ 직계 참모식 조직
④ 라인조직

해설 기업의 조직형태
  ㉠ **직계식(직선식, 라인) 조직** : 안전보건관리에 관한 계획에서부터 실시에 이르기까지 모든 안전보건업무를 생산라인을 통하여 이루어지도록 편성된 조직이다. 소규모(100인 미만) 사업장에 적합한 조직이다.
  ㉡ **참모식 조직** : 안전보건업무를 담당하는 참모를 두고 안전관리에 관한 계획, 조사, 검토, 보고 등을 할 수 있도록 편성된 조직이다. 중규모(100~1,000인 미만) 사업장에 적합한 조직이다.
  ㉢ **직계·참모식 조직** : 안전보건업무를 담당하는 참모를 두고 생산라인의 각 계층에서도 안전보건업무를 수행할 수 있도록 편성된 조직이다. 대규모(1,000인 이상) 사업장에 적합한 조직이다.

59 화재의 종류 중 B급화재에 해당하는 것은?

① 금속화재
② 유류화재
③ 전기화재
④ 일반화재

해설 화재의 분류

구분	A급 (일반)	B급 (유류)	C급 (전기)	D급 (금속)	E급 (가스)	F급 (식용유)
색깔	백색	황색	청색	무색	황색	

60 작업 전, 작업 중, 작업 종료 후에 실시하는 안전점검은?

① 정기점검   ② 일상점검
③ 수시점검   ④ 임시점검

해설 안전점검의 종류
　㉠ **정기(계획)점검** : 매주 또는 매월 1회 주기로 해당 분야의 작업책임자가 기계설비의 안전상 주요 부분의 마모, 피로, 부식, 손상 등 장치의 변화 유무 등에 대한 점검이다.
　㉡ **임시점검** : 기계설비의 갑작스러운 이상발견 시 임시로 실시하는 점검이다.

제1과목 건축 일반

01 건축제도에서 보이지 않는 부분의 표시에 사용되는 선의 종류는?

① 가는 실선
② 굵은 실선
③ 1점쇄선
④ 파선 또는 점선

해설 선의 종류와 용도

종류		용도	굵기
실선	전선	단면선, 외형선	0.3~0.8
	가는 선	치수선, 치수 보조선, 인출선, 지시선, 해칭선	가는 선 (0.2 이하)
허선	파선	**물체의 보이지 않는 부분**	반선 (전선 1/2)
	일점 쇄선 가는 선	**중심축, 대칭축, 기준선**	가는 선
	반선	**절단위치, 경계선**	반선
	이점쇄전	**물체가 있는 가상 부분 (상상선), 일점쇄선과 구분**	반선 (전선 1/2)

02 건축제도에서 치수의 단위는 무엇을 원칙으로 하는가?

① mm   ② cm
③ m   ④ inch

해설 건축제도 통칙에 있어서 **치수의 단위는 mm로** 하며, 단위는 기입하지 않는 것을 원칙으로 한다.

03 다음 중 계획설계도에 속하는 것은?

① 배치도
② 단면도
③ 조직도
④ 구조설계도

해설 설계도면의 종류에 있어서 **계획설계도**에는 구상도, **조직도**, 동선도 및 면적도표 등이 있고, 배치도, 단면도 및 구조설계도는 실시설계도에 속하는 도면이다.

04 모살용접에서 용접치수가 10mm일 때 유효목두께는 얼마인가?

① 5mm   ② 6mm
③ 7mm   ④ 8mm

해설 모살용접의 유효목두께$(a) = 0.7S$(여기서, S : 얇은 부재의 치수)이다. 그러므로 $a = 0.7S$에서 $S = 10\text{mm}$ 이므로 $a = 0.7S = 0.7 \times 10 = 7\text{mm}$ 이다.

05 건축구조에 관한 설명으로 옳지 않은 것은?

① 조적식 구조는 내구 · 내화적이나 횡력에 약하다.
② 조립식 구조는 경제적이나 공기가 길다는 단점이 있다.
③ 일체식 구조는 각 부분 구조가 일체화되어 비교적 균일한 강도를 가진다.
④ 가구식 구조는 각 부재의 접합 및 짜임새에 따라 구조체의 강도가 좌우된다.

해설 **조립식 구조**는 대량 생산으로 인하여 경제적이고 **공사기간이 짧다는 장점**이 있는 구조이다.

06 시멘트의 발열량을 저감시킬 목적으로 제조한 시멘트로 주로 매스 콘크리트용으로 사용되는 것은?

① 알루미나 시멘트
② 조강 포틀랜드 시멘트
③ 백색 포틀랜드 시멘트
④ 중용열 포틀랜드 시멘트

해설 **알루미나 시멘트**는 알루미나의 함량이 30~40%의 고급 혼합시멘트의 하나로서 경화시간이 짧고 수화열이 높으며 동기, 해안 및 긴급공사에 사용하는 시멘트이고, **조강 포틀랜드 시멘트**는 원료 중에 규산삼칼슘의 함유량이 많아 경화가 빠르고 조기강도가 크므로 한중, 수중 및 긴급공사에 사용하는 시멘트이며, **백색 포틀랜드 시멘트**는 원료에 산화철, 마그네시아의 함유량을 제한한 시멘트로서 건축물의 표면(내·외면)마감, 미장 및 도장용으로 사용한다.

07 건축제도에서 사용되는 기호와 표시사항의 연결이 옳은 것은?

① V – 용적
② L – 높이
③ R – 지름
④ W – 두께

해설

명칭	표시기호	명칭	표시기호
길이	L	두께	THK
높이	H	지름	D, ϕ
폭	W	반지름	R
면적	A	용적	V

08 방수재료를 정형재료와 부정형재료로 구분할 경우 다음 중 정형재료에 속하지 않은 것은?

① 분말형   ② 시트형
③ 패널형   ④ 매트형

해설 **방수재료**에는 정형재료(시트형, 패널형, 매트형 등)과 **비정형재료(분말형, 용제형 등)** 등이 있다.

09 각종 지반의 허용지내력 크기 순서로 옳은 것은?

① 경암반 > 자갈 > 연암반 > 모래
② 경암반 > 연암반 > 점토 > 자갈
③ 경암반 > 연암반 > 모래 > 자갈
④ 경암반 > 연암반 > 자갈 > 점토

해설 각종 지반의 허용지내력은 경암반($4,000kN/m^2$), 연암반($1,000 \sim 2,000kN/m^2$), 자갈($300kN/m^2$) 및 점토($100kN/m^2$) 등이다.

10 콘크리트의 워커빌리티(workability)에 관한 설명으로 옳지 않은 것은?

① 비빔이 불충분하여 불균질한 상태의 콘크리트는 워커빌리티가 나쁘다.
② 플라이애시는 볼베어링작용에 의해 콘크리트의 워커빌리티를 개선한다.
③ 일반적으로 빈배합의 경우가 부배합의 경우보다 워커빌리티가 좋다고 할 수 있다.
④ AE제나 감수제에 의해서 콘크리트 중에 연행된 미세한 공기포는 콘크리트의 워커빌리티를 개선한다.

해설 **워커빌리티**(반죽질기의 정도에 따라 부어 넣기 작업의 난이도 및 재료분리에 저항하는 정도를 나타내는 용어)는 일반적으로 **부배합**(배합비에서 시멘트의 비가 큰 경우)**의 경우가 빈배합**(배합비에서 시멘트의 비가 작은 경우)**의 경우보다 좋다**고 할 수 있다.

11 콘크리트공사에서 블리딩에 의해 부상한 미립물은 콘크리트표면에 얇은 피막으로 되어 침적하는데, 이것을 무엇이라 하는가?

① 포졸란
② 크리프
③ 레이턴스
④ 페이스트

해설 **포졸란**은 화산회 등의 광물질(실리카질)분말로 된 콘크리트 혼화재의 일종으로 시멘트의 절약과 콘크리트의 성질을 개선시키기 위해 사용하고, **크리프**는 단위응력이 낮을 때 초기 하중 때의 콘크리트 변형도는 거의 탄성이지만 이 변형도는 하중이 일정하더라도 시간에 따라 증가하게 되는 것처럼 시간에 따라 증가되는 변형이며, **페이스트(풀)**는 시멘트와 물을 혼합한 것을 말한다.

12 다음의 건축공사 견적방법 중 가장 정확한 공사비 산출이 가능한 것은?

① 개념견적　　　② 명세견적
③ 개산견적　　　④ 기본견적

해설 **명세견적**은 건축공사의 견적방법 중 **가장 정확한 공사비 산출이 가능한 견적방법**으로 설계도서, 현장설명서 등을 바탕으로 공사내용을 가능한 범위 내에서 세분하여 산출하는 견적이고, **개산견적**은 과거에 실시한 건축물의 실적자료를 가지고 적산을 하여 공사비 전량을 산출하는 방식이다.

13 다음은 네트워크공정표의 일부분이다. A 작업의 LFT는?

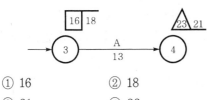

① 16　　　　　② 18
③ 21　　　　　④ 23

해설 네트워크공정표에서 16일은 EST(Earliest Starting Time, 가장 빠른 개시시각), 18일은 LST(Latest Starting Time, 가장 늦은 개시시각), 23일은 **LFT(Latest Finishing Time, 가장 늦은 종료시각)**, 21일은 EFT(Earliest Finishing Time, 가장 빠른 개시시각)를 의미한다.

14 콘크리트의 시공연도 측정방법에 속하지 않는 것은?

① 흐름시험　　　② 베인시험
③ 비비시험　　　④ 구관입시험

해설 **워커빌리티의 측정방법**에는, **KS에 규정**된 방법에는 **슬럼프시험, 비비시험기에 의한 방법**, 진동식 반죽질기 측정기에 의한 방법 등이 있고, **KS에 규정되지 않은 방법**에는 플로시험, 리몰딩시험, 낙하시험 및 **구관입시험** 등이 있고, **베인시험**은 보링의 구멍을 이용하여 +자 날개형의 베인테스터를 지반에 때려 박고 회전시켜 그 회전력에 의하여 진흙의 점착력(전단강도)을 판별하는 **점토질 지반조사법**이다.

15 다음 중 지반개량공법에 속하지 않는 것은?

① 재하공법　　　② 웰포인트공법
③ 샌드드레인공법　④ 지하연속벽공법

해설 **지반개량공법의 종류**에는 **재하공법**(점토질지반의 개량공법), **웰포인트공법**과 **샌드드레인공법**(사질지반의 개량공법) 등이 있고, **지하연속벽공법**은 벤토나이트 이수를 사용하여 일정폭의 지반을 굴착하고, 철근과 콘크리트를 부어 넣어 연속적인 **흙막이벽을 구축하는 공법**이다.

16 플라스틱 건설재료의 일반적 특성에 관한 설명으로 옳지 않은 것은?

① 플라스틱은 일반적으로 전기절연성이 상당히 양호하다.
② 플라스틱의 내수성 및 내투습성은 일반적으로 양호하며 폴리초산비닐이 가장 우수하다.
③ 플라스틱은 상호간 계면접착이 잘 되며 금속, 콘크리트, 목재, 유리 등 다른 재료에도 잘 부착된다.
④ 플라스틱은 일반적으로 투명 또는 백색의 물질이므로 적합한 안료나 염료를 첨가함에 따라 상당히 광범위하게 채색이 가능하다.

해설 **합성수지**는 내수성, 내투습성이 양호하므로 구조물의 방수피막제로 적당하며, 실리콘수지와 에폭시수지가 사용되나 **실리콘수지의 방수성이 가장 우수**하다.

17 다음 설명에 알맞은 비철금속은?

> • 융점이 낮고 가공이 용이하다.
> • 내식성이 우수하다.
> • 방사선의 투과도가 낮아 건축에서 방사
>   선 차폐용 벽체에 이용된다.

① 동   ② 납
③ 니켈   ④ 알루미늄

[해설] **동**(구리)은 연성과 전성이 크고 열이나 전기전도
율이 크며, 건조한 공기에서는 산화하지 않는 비
철금속으로 지붕 잇기, 홈통, 철사, 못, 철망 등
에 사용하고, **니켈**은 전성과 연성이 크고 내식성
이 커서 공기와 습기에 대하여 산화가 잘 되지
않으나 주로 도금을 하여 장식용, 합금을 하여
사용하는 비철금속이며, **알루미늄**은 전성과 연
성이 크고 전기나 열전도율이 크며, 가공하기 쉽
고 강도가 큰 비철금속으로 지붕 잇기, 실내장
식, 가구, 창호 등에 사용한다.

18 다음 중 건축공사의 분할도급방식에 속하
지 않는 것은?

① 공정별 분할도급
② 공구별 분할도급
③ 공기별 분할도급
④ 전문공종별 분할도급

[해설] 건축공사의 **분할도급방식**(전체 공사를 여러 유
형으로 분할하여 시공자를 선정, 건축주와 직접
도급계약을 체결하는 방식)**의 종류**에는 **전문공
종별** 분할도급, **공정별** 분할도급, **공구별** 분할도
급 및 **직종별·공종별 분할도급** 등이 있다.

19 건축제도의 글자에 관한 설명으로 옳지
않은 것은?

① 숫자는 로마숫자를 원칙으로 한다.
② 문장은 왼쪽에서부터 가로쓰기를 원칙
   으로 한다.
③ 글자체는 수직 또는 15° 경사의 고딕체
   로 쓰는 것을 원칙으로 한다.
④ 4자리 이상의 수는 3자리마다 휴지부를
   찍거나 간격을 둠을 원칙으로 한다.

[해설] 건축제도의 글자에 있어서 **숫자는 아라비아숫
자를 원칙**으로 한다.

20 다음은 강의 응력-변형도곡선이다. D점
이 의미하는 것은?

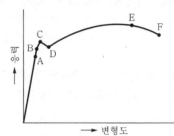

① 비례한도   ② 탄성한도
③ 상항복점   ④ 하항복점

[해설] 강의 응력-변형도곡선에서 A점은 비례한도점,
B점은 탄성한도점, C점은 상항복점, **D점은 하항
복점**을 의미한다.

제2과목 **조적, 미장, 타일 시공 및 재료**

21 미장공사에 사용되는 시멘트계 셀프레벨
링재의 구성재료에 속하지 않는 것은?

① 석고   ② 모래
③ 분산제   ④ 유동화제

[해설] **석고계 셀프레벨링재**는 석고에 모래, 경화지연
제, 유동화제 등 각종 혼화제를 혼합하여 자체
평탄성이 있는 것이고, **시멘트계 셀프레벨링재**
는 시멘트에 모래, 분산제, 유동화제 등 각종
혼화제를 혼합하여 자체 평탄성이 있는 것으로
필요할 경우는 팽창재 등의 혼화재료를 사용한
다(건축공사 표준시방서 15000. 2.6.10 참고).

22 기본형 블록을 사용하여 길이 150m, 높이
2.4m인 벽체를 쌓을 경우 요구되는 블록의
소요량은?

① 4,080매   ② 4,280매
③ 4,480매   ④ 4,680매

해설 블록의 적산에 있어서 **기본형**(390mm×190mm ×100mm, 150mm, 190mm) **블록의 소요매수는 13매/m² (할증률 포함)**이고, 장려형(290mm× 190mm×100mm, 150mm, 190mm) 블록의 소요매수는 17매/m²(할증률 포함)이고, 할증률은 4%이다. 그러므로 13매/m²×(150m×2.4m)=4,680매이다.

23 다공벽돌에 관한 설명으로 옳지 않은 것은?

① 방음, 흡음성이 좋다.
② 주로 구조용으로 사용된다.
③ 절단, 못치기 등의 가공성이 우수하다.
④ 점토에 톱밥, 겨, 탄가루 등을 혼합, 소성한 것이다.

해설 다공질(경량) 벽돌의 용도로는 강도가 약하여 **구조용으로 사용은 불가능**하나 비내력벽(장막벽)에 사용하여 칸막이 역할을 한다.

24 시멘트 모르타르바름 미장공사에서 콘크리트 바탕의 내벽에 초벌바름을 할 경우 사용되는 모르타르의 표준배합(용적비)은? (단, 시멘트 : 모래)

① 1 : 2   ② 1 : 3
③ 1 : 4   ④ 1 : 5

해설 시멘트 모르타르바름 미장공사에서 콘크리트 바탕의 내벽에 초벌바름을 할 경우 사용되는 **모르타르의 표준배합(용적비)은 시멘트 : 모래=1 : 3**이다(건축공사 표준시방서 15015. 3.2 참고).

25 미장공사의 결합재에 속하지 않는 것은?

① 벽토
② 시멘트
③ 잔골재
④ 합성수지

해설 미장공사의 **결합재의 종류**에는 **시멘트**, 플라스터, 소석회, **벽토**, **합성수지** 등으로서 **잔골재**, 종석, 흙, 섬유 등 다른 미장재료를 결합하여 경화시키는 재료이다(건축공사 표준시방서 15000. 1.4. 참고)

26 욕실 바닥에 자기질 타일을 붙일 경우 줄눈 폭의 표준은? (단, 타일의 크기가 200× 200mm 이상인 경우)

① 2mm   ② 4mm
③ 5mm   ④ 10mm

해설 욕실 바닥에 자기질 타일(200mm×200mm 이상)을 붙일 경우 **줄눈폭의 표준은 4mm**이고, 타일의 두께는 7mm 이상이다(건축공사 표준시방서 09000. 2.1.1 참고).

27 벽타일 붙이기 공법 중 접착 붙이기에 관한 설명으로 옳지 않은 것은?

① 외장공사에 한하여 적용한다.
② 붙임 바탕면을 여름에는 1주 이상, 기타 계절에는 2주 이상 건조시킨다.
③ 접착제의 1회 바름면적은 2m² 이하로 하고 접착제용 흙손으로 눌러 바른다.
④ 바탕이 고르지 않을 때에는 접착제에 적절한 충전재를 혼합하여 바탕을 고른다.

해설 벽타일 붙이기 공법 중 **접착 붙이기는 내장공사에 한하여 적용**한다(건축공사 표준시방서 09000. 3.2.5 참고).

28 타일의 접착력시험에 관한 설명으로 옳지 않은 것은?

① 시험은 타일시공 후 즉시 실시한다.
② 시험결과의 판정은 타일 인장부착강도가 0.39MPa 이상이어야 한다.
③ 타일의 접착력시험은 600m²당 한 장씩 시험한다.
④ 시험할 타일은 먼저 줄눈 부분을 콘크리트면까지 절단하여 주위의 타일과 분리시킨다.

해설 타일의 접착력시험은 타일시공 후 **4주 이상**일 때 실시한다.

29 내화벽돌 쌓기에 관한 설명으로 옳지 않은 것은?

① 통줄눈이 생기지 않게 한다.
② 내화벽돌은 흙 및 먼지 등을 청소하고 물축이기는 하지 않고 사용한다.
③ 단열모르타르는 덩어리진 것을 풀어 사용하고 물반죽을 하여 잘 섞어 사용한다.
④ 내화벽돌의 줄눈너비는 도면 또는 공사시방서에 따르고, 그 지정이 없을 때에는 가로세로 10mm를 표준으로 한다.

해설 내화벽돌의 줄눈너비는 도면 또는 공사시방서에 따르고, 그 지정이 없을 때에는 **가로세로 6mm를 표준으로 한다**(건축공사 표준시방서 07000. 3.2 참고).

30 다음은 타일공사의 보양에 관한 설명이다. ( ) 안에 알맞은 것은?

> 타일을 붙인 후 ( )간은 진동이나 보행을 금한다. 다만, 부득이한 경우에는 담당원의 승인을 받아 보행판을 깔고 보행할 수 있다.

① 1일　　② 2일
③ 3일　　④ 5일

해설 타일공사의 보양(보호와 양생)에 있어서 **타일을 붙인 후 3일간(72시간)은 진동이나 보행을 금한다**. 다만, 부득이한 경우에는 담당원의 승인을 받아 보행판을 깔고 보행할 수 있다(건축공사 표준시방서 09000. 3.5.1 참고).

31 단순조적블록공사에 관한 설명으로 옳지 않은 것은?

① 살두께가 큰 편을 위로 하여 쌓는다.
② 특별한 지정이 없으면 줄눈은 10mm가 되게 한다.
③ 하루의 쌓기높이는 1.5m(블록 7켜 정도) 이내를 표준으로 한다.
④ 단순조적블록 쌓기의 세로줄눈은 도면 또는 공사시방서에서 정한 바가 없을 때에는 통줄눈으로 한다.

해설 단순조적블록 쌓기의 세로줄눈은 도면 또는 공사시방서에서 정한 바가 없을 때에는 **막힌줄눈(응력을 분포시키기 위함)**으로 한다(건축공사 표준시방서 07000. 3.3. 참고).

32 시멘트 모르타르바름 미장공사의 작업순서로 옳은 것은?

① 고름질 → 초벌바름 → 재벌바름 → 정벌바름
② 초벌바름 → 고름질 → 재벌바름 → 정벌바름
③ 초벌바름 → 재벌바름 → 고름질 → 정벌바름
④ 초벌바름 → 재벌바름 → 정벌바름 → 고름질

해설 시멘트 모르타르바름 미장공사의 작업순서는 **초벌바름 → 고름질**(바름두께 또는 마감두께가 두꺼울 때 혹은 요철이 심할 때 초벌바름 위에 발라 붙여주는 것 또는 그 바름층) **→ 재벌바름 → 정벌바름**의 순으로 한다.

33 창문틀 위에 쌓아 철근과 콘크리트를 다져 넣어 보강하게 된 U자형 블록을 무엇이라 하는가?

① 인방블록　　② 창대블록
③ 선틀블록　　④ 중량블록

해설 **창대블록**은 창틀 밑에 쌓는 물흘림이 달린 특수블록이고, **선틀**(양옆 또는 중간에 세워댄 창문틀재)**블록**은 **선틀에 댄 블록**이며, **중량블록**은 비중이 1.8 이상인 블록의 총칭이다.

34 다음은 벽돌공사 중 창대 쌓기에 관한 설명이다. ( ) 안에 알맞은 것은?

> 창대 벽돌은 도면 또는 공사시방서에서 정한 바가 없을 때에는 그 윗면을 ( ) 정도의 경사로 옆 세워 쌓고 그 앞 끝의 밑은 벽돌 벽면은 30~50mm 내밀어 쌓는다.

① 15°　　② 35°
③ 45°　　④ 60°

해설 벽돌공사 중 창대 쌓기에 있어서 창대 벽돌은 도면 또는 공사시방서에서 정한 바가 없을 때에는 그 **윗면을 15° 정도의 경사로 옆 세워 쌓고** 그 앞 끝의 밑은 벽돌 벽면에서 30~50mm 내밀어 쌓는다.

35 블록공사에 사용되는 자재의 운반, 취급 및 저장에 관한 설명으로 옳지 않은 것은?

① 골재는 종류별로 구분하여 저장한다.
② 응고한 시멘트는 건조 후 사용하도록 한다.
③ 철근은 직접 지면에 접촉하여 저장하지 않으며, 우수에 접하지 않도록 한다.
④ 블록의 적재높이는 1.6m를 한계로 하며, 바닥판 위에 임시로 쌓을 때는 1개소에 집중하지 않도록 한다.

해설 조적공사 중 블록공사에 있어서 조금이라도 **응고한 시멘트는 사용해서는 안 된다**(건축공사 표준시방서 07000. 3.5. 참고).

36 다음의 벽돌벽 균열원인 중 시공상의 결함과 가장 거리가 먼 것은?

① 기초의 부동침하
② 이질재와의 접합부
③ 벽돌 및 모르타르의 강도 부족
④ 콘크리트보 밑 모르타르 다져 넣기의 부족

해설 벽돌벽 균열원인 중 **건축계획 설계상의 미비**에는 **기초의 부동침하**, 건물의 평면, 입면의 불균형 및 벽의 불합리 배치, 불균형하중, 큰 집중하중, 횡력 및 충격, 문꼴의 불합리 및 불균형 배치 벽돌벽의 길이, 높이, 두께에 대한 벽돌벽체의 강도 부족 등이 있고, **시공상 결함**에는 ②, ③ 및 ④항 이외에 재료의 신축성, 통줄눈 시공 및 세로줄눈의 모르타르 채움 부족 등이 있다.

37 석고 플라스터바름 미장공사에 관한 설명으로 옳지 않은 것은?

① 재벌바름은 적당한 거친 면이 되도록 한다.
② 바름작업 중에는 될 수 있는 한 통풍을 방지한다.

③ 실내온도가 5℃ 이하일 때는 공사를 중단하거나 난방하여 5℃ 이상으로 유지한다.
④ 정벌바름은 재벌바름이 완전히 건조된 후 밑 바르기, 위 바르기 2공정으로 하여 바른다.

해설 석고 플라스터바름 미장공사에 있어서 **정벌바름은 재벌바름이 반쯤 건조된 후 밑 바르기, 위 바르기 2공정**으로 하여 쇠흙손으로 눌러서 충분하게 바르고, 수분이 빠지는 정도를 보아 마무리 흙손으로 흙손자국이 없도록 평활하게 마무리한다(건축공사 표준시방서 15000. 3.3.4. 참고).

38 모자이크타일의 소요량 산출 시 적용하는 할증률은?

① 1%　　　　② 3%
③ 5%　　　　④ 10%

해설 도기질 타일, 자기질 타일, 클링커타일 및 **모자이크타일의 할증률은 3% 정도**이다.

39 타일에 관한 설명으로 옳지 않은 것은?

① 도기질 타일은 내장용 타일로 사용된다.
② 모자이크타일은 자기질이 주로 사용된다.
③ 외장용 타일은 자기질 또는 석기질로 한다.
④ 바닥용 타일은 원칙적으로 시유타일로 한다.

해설 **바닥용 타일**은 유약을 바르지 않고, 재질은 자기질 또는 석기질로 한다(건축공사 표준시방서 09000. 2.1.2. 참고).

40 시멘트 모르타르바름 미장공사에서 모르타르배합 시 m³당 보통 인부품은? (단, 소운반, 모래체가름, 배합을 포함하여 비빔은 제외한 경우)

① 0.31인　　　② 0.42인
③ 0.58인　　　④ 0.66인

[해설] 모르타르배합

(단위 : m³당)

구분	단위	수량	비고
보통 인부	인	0.66	모래체가름을 수행하지 않는 경우에는 본 품의 35%를 감한다.

본 품은 소운반, 모래체바름, 배합을 포함하며 비빔은 제외되어 있다.

제3과목 안전 관리

41 강관비계조립 시 안전과 관련하여 비계기둥을 강관 2개로 묶어 세워야 하는 경우는 비계기둥의 최고부로부터 아랫방향으로의 길이가 최소 몇 m를 넘는 경우인가?

① 21m
② 31m
③ 41m
④ 51m

[해설] 비계기둥의 최고부로부터 31m 되는 지점 밑 부분의 비계기둥은 2본의 강관으로 묶어 세울 것

42 A급, B급, C급 화재에 모두 적용 가능한 분말소화기는?

① 제1종 분말소화기
② 제2종 분말소화기
③ 제3종 분말소화기
④ 제4종 분말소화기

[해설] **제1종 분말소화기**는 주성분이 탄산수소나트륨으로 B급 화재(유류화재), C급 화재(전기화재)에 적용하고, **제2종 분말소화기**는 주성분이 탄산수소칼륨으로 B급 화재(유류화재), C급 화재(전기화재)에 적용하며, **제3종 분말소화기**는 주성분이 제1인산암모늄으로 A급 화재(일반화재), **B급 화재**(유류화재), C급 화재(전기화재)**에 적용**한다. 또한 **제4종 분말소화기**는 주성분이 탄산수소칼륨과 요소로 B급 화재(유류화재), C급 화재(전기화재)에 적용한다.

43 기계가 인간을 능가하는 기능에 해당되지 않는 것은?

① 반복작업을 신뢰성 있게 수행
② 장기간에 걸쳐 작업 수행
③ 주위 소란 시에도 효율적인 작업 수행
④ 완전히 새로운 해결책 제시 수행

[해설] **기계가 인간을 능가**하는 기능에는 ①, ② 및 ③ 항 이외에 여러 가지 다른 기능들을 동시에 수행하며, **인간이 기계를 능가**하는 기능에는 융통성이 있고 발생할 결과를 추리하며 정보와 관련된 사실을 적절한 시기에 상기할 수 있다.

44 안전·보건표지의 기본모형 중 하나인 다음 그림이 의미하는 것은?

① 금지표지
② 지시표지
③ 경고표지
④ 안내표지

[해설] **금지표지**는 원형에 금지사항 표기, **지시표지**는 원형에 지시사항 표기, **안내표지**는 원형 및 사각 내에 안내사항 표기 등으로 표시한다.

45 목공용 끌질을 할 때 지켜야 할 유의사항으로 옳지 않은 것은?

① 한 번에 무리하게 깊이 파려고 하지 않는다.
② 처음에는 끌구멍의 먹금선 1~2mm 안쪽에 맞춘 다음 경사지게 망치질하여 때려 낸다.
③ 절삭날은 날카롭게 한다.
④ 끌의 진행 방향에 손이 있어서는 안 된다.

[해설] 목공용 끌은 앞날이 앞쪽으로 향하도록 끌의 자루를 왼손으로 잡고 끌구멍의 먹금섬 1~2mm 안쪽에 맞춘 다음 **수직으로 망치질**을 하여 때려 낸다.

46 안전위원회의 업무내용이라 볼 수 없는 것은?

① 안전관리에 관한 모든 예산집행

② 안전사고의 조사

③ 안전계몽 및 실천

④ 안전점검의 실시

해설 안전위원회의 업무내용에는 안전관리에 관한 모든 예산집행과는 무관하다.

47 화재의 분류 중 가연성 금속 등에서 일어나는 화재와 관계 있는 것은?

① A급 화재

② B급 화재

③ C급 화재

④ D급 화재

해설 화재의 분류

분류	색깔	분류	색깔
A급 화재 (일반화재)	백색	C급 화재 (전기화재)	청색
B급 화재 (유류화재)	황색	D급 화재 (금속화재)	무색

48 기업경영자나 근로자가 산업안전에 대한 충분한 관심을 기울여서 얻게 되는 특징과 거리가 먼 것은?

① 인간의 생명과 기업의 재산을 보호한다.

② 근로자와 기업에 대하여 계속적인 발전을 도모한다.

③ 기업의 경비를 절감시킬 수 있다.

④ 지속적인 감시로 근로자의 사기와 생산의욕을 저하시킨다.

해설 기업경영자나 근로자가 산업안전에 대한 충분한 관심을 기울여서 얻게 되는 특징은 지속적인 관심으로 근로자의 사기와 생산의욕을 증대시킨다.

49 하인리히(Heinrich, H. W.)의 도미노이론을 이용한 재해발생원리 중 3단계에 속하는 것은?

① 포악한 품성과 격렬한 기질

② 작업장 내의 위험한 시설상태, 어두운 조명, 소음, 진동

③ 가정불화와 열악한 생활환경

④ 사람의 추락 또는 비래물의 타격

해설 하인리히의 재해발생(도미노)의 5단계에 있어서 제1단계는 사회적 환경과 유전적 요소, 제2단계는 개인적 결함, **제3단계는 불안전한 행동과 불안전한 상태(작업장 내의 위험한 시설상태, 어두운 조명, 소음 및 진동)**, 제4단계는 사고, 제5단계는 상해의 순이다.

50 다음 중 소화설비에 속하지 않는 것은?

① 자동화재탐지설비

② 옥내소화전설비

③ 스프링클러설비

④ 소화기구

해설 **소화설비**(물 또는 그 밖의 소화약제를 사용하여 소화하는 기계·기구 또는 설비)**의 종류**에는 **소화기구**, 자동소화장치, **옥내소화전설비**, 스프링클러설비, 물분무 등 소화설비 및 옥외소화전설비 등이 있고, **자동화재탐지설비는 경보설비**에 속한다.

51 안전보호구의 선택 시 유의사항 중 옳지 않은 것은?

① 사용목적에 적합하여야 한다.

② 품질이 좋아야 한다.

③ 손질하기가 쉬워야 한다.

④ 크기가 근로자 체형에 관계없이 일정해야 한다.

해설 **안전보호구**는 사용자의 체형에 맞아 착용이 용이하고 보호성능이 보장되며 작업 시 방해가 되지 않아야 한다.

52 하인리히의 재해구성비율에서 중대재해가 3건이 발생하였다면 경상재해는 몇 건이 발생하였다고 볼 수 있는가?

① 30건

② 87건

③ 120건

④ 147건

해설 하인리히의 재해구성비율은 **중상 : 경상 : 무상해 사고=1 : 29 : 300**의 법칙으로 중대재해(중상)가 3건이면 **경상재해는 29×3=87건**이다.

53 무재해운동의 3원칙에 해당하지 않는 것은?

① 참가의 원칙

② 무의 원칙

③ 선취해결의 원칙

④ 수정의 원칙

해설 **무재해운동의 3법칙**에는 **무의 원칙**(뿌리에서부터 재해를 없앤다는 원칙), **선취의 원칙**(안전제일의 원칙, 재해를 예방, 방지하자는 원칙) 및 **참여의 원칙**(문제해결행동을 실천하자는 원칙) 등이 있다.

54 다음 중 중대재해에 해당되지 않는 것은?

① 사망자 1명 이상 발생한 재해

② 2개월의 요양을 요하는 질병자가 2명 이상 발생한 재해

③ 부상자가 동시에 10명 이상 발생한 재해

④ 직업성 질병자가 동시에 10명 이상 발생한 재해

해설 **중대재해의 종류**(산업안전보건법 시행규칙 제2조)에는 ①, ③ 및 ④항 이외에 **3개월 이상의 요양이 필요한 부상자가 동시에 2명 이상 발생한 재해**이다.

55 다음 중 장갑을 끼고 할 수 있는 작업은?

① 용접작업　　② 드릴작업

③ 연삭작업　　④ 선반작업

해설 드릴작업, 연삭작업 및 선반작업은 **회전기계를 사용하므로 장갑의 사용을 금지**하나, 용접작업은 **장갑을 사용**하여야 한다.

56 인간에 대한 모니터링(monitoring) 중 동작자의 태도를 보고 동작자의 상태를 파악하는 방법은 무엇인가?

① 환경에 대한 모니터링

② 생리학적 모니터링

③ 비주얼모니터링

④ 반응에 대한 모니터링

해설 **인간에 대한 모니터링**(monitoring)**의 방법**에는 셀프모니터링(자신의 상태를 알고 행동하는 감시방법), **생리학적 모니터링**(인간 자체의 상태를 생리적으로 감시하는 방법), 비주얼모니터링**(작업자의 태도를 보고 상태를 파악하는 방법)**, **반응에 대한 모니터링**(자극에 의한 반응을 감시하는 방법), 환경에 대한 모니터링(환경적인 조건을 개선으로 인체의 상태를 감시하는 방법) 등이 있다.

57 소음의 측정단위로 옳은 것은?

① dB　　　　② ppm

③ lux　　　　④ mg/m³

해설 ②항의 **ppm**은 백만분율을 의미하고, ③항의 **lux**는 조도의 단위이며, ④항의 **mg/m³**는 함유량을 의미한다.

58 사고예방대책의 5단계 중 F.A.T.법, B.D.A.법, F.M.E.A.법 등이 이루어지는 단계는?

① 발견단계

② 분석단계

③ 선정단계

④ 적용단계

해설 **사고예방대책의 기본원리 5단계** 중 **제2단계(발견단계) 사실의 발견**은 FAT, BDA법 및 FMEA법 등이 이루어지는 단계이다.

59 사고예방대책 기본원리 5단계가 옳게 나열된 것은?

① 안전조직 → 분석 → 사실의 발견 → 시정방법의 선정 → 시정책의 적용

② 안전조직 → 사실의 발견 → 분석 → 시정책의 적용 → 시정방법의 선정

③ 안전조직 → 사실의 발견 → 분석 → 시정방법의 선정 → 시정책의 적용

④ 안전조직 → 분석 → 시정방법의 선정 → 사실의 발견 → 시정책의 적용

해설 사고예방대책의 기본원리 5단계는 제1단계 안전조직 → 제2단계 사실의 발견 → 제3단계 평가분석 → 제4단계 시정방법의 선정 → 제5단계 시정책의 적용의 순이다.

60 보호구의 보관방법으로 옳지 않은 것은?

① 직사광선이 바로 들어오며 가급적 통풍이 잘 되는 곳에 보관할 것

② 유해성·인화성 액체, 기름, 산 등과 함께 보관하지 말 것

③ 발열성 물질을 보관하는 곳에 가까이 두지 말 것

④ 땀으로 오염된 경우에 세척하고 건조하여 변형되지 않도록 할 것

해설 안전보호구(안전모, 안전대, 안전화, 안전장갑 및 보안면)와 위생보호구(방진마스크, 방독마스크, 송기마스크, 보안경, 귀마개 및 귀덮개)의 보관방법은 직사광선은 피하고 가급적 통풍이 잘 되는 곳에 보관할 것

MEMO

제1과목　건축 일반

01 건축제도에 사용되는 선에 관한 설명으로 옳지 않은 것은?

① 실선은 보이는 부분의 윤곽 표시에 사용된다.

② 파선은 보이지 않는 부분의 표시에 사용된다.

③ 점선은 중심선, 절단선 등의 표시에 사용된다.

④ 1점 쇄선은 기준선, 경계선 등의 표시에 사용된다.

해설 일점쇄선의 가는선은 물체의 대칭축, 중심축, 기준선을 표시하는 데 사용하고, 일점쇄선의 반선은 물체의 절단 위치를 표시하거나 절단선, 경계선 등으로 사용한다.

02 금속의 방식법에 관한 설명으로 옳지 않은 것은?

① 다른 종류의 금속을 서로 잇대어 사용한다.

② 표면을 깨끗하게 하고 물기나 습기가 없도록 한다.

③ 도료나 내식성이 큰 금속으로 표면에 피막을 하여 보호한다.

④ 균질한 것을 선택하고 사용할 때 큰 변형을 주지 않도록 한다.

해설 금속의 방식법에 있어서 다른 종류의 금속을 서로 잇대어 사용하면 전기 작용에 의한 부식이 발생하므로 부식을 방지하기 위해서는 서로 다른 종류의 금속을 잇대어 사용하지 않아야 한다.

03 콘크리트의 크리프에 관한 설명으로 옳지 않은 것은?

① 작용응력이 클수록 크리프는 크다.

② 재하재령이 빠를수록 크리프는 크다.

③ 물·시멘트비가 작을수록 크리프는 크다.

④ 시멘트 페이스트가 많을수록 크리프는 크다.

해설 콘크리트의 크리프(응력을 작용시킨 상태에서 탄성변형 및 건조수축 변형을 제외시킨 변형으로 시간과 더불어 증가되는 현상)는 물·시멘트비가 클수록 크리프는 크다.

04 동(銅)에 관한 설명으로 옳지 않은 것은?

① 전기 전도율이 크다.

② 황동은 동과 아연의 합금이다.

③ 상온에서 전연성이 풍부하여 가공이 용이하다.

④ 알칼리에 강하므로 시멘트와 접하여 주로 사용된다.

해설 동(구리)은 알칼리성에 약하므로 시멘트 또는 콘크리트와 접하여 사용하여서는 안 된다.

05 그림과 같은 재료 구조 표시 기호(단면용)의 표시 사항으로 옳은 것은?

① 석재　　　② 벽돌

③ 인조석　　④ 콘크리트

해설 재료 구조 표시 기호(단면용)

석재	벽돌	콘크리트
		a b c

06 현대의 건축 생산에서 건축부품의 3S 시스템과 관련 없는 것은?

① 단순화   ② 표준화
③ 다양화   ④ 전문화

해설 현대 건축 생산에서 **3S 시스템**화의 종류에는 **단순화**(Simplification), **규격화**(Standardization) **전문화**(Specialization)등이 있다.

07 철골 구조에서 플레이트보(plate girder)의 구성부재에 속하지 않는 것은?

① 웨브   ② 스티프너
③ 커버 플레이트   ④ 거셋 플레이트

해설 플레이트보의 구성 부재에는 플랜지 플레이트, 웨브 플레이트, 스티프너 및 필러 등이 있고, **거셋 플레이트**는 철골 구조의 절점에 있어 부재의 접합에 덧대는 연결 보강용 강판의 총칭이다.

08 건축 공사의 도급 방식 중 분할도급 방식의 일반적 유형에 속하지 않는 것은?

① 공종별   ② 공정별
③ 공구별   ④ 계절별

해설 공사실시 방식에 따른 **분할도급 방식**의 **종류**에는 **공구별, 공정별, 전문공종별, 직종별·공종별** 분할도급 등이 있다.

09 다음 중 목조 벽체를 수평력에 견디게 하고 안정한 구조로 하기 위한 것으로 가장 효과적인 것은?

① 가새   ② 꿸대
③ 버팀대   ④ 귀잡이

해설 **꿸대**는 기둥, 동자 등을 꿰뚫어 찌른 보강 가로재 또는 심벽의 뼈대로 기둥과 기둥 사이에 가로로 꿰뚫어 넣어 외를 엮어 대어 힘살이 되는 것이고, **버팀대**는 가로재와 세로재가 맞추어지는 귀에 엇대는 수직 부재이며, **귀잡이**는 가로재와 세로재가 맞추어지는 귀에 엇대는 수평 부재이다.

10 AE제를 사용한 콘크리트에 관한 설명으로 옳지 않은 것은?

① 콘크리트의 작업성이 향상된다.
② 블리딩 등의 재료분리가 적게 된다.
③ 콘크리트의 동결융해 저항성능이 향상된다.
④ 플레인 콘크리트와 동일 물·시멘트비인 경우 압축강도가 증가된다.

해설 **AE제**를 사용한 콘크리트에 있어서 플레인 콘크리트와 동일 물·시멘트비인 경우 **압축강도가 감소**한다.

11 건축 도면에 사용되는 표시 기호와 표시 사항의 연결이 옳지 않은 것은?

① L – 길이   ② A – 용적
③ H – 높이   ④ R – 반지름

해설 도면의 표시 기호

명칭	길이	높이	폭	면적	두께	직경	반지름	용적	기초보
표시기호	L	H	W	A	TH	D	R	V	FG

12 다음 중 부동침하의 원인과 가장 거리가 먼 것은?

① 독립기초를 하였을 경우
② 일부 지정을 하였을 경우
③ 부주의한 일부 증축을 하였을 경우
④ 건물이 이질(異質) 지층에 걸쳐 있을 경우

해설 기초의 **부동침하**(한 건축물에서 부분적으로 서로 상이하게 침하되는 현상)의 원인은 ②, ③ 및 ④항 외에 **건축물의 이질 지층, 이질 기초, 연약지반, 지하수위 변경, 낭떠러지, 경사지반, 지하구멍, 메운땅 흙막이인 경우에 발생**한다.

13 시멘트의 발열량을 저감시킬 목적으로 제조한 시멘트로 매스콘크리트용으로 사용되는 것은?

① 조강 포틀랜드 시멘트
② 백색 포틀랜드 시멘트
③ 보통 포틀랜드 시멘트
④ 중용열 포틀랜드 시멘트

해설 **중용열 포틀랜드 시멘트**는 시멘트의 **수화열을 적게** 하기 위하여 규산삼칼슘과 알루민산삼칼슘을 가능한 한 적게 하고, 장기 강도를 크게 하는 규산이칼슘을 많이 함유시킨 시멘트로서 **매스콘크리트**, 방사능 차폐용 콘크리트에 주로 사용된다.

14 다음 중 건축공사비의 구성에서 직접 공사비의 항목에 속하지 않는 것은?

① 이윤　　　② 노무비
③ 외주비　　④ 재료비

해설 순공사비에는 직접 공사비와 간접 공사비로 구분하고, **직접 공사비의 종류에는 재료비, 노무비, 외주비**, 경비 등이 있고, **이윤은 총공사비**에 포함된다.

15 네트워크 공정표에서 플로트(float)가 의미하는 것은?

① 작업의 여유시간
② 대상사업의 작업단위
③ 작업을 수행하는 데 필요한 시간
④ 작업을 시작하는 가장 빠른 시간

해설 ②항은 작업(Activity, Job)이고, ③항은 소요시간(Duration)이며, ④항은 가장 빠른 개시 시각(EST, Earliest Starting Time)을 의미한다.

16 건축 도면에서 "NS(No Scale)"의 의미로 가장 알맞은 것은?

① 그림의 형태가 치수의 1/2이다.
② 그림의 형태가 치수의 2배이다.
③ 그림의 형태가 치수와 동일하다.
④ 그림의 형태가 치수에 비례하지 않는다.

해설 건축 도면에서 "NS(No Scale)"의 의미는 도면이 치수에 비례하지 않음을 나타내는 기호이다. 즉 "**축척이 없다**"는 의미이다.

17 내열성, 내한성이 우수한 열경화성 수지로 −60~260℃의 범위에서는 안정하고 탄성을 가지며 내후성 및 내화학성이 우수하여 접착제, 도료로 사용되는 것은?

① 아크릴 수지
② 실리콘 수지
③ 염화비닐 수지
④ 폴리에틸렌 수지

해설 **아크릴 수지**는 투명도, 착색성, 내후성이 우수하며, 표면이 손상되기 쉽고, 열에 약하다는 단점이 있는 수지이고, **염화비닐 수지**는 빛의 투과성은 FRP보다 크지만, 강도는 FRP보다 작으며, 2년 정도 지나면 황색으로 변질, 노화되는 수지이며, **폴리에틸렌 수지**는 상온에서 탄성이 풍부하고, 내화학 약품성이 우수하며, 시트 방수에 사용된다.

18 다음 설명에 알맞은 계약 방식은?

> 발주 측이 프로젝트 공사비를 부담하는 것이 아니라 민간부분 수주 측이 설계, 시공 후 일정 기간 시설물을 운영하여 투자금을 회수하고 시설물과 운영권을 무상으로 발주 측에 이전하는 방식

① BOT 방식
② BTO 방식
③ BOO 방식
④ 성능발주 방식

해설 BTO(Build Transfer Operate)는 사회간접시설을 민간부분이 주도하여 프로젝트를 설계·시공한 후 시설물의 소유권을 공공부분에 먼저 이전하고 약정기간 동안 그 시설물을 운영하여 투자 금액을 회수하는 방식으로 **설계·시공 → 소유권 이전 → 운영**하는 방식이고, BOO(Build Operate Own)는 사회간접시설을 민간부분이 주도하여 프로젝트를 설계·시공한 후 그 시설의 운영과 함께 소유권도 민간에 이전하는 방식으로 **설계·시공 → 운영 → 소유권 획득**하는 방식이고 **성능발주 방식**은 건축 공사 발주 시 설계 도서를 쓰지 않고 건물의 성능을 표시하여 그 성능만을 실현하는 것을 계약 내용으로 하는 방식이다.

19 시멘트의 분말도에 관한 설명으로 옳지 않은 것은?

① 분말도가 너무 크면 풍화하기 쉽다.
② 분말도가 높을수록 강도의 발현 속도가 빠르다.
③ 분말도가 낮을수록 수화작용이 빠르게 이루어진다.
④ 분말도시험법으로는 체분석법, 브레인법 등이 있다.

해설 시멘트의 **분말도**(시멘트 분쇄 과정의 입자 크기의 정도)가 **높을수록** 수화작용이 빠르게 이루어진다.

20 건축 도면의 치수에 관한 설명으로 옳지 않은 것은?

① 치수는 특별히 명시하지 않는 한 마무리 치수로 표시한다.
② 치수 기입은 치수선 중앙 윗부분에 기입하는 것이 원칙이다.
③ 협소한 간격이 연속될 때에는 인출선을 사용하여 치수를 쓴다.
④ 치수 기입은 치수선에 평행하게 도면의 왼쪽에서 오른쪽으로, 위로부터 아래로 읽을 수 있도록 기입한다.

해설 도면의 치수 기입은 치수선에 평행하게 도면의 왼쪽에서 오른쪽으로, **아래에서 위로** 읽을 수 있도록 기입한다.

제2과목 조적, 미장, 타일 시공 및 재료

21 내화벽돌 쌓기에 관한 설명으로 옳지 않은 것은?

① 통줄눈이 생기지 않게 쌓는다.
② 내화벽돌은 흙 및 먼지 등을 청소하고 물을 축인 후 사용한다.
③ 단열 모르타르는 덩어리진 것을 풀어 사용하고 물반죽을 하여 잘 섞어 사용한다.
④ 내화벽돌의 줄눈너비는 도면 또는 공사 시방서에 따르고, 그 지정이 없을 때에는 가로세로 6mm를 표준으로 한다.

해설 내화 벽돌은 통줄눈이 생기지 않게 하며, 내화 점토(산성, 염기성 및 중성 점토) 즉, 샤모트 : 내화 점토＝7 : 3의 비인 내화 모르타르를 사용하여 쌓는다. 특히, 흙, 먼지 등을 청소하고 물을 축여 사용하지 않는다. 즉, **건조한 상태로 쌓는다.**

22 타일의 접착력 시험에 관한 설명으로 옳지 않은 것은?

① 600m^{2}당 한 장씩 시험한다.
② 시험은 타일 시공 후 1주 정도 경과한 후 실시한다.
③ 시험결과의 판정은 타일 인장 부착강도가 0.39MPa 이상이어야 한다.
④ 시험할 타일은 먼저 줄눈 부분을 콘크리트면까지 절단하여 주위의 타일과 분리시킨다.

해설 타일의 접착력 시험은 타일 시공 후 **4주** 이상 경과 후 실시한다.

23 다음은 건축공사표준시방서에 따른 벽돌 벽체의 내쌓기에 관한 설명이다. ( ) 안에 알맞은 것은?

> 벽돌 벽면 중간에서 내쌓기를 할 때에는 2켜씩 (㉠) 또는 1켜씩 (㉡) 내쌓기로 하고 맨 위는 2켜 내쌓기로 한다.

① ㉠ $1B$, ㉡ $\frac{1}{2}B$

② ㉠ $\frac{1}{2}B$, ㉡ $\frac{1}{4}B$

③ ㉠ $\frac{1}{4}B$, ㉡ $\frac{1}{8}B$

④ ㉠ $\frac{1}{8}B$, ㉡ $\frac{1}{16}B$

해설 벽돌벽의 내쌓기에 있어서 벽돌 벽면 중간에서 내쌓기를 할 때에는 2켜씩 $\frac{1}{4}B$ 또는 1켜씩 $\frac{1}{8}B$ 내쌓기를 하고, 맨 위는 2켜 내쌓기로 한다.

24 다음은 건축공사 표준시방서에 따른 창대 쌓기에 관한 설명이다. ( ) 안에 알맞은 것은?

> 창대 벽돌은 도면 또는 공사시방서에서 정한 바가 없을 때에는 그 윗면을 (㉠) 정도의 경사로 옆세워 쌓고 그 앞 끝의 밑은 벽돌 벽면에서 (㉡) 내밀어 쌓는다.

① ㉠ 15°, ㉡ 10~20mm

② ㉠ 15°, ㉡ 30~50mm

③ ㉠ 30°, ㉡ 10~20mm

④ ㉠ 30°, ㉡ 30~50mm

해설 창대 벽돌은 도면 또는 공사시방서에서 정한 바가 없을 때에는 그 윗면을 15° 정도의 경사로 옆세워 쌓고, 그 앞 끝의 밑은 벽돌 벽면에서 30~50mm 내밀어 쌓는다.

25 벽타일 붙이기 공법 중 접착 붙이기에 관한 설명으로 옳지 않은 것은?

① 내장공사에 한하여 적용한다.

② 붙임 바탕면을 여름에는 1주 이상, 기타 계절에는 2주 이상 건조시킨다.

③ 접착제의 1회 바름 면적은 $5m^2$ 이하로 하고, 접착제용 흙손으로 눌러 바른다.

④ 바탕이 고르지 않을 때에는 접착제에 적절한 충전재를 혼합하여 바탕을 고른다.

해설 타일 붙이기에 있어서 접착제의 1회 바름 면적은 $2m^2$ 이하로 하고, 접착제용 흙손으로 눌러 바른다.

26 속빈 콘크리트 블록의 치수에 관한 설명으로 옳지 않은 것은?

① 블록 길이, 높이, 두께 치수의 허용 차는 ±3mm이다.

② 기본 블록의 두께는 100, 150, 190mm를 표준으로 한다.

③ 기본 블록의 길이는 390mm, 높이는 190mm를 표준으로 한다.

④ 두께 150mm 이상인 블록의 표면살의 두께는 최소 25mm 이상이다.

해설 시멘트 블록의 치수에 있어서 허용 값은 길이와 두께는 ±2mm, 높이는 ±3mm 이하이다.

27 석고보드에 관한 설명으로 옳지 않은 것은?

① 단열성이 높다.

② 부식이 안 되고 충해를 받지 않는다.

③ 시공이 용이하고 표면가공이 다양하다.

④ 흡수로 인해 강도가 현저하게 높아진다.

해설 석고보드(소석고를 주원료로 하고, 이에 경량, 탄성을 주기 위해 톱밥, 펄라이트 및 섬유 등을 혼합하여 이 혼합물을 물로 이겨 양면에 두꺼운 종이를 밀착, 판상으로 성형한 것)는 **흡수로 인해 강도가 현저하게 낮아지는 단점**이 있다.

28 인조석 정벌바름에서 시멘트와 종석의 표준용적배합비는?

① 1 : 1 　　② 1 : 1.5
③ 1 : 2 　　④ 1 : 2.5

해설 인조석(대리석, 화강암 등의 아름다운 쇄석(종석)과 백색 시멘트, 안료 등을 혼합하여 물로 반죽해 다진 다음 색조나 성질이 천연석재와 비슷하게 만든 제품)의 정벌바름에서 시멘트와 종석의 **표준용적배합비는 시멘트 : 종석 = 1 : 1.5** 정도로 하는 것이 가장 적합하다.

29 테라조 바르기에서 줄눈 나누기를 할 경우 최대 줄눈 간격은 얼마 이하로 하는가?

① 0.9m 　　② 1.2m
③ 1.5m 　　④ 2.0m

해설 **테라초**(인조석 중 대리석의 쇄석을 사용하여 대리석 계통의 색조가 나도록 표면을 물갈기한 것) 바르기에서 줄눈 나누기는 1.2m 이내로 하며, **최대 줄눈 간격은 2.0m 이하**로 하여야 한다.

30 다음은 건축공사 표준시방서에 따른 타일 붙이기 일반사항 중 치장줄눈 시공에 관한 내용이다. ( ) 안에 알맞은 것은?

> 타일을 붙이고, (㉠)이 경과한 후 줄눈파기를 하여 줄눈 부분을 충분히 청소하며, (㉡)이 경과한 뒤 붙임 모르타르의 경화 정도를 보아 작업 직전에 줄눈바탕에 물을 뿌려 습윤케 한다.

① ㉠ 1시간, ㉡ 12시간
② ㉠ 1시간, ㉡ 24시간
③ ㉠ 3시간, ㉡ 12시간
④ ㉠ 3시간, ㉡ 24시간

해설 타일 붙이기에 있어서 타일을 붙이고, **3시간이 경화한 후** 줄눈파기를 하여 줄눈 부분을 충분히 청소하며, **24시간이 경화한 뒤** 붙임 모르타르의 경화 정도를 보아 작업 직전에 줄눈바탕에 물을 뿌려 습윤케 한다.

31 모자이크 타일의 수량 산정 시 작용하는 할증률은?

① 3% 　　② 7%
③ 10% 　　④ 15%

해설 타일의 수량을 산출하는 경우 **모자이크 타일**, 자기 타일, 도기 타일의 할증률은 **3%**로 한다.

32 단순조적 블록공사에 관한 설명으로 옳지 않은 것은?

① 살두께가 큰 편을 위로 하여 쌓는다.
② 세로 줄눈은 통줄눈으로 하는 것이 원칙이다.
③ 하루의 쌓기 높이는 1.5m 이내를 표준으로 한다.
④ 줄눈 모르타르는 쌓은 후 줄눈누르기 및 줄눈파기를 한다.

해설 보강콘크리트 블록조 공사에 있어서 세로 줄눈은 철근의 배근을 위하여 통줄눈을 사용하나, **단순조적 블록공사에 있어서 세로 줄눈은 막힌 줄눈**을 사용한다.

33 내부 바닥용 타일에 관한 설명으로 옳지 않은 것은?

① 자기질 타일을 사용한다.
② 흡수율이 큰 것을 사용한다.
③ 단단하고 마모에 강한 것을 사용한다.
④ 표면이 미끄럽지 않은 것을 사용한다.

해설 **내부 바닥용 타일은 자기질과 석기질의 타일을** 사용하고, 도기질 타일은 흡수율이 커서 동해를 받을 수 있으므로 내장용에만 사용된다.

34 콘크리트 바탕에서 초벌바름하기 전에 마감두께를 균등하게 할 목적으로 모르타르 등으로 미리 요철을 조정하는 것은?

① 덧먹임　　　② 고름질
③ 손질바름　　④ 실러바름

[해설] **덧먹임**은 바르기의 접합부 또는 균열의 틈새, 구멍 등에 반죽된 재료를 밀어 넣어 때워주는 것이고, **고름질**은 바름두께 또는 마감두께가 두꺼울 때 혹은 요철이 심할 때 초벌바름 위에 발라 붙여 주는 것 또는 바름층이며, **실러바름**은 바탕의 흡수 조정, 바름재와 바탕과의 접착력 증진 등을 위하여 합성수지 에멀션 희석액 등을 바탕에 바르는 것이다.

35 벽돌 쌓기에 관한 설명으로 옳지 않은 것은?

① 하루의 쌓기 높이는 1.2m(18켜 정도)를 표준으로 한다.
② 벽돌 쌓기는 도면 또는 공사시방서에서 정한 바가 없을 때에는 불식 쌓기로 한다.
③ 벽돌은 각부를 가급적 동일한 높이로 쌓아 올라가고, 벽면의 일부 또는 국부적으로 높게 쌓지 않는다.
④ 가로 및 세로 줄눈의 너비는 도면 또는 공사시방서에 정한 바가 없을 때에는 10mm를 표준으로 한다.

[해설] **벽돌 쌓기**는 도면 또는 공사시방서에서 정한 바가 없을 때에는 **영식 쌓기** 또는 **네덜란드(화란)식 쌓기**로 한다.

36 시멘트 모르타르 바름 미장공사에서 배합 용적비 1 : 3으로 시멘트 모르타르 1m³를 만들 경우 각 재료의 양으로 옳은 것은? (단, 재료의 할증률 포함)

① 시멘트 320kg, 모래 1.15m³
② 시멘트 510kg, 모래 1.10m³
③ 시멘트 680kg, 모래 0.98m³
④ 시멘트 1,093kg, 모래 0.78m³

[해설] 모르타르 배합

구 분	1 : 1	1 : 2	**1 : 3**	1 : 4	1 : 5
시멘트 (kg)	1,093	680	**510**	385	320
모래 (m³)	0.78	0.98	**1.10**	1.10	1.15

37 건축공사 표준시방서상 다음과 같이 정의되는 용어는?

> 벽돌의 흡수팽창 및 열팽창을 흡수·완화하도록 설치하는 신축 줄눈

① 연결 줄눈　　② 치장 줄눈
③ 가로 줄눈　　④ 무브먼트 줄눈

[해설] **연결 줄눈**은 내부의 수직단면과 외부의 수직단면을 길이 방향으로 연결하는 모르타르 또는 그라우팅의 수직줄눈이고, **치장 줄눈**은 벽돌 쌓기 후의 줄눈에 치장 및 내구성 등을 목적으로 사용하는 줄눈이며, **가로 줄눈**은 조적개체가 설치되는 수평 모르타르 줄눈이다.

38 벽타일 붙이기 공법 중 압착 붙이기의 붙임 모르타르 두께의 표준은? (단, 타일의 크기가 108×60mm 이상인 경우)

① 3~4mm　　② 5~7mm
③ 8~12mm　　④ 12~24mm

[해설] 벽타일 붙이기 공법에서 **압착 붙이기의 붙임 모르타르의 두께**는 원칙적으로 타일 두께의 1/2 이상으로 하나, 보통은 **5~7mm** 정도로 한다.

39 벽돌 벽면 10m²를 표준형 벽돌(190×90×57mm)로 두께 1.0B로 쌓을 경우 필요한 벽돌의 정미 수량은?

① 900매
② 975매
③ 1,050매
④ 1,490매

해설 표준형 벽돌(190×90×57mm)로 두께 1.0B 쌓기 시 1m²당 소요 매수는 149매이다. 그러므로, 벽돌 벽면이 10m²이므로 149매/m²×10m²= 1,490매이다.

40 미장재료 중 돌로마이트 플라스터에 관한 설명으로 옳지 않은 것은?

① 소석회에 비해 점성이 높다.
② 보수성이 크고 응결시간이 길다.
③ 회반죽에 비하여 조기강도 및 최종강도가 크다.
④ 경화에 의한 수축률이 작아서 균열 발생이 거의 없다.

해설 돌로마이트 플라스터(돌로마이트 석회, 모래, 여물, 때로는 시멘트 등을 혼합하여 만든 미장재료)는 마감 표면의 경도가 회반죽보다 크나 **건조, 경화 시 수축률이 가장 커서 균열이 집중적으로 발생**하므로 여물을 사용한다.

제3과목 안전 관리

41 사고가 발생하였다고 할 때 응급조치를 잘못 취한 것은?

① 상해자가 있으면 관계 조사관이 현장을 확인한 후 전문의의 치료를 받게 한다.
② 기계의 작동이나 전원을 단절시켜 사고의 진행을 막는다.
③ 사고 현장은 사고 조사가 끝날 때까지 그대로 보존하여야 한다.
④ 현장에 관중이 모이거나 흥분이 고조되지 않도록 하여야 한다.

해설 사고가 발생한 경우, 상해자가 있으면 즉시, 전문의의 치료를 받게 한 후 관계 조사관이 현장을 확인하도록 하여야 한다. 즉, **상해자의 치료가 가장 우선되어야 한다.**

42 인간과 기계의 기능을 비교할 때 인간이 기계를 능가하는 기능으로 옳지 않은 것은?

① 융통성이 있다.
② 발생할 결과를 추리한다.
③ 여러 가지 다른 기능들을 동시에 수행한다.
④ 정보와 관련된 사실을 적절한 시기에 상기할 수 있다.

해설 인간이 기계를 능가하는 기능은 ①, ②, ④항이고, 기계가 인간을 능가하는 기능은 반복 작업 및 동시에 여러 가지 작업을 수행할 수 있는 기능이다.

43 건구온도가 30℃, 습구온도가 45℃인 경우 불쾌지수는 얼마인가?

① 30.4   ② 75.6
③ 82.4   ④ 94.6

해설 불쾌지수(DI, Discomfortable Index)
= (건구온도+습구온도)×0.72+40.6
= (30+45)×0.72+40.6
= 94.6

44 재해 조사 시 보존자료에서 사고 개요에 해당하지 않는 것은?

① 사고형태   ② 발생일시
③ 후속조치방안 ④ 발생장소

해설 재해 조사는 그 조사 자체에 목적이 있는 것이 아니라 조사를 통하여 그 원인을 정확하게 파악하여 사고 예방을 위한 자료를 얻을 수 있도록 하는 데 목적이 있고, **사건 개요의 내용**에는 **발생 일시, 발생 장소,** 발생 과정, **사고 형태,** 사고 원인 등이 있으며, 피해 사황 및 **사후 대책** 등을 조사하여야 한다.

45 다음 소방시설 중 경보설비가 아닌 것은?

① 스프링클러설비
② 자동화재탐지설비
③ 누전경보기
④ 자동화재속보설비

해설 소방시설 중 경보설비(화재발생 사실을 통보하는 기계·기구 또는 설비)의 종류에는 단독형 감지기, 비상경보설비(비상벨설비, 자동식 사이렌설비 등), 시각경보기, **자동화재탐지설비**, 비상방송설비, **자동화재속보설비**, 통합감시시설, 누전경보기, 가스누설경보기 등이 있고, **스프링클러설비**는 소화설비에 속한다.

46 연료와 산소의 화학적 반응을 차단하는 힘이 강하여 전기기계·기구 등의 화재소화에 우수한 것은?

① 산·알칼리 소화기
② 강화액 소화기
③ 분말 소화기
④ 할론가스 소화기

해설 **산·알칼리 소화기**는 중조 수용액이 들은 바깥관 안에 농유산이 들은 용기가 있으며, 이 용기를 파괴하여 2액을 혼합하여 탄산가스를 발생시켜 그 압력으로 탄산가스 수용액을 분출시키는 소화기이고, **강화액 소화기**는 물의 소화력을 높이기 위하여 화재 억제 효과가 있는 염류를 첨가(염류로 알칼리금속염의 중탄산나트륨, 탄산칼륨, 초산칼륨, 인산암모늄, 기타 조성물)하여 만든 소화약제를 사용한 소화기이며, **분말 소화기**는 중조를 주제로 한 소화분말을 본 용기에 넣고, 따로 탄산가스를 넣은 소형 용기를 부속시켜 이 가압에 의하여 소화분말을 방사해서 질식과 냉각작용에 의해 소화하는 소화기이다.

47 산업재해의 원인 분류 방법은 여러 가지가 있으나 이 중 관리적인 원인에 해당되지 않는 것은?

① 기술활동 미비
② 교육활동 미비
③ 작업관리상 부족
④ 불안전한 행동

해설 **산업재해의 원인 분류** 방법 중 **관리적인 원인**(재해의 간접 원인)에는 **기술적인 원인**(건물·기계장치의 설계 불량, 구조·재료의 부적합, 생산공정의 부적당, 점검 및 보존 불량), **교육적 원인**(안전의식의 부족, 안전수칙의 오해, 경

험훈련의 미숙, 작업방법 및 유해위험작업의 교육 불충분), **작업관리상의 원인**(안전관리조직의 결함, 안전수칙의 미제정, 작업준비의 불충분, 인원배치 및 작업지시의 부적당) 등이 있다. 특히, 불안전한 상태(물적 원인)와 **불안전한 행동(인적 원인)**은 재해의 직접적인 원인이다.

48 방독 마스크를 사용할 수 없는 경우는?

① 소화작업 시
② 공기 중의 산소가 부족할 때
③ 유해가스가 있을 때
④ 페인트 제조 작업 시

해설 방독 마스크 사용 시 주의사항은 방독 마스크를 과신하지 말고, 수명이 지난 것과 가스의 종류에 따른 용도 이외의 것의 사용을 절대 금한다. 특히, **산소 농도가 18% 미만인 장소에서는 절대로 사용하지 않아야 한다.**

49 안전보호구에 관한 설명으로 옳지 않은 것은?

① 한번 충격받은 안전대는 정비를 철저히 한다.
② 겉모양과 표면이 섬세하고 외관이 좋아야 한다.
③ 사용하는 데 불편이 없도록 관리를 철저히 한다.
④ 벨트, 로프, 버클 등을 함부로 바꾸어서는 안 된다.

해설 안전보호구 중 안전대는 **한번 충격을 받은 경우 추후에 어떠한 사고를 일으킬지 모르므로 사용을 금지**한다.

50 건설 공사 시 설치하는 낙하물 방지망의 수평면과의 각도로 옳은 것은?

① 0도 이상 10도 이하
② 10도 이상 20도 이하
③ 20도 이상 30도 이하
④ 30도 이상 40도 이하

[해설] 낙하물 방지망의 설치에 있어서 설치 높이는 10m 이내, 3개 층마다 설치하고, 내민 길이는 비계 외측 2m 이상, 겹친 길이 15cm 이상, **각도는 수평면에 대하여 20°~30° 정도**이며, 버팀대는 가로 1m 이내마다, 세로 1.8m 이내 간격으로 설치한다.

51 100명의 근로자가 공장에서 1일 8시간, 연간 근로일수를 300일이라 하면 강도율은 얼마인가? (단, 연간 3명의 부상자를 냈고, 총휴업 일수가 730일이다.)

① 1.5   ② 2.5

③ 3.5   ④ 4.0

[해설] 강도율 $= \dfrac{근로\ 손실\ 일수}{근로\ 총시간수} \times 1,000$ 이다.

그런데, 근로 손실 일수 = 총휴업 일수 $\times \dfrac{300}{365}$

$= 730 \times \dfrac{300}{365} = 600$ 일이고, 근로 총시간수

$= 8 \times 300 \times 100 = 240,000$ 시간이다.

그러므로, 강도율 $= \dfrac{근로\ 손실\ 일수}{근로\ 총시간수} \times 1,000$

$= \dfrac{600}{240,000} \times 1,000 = 2.5$ 이다.

52 작업자의 태도를 보고 상태를 파악하는 인간에 대한 모니터링(monitoring) 방법은?

① 반응 모니터링

② 셀프(self) 모니터링

③ 환경 모니터링

④ 비주얼(visual) 모니터링

[해설] **인간에 대한 모니터링(monitoring)의 방법**에는 **셀프 모니터링**(자신의 상태를 알고, 행동하는 감시 방법), **생리학적 모니터링**(인간 자체의 상태를 생리적으로 감시하는 방법), **비주얼 모니터링**(작업자의 태도를 보고 상태를 파악하는 방법), **반응에 대한 모니터링**(자극에 의한 반응을 감시하는 방법), **환경에 대한 모니터링**(환경적인 조건을 개선으로 인체의 상태를 감시하는 방법) 등이 있다.

53 안전교육의 추진 방법 중 안전에 관한 동기부여에 대한 내용으로 옳지 않은 것은?

① 자기보존본능을 자극한다.

② 물질적 이해관계에 관심을 두게 한다.

③ 동정심을 배제하게 한다.

④ 통솔력을 발휘하게 한다.

[해설] **안전교육의 동기부여**는 자기보존본능을 자극하고, 물질적인 이해관계에 관심을 두게 하며, 통솔력을 발휘하게 한다. 특히, **동정심을 유발**하게 하여야 한다.

54 재해를 조사하는 궁극적인 목적으로 가장 적합한 것은?

① 관련자를 처벌하기 위하여

② 동일 재해 재발방지를 위하여

③ 사고 발생 빈도를 조사하기 위하여

④ 목격자 및 관련 자료의 수집을 위하여

[해설] 재해 조사는 그 조사 자체에 목적이 있는 것이 아니라 조사를 통하여 그 원인을 정확하게 파악하여 **사고 예방(동일 재해 재발 방지)**을 위한 자료를 얻을 수 있도록 하는 데 목적이 있고, **사건 개요의 내용**에는 발생 일시, 발생 장소, 발생 과정, **사고 형태**, 사고 원인 등이 있으며, 피해 사황 및 **사후대책** 등을 조사하여야 한다.

55 목공용 망치를 사용할 때 주의사항으로 옳은 것은?

① 필요에 따라 망치의 측면으로 내리친다.

② 맞는 표면에 평행하도록 수직으로 내리친다.

③ 맞는 표면과 같은 직경의 망치를 사용한다.

④ 못을 박을 때는 못 아래쪽을 잡고 최대한 빨리 내리친다.

[해설] 못을 박는 경우 등에 있어서 **목공용 망치**를 사용 시 정확하고 충분한 힘이 전달될 수 있도록 **망치의 표면과 맞는 부분의 표면이 평행이 되도록 수직으로 내리친다.**

56 다음 중 화재의 분류로 옳지 않은 것은?

① 일반화재 – A급

② 유류화재 – B급

③ 전기화재 – C급

④ 목재화재 – D급

해설 화재의 분류

화재의 분류	A급 화재	B급 화재	C급 화재	D급 화재	E급 화재	F급 화재
	일반 화재	유류 화재	전기 화재	금속 화재	가스 화재	식용유 화재
색깔	백색	황색	청색	무색	황색	

57 무재해 운동의 기본이념을 이루는 3대 원칙이 아닌 것은?

① 무의 원칙 　　② 분배의 원칙

③ 선취의 원칙 　　④ 참가의 원칙

해설 무재해 운동의 기본원칙(3대 원칙, 이념의 3원칙) 3가지는 무(Zero)의 원칙, 선취의 원칙, 참가의 원칙이다.

58 연소의 3요소에 해당되지 않는 것은?

① 가연물 　　　② 소화

③ 산소공급원 　　④ 착화원

해설 연소의 3요소에는 산소공급원, 가연물, 발화(점화, 착화)점이 있고, 연소의 4요소에는 연소의 3요소 외에 연쇄반응이 있다.

59 대뇌의 정보처리 에러에 해당되지 않는 것은?

① 시간 지연 　　② 인지 착오

③ 판단 착오 　　④ 조작 미스

해설 대뇌의 정보처리 에러에 해당되는 요인은 인지 착오, 판단 착오 및 조작 착오 등이 있다.

60 안전 교육의 종류 중 지식 교육에 포함되지 않는 사항은?

① 취급 기계와 설비의 구조, 기능, 설비의 개념을 이해시킨다.

② 재해 발생의 원리를 이해시킨다.

③ 작업에 필요한 법규 및 규정을 습득시킨다.

④ 작업 방법 및 기계 장치의 조작 방법을 습득시킨다.

해설 안전 교육의 종류 중 지식 교육은 강의, 시청각 교육을 통한 지식의 전달과 이해 단계로서 교육의 내용을 보면, 안전의식의 고취, 안전 책임감의 부여, 기능, 태도 등의 다음 단계의 교육에 필요한 기초지식의 주입 및 안전규정의 숙지 등이 있다. 작업 방법 및 기계 장치의 조작 방법을 습득시키는 것은 안전 교육 2단계의 기능 교육 내용이다.

제1과목 **건축 일반**

01 콘크리트가 공기 중의 탄산가스에 의해 수산화칼슘이 탄산칼슘으로 되면서 알칼리성을 잃어가는 현상을 의미하는 것은?

① 중성화   ② 크리프
③ 건조 수축   ④ 동결 융해 현상

해설 **크리프**는 지속 하중, 즉 하중을 장시간 받고 있는 부재가 나타내는 소성 변형 현상이고, **건조 수축**은 콘크리트가 경화할 때 용적이 작아지는 현상이며, **동결 융해 현상**은 콘크리트의 다공질 속에 함유된 수분이 동결하여 그 팽창압으로 표층부가 파괴되는 현상으로 압축 강도가 40MPa 이하이고, 수분은 9% 정도이다.

02 도면 표시 기호 중 반지름을 나타내는 것은?

① ϕ ② R
③ L   ④ D

해설 도면 표시 기호

명칭	길이	높이	폭	면적	두께	직경	반지름	용적
표시 기호	L	H	W	A	THK	D, ϕ	R	V

03 제도 용지에 관한 설명으로 옳은 것은?

① A0 용지의 면적은 약 $2m^2$이다.
② 가로와 세로의 길이비는 $\sqrt{3}$: 1이다.
③ A4 용지의 크기는 210×297mm이다.
④ 건축 설계 도면으로는 A5 용지가 가장 많이 쓰인다.

해설 ①항에서 A0의 용지의 크기는 841mm×1,189mm이므로 넓이는 999,949mm²(약 1m²) 정도이고, ②항에서 가로와 세로의 비는 841mm×1,189mm =1 : $\sqrt{2}$ 정도이며, ④항에서 건축 설계 도면으로는 A3(297mm×420mm)가 가장 많이 사용된다.

04 다음의 설명이 의미하는 시공 관계자는?

> 건축물과 설비, 공작물이 설계 도서대로 시공되는지 여부를 확인 감독하는 자

① 건축주
② 시공자
③ 설계자
④ 감리자

해설 **건축주**는 건축물의 건축, 대수선, 건축 설비의 설치 또는 공작물의 축조에 관한 공사를 발주하거나, 현장 관리인을 두어 스스로 그 공사를 행하는 자이고, **시공자**는 법의 규정에 의한 건설 공사를 행하는 자이며, **설계자**는 자기 책임하에 (보조자의 조력을 받는 경우를 포함) 설계 도서를 작성하고, 그 설계 도서에 의도한 바를 해설하며 지도·자문하는 자이다.

05 다음과 같은 특징을 갖는 시멘트의 종류는?

> • 수화 속도를 지연시켜 수화열을 작게 한 시멘트이다.
> • 건축용 매스콘크리트에 사용된다.

① 백색 포틀랜드 시멘트
② 조강 포틀랜드 시멘트
③ 중용열 포틀랜드 시멘트
④ 초조강 포틀랜드 시멘트

해설 ①항의 **백색 포틀랜드 시멘트**는 공정이 간단하고 생산량이 많으며, 가장 일반적으로 사용되는 시멘트이고, ②항의 **조강 포틀랜드 시멘트**는 원료 중 규산3칼슘의 함유량이 많아 보통포틀랜드 시멘트에 비해 경화가 빠르고, 조기 강도가 높은 시멘트이며, ④항의 **초조강 포틀랜드 시멘트**는 조강포틀랜드 시멘트보다 조기 강도를 더욱 높인 시멘트이다.

06 다음 중 건축 공사에서 가장 먼저 이루어져야 하는 사항은?

① 토공사
② 가설 공사
③ 공사 착공 준비
④ 지정 및 기초공사

해설 건축 공사의 순서는 ① **공사 착공 준비** → ② **가설 공사** → ③ 토공사 → ④ **지정 및 기초 공사** → ⑤ 구조체 공사(벽, 기둥, 바닥, 보, 지붕 등) → ⑥ 방수 및 방습 공사 → ⑦ 지붕 및 홈통 공사 → ⑧ 외벽 마무리 공사 → ⑨ 창호 공사 → ⑩ 내부 마무리 공사(천정, 벽, 바닥 등)의 순이다.

07 강구조의 주각 부분에 사용되지 않는 것은?

① 클립 앵글   ② 사이드 앵글
③ 윙 플레이트   ④ 데크 플레이트

해설 **철골 구조의 주각부**는 기둥이 받는 내력을 기초에 전달하는 부분으로 **윙 플레이트**(힘의 분산을 위함), 베이스 플레이트(힘을 기초에 전달함), 기초와의 접합을 위한 리브플레이트, **클립 앵글, 사이드 앵글** 및 앵커 볼트 등이 있고, **데크 플레이트**는 얇은 강판에 골 모양을 내어 만든 금속 재료로서 지붕이기, 벽 널, 콘크리트 바닥이나 거푸집의 대용으로 사용하거나, **강판을 구부려 강성을 높여 철골 구조의 바닥용 콘크리트 치기에 사용**된다.

08 철근콘크리트 구조에서 하중의 전달순서로 가장 알맞은 것은?

① 기초→기둥→작은 보→큰 보→슬래브
② 큰 보→작은 보→기둥→슬래브→기초
③ 슬래브→작은 보→큰 보→기둥→기초
④ 슬래브→큰 보→작은 보→기둥→기초

해설 철근콘크리트 구조에서 **하중의 전달 순서**를 보면, 슬래브 → 작은 보 → 큰 보 → 기둥 → 기초의 순이다.

09 내열성, 내한성이 우수한 수지로 −60~260℃의 범위에서는 안정하고 탄성을 가지며 내후성 및 내화학성 등이 우수하여 접착제, 도료로서 사용되는 열경화성 수지는?

① 아크릴 수지
② 실리콘 수지
③ 염화비닐 수지
④ 폴리에틸렌 수지

해설 **아크릴 수지**는 투명성, 유연성, 내후성, 내화학 약품성이 우수하여 도료와 시멘트 혼화재료로 이용되는 수지이고, **염화비닐 수지**는 전기 절연성, 내약품성이 양호하여 필름, 시트, 파이프, 지붕재, 벽재, 수지 시멘트에 사용되는 수지이며, **폴리에틸렌 수지**는 상온에서 유연성이 크고, 취화 온도는 −60℃ 이하, 내충격성도 일반 플라스틱의 5배 정도이다. 내화학 약품성, 전기 절연성, 내수성이 양호하여 방수, 방습 시트, 포장 필름, 전선 피복, 일용 잡화에 사용된다.

10 턴키(turn key) 도급 방식에 관한 설명으로 가장 알맞은 것은?

① 공사비의 총액을 확정하여 계약하는 도급 방식
② 공사의 모든 요소를 포괄하여 계약하는 도급 방식
③ 공사의 실비를 건축주와 도급자가 확인 정산하는 방식
④ 공사금액을 구성하는 물공량 또는 단위공사 부분에 대한 단가만을 확정하고 공사 완료시 실수량에 따라 정산하는 방식

해설 ①항은 **정액 도급**, ③항은 **실비정산(청산) 보수가산 도급**, ④항은 **단가 도급**에 대한 설명이다.

11 건축제도에서 치수선, 치수보조선 등의 표시에 사용되는 선의 종류는?

① 굵은 실선
② 가는 실선
③ 일점쇄선
④ 이점쇄선

해설 실선의 전선은 단면선·외형선, **실선의 가는선은 치수선·치수보조선·인출선·지시선·해칭선에 사용**하고, 파선은 물체가 보이지 않는 부분, 일점쇄선의 가는선은 중심축·대칭축, 일점쇄선의 반선은 절단 위치·경계선에 사용하며, 이점쇄선은 물체가 있는 가상 부분 또는 일점쇄선과 구분하는 경우에 사용한다.

12 건축 도면의 글자에 관한 설명으로 옳지 않은 것은?

① 숫자는 아라비아숫자를 원칙으로 한다.
② 문장은 왼쪽에서부터 가로쓰기를 원칙으로 한다.
③ 글자체는 수직 또는 15° 경사에 명조체로 쓰는 것을 원칙으로 한다.
④ 글자의 크기는 각 도면의 상황에 맞추어 알아보기 쉬운 크기로 한다.

해설 건축 도면의 글자체는 **고딕체로 수직 또는 15° 경사**로 쓰는 것을 원칙으로 한다.

13 다음은 건축 도면의 방향에 관한 설명이다. ( ) 안에 알맞은 것은?

평면도, 배치도 등은 ( )을 위로 하여 작도함을 원칙으로 한다.

① 동　　　　② 서
③ 남　　　　④ 북

해설 건축 도면의 방향에 있어서 평면도, 배치도 등은 **북쪽을 위로 하여 작도함을 원칙**으로 한다.

14 다음 설명에 알맞은 품질관리 도구는?

서로 대응하는 데이터를 그래프 용지 위에 점으로 나타낸 그림으로 두 변수간 상관관계를 파악할 수 있다.

① 층별　　　　② 산점도
③ 파레토도　　④ 특성요인도

해설 **층별**은 집단을 구성하고 있는 많은 데이터를 어떤 특징에 따라 몇 개의 부분 집단으로 나누는 것이고, **파레토도**는 불량, 결점, 고장 등의 발생 건수(또는 손실 금액)를 분류 항목별로 나누어 크기의 순서대로 나열한 그림이며, **특성요인도**는 결과에 원인이 어떻게 관계하고 있는가를 한눈에 알 수 있도록 작성한 그림으로 공정 중의 문제나 하자 분석할 때 사용한다.

15 콘크리트 혼화제 중 AE제의 사용 효과에 관한 설명으로 옳지 않은 것은?

① 작업성이 향상된다.
② 재료 분리가 감소된다.
③ 동결융해 저항 성능이 향상된다.
④ 콘크리트의 압축 강도가 높아진다.

해설 콘크리트의 혼화제 중 **AE제를 첨가**하는 경우에는 **강도**(압축 강도, 인장 강도, 휨 강도 및 부착 강도 등)**가 낮아지는 현상이 발생**한다.

16 금속재료 중 동(Cu)에 관한 설명으로 옳지 않은 것은?

① 열 및 전기 전도율이 크다.
② 전연성이 풍부하며 가공이 용이하다.
③ 황동은 동(Cu)과 아연(Zn)을 주체로 한 합금이다.
④ 내알칼리성이 우수하여 시멘트에 접하는 곳에 사용이 용이하다.

해설 구리는 암모니아 등의 알칼리성 용액에는 침식이 잘 되고, 진한 황산에는 용해가 잘 되므로 **내알칼리성이 매우 약하여 시멘트에 접하는 곳에 사용이 곤란하다.**

17 건물의 부동침하 원인과 가장 거리가 먼 것은?

① 연약층   ② 경사지반
③ 일부지정   ④ 건물의 경량화

해설 부동침하의 원인에는 **연약층**, **경사 지반**, 이질 지층, 낭떠러지, 일부 증축, 지하수위 변경, 지하 구멍, 메운땅 흙막이, 이질 지정 및 **일부 지정** 등이 있고, **건물의 경량화**는 연약 지반에 대한 대책 중 상부 구조와의 관계이다.

18 다음의 공정표에서 CP(critical path)는?

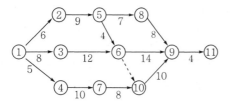

① 1 − 3 − 6 − 9 − 11
② 1 − 2 − 5 − 6 − 9 − 11
③ 1 − 2 − 5 − 8 − 9 − 11
④ 1 − 4 − 7 − 10 − 9 − 11

해설 CP(Critical Path)는 개시 결합점에서 종료 결합점에 이르는 가장 긴 패스이다.
①항은 8+12+14+4=38일, ②항은 6+9+4+14+4=37일, ③항은 6+9+7+8+4=34일, ④항은 5+10+8+10+4=37일이다. 그러므로 CP(Critical Path)는 ①항이다.

19 다음 설명에 알맞은 창호 철물은?

• 자재 여닫이문을 열면 저절로 닫히게 하는 장치이다.
• 보통 정첩으로 유지할 수 없는 무거운 자재문에 사용된다.

① 도어 행거
② 도어 스톱
③ 플로어 힌지
④ 나이트 래치

해설 ①항의 **도어 행거**는 접문 등 문 상부에서 달아매는 철물이고, ②항의 **도어 스톱**은 여닫이문이나 장지를 고정하는 철물이며, ④항의 **나이트 래치**는 실내에서는 열쇠 없이 열고, 밖에서는 열쇠가 있어야만 열 수 있는 장치가 있는 자물쇠이다.

20 포틀랜드 시멘트의 안정성 측정에 사용되는 시험 방법은?

① 브레인법
② 비카 시험법
③ 길모어 시험법
④ 오토클레이브 팽창도 시험법

해설 ①항의 **브레인법(KS L 5106)**은 시멘트의 분말도 시험, ②항의 **비카 시험법(KS L 5108)**과 ③항의 **길모어 시험법(KS L 5103)**은 시멘트의 응결 시험에 사용하는 시험법이다.

제2과목 **조적, 미장, 타일 시공 및 재료**

21 다음 설명에 알맞은 타일 붙임 공법에 사용되는 용어는?

거푸집에 전용 시트를 붙이고, 콘크리트 표면에 요철을 부여하여 모르타르가 파고 들어가는 것에 의해 박리를 방지하는 공법

① MCR 공법
② 깔개 붙임 공법
③ 마스크 붙임 공법
④ 개량압착 붙임 공법

해설 **깔개 붙임 공법**은 바닥에 타일을 펴서 붙이는 공법이고, **마스크 붙임 공법**은 유닛화된 50mm 각

이상의 타일 표면에 모르타르 도포용 마스크를 덧대어 붙임 모르타르를 바르고 마스크를 바깥에서부터 바탕면에 타일을 바닥에 누름하여 붙이는 공법이다. **개량압착 붙임 공법**은 먼저 시공된 모르타르의 바탕면에 붙임 모르타르를 도포하고, 모르타르가 부드러운 경우에 타일 속면에도 같은 모르타르를 도포하여 벽 또는 바닥 타일을 붙이는 공법이다.

22 보강 블록 공사에 관한 설명으로 옳지 않은 것은?

① 살두께가 작은 편을 위로 하여 쌓는다.
② 치장줄눈을 할 때에는 흙손을 사용하여 줄눈이 완전히 굳기 전에 줄눈파기를 한다.
③ 개구부 상하부의 가로근을 양측 벽부에 묻을 때의 정착길이는 $40d$ 이상으로 한다.
④ 보강 블록조와 라멘구조가 접하는 부분은 보강 블록조를 먼저 쌓고 라멘구조를 나중에 시공한다.

해설 보강 블록 공사에서 **블록의 살두께가 두꺼운 면을 위로 하여** 쌓아야 하는 이유는 보강 콘크리트를 넣을 경우에 큰 골재의 삽입이 쉽게 하기 위함이다.

23 벽돌 쌓기 공사에서 쌓기 벽돌과 콘크리트 구체 사이에 충전되는 모르타르를 무엇이라 하는가?

① 깔 모르타르　② 붙임 모르타르
③ 줄눈 모르타르　④ 안채움 모르타르

해설 **깔 모르타르**는 벽돌 쌓기에서 쌓기면에 미리 깔아 놓은 모르타르 혹은 벽돌을 바닥에 붙일 경우의 바탕에 까는 모르타르이고, **붙임 모르타르**는 얇은 벽돌을 붙이기 위해 바탕 모르타르 또는 벽돌 안쪽 면에 사용하는 접착용 모르타르이며, **줄눈 모르타르**는 벽돌의 줄눈에 벽돌을 상호 접착하기 위해 사용되는 모르타르이다.

24 벽체에 떠붙이기 타일붙임 시 붙임용 시멘트 모르타르의 표준 배합(용적비)은? (단, 시멘트 : 모래)

① 1 : 1~1 : 2
② 1 : 3~1 : 4
③ 1 : 4~1 : 5
④ 1 : 5~1 : 6

해설 압착 붙이기와 판형 붙이기는 1 : 1~2, 개량압착 붙이기는 1 : 2~2.5 정도이다.

25 석고 플라스터 바름 미장 공사에 관한 설명으로 옳지 않은 것은?

① 정벌바름은 재벌바름이 반쯤 건조된 후 실시한다.
② 경화된 석고 플라스터는 물을 넣고 다시 반죽하여 사용한다.
③ 초벌바름이 시멘트 모르타르 바름인 경우에는 2주 이상 양생한다.
④ 재벌바름의 표면은 정벌바름하기 위하여 평탄하게 해야 하며, 적당한 거친면이 되도록 한다.

해설 석고 플라스터의 반죽된 재료는 모래에 수분이 있으므로 섞은 후 2시간 이내에 사용하여야 하고, **경화된 석고 플라스터는 재반죽하여 사용하지 않아야** 한다.

26 타일 공사의 바탕만들기에 관한 설명으로 옳은 것은? (단, 모르타르 바탕)

① 바닥면은 구배를 두어서는 안 된다.
② 바탕고르기 모르타르를 바를 때 2회에 나누어서 바르지 않는다.
③ 바름두께가 20mm 이상일 경우에는 1회에 15mm 이하로 하여 나무흙손으로 눌러 바른다.
④ 타일 붙임면의 바탕면은 평탄하게 하고, 바탕면의 평활도는 바닥의 경우 3m당 ±3mm로 한다.

해설 ① 바닥면은 물고임이 없도록 구배를 유지, 1/100을 넘지 않도록 한다.
② 바탕 고르기 모르타르를 바를 때에는 타일의 두께와 붙임 모르타르의 두께를 고려하여 2회에 나누어서 바른다.
③ 바름두께가 10mm 이상일 경우에는 1회에 10mm 이하로 하여 나무흙손으로 눌러 바른다.

27 5m²의 바닥에 크기가 300×300mm인 모자이크 유닛형 타일을 붙일 경우 소요되는 타일의 정미수량은?

① 50장
② 56장
③ 65장
④ 71장

해설 모자이크 유닛형 타일의 소요 정미량을 보면, 300mm×300mm(0.09m²)이므로 1m²당 11.11매가 소요되고, 할증률을 3%를 적용한다.
∴ 정미 소요량=11.11×5=55.55≒56장

28 다공질 벽돌에 관한 설명으로 옳지 않은 것은?

① 방음, 흡음성이 좋다.
② 현장에서 절단 및 가공을 할 수 없다.
③ 강도가 약해 구조용으로는 사용이 곤란하다.
④ 점토에 톱밥, 겨, 탄가루 등을 혼합, 소성한 것이다.

해설 다공질 벽돌(원료인 점토에 톱밥이나 분탄 등의 불에 탈 수 있는 가루를 혼합하여 성형, 소성한 벽돌)은 비중이 1.5정도로서 보통 벽돌의 비중 2.0보다 작고, **톱질(절단), 가공 및 못박기가 가능**하며, 단열, 방음성 등이 있으나, 강도는 약하다.

29 벽타일 붙이기 공법 중 압착 붙이기에 관한 설명으로 옳지 않은 것은?

① 벽면의 위에서 아래로 붙여 나간다.
② 타일의 1회 붙임 면적은 2m² 이하로 한다.

③ 붙임 시간은 모르타르 배합 후 15분 이내로 한다.
④ 붙임 모르타르의 두께는 5~7mm를 표준으로 한다.

해설 타일의 1회 붙임 면적은 모르타르의 경화속도 및 작업성을 고려하여 1.2m² 이하로 한다. 벽면의 위에서 아래로 붙여 나가며, 붙임 시간은 모르타르 배합 후 15분 이내로 한다.

30 콘크리트 바탕의 바닥에 시멘트 모르타르 정벌바름 시 표준 바름두께는?

① 12mm
② 15mm
③ 18mm
④ 24mm

해설 바름두께의 표준(단위 : mm)

바탕	바름부분	바름두께				
		초벌 및 라스먹임	고름질	재벌	정벌	합계
콘크리트, 콘크리트 블록 및 벽돌면	바닥	–	–	–	24	24
	내벽	7	–	7	4	18
	천장	6	–	6	3	15
	차양	6	–	6	3	15
	바깥벽	9	–	9	6	24
	기타	9	–	9	6	24
각종 라스 바탕	내벽	라스 두께보다 2mm 내외 두껍게 바른다.	7	7	4	18
	천장		6	6	3	15
	차양		6	6	3	15
	바깥벽		0~9	0~9	6	24
	기타		0~9	0~9	6	24

(주) 1) 바름두께 설계 시에는 작업 여건이나 바탕, 부위, 사용용도에 따라서 재벌두께를 정벌로 하여 재벌을 생략하는 등 바름두께를 변경할 수 있다. 단, 바닥은 정벌두께를 기준으로 하고, 각종 라스바탕의 바깥벽 및 기타 부위는 재벌 최대 두께인 9mm를 기준으로 한다.
2) 바탕면의 상태에 따라 ±10%의 오차를 둘 수 있다.

31 다음 그림과 같은 블록의 명칭은?

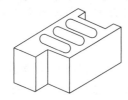

① 반블록　　　　② 인방블록
③ 창쌤블록　　　　④ 창대블록

해설 블록의 명칭은 다음과 같다.

명칭	반블록	인방블록	창대블록
블록의 형태			

32 보강 블록조에서 내력벽의 벽량은 최소 얼마 이상으로 하는가?

① 10cm/m^2　　　② 15cm/m^2
③ 20cm/m^2　　　④ 25cm/m^2

해설 **보강 블록조 내력벽의 벽량**(내력벽 길이의 총 합계를 그 층의 건물면적으로 나눈 값, 즉 단위 면적에 대한 내력벽의 비)은 보통 **15cm/m^2 이상**으로 하고, 내력벽의 양이 증가할수록 횡력에 대한 힘이 커지므로 큰 건축물일수록 벽량을 증가시켜야 한다.

33 건축공사표준시방서에 따라 미장 공사에서 다음과 같이 정의되는 용어는?

> 바르기의 접합부 또는 균열의 틈새, 구멍 등에 반죽된 재료를 밀어 넣어 때워 주는 것

① 고름질　　　　② 덧먹임
③ 규준바름　　　④ 라스먹임

해설 **고름질**은 바름두께 또는 바름두께가 두꺼울 때 혹은 요철이 심할 때 초벌 바름 위에 발라 붙여 주는 것 또는 그 바름층이고, **규준바름**은 미장바름 시 바름면의 규준이 되기도 하고, 규

준대 고르기에 닿은 면이 되기 위해 기준선에 맞춰 미리 둑 모양 혹은 덩어리 모양으로 발라 놓은 것 또는 바르는 작업이며, **라스먹임**은 메탈 라스 또는 와이어 라스 등의 바탕에 모르타르 등을 최초로 발라 붙이는 것이다.

34 시멘트 모르타르 바름에서 배합용적비 1 : 4로 1m^{3}의 시멘트 모르타르를 만들 때 필요한 시멘트량은? (단, 할증률 포함)

① 320kg
② 385kg
③ 510kg
④ 680kg

해설 모르타르 배합비별 재료량

배합비	1 : 1	1 : 2	1 : 3	1 : 4	1 : 5
시멘트(kg)	1,093	680	510	385	320

35 그림과 같이 마름질한 벽돌의 모양을 무엇이라 하는가? (실선부분)

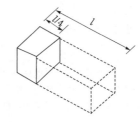

① 반절
② 반반절
③ 칠오토막
④ 이오토막

해설 벽돌의 가공

㉮ 온장

㉯ 칠오토막

㉰ 반토막

㉱ 이오토막

㉲ 반절

㉳ 반반절

36 타일의 접착력 시험에 관한 설명으로 옳지 않은 것은?

① 시험은 타일 시공 후 4주 이상일 때 실시한다.

② 타일의 접착력 시험은 $600m^2$당 한 장씩 시험한다.

③ 시험결과의 판정은 타일 인장 부착강도가 0.2MPa 이상이어야 한다.

④ 시험할 타일은 먼저 줄눈 부분을 콘크리트면까지 절단하여 주위의 타일과 분리시킨다.

해설 타일의 접착력 시험에 있어서 시험 결과의 판정은 **타일 인장 부착강도가 0.39MPa 이상**이어야 한다.

37 미장용 소석회, 모래, 해초풀, 여물 등을 주재료로 하는 기경성 미장 재료는?

① 회반죽
② 석고 플라스터
③ 시멘트 모르타르
④ 돌로마이트 플라스터

해설 **석고 플라스터**는 소석고 또는 경석고를 주원료로 한 미장 재료이고, **시멘트 모르타르**는 시멘트, 모래와 물을 섞어 만든 미장 재료이며, **돌로마이트 플라스터**는 돌로마이트 석회, 모래, 여물, 때로는 시멘트를 혼합한 미장 재료이다.

38 벽돌 쌓기에 관한 설명으로 옳지 않은 것은?

① 세로줄눈은 통줄눈이 되지 않도록 한다.

② 가로 및 세로줄눈의 너비는 10mm를 표준으로 한다.

③ 하루의 쌓기 높이는 1.5m(22켜 정도)를 표준으로 한다.

④ 도면 또는 공사시방서에서 정한 바가 없을 때에는 영식 쌓기 또는 화란식 쌓기로 한다.

해설 벽돌 쌓기에 있어서 하루의 쌓기 높이는 1.2m(18켜 정도)를 표준으로 하고, 최대 1.5m(22켜 정도) 이하로 한다.

39 돌로마이트 플라스터 바름 공사에 관한 설명으로 옳지 않은 것은?

① 바름작업 중에는 될 수 있는 대로 통풍을 피하는 것이 좋다.

② 고름질은 초벌바름면의 물걷기를 보고 면에 얼룩이 없도록 고르게 바른다.

③ 실내온도가 10℃ 이하일 때는 공사를 중단하거나 난방하여 10℃ 이상으로 유지한다.

④ 초벌바름에 균열이 없을 때에는 고름질한 후 7일 이상 두어 고름질면의 건조를 기다려 균열이 발생하지 아니함을 확인한 다음 재벌바름한다.

해설 **돌로마이트 플라스터 바름** 공사에서 **실내 온도가 5℃ 이하일 때에는 공사를 중단**하거나 **난방하여 5℃ 이상으로 유지**한다. 정벌바름 후 난방할 때는 바름면이 오염되지 않도록 주의한다. 또한, 실내를 밀폐하지 않고, 가열과 동시에 환기하여 바름면이 서서히 건조되도록 한다.

40 석재의 성인에 의한 분류 중 화성암에 속하는 것으로만 구성된 것은?

① 사문석, 반석, 석회암
② 점판암, 사암, 안산암
③ 화강암, 대리석, 응회암
④ 화강암, 안산암, 섬록암

해설 화성암의 종류에는 **심성암**(암장이 지표의 깊은 곳으로부터 서서히 냉각되어 굳어진 것으로 **화강암, 섬록암**, 반려암 등)과 화산암(지구 표면에 암장이 유출되어 갑자기 냉각, 응고된 것으로 **안산암**(휘석, 각섬, 운모, 석영 안산암)과 석영, 조면암 등)이 있다. 석회암은 유기적 퇴적암, 점판암과 사암은 쇄설성 수성암, 대리석은 수성암계의 변성암이다.

제3과목 안전 관리

41 건설 재해의 특징이 아닌 것은?

① 재해의 발생 형태가 다양하다.
② 재해 발생 시 중상을 입거나 사망하게 된다.
③ 복합적인 재해가 동시에 자주 발생한다.
④ 위험의 감지가 어렵다.

해설 건설 재해의 특징은 발생의 형태가 다양하고, 중상을 입거나, 사망의 위험이 있으며, 복합적으로 동시에 발생한다. 특히, **위험의 감지가 쉽다.** 즉, 대책에 만전을 기하면 안전하다.

42 소화 능력이 이산화탄소 소화기보다 2.5배 이상 강하여 전기기계·기구 등의 화재를 소화하는 데 매우 우수한 소화기는?

① 포말 소화기
② 분말 소화기
③ 산·알칼리 소화기
④ 할론가스 소화기

해설 **포말 소화기**는 탄산수소나트륨과 황산알루미늄을 혼합하여 반응하면 거품을 발생하여 방사하는 거품은 이산화탄소를 내포하고 있으므로 냉각과 질식 작용에 의해 소화하는 소화기이고, **분말 소화기**는 미세한 분말을 이용한 소화기로서 냉각 작용(열분해), 질식 작용(불연성 가스와 수증기) 및 억제 작용(연쇄 반응 정지)에 의해 소화하는 소화기이며, **산·알칼리 소화기**는 탄산수소나트륨의 수용액과 용기 내의 황산을 봉입한 앰플을 유지하고 있으며, 누름 금구에 충격을 가함으로써 황산 앰플이 파괴되어 중화 반응으로 인한 이산화탄소에 의해 소화하는 소화기이다.

43 화재가 일어나기 위한 연소의 3요소에 해당하지 않는 것은?

① 연료   ② 온도
③ 공기   ④ 점화원

해설 화재 연소의 3요소에는 **연료(가연물), 공기(산소)** 및 **점화원** 등이 있고, 3요소에 연쇄 반응을 합하여 연소의 4요소라고 한다.

44 재해 다발 요인 중 관리 감독자 측의 책임에 속하지 않는 것은?

① 작업 조건   ② 소질, 성격
③ 환경에 미적응   ④ 기능 미숙, 무지

해설 재해 다발 요인 중 **관리 감독자 측의 책임**에는 **작업 조건, 환경의 미적응, 기능 미숙과 무지** 등이 있다.

45 목재 가공용 회전대패, 띠톱기계의 위험점은?

① 끼임점(shear point)
② 물림점(nip point)
③ 절단점(cutting point)
④ 협착점(squeeze point)

해설 **끼임점**(shear point)은 움직임이 없는 고정 부분과 회전 동작 부분이 만드는 위험점이고, **물림점**(nip point)은 회전하는 2개의 회전체의 물려 들어갈 위험점이며, **협착점**(squeeze point)는 움직임이 없는 고정 부분과 왕복 운동을 하는 기계 부품 사이에 생기는 위험점이다.

46 재해 조사의 방법으로 틀린 것은?

① 객관적 입장에서 조사한다.
② 책임을 추궁하여 같은 사고가 되풀이 되지 않도록 한다.
③ 재해 발생 즉시 조사한다.
④ 현장 상황은 기록으로 보존한다.

해설 재해 조사의 방법 중 **책임 추궁보다 재발 방지**를 우선으로 하는 기본적인 태도를 갖고, 조사는 2인 이상으로 한다.

47 드라이버의 사용 시 유의사항에 대한 설명 중 틀린 것은?

① 드라이버 손잡이는 청결을 유지한다.
② 전기 작업 시 절연 손잡이로 된 드라이버를 사용한다.
③ 작업물을 확실히 고정시킨 후 작업한다.
④ 처음부터 끝까지 힘을 한 번에 주어 조인다.

해설 드라이버 사용 시 **처음에는 작은 힘을** 가하여 조이고, **점진적으로 큰 힘을** 가하여 조인다.

48 건축재료 취급 시 안전대책으로 거리가 먼 것은?

① 통로나 물건 적치 금지장소에는 적치하지 않는다.

② 재료를 바닥판 끝단에 둘 때에는 끝단과 직각이 되도록 한다.

③ 재료는 한 곳에 집중적으로 쌓아 안전 공간을 되도록 넓게 확보한다.

④ 길이가 다르거나 이형인 것을 혼합하여 적치하지 않는다.

해설 작업장 내에 재료 보관 장소의 설치는 특기시방서에 기재한 것 외에는 필요에 따라 **담당원의 승인을 받아** 설치한다.

49 건설 공사장의 각종 공사의 안전에 대해 설명한 내용 중 틀린 것은?

① 기초 말뚝시공 시 소음, 진동을 방지하는 시공법을 수립한다.

② 지하를 굴착할 경우 지층상태, 배수상태, 붕괴위험도 등을 수시로 점검한다.

③ 철근을 용접할 때는 거푸집의 화재에 주의한다.

④ 조적 공사를 할 때는 다른 공정을 중지시켜야 한다.

해설 조적 공사를 할 때 **다른 공정도 진행이 가능**하다.

50 가연성 액체의 화재에 사용되며, 전기기계·기구 등의 화재에 효과적이고, 소화한 뒤에도 피해가 적은 것은?

① 산·알칼리 소화기

② 강화액 소화기

③ 이산화탄소 소화기

④ 포말 소화기

해설 **산·알칼리 소화기**는 탄산수소나트륨의 수용액과 용기 내의 황산을 봉입한 앰플을 유지하고 있으며, 누름 금구에 충격을 가함으로써 황산 앰플이 파괴되어 중화 반응으로 인한 이산화탄소에 의해 소화하는 소화기이고, **강화액 소화기**는 강화액(탄산칼륨 등의 수용액을 주성분으로 하며 강한 알칼리성(pH 12 이상)으로 비중은 1.35/15℃ 이상의 것)을 사용하는 소화기로 축압식, 가스가압식 및 반응식 등이 있으며, **포말 소화기**는 탄산수소나트륨과 황산알루미늄을 혼합하여 반응하면 거품을 발생하여 방사하는 거품은 이산화탄소를 내포하고 있으므로 냉각과 질식 작용에 의해 소화하는 소화기이다.

51 보안경이 갖추어야 할 일반적인 조건으로 옳지 않은 것은?

① 견고하게 고정되어 쉽게 움직이지 않아야 한다.

② 내구성이 있어야 한다.

③ 소독이 되어 있고 세척이 쉬워야 한다.

④ 보안경에 적용하는 렌즈에는 도수가 없어야 한다.

해설 **보안경**(차광 보호, 유리 보호, 플라스틱 보호 및 **도수렌즈 보호용**)은 근시, 원시 또는 난시인 근로자가 빛이나 비산물 및 기타 유해물로부터 눈을 보호함과 동시에 시력 교정을 위한 것으로 **렌즈에 도수가 있어야 한다.**

52 인간공학적 안전의 설정방법 중 인간 또는 기계에 과오나 동작상의 실수가 있어도 안전사고를 발생시키지 않도록 2중 또는 3중으로 통제를 가하도록 한 체계는 무엇인가?

① 페일-세이프티

② 록 시스템

③ 시퀀스 제어

④ 피드백 제어

[해설] 록 시스템은 기계에는 interlock system, 사람에게는 intralock system, 기계와 사람 사이에 translock system을 두어 불안전한 요소에 대하여 통제를 가하는 제어이고, **시퀀스 제어**(sequential control)는 미리 정하여진 순서에 따라 제어의 각 단계를 차례로 진행시키는 제어로서 신호는 한 방향으로만 전달되는 제어이며, **피드백 제어**(feedback control)는 폐회로를 형성하여 출력신호를 입력신호로 되돌아 오도록 하는 제어로서 입력과 출력을 비교하는 장치가 있다.

53 분진이 많은 장소에서 일하는 사람이 걸리기 쉬운 병은?

① 폐렴　　　　　② 폐암
③ 폐수종　　　　④ 진폐증

[해설] **부유 분진에 의한 병증**에는 진폐증, 중독, 피부 및 점막의 장해, 알레르기성 질환, 암, 전염성 질환 등이 있으나, **진폐증의 위험에 가장 많이 노출**되어 있다.

54 타박, 충돌, 추락 등으로 피하조직 또는 근육부를 다친 상해를 의미하는 것은?

① 좌상　　　　　② 자상
③ 창상　　　　　④ 절상

[해설] **자상**은 스스로 자기 몸을 해하는 행위로 칼처럼 끝이 뾰족하고 날카로운 기구에 찔린 상처이고, **창상**(베임)은 창과 칼에 베인 상태이며, **절상**은 신체 부위가 절단된 상태이다.

55 연평균 근로자 수가 440명인 공장에서 1년간에 사상자 수가 4명 발생하였을 경우 연천인율은?

① 4.26　　　　　② 5.9
③ 9.1　　　　　④ 13.6

[해설] 연천인율은 1년간 평균 근로자 1,000명당 재해 발생 건수를 나타내는 통계로서 즉, 연천인율$=\dfrac{\text{사상자의 수}}{\text{연평균 근로자의 수}}\times1,000$이다. 그런데, 사상

자의 수는 4명, 연평균 근로자의 수는 440명이므로 연천인율$=\dfrac{4}{440}\times1,000=9.09≒9.1$이다. 연천인율 9.1의 의미는 1년간 근로자 1,000명당 9.1건의 재해가 발생하였다는 의미이다.

56 알고는 있으나 그대로 실천하지 않는 사람을 위해 실시하는 교육은?

① 안전 지식 교육
② 안전 기능 교육
③ 안전 태도 교육
④ 안전 관리 교육

[해설] **안전 교육의 3단계**
① **안전 지식 교육**(제1단계) : 강의, 시청각 교육을 통한 지식의 전달과 이해의 교육
② **안전 기능 교육**(제2단계) : 시범, 실습, 현장 실습 교육 및 견학을 통한 이해와 경험의 교육
③ **안전 태도 교육**(제3단계) : 생활지도, 작업 동작지도 등을 통한 안전의 습관화 교육

57 근로자 200명의 A공장에서 1일 8시간씩 1년간 300일을 작업하는 동안 1일 이상의 재해자가 12건이 발생하였다. 도수율은?

① 1.5
② 2.5
③ 25
④ 120

[해설] 도수율은 100만 시간을 기준으로 한 재해 발생 건수의 비율로, 빈도율이라고도 한다. 즉, 도수(빈도)율$=\dfrac{\text{재해 발생 건수}}{\text{근로 총시간 수}}\times1,000,000$이다. 그런데, 재해 발생 건수는 12건, 근로 총시간 수는 $200\times8\times300=480,000$ 시간이다. 그러므로,

도수(빈도)율$=\dfrac{\text{재해 발생 건수}}{\text{근로 총시간 수}}\times1,000,000$

$=\dfrac{12}{480,000}\times1,000,000=25$

즉, 도수(빈도)율이 25란 100만 시간당 25건의 재해가 발생하였다는 의미이다.

58 안전·보건표지의 색채 중 정지신호, 소화설비 및 그 장소, 유해행위의 금지 등을 의미하는 것은?

① 빨간색　　　② 녹색
③ 흰색　　　　④ 노란색

해설 안전·보건표지의 색채, 색도 기준 및 용도

색채	색도	용도	사용 예
빨간색	7.5R 4/14	금지	정지신호, 소화설비 및 그 장소, 유해행위의 금지
		경고	화학물질 취급 장소에서의 유해·위험 경고
노란색	5Y 8.5/12	경고	화학물질 취급 장소에서의 유해·위험 경고, 이외의 위험 경고, 주의표지 또는 기계방호물
파란색	2.5PB 4/10	지시	특정 행위의 지시 및 사실의 고지
녹색	2.5G 4/10	안내	비상구 및 피난소, 사람 또는 차량의 통행표지
흰색	N 9.5		파란색 또는 녹색에 대한 보조색
검은색	N 0.5		문자 및 빨간색 또는 노란색에 대한 보조색

59 다음 보기의 사고 예방 대책 기본원리를 순서대로 나열한 것은?

[보기]
㉠ 조직　　㉡ 분석
㉢ 시정책의 적용　㉣ 사실의 발견
㉤ 시정책의 선정

① ㉠ - ㉤ - ㉣ - ㉡ - ㉢
② ㉠ - ㉣ - ㉡ - ㉤ - ㉢
③ ㉠ - ㉢ - ㉣ - ㉡ - ㉤
④ ㉠ - ㉡ - ㉢ - ㉤ - ㉣

해설 사고 예방 대책 기본원리의 5단계는 **제1단계**(안전 조직) → 제2단계(사실의 발견) → 제3단계(분석 및 평가) → 제4단계(시정 정책의 선정) → 제5단계(시정 정책의 적용 및 사후 처리 등)의 단계이다.

60 인간과 기계의 상대적인 기능 중 기계의 기능에 해당되는 것은?

① 융통성이 없다.
② 회수의 신뢰도가 낮다.
③ 임기응변을 할 수 있다.
④ 원칙을 적용하여 다양한 문제를 해결한다.

해설 인간과 기계의 상대적인 기능 중 **기계의 기능**은 **융통성이 없고**, 회수의 신뢰도가 높으며, 임기응변을 할 수 없다. 특히, 원칙을 적용하나 다양한 문제를 해결하기 어렵다.

제1과목 건축 일반

01 네트워크 공정표에 사용되는 기호에 관한 설명으로 옳지 않은 것은?

① EST : 작업을 시작하는 가장 빠른 시각
② LFT : 작업을 가장 늦게 개시하여도 좋은 시각
③ CP : 개시 결합점에서 종료 결합점에 이르는 가장 긴 패스
④ TF : 빠른 개시 시각에 시작하여 가장 늦은 종료 시각으로 완료할 때 생기는 여유 시간

해설 LFT(Latest Finishing Time)는 공사 기간에 영향이 없는 범위에서 **작업을 가장 늦게 종료하여도 좋은 시각을 의미**하고, 작업을 가장 늦게 시작하여도 좋은 시각은 LST(Latest Starting Time)이다.

02 다음 설명에 알맞은 도급 계약 방식은?

- 공사 전부를 한 도급자에게 맡겨 현장 시공 업무 일체를 일괄하여 시행하는 방식이다.
- 원도급자가 하도급에 의해 시공시키고 감독하여 완성하므로 하도급된 금액이 낮아져 공사가 조잡해질 우려가 있다.

① 정액 도급
② 분할 도급
③ 일식 도급
④ 공동 도급

해설 일식 도급은 공사 전부를 한 도급자에게 맡겨 현장 시공 업무를 일괄하여 시행하는 방식으로 원도급자가 하도급자에 의해 시공시키고, 감독하여 완성하므로 하도급된 금액이 낮아져 공사가 조잡해질 우려가 있는 도급 방식이다.

03 철근콘크리트 구조에서 철근의 정착 위치에 관한 설명으로 옳지 않은 것은?

① 바닥 철근은 보 또는 벽체에 정착한다.
② 보의 주근은 기둥 또는 큰 보에 정착한다.
③ 지중보의 주근은 기초 또는 기둥에 정착한다.
④ 기둥의 주근은 큰 보 또는 작은 보에 정착한다.

해설 기둥의 주근은 기초에 정착시키고, 작은 보의 주근은 큰 보에 정착시킨다.

04 설계에 있어서 각 요소의 형태와 끝맺음을 실제 치수로 기재한 것 또는 시공도면에 있어서 실제의 치수로 그려진 도면으로서 특수한 구조 부분, 세밀한 공작을 요하는 부분, 재료상 시공이 난해한 부분 등에 쓰이는 도면은?

① 현치도
② 기초도
③ 축조도
④ 전개도

해설 현치도는 설계에 있어서 각 요소의 형태와 끝맺음을 실제 치수로 기재한 것 또는 시공 도면에 있어서 실제의 치수로 그려진 도면으로서 특수한 구조 부분, 세밀한 공작을 요하는 부분, 재료상 난해한 부분 등에 쓰이는 도면이다.

05 목구조에서 목재의 접합에 관한 설명으로 옳지 않은 것은?

① 접합부는 응력이 큰 위치에 둔다.

② 접합부는 되도록 철물로 보강하여 튼튼하게 한다.

③ 같은 용도의 접합법 중에서 간단한 것을 선택한다.

④ 정확한 가공을 하여 힘의 전달이 원활하도록 한다.

해설 목구조의 목재 접합에 있어서 접합부는 **응력이 작은 위치에 둔다.**

06 다음 도료 중 내알칼리성이 가장 우수한 것은?

① 유성 페인트

② 유성 바니시

③ 초산비닐 도료

④ 알키드수지 에나멜

해설 유성 페인트, 유성 바니시 및 알키드수지 에나멜 등은 **내알칼리성이 약하므로** 모르타르, 콘크리트 및 플라스터 등에 사용하지 못하나, **초산비닐 도료**는 약알칼리에 견디기 때문에 **내알칼리성이 우수하다.**

07 A4 제도 용지의 크기로 알맞은 것은?

① 420×594mm

② 297×420mm

③ 210×297mm

④ 148×210mm

해설 A4 용지의 크기는 210mm×297mm이다.

08 건축 제도에서 원칙으로 하는 치수의 단위는?

① μm   ② mm

③ cm   ④ m

해설 건축 제도에 있어서 **치수의 단위는 mm를 기준**으로 한다.

09 철근콘크리트 구조에서 철근과 콘크리트의 부착력 증가 방법과 가장 거리가 먼 것은?

① 피복 두께를 감소시킨다.

② 철근의 주장을 증가시킨다.

③ 원형 철근보다는 이형 철근을 사용한다.

④ 압축 강도가 높은 콘크리트를 사용한다.

해설 **철근과 콘크리트의 부착력을 증대**시키기 위해서는 철근의 주장을 증가시키고, 이형 철근을 사용하며, 압축 강도가 높은 콘크리트를 사용한다. 특히, **피복 두께를 증대**시킨다.

10 다음 중 지반 조사의 목적과 가장 관계가 먼 것은?

① 지내력 측정

② 지하 수위 측정

③ 기초 파기 방법 결정

④ 건물의 마감 재료 결정

해설 지반 조사의 목적에는 지내력의 측정, 지하 수위의 측정 및 기초 파기 방법의 결정 등이 있으나, **건물의 마감 재료 결정과는 무관**하다.

11 목구조 건물의 뼈대 세우기 순서로 가장 알맞은 것은?

① 기둥 → 층도리 → 인방보 → 큰 보

② 기둥 → 인방보 → 층도리 → 큰 보

③ 기둥 → 큰 보 → 층도리 → 인방보

④ 기둥 → 인방보 → 큰 보 → 층도리

해설 목구조 건물의 **뼈대 세우기 순서는 기둥 → 인방보 → 층도리 → 큰 보**의 순이다.

12 콘크리트의 워커빌리티 측정 방법에 속하지 않는 것은?

① 비비 시험

② 슬럼프 시험

③ 비카트 시험

④ 다짐 계수 시험

해설 콘크리트의 워커빌리티 측정 방법에는 슬럼프 시험, 비비 시험, 다짐 계수 시험, 플로 시험, 리몰딩 시험, 낙하 시험 및 구관입 시험 등이 있고, 비카트 시험은 시멘트의 응결 시험에 사용된다.

13 작업 성능이나 동결 융해 저항 성능의 향상을 목적으로 사용하는 콘크리트 혼화제는?

① AE제
② 기포제
③ 촉진제
④ 방청제

해설 AE제는 콘크리트의 작업 성능이나 동결 융해의 저항 성능의 향상을 목적으로 사용되는 혼화제이고, 기포제는 기포 콘크리트의 제조에 사용하며, 촉진제는 경화를 촉진하고, 방청제는 철근의 부식을 방지하는 혼화제이다.

14 도면에 치수를 기입하는 방법에 관한 설명으로 옳지 않은 것은?

① 치수는 특별히 명시하지 않는 한, 마무리 치수로 표시한다.
② 치수 기입은 치수선 중앙 윗부분에 기입하는 것이 원칙이다.
③ 치수선의 양 끝 표시는 화살 또는 점으로 표시할 수 있으나, 같은 도면에서 2종을 혼용하지 않는다.
④ 치수 기입은 치수선에 평행하게 도면의 왼쪽에서 오른쪽으로, 위로부터 아래로 읽을 수 있도록 기입한다.

해설 도면의 치수 기입은 치수선에 평행하게 도면의 왼쪽에서 오른쪽으로, **아래에서 위로 읽을 수 있도록 기입**한다.

15 목구조의 가새에 관한 설명으로 옳지 않은 것은?

① 가새의 경사는 45°에 가까울수록 유리하다.

② 가새와 샛기둥의 접합부는 가새를 조금 따내고 못으로 접합한다.
③ 목조 벽체를 수평력에 견디게 하고 안정한 구조로 하기 위해 사용한다.
④ 주요 건물에서는 한 방향 가새로만 하지 않고 X자형으로 하여 인장·압축을 겸비하도록 한다.

해설 가새와 샛기둥의 접합에 있어서 샛기둥을 조금 따내고 못으로 접합하며, 가새는 절대로 따내지 않는 것이 원칙이다.

16 시멘트의 발열량을 저감시킬 목적으로 제조한 시멘트로 주로 매스 콘크리트용으로 사용되는 것은?

① 백색 포틀랜드 시멘트
② 보통 포틀랜드 시멘트
③ 조강 포틀랜드 시멘트
④ 중용열 포틀랜드 시멘트

해설 중용열 포틀랜드 시멘트는 시멘트의 발열량을 저감시킬 목적으로 사용하고, 주로 댐공사, 매스 콘크리트용으로 사용하는 시멘트이다.

17 철골 공사의 용접 접합에 관한 설명을 옳지 않은 것은?

① 소음 발생이 적다
② 접합부의 검사가 쉽다.
③ 구멍에 의한 부재 단면의 결손이 없다.
④ 용접공의 숙련도에 따라서 품질이 좌우된다.

해설 철골 공사에서 용접 접합은 소음 발생이 적고, 부재의 단면 결손이 없으며, 용접공의 숙련도에 따라 품질이 좌우된다. 특히, **접합부의 검사가 어려운 단점**이 있다.

18 실제 거리 20m는 축척 1/200의 도면에서 얼마로 표시되는가?

① 1cm   ② 10cm
③ 20cm   ④ 100cm

해설 도면의 길이=실제의 길이×축척

$$=20,000mm×\frac{1}{200}=100mm=10cm$$

19 실내용 전면 접착 공법의 아스팔트 방수 공사에서 1층 방수층에 사용되는 것은?

① 아스팔트
② 스트레치 루핑
③ 아스팔트 루핑
④ 아스팔트 프라이머

해설 실내용 전면 접착 공법(A-InF)에는 2가지의 종류가 있다.

층수	실내용 전면 접착 공법-1	실내용 전면 접착 공법-1
제1층	아스팔트 프라이머(0.4kg/m²)	
제2층	아스팔트(2kg/m²)	
제3층	스트레치 루핑	아스팔트 루핑
제4층	아스팔트(1.5kg/m²)	
제5층	스트레치 루핑	아스팔트 루핑
제6층	아스팔트(2.1kg/m²)	
보호 및 마감층	현장 타설 콘크리트, 시멘트 모르타르, 콘크리트 블록, 아스팔트 콘크리트	

20 콘크리트의 워커빌리티에 관한 설명으로 옳지 않은 것은?

① AE제는 워커빌리티의 개선 효과가 있다.
② 이상 응결을 나타낸 시멘트는 워커빌리티를 현저하게 약화시킨다.
③ 일반적으로 부배합의 경우가 빈배합의 경우보다 워커빌리티가 좋다.
④ 단위 수량을 증가시킬수록 배합이 용이하고 재료 분리가 발생하지 않으므로 워커빌리티가 좋아진다.

해설 콘크리트의 워커빌리티에 있어서 단위 수량이 증가할수록 배합은 용이하나, 재료 분리가 발생하므로 워커빌리티가 나빠진다.

제2과목 **조적, 미장, 타일 시공 및 재료**

21 벽타일 접착 붙이기에서 접착제의 1회 바름 면적은 최대 얼마 이하로 하는가?

① 1m²
② 2m²
③ 3m²
④ 4m²

해설 벽 타일 접착 붙이기에 있어서 접착제의 1회 바름 면적은 2m² 이내로 하여야 한다.

22 기경성 미장 재료에 속하는 것은?

① 회반죽
② 킨스 시멘트
③ 석고 플라스터
④ 시멘트 모르타르

해설 킨스 시멘트, 석고 플라스터 및 시멘트 모르타르는 수경성(물과 화합하여 굳어지는 성질) 재료이고, 회반죽은 기경성(공기 중의 이산화탄소와 화합하여 굳어지는 성질)의 미장 재료이다.

23 보강 블록 공사에 관한 설명으로 옳지 않은 것은?

① 살 두께가 큰 편을 위로 하여 쌓는다.
② 벽 세로근에서 그라우트 및 모르타르의 세로 피복 두께는 20mm 이상으로 한다.
③ 가로근은 그와 동등 이상의 유효 단면적을 가진 블록 보강용 철망으로 대신 사용할 수 있다.
④ 보강 블록조와 라멘 구조가 접하는 부분은 라멘 구조를 먼저 시공하고 보강 블록조를 나중에 쌓는다.

해설 보강 블록 공사에 있어서 보강 블록조와 라멘 구조가 접하는 부분은 보강 블록조를 먼저 시공하고, 라멘 구조를 나중에 시공한다.

24 시멘트 모르타르 바름 미장 공사에서 콘크리트 바탕의 바깥벽 초벌의 표준 바름 두께는?

① 3mm　　　② 5mm

③ 7mm　　　④ 9mm

해설 시멘트 모르타르 바름 미장 공사에서 콘크리트 바탕의 바깥벽 초벌의 표준 두께는 9mm이다.

25 미장 공사 중 석고 플라스터 바름에 관한 설명으로 옳지 않은 것은?

① 바름 작업 중에는 될 수 있는 한 통풍을 방지한다.

② 정벌 바름은 재벌 바름이 반쯤 건조된 후 실시한다.

③ 석고 보드 바탕의 초벌 바름은 혼합 석고 플라스터만을 사용한다.

④ 초벌 바름의 경우 혼합 석고 플라스터는 물을 가한 후 2시간 이상 경과한 것은 사용하지 않는다.

해설 석고 보드 및 석고 라스 보드의 초벌 바름은 보드용 플라스터만을 사용한다.

26 석고계 셀프 레벨링재 바닥 바름 공사에 관한 설명으로 옳지 않은 것은?

① 실러 바름은 셀프 레벨링재를 바르기 2시간 전에 완료한다.

② 석고계 셀프 레벨링재는 욕실 등 물을 사용하는 실내에서만 사용한다.

③ 경화 후 이어치기 부분의 돌출 부분은 연마기로 갈아서 평탄하게 한다.

④ 합성수지 에멀션 실러는 지정량의 물로 균일하고 묽게 반죽해서 사용한다.

해설 석고계 셀프 레벨링계는 석고에 모래, 각종 혼화제(유동화제, 경화 지연제 등)를 혼합하고, 자체 평탄성이 있어야 하며, **물이 닿지 않는 실내에서만 사용**한다. 내수성을 개선하기 위하여 고분자 에멀션을 혼합한다.

27 조적 공사에서 창문틀의 좌우에 붙여 쌓아 창문틀과 잘 물리게 된 특수 블록은?

① 선틀 블록　　　② 경량 블록

③ 인방 블록　　　④ 창대 블록

해설 선틀 블록은 블록 공사에서 창문틀의 좌우에 붙여 쌓아 창문틀과 잘 물리게 되는 특수 블록이다.

28 벽돌 구조에서 각 층의 대린벽으로 구획된 벽에서 개구부의 폭의 합계는 그 벽 길이의 최대 얼마 이하로 하여야 하는가?

① 1/2　　　② 1/3

③ 1/5　　　④ 1/6

해설 벽돌 구조에서 각 층의 대린벽으로 구획된 벽에서 **개구부 폭의 합계**는 그 벽 길이의 최대 **1/2 이하**로 하여야 한다.

29 벽돌 쌓기에 관한 설명으로 옳지 않은 것은?

① 세로 줄눈은 통줄눈이 되지 않도록 한다.

② 하루의 쌓기 높이는 1.2m를 표준으로 한다.

③ 벽돌 쌓기는 도면 또는 공사 시방서에서 정한 바가 없을 때에는 프랑스식 쌓기로 한다.

④ 가로 및 세로 줄눈의 너비는 도면 또는 공사 시방서에서 정한 바가 없을 때에는 10mm를 표준으로 한다.

해설 벽돌 쌓기는 도면 또는 공사 시방서에서 정하는 바가 없을 경우에는 영국식 쌓기 또는 네덜란드식(화란식)으로 한다.

30 시멘트 모르타르 바름 미장 공사에서 배합용적비 1:3으로 1m³의 시멘트 모르타르를 만들고자 할 때 요구되는 시멘트량은?

① 320kg　　　② 385kg

③ 510kg　　　④ 680kg

해설 모르타르 1m³ 제작용 시멘트의 소요량

배합비	1:1	1:2	1:3	1:5	1:7
시멘트의 양 (kg)	1,026	683	510	344	244

31 건축 공사 표준 시방서에 따른 욕실 바닥에 요구되는 타일의 품질로 옳지 않은 것은?

① 줄눈 폭 : 4mm

② 재질 : 자기질

③ 두께 : 5mm 이상

④ 크기 : 200×200mm 이상

해설 건축 공사 표준 시방서에서 욕실 바닥에 요구되는 타일의 품질은 재질은 자기질, 줄눈 폭은 4mm, 크기는 200mm×200mm, **두께는 7mm 이상이어야 한다.**

32 다음은 벽타일 붙임 공법 중 떠붙이기에 관한 설명이다. ( ) 안에 알맞은 것은?

> 타일 뒷면에 붙임 모르타르를 바르고 빈 틈이 생기지 않게 바탕에 눌러 붙인다. 붙임 모르타르의 두께는 ( )를 표준으로 한다.

① 3~5mm   ② 5~8mm

③ 8~12mm   ④ 12~24mm

해설 벽타일 붙임 공법 중 떠붙이기에 있어서 타일 뒷면에 붙임 모르타르를 바르고, 빈 틈이 생기지 않게 바탕에 눌러 붙인다. **붙임 모르타르의 두께는 12~24mm를 표준으로 한다.**

33 미장 공사에서 콘크리트 바탕의 조건으로 옳지 않은 것은?

① 미장 바름을 지지하는데 필요한 강도와 강성이 있어야 한다.

② 콘크리트는 타설 후 28일 이상 경과한 다음 균열, 재료 분리, 과도한 요철 등이 없어야 한다.

③ 설계 변경, 기타의 요인으로 바름 두께가 커져서 손질 바름의 두께가 10mm를 초과할 때는 철망 등을 긴결시켜 콘크리트를 덧붙여야 한다.

④ 콘크리트의 이어치기 또는 타설 시간의 차이로 이어친 부분에서 누수의 원인이 될 우려가 있는 곳은 적절한 방법으로 미리 방수 처리를 한다.

해설 설계 변경, 기타의 요인으로 바름 두께가 커져서 손질 바름의 두께가 **25mm를 초과할 때는** KS D7017에 규정한 **철망 등을 긴결시켜 콘크리트를 덧붙여 친다.**

34 다음은 타일 공사 중 치장 줄눈에 관한 설명이다. ( ) 안에 알맞은 내용은?

> 타일을 붙이고 ( )이 경화한 후 줄눈파기를 하여 줄눈 부분을 충분히 청소하며, 24시간이 경과한 뒤 붙임 모르타르의 경화 정도를 보아, 작업 직전에 줄눈 바탕에 물을 뿌려 습윤케 한다.

① 1시간   ② 2시간

③ 3시간   ④ 5시간

해설 타일 공사의 줄눈에 있어서 타일을 붙이고 **3시간이 경화한 후** 줄눈 파기를 하여 줄눈 부분을 충분히 청소하며, 24시간이 경과한 뒤 붙임 모르타르의 경화 정도를 보아, 작업 직전에 줄눈 바탕에 물을 뿌려 습윤케 한다.

35 벽돌 공사에서 벽돌의 수량 산정 시 사용되는 할증률이 옳게 연결된 것은?

① 붉은 벽돌 : 2%, 시멘트 벽돌 : 5%

② 붉은 벽돌 : 5%, 시멘트 벽돌 : 2%

③ 붉은 벽돌 : 3%, 시멘트 벽돌 : 5%

④ 붉은 벽돌 : 5%, 시멘트 벽돌 : 3%

해설 벽돌 공사에 있어서 **벽돌의 할증률은 붉은 벽돌은 3%, 시멘트 벽돌은 5% 정도이다.**

36 벽돌 공사에서 치장 줄눈용 모르타르의 표준 용적 배합비(잔골재/결합재)는?

① 0.5~1.5　　② 1.5~2.5

③ 2.5~3.0　　④ 3.0~3.5

해설 벽돌 공사에서 **치장 줄눈용 모르타르의 표준 용적 배합비**(잔골재/결합재)는 0.5~1.5 정도이다.

37 타일 공사에서 타일의 줄눈이 잘 맞추어 지도록 의도적으로 수직·수평으로 설치한 줄눈은?

① 치줄눈　　② 신축 줄눈

③ 통로 줄눈　　④ 치장 줄눈

해설 ① **치줄눈**이란 거푸집 면에 타일을 단체로 깔개 붙임을 할 경우에 타일 줄눈 부위에 설치하는 발포 플라스틱제 가줄눈이다.
② **신축 줄눈**이란 압출 성형 시멘트 판이나 A.L.C 패널 상호 간의 줄눈이다.
④ **치장 줄눈**이란 벽돌이나 시멘트 블록의 벽면을 제치장으로 할 때, 줄눈을 곱게 발라 마무리하는 줄눈을 의미한다.

38 바름 두께 또는 마감 두께가 두꺼울 때 혹은 요철이 심할 때 초벌 바름 위에 발라 붙여주는 것 또는 그 바름층으로 정의되는 용어는?

① 눈먹임　　② 덧먹임

③ 고름질　　④ 마름질

해설 ① **눈먹임**: 인조석 갈기 또는 테라조 현장 갈기의 갈아내기 공정에 있어서 작업면의 종석이 빠져나간 구멍 부분 및 기포를 메우기 위하여 그 배합에서 종석을 제외하고 반죽한 것을 작업면에 발라 밀어 넣어 채우는 것
② **덧먹임**: 바르기의 접합부 또는 균열의 틈새, 구멍 등에 반죽된 재료를 밀어넣어 때워 주는 것
④ **마름질**: 목재의 소요의 모양과 치수로 먹줄 넣기에 따라 자르거나, 오려내는 것

39 블록 공사에 사용되는 자재의 운반, 취급 및 저장에 관한 설명으로 옳지 않은 것은?

① 골재는 종류별로 구분하여 저장한다.
② 블록의 적재 높이는 1.6m를 한계로 한다.
③ 조금이라도 응고한 시멘트는 사용해서는 안 된다.
④ 철근은 직접 지면에 접촉하여 규격별, 종류별로 구분하여 저장한다.

해설 블록 공사에서 **철근은 직접 지면에 접촉하여 저장하지 않고**, 우수에 접하지 않도록 하며, 흙, 기름 등에 오염되지 않도록 하여야 한다. 특히, 규격별, 종류별로 구분하여 저장한다.

40 면적이 5m²인 벽체에 한 변이 길이가 300mm인 정사각형 타일을 붙이려고 한다. 필요한 타일의 정미 수량은?(단, 줄눈 폭을 3mm로 하는 경우)

① 45장　　② 50장

③ 55장　　④ 60장

해설 한 변의 길이가 300mm인 정사각형 타일을 줄눈 3mm로 붙임을 하는 경우, 1m²당 11매가 소요되므로 정미 소요량은 11매$/m^2 \times 5m^2 = 55$매 이다.

제3과목 안전 관리

41 재해율 중 도수율을 구하는 식으로 옳은 것은?

① $\dfrac{\text{손실 일수}}{\text{연 근로 시간 수}} \times 1,000$

② $\dfrac{\text{재해 발생 건수}}{\text{연 근로 시간 수}} \times 1,000$

③ $\dfrac{\text{재해 발생 건수}}{\text{연 근로 시간 수}} \times 1,000,000$

④ $\dfrac{\text{손실 일수}}{\text{연 근로 시간 수}} \times 10,000$

해설 도수율 $= \dfrac{\text{재해 발생 건수}}{\text{연 근로 시간 수}} \times 1,000,000$이다.

42 인간과 기계의 상대적 기능 중 인간이 기계를 능가하는 기능이 아닌 것은?

① 어떤 종류의 매우 낮은 수준의 시각, 청각, 촉각, 후각, 미각 등의 자극을 감지하는 기능

② 예기치 못한 사건들을 감지하는 기능

③ 연역적으로 추리하는 기능

④ 원칙을 적용하여 다양한 문제를 해결하는 기능

해설 기계가 인간의 능력을 능가하는 기능에는 **연역적으로 추리하는 기능**, 인간과 기계의 모니터 기능 및 장기간 중량 작업을 할 수 있는 기능 등이 있다.

43 다음 중 소화 시 물을 사용하는 이유로 가장 적합한 것은?

① 취급이 간단하다.

② 산소를 흡수한다.

③ 기화열에 의해 열을 탈취한다.

④ 공기를 차단한다.

해설 소화 시에 물을 사용하는 이유는 물이 **기화열에 의해 열을 탈취**하기 때문이다.

44 다음 중 장갑을 끼고 할 수 있는 작업은?

① 용접 작업   ② 드릴 작업

③ 연삭 작업   ④ 선반 작업

해설 용접 작업은 장갑을 끼고 작업할 수 있으나, 회전 작업(드릴 작업, 연삭 작업 및 선반 작업 등)은 장갑을 끼고 작업할 수 없다.

45 다음의 보기는 하인리히(Heinrich H. W.)의 산업 재해의 발생 원인들이다. 재해의 발생 요인을 순차적으로 나열한 것은?

```
                    [보기]
ⓐ 불안전 행동, 상태
ⓑ 재해
ⓒ 개인적 결함
ⓓ 유전적, 사회적 환경
ⓔ 사고
```

① ⓐ → ⓓ → ⓒ → ⓔ → ⓑ

② ⓓ → ⓐ → ⓒ → ⓑ → ⓔ

③ ⓓ → ⓒ → ⓐ → ⓔ → ⓑ

④ ⓓ → ⓒ → ⓐ → ⓑ → ⓔ

해설 하인리히의 재해 발생 요인은 유전적, 사회적 환경(개인의 성격과 특성) → **개인적 결함**(전문 지식 부족과 신체적, 정신적 결함) → **불안전 행동, 상태**(안전 장치의 미흡과 안전 수칙의 미준수) → **사고**(인적 및 물적 사고) → **재해**(사망, 부상, 건강 장애, 재산 손실)의 순으로 이루어진다.

46 높은 곳에서 작업할 때 유의 사항이 아닌 것은?

① 조립, 해체, 수선 등의 순서나 준비는 숙련공이 한다.

② 사다리에 의하여 높은 곳을 올라갈 때는 손에 물건을 쥐고 올라가지 않는다.

③ 재료, 기구 등을 올릴 때나, 내릴 때 가까운 위치에서는 작업 효율을 높이기 위해 던진다.

④ 작업상 불가피할 때를 제외하고는 양손을 자유롭게 쓸 수 있도록 한다.

해설 높은 곳에서 작업할 때, 재료, 기구 등을 올릴 때나, 내릴 때 **가까운 위치라고 하더라도 던져서는 아니된다.**

47 재해 조사에서의 가장 중요한 목적은?

① 책임을 추궁하기 위해

② 원인을 정확하게 알기 위해

③ 통계를 위한 자료 수집을 위해

④ 피해 보상을 위해

해설 재해 조사의 목적은 원인을 정확하게 알기 위함이다.

48 다음 중 브레인 스토밍(brain storming)의 4원칙과 가장 거리가 먼 것은?

① 자유 분방   ② 대량 발언

③ 수정 발언   ④ 예지 훈련

해설 브레인 스토밍의 4원칙에는 자유 분방(마음대로 자유로이 발표), 대량 발언(무엇이든 좋으며, 많이 발언), 수정 발언(타인의 생각에 동참하거나, 보충 발언) 및 비판 금지(남의 의견을 비판하지 않는 발언) 등이 있고, **예지 훈련과는 무관**하다.

49 다음 피로의 원인 중 환경 조건에 속하지 않는 것은?

① 온도 및 습도
② 조도 및 소음
③ 공기 오염 및 유독 가스
④ 식사 및 자유 시간

해설 **피로의 원인 중 환경 조건**에는 온도 및 습도, 조도 및 소음, 공기 오염 및 유독 가스 등이 있고, **식사 및 자유 시간과는 무관**하다.

50 사고 예방 대책의 기본 원리 5단계에 속하지 않는 것은?

① 안전 관리 조직 ② 사실의 발견
③ 분석 평가　　　④ 예비 점검

해설 **사고 예방 대책의 기본 원리 5단계**에는 **안전 관리의 조직**, **사실의 발견**, 원인 규명을 위한 **분석 평가**, 시정 방법의 선정 및 목표 달성을 위한 시정책의 적용 등이 있고, **예비 점검과는 무관**하다.

51 C급 화재(전기 화재)가 발생되었다. 사용하기에 부적당한 소화기는?

① 포말 소화기
② 이산화탄소 소화기
③ 할론(halon) 가스 소화기
④ 분말 소화기

해설 C급 화재(전기 화재)에 사용하는 소화기에는 이산화탄소 소화기, 할론 가스 소화기 및 분말 소화기 등을 사용하고, **포말 소화기는 일반 화재에 사용**한다.

52 안전모를 구성하는 재료의 성질과 조건으로 옳지 않은 것은?

① 쉽게 부식하지 않아야 한다.
② 피부에 해로운 영향을 주지 않아야 한다.
③ 내열성, 내한성 및 내수성을 가져야 한다.
④ 모체의 표면은 명도가 낮아야 한다.

해설 안전모를 구성하는 재료의 성질 중 **모체의 표면**은 안전하도록 하기 위하여 **명도가 높아야 한다**.

53 다음 중 방독 마스크의 정화통과 색의 조합이 옳지 않은 것은?

① 할로겐용 방독 마스크의 정화통 : 회색
② 황화수소용 방독 마스크의 정화통 : 회색
③ 암모니아용 방독 마스크의 정화통 : 녹색
④ 유기화합물용 방독 마스크의 정화통 : 백색

해설 방독 마스크의 정화통과 색의 조합에서 **유기화합물용 마스크의 정화통**은 갈색이고, 복합의 정화통은 해당 가스 모두 표시하며, 겸용의 정화통은 백색과 해당 가스 모두 표시한다.

54 안전 조직의 3가지 유형에 해당되지 않는 것은?

① 라인식 조직
② 스태프식 조직
③ 리더식 조직
④ 라인 스태프식 조직

해설 안전 조직의 3가지 유형에는 라인식 조직, 스태프식 조직 및 라인 앤 스탭식 조직 등이 있고, **리더식 조직과는 무관**하다.

55 다음 중 대패질의 자세와 요령으로 옳지 않은 것은?

① 부재의 왼쪽에 서서 내디딘 왼쪽 발에 체중을 싣는다.
② 몸 전체를 뒤로 당기면서 대패질한다.
③ 손가락이 대패 밑바닥보다 더 내려가게 하여 대패질한다.
④ 대패를 사용하지 않을 때는 옆으로 세워 놓는다.

해설 대패질의 자세와 요령에서 손가락이 대패 밑바닥보다 더 내려가지 않게 대패질을 한다.

56 산업 재해 중 협착에 대해 옳게 설명한 것은?

① 사람이 정지물에 부딪힌 상태
② 사람이 물건에 끼인 상태
③ 사람이 평면상으로 넘어진 상태
④ 사람이 물건에 맞은 상태

해설 산업 재해 중 **협착**은 사람이 물건에 끼인 상태를 의미하고, ①항은 **충돌**, ③항은 **전도**, ④항은 **비래**에 대한 설명이다.

57 평균 근로자 수가 200명이고 1년 동안 발생한 재해자 수가 10명이라면 연천인율은?

① 20　　　　② 30
③ 40　　　　④ 50

해설
$$연천인율 = \frac{재해자\ 수}{평균\ 근로자\ 수} \times 1,000$$
$$= \frac{10}{200} \times 1,000 = 50$$

58 산업 재해 예방 대책 중 불안전한 상태를 줄이기 위한 방법으로 옳은 것은?

① 쾌적한 작업 환경을 유지하여 근로자의 심리적 불안감을 해소한다.
② 기계 설비 등의 구조적인 결함 및 작업 방법의 결함을 제거한다.
③ 안전 수칙을 잘 준수하도록 한다.
④ 근로자 상호 간에 불안전한 해동을 지적하여 이해시킨다.

해설 산업 재해의 예방 대책 중 **불완전한 상태를 줄이기 위한 방법**으로는 기계 설비 등의 구조적인 결함 및 작업 방법의 결함을 제거한다.

59 장기간 동안 단순 반복 작업 시 안전 수칙으로 옳은 것은?

① 작업 속도와 작업 강도를 늘린다.
② 물체를 잡을 때는 손가락의 일부분만 이용한다.
③ 팔을 구부리고 작업할 때에는 가능한 한 몸에 가깝게 한다.
④ 손목은 항상 힘을 주어 경직도를 유지한다.

해설 장기간 동안 단순 작업 시 안전 수칙은 **작업 속도와 강도를 줄이고**, **물체를 잡을 때에는 손가락의 전부를 사용**하며, **손목은 힘을 빼어 유연성**을 유지한다.

60 다음 중 조명 설계에 필요한 조건이 아닌 것은?

① 작업대의 밝기보다 주위의 밝기를 더 밝게 할 것
② 광원이 흔들리지 않을 것
③ 보통 상태에서 눈부심이 없을 것
④ 작업대와 그 바닥에 그림자가 없을 것

해설 조명 설계에 있어서 광원이 흔들리지 않고, 눈부심이 없으며, 작업대와 그 바닥에 그림자가 없어야 한다. 특히, **작업대의 밝기를 주위의 밝기보다 더 밝게 할 것**

기능장
과년도
출제문제

부록 Ⅱ · CBT 기출복원문제

2023년 6월 24일 시행

> 2023년 기능장 기출문제는 CBT로 시행되었으며, 수험생의 기억에 의해 복원된 문제이므로 실제 시험문제와 상이할 수 있습니다.

01 건축제도 용지에서 A4용지의 크기는 A0 용지 크기의 몇 배인가?

① 1/3
② 1/4
③ 1/5
④ 1/6

해설 제도용지

㉠ 제도용지의 크기 및 여백 (단위 : mm)

제도지	$a \times b$	c (최소)	d(최소) 철하지 않을 때	d(최소) 철할 때	제도지 절단
A0	841×1,189				전지
A1	594×841	10			2절
A2	420×594				4절
A3	297×420			25	8절
A4	210×297	5			16절
A5	148×210				32절
A6	105×148				64절

*a : 도면의 가로 길이
b : 도면의 세로 길이
c : 테두리선과 도면의 우측, 상부 및 하부 외곽과의 거리
d : 테두리선과 도면의 좌측 외곽과의 거리

㉡ 제도용지의 크기 : $An = A0 \times \left(\dfrac{1}{2}\right)^n$ 이다.

여기서, n : 제도용지의 치수이다.

• 제도용지의 표기가 짝수인 경우 : 제도용지의 크기를 산정하는 경우에는 A0 용지의 몇 분의 일인가를 확인하고, 면적은 길이의 제곱이므로 길이의 몇 분의 일인가를 확인한다.
그리고 A0 용지의 크기 841mm×1,189mm

에서 1mm를 감한 후 길이를 나눈다.

예를 들면, A4의 크기는 $An = A0 \times \left(\dfrac{1}{2}\right)^n$ 에서 $n = 4$이므로 A0의 1/16, 즉 길이의 1/4이다.

그러므로 $(841-1)/4 = 210$mm,
$(1,189-1)/4 = 297$mm이다.

• 제도용지의 표기가 홀수인 경우 : A3의 경우 A0의 1/8이므로 1/2×1/4에서 작은 변의 1/2, 큰 변의 1/4이다.

02 건축제도 시 일점쇄선으로 표현되는 것은?

① 단면선
② 중심선
③ 치수선
④ 상상선

해설 선의 종류와 용도

종류		용도	굵기(mm)
실선	점선	단면선, 외형선, 파단선	굵은 선 (0.3~0.8)
	가는 선	치수선, 치수 보조선, 인출선, 지시선, 해칭선	가는 선 (0.2 이하)
허선	파선	물체의 보이지 않는 부분	중간선 (점선 1/2)
	1점쇄선	중심선(중심축, 대칭축)	가는 선
		절단선, 경계선, 기준선	중간선
	2점쇄선	물체가 있는 가상 부분(상상선), 1점쇄선과 구분	중간선 (점선 1/2)

03 건축 도면의 치수에 관한 설명으로 옳지 않은 것은?

① 치수는 특별히 명시하지 않는 한 마무리 치수로 표시한다.

② 치수 기입은 치수선 중앙 윗부분에 기입하는 것이 원칙이다.

③ 협소한 간격이 연속될 때에는 인출선을 사용하여 치수를 쓴다.

④ 치수 기입은 치수선에 평행하게 도면의 왼쪽에서 오른쪽으로, 위로부터 아래로 읽을 수 있도록 기입한다.

해설 도면의 치수 기입은 치수선에 평행하게 도면의 왼쪽에서 오른쪽으로, **아래에서 위로** 읽을 수 있도록 기입한다.

04 계획 설계도에 속하지 않는 것은?

① 구상도　　　② 동선도

③ 전개도　　　④ 조직도

해설 **계획 설계도**는 설계도면의 종류 중에서 가장 먼저 이루어지는 도면으로 **구상도, 조직도, 동선도**, 면적 도표 등이 있고, 이를 바탕으로 실시 설계도(일반도, 구조도 및 설비도)가 이루어지며 그 후에 시공도가 작성된다. **실시 설계도**에는 일반도(배치도, 평면도, 입면도, 단면도, **전개도**, 창호도, 현치도, 투시도 등), 구조도(기초 평면도, 바닥틀 평면도, 지붕틀 평면도, 골조도, 배근도, 기초·기둥·보·바닥판, 일람표, 각부 상세도 등) 및 설비도(전기, 위생, 냉·난방, 환기, 승강기, 소화 설비도 등) 등이 있다.

05 축척 1/50 도면에서의 10cm는 실제길이가 몇 m인가?

① 20m　　　② 5m

③ 2m　　　④ 0.5m

해설 축척 $\dfrac{1}{50}$의 의미는 실제의 크기를 $\dfrac{1}{50}$로 줄여서 작게 그린다는 의미이므로 실제의 길이=도면상의 길이÷축척=100mm÷$\dfrac{1}{50}$=5,000mm=5m

06 다음 중 결원아치는?

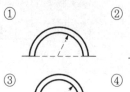

해설 ①항과 ④항은 반원아치에 속한다.

07 블록구조의 종류 중에서 철근콘크리트 구조의 칸막이벽으로 블록을 쌓는 것은?

① 조적식 블록조

② 장막벽블록조

③ 보강블록조

④ 거푸집블록조

해설 ① 조적식 블록조 : 블록을 단순히 모르타르를 사용하여 쌓아 올린 것으로 상부에서 오는 힘을 직접 받아 기초에 전달하며, 1, 2층 정도의 소규모 건축물에 적합하다.

② **장막벽블록조** : 주체 구조체(철근 콘크리트조나 철골 구조 등)에 블록을 쌓아 벽을 만들거나, 단순히 칸을 막는 정도로 쌓아 **상부에서의 힘을 직접 받지 않는 벽(비내력벽, 장막벽, 커튼월)**으로 라멘 구조체의 벽에 많이 사용한다.

③ 보강블록조 : 블록의 빈속에 철근과 콘크리트를 부어 넣은 것으로서 수직하중·수평하중에 견딜 수 있는 구조로 가장 이상적인 블록구조로 4~5층의 대형 건물에도 이용한다.

④ 거푸집블록조 : ㄱ자형, ㄷ자형, T자형, ㅁ자형 등으로 살 두께가 얇고 속이 없는 블록을 콘크리트의 거푸집으로 사용하고, 블록 안에 철근을 배근하여 콘크리트를 부어 넣어 벽체를 만든 것이다.

08 무량판 구조라고도 하며, 건물의 외부 보를 제외하고는 내부에는 보 없이 바닥판만으로 구성하고, 그 하중은 직접 기둥에 전달하는 철근콘크리트 바닥판 구조형식은?

① 벽식 구조　　　② 플랫슬래브 구조

③ 라멘 구조　　　④ 셸 구조

해설 ① **벽식 구조** : 기둥이나 들보를 뼈대로 하여 만들어진 건축물에 대하여 기둥이나 들보가 없이 벽과 마루로서 건물을 조립하는 건축 구조이다.
③ **라멘 구조** : 수직 부재인 기둥과 수평 부재인 보, 슬래브 등의 뼈대를 강접합하여 하중에 대하여 일체로 저항하도록 하는 구조 또는 구조 부재의 절점, 즉 결합부가 강절점으로 되어 있는 골조로서 인장재, 압축재 및 휨재가 모두 결합된 형식으로 된 구조이다. 특히, 강접합된 기둥과 보는 함께 이동하고, 함께 회전하므로 수직하중에 대해서 뿐만 아니라 같은 수평하중(바람이나 지진 등)에 대해서도 큰 저항력을 가진다.
④ **셸 구조** : 입체적으로 휘어진 면구조이며, 이상적인 경우에는 부재에 면내 응력과 전단 응력만이 생기고 휘어지지 않는 구조이다.

09 경량콘크리트에 대한 설명이다. 옳지 않은 것은?

① 일반적으로 기건 단위 용적중량이 4.5 이하의 것을 말한다.
② 자중이 작아서 건물 중량이 경감된다.
③ 내화성이 크고 열전도율이 적으며 방음 효과가 크다.
④ 시공이 번거롭고 재료처리가 필요하다.

해설 **경량 콘크리트**는 콘크리트의 무게를 감소시킬 목적으로 경량 골재를 사용한 콘크리트로서, **기건 비중 2.0 이하의 것**을 말한다. 경량 골재로서는 천연 경량 골재(화산 자갈, 경석, 용암 또는 그 가공품)와 인공 경량 골재(흑요석, 진주암) 또는 공업 부산물[탄각, 슬래그(slag) 등] 등을 사용한다. 특히, 동일한 물시멘트비에서는 보통 콘크리트보다 일반적으로 강도가 약하다.

10 정액도급 계약제도에 대한 설명으로 옳지 않은 것은?

① 총 공사비를 일정액으로 결정하여 계약하는 방식이다.
② 공사변경에 따른 도급액의 증감이 용이하다.
③ 공사관리업무가 간편하다.
④ 도급업자는 자금공사계획 등의 수립이 명확하여 공사원가를 저감시키도록 노력할 수 있다.

해설 정액도급 계약제도는 총 공사비를 미리 결정하여 계약하는 방식으로 일식도급, 분할도급 등의 도급제도와 병용되고 정액일식 도급제도가 가장 많이 채용되고 있으며, **공사변경에 따른 도급액의 증감이 난해**하다.

11 철골구조에서 고력볼트 접합에 관한 설명 중 옳지 않은 것은?

① 접합부의 강성이 높다.
② 피로강도가 낮다.
③ 일정하고 정확한 강도를 얻을 수 있다.
④ 너트는 좀처럼 풀리지 않는다.

해설 고력볼트의 특징은 다음과 같다.
㉠ **접합부의 강성이 높아** 볼트와 평행 및 수직 방향의 접합부 변형이 거의 없다.
㉡ 접합 판재의 유효 단면에서 하중이 적게 전달되고, **피로강도가 높다**.
㉢ 볼트에는 마찰접합의 경우 전단 및 지압응력이 생기지 않는다.
㉣ 일정하고 정확한 강도를 얻을 수 있고, **너트는 풀리지 않는다**.

12 벽돌벽용 줄눈 모르타르의 표준용적배합비(잔골재/결합재)는?

① 0.5~1.5
② 2.5~3.0
③ 3.0~3.5
④ 1.5~2.0

해설 모르타르의 배합

모르타르의 종류		용적배합비 (잔골재/결합재)
줄눈 모르타르	벽용	2.5~3.0
	바닥용	3.0~3.5
붙임 모르타르	벽용	1.5~2.5
	바닥용	0.5~1.5
깔 모르타르	바탕용	2.5~3.0
	바닥용	3.0~6.0
안채움 모르타르		2.5~3.0
치장줄눈용 모르타르		0.5~1.5

13 점토 소성벽돌의 품질등급에서 1종의 흡수율은 얼마 이하로 하여야 하는가?

① 5% ② 10%
③ 15% ④ 20%

해설 점토벽돌의 품질

품질	종류	
	1종	2종
흡수율(%)	10% 이하	15% 이하
압축강도(N/mm²)	24.50	14.70

14 미장 공사에서 콘크리트바탕의 바닥에 시멘트모르타르의 정벌바름 시 용적배합비의 표준은? (단, 시멘트 : 모래)

① 1 : 1 ② 1 : 2
③ 1 : 4 ④ 1 : 5

해설 모르타르의 배합(용적비)

바탕	바르기 부분	초벌바름 시멘트 : 모래	라스먹임 시멘트 : 모래	고름질 시멘트 : 모래	재벌바름 시멘트 : 모래	정벌바름 시멘트 : 모래 : 소석회
콘크리트, 콘크리트 블록 및 벽돌면	바닥	–	–	–	–	1:2:0
	내벽	1:3	1:3	1:3	1:3	1:3:0.3
	천장	1:3	1:3	1:3	1:3	1:3:0
	차양	1:3	1:3	1:3	1:3	1:3:0
	바깥벽	1:2	1:2	–	–	1:2:0.5
	기타	1:2	1:2	–	–	1:2:0.5
각종 라스바탕	내벽	1:3	1:3	1:3	1:3	1:3:0.3
	천장	1:3	1:3	1:3	1:3	1:3:0.5
	차양	1:3	1:3	1:3	1:3	1:3:0.5
	바깥벽	1:2	1:2	1:3	1:3	1:3:0
	기타	1:3	1:3	1:3	1:3	1:3:0

주 1) 와이어 라스의 라스먹임에는 다시 왕모래 1을 가해도 된다. 다만, 왕모래는 2.5~5mm 정도의 것으로 한다.
2) 모르타르 정벌바름에 사용하는 소석회의 혼합은 담당원의 승인을 받아 가감할 수 있다. 소석회는 다른 유사재료로 바꿀 수도 있다.
3) 시공상 필요할 경우는 라스먹임에 여물을 혼합할 수도 있다.

15 인조석 정벌바름에서 시멘트와 종석의 표준 용적배합비는?

① 1 : 1 ② 1 : 1.5
③ 1 : 2 ④ 1 : 2.5

해설 배합 및 바름 두께(용적비)

종별		바름층	배합비				바름 두께
			시멘트	모래	시멘트, 백색시멘트 또는 착색시멘트	종석	
인조석 바름		정벌 바름	–	–	1	1.5	
바닥 테라초 바름	접착 공법	초벌바름	1	3	–	–	20
		정벌바름	–	–	1	3	15
	유리 공법	초벌바름	1	4	–	–	45
		정벌바름	–	–	1	3	15

16 회반죽바름에 관한 기술 중 틀린 것은?

① 회반죽바름은 소석회에 해초풀을 끓여 넣고 여기에 여물, 모래 등을 섞어 반죽한 것을 바르는 것이다.
② 해초풀은 점성이 있다.
③ 여물은 균열을 방지할 목적으로 사용한다.
④ 해초풀은 끓인지 3일 이상 경과한 것을 사용한다.

해설 해초풀을 끓인 다음 1일 이상 방치하게 될 때에는 표면에 소량의 석회를 뿌려서 부패를 방지하며, 사용 시는 표층 부분을 제거한 후 사용한다. 단, 석회를 뿌리더라도 2일 이상 두어서는 안 된다.

17 산업재해의 원인 분류 방법은 여러 가지가 있으나 이 중 관리적인 원인에 해당되지 않는 것은?

① 기술활동 미비
② 교육활동 미비
③ 작업관리상 부족
④ 불안전한 행동

정답 13. ② 14. ② 15. ② 16. ④ 17. ④

[해설] 산업재해의 원인 분류 방법 중 **관리적인 원인** (재해의 간접 원인)에는 **기술적인 원인**(건물 · 기계장치의 설계 불량, 구조 · 재료의 부적합, 생산공정의 부적당, 점검 및 보존 불량), **교육적 원인**(안전의식의 부족, 안전수칙의 오해, 경험훈련의 미숙, 작업방법 및 유해위험작업의 교육 불충분), **작업관리상의 원인**(안전관리조직의 결함, 안전수칙의 미제정, 작업준비의 불충분, 인원배치 및 작업지시의 부적당) 등이 있다. 특히, **불안전한 상태**(물적 원인)와 **불안전한 행동**(인적 원인)은 재해의 **직접적인 원인**이다.

18 목재에 관한 설명 중 틀린 것은?

① 수축률은 같은 목재에서 변재가 심재보다 크다.
② 함수율이 일정하고 결함이 없으면 비중이 적을수록 강도는 크다.
③ 팽창, 수축은 함수율이 섬유포화점 이상에서는 생기지 않는다.
④ 섬유포화점 이하에서는 함수율이 적을수록 강도는 커진다.

[해설] **목재의 강도**는 **함수율이 낮을수록 비중이 증가할수록 증가**하며, **외력에 대한 저항도 증가**한다. 나무 섬유 세포의 평행 방향에 대한 강도는 세포의 저항성이 폭 방향보다 길이 방향이 크므로 나무 섬유 세포의 직각 방향에 대한 강도보다 크며, 나무의 허용강도는 최대 강도의 1/7 ~1/8 정도이다.

19 타일 공사에서 타일의 줄눈이 잘 맞추어지도록 의도적으로 수직 · 수평으로 설치한 줄눈은?

① 치줄눈   ② 신축 줄눈
③ 통로 줄눈   ④ 치장 줄눈

[해설] ① **치줄눈**이란 거푸집 면에 타일을 단체로 깔게 붙임을 할 경우에 타일 줄눈 부위에 설치하는 발포 플라스틱제 가줄눈이다.
② **신축 줄눈**이란 압출 성형 시멘트 판이나 A.L.C 패널 상호 간의 줄눈이다.
④ **치장 줄눈**이란 벽돌이나 시멘트 블록의 벽면을 제치장으로 할 때, 줄눈을 곱게 발라 마무리하는 줄눈을 의미한다.

20 재해의 지표로 사용되어지는 용어 중에서 어느 일정기간(연간 근로시간 100만 시간)에 발생한 재해의 빈도수를 나타내는 용어는?

① 천인율
② 도수율
③ 강도율
④ 재해율

[해설] **천인율**은 근로자 1,000명을 1년간 기준으로 한 재해발생비율(재해자수비율)을 뜻하며, 즉 연천인율

$$연천인율 = \frac{사상자의\ 수}{연평균\ 근로자의\ 수} \times 1,000$$이다.

강도율은 산재로 인한 1,000시간당 근로손실일수를 말하며, $\dfrac{연근로손실일수}{연근로총시간수} \times 1,000$이다.

재해율은 산업재해의 발생빈도와 재해강도를 나타내는 재해통계의 지표이다. 일반적으로 도수율, 강도율, 연천인율 등을 총칭한다. 이 가운데 도수율과 연천인율을 재해발생률이라고도 한다.

21 다음 설명에 알맞은 시멘트의 종류는?

> • 장기강도를 지배하는 C_2S를 많이 함유하여 수화 속도를 지연시켜 수화열을 작게 한 시멘트이다.
> • 건축용 매스콘크리트 등에 사용된다.

① 보통 포틀랜드 시멘트
② 백색 포틀랜드 시멘트
③ 조강 포틀랜드 시멘트
④ 중용열 포틀랜드 시멘트

[해설] ① **보통 포틀랜드 시멘트** : 시멘트 중에 가장 많이 사용되고, 보편화된 것으로 공정이 비교적 간단하고, 생산량이 많으며 일반적인 콘크리트공사에 광범위하게 사용한다.
② **백색 포틀랜드 시멘트** : 철분이 거의 없는 백색점토를 사용하여 시멘트에 포함되어 있는 산화철, 마그네시아의 함유량을 제한한 시멘트로서, 품질은 보통 포틀랜드 시멘트와 거의 같으며 건축물의 표면(내 · 외면)마감, 도장에 주로 사용하고 구조체에는 거의 사용하지 않는다. 인조석 재료에 주로 사용된다.

③ **조강 포틀랜드 시멘트** : 원료 중에 **규산삼칼슘(C_3S)의 함유량이 많아 보통 포틀랜드 시멘트에 비하여 경화가 빠르고 조기강도**(낮은 온도에서도 강도발현이 크다)**가 크다.** 조기강도가 크므로 재령 7일이면 보통 포틀랜드 시멘트의 28일 정도의 강도를 나타낸다. 또 분말도가 커서 수화열이 크고, 공사기간을 단축시킬 수 있으며, 특히 한중 콘크리트에 보온시간을 단축하는 데 효과적이고, 점성이 크므로 수중 콘크리트를 시공하기에도 적합하다.

22 미장재료 중 돌로마이트플라스터에 관한 설명으로 옳지 않은 것은?

① 기경성 재료이다.

② 석회보다 보수성, 시공성이 우수하다.

③ 석고플라스터에 비해 경화 시 수축률이 적다.

④ 분말도가 미세한 것이 시공이 용이하고 마감이 아름답다.

해설 돌로마이트플라스터는 소석회보다 점성이 커서 풀이 필요 없고 변색, 냄새, 곰팡이가 없으며, 돌로마이트석회, 모래, 여물, 때로는 시멘트를 혼합하여 만든 바름재료로서 마감표면의 경도가 회반죽보다 크다. 그러나 **건조, 경화 시에 수축률이 가장 커서 균열이 집중적으로 크게 생기므로 여물을 사용**하는데, 요즘에는 무수축성의 석고플라스터를 혼입하여 사용한다.

23 시멘트모르타르바름 미장공사에서 배합용적비가 1 : 3인 시멘트모르타르 3m³를 제작하는 데 필요한 시멘트의 양은?

① 680kg

② 1,093kg

③ 1,530kg

④ 1,895kg

해설 시멘트량의 산정

㉠ 모르타르 1m³ 제작용 시멘트 및 모래

부피\배합비	시멘트			모래	인부
	kg	m³	40kg (포대)		
1 : 1	1,026	0.684	25.6	0.685	1.1
1 : 2	683	0.455	17.1	0.910	1.0
1 : 3	510	0.341	12.7	1.023	1.0
1 : 5	344	0.228	8.6	1.140	0.9
1 : 7	244	0.162	6.1	1.200	0.9

㉡ 용접배합비가 1 : m인 경우

시멘트양$(C) = \dfrac{1}{(1+m)(1-n)}$[kg]

여기서, m : 배합비, n : 할증률

∴ 위의 표에 의해 1 : 3인 경우 1m³당 510kg($=0.341$m³)이 소요되므로 시멘트량 $=510$kg/m³$\times 3$m³$=1,530$kg이다.

24 다음은 타일공사의 보양에 관한 설명이다. (　) 안에 알맞은 것은?

> 타일을 붙인 후 (　)간은 진동이나 보행을 금한다. 다만, 부득이한 경우에는 담당원의 승인을 받아 보행판을 깔고 보행할 수 있다.

① 1일　　　　　② 2일

③ 3일　　　　　④ 5일

해설 타일공사의 보양(보호와 양생)에 있어서 **타일을 붙인 후 3일간(72시간)은 진동이나 보행을 금한다.** 다만, 부득이한 경우에는 담당원의 승인을 받아 보행판을 깔고 보행할 수 있다(건축공사 표준시방서 09000. 3.5.1 참고).

25 다음 중 중대재해에 해당되지 않는 것은?

① 사망자 1명 이상 발생한 재해

② 2개월의 요양을 요하는 질병자가 2명 이상 발생한 재해

③ 부상자가 동시에 10명 이상 발생한 재해

④ 직업성 질병자가 동시에 10명 이상 발생한 재해

해설 중대재해의 종류(산업안전보건법 시행규칙 제2조)에는 ①, ③ 및 ④항 이외에 **3개월 이상의 요양이 필요한 부상자가 동시에 2명 이상 발생한 재해**이다.

26 석고 플라스터 바름 미장 공사에 관한 설명으로 옳지 않은 것은?

① 정벌바름은 재벌바름이 반쯤 건조된 후 실시한다.

② 경화된 석고 플라스터는 물을 넣고 다시 반죽하여 사용한다.

③ 초벌바름이 시멘트 모르타르 바름인 경우에는 2주 이상 양생한다.

④ 재벌바름의 표면은 정벌바름하기 위하여 평탄하게 해야 하며, 적당한 거친면이 되도록 한다.

해설 석고 플라스터의 반죽된 재료는 모래에 수분이 있으므로 섞은 후 2시간 이내에 사용하여야 하고, **경화된 석고 플라스터는 재반죽하여 사용하지 않아야 한다.**

27 내력 벽돌벽의 상부에 설치하는 테두리보의 춤의 크기로 옳은 것은?

① 벽두께의 1배 이상

② 벽두께의 1.5배 이상

③ 벽두께의 2배 이상

④ 벽두께의 2.5배 이상

해설 건축물의 각 층 내력벽의 위에는 **춤이 벽두께의 1.5배**인 철골 구조 또는 철근 콘크리트 구조의 **테두리보를 설치**해야 한다. 그러나 다음의 경우에는 나무 구조의 테두리보로 대체할 수 있다.
㉠ 철근 콘크리트 바닥을 슬래브로 하는 경우
㉡ 1층 건물로서 벽두께가 높이의 1/16 이상이 되거나, 벽의 길이가 5m 이하인 경우

28 목재의 강도에 대한 설명 중 옳지 않은 것은?

① 일반적으로 비중이 크면 강도도 크다.

② 섬유포화점 이하에서는 함수율이 적을수록 강도는 커진다.

③ 심재는 변재에 비하여 강도가 크다.

④ 일반적으로 전단강도를 제외하고 응력의 방향이 섬유방향에 수직인 경우 강도가 최대가 된다.

해설 목재의 강도는 섬유방향에 대하여 직각방향의 강도를 1이라 하면, 섬유방향의 강도의 비는 압축강도가 5~10, 인장강도가 10~30, 휨강도가 7~15 정도이고, **목재의 강도를 큰 것부터 작은 것의 순으로 나열하면, 인장강도 → 휨강도 → 압축강도 → 전단강도의 순이고, 섬유세포방향의 평행방향의 강도가 섬유방향의 직각방향의 강도보다 크고,** 섬유평행방향의 인장강도 → 섬유평행방향의 압축강도 → 섬유직각방향의 인장강도 → 섬유직각방향의 압축강도의 순이다.

29 안전보건표지 속의 그림 또는 부호의 크기는 안전보건표지 전체 규격의 ( ) 이상이 되어야 하는가?

① 20% ② 30%

③ 40% ④ 50%

해설 안전보건표지 속의 그림 또는 부호의 크기는 안전보건표지의 크기와 비례해야 하며, **안전보건표지 전체 규격의 30% 이상**이 되어야 한다.

30 결합점이 가지는 여유시간을 의미하는 용어는?

① Event ② Activity

③ Float ④ Slack

해설 **Event**는 작업의 결합점, 개시점 또는 종료점을 의미한다. **Activity**는 작업, 프로젝트를 구성하는 작업 단위를 의미한다. **Float**는 작업의 여유시간(공기에 영향이 없음)을 의미한다.

31 Network(네트워크) 공정표의 장점이라고 볼 수 없는 것은?

① 작업 상호 간의 관련성 파악이 용이하다.

② 진도관리를 명확하게 실시할 수 있으며 적절한 조치를 취할 수 있다.

③ 계획관리면에서 신뢰도가 높고 전산기 이용이 가능하다.

④ 작성 및 검사에 특별한 기능이 필요 없고 경험이 없는 사람도 쉽게 작성할 수 있다.

해설 **네트워크 공정표**의 장점에는 ①, ② 및 ③ 등이 있고, 단점으로는 다른 공정표보다 익숙해질 때까지 작성시간이 더 필요하며 진척 관리에 있어 특별한 연구가 필요하다. 특히, **작성 및 검사에 특별한 기능이 필요하므로 작성이 어렵다.**

32 시멘트의 할증률로 옳은 것은?

① 1% ② 2%

③ 3% ④ 5%

해설 시멘트의 할증률은 2%이다.

33 다음 중 시멘트에 대한 설명으로 옳지 않은 것은?

① 시멘트의 분말도는 단위 중량에 대한 표면적, 즉 비표면적에 의하여 표시할 수 있다.

② 수량이 증대되고, 온도가 낮은 경우에 응결과 경화는 빨라진다.

③ 시멘트의 풍화란 시멘트가 습기를 흡수하여 경미한 수화 반응을 일으켜 생성된 수산화칼슘과 공기 중의 탄산가스가 작용하여 탄산칼슘을 생성하는 작용을 말한다.

④ 시멘트의 안정성 측정은 오토클레이브 팽창도 시험 방법으로 행한다.

해설 시멘트는 수량이 증대되고, 온도가 낮은 경우에 **응결과 경화는 늦어진다.**

34 다음과 같은 조건을 갖는 경우 잔골재의 흡수율로 옳은 것은?

㉠ 잔골재의 절대건조상태의 무게 : 100g
㉡ 잔골재의 표면건조 포화상태의 무게 : 110g
㉢ 잔골재의 습윤상태의 무게 : 120g

① 30% ② 15%

③ 20% ④ 10%

해설 흡수율(%)

$$= \frac{\text{표면건조 포화상태의 무게} - \text{절대건조상태의 무게}}{\text{절대건조상태의 무게}} \times 100(\%)$$

$$= \frac{110 - 100}{100} \times 100 = 10\%$$

35 실내 투시도 또는 기념 건축물과 같은 정적인 건축물의 표현에 가장 효과적인 투시도는?

① 1소점 투시도 ② 2소점 투시도

③ 3소점 투시도 ④ 전개도

해설 **2소점 투시도**는 2개의 수평선이 화면과 각을 가지도록 물체를 돌려 놓은 경우로, 소점이 2개가 생기는 투시도이고, **3소점 투시도**는 물체가 돌려져 있고 화면에 대하여 기울어져 있는 경우로, 화면과 평행한 선이 없으므로 소점은 3개가 되는 투시도이며, **전개도**는 각 실 내부의 의장을 명시하기 위해 작성하는 도면으로 실내의 입면을 그린 다음 벽면의 형상, 치수, 마감 등을 표시한 도면이다.

36 도면에 사용하는 표시 기호 중 A가 의미하는 것은?

① 길이 ② 두께

③ 면적 ④ 용적

해설 도면의 표시 기호

명칭	길이	높이	폭	면적	두께	직경	반지름
표시 기호	L	H	W	A	TH	D	R

37 좁은 폭의 널을 옆으로 붙여 그 폭을 넓게 하는 것으로 마룻널이나 양판문의 제작에 사용하는 것을 의미하는 것은?

① 촉 ② 쪽매
③ 이음 ④ 맞춤

해설 **이음**은 부재의 길이 방향으로 두 재를 길게 접합하는 것 또는 그 자리이고, **맞춤**은 두 부재가 직각 또는 경사로 물려 짜여지는 것 또는 그 자리이며, **촉**은 접합면에 사각 구멍을 파고 한편에 작은 나무 토막을 반 정도 박아 넣고 포개어 접합재의 이동을 방지하는 것이다.

38 재해 발생의 간접 원인 중 2차 원인에 속하지 않는 것은?

① 안전교육적 원인
② 신체적 원인
③ 학교교육적 원인
④ 정신적 원인

해설 재해 원인의 관계

직접 원인 (1차 원인)	물적 원인	시간적으로 사고 발생에 가장 가까운 시점의 재해 원인	불안전한 상태(설비 및 환경 등의 불량)
	인적 원인		불안전한 행동
간접 원인	기초 원인	재해의 가장 깊은 곳에 존재하는 재해 원인	**학교교육적 원인**, 관리적 원인
	2차 원인		**신체적 원인**, **정신적 원인**, **안전교육적 원인**, 기술적 원인

39 벽돌공사의 줄눈 및 치장줄눈시공에 관한 설명으로 옳지 않은 것은?

① 치장줄눈의 깊이는 6mm로 하고 그 의장은 공사시방서에 따른다.
② 치장줄눈을 바를 경우에는 줄눈모르타르가 굳은 후에 줄눈파기를 한다.
③ 벽돌쌓기 줄눈모르타르는 벽돌의 접합면 전부에 빈틈없이 가득 차도록 한다.
④ 치장줄눈은 벽돌벽면을 청소·정리하고 공사에 지장이 없는 한 빠른 시일 내에 빈틈없이 바른다.

해설 벽돌공사의 줄눈 및 **치장줄눈을 바를 경우** 줄눈모르타르가 굳기 전에 줄눈파기를 한다. 치장줄눈은 벽돌벽면을 청소·정리하고 공사에 지장이 없는 한 빠른 시일 내에 빈틈없이 바르며, 벽면 상부에서부터 하부쪽으로 시공한다. 치장줄눈의 깊이는 6mm로 한다.

40 철근 콘크리트 압축부재에서 직사각형 및 원형 단면의 나선 철근으로 둘러싸인 경우 축방향 주철근은 몇 개 이상으로 하여야 하는가?

① 2개 ② 3개
③ 4개 ④ 6개

해설 철근 콘크리트 압축부재의 축방향 주철근은 직사각형 및 원형 단면의 띠철근으로 둘러싸인 경우 4개 이상이고, 삼각형 띠철근 내부의 철근의 경우 3개, 나선 철근으로 둘러싸인 철근의 경우 6개 이상으로 하여야 한다.

41 점검시기에 따른 안전점검의 종류에 속하지 않는 것은?

① 정기점검
② 임시점검
③ 수시점검
④ 특수점검

해설 **안전점검**의 종류에는 **수시점검**(작업 전, 중, 후에 실시하는 점검), **정기점검**(일정 기간마다 정기적으로 실시하는 점검) 및 **임시점검**(이상 발견 시 임시로 실시하거나 정기점검과 정기점검 사이에 실시하는 점검) 등이 있다.

42 다음 셀프레벨링재의 시공 순서를 옳게 나열한 것은?

> ㉠ 실러바름
> ㉡ 재료의 혼합반죽
> ㉢ 셀프레벨링재 붓기
> ㉣ 이어치기 부분의 처리

① ㉠ → ㉡ → ㉣ → ㉢
② ㉡ → ㉠ → ㉣ → ㉢
③ ㉡ → ㉠ → ㉢ → ㉣
④ ㉠ → ㉡ → ㉢ → ㉣

해설 셀프레벨링재의 시공순서
㉠ **재료의 혼합반죽**
 • 합성수지 에멀션 실러는 지정량의 물로 균일하고 묽게 반죽해서 사용한다.
 • 셀프레벨링 바름재는 제조업자가 지정하는 시방에 따라 소요의 표준연도가 되도록 기계를 이용, 균일하게 반죽하여 사용한다.
㉡ **실러바름** : 실러바름은 제조업자의 지정된 도포량으로 바르지만, 수밀하지 못한 부분은 2회 이상 걸쳐 도포하고, 셀프레벨링재를 바르기 2시간 전에 완료한다.
㉢ **셀프레벨링재 붓기** : 반죽질기를 일정하게 한 셀프레벨링재를 시공면의 수평에 맞게 붓는다. 이때 필요에 따라 고름도구 등을 이용하여 마무리한다.
㉣ **이어치기 부분의 처리**
 • 경화 후 이어치기 부분의 돌출 부분 및 기포 흔적이 남아 있는 주변의 튀어나온 부위 등은 연마기로 갈아서 평탄하게 한다.
 • 기포로 인해 오목 들어간 부분 등은 된비빔 셀프레벨링재를 이용하여 보수한다.

43 산, 알칼리나 염에 약하므로 이질 금속 또는 콘크리트 등에 접할 때에는 방식 처리를 해야 하고, 전기나 열전도율이 크며, 전성과 연성이 풍부하고 특히, 가공이 쉬운 금속은?

① 알루미늄　　② 납
③ 아연　　　　④ 니켈

해설 납은 비교적 비중(11.4)이 크고 연한 금속으로 주조 가공성과 단조성이 우수하며, 열전도율이 작고, 온도 변화에 따른 신축이 크며, 내산성은 크나, 알칼리에 침식된다. 특히, **X선을 차단하는 성질이 있어 X선실의 천장, 바닥 및 안벽 붙임 등에 사용**된다. **니켈**은 전연성이 풍부하며, 아름다운 청백색 광택이 있고, 공기 중이나 수중에서도 산화하여 색이 변하는 경우가 거의 없으며, 내식성이 커서 건축 및 전기 장식물에 사용된다. **아연**은 산과 알칼리에 약하나 공기나 수중에서 내식성이 크고, 표면의 수산화물 피막은 보호 작용을 하며, 박판, 선 및 못 등에 사용된다. **니켈**은 전연성이 풍부하며, 아름다운 청백색 광택이 있고, 공기 중이나 수중에서도 산화하여 색이 변하는 경우가 거의 없으며, 내식성이 커서 건축 및 전기 장식물에 사용된다.

44 유리섬유로 보강한 섬유 보강 플라스틱으로서 일명 FRP라 불리는 제품을 만드는 합성수지는?

① 아크릴 수지　　② 폴리에스테르 수지
③ 실리콘 수지　　④ 에폭시 수지

해설 **불포화 폴리에스테르 수지의 중요한 성형품으로는 유리섬유로 보강한 섬유 강화 플라스틱**(FRP : Fiberglass Reinforced Plastic)으로 비항장력이 강과 비슷하고, −90℃에서도 내성이 크며, 내약품성은 일반적으로 산류 및 탄화수소계의 용제에는 강하나, 산과 알칼리에는 침해를 받는다.

45 콘크리트용 혼화재료에 관한 기술 중 옳지 않은 것은?

① 포졸란은 시공연도를 좋게 하고 블리딩과 재료 분리 현상을 저감시키는 혼화재이다.
② 플라이애시와 실리카퓸은 고강도 콘크리트 제조용으로 많이 사용한다.
③ 응결과 경화를 촉진하는 혼화재로는 염화칼슘과 규산소다 등이 사용된다.
④ 증점제는 알루미늄 분말과 아연 분말을 주원료로 하는 혼화제이다.

해설 **증점제**는 콘크리트 점성 증진제로서 골재분리 저감 및 Bleeding방지용으로 사용하며, 알루미늄 분말과 아연 분말은 **기포(발포)제로 많이 사용하는 혼화제**이다.

46 다음은 한중 콘크리트에 대한 설명이다. ( ) 안에 알맞은 것은?

> 한중 콘크리트는 소요 압축강도가 얻어질 때까지 콘크리트의 온도를 ( )℃ 이상으로 유지하여야 하며, 또한 소요 압축강도에 도달한 후 2일간은 구조물의 어느 부분이라도 0℃ 이상이 되도록 유지하여야 한다.

① 6　　　　② 5
③ 4　　　　④ 3

해설 한중 콘크리트는 소요 압축강도가 얻어질 때까지 콘크리트의 온도를 **5℃ 이상**으로 유지하여야 하며, 또한 소요 압축강도에 도달한 후 2일간은 구조물의 어느 부분이라도 0℃ 이상이 되도록 유지하여야 한다.

47 말비계에 대한 설명 중 ( ) 안에 알맞은 것은?

> 말비계의 높이가 2미터를 초과하는 경우에는 작업발판의 폭을 ( ) 이상으로 할 것

① 40cm
② 50cm
③ 60cm
④ 70cm

해설 말비계(산업안전보건기준에 관한 규칙 제67조) 사업주는 말비계를 조립하여 사용하는 경우에 다음의 사항을 준수하여야 한다.
㉠ 지주부재(支柱部材)의 하단에는 미끄럼 방지장치를 하고, 근로자가 양측 끝부분에 올라서서 작업하지 않도록 할 것
㉡ 지주부재와 수평면의 기울기를 75° 이하로 하고, 지주부재와 지주부재 사이를 고정시키는 보조부재를 설치할 것
㉢ 말비계의 높이가 2m를 초과하는 경우에는 **작업발판의 폭을 40cm 이상**으로 할 것

48 강관비계에 관한 설명 중 옳지 않은 것은?

① 비계기둥의 간격은 띠장 방향으로 1.85m 이하, 장선방향으로 1.5m 이하이어야 한다.
② 기둥 높이가 31m를 초과하면 기둥의 최고부에서 하단 쪽으로 31m 높이까지는 강관 1개로 기둥을 설치하고, 31m 이하의 부분은 좌굴을 고려하여 강관 2개를 묶어 기둥을 설치하여야 한다.
③ 비계기둥 1개에 작용하는 하중은 6.0kN 이내이어야 한다.
④ 비계기둥과 구조물 사이의 간격은 별도로 설계된 경우를 제외하고는 추락방지를 위하여 300mm 이내이어야 한다.

해설 강관비계는 ①, ②, ④항 이외에 다음 사항에 유의하여야 한다.
㉠ 비계기둥은 이동이나 흔들림을 방지하기 위해 수평재, 가새재 등으로 안전하고 단단하게 고정되어야 한다.
㉡ 비계기둥의 바닥 작용하중에 대한 기초기반의 지내력을 시험하여 적절한 기초처리를 하여야 한다.
㉢ 비계기둥의 밑둥에 받침철물을 사용하는 경우 인접하는 비계기둥과 밑둥잡이로 연결하여야 한다. 연약 지반에 설치할 경우에는 연직하중에 견딜 수 있도록 지반을 다지고 두께 45mm 이상의 깔목을 소요폭 이상으로 설치하거나, 콘크리트, 강재표면 및 단단한 아스팔트 콘크리트 등의 침하 방지 조치를 하여야 한다.
㉣ 비계기둥 1개에 작용하는 하중은 7.0kN 이내이어야 한다.

49 달비계의 최대 적재하중을 정하는 경우 안전계수에 대한 설명으로 옳지 않은 것은?

① 달기 와이어로프 및 달기 강선의 안전계수 : 10 이상
② 달기 체인 및 달기 훅의 안전계수 : 7 이상
③ 달기 강대와 달비계의 하부 및 상부 지점의 안전계수 : 강재(鋼材)의 경우 2.5 이상
④ 달기 강대와 달비계의 하부 및 상부 지점의 안전계수 : 목재의 경우 5 이상

해설 달비계(곤돌라의 달비계는 제외)의 최대 적재하중을 정하는 경우 달기 체인 및 달기 훅의 안전계수는 5 이상이다.

50 철근의 가공 및 조립에 관한 설명으로 옳지 않은 것은?

① 철근의 가공은 철근상세도에 표시된 형상과 치수가 일치하고 재질을 해치지 않은 방법으로 이루어져야 한다.
② 철근상세도에 철근의 구부리는 내면반지름이 표시되어 있지 않은 때에는 KDS에 규정된 구부림의 최소 내면반지름 이상으로 철근을 구부려야 한다.
③ 경미한 녹이 발생한 철근이라 하더라도 일반적으로 콘크리트와의 부착성능을 매우 저하시키므로 사용이 불가하다.
④ 철근은 상온에서 가공하는 것을 원칙으로 한다.

해설 철근의 표면에는 콘크리트와 부착을 저해하는 흙, 기름 또는 이물질이 없어야 한다. **경미한 황갈색의 녹**(뜬 녹은 제외)이 발생한 철근은 일반적으로 **콘크리트와의 부착을 저해하지 않으므로 사용할 수 있다.**

51 다음에서 설명하는 거푸집의 명칭은?

> 바닥전용 거푸집으로서 거푸집판, 장선, 멍에, 서포트 등을 일체로 제작하여 수평·수직방향으로 이동하는 거푸집이다.

① 슬라이딩폼
② 유로폼
③ 터널폼
④ 플라잉폼

해설 **슬라이딩폼**은 벽체용 거푸집으로 거푸집과 벽체 마감공사를 위한 비계틀을 일체로 조립하여 한꺼번에 인양시켜 설치하는 거푸집이고, **euro form**은 대형 벽판이나 바닥판(경량 형강이나 합판을 사용)을 짜서 간단히 조립할 수 있게 만든 거푸집이다. **tunnel form**은 한 구획 전체의 벽판과 바닥판을 ㄱ자형 또는 ㄷ자형으로 짜서 이동하며 사용하는 이동식 거푸집이다.

52 벽돌의 공간쌓기에 대한 설명 중 옳지 않은 것은?

① 공간쌓기는 도면 또는 공사시방서에 정한 바가 없을 때에는 바깥쪽을 주벽체로 하고 안쪽은 반장쌓기로 한다.
② 공간 너비는 통상 50~70mm(단열재 두께+10mm) 정도로 한다.
③ 개구부 주위 400mm 이내에는 800mm 이하 간격으로 연결철물을 추가 보강한다.
④ 연결재의 배치 및 간격은 수평거리 900mm 이하 수직거리 400mm 이하로 한다.

해설 연결재의 배치 및 간격은 수평거리 900mm 이하 수직거리 400mm 이하로 한다. **개구부 주위 300mm 이내에는 900mm 이하 간격으로 연결철물을 추가 보강**한다.

53 다음에서 설명하는 타일은?

> 표면 혹은 뒷면에 첨지를 붙이거나 또 다른 방법으로 여러 개의 타일을 1조로 가지런히 연결한 것. 다만, 먼저붙임 공법용인 것은 여기에 포함되지 않는다.

① 평 타일　　② 구성 타일
③ 부속 타일　　④ 모자이크 타일

> **해설** **평 타일**은 표면이 거의 평면 상태인 타일로서 정사각형과 직사각형이 여기에 속하고, 다만, 모자이크 타일인 경우에는 정사각형, 직사각형 이외에 원형, 삼각형도 있다. **부속 타일**은 주로 개구부, 모서리에 사용되는 평 타일 이외의 타일이다. **모자이크 타일**은 평 타일 표면의 넓이가 $90cm^2$ 이하인 타일이다.

54 벽 타일의 동시줄눈 붙이기에 대한 설명 중 옳지 않은 것은?

① 타일은 한 장씩 붙이고 반드시 붙임 모르타르 안에 타일이 박히도록 하며 타일의 줄눈 부위에 붙임 모르타르가 타일 두께의 1/3 이상 올라오도록 한다.
② 1회 붙임면적은 $1.5m^2$ 이하로 하고 붙임시간은 20분 이내로 한다.
③ 줄눈의 수정은 타일 붙임 후 15분 이내에 실시하고, 붙임 후 30분 이상이 경과했을 때에는 그 부분의 모르타르를 제거하여 다시 붙인다.
④ 붙임 모르타르를 바탕면에 5mm~8mm로 바르고 자막대로 눌러 평탄하게 고른다.

> **해설** 타일은 한 장씩 붙이고 반드시 타일면에 수직하여 충격 공구로 좌우, 중앙의 3점에 충격을 가해 붙임 모르타르 안에 타일이 박히도록 하며 **타일의 줄눈 부위에 붙임 모르타르가 타일 두께의 2/3 이상 올라오도록 한다.**

55 벽 타일의 떠붙이기 공법 중 붙임 모르타르의 두께로 옳은 것은?

① 3~5mm　　② 5~7mm
③ 5~8mm　　④ 12~24mm

> **해설** 타일 뒷면에 붙임 모르타르를 바르고 모르타르가 충분히 채워져 타일이 밀착되도록 바탕에 눌러 붙인다. **붙임 모르타르의 두께는 12~24mm를 표준**으로 한다.

56 바닥 타일의 압착 붙이기 공법 중 1회 도막붙임 면적으로 옳은 것은?

① $5m^2$　　② $4m^2$
③ $3m^2$　　④ $2m^2$

> **해설** 타일 붙이기는 붙임 모르타르의 도막붙임에는 두 번 하며, 그 두께는 5mm~7mm로 한다. **한 번 도막붙임 면적은 $2m^2$ 이내로 한**하며, 붙임 모르타르는 비빔에서부터 시공완료까지 60분 이내에서 사용하고 도막 시공시간은 여름철에는 20분, 겨울철에는 40분 이내로 한다.

57 벽 타일 중 모자이크 타일 붙이기에 대한 설명이다. 옳지 않은 것은?

① 줄눈 고치기는 타일을 붙인 후 30분 이내에 실시한다.
② 붙임 모르타르를 바탕면에 초벌과 재벌로 두 번 바르고, 총 두께는 4mm~6mm를 표준으로 한다.
③ 붙임 모르타르의 1회 바름 면적은 $2.0m^2$ 이하로 하고, 붙임 시간은 모르타르 배합 후 30분 이내로 한다.
④ 타일 뒷면의 표시와 모양에 따라 그 위치를 맞추어 순서대로 붙이고 모르타르가 줄눈 사이로 스며 나오도록 표본 누름판을 사용하여 압착한다.

> **해설** 벽 타일 중 모자이크 타일 붙이기의 줄눈 고치기는 타일을 붙인 후 **15분 이내에 실시한다.**

58 도장재료에 관한 설명 중 (　　) 안에 알맞은 것은?

> 도료가 액체 상태로 있을 때 안료를 분산, 현탁시키고 있는 매질의 부분을 (　　)라 한다. 불휘발성 성분과 휘발성 성분으로 구분하여 부르는 경우도 있다.

① 안료　　　　　② 용제
③ 전색제　　　　④ 건조제

해설 ① **안료** : 착색과 도막의 두께 또는 도막을 강인하게 하는 것 또는 물·기름·기타 용제 (알코올, 테레빈유 등)에 녹지 않는 착색 분말로서 **도료를 착색하고 유색의 불투명한 도막을 만듦과 동시에 도막의 기계적 성질을 보강하는 도료의 구성 요소**
② **용제** : 도료의 구성 요소 중 **도막 주요소를 용해시키고 적당한 점도로 조절 또는 도장하기 쉽게 하기 위하여 사용되는 것**
④ **건조제** : 건성유의 건조를 촉진시키기 위하여 사용하는 것으로 코발트, 납, 마그네시아 등의 금속 산화물과 붕산염, 아세트산염 등이 있다.

59 벽돌공사의 치장줄눈용 모르타르 배합비로 옳은 것은? (단, 잔골재/결합재)

① 0.5~1.5　　　② 1.5~2.5
③ 2.5~3.0　　　④ 3.0~3.5

해설 벽돌공사에 사용되는 모르타르의 배합비

모르타르의 종류		용적배합비 (잔골재/결합재)
줄눈 모르타르	벽용	2.5~3.0
	바닥용	3.0~3.5
붙임 모르타르	벽용	1.5~2.5
	바닥용	0.5~1.5
깔 모르타르	바탕용	2.5~3.0
	바닥용	3.0~6.0
안채움 모르타르		2.5~3.0
치장줄눈용 모르타르		**0.5~1.5**

60 타일의 한중공사 시에는 시공면을 보호하고 동해 또는 급격한 온도변화에 의한 손상을 피하도록 하기 위해 외기의 기온이 2℃ 이하일 때에는 타일작업장 내의 온도는 몇 도 이상이 되도록 하여야 하는가?

① 5℃　　　　　② 7℃
③ 9℃　　　　　④ 10℃

해설 타일의 한중공사 시에는 시공면을 보호하고 동해 또는 급격한 온도변화에 의한 손상을 피하도록 하기 위해 외기의 기온이 2℃ 이하일 때에는 타일작업장 내의 온도가 10℃ 이상이 되도록 임시로 가설 난방 보온 등에 의하여 시공 부분을 보양하여야 한다.

2022년 기능장 기출문제는 CBT로 시행되었으며, 수험생의 기억에 의해 복원된 문제이므로 실제 시험문제와 상이할 수 있습니다.

01 제도 용지의 규격에 있어서 A0용지의 크기는 A2용지의 몇 배인가?

① 2.0배   ② 2.5배

③ 3.0배   ④ 4.0배

[해설] An(제도 용지의 크기) $= A0 \times \left(\dfrac{1}{2}\right)^n$ 이다.

그런데 $n = 2$이므로, $A2 = A0 \times \left(\dfrac{1}{2}\right)^2 = \dfrac{1}{4}A0$

∴ $A0 = 4A2$ 즉 A0용지는 A2용지의 4배이다.

02 다음 중 계획설계도에 속하지 않는 것은?

① 구상도   ② 조직도

③ 배치도   ④ 동선도

[해설] 설계도면의 종류

계획 설계도	구상도, 조직도, 동선도, 면적도표 등		
	기본 설계도, 계획도, 스케치도		
실시 설계도	일반도	배치도, 평면도, 입면도, 단면도, 전개도, 창호도, 현치도, 투시도 등	
	구조도	기초 평면도, 바닥틀 평면도, 지 붕틀 평면도, 골조도, 기초, 기둥, 보, 바닥판, 알람표, 배근도, 각부 상세 등	
	설비도	전기, 위생, 냉·난방, 환기, 승강기, 소화설비도 등	
시공도	시공상세도, 시공계획도, 시방서 등		

03 일점쇄선의 용도에 속하지 않는 것은?

① 상상선   ② 중심선

③ 기준선   ④ 경계선

[해설] 일점쇄선의 가는 선은 중심선에 사용하고, 일점쇄선의 중간선은 절단선, 기준선 및 경계선으로 사용한다. 상상선은 이점쇄선을 사용한다.

04 건축제도의 치수 및 치수선에 관한 설명으로 옳지 않은 것은?

① 치수는 특별히 명시하지 않는 한 마무리 치수로 표시한다.

② 협소한 간격이 연속될 때에는 인출선을 사용하여 치수를 쓴다.

③ 치수선의 양 끝 표시는 화살 또는 점으로 표시할 수 있으며 같은 도면에서 2종을 혼용할 수 없다.

④ 치수 기입은 치수선에 평행하게 도면의 오른쪽에서 왼쪽으로, 위로부터 아래로 읽을 수 있도록 기입한다.

[해설] 치수 기입 시 도면의 **아래로부터 위로**, 또는 **왼쪽에서 오른쪽으로 읽을 수** 있도록 치수선 위의 가운데(중앙)에 기입한다.

05 실내 투시도 또는 기념 건축물과 같은 정적인 건축물의 표현에 가장 효과적인 투시도는?

① 1소점 투시도

② 2소점 투시도

③ 3소점 투시도

④ 전개도

해설 2소점 투시도는 2개의 수평선이 화면과 각을 가지도록 물체를 돌려놓은 경우로, 소점이 2개가 생기는 투시도이고, 3소점 투시도는 물체가 돌려져 있고 화면에 대하여 기울어져 있는 경우로, 화면과 평행한 선이 없으므로 소점은 3개가 되는 투시도이며, 전개도는 각 실 내부의 의장을 명시하기 위해 작성하는 도면으로 실내의 입면을 그린 다음 벽면의 형상, 치수, 마감 등을 표시한 도면이다.

06 축척 1/50의 도면에서 10cm로 나타낸 길이는 실제로 얼마가 되는가?

① 5m　　　　　② 50cm

③ 5cm　　　　　④ 0.5cm

해설 축척이란 실제의 길이에 비례하여 도면에 표기하는 길이로서, 즉 축척=도면상의 길이/실제의 길이이므로 도면상의 길이=실제 길이×축척이다.

그러므로, 실제 길이= $\dfrac{\text{도면상의 길이}}{\text{축척}}$

$$= \dfrac{10\text{cm}}{\dfrac{1}{50}} = 500\text{cm} = 5\text{m}$$

07 목재의 강도에 대한 설명 중 틀린 것은?

① 압축강도는 응력의 방향이 섬유방향에 평행한 경우 최대가 된다.

② 변재가 심재보다 강도가 크다.

③ 섬유포화점 이상에서는 강도가 일정하나 섬유포화점 이하에서는 함수율의 감소에 따라 강도가 증대한다.

④ 목재에 옹이, 갈라짐 등의 흠이 있으면 강도가 저하된다.

해설 변재의 세포는 양분을 함유한 수액을 보내어 수목을 자라게 하거나, 양분을 저장하므로 제재 후에 부패하기 쉽다. 심재는 변재에서 고화되어 수지, 색소, 광물질 등이 고결된 것으로서, **수목의 강도를 크게 하는 역할**을 하며, 수분이 적고 단단하므로 부패되지 않아 양질의 목재로 사용이 가능하다. 즉 **변재가 심재보다 강도가 작다.**

08 도면에 사용하는 표시 기호 중 A가 의미하는 것은?

① 길이　　　　　② 두께

③ 면적　　　　　④ 용적

해설 도면의 표시 기호

명칭	길이	높이	폭	면적	두께	직경	반지름	용적
표시 기호	L	H	W	A	TH	D	R	V

09 목재의 접합에서 좁은 폭의 널을 옆으로 붙여 그 폭을 넓게 하는 것으로 마룻널이나 양판문의 양판 제작에 사용하는 것은?

① 촉　　　　　② 쪽매

③ 이음　　　　　④ 맞춤

해설 이음은 부재의 길이 방향으로 두 재를 길게 접합하는 것 또는 그 자리이고, 맞춤은 두 부재가 직각 또는 경사로 물려 짜여지는 것 또는 그 자리이며, 촉은 접합면에 사각 구멍을 파고 한편에 작은 나무토막을 반 정도 박아 넣고 포개어 접합재의 이동을 방지하는 것이다.

10 다음은 조적조의 규준틀에 대한 설명이다. 옳지 않은 것은?

① 세로 규준틀은 뒤틀리지 않은 건조한 직선재를 대패질하여 벽돌줄눈을 명확히 먹매김하고, 켜수와 기타 관계사항을 기입한다.

② 세로 규준틀의 설치는 수평규준틀에 의하여 위치를 정확하고 견고하게 설치하고, 작업개시 전에 반드시 검사하여 수정한다.

③ 세로 규준틀은 비계발판 및 거푸집, 기타 가설물에 연결·고정해야 한다.

④ 세로 규준틀 대신에 기준대를 사용할 때는 담당원의 승인을 받아 수준기 및 다림추 등과 병용한다.

해설 세로 규준틀은 비계발판 및 거푸집, 기타 가설물에 **연결·고정해서는 안 되고,** 세로 규준틀 대신에 기준대를 사용할 때는 담당원의 승인을 받아 수준기 및 다림추 등과 병용한다. 이때 기초 바닥 윗면 또는 콘크리트 기둥 및 벽면에 벽돌벽의 중심선 및 벽면선 등을 먹줄치고 벽돌켜수 등을 먹매김한다.

11 다음은 창대 쌓기에 대한 설명이다. ( ) 안에 알맞은 것은?

> 창대 벽돌은 도면 또는 공사시방서에서 정한 바가 없을 때에는 그 윗면을 ( ) 정도의 경사로 옆 세워 쌓고 그 앞 끝의 밑은 벽돌 벽면에서 30mm ~ 50mm 내밀어 쌓는다.

① 75° ② 45°
③ 30° ④ 15°

해설 창대 쌓기
ⓐ **창대 벽돌**은 도면 또는 공사시방서에서 정한 바가 없을 때에는 **그 윗면을 15° 정도의 경사로 옆 세워 쌓고** 그 앞 끝의 밑은 벽돌 벽면에서 30mm~50mm 내밀어 쌓는다.
ⓑ 창대 벽돌의 위 끝은 창대 밑에 15mm 정도 들어가 물리게 한다. 또한 창대 벽돌의 좌우 끝은 옆벽에 2장 정도 물린다.
ⓒ 창문틀 주위의 벽돌 줄눈에는 사춤 모르타르를 충분히 하여 방수가 잘 되게 한다.

12 다음 중 기준점(bench mark)에 관한 설명으로 옳지 않은 것은?

① 신축할 건축물 높이의 기준을 삼고자 설정하는 것으로 대개 발주자, 설계자 입회 하에 결정된다.
② 바라보기 좋고 공사에 지장이 없는 1개소에 설치한다.
③ 부동의 인접 도로 경계석이나 인근 건물의 벽 또는 담장을 이용한다.
④ 공사가 완료된 뒤라도 건축물의 침하, 경사 등을 확인하기 위해 사용되는 경우가 있다.

해설 기준점(bench mark)은 건축물의 각 부에서 헤아리기 좋도록 **2개소 이상** 보조 기준점을 표시해 두어야 한다.

13 다음 중 결원 아치로 옳은 것은?

해설 **결원 아치**(Segmental arch)는 반원보다 작은 원호형으로 된 아치이고, ①과 ④는 반원 아치에 속한다.

14 철근 콘크리트조나 철골 구조 등의 주체 구조체에 블록을 쌓아 벽을 만들거나, 칸막이벽을 쌓아 상부에서의 힘을 직접 받지 않는 벽으로 라멘 구조체의 벽에 많이 사용되는 블록 구조는?

① 조적식 블록조 ② 보강 블록조
③ 거푸집 블록조 ④ 장막벽 블록조

해설 **조적식 블록조**는 블록을 단순히 모르타르를 사용하여 쌓아 올린 것으로 상부에서 오는 힘을 직접 받아 기초에 전달하며, 1, 2층 정도의 소규모 건축물에 적합하다. **보강 블록조**는 블록의 빈 속에 철근과 콘크리트를 부어 넣어 보강한 수직하중·수평하중에 견딜 수 있는 구조로 가장 이상적인 블록 구조이다. **거푸집 블록조**는 살 두께가 얇고 속이 없는 ㄱ, T, ㅁ자형 등의 블록을 콘크리트의 거푸집으로 사용하고, 그 안에 철근을 배근하여 콘크리트를 부어 넣어 벽체를 만든 것이다.

15 보통 벽돌을 쐐기 모양으로 다듬어 쓰는 아치를 무엇이라고 하는가?

① 본 아치   ② 막만든 아치
③ 거친 아치 ④ 층두리 아치

해설 본 **아치**는 아치 벽돌을 사다리꼴 모양으로 특별히 주문 제작하여 쓴 아치이다. **거친 아치**는 외관이 중요시되지 않는 아치로 보통 벽돌을 쓰고 줄눈을 쐐기 모양으로 한 아치를 말한다. **층두리 아치**는 아치의 간사이가 넓은 경우 반장별로 층을 지어 이중으로 겹쳐 쌓은 아치이다.

16 단순조적블록공사에 관한 설명으로 옳지 않은 것은?

① 살 두께가 큰 편을 위로 하여 쌓는다.

② 특별한 지정이 없으면 줄눈은 10mm가 되게 한다.

③ 하루의 쌓기 높이는 1.5m(블록 7켜 정도) 이내를 표준으로 한다.

④ 단순조적블록쌓기의 세로줄눈은 도면 또는 공사시방서에서 정한 바가 없을 때에는 통줄눈으로 한다.

해설 **단순조적블록쌓기**의 세로줄눈은 도면 또는 공사시방서에서 정한 바가 없을 때에는 **막힌 줄눈으로 한다.**

17 벽돌공사의 줄눈 및 치장줄눈시공에 관한 설명으로 옳지 않은 것은?

① 치장줄눈의 깊이는 6mm로 하고 그 의장은 공사시방서에 따른다.

② 치장줄눈을 바를 경우에는 줄눈모르타르가 굳은 후에 줄눈파기를 한다.

③ 벽돌쌓기 줄눈모르타르는 벽돌의 접합면 전부에 빈틈없이 가득 차도록 한다.

④ 치장줄눈은 벽돌벽면을 청소 · 정리하고 공사에 지장이 없는 한 빠른 시일 내에 빈틈없이 바른다.

해설 벽돌공사의 줄눈 및 **치장줄눈을 바를 경우 줄눈모르타르가 굳기 전에 줄눈파기**를 한다. 치장줄눈은 벽돌벽면을 청소 · 정리하고 공사에 지장이 없는 한 빠른 시일 내에 빈틈없이 바르며, 벽면 상부에서부터 하부 쪽으로 시공한다. 치장줄눈의 깊이는 6mm로 한다.

18 다음은 벽돌공사의 통줄눈 쌓기에 대한 설명이다. ( ) 안에 알맞은 것은?

> 치장벽을 제외한 내력벽 또는 비내력벽에서 가로 방향의 연직면상에 위치한 개체의 75% 이하가 밑면에 위치한 조적조의 높이 절반 이하 또는 조적조 길이의 ( )로 포개져 시공될 때, 이 벽체를 통줄눈 쌓기로 간주한다.

① 1/4 이하　　② 1/4 이상
③ 1/3 이상　　④ 1/3 이하

해설 치장벽을 제외한 내력벽 또는 비내력벽에서 가로 방향의 연직면상에 위치한 개체의 75% 이하가 밑면에 위치한 조적조의 높이 절반 이하 또는 **조적조 길이의 1/4 이하**로 포개져 시공될 때, 이 벽체를 통줄눈 쌓기로 간주한다. (건축공사표준시방서 벽돌공사 3.4.6 규정)

19 블록벽의 면적이 10m²인 경우, 블록의 소요량으로 옳은 것은? (단, 할증률을 포함한다.)

① 110매　　② 120매
③ 130매　　④ 140매

해설 블록 정미량(매) $= \dfrac{1 \times 1}{(0.39+0.01) \times (0.19+0.01)}$
$= 12.5$매/m²이고, 할증률 4%를 포함하면 13매/m²이므로 13매/m²×10m=130매가 소요된다.

20 다음 중 철근의 피복 두께를 가장 두껍게 해야 하는 경우는?

① 옥외의 공기나 흙에 접하지 않는 콘크리트의 셀, 절판부재

② 흙에 접하여 콘크리트를 친 후 영구히 흙에 묻혀 있는 콘크리트

③ 수중에서 타설하는 콘크리트

④ 흙에 접하거나 옥외 공기에 직접 노출되는 콘크리트로서 직경 D19 이상인 경우

해설 (단위 : mm)

구분		피복두께
수중에서 치는 콘크리트		100
흙에 접하여 콘크리트를 친 후 영구히 흙에 묻혀 있는 콘크리트		75
흙에 접하거나 옥외 공기에 **직접 노출되는 콘크리트**	D19 이상	60
	D16 이하, 16mm 이하의 철선	50, 40
옥외의 공기나 흙에 접하지 않는 콘크리트	슬래브, 벽체, 장선구조 D 35 초과	40
	D 35 이하	20
	보, 기둥	40
	셸, 절판부재	20

※ 보, 기둥에 있어서 40MPa 이상인 경우에는 규정된 값에서 10mm 저감시킬 수 있다.

21 다음 설명이 의미하는 것은?

> 주로 수량에 의하여 좌우되는 굳지 않은 콘크리트의 변형 또는 유동에 대한 저항성이다.

① 컨시스턴시   ② 워커빌리티
③ 플라스티시티   ④ 피니셔빌리티

해설 **워커빌리티**는 재료의 분리를 일으키지 않고, 타설, 다짐, 마감작업 등의 용이성 정도를 나타내는 굳지 않은 콘크리트의 성질이다. **플라스티시티(성형성)**는 용이하게 성형되고, 끈기가 있어 재료 분리가 생기지 않는 성질을 의미한다. **피니셔빌리티**는 굵은 골재의 최대 치수, 잔골재율, 잔골재 입도, 컨시스턴시 등에 의한 마무리하기 쉬운 정도를 나타내는 아직 굳지 않은 콘크리트의 성질이다.

22 기능상 필요한 사항이 아니라 콘크리트 작업 관계상 필요에 의해 줄눈을 두는 경우로서 타설 시 일정 기간, 중단 후 새로운 콘크리트를 이어 칠 때 생기는 줄눈으로 누수, 강도상 취약, 크랙의 발생원인 등이 되므로 가능한 한 설치하지 않는 것이 바람직한 줄눈으로 옳은 것은?

① 시공줄눈   ② 조절줄눈
③ 신축줄눈   ④ 콜드 조인트

해설 control joint(조절줄눈)는 균열 등을 방지하기 위하여 설치하는 줄눈으로, 수축줄눈이라고도 한다. cold joint(콜드 조인트)는 1개의 PC 부재 제작 시 편의상 분할하여 부어 넣을 때의 이어 붓기 이음새 또는 먼저 부어 넣은 콘크리트가 완전히 굳고 다음 부분을 부어 넣는 줄눈이다. 또한, expansion joint (신축줄눈)는 온도변화에 의한 부재(모르타르, 콘크리트 등)의 신축에 의한 균열 · 파괴를 방지하기 위하여 일정한 간격으로 줄눈이음을 하는 것이다.

23 콘크리트의 시공연도(workability)를 증진시키는 혼화재료에 속하지 않는 것은?

① 염화나트륨
② AE제
③ 감수제
④ 기포제

해설 콘크리트의 **혼화제**에는 **AE제**(콘크리트 내부에 미세한 독립된 기포를 발생시켜 콘크리트의 작업성 및 동결 융해 저항 성능을 향상시키기 위해 사용되는 화학 혼화제), **감수제**와 유동화제, 응결 경화 시간 조절제, 방수제, **기포제**, 방청제, 발포제, 착색제 등이 있다.

24 콘크리트 측압에 영향을 주는 요인 중 가장 적은 것은?

① 콘크리트 타설 속도
② 콘크리트 묽기 정도
③ 철골 또는 철근량
④ 공기량

해설 **거푸집의 측압이 큰 경우**는 콘크리트의 시공연도(슬럼프값)가 클수록, 부배합일수록, **콘크리트의 붓기(타설) 속도가 빠를수록**, 온도가 낮을수록, 부재의 수평단면이 클수록, 콘크리트 다지기(진동기를 사용하여 다지기를 하는 경우 30~50% 정도의 측압이 커진다)가 충분할수록, 벽 두께가 두꺼울수록, 거푸집의 강성이 클수록, 거푸집의 투수성이 작을수록, 콘크리트의 비중이 클수록, 물 · 시멘트비가 클수록, **묽은 콘크리트일수록**, **철골량과 철근량이 적을수록**, 중량 골재를 사용할수록 측압은 증가한다.

25 플랫 슬래브(Flat Slab) 구조에 관한 설명 중 틀린 것은?

① 내부에는 보가 없이 바닥판을 기둥이 직접 지지하는 슬래브를 말한다.

② 실내 공간의 이용도가 좋다.

③ 층 높이를 낮게 할 수 없다.

④ 고정 하중이 크고 뼈대 강성이 열악하다.

해설 플랫 슬래브는 건축물의 외부 보를 제외하고, 내부에는 보가 없이 바닥판을 두껍게 하여 보의 역할을 겸하도록 한 슬래브로서 ①, ② 및 ④ 이외에 **층 높이를 낮게 할 수 있다.**

26 철근 콘크리트 구조의 보의 배치에 대한 설명이다. 틀린 것은?

① 큰보는 기둥과 기둥을 연결하는 부재이다.

② 작은보는 큰보 사이에 설치되어 단지 바닥에 작용하는 하중만을 지지하는 부재이다.

③ 바닥 슬랩이 넓은 경우에는 작은보를 사용하여 적당한 넓이로 구획하는 것이 좋다.

④ 창고 등과 같이 바닥 슬랩의 적재하중이 큰 경우에는 작은보를 사용해서는 안 된다.

해설 창고 등과 같이 바닥 슬랩의 적재하중이 큰 경우에는 **작은보를 사용**해야 한다.

27 철골 구조의 플레이트 보에서 웨브의 두께가 춤에 비해서 얇을 때, 웨브의 국부 좌굴을 방지하기 위해 사용되는 것은?

① 데크 플레이트(deck plate)

② 턴버클(turnbuckle)

③ 베니션 블라인드(venetion blind)

④ 스티프너(stiffener)

해설 데크 플레이트는 얇은 강판에 골 모양을 내어 만든 재료로서 지붕이기, 벽 패널 및 콘크리트 바닥과 거푸집 대용으로 사용하고, **턴버클**은 줄(인장재)을 팽팽히 당겨 조이는 나사 있는 탕개쇠로서 거푸집 공사에 사용한다. **베니션 블라인드**는 실내의 직사광선을 차단, 통풍의 목적으로 사용하는 일종의 커튼이다.

28 철근 콘크리트 압축 부재에서 직사각형 및 원형 단면의 띠철근으로 둘러싸인 경우 축방향 주철근은 몇 개 이상으로 하여야 하는가?

① 2개　　　　② 3개

③ 4개　　　　④ 6개

해설 철근 콘크리트 **압축 부재의 축방향 주철근**은 직사**각형 및 원형 단면의 띠철근**으로 둘러싸인 경우 **4개 이상**이고, 삼각형 띠철근 내부의 철근의 경우 3개, 나선 철근으로 둘러싸인 철근의 경우 6개 이상으로 하여야 한다.

29 철골 구조에서 고력 볼트 접합에 대한 설명 중 옳지 않은 것은?

① 일정하고 정확한 강도를 얻을 수 있다.

② 볼트가 쉽게 풀리지 않는 장점이 있다.

③ 피로강도가 낮다.

④ 접합부의 강성이 높다.

해설 고력 볼트의 특징은 다음과 같다.

ⓐ **접합부의 강성이 높아** 볼트와 평행 및 수직 방향의 접합부 변형이 거의 없다.

ⓑ 접합 판재의 유효 단면에서 하중이 적게 전달되고, **피로강도가 높다.**

ⓒ 볼트에는 마찰접합의 경우 전단 및 지압 응력이 생기지 않는다.

ⓓ 일정하고 정확한 강도를 얻을 수 있고, 너트는 풀리지 않는다.

30 다음은 강관 구조에 대한 설명이다. 옳지 않은 것은?

① 기둥, 보 등의 주요한 부재에 강관을 사용한 구조이다.

② 강관 구조의 기둥과 주각의 접합부의 시공은 거싯 플레이트를 사용하므로 용이하다.

③ 원형의 얇은 단면으로 방향성이 없고 비틀림에 강한 특성을 갖는다.

④ 재료적으로는 내부 부식의 우려가 없다.

해설 강관 구조의 기둥과 주각의 접합부의 시공은 **거싯 플레이트를 사용하기 어려우므로** 사용하지 않고, 볼트 접합 또는 용접 접합이나 특수 철물에 의한 접합을 사용한다.

31 다음 중 점토 제품의 성형과정을 옳게 나열한 것은?

① 원료 배합 → 반죽 → 성형 → 소성 → 건조

② 원료 배합 → 반죽 → 성형 → 건조 → 소성

③ 원료 배합 → 건조 → 반죽 → 성형 → 소성

④ 원료 배합 → 건조 → 성형 → 반죽 → 소성

해설 점토 제품의 제조 순서는 원토 처리 → 원료 배합 → 반죽 → 성형 → 건조 → (소성) → 시유 → 소성 → 냉각 → 검사 및 선별의 순이다.

32 고로 시멘트에 관한 설명 중 옳지 않은 것은?

① 바닷물에 대한 저항성이 크다.

② 초기 강도가 작다.

③ 수화 열량이 작다.

④ 매스 콘크리트용으로는 사용이 불가능하다.

해설 고로 시멘트의 건조에 의한 수축은 일반 포틀랜드 시멘트보다 크나, 수화할 때 발열이 적고(초기 강도가 적고), 화학적 팽창에 뒤이은 수축이 적어서 종합적으로 균열이 적다. 댐공사, 매스 콘크리트 공사에 적합하고, 비중(2.85 이상)이 작으며, 바닷물에 대한 저항이 크다.

33 다음 금속 중 이온화 경향이 큰 금속은?

① 아연　　　　② 알루미늄

③ 구리　　　　④ 철

해설 금속의 부식 원인(대기, 물, 흙 속, 전기 작용에 의한 부식) 중 서로 다른 금속이 접촉하고, 그곳에 수분이 있으면 전기 분해가 일어나 이온화 경향이 큰 쪽이 음극이 되어 전기 부식 작용을 받는 것을 전기 작용에 의한 부식이라고 하며, 이온화 경향이 큰 것부터 나열하면 Mg > Al > Cr > Mn > Zn > Fe > Ni > Sn > H > Cu > Hg > Ag > Pt > Au의 순이다.

34 다음 합성수지 중 열경화성 수지에 해당하지 않는 것은?

① 페놀 수지　　　② 에폭시 수지

③ 멜라민 수지　　④ 아크릴 수지

해설 합성수지의 분류 중 열경화성 수지에는 페놀(베이클라이트) 수지, 요소 수지, 멜라민 수지, 폴리에스테르 수지(알키드 수지, 불포화 폴리에스테르 수지), 실리콘 수지, 폴리우레탄 수지, 에폭시 수지 등이 있다. 아크릴 수지는 열가소성 수지이다.

35 회반죽의 바름에 있어서 모래를 혼합하지 않는 칠로 옳은 것은?

① 재벌　　　　② 정벌

③ 고름질　　　④ 초벌

해설 회반죽 바름에 있어서 정벌 시에는 모래를 혼합하지 않는다.

36 회반죽의 반죽에 있어서 해초풀을 넣는 이유로 옳은 것은?

① 건조를 빠르게 하기 위함이다.

② 부착력을 감소시키기 위함이다.

③ 점성을 증대시키기 위함이다.

④ 광택을 좋게 하기 위함이다.

해설 회반죽에 사용하는 해초풀은 듬북(각우) 또는 은행초(봄이나 가을에 채취하여 1년 정도 건조된 것으로서, 뿌리 및 줄기 등이 혼합되지 않도록 삶은 후 점성이 있는 액상으로 불용해성분이 질량의 25% 이하인 것으로 한다.), 분말 듬북, 수용성 수지(메틸셀룰로오스 등) 등을 사용한다.

37 다음 중 건축용 단열재에 속하지 않는 것은?

① 유리섬유　　　② 아크릴판

③ 암면　　　　　④ 폴리우레탄 폼

해설 단열재의 종류에는 무기질 단열재(유리섬유, 포유리, 석면, 암면, 광재면, 펄라이트, 질석, 다공성 점토질, 규조토, 알루미늄박 등), 화학합성물 단열재(발포 폴리우레탄, 발포 폴리스티렌, 발포 염화비닐, 플라스틱 등) 및 동식물질 단열재(목질 단열재, 코르크, 발포 고무 등) 등이 있다.

38 현장 테라초 마감에 대한 설명으로 옳지 않은 것은?

① 테라초를 바른 후 5~7일 이상 경과한 후 경화 정도를 보아 갈아내기를 한다.

② 벽면 이외의 갈아내기는 손갈기로 하고, 돌의 배열이 균등하게 될 때까지 갈아 낮춘다.

③ 눈먹임, 갈아내기를 여러 회 반복하되 숫돌은 점차로 눈이 고운 것을 사용한다. 최종 마감은 마감 숫돌로 광택이 날 때까지 갈아낸다.

④ 산 수용액으로 중화 처리하여 때를 벗겨내고 헝겊으로 문질러 손질한 후 바탕이 오염되지 않도록 적정한 보양재(고무 매트 등)를 사용하여 보양한 후 최후 공정으로 왁스 등을 발라 마감한다.

[해설] 벽면 이외의 갈아내기는 **기계갈기**로 하고, 돌의 배열이 균등하게 될 때까지 갈아 낮춘다.

39 다음 미장 바름 재료 중 수경성인 것은?

① 진흙
② 회반죽
③ 돌로마이트 플라스터
④ 경석고 플라스터

[해설] 미장재료의 구분

구분		분류	고결재
수경성	시멘트계	시멘트 모르타르, 인조석, 테라초 현장 바름	포틀랜드 시멘트
	석고계 플라스터	혼합 석고, 보드용, 크림용 석고 플라스터, 킨즈 시멘트 (경석고 플라스터)	헤미수화물, 황산칼슘
기경성	석회계 플라스터	회반죽, 돌로마이트 플라스터, 회사벽	돌로마이트, 소석회
		흙반죽, 섬유벽	점토, 합성수지풀
특수 재료		합성수지 플라스터, 마그네시아 시멘트	합성수지, 마그네시아

40 Network(네트워크) 공정표의 장점이라고 볼 수 없는 것은?

① 작업 상호 간의 관련성 파악이 용이하다.

② 진도관리를 명확하게 실시할 수 있으며 적절한 조치를 취할 수 있다.

③ 계획관리면에서 신뢰도가 높고 전산기 이용이 가능하다.

④ 작성 및 검사에 특별한 기능이 필요 없고 경험이 없는 사람도 쉽게 작성할 수 있다.

[해설] **네트워크 공정표**의 장점에는 ①, ② 및 ③ 등이 있고, 단점으로는 다른 공정표보다 익숙해질 때까지 작성시간이 더 필요하며 진척 관리에 있어 특별한 연구가 필요하다. 특히, **작성 및 검사에 특별한 기능이 필요하므로 작성이 어렵다.**

41 네트워크 공정표의 용어 중 더미가 의미하는 것은?

① 처음 작업부터 마지막 작업에 이르는 모든 경로 중에서 가장 긴 시간이 걸리는 경로

② 작업, 프로젝트를 구성하는 단위

③ 네트워크 공정표에서 작업의 상호관계만을 도시하기 위하여 사용하는 점선의 화살선

④ 작업과 작업을 결합하는 점 및 프로젝트의 개시점 혹은 종료점

[해설] ① 주공정선(critical path)
② 작업(activity)
④ 결합점(event)

42 시멘트 모르타르 바름 미장공사에서 배합 용적비 1 : 3으로 시멘트 모르타르 $1m^3$를 만들 경우 각 재료의 양으로 옳은 것은? (단, 재료의 할증률 포함)

① 시멘트 320kg, 모래 $1.15m^3$
② 시멘트 510kg, 모래 $1.10m^3$
③ 시멘트 680kg, 모래 $0.98m^3$
④ 시멘트 1,093kg, 모래 $0.78m^3$

해설 모르타르 배합

구분	1:1	1:2	1:3	1:4	1:5
시멘트(kg)	1,093	680	510	385	320
모래(m³)	0.78	0.98	1.10	1.10	1.15

43 면적이 20m²인 벽면에 떠붙이기 공법으로 타일을 붙일 경우 붙임 모르타르의 소요량은? (단, 붙임 모르타르의 배합비는 1:3이고, 바름 두께는 12mm이다.)

① 0.20m³ 　② 0.24m³

③ 0.28m³ 　④ 0.32m³

해설 벽타일 붙임 모르타르는 0.014m³/m²이다. 그러므로, 0.014m³/m²×20m²=0.28m³

44 벽돌 벽면의 바깥벽에 시멘트 모르타르를 바르는 경우, 초벌 및 라스먹임, 재벌, 정벌의 두께를 합한 총 두께는 얼마인가?

① 28mm 　② 24mm

③ 18mm 　④ 15mm

해설 바름두께의 표준

바탕	바름 부분	바름두께(mm)				
		초벌, 라스먹임	고름질	재벌	정벌	합계
콘크리트, 콘크리트 블록 및 **벽돌면**	바닥				24	24
	내벽	7		7	4	18
	천장	6		6	3	15
	차양	6		6	3	15
	바깥벽	**9**		**9**	**6**	**24**
	기타	9		9	6	24
각종 라스바탕	내벽	라스두께 보다 2mm 정도 두껍게 바른다.	7	7	4	18
	천장		6	6	3	15
	차양		6	6	3	15
	바깥벽		0~9	0~9	6	24
	기타		0~9	0~9	6	24

45 벽돌 공사 시 벽용 줄눈 모르타르의 용적 배합비(잔골재/결합재)로 옳은 것은?

① 2.5~3.0 　② 3.0~3.5

③ 1.5~2.5 　④ 0.5~1.5

해설 벽돌 공사에 사용되는 모르타르의 배합비

모르타르의 종류		용적 배합비(잔골재/결합재)
줄눈 모르타르	벽용	2.5~3.0
	바닥용	3.0~3.5
붙임 모르타르	벽용	1.5~2.5
	바닥용	0.5~1.5
깔 모르타르	바탕용	2.5~3.0
	바닥용	3.0~6.0
안채움 모르타르		2.5~3.0
치장줄눈용 모르타르		0.5~1.5

46 다음 타일의 종류 중 유약을 바른 타일로 옳은 것은?

① 시유 타일 　② 스크래치 타일

③ 모자이크 타일 　④ 논슬립 타일

해설 **스크래치 타일**은 표면에 홈이 나란히 파인 타일이고, **모자이크 타일**은 4cm 이하의 소형으로 된 타일이며, **논슬립 타일**은 클링커 타일로 계단 코에 붙여 미끄럼을 방지하는 타일이다.

47 시멘트가 360포대인 경우 시멘트 창고의 면적으로 옳은 것은? (단, 쌓기 단수는 12 포대로 한다.)

① 16m² 　② 12m²

③ 10m² 　④ 8m²

해설 시멘트 창고 면적 산정

$$A(\text{시멘트의 창고 면적})=0.4\frac{N(\text{시멘트의 포대수})}{n(\text{쌓기 단수})}$$

이다.

여기서, N(저장할 시멘트의 포대수)과 n(쌓기 단수)으로서 다음과 같이 정한다.

㉠ N(저장할 시멘트의 포대수)
 • 600포대 미만 : 쌓기 포대수
 • 600포대 이상 1,800포대 이하 : 600포대
 • 1,800포대 이상 : 포대수의 1/3만 적용

㉡ n(쌓기 단수)
 • 3개월 이내의 단기 저장 : $n \leq 13$
 • 3개월 이상의 장기 저장 : $n \leq 7$

$$A(\text{시멘트의 창고 면적})=0.4\frac{N(\text{시멘트의 포대수})}{n(\text{쌓기 단수})}$$
$$=0.4\times\frac{360}{12}=12m^2$$

48 다음은 테라초 바르기의 줄눈 나누기에 관한 설명이다. ( ) 안에 알맞은 내용은?

> 테라초 바르기의 줄눈 나누기는 ( ) 이내로 하며, 최대 줄눈 간격은 ( ) 이하로 한다.

① $1.2m^2$, 2m　　② $1.5m^2$, 1.5m
③ $1.2m^2$, 1.5m　　④ $1.5m^2$, 2m

해설 테라초 바르기의 줄눈 나누기는 $1.2m^2$ 이내로 하며, 최대 줄눈 간격은 2m 이하로 한다.

49 벽타일 붙이기의 경우 접착붙이기 공법에 따른 접착제 1회 바름 면적으로 옳은 것은?

① $2m^2$ 이하　　② $2.5m^2$ 이하
③ $3m^2$ 이하　　④ $4m^2$ 이하

해설 벽타일의 접착붙이기 공법
㉠ 내장공사에 한하여 적용한다.
㉡ 붙임 바탕면을 여름에는 1주 이상, 기타 계절에는 2주 이상 건조시킨다.
㉢ 바탕이 고르지 않을 때에는 접착제에 적절한 충전재를 혼합하여 바탕을 고른다. 이성분형 접착제를 사용할 경우에는 제조회사가 지정한 혼합비율 대로 정확히 계량하여 혼합한다.
㉣ 접착제의 1회 바름 면적은 $2m^2$ 이하로 하고 접착제용 흙손으로 눌러 바른다.
㉤ 접착제의 표면 접착성 또는 경화 정도를 설계도서 또는 담당원의 지시에 따라 확인한 다음 타일을 붙이며, 붙인 후에 적절한 환기를 실시한다.

50 벽타일 붙이기 공법 중 떠붙이기 공법의 붙임 모르타르의 두께로 옳은 것은?

① 3~4mm　　② 6~12mm
③ 12~24mm　　④ 24~30mm

해설 타일 뒷면에 붙임 모르타르를 바르고 모르타르가 충분히 채워져 타일이 밀착되도록 바탕에 눌러 붙인다. 붙임 모르타르의 두께는 12~24mm를 표준으로 한다.

51 벽타일 붙이기 공법 중 떠붙이기의 경우, 시멘트 모르타르의 용적 배합비(시멘트 : 모래)로 옳은 것은?

① 1 : 0.5~1.5　　② 1 : 2.0~2.5
③ 1 : 3.0~4.0　　④ 1 : 1.0~2.0

해설 모르타르의 표준 배합비(용적비)

구분			시멘트	모래	혼화제
붙임용	벽	떠붙이기	1	3.0~4.0	—
		압착붙이기	1	1.0~2.0	지정량
		개량압착붙이기	1	2.0~2.5	지정량
		판형붙이기	1	1.0~2.0	지정량
	바닥	판형붙이기	1	2.0	—
		클링커타일	1	3.0~4.0	—
		일반타일	1	2.0	—
줄눈용	줄눈폭 5mm 이상		1	0.5~2.0	지정량
	줄눈폭 5mm 이하	내장	1	0.5~1.0	
		외장	1	0.5~1.5	

[비고]
• 모래는 타일의 종류에 따라 입도분포를 조절한다.
• 줄눈의 색은 담당원의 지시에 따른다.

52 다음 중 바닥용 타일로 부적당한 것은?

① 도기질 타일　　② 석기질 타일
③ 모자이크 타일　　④ 자기질 타일

해설 타일의 구분

호칭명	소지의 질	비고
내장 타일	자기질, 석기질, 도기질	• 도기질 타일은 흡수율이 커서 동해를 받을 수 있으므로 내장용에만 이용된다. • 클링커 타일은 비교적 두꺼운 바닥 타일로서, 시유 또는 무유의 석기질 타일이다.
외장 타일	자기질, 석기질	
바닥 타일	**자기질, 석기질**	
모자이크 타일	자기질	

53 타일의 접착력시험에 관한 설명으로 옳지 않은 것은?

① 시험은 타일시공 후 2주 이상일 때 실시한다.

② 시험결과의 판정은 타일 인장부착강도가 0.39MPa 이상이어야 한다.

③ 타일의 접착력시험은 200m² 당 한 장씩 시험한다.

④ 시험할 타일은 먼저 줄눈 부분을 콘크리트면까지 절단하여 주위의 타일과 분리시킨다.

해설 타일의 접착력시험은 타일시공 후 **4주 이상일 때** 실시한다.

54 다음은 타일 붙이기에 대한 일반사항이다. 이에 대한 설명으로 옳지 않은 것은?

① 창문선, 문선 등 개구부 둘레와 설비기구류와의 마무리 줄눈 너비는 8mm 정도로 한다.

② 도면에 명기된 치수에 상관없이 징두리벽은 온장타일이 되도록 나누어야 한다.

③ 벽체 타일이 시공되는 경우 바닥 타일은 벽체 타일을 먼저 붙인 후 시공한다.

④ 벽타일 붙이기에서 타일 측면이 노출되는 모서리 부위는 코너 타일을 사용하거나, 모서리를 가공하여 측면이 직접 보이지 않도록 한다.

해설 타일 붙이기 일반사항

㉠ 줄눈 나누기 및 타일 마름질은 도면 또는 담당원의 지시에 따라 수준기, 레벨 및 다림추 등을 사용하여 기준선을 정하고 될 수 있는 대로 온장을 사용하도록 줄눈 나누기한다.

㉡ 줄눈 너비는 도면 또는 공사시방서에서 정한 바가 없을 때에는 다음 표에 따른다. 다만, **창문선, 문선 등 개구부 둘레와 설비기구류와의 마무리 줄눈 너비는 10mm 정도로 한다.**

구분	대형벽돌형 (외부)	대형 (내부일반)	소형 타일	모자이크 타일
줄눈 너비	9	5~6	3	2

㉢ 배수구, 급수전 주위 및 모서리는 타일 나누기 도면에 따라 미리 전기톱이나 물톱과 같은 것으로 마름질하여 시공한다.

㉣ 타일의 박리 및 백화현상이 발생하지 않도록 시공하고, 규정에 따라 보양한다.

㉤ 벽체는 중앙에서 양쪽으로 타일 나누기를 하여 타일 나누기가 최적의 상태가 될 수 있도록 조절한다. 달리 도면에 명기되어 있지 않다면 동일한 폭의 줄눈이 되도록 한다.

55 다음 셀프레벨링재의 시공 순서를 옳게 나열한 것은?

> ㉠ 실러바름
> ㉡ 재료의 혼합반죽
> ㉢ 셀프레벨링재 붓기
> ㉣ 이어치기 부분의 처리

① ㉠ → ㉡ → ㉣ → ㉢

② ㉡ → ㉠ → ㉣ → ㉢

③ ㉡ → ㉠ → ㉢ → ㉣

④ ㉠ → ㉡ → ㉢ → ㉣

해설 셀프레벨링재의 시공 순서

㉠ **재료의 혼합 반죽**
• 합성수지 에멀션 실러는 지정량의 물로 균일하고 묽게 반죽해서 사용한다.
• 셀프레벨링 바름재는 제조업자가 지정하는 시방에 따라 소요의 표준연도가 되도록 기계를 이용, 균일하게 반죽하여 사용한다.

㉡ **실러바름**
실러바름은 제조업자의 지정된 도포량으로 바르지만, 수밀하지 못한 부분은 2회 이상 걸쳐 도포하고, 셀프레벨링재를 바르기 2시간 전에 완료한다.

㉢ **셀프레벨링재 붓기**
반죽질기를 일정하게 한 셀프레벨링재를 시공면의 수평에 맞게 붓는다. 이때 필요에 따라 고름도구 등을 이용하여 마무리한다.

㉣ **이어치기 부분의 처리**
• 경화 후 이어치기 부분의 돌출 부분 및 기포 흔적이 남아 있는 주변의 튀어나온 부위 등은 연마기로 갈아서 평탄하게 한다.
• 기포로 인해 오목 들어간 부분 등은 된비빔 셀프레벨링재를 이용하여 보수한다.

56 낙하물 방지망의 설치 높이로 옳은 것은?

① 20m 이내   ② 15m 이내

③ 10m 이내   ④ 6m 이내

[해설] 낙하물 방지망

ㄱ 낙하물 방지망의 내민길이는 비계 또는 구조체의 외측에서 수평거리 2m 이상으로 하고, 수평면과의 경사각도는 20° 이상 30° 이하로 설치하여야 한다. 다만, 추락방지 겸용의 경우에는 KCS의 시공방법에 따른다.

ㄴ **낙하물 방지망의 설치 높이는 10m 이내** 또는 3개층마다 설치하여야 한다.

ㄷ 낙하물 방지망과 비계 또는 구조체와의 간격은 250mm 이하이어야 한다.

ㄹ 벽체와 비계 사이는 망 등을 설치하여 폐쇄한다. 외부공사를 위하여 벽과의 사이를 완전히 폐쇄하기 어려운 경우에는 낙하물 방지망 하부에 걸침띠를 설치하고, 벽과의 간격을 250mm 이하로 한다.

ㅁ 낙하물 방지망의 이음은 150mm 이상의 겹침을 두어 망과 망 사이에 틈이 없도록 하여야 한다.

57 안전보건표지 중 노란색이 의미하는 것은?

① 금지 표지   ② 지시 표지

③ 안내 표지   ④ 경고 표지

[해설] 금지 표지는 **빨간색**, 지시 표지는 **파란색**, 안내 표지는 **녹색**으로 표시한다.

58 재해를 예방하기 위한 하아비(Harvery. J. H)의 시정책(3E)이 아닌 것은?

① 처벌규정 강화   ② 안전 교육

③ 안전 기술   ④ 안전 독려

[해설] 하아비(Harvery. J. H)의 시정책(3E)은 다음과 같다.

ㄱ 안전 교육(Safety education)

ㄴ 안전 기술(Safety engineering)

ㄷ 안전 독려(Safety enforcement)

59 불안전한 행동을 하게 하는 인간의 외적인 요인이 아닌 것은?

① 근로시간   ② 휴식시간

③ 온열조건   ④ 수면부족

[해설] 불안전한 행동(안전지식이나 기능 또는 안전태도가 좋지 않아 실수나 잘못 등과 같이 안전하지 못한 행위를 하는 행동)

ㄱ **외적인 요인** : 인간관계, 설비적 요인, 직접적 요인, 관리적 요인 등으로 **근로 및 휴식시간, 온열조건** 등이 있다.

ㄴ **내적인 요인**
  • 심리적 요인 : 망각, 주변동작, 무의식행동, 생략행위, 억측판단, 의식의 우회, 습관적 동작, 정서 불안정 등
  • 생리적 요인 : 피로, **수면부족**, 신체 기능의 부적응, 음주 및 질병 등

60 다음에서 설명하는 산업사고의 형태로 옳은 것은?

> 어떤 물체가 높은 곳에서 낮은 곳으로 떨어지거나, 어떤 물체가 날아와 사람에게 맞는 경우를 의미한다.

① 붕괴, 도괴   ② 낙하, 비래

③ 추락, 전도   ④ 충돌, 협착

[해설] **붕괴, 도괴**는 적재물, 비계, 건축물이 무너진 경우이다. **추락**은 건축물, 사다리, 경사면 및 나무 등에서 떨어진 경우이고, **전도**는 과속, 미끄러짐 등으로 평면에서 넘어진 경우이다. **충돌**은 정지물에 부딪힌 경우이고, **협착**은 물건에 낀 상태 또는 말려든 상태이다.

01. 건축 제도

01 가는 실선의 용도가 아닌 것은?

① 치수선
② 경계선
③ 인출선
④ 해칭선

[해설] 선의 종류와 용도

종류		용도	굵기(mm)
실선	전선	단면선, 외형선	0.3~0.8
	가는 선	**치수선**, 치수보조선, **인출선**, 지시선, **해칭선**	가는 선 (0.2 이하)
허선	**파선**	물체의 보이지 않는 부분	반선 (전선 1/2)
	일점쇄선	중심선, 중심축, 대칭축	가는 선
		절단 위치, **경계선**	반선
	이점쇄선	물체가 있는 가상 부분(가상선), 일점쇄선과 구분	반선 (전선 1/2)

02 건축도면에서 가장 굵은 실선을 사용하는 부분은?

① 단면선
② 물체의 외형선
③ 상상선
④ 절단선

[해설] 굵은 실선의 전선은 단면선, 외형선에 사용하고, 굵은 실선의 가는 선은 치수선, 치수보조선, 인출선, 지시선, 해칭선 등에 사용하며, **상상선은 이점쇄선, 절단선은 일점쇄선의 반선이 사용**된다.

03 선의 종류에 따른 용도로 틀린 것은?

① 굵은 실선 : 단면선
② 가는 실선 : 해칭선
③ 이점쇄선 : 상상선
④ 파선 : 중심선

[해설] 파선은 물체의 보이지 않는 부분에 사용되고, 중심선은 일점쇄선의 가는 선이 사용된다.

04 선의 용도로 짝지어진 것 중 틀린 것은?

① 파선 – 숨은선
② 실선 – 단면선
③ 이점쇄선 – 가상선
④ 일점쇄선 – 해칭선

[해설] 일점쇄선의 가는 선은 중심축, 대칭축, 기준선에 사용되고, 해칭선은 실선의 가는 선이 사용된다.

05 물체의 중심축, 대칭축을 표시하는 데 사용하는 선의 종류는?

① 가는 실선
② 일점쇄선
③ 굵은 실선
④ 파선

[해설] 굵은 실선의 전선은 단면선, 외형선에 사용하고, 굵은 실선의 가는 선은 치수선, 치수보조선, 인출선, 지시선, 해칭선 등에 사용하며, 파선은 물체의 보이지 않는 부분에 사용된다.

06 건축물을 도면으로 표현하기 위해 사용하는 척도에 대한 설명으로 옳지 않은 것은?

① 도면의 척도에는 배척, 실척, 축척의 3종류가 있다.

② 척도의 정확한 사용 능력은 도면을 작성할 때에 반드시 필요하다.

③ 도면의 축척은 그 도면에 요구되는 내용의 정도에 적합한 것을 택해야 한다.

④ 건축제도에서는 일반적으로 배척과 실척이 주로 사용된다.

해설 **제도에 있어서의 척도는 배척**(실제의 크기보다 크게 그리는 것으로 2/1, 3/1 등), **실척**(실제의 크기와 동일하게 그리는 것으로 1/1), **축척**(실제의 크기보다 줄여서 그리는 것, 1/20, 1/200 등)이 있으나, **건축제도에서는 일반적으로 축척을 주로 사용**한다.

07 치수를 옮기거나 선과 원주를 같은 길이로 나눌 때 사용하는 제도용구는?

① 스프링컴퍼스
② 운형자
③ 디바이더
④ 스케일

해설 **스프링컴퍼스**는 작은 원(직경 10mm 이하의 원)이나 원호를 그릴 때 사용한다. **운형자**는 불규칙한 곡선을 쉽게 그릴 수 있도록 다양한 곡선의 형태를 지닌 여러 개의 플라스틱 제품의 세트가 있다. **스케일**은 평형과 삼각형의 두 종류가 있다. 재료는 대나무, 합성수지가 사용되며, 1/100, 1/200, 1/300, 1/400, 1/500 및 1/600 축척의 눈금이 있고, 길이는 100mm, 150mm, 300mm의 세 종류가 있다.

08 건축제도 용지에서 A4용지의 크기는 A0용지 크기의 몇 배인가?

① 1/3
② 1/4
③ 1/5
④ 1/6

해설 제도용지

㉠ 제도용지의 크기 및 여백   (단위 : mm)

제도지	$a \times b$	c (최소)	d(최소) 철하지 않을 때	d(최소) 철할 때	제도지 절단
A0	841×1,189				전지
A1	594×841	10			2절
A2	420×594				4절
A3	**297×420**			25	8절
A4	210×297				16절
A5	148×210	5			32절
A6	105×148				64절

*a : 도면의 가로 길이
b : 도면의 세로 길이
c : 테두리선과 도면의 우측, 상부 및 하부 외곽과의 거리
d : 테두리선과 도면의 좌측 외곽과의 거리

㉡ 제도용지의 크기 : $An = A0 \times \left(\dfrac{1}{2} \right)^n$ 이다.

여기서, n : 제도용지의 치수이다.

• 제도용지의 표기가 짝수인 경우 : 제도용지의 크기를 산정하는 경우에는 A0 용지의 몇 분의 일인가를 확인하고, 면적은 길이의 제곱이므로 길이의 몇 분의 일인가를 확인한다. 그리고 A0 용지의 크기 841mm×1,189mm에서 1mm를 감한 후 길이를 나눈다.

예를 들면, A4의 크기는 $An = A0 \times \left(\dfrac{1}{2} \right)^n$에서 $n = 4$이므로 A0의 1/16, 즉 길이의 1/4이다. 그러므로 (841−1)/4=210mm,
        (1,189−1)/4=297mm이다.

• 제도용지의 표기가 홀수인 경우 : A3의 경우 A0의 1/8이므로 1/2×1/4에서 작은 변의 1/2, 큰 변의 1/4이다.

09 제도용지의 세로와 가로의 길이비는?

① $\sqrt{2} : \sqrt{3}$
② $\sqrt{3} : \sqrt{2}$
③ $1 : \sqrt{3}$
④ $1 : \sqrt{2}$

정답 **06.** ④ **07.** ③ **08.** ② **09.** ④

해설 제도용지 A0의 크기는 세로×가로=841mm
×1,189mm이고, 면적은 약 $1m^2$ 정도이며, 길
이의 비는 $1 : \sqrt{2}$ 정도이다.

10 글자의 크기는 어느 것을 기준으로 나타 내는가?

① 가로
② 높이
③ 대각선
④ 서체

해설 도면의 글자와 숫자
㉠ 글자 쓰기에서 글자는 명확하게 하고, 문장
은 왼쪽에서부터 가로쓰기를 원칙으로 한
다. 다만, 가로쓰기가 곤란할 때에는 세로
쓰기도 무방하다.
㉡ 글자체는 고딕체로 하고, 수직 또는 15°
경사로 쓰는 것을 원칙으로 한다.
㉢ **글자의 크기는 높이로 표시**하고, 20, 16,
12.5, 10, 8, 6.3, 5, 4, 3.2, 2.5 및 2mm
의 11종류로서 네 자리 이상의 숫자는 세
자리마다 자릿점을 찍든지, 간격을 두어 표
시한다.
㉣ 글자의 크기는 각 도면(축척과 도면의 크기)의
상황에 맞추어 알아보기 쉬운 크기로 한다.
㉤ 화살표의 크기는 선의 굵기와 조화를 이루도
록 하고, 도면에 표기된 기호는 치수 앞에 쓰
며, 반지름은 R, 지름은 ϕ로 표기한다.

11 실제길이 16m를 1/200의 축척으로 나타 내면 도면상에서는 몇 mm로 나타나는가?

① 8mm
② 16mm
③ 60mm
④ 80mm

해설 축척 $\frac{1}{200}$의 의미는 실제의 크기를 $\frac{1}{200}$로 줄여
서 작게 그린다는 의미이므로 도면상의 길이=실
제의 길이×축척=$16,000 \times \frac{1}{200}$=80mm이다.
여기서, 16m=1,600cm=16,000mm임에 유의
할 것. 건축제도에서의 단위는 mm를 사용하
나, 혹시 단위를 변경할 수 있으므로 유의하여
야 한다.

12 축척 1/50 도면에서의 10cm는 실제길이 몇 m인가?

① 20m
② 5m
③ 2m
④ 0.5m

해설 축척 $\frac{1}{50}$의 의미는 실제의 크기를 $\frac{1}{50}$로 줄여서
작게 그린다는 의미이므로 실제의 길이=도면상
의 길이÷축척=$100mm \div \frac{1}{50}$=5,000mm=5m

13 그림은 도면의 단면표시기호이다. 옳은 것은?

① 석재
② 인조석
③ 무근콘크리트
④ 철근콘크리트

해설 단면표시 기호

재료명	인조석	무근콘크리트	철근콘크리트
단면표시 기호			

14 다음 그림과 같은 창호표시기호는?

① 망사창
② 셔텨달린창
③ 회전창
④ 오르내리창

해설 창호표시기호

창호명	망사창	회전창	오르내리창
창호표시 기호			

정답 **10.** ② **11.** ④ **12.** ② **13.** ① **14.** ②

15 계획 설계도에 속하지 않는 것은?

① 구상도
② 동선도
③ 전개도
④ 조직도

해설 **계획 설계도**는 설계도면의 종류 중에서 가장 먼저 이루어지는 도면으로 **구상도**, **조직도**, **동선도**, 면적 도표 등이 있고, 이를 바탕으로 실시 설계도(일반도, 구조도 및 설비도)가 이루어지며 그 후에 시공도가 작성된다. **실시 설계도**에는 일반도(배치도, 평면도, 입면도, 단면도, **전개도**, 창호도, 현치도, 투시도 등), 구조도(기초 평면도, 바닥틀 평면도, 지붕틀 평면도, 골조도, 배근도, 기초·기둥·보·바닥판, 일람표, 각부 상세도 등) 및 설비도(전기, 위생, 냉·난방, 환기, 승강기, 소화 설비도 등) 등이 있다.

16 건축설계도면 중에서 실시 설계도만으로 짝지어져 있는 것은?

① 창호도, 전개도, 동선도
② 배치도, 면적도표, 구상도
③ 구상도, 골조도, 단면상세도
④ 단면상세도, 부분상세도, 전개도

해설 설계도면의 종류 중 실시 설계도에는 일반도[배치도, 평면도, 입면도, **단면도(단면상세도, 부분상세도)**, **전개도**, 창호도, 현치도, 투시도 등], 구조도(기초 평면도, 바닥틀 평면도, 지붕틀 평면도, 골조도, 배근도, 기초·기둥·보·바닥판, 일람표, 각부 상세도 등) 및 설비도(전기, 위생, 냉·난방, 환기, 승강기, 소화 설비도 등) 등이 있다.

17 건물 배치도에 표시되는 사항이 아닌 것은?

① 각 실의 배치와 넓이
② 부지의 고저와 인접 도로의 폭
③ 정확한 방위표시
④ 인접 대지와의 경계

해설 배치도에 표시할 내용에는 축척, 대지의 모양 및 고저, 치수, 건축물의 위치, 방위, 대지 경계선까지의 거리, 대지에 접한 도로의 위치와 너비 및 길이, 출입구의 위치, 문, 담장, 주차장의 위치, 정화조의 위치, 조경 계획 등이고, **각 실의 배치와 넓이는 평면도에 표시**된다. 또한, 배치도 및 평면도 등의 도면은 위쪽을 북쪽으로 한다.

18 배치도는 다음 도면 중 어느 것을 기준으로 하는가?

① 지하층 평면도
② 1층 평면도
③ 2층 평면도
④ 지붕 평면도

해설 배치도에 표시할 내용에는 지붕 평면도를 기준으로 하여, **축척, 대지의 모양 및 고저**, 치수, **건축물의 위치, 방위, 대지 경계선까지의 거리, 대지에 접한 도로의 위치와 너비 및 길이, 출입구의 위치**, 문, 담장, 주차장의 위치, **정화조의 위치, 조경 계획** 등이다.

19 단면도 작도 시 표현해야 할 부분으로서 가장 거리가 먼 것은?

① 실의 배치와 넓이를 표현할 부분
② 평면도만으로 이해가 힘든 부분
③ 전체 구조의 이해를 돕는 부분
④ 설계자의 강조 부분

해설 단면도 제도 시 필요한 사항은 기초, 지반, 바닥, 처마, 건축물, 층, 창, 난간 등의 높이와 처마 및 베란다의 내민 길이, 계단의 챌판 및 디딤판의 길이 등을 나타내고, 단면 상세도는 건축물의 구조상 중요한 부분을 수직으로 자른 것을 그린 도면으로 평면도만으로 이해하기 힘든 부분, 전체 구조의 이해를 필요로 하는 부분, 설계자의 강조 부분 등을 그려야 하고, 각부의 높이, 부재의 크기, 접합 및 마감 등을 상세하게 그린다. 또한, **실의 배치와 넓이를 표현할 부분은 평면도에 표기**한다.

20 입면도에 대한 설명으로 옳은 것은?

① 주요부의 높이, 지붕경사 및 모양, 벽, 기타 마감재료의 종류를 기입한다.

② 건물높이, 층높이, 지반에서 1층 바닥높이, 계단의 디딤판 크기를 기입한다.

③ 실의 배치와 넓이, 개구부 위치와 크기, 바닥의 넓이를 기입한다.

④ 개구부의 위치와 크기, 실의 넓이, 지붕의 모양, 계단의 디딤판 크기를 기입한다.

[해설] 입면도란 건축물의 외관 또는 외형을 나타내는 정투상도에 의한 직립 투상도로서 동, 서, 남, 북의 네 면의 외부 형태를 나타내며, 창의 형상, 창의 높이, 외벽의 마감재료, 건물 전체 높이, 지붕물매, 처마높이, 창문의 형태 등을 나타낸다. 특히, 실내의 높이(천장높이, 반자높이 등)는 단면도에 표기한다.

02. 건축 구조

01 목구조에서 기초 위에 가로놓아 상부에서 오는 하중을 기초에 전달하며, 기둥 밑을 고정하고 벽을 치는 뼈대가 되는 수평재는?

① 층보　　　　　② 토대

③ 인방　　　　　④ 동바리

[해설] **층보**는 각 층의 마루(슬래브)를 받는 보이다. **인방**은 기둥과 기둥에 가로 대어 창문틀의 상·하 벽을 받고, 하중은 기둥에 전달하며 창문틀을 끼워 댈 때 뼈대가 되는 부재이다. **동바리**는 구조물을 받치는 데 세운 짧은 기둥이다.

02 2층의 목조마루 중 홑마루에 대한 설명이다. 틀린 것은?

① 장선마루라고도 한다.

② 간사이가 좁을 때 쓰인다.

③ 작은 보를 설치해야 한다.

④ 장선은 춤이 높은 것을 쓴다.

[해설] 2층 마루의 종류 및 구성
2층 마루에는 홑(장선)마루, 보마루 및 짠마루 등이 있다.

구분	간사이	구성
홑(장선)마루	2.5m 이하	보를 쓰지 않고 **층도리와 칸막이 도리에 직접 장선을** 약 50cm 사이로 걸쳐 대고, 그 위에 널을 깐 것
보마루	2.5m 이상 6.4m 이하	보를 걸어 장선을 받게 하고, 그 위에 마루널을 깐 것
짠마루	6.4m 이상	큰 보 위에 작은 보를 걸고, 그 위에 장선을 대고 마루널을 깐 것

03 벽돌내쌓기에 관한 기술 중 틀린 것은?

① 벽체에 마루를 놓을 경우 벽돌을 벽면에서 부분적으로 또는 길게 내쌓는 것을 벽돌내쌓기라 한다.

② 내쌓기는 보통 1/8B 1켜씩 또는 1/4B 2켜씩 내쌓는다.

③ 내쌓기는 마구리 쌓기로 하는 것이 좋다.

④ 내쌓기의 내미는 정도는 3.0B 한도로 한다.

[해설] **벽돌벽의 내쌓기**[벽돌, 돌 등을 쌓을 때 벽(면)보다 내밀어서 쌓는 것으로 벽체에 마루를 설치한다든지 또는 방화벽으로 처마 부분을 가리기 위해 사용]는 벽돌을 벽면에서 부분적으로 내어 쌓는 방식으로, 1단씩 내쌓을 때에는 B/8 정도 내밀고, 2단씩 내쌓을 때에는 B/4 정도씩 내어 쌓으며, **내미는 정도는 2.0B 정도로** 한다.

04 벽돌쌓기에서 한 켜는 길이쌓기로 하고 다음 켜는 마구리쌓기로 하며 모서리에는 칠오토막이 사용되는 벽돌쌓기법은?

① 영국식쌓기

② 미국식쌓기

③ 화란식쌓기

④ 프랑스식쌓기

해설 벽돌쌓기의 비교

구분	영국식	네덜란드식	플레밍식	미국식
A켜	마구리 또는 길이		길이와 마구리	표면 치장벽돌 5켜 뒷면은 영식
B켜	길이 또는 마구리			
사용 벽돌	반절, 이오토막	칠오토막	반토막	
통줄눈	안 생김		생김	생기지 않음
특성	가장 튼튼함	주로 사용함	외관상 아름답다.	내력벽에 사용

05 그림과 같은 벽돌쌓기는?

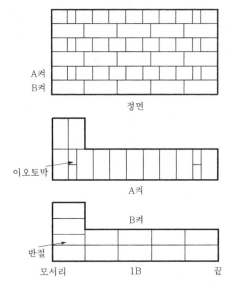

정면

A켜

이오토막

B켜

반절

모서리   1B   끝

① 영국식쌓기
② 프랑스식쌓기
③ 네덜란드식쌓기
④ 미국식쌓기

해설 영국식쌓기 : 서로 다른 아래·위 켜(입면상으로 한 켜는 마구리쌓기, 다음 한 켜는 길이쌓기로 번갈아)로 쌓고, 통줄눈이 생기지 않으며 내력벽을 만들 때에 많이 이용되는 벽돌쌓기법이다. 특히, 모서리 부분에 반절, 이오토막 벽돌을 사용하며, 가장 튼튼한 쌓기법으로 통줄눈이 생기지 않게 하려면 반절을 사용하여야 한다.

06 그림과 같은 쌓기방법은 어느 식인가?

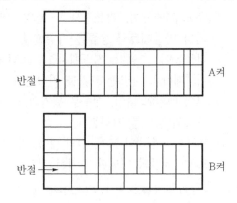

반절 → A켜

반절 → B켜

① 미국식
② 프랑스식
③ 영국식
④ 네덜란드식

해설 영국식쌓기 : 서로 다른 아래·위 켜(입면상으로 한 켜는 마구리쌓기, 다음 한 켜는 길이쌓기로 번갈아)로 쌓고, 통줄눈이 생기지 않으며 내력벽을 만들 때에 많이 이용되는 벽돌쌓기법이다. 특히, 모서리 부분에 반절, 이오토막 벽돌을 사용하며, 가장 튼튼한 쌓기법으로 통줄눈이 생기지 않게 하려면 반절을 사용하여야 한다.

07 벽돌조의 내력 발휘 조건들이다. 가장 관계가 먼 것은?

① 벽돌의 강도
② 모르타르의 강도
③ 앵커볼트의 강도
④ 벽돌과 모르타르의 접착력

해설 벽돌조의 벽체 강도는 벽돌의 강도, 모르타르의 강도 및 벽돌과 모르타르의 접착력 등에 따라 변화한다.

08 내력 벽돌벽의 상부에 설치하는 테두리보의 춤의 크기로 옳은 것은?

① 벽두께의 1배 이상
② 벽두께의 1.5배 이상
③ 벽두께의 2배 이상
④ 벽두께의 2.5배 이상

해설 건축물의 각 층 내력벽의 위에는 **춤이 벽두께의 1.5배**인 철골 구조 또는 철근 콘크리트 구조의 **테두리보를 설치**해야 한다. 그러나 다음의 경우에는 나무 구조의 테두리보로 대체할 수 있다.
㉠ 철근 콘크리트 바닥을 슬래브로 하는 경우
㉡ 1층 건물로서 벽두께가 높이의 1/16 이상이 되거나, 벽의 길이가 5m 이하인 경우

해설 **벽돌벽의 내쌓기**[벽돌, 돌 등을 쌓을 때 벽(면)보다 내밀어서 쌓는 것으로 벽체에 마루를 설치한다든지 또는 방화벽으로 처마 부분을 가리기 위해 사용]는 벽돌을 벽면에서 부분적으로 내어 쌓는 방식으로, 1단씩 내쌓을 때에는 B/8 정도 내밀고, 2단씩 내쌓을 때에는 B/4 정도씩 내어 쌓으며, **내미는 정도는 2.0B 정도**로 한다.

09 벽돌조에서 그림과 같은 치장줄눈의 이름은?

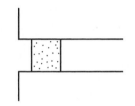

① 민줄눈
② 평줄눈
③ 빗줄눈
④ 오목줄눈

해설 치장줄눈의 종류

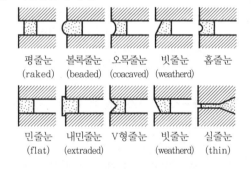

| 평줄눈 (raked) | 볼록줄눈 (beaded) | 오목줄눈 (coacaved) | 빗줄눈 (weatherd) | 홈줄눈 |

| 민줄눈 (flat) | 내민줄눈 (extraded) | V형줄눈 | 빗줄눈 (weatherd) | 실줄눈 (thin) |

10 벽돌벽 내쌓기에 대한 설명 중 틀린 것은?

① 보통 한 켜씩 내쌓을 경우 1/8B씩 내쌓는다.
② 보통 두 켜씩 내쌓을 경우 1/4B씩 내쌓는다.
③ 내쌓기는 마구리쌓기로 하는 것이 좋다.
④ 내쌓기의 내미는 정도의 한도는 3.0B로 한다.

11 벽돌구조의 내력벽에 대한 기술 중 옳은 것은?

① 2층 또는 3층 건축물의 최상층 부분의 내력벽 높이는 5m를 넘을 수 없다.
② 내력벽의 길이가 10m 초과 시 중간에 붙임기둥 또는 부축벽을 만든다.
③ 내력벽의 두께는 그 벽 높이의 1/30 이상으로 하여야 한다.
④ 내력벽으로 둘러싸인 부분의 바닥면적은 100m² 이하로 한다.

해설 조적조의 규정
㉠ 내력벽으로서 토압을 받는 부분의 높이가 2.5m 이하일 경우에는 벽돌 조적조의 내력벽으로 할 수 있다. 이때 높이가 1.2m 이상일 때에는 그 내력벽의 두께는 그 직상층의 벽 두께에 100mm를 가산한 두께 이상으로 하여야 한다.
㉡ 벽돌조 벽체의 두께와 높이에 있어 벽돌조 벽은 높거나 긴 벽일수록 두께를 두껍게 하며, **최상층의 내력벽의 높이는 4m를 넘지 않도록 하고**, 벽의 길이가 너무 길어지면, 휨과 변형 등에 대해서 약하므로, 최대 길이 10m 이하로 하며, 벽의 길이가 10m를 초과하는 경우에는 중간에 붙임기둥 또는 부축벽을 설치한다.
㉢ 조적조에 있어서 문꼴(개구부) 상호간 또는 문꼴(개구부)과 대린벽 중심의 수평거리는 벽 두께의 2배 이상으로 하여야 한다.
㉣ **내력벽으로 둘러싸인 부분의 바닥면적은 80m² 이하**로 하여야 하고, 60m²를 넘는 경우에는 내력벽의 두께는 다음 표에 의한 두께 이상으로 한다.

(단위 : cm 이상)

층별 / 층수	1층	2층	3층
1층	19	29	39
2층		19	29
3층			19

ⓜ 문꼴 바로 위에 있는 문꼴과의 수직거리는 60cm 이상으로 하고, 각 벽의 개구부 폭의 합계는 그 벽 길이의 1/2 이하로 하며, 문꼴의 너비가 1.8m 이상 되는 문꼴의 상부에는 철근 콘크리트 구조의 윗인방을 설치하고, 양쪽 벽에 물리는 부분은 길이 20cm 이상으로 한다.

ⓗ 조적식 구조에서 각 층의 벽이 편재해 있을 때에는 편심거리가 커져서 수평하중에 의한 전단작용과 휨작용을 동시에 크게 받게 되어 벽체에 균열이 발생하므로 각 층의 벽은 편심하중이 작용되지 않도록 하여야 한다.

ⓢ 조적식 구조인 **내력벽의 두께**는 그 건축물의 층수, 높이 및 벽의 길이에 따라서 달라지며, 조적재가 **벽돌인 경우에는 벽 높이의 1/20 이상**, 블록조인 경우에는 벽 높이의 1/16 이상으로 하여야 한다.

ⓞ 조적식 구조인 내력벽을 이중벽으로 하는 경우에는 당해 이중벽 중 하나의 내력벽에 대하여 적용한다. 다만, 건물의 최상층(1층인 건축물의 경우 1층을 말한다)에 위치하고 그 높이가 3m를 넘지 아니하는 이중벽인 내력벽으로서 그 각 벽 상호간의 가로·세로 각각 40cm 이내의 간격으로 보강한 내력벽에 있어서는 그 각 벽의 두께와 합계를 당해 내력벽의 두께로 본다.

12 벽돌구조의 대린벽으로 구획된 벽에서 개구부 폭의 합계는 그 벽 길이의 얼마 이하로 하여야 하는가?

① 벽 길이의 1/4 이하
② 벽 길이의 1/3 이하
③ 벽 길이의 1/2 이하
④ 벽 길이의 3/4 이하

해설 조적조에 있어서 문꼴(개구부) 상호간 또는 문꼴(개구부)과 대린벽 중심의 수평거리는 벽두께의 2배 이상으로 하여야 하므로 **개구부의 폭의 합계는 그 벽 길이의 1/2 이하**이다.

13 벽돌벽에 배관, 배선, 기타용으로 그 층높이의 3/4 이상 연속되는 세로홈을 팔 경우 홈의 깊이는 벽두께의 최대 얼마 이하로 하여야 하는가?

① 1/2
② 1/3
③ 1/4
④ 1/5

해설 벽돌벽 홈파기에 있어 벽돌벽에 배선·배관을 위하여 벽체에 홈을 팔 때, 홈을 깊게 연속하여 파거나 대각선으로 파면 수평력에 의하여 갈라지기 쉬우므로, **그 층 높이의 3/4 이상 연속되는 홈을 세로로 팔 때에는 그 홈의 깊이를 벽 두께의 1/3 이하로 하고**, 가로로 팔 때에는 그 길이를 3m 이하로 하며, 그 깊이는 벽 두께의 1/3 이하로 한다.

14 벽돌조인 경우 내력벽의 최소 두께는 벽 높이의 얼마 이상으로 하여야 하는가?

① 1/12
② 1/15
③ 1/16
④ 1/20

해설 조적식 구조인 내력벽의 두께는 그 건축물의 층수, 높이 및 벽의 길이에 따라서 달라지며, **조적재가 벽돌인 경우에는 벽 높이의 1/20 이상**, 블록조인 경우에는 벽 높이의 1/16 이상으로 하여야 한다.

15 벽돌구조의 구조기준에 대한 설명 중 옳은 것은?

① 벽돌벽의 상·하층의 문꼴은 수직선상에 오도록 배치하고 그 부근에 큰 집중하중이 오도록 하여야 한다.
② 조적조의 내력벽으로 둘러싸인 부분의 최대 바닥면적은 100m² 이하로 한다.
③ 칸막이 벽의 두께는 90mm 이상으로 하여야 한다.
④ 개구부의 너비가 1.2m를 넘는 경우에는 반드시 철근 콘크리트 구조의 인방보를 설치하여야 한다.

해설 내력벽으로 둘러싸인 부분의 바닥면적은 80m² 이하로 하여야 하고, 60m²를 넘는 경우에는 내력벽의 두께는 다음 표에 의한 두께 이상으로 한다.

(단위 : cm 이상)

층별＼층수	1층	2층	3층
1층	19	29	39
2층		19	29
3층			19

문꼴 바로 위에 있는 문꼴과의 수직거리는 60cm 이상으로 하고, 각 벽의 개구부 폭의 합계는 그 벽 길이의 1/2 이하로 하며, 문꼴의 너비가 1.8m 이상 되는 문꼴의 상부에는 철근 콘크리트 구조의 윗인방을 설치하고, 양쪽 벽에 물리는 부분은 길이 20cm 이상으로 한다.

16 보강콘크리트 블록조에 대한 설명 중 옳은 것은? (단, d＝철근직경)

① 철근의 결속선은 0.6mm의 철선을 사용한다.

② 세로근의 정착길이는 $40d$ 이상으로 한다.

③ 콘크리트용 블록은 물축임을 반드시 하여야 한다.

④ 보강블록조와 라멘 구조가 접촉되는 부분은 원칙적으로 콘크리트체를 먼저 시공한다.

해설 ①항의 철근의 결속선은 0.9mm의 철선을 사용한다. ③항의 콘크리트용 블록의 물축임은 담당원의 승인을 받아야 한다. ④항의 보강블록조와 라멘 구조가 접촉되는 부분은 원칙적으로 보강블록조를 먼저 시공한다.

17 블록구조의 종류 중에서 철근콘크리트 구조의 칸막이벽으로 블록을 쌓는 것은?

① 조적식 블록조

② 장막벽 블록조

③ 보강블록조

④ 거푸집블록조

해설 ① 조적식 블록조 : 블록을 단순히 모르타르를 사용하여 쌓아 올린 것으로 상부에서 오는 힘을 직접 받아 기초에 전달하며, 1, 2층 정도의 소규모 건축물에 적합하다.

② **블록장막벽** : 주체 구조체(철근 콘크리트조나 철골 구조 등)에 블록을 쌓아 벽을 만들거나, 단순히 칸을 막는 정도로 쌓아 **상부에서의 힘을 직접 받지 않는 벽(비내력벽, 장막벽, 커튼월)으로 라멘 구조체의 벽에 많이 사용**한다.

③ 보강블록조 : 블록의 빈속에 철근과 콘크리트를 부어 넣은 것으로서 수직하중・수평하중에 견딜 수 있는 구조로 가장 이상적인 블록 구조로 4~5층의 대형 건물에도 이용한다.

④ 거푸집블록조 : ㄱ자형, ㄷ자형, T자형, ㅁ자형 등으로 살 두께가 얇고 속이 없는 블록을 콘크리트의 거푸집으로 사용하고, 블록 안에 철근을 배근하여 콘크리트를 부어 넣어 벽체를 만든 것이다.

18 2층의 블록조에서 테두리보의 춤은 벽두께의 최소 몇 배 이상이어야 하는가?

① 1.5배　　　　② 2.0배

③ 2.5배　　　　④ 3.0배

해설 테두리보
건축물의 각 층 **내력벽의 위**에는 춤이 벽두께의 **1.5배**인 철골 구조 또는 철근 콘크리트 구조의 **테두리 보**를 설치해야 한다. 그러나 다음의 경우에는 **나무 구조의 테두리 보로 대체할 수 있다.**
㉠ 철근 콘크리트 바닥을 슬래브로 하는 경우
㉡ **1층 건물로서 벽두께가 높이의 1/16 이상이 되거나, 벽의 길이가 5m 이하**인 경우

19 다음 중 결원아치는?

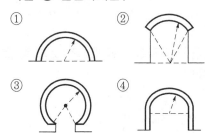

해설 ①항과 ④항은 반원아치에 속한다.

20 돌구조에 대한 설명 중 옳은 것은?

① 가공은 쉽지만 마모에 약하다.
② 석축을 쌓는데 가장 좋은 돌은 판돌이다.
③ 돌구조는 수평력에 강하고 내구적이다.
④ 점판암은 주로 지붕재료로 쓰인다.

[해설] ①항의 돌구조는 가공이 어렵지만, 마모에 강하다.
②항의 석축을 쌓을 때 가장 좋은 돌은 견치석이다.
③항은 돌구조는 수평력에 약하나, 내구적이다.

21 조적조 건물의 개구부 상부에 철근 콘크리트 인방보를 설치할 경우 인방보의 좌우는 벽에 최소 몇 cm 이상 물리도록 해야 하는가?

① 10cm　　　　② 20cm
③ 30cm　　　　④ 40cm

[해설] 문꼴 바로 위에 있는 문꼴과의 수직거리는 60cm 이상으로 하고, 각 벽의 개구부 폭의 합계는 그 벽 길이의 1/2 이하로 하며, 문꼴의 너비가 1.8m 이상 되는 문꼴의 상부에는 철근 콘크리트 구조의 윗인방을 설치하고, 양쪽 벽에 물리는 부분은 길이 20cm 이상으로 한다.

22 조적조에서 개구부 간의 수직거리는 최소 얼마 이상 띄어야 하는가?

① 40cm　　　　② 60cm
③ 90cm　　　　④ 120cm

[해설] 문꼴 바로 위에 있는 문꼴과의 수직거리는 60cm 이상으로 하고, 각 벽의 개구부 폭의 합계는 그 벽 길이의 1/2 이하로 하며, 문꼴의 너비가 1.8m 이상 되는 문꼴의 상부에는 철근 콘크리트 구조의 윗인방을 설치하고, 양쪽 벽에 물리는 부분은 길이 20cm 이상으로 한다.

23 철근의 규격과 사용개소의 조합 중 틀린 것은?

① 슬래브주근 9mm 이상
② 대근 6mm 이상
③ 벽철근 9mm 이상
④ 기둥주근 16mm 이상

[해설] 철근콘크리트 구조의 기둥의 주근은 D13(ϕ12) 이상의 것을 사용한다.

24 철근 단부의 구부림 형상과 관계없는 것은?

① 180° 구부리기
② 135° 구부리기
③ 90° 구부리기
④ 50° 구부리기

[해설] 표준갈고리

구분			정착 길이
주철근	180° 표준 갈고리		구부린 반원 끝에서 철근 직경의 4배 이상, 60mm 이상 더 연장
	90° 표준 갈고리		구부린 반원 끝에서 철근 직경의 12배 이상 더 연장
스터럽, 띠철근	90° 표준 갈고리	D16 이하	구부린 반원 끝에서 철근 직경의 6배 이상 더 연장
		D19 ~D25	구부린 반원 끝에서 철근 직경의 12배 이상 더 연장
	135° 표준 갈고리	D25 이하	구부린 반원 끝에서 철근 직경의 6배 이상 더 연장

25 철근콘크리트보에 관한 기술 중 옳지 않은 것은?

① 인장측에만 철근을 배근한 보를 단근보라 한다.
② 늑근은 중앙부보다 단부에 많이 배근한다.
③ 바닥판의 일부를 보로 간주한 것을 T형보라 한다.
④ 늑근은 휨모멘트의 보강으로 사용된다.

[해설] 철근콘크리트보는 전단력에 대해서 콘크리트가 어느 정도 견디나 그 이상의 전단력은 늑근을 배근하여 사장력(전단력과 휨이 작용하는 힘)으로 인한 보의 빗방향의 균열을 방지한다. 늑근의 간격은 보의 전 길이에 대하여 같은 간격으로 배치하나 보의 전단력은 일반적으로 양단에 갈수록 커지므로 양단부에서는 늑근의 간격을 좁히고, 중앙부로 갈수록 늑근의 간격을 넓혀 배근한다.

26 철근콘크리트조의 철근과 콘크리트의 부착력에 관한 설명으로 옳은 것은?

① 압축강도가 큰 콘크리트일수록 작아진다.
② 철근의 주장(周長)에 비례한다.
③ 정착 길이를 크게 증가하면 비례 감소한다.
④ 철근의 표면 상태나 단면 모양과는 관계 없다.

해설 철근과 콘크리트의 부착강도는 콘크리트의 강도, 철근의 표면적, 피복 두께, 철근의 단면 모양과 표면 상태(마디와 리브), 철근의 주장 및 압축강도에 따라 변화하며, ①항의 압축강도가 큰 콘크리트일수록 **부착강도는 키진다.** ③항의 정착 길이를 크게 증가하면 **비례하여 증가한다.** ④항의 철근의 표면 상태나 단면 모양과는 **관계가 깊다.**

27 철근의 간격은 철근 지름의 몇 배 이상으로 하는가?

① 1.0배 이상 ② 1.5배 이상
③ 2.0배 이상 ④ 2.5배 이상

해설 철근콘크리트보의 배근에서 주근은 D13 또는 ϕ12 이상의 철근을 쓰고, 배근 단수는 특별한 경우를 제외하고는 2단 이하로 한다. **주근 간격은 2.5cm 이상, 최대 자갈 직경의 1.25배 이상, 공칭 철근 지름의 1.5배 이상으로 한다.**

28 철근콘크리트 구조의 보의 배치에 대한 설명이다. 틀린 것은?

① 큰 보는 기둥과 기둥을 연결하는 부재이다.
② 작은 보는 큰 보 사이에 설치되어 단지 바닥에 작용하는 하중만을 지지하는 부재이다.
③ 바닥 슬랩이 넓은 경우에는 작은 보를 사용하여 적당한 넓이로 구획하는 것이 좋다.
④ 창고 등과 같이 바닥 슬랩의 적재하중이 큰 경우에는 작은 보를 사용해서는 안 된다.

해설 창고 등과 같이 바닥 슬랩의 적재하중이 큰 경우에는 작은 보를 사용해야 한다.

29 철근콘크리트보의 늑근에 대한 설명으로 틀린 것은?

① 압축력에 대한 보강을 위해 배치한다.
② 단순보일 경우 양단부에 많이 배치한다.
③ 굽힌철근의 유무에 관계없이 배치한다.
④ 계산상 필요없을 때라도 사용한다.

해설 철근콘크리트보는 전단력에 대해서 콘크리트가 어느 정도 견디나 그 이상의 전단력은 늑근을 배근하여 사장력(전단력과 휨이 작용하는 힘)으로 인한 보의 빗방향의 균열을 방지한다. 늑근의 간격은 보의 전 길이에 대하여 같은 간격으로 배치하나 보의 전단력은 일반적으로 양단에 갈수록 커지므로 양단부에서는 늑근의 간격을 좁히고, 중앙부로 갈수록 늑근의 간격을 넓혀 배근한다.

30 철근콘크리트보의 구조에 대한 설명이다. 적당하지 않은 것은?

① 내민보는 하부에 인장주근을 배치하고 안쪽은 지점에 충분히 정착시킨다.
② 단순보에서 주근의 이음은 일반적으로 중앙에서는 상부, 단부에서는 하부에 둔다.
③ 중요한 보로서 압축측에도 철근을 배근한 것을 복근보라 한다.
④ 연속보는 2 이상의 간사이에 일체로 연결된 보이다.

해설 내민보의 배근은 휨모멘트도에 따라 배근하므로 **내민 부분과 중앙부의 일부에는 상부에 철근을 배근하고, 중앙부의 일부분은 하부에 배근한다.**

31 철근콘크리트 기둥에 관한 기술 중 옳지 않은 것은?

① 최소 단면치수는 20cm 이상으로 한다.
② 최소 단면적은 600cm^2 이상으로 한다.
③ 주근은 보통 철근지름 13mm 이상으로 한다.
④ 원형, 다각형기둥에서 주근은 최소 8개 이상 배근한다.

해설 띠철근 기둥(사각형, 원형)의 주철근의 **최소 개수는 4개 이상**이고, 나선철근 기둥의 추철근의 최소 개수는 6개 이상이다.

32 철근콘크리트 기둥에 대한 설명이 옳은 것은?

① 기둥의 최소 단면치수는 20cm 이상이어야 한다.
② 기둥의 최소 단면적은 500cm^2 이상이어야 한다.
③ 주근은 D10 이상의 것을 원형기둥에서는 4개 이상을 사용한다.
④ 띠철근은 지름 4mm 이상의 것을 사용한다.

해설 기둥의 최소 단면의 치수는 20cm 이상이고 **최소 단면적은 600cm^2(60,000mm^2) 이상**이며, 띠철근 기둥(사각형, 원형)에서는 **4개 이상**, 나선철근 기둥에서는 6개 이상이고, 기둥 간사이의 1/15 이상으로 한다. 또한 기둥의 간격은 4~8m이다.

33 철골 구조에서 판보(Plate Girder)의 구성재가 아닌 것은?

① 스티프너 ② 웨브
③ 플렌지 ④ 베이스 플레이트

해설 플레이트 보(판보)의 구성재에는 **플랜지 플레이트, 웨브 플레이트, 스티프너** 및 **필러** 등이 있다. 베이스 플레이트는 철골 기둥의 주각부에 사용하는 부재로서, 콘크리트의 압축력에 대한 저항력은 강재보다 작으므로 기둥의 힘을 기초에 전달하려면 그 접촉부가 넓어야 하는데 이때 사용하는 강재를 말한다.

34 철골 구조의 장점이 아닌 것은?

① 구조체의 자중이 내력에 비하여 적다.
② 현장시공의 공기를 단축할 수 있다.
③ 고층건물에서 기둥의 단면적을 줄여 저층의 유효공간을 넓게 할 수 있다.
④ 열에 강하고 고온 시 강도가 커서 내화, 내구적이다.

해설 철골(강) 구조의 특성
㉠ 장점 : 강구조는 구조체의 자중에 비하여 강도가 강하고, 현장시공의 공사기간을 단축할 수 있으며, 재료의 품질을 확보할 수 있고, 모양이 경쾌한 구조물이다.
㉡ 단점 : 열에 약하고, 고온에서는 강도가 저하되므로 내구·내화에 특별한 주의가 필요하고 부식에 약하다. 조립 구조여서 접합, 세장하므로 변형과 좌굴 등의 단점이 있다.

35 철골 구조의 가공과 접합에 대하여 바르게 설명한 것은?

① 리벳접합은 시공의 좋고 나쁨에 따라 강도에 미치는 영향이 크고 신뢰도가 낮으며 부재의 단면이 결손되고 소음이 난다.
② 리벳은 재축방향에 평행하게 규칙적으로 직선상에 배치하며 이 리벳의 중심선을 피치라인이라 한다.
③ 고장력볼트접합은 리벳접합과 같이 소음이 없고 시공이 용이하며 반복하중에 대한 이음부의 강도가 크다.
④ 용접은 부재단면의 결손이 없고 구조가 간단하며 시공불량에 의한 결함이 생길 우려가 적다.

해설 ① 리벳접합은 시공의 좋고 나쁨에 따라 강도에 미치는 영향이 크고 신뢰도가 낮으며 **부재의 단면이 결손은 없으나** 소음이 난다.
② 리벳은 재축방향에 평행하게 규칙적으로 직선상에 배치하며 이 리벳의 중심선을 **게이지 라인**이라고 한다.
④ 용접은 부재단면의 결손이 없고 구조가 간단하며 시공불량에 의한 **결함이** 생길 우려가 **많다.**

36 무량판 구조라고도 하며, 건물의 외부 보를 제외하고는 내부에는 보 없이 바닥판만으로 구성하고, 그 하중은 직접 기둥에 전달하는 철근콘크리트 바닥판 구조형식은?

① 벽식 구조 ② 플랫슬래브 구조
③ 라멘 구조 ④ 셸 구조

해설 ① **벽식 구조**: 기둥이나 들보를 뼈대로 하여 만들어진 건축물에 대하여 기둥이나 들보가 없이 벽과 마루로서 건물을 조립하는 건축 구조이다.
③ **라멘 구조**: 수직 부재인 기둥과 수평 부재인 보, 슬래브 등의 뼈대를 강접합하여 하중에 대하여 일체로 저항하도록 하는 구조 또는 구조 부재의 절점, 즉 결합부가 강절점으로 되어 있는 골조로서 인장재, 압축재 및 휨재가 모두 결합된 형식으로 된 구조이다. 특히, 강접합된 기둥과 보는 함께 이동하고, 함께 회전하므로 수직하중에 대해서뿐만 아니라 같은 수평하중(바람이나 지진 등)에 대해서도 큰 저항력을 가진다.
④ **셸 구조**: 입체적으로 휘어진 면구조이며, 이상적인 경우에는 부재에 면내 응력과 전단 응력만이 생기고 휘어지지 않는 구조이다.

37 철골조의 리벳배치에서 클리어런스(clearance)를 바르게 설명한 것은?

① 게이지(gage)라인 상호간격
② 재축방향의 리벳수
③ 리벳과 수직재면과의 거리
④ 리벳과 리벳과의 중심간격

해설 ①항은 **게이지**, ④항은 **피치**를 의미하고, **게이지 라인**은 재축방향의 리벳 중심선이며, 그립은 리벳으로 접합하는 부재의 총 두께이다.

38 철골조의 플레이트 보에 대한 설명이다. 틀린 것은?

① 플레이트 보의 플랜지 플레이트의 크기는 전단력에 따라 결정된다.
② L형강과 강판을 리벳접합이나 용접으로 하여 I형 모양으로 조립한 것이다.
③ 웨브플레이트는 전단력에 따라 단면이 결정된다.
④ 웨브플레이트는 좌굴을 방지하기 위하여 스티프너를 설치한다.

해설 플랜지 플레이트는 보의 춤은 일정하게 하고, **휨 내력(단면 2차 모멘트를 증가시킴)**을 증가시키기 위하여 플랜지의 단면을 휨 모멘트의 크기에 따라 변화시킨다. 플랜지 플레이트의 내민 길이는 리벳접합인 경우 리벳의 두 개분 정도이며, 용접접합인 경우에는 플랜지 플레이트 너비의 1/2 이상이 필요하다. 또한, 플랜지 플레이트의 두께는 플랜지 L형강의 두께와 같게 하거나 또는 그 이하로 하고, 플랜지 플레이트의 매수는 리벳접합인 경우 보통 3매, 최고 4매로 하며, 2매 이상의 플랜지 플레이트를 사용하는 경우에는 같은 두께의 것을 사용한다.

39 조립구조의 특징 중 옳은 것은?

① 현장작업 공정이 축소된다.
② 부재의 접합부에서 구조적인 문제는 없다.
③ 생산된 부재는 정밀도가 부족하다.
④ 대량생산은 불가능하다.

해설 **조립식 구조**(프리패브리케이션)는 공장 **생산에 의한 대량생산이 가능**하고, **공사기간을 단축**할 수 있으며, 시공이 용이하고, 가격이 저렴하다. 특히, 공장에서 생산되므로 **정밀도가 매우 높다.** 그러나 초기에 시설비가 많이 들고, 각 부재의 다원화가 힘들며, 강한 수평력(지진, 풍력 등)에 대하여 취약하므로 보강이 필요한 것이 단점이다. 특히, **각 부품의 일체화가 힘들다.**

40 조립식 건축의 치수조정을 위하여 대한건축학회에서 제정한 기준척도의 내용과 거리가 먼 것은?

① 모든 치수는 기준척도 M(10cm)의 배수가 되게 한다.
② 건물의 높이는 2M(20cm)의 배수가 되게 한다.
③ 건물의 평면상의 길이는 3M(30cm)의 배수가 되게 한다.
④ 모든 치수는 마감치수(부재의 실제길이)로 한다.

해설 치수 조정(모듈)에 있어서, 모든 모듈상의 치수는 공칭치수(줄눈과 줄눈의 중심 길이)를 말하고, 따라서 제품의 치수는 공칭치수에서 줄눈 두께를 빼야하며, 창호의 치수는 문틀과 벽 사이의 줄눈 중심선 간의 치수가 모듈치수와 일치하여야 한다. 특히, **조립식 건축물은 각 조립 부재의 줄눈 중심 간의 거리가 모듈치수와 일치하여야 한다.**

03. 건축 재료

01 목재에 관한 기술 중 옳지 않은 것은?

① 활엽수가 침엽수보다 수축이 크다.
② 섬유포화점이란 함수율이 30%인 목재를 말한다.
③ 목재는 건조할수록 강도가 증가한다.
④ 허용강도는 최대강도의 1/3−1/5 정도이다.

해설 목재의 허용강도는 최대 강도의 1/7~1/8 정도이고, **목재의 강도는 비중과 비례한다.**

02 목재의 강도에 대한 설명 중 옳지 않은 것은?

① 일반적으로 비중이 크면 강도도 크다.
② 섬유포화점 이하에서는 함수율이 적을수록 강도는 커진다.
③ 심재는 변재에 비하여 강도가 크다.
④ 일반적으로 전단강도를 제외하고 응력의 방향이 섬유방향에 수직인 경우 강도가 최대가 된다.

해설 목재의 강도는 섬유방향에 대하여 직각방향의 강도를 1이라 하면, 섬유방향의 강도의 비는 압축강도가 5~10, 인장강도가 10~30, 휨강도가 7~15 정도이고, **목재의 강도를 큰 것부터 작은 것의 순으로 나열하면, 인장강도 → 휨강도 → 압축강도 → 전단강도의 순이고, 섬유세포방향의 평행방향의 강도가 섬유방향의 직각방향의 강도보다 크고,** 섬유평행방향의 인장강도 → 섬유평행방향의 압축강도 → 섬유직각방향의 인장강도 → 섬유직각방향의 압축강도의 순이다.

03 목재의 성질에 대한 설명으로 옳지 않은 것은?

① 가공성 및 작업성이 용이하다.
② 비중에 비하여 강도가 크다.
③ 음의 흡수, 차단성이 크고 흡습 조절 능력이 우수하다.
④ 열전도율과 열팽창율이 크다.

해설 목재의 특성(장·단점)
㉠ 장점 : 가볍고 **가공이 쉬우며,** 감촉이 좋다. **비중에 비하여 강도가 크고, 열전도율과 열팽창률이 작으며,** 종류가 많고 각각 외관이 다르며 우아하다. 특히, 산성 약품 및 염분에 강하고 재질이 부드러우며, 탄성이 있어 인체에 대한 접촉감이 좋다. 또한, 충격 및 진동을 잘 흡수한다.
㉡ 단점 : 착화점이 낮아 내화성이 작고 흡수성(함수율)이 커서 변형(팽창과 수축)하기 쉬우며, 습기가 많은 곳에서는 부식하기 쉽다. 특히, 충해나 풍화에 의하여 내구성이 떨어지고, 재질 및 방향에 따라서 강도가 다르다.

04 목재의 연소에 관한 사항으로 옳지 않은 것은?

① 100℃ 정도에서 수분이 증발한다.
② 160℃ 정도에서 점차 착색하여 탄화의 외관을 나타낸다.
③ 착화점은 보통 230~280℃, 평균 260℃ 정도이다.
④ 300℃ 정도에서 자연발화가 된다.

해설 목재의 연소

구분	100℃	인화점	착화점 (화재 위험 온도)	자연 발화점
온도	100℃	180℃	260 ~270℃	400 ~450℃
현상	수분 증발	가연성 가스 발생	불꽃에 의해 목재에 착화	화기가 없어도 발화

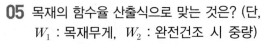

05 목재의 함수율 산출식으로 맞는 것은? (단, W_1 : 목재무게, W_2 : 완전건조 시 중량)

① 함수율 $= \dfrac{W_1 - W_2}{W_2} \times 100$

② 함수율 $= \dfrac{W_2 - W_1}{W_1} \times 100$

③ 함수율 $= \dfrac{W_1 - W_2}{W_1} \times 100$

④ 함수율 $= \dfrac{W_2 - W_1}{W_2} \times 100$

해설 목재의 함수율

목재의 함수율 $= \dfrac{W_1 - W_2}{W_2} \times 100(\%)$이다.

여기서, W_1 : 함수율을 구하고자 하는 목재편
의 중량

W_2 : 100~105℃의 온도에서 일정량
이 될 때까지 건조시켰을 때의
절건 중량

06 보통 포틀랜드 시멘트의 일반적 성질에 대한 설명 중 옳지 않은 것은?

① 보통 포틀랜드 시멘트의 비중은 3.05~3.15 정도이다.

② 시멘트의 분말도 시험에는 체분석법, 피크노메타법, 브레인법 등이 있다.

③ 시멘트의 응결은 첨가석고의 질과 양, 온도 및 분말도의 영향, 시멘트 풍화의 정도에 따라 다르다.

④ 시멘트의 분말이 미세할수록 수화작용이 느려 강도의 발현속도가 느리다.

해설 **시멘트의 분말도**(시멘트 입자의 굵고 가늚을 나타내는 것)가 높으면, 수화작용이 빨라지고, 조기 강도가 높아지며, 응결할 때 초기 균열의 발생이 증가한다. 또한, 풍화작용이 일어나기 쉽고, 재료 분리가 작으며, 수축·균열이 발생한다. 특히, 투수성이 적어진다.

07 다음 중 조기 압축강도가 가장 큰 것은?

① 백색 포틀랜드 시멘트

② 중용열 포틀랜드 시멘트

③ 고로 시멘트

④ 알루미나 시멘트

해설 ① 백색 포틀랜드 시멘트 : 철분이 거의 없는 백색 점토를 사용하여 시멘트에 포함되어 있는 산화철, 마그네시아의 함유량을 제한한 시멘트로서, 보통 포틀랜드 시멘트와 품질은 거의 같으며, 건축물의 표면(내·외면) 마감, 도장에 주로 사용하고 구조체에는 거의 사용하지 않는다. 인조석 제조에 주로 사용된다.

② 중용열 포틀랜드 시멘트(석회석+점토+석고) : 원료 중의 석회, 알루미나, 마그네시아의 양을 적게 하고, 실리카와 산화철을 다량으로 넣어서 수화작용을 할 때 수화열(발열량)을 적게 한 시멘트로서, 조기(단기) 강도는 작으나 장기 강도는 크며, 경화수축(체적의 변화)이 적어서 균열의 발생이 적다. **특히 방사선의 차단, 내수성, 화학 저항성, 내침식성, 내식성 및 내구성이 크므로 댐 축조, 매스 콘크리트, 대형 구조물, 콘크리트 포장, 원자로의 방사능 차폐용 콘크리트에 적당하다.**

③ **고로 시멘트 : 포틀랜드 시멘트 클링커에 철 용광로로부터 나온 슬래그를 급랭한 급랭 슬래그를 혼합하여 이에 응결 시간 조정용 석고를 혼합하여 분쇄한 것으로 수화 열량이 적어 매스 콘크리트용으로 사용할 수 있는 시멘트** 또는 고로에서 선철을 만들 때에 나오는 광재를 물에 넣어, 급히 냉각시켜 잘게 부순 것에 포틀랜드 시멘트 클링커를 혼합한 다음, 석고를 적당히 섞어서 분쇄하여 분말로 한 것이다.

08 집성목재에 대한 설명 중 옳지 않은 것은?

① 섬유방향과 목재의 방향은 평행이다.

② 붙이는 판의 개수는 반드시 홀수이다.

③ 보나 기둥의 단면도 가능하다.

④ 아치, 트러스의 제작이 가능하다.

해설 집성목재 : 두께 15~50mm의 단판을 제재하여 섬유방향을 거의 평행이 되게 여러 장 겹쳐서 접착한 목재로서 **붙이는 판의 개수는 홀수와 짝수에 관계가 없으며**, 특성은 다음과 같다.
  ㉠ 목재의 강도를 인공적으로 자유롭게 조절할 수 있다.
  ㉡ 응력에 따라 필요한 단면을 만들 수 있으며, 필요에 따라서 아치와 같은 굽은 용재를 사용할 수 있다.
  ㉢ 길고 단면이 큰 부재를 간단히 만들 수 있다.

09 시멘트 1포는 약 몇 kg으로 판매되고 있는가?

① 30kg ② 40kg
③ 50kg ④ 60kg

해설 시멘트 1포대의 무게는 40kg이다.

10 물로 반죽한 시멘트의 응결 시작과 끝 시간에 대한 규정 중 옳은 것은? (단, KS규정)

① 1시간~10시간
② 30분~6시간
③ 30분~10시간
④ 1시간~6시간

해설 시멘트의 응결 시간은 가수한 후 1시간에 시작하여 10시간 후에 종결하나, 시결 시간은 작업을 할 수 있도록 여유를 가지기 위하여 1시간 이상이 되는 것이 좋으며, 종결은 10시간 이내가 됨이 좋다.

11 건축물의 내외면의 마감에 사용되며, 구조체의 축조에는 거의 사용되지 않는 시멘트는?

① 보통 포틀랜드 시멘트
② 중용열 포틀랜드 시멘트
③ 조강 포틀랜드 시멘트
④ 백색 포틀랜드 시멘트

해설 ① 보통 포틀랜드 시멘트는 시멘트 중에 가장 많이 사용되고, 보편화된 것으로 공정이 비교적 간단하고, 생산량이 많으며 일반적인 콘크리트 공사에 광범위하게 사용한다.
② 중용열 포틀랜드 시멘트(석회석+점토+석고)는 원료 중의 석회, 알루미나, 마그네시아의 양을 적게 하고, 실리카와 산화철을 다량으로 넣어서 수화 작용을 할 때 수화열(발열량)을 적게 한 시멘트로서, 조기(단기) 강도는 작으나 장기 강도는 크며, 경화 수축(체적의 변화)이 적어서 균열의 발생이 적다. 특히 방사선의 차단, 내수성, 화학 저항성, 내침식성, 내식성 및 내구성이 **크므로 댐 축조, 매스 콘크리트, 대형 구조물,** 콘크리트 포장, **원자로의** 방사능 차폐용 콘크리트에 적당하다.
③ 조강 포틀랜드 시멘트는 원료 중에 규산삼칼슘(C_3S)의 함유량이 많아 보통 포틀랜드 시멘트에 비하여 경화가 빠르고 조기 강도(**낮은 온도에서도 강도 발현이 크다**)가 크다. 조기 강도가 크므로 재령 7일이면 보통 포틀랜드 시멘트의 28일 정도의 강도를 나타낸다. 또 조강 포틀랜드 시멘트는 분말도가 커서 수화열이 크고, 이 시멘트를 사용하면 공사 기간을 단축시킬 수 있으며, 특히 한중 콘크리트에 보온 시간을 단축하는 데 효과적이고, 분말도가 커서 점성이 크므로 수중 콘크리트를 시공하기에도 적합하다.

12 시멘트의 압축강도란 배합 후 며칠이 경과한 후의 강도인가?

① 7일 ② 14일
③ 21일 ④ 28일

해설 시멘트의 강도(28일 압축강도)에 영향을 끼치는 요인에는 시멘트의 성분, **분말도, 사용하는 물의 양,** 풍화 정도, 양생 조건 및 시험 방법 등이 있고, **콘크리트의 강도에 영향을 주는 요인 중 가장 큰 영향을 미치는 것은 물시멘트비**이고, 그 밖에 물, 시멘트, 골재의 품질, 비비기 방법, 부어넣기 방법 등의 시공 방법, 보양 및 재령과 시험 방법 등이 있다.

13 경화속도가 빨라 보통 포틀랜드 시멘트의 재령 28일 강도를 7일이면 도달할 수 있어 공기를 단축시키거나 수중 콘크리트 공사에 적합한 시멘트는?

① 조강 포틀랜드 시멘트
② 중용열 포틀랜드 시멘트
③ 백색 포틀랜드 시멘트
④ 실리카 시멘트

해설 ② 중용열 포틀랜드 시멘트(석회석+점토+석고)는 원료 중의 석회, 알루미나, 마그네시아의 양을 적게 하고, 실리카와 산화철을 다량으로 넣어서 수화작용을 할 때 수화열(발열량)을 적게 한 시멘트로서, 조기(단기) 강도는 작으나 장기 강도는 크며, 경화 수축(체적의 변화)이 적어서 균열의 발생이 적다. **특히** 방사선의 차단, 내수성, 화학 저항성, 내침식성, 내식성 및 내구성이 크므로 댐 축조, 매스 콘크리트, 대형 구조물, 콘크리트 포장, **원자로의 방사능 차폐용 콘크리트에** 적당하다.
③ 백색 포틀랜드 시멘트는 철분이 거의 없는 백색 점토를 사용하여 시멘트에 포함되어 있는 산화철, 마그네시아의 함유량을 제한한 시멘트로서, 보통 포틀랜드 시멘트와 품질은 거의 같으며, 건축물의 표면(내 · 외면) 마감, 도장에 주로 사용하고 구조체에는 거의 사용하지 않는다. 인조석 제조에 주로 사용된다.
④ 실리카(포촐란) 시멘트는 포틀랜드 시멘트의 클링커에 5~30%의 포촐란[화산재, 규조토, 규산 백토 등의 천연 포촐란 재료와 플라이애시 등의 인공 포촐란 등이 있으며, 이 두 포촐란(천연 및 인공)은 실리카질의 혼화재]을 혼합하고, 적당량의 석고를 넣고 분쇄하여 분말로 만든 것으로 특징 및 용도는 고로 슬래그 시멘트와 거의 동일하고, 초기 강도는 약간 낮지만 장기 강도는 높고, **화학 저항성 또는 바닷물에 대한 저항성이 크다.**

14 기본형 블록의 실제의 크기로서 길이와 높이는? (단, 단위 mm)

① 390, 190
② 360, 210
③ 320, 210
④ 400, 200

해설 시멘트 블록의 기본 치수는 다음 표와 같다.

형상	치수(mm)		
	길이	높이	두께
기본 블록	390	190	100, 150, 190
이형 블록	길이, 높이 및 두께의 최소 수치를 90mm 이상으로 한다.		

15 시멘트블록 제작 시 골재의 최대 지름은 블록 최소 살 두께의 얼마 이하로 하여야 하는가?

① 1/2
② 1/3
③ 1/5
④ 1/7

해설 블록의 제작에 쓰이는 골재의 최대 치수는 블록 최소 살 두께의 1/3 이하로 하고, 입도는 다음 표와 같다.

체크기 (mm)	10	5	2.5	1.2	0.6	0.3	0.15
통과율 (중량%)	100	65 ~85	45 ~65	20 ~50	24 ~40	10 ~30	5 ~20

16 콘크리트의 장점으로 틀린 것은?

① 압축강도가 크다.
② 내화적이다.
③ 방청력이 크다.
④ 인장강도가 크다.

해설 콘크리트의 장 · 단점
㉠ 콘크리트의 장점
• **압축강도가 크고** 방청성, **내화성**, 내구성, 내수성 및 수밀성이 있고, 강재(**철근**, **철골**)과 접착력이 우수하다. **현대 건축에 있어서 구조용 재료의 대부분을 차지하고** 있다.
• 모양을 자유롭게 만들 수 있고, 유지 관리 비가 저렴하며 경제적이다.
㉡ 콘크리트의 단점
• **무게가 무겁고 인장강도**(보통 **콘크리트의 인장강도는 압축강도의** 1/9~1/13 **정도이고**, 경량 콘크리트의 인장강도는 압축강도의 1/9~1/15 정도이다)**가** 작으며, 경화할 때 수축에 의한 균열이 생기기 쉽다.
• 균열의 보수와 제거가 곤란하다.

17 아직 굳지 않은 모르타르나 콘크리트의 성질 중 하나로, 반죽질기의 정도에 따라 부어넣기 작업의 난이도 및 재료분리에 저항하는 정도를 무엇이라 하는가?

① 레이턴스
② A.E제
③ 탄성강도
④ 시공연도

해설 ① **레이턴스**는 콘크리트를 다지면 블리딩(아직 굳지 않은 모르타르나 콘크리트에 있어서 윗면에 물이 스며나오는 현상)현상으로 인하여 콘크리트나 모르타르의 표면에 떠올라서 가라앉은 미세한 물질로서 콘크리트 이어붓기를 하기 위해 제거해야 한다.
② **A.E제**는 콘크리트 내부에 미세한 독립된 기포(직경 0.025~0.05mm)를 콘크리트 속에 균일하게 분포를 발생시켜 콘크리트의 작업성 및 동결융해저항(내구)성능을 향상시키기 위해 사용되는 화학혼화제이다.

18 콘크리트의 시공연도(Workability)를 증진시키는 혼화재(제)가 아닌 것은?

① A.E제
② 포졸란
③ 플라이애시
④ 염화나트륨

해설 ① **A.E제**는 콘크리트 내부에 미세한 독립된 기포(직경 0.025~0.05mm)를 콘크리트 속에 균일하게 분포를 발생시켜 콘크리트의 작업성 및 동결 융해 저항(내구)성능을 향상시키기 위해 사용되는 화학혼화제이다.
② **포졸란**은 **화산재, 규조토, 규산 백토 등의 천연 포졸란 재료와 플라이애시 등의 인공 포졸란** 등이 있으며, 이 두 포졸란(천연 및 인공)은 실리카질의 혼화재이다.
③ **플라이애시**는 화력발전소와 같이 미분탄을 연료로 하는 보일러의 연도에서 집진기로 채취한 미립자의 재로서 혼화재이다.

19 ALC(autoclaved lightweight concrete) 제품의 특징에 대한 설명 중 옳지 않은 것은?

① 시공이 용이하다.
② 내화성이 크다.
③ 단열성이 적다.
④ 중량이 가볍다.

해설 ALC(Autoclaved Lightweight Concrete)의 물리적 특성 : ALC는 오토클레이브 양생한 경량 콘크리트로서 특성은 다음과 같다.
㉠ **경량성** : 기건 비중은 보통 콘크리트의 약 1/4 정도이다.
㉡ **단열성** : 열전도율은 보통 콘크리트의 약 1/10 정도로서 단열성이 우수하다.
㉢ **불연, 내화성** : ALC는 불연재인 동시에 내화재료이다.(지붕 : 30분 내화, 바닥 : 1~2시간 내화, 외벽 등 : 2시간 내화)
㉣ **흡음, 차음성** : ALC의 흡음률은 10~20% 정도로서 비닐막을 부착하면 더욱 향상시킬 수 있다. 또한 차음성은 중량에 지배되며, 다른 재료와 복합하면 더욱 향상시킬 수 있다.
㉤ **내구성** : ALC의 건조수축률은 아주 작으므로 균열 발생이 적다. 기공(氣孔) 구조이기 때문에 흡수율이 높은 편이며, 동해에 대해 방수·방습 처리가 필요하다
㉥ **시공성** : 경량으로 인력에 의한 취급이 가능하고 필요에 따라 현장에서 절단 및 가공이 용이하다.

20 경량콘크리트에 대한 설명이다. 옳지 않은 것은?

① 일반적으로 기건 단위 용적중량이 4.5 이하의 것을 말한다.
② 자중이 작아서 건물 중량이 경감된다.
③ 내화성이 크고 열전도율이 적으며 방음 효과가 크다.
④ 시공이 번거롭고 재료처리가 필요하다.

해설 **경량 콘크리트**는 콘크리트의 무게를 감소시킬 목적으로 경량 골재를 사용한 콘크리트로서, **기건 비중 2.0 이하의 것**을 말한다. 경량 골재로서는 천연 경량 골재(화산 자갈, 경석, 용암 또는 그 가공품)와 인공 경량 골재(흑요석, 진주암) 또는 공업 부산물[탄각, 슬래그(slag) 등] 등을 사용한다. 특히, 동일한 물시멘트비에서는 보통 콘크리트보다 일반적으로 강도가 약하다.

21 한중(寒中) 콘크리트에 대한 설명이다. 옳지 않은 것은?

① 양생온도가 낮으면 초기강도의 발생이 낮다.

② 동해방지에 필요한 초기양생을 행할 필요가 있다.

③ 물시멘트비는 60% 이하로 한다.

④ 동해를 예방하기 위하여 단위수량을 되도록 많게 한다.

해설 한중 콘크리트의 배합에 있어서 물·시멘트비는 60% 이하로 하고, **단위수량을 가능한 작게 하며**, 예상 평균 양생과 적산 온도에 의한 강도 보정을 할 수 있다.

22 다른 종류의 금속이 접촉되어 있으면 이온화 경향이 큰 금속이 전식(電蝕)을 받는다. 다음 중 이온화 경향이 가장 큰 금속은?

① 알루미늄　　② 아연

③ 철　　　　　④ 구리

해설 Mg → Al → Cr → Mn → Zn → Fe → Ni → Sn → (H) → Cu → Hg → Ag → Pt → Au
위치가 (H)보다 왼쪽일수록 금속의 이온화 경향이 큰 금속이다.

23 미장 바름재로서 쓰이는 와이어라스(wire lath)의 힘살로 사용되는 강선의 지름은?

① 1.2mm 이상　　② 1.8mm 이상

③ 2.6mm 이상　　④ 3.2mm 이상

해설 미장재료에 사용되는 **와이어라스**(철선을 엮어서 그물 모양으로 만든 것으로 미장 바탕용 철망으로 사용하며 농형, 귀갑형 및 원형 등이 있다)**의 힘살은 직경 2.6mm 이상의 강선으로 한다.**

24 비철금속에 대한 설명으로 옳지 않은 것은?

① 동은 화장실 주위와 같이 암모니아가 있는 장소에서는 빨리 부식하기 때문에 주의해야 한다.

② 황동은 주조 및 가공이 모두 용이하며 내구성도 크고 외관이 아름답다.

③ 청동은 동에 아연을 합금시킨 것이며 보통 쓰이는 청동은 아연 함유량이 40% 이하이다.

④ 알루미늄은 콘크리트에 접하거나 흙 중에 매몰된 경우에는 부식되기 쉽다.

해설 **청동은 구리와 주석의 합금**으로 주석의 함유량은 보통 4~12%이고, 주석의 양에 따라 그 성질이 달라지며, 청동은 황동보다 내식성이 크고 주조하기 쉬우며, 표면은 특유의 아름다운 청록색으로 되어 있어 건축 장식 철물, 미술 공예 재료로 사용한다. **구리와 아연의 합금은 황동**이다.

25 알루미늄에 관한 기술 중 옳지 않은 것은?

① 비중은 2.8 정도이다.

② 반사율이 극히 크므로 열차단재로 쓰인다.

③ 열팽창이 철의 4배 정도이다.

④ 산과 알칼리에 약하다.

해설 **알루미늄**은 원광석인 보크사이트로부터 알루미나를 만들고, 이것을 다시 전기분해하여 만든 은백색의 금속으로 전기나 열전도율이 크고, 전성과 연성이 크며, 가공하기 쉽고, 가벼운 정도에 비하여 강도가 크며, 공기 중에서 표면에 산화막이 생기면 내부를 보호하는 역할을 하므로 내식성이 크다. 특히, 가공성(압연, 인발 등)이 우수하다. 반면 **산, 알칼리나 염에 약하므로** 이질 금속 또는 콘크리트, 시멘트 모르타르, 회반죽 및 철강재 등에 접하는 경우에는 방식처리를 하여야 한다. **열팽창률은 철(강재)의 약 2배 정도 크다.**

26 고열에 의한 특수 열처리를 하여 기계적 강도를 향상시킨 것으로 파괴되어도 세립상으로 되기 때문에 부상을 입는 일이 거의 없고 형틀 없는 문, 자동차의 앞유리 등에 사용하는 유리제품은?

① 무늬유리　　② 서리유리
③ 망입유리　　④ 강화유리

해설 ① **무늬유리**는 투명한 판유리의 한 면에 여러 가지 모양의 무늬를 넣어 장식적 효과를 내고, 실내 의장 겸 투시 방지를 위한 유리이다.
② **서리유리**는 투명유리의 한 면을 플루오르화수소와 플루오르화암모늄의 혼합액을 칠하여 부식시키거나, 규사, 금강사 등을 압축 공기로 뿜어 만든 유리로서 빛을 확산시키고 투시성이 작으므로 안이 들여다보이는 것을 방지하고, 약간의 채광이 가능한 유리이다.
③ **망입유리**는 금속망을 유리 가운데 넣은 것으로 **비상통로의 감시창 및 진동이 심한 장소에 사용되는 유리** 또는 용용 유리 사이에 금속 그물(지름이 0.4mm 이상의 철선, 놋쇠선, 아연선, 구리선, 알루미늄선)을 넣어 롤러로 압연하여 만든 판유리로서 도난 방지, 화재 방지 및 파편에 의한 부상 방지 등의 목적으로 사용한다.

27 다음 중 열가소성 수지는?

① 염화비닐수지
② 요소수지
③ 페놀수지
④ 에폭시수지

해설 합성수지의 분류

열경화성 수지	**페놀(베이클라이트)수지**, **요소수지**, 멜라민수지, 폴리에스테르수지(알키드수지, 불포화 폴리에스테르수지), 실리콘수지, **에폭시수지** 등
열가소성 수지	**염화·초산비닐수지**, 폴리에틸렌수지, 폴리프로필렌수지, 폴리스티렌수지, ABS수지, 아크릴산수지, 메타아크릴산수지
섬유소계 수지	셀룰로이드, 아세트산섬유소수지

28 알루미늄의 성질에 대한 설명 중 옳지 않은 것은?

① 산과 알칼리에 강하다.
② 열팽창계수가 철보다 크다.
③ 반사율이 매우 크므로 열 차단재로 쓰인다.
④ 콘크리트와 접촉면은 방식도장을 해야 한다.

해설 알루미늄은 원광석인 보크사이트로부터 알루미나를 만들고, 이것을 다시 전기분해하여 만든 은백색의 금속으로 전기나 열전도율이 크고, 전성과 연성이 크며, 가공하기 쉽고, 가벼운 정도에 비하여 강도가 크며, 공기 중에서 표면에 산화막이 생기면 내부를 보호하는 역할을 하므로 내식성이 크다. 특히, 가공성(압연, 인발 등)이 우수하다. 반면 **산, 알칼리나 염에 약하므로** 이질 금속 또는 콘크리트, 시멘트 모르타르, 회반죽 및 철강재 등에 접하는 경우에는 방식처리를 하여야 한다. **열팽창률은 철(강재)의 약 2배 정도 크다.**

29 폴리에틸렌수지의 용도로 틀린 것은?

① 방수　　　　② 염료
③ 방습시트　　④ 전선피복

해설 **폴리에틸렌수지**는 비중이 0.94인 유백색의 불투명한 수지로서, 상온에서 유연성이 크고, 취화온도는 −60℃ 이하로서 내충격성도 일반 플라스틱의 5배 정도이다. 내화학약품성, 전기 절연성, 내수성이 양호하다. 용도로는 **방수**, **방습시트**, 포장필름, **전선피복**, 일용잡화, 유화액은 도료나 접착제로 쓰인다.

30 내열성, 내한성이 우수한 열경화성 수지로 −60~260℃의 범위에서는 안정하고 탄성을 가지며 내후성 및 내화학성이 아주 우수하여 접착제, 도료로서 사용되는 것은?

① 염화비닐수지
② 아크릴수지
③ 폴리에틸렌수지
④ 실리콘수지

해설 **염화비닐수지**는 비중이 1.4, 휨강도 1,000kg/cm² (=100MPa), 인장강도 600kg/cm²(=60MPa), 사용온도 −10~60℃로서, 전기절연성, 내약품성이 양호하다. 경질성이나 가소제를 혼합하여 고무 형태의 제품을 만들 수 있다. 필름, 시트, 판재, 파이프 등에 사용한다. **아크릴수지**는 투명성, 유연성, 내후성, 내화학약품성 등이 우수하고, 도료로 널리 사용한다. **폴리에틸렌수지**는 비중이 0.94인 유백색의 불투명한 수지로서, 상온에서 유연성이 크고, 취화온도는 −60℃ 이하로서 내충격성도 일반 플라스틱의 5배 정도이다. 내화학약품성, 전기절연성, 내수성이 양호하다. 용도로는 방수, 방습시트, 포장필름, 전선피복, 일용잡화, 유화액은 도료나 접착제로 쓰인다.

31 합성수지도료의 일반적인 특징에 대한 설명으로 옳지 않은 것은?

① 건조시간이 빠르고 도막도 단단하다.

② 내산성은 있으나 내알칼리성이 없어서 콘크리트나 플라스터 면에 바를 수 없다.

③ 도막은 페인트와 바니쉬보다도 더욱 방화성이 있다.

④ 투명한 합성수지를 사용하면 극히 선명한 색을 낼 수 있다.

해설 합성수지도료의 일반적인 성질

㉠ 건조시간이 빠르고, 도막이 단단하다.

㉡ 도막은 인화할 염려가 없어서 더욱 방화성이 있다.

㉢ **내산, 내알칼리성이 있어 콘크리트나 플라스터 면에 바를 수 있다.**

㉣ 투명한 합성수지를 사용하면 더욱 선명한 색을 낼 수 있다.

32 블로운아스팔트를 휘발성 용제에 녹여 석면, 광물 분말 등을 혼합한 점성이 있는 것으로 지붕 벽면의 방수 및 보호 등에 사용되는 것은?

① 아스팔트 접착제

② 아스팔트 코킹제

③ 아스팔트 코팅제

④ 아스팔트 펠트

해설 ① **아스팔트 접착제**는 비닐 타일, 아스팔트 타일, 아스팔트 루핑, 플라스틱 시트 또는 필름, 발포 단열재의 접착제로서, 초기 접착력이 좋지 않아 수직 벽면에는 부적당하고, 경사면과 수평면에 많이 사용된다.

② **아스팔트 코킹제**는 블론 아스팔트(침입도 20~30), 휘발성 용제, 석면, 광물질 분말 안정제 등을 혼합하여 만든 것으로 지붕, 벽면의 방수칠, 벽면의 균열 부분 메우기 등에 사용하고, 점도가 높으며, 도막이 두꺼운 방수, 방습 접착제 재료이다.

④ **아스팔트 펠트**는 유기질의 섬유(목면, 마사, 폐지, 양털, 무명, 삼, 펠트 등)로 원지포를 만들어, 원지포에 스트레이트 아스팔트를 침투시켜 롤러로 압착하여 만든 것으로 흑색 시트 형태이다. 방수와 방습성이 좋고 가벼우며, 넓은 지붕을 쉽게 덮을 수 있어 기와지붕의 밑에 깔거나, 방수공사를 할 때 루핑과 같이 사용한다.

33 석유계 아스팔트에 해당되는 것은?

① 레이크 아스팔트(lake asphalt)

② 스트레이트 아스팔트(straight asphalt)

③ 로크 아스팔트(rock asphalt)

④ 아스팔트 타이트(asphalt tight)

해설 아스팔트의 종류에는 **천연 아스팔트**(레이크, 로크, 아스팔타이트 등)와 **석유계 아스팔트**(스트레이트, 블로운, 아스팔트 컴파운드 등) 등이 있고, **건축공사**에서는 방수공사에 주로 **석유계 아스팔트**가 사용된다.

04. 건축 시공

01 다음 중 공동도급(joint venture)에 대한 설명으로 옳지 않은 것은?

① 한 회사의 도급공사보다 경비가 감소된다.

② 공사수급의 경쟁 완화 수단이 된다.

③ 수 개의 건설회사가 공동 출자 기업체를 조직하여 한 회사의 입장에서 공사를 수급, 시공하는 것이다.

④ 공사의 이윤은 각 회사의 출자비율로 배당된다.

부록 II　　기능장

해설 공동도급(joint venture)이란 대규모 공사의 시공에 대하여 시공자의 기술, 자본 및 위험 등의 부담을 분산·감소시킬 목적으로 수 개의 건설회사가 공동출자 기업체를 조직하여 한 회사의 입장에서 공사수급 및 시공을 하는 것을 말하며, **도급공사의 경비가 증대**된다.

02 건축 산업의 근대화 동향에 해당되지 않는 것은?

① 건축 부품의 단순화, 규격화
② 건축 시공의 기계화
③ 건축 재료의 습식화
④ 도급 방법의 근대화

해설 건축 산업의 근대화 동향
　㉠ 건축 부품의 단순화, 규격화, 표준화
　㉡ 건축 시공의 기계화
　㉢ 도급 방법의 근대화

03 정액도급 계약제도에 대한 설명으로 옳지 않은 것은?

① 총 공사비를 일정액으로 결정하여 계약하는 방식이다.
② 공사변경에 따른 도급액의 증감이 용이하다.
③ 공사관리업무가 간편하다.
④ 도급업자는 자금공사계획 등의 수립이 명확하여 공사원가를 저감시키도록 노력할 수 있다.

해설 정액도급 계약제도는 총 공사비를 미리 결정하여 계약하는 방식으로 일식도급, 분할도급 등의 도급제도와 병용되고 정액일식 도급제도가 가장 많이 채용되고 있으며, **공사변경에 따른 도급액의 증감이 어렵다.**

04 다음 공사 도급방법 중 조인트 벤쳐(Joint Venture)란?

① 직종별, 공정별 분할도급이다.
② 일식도급이다.
③ 공동도급이다.
④ 공정별 분할도급이다.

해설 공동도급(joint venture)이란 대규모 공사의 시공에 대하여 시공자의 기술, 자본 및 위험 등의 부담을 분산·감소시킬 목적으로 수 개의 건설회사가 공동출자 기업체를 조직하여 한 회사의 입장에서 공사수급 및 시공을 하는 것을 말하며, **도급공사의 경비가 증대**된다.

05 공동도급에 대한 설명이다. 옳지 않은 것은?

① 대규모 공사의 시공에 대하여 시공자의 기술 및 자본의 부담이 분산된다.
② 경영방식의 통일로 공사능률이 증대되며 현장관리가 용이하다.
③ 공사의 발주 및 시공능력이 증대된다.
④ 손익 분담은 각 출자 기업체가 공동으로 계산한다.

해설 공동도급(joint venture)의 장단점
　㉠ 장점 : 융자력의 증대, 위험의 분산, 기술의 확충성, 시공의 확실성, 공사관리의 합리화를 달성, 일시성, 임의성을 띤다.
　㉡ 단점 : 도급공사 경비의 증대, 사무관리의 복잡화, 현장관리의 혼란성 유발, 각 회사별 방침에 따라 문제점이 야기된다.

06 자기의 공장에서 가공, 제조한 특정의 재료와 기능 및 노동력을 공급하며 정한 기간 안에 특정부분의 공사를 완성하는 것을 맡은 업자는?

① 재료 공급업자
② 노무 하도급자
③ 직종별공사 하도급자
④ 외주공사 하도급자

해설 ① **재료 공급업자**는 건축에 필요한 재료를 공급하는 업자이다.
② **노무 하도급자**는 도급공사 중 노무 부분을 분할하여 제3자에게 도급을 받아 시행하는 업자.
③ **직종별공사 하도급자**는 분할도급의 일종으로 건축의 각 분야 직종별의 노무자이다.

07 특수공법을 요하는 공사, 종속공사, 추가공사, 또는 도급업자 선정의 여지가 없을 때 채택되는 도급업자 선정방식은?

① 공개경쟁입찰
② 지명경쟁입찰
③ 수의계약
④ 공입찰

> **해설** **지명경쟁입찰**은 해당 공사에 적격이라고 인정되는 여러 개의 도급업자를 정하여 입찰시키는 방법이다. **공개경쟁입찰**은 입찰 참가자를 공모하여 모두 참가할 수 있는 기회를 준다. 그러나 부적격자에게 낙찰될 우려가 있다.

08 공사시방서 작성 시 기재하는 사항과 가장 거리가 먼 것은?

① 공사 명칭
② 공사 범위
③ 지정 재료
④ 공비 지불조건

> **해설** 시방서의 기재 사항
> ㉠ 시방서의 적용 범위
> ㉡ 사전 준비 사항 : 제반 수속, 측량, 원척도 작성 등
> ㉢ 사용 재료 : 종별, 품질, 규격품의 사용, 시험검사 방법, 견본품의 제출 등
> ㉣ 시공 방법 : 사용기계 공구, 공사의 정밀도, 공정, 공법, 보양책, 시공입회, 시공검사 등
> ㉤ 관련 사항 : 후속 공사의 처리, 안전관리, 특기사항, 별도 공사 등

09 네트워크 공정표의 용어와 관계가 없는 것은?

① 대상공사(Project)
② 최초개시시각(EST)
③ 전여유(Total float)
④ 스페이서(Spacer)

> **해설** 스페이서는 거푸집의 부속 철물로 거푸집과 철근 사이의 간격을 유지하기 위한 **간격재**이다.

10 다음 중 공정표에 표시되지 않는 사항은?

① 공사착수와 완성일
② 공사량
③ 공사 진행속도
④ 공사금액

> **해설** 공정표는 공사에 필요한 시간과 순서, 자재, 노무 및 기계설비 등을 적정하고 경제성 있게 관리하기 위한 목적으로 작성하므로 공정표의 표시사항은 공사착수와 완성일, 공사량, 공사 진행속도 등을 표시한다. **공사금액은 계약서에 명시할 사항**이다.

11 일반적으로 공사의 순서가 바르게 나열된 것은?

㉠ 뼈대공사	㉡ 토공사
㉢ 마감공사	㉣ 가설공사
㉤ 공사착공준비	㉥ 지정 및 기초공사

① ㉠-㉡-㉢-㉣-㉤-㉥
② ㉤-㉡-㉥-㉣-㉠-㉢
③ ㉤-㉣-㉡-㉥-㉠-㉢
④ ㉣-㉤-㉥-㉡-㉠-㉢

> **해설** 공사 도급계약 체결 후 공사 순서는 ㉮ **공사착공준비** – ㉯ **가설공사** – ㉰ **토공사** – ㉱ **지정 및 기초공사** – ㉲ **구조체(뼈대)공사** – ㉳ 방수·방습공사 – ㉴ 지붕 및 홈통공사 – ㉵ **외벽 마무리공사** – ㉶ 창호공사 – ㉷ **내부 마무리공사**의 순이다.

12 그림과 같은 공정표에서 주공정선에 해당되는 것은?

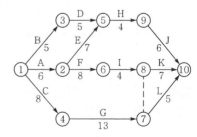

① 1 – 4 – 7 – 10
② 1 – 2 – 6 – 10
③ 1 – 3 – 5 – 9
④ 1 – 2 – 5 – 9

해설 주공정선을 구하기 위하여 일정을 계산하면, 다음 표와 같다.

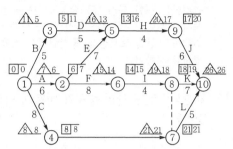

13 시멘트 창고의 바닥높이는 지반에서 최소 얼마 이상으로 하는가?

① 10cm   ② 30cm

③ 45cm   ④ 60cm

해설 시멘트 창고의 관리 방법

구분		A종	B종
구조	바닥	마루널 위 철판깔기	마루널
	주위벽	골함석 또는 골슬레이트 붙임	널판이나 골함석 또는 골슬레이트 붙임
	지붕	골함석 또는 골슬레이트 이음	루핑, 기타 비가 새지 않는 것
비고		⊙ 주위에 배수 도랑을 두고 누수를 방지한다. ⓒ **바닥은 지반에서 30cm 이상의 높이**로 한다. ⓒ 필요한 출입구 및 채광창 외에 공기 유통을 막기 위하여 될 수 있는 대로 개구부를 설치하지 아니한다.		

14 시멘트 창고의 소요면적 산출 공식으로 옳은 것은? (단, n : 쌓는 단수, N : 저장하는 시멘트 포대수)

① $0.3 \times \dfrac{N}{n}$

② $0.4 \times \dfrac{N}{n}$

③ $0.5 \times \dfrac{N}{n}$

④ $0.7 \times \dfrac{N}{n}$

해설 시멘트 창고면적의 산출

$$A(창고면적) = 0.4 \times \frac{N(시멘트\ 포대\ 수)}{n(쌓기\ 단수)}$$

여기서, $n = 13$(최고 단수)

N : 시멘트 포대 수로서
- 600포대 미만 : 시멘트 포대 수
- 600포대 이상 1,800포대 미만 : 600포대
- 1,800포대 이상 : 시멘트 포대 수 $\times \dfrac{1}{3}$ 을

적용한다.

15 시멘트를 단기간 저장할 경우 최대 몇 포대 이하로 쌓는가?

① 7포대

② 9포대

③ 11포대

④ 13포대

해설 시멘트를 단기간 저장할 경우 **최대 13포대 이하**로 쌓아야 하며, 장기간 저장할 경우 최대 7포대 이하로 쌓아야 한다.

16 저장할 시멘트 수량이 3,000포대일 때 쌓는 단수를 12포대로 하면 시멘트 창고의 소요면적은?

① 25m^2 ② 35m^2

③ 50m^2 ④ 100m^2

해설

$$A(창고면적) = 0.4 \times \frac{N(시멘트\ 포대\ 수)}{n(쌓기\ 단수)}$$

$$= 0.4 \times \frac{3,000 \times \dfrac{1}{3}}{13}$$

$$= 30.769 \fallingdotseq 30.77\text{m}^2$$

17 통나무 비계의 결속재로 사용되는 철선으로 가장 적당한 것은?

① #4~6 철선

② #6~8 철선

③ #8~10 철선

④ #10~12 철선

해설 통나무 비계의 결속선은 #8~#10을 불에 달구어 누그린 철선을 사용하고, #18~#20의 아연도금 철선을 여러 겹으로 하여 사용할 때도 있으며, 재사용은 하지 않는다.

18 통나무 비계에 관한 설명 중 옳지 않은 것은?

① 결속재는 #11 내지 #13의 철선을 사용하며 재사용이 가능하다.

② 비계목의 이음은 이음부분에서 1.0m 이상 겹쳐대고 2개소 이상 결속한다.

③ 비계장선의 간사이가 1.5m를 넘을 때에는 비계장선의 굵기 및 간격을 고려하여 설치한다.

④ 가새는 수평간격 14m 내외, 각도 45°로 걸쳐대어 비계기둥 및 띠장 등에 결속한다.

해설 통나무 비계의 결속선은 #8~#10을 불에 달구어 누그린 철선을 사용하고, #18~#20의 아연도금 철선을 여러 겹으로 하여 사용할 때도 있으며, 재사용은 하지 않는다.

19 비계다리 설치 시 물매의 표준은?

① 2/10　　　② 4/10
③ 5/10　　　④ 6/10

해설 비계다리의 설치는 너비 90cm 이상, 물매 4/10(경사도 약 17°)를 표준으로 하고, 물매가 17° 이상일 때에는 1.5cm×3.0cm 정도의 미끄럼막이를 30cm 내외의 간격으로 못박아대거나 철선으로 매고, 위험한 곳에서는 높이 75cm의 난간을 설치한다. 또한, 비계다리의 되돌음 또는 다리 참은 높이 7m 이내마다 설치한다.

20 비계다리의 너비는 최소 얼마 이상이어야 하는가?

① 60cm　　　② 75cm
③ 90cm　　　④ 120cm

해설 비계다리의 설치는 너비 90cm 이상, 물매 4/10(경사도 약 17°)를 표준으로 하고, 물매가 17° 이상일 때에는 1.5cm×3.0cm 정도의 미끄럼막이를 30cm 내외의 간격으로 못박아대거나 철선으로 매고, 위험한 곳에서는 높이 75cm의 난간을 설치한다. 또한, 비계다리의 되돌음 또는 다리 참은 높이 7m 이내마다 설치한다.

21 철근콘크리트 공사 중 거푸집 측압에 관한 설명으로 옳지 않은 것은?

① 온도가 높을수록 측압이 크다.

② 시공연도가 클수록 측압이 크다.

③ 다지기가 충분할수록 측압이 크다.

④ 붓기의 속도가 빠를수록 측압이 크다.

해설 생콘크리트 측압의 영향

㉠ 거푸집의 수평단면이 클수록, **묽은 콘크리트일수록**, 부재단면이 클수록 **측압이 크다.**

㉡ 비중이 클수록, 시공연도가 좋고 **진동기를 사용할수록**, 콘크리트 비중이 클수록, **타설(치어붓기) 속도가 빠를수록**, 부배합일수록 거푸집의 강성이 클수록 **측압이 크다.**

㉢ 거푸집의 투수성이 클수록, 물·시멘트비가 작을수록, **온도가 높을수록 측압은 작다.**

㉣ 측압은 슬럼프 값이 크면 크고, 빈배합일수록 작으며, 벽 두께가 두껍고 부어넣는 속도가 빠를수록 크고, 부어넣기 높이가 기둥에서 1.0m, 벽에서 0.5m의 경우 측압은 최대이다.

㉤ 철근량이 많을수록 **측압이 작다.**

22 철근콘크리트 슬래브에 사용되는 굵은 골재의 지름은 최대 얼마 이하인가?

① 15mm　　　② 20mm
③ 25mm　　　④ 32mm

해설 굵은 골재의 최대 치수

구조물의 종류	굵은 골재의 최대 치수(mm)
일반적인 경우	20~25
단면이 큰 경우	40
무근콘크리트	40(부재의 최소 치수의 1/4을 초과해서는 안 됨)

23 강관비계에 관한 기술 중 부적당한 것은?

① 가새는 수평간격 1.0m 내외, 각도 45°로 걸쳐대고 띠장과 결속되도록 한다.

② 띠장의 간격은 1.5m 이내로 하고, 지상 제1띠장은 지상에서 2m 이하의 위치에 설치한다.

③ 비계장선은 비계기둥과 띠장의 교차부에서는 비계기둥에 결속한다.

④ 수직 및 수평방향은 5m 내외의 간격으로 구조체에 견고하게 연결하거나 이에 대신하는 견고한 부축기둥을 설치한다.

해설 강관(파이프)비계의 가새는 수평간격 약 14m 내외로 각도 45°로 하며, 모든 비계기둥 및 띠장에 결속한다.

24 강관비계에 대한 설명이 잘못된 것은?

① 가새는 수평간격을 약 21m 내외, 각도 30°로 한다.

② 띠장 간격은 1.5m 이내로 한다.

③ 비계장선의 간격은 1.5m 이내로 한다.

④ 비계기둥의 최고부에서 31m까지의 밑부분은 2본의 강관으로 묶어 세운다.

해설 강관(파이프)비계의 가새는 수평간격 약 14m 내외로 각도 45°로 하며, 모든 비계기둥 및 띠장에 결속한다.

25 콘크리트 부어넣기에 대한 설명 중 잘못된 것은?

① 플로어 호퍼(floor hopper)에서 먼 곳부터 가까운 곳으로 부어넣는다.

② 철근이 변형 이동되지 않도록 한다.

③ 부어넣기 중의 이어붓기 시간 간격은 외기온이 25℃ 미만일 때는 150분으로 한다.

④ 기둥은 콘크리트가 일체가 되도록 높이에 상관없이 한 번에 부어넣는다.

해설 타설 이음부의 위치는 구조부재의 내력에의 영향이 가장 작은 곳에 정하도록 하며, 다음을 표준으로 한다.
　㉠ 보, 바닥슬래브 및 지붕슬래브의 수직 타설 이음부는 스팬의 중앙 부근에 주근과 직각 방향으로 설치한다.
　㉡ 기둥 및 벽의 수평 타설 이음부는 바닥(지붕) 슬래브, 보의 하단에 설치하거나, 바닥슬래브, 보, 기초보의 상단에 설치한다.

26 강관틀비계의 틀의 간격이 1.8m일 때 틀 사이의 하중의 한도는?

① 2kN

② 4kN

③ 6kN

④ 8kN

해설 강관틀비계의 틀 간격이 1.8m일 때에는 **틀 사이의 하중의 한도를 4kN으로** 하고, 기둥 1개가 부담하는 하중은 7kN 정도이다.

27 조적공사에 대하여 바르게 설명한 것은?

① 벽돌벽체의 내쌓기에서 두 켜씩 내쌓을 때는 1/4B, 한 켜씩 내쌓을 때는 1/8B 내쌓으며 2B를 한도로 내쌓는다.

② 조적조에서 개구부와 바로 위 개구부와의 수직거리는 80cm 이상으로 한다.

③ 벽돌쌓기에서 하루에 쌓는 높이는 1.8m가 표준이며 최대 2.1m를 넘지 않도록 한다.

④ 벽돌 평아치의 시작면 경사는 45° 정도로 하며 벽돌의 장수는 짝수장으로 하는 것이 좋다.

해설 ② 조적조에서 개구부와 바로 위 개구부와의 수직거리는 **60cm 이상으로** 한다.
③ 벽돌쌓기에서 **하루에 쌓는 높이는 1.2m가 표준**이며 **최대 1.5m를** 넘지 않도록 한다.
④ 벽돌 평아치의 **시작면 경사는 90° 정도**로 하며 벽돌의 장수는 **홀수장으로** 하는 것이 좋다.

28 콘크리트를 부어 넣은 후 보와 슬랩 밑의 받침기둥은 콘크리트의 압축강도가 설계기준강도의 각각 몇 %에 도달하였을 때 제거하는가? (단, 다층구조에 한함)

① 보 밑과 슬랩 밑 다같이 50%
② 보 밑은 85%, 슬랩 밑은 100%
③ 보 밑은 100%, 슬랩 밑은 85%
④ 보 밑과 슬랩 밑 다같이 100%

해설 슬랩 및 보의 밑면, 아치의 내면의 경우에는 설계기준압축강도 이상(필러 동바리 구조를 이용할 경우는 구조계산에 의해 기간을 단축할 수 있다. 단, 이 경우라도 최소 강도는 14MPa 이상으로 한다.)

29 일반적인 콘크리트 부어넣기의 순서로 옳은 것은?

① 기둥 → 계단 → 보 → 바닥판
② 기둥 → 계단 → 벽 → 바닥판
③ 기둥 → 보 → 계단 → 바닥판
④ 기둥 → 보 → 벽 → 바닥판

해설 일반적으로 콘크리트의 타설 순서는 낮은 곳에서부터 높은 곳으로의 순으로 기초 → 기둥 → 벽 → 계단 → 보 → 슬래브의 순으로 하고, 보와 벽은 양단에서부터 중앙부로 타설하고, 계단은 하단에서 상단으로 타설하며, 타설은 믹서에서 먼 곳부터 시작한다.

30 철골 조립공사에서 가볼트의 사용개수는 조립재 리벳개수의 얼마 이상으로 하는가?

① 1/2 　　② 1/3
③ 1/4 　　④ 1/5

해설 철골의 가공 및 조립에 있어서 가조립 볼트의 개수는 전 리벳수의 20~30% 정도이고, 현장치기 리벳의 1/5~1/3 정도이다.

31 철골구조에서 고력볼트 접합에 관한 설명 중 옳지 않은 것은?

① 접합부의 강성이 높다.
② 피로강도가 낮다.
③ 일정하고 정확한 강도를 얻을 수 있다.
④ 너트는 좀처럼 풀리지 않는다.

해설 고력볼트의 특징은 다음과 같다.
㉠ 접합부의 강성이 높아 볼트와 평행 및 수직 방향의 접합부 변형이 거의 없다.
㉡ 접합 판재의 유효 단면에서 하중이 적게 전달되고, 피로강도가 높다.
㉢ 볼트에는 마찰접합의 경우 전단 및 지압응력이 생기지 않는다.
㉣ 일정하고 정확한 강도를 얻을 수 있고, 너트는 풀리지 않는다.

32 아스팔트 방수에 대한 설명 중 틀린 것은?

① 아스팔트컴파운드는 바탕 콘크리트면에 도포하여 방수지의 접착력을 높이는 액상재료이다.
② 방수지에는 아스팔트 펠트, 아스팔트 루핑 등이 있다
③ 시공이 번거롭고 까다롭다.
④ 시멘트 액체 방수에 비해 결함 보수 시 발견이 곤란하고 보수비용이 많다.

해설 아스팔트컴파운드는 용제 추출 아스팔트로서 블로운 아스팔트의 성능을 개량하기 위해 동식물성 유지와 광물질 분말을 혼입한 것으로 일반지붕 방수공사에 이용되는 아스팔트이고, 아스팔트 프라이머(asphalt primer)는 블로운 아스팔트를 휘발성 용제로 희석한 흑갈색의 액체로서 아스팔트 방수층을 만들 때 콘크리트, 모르타르 바탕에 부착력을 증가시키기 위하여 제일 먼저 사용하는 역청 재료이다.

33 아스팔트 방수에 대한 설명 중 틀린 것은?

① 아스팔트 방수공사의 시공순서 중 제일 먼저 바르는 것은 아스팔트프라이머이다.
② 아스팔트는 석유계 아스팔트보다는 천연아스팔트가 건축에 많이 쓰인다.
③ 방수지로는 아스팔트펠트와 아스팔트루핑이 쓰인다.
④ 아스팔트 방수법은 아스팔트가 방수, 내수, 내구성이 있는 것을 이용한 방수법이다.

해설 아스팔트의 종류에는 천연 아스팔트(레이크, 로크, 아스팔타이트 등)와 석유계 아스팔트(스트레이트, 블로운, 아스팔트컴파운드 등)등이 있고, **건축공사에서는 방수공사에 주로 석유계 아스팔트가 사용**된다.

34 아스팔트방수 시 루핑의 겹침은 최소 몇 mm 정도 이상으로 하여야 하는가?

① 60
② 100
③ 120
④ 150

해설 일반 평면부의 루핑 붙임은 흘려 붙임으로 한다. 또한, **루핑의 겹침 폭은 길이 및 폭 방향 100mm 정도**로 한다.

35 시멘트액체방수와 비교한 아스팔트방수의 특징에 대한 설명으로 옳지 않은 것은?

① 신뢰성이 높다.
② 시공성이 까다롭다.
③ 수리를 할 경우 수리범위가 광대하다.
④ 결함부 발견이 용이하다.

해설 아스팔트방수와 시멘트액체방수와의 비교

구분	아스팔트	시멘트
바탕처리	필요, 완전건조	불필요, 보통건조
외기영향	적다	크다
신축성	크다	작다
균열 발생	안 생김	잘생김
시공 용이성	번잡	간단
시공기일	길다	짧다
보호누름	필요	불요
공사비	고가	저가
결함발견	**어렵다**	**쉽다**
보수범위	전면	국부

05. 조적 공사

01 그림과 같이 온장의 벽돌을 마름질한 벽돌 명칭은 무엇인가? (단, 실선부분)

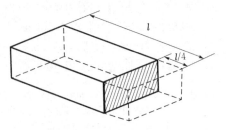

① 반반절
② 이오토막
③ 칠오토막
④ 반절

해설 벽돌의 마름질
벽돌의 마름질에서 토막은 길이 방향과 직각 방향으로 자르는 것이고, 절은 길이 방향과 평행 방향으로 자르는 것으로, 반절은 너비를 1/2로 자른 벽돌을 말한다.

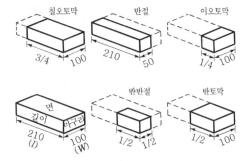

02 공간 조적벽쌓기에서 연결재의 간격으로 최대 수직거리 및 수평거리는 최대 얼마를 사용하는가?

① 400mm, 700mm
② 400mm, 900mm
③ 300mm, 700mm
④ 300mm, 900mm

해설 벽돌 공사의 공간쌓기에 있어서 연결재의 배치 및 거리 간격은 **최대 수직거리는 400mm를 초과** 해서는 안 되고, **최대 수평거리는 900mm를 초과** 해서는 안 된다.

03 벽돌벽용 줄눈 모르타르의 표준용적배합 비(잔골재/결합재)는?

① 0.5~1.5
② 2.5~3.0
③ 3.0~3.5
④ 1.5~2.0

해설 모르타르의 배합

모르타르의 종류		용적배합비 (잔골재/결합재)
줄눈 모르타르	벽용	2.5~3.0
	바닥용	3.0~3.5
붙임 모르타르	벽용	1.5~2.5
	바닥용	0.5~1.5
깔 모르타르	바탕용	2.5~3.0
	바닥용	3.0~6.0
안채움 모르타르		2.5~3.0
치장줄눈용 모르타르		0.5~1.5

04 벽돌쌓기에서 쌓기용 모르타르에 대한 설명 중 옳은 것은?

① 모래는 5mm체로 쳐서 95% 통과하는 적당한 입도를 갖는 모래를 사용한다.
② 시멘트는 조강 포틀랜드 시멘트 또는 백색 시멘트를 사용한다.
③ 모르타르는 물을 붓고 섞은 후 1시간 이내에 사용해야 한다.
④ 모르타르의 배합은 1 : 1~1 : 2가 알맞다.

해설 벽돌쌓기 시 양질의 모래를 사용하고, 모래는 **5mm체로 쳐서 100% 통과**하는 적당한 입도를 갖는 모래를 사용하며, 시멘트는 보통 포틀랜드 시멘트를 사용한다. 모르타르의 배합은 시멘트 : 모래=1 : 3 정도로 하고, 특수 쌓기용 모르타르는 1 : 1~1 : 2 정도로 한다.

05 벽돌조에서 내력벽의 두께가 2.0B일 때의 두께에 해당하는 치수는? (단, 표준형 벽돌 사용)

① 390mm
② 430mm
③ 460mm
④ 520mm

해설 벽돌벽의 두께 (단위 : mm)

벽돌의 종류 / 두께	장려형 (신형)	재래형 (구형)
0.5B	90	100
1.0B	190	210
1.5B	290	320
2.0B	390	430
2.5B	490	540
계산식 (단, n : 벽두께)	$90+\left(\dfrac{n-0.5}{0.5}\times100\right)$	$100\times\left(\dfrac{n-0.5}{0.5}\times110\right)$

$90+\left(\dfrac{n-0.5}{0.5}\times100\right)$ 에서 $n=2.0$이므로

$90+\left(\dfrac{2.0-0.5}{0.5}\times100\right)=390$mm

06 벽돌의 1일 쌓기 높이는 최대 얼마 이하로 하여야 하는가?

① 1.5m　　② 2m
③ 2.5m　　④ 3m

해설 벽돌의 하루 쌓기 높이는 1.2m를 표준으로 하고, **최대 1.5m 이하**로 한다.

07 벽돌조 시공에 관한 내용 중 틀린 것은?

① 나무벽돌은 마구리가 벽돌면보다 특별한 경우를 제외하고 나오지 않도록 한다.
② 치장줄눈의 깊이는 보통 4mm 정도로 한다.
③ 벽돌 내쌓기 할 때는 1켜씩 1/8B 또는 2켜씩 1/4B로 한다.
④ 내력벽은 막힌줄눈으로 한다.

해설 **치장줄눈**(벽돌이나 시멘트 블록의 벽면을 치장으로 할 때 줄눈을 곱게 발라 마무리하는 줄눈)의 줄눈파기 깊이는 **6mm 정도**로 한다.

08 벽돌쌓기 방식 중 벽돌면에 구멍을 내어 쌓는 방식은?

① 엇모쌓기　　② 옆세워쌓기
③ 무늬쌓기　　④ 영롱쌓기

해설 벽돌의 기타 쌓기

쌓기 종류	쌓는 방법	역할
세워쌓기 (길이세워쌓기)	벽돌 벽면을 수직으로 세워 쌓는다.	내력벽이며 의장적인 효과
옆세워쌓기 (마구리세워쌓기)	벽돌 벽면을 수직으로 세워 쌓는다.	내력벽이며 의장적인 효과
엇모쌓기	45° 각도로 모서리가 면에 나오도록 쌓고, 담이나 처마 부분에 사용	벽면에 변화감을 주며, 음영 효과를 낼 수 있다.
영롱쌓기	벽돌면에 구멍을 내어 쌓는다.	장막벽이며, 장식적인 효과
무늬쌓기	벽돌면에 무늬를 넣어 쌓는다.	줄눈에 효과를 주기 위한 변화, 의장적 효과
모서리 및 교차부쌓기	서로 맞닿는 부분에 쌓는다.	내력벽

09 벽돌쌓기에 관한 사항 중 옳지 아니한 것은?

① 하루 쌓기 높이는 1.2m를 표준으로 하고, 최대 1.5m 이하로 한다.
② 시멘트 벽돌은 쌓기 직전에 물뿌리기를 하여 표면이 건조하지 않게 하여 사용한다.
③ 벽돌은 각부가 가급적 동일한 높이로 쌓아 올라가고 벽면의 일부 또는 국부적으로 높게 쌓지 않는다.
④ 가수(加水)후 2시간 이내에 유동성이 없어진 모르타르는 다시 가수하여 원래의 유동성으로 회복시켜 사용하도록 한다.

해설 벽돌은 쌓기 전에 벽돌에 묻어 있는 오물을 깨끗하게 닦아내고 충분히 물축이기를 한다. **시멘트 벽돌은 쌓기 2~3일 전에 물축이기를 하여 표면을 건조시키거나 쌓은 후에 물을 뿌린다.**

10 창문틀 주위에 벽돌을 쌓을 때 문틀에 꺽쇠나 큰못을 박아 벽돌에 고정시켜야 하는데 이때 고정시키는 간격은 어느 정도가 적당한가?

① 200mm　　② 400mm
③ 600mm　　④ 800mm

해설 창문틀의 상하 가로틀은 뿔을 내어 옆벽에 물리고 **중간 600mm 이내의 간격으로 꺽쇠 또는 큰못 2개씩**을 박아 견고히 고정한다.

11 내화 벽돌쌓기에 대한 설명 중 틀린 것은?

① 물축임하여 쌓는다.
② 굴뚝의 안쌓기는 구조벽체에서 0.5B 정도 떼어 공간을 두고 쌓는다.
③ 줄눈의 크기는 가로, 세로 6mm가 표준이다.
④ 쌓은 후 비가 맞지 않게 보양해야 한다.

해설 내화 벽돌을 쌓을 때에는 내화 점토[내화 점토의 주성분은 산성 점토(규산 점토, 알루미나 등), 염기성 점토인 마그네사이트, 중성 점토인 크롬 철광 등이고, 내화성이 있는 흙으로 내화 벽돌쌓기, 단열 처리 등에 사용되고, 황색 광물질, 철분이 비교적 적고, 가소성, 내화성이 있어 내화 재료의 원료가 된다. 규조토와 탄층의 하반에서 산출하는 목절 점토 등으로 내화 벽돌과 도자기 등에 이용된다]를 사용하는데, 내화 벽돌의 크기는 230mm×114mm×65mm이다. 특히, 내화 벽돌을 쌓을 경우에 사용하는 접착제는 내화 점토이고, **내화 점토는 기건성이므로 물축이기를 하지 않는다.**

12 단순조적블록공사에서 블록의 하루 쌓기 높이는 최고 얼마 이하로 하여야 하는가?

① 2.1m　　② 1.8m
③ 1.5m　　④ 1.2m

해설 블록 쌓기의 **하루 쌓기 높이**는 1.5m(블록 7켜 정도) 이내를 표준으로 한다.

13 블록을 쌓을 때 치장용 모르타르의 배합비는? (단, 시멘트 : 모래)

① 1 : 3   ② 1 : 2
③ 1 : 1   ④ 1 : 0.5

해설 모르타르의 배합비(용적배합비)

구분		배합비			
		시멘트	석회	모래	자갈
모르타르	줄눈용	1	1	3	
	사춤용	1		3	
	치장용	1		1	
그라우트	사춤용	1		2	3

14 아치의 종류 중 아치벽돌을 특별히 주문 제작하여 쓴 것을 무엇이라 하는가?

① 막만든아치   ② 본아치
③ 거친아치   ④ 층두리아치

해설 아치 구조는 상부에서 오는 수직하중을 아치의 축선을 따라 좌우로 나누어 줌으로써 밑으로 압축력만을 전달하게 하고, 개구부의 상부에는 휨응력이 작용하지 않도록 한 것으로서 아치를 틀 때 벽돌의 줄눈이 아치의 축선에 직각이 되어 중심에 모이도록 쌓는다.
　㉠ 층두리아치 : 아치가 넓을 때 반장별로 층을 지어 겹쳐 쌓은 아치이다.
　㉡ 거친아치 : 아치 틀기에 있어 보통 벽돌을 사용하여 줄눈을 쐐기 모양으로 한 아치이다.
　㉢ 막만든아치 : 보통 벽돌을 쐐기 모양으로 다듬어 쓰는 아치이다.
　㉣ **본아치 : 아치 벽돌을 주문 제작하여 만든 아치이다.**
　㉤ 숨은아치 : 벽 개구부 인방 위에 설치된 간단한 아치로서 상부 하중을 지지하기 위한 아치 또는 보통 아치와 인방 사이에는 막혀 있는 블라인드 아치(개구부가 항구적인 벽체로 막혀 있는 아치)로 한다.

15 조적공사에서 블록 쌓기 시 잘못된 것은?

① 쌓기 모르타르는 1 : 3 배합으로 한다.
② 하루 쌓기 높이는 1.2 ~ 1.5m 정도로 한다.
③ 보강블록 쌓기는 통줄눈으로 할 수 있다.
④ 블록은 살 두께가 두꺼운 면을 밑으로 가게 쌓는다.

해설 블록 쌓기에 있어서 **블록의 사춤을 원활**하게 하기 위하여 **살 두께가 두꺼운 쪽(구멍이 작은 쪽)이 위로** 가도록 쌓는다.

16 블록 쌓기에 대한 설명 중 옳지 않은 것은?

① 단순조적 블록 쌓기의 세로줄눈은 도면 또는 공사시방서에서 정한 바가 없을 때에는 막힌줄눈으로 한다.
② 블록은 빈속의 경사(taper)에 의한 살 두께가 작은 편을 위로 하여 쌓는다.
③ 줄눈 모르타르는 쌓은 후 줄눈누르기 및 줄눈파기를 한다.
④ 하루 쌓기 높이는 1.5m 이내를 표준으로 한다.

해설 블록 쌓기에 있어서 **블록의 사춤을 원활**하게 하기 위하여 **살 두께가 두꺼운 쪽(구멍이 작은 쪽)이 위로** 가도록 쌓는다.

17 블록 쌓기에 대한 설명 중 옳지 않는 것은?

① 단순 조적 블록 쌓기의 세로줄눈은 막힌 줄눈으로 한다.
② 블록은 쌓기 전에 모르타르 접착면에 적당한 물축임을 해야 한다.
③ 하루 쌓는 높이는 1.5m 이내를 표준으로 한다.
④ 블록은 살 두께가 얇은 부분이 위로 가도록 쌓는다.

해설 블록 쌓기에 있어서 **블록의 사춤을 원활**하게 하기 위하여 **살 두께가 두꺼운 쪽(구멍이 작은 쪽)이 위로** 가도록 쌓는다.

18 1종 점토벽돌의 압축강도는? (단, 1kgf ≒ 9.80N)

① 10.78N/mm² 이상

② 15.69N/mm² 이상

③ 24.50N/mm² 이상

④ 25.48N/mm² 이상

해설 점토벽돌의 품질

품질	종류	
	1종	2종
흡수율(%)	10 이하	15 이하
압축강도(N/mm²)	24.50	14.70

19 점토 소성벽돌의 품질등급에서 1종의 흡수율은 얼마 이하로 하여야 하는가?

① 5%　　　　② 10%

③ 15%　　　　④ 20%

해설 점토벽돌의 품질

품질	종류	
	1종	2종
흡수율(%)	10 이하	15 이하
압축강도(N/mm²)	24.50	14.70

20 원료 중에 분탄(粉炭), 톱밥 등을 섞어 소성하여 만든 것으로 못치기, 절단 등이 쉬운 벽돌은?

① 내화벽돌　　　② 이형벽돌

③ 보통벽돌　　　④ 다공벽돌

해설 ① 내화벽돌 : 내화 점토를 원료로 하여 만든 점토 제품으로, 보통벽돌보다 내화성이 크다. 내화도에 따라 저급 내화벽돌, 보통 내화벽돌, 고급내화벽돌 등의 세 종류로 구분할 수 있으며, 종류로는 샤모트 벽돌, 규석벽돌 및 고토벽돌이 있다. 내화벽돌의 크기는 230 mm×114 mm×65 mm로, 보통벽돌보다 치수가 크며, 줄눈은 작게 한다.
② 이형벽돌 : 특수한 용도로 사용하기 위하여 보통벽돌과 모양이 다른 벽돌이다.
③ 보통벽돌 : 논이나 밭에서 나오는 저급 점토를 원료로 하여 등요, 터널요, 호프만요 등에서 만들어지는 점토 제품이다.

21 소성온도가 가장 높고 흡수율이 제일 낮은 타일은?

① 자기질 타일　　② 도기질 타일

③ 석기질 타일　　④ 토기질 타일

해설

종류	소성 온도 (℃)	소지		투명도	건축 재료	비고
		흡수성	빛깔			
토기	790 ~1,000	크다. (20% 이상)	유색	불 투명	기와, 벽돌,토관	최저급 원료(전답토)로 취약하다.
도기	1,100 ~1,230	약간 크다. (10%)	백색 유색	불 투명	타일, 위생 도기, 테라코타 타일	다공질로서 흡수성이 있고, 질이 굳으며, 두드리면 탁음이 난다. 유약을 사용한다.
석기	1,160 ~1,350	작다. (3~10%)	유색	불 투명	마루 타일 클링커 타일	시유약은 쓰지 않고 식염유를 쓴다.
자기	1,230 ~1,460	아주 작다. (0~1%)	백색	투명	위생 도기, 자기질 타일	양질의 도토 또는 장석분을 원료로 하고, 두드리면 금속음이 난다.

22 다음 중 점토 제품이 아닌 것은?

① 타일　　　　② 테라초

③ 테라코타　　　④ 클링커타일

해설 테라초는 인조석의 종석을 대리석의 쇄석으로 사용하여 대리석 계통의 색조가 나도록 표면을 물갈기한 것을 말하며, **테라초의 원료는 대리석의 쇄석, 백색 시멘트, 강모래, 안료, 물 등**으로 석재 제품이다.

23 점토의 물리적 성질에 대한 설명으로 옳지 않은 것은?

① 입도는 보통 2μm 이하의 미립자이나 모래알 정도의 조립을 포함한 것도 있다.

② 일반적으로 인장강도는 $3\sim10$kg/cm²이고 압축강도는 인장강도의 약 5배 정도이다.

③ 점토 입자가 미세할수록 가소성이 좋다.

④ 건조수축은 점토의 조직에 관계하지만, 가하는 수량과는 무관하다.

해설 포수율과 건조수축은 건조 점토 분말을 물로 개어 가장 가소성이 적당한 경우, 점토 입자가 물을 함유하는 능력을 포수율이라 말하는데, 점토의 포수율이 작은 것은 7~10%, 큰 것은 40~50%이다. 또, 이때 길이 방향의 건조수축률을 구하면 작은 것은 5~6%, 큰 것은 10~15% 정도로서, **포수율과 건조수축률은 비례하여 증감한다.** 포수율의 크고 작음은 건조속도와 수축의 크고 작음에 관계하는 것으로, 점토 제품 제조 공정상 매우 중요한 조건이 된다.

24 다음의 특수벽돌에 대한 설명 중 옳은 것은?

① 오지벽돌 : 경량, 방음, 방열을 위해 제작된 것이다.

② 포도용 벽돌 : 흡수율이 크고 마멸성을 작게 만든 벽돌로 방습을 목적으로 한다.

③ 이형벽돌 : 벽돌의 형상은 보통벽돌과 동일하나 강도는 높다.

④ 내화벽돌 : 제게르 추 No.26 이상의 내화를 가진 벽돌로 굴뚝 내부용 등에 쓰인다.

해설 **오지벽돌**은 벽돌에 오지물을 칠해 소성한 벽돌이고, ① **다공질(경량)벽돌** 또는 **중공(공동)벽돌**에 대한 설명이다. ② **포도용 벽돌**은 마멸과 충격에 강하고, 흡수율이 작으며, 내화력이 강한 것으로 **도로 포장용이나 옥상 포장용으로 사용하는 벽돌**이다. ③ **이형벽돌**은 벽돌의 형상은 **보통벽돌과 상이하나 강도는 거의 비슷하다.**

06. 미장 공사

01 미장 공사에서 콘크리트바탕의 바닥에 시멘트모르타르의 정벌바름 시 용적배합비의 표준은? (단, 시멘트 : 모래)

① 1 : 1   ② 1 : 2

③ 1 : 4   ④ 1 : 5

해설 모르타르의 배합(용적비)

바탕	바르기 부분	초벌 바름 시멘트 : 모래	라스 먹임 시멘트 : 모래	고름질 시멘트 : 모래	재벌 바름 시멘트 : 모래	정벌 바름 시멘트 : 모래 : 소석회
콘크리트, 콘크리트 블록 및 벽돌면	바닥	–	–	–	–	1:2:0
	내벽	1:3	1:3	1:3	1:3	1:3:0.3
	천장	1:3	1:3	1:3	1:3	1:3:0
	차양	1:3	1:3	1:3	1:3	1:3:0
	바깥벽	1:2	1:2			1:2:0.5
	기타	1:2	1:2	–	–	1:2:0.5
각종 라스바탕	내벽	1:3	1:3	1:3	1:3	1:3:0.3
	천장	1:3	1:3	1:3	1:3	1:3:0.5
	차양	1:3	1:3	1:3	1:3	1:3:0.5
	바깥벽	1:2	1:2			1:3:0
	기타	1:3	1:3	1:3	1:3	1:3:0

주 1) 와이어 라스의 라스먹임에는 다시 왕모래 1을 가해도 된다. 다만, 왕모래는 2.5~5mm 정도의 것으로 한다.

2) 모르타르 정벌바름에 사용하는 소석회의 혼합은 담당원의 승인을 받아 가감할 수 있다. 소석회는 다른 유사재료로 바꿀 수도 있다.

3) 시공상 필요할 경우는 라스먹임에 여물을 혼합할 수도 있다.

02 단열 모르타르 바름에 대한 설명 중 옳은 것은?

① 정벌바름에만 사용한다.

② 지붕에 바탕단열층으로 바름할 경우는 신축줄눈을 설치하지 않는다.

③ 재료의 비빔은 충분하게 숙성되도록 비빔하고 1시간 이내에 사용한다.

④ 자연건조는 하지 않으며 되도록 빨리 건조되도록 건조시설에 의한 인공건조를 한다.

해설 단열 모르타르는 **초벌과 정벌에 사용**하고, 지붕에 바탕단열층으로 바름할 경우에는 **신축줄눈을 설치**하며, 보양기간은 별도의 지정이 없는 경우는 7일 이상으로 **자연건조 되도록 하며,** 바름층별 양생기간은 지정된 경과시간을 준수한다.

03 바름 두께 또는 마감 두께가 고르지 않거나 요철이 심할 때 초벌 바름 위에 발라 면을 바르게 고르는 것을 무엇이라 하는가?

① 덧먹임　　　　② 고름질
③ 손질바름　　　④ 바탕처리

해설 ① **덧먹임** : 바르기의 접합부 또는 균열의 틈새, 구멍 등에 반죽된 재료를 밀어 넣어 때 워주는 것

③ **손질바름** : 콘크리트, 콘크리트 블록 바탕에서 초벌 바름하기 전에 마감 두께를 균등하게 할 목적으로 모르타르 등으로 미리 요철을 조정하는 것

④ **바탕처리** : 요철 또는 변형이 심한 개소를 고르게 손질바름하여 마감 두께가 균등하게 되도록 조정하고 균열 등을 보수하는 것. 또는 바탕면이 지나치게 평활할 때에는 거칠게 처리하고, 바탕면의 이물질을 제거하여 미장바름의 부착이 양호하도록 표면을 처리하는 것

04 벽돌 내벽에 모르타르로 초벌, 재벌, 정벌로 미장할 때 총 바름 두께의 표준은?

① 12mm　　　　② 18mm
③ 24mm　　　　④ 27mm

해설 바름 두께의 표준　　　　　　　　(단위 : mm)

바탕	바름 부분	바름 두께				
		초벌 및 라스먹임	고름질	재벌	정벌	합계
콘크리트, 콘크리트 블록 및 **벽돌면**	바닥	–	–	–	24	24
	내벽	7	–	7	4	18
	천장	6		6	3	15
	차양	6		6	3	15
	바깥벽	9		9	6	24
	기타	9		9	6	24

05 콘크리트 바깥벽에 시멘트 모르타르로 초벌바름을 할 때 표준 용적배합비는? (단, 시멘트 : 모래)

① 1 : 1　　　　② 1 : 2
③ 1 : 3　　　　④ 1 : 5

해설 모르타르의 배합(용적비)

바탕	바르기 부분	초벌 바름 시멘트 : 모래	라스 먹임 시멘트 : 모래	고름질 시멘트 : 모래	재벌 바름 시멘트 : 모래	정벌 바름 시멘트 : 모래 :소석회
콘크리트, 콘크리트 블록 및 벽돌면	바닥	–	–	–	–	1:2:0
	내벽	1:3	1:3	1:3	1:3	1:3:0.3
	천장	1:3	1:3	1:3	1:3	1:3:0
	차양	1:3	1:3	1:3	1:3	1:3:0
	바깥벽	1:2	1:2	–	1:3	1:2:0.5
	기타	1:2	1:2	–	1:3	1:2:0.5
각종 라스바탕	내벽	1:3	1:3	1:3	1:3	1:3:0.3
	천장	1:3	1:3	1:3	1:3	1:3:0.5
	차양	1:3	1:3	1:3	1:3	1:3:0.5
	바깥벽	1:2	1:2	1:3	1:3	1:3:0
	기타	1:3	1:3	1:3	1:3	1:3:0

주 1) 와이어 라스의 라스먹임에는 다시 왕모래 1을 가해도 된다. 다만, 왕모래는 2.5~5mm 정도의 것으로 한다.
　2) 모르타르 정벌바름에 사용하는 소석회의 혼합은 담당원의 승인을 받아 가감할 수 있다. 소석회는 다른 유사재료로 바꿀 수도 있다.
　3) 시공상 필요할 경우는 라스먹임에 여물을 혼합할 수도 있다.

06 시멘트 모르타르로 콘크리트 바탕의 내벽을 바를 때 초벌 바름 두께의 표준은?

① 4mm　　　　② 5mm
③ 6mm　　　　④ 7mm

해설 바름 두께의 표준　　　　　　　　(단위 : mm)

바탕	바름 부분	바름 두께				
		초벌 및 라스먹임	고름질	재벌	정벌	합계
콘크리트, 콘크리트 블록 및 벽돌면	바닥	–	–	–	24	24
	내벽	7	–	7	4	18

07 시멘트 모르타르 바름에서 천장이나 차양의 마무리 두께는 몇 mm 이하로 하는가?

① 15mm 이하　　② 20mm 이하
③ 25mm 이하　　④ 30mm 이하

[해설] 마무리 두께는 공사시방서에 따르나, **천장, 차양은 15mm 이하**, 기타는 15mm 이상으로 한다. 바름 두께는 바탕의 표면으로부터 측정하는 것으로서 라스먹임의 바름 두께는 포함하지 않는다.

08 가소성이 높아 시공은 용이하나 소석회보다 건조, 수축이 커서 균열이 발생하기 쉬운 미장재료는?

① 순석고 플라스터
② 혼합석고 플라스터
③ 돌로마이트 플라스터
④ 경석고 플라스터

[해설] ① **순석고 플라스터**는 순석고에 석회크림(석회죽) 또는 돌로마이트 석회를 혼합한 플라스터로서 초벌용(현장에서 용적으로 1~2배 혼합)과 정벌용(현장에서 용적으로 2.5배 혼합)으로 사용하나, 특수한 경우를 제외하고 사용하지 않는다.
② **혼합석고 플라스터**는 공장에서 적당히 혼합하여 사용이 간편한 것으로 정벌용(물만 혼합하여 즉시 사용 가능)과 초벌용(물과 모래를 혼합하여 즉시 사용 가능) 등이 있다.
④ **킨즈 시멘트(경석고 플라스터)**는 경석고를 말하는 것으로서 **무수석고가 주재료이며 경화한 것은 강도와 표면경도가 큰 재료**로서 응결, 경화가 소석고에 비하여 극히 늦기 때문에 명반, 붕사 등의 경화 촉진제를 섞어서 만든 것으로 경화한 것은 강도가 크고, 표면의 경도가 커서 광택이 있다. 촉진제가 사용되므로 보통 산성을 나타내어 금속재료를 부식시킨다.

09 미장공사에 대한 설명 중 틀린 것은?

① 회반죽 바름 시에 실내온도가 2℃ 이하일 때에는 공사를 중단한다.
② 석고 플라스터 바름 작업 중에는 될 수 있는 대로 통풍을 방지하도록 한다.
③ 인조석 바름에서 콘크리트 바탕은 초벌 바름 모르타르로 수평을 처리하고, 긁은 후 방치기간은 1주 이상 넘으면 안 된다.
④ 천장이나 차양의 모르타르 바름 마무리 두께는 15mm 이하로 한다.

[해설] 인조석 바름에서 콘크리트, 콘크리트 블록 등의 바탕은 초벌 바름 모르타르로 수평 또는 수직으로 처리하고, **쇠갈퀴로 긁거나**, 나무흙손 처리로 거칠한 후 **2주 이상 가능한 한 오래 방치**한다.

10 미장공사에 대한 설명이다. 옳은 것은?

① 인조석 바르기의 시멘트와 종석의 배합 용적비율은 1 : 3을 표준으로 배합한다.
② 테라초(terrazzo)의 시멘트와 종석의 배합 비율은 일반적으로 1 : 1로 배합한다.
③ 인조석의 광내기 마감 시 220번 금강석 숫돌로 갈고 마감숫돌로 마감 후 왁스 등으로 광을 낸다.
④ 테라초 바르기의 줄눈 나누기는 1.5m² 이내로 하며 최대 줄눈 간격은 3m 이하로 한다.

[해설] ① 인조석 바르기의 **시멘트와 종석의 배합용적비율은 1 : 1.5의 표준으로 배합**한다.
② 테라초(terrazzo)의 시멘트와 종석의 배합 비율은 일반적으로 **1 : 3로 배합**한다.
④ 테라초 바르기의 줄눈 나누기는 **1.2m² 이내로 하며 최대 줄눈 간격은 3m 이하**로 한다.

11 인조석정벌바름에서 시멘트와 종석의 표준 용적배합비는?

① 1 : 1　　　　② 1 : 1.5
③ 1 : 2　　　　④ 1 : 2.5

[해설] 배합 및 바름 두께(용적비)

종별		바름층	시멘트	모래	시멘트, 백색시멘트 또는 착색시멘트	종석	바름 두께
인조석 바름		정벌 바름	—	—	1	1.5	
바닥 테라초 바름	접착 공법	초벌바름	1	3	—	—	20
		정벌바름	—	—	1	3	15
	유리 공법	초벌바름	1	4	—	—	45
		정벌바름	—	—	1	3	15

12 실내를 시멘트 모르타르로 미장바르기 할 때 가장 먼저 공사하는 부분은?

① 천장　　　　② 상부벽
③ 하부벽　　　④ 바닥 및 계단

해설 실내를 시멘트 모르타르로 미장바르기 할 경우 순서는 천장 → 벽 → 바닥의 순으로 진행한다.

13 회반죽바름에 관한 기술 중 틀린 것은?

① 회반죽바름은 소석회에 해초풀을 끓여 넣고 여기에 여물, 모래 등을 섞어 반죽한 것을 바르는 것이다.
② 해초풀은 점성이 있다.
③ 여물은 균열을 방지할 목적으로 사용한다.
④ 해초풀은 끓인지 3일 이상 경과한 것을 사용한다.

해설 해초풀을 끓인 다음 1일 이상 방치하게 될 때에는 표면에 소량의 석회를 뿌려서 부패를 방지하며, 사용 시는 표층 부분을 제거한 후 사용한다. 단, 석회를 뿌리더라도 2일 이상 두어서는 안 된다.

14 다음 중 회반죽바름에서 해초풀을 넣는 가장 큰 이유는?

① 점성을 높인다.
② 건조를 빠르게 한다.
③ 부착력을 감소시킨다.
④ 광택을 좋게 한다.

해설 해초풀은 점성이 있는 액상으로 불용해성분의 중량이 25% 이하의 것으로 한다.

15 경석고 플라스터에 관한 설명으로 옳지 않은 것은?

① 기경성 재료이다.
② 킨즈 시멘트(keen's cement)라고도 한다.
③ 목재에 접할 경우 방부효과가 있다.
④ 유성페인트 마감을 할 수 있다.

해설 미장재료의 구분
㉠ 수경성 : 수화 작용에 충분한 물만 있으면 공기 중에서나 수중에서 굳어지는 성질의 재료로 시멘트계와 석고계 플라스터 등이 있다.
㉡ 기경성 : 충분한 물이 있더라도 공기 중에서만 경화하고, 수중에서는 굳어지지 않는 성질의 재료로 석고계 플라스터와 흙반죽, 섬유벽 등이 있다.

구분	분류		고결재
수경성	시멘트계	시멘트 모르타르, 인조석, 테라초 현장바름	포틀랜드 시멘트
	석고계 플라스터	혼합 석고, 보드용, 크림용 석고 플라스터, 킨즈(경석고 플라스터)시멘트	$CaSO_4$ · $\frac{1}{2}H_2O$, $CaSO_4$
기경성	석회계 플라스터	회반죽, 돌로마이트 플라스터, 회사벽	돌로마이트, 소석회
	흙반죽, 섬유벽		점토, 합성수지풀
특수 재료	합성수지 플라스터, 마그네시아 시멘트		합성수지, 마그네시아

16 인조석바르기의 줄눈대에 대하여 바르게 설명한 것은?

① 줄눈대 설치는 균열의 확대를 막고 부분적인 보수를 용이하게 한다.
② 목재 줄눈대는 인조석갈기에 사용하며 제거하지 않고 인조석면에 남기고 놋쇠 줄눈대는 인조석씻어내기, 잔다듬에 사용하며 남기지 않고 제거한다.
③ 줄눈대의 배치는 허튼줄눈이 주로 쓰이며 통줄눈, 막힌줄눈은 자주 쓰이지 않는다.
④ 줄눈대는 미관을 좋게 하지만 바름면의 팽창과 수축에 의한 균열의 원인이 된다.

해설 인조석바르기의 줄눈대는 도면 또는 공사시방서에 따르며, 공사시방서에 정한 바가 없을 때에는 황동줄눈대로 한다. 황동줄눈대의 크기는 높이 15mm, 폭 4.5mm, 황동머리두께는 3mm 정도로 한다.

17 회반죽의 재료 중 잔금방지, 수축균열 방지를 목적으로 사용하는 것은?

① 해초풀 ② 소석회
③ 모래 ④ 여물

해설 **회반죽의 여물**(짚, 삼, 종이, 털 등)은 바름에 있어서 재료의 끈기를 돋우고, 재료가 처져 떨어지는 것을 방지하며, 흙손질이 쉽게 퍼져나가는 효과가 있으며, 바름 중에는 보수성을 향상시키고, **바름 후에는 건조에 따라 생기는 균열을 방지**한다.

18 인조석바름에서 캐스트스톤(cast stone)이란?

① 인조석씻어내기
② 인조석갈기
③ 인조석잔다듬
④ 테라초바르기

해설 ① **인조석씻어내기** : 인조석씻어내기 마감일 때는 정벌바름 후 솔로 2회 이상 씻어내고, 돌의 배열을 조정하여 흙손으로 누른다. 그 후 물걷기의 정도를 보아 맑은 물로 씻어내고 마감한다.
② **인조석갈기** : 정벌바름 후 시멘트 경화 정도를 보아 초벌갈기, 재벌갈기를 하고 눈먹임 칠을 한 후 경화되면 마감갈기를 한다. 광내기 마감할 때는 220번 금강석 숫돌로 갈고 마감 숫돌로 마감한 후 왁스 등으로 광을 낸다.
④ **테라초바르기** : 콘크리트 면을 적당히 물축이고, 시멘트풀을 솔, 비 등으로 칠하고, 바탕모르타르(1 : 3배합)를 두께 2~3cm 정도로 줄눈대를 규준으로 하여 나무흙손으로 펴 바른 후 모르타르 바름의 건조, 경화하는 때를 보아 시멘트 또는 백 시멘트에 안료를 가하여 잘 섞어 두고 종석과의 배합비는 1 : 2.5 정도로 된 비빔한 테라초 반죽을 두께 9~15mm 정도로 펴 바른다.

19 바닥강화재 바름의 목적과 관계가 먼 것은?

① 분진방지성 ② 내화학성
③ 탄력성 ④ 내마모성

해설 **바닥강화재 바름**은 금강사, 규사, 철분, 광물성 골재, 시멘트 등을 주재료로 하여 콘크리트 등 시멘트계 바탕의 **내마모성**, 내화학성 및 **분진방지성** 등의 증진을 목적으로 마감(하드너 마감)하는 경우에 적용한다.

07. 타일 공사

01 내장타일을 붙일 때 줄눈폭 5mm 이하의 치장줄눈 작업 시 시멘트 모르타르의 배합비로서 가장 적당한 것은?

① 1 : 0.5~1.0
② 1 : 1.5~2.0
③ 1 : 2.5~3.0
④ 1 : 3.5~4.0

해설 모르타르의 표준배합(용적비)

구분			시멘트	백 시멘트	모래	혼화제
붙임용	벽	떠붙이기	1		3.0 ~4.0	
		압착 붙이기	1		1.0 ~2.0	지정량
		개량압착 붙이기	1		2.0 ~2.5	
		판형 붙이기	1		1.0 ~2.0	
	바닥	판형 붙이기	1		2.0	
		클링커 타일	1		3.0 ~4.0	
		일반 타일	1		2.0	
줄눈용	줄눈폭 5mm 이상			1	0.5 ~2.0	지정량
	줄눈폭 5mm 이하	내장		1	0.5 ~1.0	
		외장		1	0.5 ~1.5	
비고			• 모래는 타일의 종류에 따라 입도분포를 조절한다. • 줄눈의 색은 담당원의 지시에 따른다.			

02 내장타일 붙이기에 대한 설명이다. 틀린 것은?

① 내장타일은 도기질로서 정사각형이 많이 사용된다.

② 내장타일은 붙이기전 바탕을 물축임하는 것이 좋다.

③ 수도꼭지 등 배관 파이프의 위치는 줄눈이 교차되는 부분이 좋다.

④ 외장타일보다 줄눈의 너비를 넓게 하는 것이 좋다.

해설 내장타일의 줄눈은 **외장타일보다 줄눈의 너비를 좁게 하는 것이 좋다.** 예 외부 대형 벽돌형 타일의 줄눈 너비는 9mm, 대현(내부 일반)은 5~6mm 정도로 한다.

03 벽체의 압착타일 붙이기에 사용되는 붙임 모르타르의 표준용적배합비는? (단, 시멘트 : 모래)

① 1 : 1.0~2.0

② 1 : 2.0~3.0

③ 1 : 3.0~4.0

④ 1 : 0.5~1.0

해설 모르타르 표준배합(용적비)

구분			시멘트	백 시멘트	모래
붙임용	벽	떠붙이기	1		3.0 ~4.0
		압착 붙이기	1		1.0 ~2.0
		개량압착 붙이기	1		2.0 ~2.5
		판형 붙이기	1		1.0 ~2.0
	바닥	판형 붙이기	1		2.0
		클링커 타일	1		3.0 ~4.0
		일반 타일	1		2.0

04 대형 벽돌형 외부타일의 줄눈 너비 표준으로 옳은 것은?

① 12mm　　② 9mm

③ 6mm　　④ 3mm

해설 줄눈 너비의 표준　　(단위 : mm)

타일 구분	대형 벽돌형 (외부)	대형 (내부 일반)	소형	모자이크
줄눈 너비	9	5~6	3	2

* 창문선, 문선 등 개구부 둘레와 설비기구류와의 마무리 줄눈 너비는 10mm 정도이다.

05 벽에 대형타일을 붙일 때 하루의 붙임 높이로 가장 적당한 것은?

① 1.2~1.5m

② 1.0~1.2m

③ 1.3~1.5m

④ 1.6~1.8m

해설 타일의 하루 붙임 높이는 **1.2m 정도로 하고, 1.5m 이상을 넘지 않게** 한다.

06 벽체에 개량압착 붙이기 타일공사 시 바탕면의 붙임 모르타르의 1회 바름 면적은 얼마 이하로 하는가?

① $1.0m^2$　　② $1.2m^2$

③ $1.5m^2$　　④ $2.0m^2$

해설 타일 개량압착 붙이기에 있어서 바탕면 붙임 모르타르의 1회 바름 면적은 $1.5m^2$ 이하로 하고, 붙임 시간은 모르타르 배합 후 30분 이내로 한다.

07 도면 또는 특기시방서에서 정한 바가 없을 때 타일 줄눈 너비의 표준으로 틀린 것은?

① 개구부 둘레와 설비기구류와의 마무리 줄눈 너비 : 10mm

② 외부 대형 벽돌형 타일 줄눈 너비 : 9mm

③ 내부일반 대형타일 줄눈 너비 : 5~6mm

④ 소형타일 줄눈 너비 : 1mm

해설 줄눈 너비의 표준 (단위 : mm)

타일 구분	대형 벽돌형 (외부)	대형 (내부 일반)	소형	모자이크
줄눈 너비	9	5~6	3	2

* 창문선, 문선 등 개구부 둘레와 설비기구류와의 마무리 줄눈 너비는 10mm 정도이다.

08 다음 중 내부 바닥용 타일의 선정 조건과 가장 관계가 먼 것은?

① 내마모성이 강한 타일
② 흡수성이 적은 타일
③ 두껍게 시유된 타일
④ 표면이 미끄럽지 않은 타일

해설 외장용 타일은 자기질 또는 석기질로 하고, 내동해성이 우수한 것으로 한다. **내장용 타일은 도기질, 석기질, 자기질로 하고**, 한랭지 및 이와 준하는 장소의 노출된 부분에는 자기질, 석기질로 한다. **바닥용 타일은 유약을 바르지 않고**, 자기질 또는 석기질로 한다.

09 바닥 판형타일 붙이기 완료 후 모르타르 제거 및 타일면 닦아내는 시기는 치장줄눈이 완료 된 후 언제가 적당한가?

① 즉시
② 1시간 후
③ 2시간 후
④ 3시간 후

해설 **치장줄눈 작업이 완료된 후** 타일면에 붙은 불결한 재료나 모르타르, 시멘트 페이스트 등을 제거하고, 손이나 헝겊 또는 스펀지 등으로 물을 축여 타일면을 깨끗이 씻어낸 다음 마른 헝겊으로 닦는다.

10 압착타일 붙이기에서 바닥바탕면의 평활도는 3m당 얼마 이내로 하여야 하는가?

① ±3mm
② ±4mm
③ ±5mm
④ ±7mm

해설 타일붙임면의 바탕면은 평탄하게 하고, **바탕면의 평활도는 바닥의 경우 3m당 ±3mm**, 벽의 경우 2.4m당 ±3mm로 한다.

11 압착타일 붙이기 방법에 대한 설명으로 옳지 않은 것은?

① 타일의 줄눈 부위에 모르타르가 타일 두께의 1/3 이상 올라 오도록 한다.
② 붙임 시간은 모르타르 배합 후 30분 이내로 한다.
③ 타일을 한 장씩 붙이고 나무망치 또는 망치손잡이로 가볍게 두드린다.
④ 타일의 1회 붙임 면적은 1.2m² 이하로 한다.

해설 타일의 압착 붙이기에 있어서 타일의 1회 붙임 면적은 모르타르의 경화속도와 작업성을 고려하여 1.2m² 이하로 한다. **붙임 시간**(접착 모르타르나 접착제를 바탕면 또는 타일면에 발라 타일 붙임하기에 적당한 상태가 되기까지의 시간)은 **모르타르 배합 후 15분 이내**로 한다.

12 다음 중 타일 가공용 공구에 속하지 않는 것은?

① 다림추
② 타일망치
③ 금강석 숫돌
④ 타일집게

해설 ㉠ **먹줄치기 및 줄눈나누기 용구** : 직각자, 먹통 및 먹칼, 물통 수평기, **다림추**, 송곳
㉡ 타일 가공 용구 : **타일망치, 금강석 숫돌, 타일집게**, 타일절단용 정, 타일절단대, 모자이크 타일절단기 등
㉢ 모르타르 반죽 용구 : 모래체, 흙통, 삽 등
㉣ 흙손 : 미장흙손, 타일흙손, 나무흙손, 줄눈흙손, 빗살흙손 등

13 타일판형 붙이기에서 줄눈 고치기는 타일을 붙인 후 얼마 이내가 좋은가?

① 15분
② 30분
③ 60분
④ 90분

해설 **타일판형 붙이기**(낱장 붙이기와 같은 방법으로 하되, 타일 뒷면의 표시와 모양에 따라 그 위치를 맞추어 순서대로 붙이고, 모르타르가 줄눈 사이로 스며 나오도록 표본 누름판을 사용하여 압착)에서 **줄눈 고치기는 타일을 붙인 후 15분 이내**에 실시한다.

14 타일 붙임 후 접착력 시험에서 접착강도는 얼마 이상으로 하여야 하는가?

① $0.1N/mm^2$
② $0.15N/mm^2$
③ $0.3N/mm^2$
④ $0.39N/mm^2$

해설 타일의 접착력 시험
㉠ 타일의 접착력 시험은 일반건축물의 경우 타일 면적 $200m^2$ 당, 공동주택은 10호당 1호에 한 장씩 시험한다. 시험의 위치는 담당원의 지시에 따른다.
㉡ 시험할 타일은 먼저 줄눈 부분을 콘크리트 면까지 절단하여 주위의 타일과 분리시킨다.
㉢ 시험할 타일은 시험기 부속 장치의 크기로 하되, 그 이상은 $180 \times 60mm$의 크기로 콘크리트 면까지 절단한다. 다만, 40mm 미만의 타일은 4매를 1조로 하여 부속 장치를 붙여 시험한다.
㉣ 시험은 타일 시공 후 4주 이상일 때 실시한다.
㉤ **시험결과의 판정은 타일 인장 부착강도가 $0.39N/mm^2$ 이상**이어야 한다.

15 외기온도가 10~20℃ 정도의 봄, 가을에는 바탕 모르타르를 바른 후 타일을 붙일 때까지 며칠 이상의 기간을 두도록 해야 하는가?

① 3일
② 7일
③ 14일
④ 28일

해설 타일 붙이기의 바탕 만들기에 있어서, **바탕 모르타르를 바른 후 타일을 붙일 때까지는 여름철**(외기온도 25℃ 이상)은 3~4일 이상, **봄, 가을**(외기온도 10℃ 이상, 20℃ 이하)은 1주일(7일) 이상의 기간을 두어야 한다.

16 타일시공 시 기온이 얼마 이하일 때 타일 작업장 내의 온도가 10℃ 이상이 되도록 임시로 가설 난방 보온 등에 의하여 시공 부분을 보양해야 하는가?

① 2℃
② 3℃
③ 4℃
④ 5℃

해설 한중공사 시에는 시공면을 보호하고, 동해 또는 급격한 온도변화에 의한 손상을 피하도록 하기 위해 **외기의 기온이 2℃ 이하**일 때에는 **타일작업장 내의 온도가 10℃ 이상**이 되도록 임시로 가설 난방 보온 등에 의하여 시공 부분을 보양하여야 한다.

17 타일은 붙인 후 며칠간 보행 및 진동을 금지해야 하는가?

① 3일
② 7일
③ 10일
④ 13일

해설 **타일을 붙인 후 3일간은 진동이나 보행을 금한다.** 다만, 부득이한 경우에는 담당원의 승인을 받아 보행판을 깔고 보행할 수 있다.

18 타일의 접착력 시험은 일반건축물의 경우 타일면적 몇 m^2당 한 장씩 하는가?

① $200m^2$
② $400m^2$
③ $600m^2$
④ $800m^2$

해설 타일의 접착력 시험은 일반건축물의 경우 타일 면적 $200m^2$ 당, 공동주택은 10호당 1호에 한 장씩 시험한다. 시험의 위치는 담당원의 지시에 따른다.

19 바닥 타일의 접착 붙이기에서 1회의 접착제 도막 붙임면적은 얼마 이내로 하여야 하는가?

① $1.0m^2$
② $1.5m^2$
③ $3.0m^2$
④ $3.5m^2$

해설 바닥 타일의 접착 붙이기는 접착제 1회 도막 붙임면적은 $3m^2$ 이내로 하며, 접착제는 우선 금속 흙손을 사용하여 평활하게 도막 붙임한 후, 지정된 줄눈흙손을 사용하여 필요한 높이로 하며, 건조경화형 접착제는 도막시간에, 반응경화형 접착제는 가용시간에 유의하여 압착한다.

20 타일의 현장배합 붙임 모르타르는 물을 부어 반죽한 후 최대 얼마 이내에 사용하여야 하는가?

① 30분
② 60분
③ 90분
④ 120분

해설 타일의 **현장배합 붙임 모르타르**는 건비빔한 후 3시간 이내에 사용하며, **물을 부어 반죽한 후 1시간 이내에 사용**한다. 1시간이 경과한 것은 사용하지 않는다.

21 겨울철의 타일공사 시 보온에 의하여 시공부분을 보양하여야 하는 경우는 외기의 기온이 몇 ℃ 이하일 때인가?

① 0℃
② 2℃
③ 5℃
④ 10℃

해설 한중공사 시에는 시공면을 보호하고, 동해 또는 급격한 온도변화에 의한 손상을 피하도록 하기 위해 **외기의 기온이 2℃ 이하**일 때에는 **타일작업장 내의 온도가 10℃ 이상**이 되도록 임시로 가설 난방 보온 등에 의하여 시공 부분을 보양하여야 한다.

22 현장배합 시 타일붙임용 모르타르에 사용하는 모래로서 적당한 것은? (단, 모자이크타일 붙임은 제외)

① 표준체 0.63mm체에 100% 통과하는 것
② 표준체 1.26mm체에 100% 통과하는 것
③ 표준체 2.36mm체에 100% 통과하는 것
④ 표준체 5.25mm체에 100% 통과하는 것

해설 **현장배합 붙임 모르타르**에서 **모래**는 원칙적으로 양질의 강모래로 하고, 유해량의 진흙, 먼지 및 유기물이 혼합되지 않은 것으로서 KS A5101-1에 규정된 **2.36mm체를 100% 통과하는 모래**로 한다. 단, 모자이크 타일 붙이기를 할 때에는 1.18mm체를 100% 통과한 모래로 한다.

23 타일붙이기의 기본사항에 대한 설명으로 옳은 것은?

① 바탕 모르타르의 바름 두께가 10mm 이상일 경우에는 반드시 1회에 눌러 바른다.
② 바탕 모르타르를 바른 후 타일을 붙일 때까지 외기온도 10℃ 이상 20℃ 이하인 봄, 가을은 1주일 이상의 기간을 두는 것을 원칙으로 한다.
③ 콘크리트를 이어붓기한 부분에는 신축줄눈이 생기지 않도록 한다.
④ 흡수성이 큰 타일은 물을 축이지 않는다.

해설 ① 바탕 모르타르의 바름 두께는 1회에 10mm 이하로 하여 나무흙손으로 눌러 바른다.
③ 콘크리트를 이어붓기한 부분에는 **신축줄눈이 생기도록** 한다.
④ 흡수성이 있는 타일에는 **제조업자의 시방에 따라 물을 축여 사용**한다.

24 테라초 현장갈기에 대한 설명 중 옳지 않은 것은?

① 현관바닥은 복판 또는 안쪽에 물이 괼 수 있도록 적당히 물매를 둔다.
② 줄눈대는 정확히 수평으로 튼튼하게 고정하고, 모르타르는 불필요한 부분을 잘라낸다.
③ 배합은 정확히 하고, 부착, 경화, 마모 등에 안전한 배합으로 한다.
④ 밑바름 모르타르나 종석반죽은 된비빔으로 한다.

해설 테라초 현장갈기에 있어서 현관바닥은 복판 또는 안쪽에 물이 고이지 않도록 가장 자리로 물매를 둔다.

25 벽돌벽 1m²를 두께 1.0B로 쌓기 할 때 필요한 벽돌 정미량은? (단, 표준형 벽돌 사용)

① 65장
② 75장
③ 130장
④ 149장

해설 벽돌의 소요량   (단위 : 매)

	0.5B	1.0/B	1.5B	2.0B
기본형	65	130	195	260
표준형	75	149	224	298

26 시멘트 벽돌의 소요량 산정에 있어서 할증률은 얼마로 하는가?

① 3%   ② 4%
③ 5%   ④ 6%

해설 할증률

재료명	할증률(%)	재료명	할증률(%)
유리	1	목재(각재)	5
도료	2	비닐타일	5
모자이크 타일	3	수장재	5
바닥 타일	3	시멘트 벽돌	5
붉은 벽돌	3	합판(수장용)	5
클링커 타일	3	석고판 (본드 접착용)	8
타일	3	단열재	10
테라코타	3	발포폴리스티렌	10
블록	4	단열시공 부위의 방습지	15
리놀륨	5		

27 기본형 190x190x390mm 콘크리트블록을 사용하여 벽체를 공사할 때 적당한 소요블록 수는? (단, 벽높이 3.6m, 벽길이 20m, 벽두께 190mm, 줄눈나비 10mm, 할증률 4%)

① 936장
② 974장
③ 1,224장
④ 1,273장

해설 블록의 소요량은 **4%의 할증률을 가산하여 기본형 블록은 13매/m², 장려형** 블록은 17매/m²가 소요된다. 그러므로 $3.6 \times 20 \times 13 = 936$장이다.

28 벽체길이 6m, 높이 1.6m를 기본형 블록(두께 150mm)으로 쌓을 때 소요되는 블록 장수는?

① 105장
② 125장
③ 140장
④ 155장

해설 블록의 소요량은 **4%의 할증률을 가산하여 기본형 블록은 13매/m², 장려형 블록은 17매/m²** 가 소요된다. 그러므로 $6 \times 1.6 \times 13 = 124.8 ≒$ 125장이다.

29 기본형 블록(100mm×190mm×390mm)을 쌓을 때 벽 면적이 10m²일 경우 블록의 소요량은?

① 100장   ② 110장
③ 120장   ④ 130장

해설 블록의 소요량은 **4%의 할증률을 가산하여 기본형 블록은 13매/m², 장려형 블록은 17매/m²** 가 소요된다. 그러므로 $10 \times 13 = 130$장이다.

30 시멘트 모르타르 1m³를 배합하는데 소요되는 시멘트량은 몇 포 정도인가? (단, 배합비는 1 : 3이다.)

① 8포
② 10포
③ 13포
④ 16포

해설 모르타르 1m³ 제작용 시멘트 및 모래

부피 / 배합비	시멘트			모래	인부
	kg	m³	포대(40kg)		
1 : 1	1,026	0.684	25.6	0.685	1.1
1 : 2	683	0.455	17.1	0.910	1.0
1 : 3	510	0.341	12.7	1.023	1.0
1 : 5	344	0.228	8.6	1.140	0.9
1 : 7	244	0.162	6.1	1.200	0.9

31 표준형 시멘트 벽돌을 사용하여 주어진 조건으로 공사할 때의 소요벽돌수는?

> 벽높이 3.6m, 벽길이 20m, 벽두께 1.5B,
> 줄눈나비 10mm, 할증률 5%

① 14,040장   ② 14,742장
③ 16,128장   ④ 16,935장

해설 표준형 시멘트 벽돌벽의 두께가 1.5B이고, 1m²당 정미량은 224매이다. 그러므로 3.6×20×224×(1+0.005)=16,934.4≒16,935매이다.

32 콘크리트 바탕의 바닥 모르타르 바름에서 미장공이 10명 소요된다면 미장인부는 몇 명으로 적산하는가?

① 5명   ② 10명
③ 15명   ④ 20명

해설 미장공과 미장인부의 수는 동일하므로 10명이 된다.

33 회사 모르타르 바름 시 1m²당 적산량 중 옳지 않은 것은? (단, 바름두께 15mm)

① 시멘트 1.92kg
② 석회 4.28kg
③ 모래 0.016m³
④ 미장공 0.13인

해설 회사 모르타르 바름   (m²당)

구분	시멘트(kg)		석회(kg)		모래(m³)		미장공 (인)	인부 (인)
바름 두께 (mm)	15	18	15	18	15	18		
재료량	1.92	2.3	2.28	2.8	0.016	0.02	0.13	0.13

34 10m²의 바닥에 소요되는 모자이크 타일의 정미량은? (단, 한 장의 크기는 30cm×30cm)

① 90매   ② 112매
③ 130매   ④ 142매

해설 크기가 30cm×30cm인 모자이크 타일의 정미량은 1m²당 11.11매$\left(=\dfrac{1}{0.3}\times\dfrac{1}{0.3}=11.11\right)$이다. 그러므로 10m²의 정미량=11.11×10=111.1매 ≒112매

35 바닥 2.1m×2.7m의 면적에 필요한 타일의 수량(할증율 포함)은? (단, 줄눈 3mm, 타일의 크기 55×55mm, 1m²당 정미소요량은 298장)

① 1,689장   ② 1,741장
③ 1,774장   ④ 1,825장

해설 타일의 크기가 55m×55mm이고, 줄눈이 3mm인 경우 타일의 정미량은 298매/m²이므로 2.1×2.7×298×(1+0.03)=1,740.35≒1,741장이다.

36 모자이크 타일의 1m²당 소요수량은? (단, 한 장의 크기는 30cm×30cm, 할증율 3%)

① 10.42장
② 11.44장
③ 12.05장
④ 15.24장

해설 크기가 30cm×30cm인 모자이크 타일의 정미량은 1m²당 11.11매이고, 소요량은 정미량×(1+0.03)=11.45매이다. 즉, 정미량=$\dfrac{1}{0.3}\times\dfrac{1}{0.3}=11.11$이고, 소요량은 11.11×(1+0.03)=11.44매이다.

37 150mm 각 타일로 가로 5m, 세로 3m인 벽에 타일을 붙이고자 한다. 가로방향 1켜에 들어가는 온장의 매수와 토막타일 치수는 얼마인가? (단, 줄눈 3mm, 토막타일은 한 쪽에만 둔다.)

① 20장, 100mm
② 19장, 93mm
③ 33장, 50mm
④ 32장, 104mm

[해설] 타일 나누기의 매수

$$= \frac{길이}{(타일의 \ 치수 + 줄눈의 \ 치수)}$$

$$= \frac{5,000}{(150+3)} = 32.679매$$

→ 32매가 온장으로 들어가고, 나머지 토막 타일의 치수 = 5,000 − (153 × 32) = 104mm가 됨을 알 수 있다.

38 다음 중 바닥용 모자이크 타일의 재질로서 가장 좋은 것은?

① 자기질   ② 도기질
③ 석기질   ④ 토기질

[해설] 타일의 구분

호칭명	소지의 질	비고
내장 타일	자기질, 석기질, 도기질	• 도기질 타일은 흡수율이 커서 동해를 받을 수 있으므로 내장용에만 이용된다. • 클링커 타일은 비교적 두꺼운 바닥 타일로서, 시유 또는 무유의 석기질 타일이다.
외장 타일	자기질, 석기질	
바닥 타일	자기질, 석기질	
모자이크 타일	자기질	

39 타일붙임용 모르타르에 사용하는 모래의 규격은 몇 mm체에 100% 통과하는 것으로 하는가?

① 1.26mm체
② 2.36mm체
③ 3.06mm체
④ 3.26mm체

[해설] **현장배합 붙임 모르타르**는 모래는 원칙적으로 양질의 강모래로 하고, 유해량의 진흙, 먼지 및 유기물이 혼합되지 않은 것으로서 KS A5101−1에 규정된 **2.36mm체를 100% 통과하는 모래**로 한다. 단, 모자이크 타일 붙이기를 할 때에는 1.18mm체를 100% 통과한 모래로 한다.

40 타일에 백화를 방지하기 위한 방법으로 옳지 않은 것은?

① 압착 붙이기를 원칙으로 한다.
② 바탕 모르타르 바르기 두께는 너무 두껍지 않게 바른다.
③ 거친 시멘트를 많이 사용하는 것이 좋다.
④ 타일 뒷면 모르타르는 골고루 충분히 채운다.

[해설] 백화
ⓐ 백화의 정의
혼합수에 용해될 수 있는 가용 성분이 시멘트 경화체 중의 표면에 건조하여 나타나는 백화를 1차 백화, 또 건조한 시멘트 경화체 내에 2차수(우수, 지하수, 양생수 등)가 침입하여 시멘트 경화제 속의 가용 성분을 재 용해시켜 나타나는 백화 또는 가용 성분을 포함한 물이 시멘트 경화체의 표면에 흘러 그 표면에서 건조하여 나타나는 2차 백화라 한다.
ⓑ 백화의 발생요인
시멘트[수산화칼슘의 주성분인 석회(CaO, 산화칼슘)의 다량 공급원], 작업성(모르타르의 치밀도 저하로 인한 투수성 증대), 물 · 시멘트 비(물 · 시멘트 비가 크면 잉여수의 증대), 타일의 흡수율(모르타르의 함유수를 흡수하여 물이 증발할 때 가용 성분을 용출), 보조제 등이 있다.
ⓒ 백화의 방지 대책
ⓐ 환경적인 요인의 통제
저온(시멘트의 수화작용의 지연), 다습(시멘트의 수화작용의 지연), 그늘(수분 증발의 지연), 바람(표면 건조로 인한 내부의 미경화된 가용성 물질의 표면 노출)
ⓑ 시멘트 제품의 양생을 충분히 할 것
ⓒ 혼화제의 사용 통제

41 타일의 현장배합 붙임 모르타르에 사용되는 모래는 KS A5101−1에 규정된 2.36mm체에 몇 % 통과한 것이어야 하는가?

① 100%   ② 90%
③ 80%   ④ 75%

해설 현장배합 붙임 모르타르의 모래는 유해량의 진흙, 먼지 및 유기물이 혼합되지 않은 것으로서 KS A5101-1에 규정된 **2.36mm체를 100% 통과하는 모래**로 한다. 단, 모자이크 타일 붙이기를 할 때에는 1.18mm체를 100% 통과한 모래를 사용한다.

08. 안전 관리

01 다음 중 상해의 종류가 아닌 것은?

① 화상　　② 감전
③ 동상　　④ 부종

해설 **상해**란 사고 발생으로 인하여 사람이 입은 질병이나 부상을 말하는 것으로 골절, **동상**, **부종**, 좌상, 자상, 절상, 중독, 질식, 찰과상, 창상, **화상**, 청력장해, 시력장해, 그 밖의 상해 등으로 분류한다.

02 산업재해의 원인 중 직접 원인에 해당되는 것은?

① 기술적 원인
② 교육적 원인
③ 작업관리상 원인
④ 불안전한 상태

해설 산업재해의 원인
ㄱ **직접 원인**
• **불안전한 행동(인적 요인)**
위험장소의 접근, 안전장치의 기능 제거, 복장·보호구의 잘못 사용, 기계·기구의 잘못 사용, 운전 중인 기계장치의 손질, 불안전한 속도 조작, 위험물 취급 부주의, 불안전한 상태 방치, 불안전한 자세 및 동작 등
• **불안전한 상태(물적 요인)**
물체 자체의 결함, 안전방호장치 결함, 복장·보호구의 결함, 물체의 배치 및 작업장소 결함, 작업환경의 결함, 생산공정의 결함, 경계표시·설비의 결함 등

ㄴ **간접 원인**
• **기술적 원인**
건물·기계장치 설계 불량, 구조·재료의 부적합, 생산공정의 부적당, 점검·정비 보존 불량 등
• **교육적 원인**
안전의식의 부족, 안전수칙의 오해, 경험·훈련의 미숙, 작업방법의 교육 불충분, 유해·위험작업의 교육 불충분 등
• **작업 관리상 원인**
안전관리조직 결함, 안전수칙 미제정, 작업준비 불충분, 인원 배치 부적당, 작업지시 부적당 등

03 안전관리의 성적평가에서 강도율을 옳게 표시한 것은?

① 강도율 = (근로손실일수/연근로시간수) ×10,000
② 강도율 = (연근로시간수/근로손실일수) ×10,000
③ 강도율 = (근로손실일수/연근로시간수) ×1,000
④ 강도율 = (연근로시간수/근로손실일수) ×1,000

해설 ㄱ **천인율**은 어느 일정한 근무 기간 동안(1년 또는 1개월)에 발생한 재해자의 수를 그 기간 동안의 평균 근로자의 수로 나누고 이것을 1,000배 한 것이다. 즉, 천인율= $\frac{재해자의\ 수}{평균근로자의\ 수} \times 1,000$ 이다.
ㄴ **도수율**은 어느 일정한 기간(1,000,000시간)안에 발생한 재해 발생의 빈도를 나타낸 것이다. 즉, 도수율= $\frac{재해발생건수}{연근로시간수} \times 1,000,000$ 이다.
ㄷ **강도율**은 어느 일정한 근무기간(1년 또는 1개월)동안에 발생한 재해로 인한 근로손실일수를 일정한 근무기간의 연근로시간으로 나누어 이것을 1,000배 한 것이다. 즉, 강도율= $\frac{근로손실일수}{연근로시간수} \times 1,000$ 이다.

04 산업재해의 원인분류에서 기술적 원인이 아닌 것은?

① 건물, 기계장치 등의 설계가 불량하다.
② 구조 · 재료가 적합하지 못하다.
③ 안전수칙을 잘못 알고있다.
④ 생산방법이 적당하지 못하다.

해설 산업재해의 원인분류 중 **간접 원인의 기술적 원인**에는 ①, ②, ④ 이외에 점검정비의 보존 불량 등이 있고, ③은 산업재해의 간접 원인 중 **교육적 원인**에 속한다.

05 산업재해의 원인분류에서 교육적 원인이 아닌 것은?

① 안전지식이 부족하다.
② 작업지시가 적당하지 못하다.
③ 경험, 훈련 등이 부족하다.
④ 안전수칙을 잘못 알고 있다.

해설 산업재해의 원인분류 중 **간접 원인의 교육적 원인**에는 ①, ③, ④ 이외에 작업방법의 교육 불충분, 유해 · 위험작업의 교육 불충분 등이 있고, ②의 **작업지시 부적당은 작업관리상의 원인**이다.

06 안전교육 실시에서 최우선적으로 고려해야 할 사항은?

① 교육대상   ② 교육범위
③ 교육과목   ④ 교육목표

해설 안전교육 실시에 있어서 교육대상을 우선적으로 고려하고, 3단계의 교육(1단계 : 안전지식교육, 2단계 : 안전기능교육, 3단계 : 안전태도교육)을 실시한다.

07 안전에 관계되는 색깔의 용도로 틀린 것은?

① 빨간색 – 방화
② 녹색 – 안전과 보건위생
③ 보라색 – 금지
④ 노란색 – 경고

해설 금지표지는 바탕은 흰색, 기본 모형은 빨강, 부호 및 그림은 검정으로 표시한다.

08 안전보건표지의 색채 중 정지신호, 소화설비 및 그 장소, 유해행위의 금지 등을 의미하는 것은?

① 빨간색   ② 녹색
③ 흰색   ④ 노란색

해설 빨간색은 금지와 경고, 녹색은 안내, 흰색은 파란색과 녹색에 대한 보조색, 노란색은 경고 등을 의미한다.

09 작업 중 피로를 일으키는 원인과 거리가 먼 것은?

① 작업의 성질   ② 환경조건
③ 경제조건   ④ 신체조건

해설 작업 중 피로를 일으키는 요인으로는 작업의 성질, 환경조건(온도 및 습도, 조도 및 소음, 공기오염 및 유독가스 등), 신체조건 등이 있고, 경제조건과는 무관하다.

10 작업환경에서 재해 발생 빈도가 가장 적은 기온의 범위는?

① 12~15℃   ② 15~17℃
③ 17~23℃   ④ 23~26℃

해설 재해 발생의 피로를 일으키는 요인 중 환경조건에 있어서 온도는 17~23℃에서 재해 발생 빈도가 가장 적고, 재해 발생과 근속연수의 관계에 있어서, 가장 많은 재해가 발생되는 경우는 근속연수가 1년 미만 즉, 근속연수가 짧은 직원의 경우이다.

11 재해를 예방하기 위한 하아비(Harvey. J. H)의 시정책(3E)이 아닌 것은?

① 처벌규정 강화
② 안전 교육
③ 안전 기술
④ 안전 독려

해설 하아비(Harvey. J. H)의 시정책(3E)는 다음과 같다.
㉠ 안전 교육(Safety education)
㉡ 안전 기술(Safety engineering)
㉢ 안전 독려(Safety enforcement)

12 달비계에 사용되는 와이어로프는 지름이 공칭지름의 최소 얼마 이상 감소된 것은 사용할 수 없는가?

① 3%   ② 5%
③ 7%   ④ 9%

해설 다음의 어느 하나에 해당하는 와이어로프를 달비계에 사용해서는 아니 된다.(산업안전보건기준에 관한 규칙 제63조)
㉠ 이음매가 있는 것
㉡ 와이어로프의 한 꼬임(스트랜드(strand)를 말한다)에서 끊어진 소선[필러(pillar)선은 제외]의 수가 10% 이상(비자전로프의 경우에는 끊어진 소선의 수가 와이어로프 호칭지름의 6배 길이 이내에서 4개 이상이거나 호칭지름 30배 길이 이내에서 8개 이상)인 것
㉢ **지름의 감소가 공칭지름의 7%를 초과하는 것**
㉣ 꼬인 것
㉤ 심하게 변형되거나 부식된 것
㉥ 열과 전기충격에 의해 손상된 것

13 추락의 위험이 있는 곳은 공사 완료시까지 상부 난간대는 바닥면 · 발판 또는 경사로의 표면("바닥면 등")으로부터 cm 이내에 추락방지용 안전난간을 설치하여야 하는가?

① 60cm   ② 90cm
③ 120cm   ④ 180cm

해설 **상부 난간대**는 바닥면 · 발판 또는 경사로의 표면("바닥면 등")으로부터 **90cm 이상 지점에 설**치하고, 상부 난간대를 120cm 이하에 설치하는 경우에는 중간 난간대는 상부 난간대와 바닥면 등의 중간에 설치하여야 하며, 120cm 이상 지점에 설치하는 경우에는 중간 난간대를 2단 이상으로 균등하게 설치하고 난간의 상하 간격은 60cm 이하가 되도록 할 것. 다만, 계단의 개방된 측면에 설치된 난간기둥 간의 간격이 25cm 이하인 경우에는 중간 난간대를 설치하지 아니할 수 있다.

건축일반시공산업기사·기능장 필기

2022. 4. 1. 초 판 1쇄 발행
2024. 1. 3. 1차 개정증보 1판 1쇄 발행

지은이 │ 정하정, 정삼술
펴낸이 │ 이종춘
펴낸곳 │ BM ㈜도서출판 성안당

주소 │ 04032 서울시 마포구 양화로 127 첨단빌딩 3층(출판기획 R&D 센터)
│ 10881 경기도 파주시 문발로 112 파주 출판 문화도시(제작 및 물류)

전화 │ 02) 3142-0036
│ 031) 950-6300

팩스 │ 031) 955-0510

등록 │ 1973. 2. 1. 제406-2005-000046호

출판사 홈페이지 │ **www.cyber.co.kr**

ISBN │ 978-89-315-6492-1(13540)

정가 │ **45,000원**

이 책을 만든 사람들

기획 │ 최옥현
진행 │ 김원갑
교정·교열 │ 김원갑
전산편집 │ 이지연
표지 디자인 │ 박현정
홍보 │ 김계향, 유미나, 정단비, 김주승
국제부 │ 이선민, 조혜란
마케팅 │ 구본철, 차정욱, 오영일, 나진호, 강호묵
마케팅 지원 │ 장상범
제작 │ 김유석